용접기술사 준비를 위한

재료와 용접

공학박사 · 기술사 | 이진희 著

21세기사

책을 엮으면서……

2000년 초에 처음으로 제 이름으로 된 책을 출간하고 나서 주변의 칭찬과 격려 그리고 따스한 조언들과 함께 때로는 따가운 지적도 받았습니다. 특히 쇠, 강, 철을 구분 못하고 책을 썼다는 따가운 지적에는 얼굴이 뜨거워질 정도로 부끄러움을 느꼈고, 제대로 된 한글 교재를 만나게 되어 더 없이 감사하다는 감사와 격려의 서신을 받을 때는 가슴 깊이 뜨거운 것이 올라오는 감동도 느낄 수 있었습니다.

스스로 금속을 전공했지만 현업에서 마주하게 되는 각종 금속 재료에 대한 식견의 부족으로 어려움을 겪게 되는 상황을 접하게 되면서, 저 뿐만 아니라 주변의 지인들이 겪게 되는 어려움에 조금이라도 보탬이 될 수 있는 방안이 무엇일까 고민해 봤습니다. 또한 지난 13년 동안 용접기술사 강좌를 진행하면서 합격자의 약 60% 이상을 배출하는 외형적인 성과뿐만 아니라 저 스스로도 좀 더 많이 배우고 깨우칠 수 있는 기회가 되었으며, 그 과정에서 보고 느낀 지식들을 정리하여 여러분들께 전달해 드려야겠다는 일종의 의무감을 느끼게 되었습니다.

용접은 금속이 용융하였다가 응고하면서 발생하는 일련의 문제점을 다루는 학문입니다. 그래서 용접을 제대로 공부하려면 제일 먼저 용접 대상 금속의 물리적, 화학적 그리고 기계적 특성을 먼저 알아야 합니다. 그래서 이 책에서는 강의 제조 과정과 그 소재로서 금속재료의 특성에 대한 원론적인 소개를 먼저 진행하고 주요 용접방법(Welding Process)에 대한 소개와 함께 현장 관리를 위한 용접절차서의 작성과 관리 그리고 용접사 인증과 함께 용접부에서 발생하는 결함과 손상에 대한 내용을 함께 소개하려고 했습니다.

부식과 손상에 관한 내용까지를 포함하고 싶었으나, 너무 방대해 지는 양을 고려하여 다음 기회에 별도의 책자로 소개하기로 하고 이번에는 제외하였습니다.

현업을 하면서 느끼는 여러 가지 아쉬움과 전문성의 지식을 정리하여 여러분들께 조금이라도 현업 지향적인 도움을 드릴 수 있기를 희망합니다.

감사합니다.

2013년 새봄에 이진희 드림

차 례

제1장

강의 제조

1. 제철(Iron Making)과 제강(Steel Making)
2. 철강 재료의 구분
3. 기계적 특성

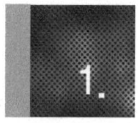

1. 제철(Iron Making)과 제강(Steel Making)

제철(Iron Making)은 철광석(Fe_3O_4, Fe_2O_3)으로부터 강의 원료가 되는 선철(Pig iron)을 만들고 다시 여기에 합금원소를 첨가하여 우리가 산업 현장에서 사용하는 강을 제조하는 과정이 제강(Steel Making)이다. 제철 과정에서는 철광석에 열을 가하여 녹이게 되는 데, 이때에 열원으로 사용되는 것이 코크스(Coke)이다. 코크스는 석탄류를 공기가 차단된 상태에서 가열하여 휘발성분을 제거한 것이다. 코크스와 철광석이 만나서 철을 생산하는 이 과정을 간단하게 축약하면 다음과 같이 화학식으로 표현할 수 있다.

$Fe_xO_x + CO \rightarrow Fe + CO_2$

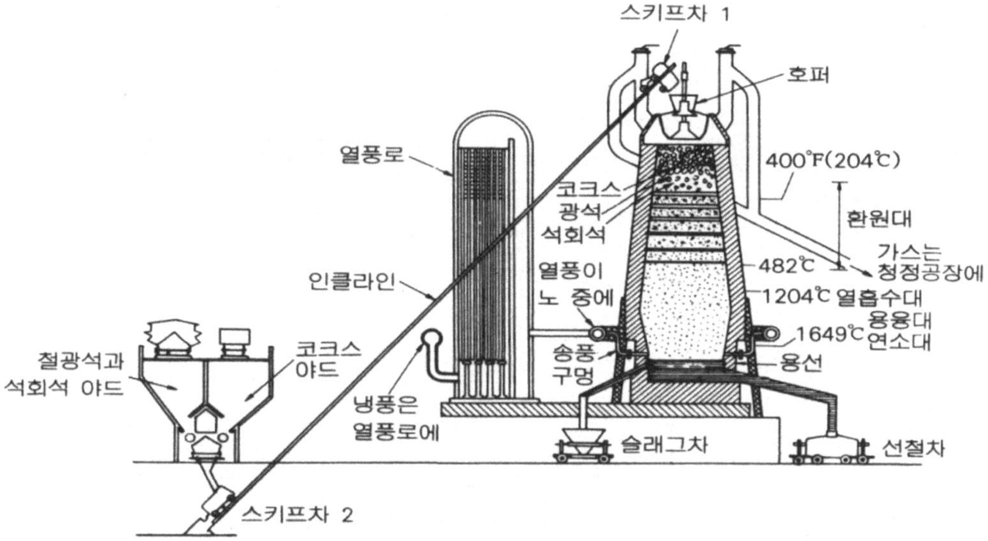

그림 1-1 제철 공정

용광로 내에서는 각종 불순물을 제거하게 되는 데, 그 과정을 간단하게 화학반응으로 설명하면 다음과 같다.

- Decarburization : $[C] + [O] \rightarrow \{CO\}\uparrow$
- Desiliconization : $[Si] + 2[O] + 2(CaO) \rightarrow (2CaO + 2SiO_2)$
- Manganse reaction : $[Mn] + [O] \rightarrow (MnO)$

- Dephosphorization : 2[P] + 5[P] + 3(CaO) ➔ (3CaO + P_2O_5)
- Desulphurization : [S] + (CaO) ➔ (CaS) + [O]

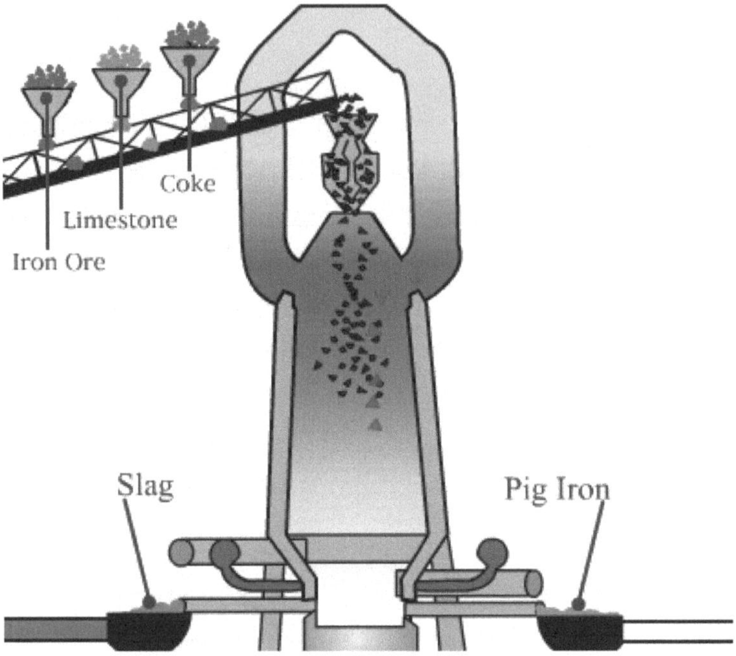

그림 1-2 선철(Pig Iron)의 생산

제철 과정에서 맨 처음 생산되는 것이 선철(Pig Iron)이며, 여기에는 약 5 ~ 9% 정도의 탄소를 비롯하여 여전히 많은 양의 불순물이 포함되어 있기에 이를 제거하고 관리하는 과정이 필요하다.

탄소를 비롯한 불순물을 제거하는 공정은 매우 다양한데, 그 중에 가장 일반적인 것이 산소를 불어 넣어서 산화 시켜서 제거하는 방법이다. 그리고 이때에 금속 조직에 남아 있는 산소를 제거하는 과정이 다음 장에 소개할 탈산(Killing) 공정이다.

아래 그림 1-3은 선철에 남아 있는 탄소 및 불순물을 제거하는 공정이다. 왼쪽의 그림은 선철에 산소를 불어 넣어서 탄소를 일산화 혹은 이산화탄소 상태로 제거 하는 것이고, 오른쪽 그림은 선철을 재용해하여 ESR(Electro-Slag Remelting) 로에서 불순물을 제거하는 공정이다.

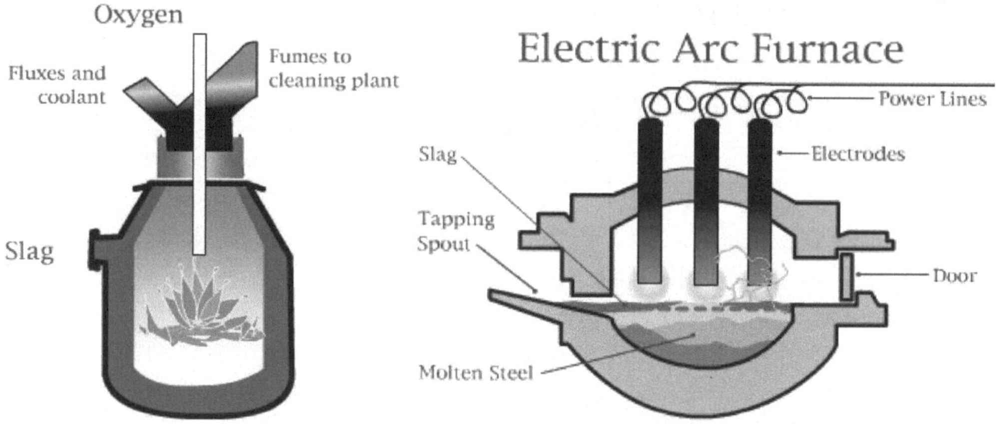

그림 1-3 선철에서 불순물을 제거하는 공정

탄소를 비롯한 각종 불순물 원소는 금속재료에 해로운 역할을 수행하기도 하지만 합금원소의 일부로 작용하기도 한다. 이들 합금 원소의 역할을 아래 표 1-1에 간단하게 정리한다.

표 1-1 탄소강내의 합금 원소의 역할

합금원소	강중의 역할
C	C 함량에 증가함에 따라, 강의 경도와 경화능은 증가한다. 연성, 단조성, 용접성 및 가공성 (절삭 도구를 사용한 가공)은 감소 물, 산, 고온 기체에 대한 일반적인 내식성은 C의 영향을 받지 않는다. (응력부식균열은 제외)
Si	탈산제 〈0.1%: Unkilled , Macro-Segregation 0.1~0.8% : Semi-killed, No Segregation, 용접성 양호 〉0.8% : Brittle, 용접에 부적합
Mn	탈산제 (0.4~0.6% : 일반강, 〉0.6% : killed강, 1.0~1.6% : Fine Grained Steel) 고용강화 & 인성 ↑ 탄소당량 증가 ⇒ 예열 저융점 화합물 FeS 형성을 방지하기 위해 최소 0.2% 이상 첨가되어야 함.
P	중앙부 편석, 저융점 화합물 형성 : Fe_3P (Tm=1050℃) P가 N의 확산을 도와줘서 Strain Aging 발생이 쉬워짐 ⇒ 인성 저하 (시효 저항성 증가) 인성에 매우 부정적 영향 (천이온도 증가), 절삭성 증가 용접성 저하 (〉0.06%에는 용접이 되지 않는다. 보통 0.02~0.035%)
S	[FeS]·[FeO]로 저융점 공정물 형성(Tm=930℃) ⇒ Hot crack 발생 * Mn 첨가로 FeS 생성 방지 ⇒ Rolled MnS ⇒ Lamellar Tear 적열 취성: 단조시 발생(800℃)

합금원소	강중의 역할
	〈0.06%(Steel), 〈0.03%(Stainless) 이하로 규정
Al	강력한 탈산제 Oxide 형성 (Al_2O_3) ⇒ 핵생성 Site 제공 ⇒ 입자 미세화 질화물 형성 (AlN) ⇒ Interstitial N 을 잡아줌 ⇒ Strain Aging 방지
N	Strain Aging 발생 Cold Deformation ↑, 온도 증가, P,O,C는 Strain Aging 조장 Strain Aging 방지책 : Al, Nb, V 첨가 ⇒ Nitride 형성
O	함유량이 많으면 CO 가스발생 0.007%이상이 되면 산화물로 존재하기 때문에, 일반적으로 0.003%이하의 산소를 함유한다. 많을수록 취성이 증가하고, 충격치 저하
H	Cold crack 발생(수소 Crack의 외형 : Fish Eyes, Microcracks, Underbead Cracks)
기타	Carbide 형성 : Cr, V, Ti, Nb, Ta, Mo, W 고용강화 : Mo, Ni, Mn

이외에도 특수한 목적으로 추가적으로 적용하는 합금 원소들이 있으며 이들의 역할을 아래와 같이 정리한다. 이하의 내용은 위 표 1-1에서 제시된 내용과 중복되는 것도 있고, 관점이 다른 것도 있는 데, 이는 해당 강종이 탄소강을 전제로 설명한 것이 아니기 때문이다. 탄소강내에서 합금 원소의 역할은 위 표 1-1을 참조하면 된다.

표 1-2 강중의 합금 원소의 영향

합금원소	강중의 역할
Al MP : 658℃	탈산, 탈질제 → 시효저항 향상 및 결정립 미세화 Al은 강도가 큰 질화물 형성 → 질화처리강의 합금원소로 사용 탄소강에 첨가시 Al이 표면으로 확산되는 현상에 의해 고온 내식성이 증가한다. Al은 Austenite 조직상을 크게 억제함 보자력을 향상시키므로, Fe-Ni-Co-Al 영구자석 합금용 원소로 사용
As MP : 817℃	Austenite 상을 제한 P와 같이 강한 편석의 경향을 가진 유해원소이나, Anealing을 통한 편석을 제거하는 것은 P보다 어렵다. 또한 Temper Brittlement (소리 취성)을 증가 시키고, 인성 및 용접성의 감소를 유발
B MP : 2300℃	중성자 흡수 단면적이 크므로, 원자력 발전소의 Controller나 Shield용 합금강으로 사용 Austenite계 스테인리스강에 참가되면 석출 경화 효과에 의해 항복점 및 강도를 증가시킨다. 그러나, 내식성은 감소하게 된다. B에 의해 야기된 석출로 인해 고온강도가 증가. 구조용 강에 첨가하면 경화 효과에 의해 강도가 증가하지만, 용접성이 나빠진다.
Be	Cu-Be 합금은 시계용 스프링 재료로 사용

합금원소	강중의 역할
MP : 1280℃	자화가 잘 일어나지 않고, 스프링강보다 하중 싸이클이 크다. Ni-Be 합금은 매우 경도가 크고 내식성을 가지므로 의료 기기용 재료로 사용 Be은 Austenite상을 매우 제한한다. Be을 첨가하여 석출 경화를 시킬 수 있으나, 이로 인해 인성이 저하된다. 탈산 효과가 크고, 황과의 친화력도 상당히 크다.
Pb MP : 327.4℃	절삭강에 약 0.2~0.5% 첨가된다. 매우 미세한 부유입자(Suspension)와 같은 분포를 보이므로 절삭 공고의 깨끗한 표면을 얻을 수 있고 표면 손상이 적고 절삭성이 향상된다. 이 정도의 Pb 함량은 강의 기계적 성질에 거의 영향을 미치지 않는다.
Sn MP : 231.8℃	Cu처럼 표면 스케일층 아래에 농축되고, 입계를 통해 침투해서 균열과 Solder 취성을 유발시키는 유해원소이다. 편석 및 Austenite 상 영역 제한의 경향이 있다.
O MP : 218.7℃	강의 유해원소이다. 강중에서의 산소 화합물의 특성, 조성, 형상, 분포 양상이 유해한 정도에 큰 영향을 미친다. 기계적 특성, 특히 횡축 방향의 노치 인성을 감소시킨다. 또한, 시효, 취화, 적열 취성, 섬유상 파괴(Fibrous Fracture)및 Fishscale Fracuture를 증가시킨다.
Ti MP : 1727℃	산소, 질소, 황 및 탄소와의 강한 친화력을 가지므로 강한 탈산, 탈질, 탈황 작용 및 탄화물 형성 작용을 한다. 스테인레스강에서 입계 부식 억제를 위한 안정화 원소로 널리 사용된다. (321SS) 또한, 결정립 미세화 효과가 있다. Ti는 Austenite 영역 제한 효과가 매우 크다. 고농도에서는 석출 과정을 유발시키고 강한 보자력을 가지므로 영구 자석 합금에 첨가된다. 특정 질화물을 형성하므로 Creep 파단 강도를 증가시킨다. 또한 Ti는 편석과 Banding 경향이 크다.
Zr MP : 1860℃	탄화물 형성 원소이며, 최소한의 탈산 생성물을 남기므로, 탈산 탈질, 탈황제로 사용된다. 완전 탈산된 S함유 절삭강에 Zr을 첨가하면 황화물 형성을 촉진하므로 적열 취성을 최소화 시킬 수 있다. 가열 전도체의 수명을 증가시키며 Austenite상을 제한한다.
Ca MP : 850℃	탈산 공정에 Si과 함께 Silico-Calcium의 형태로 사용된다. 열전체 재료의 고온 내식성을 증가시킨다.
Ce MP : 850℃	탈산 효과 및 탈황을 촉진시키는 효과 고합금강에 첨가되어 고온 성형성을 어느 정도 증가시키고, 내열강의 고온 내식성을 향상 Fe-Ce 합금 (Ce 70%)은 발화성을 가진다. Ce은 구상 흑연 주철에 첨가된다.
Co MP : 1492℃	Co는 탄화물을 형성하지 않는다. 고온에서의 결정립 성장을 억제하고 소려유지 및 고온 강도 증가의 효과가 있어, 고속도강, 고온 성형용 공구강, Creep 저항성 고온재료의 합금 원소로 자주 사용된다. 흑연 성성을 촉진시킨다. 다량 첨가되면, 열전도도, 보자력, 잔류자화(remanence)를 증가시킨다. 따라서, Super High Quality 영구 자석용강의 기본 합금 원소이다. 중성자를 조사하면 방위 동위원소 Co60이 형성되므로, 원자력 발전소의 반응기 재료용 첨가 원소로는 부적당하다.
Cr MP :	강의 급냉시 기름, 공기 경화성을 부여 마르텐사이트 형성에 필요한 임계 냉각 속도를 감소

합금원소	강중의 역할
1920℃	경화능을 증가시키므로 경화 및 소려에 대한 민감도를 증가시킨다. 노치 인성(Notch Toughness)을 감소시키지만, 연성은 거의 감소시키지 않는다. 순수한 Cr강에서는 Cr 함량이 증가할수록 용접성이 감소한다. 강의 인장 강도는 Cr 함량이 1% 증가함에 따라 80~100N/mm2 증가한다. Cr은 탄화물 형성 원소이다. Cr 탄화물은 Edge-holding 특성과 내마모성을 증가시킨다. 고온 강도 및 고압 수소화 특성은 Cr 첨가에 의해 향상된다. Cr함량이 증가함에 따라 고온 내식성이 향상되며, 약 13% 정도가 강의 내식성 부여를 위한 최소값이다. 이 Cr 탄화물은 기지 내에 용해된 상태로 존재해야 한다. Cr은 Austenite상을 제한하므로 페라이트 영역을 확장시킨다. Cr의 첨가로 인해 열전도도 및 전기 전도도, 열팽창률은 감소한다. (Glass Sealing 용 합금). C 함량 증가와 더불어, Cr은 잔류자화 및 보자력을 3%까지 증가시킨다.
Mg MP : 657℃	주철에서 구상흑연 형성을 촉진
Se MP : 217℃	S와 마찬가지로 절삭강의 합금 원소로 사용되어 보다 효과적으로 절삭성을 향상시킨다. 내식성에서는 S보다는 내식성을 덜 감소시킨다.
Cu MP : 1084℃	Cu는 Scale층 아래에 집중되고, 입계를 통해 강의 내부로 침투하여 고온 성형시 표면이 매우 민감해지므로, 일부 합금강에서만 첨가 강에 유해한 원소이다. Cu는 항복점 및 항복점/강도비를 증가시킨다. 약 0.30%까지 첨가되면 석출 경화 효과가 있다. 경화능을 향상시킨다. 용접성은 Cu의 영향을 받지 않는다. 함금강, 저합금강에 첨가되어 Cu는 내후성(Weathering Resistance)을 크게 향상시킨다. 내산성 고합금강에 약 1%이상 첨가되면 염산 및 황산에 대한 내식성 향상
H MP : 262℃	연성감소로 인한 취화 및 항복점 및 인장 강도의 증가없이 Necking을 유발 산세(Acid Cleaning) 공정 중에 발생한 수소원자는 강의 내부로 침투해서 수소 취성을 형성한다. 습기를 함유한 수소는 고온에서 탈탄 효과를 가진다.
Nb/Cb MP : 1950℃	대부분 함께 첨가되며 서로 분리하기가 매우 어렵다. 따라서 보통 함께 사용된다. 매우 강한 탄화물 형성 경향을 가진다. 두 원소 모두 페라이트 형성 원소이므로 Austenite상을 감소시킨다. Nb의 첨가로 인해 고온 강도 및 Creep 파단 강도가 증가하므로 고온용 오스테나이트계 보일러용 강에 첨가되는 경우가 많다.
Ta MP : 3030℃	Ta은 중성자 흡수력이 크다. 저 Ta, Nb강만이 원자력 반응기용 재료로 사용될 수 있다. 용접부에 미세 석출물로 존재하여 경호를 심하게 하여 고장력강에서 그 양을 제한하는 경우가 있다.
W MP : 3380℃	매우 강한 탄화물 형성 원소이며, 이 탄화물은 경도가 매우 크다. Austenite상을 제한한다. W는 고온 강도 및 소려 유지를 증가시키고, 고온에서의 내마모성을 증가시키며 절삭성을 향상시킨다. 그러므로, 주로 고속도강, 고온 성형용 공구강, Creep강, 초경도강 등의 첨가원소로 사용된다. 보자력을 크게 향상시키며 영구 자석강 합금에 첨가된다. 고온 내식성을 감소시킨다.
V MP : 1726℃	주로 조직을 미세화 시킨다. 강한 탄화물 형성 원소이므로, 내마모성, Edge Holding 특성 및 고온 강도를 증가시킨다. 주로 고속도강, 고온 가공용강 Creep강의 첨가원소로 사용된다. 소려 유지 개선 및 과열 민감도(Overheating Sensitivity)감소 효과가

합금원소	강중의 역할
	있다. V는 탄화물을 형성하여 결정립을 미세화시키고, 공기 경화 (Air Hardening)를 억제하므로 열처리용 강의 용접성을 증가시킨다. 또한, 탄화물 형성으로 인해 압축 수소에 대한 저항성이 증가한다.
N MP : 210℃	유해 원소와 합금 원소의 두 가지 기능을 가지고 있다. 석출 과정을 통해 시효 감수성을 증가시키고, 청열 취성을 유발시키므로 인성의 감소를 초래하며, 연강 및 합금강에서 입께 응력 균열 발생을 유발시키므로 유해한 원소이다. 반면 합금 원소로서 Austenite 상을 확장시키고 오스테나이트 구조를 안정화시킨다. 오스테나이트 강에서는 강도를 증가시키고, 가열상태에서의 항복점 및 기계적 성질을 향상시킨다. 질화처리 중에 질화물 형성의 결과로 N의 첨가로 인해 높은 표면 경도를 얻을 수 있다.
Sb MP : 630℃	유해 원소이다. 인성을 크게 감소시키며, Austenite상을 억제한다.
Ni MP : 1453℃	구조용강에 첨가되어 저온 영역에서도 노치 인성 (Notch Toughness)을 크게 증가시킨다. 따라서, 저온 인성강의 인성을 증가시킬 목적으로 첨가된다. 모든 변태 온도(A1~A4)는 Ni첨가로 낮아진다. Ni은 탄화물 형성 원소가 아니다. Austenite상 영역을 매우 확장시키므로, Ni이 7% 이상 첨가되면 내식용 강에 상온 이하의 온도에서도 오스테나이트 구조를 가지도록 하는 역할을 한다. Ni만을 첨가하면 그 함량이 높아지더라도 강의 내후성을 향상시키는 역할만을 한다. 그러나, 오스테나이트계 스테인레스강에서는 환원성 분위기에서의 내식성을 향상시키는 역할을 한다. 오스테나이트 스테인레스강의 산화성 분위기에 대한 내식성을 부여하는 것은 Ni이 아니라, Cr이다. Ni의 첨가로 오스테나이트계 강의 재결정 온도가 높아지기 때문에 600℃ 이상에서 높은 고온 강도를 가지게 된다. Ni첨가강은 실제적으로 비자성을 나타낸다. 열전도도 및 전기 전도도는 크게 감소한다. 정확하게 규정된 조성 영역을 가지는 고 Ni 함유 합금은 낮은 열팽창 특성과 같은 특별한 물리적 성질을 가지게 된다. (Invar Alloy)
P MP : 44℃	응고과정 중의 1차 편석 및 Austenite상 영역을 크게 제한함으로써 인한 고상에서의 2차 편석 가능성이 있으므로 일반적으로 유해원소로 취급된다. 상대적으로 확산 속도가 느리므로, α및 γ상 중에서 발생한 편석을 제거하기가 어렵다. P는 기지 중에 균일하게 분포하기 어려우므로, P 함량을 매우 낮게 유지하고 있으며, 고강도 강에서는 그 함량을 최대 0.03~0.05%로 제한하고 있다. 편석 정도를 명확하게 결정할 수 없으나, 최소량이 존재한다 해도 P는 소려 취성 감수성을 증가시킨다. P에 의한 취화 현성은 C 함량이 증가할수록, 경화온도가 증가할수록, 결정립 크기가 증가할수록, 단조에 의한 감소비가 즐어들수록 감수성이 커진다. 취화 현성은 저온 취성, 충격 응력에 대한 민감성(취성 파괴의 경향)의 형태로 나타난다. 탄소 함량 0.1%의 구조용 저합금강에서 P는 강도를 증가시키고 내후성을 향상시킨다. Cu가 공존하면 내후성의 향상을 돕는다. Austenite Stainless강에 P를 첨가하면 항복점이 증가하고, 석출 경화 효과를 얻는다.

2. 철강 재료의 구분

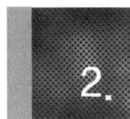

철강 재료는 탄소의 함량에 따라 다음과 같이 구분하며, 여기에 다시 용도에 따라 합금원소를 첨가한 합금강과 Stainless Steel이 만들어진다.

2.1. 탄소함유량에 따른 철강재료의 분류

철강 재료를 구분하는 가장 일반적인 기준은 아래 표와 같이 나눈다. 앞서 언급한 바와 같이 탄소의 함량에 따라 구분하는 것이 가장 일반적이며, 여기에 추가하여 해당 강종의 용도에 따라 나누기도 한다.

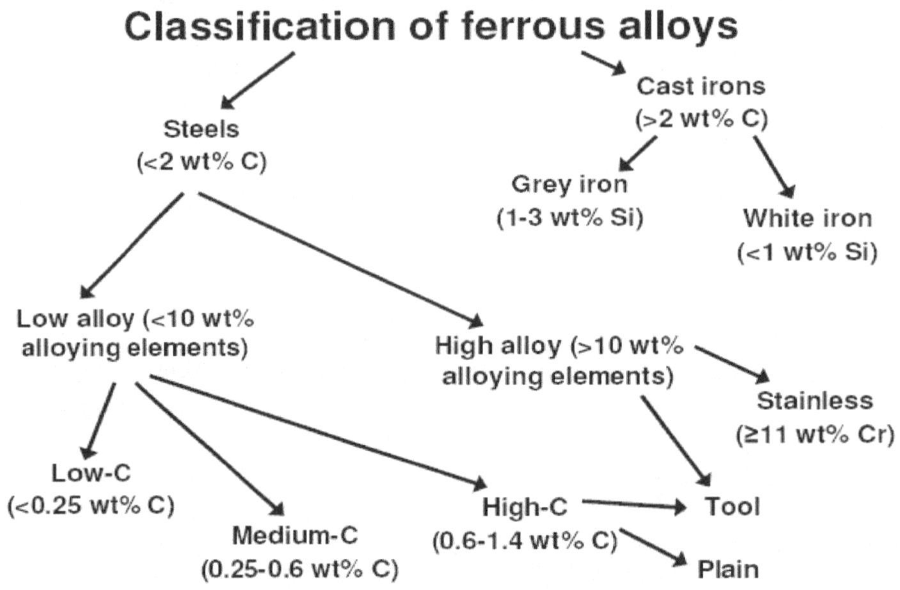

표 1-3 철강 재료의 구분

구분	C (%)	제조법	가공성	기계적 성질
순철	0 - 0.01	전기분해	연하고 우량	연성이 큼
강	0.01 - 1.7	제강로	소성, 절삭 가공 및 용접 가능	강도, 경도가 큼
주철	1.7 - 6.67	Cupola	절삭은 가능하나 용접성은 불량	취성이 큼

2.2. 탈산의 방법에 따른 구분

탄소강은 탈산의 정도에 따라 다음과 같이 구분된다. 현업에서 활용하는 탄소강 재질중에 탈산강(Killed Carbon Steel)이 아닌 것은 A285 정도로 제외하고는 거의 없고, 대부분 탈산강, Killed Carbon Steel 이다.

탈산은 금속 조직내에 있는 산소를 탈산제를 이용하여 제거하거나 진공 상태로 용강을 만들어서 제거하는 방법을 사용한다. 다음은 가장 대표적인 탈산제의 반응식이이다.

- $Mn + O \Rightarrow (MnO) \uparrow$
- $Si + O \Rightarrow (SiO_2) \uparrow$
- $Al + O \Rightarrow (Al_2O_3) \uparrow$
- Ca, Se(셀레늄) :용착 금속 내 산화개재물의 크기 및 양을 제어할 수 있는 원소

Si으로 탈산을 하게 되면 Al 탈산강에 비해 상대적으로 입자가 커지고 고온에 유리한 조직을 갖게 되며, Al으로 탈산을 하게 되면 금속입자가 미세해 지고 저온 인성이 강한 조직을 갖게 된다.

- Classification of Carbon Steel
  - Plain Carbon Steel : A53, API 5L, A36
  - Killed Carbon Steel : A106, A105, A516
- Killing Method
  - Oxygen scavenger such as Si
  - Vacuum Degassing
- Killing with Si and/or Al
  - Steel killed with Si : ASTM A515
  - Steel killed with Al alone or Si and Al : ASTM A516

탈산이 제대로 되지 않으면 강재 내부에 불순물이 남게 되고, 이는 곧 기계적 특성의 저하로 나타난다. 또한 용접과정에서 충분하게 탈산되지 않은 강은 쉽게 균열이 발생할 수 있는 위험성이 있다.

다음 그림은 탈산의 정도에 따른 탄소강의 구분이다.

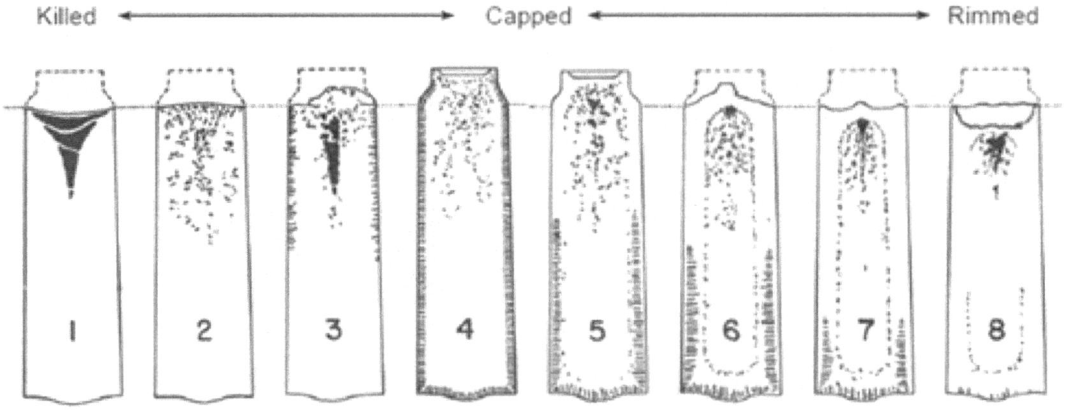

그림 1-4. 탈산의 정도에 따른 구분

표 1-4 탈산 정도에 따른 강의 구분

강 종	산소농도	특 징
Rimmed steel	0.025wt.%	CO gas가 떠오르면서 주형벽에서 성장하는 수지상정을 깨뜨리며, 응고중 수지상정 arm 사이에 집중된 불순물이 Ingot의 중앙부에 집중하게 된다. 그 후 온도가 계속 내려가면 넓고 일정한 부피를 가지는 C, S, P의 편석구간이 발생하게 된다.
Semi-killed steel	0.012wt.%	중간품질을 가지는 ingot를 생산한다.
Killed steel	0.003wt.%	Ingot 전체에 걸쳐 불순물이 균일하게 분포한다(성장하는 수지상정 사이에서 그대로 편석된 상태로 응고된다).

우리가 강구조용으로 혹은 압력용기를 제작하거나 배관재를 만들 때 사용하는 탄소강은 거의 대부분이 탈산강이다. 압력용기 제작시에 가장 널리 사용하는 ASTM A516, 배관재로 사용하는 ASTM A106, A105등이 모두 탈산강재이다. 간혹 저장탱크를 제작하는 데 적용하는 강재로 완전탈산이 되지 않은 강종을 명기하는 경우가 있기는 하지만, 실제로 생산되는 강재는 대부분 탈산이 된 상태로 시중에 공급된다.

2.3. 금속의 결정 구조

물질을 구성하고 있는 원자가 입체적으로 규칙적인 배열을 이루고 있을 때, 이를 결정(Crystal)이라고 한다. 이러한 결정은 응고 중에 형성되는 데, 금속은 일반적으로 무수히 많은 크고 작은 결정들이 모여서 집합체를 이루고 있으며, 이와 같은 결정의 집합체를 다결정체(Polycrystalline)이라고 한다. 결정체를 이루고 있는 각 결정을 결정입자(Grain)이라고 하고, 결정입자의 경계를 결정입계(Grain Boundary)라고 부른다.

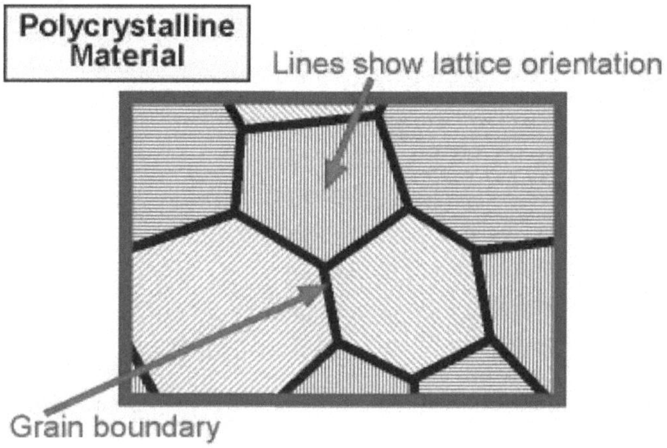

그림 1-5 결정입과 결정입계

그리고 이들 결정구조에는 원자가 규칙적으로 배열되어 있는 최소 단위의 격자(Unit Cell)로 구성되어 있다. 금속에서의 대표적인 결정 구조에는 체심입방격자(BCC), 면심입방격자(FCC), 그리고 조밀육방격자(HCP)가 있다.

모든 금속을 일정한 위치에 원자가 존재하는 격자 구조를 가지고 있다. 이 격자 구조에 따라 금속의 기계적, 화학적 특성이 달라지게 되며, 각 금속재질별로 온도에 따라 고유한 격자 구조를 형성하게 된다.

2.3.1. 체심입방격자

체심입방격자는 Body Centered Cubic Lattice를 의미하며, 입방체의 8개 꼭지점에 각 1/8개의 원자가 존재하고, 단위 격자의 중심에 원자 1개가 있는 구조로 되어 있다. 즉 하나의 단위격자에 총 2개의 원자가 존재하는 형태를 갖고 있다. 원자간에 서로 접촉하고 있는 원자를 최근접 원자라고 하며, 그 중심간의 거리를 근접 원자간 거리라고 한다.

1개의 원자를 중심으로 생각할 때, 그 원자 주위에 있는 최근접 원자의 수를 배위수(Coordination Number)라 하는데, 체심입방격자에서 배위수는 8이다.

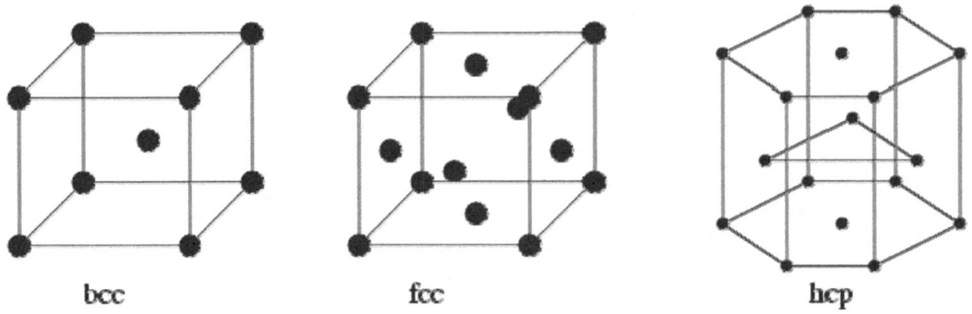

그림 1-6 금속의 격자 구조

2.3.2. 면심입방격자

각 면의 중심에 1/2개의 원자를 가지게 되어 1/2 × 6면 = 3개의 원자와 입방체 꼭지점에 1/8 × 8개 = 1개의 원자를 합하면 총 4개의 원자를 단위 격자안에 가지고 있다. 또 면심입 단위 격자에서는 배위수가 12개이다.

2.3.3. 조밀육방격자

육각기둥 상하면의 각 모서리점과 그 중심에 1개씩의 원자가 있고, 기둥을 구성하는 6개의 삼각기둥중에 1개씩 건너서 그 중심에 1개씩의 원자가 배열된 구조이다.

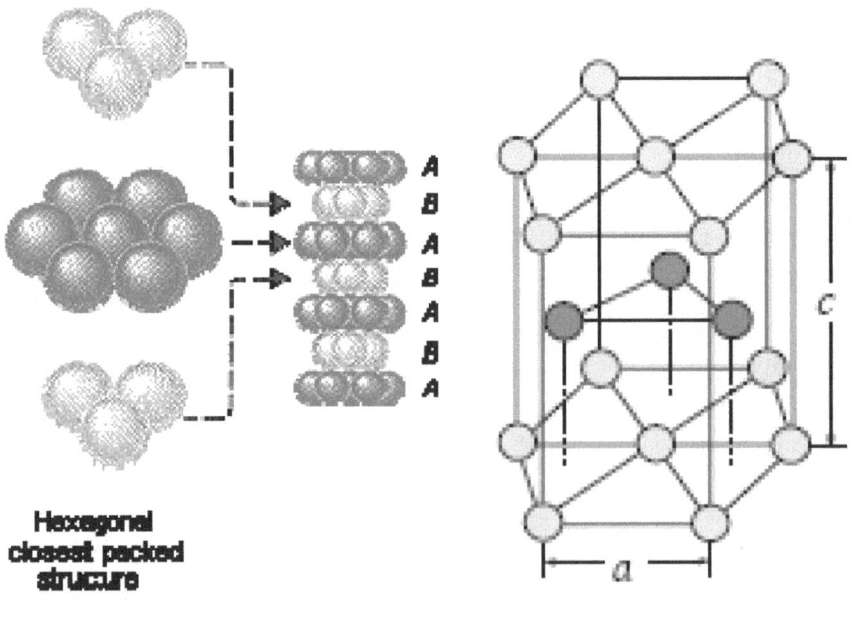

그림 1-7 조밀입방격자의 구조

순철(Pure Iron)은 매우 약하고 기계적 강도가 작기에 산업용 구조재로 사용할 수 없다. 여기에 탄소를 조금 넣어서 우리가 원하는 특성을 가진 재질로 만든 것이 강(Steel)이다.

순철은 온도에 따라서 격자 구조를 달리하게 된다.

- 1540°C 이상의 온도에서는 액체 상태로 존재하게 되며, 격자 구조를 갖지 않는다.
- 1540°C 이하가 되면, 응고가 시작되면서 맨 처음 BCC격자 구조를 갖게 되는 Delta Ferrite가 만들어 진다.
- 다시 1400°C 이하로 냉각이 지속되면, 격자 구조는 FCC로 바뀌게 되고 이 조직을 Gammar Iron이라고 부른다.
- 910°C 이하의 온도로 냉각되면, 순철은 다시 BCC구조로 바뀌게 되고 이를 상온의 Alpha 철이라고 부른다.

합금원소가 없는 순철의 경우에는 BCC와 FCC의 두가지 격자 구조를 가지게 되며, 이는 온도에 따라 달라지게 된다.

표 1-5 순철의 온도에 따른 변화

냉각			가열		
온도(℃)	변태	상변화	온도(℃)	변태	상변화
1401	Ar4	δ→ γ	1410	Ac4	γ→ δ
898	Ar3	γ→ α	910	Ac3	α→ γ
768	Ar2	약자성 → 강자성	768	Ac2	강자성 → 강약성

2.4. Fe-C 평형 상태도

철에 소량의 탄소가 합금된 것을 탄소강, 보통강, 또는 단지 강이라고 부른다.

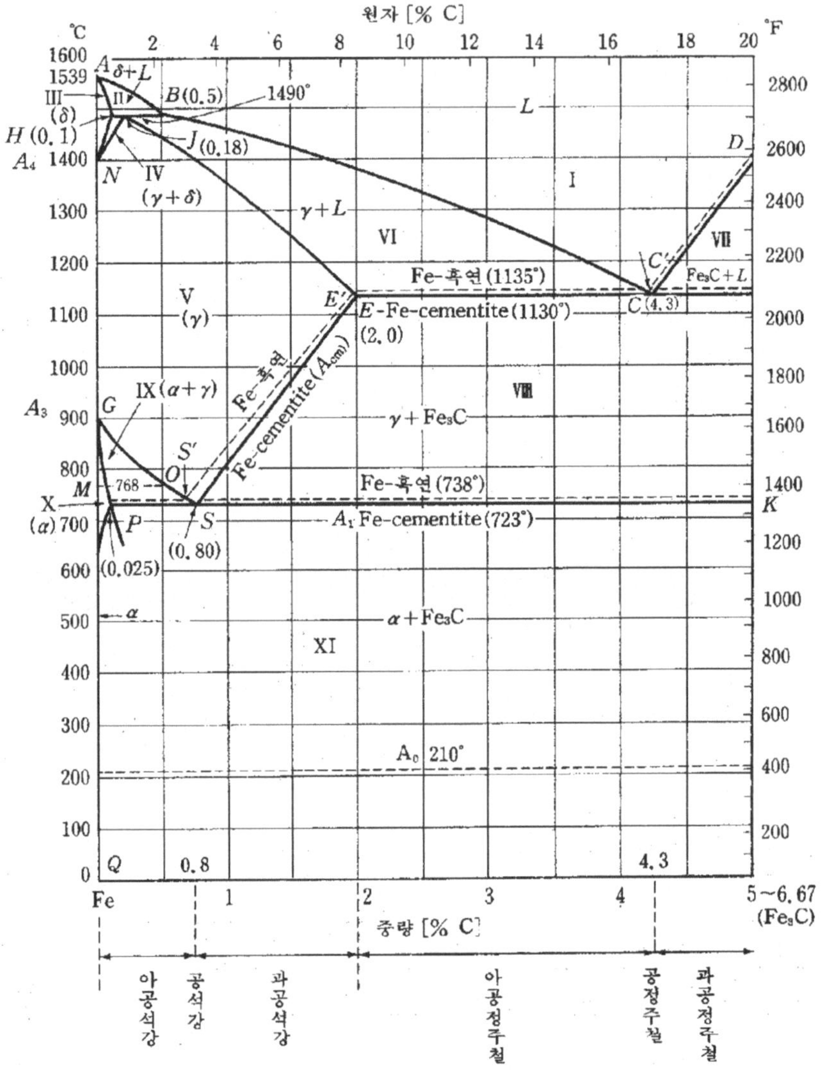

그림 1-8 Fe-C 상태도

강에는 주로 C, Si, Mn, P, S등 5원소를 함유하나 이중 강의 조직과 성질에 크게 영향을 주는 것은 C 이며 강중의 C 는 보통의 탄화물(FeC)로 존재하고 이것이 분해하여 흑연강이 되는 일은 드문 일이므로 일반적으로 강을 논할 때는 Fe-FeC의 준안정평형 상태도를 생각하는 편이 편리하고, Fe-C계 평형 상태도는 주철까지를 포함해서 고찰할 때 많이 이용된다.

이 상태도의 각 구역의 조직성분과 그 명칭 및 결정구조는 다음과 같다.

표 1-6 조직 명칭과 결정 구조

기호	명칭	결정구조
α	α Ferrite	B.C.C
γ	Austenite	F.C.C
δ	δ Ferrite	B.C.C
Fe_3C	Cementite 또는 탄화철	금속간 화합물
α + Fe_3C	Pearlite (공석조직)	α 와 Fe_3C의 기계적 혼합
γ + Fe_3C	Ledeburite (공정조직)	γ 와 Fe_3C의 기계적 혼합

상태도에서 보는 바와 같이 강에는 아공석강(亞共析鋼, Hypo-eutectoid Steel, 0.03 ~ 0.8% C), 공석강(共析鋼, Eutectoid Steel, 0.08% C) 및 과공석강(過共析鋼, Hyper-eutectoid Steel, 0.8 ~ 2.0% C)등이 있다.

Normalizing열처리에 의해 나타나는 조직을 표준조직(Normal Structure)라고 하며 표준조직 중에 나타나는 Ferrite, Pearlite 및 Cementite의 체적비는 C량에 따라 결정되므로 이 조직을 조사하여 이들 체적비를 추정함으로써 C량을 알 수 있다.

2.5. 탄소강의 변태

2.5.1 Transformation Line 설명

- A0 변태 : Cementite의 자기적 변태를 의미한다. 순철에서는 존재하지 않는다.
- A1 변태 : 강의 Eutectoid Transformation (Austenite ↔ Ferrite + Cementite). 강과 주철에만 존재 한다. Ar1 변태점에 있어서는 강이 발열하며, 어두운 곳에서 보면 급작스럽게 광휘를 나타내는 수가 있으므로 재휘점이라고 한다. Ac1 점에 있어서는 강은 수축하여 전기저항이 커진다.
- A2 변태 : 철의 자기적 변태. 이 변태가 나타나는 점을 Curie Point라고 한다.
- A3 변태 : 강의 α ↔ γ 변태. Ar3점에서는 강이 현저하게 팽창한다.
- A4 변태 : 철의 γ ↔ δ 변태. Ac4 변태에 있어서 팽창하며, Ar4 변태시 수축한다.
- Acm 변태 : Austenite ↔ Austenite + Cementite 변태. 과공석강에만 존재하는 변태이며, 그 변태점은 탄소량의 증가에 따라 상승한다.

2.5.2. 페라이트(Ferrite)

순철에 탄소가 극히 소량 고용된 고용체를 페라이트라고 한다. 고온에서 맨 처음 석출되는 조직으로 BCC 구조를 가지고 있다. 순철에 해당하는 조직으로 기계적 강도가 극히 작아서 기계구조용으로 사용할 수 없다. 상온에서 789℃까지 강자성체이며 체심입방격자 (BCC)의 구조로 연성이 크다.

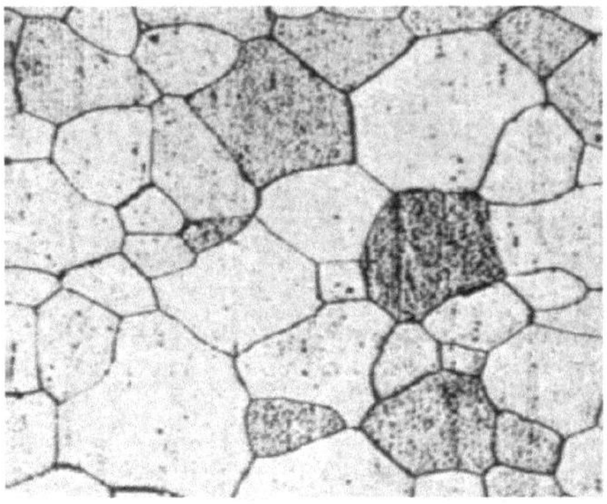

그림 1-9 Ferrite 조직

2.5.3. 오스테나이트(Austenite)

γ- Fe 에 탄소가 고용된 γ고용체를 오스테나이트라고 하며 A1(723℃)변태점 이상에서 안정상을 이루는 고온 안정조직으로 인성이 좋고 소성 변형성이 우수한 면심입방격자(FCC)를 이루며 비자성을 갖고 있다. 담금질 후에 저탄소강에는 존재하는 일이 적고 고 탄소강이나 합금강에서 오스테나이트가 잔류 하는데 이로 인하여 치수 변형의 원인이 되기도 한다.

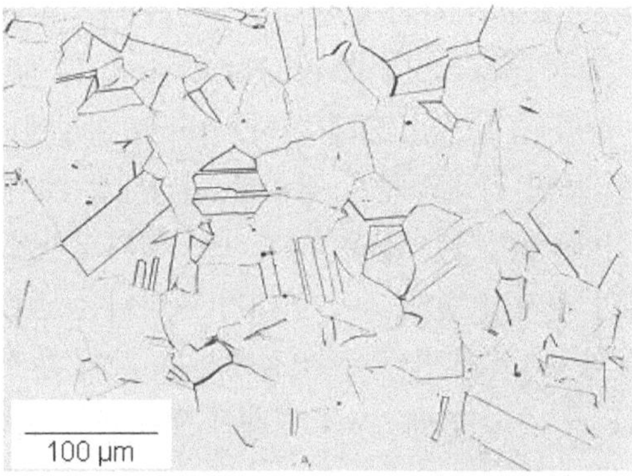

그림 1-10 Austenite 조직

- Austenite : 2.0%의 탄소를 포함한 γ-고용체(FCC)
- 탄소 2.0%는 주철과 강의 경계

2.5.4. 시멘타이트(Cementite, Fe_3C)

시멘타이트는 0.8%의 탄소강으로부터 6.67%의 주철까지의 주된 성분으로 Fe와 C 의 금속간 화합물로 극히 단단한 성질로 강보다 내식성이 크다.
공구강이나 고탄소강에 존재하는 Fe_3C 는 충격에 약하므로 구상화 열처리에 의하여 구상시멘타이트화 하여 사용하면 충격에 견디는 좋은 공구강을 만들 수 있게 된다.

- 강(Steel) 속의 탄소는 Fe_3C(Cementite)의 형태로 존재
- 탄소 6.67%를 함유한 백색침상의 화합물로서 매우 단단하며 상온 강자성체

2.5.5. 퍼얼라이트(Pearlite)

탄소 0.8% 와 723℃온도에서 α- 고용체와 Fe_3C 의 금속간 화합물이 공석점에서 공석반응에 의해 얻어지는 혼합조직.

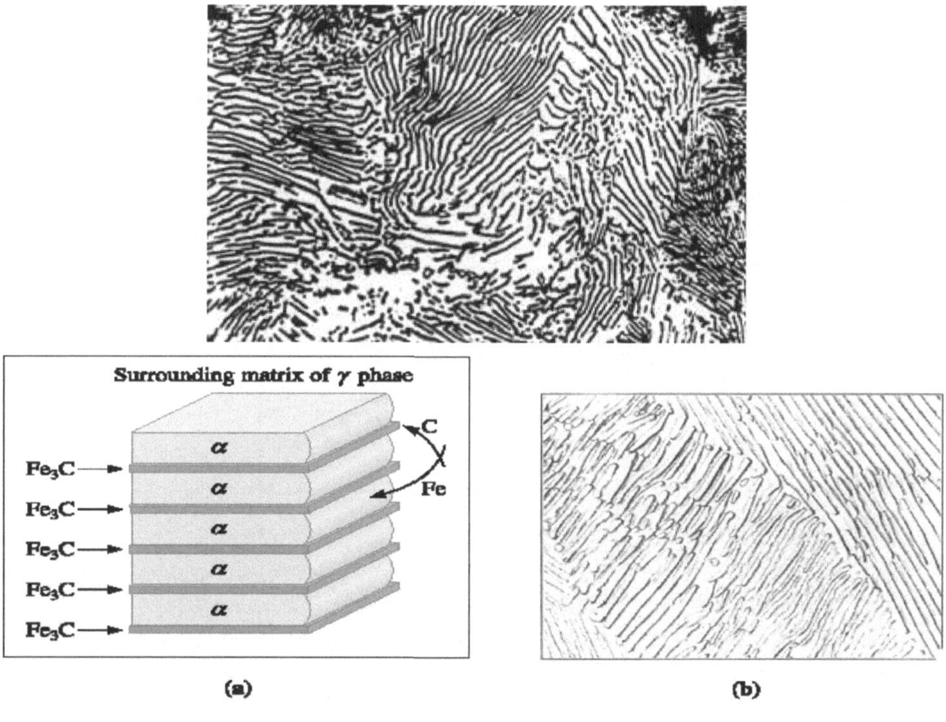

그림 1-11 Pearlite조직의 개요

※ 공석과 공정의 차이 : 공정과 공석은 응고를 시킬 때 서로 구별되는 조직을 가진다는 면에서는 동일하나 공정은 액상에서 고상으로 변할 때 나타나고 공석은 고상에서 고상으로 변할 때 나타남

그림 1-12 Martensite 조직

2.5.6 마르텐사이트(Martensite)

탄소강을 A3 변태점 이상으로 (오스테나이트계 구역) 가열하였다가 급냉하면 페라이트는 억제되고 시멘타이트(Fe_3C)만 과포화 고용체로 석출 하게 된다. 변태가 생성되는 온도를 마르텐사이트 개시온도(Ms, Martensite Start) 라 하고 변태가 종료되는 점을 마르텐사이트 종료온도(Mf, Martensite Finish)라 한다. 마르텐사이트 변태는 무확산 변태이고 현미경으로 관찰하면 침상조직으로 담금질 작업에 의하여 얻어진다.

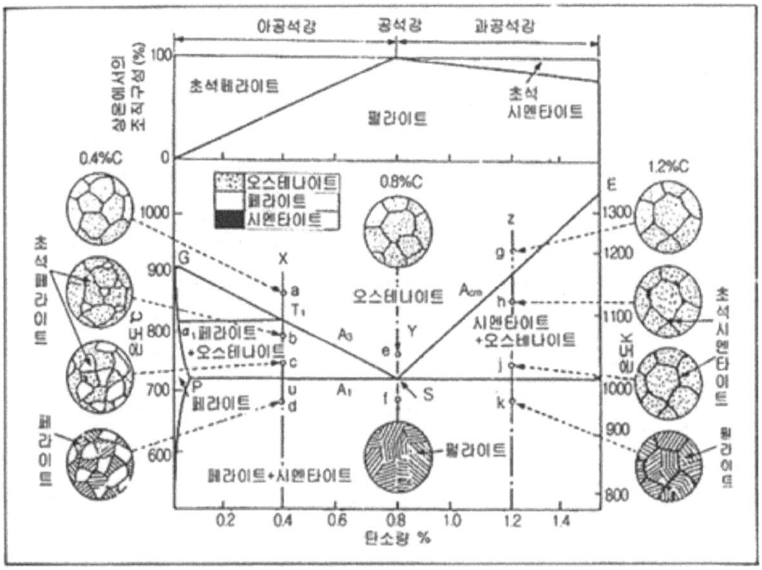

그림 1-13 아공석강과 과공석강의 응고 변태

2.6. 금속의 강화 기구

2.6.1. 고용체 강화

일반적으로 용매 원자의 격자에 용질 원자가 고용되면 순금속보다 강한 합금이 된다. 이는 고용체를 형성하면 그것이 치환형 고용체 혹은 침입형 고용체이건 간에 격자의 뒤틀림 현상이 생기고, 따라서 용질 원자의 근처에 응력장(應力場, stress field)이 형성된다. 이 용질 원자에 의한 응력장이 가동 전위의 응력장과 상호 작용을 하여 전위의 이동을 방해하여 재료를 강화시키게 되는 것이다. 이러한 형태의 강화를 고용체 강화(固溶體强化, Solid Solution Strengthening)라고 한다.

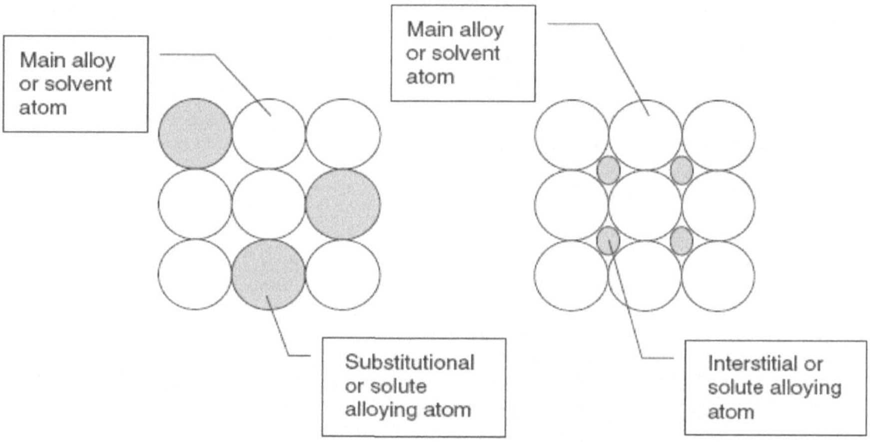

그림 1-14 치환형 합금과 침입형 합금의 개요

2.6.2. 석출 강화와 분산 강화

금속은 기지에 미세하게 분산된 불용성의 제2상에 의해 효과적으로 강화된다. 이 때 분산된 제2상이 어떤 방법에 의해 도입되었는가에 따라 석출 강화(析出强化, Precipitation Strengthening)와 분산강화(分散强化, Dispersion Strengthening)로 구별하여 부르고 있다.

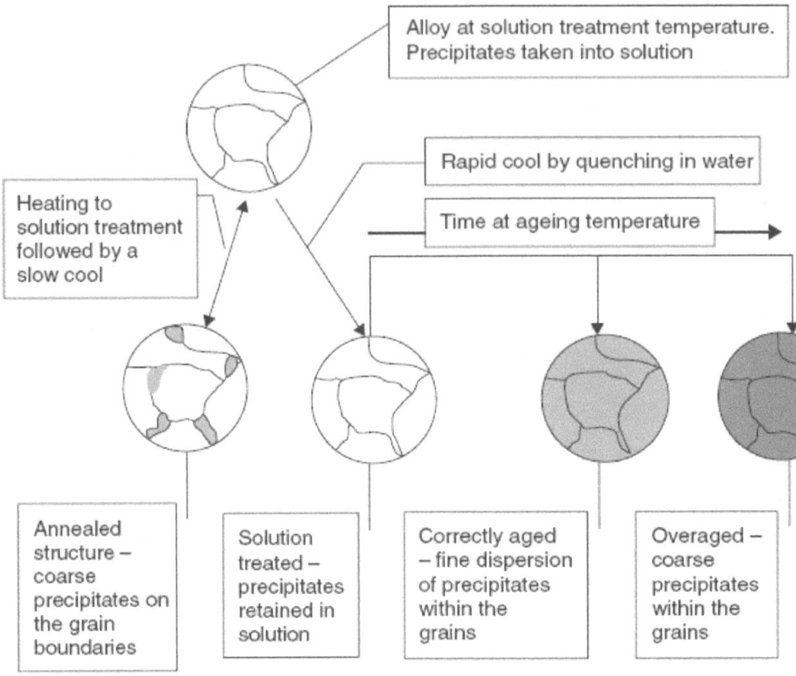

그림 1-15 석출 경화의 개요

- 석출 강화란 열처리 과정을 통하여 과포화 고용체로부터 제2상을 석출시켜서 강화시키는 현상을 말하는 것이고
- 분산 강화란 좀 더 일반적인 용어로서 제2상이 고용체로부터의 석출이 아닌 다른 과정, 예를 들면 분말 야금법이나 입자강화 분산 강화란 강화상인 제2상이 석출에 의하지 않고 인위적으로 첨가된 경우에 나타나는 강화 현상을 말한다.

2.6.3. 결정립 미세화 강화

결정립이 미세할수록 금속의 항복 강도뿐만 아니라 피로 강도 및 인성이 개선되므로 실제로 금속 재료 분야에서 결정립의 미세화는 매우 중요한 기계적 성질 개선책으로 이용되고 있다.

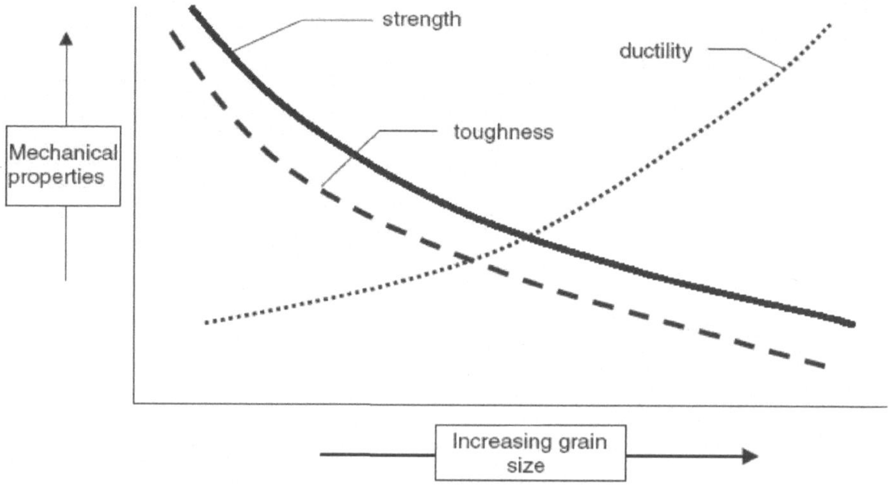

그림 1-16 Grain Size와 기계적 특성의 관계

2.6.4. 마르텐사이트 경화

용접과 열처리 과정에서 고온으로 가열되었던 조직이 급냉을 하게 되면, 냉각 속도에 따라 상온에서 얻어지는 조직이 달라지게 된다.

충분히 서냉을 하게 되면 조직은 안정적인 퍼얼라이트와 페라이트 조직으로 성장할 것이지만, 급냉이 된다면 조직은 마르텐사이트라고 불리우는 불안정 조직으로 바뀌게 된다. 급냉에 의해 만들어진 마르텐사이트에는 A3 변태점 이상의 고온에서 미처 변태하지 못한 잔류오스테나이트가 포함되어 있다.

마르텐사이트 조직은 퍼얼라이트보다 강하고 연신이 작으면 취성이 강하지만 높은 강도를 가지고 있다.

3. 기계적 특성

3.1. 인장 시험

3.1.1. 인장 시험 방법

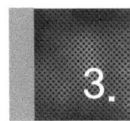

인장 시험은 강재의 기계적 특성을 평가하는 가장 일반적인 방법이다. 인장 시험은 금속이 가진 성질 중에서 인장 응력(Tensile Stress)에 대한 저항성을 평가 하는 것이다. 즉, 당기는 힘에 얼마나 잘 저항할 수 있는 가를 확인하는 것이다. 인장 시험에 사용되는 시편은 일정한 단면적과 거리를 측정할 수 있는 형상의 시편이면, 그 모양이 환봉(Round Bar), Plate, Pipe등 어느 형태라도 제한이 없다.

표면에 요철이나 결함이 없는 시편을 제작하고, 이를 인장 시험기 혹은 만능 시험기를 사용하여 잡아당기면서 시험을 진행한다.

시험을 통해 측정할 수 있는 내용은 재료의 인장 강도(Tensile Strength), 항복점(Yield Stress), 단면 수축률(Area Reduction Ratio), 연신률(Elongation)등이다. 다음 그림은 AWS에서 추천하는 환봉 형태의 인장 시편의 표준 크기이다. 인장 시험을 통해 강재의 항복 강도와 인장 강도 및 탄성한계와 연신율을 확인할 수 있다. 인장 시험의 시편은 아래 그림과 같이 준비하며, KS 및 ASTM등에 에 규격이 명기되어 있다.

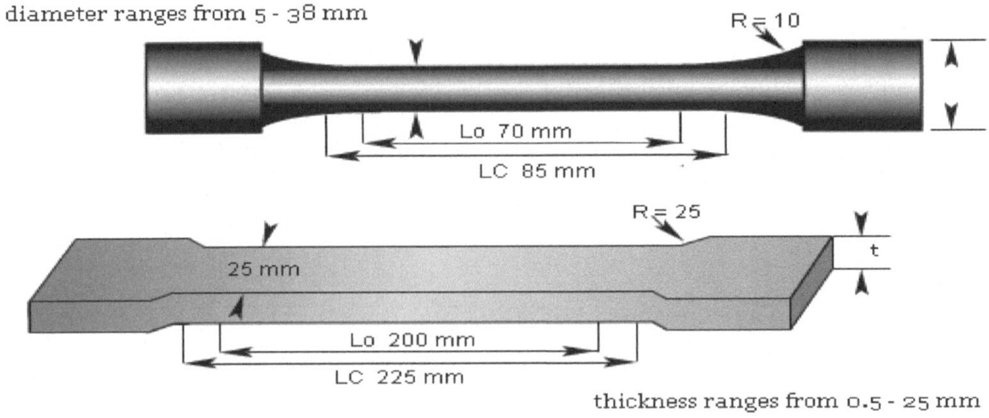

그림 1-17 인장 시험편의 표준 치수

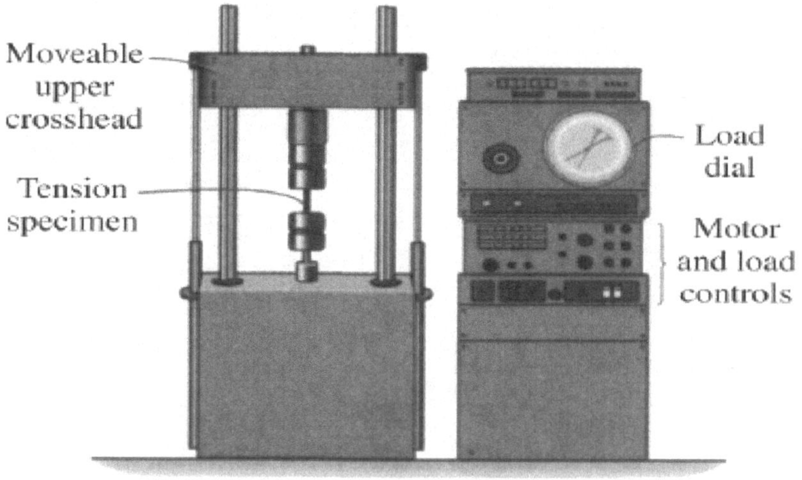

그림 1-18 인장시험기

3.1.2. 인장 시험 곡선

인장 시험은 시편에 인장 응력을 가하면서 실시된다. 힘을 가해서 당기게 되면 시험편은 늘어나게 되고, 이때 하중과 변형과의 관계를 나타낸 곡선이 얻어지는데 이것을 응력-변형 선도(Stress-Strain Curve)라 한다. 다음 그림은 인장 응력과 변형과의 관계를 도식으로 표시한 것이다.

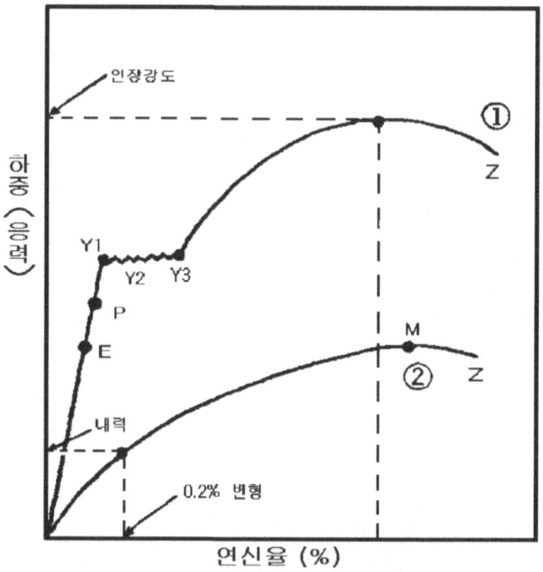

그림 1-19 인장 시험 곡선

위 그림에서 ①번 곡선은 일반적인 탄소강에서 볼 수 있는 응력과 변형의 관계이고, ②의 경우는 낮은 힘만으로도 쉽게 변형이 발생되는 구리, 알루미늄 등의 강종에서 볼 수 있는 응력과 변형의 특징이다. 인장 시험 곡선으로 통해 강종의 다양한 특성이 손쉽게 평가될 수 있다.

3.1.3. 연신율

연신율은 시험전에 시편에 표시한 표점 거리가 파단 이후에 늘어난 거리를 측정하여 이를 분율로 평가한다. 연신이 작다는 것은 그만큼 취성 파괴에 민감할 수 있다는 것이며, 기계 가공 성형의 어려움을 의미하게 된다.

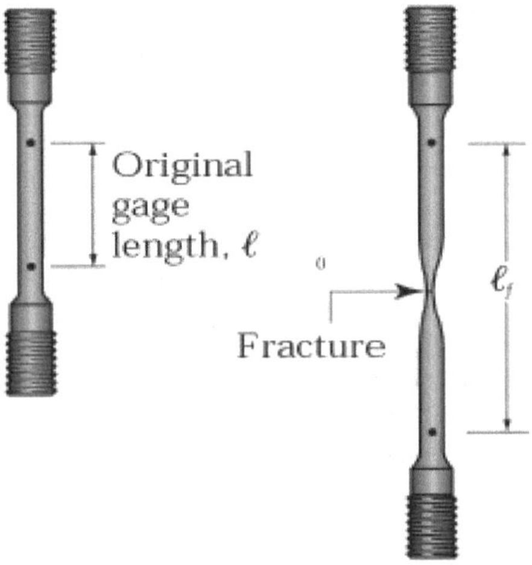

그림 1-20 연신율의 측정

3.1.4. 탄성 한도 및 비례 한도

강에 힘을 가하여 당기게 되면 어느 정도의 변형까지는 힘을 제거하면 다시 원래의 위치로 돌아가는 탄성의 성질을 가지게 된다.

위 그림 1-19에서 점 E는 탄성 한도 점이며 점 E의 하중을 시험편의 원 단면적으로 나눈 값이 탄성한도 이다.

E(세로 탄성율) = (응력(σ))/(연신율(ξ))

E를 영률(Youngs moduls)이라 한다.

또한 점 P까지는 가해지는 하중과 시편이 변화하는 변형률이 비례하면서 나타나므로 이를 비례 한도점이라고 한다.

3.1.5. 항복점(Yielding Point)

그러나, 점 P를 초과한 하중이 작용하면 하중과 연신율 관계는 비례 관계로 존재하지 않는다. Y1에서 돌연 하중이 증가 없이 급격한 변형이 발생하여 Y3점까지 변형이 진행된다.

이렇게 맨처음 하중의 변화와 비례하지 않고, 급격한 변형의 증가가 나타나는 점 Y1를 상항복점(Upper Yield Point)라고 하고, 이러한 하중과 변형과의 관계가 그림 상에서 종료되는 Y3를 하항복점(Lower Yield Point)라고 한다.

그러나, 위 그림에서 아래 쪽에 위치한 곡선처럼 항복점의 위치가 불분명한 강종에 대해서는 0.2%의 영구 변형이 생기는 부분의 응력을 내력이라 하여 항복점과 동등하게 취급한다.

3.1.6. 인장 강도(Tensile Strength)

인장강도(Tensile Strength)란 시험 재료가 견디어낸 최대의 인장 응력을 시편의 원단면적(A0)으로 나눈 값을 말한다.

이 최대 인장 응력점 이상에서 시험을 지속하면 시험편의 단면적이 국부적으로 줄어들면서 마침내 파단(rupture)에 이르게 된다.

$$\text{인장강도}(\sigma) = \frac{P}{A_0}\ (kg/mm^2)$$

σ : 인장 강도(kg/mm^2)

P : 하중(kg)

A_0 : 원단면적(mm^2)

3.1.7. 연신율(Elongation)

인장 시험편에서 파단후의 표점 거리와 처음 표점 거리간의 늘어남을 연신 또는 신장(Elongation)이라 하는데 이는 다음식에 의한다.

$$\text{연신율}(\xi) = \frac{L_1 - L}{L} \times 100(\%)$$

ξ : 연신율(%)

L : 초기 표점 거리

L_1 : 파단 후 늘어난 표점 거리

3.1.8. 단면 수축률(Reduction of Area)

시험 재료가 인장 응력에 의하여 늘어나면서 파단에 이르게 되면 시험편의 단면이 수축하는 과정을 겪게 된다. 파단 후의 시험편의 최소 단면적을 처음 단면적에 대하여 비교한 것을 단면 수축률(Reduction of Area)이라 한다.

$$\text{단면 수축률}(\varnothing) = \frac{A_0 - A_1}{A_0} \times 100(\%)$$

$\varnothing$: 단면수축율(%),
A_0 : 원단면적(mm^2),
A_1 : 수축한 최소단면적(mm^2)

3.1.9. 시편이 흡수한 에너지

이 개념은 별로 흔하게 적용되지 않는 개념이다. 충격 시험을 통해 재료가 흡수하는 에너지를 알아 볼 수 있는 것과 마찬가지로, 강종이 파괴되는 과정에서 흡수하는 에너지를 인장시험 곡선을 통해 알 수 있다. 그림에서 인장 강도점까지의 곡선을 적분하여 면적을 계산하면 그 값은 재료가 흡수하는 에너지 값이 되는 것이다. 실제 사용되는 빈도는 거의 없지만, 인장 시험 곡선을 해석하는 개념적으로 중요한 사항이다.

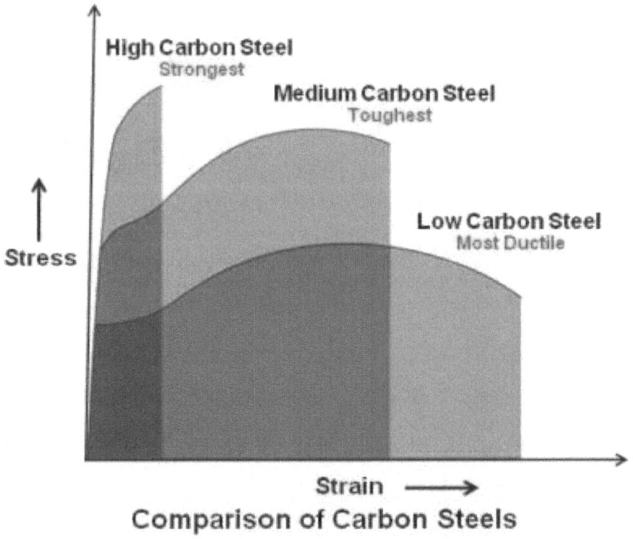

그림 1-21 강종별로 인장 시험으로 확인 가능한 인성(연성)

3.2. 굽힘 시험(Bending Test, ASTM E 855)

용접부에 내재되어 있는 결함의 유무를 조사하기 위하여 굽힘 시험을 한다.

굽힘 시험은 시험편을 적당한 크기로 절취하여서 자유 굽힘이나 형 굽힘에 의하여 용접부를 구부리는 것이다. 굽힘에 의하여 용접부 표면에 나타나는 균열의 유무와 크기에 의하여 용접부의 건전성을 평가하는 것이며, 시험편 굽힘 방법에는 표면 굽힘, 뒷면(이면)굽힘 및 측면 굽힘(두꺼운 판의 경우)의 3종류가 있다.

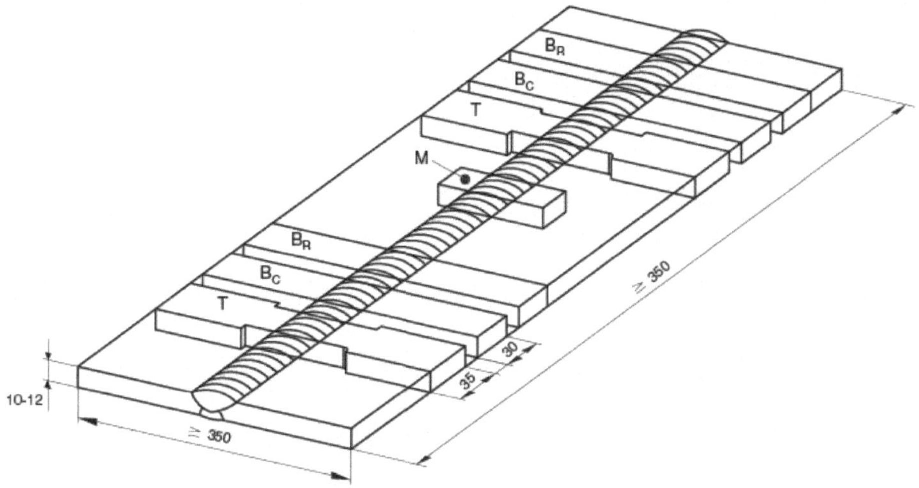

그림 1-22 용접부 굽힘 시험 시편 준비

굽힘 시험은 일반적으로 위 그림에서 보는 바와 같이 일정한 틀(Guide)을 사용하여 굽힘의 방향과 크기를 규정하는 방법과 자유스럽게 굽히는 방법 그리고 그림 1-23과 같이 시편의 한쪽 만을 원통형 시험 장비에 고정하고 원주 방향으로 굽히는 Wrap Around 방식의 세가지가 있다.

굽혀진 시험편의 결함 판독은 육안으로 혹은 10배 정도의 확대경을 사용한 마크로 시험을 통해 판단한다. 결함의 합부 판정은 AWS, API 등 해당되는 규정에 따라 실시하며, 각 규정별로 결함의 종류에 따른 합부 기준을 제시하고 있으며, 일부에서는 용접 방법에 따른 판정 기준까지도 제시하고 있다.

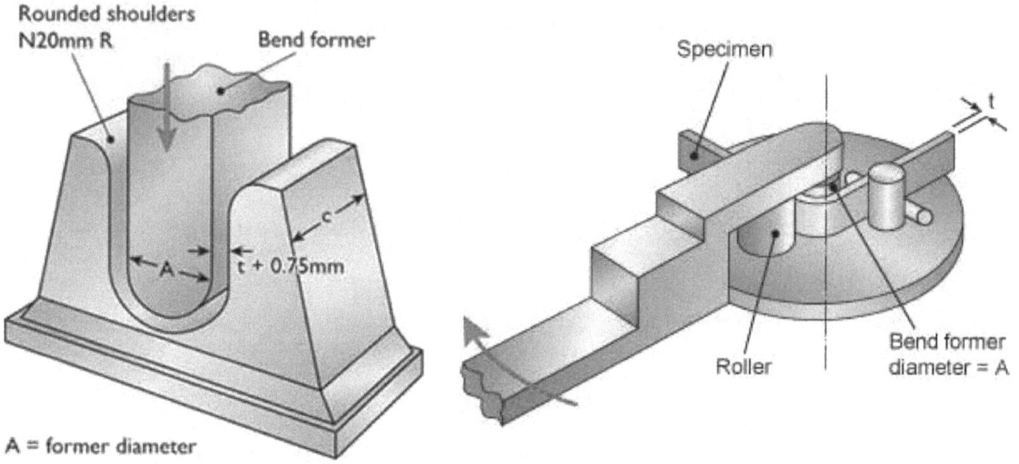

그림 1-23 Guide Bend(좌)와 Wrap Around Bend(우) Test 장비

3.3. 충격 인성 시험

강재는 파단의 양상이 연성파괴와 취성파괴로 구분된다. 연성 파괴는 인장시험에서 확인되는 것과 같이 연신을 동반한 파괴를 의미하고 취성 파괴는 이러한 연신이 거의 없이 발생하는 파단을 의미한다.

취성파괴의 위험성은 예측이 불가하고, 파단의 결과가 구조물의 부재를 관통하는 직접적인 균열을 발생하게 된다. 강재가 취성파괴에 견디는 능력을 인성으로 평가한다. 인성은 금속재료가 노출되는 온도가 낮을수록 낮아지는 경향이 있으며, 연성 파괴와 취성 파괴의 경계 온도를 천이온도라고 부른다.

재료가 충격에 견디는 저항을 인성(靭性 : Toughness)이라고 하며 인성을 알아보는 방법으로는 샤르피식(Charpy type)과 아이조드식(Izod type) 충격시험(Impact Test)이 있으며 이들은 다음 그림 1-25와 같은 U 또는 V 노치 충격 시험편을 이용하고 있다. 시험편이 파단할 때까지 흡수하는 충격에너지가 클수록 인성이 큰 것이며 동일한 재료일 때는 인장 시험에서 연신율이 큰 것이 일반적으로 크게 나타나고 있다.

그림 1-24 연성 파괴(좌)와 취성 파괴(우)

인성을 평가하는 가장 쉬운 방법은 Impact Test를 실시하는 것이며, 아래 그림과 같이 시편을 준비하여 진행한다.

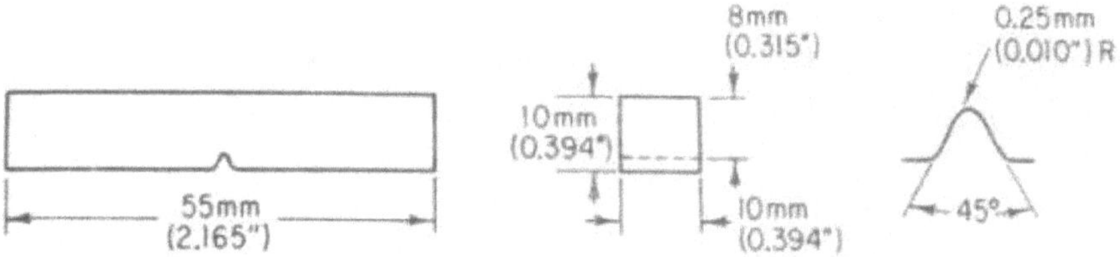

V notched Charpy type specimen

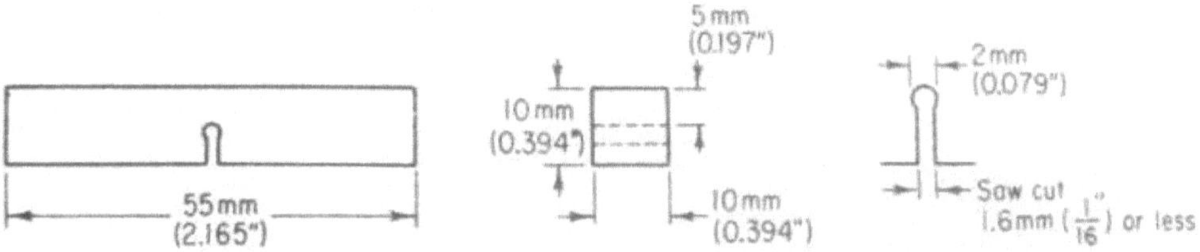

Key-hole notched Charpy type specimen

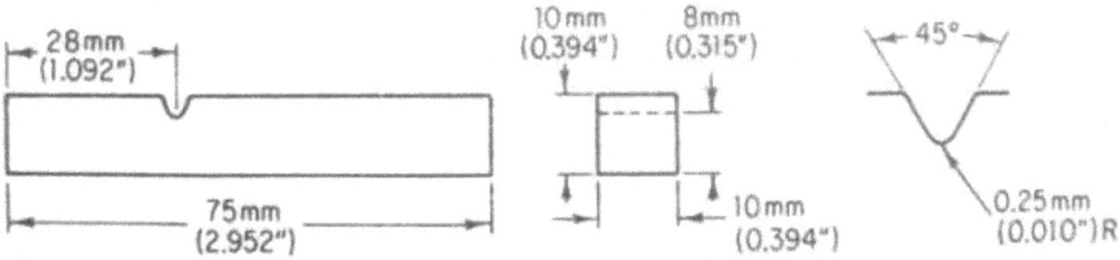

V notched Izod type specimen

그림 1-25 Impact Test 시편 준비

Charpy Type과 Izod Type의 차이점은 시편을 고정시키는 방식의 차이이다. Charpy Type은 시편의 양쪽 끝단을 고정시키지만 Izod Type은 시편의 한쪽만을 고정하여 충격을 가한다.

Charpy Type의 충격 시험기는 아래 그림 1-26의 형태를 유지하고 있으며 가장 널리 사용되는 방식이다. 정확한 실험 결과를 얻기 위해서는 시편의 정밀한 가공이 필수적이다.

시편에 형성된 Notch의 각도와 대칭성이 정확하게 이루어 져야 시편에 가해지는 충격에너지를 시편의 전면에서 고르게 흡수할 수 있게 된다.

또한 시편 표면에는 가공된 Notch이외의 어떠한 결함도 존재하지 않도록 하여야 한다.

예전에는 Milling Machine 등을 사용하여 기계적으로 홈(Notch) 가공을 하였으나, 최근에는 가공의 정밀도를 확보하기 위해 방전 Wire 가공 등을 사용한다.

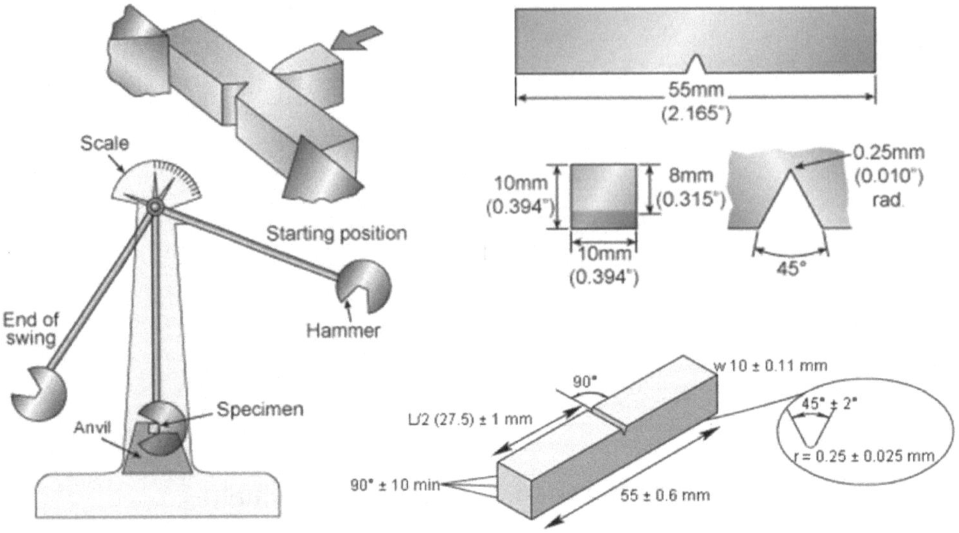

그림 1-26 샤르피 충격 시험(Charpy Impact Test)

3.4. 경도

경도는 강재의 표면 경화도를 측정하는 것으로 경도가 높다는 것은 해당 부재의 연신이 작고 잔류응력이 많아 남아 있음을 의미한다. 경화도는 탄소 함량과 관련이 있으며, 고온으로 가열했다가 냉각하는 속도에 따라 증가한다. 경도가 높고 잔류응력이 많은 부재는 사용 과정에서 응력부식균열에 취약하게 되는 단점이 있기에 일정 수준 이상의 경도는 현장 적용을 제한하고 있다.

경도 측정 방법은 다음의 세가지로 구분된다.

- 스크래치 경도 (Scratch hardness measurement) : 표면을 긁어서 상대적인 경도를 평가하는 기법이다.
- 반발 경도 (Rebound hardness measurement) : 쇠구슬등을 금속 표면에 떨어뜨려서 반발로 튀어오르는 정도를 평가하는 기법이다. 현장에서 간이로 많이 적용하고 있으나, 실험의 오차와 신뢰도 측면에서 주의를 요한다.
- 압입 경도 (Indentation hardness measurement) : 가장 일반적인 경도계이다. 구슬형 혹은 다이아몬드형 압자를 금속표면에 압력을 가하여 누른 후 압흔(Indentation)을 측정하여 평가한다.

표 1-7 경도 시험의 종류와 차이점

Test	Indenter	Shape of indentation Side view	Shape of indentation Top view	Load, P	Hardness number
Brinell	10-mm steel or tungsten carbide ball	D, d	d	500 kg 1500 kg 3000 kg	$HB = \frac{2P}{(\pi D)(D - \sqrt{D^2 - d^2})}$
Vickers	Diamond pyramid	136°	L	1-120 kg	$HV = \frac{1.854P}{L^2}$
Knoop	Diamond pyramid	t $L/b = 7.11$ $b/t = 4.00$	b, L	25g-5kg	$HK = \frac{14.2P}{L^2}$
Rockwell				kg	
A C D	Diamond cone	120° t = mm		60 HRA 150 HRC 100 HRD	= 100 - 500t
B F G	$\frac{1}{16}$ in. diameter steel ball	t = mm		100 HRB 60 HRF 150 HRG	= 130 - 500t
E	$\frac{1}{8}$ in. diameter steel ball			100 HRE	

통상 현장에서는 Brinell 경도를 주로 사용하고 있으며, 용접절차서 검증 등의 실험실 단계에서는 Rockwell이나 Vickers를 사용한다. 최근에는 반발경도계의 일종인 Equotip 경도계가 현장에서 편리성 때문에 많이 사용되고 있으나, 측정 오차가 있기에 정밀한 측정에서는 주의를 요한다.

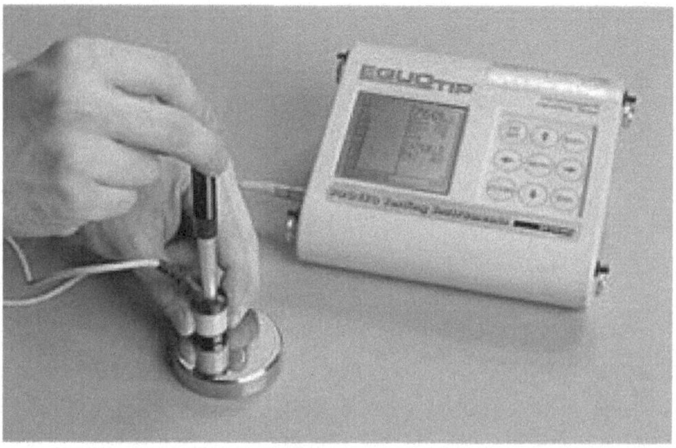

그림 1-27 반발경도계 Equotip 장비

인장 시험을 실시하기 어려운 경우에는 강재의 표면 경도를 측정하여 대략적인 인장 강도 수준을 예측할 수 있다.

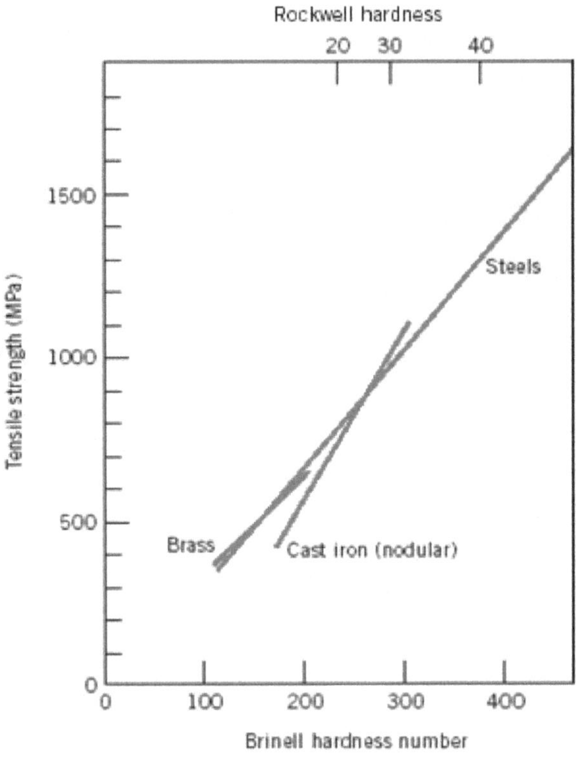

그림 1-28 경도와 인장 강도의 상관 관계

또한 금속재료의 경도값을 상호 변환하여 참고할 수 있도록 경도환산표가 ASTM등에서 공식적으로 제시되고 있으나, 실제 현업에서 이를 적용할 때에는 주의를 요한다.

표 1-8 ASTM에서 제시하는 경도 환산표

Rockwell B Scale, 100-kgf Load 1/16-in. (1.588-mm) Ball	Vickers Hardness Number	Brinell Hardness, 3000-kgf Load, 10-mm Ball	Knoop Hardness, 500-kgf Load and Over	Rockwell A Scale, 60-kgf Load, Diamond Penetrator	Rockwell F Scale, 60-kgf Load, 1/16-in. (1.588-mm) Ball	Rockwell Superficial Hardness: 15T Scale, 15-kgf Load, 1/16-in. (1.588-mm) Ball	Rockwell Superficial Hardness: 30T Scale, 30-kgf Load, 1/16-in. (1.588-mm) Ball	Rockwell Superficial Hardness: 45T Scale, 45-kgf Load, 1/16-in. (1.588-mm) Ball	Approximate Tensile Strength ksi (MPa)
100	240	240	251	61.5	...	93.1	83.1	72.9	116 (800)
99	234	234	246	60.9	...	92.8	82.5	71.9	114 (785)
98	228	228	241	60.2	...	92.5	81.8	70.9	109 (750)
97	222	222	236	59.5	...	92.1	81.1	69.9	104 (715)
96	216	216	231	58.9	...	91.8	80.4	68.9	102 (705)
95	210	210	226	58.3	...	91.5	79.8	67.9	100 (690)
94	205	205	221	57.6	...	91.2	79.1	66.9	98 (675)
93	200	200	216	57.0	...	90.8	78.4	65.9	94 (650)
92	195	195	211	56.4	...	90.5	77.8	64.8	92 (635)
91	190	190	206	55.8	...	90.2	77.1	63.8	90 (620)
90	185	185	201	55.2	...	89.9	76.4	62.8	89 (615)
89	180	180	196	54.6	...	89.5	75.8	61.8	88 (605)
88	176	176	192	54.0	...	89.2	75.1	60.8	86 (590)
87	172	172	188	53.4	...	88.9	74.4	59.8	84 (580)
86	169	169	184	52.8	...	88.6	73.8	58.8	83 (570)
85	165	165	180	52.3	...	88.2	73.1	57.8	82 (565)
84	162	162	176	51.7	...	87.9	72.4	56.8	81 (560)
83	159	159	173	51.1	...	87.6	71.8	55.8	80 (550)
82	156	156	170	50.6	...	87.3	71.1	54.8	77 (530)
81	153	153	167	50.0	...	86.9	70.4	53.8	73 (505)
80	150	150	164	49.5	...	86.6	69.7	52.8	72 (495)
79	147	147	161	48.9	...	86.3	69.1	51.8	70 (485)
78	144	144	158	48.4	...	86.0	68.4	50.8	69 (475)
77	141	141	155	47.9	...	85.6	67.7	49.8	68 (470)
76	139	139	152	47.3	...	85.3	67.1	48.8	67 (460)
75	137	137	150	46.8	99.6	85.0	66.4	47.8	66 (455)
74	135	135	147	46.3	99.1	84.7	65.7	46.8	65 (450)
73	132	132	145	45.8	98.5	84.3	65.1	45.8	64 (440)
72	130	130	143	45.3	98.0	84.0	64.4	44.8	63 (435)
71	127	127	141	44.8	97.4	83.7	63.7	43.8	62 (425)
70	125	125	139	44.3	96.8	83.4	63.1	42.8	61 (420)
69	123	123	137	43.8	96.2	83.0	62.4	41.8	60 (415)
68	121	121	135	43.3	95.6	82.7	61.7	40.8	59 (405)
67	119	119	133	42.8	95.1	82.4	61.0	39.8	58 (400)
66	117	117	131	42.3	94.5	82.1	60.4	38.7	57 (395)

3.5. 피로 시험

재료가 인장 강도나 항복점으로 부터 계산한 안전 하중 상태에서도 작은 힘이 계속적으로 반복하여 작용하면 파괴를 일으키는 일이 있다. 이와 같은 파괴를 피로(Fatigue) 파괴라 한다.

그러나 하중이 어떤 값보다 작을 때에는 무수히 많은 반복 하중이 작용하여도 재료가 파단하지 않는다. 영구히 재료가 파단하지 않는 응력 중에서 가장 큰 것을 피로 한도(Fatigue Limit)라 한다.

용접이음 시험편에서는 명확한 평단부가 나타나기 어려우므로 2×10^6회~ 2×10^7회 정도가 견디어 내는 최고의 하중을 구하는 경우가 많다. 피로 시험에 영향을 주는 것은 시편의 형상, 다듬질 정도, 가공법, 열처리 상태 등에 따라 결정된다.

제2장

강의 열처리

1. 열처리의 종류
2. 용접후열처리
3. 강의 취화(脆化)현상(Embrittlement of Steels)

1. 열처리의 종류

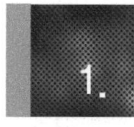

열처리란 재료에 가열과 냉각의 조작을 통하여 우리가 원하는 성질로 변화시키는 것 즉 금속의 잔류응력을 감소하거나 내부 조직을 변화 시켜서 필요한 기계적인 성질을 얻는 것을 말하며 동일재료도 열처리에 따라 그 적응성은 광범위하게 변할 수 있다. 열처리를 통하여 모든 상업기계, 구조물, 소성가공, 성형가동, 형상물 등을 그 필요성질에 적합하도록 변화시킬 수 있게 된다. 열처리 목적은 다음과 같이 정리될 수 있다.

1) 경도나 항장력을 확대
2) 조직 연화 및 기계가동에 적합한 재료 제작
3) 조직 미세화로 방향성을 작게 하고 편석이 작고 균일한 상태로 변환
4) 중간 풀림 열처리를 통하여 냉간가공 영향 제거
5) 변형방지 및 응력제거
6) 조직의 안정화
7) 내식성 개선
8) 자성의 향상
9) 표면 경화
10) 강재의 인성 향상

1.1. 연속냉각곡선

1.1.1 연속냉각곡선

모든 강재의 냉각은 먼저 액상에서 고상으로 형태가 변하고 이어서 각 온도별로 나타나는 조직이 달라지는 변태가 발생한다. 여기서 일정한 온도하에서 조직이 변태하도록 한 것을 항온변태도(항온냉각곡선, Time-temperature Transformation Diagram, TTT 선도)라 하며 조직해석의 기본이 된다.

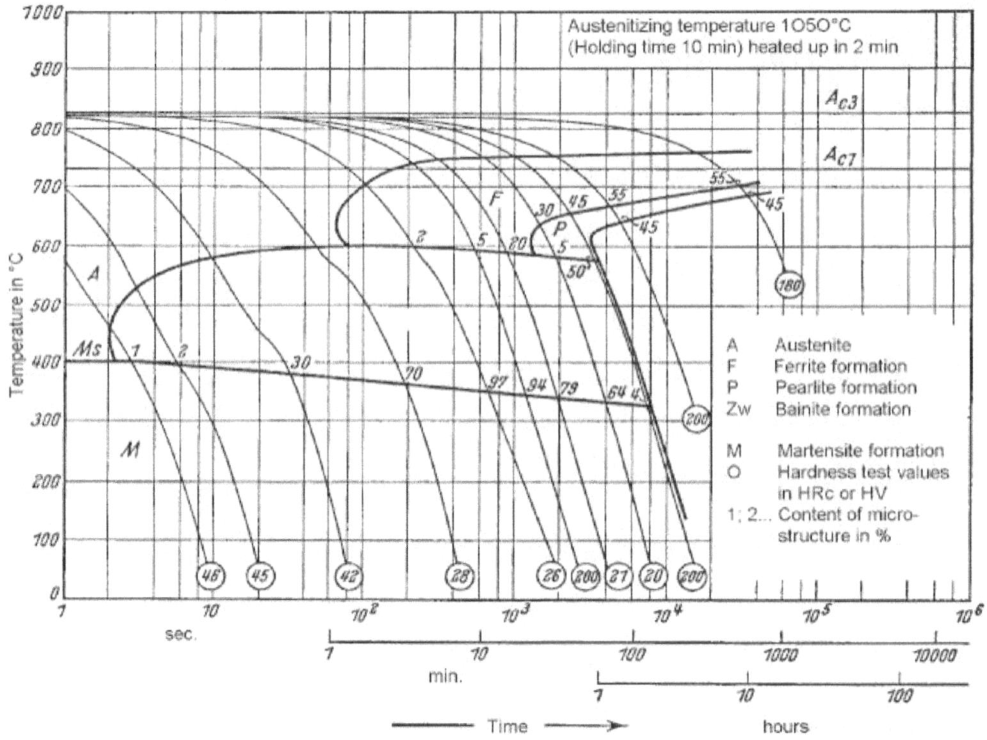

그림 2-1 탄소강의 항온 변태 냉각 곡선 (TTT Diagram)

그러나 강재는 시간의 경과에 따라 냉각이 수반되므로 연속적인 냉각에 대한 고찰을 필요로 한다. 이것이 연속변태도(연속냉각곡선, Continuous Cooling Transformation Diagram, CCT 선도)이다.

또한, 용접부는 그 특성상 급열, 급랭되는 주조조직과 유사하나 냉각속도가 보다 빠르므로 다소 다른 조직이 나타나기도 하며 이는 강재의 종류와 합금원소의 첨가 정도 즉, 화학성분과 용접 후 냉각속도에 의해 주로 지배를 받는다.

CCT 선도는 온도와 시간을 두 축으로 하고 각각 비례눈금과 지수눈금으로 설정되어 있다. 냉각속도는 서로 다른 4 종류에 대해 점선으로 표시되어 있으며, 하부에 A, B, C, D로 냉각속도에 따라 나타나는 조직이 달라지므로 이를 구분하고 있다. 빗금친 부분은 변태가 일어나는 구역으로 냉각곡선이 처음 접하는 실선은 변태개시를, 나중에 접하는 실선은 변태의 완료를 나타내며, 점선은 변태가 완료되지 않았음을 나타낸다.

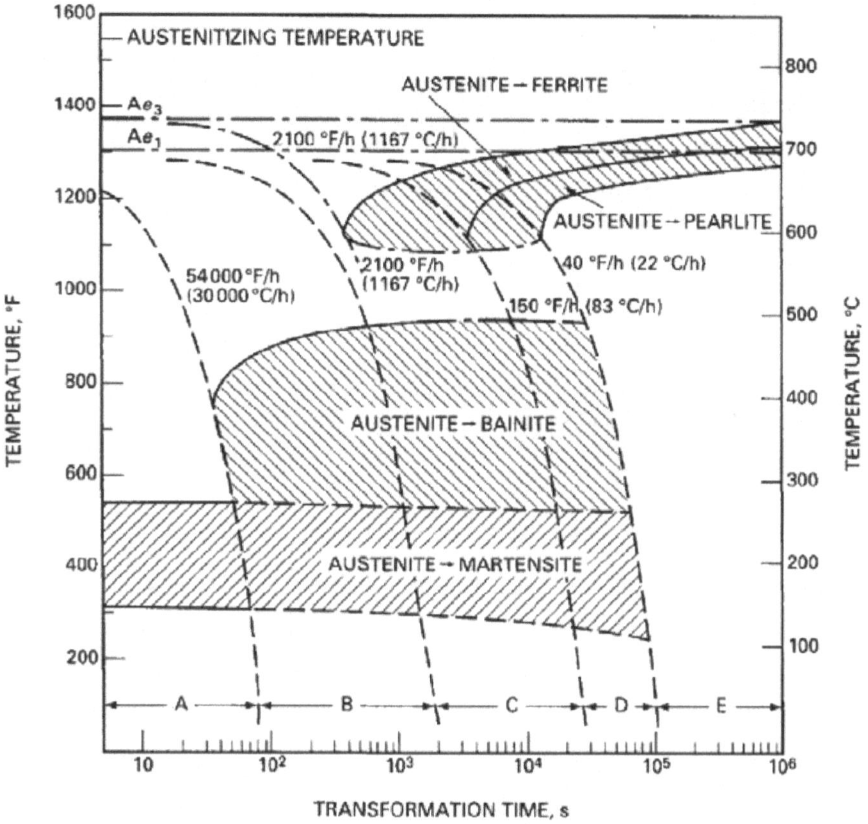

그림 2-2 연속냉각곡선(AISI 4340)

1.1.2. 극 서냉시의 조직

고온의 강재는 용융상태이며, 조직은 면심입방격자(Face Centered Cubic Lattice, FCC)인 액상의 오스테나이트(Austenite)로 냉각에 의해 각종 변태를 거치게 된다.

먼저 가장 냉각속도가 느린 22℃/hr.이하 즉, 상온까지의 냉각시간 10,000초 이상에 대해 고찰하면, 그 곡선은 22℃/hr. 곡선의 우측에 위치하면서 E 영역으로 냉각하게 된다. 이때 처음 나타나는 조직은 액상의 오스테나이트 중 일부가 고상인 페라이트(Ferrite)로 석출 및 확산 즉, 응고되기 시작한다. 그림 2-2의 상단에 "Austenite → Ferrite"로 표시된 화살표의 영역으로 상부의 곡선은 변태의 개시를 하부의 곡선은 변태의 종료를 나타낸다. 냉각이 계속 진행되면 곡선은 "Austenite → Pearlite" 영역으로 진입하고 이때 페라이트로 변태하고 일부 남아있던 액상의 오스테나이트에서 펄라이트(Pearlite)가 성장하게 된다.

계속 냉각되어 이 영역의 하부 곡선에 도달하면 남아있던 모든 액상의 오스테나이트가 펄라이트로 응고를 완료하게 되고 더 이상 조직의 변화없이 상온까지 냉각된다.

이때 그림 2-2의 E 영역은 페라이트와 펄라이트가 혼재한 조직이 나타난다.

1.1.3. 서냉시의 조직

마찬가지로 냉각속도가 22℃/hr. ~ 83℃/hr. 즉, 상온까지의 냉각시간 2,000 ~ 10,000초에 대해 고찰하면 그 곡선은 D 영역으로 냉각하게 된다.

극서냉시와 다른 점은 "Austenite → Pearlite"로 표시된 화살표의 영역의 하부 점선을 통과할 때까지 오스테나이트의 일부만 페라이트와 펄라이트로 변태하고 나머지는 오스테나이트상태로 "Austenite → Bainite" 영역으로 진입한다.

"Austenite → Bainite" 영역으로 진입한 오스테나이트중 일부만 베이나이트(bainite)로 변태하고 나머지는 오스테나이트상태로 "Austenite → Martensite" 영역으로 진입한다. 마르텐사이트(Martensite) 영역으로 진입한 오스테나이트는 급격하게 마르텐사이트로 변태하게 되는데 그 양상은 기존의 확산, 석출과는 달리 격자변태라는 기구로 변태한다.

이때 D 영역은 석출 또는 변태 순서대로 페라이트, 펄라이트, 베이나이트, 마르텐사이트가 혼재한 조직이 나타난다.

1.1.4. 급냉시의 조직

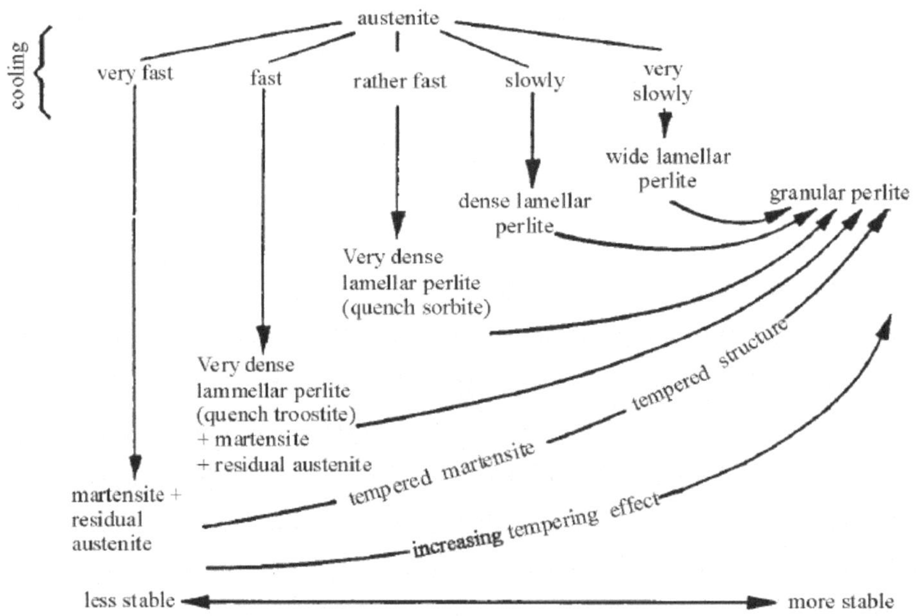

그림 2-3 냉각 속도에 따른 조직의 형성

냉각속도가 83℃/hr. ~ 1167℃/hr., 또는 1167℃/hr. ~ 30,000℃/hr.로 더욱 더 빨라지면 C 및 B영역으로 진입하는 냉각이 이루어진다. 변태는 앞서 설명한 과정과 동일한 원리로 진행되며 C 영역은 페라이트, 베이나이트, 마르텐사이트가, B 영역은 베이나이트와 마르텐사이트가 혼재한 조직으로 된다.

냉각속도가 30,000℃/hr.를 초과하면 중간조직 없이 오스테나이트가 과냉 상태를 거쳐 바로 마르텐사이트로 변태한다. 따라서, A영역은 모든 조직이 마르텐사이트가 된다.

이상의 내용을 정리하면 강재는 냉각속도에 따라 그림 2-3과 같이 조직이 변화하게 된다.

1.2. 소둔(燒鈍) 및 소준(燒準)

일정 온도에서 어느 시간동안 가열한 다음 비교적 늦은 속도로 냉각하는 작업을 소둔(Annealing)이라고 하고, 냉각을 공기 중에서 이보다는 조금 빠른 냉각속도로 냉각할 때는 소준(Normalizing)이라 한다. 소둔은 그 목적 및 작업 방법에 따라 다음과 같은 종류가 있다.

1.2.1. 소준 (Normalizing)

강을 Ac3 또는 Acm점 이상 40 ~ 60℃까지 가열하여 균일한 Y상으로 한 후에 공냉하는 작업을 말한다. 소준의 목적은 내부응력 감소, 구상화소둔의 전처리, 망상 Fe_3C의 미세화 및 저탄소강의 피삭성 개선 등이다. 소준(Normalizing) 조직은 소둔(Annealing) 조직보다 미세 균질하기 때문에 강인성(强靭性)이 Annealing 강보다 우수하다.

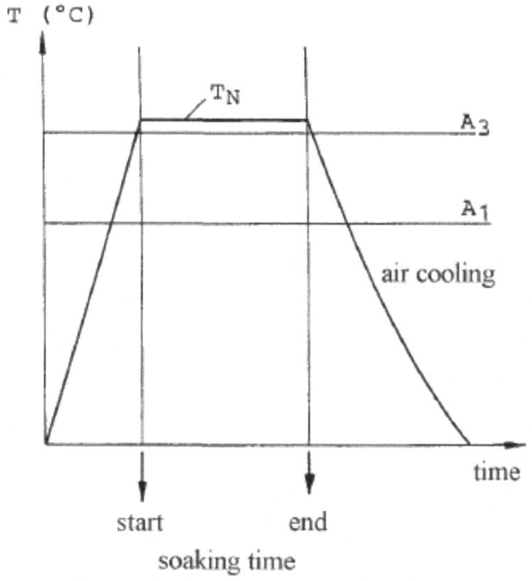

T_N = Normalising temperature

그림 2-4 소준(Normalizing) 공정 개요

즉 강재를 가공 전단계의 표준 상태(Normal)로 만들어 주는 것이 소준의 목적이라고 할 수 있다. Normalizing 처리하면 미세 퍼얼라이트 또는 탄화물의 균일분포가 얻어지므로 소입성이 향상된다. 또한, 대형 단조품이나 주강에 나타나기 쉬운 조대 결정조직도 Normalizing 처리를 함으로써 미세 페라이트와 퍼얼라이트의 혼합조직이 되어 기계적 성질이 개선된다.

소준 과정의 금속 조직 변화는 다음과 같이 설명될 수 있다. 즉, 입자 크기가 작아지면서 기계적 강도와 인성이 향상되고 내부에 잔류응력이 없는 표준(Normal) 상태의 금속 조직이 얻어진다.

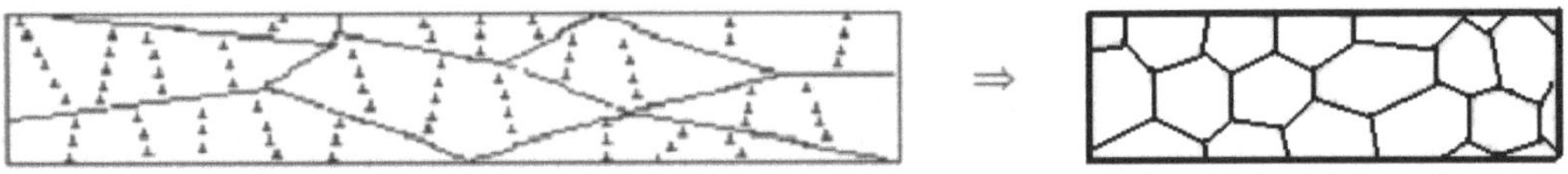

그림 2-5 소준 공정에서 금속 조직의 변화

만약 소준을 실시할 경우에 그 온도가 A3 변태점 보다 너무 많이 높아지거나 장시간 고온에 노출되면 금속재료의 입자가 성장하면서 기계적 강도가 저하하지만, 반대로 기계 가공성은 양호해 진다. 압력 부재를 제조하는 공정에서는 바람직하지 않은 열처리 공정이 된다. 이러한 이유로 Normalizing 열처리가 제대로 되었는 지를 확인하는 방법으로 금속조직의 입자 크기를 측정하여 평가하게 된다.

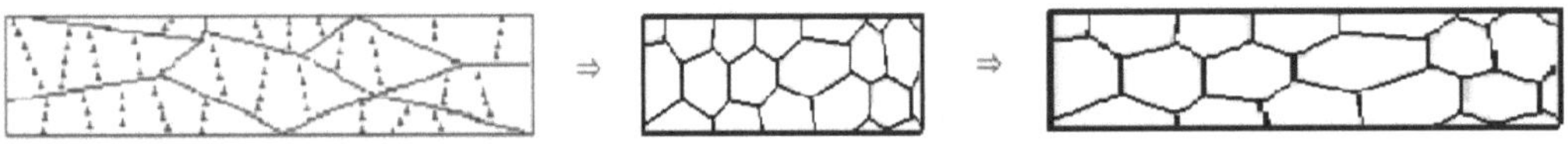

그림 2-6 소둔 온도 이상 혹은 장시간 열처리시의 조직 변화

1.2.2. 완전 소둔 (Full Annealing)

단지 소둔이라고 하면 이 완전 소둔을 말한다. 냉간 가공이나 소입 등의 영향을 완전히 없애기 위해서 오스테나이트로 가열한 다음 서냉하는 처리이다.

가열 온도가 높을 때 성분의 균일화, 잔류 응력의 제거 또는 연화가 이루어 진다. 완전소둔하면 아공석강에서는 페라이트와 층상 퍼얼라이트의 혼합 조직이 되고 과공석강에서는 층상 펄라이트(Pearlite)와 초석 시멘타이트(Fe_3C)가 된다.

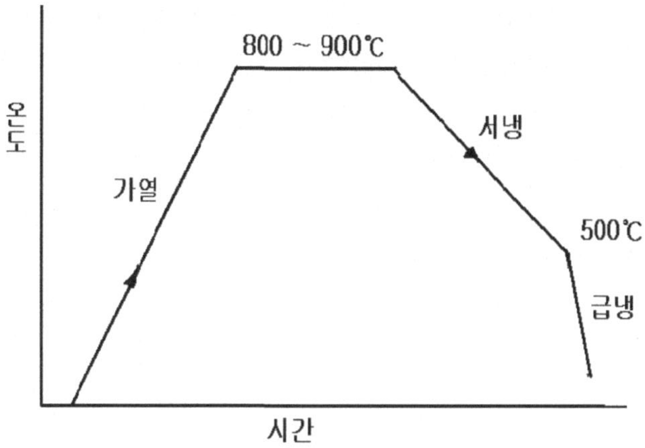

그림 2-7 단순 소둔 과정

1.2.3. 응력제거소둔 (Stress Relief Annealing)

주조, 단조, 소입, 냉간가공 및 용접등에 의해서 생긴 잔류 응력을 제거하기 위한 열처리이다. 보통 500 ~ 600℃의 저온에서 적당한 시간 유지한 후에 서냉하는 저온 소둔이다. 재결정온도 이하이므로 회복에 의해서 잔류 응력이 제거된다.

현장에서 흔히 적용하는 PWHT는 모두 이에 준한 응력제거 열처리라고 이해해도 된다.

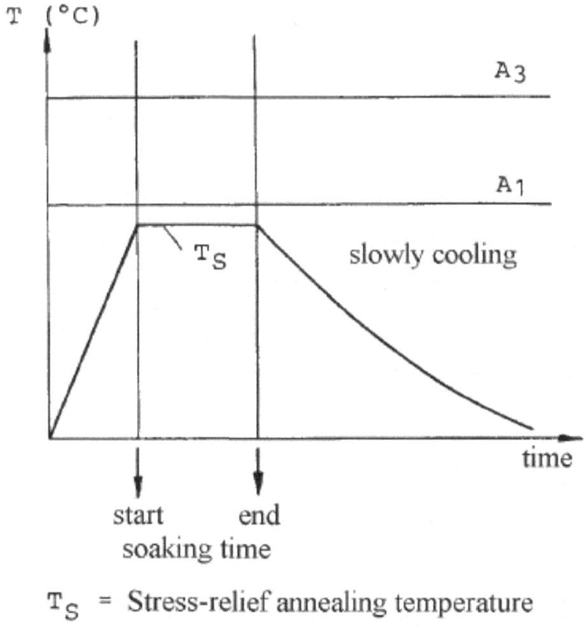

그림 2-8 응력제거 소둔 공정의 개요

이때의 조직변화는 아래 그림과 같이 설명될 수 있으며, 입자의 크기 변화는 없으며 전위가 소멸 혹은 재 배열되면서 응력이 감소하게 된다.

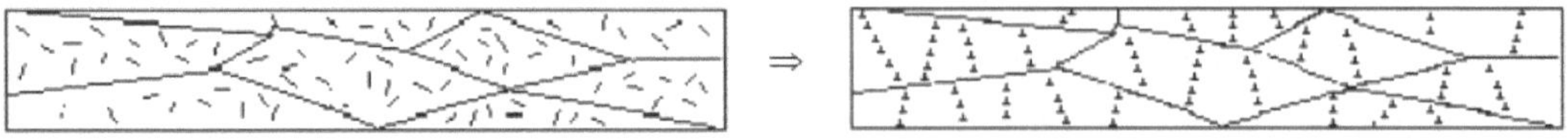

그림 2-9 응력제거 열처리 시의 조직 변화

이상의 열처리 과정을 종합하면, 아래 그림과 같이 심하게 냉간 가공을 받은 부재를 가열했을 때에 온도별로 나타나는 조직의 변화를 기준으로 설명이 가능하다.

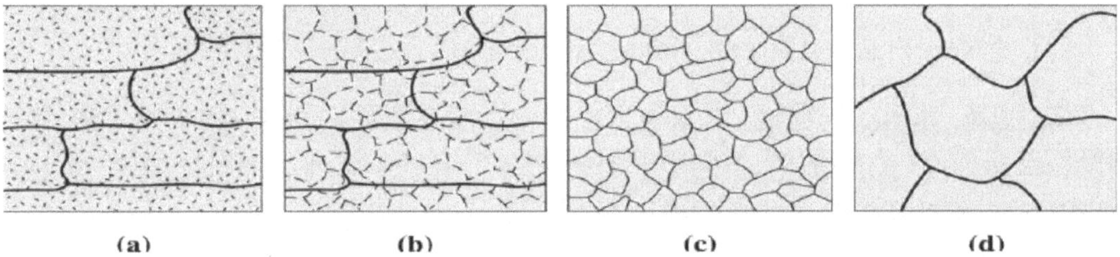

그림 2-10 강의 열처리 온도에 따른 조직 변화

그림에서 (a)는 심하게 냉간 가공을 받은 상태의 금속조직을 보여주고 있으며, (b)는 이를 응력제거 열처리 온도 수준으로 가열한 것이다. (b) 조직에서는 금속입자의 성장이나 변화는 보이지 않고 있으며, 단지 입자내부에 많은 전위들이 소멸되거나 재배열된 것을 확인할 수 있다.

이보다 조금 더 높은 온도로 가열하게 되면 그림(C)의 상태가 되며, 이는 재결정 온도 이상으로 가열하여 입자가 미세화 되는 단계 즉, 소준(Normalizing)상태가 된 것으로 의미한다.

앞서 설명한 바와 같이 소둔의 과정을 거치게 되면 기계적 특성이 향상되고 인성이 증가하게 된다. 그러나 조금 더 높은 온도에 누출하게 되면, 금속조직은 입자가 성장하고 기계적 특성이 도리어 나빠지는 결과가 얻어진다.

1.3. 고용화 열처리(Annealing)

오스테나이트계 스테인레스강은 열에 의해 경화하지 않지만, 냉간가공에 의해 경화되며, 경화도에 따라 응력부식 균열등이 발생할 수 있다. 또한 용접과정이나 열간 가공 단계에서 형성된 크롬탄화물에 의한 내식성 저하를 해결하기 위해 재결정 온도인 A1 점 이상의 온도로 가열하여 급냉을 유도하는 고용화 열처리(Solution Annealing)을 실시한다. 이 과정을 통해 재결정에 의한 잔류응력을 제거하고 형성된 탄화물을 분해하도록 한다. 강종별로 약간씩 열처리 온도에 차이는 있지만, 보통 1050°C ~ 1010°C 정도로 가열하였다가 급냉 한다 고온에 장시간 노출하게 되면, 표면 산화의 위험이 크고 금속조직 입자가 너무 크게 성장하므로 가능한 짧은 시간 동안 노출되도록 한다. 산화의 정도가 심해지고 입자 성장이 과다해지면, 금속 표면이 오렌지색으로 박리되는 현상이 발생할 수 있으며, 이를 "Orange Peel"이라고 부른다.

표면 산화를 막기 위해서는 수소 혹은 질소가 채워진 열처리 노 분위기에서 열처리를 하여 광택이 있는 표면을 얻을 수 있다. 이를 광휘소둔(Bright Annealing)이라고 부른다. 광휘소둔을 하게 되면 마르텐사이트나 페라이트계 스테인레스강에서는 수소 취성이 발생할 수 있으므로 주의를 요한다.

1.4. 소입(燒入, Quenching)

강을 임계온도이상에서 물이나 기름과 같은 소입욕(燒入浴) 중에 넣고 급냉하는 작업을 소입(Quenching) 이라 한다. 소입의 주 목적은 경화에 있으며 가열 온도는 아공석강에서는 Ac3점, 과공석강에서는 Ac1점 이상 30 ~ 50℃로 균일 가열한 후 소입한다. 소입에서 얻어지는 최고 경도는 탄소강, 합금강에 관계없이 탄소량에 의하여 결정되며 약 0.6% C 까지는 탄소함량에 비례하여 증가하나 그 이상이 되면 거의 일정치가 되고 특히 합금원소에는 영향을 받지 않는다.

소입 열처리에서 이상적인 작업방법은 위의 그림과 같이 Ar' 변태가 일어나는 구역은 급냉시키고 균열이 생길 위험이 있는 Ar" 변태구역은 서냉하는 것이다. 이와 같은 냉각 과정을 거치면 균열이나 변형됨이 없이 충분한 경도를 얻을 수 있다.

소입 경화를 실시한 강은 과포화된 합금 원소로 인해 취성을 갖게 되고, 경도는 높아지지만, 반대로 인성을 포함한 적절한 기계적 강도를 확보하기 어려우므로 이를 보완하기 위해 소려(Tempering)을 실시한다.

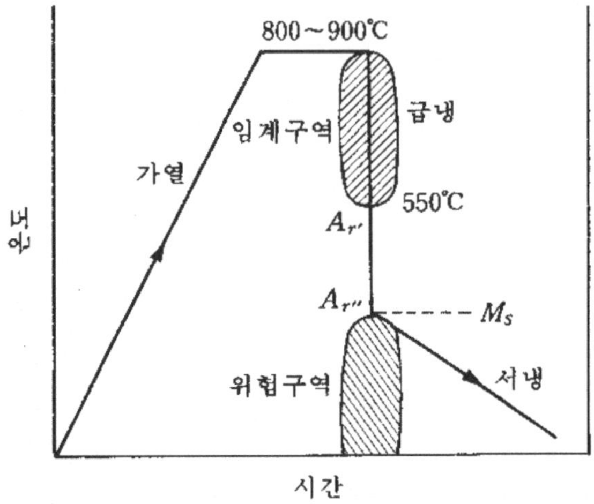

그림 2-11 소입 (Quenching) 개요

1.5. 소려 (燒戾, Tempering)

소입한 강은 매우 경도가 높으나 취약해서 실용할 수 없으므로 변태점 이하의 적당한 온도로 재 가열하여 사용한다. 이 작업을 소려(Tempering)이라 한다. 소려의 목적은 다음과 같다.

- 조직 및 기계적 성질을 안정화 한다.
- 경도는 조금 낮아지나 인성이 좋아진다.
- 잔류 응력을 경감 또는 제거하고 탄성한계, 항복강도를 향상한다.

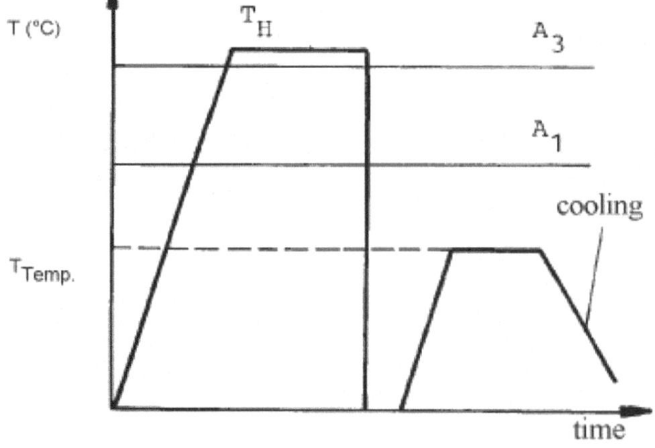

그림 2-12 Quenching and Tempering 강의 제조 공정

일반적으로 경도와 내마모성을 요할 때에는 고탄소강을 써서 저온에서 Tempering하고 경도를 조금 희생하더라도 인성을 요할 때에는 저탄소강을 써서 고온에서 Tempering한다.

소려 온도는 해당 강재가 최적의 기계적 강도를 보여줄 수 있는 온도로 조정하게 되며, 만약 이 온도 이상으로 가열하게 되면 취성이 발생하여 문제가 된다.

따라서 Q-T 혹은 N-T강은 용접후 열처리시에 반드시 PWHT의 온도가 소려(Tempering) 온도 보다 낮게 관리되어야 한다.

1.5.1. Tempering이 일어나는 단계

소려(Tempering)는 무확산변태로 생긴 마르텐사이트의 분해 석출 과정이다. 즉, 소려에 의한 성질의 변화는 탄소를 고용도 이상으로 과포화 고용한 마르텐사이트가 페라이트와 탄화물로 분해하는 과정에서 일어난다.

- 제 1단계 : 80 ~ 200℃로 가열되면 과포화하게 고용된 탄소가 ε탄화물로 분해하는 과정이다.
- 제 2단계 : 200 ~ 300℃에서 일어나는 이 단계는 고탄소강에서 잔류 오스테나이트가 있을 때에만 일어나며, 잔류 오스테나이트가 저(低) 탄소 마르텐사이트와 ε탄화물로 분해하는 과정이다.
- 제 3단계 : 300 ~ 350℃가 되면 ε탄화물은 모상중에 고용함과 동시에 새로 Fe_3C가 석출하고 수축한다. 저(低) 탄소 마르텐사이트는 더욱 저(低) 탄소로 되고 거의 페라이트가 되나 전위밀도는 아직 높은 편이다, 이때 생기는 조직은 미세 퍼얼라이트(Troostite)이며 가장 부식되기 쉽다.

온도가 더욱 높아져서 500 ~ 600℃가 되면 Fe_3C는 성장하여 점차 구상화하고 전위밀도는 급격히 감소한다. 이때의 조직은 Medium Pearlite (sorbite) 이며 강인성이 좋아 구조용에 사용된다.

1.5.2. 소려(Tempering)에 따른 기계적 성질의 변화

탄소강을 소입한 후 ε탄화물의 석출로 경도가 증가하며 200℃정도의 제 2단계 Tempering에서도 잔류 오스테나이트의 분해로 경도는 증가한다. 고(高) 탄소강에서는 잔류 오스테나이트가 많아서 소입한 상태에서는 오히려 경도는 낮으나 300℃부근의 소려에 의해서 경도는 높아진다. 저온소려의 범위에서 잔류응력이 완화되고 전위의 고착작용이 진행하기 때문에 강성한계가 향상되고 인장강도, 항복점도 높아지나 그 이상 온도가 올라가면 강도는 점차 감소한다.

1.5.3. 소려 취성(Temper Embrittlement)

Tempering시 주의할 점은 Tempering과정에서 발생하는 각종 취성이다. 이에 관한 자세한 사항은 다음장의 "강의 취화현상" 편에 다시 정리한다.

1.5.3.1. 저온 소려 취성 (300℃ 취성)

탄소강을 소입한 후 약 300℃로 소려하면 충격치가 현저하게 감소한다. 이 현상은 Carbon 의 양과는 관계없이 나타난다. 이 취화의 원인은 잔류 Austenite의 분해에도 있으나 300℃ 부근에서 ε탄화물이 Fe_3C로 변화하는 데에 기인한다. 이 저온 소려 취성은 고순도강 보다는 P, N등의 불순물이 많을수록 심하게 나타난다. 약 2%이상의 Si을 함유하는 고 Si강에서는 400℃가 되어야 ε → Fe_3C의 반응이 일어나므로 취성을 고온측으로 이동시킬 수 있다.

1.5.3.2. 고온 소려 취성 (500℃ 취성)

500℃전후의 소려에서 나타나는 충격치의 감소를 말한다. 고온 소려 취성은 Tempering 온도에서 급냉할 때보다 서냉할 때에 현저하게 취화한다. 이 취성은 결정입계에 탄화물, 질화물 등이 석출하기 때문에 발생한다.

1.5.3.3. 제 2차 소려 취화 (2차 경화)

합금강에서 600℃ 전후의 소려에 의하여 현저하게 연성취성 천이온도 증가, 노치인성(Notched Toughness)이 감소하는 현상이다. 합금강 마르텐사이트의 소려 과정은 4단계로 일어나며 1 ~ 3 단계까지는 탄소강의 경우와 같으나 4단계에서는 3단계에서 석출한 Fe_3C가 온도 상승에 따라 재 용해하고 그 대신 합금 탄화물이 생성된다. 특히 Cr, Mo, W, V, Ti등의 탄화물 형성 원소를 함유하는 마르텐사이트 조직의 강에서 특수 탄화물이 석출하여 석출경화를 일으킨다.

소려 취성은 사고의 원인도 될 수 있으므로 이를 방지하기 위해서는 다음과 같은 대책이 필요하다.

- P, Sb, N등을 가능한 한 감소시킨다.
- 고온 소려후는 급냉한다.
- 오스테나이트 결정립을 미세화 한다.
- 탄소강에서는 P%에 따라서 0.2 ~ 0.5%의 Mo를 첨가한다.

- 소입(Quenching)할 때에는 되도록 완전한 마르텐사이트로 한다.
- Austempering을 하여 높은 인성을 얻는다.

1.6. 심냉처리(Subzero Treatment)

강을 상온 까지 급냉하는 경우에 저(低) 탄소강에서는 오스테나이트가 잔류하는 경우가 거의 없으나, 고 탄소강이나 합금강을 소입(Quenching)하면 상당량의 오스테나이트가 변태하지 못하고 잔류하여 다음과 같은 결점이 생긴다.

- 경도가 낮아져서 공구와 같은 높은 경도를 요구하는 것에는 경도 부족의 원인이 된다.
- 잔류 오스테나이트는 불안정하여 시간이 지나면 차츰 마르텐사이트로 변하면서 팽창하고 변형을 일으킨다. 이 현상을 경년변화라 하며 정밀부품에서는 치수 변화가 생겨 문제가 된다.

이러한 잔류 오스테나이트를 0℃ 이하의 온도로 냉각하여 마르텐사이트로 변태시키는 조작을 심냉처리 또는 Subzero 처리하고 한다. 실용적인 Subzero처리온도는 경비등을 고려하여 -80 ~ -100℃ 정도로 하고 있다.

2. 용접후열처리

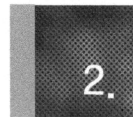

용접후열처리(Post Weld Heat Treatment, PWHT)는 용접부의 잔류응력 제거 및 연화, 균열 방지 등을 위한 일종의 열처리이다. PWHT의 원리는 잔류응력(Residual Stress)을 변형(Strain)으로 바꾸어 줌으로서 잔류응력을 경감시키는 것이다. 탄소강, 저합금강 및 고합금강에 대한 PWHT 여부는 관련 기술기준, 규격, 표준 및 시방서를 따르며, 세부 요건 등은 별도로 기술한다.

2.1. 용접후열처리 절차

일반적인 수행 절차는 다음과 같고, PWHT의 적용여부는 모재의 재질 등에 의해 결정하되 기술기준, 규격, 표준, 시방서, 도면, WPS 등에 규정되며, 보일러는 ASME BPVC Sect. I PW-39를, 압력배관은 ANSI/ASME B31.1 Chapter V, Para. 132를, 원자력 품목은 ASME BPVC Sect. Ⅲ의 NX-4620을 각각 적용한다.

- PWHT 적용대상 판정 : 기술기준, 규격, 표준, 시방서, 도면, WPS 등
- Heating Element 설치 및 온도제어 방식 확인
- 열전대 설치 및 검교정 여부 확인
- 가열 및 가열속도 확인
- 유지온도 및 유지시간 확인
- 냉각 및 냉각속도 확인
- 보온재 및 열전대 제거 및 열전대 제거 부위 비파괴검사(MT, PT)
- PWHT 서류 및 온도 기록지 정리

2.2. 가열 및 냉각 방법

PWHT는 전기저항 장비 또는 다른 승인된 방법으로 수행하며, 열전대(Thermocouple)는 직접 용접부에 부착하되 규정된 온도 범위 내에서 최소 유지시간(Holding Time) 동안 시행한다.

온도 및 시간변화의 기록은 열전대와 Pen Type Recorder로 한다. PWHT 대상 부위 중 가

열 부위 이상의 표면은 보온재(Asbestos Lagging)로 보온하여 열손실 방지 및 외기의 영향을 배제하고 냉각은 공기 중에서 서냉한다. 통상 Pen Type Recorder는 온도가 500°F(260℃) 이하가 될 때까지 계속 기록하며, 온도가 300°F(149℃) 미만이 되면 보온재를 제거한다.

2.3. 유지 온도 및 시간(Holding Temperature & Holding Time)

유지 온도(Holding Temperature) 및 유지시간은 모재 또는 용접재료의 재질과 용접부의 호칭두께를 기준으로 하되, 연속적일 필요는 없고 PWHT 싸이클에 적용된 각 유지 시간의 합산으로 관리해도 된다. 재질별 유지 온도는 적용 기술기준, 규격, 표준, 시방서, 도면, WPS 등에 언급되어 있으며, 이 온도에서의 PWHT가 비실제적일 경우에는 ANSI/ ASME B31.1 Chapter V, Para. 132.3.1 등 해당 기술기준, 규격, 표준, 시방서, 도면, WPS 등의 대체 유지 온도 요건에 의해 낮은 온도에서 유지시간을 증가시켜 PWHT를 실시할 수도 있다.

PWHT 온도 유지사 각 부위별 최대 온도 변화량은 ANSI/ASME B31.1 및 ASME Sec. Ⅲ 등에 의해 통상 83℃(150°F) 이내로 관리하고, 온도의 측정은 열전대(Thermocouple)를 사용하되 열전대의 두 Wire 사이의 간격은 최대 1/4in.를 초과하지 말아야 한다. PWHT 시간 싸이클은 ANSI/ASME B31.1 및 ASME Sec. Ⅲ 등에 기술되어 있다.

2.4. 가열 및 냉각 속도(Heating & Cooling Rate)

원자력분야는 ASME BPVC Sec. Ⅲ에 의해 800°F(427℃) 이상의 온도 영역에서 최대 400°F/hr(222℃/hr)로 하되 인치 단위로 표기된 모재의 최대 두께로 400°F/hr(222℃/hr)를 나눈 값으로 한다. 단, 100°F/hr(55℃/hr)보다 작을 필요는 없다. 가열 및 냉각 기간 동안 용접길이 15ft(4.6m)내에서 온도 변화가 250°F(139℃)를 초과하지 않아야 한다. 가열속도는 강재가 두꺼울수록 내부와 외부의 온도차이가 발생하지 않도록 관리되어야 하며, 국부적인 온도 차이에 의한 응력발생에 주의해야 한다. 냉각속도는 가열속도와 같은 개념으로 주의해야 하며, 특히 급냉에 의한 조직 변화와 취성 발생 여부를 고려해야 한다. 냉각속도는 열처리를 마무리 하는 매우 중요한 관리변수이다.

표 2-1 ASME SEc. VIII Div. 1에 따른 PWHT 기준

P No.	Gr. No.	Material Description	PWHT	Temp. (℉)	RT	Notes
1	1	SA36, SA285-C SA-515/516 Gr. 55, 60, 65	> 1.5 inch	1100	>1.25 inch	(1) See ASME Sec. VIII div. 1 table UCS-56 for concessions/restrictions. (2) PWHT or RT depends upon carbon content, grade of material, type of welding, thickness, preheat and inter-pass temperature, and types of electrodes. See ASME Sec. VIII, Div. 1 TABLE UHB-32, and paragraphs UHA-32 and 33 for concessions/restrictions. (3) Radiography shall be performed after PWHT when required. 100% RT is required for all vessels in lethal service (ASME Sec.
	2	SA-515/516 Gr. 70 SA-455-I or II	> 1.5 inch	1100	>1.25 inch	
3	1	C-Mo / (SA204-B)	>0.625 inch	1100	> 0.75 inch	
	2	1/2Cr-1/2Mo (SA-387-2-2)	>0.625 inch	1100	> 0.75 inch	
	3	Mn-Mo (SA-302-B)	All	1100	> 0.75 inch	
4	1	1Cr-1/2Mo (SA-387-12-2) 1-1/4Cr-1/2Mo (SA-387-11-2)	Note. (1)	1100	> 0.625 inch	
5	1	2-1/4Cr-1Mo (SA-387-22-2) 3Cr-1Mo (SA-387-21-2)	All	1250	All	
	2	5, 7, 9Cr-Mo	All	1250	All	
6		13Cr (410) Martensitic SST	Note. (2)	1250	Note. (2)	
7	1	13Cr (405, 410S) Martensitic SS	Note. (2)	1350	Note. (2)	
	2	17Cr (430) Ferritic SS	All	1350	Note. (2)	

8	1	(304, 316, 321, 347) Austenite SS	-	1950	>1.5 inch	VIII Div. 1 UW-2(a)). Materials requiring impact test for low temperature service shall be PWHT (ASME Sec. VIII, Div. 1 UCS-67).
	2	(309, 310) Austenite SS	-	1950	>1.5 inch	
9A	1	2-1/2Ni (SA-203-A, B)	>0.625 inch	1100	>0.625 inch	
9B	1	3-1/2Ni (SA-203-D, E)	>0.625 inch	1100	>0.625 inch	
41	-	Nickel 200	-	-	>1.5 inch	
42	-	Monel 400	-	-	>1.5 inch	
43	-	Inconel 600, 625	-	-	>0.375 inch	
45	-	Incoloy 800, 825	-	-	>0.375 inch	

표 2-2 ASNI/ASME B 31.3에 따른 PWHT 기준

TABLE 331.1.1
REQUIREMENTS FOR HEAT TREATMENT

Base Metal P-No. or S-No. [Note (1)]	Weld Metal Analysis A-Number [Note (2)]	Base Metal Group	Nominal Wall Thickness		Specified Min. Tensile Strength, Base Metal		Metal Temperature Range		Holding Time			Brinell Hardness, [Note (4)] Max.
									Nominal Wall [Note (3)]		Min. Time, hr	
			mm	in.	MPa	ksi	°C	°F	min/mm	hr/in.		
1	1	Carbon steel	≤ 19	≤ $\frac{3}{4}$	All	All	None	None	...	...	...	...
			> 19	> $\frac{3}{4}$	All	All	593–649	1100–1200	2.4	1	1	...
3	2, 11	Alloy steels,	≤ 19	≤ $\frac{3}{4}$	≤ 490	≤ 71	None	None	...	...	...	...
		Cr ≤ $\frac{1}{2}$%	> 19	> $\frac{3}{4}$	All	All	593–718	1100–1325	2.4	1	1	225
			All	All	> 490	> 71	593–718	1100–1325	2.4	1	1	225
4[10]	3	Alloy steels,	≤ 13	≤ $\frac{1}{2}$	≤ 490	≤71	None	None	...	...	...	...
		$\frac{1}{2}$% < Cr ≤ 2%	> 13	> $\frac{1}{2}$	All	All	704–746	1300–1375	2.4	1	2	225
			All	All	> 490	> 71	704–746	1300–1375	2.4	1	2	225
5A,[10] 5B,[10] 5C[10]	4, 5	Alloy steels, (2$\frac{1}{4}$% ≤ Cr ≤ 10%)										
		≤ 3% Cr and ≤ 0.15% C	≤ 13	≤ $\frac{1}{2}$	All	All	None	None	...	...	...	...
		≤ 3% Cr and ≤ 0.15% C	> 13	> $\frac{1}{2}$	All	All	704–760	1300–1400	2.4	1	2	241
		> 3% Cr or > 0.15% C	All	All	All	All	704–760	1300–1400	2.4	1	2	241
6	6	High alloy steels martensitic	All	All	All	All	732–788	1350–1450	2.4	1	2	241
		A 240 Gr. 429	All	All	All	All	621–663	1150–1225	2.4	1	2	241
7	7	High alloy steels ferritic	All	All	All	All	None	None	...	...	...	...
8	8, 9	High alloy steels austenitic	All	All	All	All	None	None	...	...	...	...
9A, 9B	10	Nickel alloy steels	≤ 19	≤ $\frac{3}{4}$	All	All	None	None	...	...	...	...
	...		> 19	> $\frac{3}{4}$	All	All	593–635	1100–1175	1.2	$\frac{1}{2}$	1	...
10	...	Cr-Cu steel	All	All	All	All	760–816 [Note (5)]	1400–1500 [Note (5)]	1.2	$\frac{1}{2}$	$\frac{1}{2}$	...

3. 강의 취화(脆化)현상 (Embrittlement of Steels)

3.1. 개요

엄밀한 의미에서의 취성과 취화 현상은 구분되어야 한다. 하지만 쉽게 이해하기 위해서는 강의 취성 혹은 취화 현상이라고 하는 것은 한마디로 표현하면, 금속을 사용하는 사용자 입장에서 원하지 않는 나쁜 성질을 통칭한다고 할 수 있다. 즉, 기계적 강도가 저하하고, 내식성이 저하하며, 더 이상 기기의 안정적인 사용을 보장하기 어려운 상태가 되어버리는 현상을 통칭한다고 할 수 있다.

강은 열처리 혹은 고온 사용 분위기 속에서 고유의 특성인 연성, 인성이 감소하고 강도 및 경도가 증가하면서 취성(Brittleness)을 가지는 현상을 나타낸다. 특히 성형중에 발견되는 강의 취화 현상은 다수의 균열 및 가공에 의해 변형된 결함으로 나타나게 된다. 이렇게 취화된 강 구조물은 외부의 강한 응력(충격)을 받을 경우에 취성 파괴를 일으킬 가능성이 있다.

따라서, 설계와 재료 선정의 단계에서 반드시 강의 취성 발생 가능성을 고려해야 하고, 구조물의 제작과 사용단계에서 취성에 의한 파괴 양상을 발견하고 예방할 수 있는 방안이 강구되어야 한다.

이하에서는 강의 열처리 및 가공과정에서 발생하는 강의 강도와 경도의 급격한 변화에 중점을 둔 강의 취성에 대해 정리한다.

3.2. 연성파괴에 취성 파괴의 구분

강이 파괴가 되는 과정은 취성 파괴와 연성 파괴로 구분될 수 있다. 비록 이하의 내용이 강의 경도와 강도의 급격한 변화에 중점을 둔 강의 취성에 대해 정리한다고 해도, 기본적인 강의 파괴 양상에 대한 구분을 명확하게 정리할 필요가 있다.

3.2.1. 연성파괴

연성파괴라고 하는 것은 예측이 가능하며, 파괴 과정이 점진적으로 이루어 지는 파괴현상이다. 이에 반해 취성 파괴라고 하는 것은 예측이 어렵고, 급진적이며, 갑작스런 파괴현상이라고 할 수 있다. 엿가락에 힘을 주어 당기는 과정에서 발생하는 엿가락의 변화는 고온과 저온으로 구분할 수 있다.

고온에서는 엿가락은 당기는 힘이(인장 응력) 가해짐에 따라 단면적인 감소하면서 전체 길이가 증가하게 되고 마침내 절단에 이르게 된다. 이와 같이 단면의 감소와 길이의 연신이 일어나면서 파괴되는 현상이 연성 파괴이다.

우리가 사용하는 모든 기자재의 재료 설계는 이와 같은 연성 파괴 범위내에서 이루어 지게 된다.

3.2.2. 취성파괴

취성파괴의 가장 큰 특징은 탄소강의 경우에 파면이 은색으로 빛나게 되고 파면 조직이 뜯겨져 나간 흔적이 없이 마치 칼로 자른 것과 같은 날카로운 파면이 형성된다는 점이다. 일상에서 흔히 볼 수 있는 취성 파면과 유사한 파단면의 형상은 스프링강의 절단면이라고 할 수 있다.

강의 기계적 시험중에 한가지로 저온에 충격시험을 하는 경우가 있다. 이 실험의 목적은 강이 어느 온도에서 취성파괴가 일어나기 시작하는 가를 평가하기 위한 것이다. 우리가 가장 많이 사용하는 탄소강인 ASTM A516-60등의 강재는 저온에서 -46℃ 까지 사용이 가능하며, 이 온도의 의미는 -46℃ 이하의 온도에서는 강의 취성 파괴가 나타날 수 있으므로 사용을 제한하는 것이다.

3.3. 취성의 분류 및 특징

3.3.1. 냉간 가공 취성(Strain - Age Embrittlement)

3.3.1.1. 냉간 가공 취성의 개요

저탄소강을 냉간 가공 후 시효(Aging)할 때 강도 증가 및 연성이 감소하는 현상 이다. 주로 Rimmed Sheet Steel, 용접부의 HAZ에서 발생하며 발생시간은 냉간 가공도, 시효온도, 시효온도에서의 방치시간에 따라 결정된다.

불순물이 많은 탄소강의 과도한 냉간가공 및 용접시나 용접과정이 부적절한 탄소강의 용접부에서 균열이 발생하게 된다.

3.3.1.2. 발생기구 및 특징

이와 같은 경도의 증가 및 연성의 감소는 시효중에 C, N이 결정결함(특히, 전위) 주위로 확산하여 불순물 분위기를 형성하기 때문에 발생한다. 강이 적당한 연성을 가지기 위해서는 조직내에 외부 응력을 흡수할 수 있는 전위(Dislocation)의 움직임이 있어야 한다. 결정 결함 주위로 확산한 C, N에 의해 전위 이동이 어려워지므로 연성이 감소하게 되고 성형중에 불균일한 변형이 일어나게 된다. 온도가 증가하면 불균일 성분이 존재하는 영역에서 파괴가 일어날 수도 있다. 완성된 구조물에 나타나는 특징으로는 인장 시험시 인장축에 45° 방향으로 Luders Band (Stretcher Strain) 형성 한다.

3.3.1.3. 냉간 가공 취성의 해결책

Strain-Age Embrittlement를 해결하기 위한 방법으로는 합금 원소 첨가에 의한 화학성분 조정 방법과 강의 제조 과정을 개선하는 두 가지 방법이 적용된다.

(1) 합금 원소의 첨가

고용된 탄소 및 질소를 안정한 탄화물이나 질화물로 만들어주기 위해 Al, V, Ti, Nb, B 등을 첨가하여 C, N의 역할을 축소한다.

Al-killed 강의 경우는 조질압연 후 시효처리를 해도 항복점 현상이 나타나지 않는다. 이는 N이 Al과 결합하여 AlN을 형성하기 때문이다.

(2) 조질 압연(調質壓延)

조질 압연(Temper Rolling, 調質壓延)으로 항복강도 낮춘다. 미리 연신율 1 ~ 3%에 해당하는 만큼 항복점 연신 이상으로 변형시킨 후 시효전에 사용하면 항복점 현상이 안 나타나므로 Stretcher Strain 의 발생을 막을 수 있다.

3.3.2. 소입 시효 취성(Quench - Age Embrittlement)

저탄소강을 Ac1(Lower Critical Temperature, 723°C) 바로 아래에서 급냉시킨 후 상온 부근에서 시효처리(Aging)하면 연성감소 및 항복강도가 증가하는 현상이다. 급냉 온도가 낮아질수록 취화정도가 적어진다.

고용탄소(혹은, 질소)가 탄화물(ε-Carbide, 혹은 Fe_3C)로 석출하여 연성이 감소하고 강도가 증가한다. 온도에 따른 페라이트(α相) 내에서의 탄소 고용도 차이로 인한 석출경화 현상이다.

3.3.3. 고온 취성(High Temperature Embrittlement)

3.3.3.1. 청열취성(靑熱脆性)

강을 240~370°C로 가열하면 강도가 증가하고 연성, 충격값 감소하는 현상이 발생한다.

이 영역에서 변형된 강은 상온으로 냉각해도 높은 경도와 인장강도를 가진다. 변형속도가 증가하면 청열취성 온도범위가 넓어진다. 청열취성(Blue Embrittlement 혹은 Blue Shortness)이라고 부르는 것은 강재의 온도가 이 영역에 노출될 경우에 색이 푸른색을 보이기 때문이다.

(1) 고온 취성의 발생 기구

원인은 불확실하나 변형시효의 특징적인 성질을 나타내는 점에서 변형시효의 일종으로 보인다. Strain-Aging Embrittlement와 마찬가지로 C, N, O 등의 불순물이 주요인이다. 이들 불순물 원소가 C, N이 결정결함(특히, 전위) 주위로 확산하여 불순물 분위기를 형성하기 때문에 발생한다. 결정 결함 주위로 확산한 C, N에 의해 전위 이동이 어려워지므로 연성이 감소하게 되고 성형중에 불균일한 변형이 일어나게 된다. 청열취성을 유발하는 인자중에 N의 역할이 가장 크다.

(2) 고온 취성의 해결책

청열취성이 일어난 재료는 인성(Toughness)이 매우 적으므로 충격이 가해지는 곳 특히 저온의 충격이 발생할 수 있는 곳에 사용해서는 안된다.

Al, Ti 등의 강한 질화물 형성원소를 첨가한 강에서는 N가 AlN, TiN으로 되어 불순물의 효과가 작아지기 때문에 청열취성이 나타나지 않는다.

3.3.3.2. 적열취성(赤熱脆性)과 백열취성(白熱脆性)

(1) 적열 취성의 개요

강재를 단조, 압연, Press할 때 950°C 부근의 적열온도 영역에서 균열을 일으키는 현상을 적열취성, 1100°C 부근에서 일어나는 현상을 백열취성이라 한다. 두가지 현상 모두 발생하는 온도 영역에 따라 구분하며, 그 온도 영역에서 강재가 보이는 색을 기준으로 이름이 지어진다.

(2) 적열 취성의 발생 기구

적열취성은 황(S) 및 산소(O)에 의한 것이고 백열취성은 황(S)에 의한 것으로 구분된다. 일반적으로 적열취성은 FeS가 결정립계에 존재하기 때문이고 백열취성은 FeS가 융해하기 시작하는 온도에서 발생한다.

1) 황(S)의 영향

황 함량이 적으면 백열취성만 나타나고, 황 함량이 증가하면서 적열취성이 나타난다. 황 함량이 더욱 높아지면 백열취성은 저온측으로 옮겨 적열취성에 연속되거나 겹친다.

일반강재에서는 황 함량이 극단적으로 높은 경우는 없으나, 일반적으로 황은 편석(Segregation)의 경향이 크기 때문에 국부적으로 평균 함량이 3~4배의 높은 함량을 보여서 해롭게 된다. 따라서, 보통강에서는 황 함량을 0.04% 이하로 제한하고 강중의 Mn/S 비를 4~5로 하여 MnS가 형성될 수 있도록 한다.

2) 산소(O)의 영향

산소의 함량이 증가하면 적열취성 현상이 나타난다.

이러한 현상은 산소가 산화피막으로서 결정립계에 존재하기 때문이다.

이론상 약 1200°C 이상이 되면 이 피막이 깨지고 산화철이 형성되므로 취성은 사라진다. 그러나, 실제 조업시에는 1200°C 이상이 되면 입계산화의 위험이 있으므로 탈산(脫酸)하여 적열취성을 제거하는 것이 바람직하다.

산소와 함께 Cu, As, Sn 등도 고온취성이 원인이 된다. 강표면이 산화됨에 따라 이 원소들은 산화철 층 아래에 침전, 농축되고 강의 미산화층의 결정립 내로 들어와 박막을 형성하여 적열취성을 일으킨다.

3.3.4. 소려 취성(Temper Embrittlement)

소려 취성에 관해서는 이미 앞서 설명된 열처리 부분의 소려 항목에서 간단하게 설명되었다. 이하에서는 각 소려 취성의 원인과 해결책을 위주로 설명한다.

3.3.4.1. 350° C Embrittlement (Tempered Martensite Embrittlement)

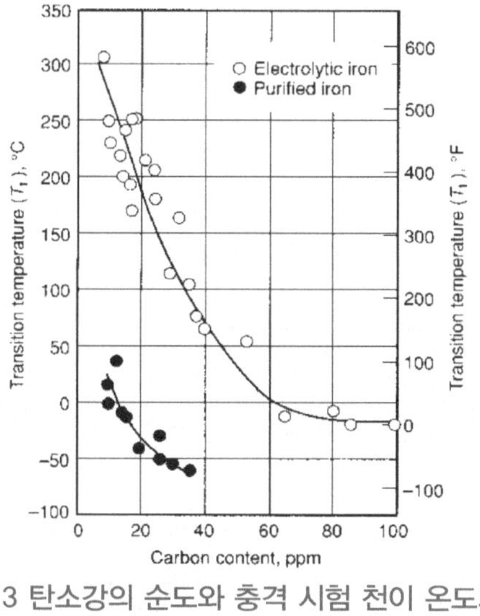

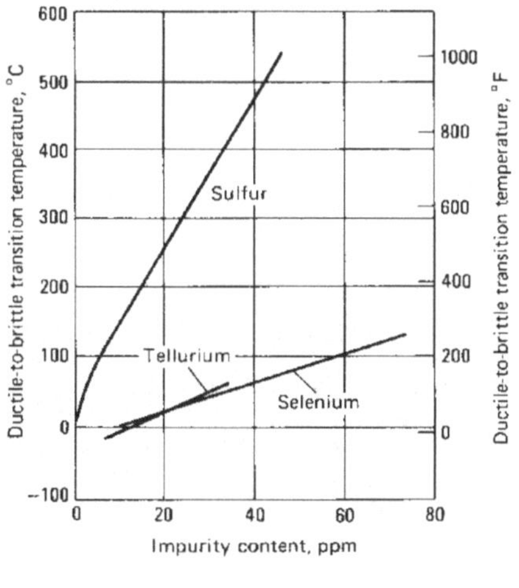

그림 2-13 탄소강의 순도와 충격 시험 천이 온도의 관계(좌) 탄소강의 불순물 합금 원소양과 충격시험 천이 온도의 관계(우)

급냉한 강을 약 300°C 전후에서 Tempering한 경우 충격치가 현저하게 감소하는 현상이다. Quenched Steel, Tempered Martensite 및 하부 Bainite 조직에서 발생한다. 이 취성은 탄소함량에 무관하게 발생 하며, 고순도 저합금강에서는 나타나지 않는다.

파괴의 양상은 결정입계를 따라 발생하는 입계파괴이다.

(1) 원인 및 특징

오스테나이트 결정 입계를 따라 Fe_3C가 석출된 Ferrite Network에 기인하는 것으로 생각된다. 충격값의 감소는 Fe_3C 석출과 동시에 일어난다.

고용되지 않고 입계에 존재하는 탄화물은 Slip장벽의 역할을 함으로써 불순물에 의해 야기되는 입계파괴를 가속화시킨다.

(2) 대책

- Martensite Tempering 특성이 억제된 특수강 개발
- 빠른 Martensite Tempering 속도를 가진 강의 개발
- 원하는 강도, 두께에서 100% 상부 Bainite로 변태가능한 강의 개발
- 민감영역에서의 Tempering을 피한다.
- 원하는 강도를 만족시키는 최소한의 탄소함량을 가진 강의 사용

3.3.4.2. 500° C Embrittlement

500°C 전후의 Tempering에서 나타나는 충격치의 감소이다.

이 온도에서 급냉할 때보다 서냉할 때 현저하게 나타나며, 결정립계에 탄화물, 인화물, 질화물이 석출하기 때문에 발생한다.

3.3.4.3. Two-Step Temper Embrittlement

(1) 개요

일반적인 저탄소강의 경우에 약 375~575°C (특히, 450~475°C) 로 가열하거나 이 온도영역에서 서냉하는 경우에 발생한다.

합금강에서는 600℃ 전후의 소려에 의하여 현저하게 연성취성 천이온도 증가, 인성의 감소가 발생하는 현상이다.

합금강 마르텐사이트의 소려 과정은 4단계로 일어나며 1 ~ 3 단계까지는 탄소강의 경우와 같으나 4단계에서는 3단계에서 석출한 Fe_3C가 온도 상승에 따라 재 용해하고 그 대신 합금 탄화물이 생성된다.

특히 Cr, Mo, W, V, Ti등의 탄화물 형성 원소를 함유하는 마르텐사이트(Martensite)조직의 강에서 특수 탄화물이 석출하여 석출 경화를 일으킨다.

(2) 원인 및 특징

불순물의 입계편석에 그 원인이 있다. 따라서, 불순물을 제거하면 시효중에도 취화되지 않는다.

연성취성 천이온도는 입계에서의 불순물 농도에 의존하며, 불순물의 평형 입계농도는 시효 처리(Aging) 온도가 감소할 수록 증가한다.

Ni, Cr, Mn은 Sb, Sn, As, P에 의한 취화경향을 증가시킨다. Mo를 첨가하면 쉽게 기지내에서 인화물(Phosphate)등의 형태로 석출, 불순물의 입계편석을 억제하므로 취화현상은 지연된다.

(3) 대책

약 600℃ 이상으로 가열한 후 300℃이하로 급냉시키면 원래의 인성 회복 된다.

다음과 같은 방법을 적용하여 Susceptibility를 감소시킨다.

- 취성을 일으키는 불순물 원소를 원재료 및 Melting과정에서 가능한 최소로 해준다.
- Intercritical Treatment - 재료를 Ac1~Ac3 사이에서 오랜 시간 유지시킨다.

3.3.5. 스테인레스 강의 취성(Embrittlement of Stainless Steel)

3.3.5.1. 475° C 취성

우수한 연성을 가지는 결정립이 미세한 고크롬함유 Ferritic Stainless Steel을 약 400 ~ 500°C에서 오랜 시간 유지시키면 연성감소, 충격값의 급격한 감소, 인장강도 및 경도의 증가가 발생하게 된다.

475℃ 취성은 Cr 함량이 증가할수록 두드러지게 발생하며, Ti 및 Nb 함량이 클수록 민감하게 나타난다. 탄소 함량이 작고 크롬이 없거나 극히 작은 페라이트계 스테인레스강에서는 취성이 나타나지 않는다.

(1) 원인

온도 상승에 따라 취성이 큰 高Cr α'상과 低Cr α상이 Spinodal 분해에 의해 석출되어 발생한다. Cr-rich α'상의 핵생성에 필요한 C, N 입자와 관련되기 때문에 침입형 불순물의 함량이 적으면 취화현상은 지체된다.

(2) 대책

응력 제거를 위한 열처리시에는 약 600°C 정도에서 단시간 열처리를 실시한다.

장시간의 등온열처리를 해야 나타나므로 일반적으로 Ferritic 스테인레스강의 용접, 열처리를 방해하지는 않는다.

3.3.5.2. σ-phase Embrittlement

(1) 개요

페라이트계 혹은 오스테나이트계 스테인레스강을 560~980°C에서 오랜 시간 유지시키면 Cr-Rich상인 σ상($Cr_{23}C_6$)이 형성되고 상온으로 냉각시키면 내식성을 잃어버리게 되며, 조직에 취화현상 발생하게 된다.

1040~1150°C에서 서냉하거나, 수냉 후 560~980°C로 열처리 하는 경우에 형성된다. 260°C 이하로 냉각된 경우는 인성(Toughness)을 완전히 잃어버리므로 구조물에 치명적이다.

(2) σ상의 특징 및 역할

- 거의 FeCr의 조성을 갖는 금속간화합물로 구성된다.
- Notch Sensitivity의 증가하고, Impact Strength가 감소한다. 특히, 고온에서의 에너지 값이 저하한다.
- 경도와 인장강도에는 큰 영향을 주지 않는다.
- 고온에서는 석출에 의해 강을 경화 시키는 Strengthening Effect가 있으므로, 고온에서의 내충격 저항을 요구하지 않다면 고온용으로서 α상의 존재는 바람직하다.

이에 대한 좀더 자세한 내용은 Stainless Steel편에서 다루기로 한다.

3.3.6. 흑연화 취성(Graphitization)

(1) 개요

고온에서 운전되는 발전 설비나 정유공장의 탄소강 또는, C-Mo강 배관이 425°C 이상에서 운전중에 많이 발생한다. Ac1 이상으로 순간적으로 가열된 금속 용접부의 HAZ에서 주로 형성된다. 탄소강의 시멘타이트(Cementite, Fe_3C)가 분해하여 Fe와 흑연(Graphite)으로 나뉘어지면서 기계적 강도를 잃어버리고 취성이 발생한다. 취화정도는 흑연의 분포, 크기, 형상에 따라 다양하게 나타난다.

(2) 대책

강의 흑연화 정도는 Bend Testing으로 평가한다. 최근에는 고온에 사용되는 기기의 조직을 초음파로 검사하여 흑연화 형성 정도에 따른 미세 균열을 측정하기도 한다. 초기단계에서 발견되면 Ac1바로 아래에서 Normalizing과 Tempering으로 Graphite 의 석출을 방지하고, 정도가 심각하면 결함영역을 잘라내고 재 용접하거나 교체한다.

흑연화는 탄화물의 분해에 그 원인이 있기 때문에 고온에서 탄화물을 생성할 수 있는 원소를 첨가하여 해결할 수 있다. 그 대표적인 원소로는 크롬이 있으며, 크롬의 함량이 증가함에 따라 고온 사용에 적합성이 증대된다. API 941에서는 이러한 강의 흑연화 취성을 방지하기 위한 방법으로 수소의 분압과 온도에 따른 강재 선정의 기준을 Nelson Curve로 제시하고 있다.

ASME Code에서는 이러한 이유 때문에 일반 탄소강의 고온 사용 온도 제한을 425°C로 제한하고 있으며, 이 이상의 온도가 되면 크롬(Cr)을 합금 원소로 추가하여 Cr-Carbide를 형성하여 고온 강도를 확보하도록 하고 있다.

3.3.7. 금속간 화합물 취성(Intermetallic Compound Embrittlement)

(1) 개요

아연 도금강을 아연(Zn)의 융점 이하인 고온에서 오랜 시간 유지시키면 발생한다. 고온에 노출된 아연이 도금층으로부터 강구조물의 입계로 확산하여 취약(Brittle)한 Zn-Fe 금속간 화합물의 상을 입계(Intergranular Network)를 따라 형성하게 되고 이로 인한 취성파괴의 가능성이 발생한다.

(2) 대책

특별한 대책이 없고, 아연 도금 구조물을 고온에서 장시간 사용하지 않는 것이 가장 확실한 대안이다.

용융아연 중에서 탄소강도 취화되지만 오스테나이트 스테인레스 강의 경우에는 인장 응력이 존재하면 순간적으로 균열이 발생하고, 성장하는 점이 큰 차이점이다. 이 때문에 오스테나이트 스테인레스 강에 아연(Zn)이 부착되어 있다면 용접이나 화재시 등 고온일 때에 격렬한 균열의 가능성이 있고, 탄소강의 경우보다도 손상되는 위험성이 높다.

스테인레스강은 내후성이 우수하기 때문에 그 자체에 아연이 피복되지는 않지만, 아연 피복강과의 용접이나 아연 성분이 많은 페인트의 부착, 또는 화재시 등에는 용융된 아연의 적하나 아연증기의 부착 등에 의해 스테인레스강에 아연이 부착될 가능성이 있다.

3.3.8. 수소 취성

3.3.8.1. 개요

강중에 침투한 수소가 고용한도를 넘게 되었을 경우에 강내로 확산하여 금속의 연성이 저하되고 심하면 균열에 이르게 되는 현상이다. 장시간에 걸친 문제이고 미량인 기체 분석이 어려우므로 정량적 정보의 습득에 어려움이 있다.

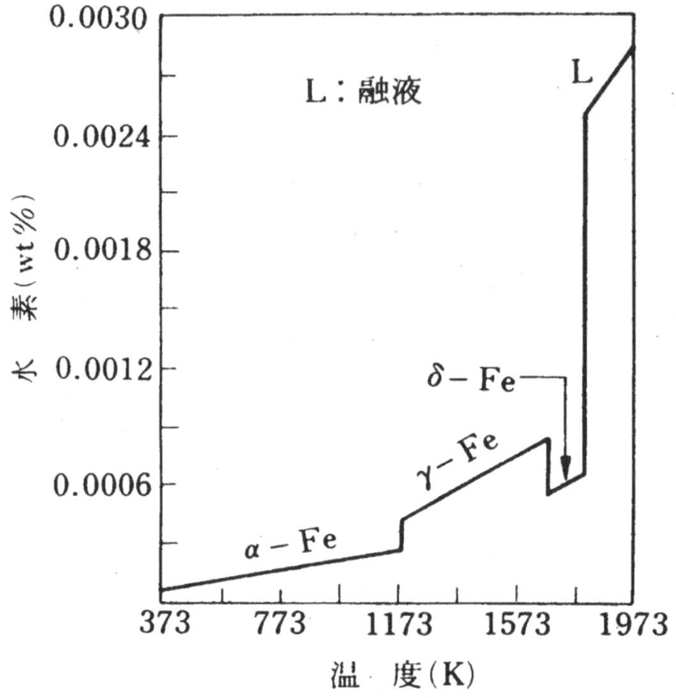

그림 2-14. 탄소강중의 온도에 따른 수소 고용도

취성을 일으키는 수소의 발생원은 용접 과정에서 분해되는 수증기, 산세 (Pickling, Acid Cleaning)과정에서 발생하는 수소, 전기 도금과정에서 금속 내로 침투하는 수소 등이 그 원인이다.

수소는 금속내로 확산되어 침입형 고용체 형성하게 되며, 수소의 고용도는 온도에 비례하게 되고 위 그림 2-14에 제시되는 바와 같이 페라이트보다 오스테나이트 조직에의 고용도가 크다. 용융된 강내로 고용된 수소량이 많아질 수록 기공 발생 혹은 냉각된 이후에 수소 취성 발생 가능성이 증가하게 된다.

용접 과정에서 발생한 수소와 관련된 사항은 제 3장의 "용접과 가스의 영향"편에서 좀더 깊이 있게 다루기로 한다.

3.3.8.2. 온도의 영향

단조강의 경우, 열처리 후 상온으로 냉각시키면 고용한을 초과하는 수소가 강 표면으로 확산하여 내부에 불연속점(Pocket of Hydrogen)를 형성하고, 이 부위의 압력이 커지면 미세한 균열(Hairline Crack) 또는 육안으로 확인 가능한 수준의 균열을 나타낸다.

용접과정에서 발생된 수소가 고용도가 높은 용접 열영향부(HAZ)로 이동하여 열영향부의 경도가 증가하게 되고, 용접 완료 후에 균열을 유발하게 된다.

3.3.8.3. 발생 사례

(1) 산세(Pickling, Acid Cleaning)

Hydrogen Pick-up Rate는 산세정에 적용되는 산(Acid)의 종류 및 농도, 용액 온도, 산세 시간, 부식방지제(Inhibitor) 존재여부 및 농도에 의존한다. 강산(HCl, H_2SO_4, HF)은 심각한 취화현상 유발한다. 상온에서 장시간 시효(Aging)하거나 약간 높은 온도에서 가열(Baking)하게 되면 수소는 금속에서부터 빠져 나와 제거된다.

이러한 이유로 ASTM A380에서는 수소 취성이 발생할 수 있는 페라이트계 및 마르텐사이트계 스테인레스강의 산세에 대해 주의를 명기하고 있다.

(2) 전기도금(Electroplating)

도금중에 수소가 금속내부로 침투하게 되면 도금층 자체가 취화될 수 있다. 때로는 수소의 기포(Blistering)를 금속내부에 형성하여 내부에 충분한 압력이 생기면 도금층의 파단을 일으키기도 한다.

많은 프로젝트 규정(Spec.)들에서 전기도금된 고장력 볼트를 사용하지 못하도록 하거나 코로메이트 처리등이 된 볼트의 사용을 제한하는 것이 전기 도금 과정에서 발생한 수소로 인해 수소 취성이 발생하기 때문이다.

최근에는 습식 도금 과정에서 발생하는 수소에 의한 문제점을 해결하기 위해 기계적인 아연도금(Mechanical Galvanized) 볼트의 사용을 의무화하는 곳도 있다.

(3) 습기가 많은 환경에서의 아크 용접

습기가 많은 작업장 여건이거나 용접봉의 건조가 불충분한 상태에서 용접이 이루어 질 경우에 용접과정에서 발생한 수소가 강내로 침투하여 취성을 일으킨다.

따라서 비가 많이 오거나 상대 습도가 높은 날 혹은 용접봉 건조가 부적절한 상태에서는 용접을 금해야 한다.

(4) H_2S를 함유한 수용액, H_2S 기체를 함유한 습기 중에서 강의 부식

강의 부식과정에서 수소원자가 방출되고 다시 금속내부에 흡착되어 취화를 일으킨다.

특히 고강도 강재의 경우에는 용접부 등에서 황화수소에 의한 부식으로 수소 취성하거나 응력부식균열이 발생하기도 한다.

제3장

용접 야금학

1. 용접부 조직
2. 강의 용접성 평가
3. 용접과 가스의 영향
4. 잔류응력
5. 용접변형

1. 용접부 조직

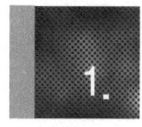

탄소강 또는 저합금강 용접부는 용접금속(Weld Metal), 열영향부(HAZ, Heat Affected Zone) 및 열영향을 받지 않은 모재인 원질부로 구성된다. 용접열에 의한 최고 도달 온도에 의한 야금학적 영향, 열영향부의 범위, 조직적 특성 및 평형상태도는 아래 그림과 같다.

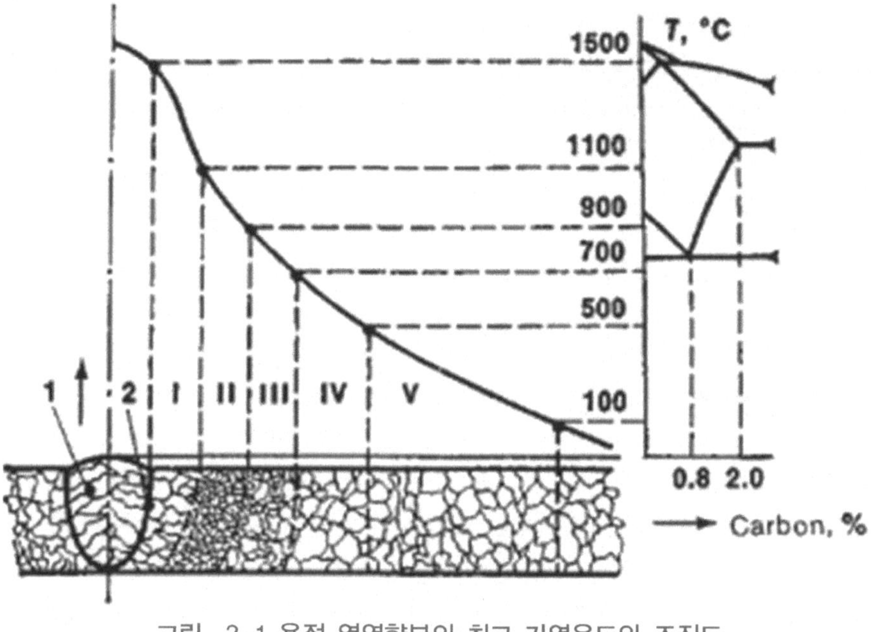

그림 3-1 용접 열영향부의 최고 가열온도와 조직도

1.1. 용접금속

용접금속은 한번 용융된 금속이 응고한 부분으로 주조조직을 나타내고 모재와 명확하게 구분된다. 또한, 인접한 모재는 용접금속으로부터 전도된 열에 의해 급열, 급랭의 열이력(Thermal Hysteresis)을 받아 용융점 직하에서 광범위한 온도영역으로 가열되어 열영향부를 형성한다. 이때 각 부분이 도달한 최고 온도를 최고 가열온도(Peak Temperature)라고 한다.

1.2. 용융경계면(Fusion Boundary)

용접금속과 열영향부와의 경계를 용융경계면(Fusion Face) 또는 본드(bond)라고 하며, 용융선(Fusion Line)은 비표준 용어이다. 용융면은 용융점(Melting Point) 또는, 응고온도 범위(Melting Range)까지 가열되었으며 용접금속과 열영향부 사이를 원소가 이동 확산한 부분이므로 균열의 발생 등 야금학적으로 문제가 많은 곳이다.

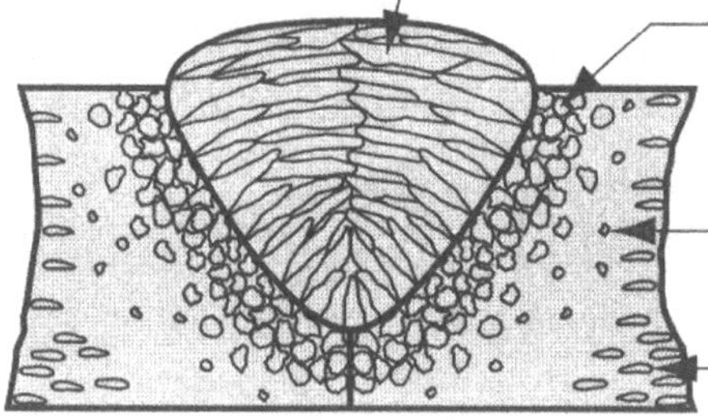

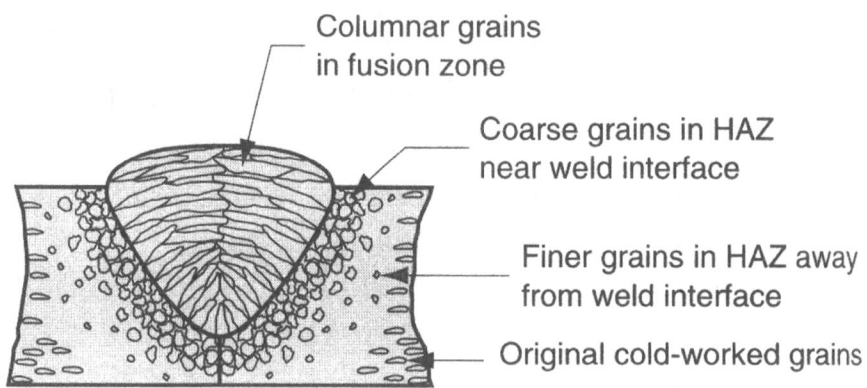

그림 3-2 용접부 단면 조직의 구분

1.3. 열영향부(HAZ)

용융면 주변 수 ㎜ 구역은 마크로부식(Macro-Etching)으로 관찰할 경우 모재의 원질부와 명확하게 구분되는 구역을 열영향부(Heat Affected Zone, HAZ)라고 한다. 이 구역 중 최고 가열온도가 Ac_1변태점 이상인 구역은 현미경 조직과 기계적 성질이 심하게 변한 곳이다. 열영향부의 기계적 성질과 조직의 변화는 모재의 화학 성분, 냉각 속도, 용접속도, 예열 및 후열 등에 따라 달라지므로 변질부라고도 한다.

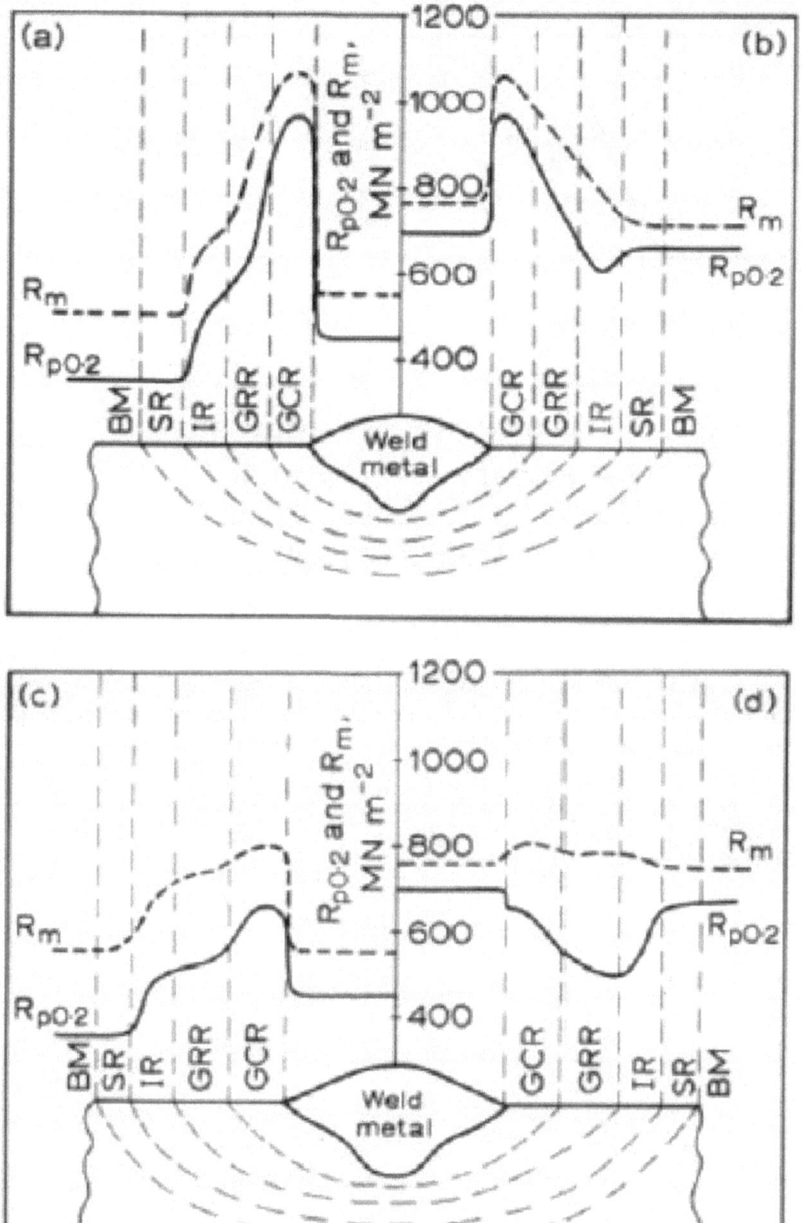

그림 3-3 입열이 큰 경우(좌)와 입열이 작은 경우(우)의 용접 조건에 따른 용접금속의 강도 변화

열영향부는 위 그림과 같이 조립역(1 영역)과 오스테나이트 변태역(2 영역), 혼입역(3 영역), 취화역(4 영역)으로 구분하거나 아래 표와 같이 구분한다.

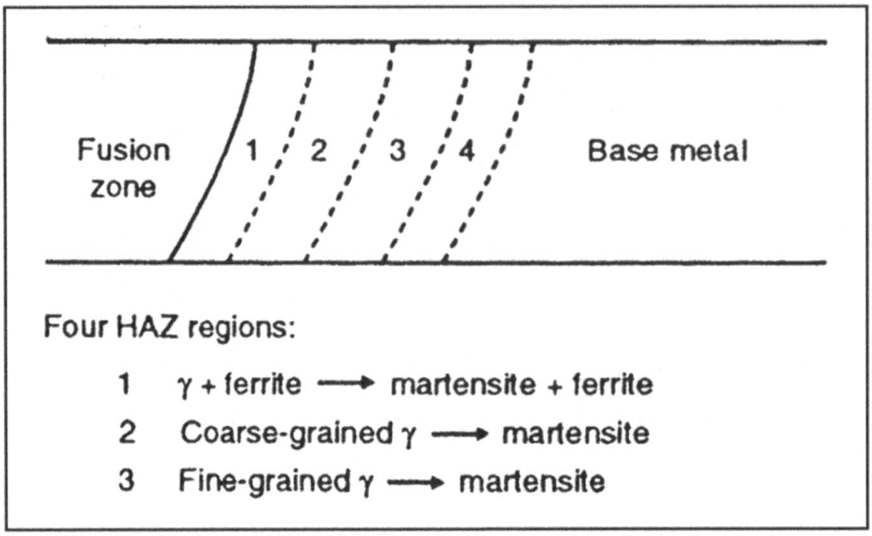

그림 3-4 열영향부의 세부 조직 구분

표 3-1 용접 영영향부의 조직 특성

구분	가열온도 범위	조직 특성
용착부	1500℃ 이상	용융, 응고한 구역으로 dendrite 조직
조립역	1250℃ 이상	조대화한 부분, 경화로 인한 균열 발생
혼입역(중간변역)	1250~1100℃	조립이나 세립의 중간으로 특성도 중간
세립역	1100~900℃	재결정으로 인한 미세화, 인성 등 물성 양호
구상 페라이트역 (부분 용해역)	900~750℃	페라이트만 변태 또는 구상화 , 서냉시 인성 양호 , 급냉시 마르텐사이트 생성 및 인성 저하
취화역	750~300℃	열응력 및 석출에 의한 취화발생, 현미경적 변화 없음.
원질부	300℃ 이하	열영향을 받지 않은 모재

1.4. 기타

열영향부에 인접한 모재 중 약 300~750℃로 가열된 구역은 현미경적인 조직의 변화를 관찰되지 않으나 기계적인 성질이 달라지므로 준 열영향부라고도 한다. 연강에서는 이 구역의 노치 인성(Notch Toughness)이 저하되므로 취화역이라고도 한다.

나머지 외곽부는 원질부(Unaffected Zone)라 하며 이 구역은 모재가 열의 영향을 크게 받지 않은 곳으로 조직과 기계적 성질이 변하지 않은 모재이다.

2. 강의 용접성 평가

2.1. 강의 용접성

금속재료의 용접성은 다음의 관점에서 평가되어야 한다.

- 금속재료학적인 관점에서 접합되는 두 금속 사이에서 해로운 상이 생기거나 합금 성분의 변화가 작을 것
- 기계적인 건전성 관점에서 기공, 균열 등이 없어야 하고, 과다한 수축에 의한 구조적인 문제점이 없어야 한다.
- 사용환경의 적합성 관점에서는 극저온, 피로환경, 부식성 환경, 고온강도 등을 고려해야 한다.

이하에서는 이들 관점중에서 고온에서 발생하는 응고 균열과 재열 균열 및 저온에서 발생하는 균열에 대해 정리한다.

2.2. 고온균열

강재의 고온균열은 응고온도 직후에 발생하는 응고균열(Solidification Crack)이 대부분이며 이는 응고 시 저융점 불순물(인, 유황 등)이 결정입계에 응고되었다가 강재가 응고하는 시점에는 수축응력으로 인하여 입계 균열이 발생하며, 또한 인, 유황 등은 강의 적열상태에서 발생되는 적열취성의 원인이 된다. 이것을 방지하기 위해서는 망간을 첨가하여 황화망간으로 만들면 유효하다.

2.2.1. 고온균열 및 재열균열

고온균열은 주로 화학성분의 조성에 기인하며, 용접 중 또는 용접직후에 용착금속에 발생하는 응고균열과 열영향부에 발생하는 액화균열로 나누어지며, 응고균열이 대부분 이다.

그러나 최근 발전산업계의 경우 보일러용 신소재로 개발된 일부 강재의 경우 재열균열에 대한 보고가 나타나고 있어 이에 대한 주의가 요망된다.

이러한 균열은 용접부가 고온의 저연성 영역에서 냉각 수축에 의한 인장변형의 영향을 받아 결정립계가 분리, 파단되는 것으로 응고개시부터 종료시까지의 취성영역에서 발생하는

것과 재결정 온도 영역에서 발생하는 것으로 분류하기도 한다.

실험식으로 고온균열 감수성지수가 개발되어 있으며 화학성분 중 C와 Ni, 그리고 불순물인 P와 S 성분을 낮추는 것이 유효하다. 시공측면에서는 구속조건을 완화할 수 있는 이음설계와 개선의 종류, 그리고 적층법등을 적절히 조정하는 것이다.

2.2.2. 응고균열지수(HCS, Hot Crack Sensitivity)

용접금속이 응고하는 과정에서 황(S)이나 인(P)과 같은 저융점의 불순물 원소로 인해 응고 균열이 발생할 수 있다. 크레이터균열(Crater Crack)은 가장 대표적인 응고 균열의 양상이다.

액상의 금속이 응고하면서 발생하는 응고수축응력과 조직내의 저융점 개재물을 만드는 불순물 원소에 의해 발생하며, 충분한 예열과 응고수축응력을 줄일 수 있는 낮은 강도의 용접재료를 사용하면 예방할 수 있다.

응고균열의 발생 정도를 예측하는 지수로 응고균열지수(HCS, Hot Crack Sensitivity)가 사용된다.

아래 계산 식에 의해서 얻어진 HCS값이 4 미만이면 균열 발생 가능성이 작은 것으로 평가한다.

$$- \ HCS = \frac{(S + P + Si/25 + Ni/100) \times 10^3}{3Mn + Cr + Mo + V}$$

- HCS 〈 4, *Not sensitive*

이와 비슷한 개념으로 EN Code에서는 아래와 같이 Unit of Crack Sensitivity의 개념이 적용되기도 한다. (for SAW in EN 1011-2:2001 Annex E)

UCS값이 10 이하면 응고 균열 발생 가능성이 낮은 것으로 판단하고, 30을 초과하면 위험성이 높은 강종으로 평가한다.

$$- \ UCS = 230C^* + 90S + 75P + 45Nb - 12.3Si - 4.5Mn - 1$$

- UCS ≤ 10, *Low risk*
- UCS 〉 30, *High risk*
- C* = carbon content or 0.08 whichever is higher

2.2.3. 재열균열(Reheat Cracking)

재열균열(Reheat Crack)은 응력제거균열(Stress Relieving Crack, SRC)로도 불리며, 주로 용접후열처리(PWHT) 후에 발생하나 후속용접 또는 사용 중에 발생하기도 한다. 문헌자료에 의하면 300~550℃ 온도역으로 가열 및 서냉한 결과인 템퍼링(소려) 취화 또는 500~750℃ 초단기 크리프의 형태로 주로 모재의 열영향부에 발생하나 용착금속에도 발생한다.

재열균열의 발생기구는 다층 용접 및 열처리 과정에서 탄화물 등의 석출상이 입계에 석출하여 모재 및 용접금속의 연성을 저하하게 되며, 열에 의해 성장하는 금속입자와 전위의 이동을 방해하여 균열에 이르게 된다. 즉, 석출된 불순물 입자에 의해 조직의 성장 혹은 전위의 이동이 방해 받게 되면서 결국 균열에 이르게 되는 현상이다.

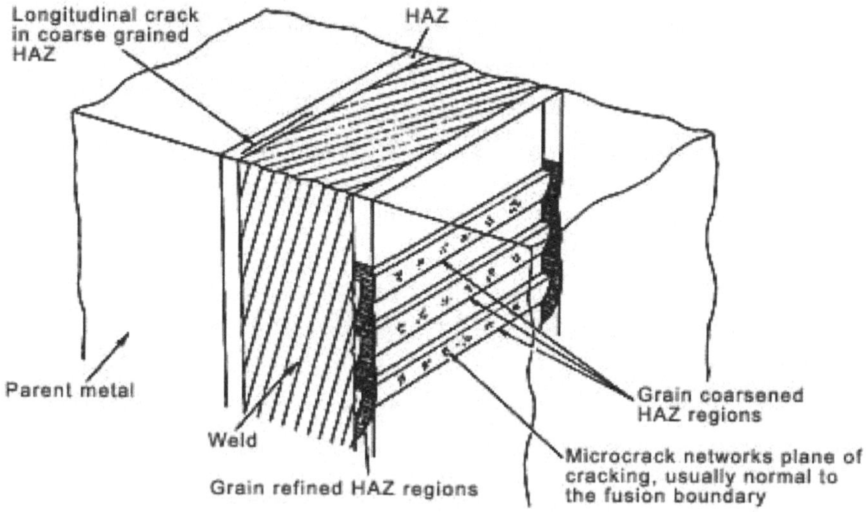

그림 3-5 재열 균열 발생 기구

금속조직이 탄화물등의 석출물에 의해 강도를 갖는 조질강(NT. QT) 즉 저합금강(Low Alloy Steel) 재질이 재열균열에 민감하다. 특히 가열과정에서 불순물의 석출이 발생할 수 있는 강종이 더욱 민감하다. 따라서, Antimony, Arsenic, Tin, Sulfur, Phosphorous 등의 불순물 함량을 줄여야 한다. 국내에서는 발전소 등에서 사용하는 T23 재질이 재열균열에 의해 손상된 사례가 보고 되고 있다.

재열균열은 조직의 성장 혹은 전위의 이동 과정에서 가해지는 응력에 의해 발생하므로 용접후의 잔류응력 발생이 큰 강종이 재열 균열 발생에 민감하다. 따라서 응력집중이 될 수 있는 용접 조인트설계 혹은 불완전 용입이나 부분 용입 조인트 설계를 피해야 한다.

용접과정에서 큰 입열이 가해지는 경우에도 민감도가 증가한다. 따라서 용접봉 직경을 작게 가져가고 용접봉의 각도를 조절하는 등의 입열 최소화 노력이 필요하다.

따라서, 재열균열의 발생인자는 다음과 같이 정리된다.

- 소재의 재열균열 민감도와 조대화 경향
- 용접잔류응력
- PWHT 또는 사용중 인가되는 열

재열균열은 소재 즉 모재나 용접재료의 고온특성에 영향을 받으므로 재열균열 민감도가 낮은 소재로 교체하는 것이 가장 좋은 해결법이다.

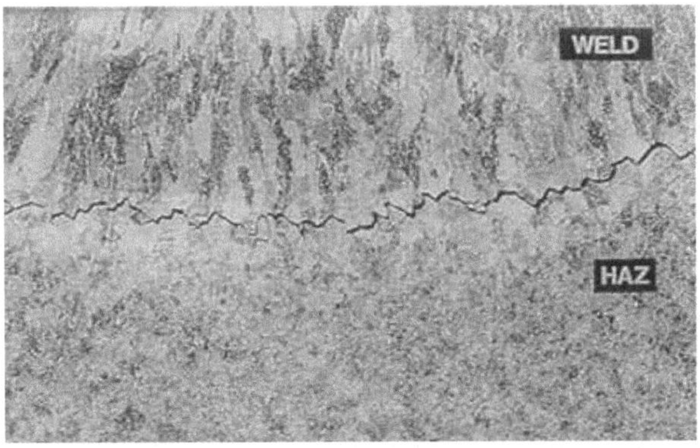

그림 3-6 열영향부의 입자 조대화 영역에 발생한 재열균열

국내에서는 재열균열이 앞서 설명한 바와 같이 주로 저합금강에서 발생하는 것으로 알려져 있으나, 실제로는 고온 강도를 위해 다량의 석출물을 함유한 오스테나이트계 스테인레스 강종에서 재열균열이 보고 되고 있다.

스테인레스강 347H 혹은 321H의 경우 및 Mo성분을 함유한 니켈합금에서도 재열균열이 보고된 사례가 다수 있다. 아래 그림은 발전소등에서 고온 강도용으로 사용하는 347H의 재열 균열이 발생한 조직에서 입계에 다량으로 편석된 Nb의 존재를 보여 주고 있다.

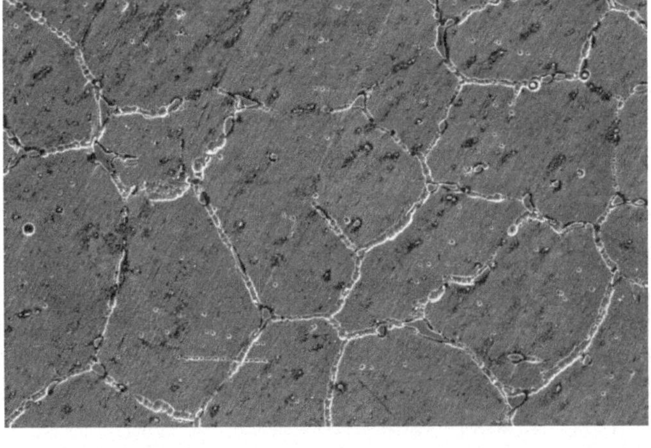

그림 3-7 347H 보일러 리히터 튜브의 결정입계 석출 및 미세 균열 형상

2.3. 저온균열

저온균열은 용접 금속이 약 300℃ 이하로 냉각하였을 때 주로 발생한다. 이 저온 균열은 맞대기 용접 또는 필렛용접의 제1층에 루트균열(Root Crack)로 발생하기 쉽고 또, 비드밑균열(Under Bead Crack)에서 용접 금속내로 들어가는 저온균열도 있다. 저온균열은 주로 수소에 의한 지연균열(Delayed Crack)이며 용접 후 수분에서 수일 후에 주로 발생한다.

용접부의 결함 특히, 저온균열을 일으키는 주원인은 확산성 수소와 야금학적인 불연속을 포함한 경화된 조직, 그리고 잔류응력으로 저온균열의 3대 요인이 된다. 이들 3대 요인이 동시에 한계치 이상으로 용접부에 존재할 때 저온균열이 발생한다. 따라서, 이들 요인 중 하나를 한계치 이하로 제어한다면 균열은 발생하지 않는다.

특히, 확산성 수소는 용접부가 냉각되는 동안 열영향부 중 야금학적인 불연속부에 집중적으로 확산되어 수소 분압을 증가시키고 이로 인해 국부적인 응력집중을 야기하여 현미경적인 균열의 발생과 성장 및 결합으로 저온균열 발생에 주도적인 역할을 하고 있다.

저온균열 또는 냉간균열은 용접완료 후 수소가 확산되기 까지 수 시간 후부터 수일에 걸쳐 주로 발생하므로 지연균열이라고도 하며, 일부 자료에 의하면 수개월 후에 발생했다는 보고도 있다. 주 발생 원인이 수소에 기인하는 만큼 수소유기균열(Hydrogen Induced Crack)에 속한다.

저온균열의 3대 요인 중 야금학적인 불연속을 포함한 경화된 조직은 각종 재질의 변화와 재질간의 경계는 물론 현미경적 미소 결함(정확하게는 결함이 아닌 불연속)들을 포함하는 야금학적인 불연속이 포함되므로 기술적으로 제어 자체가 불가능하다.

또한, 잔류응력 역시 이론적으로 용접열에 의한 변형의 구속에 기인하며, 고온 항복강도에 해당하는 크기로 용접부 전반 또는 국부적으로 항상 존재하는 불가피한 현상이다. 그러나 잔류응력은 PWHT 등 응력제거 처리나 예열에 의한 서냉, 용접부의 형상 개선, 용접순서 조정 등으로 어느 정도 경감이 가능하며, 확산성 수소 또한 극저수소계 용접재료의 개발 등과 함께 예열, 후열의 열관리와 청결, 습기제거, 대기와의 차폐철저 등의 방법으로 상당한 수준의 경감이 가능하다. 따라서, 이들 2가지 요인, 그 중에서도 주도적 역할을 하는 확산성 수소를 적절히 제어하는 것이 저온균열을 예방하는 실질적인 방법이 된다.

2.3.1. 탄소 당량과 용접 균열 지수

강은 철과 탄소의 합금이며, 이 탄소는 Fe원자 3개와 Carbon 원자1개가 Fe_3C의 시멘타이트(Cementite란) 화합물을 만든다. 이것은 매우 좋은 화합물이 되어 강의 강도를 향상시키며, 변형도를 감소시킨다. 철중의 탄소량이 많아 질수록 Fe_3C의 양이 많아져서 경도와 강도가 높아지게 된다. 주철 중에 탄소는 강의 탄소양보다 많이 있으나 이 탄소는 시멘타이트 조직을 만드는 이외에 탄소가 단독으로 존재하여 흑연으로 존재하는 수가 많다. 이 흑연은 취성의 물질이며 대부분 편상으로 되어 주철중에 존재하기 때문에 주철은 강보다 탄소량이 많은 데도 강보다 취성이며 약한 것이다. 그러므로, 강중의 탄소양이 적은 것이 용접성이 양호하다.

2.3.1.1. 탄소 당량(Carbon Equivalent)

철강에 있어서 Carbon을 비롯한 합금 원소는 강의 경화능이나 내식성 및 내열성을 증대하기 위해 첨가될 수 있다. 이들은 임계 냉각 속도와 변태 온도를 낮추기 때문에 마르텐사이트로 변태를 용이하게 하여 경화능을 높이게 된다. 이러한 원소들의 경화능을 (이것이 높으면 Under Bead Cracking을 일으킨다) 탄소함유량의 효과로 환산한 것이며, 강재의 용접성시 예열 및 층간 온도로서 수소 취성(Under Bead Cracking 등)을 피할 수 있으므로 용접에서의 탄소 당량은 바로 이 예열 및 층간 온도 설정의 기준이 된다.

주철과 탄소강의 탄소 당량은 다음의 식에 따르며 통상적으로 용접 구조물에 적용되는 탄소강의 탄소 당량은 0.43 ~ 0.45정도를 상한치로 설정하여 관리한다.

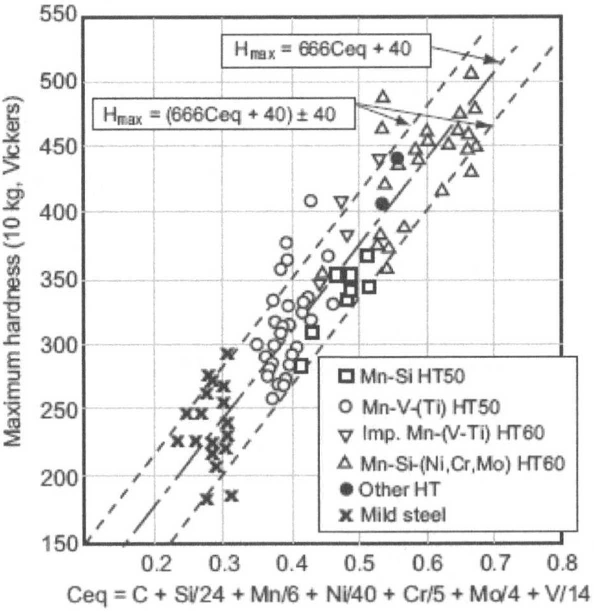

그림 3-8 탄소당량에 따른 용접부 경화도

그림 3-8은 탄소 당량에 따른 용접부 경화도를 보여 주고 있으며, 그림 3-9는 C-Mn강의

용접부에서 발생하는 언더비드균열(Under Bead Crack)의 발생 정도를 탄소당량과 비교한 자료이다.

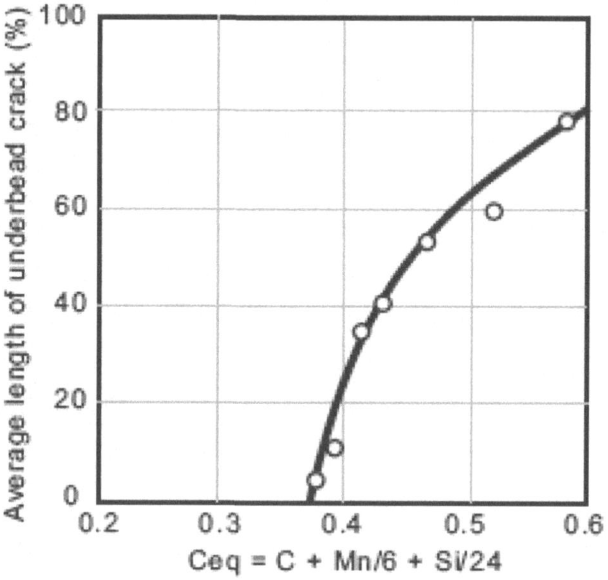

그림 3-9 탄소당량에 따른 용접부 균열 발생

(1) 주철의 탄소 당량

주철의 경우에는 특별히 합금 원소라고 부를 만한 것이 별로 없고, 탄소의 함량이 워낙 크기에 다음과 같이 탄소당량을 정의한다.

Ceq = C + (Si + P)/3

(2) 탄소강의 탄소 당량

탄소 당량은 금속 조직내에서 탄소 이외의 원소로서 탄소와 유사한 경화능을 가진 원소들의 상대적인 분률을 수식으로 계산한 것이다. 탄소 당량이 높다는 것은 그 강재가 열에 의해 쉽게 경화될 수 있음을 의미한다.

1) BS 2642 및 IIW(국제 용접 협회) 기준

Ceq = C + Mn/6 + (Cr + Mo + V)/5 + (Ni + Cu)/15

2) AWS(미국 용접 협회) 기준

Ceq = C + Mn/4 + Ni/20 + Cr/10 + Cu/40 + Mo/50 + V/10

3) JIS G3106,3115 & WES (일본 용접 협회 규격) 3001 기준

Ceq = C + Mn/6 + Si/24 + Ni/40 + Cr/5 + Mo/4 + V/14

2.3.2. 용접 균열 지수(Pc)와 용접 균열 감수성 지수(Pcm)

탄소 당량은 모재 또는 용접봉의 화학 조성에만 의존하므로 균열의 감수성에 대한 정확한 판단을 하기에는 부족한 점이 있다. 균열은 화학조성뿐만 아니라 대기 또는 용접 부재의 흡습 상태, 부재 크기 등에도 극히 민감하므로 이들까지 고려할 때 더욱 정확한 균열 감수성을 예측할 수 있다.

2.3.2.1. 용접 균열 감수성 지수(Pcm)

용접 균열 감수성 지수는 Carbon Equivalent와 마찬가지로 단지 화학성분의 조성에 의존하여 용접부의 균열 발생 가능성을 평가하는 방법이다.

$$Pcm = C + Si/30 + (Mn + Cu + Cr)/20 + Ni/60 + Mo/15 + V/10 + 5/B$$

2.3.2.2. 용접 균열 지수(Pc)

단순하게 화학 조성에 따른 균열 발생 가능성을 평가하는 용접 균열 감수성 지수(Pcm)에 용접부의 크기나 구속도 및 용접부재의 흡습 상태에 따른 용접 조건까지를 고려하여 용접부의 균열 발생 가능성을 평가하는 방법이 용접 균열 지수(Pc)이다. 용접 균열 지수(Pc)는 특히 용접부에 존재하는 수소에 대한 고려가 이루어 지고 있으며 예열 온도를 설정하는 중요한 기준이 된다.

$$\begin{aligned} Pc &= Pcm + H/60 + T/600 \\ &= Pcm + H/60 + K/40{,}000 \end{aligned}$$

* H : 확산성 수소량(cc/100g)
T : 판의 두께 (㎜)
K : 구속도 (kg/㎟)

구속계수로 호칭되는 E/L항에 판 두께를 곱하면 구속도가 되고 이음 구속도의 크기를 표시하는 파라메타(Parameter)로 사용된다. 구속도가 크기 때문에 용접부의 뒤틀림, 응력 상태가 높고, 저온 균열이 생기기 쉽다. 또한 두꺼운 판이면 구속도가 크고, 저온 균열이 생기기 쉽다. 이러한 이유로 구속도가 큰 시험편으로 구한 예열 온도는 안정하다고 판단된다.

구속도 K는 다음의 식으로 평가된다.

$$K = \frac{E}{L} \times T$$

여기에서 E : 종탄성 계수 (kg/㎟)

L : 구소 거리 (㎜)

T : 판의 두께 (㎜)

구속도를 이용한 강재의 균열 방지 예열 온도(To)는 다음과 같은 추정식으로 구한다.

To : 1440 Pc -392℃

다음의 그림은 강재의 용접 균열지수와 예열 온도와의 관계이다.

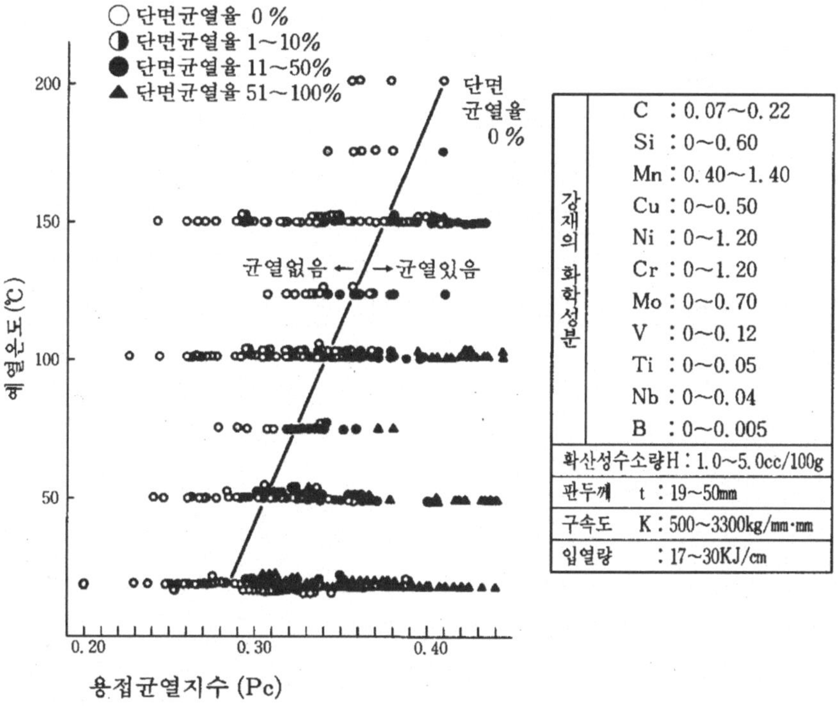

그림 3-10 강재의 용접 균열 지수와 예열 온도와의 관계

2.4. 균열의 원인과 대책

용접열에 의해 발생하는 저온균열 및 고온균열의 원인과 대책은 표 3-2와 같으며 각종 균열에 대한 지표로 탄소당량식과 각종 균열감수성 지수 등이 다양하게 개발되어 있다.

표 3-2 균열의 원인과 대책

구분	종류	발생장소	원인	대책
저온 균열	루트균열 (세로균열)	HAZ Weld	확산성 수소 강재의 경화성 구속도, 응력집중	예열 및 PWHT 저수소계 용접재료 사용 용접재료 건조
	가로균열	HAZ Weld	확산성 수소 강재의 경화성 용접선에 직각방향의 구속력	상 동
	비드밑 균열	HAZ	확산성 수소 강재의 경화성	상 동
	토우(Toe) 균열	HAZ	확산성 수소강재의 경화성언더컷 등 형상적 불연속에 의한 응력집중	상 동
	힐(Heel) 균열	HAZ	확산성 수소강재의 경화성용접금속의 수축에 의한 응력집중	예열 및 PWHT저수소계 용접재료 사용, 용접재료 건조, 비드 길이 증대, 가접 등에 의한 각변형 억제
	각변형 균열	HAZ	언더컷 등 형상적 불연속에 의한 응력집중뒷면 용접 등에 의한 각변형	토우부의 정형적절한 용접 순서
	층상균열 (다층 필렛 균열)	Base HAZ Weld	두께 방향의 연성저하두께 방향에 작용하는 수축응력 뒷면 용접 등에 의한 각변형 확산성 수소강재의 경화성	강재 중 개재물의 저감, 적정 용접방법 선정, 예열 및 PWHT 저수소계 용접재료 사용, 용접재료 건조
고온 균열	입계 마이크로 (micro) 균열	HAZ Weld	인, 황 등 불순물의 입계 석출 1,000℃ 부근에서의 구속도	강재 중의 불순물 저감
	크레이터 균열	Weld	크레이터 중심부에 불순물 석출수축에 의한 기공	크레이터 처리
	응고균열 (bead 균열)	Weld	저융점 불순물의 편석	용접조건 선택에 의한 비드 단면 형상 조정

2.5. 예열(Preheating)

예열은 용접부의 냉각속도를 지연함으로써, 열영향부와 용접 금속의 경화를 작게 하고 연성을 회복시키고 새로운 용접부의 확산성 수소의 방출을 촉진하여 용접부의 균열을 억제시킨다. 따라서 강종별 최소 예열 온도의 적용이 필요하다.

표 3-3 AWS D 1.1의 예열 온도 규정

구분	예열 온도		적용 용접 방법
Group I	19t 까지	없음	SMAW실시 (단 저수소계 용접봉을 사용하지 않는 경우임)
	19t ~ 38t	66℃	
	38t ~ 64t	107℃	
	64t 이상	150℃	
Group II	19t 까지	없음	SMAW실시 (단 저수소계 용접봉을 사용하지 않는 경우임) SAW, GMAW, FCAW실시
	19t ~ 38t	10℃	
	38t ~ 64t	66℃	
	64t 이상	107℃	
Group III	19t 까지	10℃	SMAW실시 (단 저수소계 용접봉을 사용하지 않는 경우임) Group II와 동일
	19t ~ 38t	66℃	
	38t ~ 64t	107℃	
	64t 이상	150℃	
Group IV	19t 까지	10℃	SMAW실시 (단 저수소계 용접봉을 사용하지 않는 경우임) SAW실시 (단, 탄소강 또는 합금강 와이어와 중성 Flux를 사용하는 경우임) GMAW, FCAW실시
	19t ~ 38t	50℃	
	38t ~ 64t	80℃	
	64t 이상	107℃	

※ Legend

Group I 재료 : ASTM A36 Gr.B, A106 Gr.B, A131 Gr.A, B등

Group II재료 : Group I재료 및 A242, A381, A516 Gr.55, 60, 70등

Group III재료 : ASTM A572 Gr.60, 65, A633 Gr.E, API 5LX Gr.X52등

Group IV재료 : ASTM A514, A517, A709 Gr.100 & 100W등

※ Notes

1. 모재가 0℃ 이하인 경우 적어도 21℃로 예열하여야 하며, 용접중에 이 온도는 계속 유지되어야 한다.
2. 1 inch 두께 이상의 A36 또는 A709재료를 교량 용접에 사용해서는 안된다.

미국용접학회(AWS)에서는 Pcm을 기준으로 균열발생 가능성을 Susceptibility Index라는 개념으로 아래와 같이 정의하고 있으며, 이에 따라 예열의 온도를 제시하고 있다.

표 3-4 구속도에 따른 예열과 층간 온도 기준

Minimum Preheat and Interpass Temperature for Three Levels of Restraint

Restraint Level	Thickness[b]		Minimum Preheat and Interpass Temperature / Susceptibility Index Grouping[a]													
			A		B		C		D		E		F		G	
	in.	mm	°F	°C	°F	°C	°F	°C	°F	°C	°F	°C	°F	°C	°F	°C
Low[c]	<0.38	<9.5	<65	<18	<65	<18	<65	<18	<65	<18	140	60	280	138	300	149
	0.38-0.75	9.5-19.1	<65	<18	<65	<18	65	18	140	60	210	99	280	138	300	149
	0.75-1.50	19.1-38.1	<65	<18	<65	<18	65	18	175	80	230	110	280	138	300	149
	1.50-3.0	38.1-76	65	18	65	18	100	38	200	93	250	121	280	138	300	149
	>3.0	>76	65	18	65	18	100	38	200	93	250	121	280	138	300	149
Medium[d]	<0.38	<9.5	<65	<18	<65	<18	<65	<18	<65	<18	160	71	280	138	320	160
	0.38-0.75	9.5-19.1	<65	<18	<65	<18	65	18	175	80	240	116	290	143	320	160
	0.75-1.50	19.1-38.1	<65	<18	65	18	165	74	230	110	280	138	300	149	320	160
	1.50-3.0	38.1-76	65	18	175	80	230	110	265	130	300	149	300	149	320	160
	>3.0	>76	200	93	250	121	280	138	300	149	320	160	320	160	320	160
High[e]	<0.38	<9.5	<65	<18	<65	<18	<65	<18	100	38	230	110	300	149	320	160
	0.38-0.75	9.5-19.1	<65	<18	65	18	150	66	220	104	280	138	320	160	320	160
	0.75-1.50	19.1-38.1	65	18	185	85	240	116	280	138	300	149	320	160	320	160
	1.50-3.0	38.1-76	240	116	265	130	300	149	300	149	320	160	320	160	320	160
	>3.0	>76	240	116	265	130	300	149	300	149	320	160	320	160	320	160

a. Susceptibility index values for groupings: A, 3.0; B, 3.1-3.5; C, 3.6-4.0; D, 4.1-4.5; E, 4.6-5.0; F, 5.1-5.5; G, 5.6-7.0.

b. Thickness is that of the thicker part welded.

c. Low restraint describes welded joints in members with reasonable freedom of movement.

d. Medium restraint describes welded joints with reduced freedom of movement (for example, those attached to other structures).

e. High restraint describes welded joints where there is almost no freedom of movement (for example, with thick material or repair welds).

표 3-5 미국용접학회에서 제시하는 Pcm에 따른 균열지수

Susceptibility Index Grouping as a Function of Hydrogen Level and Composition Parameter, P_{cm}

Diffusible Hydrogen, mL/100g of Deposited Metal	Susceptibility Index Grouping*				
	Carbon Equivalent, P_{cm}				
	<0.18	<0.23	<0.28	<0.33	<0.38
5	A	B	C	D	E
10	B	C	D	E	F
30	C	D	E	F	G

표 3-6 국내 모 정유사의 재질별 예열 기준

Material	P No.	최저 예열 온도	
		℃	℉
Carbon Steel	1		
Mn-Mo Steel	3	150	300
C-1/2 Mo	3	95	200
1/2Cr - 1/2Mo	3	95	200
1Cr - 1/2Mo	4	150	300
1-1/4Cr - 1/2Mo	4	150	300
2-1/4Cr - 1Mo	5	200	400
3Cr - 1Mo	5	200	400
5Cr - 1/2Mo	5	200	400
7Cr - 1/2Mo	5	200	400
9Cr - 1Mo	5	200	400
12Cr (Martensitic)	6	200	400
12Cr (Ferritic)	7	10	50

적절한 예열을 통해 용접금속에 함유되는 수소의 함량을 줄이고 냉각속도를 줄여서 해로운 마르텐사이트 층이 생성되거나 잔류응력이 높은 용접금속이 형성되는 것을 줄일 수 있다.

아래 그림은 예열의 효과에 의해 용접금속에 남아 있는 확산성 수소의 양을 평가한 것이다.

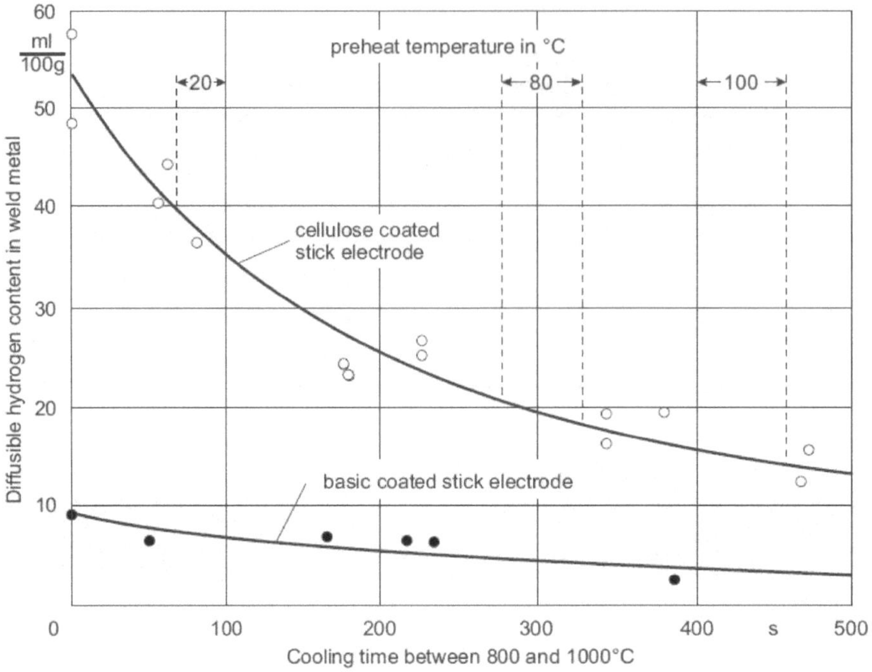

그림 3-11 예열 온도에 따른 용접금속의 확산성 수소양과 냉각속도

2.6. 층간 온도 (Interpass Temperature)

여러 패스(Pass)를 통해 완성되는 용접부는 이미 용접이 완료된 앞 패스(Pass)의 잔존 열에 의한 영향을 받게 된다. 층간 온도란 다층용접시에 용접해서 아크를 발생하기 직전 바로 이전 용접패스에서 용접 열원에 의해 데워져 있는 용접부 모재의 온도를 말한다. 층간 온도가 200℃가 넘게 되면, 입열량의 과다로 강도 및 충격치가 저하할 수 있고 스테인레스강에서는 Weld Decay등을 유발하게 되므로 패스간 온도는 적정온도로 함께 지켜져야 한다. 따라서 층간 온도는 최대 온도로 제시되나 반드시 최소 예열 온도도 함께 지켜 져야 하며, 이는 가접 용접, 보수 용접 및 가우징(Gouging)할 때도 본 용접의 조건과 동일하게 적용되어야 한다.

- 스테인레스강과 비철의 경우에는 177℃를 원칙으로 적용하고, 예열온도에 따라 높아질 수는 있으나 260℃를 넘지 않아야 한다.
- 탄소강과 저합금강(Carbon & Low Alloy Steel)의 경우에는 427℃를 원칙으로 하고 Impact Test가 있는 경우와 육성용접(Overlay)인 경우는 PQ Test의 최대 패스간 온도보다 56℃(100°F)이상 증가할 수 없다.

ASME Code에는 예열(Pre-Heating) 과 후열(Post Heating)에 대한 규정은 있으나, 층간 온도 (Interpass) 관리에 대한 명확한 규정은 없다.

표 3-7 API 582에 따른 층간 온도의 기준

Material Group	Maximum Interpass Temperature
P-1 (carbon steels)	600 °F (315 °C)
P-3, P-4, P-5A, P-5B, and P-5C (low-alloy steels)	600 °F (315 °C)
P-6 (Type 410)	600 °F (315 °C)
P-6 (CA6NM)	650 °F (345 °C)
P-7 (Type 405/410S)	500 °F (260 °C)
P-8 (austenitic stainless steel)	350 °F (175 °C)
P-10H (duplex stainless)	300 °F (150 °C)*
P-41, P-42	300 °F (150 °C)
P-43, P-44, and P-45	350 °F (175 °C)
NOTE Interpass temperature may vary depending on material grades.	

2.7. 용접 입열량(Heat Input)

용융 용접에서는 우선 용접부가 용융되어야 하고 또 응고 과정에서 모재와 충분한 금속간 화합물을 만들 수 있는 서냉이 필요하다. 이 과정에 필요한 전기적 에너지를 용접 입열량으로 정의한다. 이 에너지는 모두가 용접 열원으로 사용되지는 않으면 대개 다음과 같은 에너지의 분포를 갖는다.

- 용접봉 용융 : 15%
- 용착 금속의 생성 : 20 ~ 40%
- 모재의 가열, 피복재의 용해, 대류, 복사, Spatter의 발생 : 60 ~ 85%

일반적으로 아크용접에서 용접 입열량은 다음의 식으로 나타낸다.

$$용접입열량(Q) = \frac{60 \times V \times A}{\mathrm{v}} (Joule/cm)$$

V : 용접 Arc 전압 (Volt)

A : 용접 Arc 전류 (Ampere)

v: 용접 속도 (cm/min)

이 입열량은 예열이나 층간 온도에 의해 Arc발생 이전에 모재가 흡수한 에너지는 고려되지 않은 것이다. 용접 입열의 크기는 용접부의 냉각속도 및 용접 패스수에 영향을 미친다. 용접선의 단위 길이에 가해지는 용접 입열이 클수록 용접부의 냉각속도가 늦어지고, 비드가 두껍게 되고 조직이 조대하게 된다.

아크 길이가 길어져서 전압이 높아지게 되면 복사에 의한 에너지 손실이 커지므로 유효열량이 감소하게 된다. 따라서 아크 전압의 영향은 거의 무시할 수 있으며 입열에 미치는 열량은 주로 전류와 용접 속도에 의해 지배를 받는다.

용접금속의 강도 특히 항복점의 저하, Bond부 용접재료와 모재와 경계부 및 용접 금속의 충격치 저하를 방지하기 위해서는 과대 입열을 피해야 한다.
그러나, 용접 입열이 적으면 냉각속도가 빠르고 모재 열영향부와 용접금속의 경화로 인해 용접 균열의 발생을 초래하게 된다.

용접비드의 개시점과 종착점 및 아크 개시점(Arc Strike)에서는 입열이 작으므로 냉각속도가 빨라진다. 따라서, 용접 균열을 방지하고 양호한 용접금속을 얻기 위해서는 적당한 용접 입열과 예열 조건을 선택할 필요가 있다.

2.8. 강의 용접성 평가 시험

강의 용접성 평가는 근본적으로 해당 용접부가 균열을 일으키지 않고 안정적으로 용접이 진행되는 여부를 평가하는 것이다. 평가 방법은 균열의 발생 원인이 따라 수소에 의한 것과 연성 저하에 의한 것 그리고 응고균열의 관점에서 구분하여 설명한다.

2.8.1. 수소 균열의 민감도 평가방법

2.8.1.1. Controlled Thermal Severity Test

탄소강과 C-Mn강 혹은 저합금강의 수소에 의한 균열 발생정도를 평가하는 방법이다.
비록 용접금속이 아닌 모재에 대해 평가를 실시하지만, 이 방법을 통해 용접재료, 용접조건, 열처리 등에 의한 수소 균열 발생 여부를 평가할 수 있다.
실험은 두개의 판재를 아래 그림과 같이 볼트로 고정하고 두개 면에 대해서 판재를 고정하기 위한 목적으로 필렛 용접을 실시한다. 다시 네면의 필렛용접을 진행하게 되면, 그림의 오른쪽에 형성된 용접금속과 모재에 비해서 왼쪽 부재는 3차원으로 열전달이 되기에 급냉의 효과를 가지게 된다.

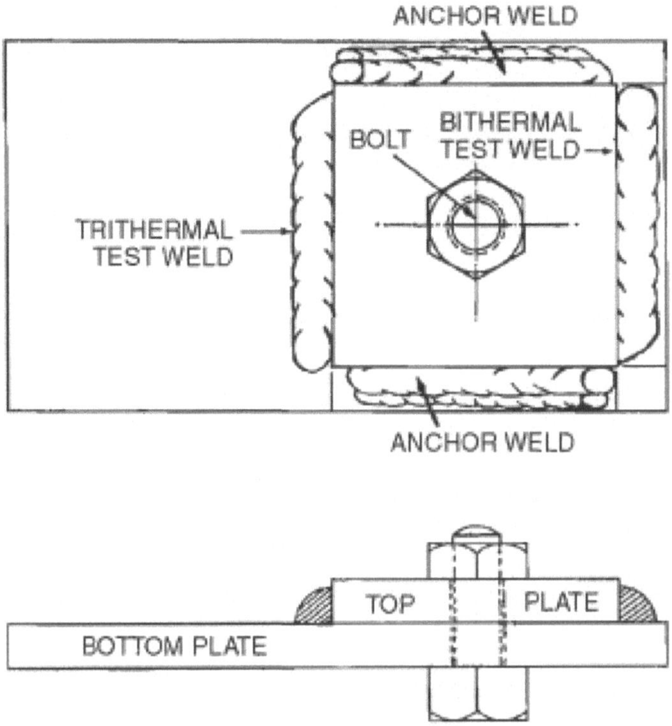

그림 3-12 Controlled Thermal Severity Test

다양한 조건의 평가를 위해 실험에 적용되는 판재의 두께와 냉각 방법을 달리하면서 실험을 진행할 수 있다. 시편이 완전히 냉각 되었을 때에 단면을 잘라서 균열 여부를 확인하고 용접금속과 열영향부의 경도를 측정한다. 관련된 규정이 AWS B4.0에 자세히 소개되어 있다.

2.8.1.2. Cruciform Test

Cruciform test는 필렛 용접부를 통해서 개별 강종의 합금성분에 따른 균열 강 용접부의 균열 발생 정도를 평가하는 방법이다. 세개의 시편을 아래 그림과 같이 T자 형태로 조합하고 옆면에서 가접(Tack Weld)을 실시하여 고정을 시킨 후에 네개의 필렛 용접을 순서대로 같은 크기로 실시한다. 실험의 정확도를 위해서는 정밀하게 세개의 시편을 조합하는 것이 중요하다. 균열이 발생하면 대개 세번째 용접부에서 발생하며, 육안으로 직접 식별이 되기도 하지만, 단면을 절단하여 확인한다.

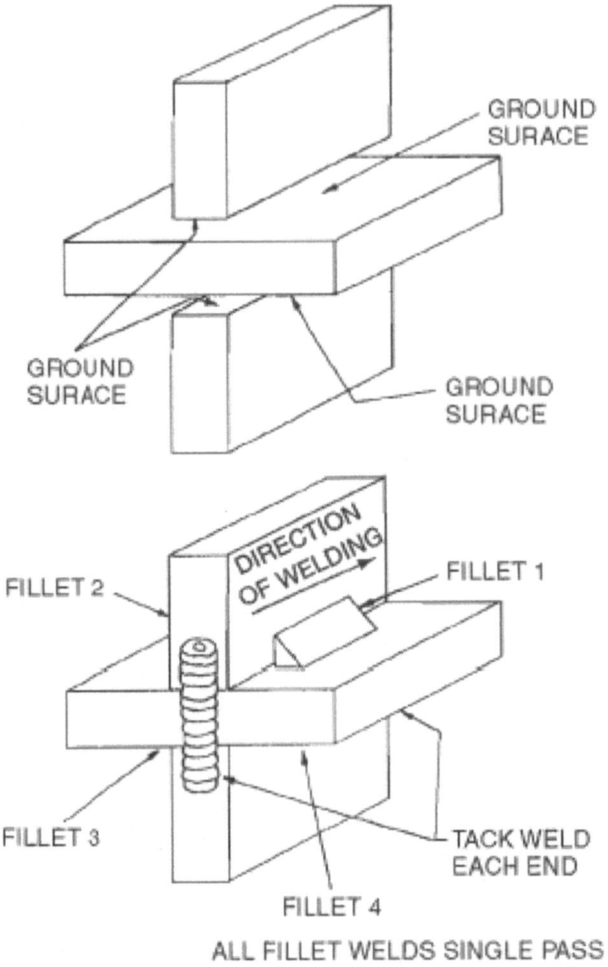

그림 3-13 Cruciform Test

2.8.1.3. 임플란트 시험(Implant Test)

임플란트 시험은 주로 저합금강의 용접열열향부에서 발생하는 균열의 민감도를 평가하는 방법이다. 종종 모재와 용접봉의 조합에 따른 균열 발생 정도를 평가하는 용도로 쓰이기도 한다. 나사산 가공이 되어 있는 시편을 중앙에 홀 가공이 되어 있는 다른 시편에 아래 그림과 같이 용접으로 연결해 놓고 용접부가 냉각되기 전에 24시간 동안에 인장응력을 가한다. 가해지는 응력의 크기를 달리하면서 시간에 따른 균열 발생 정도를 평가한다.

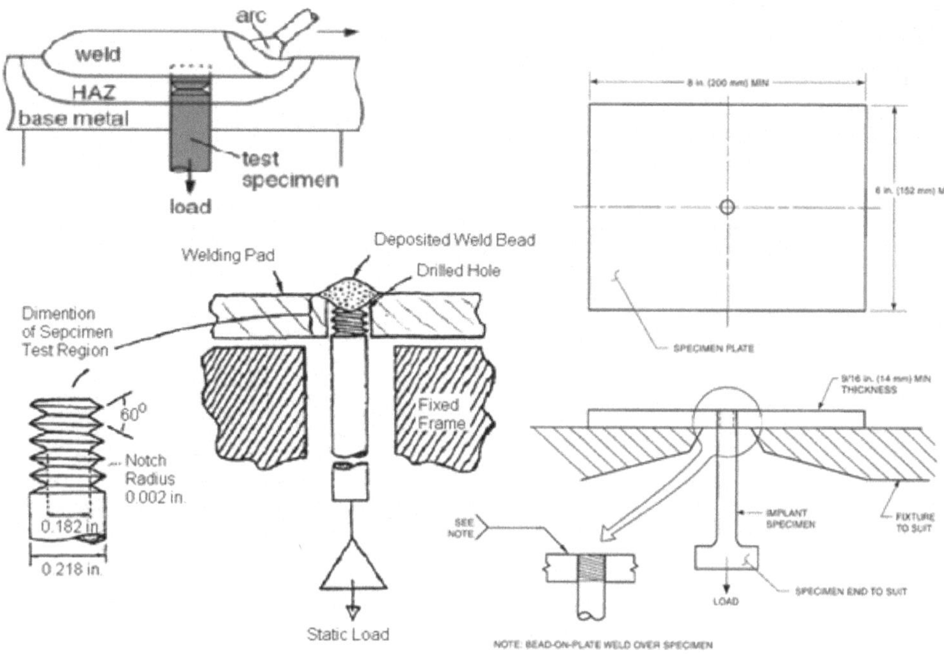

그림 3-14 임플란트 시험법 개요

2.8.1.4. Oblique V-Groove Test

Tekken Test라고도 불리우는 경사(Oblique) Y-Groove 시험법은 용접부의 수소 취성과 응고균열을 평가하기 위해 적용한다. 실험은 제한된 영역의 구속된 상태에서 실시되는 용접부의 특성을 총 3개 시편을 용접하면서 평가한다. 시편을 예열 온도까지 가열한 후에 Single Pass로 용접을 진행한다. 냉각이 진행되면서 총 48시간 동안에 균열 발생 유무를 육안으로 검사한다. 이 시간 동안에 육안으로 식별되는 수준의 균열이 없으면, 단면을 채취하여 광학 현미경으로 미세 검사를 실시한다.

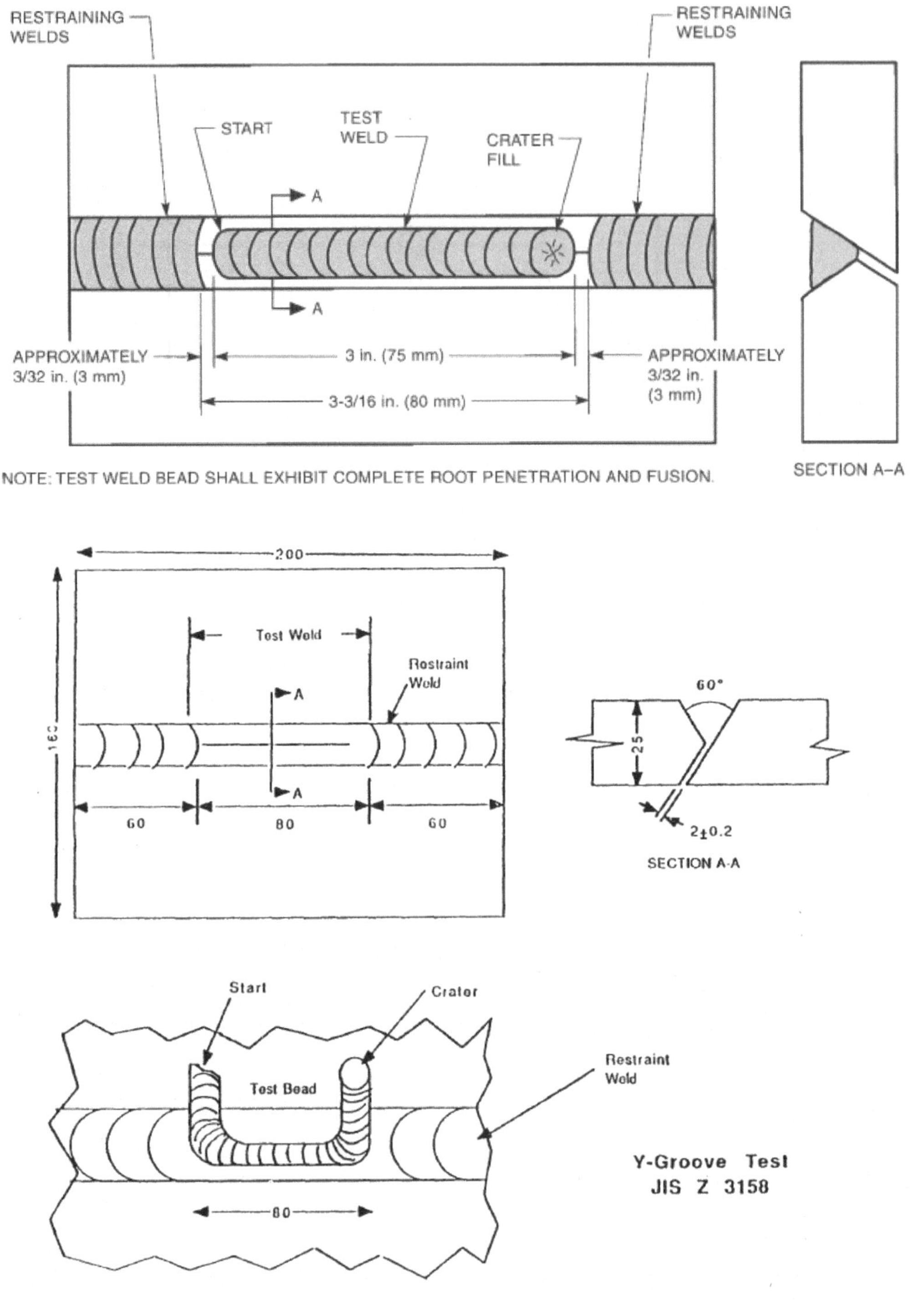

그림 3–15 Y-Groove(Tekken) Test 시험편 개요

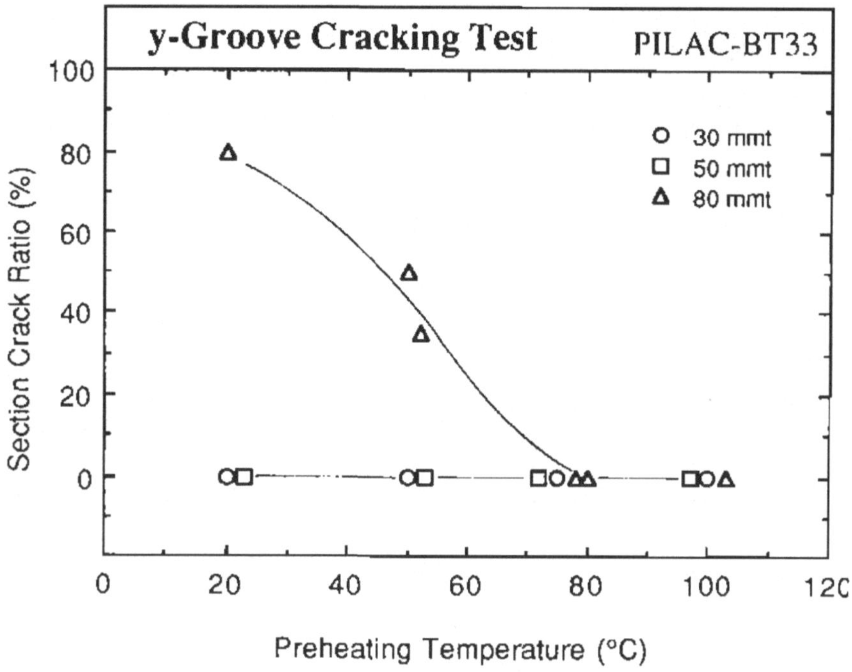

그림 3-16 경사 Y-Groove 시험에서 예열 온도에 따른 균열 발생 정도

2.8.2. 초층 균열 시험(Root Cracking Test)

초층용접은 두개의 부재를 연결해 주면서 응고수축에 의한 응력을 견뎌내야 한다. 응고수축에 의한 응력은 용접금속이 응고하는 순간부터 발생하게 된다. 초층 용접금속은 작은 용적에 비해 상대적으로 큰 두 부재의 면적비율로 인해 급냉하게 되며, 균열 발생의 가능성이 높다. 또한 이처럼 작은 크기의 초층 용접금속은 수소 취성에 노출될 가능성이 더 크다. 보호가스를 사용하는 용접방법들이 개발되었지만, 여전히 초층이 용접되는 안쪽에는 그 효과가 적절하게 미치지 못하고 있다.

2.8.2.1. 리하이 구속시험(Lehigh Restraint Test)

시편에 가공된 Slot의 길이는 용접부에 구속도를 결정한다. Slot의 길이에 따른 균열 발생 유무를 검사하여 강재와 용접부의 균열 민감도를 측정하는 방법이다.

아래 그림과 같이 시편을 준비하고 초층의 반대쪽은 용접이 진행되지 않은 상태에서 초층을 용접한다. 초층을 용접한 후에 냉각을 시키고 표면의 균열 여부를 확인한다. 이때에 염색침투탐상검사(PT) 혹은 자분탐상검사(MT)를 통해 균열을 확인하기도 한다.

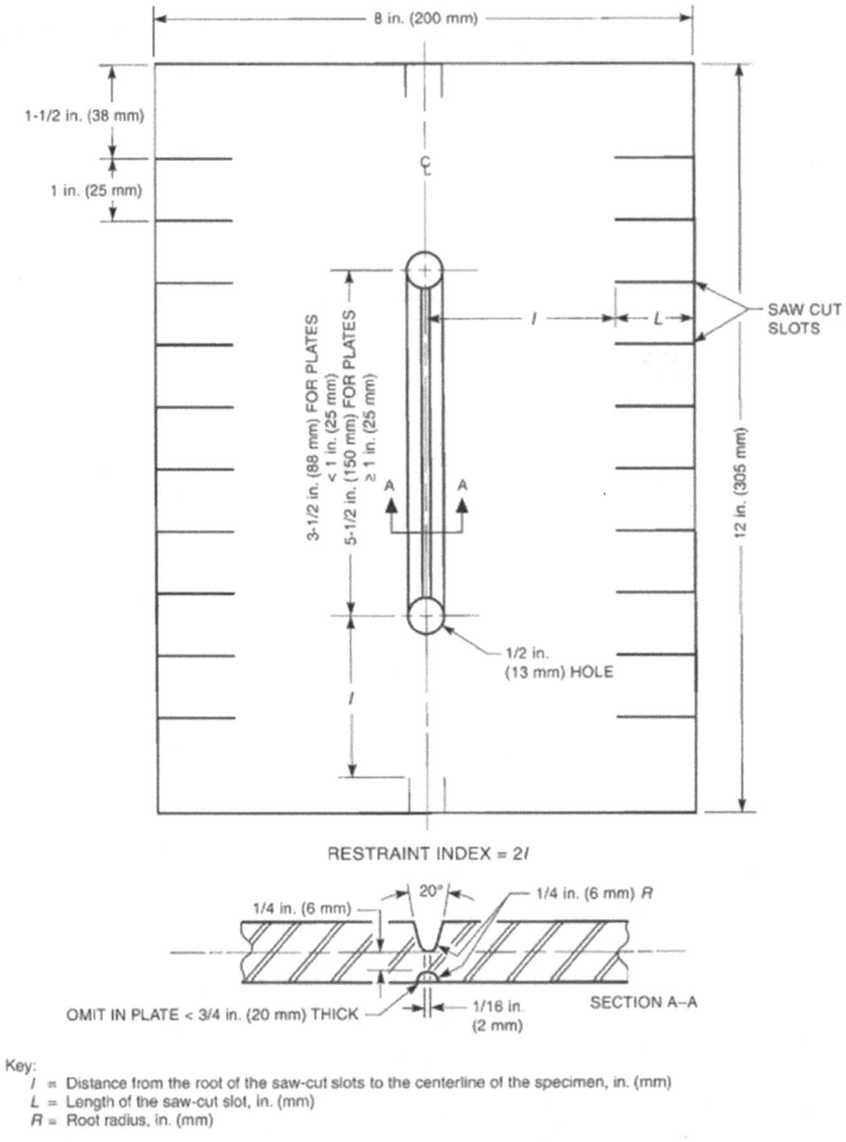

그림 3-17 리하이 구속시험

2.8.2.2. Circular Patch Test

구멍이 뚫린 시편에 원형의 시편을 원주방향으로 홈(Groove)용접을 하면서 균열 유무를 확인하는 시험 방법이다. 용접과정에서 원주방향으로 용접을 진행하게 되면, 모재와 사이에 응고 수축응력이 발생한다. 응고 과정에서 발생하는 응력은 안쪽에 용접되는 원형 시편의 크기가 작을수록, 바깥쪽에 연결되는 시편의 두께와 크기가 클수록 심하게 발생하게 되고 결국에는 균열에 이르게 된다.

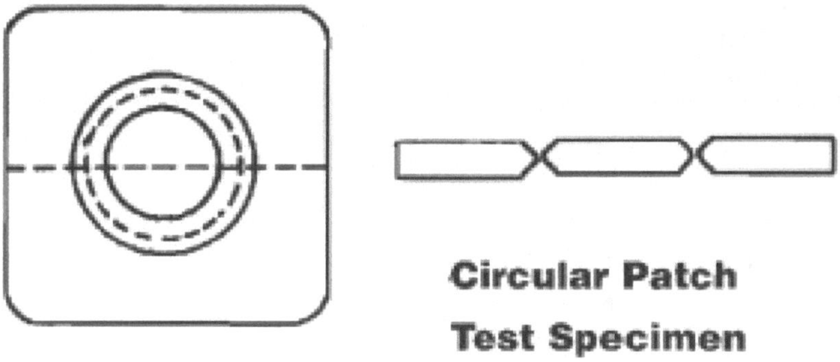

그림 3-18 Circular Patch Test 시편의 개요

다음은 알루미늄 6061 용접부를 대상으로 한 시험 과정의 설명이다.

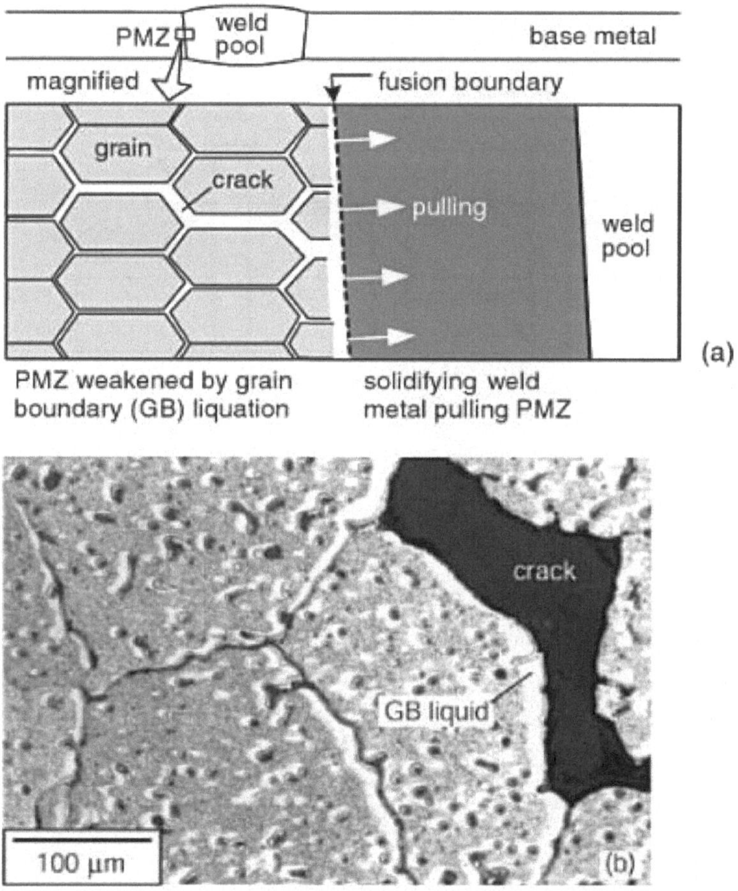

그림 3-19 알루미늄 6061의 Circular Patch 시험의 개요

위 그림 3-19에서 보여지는 바와 같이 용접과정에서 모재의 일부가 약간 녹았다가 다시 응고하게 되는 데, 이를 반용융대(Partial Melted Zone, PMZ)라고 부른다. 이 반용융대(PMZ)에서는 응고 과정에서 석출물이 충분하게 발생하지 않아서 응고 수축 응력을 이기지 못하고 균열이 발생하게 된다. 시험 과정에서 냉각속도에 따른 영향을 평가하기 위해 아래 그림 3-20과 같이 시험기구를 갖추고 진행한다.

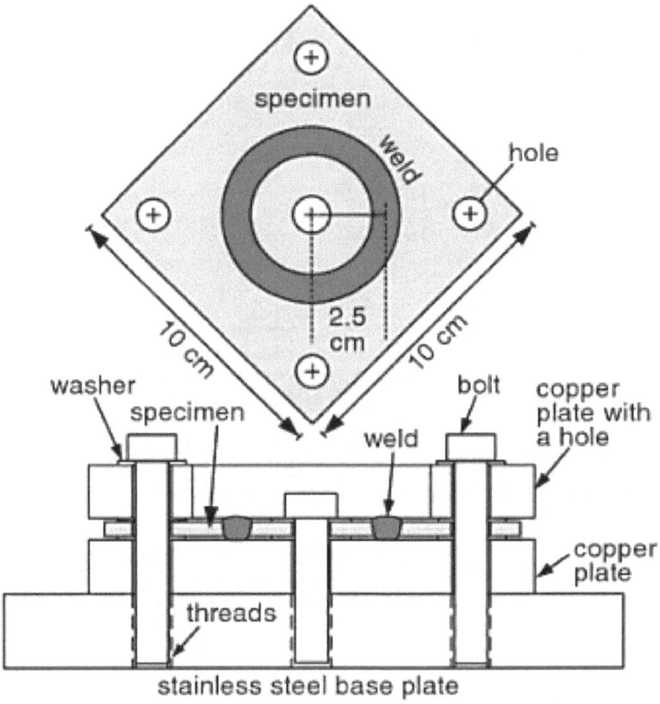

그림 3-20 냉각속도에 따른 영향을 보기 위한 Circular Patch Test 개요

아래 그림 3-21은 알루미늄 합금에서 고온에서 합금 원소의 고용도와 상온에서 고용도가 차이가 심할 경우에 발생하는 액상 균열(Liquation Crack)의 발생 정도를 합금 원소의 양으로 비교 하고 있다.

그림에서 오른쪽의 합금은 상온과 고온에서의 합금원소의 차이가 발생할 여지가 거의 없기에 합금 원소의 차이로 인한 저융점 개재물이나 액상의 출현이 없다. 그러나, 왼쪽의 재질은 고온에서는 합금 원소의 고용도가 크고 상온에서는 적은 특성으로 인해 용접부와 같은 급냉 조직에서는 석출물 상의 발현이 늦어져서 강도를 갖기 어렵고, 반대로 고온으로 올라갈 경우에는 합금 원소에 의한 영향으로 인해 응고가 진행되어야 할 온도 조건에서 여전히 액상으로 남아 있게 되는 조성적 과냉의(Constitutional Super Cooling) 효과를 가지게 된다.

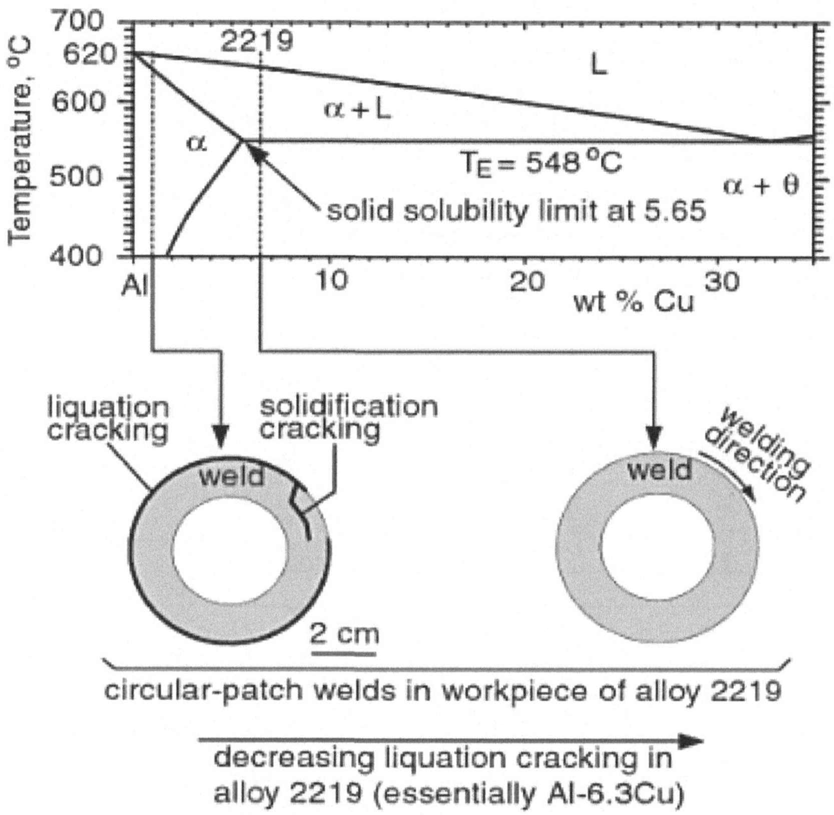

그림 3-21 합금 성분과 금속 강화 기구에 따른 균열 발생 여부

2.8.3. 고온 응고 균열 시험(Hot Cracking Test)

고온 균열은 강재가 고온에 특히 용융점 이상의 고온에 노출되었다가 다시 응고 하면서 발생하는 균열 민감도를 평가하는 기법이다. 고온 균열은 응고 과정에서 발생하는 저융점 불순물의 영향과 응고와 냉각 과정에서 발생하는 수축 응력에 의한 영향을 평가한다.

2.8.3.1. Varestraint Test

고온 균열의 민감도를 평가하는 가장 일반적인 시험방법이다. 아래 그림과 같이 시험편을 준비하고 용접을 진행하는 과정에서 변형을 가하면서 균열 발생 여부를 확인한다. 가해지는 변형은 금속재료의 균열 발생 가능성을 증대시킨다.

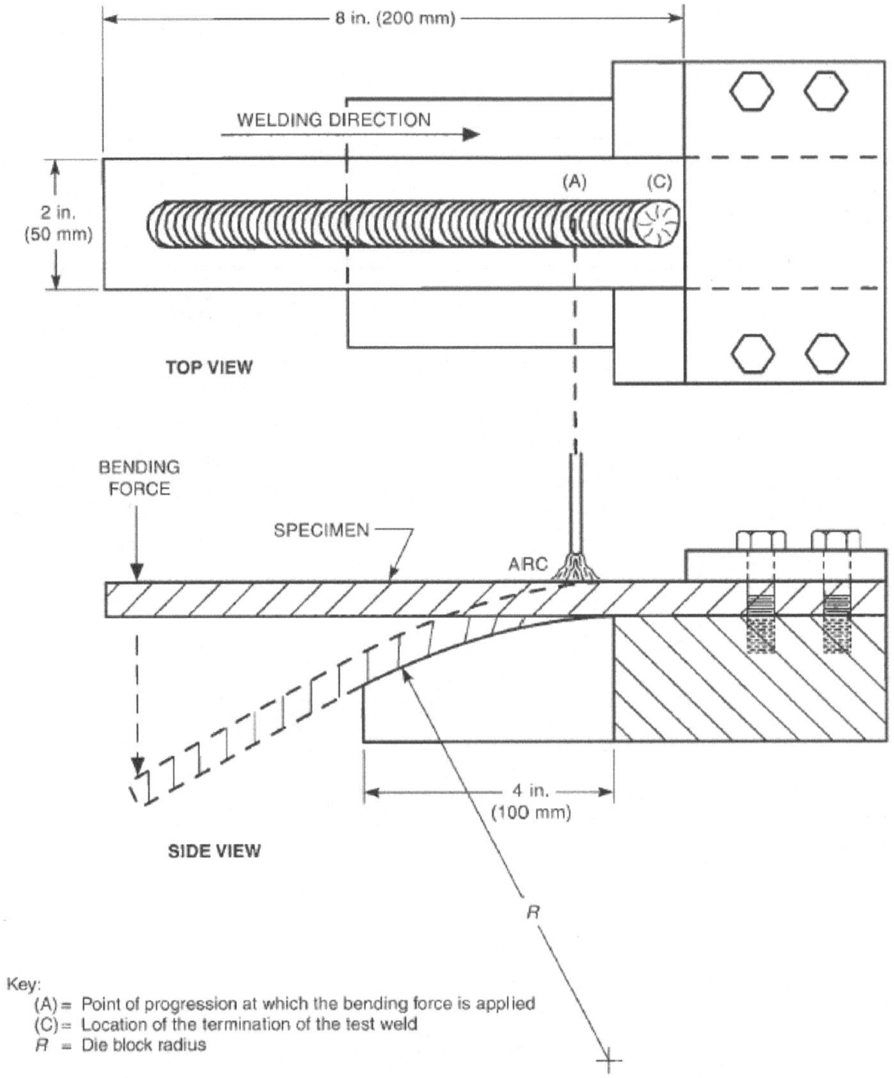

그림 3-22 Longitudinal Varestraint Test Fixture and Specimen

냉각과정에서 균열을 확인하며, 균열을 유발하기 위한 최소의 응력(변형)과 최대 균열 길이를 평가한다. 용접 변수를 달리하면서 제시된 WPS 사이의 적절성을 평가하기도 한다.

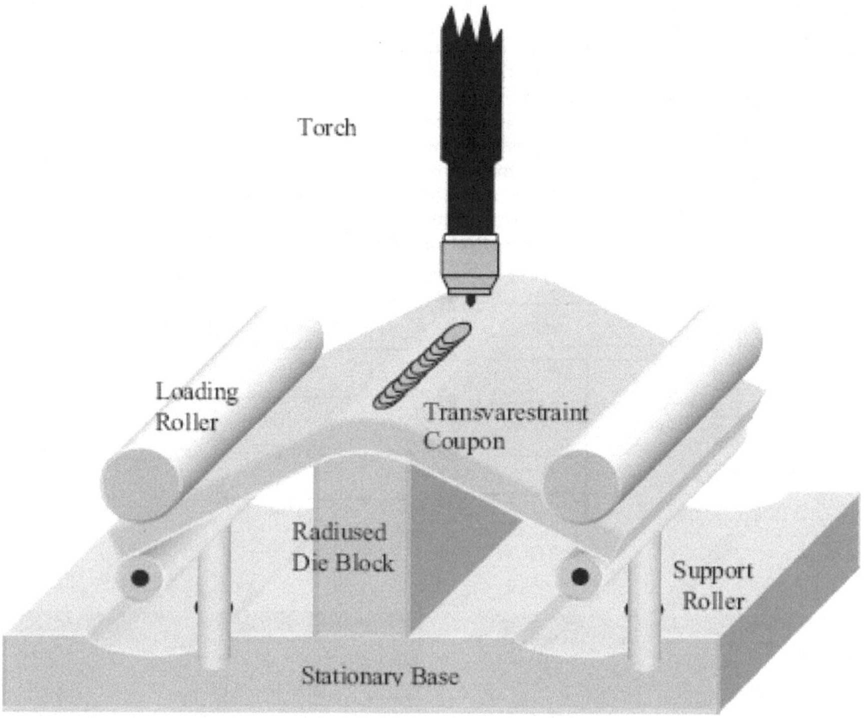

그림 3-23 Schematic of the transverse varestraint test for evaluating weld solidification cracking susceptibility

2.8.3.2. Gleeble Hot Ductility Test

글리블(Gleeble)은 고온에서 인장 시험을 하거나 고온 연성 평가를 할 때 사용하는 장비이다. 이 실험을 통해 열영향부의 연성이 어떻게 변하는 지를 가열과 변형의 두가지 변수를 가지고 평가한다. 가열과 냉각을 반복하면서 시편의 단면이 어떻게 변화하는 지를 평가하며, 이는 곧 해당 부재의 용접과정에서 발생하는 열사이클(Thermal Cycle)과 같은 개념으로 적용한다.

균열이 발생하는 수준의 인장 응력을 그 재료의 특정 온도에서 연성저하점(Ductility Dip)으로 평가한다.

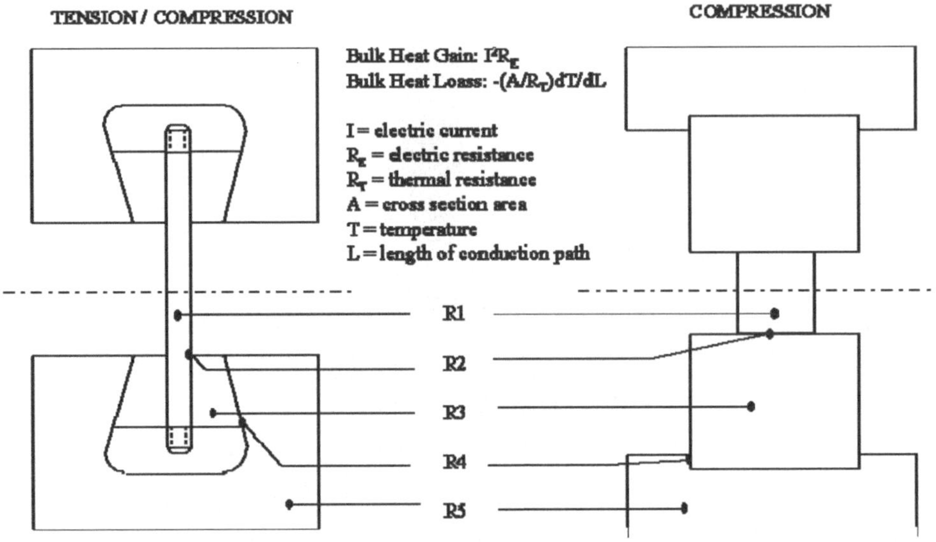

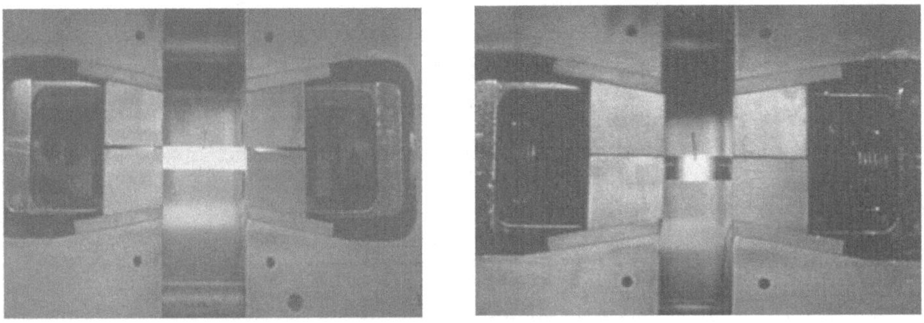

그림 3-24 Flat(좌) and Steep(우) Thermal Gradient Generation

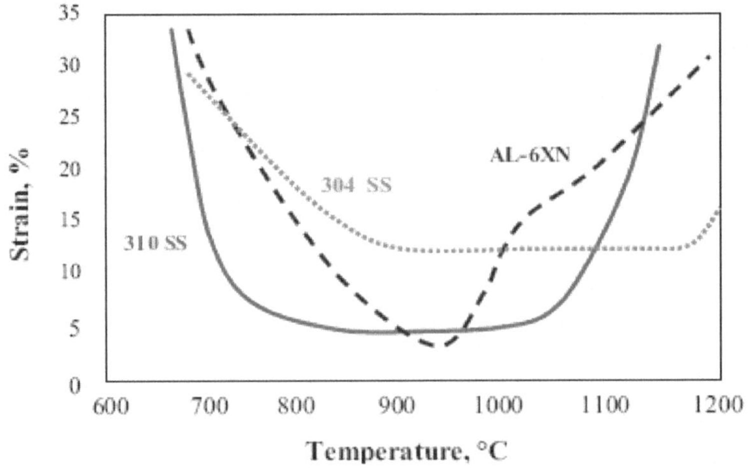

그림 3-25 강종별 연성저하 온도

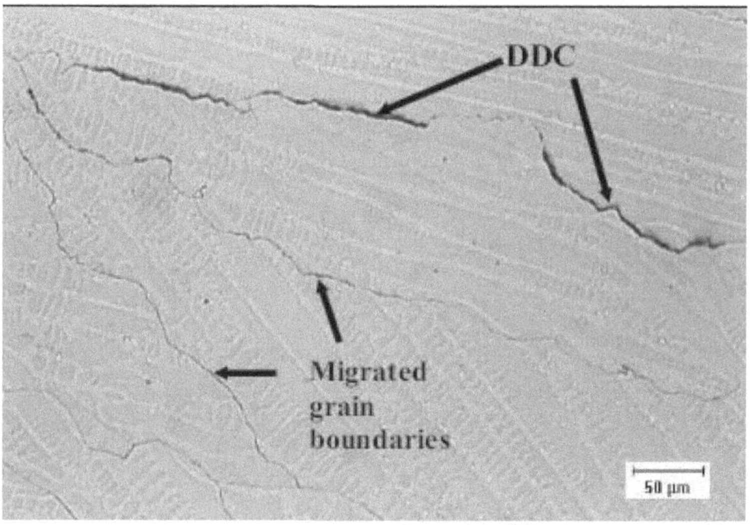

그림 3-26 연성 저하에 의한 균열의 발생

2.8.3.3. Murex Test

Murex 시험에서는 아래 그림 3-27과 같이 다양한 속도로 회전할 수 있는 원판 위에 다른 철판을 용접하는 과정에서 고온 응고 균열 발생 가능성을 응고 과정에서 변형의 양을 달리 하면서 즉, 회전하기 전과 후의 위치를 달리하면서 평가하는 기법이다.

2.8.3.4. T-joint Test

T-joint 시험은 아래 그림 3-28와 같이 T자형으로 시편을 준비하고 필렛 용접을 하면서 균열 발생 가능성을 평가하는 것이다. 첫번째 필렛 용접을 완료한 즉시 반대쪽에서 두번째 필렛 용접을 실시하여 앞서 용접된 용접비드가 두번째 용접금속이 응고하는 과정에서 응고 수축응력이 용접금속에 발생하도록 한다. 시험이 완료된 이후에 균열이 발생한 크기를 가지고 평가한다.

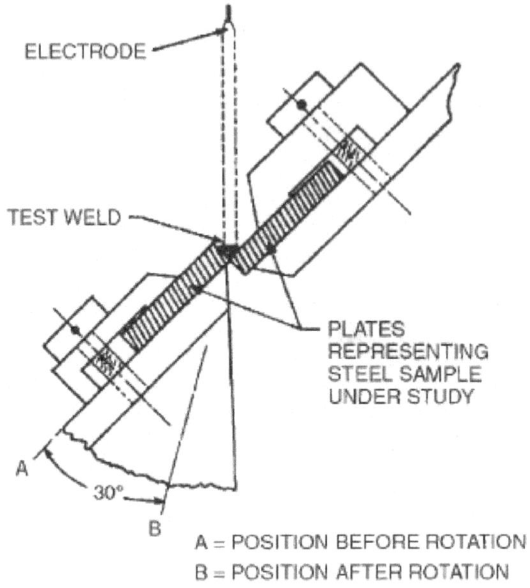

그림 3-27 Murex 시험법의 개요

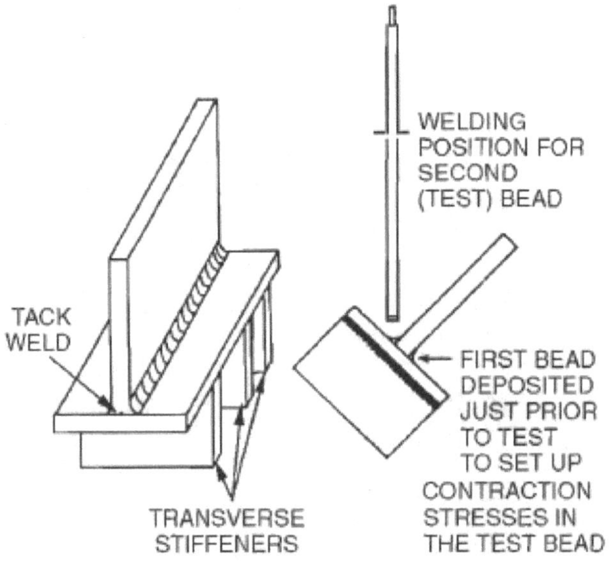

그림 3-28 T-joint 시험의 개요

3. 용접과 가스의 영향

3.1. 수소의 영향

용접 과정에서 다양한 경로를 통하여 수소가 용접금속으로 들어가며, 용접금속에 들어간 수소는 용접부에 균열을 유발하며, 균열을 유발하는 정도는 재질에 따라 달라진다.

용접시 발생한 수소 균열은 발생시기 특성에 따라 지연균열(Delayed Crack), 발생 온도에 따라 냉간 균열(Cold Crack), 발생 위치에 따라 비드 밑 균열(Underbead Crack), 용접 토우 균열(Toe Crack)등으로 다양하게 불린다.

용접 금속 내에는 일반강재에 비해 수소량이 10^3~ 10^4배로 존재하고 이들 수소는 여러 가지 문제점들을 만들어 낸다.

3.1.1. 금속조직에 따른 수소의 특성

탄소강에서 나타나는 금속조직의 기본적인 격자 구조는 면심입방격자(FCC)와 체심입방격자 (BCC)로 구분되며, 이들의 조직 특성에 따라 아래 표와 같이 수소의 특성이 달라진다.

표 3-8 금속조직에 따른 수소의 특성

구분	BCC	FCC	비고
Phase	Ferrite	Austenite	
충진율	68%	74%	
Octahedral Site 크기	0.30r	0.41r	r은 Fe의 원자 반지름
Tetrahedral Site 크기	0.15r	0.22r	
수소의 고용도	낮음	높음	
수소의 확산 속도	높음	낮음	

페라이트(Ferrite)는 체심입방격자(BCC) 조직이며, 오스테나이트(Austenite)는 면심입방격자(FCC) 조직을 갖는다. 체심입방격자는 면심입방격자 조직에 비하여 침입형 원소의 공간이 크다.

이에 따라 체심입방격자 조직은 면심입방격자 조직에 비하여 수소를 포함한 침입형 원소에 대한 고용도가 작다.

또 면심입방격자 조직은 Close Packed 구조이므로 충진율이 높고 원자 사이가 매우 조밀하다. 이에 따라 침입형 원소의 확산을 위한 통로가 좁아 수소를 포함한 침입형 원소의 확산이 어렵다. 오스테나이트상과 페라이트상에서의 수소의 확산속도는 아래의 그림과 같이 페라이트에서 크게 된다.

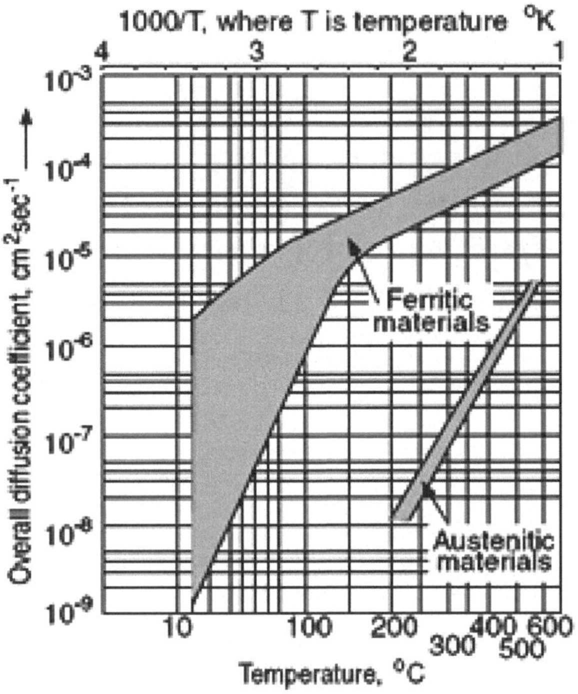

그림 3-29 금속 조직에 따른 수소의 확산 계수

3.1.2. 용접부 수소의 발생원

3.1.2.1. 용접봉의 수분

SMAW 용접봉의 피복제 또는 SAW 용접의 Flux는 흡습 특성이 있으며, 흡습된 수분은 용접중 아크열에 의해 산소와 수소로 분리되어 용접부에 침투한다.

용접봉의 흡습을 방지하기 위해 Baking 및 보관이 중요하다. 일반적으로 저수소계 용접봉의 경우 300℃에서 Baking하며, 120℃에서 보관한다.

3.1.2.2. 모재의 오염(Oil 및 수분)

모재에 Oil 및 수분이 있는 경우 용접중 아크열에 의해 분해되어 수소가 생성되면 용접부에 침투한다.

3.1.2.3. 전극의 영향

피복아크용접의 경우 주로 DCEP를 사용하므로 모재는 - 전극을 갖는다. 이에 따라 아크열에 의해 분해된 H^+ 이온은 모재 즉 용접부에 모이게 된다.

용접부에 도달한 H^+ 이온은 용접부의 융탕에 용해되어 용접부에 들어간다.

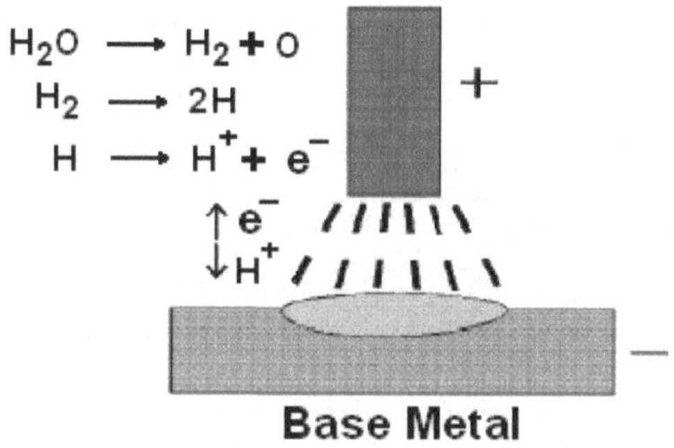

그림 3-30 전원 특성에 의한 수소의 이동

3.1.2.4. 용접부내의 수소의 이동

앞서 서술한 바와 같이 용접금속에서는 수소에 의한 문제점들이 발생하는 데, 새롭게 형성된 용접금속에서 기공(Porosity)나 은점(Fish Eye)의 형태로 나타나기도 하지만 대부분 용접 열영향부(HAZ)쪽에서 문제가 발생한다. 이러한 상황은 용접응고 과정에서 수소의 이동으로 인해 발생하는 문제점이다. 이를 금속 조직의 특성과 수소의 고용도(Solubility)를 기준으로 설명한다.

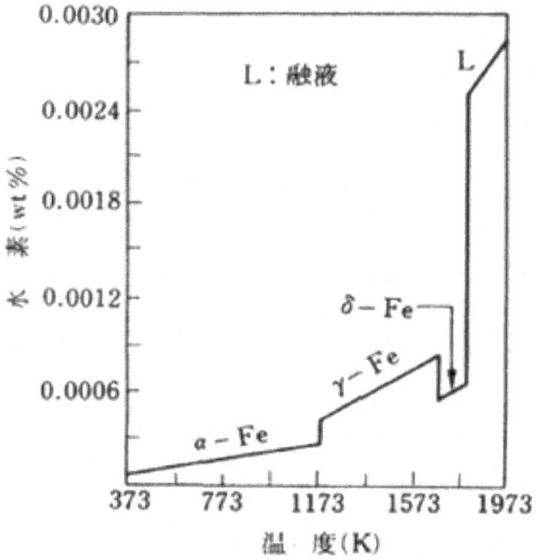

그림 3-31 강에서 수소의 용해도

기 설명한 것과 같이 체심입방격자(BCC) 및 면심입방격자(FCC) 조직의 특성에 따른 용해도 차와 온도의 영향에 의한 용해도 차에 의해 강에서 온도에 따른 수소의 용해도 곡선은 위 그림과 같다. 각 변태 온도에서 γ(Austenite) 조직이 δ Ferrite 및 α Ferrite 보다 수소에 대한 용해도가 높다.

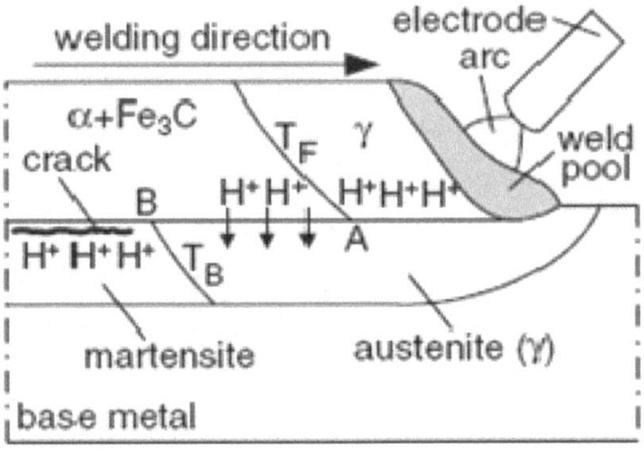

그림 3-32 용접과정에서 수소의 이동

강의 용접시 용탕내에 존재하는 수소의 거동은 위의 그림과 같다. 금속내에서 탄소(Carbon)는 오스테나이트 조직 안정화 원소로 좀더 낮은 온도까지 오스테나이트가 존재할 수 있도록 한다. 이에 따라 탄소함량이 높을 수록 급냉시 오스테나이트에서 페라이트로 변태하지 않고 마르텐사이트로 변태하는 경향이 높아진다. 용접봉의 탄소 함량은 모재의 탄소 함량 보다 작으므로 열영향부(HAZ)는 용접부 보다 높은 탄소 농도를 갖는다.

이에 따라 위의 그림과 같이 용접부는 높은 T_F 온도에서 γ(Austenite)상이 α(Ferrite)상으로 변태한다. HAZ에서는 γ(Austenite)상이 낮은 T_B 온도에서 γ(Austenite)상이 마르텐사이트 (Martensite)로 변태하게 되고, 이때 γ상이 α상 보다 수소의 고용도가 높으므로 H+ 이온은 용접부의 α상에서 HAZ의 γ상으로 확산하여 이동한다.

γ상은 FCC 조직으로 H^+ 이온의 확산이 어려우므로 H^+ 이온은 용접부에 인접한 HAZ에 모이게 된다. HAZ 부의 많은 H+ 이온을 고용한 γ(Austenite)는 T_B 온도에서 경하고 취성이 있는 Martensite로 변태한다. H^+ 이온이 서로 만나 H_2 분자로 되어 Martensite 조직에 높은 응력이 발생하게 되고 HAZ에서 균열이 발생하게 된다.

이때 H+ 이온이 만나기 위해서는 확산이 필요하며, 이에 따라 용접 후 수시간에서 많게는 24시간 이상의 시간이 지난 후 HAZ 부에 Crack이 발생한다. 이런 용접후 일정 시간이 지난후 Crack이 발생하므로 이런 수소 균열을 지연균열(Delayed Crack)으로 부른다.

표 3-9 금속조직에 따른 수소의 활성화(Activation) 에너지 비교

금속조직	수소	질소	침입형 공간
오스테나이트(FCC)	413KJ/mol	145KJ/mol	0.414r
페라이트(BCC)	15KJ/mol	77KJ/mol	0.28r

오스테나이트 조직이 수소의 고용도가 높음에도 불구하고 수소 취성이 발생하지 않는 이유는 수소의 확산을 위한 에너지가 너무 크게 필요해서 일반적인 조건에서는 수소에 의한 문제점이 생기지 않는다.

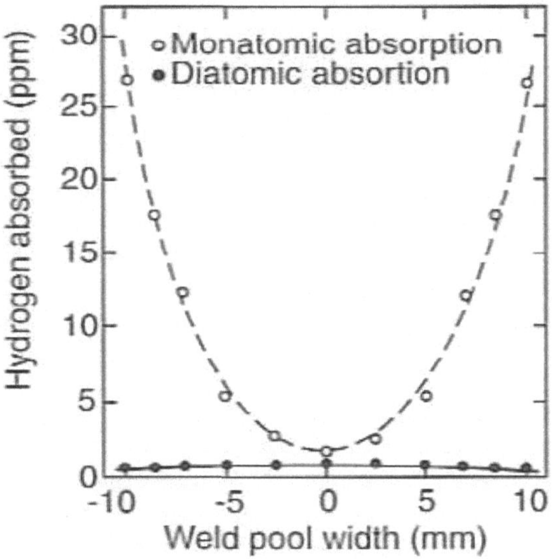

그림 3-33 용탕에서 수소의 농도 분포

용접금속내 수소 농도는 보호 가스의 영향에 따라 변화한다. 이는 보호 가스가 가진 열전달 계수에 따라 모재 및 용접금속을 냉각하고 가열하는 효과에 따른 것이다. 열전달 계수가 높은 CO_2를 사용하게 되면 보다 많은 양의 열이 전달되어 모재 및 용접부에 남아 있는 수소가 외부로 빠져 나갈 에너지를 공급하게 되어 잔류 수소양이 감소한다.

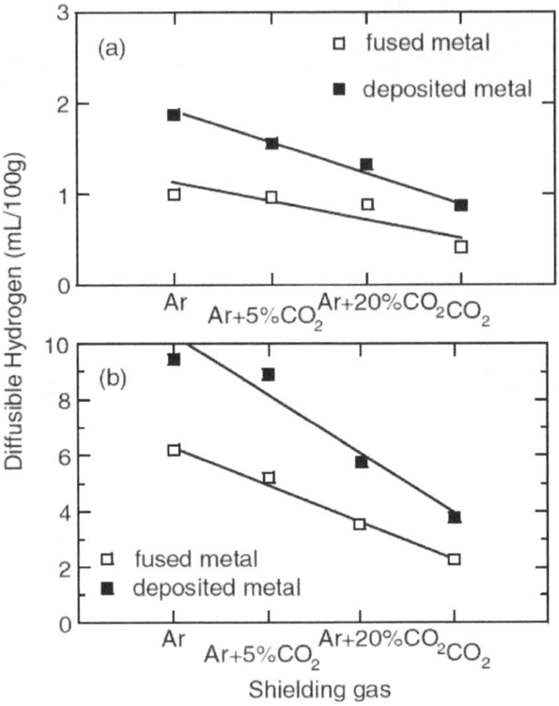

그림 3-34 보호 가스에 따른 수소 농도 (a)GMAW (b)FCAW

3.1.3. 수소 취성

철이 수소를 용해하면 취화하여 연성이 저하하고 단면 수축률의 감소 등을 일으켜, 그 기계적 성질을 저하한다. 그러나, 극저온 혹은 급속 부하의 경우에는 수소의 확산 속도가 늦기 때문에 취성이 나타나지 않는 경우도 있다. 용접 금속중의 수소는 시간이 경과(응고가 진행됨)함에 따라 농도가 낮은 쪽으로 확산하여 간다. 용융선상의 HAZ부가 가장 경화도가 높고 수소 취화를 일으키므로 파단 강도는 저하하고 용접부에 가해지는 인장 잔류 응력에 따라 어느 정도의 잠복기간을 거쳐 균열이 일어난다.

이 수소 취화는 다음과 같은 특성을 보인다.

- 약 -150℃ ~ 150℃사이에서 일어나며, 실온보다 약간 낮은 온도에서 취화의 정도가 제일 현저하다.
- 견고하고 강한 재질일수록 취화의 정도가 현저하다.
- 잠복기간을 거쳐서 용접 균열이 일어난다.

이러한 수소 취성은 전기 도금을 실시한 고장력 강재의 경우에도 심각한 문제를 일으킬 수 있다. 도금 과정에서 침입된 수소에 의해 강재의 파단 강도가 약 1/5정도가 되기도 한다. 아래에 설명될 비드 밑 균열(Under Bead Cracking)이나 초층 균열(Root Cracking)은 모두 수소 취성의 한 종류로 분류할 수 있다.

3.1.3.1. 비드 밑 균열(Under Bead Cracking)

용접 비드(Bead)직하의 열 영향부에서 발생하는 균열로 이것은 용접 금속으로부터 확산된 수소가 주요 원인이다. 급냉 상태의 용접 조직에서 수소가 외부로 방출 되지 못하고 모재 쪽으로 향한 수소는 모재와 용융부 경계선(Bond) 인접부까지 확산하여 용융경계선 부분에서 수소가 집중하게 된다. 집중된 수소는 수소 취화를 일으키고 내부 응력과의 상호 작용에 의해 균열을 발생시킨다. 이 균열은 열 영향부가 경화된 경우 쉽게 발생하며, 용접부의 마르텐사이트 개시점(Ms, Martensite Start) 근방의 냉각 속도에 영향을 크게 받는다.

이와 같은 수소 취성을 방지 하기 위해서는 기본적으로 수소의 방출 시간을 가능한 길게 하고, 수소의 용해량을 작게 하는 것이다. 즉, 아크용접에서 입열을 크게 하여 용융금속의 고온 유지 시간을 길게 함으로서 수소의 방출을 촉진시킬 수 있으며, 수소 균열을 일으킬 수 있는 마르텐사이트 조직의 석출을 저지할 수 있다.

또한 용접 전후에 예열과 후열을 실시하여 같은 효과를 기대한다.

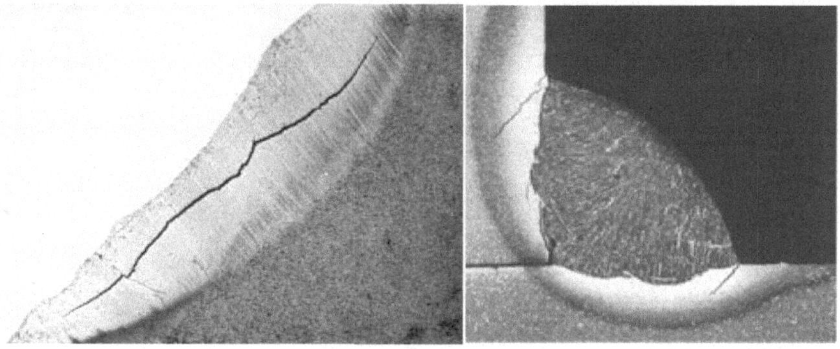

그림 3-35 비드 밑 균열(Under BEad Crack)과 용접부 토우 균열 (Weld Toe Crack)

3.1.3.2. 은점(Fish Eye, 銀点)

용접부를 파단한 경우 파단면에 Fish Eye상의 점으로 수소가 존재하는 경우에 잘 발생된다. 이것은 수소가 용접 금속내의 공공 및 비금속 개재물 주변에 집중되어 취화를 일으켜 시험편을 파단하면 국부적인 취화 파면으로 관찰 된다. 파단면에 고기의 눈과 같이 원형으로 수소가 집중 (석출)되어 있기 때문에 Fish Eye라고 불린다.

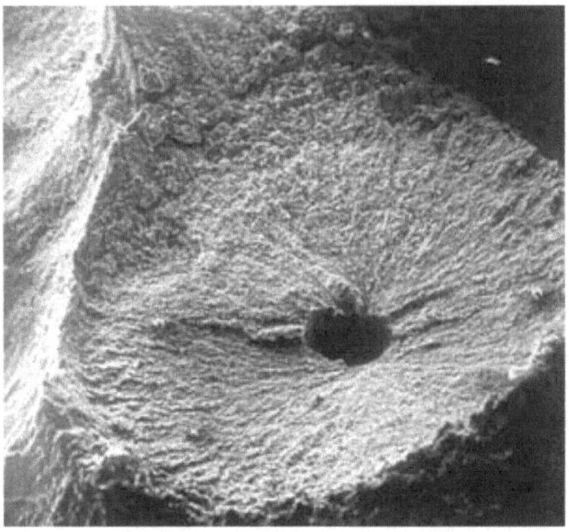

그림 3-36 은점(Fish Eye)

3.1.3.3. 미소 균열

수소를 많이 함유한 용접금속 내부에는 0.01 ~ 0.1 mm 정도의 미소 균열이 다수 발생하여 용접 금속의 굽힘 강도를 저하시키는 경우가 있다. 이 미소균열은 비 금속 개재물의 주변 및 결정입계의 열간 미소 균열등에 수소가 집적되어 발생된다. 이로 인해 용착 금속의 연성이 저하되고 피로강도 및 굽힘 강도가 저하 한다.

3.1.3.4. 선상 조직 (Ice Flow Like Structure)

이것도 수소가 국부적으로 집중하여 존재하는 현상으로 Fish Eye에 비해 가늘고 긴 선상으로 석출하여 용착 금속중의 SiO_2 등의 개재물 및 기포 주변에 많이 집중되어 전술한 각 현상과 마찬가지로 용접 금속의 연성을 저하시켜 취성 파괴의 원인이 된다.

3.1.4. 수소 균열의 방지 대책

3.1.4.1. 용접부에서 수소의 제거

용접후 냉각하지 않고 300℃ 이상으로 가열하여 탈수소 열처리(DHT) 처리를 실시한다. API 등에서는 탈수소 열처리(Dehydogenation Heat Treatment)라고 하여 저합금강의 경우에는 350℃ 이상의 열처리를 요구하고 있다.

3.1.4.2. 예열 실시

예열을 실시하면 냉각 속도가 낮아져 HAZ부에 Martensite의 생성이 억제되어 HAZ부의 취성이 감소한다. 또한 예열에 따라 잔류응력이 감소하여 Delayed Crack이 감소한다.

아래 그림과 같이 확산성 수소의 양이 증가하면 예열 온도를 높여 Crack의 생성을 방지할 수 있다.

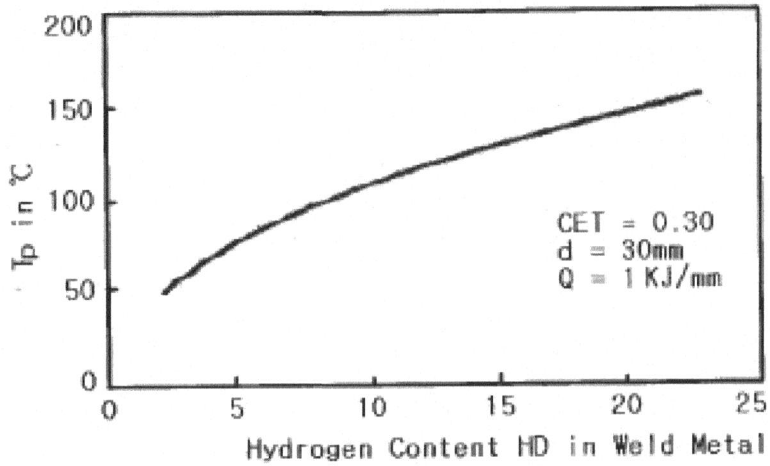

그림 3-37 확산성 수소량과 예열온도

3.1.4.3. 용접봉 관리

용접봉은 저수소계 용접봉을 사용한다. 또한 사용전 용접봉은 300℃의 Baking을 통해 수분을 제거하고, 120℃에서 보관하여 수분의 흡습을 방지한다. 용접봉 관리에 대해서는 제5장의 "피복아크용접"편에서 좀더 자세히 설명한다.

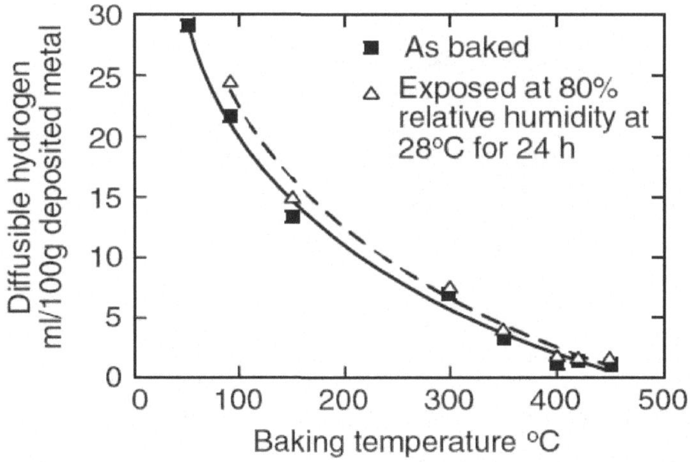

그림 3-38 용접봉 건조 온도에 따른 용접금속의 확산성 수소량

3.1.4.4. 용접 전 청결철저

모재에 H^+ 이온의 발생원이 되는 기름 및 수분을 제거한다. 현장에서는 대부분 용접전에 그라인드 등의 기계적인 방법을 이용한 표면가공을 많이 사용하고 있으나, 기름을 제거하는 과정에서 솔벤트(Solvent)를 사용하면 효과적이다.

3.1.4.5. 보호가스(Shielding Gas) 관리

보호가스(Shielding Gas)가 흡습되지 않도록 관리하고, 적정한 유량(Shielding Gas Flow)을 사용하여 대기로의 부터의 오염을 예방한다.

3.1.4.6. 용접후열처리(PWHT) 실시

모재의 두께가 두꺼워 용접부의 구속도가 심한 경우에는 용접후 열처리를 실시하면 탈수소(DHT)와 잔류응력제거(Stress Relieving)가 동시에 이루어져서 수소에 의한 지연균열(Delayed Crack) 등의 문제점을 예방할 수 있다.

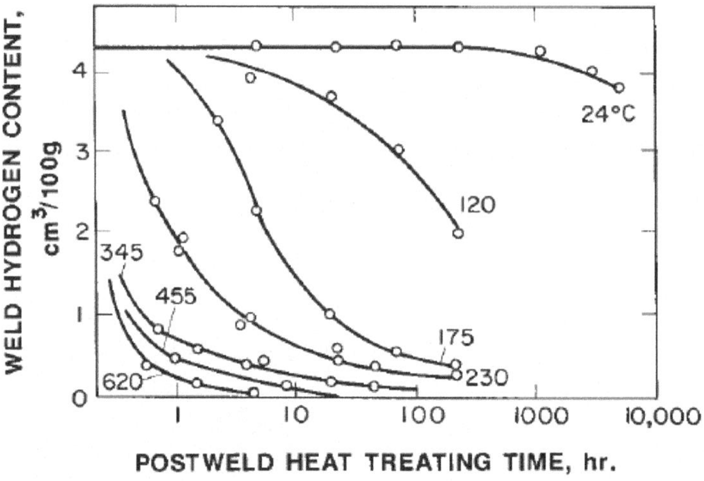

그림 3-39 용접후 가열 시간과 온도에 따른 수소 함량

3.2. 질소의 영향

용접 금속 중에 가스가 침입하거나 기타 가공 또는 열처리에 의해서 용접 금속의 기계적 성질 특히 연성이나 인성이 저하하는 현상을 취화라고 한다. 용접 금속 내에 산소는 고용하지 않고 산화물로써 존재 하지만 질소는 질화물로써 존재하는 동시에 고용되어 있어서 이로 인해 다음과 같은 문제점들이 예상될 수 있다. 또한 수소와 마찬가지고 용접금속중에 블로우 홀(Blow Hole)을 유도할 수 있다.

3.2.1. 블로우 홀의 형성(Blow hole)

질소는 수소와 마찬가지로 초정인 페라이트 조직에서 고용도 보다 더 낮은 온도인 오스테나이트 영역 즉, 열영향부 혹은 이미 응고가 완료된 앞선 용접비드에 많은 양의 질소가 남아 있게 된다.

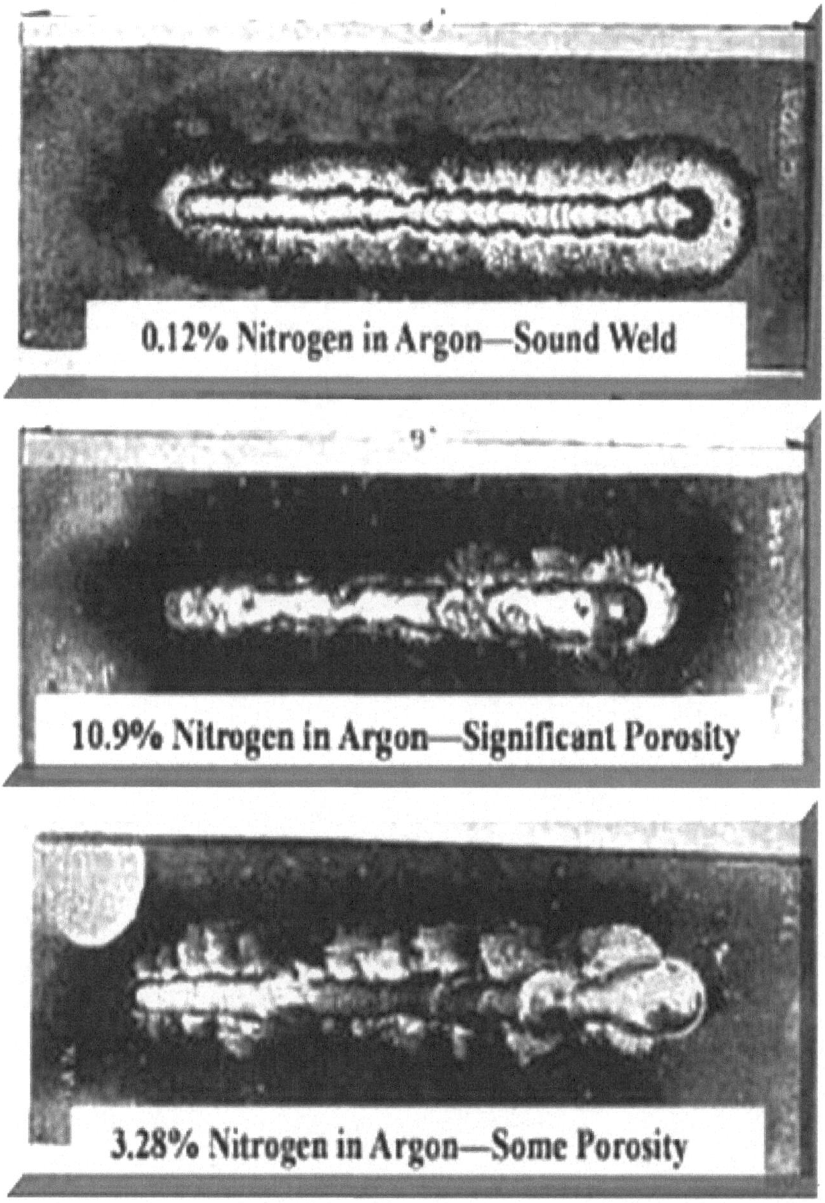

그림 3-40 보호가스에 함유된 질소 함량에 따른 용접 결함 발생

1955년도 AWS Welding Journal에 발표한 Ludwig의 자료에 따르면, 일반 탄소강에서 보호가스로 사용되는 알곤에 질소를 함유할 경우에 절대로 질소의 양이 1%를 넘으면 안된다고 지적하고 있으며, 0.5% 이하의 질소 함유를 허용 최대치로 규정하고 있다.

그림 3-40은 Ludwig이 실제로 실험한 용접금속과 질소 함량의 관계이다.

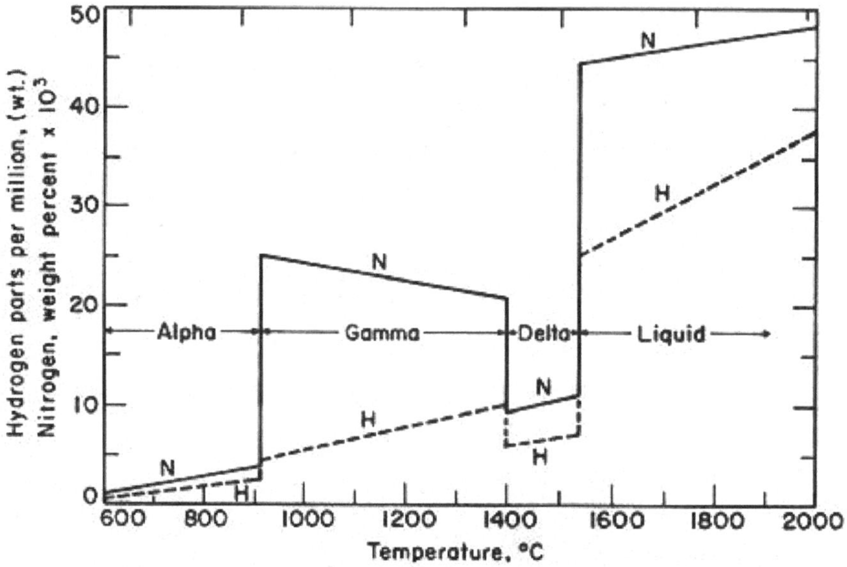

그림 3-41 강중의 질소 고용도

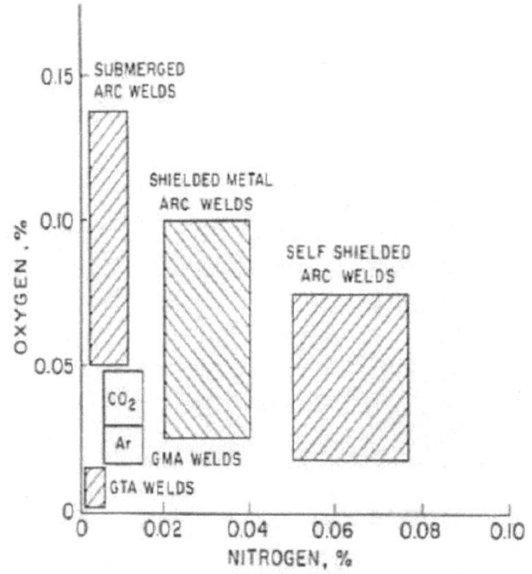

그림 3-42 용접방법에 따른 용접금속의 산소와 질소함유량

이러한 현상이 발생하는 이유중에 하나는 질소의 고용도가 수소와 비슷하게 고온의 델타 페라이트 조직에 비해 그 보다 온도가 낮은 오스테아나이트 영역에서 더 높은 고용도를 보이고 있기에 용접금속의 응고 과정에서 고용된 질소가 이후에 석출 혹은 가스상으로 만들어지면서 기공이나 심한 경우에는 블로우홀을 만들게 되는 것이다.

그림 3-41은 강중의 질소 고용도(Solubility)를 보여 주고 있다.

3.2.2. 석출 경화, 시효 경화

강(Steel)을 저온에서 열처리(Tempering)하면 시간의 경과와 더불어 경도가 증가한다. 이것은 소입할 때 과 포화 고용된 질소 및 탄소가 각각 질화물 및 탄화물로 석출되어 경화를 일으키기 때문이다. 산소는 고체 상태의 철에 고용되지 않기 때문에 응고부 석출현상을 일으키지 않지만, 질소의 확산을 조장하여 질화물의 생성을 용이하게 하여 석출 경화를 조장한다고 보고 되고 있다.

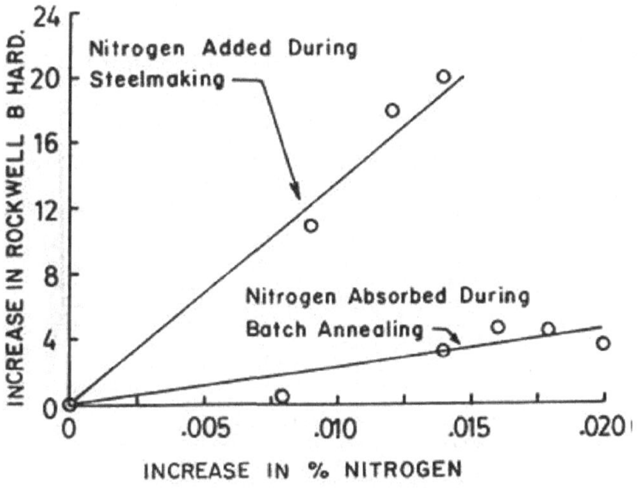

그림 3-43 질소 함량에 따른 경도의 변화

이러한 경화 현상은 특히 용접부와 같이 급냉된 조직에서 잘 발생하게 된다. 강중의 산소, 질소 탄소의 용해도는 저온에서 급격히 감소하기 때문에 약 600℃이상에서 급냉하면 이들의 원소가 과포화 상태에서 서서히 석출하는 현상을 일으킨다. 이것이 담금질 시효 (Quench Aging)이다.

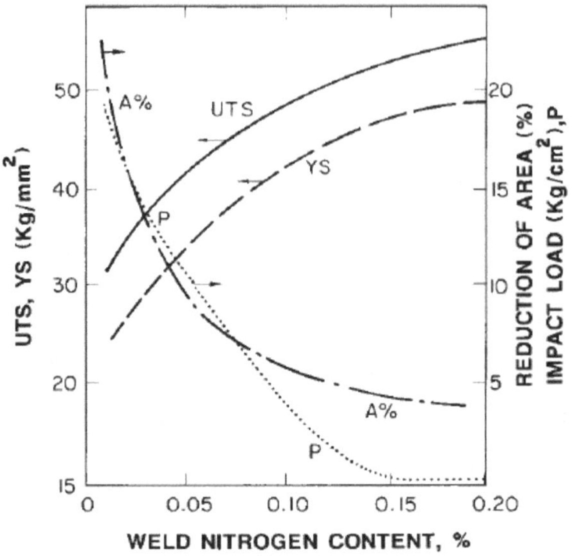

그림 3-44 용접금속의 질소 함유량에 따른 기계적 특성 변화

금속재료의 표면 경도를 높이기 위해 질화 처리를 하는 경우가 있으며, 이때에 나타나게 되는 것이 아래 그림 3-45와 같은 질화물들이다. 이중에서 Fe_4N의 취성 구조는 매우 취성이 강하며, 균열을 유발하기 쉬우므로 주의해야 한다.

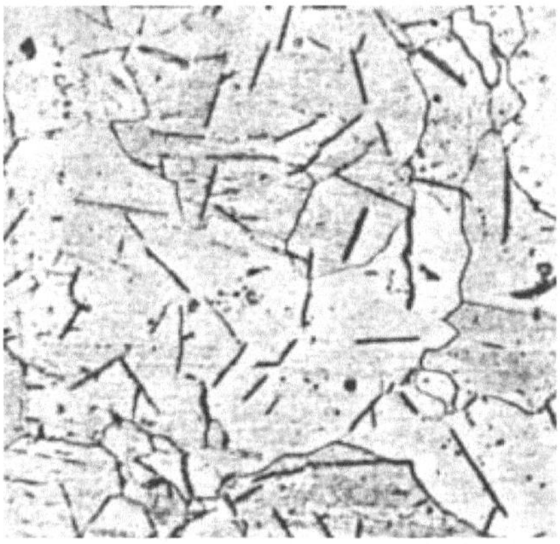

그림 3-45 페라이트 조직내에 형성된 질화물

3.2.3. 변형시효 경화(Strain Aging)

냉간 가공된 강을 실온에서 장시간 방치하거나 저온에서 가열(Tempering)하면 시간의 증가와 함께 경도가 증가하고 신율 및 충격치가 저하하는 현상이다.

냉간 가공의 Slip으로 전위가 증가한 곳에 산소나 질소가 집적되어 전위 이동을 방해한다. 냉간 가공 후 일어나는 시효 현상을 변형시효(Strain Aging)라고 한다. 질소의 증가와 더불어 충격값의 저하율은 증가하고 동일한 질소량에서 탄소량의 증가에 따라 충격값의 저하율은 감소한다. 산소도 Strain Aging을 조장하지만 그 영향은 질소 보다 적다

용접 금속이 급냉 되면 내부 응력 (변형)이 남게 되고 또한 질소, 산소량이 많으면 용접 금속은 냉간 가공이 없어도 변형시효(Strain Aging)를 일으키는 경우가 많다. 이 현상은 냉간 가공에 의해 격자 결함이 증가되고 질소가 많이 고용되면 이것이 전위 주변에 차차 모여들어 전위의 이동을 방해하기 때문에 시간의 경과와 더불어 강의 경도는 증가한다.

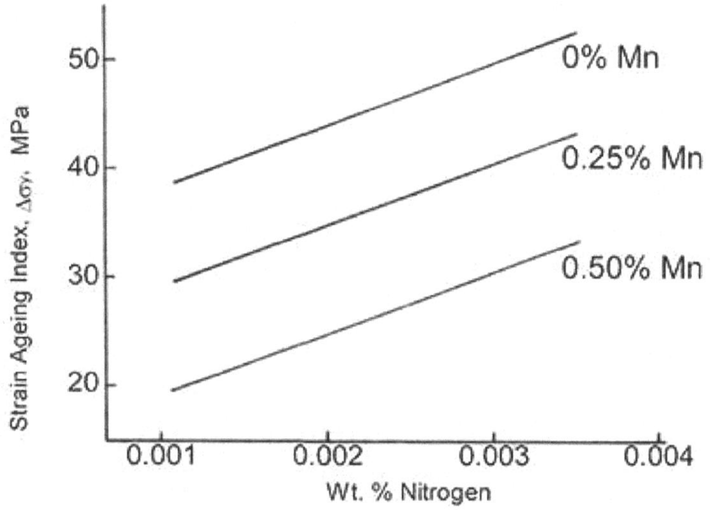

그림 3-46 시효 경화와 질소 함량의 관계

3.2.4. 청열 취성 (Blue Shortness)

200 ~ 300℃ 범위에서 저 탄소강을 인장 시험하면 인장 강도는 증가한다. 연성이 저하하는 경우를 청열 취성 이라고 한다. 이 현상은 변형 시효와 같은 이유에 의해서 일어난다고 생각된다. 청열 취성의 주요 요인은 질소이며 산소는 이것을 조장하는 작용을 한다. 또 탄소도 다소 영향이 있다. Al, Ti등 질화물을 형성하는 원소를 첨가하면 청열 취성은 나타나지 않는다. Mn, Si등도 효과가 있다. 취화가 일어나기 시작하는 온도도 질소량이 많으면 저하한다.

3.2.5. 저온 취성

실온 이하의 저온에서 취약한 성질을 나타내는 현상을 말한다.

저온 취성은 산소 및 질소가 현저한 영향을 미치는 것으로 알려져 있다.

용접 금속은 통상 산소나 질소가 강재 보다 많고 또 주조 조직이 있는 등의 원인으로 일반적으로 Notch 취성이 높다. 이러한 이유로 탈산이 불충분한 Rimmed강에서 천이 온도가 일반적으로 높고 Killed강은 비교적 낮다.

Al, Ti등 강력한 탈산 및 탈 질소 성분을 포함한 강에서 천이 온도는 매우 낮다.

천이 온도는 결정 입도에도 영향을 받아 강력 탈산 및 탈 질소 처리에 의해 결정핵이 증가하며, 미세 화합물이 결정 내부와 입계에 존재하여 조립화를 방지하기 때문에 천이 온도는 일반적으로 낮다.

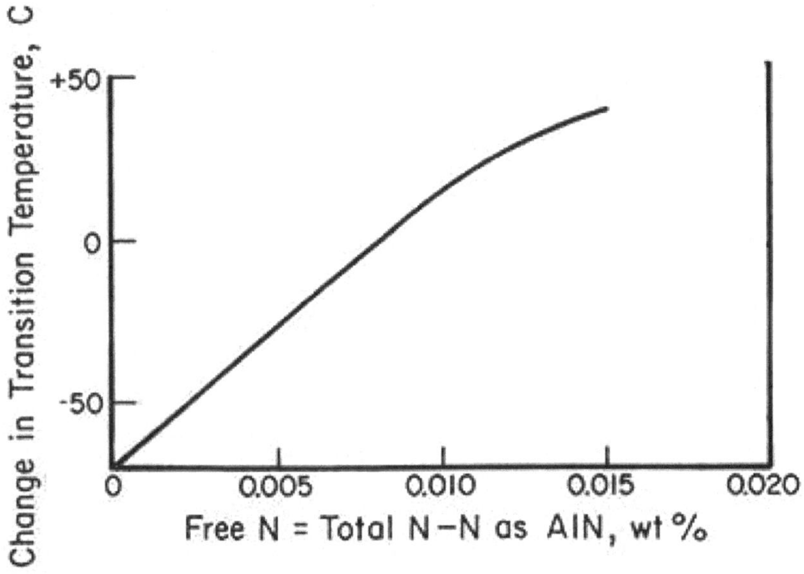

그림 3-47 천이 온도에 미치는 질소의 영향

저온 취성을 예방하기 위한 방법으로는 저 수소계 용접봉을 사용하여 수소의 발생원인을 최소화 하고, 용접 금속의 성분이나 용착 방법 조정으로 개선할 수 있다.

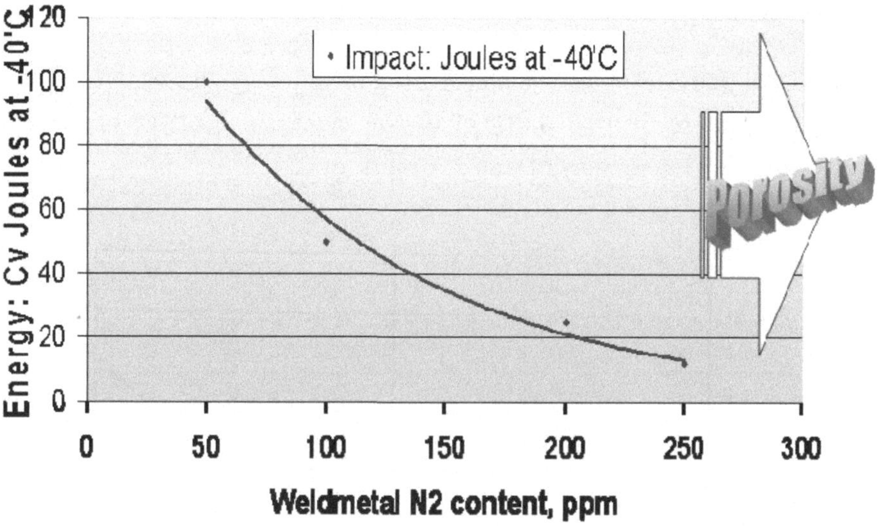

그림 3-48 강중의 질소 함량에 따른 인성의 저하와 기공의 발생

3.2.6. 뜨임 취성 (Temper Embrittlement)

용접 구조물은 용접후 응력을 제거하기 위하여 변태점 이하에서 Annealing을 하고 있다. 그러나, 어떤 합금 원소를 함유한 용접 금속은 응력 제거를 위한 Annealing 열처리로 경도가 증가하고 신율 및 Notch 인성이 현저히 저하되는 현상이 있다. 이렇게 강을 Annealing 하거나 450℃전 후에서 Tempering하는 과정에서 충격 값이 저하되는 현상을 뜨임 취성이라고 한다.

뜨임 취성은 Mn, Cr, Ni V등을 품고 있는 합금계의 용접 금속에서 많이 발생한다. 이 취성의 원인은 결정입의 성장과 결정입계에 석출한 합금 성분 때문이다. 산소, 질소가 많으면 결정입이 성장하기 쉽고, 탄소가 많으면 합금 성분의 석출이 현저하게 되기 때문에 뜨임 취성을 방지하기 위해 이들 원소의 함량을 가능한 저하시키는 것이 좋다. 고강도 합금계의 다층 육성 용접 금속에서 앞의 용접층이 뒷층의 용접으로 뜨임 취화를 받는 경우도 있다.

3.2.7. 적열 취성 (Hot shortness)

불순물이 많은 강은 열간 가공 중 900 ~ 1200℃온도 범위에서 적열 취성을 나타낸다. 이 취성의 주요 원인으로는 저 융점의 FeS의 형성에 기인된다고 볼 수 있지만 산소가 존재하면 강에 대한 FeS의 용해도가 감소하기 때문에 산소도 이 취화의 한 원인으로 볼 수 있다. Mn을 첨가 하면 MnS 및 MnC를 형성하여 이 취성을 방지하는 효과를 얻을 수 있다.

3.3. 산소의 영향

산소는 1500℃ 이상의 고온에서만 용해하고 그 용해도가 다른 원소에 비해 매우 크다. 용융철과의 반응은 피복제의 염기도, 용접봉의 탈산제 함유량 및 합금원소의 종류에 의해 크게 좌우되며, 용접봉 직경, 용접 조건등에도 영향을 받는다.

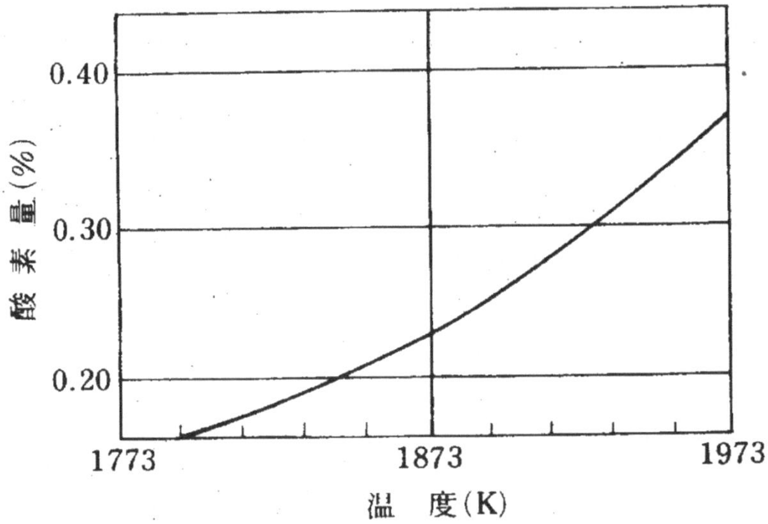

그림 3-49 강중의 산소 고용도

용융철 중에 산소와의 친화력이 Fe보다 큰 원소를 첨가하면 용강중의 산소와 결합하여 탈산 산화물이 생기며 이 반응이 탈산 작용이다.

용접시에는 대기중으로 부터 용융금속으로 산소가 침투하여 각종 원소를 산화하여 소모시킨다.

또한 응고시에는 CO_2기체로 되어 기공을 생성시킨다. 더욱이 응고시에는 용접 금속의 기계적 성질을 약화시키기 때문에 용접금속 중에서의 탈산은 매우 중요한 문제이다.

용강중의 산소 함유량(O %)은 용융슬래그(Slag) 중의 FeO 함유량 (FeO%)에 거의 비례한다. 이론적으로 산소함유량은 용융강 중의 원소량, 용융Slag의 염기도, 용융Slag중의 탈산생성물의 함유량에 따라 좌우된다. 타이타니아(Titania)계와 저수소계를 비교할 때 저수소계의 산소 함유량이 적은 것은 슬래그의 염기도가 크기 때문이다.

용접금속에 산소가 많아 질수록 인성이 저하하게 되고, 기계적 강도도 저하한다.

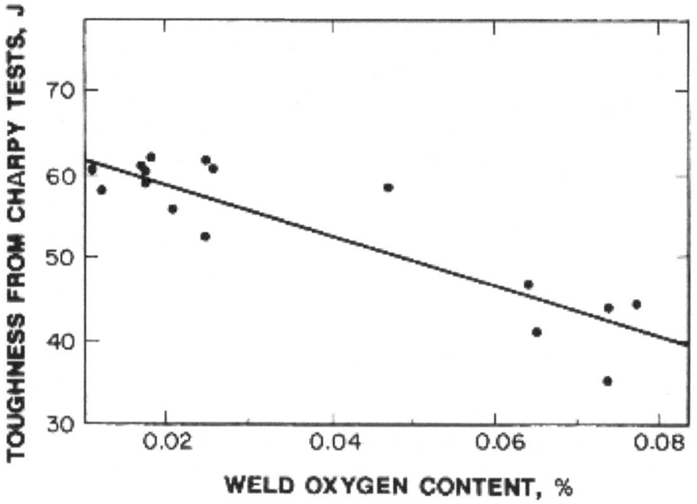

그림 3-50 강중의 산소 농도와 인성의 저하

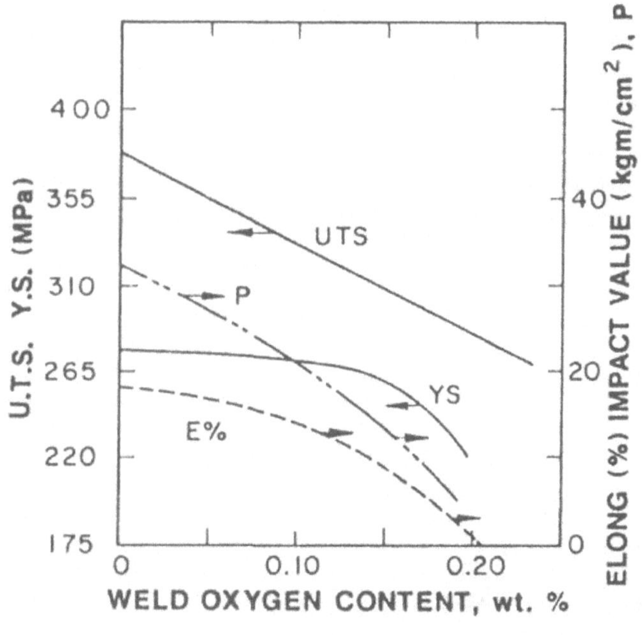

그림 3-51 용접금속의 산소 농도와 기계적 특성의 관계

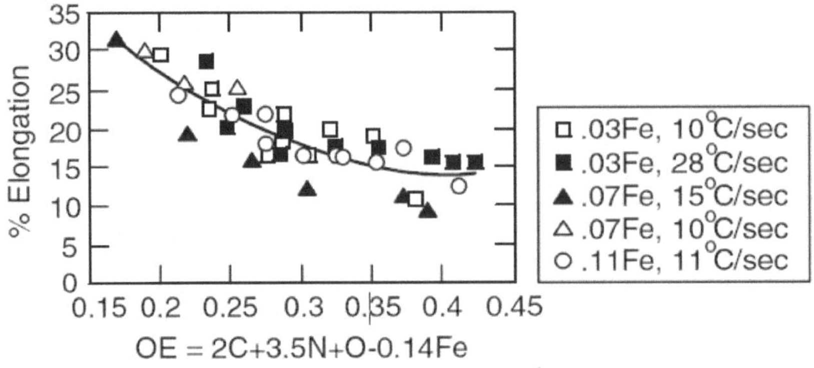

그림 3-52 티타늄 용접금속에서 산소 농도에 따른 연성의 변화

플럭스의 조성에 따라서 용접금속에 남아 있게 되는 산소의 양은 변화한다. 예를 들어 CaF_2를 플럭스에 넣으면, 강중의 산소와 수소 농도는 저하하게 되며, FeO를 넣으면, 산소가 도리어 증가하게 된다. 하지만 플럭스내 CaF_2의 증가는 합금 원소인 Cr, Mo, Ni등의 손실을 유발하게 되는 단점이 있다. 이러한 단점을 해결하기 위해서 Fe-50%Si 혹은 Fe-80%Mn 등의 철화합물분말(Ferroally Powder)을 플럭스에 포함시킨다.

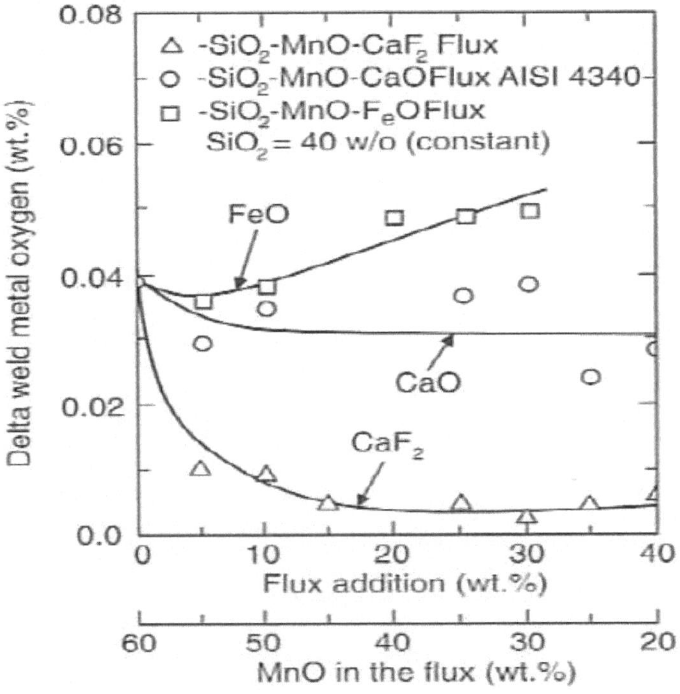

그림 3-53 플럭스 성분에 따른 용탕중의 산소 농도

산소 및 다른 가스 성분들은 용접시 전원 특성에 따라서도 용탕에 잔류하는 양이 달라지게 된다. 모재가 양극으로 연결된 정극성인 경우에 용탕은 음전하로 이온화된 산소를 빨아들이게 되고, 반대로 모재가 음극으로 연결된 역극성인 경우에는 용탕은 음전하로 이온화된 산소를 배척하게 된다. 아래 그림은 용접과정에서 전극과 용탕에서 산소의 이동에 대해 설명하고 있다.

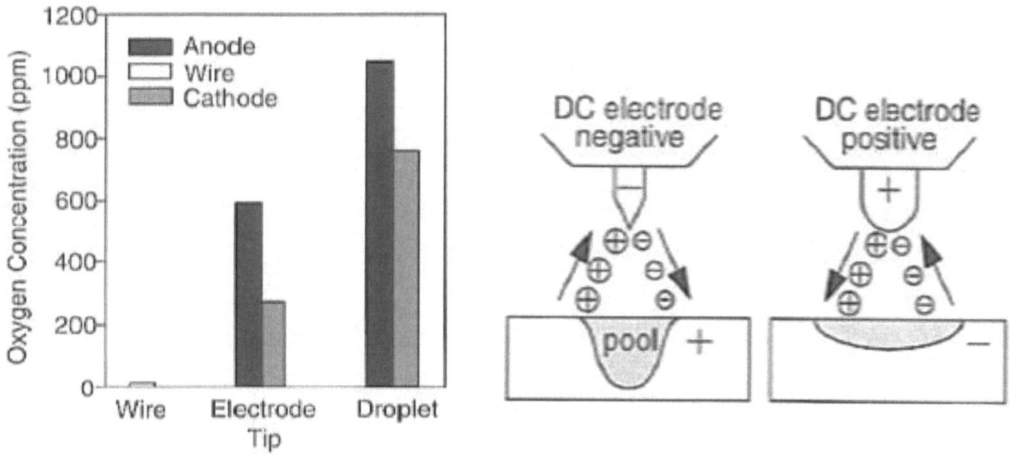

그림 3-54 극성에 따른 용탕과 전극의 산소 농도

아래 표 3-10는 강종별로 용접금속이 가스에 의해 어떻게 영향을 받는지를 보여 주고 있다. 보다 세부적인 내용은 개별 강종별 용접성 편에서 다시 다룬다.

표 3-10 강종별 용접금속에 미치는 가스의 영향

	질소	산소	수소
탄소강	강도 향상과 인성 저하	인성 저하 Accicular Ferrite의 생성에 도움이 되는 상황이면, 인성 향상에 긍정적인 영향을 미침	수소 취성을 증대 시킴
오스테나이트 혹은 이상스테인레스강	페라이트의 함량을 줄여서 응고 균열 유발		
알루미늄		산화피막을 형성하여 Inclusion으로 남는다.	기공을 만들고 강도와 연성을 저하한다.
티타늄	강도를 향상시키지만, 연성은 저하한다.	강도를 향상시키지만, 연성은 저하한다.	

4. 잔류응력

4.1. 잔류응력 발생

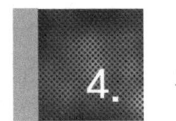

용접 금속에는 물체에 외력이나 외부적인 구속이 작용하지 않아도 용접부 자체의 구속이나 온도 변화에 의해 응력이 발생하며 특히, 냉각시 수축응력이 커서 완전히 실온으로 냉각된 후에도 용접부에 응력이 잔류한다. 이러한 잔류응력의 크기는 용융과 응고 과정에서 발생하는 열팽창과 수축의 부피 변화로 설명이 가능하다.

예를 들어 일반 탄소강의 경우에는 초기 용융된 금속이 응고 하는 과정에서 약 3%의 부피 수축이 발생하며, 이후 응고가 진전됨에 따라 열영향부가 약 7%정도 수축하게 되어 총 약 10% 정도의 응고 수축에 의한 부피 변화와 이에 상응하는 잔류응력이 발생하게 된다.

응고 수축에 의한 변형의 양은 용접 작업 조건과 제품의 형상등에 따라 다양하게 변화하겠지만, 일반적으로 다음의 기준이 적용된다.

(1) 용접선 종 방향 수축(Longitudinal Shrinkage)

필렛 용접인 경우에 모재 두께의 3/4를 넘지 않는 용접부가 형성될 경우에는 각 용접비드 패스(Run)별로 0.8mm 수축을 한다.

맞대기 용접인 경우에는 60° V 개선을 기준으로 용접비드 패스(Run)별로 1.5 ~ 3mm의 응고 수축이 발생한다.

(2) 용접선 횡 방향 수축(Transverse Shrinkage)

필렛 용접인 경우에는 매 3m 길이의 용접선 별로 0.8mm의 응고 수축이 발생하고 맞대기 용접인 경우에는 3m 길이의 용접선 별로 3mm의 응고 수출이 발생한다고 보고 하고 있다.

이 잔류응력(residual stress)의 최대치는 고온항복강도와 같으며 통상적인 강재의 경우 상온항복강도의 약 60%에 달한다.

잔류응력은 이음 현상, 용접 입열, 판 두께, 모재의 크기, 용착순서, 외적 구속 등의 인자의 영향을 받는다. 용접부에 잔류 응력은 용접부의 SCC(Stress Corrosion Cracking) 및 부식을 촉진하므로 잔류응력에 대한 정확한 이해와 이를 통한 적절한 용접 Process의 적용이 중요하다.

4.1.1. 잔류응력 발생의 해석

모형을 이용한 용접시 잔류 응력의 발생을 설명하기 위해 구속이 가해진 상태에서의 가열과 냉각을 고려한다.

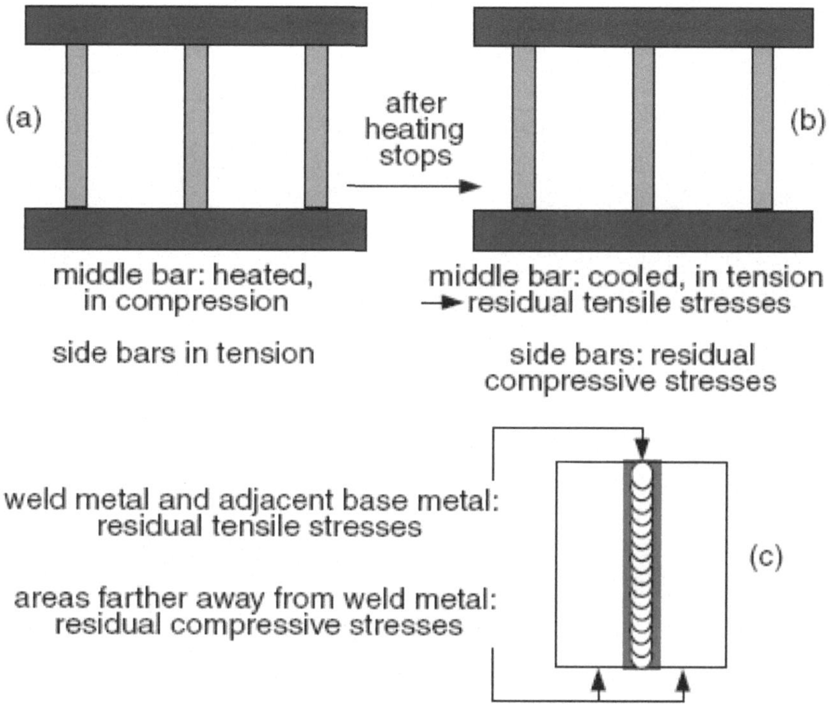

그림 3-55 가열과 냉각 과정에서 응력의 발생

위 경우에 가운데 막대만 가열하면 가운데 막대는 팽창하려고 하지만 위, 아래에 구속되어있어 팽창이 제한되며 압축응력이 발생한다.

온도가 증가하면 압축응력이 증가하여 재료의 압축항복응력에 이를 때까지 증가한다. 가열후 냉각시키면 가운데 막대가 수축하려 하지만 수축이 제한되어 인장응력이 작용한다.

온도가 감소할수록 인장응력은 증가하여 재료의 인장 항복응력에 도달할 때까지 증가한다. 즉 냉각 후 상온에서 용접부는 항복응력과 같은 크기의 인장 잔류응력이 존재하게 된다.

4.1.2. 상변태시 발생하는 잔류 응력 발생

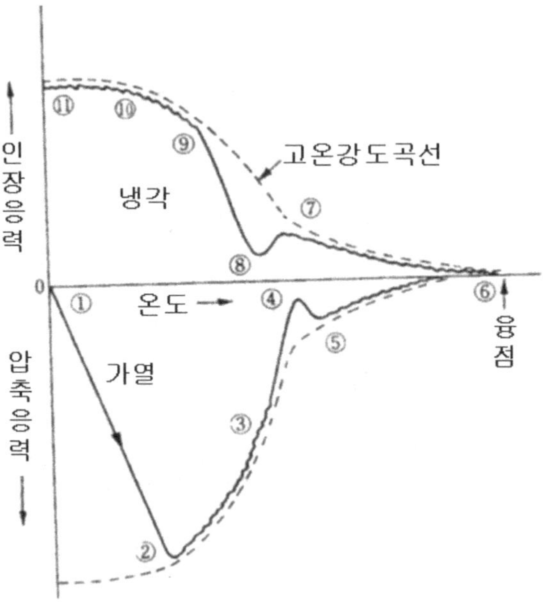

그림 3-56 상변태에 의한 응력 발생

위의 그림의 가로축은 온도, 세로축은 응력을 지시하며, 점선은 항복 강도를, 실선은 재료에 미치는 응력을 나타낸다.

①~② 구간 : 용접시 입열에 의해 용접부의 온도가 올라가며, 온도 증가에 따라 열팽창량이 증가하므로 이 구간에서는 지속적으로 재료가 받는 압축 응력이 증가한다. 압축응력은 증가하여 항복강도가 되면 소성변형이 발생하므로 압축응력의 최대값은 항복 강도 이상이 되지 못한다.

②~③~④ 구간 : 온도가 증가함에 따라 항복강도가 감소하므로 압축응력은 온도 증가에 따라 감소한다.

④ 구간 : A1 변태점에 도달하면 α→γ 상으로 변태한다. 이에 따라 BCC 조직이 FCC 조직으로 변경되고 충진율이 68%에서 74%로 증가하게 된다. 즉 α→γ로 변태시 수축하게 되고 수축에 따라 압축 응력이 감소한다.

④~⑤ 구간 : γ로 변태 완료후 온도 증가에 따라 열팽창하게 된다. 열팽창에 따라 압축응력은 ①~② 구간에서와 같이 항복강도까지 증가한다.

⑤~⑥ 구간 : 온도 증가에 따라 항복강도가 감소하므로 압축응력은 감소하여 용점에 도달하면 금속이 액상으로 변태가 완료되어 응력이 0가 된다.

⑥~⑦ 구간 : 액상에서 고상으로 변태 완료 후 온도 감소에 따라 금속은 수축한다. 수축에 따라 금속에 인장응력이 발생한다. 온도증가에 따라 항복 강도가 증가하므로 인장응력도

증가하게 된다.

⑦~⑧ 구간 : ④~⑤ 구간과 반대로 A1 변태점에 도달하면 γ→α 상으로 변태한다. 이에 따라 FCC 조직이 BCC 조직으로 변태하며 충진율은 74%에서 68%로 감소하게 된다. 즉 γ→α로 변태시 팽창하게 되고 팽창에 따라 인장 응력이 감소한다.

⑧~⑨ 구간 : 온도 감소에 따라 수축하게 되며 이에 따라 인장응력은 각 재질의 항복 강도까지 증가하게 된다.

⑨~⑩~⑪ 구간 : 온도 감소에 따라 재질은 계속 수축하며, 항복강도는 증가하므로 재질의 인장강도는 증가한다.

⑪ 구간 : 냉각 완료 후 인장응력은 항복강도 수준의 인장응력이 재료에 남게 되며, 냉각 후 남은 응력을 '잔류 응력'이라 부른다.

④,⑧의 A1 변태점은 가열시와 냉각시에 조금 다르다. 그 이유는 변태는 과냉이 필요하기 때문이다. 이런 이유로 가열시의 변태 온도는 A1 온도 이상이며, 냉각시의 변태 온도는 A1 온도 이하이다.

4.1.3. 실제 용접시 발생하는 잔류 응력

용접 진행 과정시 가열 및 응고 현상에 따른 응력의 변화를 아래 그림 3-57을 이용하여 설명한다.

A점 : 용접전으로 온도가 상온이며 응력이 발생하지 않음.

B점 : 용접이 진행중인 곳으로, 용접부에 입열이 진행되고 있어 용접부의 온도가 상승하고 있으며, 용접부의 온도는 융점 이상으로 가열되어 액체 상태임. 중심부의 가열에 따른 팽창으로 압축응력을 받고 있으며, 주변은 반대로 인장응력을 받는다. 가운데는 액체 상태이므로 응력 발생이 없다.

C점 : 용접후 냉각이 진행되고 있는 부분임. 냉각에 따라 중심부는 인장응력을 받고 주변은 반대로 압축응력을 받는다.

D점 : 최종적으로 응고 완료 후 잔류응력은 중심부는 항복 강도 수준의 큰 인장응력을 갖고 있으며 주변은 중앙부 보다 작은 압축응력을 갖는다.

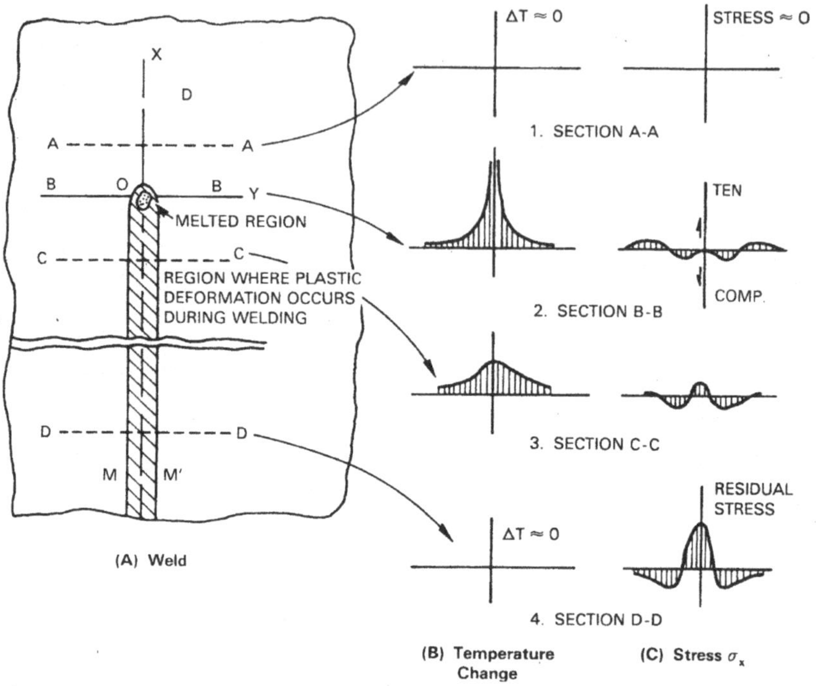

그림 3-57 가열 및 응고에 따른 응력 변화

용접후 최종 생성된 잔류 응력의 형태는 아래 그림 3-58과 같다. 그림 a는 용접부의 종방향으로 생성된 잔류 응력이며, 그림 b는 용접부의 횡방향으로 형성된 잔류 응력의 형상이다.

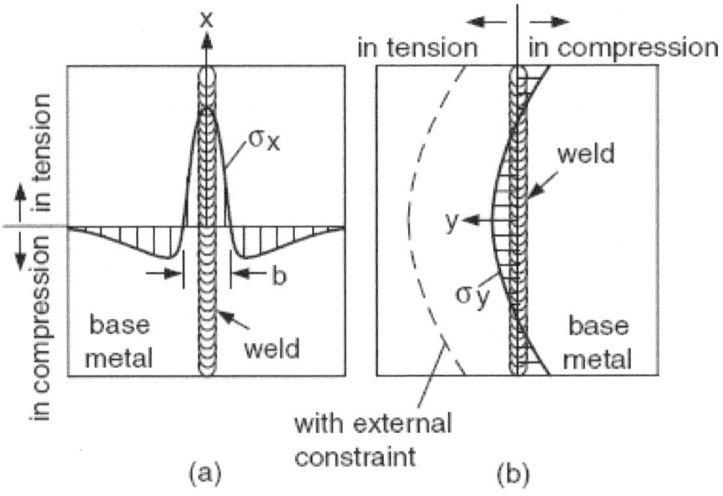

그림 3-58 용접에 의해 형성된 잔류응력

4.1.4. 잔류 응력이 용접부에 미치는 영향

잔류 응력을 큰 부위는 전위 밀도가 높고 원자들은 안정한 평형 위치에 있지 못하며 응력에 의해 변형되어 있다. 이것은 에너지 상태가 평형 상태보다 높은 상태이므로 부식 및 Crack에 취약하게 된다.

즉 잔류 응력이 클수록 SCC 및 부식에 의한 손상이 잘 발생하게 된다.

NACE등 각종 Spec.은 부식 및 SCC 환경에서 사용될 압력용기는 용접후 잔류 응력을 제거하도록 명시하고 있다.

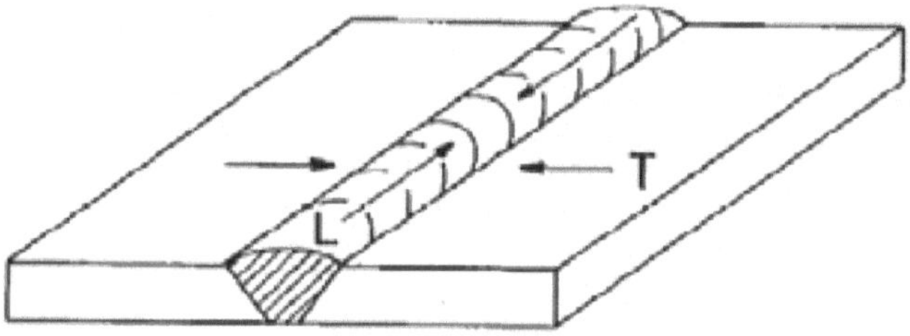

그림 3-59 강판의 용접잔류응력

특히, 두꺼운 판에서는 모재의 변형이 거의 일어날 수 없으므로 잔류 응력이 커지기 때문에 용접부에 균열이 생길 때가 있고, 또 얇은 판에서는 모재가 변형하기 쉬우므로 잔류 응력은 작아지나 그 대신 용접 변형(welding distortion)이 심해진다.

그림 3-59에서 T로 표시된 가로방향의 응력은 입열량, 냉각속도 등에 따라 그 작용 방향(+, -)이 달라진다. 피복아크용접, GTAW 등은 그림 9에서 (A)의 형태로, SAW 등은 (B)의 형태가 된다.

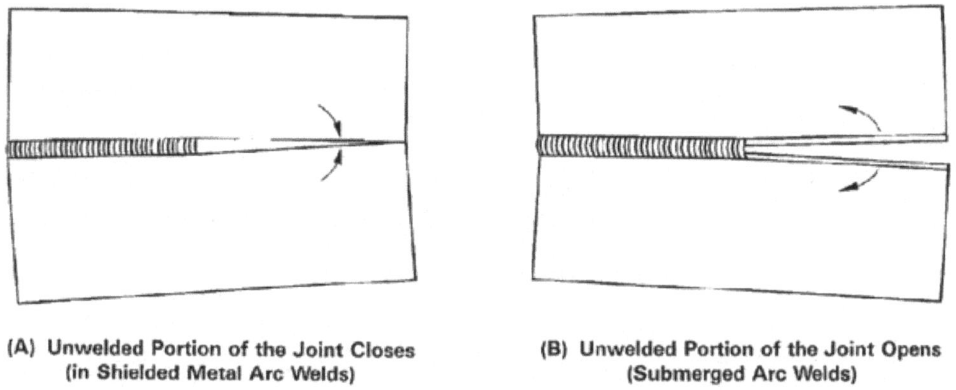
(A) Unwelded Portion of the Joint Closes
(in Shielded Metal Arc Welds)
(B) Unwelded Portion of the Joint Opens
(Submerged Arc Welds)

그림 3-60 가로방향 응력의 방향

4.2. 잔류응력의 영향

용접에 의한 잔류응력의 특징은 용접선 부근에서 그 재료의 항복응력에 가까운 인장응력이 발생한다는 사실이다. 따라서 용접구조물에는 외력이 부가되기 이전에 비교적 큰 응력이 걸려 있으므로 이러한 잔류응력이 사용 중의 구조물 강도에 어떤 형태로든 영향을 끼치게 된다.

4.2.1. 정적강도

연성이 좋은 연강 및 저합금강 등에서는 항복점에 가까운 잔류응력이 존재해도 외력에 의해 소성 변형이 진행되면서 잔류 응력이 완화되므로 파단 강도에는 거의 영향을 미치지 않는다. 그 이유는 잔류응력이 존재하는 재료에 외력을 가하면 잔류응력이 존재하는 부위에서 먼저 소성변형이 시작되나 응력은 별로 증가하지 않기 때문이다.

4.2.2. 취성파괴

연성이 좋은 재료도 어떤 조건(재료 내부의 노치로 인해 3축 응력비의 증가, 저온, 높은 변형 속도 또는, 야금학적으로 취약할 경우)하에서는 연신이 감소하며 취성 파괴가 발생한다.

재료가 완전히 취성 파괴를 일으킬 수 있는 극단적인 조건하에서 잔류응력이 존재하게 되면 외력과 중첩되어 비교적 낮은 외력이나 작은 연신 상태에서도 취성파괴가 일어날 수 있다. 특히 연강 용접구조물로써 선박, 교량, 압력용기, 수문, 저장탱크, 수송관 등이 겨울 동절기의 저온, 정하중하에서 갑자기 마치 유리나 도자기와 같이 취성파괴되는 사고가 속출하고부터는 용접구조물의 잔류응력문제가 중요한 과제로 등장하였다

4.2.3. 피로강도

연성이 좋은 재료의 노치가 없는 평활한 시험편의 경우 잔류응력이 피로강도에 그다지 큰 영향을 미치지 않으며, 이는 피로균열이 발생하기 이전에 반복하중에 의해 잔류 응력이 상당히 감소하기 때문이다.

그러나, 용접 균열, 오버랩, 언더컷, 용융불량, 용입불량 등의 예리한 노치가 있으면 항복점에 비해서 훨씬 작은 응력에서 피로 파괴가 일어나므로 잔류 응력의 영향만을 선택적으로 선정하여 피로강도를 실험하기는 다소 곤란하다.

연강의 용접부에서는 응력제거 열처리에 의해 피로강도가 약간 증가하는 것이 보통이다. 응력제거처리에 의하여 잔류응력이 작아지는 것은 사실이지만, 이와 동시에 용접 열영향부가 연화되어 연성이 증가한다는 야금학적 재질개선의 효과가 크게 영향을 미치므로, 단순히 잔류응력의 존재가 피로강도를 감소시키는 것으로 속단해서는 안 된다.

4.2.4. 부식성

응력이 존재하는 상태에서는 재료의 부식이 촉진되는 경우가 많으며, 이것을 응력부식(stress corrosion) 이라 한다. 용접잔류응력에서는 항복점에 가까운 높은 인장응력이 존재하므로 이것이 응력부식의 원인이 될 위험성이 크다. 금속재료에는 현미경적으로 보아 부식을 받기 쉬운 부분이 있으며 그곳이 선택적으로 침식되면 작은 노치가 된다.

만일, 인장응력이 재료에 가해지고 있으면, 이 노치에 응력이 집중하여 선단에 작은 균열이 생기고, 이 균열의 끝이 다시 선택적으로 부식되어 어느 정도 약해지면 응력집중으로 다시 새로운 균열이 진행된다. 따라서 응력부식이 생기는 데는 재질, 부식매질, 응력의 크기와 유지시간 및 온도 등이 크게 영향을 미친다.

응력부식이 생기기 쉬운 재질로는 Al합금, Mg 합금, Cu합금, 오스테나이트계 스테인리스강 및 연강을 들 수 있다.

4.3. 잔류응력의 경감

용접 잔류응력은 용접 시공시 그 발생을 경감시키거나 용접후 발생한 응력을 강제로 완화시켜야 한다.

4.3.1. 시공방법에 의한 잔류응력의 경감

입열량과 용착금속의 양을 가능한 적게 하고, 적절한 용착법과 용접순서를 적용하며, 예열을 실시하는 방법 등이 있다.

똑 같은 용접두께를 형성하더라도 다층 용접을 하게 되면, 변형은 증가하게 되지만, 반대로 잔류응력은 후속 비드의 열처리 효과로 인해 감소하게 된다.

표 3-11 용접조건과 변형 및 잔류응력의 관계

구분	잔류응력	변형량
일층 용접(Single Pass)	증가	감소
다층 용접(Multi Pass)	감소	증가
빠른 용접속도	증가	-
느린 용접속도	감소	-

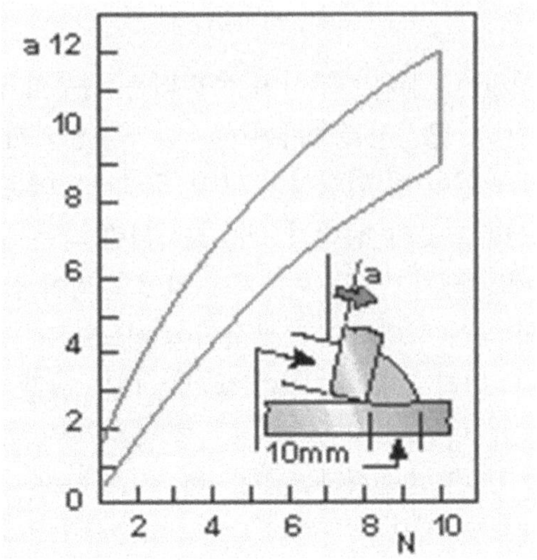

그림 3-61 용접비드의 패스 수에 따른 변형량

4.3.2. 잔류응력의 완화

용접시공 방법으로는 잔류응력을 만족스러운 수준 이하로 완화시킬 수가 없으므로 다음과 같이 용접부를 가열하는 용접후열처리(Postweld Heat Treatment, PWHT)나 기계적인 방법을 적용한다.

용접후열처리는 통상적인 응력제거 풀림과 저온에서 실시하는 저온 응력완화가 있으며, 잔류응력을 경감과 함께 용접부의 기계적 성질을 개선하는데도 이용된다.

(1) 용접후열처리(PWHT)

금속은 고온에서 항복점이 낮아지며 항복점 미만의 응력을 일정 시간 유지하면 응력이 감소하는 방향으로 크리프(Creep)에 의한 소성변형이 발생하면서 잔류응력이 완화된다. 잔류응력이 완화되는 정도는 고온일수록 또 유지시간이 길수록 커진다.

잔류응력의 완화 효과는 응력 부식에 대한 저항력의 증대, 열 영향부의 풀림 연화, 확산성 수소의 방출, 인성의 회복 또는, 강도의 증대(석출 경화) 등이 있다.

일반적으로 융점의 30% 정도의 절대 온도로 가열하여 전위가 낮은 에너지 상태로 움직이게 하여 금속 내부에 축적된 잔류 응력을 제거한다.

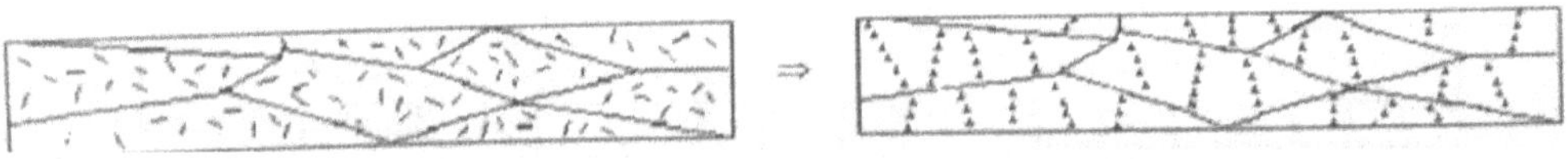

그림 3-62 PWHT에 의한 금속 조직의 변화

가열 또는 냉각시의 속도 R(℃/hr)는 200 X 25/t(두께) 이하로 제한하며, 노내에서 가열 중인 구조물 사이의 온도차는 50℃이내로 해야 한다.

(2) 예열

용접부와 주변의 온도차가 작아져 가열 및 냉각시 온도차에 의한 수축 및 팽창에 의해 발생하는 잔류 응력이 감소한다. 예열시 냉각 속도가 감소하여 금속의 경화능 즉 취성이 감소한다.

(3) 용접부 설계

용접시 용접부가 최대한 구속되지 않도록 하여 용접부가 변형될 수 있도록 한다. 용접부 각도가 변형되므로 잔류 응력의 발생이 최소화 된다. 이때 용접부 변형에 의해 용접 구조물의 성능에 문제가 있는 경우에는 변형 방향의 반대 방향으로 미리 변형을 준 상태로 용접부를 준비하여 용접후 원하는 형상을 얻는 방법도 있다.

(4) 저온 응력완화(low-temperature stress-relief)

용접선 방향의 응력제거가 주목적으로 용접선의 양측을 폭 약 50~150㎜영역을 가스토치 등으로 150~200℃ 정도의 온도로 가열한 즉시 수냉하는 것이다.

그 원리는 용접선 양측의 압축응력이 존재하는 부분을 가열하면 용접부에 용접잔류응력과 방향이 일치하는 인장응력이 발생하면서 소성 변형을 통해 응력이 완화된다. 곡직 또는 변형제어 방법과 동일하다.

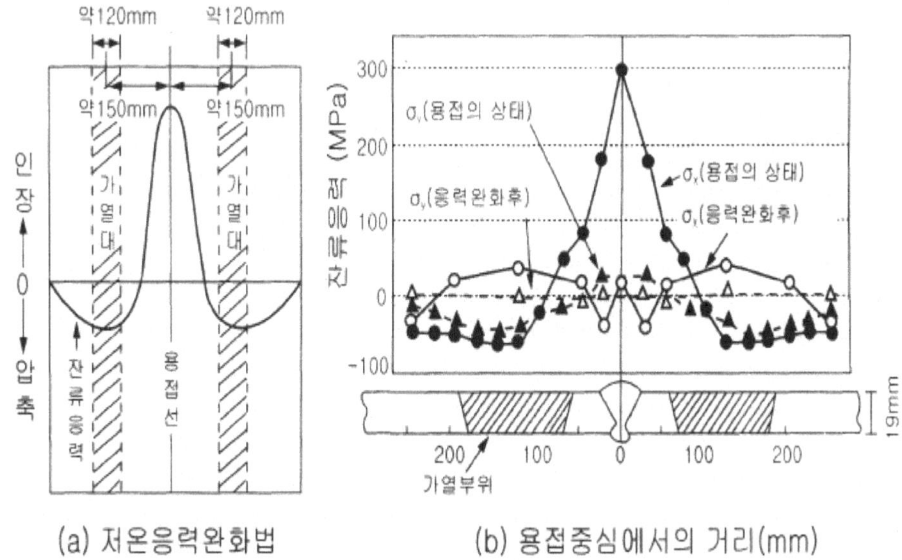

그림 3-63 저온응력완화 효과

(5) 기계적인 완화

기계적인 정적 하중이나 압력 등을 인가하거나 진동 등으로 소성변형을 유도시켜 잔류응력을 완화시키는 방법이다. 기계적으로 응력을 이완한다고 하여 Mechanical Stress Relieving(MSR) 이라고 부르며, 잔류응력과 작용응력의 합이 강재의 항복점 이상이 되면 시작된다.

기계적 응력 경감법의 하나로 해머로 용접부를 가볍게 연속적으로 타격하여 표면에 소성변형을 일으키는 것을 피이닝(Peening)이라고 하며, 잔류응력의 완화와 변형의 교정 및 용착금속의 균열을 방지하는 효과가 있다.

모든 피이닝은 잔류응력 경감 효과가 있으며, 주로 상온에서 행하는 냉간 피이닝(Cold Peening)을 적용하나 균열방지를 위한 피이닝은 용착금속의 냉각 전에 실시하는 열간 피이닝(Hot Peening)을 적용한다.

변형방지를 위한 피이닝은 각 층마다 행하고 용착금속을 넓게 펴주는 방법으로 한다.

최종 층에 대한 피이닝이 효과가 가장 좋으나 초층과 최종층은 미세한 균열이 발생하기 쉬우므로 통상 피이닝을 하지 않는다.

또한, Peening은 저온에서 충격시 금속의 Crack을 유발할 수 있고, 표면에 과도한 잔류압축 응력을 남겨서 응력부식의 원인이 되기도 하여 현장에서는 주철등의 일부 특수한 경우를 제외하고는 적용하지 않고 있다.

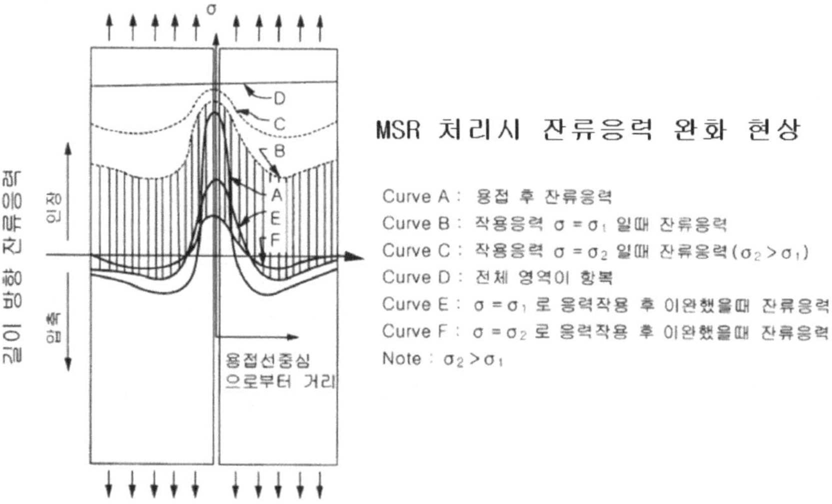

그림 3-64 기계적 응력이완법의 잔류응력 완화 현상

5. 용접변형

5.1. 수축 및 변형의 원인과 종류

용접부는 용접열에 의한 용융 및 응고에 따라 수축을 받아, 용접 후 여러 가지 변형이 생긴다. 수축은 용접부의 균열 및 잔류응력의 원인이 되며 변형은 용접 구조물의 치수, 정밀도 및 외관뿐만이 아니라 기계적 성질을 저하시키기도 한다. 용접변형을 발생시키는 요인을 크게 나누면 용접열에 관계되는 요인으로 용접전류, 전압, 용접 속도, 용접봉의 종류와 지름, 용접 층수 및 용접법등을 들 수 있고 외적구속에 관계되는 요인으로 부재의 치수, 주변의 구속조건, 구속지그(Jig)의 적용법, 용접순서 등이 있다.

용접부 두께가 두꺼울수록 용접부 응고 수축에 의한 변형은 심해진다. 아래 그림은 용접금속의 두께에 따른 용접부 변형의 양을 도식적으로 보여주고 있다.

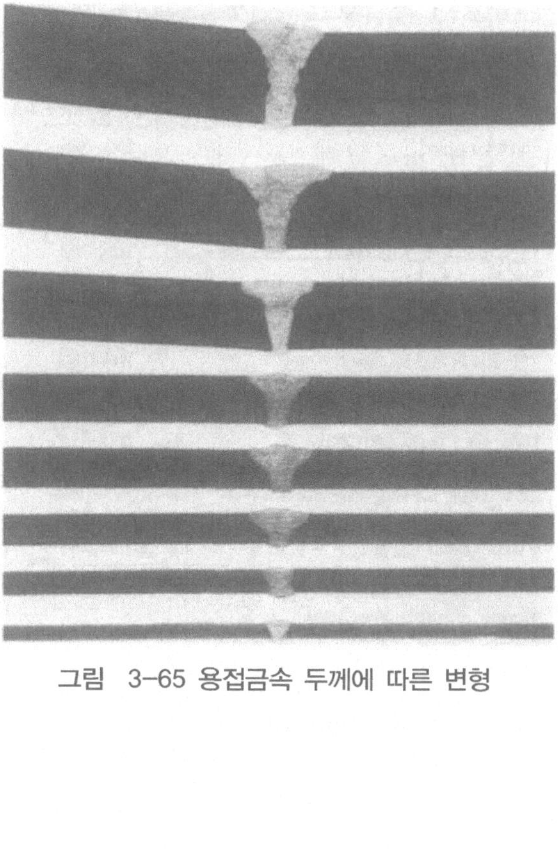

그림 3-65 용접금속 두께에 따른 변형

5.1.1. 수축변형

(1) 가로수축

가로수축(Transverse Shrinkage)은 용접선에 직각인 방향의 수축이며, 맞대기 용접에서 가장 많이 발생하는 현상으로 용접 진행에 따라 용접층수가 증가하면 가로 수축량도 증가하지만 그 증가율은 점진적으로 감소된다. 이는 이미 용착된 용접금속이 새로이 용착되는 용접층의 수축에 대해 저항하기 때문이다.

맞대기 이음의 가로수축에 가장 큰 영향을 미치는 요소는 홈 단면적의 크기이며 홈단면이 클수록 용착량이 증가하므로 가로 수축량이 커진다. 그림 3-66에서 보는 바와 같이 V 개선의 각도가 클수록 즉, 용접량이 많을수록 변형은 심하게 발생한다.

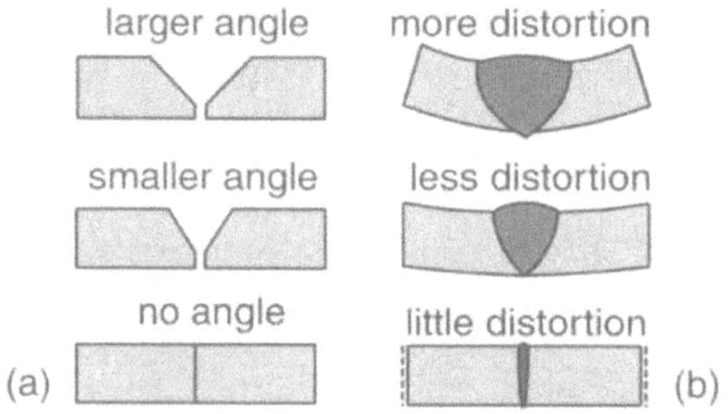

그림 3-66 개선 각도에 따른 용접부 변형

따라서, 모재 두께가 두꺼울수록, 루트 간격이 클수록, X형 홈보다 V형 홈이 많이 수축된다. 또한 변형을 줄이기 위해서는 용접부 개선도 V개선 보다는 X 개선을 실시하는 것이 좋다.

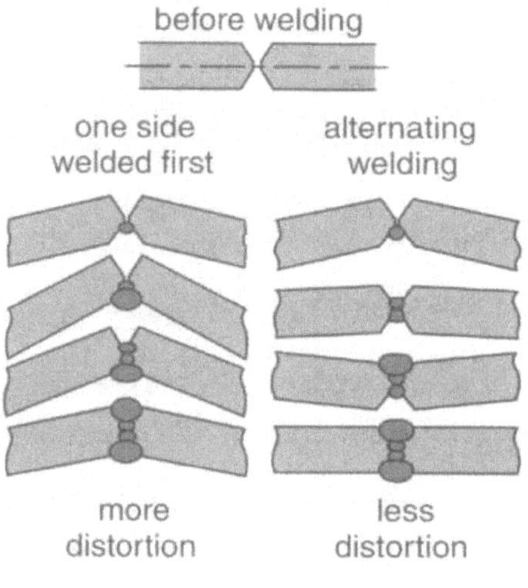

그림 3-68 용접부 개선 형태에 따른 변형

(2) 세로수축

세로수축(longitudinal shrinkage)은 용접선 방향의 수축이다. 세로방향 즉, 용접 비드의 길이방향 수축은 주위의 모재에 의해서 구속되므로 이 구속에 의해서 용접선 근처에 동일한 방향으로 항복응력 크기의 인장 잔류응력이 발생하며, 이를 구속하고 있는 모재에는 반대로 압축 응력이 생긴다.

연강의 세로 수축량은 용접부의 세로방향으로 수축에 저항하는 모재측의 단면적에 관계된다. 용접 조건이 일정하고 이 모재의 저항 단면적이 클수록 세로 수축량은 감소하지만 저항 단면적이 어떤 일정 값 이상이 되면 세로 수축량은 거의 일정하게 된다.

(3) 회전변형

판의 면내 변형에는 가로수축과 및 세로수축 외에도 회전변형(Rotational Deformation)이 있다.

이 회전변형에는 아직 용접되지 않은 부분의 이동이 큰 역할을 하므로 제1층의 용접 방향 및 용접 순서가 큰 영향을 미치며 제 2층 이상의 용접에서는 비교적 적게 발생한다.

특히, 초층 용접시 충분한 가접(Tack Weld)이 필요하고 용접 순서 등을 고려하여, 후진법, 대칭법, 비석법등을 적용하면 회전 변형량을 경감시킬 수 있다.

5.1.2. 굽힘 변형

일반적으로 용접길이가 짧은 경우에는 가로 굽힘 변형이, 긴 경우에는 세로 굽힘 변형이, 박판의 경우에는 좌굴 변형이 발생한다.

(1) 각변형

양면용접을 동시에 수행되면 용접시의 온도변화는 양면에 대칭이 되지만 실제는 한쪽면씩 용접을 수행하게 된다. 따라서, 용접에 의한 온도변화가 판의 두께 방향으로 비대칭이 되며 따라서 수축량도 판 두께 방향으로 달라지므로 판이 용접선에 직각으로 굽혀지는 가로 굽힘 변형(Transverse Deformation)이 발생한다. 이를 각 변형(Angular Distortion)이라 하며, 맞대기 이음에서 주로 발생하고 판의 앞, 뒷면에서도 비대칭도가 각 변형량에 영향을 미친다. 일반적으로 V형 이음에 비하면 X형 이음이 각변형량이 적다.

(2) 세로 굽힘 변형

세로 굽힘 변형(Longitudinal Deformation)은 용접선의 길이 방향으로 발생하는 굽힘 변형으로 세로방향의 수축 중심이 부재 단면의 중심축과 일치하지 않을 경우에 많이 발생한다. 길이가 긴 T형 또는 I형 부재를 용접할 경우 용착금속의 세로방향 수축이 부재에 대해 굽힘 모멘트로 작용하기 때문이다.

세로 굽힘 변형은 굽힘 모멘트에 비례하고 부재의 굽힘 강성(Rigidity)에 반비례한다

(3) 좌굴 변형

박판의 용접은 입열량에 비해 판재의 강성이 아주 낮으므로 용접선 방향으로 작용하는 압축응력에 의해 좌굴형식의 변형(Buckling Deformation)이 발생한다. 이음부에 인접한 면의 변형을 구속하거나, 용착순서를 고려하여 입열량을 적절하게 분산시키는 것이 좌굴 변형을 방지하는데 유효하다.

5.2. 변형방지 대책

용접변형은 발생 후에 교정하는 것 보다는 가능한 발생하지 않도록 설계 및 시공을 해야 한다. 특히, 후판에 발생한 용접변형은 교정이 어렵기 때문에 주의해야 한다. 용접변형 방지 방법은 다음과 같다.

- 설계상의 대책 : 용접부 저감, 이음부 위치 및 형태변경, 구조변경, 형강 사용에 의한 강성증대 등
- 용접시공상의 대책 : 입열량 저감, 용접방법 변경, 용접순서 및 적층방법 변경, 치공구사용 등
- 역변형법 : 용접변형 반대방향으로 미리 변형시킨다.

용접부는 변형이 전혀 발생하지 않도록 할 수는 없으나 다소 경감하거나 억제할 수는 있다. 주로 사용되는 경감 방법은 다음과 같으며 용접 패스수를 최소화하고, 개선각도를 작게 하며, U 개선 X 개선 등을 포함하여 개선면을 작게 하고, 용착량을 최소화하고, 용접을 중립축(neutral axis) 또는 단면중심(Center of Gravity) 부근에서 시작하며, 양면용접시 양면을 교대로 용접하는 것 등이 효과적이다.

- 용접부의 구속
- 역변형
- 단속용접
- 후퇴법

5.2.1. 용접부의 구속

그림 3-68과 같이 클램프 등 구속 장치에 의해 상하를 구속한 경우에는 변형이 억제되어 모재의 항복강도를 초과하는 잔류응력(A)이 용접부에 잔류하게 되며, 구속을 제거할 경우 항복강도 초과분의 응력(B)이 변형(B')의 형태로 에너지를 방출하므로 잔류응력이 항복강도와 같은 크기(C)로 감소된다.

- 응력 : A = B + C
- 에너지 : B = B'(단, 금속입자의 변형과 저항, 마찰계수 등의 영향은 미고려)

구속이 유지된 상태에서 PWHT 등을 실시하면 용접잔류응력의 대부분 제거되고 그 크기가 항복강도 미만이 되므로 구속을 제거해도 구조물 형태가 그대로 유지된다. 잔류응력이 아주 클 경우 즉, A가 인장응력에 도달할 경우에는 용접완료 직후 용접부에 균열이 발생하게 된다.

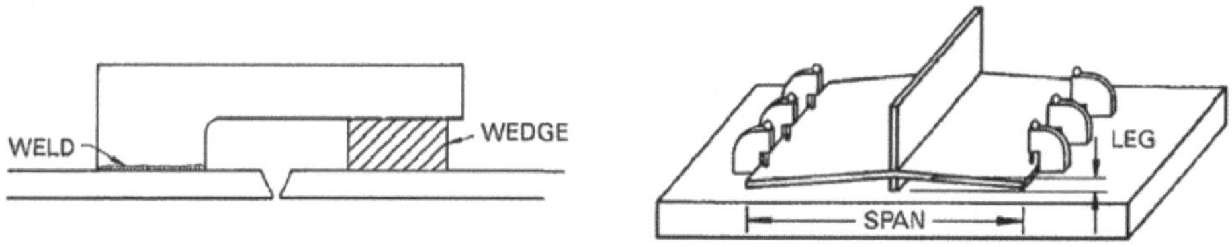

그림 3-68 용접부 구속에 의한 변형 방지

5.2.2. 역변형

가접에 의한 구속이 불가능하거나 합리적이지 못할 경우에는 그림 3-59와 같이 역변형(Preset)을 실시한다. 이러한 역변형은 주로 각변형에 대해 유효하다. 역변형량은 다양한 영향인자로 인해 경험치를 적용하여 변형량을 예측하여 추정하며, 통상 최대 5도 까지 허용한다. 용접 잔류응력의 크기는 양단이 자유로운 상태 또는 동일한 정도의 구속도를 가질 경우 역변형과는 무관하며, 동일한 크기로 잔류하게 된다.

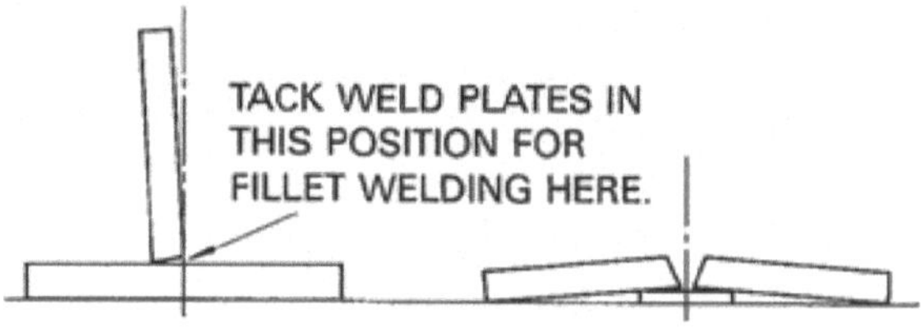

그림 3-69 용접 전 역변형에 의한 변형 방지

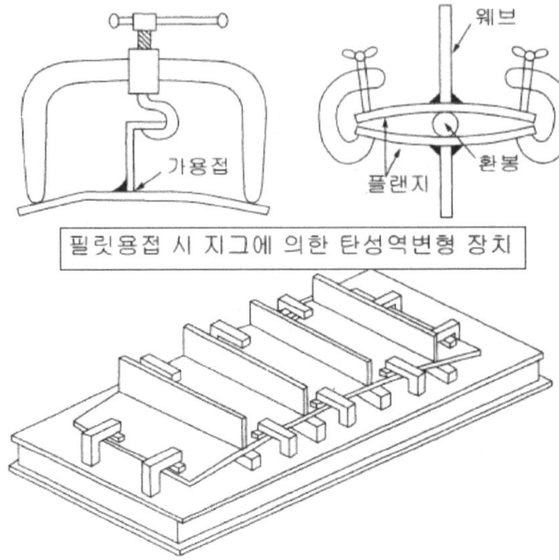

그림 3-70 탄성 역변형 장치

5.2.3 단속용접

용접이음을 단속적으로 건너뛰어 용접하는 것으로 단속용접(Intermittent Weld, Skip Welding, 단속법)은 회전변형을 억제하고 잔류응력을 균등하게 하는 효과가 있으나 능률을 저하시킨다. 단속용접 사이를 용접으로 메우거나 블록법(Block Sequence, Block Welding, 블록식 용접)이나 캐스케이드법(Cascade Sequence), 중심에서 시작 등 다른 변형 감소방법과 병행하기도 한다.

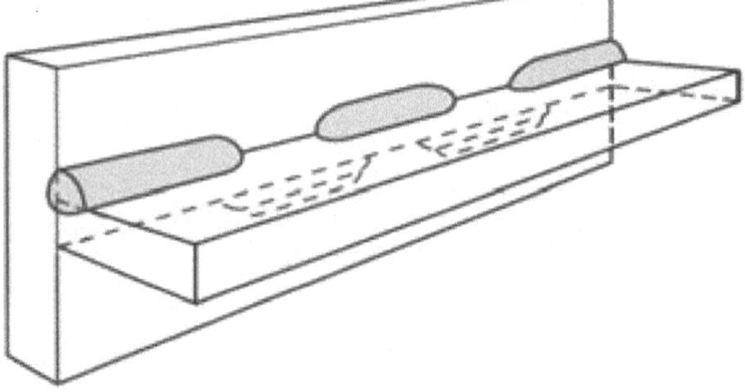

그림 3-71 단속 용접에 의한 변형 감소

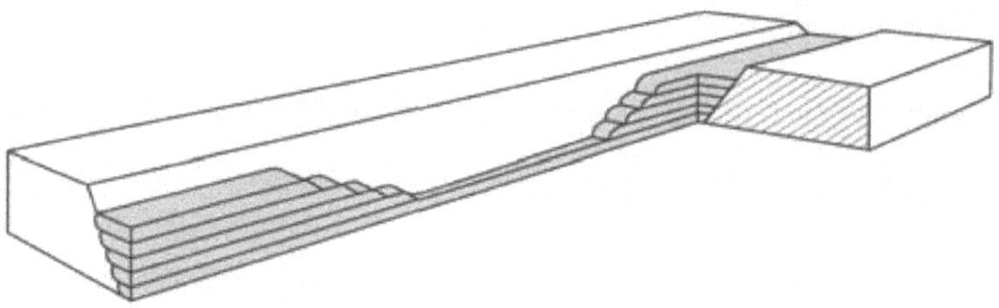

그림 3-72 블록 용접법에 의한 변형 감소

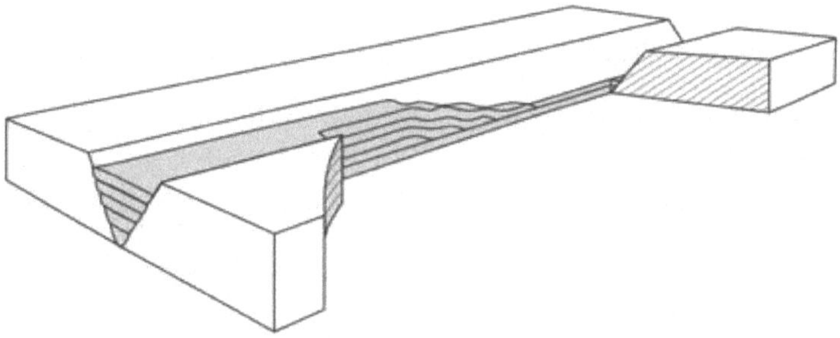

그림 3-73 캐스케이드법에 의한 변형 감소

5.2.4. 후퇴법

그림 3-74와 같이 용접방향과 반대방향으로 짧은 비드를 용착시키는 후퇴법(Backstep Sequence, Backstep Welding, 후퇴용접)은 잔류응력과 변형을 동시에 경감시키는 효과가 있다. 용접부를 몇 개씩(예: 전체 25개소를 5개소씩 분할) 그룹화 하고 좌단, 우단, 정중앙, 좌중앙, 우중앙 (예: 각 5개씩)을 그림 3-74와 같이 후퇴법과 단속용접을 조합하거나, 각 그룹의 단속 용접시 방향을 바꾸어 시공하기도 한다.

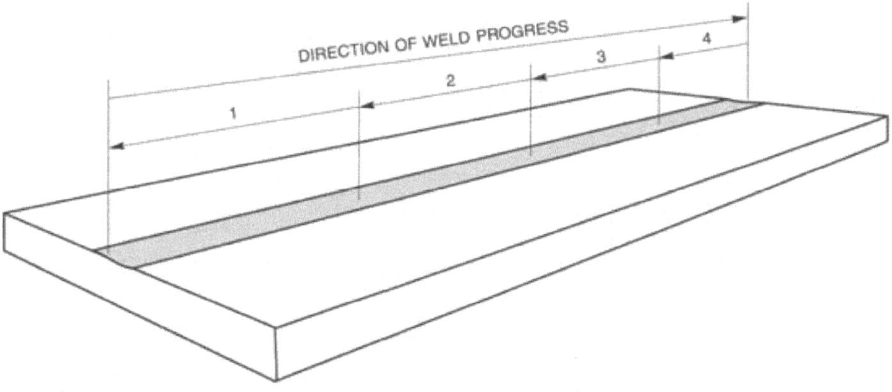

그림 3-74 변형 방지를 위한 후퇴법의 적용

5.3. 튜브 판넬의 용접변형

보일러 수냉벽 튜브 판넬(Tube Panel)의 현장조립 용접을 예로 용접 잔류응력과 변형을 검토 한다. 강관의 용접부는 강판의 경우와 기본 개념은 동일하나 강관의 형상과 구속 형태에 의해 다소 복잡한 전단력(Q)와 모멘트(M)의 양상으로 용접잔류응력이 나타나며 강관 직경의 수축을 야기한다.

5.3.1. 튜브 판넬의 응력

튜브 판넬은 보일러 수냉벽의 주 구성요소로서, 동일 평면상에 튜브와 멤브레인(membrane plate, pin plate)이 교대로 나란히 배열된 형태이다. 튜브 판넬 중 1개 튜브의 용접부 즉, 미시적 관점에서 응력의 발생은 그림 3-75와 같다. 그러나 튜브 전체 길이에 대해 고찰하면, 횡단면의 수평축을 기준으로 상부가 하부보다 용접층수가 많아 V 개선된 강판과 같이 중심축 상부의 용접량이 하부보다 많아져 입열량에 따른 변형거동 또한 동일하게 V 개선된 강판과 동일한 형상이 된다.

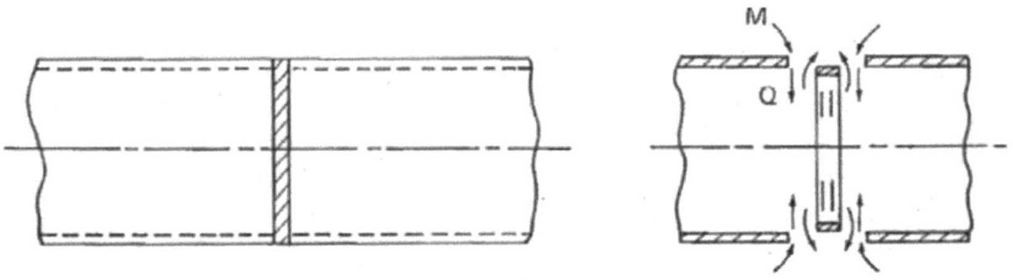

그림 3-75 강관 용접부의 응력 발생

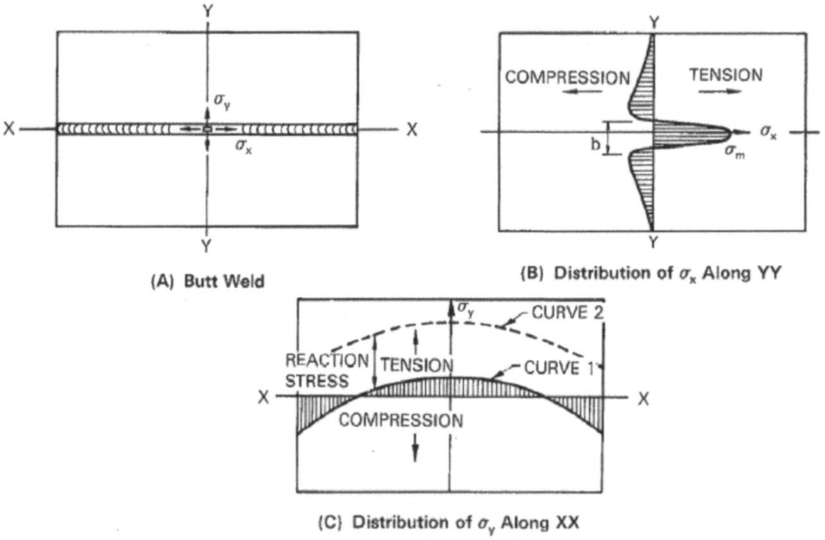

그림 3-76 튜브 판넬의 용접부 응력 발생

이를 거시적 관점인 튜브 판넬에 대해 고찰하면 각 튜브가 그림 3-76의 A에서 YY축선에 평행하게 길이방향으로 존재하고, 이들 튜브의 용접부는 XX축선 상의 용접부와 같다고 가정할 수 있다. 즉, 튜브 판넬에는 그림 3-76의 B, C와 같은 응력이 발생하게 된다.

이 경우 XX축의 중심에는 그림 그림 3-76의 C와 같이 인장응력이 + 방향으로, XX축의 양단에는 압축응력이 - 방향으로 존재하게 된다.

5.3.2. 튜브 판넬의 변형

거시적 관점 즉, 튜브 판넬의 용접 잔류응력은 그림 3-77의 모식도와 같은 용접변형을 야기한다. 그림 A는 튜브 길이방향 즉, 튜브 판넬의 횡방향의 수축이며, B는 튜브 판넬 즉, 튜브의 양단이 상부로 향하는 각변형이다. 따라서, 거시적 관점의 튜브 판넬의 변형 거동은 강판의 각변형과 동일하며 관리 또한 강판의 각변형에 효과적인 역변형법이 가장 적합하다. 구속법은 튜브의 길이 즉, 강판의 폭이 넓어 시행이 곤란하고 효과 또한 제한적일 것으로 판단된다.

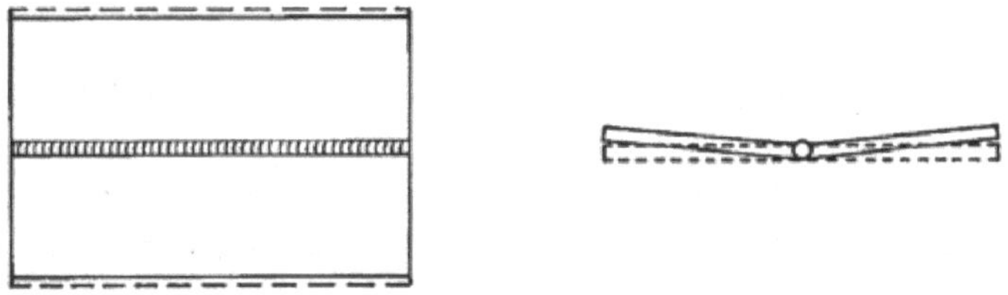

(A) Transverse Shrinkage in a Butt Joint (B) Angular Change in a Butt Joint

그림 3-77 튜브 판넬의 변형 모식도

5.4. 변형교정

용접할 때에 발생한 변형을 교정하는 것을 변형교정(Straightening)이라 한다. 변형교정 방법은 그 제품의 종류, 변형의 모양과 변형량에 의하여 여러 가지 방법이 사용된다. 그 주된 방법에는 로울러 처리법, 피이닝법, 가열하여 소성변형을 발생시켜 변형을 교정하는 것이 있다.

로울러 처리법은 판재나 직선 모양의 간단한 재료에 사용되고 피이닝법은 각층마다의 용접비드 표면을 두드려 소성변형 시켜서 변형을 교정하는 방법으로 두꺼운 판에 특히 유리하고 일반적으로 가열하는 방법이 많이 사용되며 다음과 같은 것들이 있다.

- 얇은 판에 대한 점가열
- 강재에 대한 직선 가열
- 가열 후 햄머링
- 두꺼운 판에 한 가열 후 압력을 걸고 수냉하는 방법

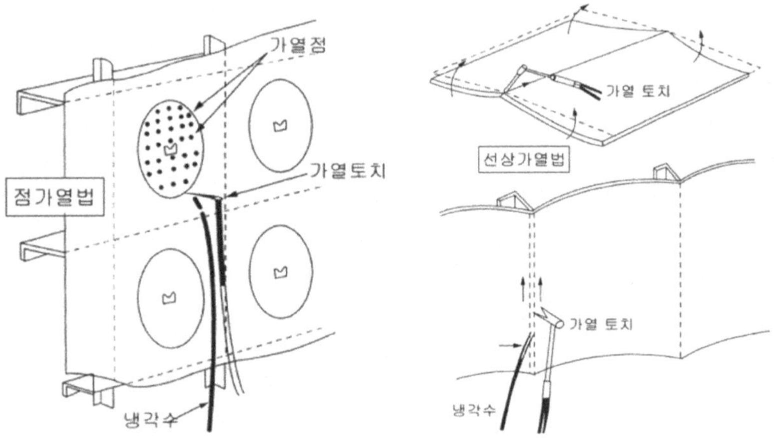

그림 3-78 점 가열 및 선상 가열에 의한 변형 교정

위의 가열방법에서 가열 온도가 너무 높으면 재질의 연화를 초래할 염려가 있으므로 최고 가열 온도를 600℃ 이하로 하는 것이 좋다.

탄소강의 경우 가열온도와 냉각방법은 다음과 같다.

- 150~200℃ : 가열후 즉시 수냉(린데법, HAZ, 용접축선 방향, 응력제거)
- 600~650℃ : 가열후 즉시 수냉
- 850~900℃ : 가열후 공냉
- 800~900℃ : 공냉후 수냉(단 수냉 개시온도 : 500℃ 이하)

제4장

강종별 용접성

1. 주철(Cast Iron)

1.1. 주철의 종류와 특성

주철은 페라이트(Fe)를 주 성분으로 하는 합금이라고 구분할 수 있다. 주요 합금원소는 2% 이상의 탄소, 1 ~ 3% 정도의 실리콘(Silicon) 그리고 1% 이하의 망간(Manganese)을 포함한다. 주철이 주물로 널리 사용되는 것은 가격이 싸고 주조하기 쉬우며, 상당한 강도를 가졌기 때문이다. 주물을 만들 수 있는 용이성을 주조성이라고 하며, 주조성은 융점, 용해열량, 융체의 산화도, 유동성, 수축률 등이 있다.

주철은 강에 비하여 많은 탄소를 함유하며 가격이 저렴하고 형상 제한이 거의 없으며 조직내의 탄소가 흑연으로 존재하면 주조성, 절삭성이 좋아 주물 제품으로 많이 이용되고 흑연의 형상에 따라서도 그 성질은 크게 변화한다.

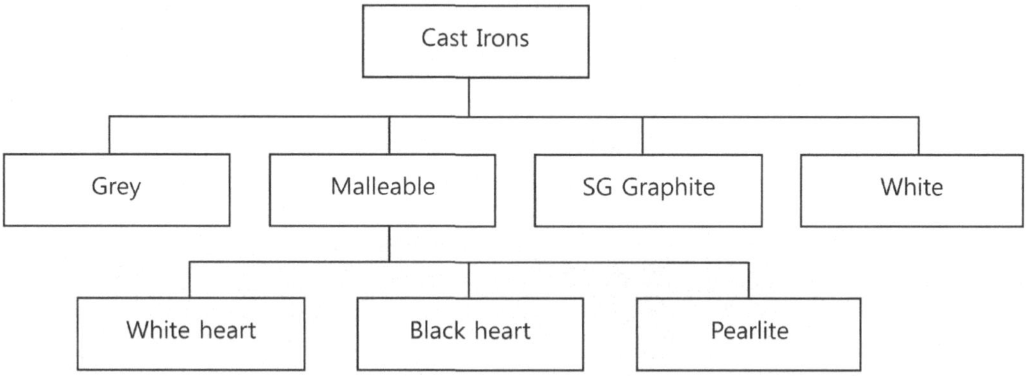

그림 4-1 주철의 구분

주철이 가지는 특성 중에는 내열성을 꼽을 수 있는데, 이는 고온에서의 내산화성, 내성장성, 고온강도, 크립강도 등을 말한다. 성장 현상은 주철 고유의 성질이며, 고온에서 장시간 가열하거나 또는 가열과 냉각을 반복할 때 일어나는 체적의 영구적 증가 현상이다. 실리콘(Si)의 함량이 4.5% 이상이 되면 내성장성이 향상되므로 내열주철로 사용된다.

탄소의 함량에 따라 금속조직이 탄소가 흑연 상태로 존재하는 회주철이 될 것인지, 아니면 탄소가 시멘타이트(Cementite)로 구성된 백주철이 될 것인지 결정된다.

이 때에 탄소 당량은 C + (Si +P)/3으로 계산된다. 상대적으로 낮은 탄소함량에 빠른 냉각속도를 가지면 백주철이 만들어지고, 높은 탄소 함량에 느린 냉각속도를 가지면 회주철이 만들어진다. 주철은 기계적 특성과 용접성에 영향을 미치는 조직의 구조에 따라 많은 종류로 구분되면 각각 다양한 특성들을 보이고 있다. 많이 사용되는 주철의 특성에 따라 크게 다음과 같이 구분한다.

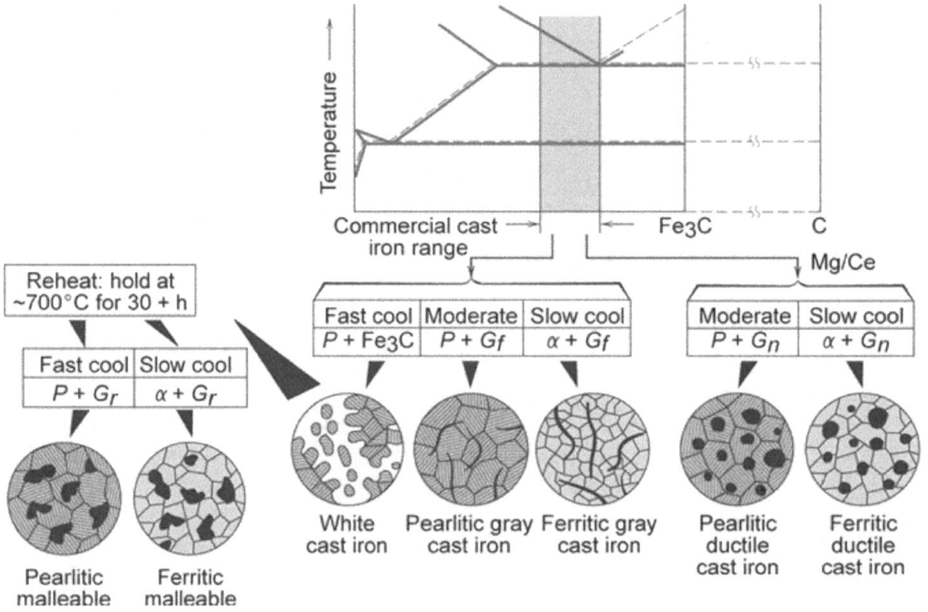

그림 4-2 주철의 제조에 따른 조직 변화

표 4-1 주철의 물리적 성질

비중(g/cm2)	회주철 : 7.03 ~ 7.13 백주철 : 7.58 ~ 7.73	용융잠열(Cal/g)	회주철 : 23 백주철 : 32 ~ 34
융점(℃)	1,145 ~ 1,350	열전도율(Cal.cm.s℃)	0.09 ~ 0.135
비열	0.131 (20 ~ 100℃)	전기저항 (micro-Ω-cm)	75 ~ 210
선팽창계수	84 X 10-6(25 ~ 100℃)	전기저항온도계수	0.003

1.1.1. 주철 성분의 영향

주철의 제조과정에서 들어가는 합금 성분 혹은 불순물의 영향은 다음과 같다. 이들 성분의 역할에 따라 완성된 주철의 조직과 특성이 결정된다.

- C : 탄화물(Cementite) 혹은 흑연(Free Graphite)을 생성
- Si : 주물의 유동성을 좋게 한다. 주물이 얇을 수록 냉각속도가 빠르기 때문에

Si을 다량 첨가한다.

- P : 주물의 유동성이 좋아지지만, 인화물 (Fe-P, Steadite)를 만들어서 딱딱하고 취성이 발생
- Mn : 흑연 생성을 억제하므로 소량 첨가
- S : 주물의 유동성을 저해한다.

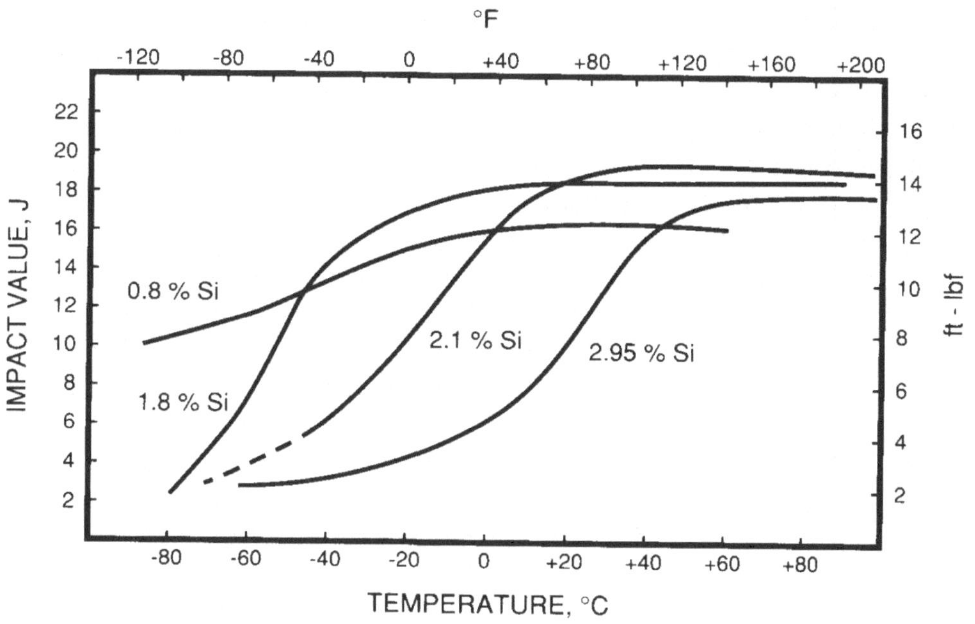

그림 4-3 실리콘 함량에 다른 인성 변화

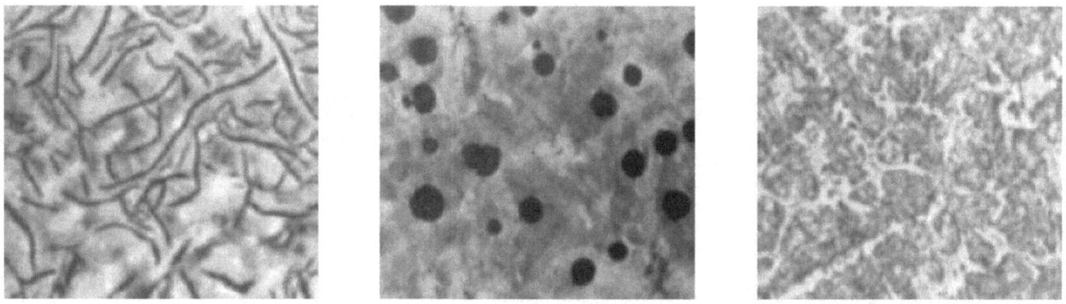

Grey cast iron SG cast iron White cast iron

그림 4-4 주철의 조직 (회주철, 구상화 흑연주철, 백주철)

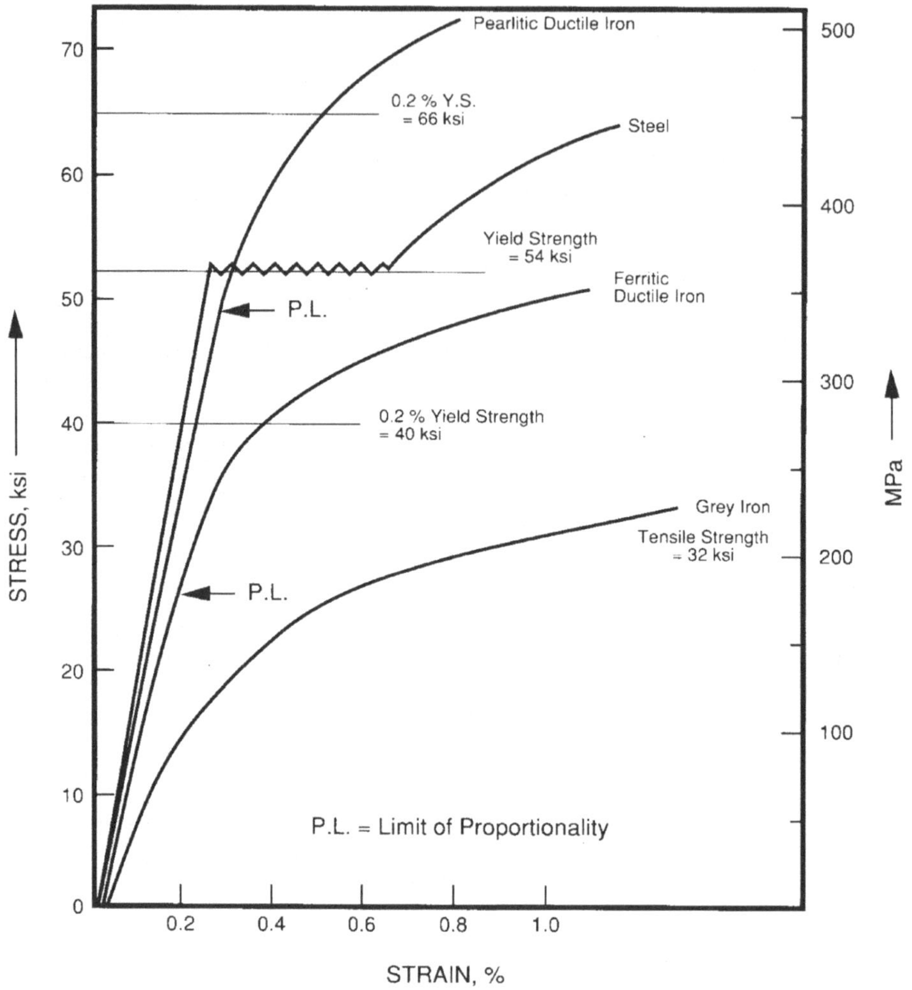

그림 4-5 주철의 기계적 특성

표 4-2 주요 주철 제품의 기계적 특성

항목	FC15	FC20	FC25	FC30
인장강도 MPa	147 ~ 196	196 ~ 245	245 ~ 294	294 ~ 343
곡률강도 MPa	333 ~ 412	373 ~ 461	441 ~ 539	500 ~ 628
압축강도 MPa	539 ~ 736	686 ~ 883	834 ~ 981	932 ~ 1079
종탄성계수 GPa	78 ~ 103	93 ~ 118	108 ~ 127	123 ~ 142
브리넬경도 HB	156 ~ 183	174 ~ 197	187 ~ 215	195 ~ 235
충격치 J/cm^2	0.98 ~ 3.92	1.96 ~ 4.90	3.92 ~ 7.85	6.86 ~ 9.81

1.1.2. 회주철 (Grey Cast Irons)

회주철은 2.0 ~ 4.5%의 탄소와 1 ~ 3%의 Si을 함유한다. 융점이 낮고, 유동성이 좋아서 대형 구조물도 쉽게 주조할 수 있는 장점이 있다. 회주철은 아래 그림 4-6과 같이 편상(片狀, Flake) 흑연과 기지(基地)로 구성되나 이것이 급냉되면 Fe_3C와 Pearlite및 공정(共晶)조직이 된다.

탄소와 규소 성분이 많고 망간(Mn)이 적어 탄소(Carbon)가 흑연 상태로 유리하여 파단면이 회색이다. 주조성과 절삭성이 좋아 주로 주물용으로 사용된다. 회주철의 흑연 조직과 양은 화학 성분, 용해 및 용탕처리, 냉각속도 등에 따라 변화한다.

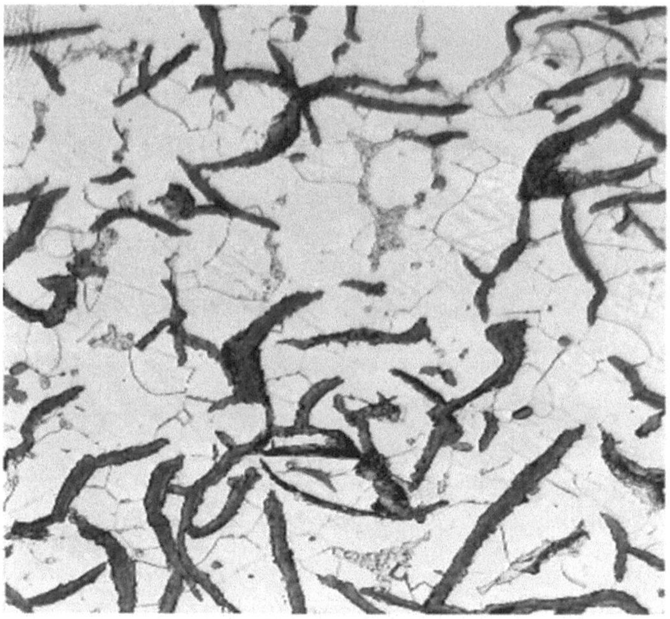

그림 4-6 회주철의 조직

기계 가공성과 윤활성이 좋아서 회전기기의 축에 윤활유 없이 적용할 수 있는 장점이 있으며, 소음과 진동을 감하는 특성이 좋고, 높은 탄소 농도로 인해 내마모성도 좋은 편이다. 필요에 따라서 합금 원소를 첨가하여 사용한다.

대략적인 회주철의 특성은 다음과 같다.

(1) 강도

회주철의 인장강도를 비롯한 기계적 특성은 편상의 흑연에 의해 많이 저하한다. 인장강도는 같은 용해, 냉각조건에서는 C, Si, P의 량으로 거의 결정되는데, 탄소 포화도(Sc)가 클수록 인장 강도는 떨어진다. 통계적으로 30㎜Ø 사형 주조봉에 대하여 다음식이 인정 되고 있다.

인장강도 (kgf/㎟) = 102-82.5 X Sc

압축 강도는 인장강도의 3 ~ 4 배이고, 강도가 낮은 것에서는 이 배율이 커진다. 강과 같이 소성 변형하는 연신 재료와 달리 최대 압축하중에서 파단한다. 압축에서의 탄성계수는 인장 강도의 경우와 거의 같다. 굽힘 강도는 회주철은 연신이 적어서 측정하기 어려우므로 그 인성을 알기 위한 수단으로 파단 시험에서 파단 최대 하중과 그때의 휨을 측정한다. Sc가 낮고 강도가 클수록 하중과 휨이 증가한다.

피로 한도는 5 ~ 20 kgf/㎟이고 흑연량이 적고, 강도가 높을수록 높아진다.

(2) 경도

흑연이 있으므로 넓게 평균적 경도를 얻기 위해서 Brinell경도를 사용하여 경도를 측정한다. 30㎜∅ 주조봉에 대한 Sc와 Brinell경도의 관계는 H_B = 530 - 344 X Sc로 표시되고, 인장강도와의 관계는 H_B = 100 + 4.3 X 인장강도 (kgf/㎟)로 표시된다. C와 Si는 경도를 낮추나 P, Mn, S는 경도를 높이는 경향을 보인다.

(3) Charpy 충격치

보통 0.2 ~ 0.8 kgfm/㎠ 정도로 매우 작다. Sc가 크고 강도가 작고 흑연량이 많을수록 그 Notch감성 때문에 충격치는 감소한다.

(4) 고온 특성

인장강도, 경도, 탄성계수는 400℃ 이상에서 급격히 낮아지고 연신은 증가하기 시작한다. Creep강도 시험에 의하면 약 400℃에서 장시간의 하중에 견딘다.

(5) 진동 흡수능 (감쇠능)

제지, 인쇄, 섬유 기계 부품, 공작 기계 등에는 회주철이 많이 쓰이는데 회주철은 진동을 흡수하는 감쇠능이 커서 소음을 억제하고 진동을 흡수하는 효과가 있다.

(6) 피삭성

흑연이 들어 있어서 윤활성이 있고 내 마모성이 좋으며, 피삭성도 좋아 진다.

(7) 내식성

흑연은 전기 화학적으로 안정하고 표면의 부식 생성물이 흑연과 함께 보호 피막의 역할을 하므로 내부로의 부식 진행을 방지한다.

1.1.3. 구상 흑연 주철 (Nodular Cast Irons)

구상 흑연 주철(Nodular cast irons)는 주철 용탕에 3.2 ~ 4.5%의 탄소와 1.8 ~ 2.8%의 실리콘(Silicon)이 포함되게 하고 주조 전에 Mg, Ce, Si등을 접종하여 탄소를 판상(Flake)이 아닌 구형으로 존재하여 하여 내 마모성을 주고 인성을 확보한 것이다.

강인성이 좋고 강도와 신율도 좋은 편이다. 흑연의 형상이 그림 4-7과 같이 구상으로 되면 기계적 특성이 현저하게 향상한다.

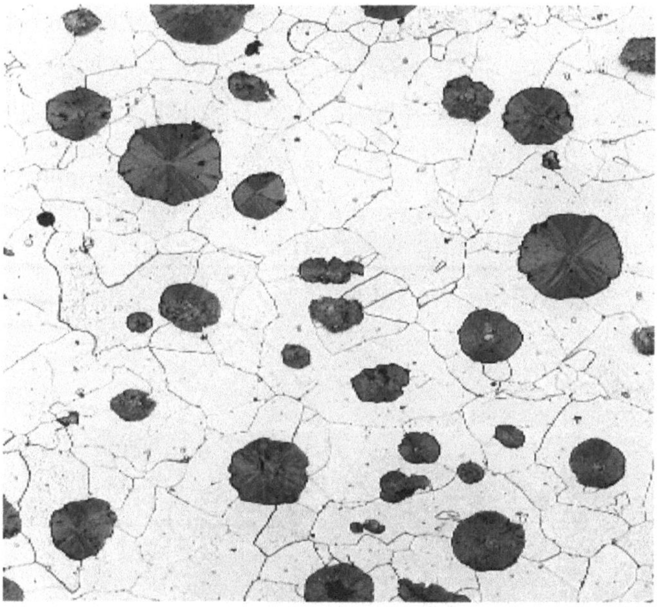

그림 4-7 구상화 흑연 주철

기지 조직은 화학성분과 냉각속도에 따라 달라지며, 열처리 방법에 따라 달라진다.

KS D4302에 제시된 구상화 흑연주철품의 종류와 조직, 경도의 관계를 다음의 표 4-2에 제시한다.

표 4-3 KS규정의 구상화 흑연 주철품의 종류와 조직, 경도

종류	기지 조직	경도 (H_B)
GCD 40	Ferrite	201이하
GCD 45	Ferrite + Pearlite	143 + 217
GCD 50	Ferrite + Pearlite	170 + 241
GCD 60	Pearlite	192 ~ 269
GCD 70	미세 Pearlite	229 ~ 302
GCD 80	미세 Pearlite	248 ~ 352

구상화 흑연은 다음과 같은 특징을 가진다.

(1) 인장 특성

구상화 흑연 주철은 인장시험에서 명백한 항복점이 나타나지 않는 점은 회주철과 비슷하나 저응력에서 직선부를 갖고 또 연신을 갖는 점은 강과 비슷하며 탄성 계수는 강의 약 80%이나 흑연량이 많아지면 저하한다.

(2) 내 충격성

조직내의 퍼얼라이트(Pearlite) 증가에 따라 충격치는 낮아지고 50% 연성 천이 온도는 상승하며 저온도에서의 충격치는 매우 낮은 값이 된다. 또한 구상화 정도에 따라 인성의 변화가 발생하며, 구상화가 많아 질수록 충격에너지값이 증가함을 볼 수 있다.

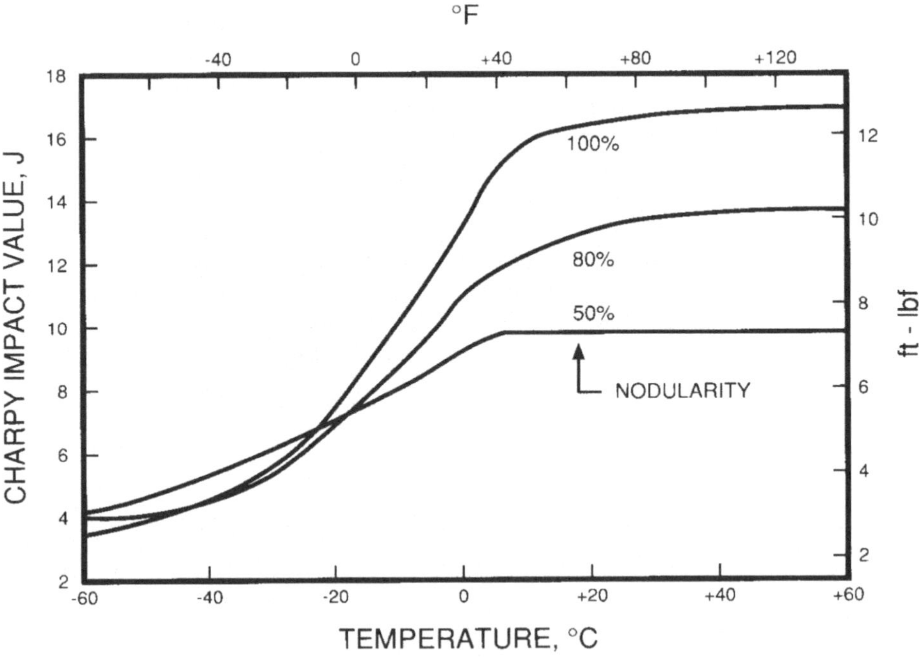

그림 4-8 구상화율에 따른 인성의 변화

(3) 피로 강도

피로한도는 인장 가동의 증가에 따라 증가하나 피로한도비 (피로한도/인장강도)는 인장강도 증가에 따라 감소하고 0.35 ~ 0.50정도가 된다. 피로한도는 회주철의 1.5 ~ 2.0배로 높다.

(4) 고온 성질

기지에 따라 차이는 있으나 퍼얼라이트(Pearlite)는 약 450℃, Ferrite는 약 430℃까지는 저탄소강과 동등한 강도를 유지한다. 전체적으로 회주철보다는 큰 Creep강도를 나타낸다.

(5) 내 마모성, 피삭성

구상 흑연의 크기가 클수록 내 마모성이 좋아진다. Ferrite량이 증가하면 피삭성은 좋아진다. 회주철에 비해 경도가 크면서도 양호한 피삭성을 가진다.

(6) 내식성

같은 기지의 강에 비하여 흑연이 보호 피막의 역할을 하므로 우수한 내식성을 보인다. 회주철과는 별다른 차이점이 없는 유사한 내식성을 보인다.

1.1.4. 백주철 (White Cast Irons)

주조시에 낮은 탄소 함량에서 급냉을 통해 얻어지는 조직으로서 Si이 1% 미만으로 적고 Mn이 많아 탄소가 시멘타이트(Fe_3C, Cementite)로 존재한다. 잘 성장된 흑연이 없기 때문에 파면은 반짝이는 회색 혹은 백색에 가깝게 보인다. 경도가 높고 취약하므로 경도와 내마모성을 요하는 기계부품에 쓰인다. 높은 경도로 인해 내마모성 재질로 사용되지만, 취성이 있어서 쉽게 균열을 갖게 되므로 그다지 널리 사용되지는 않으며, 용접 구조용으로는 적용하지 않는다.

그림 4-9 백주철의 조직

1.1.5. 가단 주철 (Malleable Irons)

가단주철은 시멘타이트(Cementit, Fe_3C)가 주성분인 백주철을 열처리를 통해 페라이트(Ferrite)와 유리흑연(Free Graphite)이 존재하도록 만든 강종이다.

가단 주철은 연성이 있고, 기계 가공성이 우수한 특징을 가지고 있으며, 페라이트(Ferrite) 가단 주철과 퍼얼라이트(Pearlite) 가단 주철로 구분된다. 페라이트(Ferrite) 가단주철이 퍼얼라이트(Pearlite) 가단 주철에 비해 연성이 우수하지만 기계적 강도와 경도는 낮다.

백주철을 800 ~ 950°C 영역에서 가열하면, 탄소가 장미꽃(Rosetes)처럼 분포하면서 연성이 증대하는 가단주철이 만들어 진다. 가단 주철 (Malleable Cast Irons)은 회주철과 주강의 중간 정도의 강도를 가지고 있으며, 구상 흑연 주철과 비슷한 수준의 강도를 나타낸다. 열처리를 통해 조직내의 탄소가 페라이트(Ferrite) 혹은 퍼얼라이트(Pearlite) 기지위에 고르게 분산되도록 하면 가단 주철이 얻어진다.

가장 큰 특징은 탄소가 작은 Size로 고르게 분산되어 조직의 연성을 해치지 않아 연성이 좋다는 점이다. 또한 우수한 기계 가공성을 가지고 있으며, 강한 내충격성으로 인해 기계부품에 널리 사용된다.

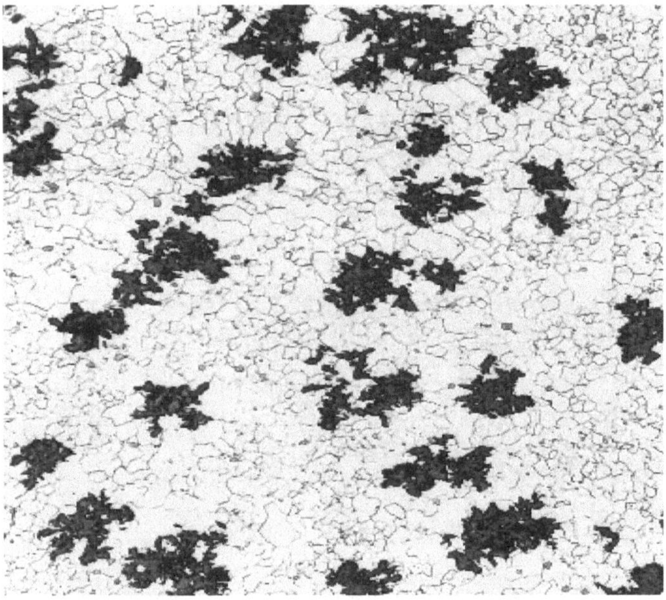

그림 4-10 흑심 가단 주철의 조직

가단 주철의 일반적인 특징은 다음과 같다.

- 주조성이 우수하여 복잡한 주물을 만들 수 있다.
- 내식성, 내 충격성, 내열성이 우수하고 절삭성이 좋다.

- 강도, 내력이 높은 편이며, 경도는 Si의 함량이 많을수록 좋다.
- 소입(Quenching) 경화성이 있다.
- 500℃ 까지 강도가 유지되고 저온에서도 강하다.

가단주철은 변태점을 통과하는 가열과 냉각 과정 및 합금 원소의 첨가에 의해 다양한 기계적 특성을 추구할 수 있다. 서냉을 하게 되면, 시멘타이트(Cementite)의 분해가 더 많이 이루어져서 유리 흑연의 양이 많아진다. 급냉을 하게 되면, 보다 많은 시멘타이트(Cementite)가 남아 있게 된다.

가단 주철은 일반적으로 백심 가단 주철(White heart cast iron, WMC), 흑심 가단 주철(Black heart malleable cast iron, BMC), 퍼얼라이트 가단 주철 (Pearlite malleable cast irons, PMC)의 3 종류로 구분한다.

(1) 백심 가단 주철 (Whiteheart Malleable Irons)

이것은 백주철 (White cast irons)을 탈탄 (Decarburization) 열처리하여 순철에 가까운 Ferrite 기지로 만들어 연성을 갖게 한 것이다.

조직을 탈탄 시켜서 연성을 얻게 되므로 두께가 3 ~ 5mm정도의 얇은 것이면 내부까지 균일한 페라이트(Ferrite) 조직을 가지게 되지만 두께가 두꺼우면 중심부의 시멘타이트(Cementite) 및 퍼얼라이트(Pearlite)가 남으므로 두께가 12mm이하의 소형물에 이용된다. 이 재질은 용접 및 납땜이 용이하므로 강과 접합하여 사용하기도 한다.

(2) 흑심 가단 주철 (Blackheart Malleable Irons)

흑심 가단 주철은 탈탄의 과정 없이 2.2 ~ 2.9%의 탄소를 함유한 백주철을 소둔(Annealing) 하여 얻는다. 이 조직은 소려 탄소 (Temper Carbon)이라고 부르는 괴상(塊狀)의 흑연과 페라이트로 되어 있어서 강도는 비교적 낮으나 연성, 인성이 좋아 구상 흑연과 비슷한 수준이다. 특히 저온 인성은 페라이트중의 Si의 고용량이 적으므로 구상 흑연 주철보다 우수하다.

(3) 퍼얼라이트 가단 주철 (Pearlite Malleable Irons)

이것은 흑연화 열처리 후에 조직을 퍼얼라이트(Pearlite) 혹은 구상 퍼얼라이트로 하여 높은 강도와 피로강도 및 내 마모성을 향상 시킨 것이다.

표 4-4 각종 가단 주철의 성질

항목	백심 가단 주철	흑심 가단 주철	퍼얼라이트 가단 주철
비중	7.3 ~ 7.7	7.2 ~ 7.4	7.2 ~ 7.4
비열 (cal/g · ℃)	0.11 (0 ~ 100℃)	0.122 ~ 0.160 (20 ~ 100℃) (20 ~ 700℃)	0.122 ~ 0.165
용융 잠열 (cal/g)	23	23	23
열전도도(kcal/cm · s · ℃)	0.144	0.151	-
열팽창계수 (X 10^{-6})	10 ~ 13	10 ~ 13	10 ~ 14
비저항 (μΩ · cm)	24 ~ 26	24 ~ 37	24 ~ 37
인장강도 (kgf/mm²)	32 ~ 40	30 ~ 40	40 ~ 70
내력 (kgf/mm²)	16 ~ 25	19 ~ 28	28 ~ 46
연신 (%)	5 ~ 15	8 ~ 20	3 ~ 12
경도 (H_B)	109 ~ 248	109 ~ 145	163 ~ 269
내열성	우수, 합금 첨가로 향상	좌동	좌동
내 마모성	불량	저압중에 양호	매우 우수
내식성	우수, Cu첨가로 향상	좌동	좌동

(4) 특수 주철

주철에 Ni, Cr, Mo, Cu, Al등을 첨가하여 내식성, 내열성, 강인성 등을 부여한 것이 특수 주철이다. 특수주철중에 흑연화 특성이 높은 Ni첨가 주철은 비교적 용접이 용이한 반면, 백선화(시멘타이트 형성) 경향이 강한 Cr 첨가 주철은 균열 발생 가능성이 높아 주의를 요한다.

1.2. 주철의 용접

주철의 용접성은 조직과 그에 따른 기계적 특성에 의해 다양한 특징을 보인다. 편상으로 늘어선 회주철의 흑연(Graphite Flake)에 의한 효과가 없는 가단 주철(Malleable Cast Iron)이나 구상 흑연주철(Nodular Cast Iron)은 연성이 좋아 용접성이 좋다.

용접성은 용접 열영향부에 발생하는 경(Hard)하고 취약한 미세 조직의 형성에 의해 영향을 받는다. 백주철은 매우 경(Hard)하고 탄화물(Fe_3C)을 함유하고 있어서 일반적으로 용접이 불가능한 것으로 평가된다.

비교적 용접성이 좋은 회주철이라고 해도 용융상태에서 급냉하게 되면, 시멘타이트 즉, 백주철 조직을 형성 하기 쉽고 이로 인하여 용접부와 모재부에는 수축이 상이하게 되어 큰 잔류응력이 발생하며 경화된 백주철 조직은 균열이 발생하기 쉽다. 주철에는 많은 양의 탄소가 포함되어 있으며, 용접과정에서 대기중의 산소에 의해 산화되어 일산화탄소가 되어 기공으로 남게 된다.

주철은 연성이 적으며 주조시의 잔류응력과 용접에 의한 구속응력이 용접부에 복합적으로 작용하면서 균열을 쉽게 발생한다. 용접과정에서 주철 모재로 부터 탄소, 규소, 인, 황 등의 불순물 원소가 유입되어 용접금속의 경도를 높이고 연성 및 인성을 저해함으로써 균열이 쉽게 발생한다.

1.2.1. 용접부 조직 변화

1.2.1.1. 용접열영향부(HAZ)

용접중에 탄소는 오스테나이트로 확산되어 들어가며, 오스테나이트는 냉각에 의해 마르텐사이트 조직으로 변하게 되어 조직은 매우 취약하며 균열이 쉽게 발생한다. 취약한 마르텐사이트 조직은 예열이나 후열처리를 통하여 조절될 수 있다.

1.2.1.2. 부분 용융역(PMZ)

이 영역은 고온에서 탄소가 용해될 정도로 충분히 유지된 후 빠른 냉각으로 인하여 백주철로 응고되므로 용접부에서 가장 중요하다고 할 수 있으며, 매우 복잡하고 다양한 조직을 포함할 수 있다. 높은 경도와 낮은 인성은 균열 발생 가능성을 높이며, 균열을 예방하기 위해서는 최고 가열온도를 낮추고 고온에서의 유지 시간을 줄이는 것이다.

1.2.1.3. 용융역(Fusion Zone)

용융역의 미세 조직과 성질은 용접재료와 주철의 희석에 의해서 형성된다. 희석을 최소화하기 위한 용접재료, 용접방법 및 용접변수의 선택이 중요하다.

1.2.2. 주철의 성장

시멘타이트(Cementite)의 흑연화, 규소의 산화, 가열과 냉각에 따른 균열 성장, 기공의 팽창 등에 의해 보통 고온으로 가열과 냉각을 반복하면, 차례로 팽창하여 강도나 수명을 저하시키는데 이것을 주철의 성장이라 한다.

1.2.2.1. 주철의 성장 원인

주철의 성장이 발생하는 원인과 상황은 아래와 같이 정리된다.

- 불균일한 가열에 의한 팽창과 Cementite의 흑연화에 의한 팽창
- Ar1 변태에 의해 체적변화가 일어날때 미세한 균열이 형성되어 생기는 현상
- 흡수된 가스에 의한 팽창과 고용원소인 Si의 산화에 의한 팽창
- 흑연과 Ferrite 기지의 열팽창 계수의 차이에 의해 그 경계에 생기는 균열

1.2.2.2. 주철의 성장 방지책

주철의 가열 과정에서 발생하는 주철의 성장을 방지하기 위해서는 아래와 같은 대안이 필요하다.

- 조직을 치밀하게 (흑연을 미세화)하고 산화하기 쉬운 Si 대신에 내화성인 Ni로 치환한다.
- Cr등을 첨가하여 Cementite의 분해시 흑연화를 방지 (Cr, V, X, Mo등으로 Carbide 형성) 한다.
- 편상을 구상화하고 탄소량을 저하한다.

1.2.3. 용접 방법

용접 균열을 예방하기 위해 Braze Welding이 주로 사용된다. 산화물 및 불순물 등은 용융에 의해 제거되지 않는다. 용접과정에서 발생되는 표면의 흑연(Graphite)은 기계적인 방법 혹은 염욕(Salt Bath)등에 장입하여 제거한다.

용접 방법으로는 산소-아세틸렌, 피복아크용접, MIG/FCAW등 대부분의 용융 용접 방법이 모두 적용 가능하다. 용접 입열을 작게 하고, 폭넓게 예열을 실시하며 급냉을 피해서 열영향부(HAZ)의 균열을 방지한다.

- 산소-아세틸렌 용접은 낮은 용접 입열로 인해 피복아크용접에 비해 더 큰 예열을 필요로 한다. 용입(Penetration)과 확산(Dillution)이 작으면서도 열전달이 빨라 열영향부가 커지게 된다. 서냉을 하면 강도가 낮은 조직이 얻어진다.
- 피복아크용접은 열 집중과 빠른 용접 속도 그리고 낮은 용접 입열로 인해 주조물의 제작과 보수 용접에 많이 사용된다. 하지만 큰 용탕이 형성되고 모재의 확산(Dillution)이 큰 단점이 있다.
- MIG/FCAW는 용입을 제한 하면서도 빠른 용착 속도가 장점이다.

1.2.4. 용접 재료(용접봉)

탄소의 함유량이 높은 주철의 용접과정에서 발생되는 문제점은 대부분 Nickel 혹은 Nickel합금의 용접 재료를 사용하면 줄일 수 있다. Nickel 혹은 Nickel합금의 용접재료는 Graphite를 미세하게 분산하고 기공의 발생을 최소화하면서 기계 가공성을 가지도록 한다.

- 산소-아세틸렌 용접에 사용되는 용접봉은 용접 금속의 기계적 특성 향상을 위해 약간 높은 수준의 탄소와 Silicon을 함유한다.
- 주철의 피복아크용접 용접에 적용되는 용접봉은 Nickel, Nickel-iron, Nickel-Copper합금이 사용된다. 이들 용접 재료는 모재로 부터의 높은 수준의 탄소 확산을 고용하여 연성이 좋은 용접 금속을 만들게 된다.
- MIG 용접에 적용되는 용접 재료는 Nickel, Monel 및 Coper 합금이 적용된다. FCAW용으로는 Nickel-iron-manganese가 사용된다.

표 4-5 주철용 피복아크용접봉

용접봉 명	합금 성분 (%)							
	C	Mn	Si	P	S	Ni	Fe	Cu
EGC Ni	≤1.8	≤1.0	≤2.5	≤0.04	≤0.04	≤92	-	-
EGC NiFe	≤2.0	≤2.5	≤2.5	≤0.04	≤0.04	40 ~ 60	REM	-
EGC NiCu	≤1.7	≤2.0	≤1.0	≤0.04	≤0.04	≥60	≤25	25 ~ 35
EGC CI	1.0 ~ 5.0	≤1.0	25 ~ 9.5	≤0.20	≤0.04	-	REM	-
EGC Fe	≤0.15	≤0.8	≤1.0	≤0.03	≤0.04	-	REM	-

표 4-6 모재의 종류에 따른 용접재료의 선택 기준

모재	구분	EGC Ni	EGC NiFe	EGC NiCu	EGC CI	EGC Fe
회주철	때우기	+	+	+	+	+
	접합	+	+		X	X
	균열 보수	+	+	△	X	X
구상흑연주철	때우기	◎	+	○	△	△
	접합	○	+	X	X	X
	균열 보수	○	+	X	X	X
흑심 및 백심 가단주철	때우기	+	+	◎	△	◎
	접합	◎	+	○	X	X
	균열보수	○	+		X	X
퍼얼라이트 가단주철	때우기	+	+	○	△	◎
	접합	+	+	△	X	X
	균열보수	+	+	X	X	X

+ : 극히 양호 ◎ : 양호 ○ : 보통 △ : 거의 불량 X : 불량

1.2.5. 용접 결함

전술한 바와 같이 주철의 용접에는 Nickel 혹은 Nickel합금의 용접 재료가 우수한 용접 금속의 특성으로 인해 널리 사용된다. 하지만, 용접과정에서 모재로 부터 확산되어 오는 많은 량의 황(Sulfur)과 인(Phosphorus)은 Nickel 용접 금속의 응고 과정에 응고균열을 발생 시킬 수 있는 위험성이 있다.

주철의 용접시에는 딱딱하고 취약한 열영향부 조직의 생성 때문에 용접후 냉각과정에서 균열이 발생하는 경향이 많다. 이를 해결하기 위해서는 적절한 예열과 냉각속도의 지연이 유효하다. 예열을 통해 냉각속도를 지연시킬 수 있으며 열영향부의 마르텐사이트(Martensite) 조직생성을 줄일 수 있다.

주철의 조직에 따른 예열 조건은 다음의 추천 사항을 따른다.

표 4-7 주철의 용접시 적용되는 예열 조건

Cast iron type	Preheat Temperature Degreea (℃)			
	SMAW	MIG	Cas (fusion)	Gas (powder)
Ferritic flake	300	300	600	300
Ferritic nodular	RT ~ 150	RT ~ 150	600	200
Ferritic whiteheart malleable	RT*	RT*	600	200
Pearlite flake	300 ~ 330	300 ~ 330	600	350
Pearlite nodular	200 ~ 330	200 ~ 330	600	300
Pearlite malleable	300 ~ 330	300 ~ 330	600	300

RT : Room Temperature, * 200℃ if high C core involved.

균열은 불균일한 팽창에서 그 원인이 있다. 특히 복잡한 형상의 구조물이나 커다란 구조물에 연결되어 있는 작은 용접 대상물을 예열할 경우에는 점진적이고, 균일한 예열과 용접 후 냉각이 이루어 지도록 주의하여 작업해야 한다. 국부적인 과도한 열구배(Thermal Gradient)는 피해야 한다.

적절한 예열과 냉각 관리가 어려울 경우에는 용접부를 급냉하는 것도 한가지 방법이다. 이때에는 아직 용접부에 열이 남아 있을 때, 용접부를 두들겨서 (Hammer Peening) 용접금속의 갑작스런 응고 과정에서 발생하는 응고 수축에 의한 응력을 최소화 한다.

1.2.6. 보수 용접

주철은 주조 과정의 결함 발생과 취성이 큰 조직의 특성으로 인해 결함 보수 작업이 자주 필요하게 된다. 작은 크기의 결함은 기존의 피복아크용접, 산소-아세틸렌 용접, Braze Welding 등의 방법으로 수정이 가능하다.

결함 부위를 그라인더 혹은 가우징(Gouging) 등의 방법으로 깨끗하게 한다. 가우징으로 결함 부위를 제거할 때는 300℃ 정도로 예열을 하는 것이 좋다.

가우징 후에는 용접 작업 전에 경화된 표면을 제거하기 위해 그라인드(Grind)작업을 실시하는 것을 추천한다.

용접은 Nickel이나 Monel 로 Buttering용접을 하여 연성이 있는 층을 형성한 후에 Nickel 혹은 Nickel-iron으로 본 용접을 실시하는 것이 좋다.

용접 완료 후에는 Slag를 완전히 제거하고, 용접 금속이 식기전에 피이닝(Peening)을 실시하여 응고 과정에서 발생하는 잔류 응력을 최소화 하는 작업이 필요하다. 또한 응고 과정의 잔류 응력에 의한 균열 발생을 최소화 하기 위해 냉각이 용접부를 보온재로 덮어 냉각이 서서히 일어나도록 주의 하여야 한다.

또한 주철 자체의 낮은 연성과 주철의 용해와 응고 과정에서 냉각속도에 따른 문제점이 발생할 수 있으므로 가급적 모재의 용융을 최소화하는 것이 좋다. 하지만, 모재의 용융을 최소화할 경우에는 융착불량이나 모재의 균열등이 발생할 수 있으므로 다음과 같은 대안을 적용하여 모재의 용융을 최소화하면서 용접을 진행한다.

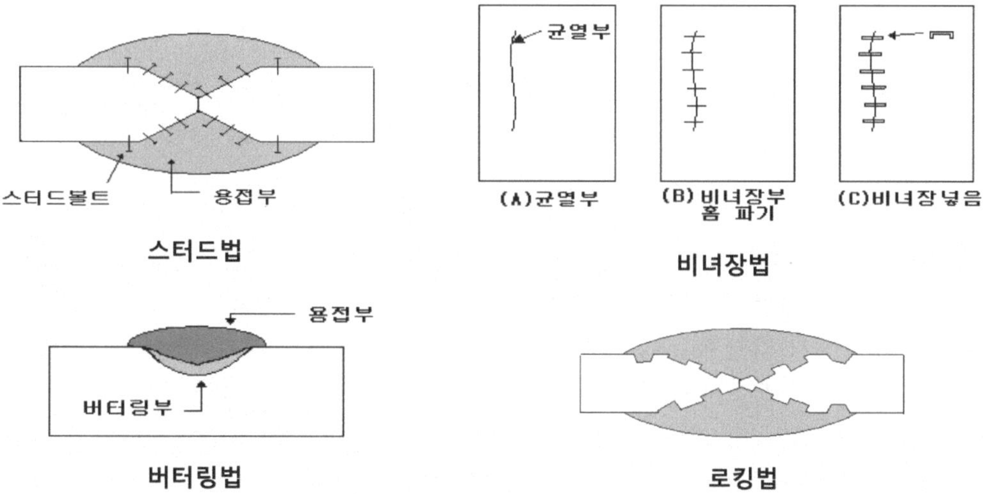

그림 4-11 주철의 보수 용접 기법

2. 탄소강

2.1. 탄소강의 고온 특성

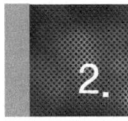

다음 그림은 탄소강을 각종 온도에서 5 ~ 10분 정도의 단시간 인장시험을 하여 얻은 인장강도, 항복응력, 비례한도를 정리한 것이다.

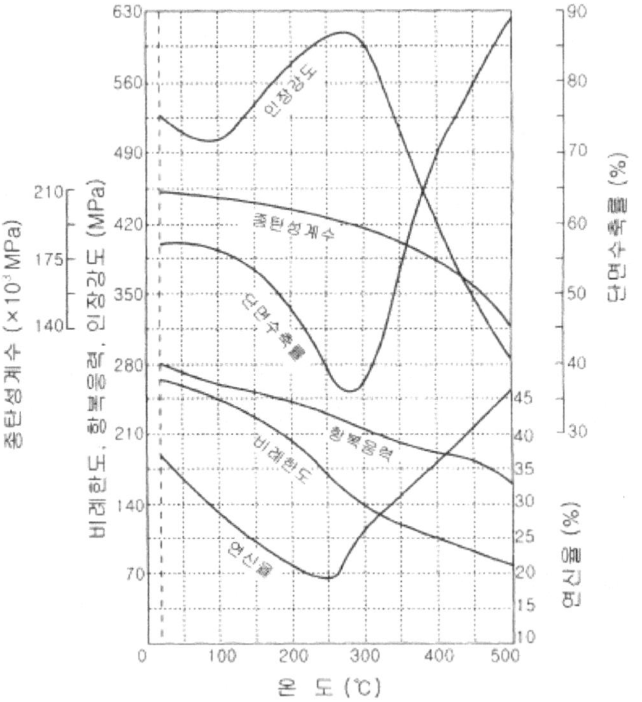

그림 4-12 중탄소강의 고온에서의 인장특성

종탄성계수, 항복응력 및 비례한도는 온도의 상승과 함께 감소한다. 단, 항복응력은 300℃ 이상에서는 명료하지 않기 때문에 그림에서는 0.2% 내력을 취해 정리하였다.

인장강도는 온도가 상승하면 실온 부근에서는 근소하게 저하하지만 이윽고 증대하고 250 ~ 300℃ 부근에서 최대가 된다. 이 인장강도의 증가는 강의 이른바 청열취성이 원인인 것으로 이 온도부근에서는 연성이 저하한다. 그렇지만 300℃ 이상이 되면 연성은 다시 회복되고 인장강도는 온도의 상승과 함께 감소한다.

신장률과 단면수축률 등의 연성은 청열취성 때문에 250-300℃ 부근에서 최소로 되고 그 후 급격히 증가한다.

이와 같이 일반적으로 탄소강은 200-300℃ 부근의 온도에서 연성이 저하한다.

2.2. 탄소강의 용접

탄소강의 용접성은 탄소 함유량에 따라 결정되며, 일반적으로 탄소량이 0.3% 이하인 강을 보통 탄소강 (연강)이라 말하며 일반적인 산업플랜트에서 사용되는 구조물, 압력용기는 거의 대부분 연강의 범주에 속한다.

표 4-8 탄소함량에 따른 탄소강의 구분

저탄소강 (low Carbon Steel)	연강 (Mild Steel)	중탄소강 (Medium Carbon Steel)	고탄소강 (High Carbon Steel)
015이하	015 ~ 0.30	0.30 ~ 0.50	0.50 ~ 1.00

탄소량이 증가하고 판두께가 증가함에 따라서 용접부에는 저온균열이 발생할 염려가 커지므로 관련 시방서 규정에 따라 예열이나, 용접봉의 선택 등에 특별히 주의를 해야한다.

고장력강은 연강에 소량의 합금원소를 첨가하여 강도를 높이고 구조물의 성능 향상을 위하여 개발된 인장강도 50Kgf/mm2(490Mpa)급 이상의 고강도 강과 압연제어냉각강(TCMP, Thermo Mechanical Control Process)을 통칭 한다. 강도가 증가됨에 따라 고장력 강의 용접시공에서 가장 중요 한것은 취화에 의한 용접균열과 노치인성의 저하를 방지하는 것 이다. 그러므로 각종 고장력 강에 적합한 용접재료 의 선택 및 적정한 용접조건을 선정하는 것이 매우 중요 하다.

고장력강은 인장강도, 제조법, 첨가원소에 따라 분류되는데 일반적으로 Highten - 50(HT50)으로 쓰이며 JIS에서는 용접구조용 압연강재(SMXX)가 규격화 되어 있다.

2.3. 용접부 균열

균열은 발생온도에 따라 열간(고온), 냉간(저온)으로 구별되며, 냉간균열은 주로 열영향부에 발생 한다.

용접시 발생되는 용접균열은 주로 Ms(마르텐사이트생성온도)점, 또는 약300℃ 이하에서 일어나는 저온 균열로 용접직후부터 수일후에 이르는 사이에 발생하며 결정입내나 입계를 따라 전파된다. 그 형태는 루우트균열(Root Crack), 비이드밑균열(Under Bead -Crack) 토우균열(Toe Crack)등 으로 된다.

2.3.1. 열영향부의 경화

연성이 적고 내부응력이 존재하는 대부분의 경화조직은 냉간균열에 대한 감수성을 갖게 된다. 용접부 응고시 경화 조직 중에서 마르텐사이트(Martensite)조직이 균열에 가장 민감하기 때문이다.

이는 오스테나이트로 부터 마르텐사이트로의 변태는 체적팽창을 일으키며 그팽창 정도는 탄소에 의존한다. 이와 관련하여 공석조직을 형성하는 탄소강이 오스테나이트로부터 마르텐사이트로 완전하게 변태한다고 가정하면, 체적팽창은 약4%에 이르게 된다. 따라서 이런 체적변화가 국부적으로 발생하면 내부 변형장을 형성하고 용접균열의 발생요인이 된다.

2.3.2. 수소영향

수소원자는 철 원자보다 아주 작아서 격자내부에서 아주 용이하게 움직(확산)일수 있다. 응고시 과포화된 수소는 조직에 잔류하여 미세결함부로 확산되어 모여서 어느 농도 이상이면 균열을 야기 시키고 더욱 증가하면 균열을 전파 시킨다고 알려져 있다.

2.3.3. 응력의 영향

용접에 의하여 발생되는 수축응력, 변태응력 등은 연성이 작은 경화조직을 균열시킬 만큼 큰 경우도 있다 노치, 즉, 언더컷, 루트용입부족, 과도한 보강등과 같이 응력집중을 유발시키는 것이 존재하면 균열의 감수성은 훨씬 증가 한다.

또한, ASME 코드에서는 파괴인성이 요구되는 재료에 대하여 최대 입열량 제어를 엄격히 요구하고 있다,

2.3.4. 용접균열방지방안

특히 고장력강은 수소의 영향에 의한 첫층 용접시의 루트 균열과 다층 용접시의 미세 및 거시 균열이 문제로 되어 있다. 그러므로 용접시 다음의 사항들을 주의한다.

- 예열을 한다.
- 입열을 크게 하여 냉각속도를 늦춘다.
- 그러나 용접입열이 크면 노치인성(충격저항치)이 나빠지므로 서로간의 용접조건에 따라 양자간을 기술적으로 잘 양립할 필요가 있다.
- 용접봉을 충분히 건조시켜 사용한다.

- 아크거리는 가능한 짧게 하고 위빙폭은 용접봉 직경의3배를 넘지 않도록 한다.
- 바람이 불면 방풍막을 설치할 것
- 용접부 이외에는 아크를 발생하지 말 것
- 적정전류 범위를 지킬 것.

3. TMCP강

조질강이라고 하면 소입(Quenching)을 통해 강을 경화 시키고, 여기에 약간의 인성을 회복하기 위해 소려(Termpering) 처리한 강종을 말한다.

최근에는 이와 비슷한 방법으로 보다 강한 강도를 가지면서도 합금 원소의 함량이 적은 강종의 제법들이 개발되고 있다. 그 대표적인 것이 TMCP강이다. 이하에서는 TMCP강의 제법과 특징을 중심으로 조질강과 TMCP강의 용접성을 평가한다.

3.1. TMCP강의 제조

고장력 강은 높은 강도와 인성 및 우수한 용접성을 확보하기 위해 탄소량을 줄이는 대신 합금 원소를 첨가하여 고강도를 도모하고 인성을 증가시키기 위해서는 열간 압연으로 생산된 강재를 Normalizing 처리를 하여 조직을 미세화 함으로서 필요한 강도와 인성을 얻고 있다.

이러한 Normalizing 열처리를 생략 하면서도 그보다 더 좋은 재질을 압연 상태에서 얻고자 개발된 것이 Controlled Rolling이다.

이 방법은 연속된 압연을 통한 강의 제조가 이루어지는 Continuous Process로서 다음과 같은 특성을 얻는다.

① Ferrite, Pearlite 조직의 미세화에 의해 인성을 개선하여 As-Rolled 상태의 열처리재에 상응하거나 보다 나은 특성을 얻게 하고 압연 과정을 엄밀히 제어하여 Nb, V, Ti 등의 탄화물 형성 원소를 미량 첨가한 저탄소강보다 적은 합금원소의 첨가만으로 요구되는 수준의 기계적 성질을 얻고 석출 경화를 이용하여 강도 향상을 도모한다.

② 적은 합금원소로 인해 용접성이 향상된다.

따라서, TMCP강재의 이점은 다음과 같이 요약할 수 있다.

- Maker 측에게 Production Cost의 절감.
- Fabricator에게는 용접성 향상을 따른 Fabrication Cost 절감
- Owner에게는 재질 향상으로 인한 Reliability 증대.

TMCP강재는 제어 압연 방식(Thermo Mechanical Control Process-Controlled Rolled)과 가속 냉각 방식(Thermo Mechanical Control Process-Accelerated Cooling Process)의 두가지 방법이 있으며 이에 대한 이해를 돕기 위해 기존의 Hot Rolling 및 Normalizing 방법으로 제조된 강재의 특징을 함께 설명한다.

3.1.1. Hot Rolling & Normalizing Process

TMCP강의 특성을 이해하기 위해 기존의 As-Rolled & Normalizing 처리에 대해서 먼저 언급한다. 연속주조방식(Continuous Casting)으로 생산된 Slab를 1100~1200℃ 정도로 재가열하여 최종 제품의 두께에 이를 때까지 압연을 행하여 대기중에 냉각시킨 판재를 열간압연강재, As-Rolled Plate라고 한다.

여기에서 행해지는 Rolling(압연)은 Hot Rolling(열간 압연)이라고 하여 Austenite의 고온 영역(Recrystallized Region)에서 행해지는데 이때 조직은 Rolling 후 바로 재결정되고 재결정된 Austenite Grain은 다음 Pass가 진행될 때까지 성장(Recrystallization and Growth)하게 된다. 그러므로 여러 번의 Rolling이 가해져도 각 압연 공정 사이에 재결정된 Grain이 성장할 수 있는 시간이 있어서 이 방법으로는 미세한 조직을 얻기가 어렵다. 따라서 이러한 As-Rolled 상태의 강재는 조직의 조대화로 인하여 Strength 및 Toughness가 낮게 된다.

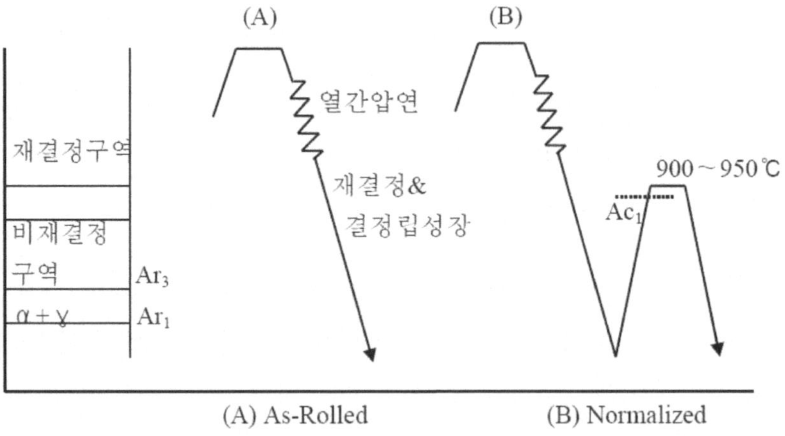

그림 4-13 강재의 압연 공정

As-Rolled 강의 이러한 단점을 해결하고 고강도, 고인성의 강재를 만들기 위한 작업이 필요하다. 강도향상을 위해 합금 원소를 첨가하고 인성 향상을 위해 Normalizing 처리를 하여 조직을 미세화 함으로서 필요한 강도와 인성을 얻고 있다. Normalizing 처리는 최종 제품의 두께까지 Hot Rolling으로 압연한 강판을 냉각한 후 다시 Ac3 온도(900~950℃) 이상으로 가열한 후 공냉한 것이다.

Normalizing 처리를 하면 As-Rolled 조직이 미세화하게 되는데 조직의 미세화 정도에서만 차이가 있으며, 조직상(Phase)에는 차이는 없다. 즉, 압연 및 Normalizing 처리후 냉각은 모두 공냉이므로 상온 조직은 Ferrite와 Pearlite의 혼합조직을 보여준다.
이때 나타나는 Pearlite는 Band를 따라 집중적으로 형성 되어지고 있다.
이와 같은 Well Defined Band Structure는 As-Rolled & Normalizing 강재에서 가장 잘 나타나는 특징이다.

3.1.2. 제어압연(TMCP-CR)강 (Thermo Mechanical Control Process-Controlled Rolled)

Normailzing 처리를 생략하면서도 그에 상응하는 또한 그보다 좋은 재질을 As-Rolled 상태에서 얻고자 하여 개발된 방법이 제어 압연 방식이다.
이 방식은 1969년에 Trans-Alaska Piping System에서 최초로 적용하여 1970년대 말기부터는 선박, Tank 등 다양한 용도로 사용되고 있다.
Controlled Rolling은 압연이 Austenite가 재결정되는 온도 영역 내에서 2단계에 걸쳐서 행해지고 있는데 각각의 압연에 대하여 Austenite가 재결정되는 온도 영역과 비교하여 구분하면 Austenite 온도 영역은 압연 후 재결정이 일어나는 상태에 따라 온도가 높은 순서로 3가지 영역으로 나눠진다.

- 완전한 재결정이 일어나는 온도 영역(Complete Recrystallization)
- 재결정이 부분적으로 일어나는 온도 영역(Partial Recrystallization)
- 재결정이 일어나지 않는 온도 영역(Non-Recrystallization)

이와 같은 구분에 의해 첫번째 압연은 Austenite가 압연후 바로 재결정되는 재결정 온도 영역에서 행하고, 두번째 압연은 강재가 어느정도 냉각된 이후에 재결정이 일어나지 않는 온도에서 행하게 된다. 처음 실시하는 압연은 Hot Rolling으로 압연 후 결정이 성장한 Austenite Grain을 얻게 되는데, 이를 재결정이 일어나지 않는 온도 영역(약900℃ 이하)에서 2차로 압연하면 Austenite Grain이 압연 방향으로 길게 늘어나서 단위 부피당 Grain Boundary의 면적이 증가하게 된다.

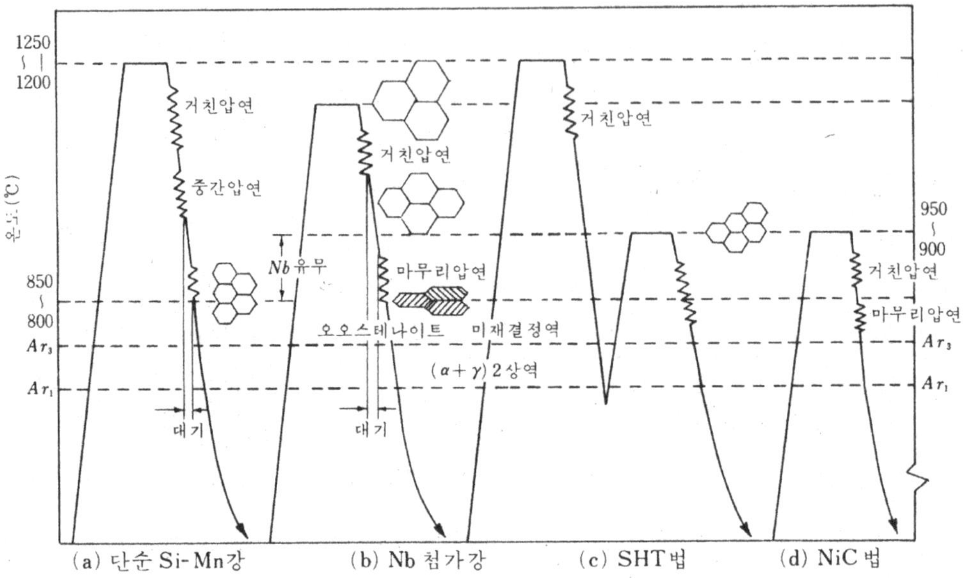

그림 4-14 제어 압연 공정

이때, Grain Boundary의 면적은 압연의 양에 비례한다.

이와 같이 Elongated된 Austenite Grain에서 변태 생성되는 Ferrite는 극히 미세하게 되는데 이는 Austenite Grain Boundary가 Ferrite 변태시 가장 Prederential한 Nucleation Site가 되기 때문이다. 따라서 Austenite Grain이 길어 질수록 즉, Non- Recrystallization 영역에서 압연량(2차 압연량)이 많을수록 미세한 Ferrite 조직을 얻을 수 있다.

Ferrite와 Pearlite계 제어 압연강에서 미량 첨가되어 있는 Nb, V, Ti 등의 원소가 열간 압연 중에 Austenite 미세 결정의 경계 온도를 약 100℃ 높이는 효과를 가져오게 되어 비교적 높은 온도에서 압연을 행하더라도 Austenite로 재 결정되지 않고 바로 변태되어 변태 후의 Ferrite 결정을 미세하게 함으로서 압연 강재의 강도와 인성을 높인다.

뿐만 아니라 이런 미량의 합금 원소는 변태 후의 Ferrite상에서 격자 Strain을 갖는 미세한 Nb(C, N)과 같은 석출물을 석출시켜서 압연재의 강도를 높이는 효과를 가져온다.

3.1.3. 가속냉각(TMCP-Acc)강(Thermo Mechanical Control Process-Accelerated Cooling Process)

이 방법은 단순히 압연 혹은 제어 압연 후에 공냉하는 것이 아니라 최종 압연후 가속 냉각하여 기계적 특성을 향상시킨 강종이다.

일반적으로 가속 냉각(Accelerated Cooling Process)은 제어 압연이 끝난 직후 Ar3온도 바로 위에서부터 Water Spray 장치를 이용하여 변태가 끝나는 온도 즉, Arl에 도달할 때까지(보통 800~500℃) 적용되고 있으며, 그 이하의 온도에서는 Air-Cooling을 하게 된다. 이러한 제어 압연 과정을 좀더 개량한 것이 TMCP(Thermo-Mechanical Controlled Process) 공정이다.

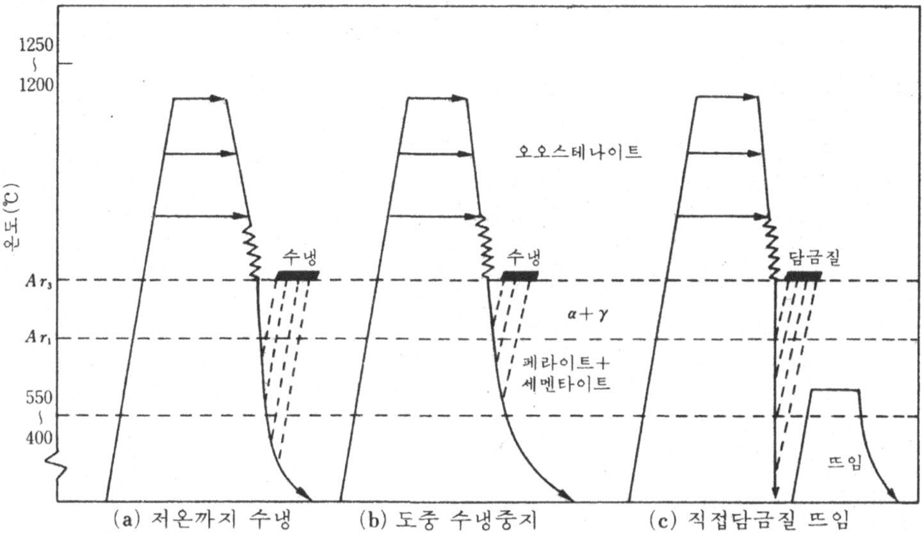

그림 4-15 가속 냉각형 TMCP강의 제조

제어 압연 후 가속 냉각을 시키면 냉각 속도가 빨라져서 Austenite가 회복될 시간적 여유가 없게 된다. 따라서 핵 발생점이 많아져서 압연 후 공냉(Normalizing) 했을 때 보다 더욱 미세한 조직을 얻게 된다.

또한 냉각 속도의 증가에 따라 Pearlite의 생성이 억제되는 대신에 Bainite가 생성되어 결국 Ferrite와 Bainite의 혼합 조직으로 되어 강도 향상의 효과를 가져온다.

이와 같이 제어 압연 후 가속 냉각을 하면 제어 압연에 비하여 다음과 같은 특징을 얻을 수 있다.

3.1.3.1. 금속 조직의 특성

제어 압연을 통해 단위 부피당 Grain Boundary 면적을 증가시키고 Grain 내부에는 Deformation Band를 형성시켜서 Ferrite의 Nucleation Site를 증대 시키는 방법이다. 이 제어 압연을 거친 강을 가속 냉각(Accelerated Cooling)시키면 냉각 속도가 빨라져서 Deformation Austenite가 회복할 시간이 없게 된다. 이로 인하여 기존 핵 생성 Site의 Potential이 더욱 높아질 뿐만 아니라 Air Cooling시에 핵 생성 Site로 되지 못했던 Substructure에서도 핵 생성이 가능하여 Air Cooling 했을 때 보다 더욱 미세한 조직을 얻게 된다.

조직의 미세화 외에도 냉각 속도가 빨라짐에 따라 상(Phase)의 변화를 가져온다.

기존의 강 제조 공정에 따라 Air Cooling을 하면 Austenite가 Ferrite와 Pearlite로 변태되도 이때 Pearlite는 압연 방향으로 Band 형상을 보여서 Band Structure가 된다. 이러한 제어 압연 조직이 가속 냉각 과정을 거치면 Pearlite의 Band Structure가 없어지면서 Ferrite 내에 Pearlite가 분산되어 존재하게 되는데 이 냉각 속도가 더욱 증가하면 조직은 더욱 미세화되고 Pearlite의 생성이 억제되면서 대신에 Bainite가 생성되게 되어 결국 Ferrite와 Bainite의 복합 조직으로 나타나게 된다.

따라서, 가속 냉각은 금속학적인 측면에서

- 강재의 조직을 미세화 시켜주고
- Pearlite의 Band Structure를 없애주고
- Ferrite와 Bainite의 복합 조직을 얻게 해준다.

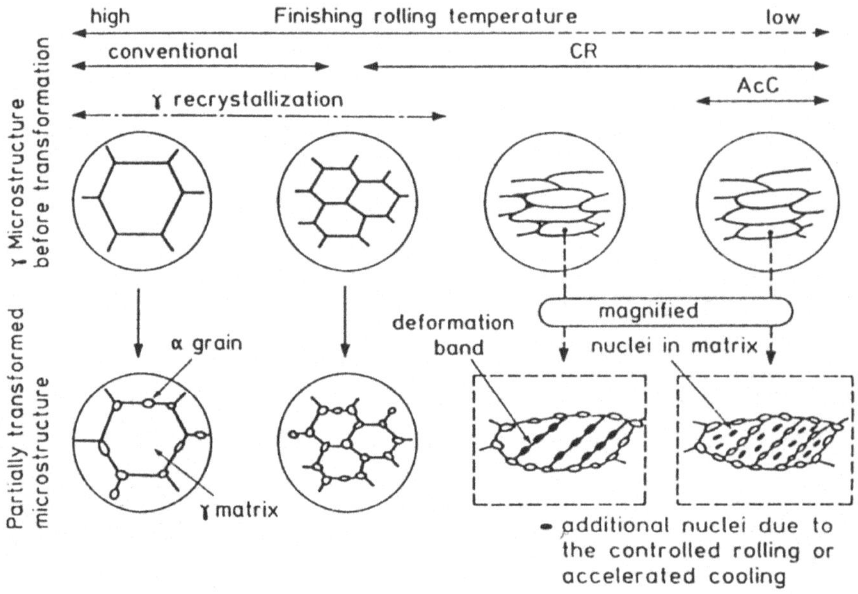

그림 4-16 금속학적인 측면에서의 TMCP강의 제조

3.1.3.2. 기계적 특성

일반적으로 재료의 강도가 증가하면 인성이 저하하게 되는데 가속 냉각 공정을 거친 강재는 인성의 저하 없이도 강도를 향상하게 된다.

다른 강종에서 볼 수 없는 이와 같은 특징은 가속 냉각에 의한 조직의 변화로 설명할 수 있다. 가속 냉각의 의한 강도의 향상은 입자의 미세화 베이나이트(Bainite) 조직의 생성, 고

용강화(Solid Solution Hardening)등에 의해 설명이 가능하다. 그러나 인성의 향상은 입자 미세화 이외의 다른 요인들로서는 설명이 되지 않는다. 다만 이들의 영향이 합하여 서로 상쇄되는 결과로 추정된다.

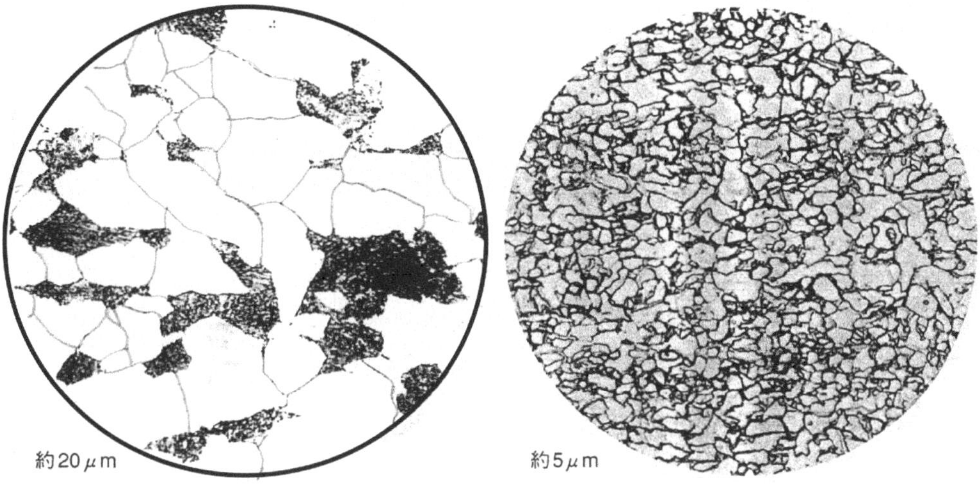

그림 4-17 일반 압연강재와 TMCP강재의 입자 크기 비교

따라서 냉각속도는 인성의 저하만 없다면 최대 강도를 내기 위해 증가시킬 수 있지만 실제에 있어서는 한계가 있는데 이는 냉각속도를 증가시킴에 따라 강재를 균일하게 냉각 시키기 어렵기 때문이다.

일반적으로 사용되는 냉각 속도는 합금 원소에 따라 달라지지만 대략 10℃/sec 정도이다.

기계적 성질을 좌우하는 인자로서 냉각 속도 이외에도 Ts(가속 냉각이 시작하는 온도) 및 Tf(가속 냉각이 끝나는 온도)등이 있다. Ts는 가속 냉각의 효과를 충분히 얻기 위하여 Ar3 온도 이상이어야 한다.

Tf는 낮을수록 강도의 향상을 가져 오지만 너무 낮으면 다량의 마르텐사이트나 베이나이트 조직이 생성되어 도리어 인성의 저하를 가져오므로 일반적으로 500℃ 정도로 규정하고 있다.

Tf는 균일한 냉각 속도를 얻기 위해서도 필수적인 것이다.

표 4-9 SM570의 화학성분 비교

	C	Si	Mn	P	S	Others	Ceq	Pcm
SM 570	0.18	0.55	1.60	0.035	0.035	-	0.47	0.30
SM570-TMCP	0.015	0.3	1.55	0.015	0.005	Ni-M0-Nb-Ti-B	0.37	0.15
SM570-QT	0.13	0.3	1.40	0.020	0.005	0.035V-0.12Mo	0.47	0.30

표 4-10 SM 570의 기계적 성질

구분	SM 570	SM570-QT	SM570-TMCP	비고
Elongation, Min(%)	20%	20%	25 ~ 40%	
Impact (-5℃)	47J 이상	47J 이상	100J 이상	
Elastic limit E, MPa	2.1X105	2.1X105	2.1X105	

3.2. TMCP 강재의 용접성

TMCP 강재는 종래의 압연 강재에 비해 탄소량이 작고, 인성이 풍부해서 용접시 균열발생 감수성이 작아 용접성이 우수하며 특히 대입열 용접시 소준(Normalizing) 강재에 비해 취화가 심하지 않기 때문에 대입열 용접용으로 적합한 재료라고 할 수 있다.

가속 냉각법에 의한 탄소 및 탄소 당량의 저하는

- 용접부에서의 Cold Crack에 대한 민감성을 감소
- 필요 예열 온도를 낮추거나 생략할 수 있게 함
- 강재의 용접성을 향상시켜서 구조물 제작 비용을 절감
- Cold Crack에 대한 저항성 증가로 짧은 용접 비드에 대한 제한이나 용접봉의 수소 함유량에 대한 제한 등을 크게 완화
- 대입열 용접이 가능, 합금성분 및 불순물의 함량이 작아지기 때문에 원하지 않는 석출물 상들이 생기지 않거나 조직내에 분산되어 수소취성(Hydrogen Induced Cracking)에 대한 민감성 감소

그러나 열영향부의 연화와 강판의 절단시에 수반되는 변형 문제에 유의해야 한다.

3.2.1. 열영향부의 연화

TMCP 강재는 가속 냉각 과정으로 직접 담금질의 효과를 가미시켜 제조된 강재로 불안정

한 상(Bainite 및 경화 Ferrite 조직) 상태를 유지하나, 용접 과정에서 용접 열에 의한 영향으로 이러한 불안정한 조직이 Normalizing 효과에 의해 안정된 상으로 바뀌게 된다.

따라서 용접 열영향부에서 연화 현상이 일어나게 된다.

또한 연화된 용접부에 후열처리를 하게 되면 모재의 강도도 저하되므로 전체 용접부의 강도는 더욱 저하된다.

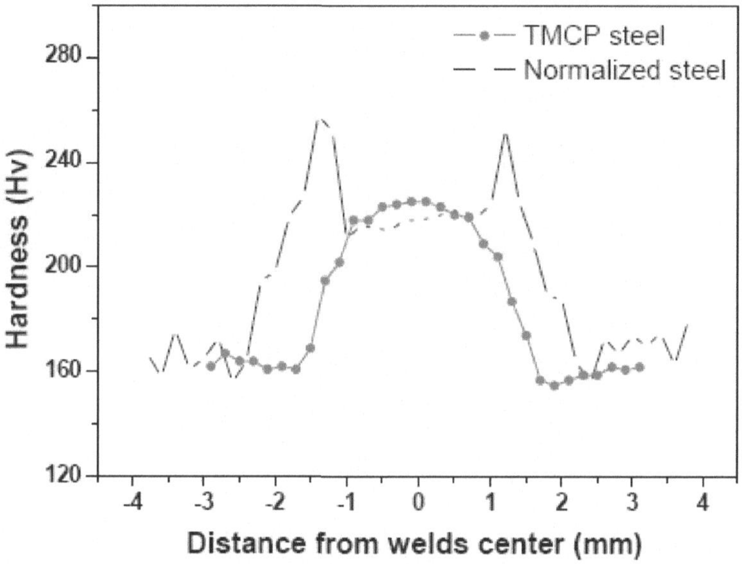

그림 4-18 TMCP강 열영향부의 연화

3.2.2. 강판의 절단시 변형

강판의 절단시 수반되는 변형은 강재의 가속 냉각 TMCP강 제조 과정에서 냉각의 불균일로 인해 생기는 잔류 응력 때문이다. 불균일 냉각으로 인해 강재의 Flatness가 나빠지게 되고 이를 교정하기 위해 가속 냉각 System에는 Hot Leveler를 설치하여 변형을 교정하고 있다. 이러한 불균일 냉각과 교정의 과정을 거치면서 강재 내에는 잔류 응력이 남게 되는데 이로 인해 강재를 압연 방향으로 절단하면 Longitudinal Member가 잔류 응력 방향으로 휘게 된다.

이와 같은 변형은 Cutting 부분에 존재하던 잔류 응력이 이완되면서 응력의 차이로 인해 생기게 된다. 냉각의 불균일이 클수록 잔류응력이 커지고 이에 따라서 절단시의 변형도 커지게 된다.

강재 변형의 문제는 TMCP강의 개발 초기에는 문제시 되었으나 최근의 강재 공정 기술의 발달로 크게 문제시 되지 않는다.

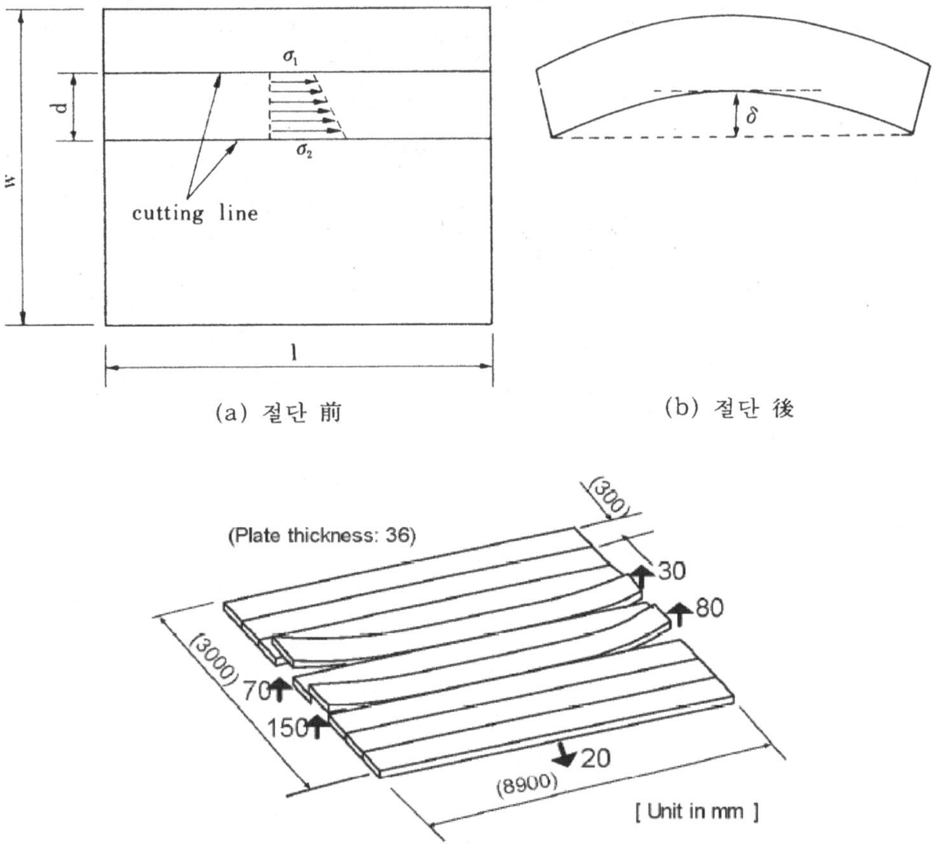

그림 4-19 TMCP 강재의 불균일 냉각에 기인한 잔류 응력과 절단후의 변형과정

3.2.3. Hot Forming이 불가능

가속 냉각에 의한 TMCP 강의 경우에 강도의 증가가 불안정한 Bainite 및 Hardened Ferrite 생성에 기인하므로 가속 냉각된 강재를 가열하게 되면 조직이 안정상으로 바뀌면서 기계적 성질의 변화를 초래한다.

Hot Forming시에 Ar3점 이상의 온도로 가열한 후 공기 중에서 냉각되면 이는 바로 Normalizing이 되므로 강도는 전적으로 합금 원소의 양에 의존하고 상(Phase)변태에 의하여 안정된 만큼 강도의 감소가 일어난다. 이러한 강도의 저하로 Hot Forming후에 재료의 강도를 맞추기가 불가능하므로 Hot Forming Process는 절대로 사용할 수 없다.

3.2.4. 열처리 이후의 강도 저하

가속 냉각에 의해 제조된 TMCP는 조직이 불안정한 상태이므로 성형 이후의 잔류응력제거 열처리(Stress Relief Heat Treatment) 또는 용접후 열처리(Post Weld Heat Treatment)와 강재나 제어 압연 방법으로 제조된 TMCP도 강도의 감소가 조금은 있지만 감소폭이 작아서 특별한 문제가 되지 않는다.

이러한 문제를 해결하기 위해 열처리가 예상되는 가속 냉각법으로 제조된 TMCP강의 경우에는 강도 감소를 줄이기 위해 Steel Maker에서는 합금 원소를 증가시키면서 Tf(Cooling Stop Temperature)를 높게 조정하는 등의 조치를 취한다.

3.3. TMCP강 용접 재료

TMCP강은 다양한 제조 조건에 따라 Maker마다 약간씩 다르기 때문에 다양한 TMCP강에 잘 적용될 수 있는 용접 재료와 용접 방법이 필요하다. 즉 Nb 또는 V등의 미량 원소가 첨가되어 있는 강종에 적용하여도 양호한 인성을 얻을 수 있고 대입열의 용접에서도 규정된 인성을 보장해 줄 수 있는 용접 재료가 필요하다. TMCP강은 대입열이 가능하기 때문에 기존 강재보다도 높은 대입열 용접에서 만족할 만한 기계적 성질을 주는 용접 재료의 선정이 중요하며 대입열 용접에서는 희석률이 크기 때문에 이러한 강재에 적합한 용접 재료의 적용이 필요하다.

이를 위해 개발된 것이 Ti-B을 첨가한 용접 재료이다.

Ti-B를 함유한 용접 금속의 탄소 당량과 인성의 관계를 보면 Ceq가 0.34~0.40일 경우에 최대 인성을 확보할 수 있다. 따라서 이러한 인성 확보를 위해서 Mn, Si, Mo 등이 첨가되어야 하며 특히 Mn의 첨가 방법에 있어서는 다음과 같은 사항이 중요하다.

종래의 잠호용접(SAW)등의 대입열 용접에서는 망간의 함량이 작은 Low Mn Wire가 일반적으로 사용되고, 용착 금속에 필요한 망간(Mn)의 약 50% 정도를 플럭스(Flux)로 부여하는 방법이 사용되어 왔다. 그러나 Ceq가 낮은 TMCP강의 경우에는 용착 금속의 Ceq를 0.34 정도로 유지하기 어려워 Flux 중에 합금 원소를 보다 많이 첨가해야 한다. 이는 Flux의 소모율이 용접 조건에 따라 크게 변화하는 SAW등에서는 용착 금속의 성질이 용접 조건에 따라 변화하게 되므로 바람직하지 않다. 따라서 TMCP강을 포함하는 모든 HT 강재의 용접시에는 High Mn Wire를 사용하는 것이 바람직하다. High Mn Wire 이용은 다층 용접을 행하는 경우 용착 금속의 화학성분을 균일하게 하는 목적으로도 바람직하다.

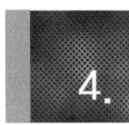

4. 저합금강(Low Alloy Steel)의 용접

4.1. 내열강

고온에서 사용하는 내열강은 고온용 강재로서 고온에서 충분한 기계적 강도를 보여 줄 수 있도록 크립강도(Creep Strength)와 고온 강도(High Temperature Tensile and Yield Strength)를 가져야 하며, 고온에 노출되었을 경우에 페라이트(Ferrite Precipitation)의 분해 혹은 소려 취성(Temper-Embrittlement) 등의 조직 변화가 없어야 한다. 또한 고온에서 적절한 내식성을 가지고 있어야 한다.

표 4-11 고온용 강재의 종류와 사용온도

강종 구분	JIS 재료 구분	ASME 재료 구분	사용 온도 한계(℃)
Carbon Steel	STPT	A106	350 ~ 400
05Mo	STPA 12	A335 Gr. P1	400 ~ 475
1Cr-0.5Mo	STPA 22	A335 Gr. P12	450 ~ 550
1.25Cr-0.5Mo	STPA 23	A335 Gr. P11	500 ~ 550
2.25Cr-1Mo	STPA 24	A335 Gr. P22	520 ~ 600
Low C 2.25Cr-W-V-Nb	KA-STPA 24J1	SA335 Gr. P23	525 ~ 600
5Cr-0.5Mo	STPA 25	A335 Gr. P5	550 ~ 600
9Cr-1Mo	STPA 26	A335 Gr. P9	600 ~ 650
9Cr-1Mo-V-Nb	KA-STPA 28	A335 Gr. P91	525 ~ 600
Stainless Steel	SUS 304HTP	A312 Gr. 304H	650 ~ 850

4.1.1. 내열강의 종류

4.1.1.1 Cr-Mo강

발전설비 재료에 가장 많이 사용되는 P-No. 3이상의 강으로 400~600℃정도 영역에서 사용하는 재료로서 일반적으로 저합금강(Low Alloy Steel)이라고도 부르며, C-Mo강, 저Cr-Mo강 등이 있다.

강재는 일반적으로 350℃이상의 고온에서는 크리이프 특성이 중요 하기 때문에 Mo를 첨가 하여 강의 고온강도 및 크리프 특성을 향상 시킨다. 저합금 내열강의 용접에는 피복아크용접, 잠호용접(SAW), 가스메탈아크용접(GMAW), 가스텅스텐아크용접(GTAW), 플럭스코어드아크용접(FCAW), 일렉트로슬래그용접(ESW)등 다양한 용접법이 적용되고 있다. 저합금 내열강은 탄소강 용접과는 달리 합금원소가 첨가되어 있어 용접부의 물성은 용접방법 즉, 열사이클에 의해 많이 변화 하므로 중요하다. 즉, 입열량이 큰 잠호용접(SAW)의 경우에는 열영향부의 금속입자 성장에 의해 용접부의 인성이 대체로 낮아지는 특성이 있다.

고장력 저합금강은 경화되기 쉽기 때문에 용접부의 확산성 수소 함유량을 가능한 낮게 관리 해야 한다. 또한, 용접에서 열 영향부의 크랙 발생을 억제하기 위해 황(S), 인(P)을 0.03% 이하로 제한한다.

4.1.1.2. 9 ~ 12 Cr강

625℃정도 이하의 온도 영역에서 사용되는 재료로 초임계압 발전설비용 및 석유화학플랜의 보일러, 히터의 튜브 재질로 사용된다. Cr함량이 많아 지면서 황분위기에서 내식성과 고온 강도 특히 크립강도(Creep Strength)가 커지는 이점이 있으나, 용접부 경화도가 커져서 반드시 용접후열처리를 실시해야 한다.

4.1.2. 내열강의 용접성

예열은 강종별로 차이가 있지만, 200 ~ 250℃ 이상을 유지하도록 하며, 가열시에는 국부적인 가열과 냉각이 일어나지 않도록 넓은 면적을 가열해 주어야 한다. 가접(Fit-up)시에도 본(Main) 용접과 같이 예열을 한 후 가접 한다. 또, 판의 맞대기 용접일 경우 반대편 용접이 끝난 후 가접부를 제거하고 그 후에 본 용접을 함을 원칙으로 한다.

그림 4-20 전열패드를 이용한 예열 관리

용접중의 층간온도도 강종별로 차이는 있지만, 대략 300℃ 정도를 상한선으로 유지하고, 용접과정에서 어떠한 상황에서도 예열온도 이하로 내려가지 않는 것이 바람직하다. 특히 후판일 경우 용접개시부터 완성까지 용접을 중단하지 않고 용접후에는 즉시 후열처리에 들어간다. 용접을 중단 할때는 250℃로 30분정도 가열하거나 용접 시작시점까지 층간 온도를 유지 하는 것이 균열을 방지하는데 유효하다.

표 4-12 고온용 재료의 용접시 예열 및 층간 온도와 PWHT 기준

강종 구분	합금명	예열온도(℃)	층간온도(℃)	후열처리온도(℃)
0.5Mo	P1	100 ~ 250	100 ~ 250	630 ~ 670
1.25Cr-0.5Mo	P2, P11, P12	200 ~ 300	200 ~ 300	690
1.25Cr-0.5Mo-0.25V	CrMoV	200 ~ 300	200 ~ 300	690
2.25Cr-0.2Mo-W,Nb,V,N,B,Ni	P23	150 ~ 200	150 ~ 200	715~ 740 (ASME)
2.5Cr-1Mo-Ti,V,B	P24	150 ~ 200	150 ~ 200	715~ 740 (ASME)
5Cr-0.5Mo	P5	200 min.	200 min.	732 ~ 760 (AWS) 725 ~ 745 (EN DIN)
9Cr-1Mo	T9	200 min.	200 min.	732 ~ 760 (AWS) 740 ~ 780 (BS EN)
9Cr-1Mo-Nb,V,N	P91	150 min.	200 ~ 300	760 (AWS) 770 (BS EN)
9Cr-1Mo-1W-Nb,V,N	P911	200 ~ 300	200 ~ 300	760 (AWS) 770 (BS EN)

가스텅스텐아크용접시와 같이 보호가스를 사용하는 용접시에는 용접부에 가스실딩(Gas Shielding) 효과가 나쁘면 표면에 산화 스케일이 잘생기므로 주의하고 이면 용접시는 퍼징(Purging) 기구를 사용해야 한다.

미국석유협회(API)의 기준에 따르면 2.25Cr 이상의 강재에 대해서는 보호가스를 사용하여 용접을 진행하도록 요구하고 있다. (관련 근거 : API RP582 Para 7.3)

미국용접학회(AWS)의 기준에 따르면, 4Cr 이상의 강재에 대해서는 반드시 보호가스를 사용하도록 요구하고 있다. (관련 근거 : AWS D10.8 Para 4.2)

일선 현장에서 간혹 알곤이나 CO_2대신에 질소(N_2)가스를 보호가스로 사용하는 경우가 있는 데, 이는 매우 잘못된 현장 관리가 될 수 있으므로 금지해야 한다. 질소 가스의 영향에 대해서는 "제 3장 3항의 가스의 영향"편에서 좀더 자세히 다루기로 한다.

보호가스의 성분에 따라서도 다음 그림 4-21과 같이 인성의 차이점이 발생한다. 이러한 인성의 차이는 개별 보호 가스의 열전달 계수와 고온안정성 등에 기인한 차이점이다.

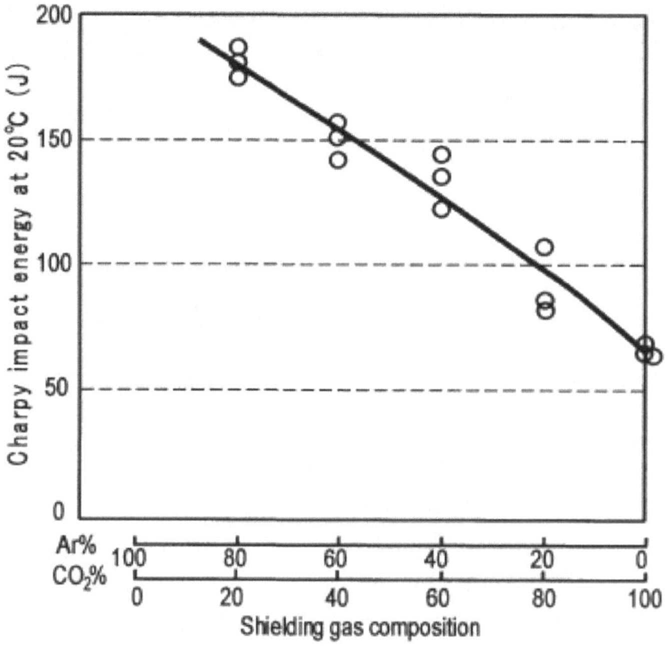

그림 4-21 보호가스 성분에 따른 1.25Cr-0.5Mo의 용접부 인성의 변화

4.2. 저온용 강

4.2.1. 저온용 강의 구분

산업의 발전에 따라 각종 에너지원으로서 에틸렌, 메탄, 액화 산소 등의 가스(Gas)이용이 비약적으로 증가되고 있으며, 사용되는 가스의 종류도 다양해지고 사용 온도도 점차 저온역으로 확대되는 추세이다. 이들 가스는 저온 액화시켜 취급하면 편리하기 때문에 가스 이용 증가에 따라 저온용 저장탱크 및 관련설비의 제조도 증가되고 있다.

LPG, LNG 등의 저장과 수송용 용기와 같은 저온용 기기의 재료는 저온에서도 충분한 인성을 가지고 있어야 한다. 기계적 특성만으로는 Al 합금이나 Austenite계 스테인레스강이 추천될 수 있고 사용되는 경우도 있으나 경제적인 관점에서 값이 싼 Ferrite계 강재가 이용되는 경우도 많다. LBP(액화 부탄) 및 LPG에는 Al-Killed가, 액화 프로판에는 Al-Killed강 또는 1.5~2.5% Ni강, 액화 에틸렌은 3.5% Ni강이 선택되고 있다. -162℃의 LNG로부터 -196℃의 액체 질소용으로서는 Al 합금 및 9% Ni강이 널리 이용되고 있다. 더욱이 액체 He(-269℃) 액체수소(-253℃) 및 초전도 마그네트 등의 초저온용 재료로서는 Austenite계 Stainless Steel, Al합금, Ti합금 등이 사용되고 있다. 액화 GAS의 종류에 따라 저장용 TANK 제작에 사용될 수 있는 강재를 살펴보면 다음과 같다.

표 4-13 액화 Gas 온도별 사용 강재 기준

GAS	액화온도(℃)	사용 강재
Ammonia	-33.4	Al-Killed강
Propane	-42.1	
Propylene	-47.7	2.5% Ni강
	-60.0	
	-78.5	3.5% Ni강
Carbon Acid Gas	-84.0	
Acetylene	-100.0	
	-104.0	9% Ni강
Ethylene Natural Gas(Methane) Oxygen Argon Nitrogen Hydrogen Helium	-161.5	
	-182.9	
	-185.9	
	-196.0	
	-252.8	Austenite계 Stainless Steel 36% nirkd(INVAR) Al합금
	-268.9	

이 중에서 Al Killed Carbon Steel 및 2.5~9%의 Ni을 함유한 강종은 저온 용도를 위한 것이며 보통 이들을 총칭해서 저온용 강이라 부르고 있다.

4.2.2. 저온용 강재의 특성

4.22.1. Al Killed Carbon Steel

Al Killed Carbon Steel은 Si이나 Mn으로 탈산 시키고 난 후 다시 Al으로 강제 탈산시킨 탄소강이며 Rimmed강에 비해 뛰어난 저온 인성을 가진다.

특히 저온 용도에 사용되는 Al Killed Carbon Steel은 Normalizing 또는 Quenching and Tempering 열처리에 의해 결정립을 미세화하여 한층 저온 인성이 향상되어 있다. 여기에 1% 이하 정도의 Ni을 첨가하여 더욱 뛰어난 인성 증대를 도모하기도 한다.

Al Killed Carbon Steel은 합금 원소가 작은 저 탄소강이기 때문에 용접성이 우수하고 예열이 필요치 않다. 다양한 용접 방법이 적용 가능하며 용접시 주의 사항은 이음매의 저온 인성 확보이다. 용접 금속의 인성은 그 화학 조성 외에 용접 방법이나 입열에 따라서도 크게 좌우된다. 피복 아크 용접봉으로서는 Si-Mn계, 1.5% Ni계 혹은 2.5% Ni계 (모두 저수소계 철분계의 피복제)의 것이 잘 이용되고 있는데, 이들 용접 금속의 인성은 입열량이 커짐에 따라 저하한다. 용접 금속의 Notch 인성은 용접 입열량의 증가와 더불어 저하하는데, 저하의 경향은 Si-Mn계 용접봉 쪽이 Ni계 용접봉보다도 현저하며 어느 것이든 입열량을 제어하는 것이 필요하다. 용접후 변형 교정의 목적으로 가열하는 경우, 조질(N-T, Q-T)강재에 대해서는 600℃ 이하의 온도에서 행하는 것이 바람직하다. Normalizing 재에서는 이 온도를 600℃ 이하로 하는 것이 바람직하며 가열 후 수냉하면 인성이 크게 떨어지기 때문에 주의해야 한다.

용접후 응력제지를 위한 열처리 약 600℃ 정도로 하고 냉각은 공냉하는 것이 적절하다.

4.2.2.2. 2.5% & 3.5% Ni 강

2.5% Ni강 및 3.5% Ni강의 최저 사용온도는 각각 -60℃ 및 -101℃이며, 모두 우수한 인성을 가지고 있다. 일반적으로 Ni을 포함하는 강은 소입(Quenching)이 되어 경화하는 자경성(Self Hardening)을 나타내지만 시판되고 있는 것들은 탄소량이 적기 때문에 자경성이 적고 용접성이 우수하다.

그러나 용접개시점(Arc Strike) 등의 급열 급냉을 받으면 미세한 균열이 발생되기 쉬워 취성 파괴의 원인이 되기 때문에 적극 피하여야 한다.

5% Ni강 및 3.5% Ni강은 조질 처리에 의하여 결정립을 미세화하여 Notch 인성을 향상시킨 것으로 용접 열영향부에서는 조질 효과가 상실되어 인성이 저하한다. 통상적으로 32mm를 넘는 후판에 있어서는 100℃ 정도의 예열이 행해진다.

4.2.2.3. 9% Ni 강

9% Ni 강은 -196℃ 까지의 저온에서 사용된다. Al합금과 Stainless 강과 더불어 LNG 탱크용 재료로서 널리 이용되고 있으며 원자재비가 상대적으로 경제적인 재료이다.

9% Ni 강은 강도가 70Kg/mm2~80Kg/mm2 급인 HT-70~80에 상당하나, 용접성은 이들 보통의 고장력 강보다 우수하다. 용접 시공에 있어서도 예열은 필요치 않다.

그러나, 이 강에 적합한 용접 재료가 아직 충분하게 실용화 되어 있지 않은 것이 용접상 최대 결함이라고 할 수 있다.

9% Ni강은 Quenching & Tempering 혹은 2회의 Normalizing & Tempering 열처리에 의해 인성을 최대치로 만들고 있으나 용접 종료 후 용접 금속에 대해서 똑 같은 열처리를 가한다고 하는 것은 불가능에 가깝기 때문에 모재에 필적하는 저온 인성을 부여하는 것은 사실상 어렵다.

지금까지 주로 이용되고 있는 용접 재료는 고 Ni계의 Inconel이다.

용접 금속은 완전 Austenite 조직으로 되기 때문에 취성 파괴의 문제는 없으나 용착금속의 강도가 모재에 비해 낮고 고온 균열이 발생하기 쉬운 단점 및 용접 재료비가 고가라는 결점이 있다. 이러한 단점을 해결하기 위해 모재와 유사한 기계적 특성 및 조성을 가지고 있는 공금계(共金系, Metal of similar composition)의 용접 재료 개발이 활발히 이루어 지고 있으며, 실용화도 가까워 오고 있다.

표 4-14 9% Ni강용 용접 재료의 성분과 용착금속의 기계적 성질

용접법	용접 재료	화학성분의 일례(%)									용착 금속 특성 일례			
		C	Si	Mn	Ni	Cr	Mo	Nb	W	Fe	YP Mpa	TS Mpa	EL (%)	충격치 vE-195
SMAW	A	0.08	0.34	2.02	Bal.	14.3	4.0	1.7	0.6	9.8	421	686	45	6.8
	B	0.09	0.22	1.47	Bal.	12.3	2.4	1.4	-	6.5	431	686	40	5.7
	C	0.03	0.50	0.35	Bal.	1.9	18.3	-	2.8	7.4	451	725	46	8.1
		0.02	0.01	0.01	Bal.	2.0	19.1	-	2.9	5.5	470	764	49	15.0
SAW	B	0.03	0.12	1.70	Bal.	1.6	16.6	-	2.5	14.7	382	666	48	13.0
	C	0.03	0.74	0.58	Bal.	1.7	17.2	-	2.7	14.9	402	686	42	8.5

표 4-15 9% Ni강의 용접 이음부의 기계적 성질의 일례

재료	용접법	이음 현상	자세	인장강도Mpa (kgf/mm^2)	절곡 시험	충격치vE-196		
						Weld	Bond	HAZ
9% Ni강 용접재료	SMAW	Butt	하향	749.7(76.5) 746.8(76.2)	양호	10.8	11.0	16.4
	자동 TIG	Butt	입향	744.8(76.0) 735.0(75.0)	양호	11.2	15.2	11.2
	SAW	Butt	횡향	731.1(74.6) 732.1(74.7)	양호	11.4	9.8	11.6

(1) 9% Ni강의 용접 재료

9% Ni강의 용접 재료는 JIS Z3225 『피복 아아크 용접봉』 JIS Z3332 『TIG 용접봉 및 Wire』 JIS Z3333 『SAQ 와이어 및 Flux』 로 규격화 되어 있다.

피복 아크 용접은 70Ni-Cr계(Inconel계)가 일반적이고, 자동 용접은 전류를 높게 하기 때문에 Mo를 첨가하여 내고온 균열성을 개선한 70NiMo(Hastelloy계)가 사용되고 있다.

용접시에 강도와 인성을 확보하기 위해 모재와의 희석이 크게 되지 않도록 주의를 기울여야 한다. 또, 이 종류의 용접 재료를 사용하는 경우는 Crater에 균열 발생이 쉽기 때문에 균열이 남지 않도록 Crater부를 Grinder로 제거할 필요가 있다.

(2) 9% Ni강 요구 품질 특성

최근 LNG 저장 탱크는 효율을 증대시키기 위해 대형화되고 있는 추세이다. LNG 저장 탱크의 내벽에 적용되는 9% Ni강은 강도와 인성을 동시에 보유해야 하며, 특히 -162℃의 액화 천연 가스와 직접 접촉하기 때문에 극저온에서 인성이 요구된다.

일반적으로 적용되고 있는 ASTM과 JIS의 해당 규격 내용은 다음과 같다.

표 4-16 9% Ni강의 ASTM & JIS 규격

Specification			ASTM		JIS
			A553 Type I	A353	SL9N590
Chemical Composition * Product analysis	C		≤0.13		≤ 0.12
	Mn		≤0.90		≤ 0.90
	Si		0.15~0.40		≤ 0.30
	P		0.13~0.45*		≤ 0.025
	S		≤0.0035		≤ 0.025
	Ni		8.50~9.50 8.40~9.60*		8.50~9.50
Tensile Properties (Ksi)	0.2 Proof Strength (kgf/mm^2)		≥85.0 (59.8)	≥75.0 (52.8)	≥85.6 (60.0)
	Tensile Strength (kgf/mm^2)		100~120 (70.4~84.3)	100~120 (70.4~84.3)	-
	Elongation(%)		≥20.0	≥20.0	≥20.0
Impact Properties at - 196℃	Charpy Impact Energy (Joule)		L dir	T dir	
		Avg.	34	27	41
		Min	27	20	34
	Lateral Expansion		minimum 0.38mm		-
Maximum plate thickness			50.8mm(2inch)		50.0mm
Heat treatment			QT	NNT	QT

9% Ni강이 주로 사용되는 LNG 저장 탱크의 건설에 있어 관련 회사들은 탱크의 안정성 확보를 위해 규격보다 더 엄격한 요구를 하고 있다. 최근 발주된 탱크 공사에 적용된 설계사들의 요구 내용을 살펴보면 다음과 같다.

표 4-17 현장 저온 Tank 공사시 요구 사항(일례)

Classification	P, S (%)	YP (kgf/mm^2)	TS (kgf/mm^2)	vE-196(Joule)	Residual magnetism (Gauss)
KGCTKK	≤0.005	≥58	70~84	≥70	≥50
EEMUA		-	-	〉100 for base metal 〈35 for Weldment	

*KGC : Korea Gas Corporation
TKK : Toyo Kanetsu K.K
EEMUA : The engineering Equipment and Materials Users Association

또한 9% Ni강은 탱크 가동 기간 동안 대형 사고를 방지하기 위하여 -164℃에서 Crack 전파 정지 특성 및 초기 취성 파괴에 대한 저항성이 우수해야 한다.

저장 탱크가 안전하게 운영되기 위하여 일반적으로 요구되는 값은 다음과 같다.

표 4-18 저온 저장 Tank 운영 재료 기준

Properties	Required Value
CTOD(mm)	≥0.066 at -164℃
Kc(kgf mm/mm^2)	≥324 at -164℃
Kca(kgf mm/mm^2)	≥410 at -164℃, t=40mm

* CTOD : Crack Tip Opening Displacement
Kc : 재료가 취성 파괴를 일으키는 임계 파괴 인성 값
Kca : 전파 Crack를 정지시키는데 요구되는 임계 파괴 인성 값

일반적으로 이용되고 있는 고 Ni계 용접 재료는 고가이고 또 용접 금속의 0.2% 내력이 모재에 비해 낮기 때문 9% Ni강의 성능이 충분히 발휘되지 않는다. 이를 위해 모재와 동등의 강도와 인성을 갖는 공금 용접 재료의 개발이 행해지고 있고 기술적으로 실용화가 가능한 상태이다.

9% Ni강의 고 Ni계 이음부에서는 용접 금속의 내력(강도)이 낮기 때문에 열영향부의 정확한 인성 평가가 힘들다. 9% Ni강은 600℃ 이상의 온도에서 가열 가공하면 모재의 인성이 저하되기 때문에 다시 조질(Quenching & Tempering) 처리가 필요하다.

용접 후 응력 제거를 위해 점 가열 또는 선상 가열을 행하면 인성은 저하된다. 선상 가열에 의한 인성 변화의 일례를 보면, 600℃ 이상으로 가열되면 그 영향이 현저하게 된다.

(3) 극저온용 강의 용접

액체 He, 액체 수소 등의 극저온 탱크는 앞서 말한 LPG 및 LNG 탱크에 비해 소형이고, 저장 온도가 -269℃,-253℃로 낮다. 또 완전 이중 구조 방식이 요구되고 내외 구조 사이의 진공도를 유지하기 위해 외조는 높은 기밀성과 진공압에 견딜 수 있는 강도가 필요하다.

따라서 재질은 SUS 304L 또는 고인성 및 비자성의 특성을 가지고 있는 재료들이 사용되고 있다. 액체 He, 액체 수소등을 저장하는 극저온 탱크는 용접성이 뛰어나고, 저온에서도 조직이 안정, 취화되지 않고 더욱이 고강도로서 경제성도 뛰어난 것이 요구된다.

- INVAR : INVAR는 36% Ni 강으로서 열팽창 계수가 9% Ni강의 약 1/6로 아주 뛰어난 특성을 갖고 있다. 내력은 SUS 304LN과 거의 같은 정도이지만 조직은 Austenite로서 보다 안정되고, 자성 및 열적 변형이 문제되는 개소에 특히 기대되는 재료이다. 용접시 완전 Austenite계이기 때문에 고온 균열이 발생하기 쉽고, 특히 다층 용접중 재열 또는 보수 용접에서 균열이 발생하기 쉽다. INVAR의 용접 금속 재열부의 균열 감수성은 S, P의 증가에 따라 현저히 증가하기 때문에 SUS 304 정도로 개선하기 위해서는 S는 0.002% 이하로 제한하여야 한다. 특히 재열 균열의 방지를 위해 용접중 O_2 Pick up을 가능한 억제하여야 한다.

4.2.3. 저온강의 종류

4.2.3.1. 알루미늄킬드 강

저온용 탄소강인 알루미늄킬드 강은 약 -50℃까지 사용 가능한 강종이며, 제강시 탈산제로 알루미늄을 첨가하고 강중의 탄소를 제거함과 동시에 질소를 질화 알루미늄으로 고정시켜 결정립을 미세화 함으로서 저온 인성을 향상 한 것이다. 니켈강과는 달리 값이 싸고 유해원소인 C, P, H_2. N_2등의 함유량이 적고 기타 성분에서는 보통 사용되는 연강과 큰 차이가 없다.

4.2.3.2. 2.5%, 3.5% 니켈강

알루미늄킬드강에서 저온인성을 얻을 수 없는 저온도 범위 에서는 합금 성분으로 니켈을 첨가하여 저온인성을 더욱 개량한 니켈강이 사용된다. 니켈강으로 현재 실용 되는 것으로는 2.5, 3.5, 9%의 3종 이지만 이외에도 5%, 8%니켈강 등이 개발되고 있으나 별로 사용되지 않는다. 이들 강종은 니켈함유에 의한 저온인성을 충분히 발휘하기 위해 보통 압연 후에 일반적으로 템퍼링 열처리를 하지만 더욱 인성을 높이기 위해 담금질-풀림처리를 하는 경우도 있다. 니켈강은 담금질 성질이 알루미늄킬드 강보다 크므로 용접에 있어 열영향부(HAZ)의 경화성이 증대되나 탄소 함유량을 낮춤으로서 경화성을 약화시켰기 때문에 예열을 100~150℃ 정도로 하면 좋은 용접결과를 얻을 수 있다.

4.2.3.3. 9% 니켈강

낮은 저온도(-100℃이하)에서 사용되는 9% 니켈강은 그 용도가 주로 LNG의 수송용탱크, 저장용 탱크의 건조용이며 이 온도역 에서 충분한 인성을 얻기 위해 강중의 불순물을 극히 적게 하고 결정조직으로 마르텐사이트 상의 미세결정을 형성시켜 저온인성을 향상 시킨 것이다.

9% 니켈강은 니켈 함유량의 증가로 2.5% 니켈강 보다 담금질 경화성이 심하여 용접에 있어서 열영향부의 경화가 심하며 냉간균열 발생의 위험이 높지만 일반적으로 인코넬계 용접봉을 사용하기 때문에 실제로는 예열을 100℃ 정도로 하면 충분하리라 판단된다.

4.2.4. 저온용 강의 용접

저온용 강은 모두 저온에서 사용 되므로 취성 파괴를 일으킬 인자를 남기지 않도록한다. 또한 절단시 노치부를 남기지 않도록 주의한다. SAW 용접의 경우 알루미늄 킬드강은 단층용접도 가능하지만 니켈강에서는 단층의 대입열 용접으로는 열영향부의 인성이 저하되므로 원칙적으로 그루브(Groove)를 만들어 다층 용접으로 시공한다.

가접용접은 짧은 비드가 많으며 그곳이 급랭 되므로 담금질 경화성이 높은 니켈강 에서는 본용접과 동일한 방법으로 (예열등) 시공하지 않으면 안된다. 아크 스트라이크는 용접선을 벗어난 모재에 하지 않도록 주의하고 보강재, 지그 등도 용접후 제거 하였을 때 균열, 언더컷 등의 노치가 남지 않도록 주의 할것이 요구된다.

4.2.4.1. 피복아크용접(SMAW)

비교적 높은 온도역에서 사용되는 알루미킬드강의 용접봉은 고장력 저수소계를 사용하고 2.5% 니켈강에서는 같은 니켈 함유량의 용접봉 사용이 가능하다. 3.5% 니켈강에는 모재보다 니켈이 약간 높은 용접봉을 사용하던가 고니켈의 오스테나이트계 용접봉을 사용한다.

9% 니켈강에서는 이미 페라이트계의 동질 용접봉으로는 충분한 인성을 얻기 힘들고 현재는 고니켈 합금(인코넬)용접봉을 사용하고 있다. 이들 용접봉은 용접 금속중의 수소 함유량을 현저히 줄인 것으로 보관 중일 때도 흡습을 방지해야 하며 사용 할 때도 사전에 건조(350~400℃) 시켜서 사용할 필요가 있다.

4.2.4.2. 서브머어지드용접(SAW)

일반적으로 용접입열이 높기 때문에 이음부의 인성이 피복아크용접에 비해 저하된다. 이것은 용접속도가 빠르기 때문에 용접금속이 거칠은 수지상 결정을 나타내고 더욱이 탈산작용 등의 야금반응이 불충분 하여 용접금속 성분의 균일한 분산이 제대로 되지 못한데 기인하고 있다.

그러므로 심선과 프럭스의 결합을 고려하여 사용하여야 하며 사용목적, 적용규격에 맞는 강도 및 인성을 얻을 수 있는 결합을 선택하지 않으면 안된다. 플럭스 또한 사용전에 250℃ 정도의 건조가 필요하다.

4.2.4.3. 가스텅스텐아크용접(GTAW)

일반적으로 GTAW용접은 두꺼운 판에는 부적당 하며 작은 물체의 용접, 박판의 용접, 보수용접 등에 유효하다. 저온용강 에는 강관의 맞대기 이음의 초층 용접에 있어서 뒤 받침쇠 없이 루트(Root)부의 용입 및 이면비드를 얻을 목적으로 GTAW용접법이 잘 채택된다.

4.2.4.4. 가스메탈아크용접(GMAW)

가스메탈아크용접은 가스텅스텐아크용접, 피복 아크 용접에 비해 고전류로 용접하기 때문에 능률이 높은 용접법 이긴 하지만 알루미킬드강, 니켈강의 아래보기 용접에서는 SAW으로 이음을 얻을 수 있으므로 다른 이음에 사용하는 것이 상례이다.

4.2.4.5. 용접부 보수

맞대기 이음에서 표면 여성고가 너무 높으면 내피로 강도의 저하, 노치효과에 의한 취성 파괴의 원인이 되므로 두께에 따라 조금씩 다르지만 3mm 이상이 되지 않도록 한다. 그라인더로 표면비드를 연마할 경우 잘못하면 용접비드 양측의 모재를 깍아 먹어 판두께를 얇게 만들어 버릴 염려가 있으므로 주의 하여야 한다. 언더컷은 같은 종류의 결함은 지름이 작은 용접봉을 사용하여 보수하고 오버랩은 반드시 그라인더로 연마한다.

4.2.5. 응력제거 풀림 열처리

응력제거 풀림 열처리의 냉각 과정에서 서냉 됨에 따라 인성이 심하게 저하하는 성질이 있으므로 특별한 경우 (후판, 취성위험이 있는경우, 적용 법규상 요구되는경우)를 제외 하고는 일반적으로 응력제거 풀림 열처리를 할 필요는 없다. 특히, 풀림 열처리를 시행 하는 경우 모재의 풀림온도를 참고해서 보통 550~600℃의 범위로 가열하고 용접부의 최대 두께에 따라 정해진 유지시간을 지킨 후에 규정된 냉각 속도로 냉각한다.

400℃이상의 온도에서 가열속도는 220℃ X 25/t(1hr)이며 Max 220℃, Min 55℃이다. 냉각속도는 275℃ X 25/t (1hr) 로 하고 Max 275℃, Min 55℃로 적용한다.

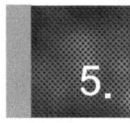

5. 스테인레스강(Stainless Steel)의 특성

5.1. 스테인레스강의 종류

스테인레스강이라고 하면 흔히 304, 316등을 연상하게 되고, 실제로 이러한 재질들이 현업에서 가장 많이 사용되는 재질 들이다. 그러나, 이러한 표기는 사실은 정확한 공식적인 재료명의 표기법은 아니다. 각 규격의 명명법에 따라 정확하게 표기한다고 하면, AISI 304 혹은 UNS S30400 등으로 표기해야 한다. 참고로 국내에서 많이 사용되는 일본과 한국 규격은 다음과 같은 기준으로 표기된다.

표 4-19 스테인레스강의 주 표기법

규 격	약 어	풀 이	실 례
일본 (JIS) 규격	SUS	Steel Use Stainless	SUS 304
한국 (KS) 규격	STS	Steel Type Stainless	STS 304
국제 규격	Type xxx SS	Type xxx Stainless Steel	(Type) 304 SS

Definition of Stainless Steel : 〉12wt%Cr & 〉50wt%Fe인 High alloy steel

하지만 여기에서는 자세한 재료의 표기법과 구분을 장황하게 설명하기 보다는 이해를 돕기 위해 그저 많은 사람들이 알고 있는 그대로 304, 316이라고 재료명을 구분하여 설명을 전개하고자 한다.

또한 스테인레스강은 그 재료의 표기명 뒤에 후기 첨자를 붙여서 세분하기도 한다. (예, A240-304L, 316N, 410S, 316H, 430F, 430FSe, 304LN, 302B)

다음은 ASTM을 기준으로 한 스테인레스강의 후기 표기의 의미이다.

표 4-20 스테인레스강 규격재료 후기 표기의 의미

후 기	의 미	추가 설명
L	Low Carbon (max. 0.03%)	'L' 없는 경우는 탄소량은 max. 0.08%임. 입계부식 등의 내식성과 용접성 향상.
S	Low Carbon (max. 0.08%)	'S' 없는 경우는 탄소량은 max. 0.15%임. 내식성, 용접성 향상
ELC	Extra Low Carbon (max. 0.015%)추가	입계부식 등의 내식성과 용접성 극히 향상, 강도 손실 가능. 주로 용접봉에 사용
ULC	Ultra Extra Low Carbon (max. 0.007%)추가	입계부식 등의 내식성과 용접성 극히 향상, 강도 손실 가능. 주로 용접봉에 사용
N	0.10 ~ 0.16%N 추가	'N' 없는 경우는 질소 함량이 max. 0.10%임. Mo와 동시 존재 시 내식성 크게 향상.
H	0.04 ~ 0.10% Carbon 추가	High Carbon을 의미함. 입자 조대화를 통해 고온에서 내식성보다 내Creep성을 요구하는 곳에 유효함. 구매 시 Grain Size: ASTM No. 5 and Coarse명기요
Cb	10 x C% min. ~ 1.10 max.에 상당하는 Cb 추가	고온 안정화원소(Cb) 첨가 강. 내 입계부식 저항성 향상.
Ti	5 x (C+N)% min. ~ 0.70% max. 에 상당하는 Ti 추가	고온 안정화원소(Ti) 첨가 강. 내 입계부식 저항성 향상. C의 고용도가 Cb보다 크므로 적은 량으로도 가능.
Mo	2.0 ~ 3.0 % Mo 추가	질산 등의 산화성 산을 제외한 분위기에서 내식성 향상.
Se	0.15% Selenium 추가	기계 가공면 향상, 열간 가공성 우수
B	2.0 ~3.0% Silicon 추가	고온 내 산화 Scaling성 향상
F	강종별 Sulfur증가(0.06~0.15%)	기계 절삭 가공성 향상 (Free Machined Grade)

상기 표기는 어느 스테인레스강에 붙여도 통용되는 공통 사항은 아니므로 ASTM등의 규격재료에 표기되어 있는 특성을 읽고 이해하는 데에만 활용해야 한다.

예를 들어 304L이라고 하면, 304 SS의 기본 성분에 탄소 함량이 0.03% 이하로 제한하여 용접부 입계부식 저항성을 높인 강종을 의미하고, 410S 라고 하면 410 SS의 기본 성분에 탄소량을 0.08% 이하로 제한하여 용접성과 가공성을 향상시킨 강종을 의미한다.

스테인레스강은 그 재료의 성분과 조직에 따라 다섯 가지로 크게 구분된다. 각 강종의 조직 구분은 주로 Chromium의 함량과 Nickel 의 유무 및 기타 원소의 함량에 따라 결정이 된다. 각 강종이 보여 주는 물리적, 기계적, 화학적 특성은 조직에 따라 구분이 되며, 이들 조직을 기준으로 다음과 같이 스테인레스강을 구분한다.

표 4-21 스테인레스강의 일반적인 구분과 특성

조직 분류	대표 강종	기본 조성	일반적인 주요 특성
Martensite	410 SS	13 Cr	1. 자성이 있고, 녹이 발생 할 수 있다. 2. 충격에 약하고 연신률이 작다. 3. 뛰어난 강도와 내 마모성이 있다. 4. 열처리에 의해 경화된다.
Ferrite	430 SS	18 Cr	1. 자성이 있다. 2. 충격에 약하고 연신률이 작다. 3. 용접구조물로 사용이 제한된다. 4. 열처리에 의해 경화되지 않는다.
Austenite	304 SS 316 SS	18 Cr - 8 Ni	1. 자성이 없고, 뛰어난 내식성이 있다. 2. 충격에 강하고, 연신률이 크다. 3. 열처리에 의해 경화되지 않는다. 4. Cr탄화물이 형성되는 예민화에 의해 고온 사용이 제한된다.
Precipitation Hardening	631 SS	16 Cr - 7 Ni - 1 Al	1. 자성이 없고, 양호한 내식성을 가진다. 2. 열처리후 높은 강도와 경도를 가진다.
Dulpex	SAF 2205 SAF 2507	18 ~ 30 Cr - 4 ~ 6 Ni - 2 ~ 3 Mo	1. 오스테나이트 스테인레스강의 단점을 보완한 강종, 페라이트(Ferrite)기지위에 오스테나이트가 50 %정도 공존하는 조직이다. 2. 페라이트보다 양호한 인성, 오스테나이트 보다 월등한 기계적 강도가 있다. 3. 열팽창계수가 작고, 열전도도가 높다.

5.2. 스테인레스강의 종류별 특성

스테인레스강은 그 합금 성분과 조직의 특성에 따라서 다양한 성질을 나타낸다. 개략적인 사용상의 특성을 다음 표에 정리한다.

표 4-22 스테인레스강의 종류별 특성

강 종	AISI	화학 조성	특 성							
			자성	가공성	내식 내산화	고온 강도	저온 강성	소입성	용접	열처리
Martensite계	410	13Cr-0.1C	유	○	○	○	△	유	△	예열 후열
Ferrite계	430	18Cr-0.1C	유	◎	◎	△	△	무	△	예열 후열
Austenite계	304	18Cr-8Ni	무	⊙	⊙	⊙	⊙	무	⊙	
Duplex계	2205 2507	18 ~ 30 Cr - 4 ~ 6 Ni - 2 ~ 3 Mo	유	⊙	⊙	△	⊙	무	△	

◎ : 우수, ⊙ : 양호, ○ : 보통, △ : 저하

5.3. 스테인레스강의 성질

5.3.1. 물리적 성질

일반적으로 사용되는 300계열의 오스테나이트계 스테인레스강을 기준으로 한 대략적인 탄소강과의 비교 하면 다음과 같다.

- 스테인레스강 은 높은 전기 비저항으로 용접시 발열이 심하고(탄소강의 약 3배)
- 저항이 큰 만큼 열전도율도 떨어지고 따라서 냉각속도가 느려진다. (탄소강의 1/3정도)
- 또한, 열팽창계수가 커서 변형이 심하게 된다. 변형을 최소화 하기 위해서는 가급적 낮은 전류를 사용하는 것이 좋다. 통상적으로 일반 연강 용접시 보다 10% 전류를 낮추어 용접하는 것을 추천한다.

표 4-23 대표적인 스테인레스강의 물리적 성질

강종 구분		물리적 성질					
Type	UNS No.	밀도 (mg/cm³)	열전도도 (W/m-K) 100℃	열전도도 (W/m-K) 500℃	비열 (J/Kg-K) at 0~100℃	전기비저항 (μ Ω-cm)	융점 (℃)
201	S20100	7.8	16.2	21.5	500	69	1400 ~ 1450
202	S20200	7.8	16.2	21.5	500	69	1400 ~ 1450
205	S20500	7.8			500		
301	S30100	8.0	16.3	21.5	503	72	1400 ~ 1420
302	S30200	8.0	16.2	21.5	500	72	1400 ~ 1420
302B	S30215	8.0	15.9	21.6	500	72	1375 ~ 1400
303	S30300	8.0	16.2	21.5	500	72	1400 ~ 1420
304	S30400	8.0	16.3	21.5	502	72	1400 ~ 1450
304L	S30403	8.0			500	72	1400 ~ 1450
S30430	S30430	8.0	11.2	21.5	500	72	1400 ~ 1450
304N	S30451	8.0			500	72	1400 ~ 1450
305	S30500	8.0	16.2	21.5	503	72	1400 ~ 1450
308	S30800	8.0	15.2	21.6	500	72	1400 ~ 1420
309	S30900	8.0	15.6	18.7	500	78	1400 ~ 1450
310	S31000	8.0	14.2	18.7	500	78	1400 ~ 1450
314	S31400	7.8	17.5	20.9	500	77	
316	S31600	8.0	16.2	21.6	502	74	1375 ~ 1400
316L	S31603	8.0					1375 ~ 1400
316N	S31651	8.0			500	74	1375 ~ 1400
317	S31700	8.0	16.2	21.5	500	74	1375 ~ 1400
317L	S31703	8.0	14.4		500	79	1375 ~ 1400
321	S32100	8.0	16.3	22.2	500	72	1400 ~ 1425
329	S32900	7.8			460	75	
330	N08330	8.0			460	102	1400 ~ 1425
347	S34700	8.0	16.1	22.2	500	73	1400 ~ 1425

표 4-23 대표적인 스테인레스강의 물리적 성질

강종 구분		물리적 성질					
Type	UNS No.	밀도 (mg/cm^3)	열전도도 (W/m-K) 100℃	열전도도 (W/m-K) 500℃	비열 (J/Kg-K) at 0~100℃	전기비저항 (μ Ω-cm)	융점 (℃)
384	S38400	8.0	16.2	21.5	500	79	1400 ~ 1450
405	S40500	7.8	27.0		460	60	1480 ~ 1530
409	S40900	7.8	24.9		480	57	1480 ~ 1530
410	S41000	7.8	24.9	28.7	460	57	1480 ~ 1530
414	S41400	7.8	24.9	28.7	460	70	1425 ~ 1480
416	S41600	7.8	24.9	28.7	460	57	1480 ~ 1530
420	S42000	7.8	24.9		460	55	1450 ~ 1510
422	S42200	7.8	23.9	27.3	460		1470 ~ 1480
429	S42900	7.8	25.6		460	59	1450 ~ 1510
430	S43000	7.8	26.1	26.3	460	60	1425 ~ 1510
430F	S43020	7.8	26.1	26.3	460	60	1425 ~ 1510
431	S43100	7.8	20.2		460	72	
434	S43400	7.8		26.3	460	60	1425 ~ 1510
436	S43600	7.8	23.9	26.0	460	60	1425 ~ 1510
440A	S44002	7.8	24.2		460	60	1370 ~ 1480
440C	S44004	7.8	24.2		460	60	1370 ~ 1480
444	S44400	7.8	26.8		420	62	
446	S44600	7.5	20.9	24.4	500	67	1425 ~ 1510

5.3.2. 기계적 성질

스테인레스강의 기계적 성질은 각 강종별로 매우 다양한 특징을 보이고 있다. 아래의 표는 ASTM A240에 제시되어 있는 각종 스테인레스강의 기계적 성질을 정리한 것이다. 그러나, 여기에 제시된 값은 마르텐사이트계 스테인레스강의 열처리 조건에 따른 기계적 성질의 다양한 변화는 고려하지 않았으며, 단지 ASTM에 제시된 기준 값만을 표기한다.

표 4-24 ASTM A240에 따른 스테인레스강의 기계적 시험 요구 사항 (ASTM 98 Ed.)

UNS No.	Type	기계적 시험 요구 사항							
		인장강도		항복강도		연신율	경도		Cold
		ksi	Mpa	Ksi	Mpa	(%)	BHN	HRB	Bend
Austenitic (Chromium-Nickel) (Chromium-Manganese-Nickel)									
N80367									
Sheet & Strip		104	715	46	315	30.0		100	N.R
Plate		95	655	45	310	30.0	241		N.R
N08904		71	490	31	220	35.0		90	N.R
S20100	201-1	95	655	38	260	40.0		95	

UNS No.	Type	기계적 시험 요구 사항							
		인장강도		항복강도		연신율	경도		Cold
		ksi	Mpa	Ksi	Mpa	(%)	BHN	HRB	Bend
S20100	201-2	95	655	45	310	40.0	217	100	
S20103	201L	95	655	38	260	40.0	217	95	N.R
S20153	201LN	95	655	45	310	45.0	241	100	N.R
S20161		125	860	50	345	40.0	255	25[A]	N.R
S20200	202	90	620	38	260	40.0	241		
S20400		95	655	48	330	35.0	241	100	N.R
S30100	301	75	515	30	205	40.0	217	95	N.R
S30200	302	75	515	30	201	40.0	201	92	N.R
S30400	304	75	515	30	205	40.0	201	92	N.R
S30403	304L	70	485	25	170	40.0	202	92	N.R
S30409	304H	75	515	30	205	40.0	201	92	N.R
S30415		87	600	42	290	40.0	217	95	N.R
S30451	304N	80	550	35	240	30.0	201	92	N.R
S30453	304LN	75	515	30	205	40.0	201	92	N.R
S30500	305	75	515	30	205	40.0	183	88	N.R
S30600		78	540	35	240	40.0			
S30601		78	540	37	255	30.0			N.R
S30615		90	620	40	275	35.0	217	95	N.R
S30815		87	600	45	310	40.0	217	95	
S30908	309S	75	515	30	205	40.0	217	95	N.R
S30909	309H	75	515	30	205	40.0	217	95	N.R
S30940	309Cb	75	515	30	205	40.0	217	95	N.R
S30941	309HCb	75	515	30	205	40.0	217	95	N.R
S31008	310S	75	515	30	205	40.0	217	95	N.R
S31009	310H	75	515	30	205	40.0	217	95	N.R
S31040	310Cb	75	515	30	205	40.0	217	95	N.R
S31041	310HCb	75	515	30	205	40.0	217	95	N.R
S31254		94	650	44	300	35.0	223	96	N.R
S31600	316	75	515	30	205	40.0	217	95	N.R
S31603	316L	70	485	25	170	40.0	217	95	N.R
S31653	316LN	75	515	30	205	40.0	217	95	N.R
S31609	316H	75	515	30	205	40.0	217	95	N.R
S31635	316Ti	75	515	30	205	40.0	217	95	N.R
S31640	316Cb	75	515	30	205	30.0	217	95	N.R
S31651	316N	80	550	35	240	35.0	217	95	N.R
S31700	317	75	515	30	205	35.0	217	95	N.R
S31725		75	515	30	205	40.0	217	95	N.R
S31726		80	550	35	240	40.0	223	96	N.R
S31703	317L	75	515	30	205	40.0	217	95	N.R

UNS No.	Type	기계적 시험 요구 사항							
		인장강도		항복강도		연신율	경도		Cold
		ksi	Mpa	Ksi	Mpa	(%)	BHN	HRB	Bend
S31753	317LN	80	550	35	240	40.0	217	95	N.R
S31200	321	75	515	30	205	40.0	217	95	N.R
S32109	321H	75	515	30	205	40.0	217	95	N.R
S32615		80	550	32	220	25			N.R
S32654		109	750	62	430	40.0	250		N.R
S33228		73	500	27	185	30.0	217	95	N.R
S34565		115	795	60	415	35.0	241	100	N.R
S34700	347	75	515	30	205	40.0	201	92	N.R
S34709	347H	75	515	30	205	40.0	201	92	N.R
S34800	348	75	515	30	205	40.0	201	92	N.R
S34809	348H	75	515	30	205	40.0	201	92	N.R
S35315		94	650	39	270	40.0	217	95	N.R
S38100	XM-15	75	515	30	205	40.0	217	95	N.R
S30452									
Sheet & Strip	XM-21	90	620	50	345	30.0	241	100	N.R
Plate		85	585	40	275	30.0	241	100	N.R
S31050	310MoLN	80	550	35	240	30	217	95	N.R
S21600									
Sheet & Strip	XM-17	100	690	60	415	40.0	241	100	N.R
Plate		90	620	50	345	40.0	241	100	N.R
S21603									
Sheet & Strip	XM-18	100	690	60	415	40.0	241	100	N.R
Plate		90	620	50	345	40.0	241	100	N.R
S20910									
Sheet & Strip	XM-19	105	725	60	415	30.0	241	100	N.R
Plate		100	690	55	380	35.0	241	100	N.R
S24000									
Sheet & Strip	XM-29	100	690	60	415	40.0	241	100	N.R
Plate		100	690	55	380	40.0	241	100	N.R
S21400									
Sheet & Strip	XM-31	125	860	70	485	40.0			N.R
Plate		105	725	55	380	40.0			N.R
S21800		95	655	50	345	35.0	241		N.R
Duplex (Austenite-Ferritic)									
S31200		100	690	65	450	25.0	293	31[A]	N.R
S31260		100	690	70	485	20.0	290		

UNS No.	Type	기계적 시험 요구 사항							
		인장강도		항복강도		연신율	경도		Cold
		ksi	Mpa	Ksi	Mpa	(%)	BHN	HRB	Bend
S31803	2205	90	620	65	450	25.0	293	31^A	N.R
S32205	2205	90	620	65	450	25	290	32^A	
S32304	2304	87	600	58	400	25.0	290	32^A	N.R
S32550	255	110	760	80	550	15.0	302	32^A	N.R
S32750	2507	116	795	80	550	15.0	310	32^A	N.R
S32760		108	750	80	550	25.0	270		N.R
S32900	329	90	620	70	485	15.0	269	28^A	N.R
S32950		100	690	70	485	15.0	293	32^A	N.R
Ferritic or Martensitic (chromium)									
S32803		87	600	72	500	16.0	241	100	N.R
S40500	405	60	415	25	170	20.0	179	88	180
S40900	409	55	380	25	205	20.0	179	88	180
S40945		55	380	30	205	22.0		80	180
S41000	410	65	450	30	205	20.0	217	96	180
S41008	410S	60	415	30	205	22.0	183	89	180
S41045		55	380	30	205	22.0		80	180
S41050		60	415	30	205	22.0	183	89	180
S41500		115	795	90	620	15.0	302	32^A	N.R
S42900	429	65	450	30	205	22.0	183	89	180
S43000	430	65	450	30	205	22.0	183	89	180
S43035	439	60	415	30	205	22.0	183	89	180
S44400		60	415	40	275	20.0	217	96	180
S44500		62	427	30	205	22		83	180
S44626	XM-33	68	470	45	310	20.0	217	96	180
S44627	XM-27	65	450	40	275	22.0	187	90	180
S44635		90	620	75	515	20.0	269	28^A	180
S44660		85	585	65	450	18.0	241	100	150
S44700		80	550	60	415	20.0	223	20^A	180
S44735		80	550	60	415	18.0	255	25^A	180
S44800		80	550	60	415	20.0	223	20^A	180
S46800		60	415	30	205	22		90	180

Note A : Rockwell C Scale의 측정값.

5.4. 페라이트계 스테인레스강(Ferritic Stainless Steel)

페라이트계(Ferritic) 스테인레스강은 니켈(Ni)을 함유하지 않은 저탄소 고크롬(high Chromium) 강으로서 고온에서도 상온 때와 같이 페라이트(Ferrite)가 안정상이며, 고온에서 급냉하여도 소입경화(Quench Hardening) 등이 없고 단지 냉간가공에 의해서 약간 경화되고 자성을 띤다. 녹이 발생하지 않는 스테인레스강으로 구분되기는 하지만, 실외에서는 약간의 녹이 발생하는 문제점이 있다.

탄소량이 많아지면, 고온에서 오스테나이트(Austenite) 상이 형성되고, 급냉에 의해 마르텐사이트(Martensite)로 변태하는 경우도 있다, 따라서, 탄소함량이 커지면 소입경화능이 생기므로 탄소의 함량을 0.12%이하로 제한하고 있다.

표 4-25 Ferrite계 스테인레스강의 화학성분

AISI 명	화학 성분 (Max. Wt. %)						
	C	Si	Mn	P	S	Cr	Mo	기타
405	0.08	1.0	1.0	0.04	0.03	11.5 ~ 14.5		Al : 0.1 ~ 0.3
429	0.12	1.0	1.0	0.04	0.03	14.0 ~ 16.0		
430	0.12	0.75	1.0	0.04	0.03	16.0 ~ 18.0		
430F	0.12	1.0	1.25	0.06	0.15	16.0 ~ 18.0	0.6	
430FSe	0.12	1.0	1.25	0.06	0.06	16.0 ~ 18.0		Se : 0.15% 이상
434	0.12	1.0	1.0	0.04	0.03	16.0 ~ 18.0	0.75 ~ 1.25	
442	0.2	1.0	1.0	0.04	0.03	18.0 ~ 23.0		
446	0.2	1.0	1.5	0.04	0.03	23.0 ~ 27.0		N : 0.25

Note : KS와 JIS에서는 최대 0.6% 까지의 Ni 함유를 허용한다.

일반부식에 강하고, 고온에서의 산화가 적으며, 황부식(sulfidation)과 H_2S및 염소(Chloride) 분위기에서의 부식저항성이 크고, 열처리에 의해 경화되지 않는 특성이 있다. 반응기의 내부 내식용 육성 용접 재료(Strip Lining)등으로 일부 이용되기도 하며, 용접시에 경화성이 없으므로 예열 및 후열 처리가 불필요하다. 최대 사용온도는 475℃(885°F)에서의 취성으로 인해 343℃(650°F)정도로 제한된다. 그림 4-22는 13Cr강을 982도에서 급냉한 후에 3시간 동안 소려(Tempering)한 소재의 충격에너지값의 열처리 온도에 따른 변화를 보여 주고 있다.

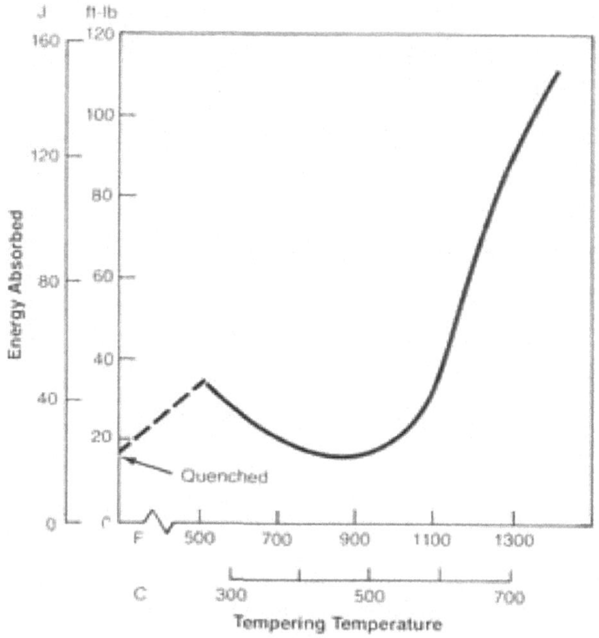

그림 4-22 소려 온도에 따른 13Cr강의 충격 에너지값의 변화

표 4-26 Ferrite계 Stainless Steel의 특징과 용도

AISI 명	주요 특징과 용도
405	- Al이 함유되어 용접후 자경성이 감소한다. - Turbine Blade, 용접용 재료로 사용된다. 냉동 공업, 의약, 화학공업등에 사용된다.
429	- 430의 용접성을 개량한 강종이다. 그외는 430과 동일하다.
430	- 대표적인 Ferrite계 Stainless Steel이다. - 압연이 용이하고, 가격이 저렴하다. 방열기, 자동차 부품, 화학설비등에 사용된다.
430F 430FSe	- 430의 절삭성을 개량한 강종이다. 단조성이 좋고, 자동 선반용 재료로 사용된다.
434	- 430의 개량 강종으로 염분에 강하다 자동차 외장용으로 사용된다.
442	- 내식성은 430과 동일한 수준이다. 고온용 재료로 사용된다.
446	- 내산화성이 가장 우수하다. - S가 함유된 분위기에 사용된다. - N은 결정립 성장을 방지한다. - 고온용, 화학 공업용, 입욕 전극봉의 재료로 사용된다.

용접시 HAZ(열영향부)부의 조직이 조대화되고, 인성이 급격히 저하하며, 550 ~ 850℃ 사이에서 Fe-Cr의 금속간 화합물이 생겨 취성이 발생하므로 용접 구조물로는 사용이 제한된다. 주로 사용되는 용접봉은 E309계열의 용접봉이 사용되고 열처리가 요구될 때는 E430 or Ni-Cr-Fe계의 용접봉을 사용한다. E309로 용접한 구조물은 260℃(500°F)이상에서 사용하면 모재와의 열팽창계수의 차이로 인해 높은 응고수축 응력이 발생하므로 E309의 최대 사용온도는 이보다 하향으로 제한된다.

현업에서 자주 사용되는 410S SS는 마르텐사이트계 스테인레스강(Martensitic Stainless Steel)인 410 SS에서 탄소의 함량을 0.08%이하로 규제되고, 니켈이 최대 0.60%로 제한된 강종이다. 탄소함량이 작아서 양호한 용접성을 가지고 있다.

ASME Code에서는 410S SS를 페라이트계 스테인레스강으로 구분하여 P No.7으로 관리하지만, 실제로는 P No. 6번인 마르텐사이트계 스테인레스강으로 구분하고 있다.

5.4.1. 입계예민화

페라이트계의 입계 예민화는 그리 많은 사례가 보고 되고 있지는 않으나, 크롬탄화물 혹은 질화물의 형성에 의한 내식성의 저하는 고온에서 장시간 사용하거나 고온에 노출된 기자재의 내식성 측면에서 분명한 문제점이 될 수 있다.

내식성을 갖기 위해서는 최소한 12%의 크롬 함량이 유지되어야 한다.

표 4-27 페라이트계 스테인레스강의 재료 특성 및 용접성

Type	대표 강종	재료 특성 및 용접성
Ferritic (12~30% Cr)	405 SS (13 % Cr)	• 최대 사용온도는 475℃(885°F)에서의 Embrittlement로 인해 343℃(650°F) 정도로 제한된다.
	430 SS (17% Cr)	• 용접시 HAZ(용접열영향부)의 인성이 급격하게 저하하여 용접 구조물로는 사용이 제한 된다.
		• 용접시 HAZ부의 입자성장이 급속하게 이루어 지고, 550 ~ 850℃ 사이에서 Fe-Cr의 금속간 화합물이 생겨 취성이 발생하므로 용접 구조물로의 사용이 제한된다.
		• Column의 Strip Lining등으로 일부 이용되기도 하며, 용접시에 경화성이 없으므로, 예열 및 후열처리가 필요없다.
		• 일반 부식에 강하고, 고온산화가 적으며, S부식과 H_2, H_2S및 Chloride분위기에서의 저항성이 강하다.
		• 주로 사용되는 용접봉은 E309가 사용되고, 열처리가 요구될 경우에는 E430 or Nickel-Chromium-Iron계 용접봉을 사용한다.
		• E309로 용접한 구조물은 260℃(500°F)이상에서 사용하면, 모재와의 열팽창계수의 차이로 인해 높은 응고수축응력이 발생하므로 최대 사용온도가 이보다 하향으로 제한된다.
		• 410S SS는 Martensitic Stainless Steel인 410 SS에서 Carbon이 0.08% 이하로 규제되고, Nickel이 Max.0.60%로 미량의 차이가 나며, 양호한 용접성을 가진 재료이다.
		• 410S SS는 용접시에 410 SS와는 달리 P No. : 7의 Ferrite 스테인레스강으로 분류된다(410 SS는 Carbon : 0.15%, Nickel 0.75%로 P No. : 6인 Martensitic 스테인레스강이다).

입계예민화에 대한 대책으로 저탄소강을 사용하거나 질소의 함량을 줄이는 방안을 적용하고 있으며, 오스테나이트계와 마찬가지로 안정화 원소를 넣은 강종을 적용한다. Ti을 넣은 강종을 409라고 하고, Nb을 넣은 강종을 436이라고 부른다.

5.5. 마르텐사이트계 스테인레스강(Martensitic Stainless Steel)

마르테사이트계 스테인레스강은 페라이트계 스테인레스강과 매우 유사한 특성을 보이지만 가장 큰 차이점은 열처리에 의해 경화된다는 점이다. 마르테사이트계 스테인레스강은 소입(Quenching)에 의해 고온에서 안정한 오스테나이트가 마르텐사이트로 변태하여 경화되며, 페라이트와 마찬가지로 자성을 가진다. 스테인레스강종중에 유일하게 열에 의해 경화되는 특징이 있다.

410 / 410S로 대표되는 이 재질은 페라이트계 스테인레스강과 마찬가지로 고온에서의 산화가 적으며, 황부식과 H_2S및 염소분위기에서의 저항성이 커서 VCM, PVC등의 화학공장에 많이 사용된다.

직접 압력 부재로 제작되는 철판상태 보다는 반응기 등의 내부 내식용/내마모용 육성 용접재료로 주로 사용되며, 용접시에 경화도를 줄이기 위해 탄소함량이 작은 저탄소계 410S SS가 주로 사용된다. 높은 강도와 내 마모성을 가지고 있어서, 밸브의 디스크(Disk)나 시트링(Seat Ring)의 본 재료 혹은 육성용접용 재료로 사용되기도 한다.

표 4-28 마르텐사이트계 스테인레스강의 화학성분

AISI 명	화학 성분 (Max. Wt. %)							
403	C	Si	Mn	P	S	Ni	Cr	Mo	기타
403	0.15	0.5	1.0	0.04	0.03		11.5~13		
410	0.15	1.0	1.0	0.04	0.03		11.5~13		
414	0.15	1.0	1.0	0.04	0.03	1.25~2.5	11.5~13.5		
416	0.15	1.0	1.25	0.06	0.15		12~14	0.6	
416Se	0.15	1.0	1.25	0.06	0.06		12~14		Se: 0.15 이상
420	0.15 이상	1.0	1.0	0.04	0.03		12~14		
420F	0.15 이상	1.0	1.25	0.06	0.15	0.6	12~14	0.06	
431	0.2	1.0	1.0	0.04	0.03	1.25~2.5	15~17		
440A	0.6~0.75	1.0	1.0	0.04	0.03		16~18	0.75	
440B	0.75~0.95	1.0	1.0	0.04	0.03		16~18	0.75	
440C	0.95~1.2	1.0	1.0	0.04	0.03		16~18	0.75	

인성이 작고, 강한 인장 응력이 있으나, 연신이 작아서 충격에 쉽게 파단 된다. 이러한 이유로 '95년도 ASME Code에서는 스테인레스강 중에서 유일하게 충격시험(Impact Test)을 요구하였으나, 이후 Addenda에서는 이 규정이 삭제되었다. 440 ~ 450℃에서는 탄화물이 석출하여 충격치가 급격히 감소하므로 사용이 제한된다. 통상 상용 온도는 -29 ~ 440℃정도 이다.

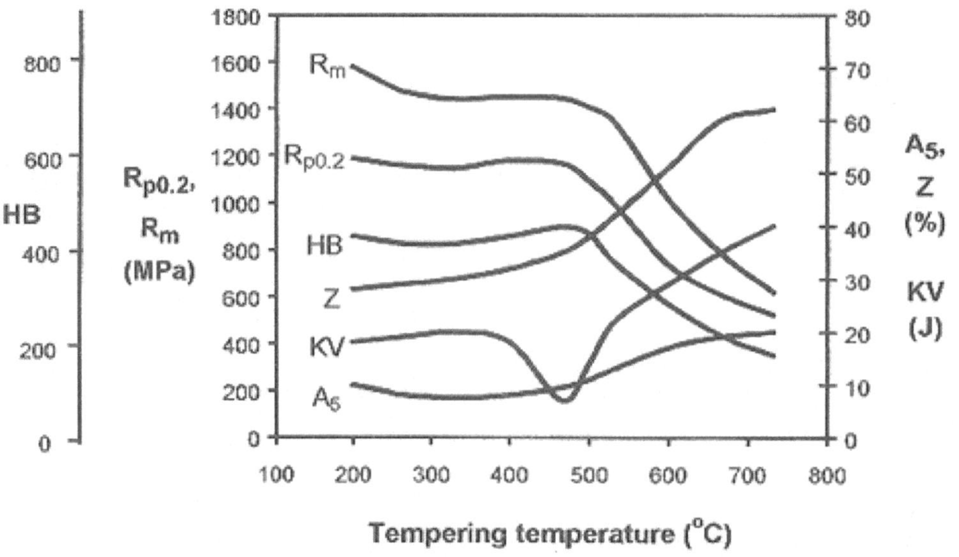

그림 4-23 AISI 431강의 소려온도에 따른 기계적 성질의 변화

위 그림 4-23은 AISI 431강을 1020도에서 급냉한 후에 소려 온도에 따른 기계적 특성의 변화를 보여 주고 있다. 그림에 나타난 바와 같이 400도를 넘어 서면 기계적 특성에 문제점이 발생하는 것으로 확인된다.

내식성은 소입 상태가 가장 좋고, 소입(Quenching) 후 소려(Tempering)시는 저온에서 하는 것이 좋다. 500 ~ 650℃에사 가열하면 미립의 탄화물이 석출하여 기지의 고용 Cr량이 감소되어 내식성이 떨어진다. 650℃ 이상에서는 Cr의 재고용으로 내식성이 다시 향상된다.

저 탄소강인 13% 및 16% Cr강과 2%의 Ni이 함유된 431강종은 내식 구조용으로 사용되고, 고탄소계의 440등은 내 마모용으로 사용된다.

표 4-29 마르텐사이트계 스테인레스강의 특징과 용도

AISI 명	주요 특징과 용도
403	• 자경성(Self Hardening)이 있다. Turbine Blade, Valve, Jet Engine 등의 높은 응력이 요구되는 곳에 사용된다.
410	• 높은 경도를 나타낸다. • 내식성이 우수하다. Valve Seat, Shaft등의 일반 기계 부품으로 사용된다.
414	• 410 보다 고강도 용으로 사용된다. • 410의 성형성, 내식성을 향상시킨 강이다. • Ni의 첨가로 인성이 좋고 내식성도 우수한다. Shaft, Knife, Spring등으로 사용된다.
416	• 스테인레스강중에 기계 가공성이 가장 우수하다. 쾌삭강으로 Valve, Shaft, Bolt, Nut등으로 사용된다.
416Se	• 416의 절삭성을 더욱 향상 시킨 강이다. 절삭성은 좋지만, 기계 가공성은 떨어진다.
420	• 열처리에 의해 높은 경도를 얻을 수 있다. • 내식성 양호하다. Knife, 외과용 기구 등에 사용된다.
420F	• 급냉시 420 보다 더 높은 경도를 얻을 수 있다. Bolt, Nut, Valve 의 재료로 사용된다.
431	• Ni의 첨가로 인성이 개량된 강종이다. • 마르텐사이트 스테인레스강중에 최고의 내식성을 가진다. 선박용 Shaft, 제지 기계, Spring, Bearing등으로 사용된다.
440A 440B 440C	• 스테인레스강중에 최고의 경도를 나타낸다. • A, B, C 순으로 내 마모성이 증가하지만, 내식성과 인성은 감소한다. Valve Seat, Knife, 외과용 기구, 절단기, Bearing등에 사용된다.

가장 많이 사용되는 410S는 용접조건이 부적절하면 경화가 극심하고, HAZ부(열영향부)가 조대화되며, 조직과 내부응력의 불균일화(잔류응력)로 인해 사용중에 응력부식 균열이나 수소취성이 발생하기 쉽다. 용접은 주로 E309 or Ni-Cr-Fe계와 E410의 용접봉으로 실시한다. E309 or Ni-Cr-Fe로 용접하면 ASME Sec.VIII UHA-32에 따라 열처리를 면제 받을 수 있는 방법이 있으나, E410으로 용접하면 두께에 무관하게 용접 후 열처리를 실시해야 한다.

마르테사이트계 스테인레스강은 염소(Chloride)분위기에 강하지만 오스테나이트계 스테인레스강 (Austenitic Stainless Steel) 용접봉으로 용접할 경우에는 오스테나이트계 스테인레스강 용접금속이 염소(Chloride)에 약한 특성으로 인해 부득이 E410용접봉을 사용한다. 용접시에는 예열이 반드시 필요하고, 후열은 모재의 두께와 사용되는 용접봉의 종류 및 예열조건에 따라 결정된다. 자세한 사항은 ASME Sec.VIII UHA-32에 따라 시행한다.

사용되는 용접재료 마다 예열, 후열조건과 적용되는 특성이 다소 다르다. 일본 Kobe용접봉을 기준으로 분류한 개략적인 화학성분과 용접 적용 방법은 다음의 표 4-30과 같다. 표기에 나타난 용접봉 종류의 309 SS, 410 SS, Ni-Cr-Fe는 편의상 재료의 분류를 한 것으로, 정확한 표기는 ASME Sec II Part C에 따라 SFA No.와 함께 E / ER 309등으로 표기하여야 하지만 여러분의 이해를 돕기 위해 편의상 용접봉의 호칭으로 구분하였다.

위에서 제기한 용접부의 응력부식균열이나 수소취성 발생의 위험성을 방지하기 위해 Carbon을 0.1%이하로 줄이고, Nickel 4%와 Molybdenum 0.5%를 추가한 F6NM, CA6NM 등의 대체 사용도 추천된다.

다음의 내용은 410 / 410S SS를 기준으로 적용되는 용접봉의 종류와 사용기준을 제시한 것이다. 적용되는 용접 조건은 용접봉 Maker마다 조금씩 다를 수 있으나, 큰 차이는 없으므로 Kobe 용접봉을 기준으로 한 다음의 분류를 그대로 수용해도 무방하다.

표 4-30 410 /410S용 용접봉의 화학성분(Kobe용접봉 기준)

용접봉 종류		C	Si	Mn	P	S	Ni	Cr	Nb	others	AWS No.
309 SS	NC-39	0.08	0.45	1.61	0.021	0.003	12.51	23.87	-	-	A5.4 E309-16
	NCA-309	0.06	0.23	1.45	0.023	0.004	13.09	24.01	-	-	
	HIMELT -309	0.07	0.26	1.09	0.018	0.004	12.41	23.91	-	-	
410 SS	CR-40	0.08	0.37	0.29	0.020	0.003	-	13.37	-	-	A5.4 E410-16
	CR -40Cb	0.08	0.37	0.43	0.018	0.003	-	13.37	0.77	Al, Ti	
Ni-Cr -Fe	Nic -70A	0.05	0.25	3.14	0.006	0.005	70.66	14.46	2.17	Fe:9.24 Co:0.03	A5.11 ENiCrFe-1 * 1
	NIC -703D	0.06	0.34	6.55	0.004	0.003	69.40	13.90	1.80	Fe:7.90 Ti:0.01 Co:0.03	A5.11 ENiCrFe-3 * 2

* 1 : Inconel Welding Electrode 132 , * 2 : Inconel Welding Electrode 182

* 가장 널리 상용되는 Inco Alloy사의 NiCrFe-x계의 용접봉은 다음과 같다.

SMAW : Inconel Welding Electrode 112 / 132 / 152 /182

SMAW : Inconweld A / B Electrode

GTAW / GMAW : Inconel Filler Metal 52 / 62 / 82 / 92

SAW : Inconel Filler Metal 82

표 4-31 410/410S 용접시 용접 조건 비교 (용접봉의 특성 기준)

용접봉 종류		예열 조건(℃)	층간 온도(℃)	후열 조건(℃)	용접전류(3.2Ø, F, HF기준)
309 SS	NC-39	-	-	-	70~115 A(AC or DC-EP)
	NCA-309	-	-	-	70~115 A(AC or DC-EP)
	HIMELT-309	-	-	-	80~140 A(AC or DC-EP)
410 SS	CR-40	200~400℃	200~400℃	700~760℃	70~115 A(AC or DC-EP)
	CR-40Cb	100~250℃	100~250℃	700~760℃	70~115 A(AC or DC-EP)
Ni-Cr -Fe	Nic-70A	-	-	-	70~115 A(AC)
	NIC-703D	-	-	-	80~110 A(DC-EP)

표 4-32 410/410S 용접시 적용되는 용접봉의 용도별 적용 기준

용접봉 종류		적용 용도 및 특성
309 SS	NC-39 NCA-309 HIMELT-309	• 22%Cr-12%Ni의 309S SS의 용접에 적용되며, carbon steel이나 low alloy 등의 이종 금속의 용접에 주로 사용된다. • Lime-titania계 용접봉으로 고(高)전류에서 고(高)능률의 용접을 시행할 수 있다. • Ferrite를 포함한 오스테나이트 조직의 용접금속으로 좋은 용접성과 내 부식성, 고온 특성을 나타낸다. • 합금원소의 양이 많고 안정된 오스테나이트 조직을 만들기 때문에, 이종 용접시 Carbon steel이나 low alloy steel의 dilution이 우려되는 용접 조건에 적용하기 알맞다. • 다른 스테인레스강과 마찬가지로 Chloride에 약한 단점을 보이므로 Chloride분위기에서 내식성이 요구되는 곳에는 사용이 제한 된다. • 38t 미만의 410SS 모재에서 232℃ 이상으로 예열하고 용접중 이 온도의 예열 상태로 층간 온도를(Interpass Temperature) 유지하면 용접시 후열처리(PWHT) 조항이 면제된다(ASME SEC VIII UHA-32).
410 SS	CR-40	• 403, 410, 420J1/J2 SS의 용접과 부식 분위기에서의 Hard surfacing용으로 사용된다. • 자경성(Self-hardening) 특성을 가진 페라이트(Ferrite)를 포함한 마르텐사이트구조로 캐비테이션(Cavitation)에 좋은 특성을 보인다. • 후열처리 (PWHT)가 반드시 요구된다(ASME SEC VIII UHA -32.).
	CR-40Cb	• 403, 405, 410 SS와 405 SS Clad 용접에 적용된다. • Al, Ti, Nb를 적당히 포함하고 있어서 Ferrite structure를 Fine Grain으로 만든다. • 비교적 양호한 연성, 인성과 뛰어난 용접성을 나타낸다. • 자경성(Self-hardening) 특성이 없고 내마모성은 작다. • 후열처리가(PWHT) 반드시 요구된다(ASME SEC VIII UHA -32).

용접봉 종류		적용 용도 및 특성
Ni-Cr-Fe	NIC-70A	• Lime계의 교류 용접봉으로, Inconel용접과 Inconel to low alloy, 스테인레스강to low alloy의 이종 금속간의 용접에 사용된다. • 용접성이 좋고, 우수한 기계적 특성, 내 부식성 및 고온 특성을 나타낸다. • 38t 미만의 410SS 모재에서 232℃ 이상으로 예열 하고 용접중 이 온도의 예열 상태로 층간 온도를(Interpass Temperature) 유지하면 용접시 후열처리(PWHT) 조항이 면제된다(ASME SEC VIII UHA -32).
	NIC-703D	• Lime계의 직류 용접봉으로 Inconel용접과 Inconel to low alloy, 스테인레스강to low alloy의 이종 금속간의 용접에 사용된다. • 용접성이 좋고, 우수한 기계적 특성, 내 부식성 및 고온 특성을 나타낸다. • 38t 미만의 410SS 모재에서 232℃ 이상으로 예열 하고 용접중 이 온도의 예열 상태로 층간 온도를(Interpass Temperature) 유지하면 용접시 후열처리(PWHT) 조항이 면제된다(ASME SEC VIII UHA -32).

표 4-33 마르테사이트계 스테인레스강의 재료 특성 및 용접성

Type	대표 강종	재료 특성 및 용접성
Martensitic (12~18% Cr)	410 SS (12 % Cr) 410S SS	• 용접시에 쉽게 경화되며, 전반적으로 매우 취약한 용접성을 가지고 있다. Stainless Steel강종중에 유일하게 용접으로 인해 경화되는 재료이다.
	CA6NM F6NM	• 고온 S 부식과 H_2, H_2S및 Chloride분위기에서의 부식 저항성이 매우 강하다.
		• 440 ~ 450℃에서는 탄화물이 석출하여 충격치가 급격히 감소하므로 사용이 제한된다. 상용온도는 -29~440℃이다.
		• 주로 Column의 Strip Lining or Cladding 재료 사용되며, 용접성이 좋은 Low Carbon Grade인 410S SS를 널리 사용한다.
		• 인성이 작고, 강한 인장 응력이 있으나, Elongation이 작아서 충격에 쉽게 파단된다. 이러한 이유로 '95년도 ASME Code에서는 Stainless Steel중 유일하게 Impact Test를 요구하였으나, 이후 Addenda에서는 이 규정이 삭제되었다.
		• 용접조건이 부적절하면 경화가 극심하고, HAZ부가 조대화 되며, 조직과 내부 응력의 불균일화로 인해 Operation 중에 Stress Corrosion Cracking이 발생하기 쉽다.
		• 용접부의 경화로 인해, Delayed Hydrogen Cracking이 일어나기 쉽다.

Type	대표 강종	재료 특성 및 용접성
		• 용접부의 Delayed Hydrogen Cracking위험성을 방지하기 위해 Carbon을 0.1 %이하로 줄이고, Nickel 4%와 Molybdenum 0.5%를 추가한 F6NM, CA6NM재질로의 대체 사용도 추천된다.
		• 용접은 주로 E309 or Nickel-Chromium-Iron계 용접봉으로 실시하며, Process의 특성에 따라 E410으로 용접을 요구할 경우도 있다. 열처리 조건은 ASME Sec.VIII UHA-32에 따른다.
		• Chloride분위기에서는 강하지만, Austenitic Stainless Steel용접봉으로 용접할 경우에는 Chloride에 약한 ASS의 특성으로 인해 E410용접봉의 사용이 요구된다.

5.6. 오스테나이트계 스테인레스강(Austenitic Stainless Steel)

오스테나이트계 스테인레스강은 가장 널리 사용되는 스테인레스강재료로 304 / 316 SS가 대표적인 강종이다. 고온 산화성이 적고, 뛰어난 내식성으로 인해 산, 알카리등의 광범위한 부식환경에 적절하게 사용이 가능하다. 전반적으로 양호한 내식성을 보이지만 염소(Chloride) 성분이 있는 곳에서의 사용은 염소에 의한 응력부식균열의 위험성으로 인해 제한된다. 적절한 강도를 가지면서도 연신이 크고, 충격에 강하며 성형성이 좋아 가공하기 쉽다. 아래 표에 오스테나이트계 스테인레스강의 세부 강종별 개략적인 특징과 용도를 제시한다.

대부분의 경우에 저온 충격시험(Impact Test)은 요구되지 않는다. 425 ~ 870℃ 영역에서 장시간 유지시에는 입계에 Cr탄화물이 형성되어 내식성이 저하되고 기계적 강도도 감소한다. 따라서 이 온도 영역에서의 사용은 극히 제한된다. Cr탄화물에 의한 예민화 현상을 억제하기 위해 Carbon의 함량을 0.03%이하로 줄인 304L / 316L등의 Low Grade를 사용하거나, 크롬(Cr)보다 탄소의 친화력이 좋은 Ti이나 Nb(Cb)를 첨가하여 Cr탄화물의 생성을 억제한 321 SS, 347 SS를 사용한다.

표 4-34 Austenite계 Stainless Steel의 화학 성분

AISI명	화학 성분 (Max. Wt. %)								기타
	C	Si	Mn	P	S	Ni	Cr	Mo	
301	0.15	1.0	2.0	0.04	0.03	6~8	16~18		
302	0.15	1.0	2.0	0.04	0.03	8~10	17~19		
302B	0.15	2~3	2.0	0.045	0.03	8~10	17~19		
303	0.15	1.0	2.0	0.2	0.15	8~10	17~19	(1)	
303Se	0.15	1.0	2.0	0.2	0.03	8~10	17~19		
304	0.08	1.0	2.0	0.04	0.03	8~10.5	18~20		
304L	0.03	1.0	2.0	0.04	0.03	9~13	18~20		
305	0.12	1.0	2.0	0.04	0.03	10.5~13	17~19		
308	0.08	1.0	2.0	0.04	0.03	10~12	19~21		
309	0.2	1.0	2.0	0.045	0.03	12~15	22~24		
309S	0.08	1.0	2.0	0.04	0.03	12~15	22~24		
310	0.25	1.5	2.0	0.045	0.03	19~22	24~26		
310S	0.08	1.5	2.0	0.04	0.03	19~22	24~26		
314	0.25	1.5~3.0	2.0	0.04	0.03	19~22	23~26		
316	0.08	1.0	2.0	0.04	0.03	10~14	16~18	2~3	
316L	0.03	1.0	2.0	0.045	0.03	10~14	16~18	2~3	N≤0.1
317	0.08	1.0	2.0	0.04	0.03	11~15	18~20	3~4	
317L	0.03	1.0	2.0	0.045	0.03	11~15	18~20	3~4	N≤0.1
317LN	0.03	1.0	2.0	0.045	0.03	11~15	18~20	3~4	0.1≤N ≤0.22
317LM	0.03	1.0	2.0	0.045	0.03	13.2~17.5	18~20	4~5	N≤0.1
317LMN	0.03	1.0	2.0	0.045	0.03	13.5~17.5	17~20	4~5	0.1≤N≤0.2
321	0.08	1.0	2.0	0.04	0.03	9~13	17~19		Ti≥5XC%
347	0.08	1.0	2.0	0.045	0.03	9~13	17~19		Nb+Ta≥ 10XC%
348	0.08	1.0	2.0	0.045	0.03	9~13	17~19		Co : 0.2 Nb+Ta≥ 10XC% 단, Ta ≤0.1
384	0.08	1.0	2.0	0.04	0.03	17~19	15~17		
385	0.08	1.0	2.0	0.04	0.03	14~16	11.5~13.5		
201	0.15	1.0	5.5~7.5	0.06	0.03	3.5~5.5	16~18		N≤0.25
202	0.15	1.0	7.5~10	0.06	0.03	4~6	17~19		N≤0.25

Note : (1) Mo는 0.6% 까지 함유할 수 있다.

표 4-35 Austenite계 Stainless Steel의 강종별 개략적인 특징과 용도

AISI명	주요 특징 및 용도
301	• 304에 비해 Ni과 Cr함량이 적고, N 성분이 많다 • 조질압연에 의해 불안정한 Austenite가 Martensite로 바뀌어 강도가 향상된다. • 탄소강이나 Aluminum에 비해 뛰어난 고온 강도, 피로 강도를 가진다. • 우수한 내식성이 있다. • 가격이 경제적이다. • 302보다 가공 경화성이 크고 경량이다. • 내식성은 302보다 저하한다. • 철도 차량, 항공기 구조재, 운수설비 등에 사용된다.
302	• 가공이 용이하다 • 입계 부식이 일어나므로 용접용은 부적합 • 건축자재, 주방용품 및 식품 제조 설비에 사용된다.
302B	• 302에 Si을 첨가하여 가열시 침탄 및 산화 방지효과가 있다. • 다른 특징은 302와 동일하다.
303	• S, P를 함유하여 302의 절삭성을 개선한 강이다. • S의 적열 취성은 막기 위해 Mo를 첨가한 강이다. • Bolt, Nut, Valve등의 재료로 사용된다.
303Se	• 302에 Se을 첨가한 강으로 쾌삭강이다.
304	• Austenite Stainless Steel의 대표적인 강이다. • 용접성이 우수하고, 내식성이 우수하다. • 내열성이 우수하고, 저온 강도가 좋다. • 우수한 기계적 성질을 나타내고 비자성이다. • 열처리에 의해 경화하지 않는다. • 열교환기, 수송용기, 식품 용기 등에 사용된다.
304L	• 304의 탄소를 0.03%이하로 제한한 강종이다. • 탄소가 적어서 입계부식을 방지한다. • 원자력 기기등에 사용된다.
305	• 304에 Ni양을 증가하여 가공 경화성이 적다. • 냉간 성형이 쉽다. • 성형, Spring재료, 식품 용기로 사용된다.
308	• Cr과 Ni의 함량이 증가하여 내식성, 내산화성이 좋다. • 용접봉 및 전극용으로 사용된다.
309	• 고온 내산화성이 우수하다. • 304 보다 내식성 양호 • 탄소강등 이종 금속의 용접에 적용된다. • 용접봉 및 열처리 설비에 사용된다.
309S	• 309의 저 탄소강으로 용접성이 우수하다. • 높은 내산화성이 요구되는 곳에 사용된다. • 열처리 설비, 노 부품등에 사용된다.
310	• 309보다 내인성이 양호하다. • 내열성이 우수한 고온용 강종이다.

AISI명	주요 특징 및 용도
310S	• 내산화성이 310보다 더 우수한 강종이다. • 1030℃ 까지 사용가능한다. • 열처리용 부품에 사용된다.
314	• 310에 Si을 첨가하여 내산화성을 증대한 강이다. • 내인성이 가장 좋다. • 내침탄성이 있다. • 열처리용 부품에 사용된다.
316	• 304에 Mo 성분이 추가되어 Pitting저항성이 좋다. • 우수한 내식성이 있다. • 고온의 Creep강도가 우수하다. • 해수, 제지공업 및 화학공업 장치용으로 사용된다.
316L	• 316의 탄소를 0.03%이하로 제한한 강종이다. • 탄소가 적어서 입계부식을 방지한다. • Pitting저항성이 316 보다 우수하다.
317	• Pitting저항성이 316 보다 우수하다. • 입계부식에 대한 저항성이 좋다. • 염색설비재 등에 사용된다.
321	• Ti을 첨가하여 입계 부식의 원인인 Cr 탄화물의 형성을 방지한 강이다. • 입계 부식에 의한 피해가 예상되는 용접부에 사용된다.
347	• Nb(Cb)를 첨가하여 입계 부식의 원인인 Cr 탄화물의 형성을 방지한 강이다. • 입계 부식에 의한 피해가 예상되는 용접부에 사용된다.
348	• 대부분 347과 동일하다. • 중성자 흡수계수가 작아 원자력용 기기에 사용된다.
384	• 305보다 가공 경화성이 낮다. • 냉간 압연, 성형용으로 사용된다.
385	• 305와 384의 중간 정도의 냉간 가공성을 가진다.
201	• 301, 302의 Ni 함량을 낮게 제어한 강이다.
202	• 기계적 성질은 301, 302와 유사하다. • 냉간 가공에 의해 항복점이 300계 보다 40% 정도 높아진다. • 650℃ 까지는 고온성질도 더욱 좋으나 800℃ 이상에선는 산화에 의해 나빠진다. • 용도는 300계와 동일하다.

5.6.1. 자성의 출현

오스테나이트계 강재를 심하게 냉간가공을 하면 작업자가 직접 느껴질 정도의 자성을 갖게 되고 이 강재를 현장에서 그대로 사용하게 되면, 내식성이 저하하는 경우를 보게 된다.

이러한 현상은 오스테나이트 조직이 심한 냉간 가공 과정에서 조직의 일부가 마르텐사이트로 변화하기 때문에 발생하는 문제점이다. 니켈의 함량이 증가하면 자성의 발생이나 마르텐사이트 조직의 발현은 현격하게 줄어든다.

따라서 인발이나 성형 과정을 냉간에서 심하게 실시한 강재는 자성을 띄게 되어 용접시에 아크블로우의 원인이 되거나 정상적인 용접이 어려워지는 상황이 발생하고, 완성된 용접부 및 모재 자체가 부식성 사용환경에서 우선적으로 부식에 노출되는 문제점이 발생한다.

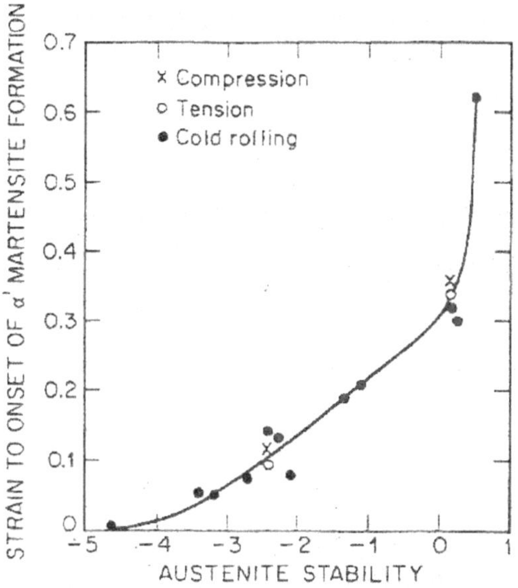

그림 4-24 냉간 가공 정도에 따른 마르텐사이트 조직의 형성

자성의 형성 즉, 마르텐사이트 조직의 형성은 Ni성분이 증가함에 따라 오스테나이트가 안정화되어 그 발생 정도가 줄어든다.

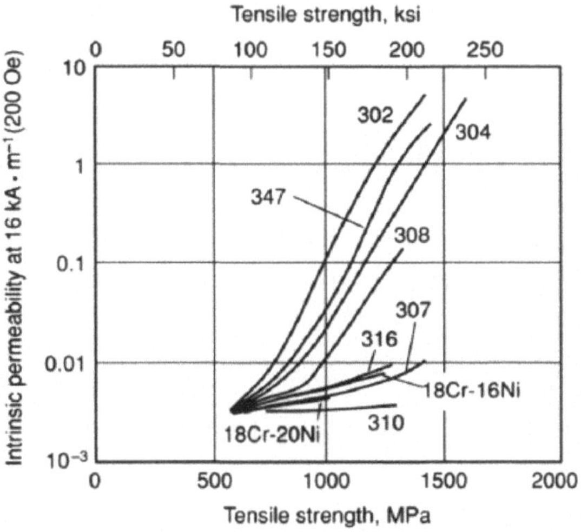

그림 4-25 냉간가공에 따른 강도 및 자화도의 변화

오스테나이트계 스테인레스강은 용접성이 매우 양호한 재료로서, 용접열에 의해 조직이 경화되지 않으므로 예열과 후열의 필요성이 없다. 다만, 열팽창이 크고, 용접시에 변형이 크며, 입계예민화에 의해 입계부식이 우려될 수 있으므로 주의를 요한다. 사용되는 용접봉은 모재와 동일 강종인 오스테나이트계열의 용접봉과 함께 흔히 Ni-Cr-Fe / Ni-Cr-Mo계열의 용접봉이 사용될 수 있다.

니켈 합금계 용접봉이 사용되는 경우는 주로 이종 금속과의 용접이나 특별히 용접부의 부식성이 우려될 경우 및 고온용으로 사용할 경우에 사용되며, 용접성은 매우 좋지만 가격이 비싸기 때문에 널리 사용되기 에는 무리가 따른다.

용접시에 특별히 주의할 조건은 거의 없지만, 용접중 발생할 수 있는 예민화 현상을 방지하기 위해서 층간 온도를 Max. 180 ~ 200℃정도로 제한하는 것이 좋다.

5.6.2. 페라이트(Ferrite)의 의미

오스테나이트계 스테인레스강의 용접과정에서 가장 많이 언급되는 항목 두가지를 고른다면, 입계 부식과 페라이트(Ferrite) 성분에 관한 사항이다. 스테인레스강에서 페라이트상의 함량은 제작, 용접 및 운전중에 중요한 역할을 한다. 특히 기계적 특성, 자성, 부식특성, 고온 균열 특성에 많은 변수를 가진다. 따라서 이 양의 적절한 조절은 중요한 의미를 가지며 그 크기는 단위 면적당의 페라이트 분율에 해당하는 %로 표기하거나 FN (Ferrite No.)로 표기된다. 면적 분율 %와 FN은 비슷하나 수치가 일치하지는 않으며 현재 ISO 8249, IIW (국제용접학회)및 ASTM 등에서 이들을 규정하고 있다.

용접 금속내 페라이트의 의미와 중요성에 대해 논하기 전에 먼저 스테인레스강 용접금속의 응고 과정의 조직 변화를 알아 본다.

스테인레스강 용접부는 응고 과정에서 Austenite, Austenite-Ferrite, Ferrite-Austenite, Ferrite의 조직 변화를 겪게 된다.

- Austenite : 응고 초기부터 Austenite 조직이 형성되고 발달하여 상온 까지 완전한 Austenite 조직만이 유지 된다. 이후 다시 고온으로 가열하여도 조직의 변화가 없게 된다.
- Austenite-Ferrite : 응고 초기에 Austenite 조직이 형성되고, Austenite의 Dendrite 조직사이에 Austenite로 포함되지 않은 용탕에서 Ferrite 조직이 형성된다.
- Ferrite-Austenite : 응고 초기에 Ferrite 조직이 형성되고, 응고가 진행되면서 Ferrite Dendrite 사이에 Austenite가 형성되고 발달하여 극히 소량의 Ferrite 조직만이 남고 전체적으로 상온에서 Austenite조직이 된다.
- Ferrite : 응고 초기에 형성된 Ferrite 조직이 상온까지 내려오면서 발달한다.

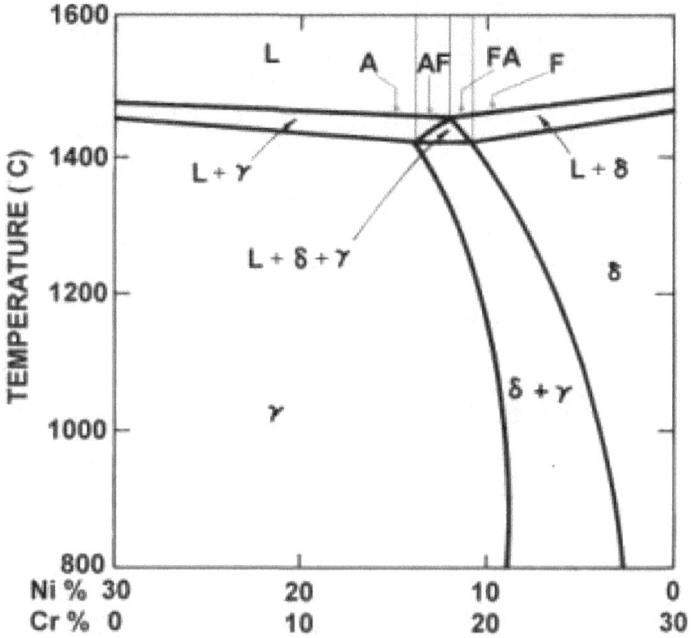

그림 4-26 Cr과 Ni양에 따른 응고 모드의 변화

5.6.3. 페라이트 상의 장, 단점

5.6.3.1. 페라이트 상의 장점

(1) 고온 응고 균열(Hot Crack)의 저항성

페라이트는 오스테나이트계 스테인레스강의 용접중 고온의 응고 균열(Hot Crack) 발생에 대한 저항성을 갖게 된다. 용접부의 페라이트 조직은 오스테나이트 조직보다 유해 원소 및 저융점 불순물 원소 (P, S, Si, Nb, O)의 고용도가 크기 때문에 페라이트가 많이 존재함에 따라 응고시에 저융점의 액막이 적게 되어 응고 범위가 좁아져 균열 발생이 그 만큼 어렵게 된다. 즉 이들 불순물 원소의 고용도가 낮게 되면 금속 입계에 이들이 편석하여 이들 부위만 응고를 지연시키게 되므로 미세 균열 또는 열간 균열이 많이 발생하게 된다. 또한, 페라이트가 존재함에 따라 열팽창계수가 작게 되므로 수축응력이 감소하여 그 만큼 고온 응고균열을 억제하게 된다.

아래 그림은 크롬과 니켈 당량에 따른 S과 P의 함량을 보여주고 있다. 이는 용접금속에서 크롬과 니켈 당량에 따라 형성되는 페라이트의 양에 의해 저융점 개재물을 만들어 응고 균열을 유발하는 불순물인 황과 인의 함량을 보여 주고 있다.

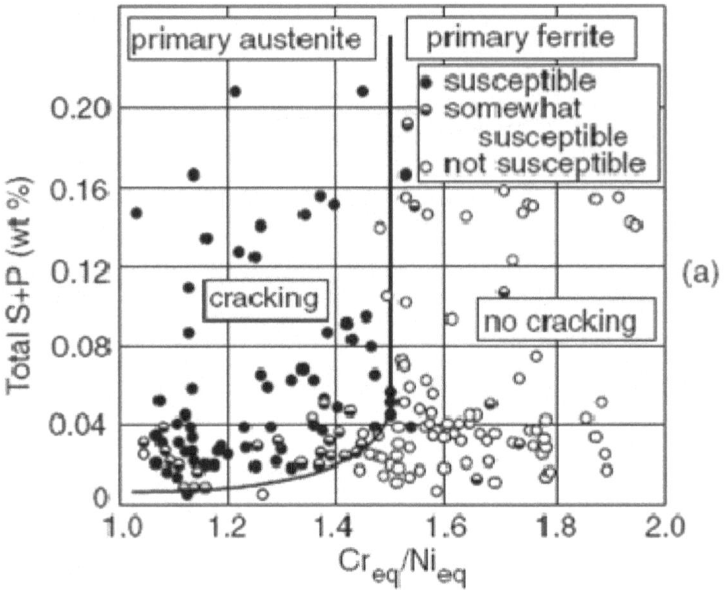

그림 4-27 크롬과 니켈 당량에 따른 저융점 개재물의 양

(2) 공식(Pitting)이나 응력부식균열(SCC) 저항성 향상

일반적인 부식과는 달리 염소가 존재하는 분위기에서는 순수한 오스테나이트계 강종 보다 공식(Pitting) 이나 응력부식균열(SCC, Stress Corrosion Cracking) 저항성을 향상시킨다. 이를 이용한 것이 오스테나이트와 페라이트가 공존하는 Duplex stainless steels (예, 2205 SS 등) 이다.

아래 그림은 Fe-Cr-Ni-Mo 합금을 875 ppm Cl^- at 204℃, 8hr 동안 시험한 응력부식균열 저항성을 나타낸 것으로서 10 ~ 30% 페라이트가 존재하는 범위에서는 응력부식균열 개시 응력(Threshold Stress)을 향상시킴을 알 수 있다. 페라이트상은 오스테나이트상보다 결정의 미끄럼계가 많기 때문에 교차 미끄럼을 일으키기 쉬우며, 따라서 응력부식균열 발생에 필요한 조대 미끄럼을 일으키기 어렵게 되어 결국 균열은 페라이트상을 피하여 통과 하든지 또는 균열 속도를 지연시킨다고 보고되고 있다.

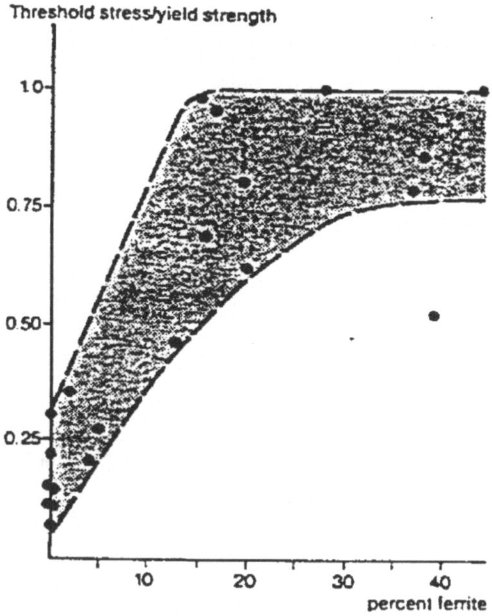

그림 4-28 Fe-Cr-No-Mo 합금의 응력부식균열 개시 응력과 페라이트 함량의 관계

그러나 페라이트의 응력부식균열 저항성은 여러 실험에서 아직은 페라이트의 분율, 운전조건의 염분 농도, 온도 및 응력 등의 변수에 대한 광범위한 평가를 실행치는 않았으며, 또한 유사한 조건의 실험치에서도 똑같은 경향을 나타내고 있지는 않아 아직 정확한 균열 발생의 원인과 과정에 대해서는 규명되지 않은 상태이다. 분명한 것은 그 범위가 부식환경별 제한은 있지만 염소 성분의 함량이 응력부식균열 저항성을 낮추는 데 영향을 미치고 있으며 용접재료 자체의 FN (Ferrite No.) 이 5정도인 309SS 용접재료를 용접사들이 선호하는 이유도 고온 균열이 현격히 줄어드는 양호한 용접성 때문이다. 그러나 부식분위기에 대한 내식성과 LNG와 같은 저온환경의 인성을 기준으로 평가되는 Ferrite 함량의 적절성은 사전에 검토되어야 한다.

5.6.3.2. 페라이트 상의 단점

(1) 일반적인 부식 저항성 저하

순수 오스테나이트 조직보다 일반적인 부식 저항성은 떨어진다. 페라이트상은 오스테나이트 기지보다도 페라이트 조직 활성화 원소인 크롬 함량이 높고 오스테나이트 조직 활성화 원소인 니켈의 함량이 낮으므로, 성분적으로는 활성태 (강산 또는 강염에서 부동태 피막이 쉽게 벗겨지는 상태) 에 위치하게 되어 보다 쉽게 부식된다.

예를 들면, 42% $MgCl_2$에 의한 응력부식균열실험에서는 페라이트상의 부분 부식 용해가 많이 발생되는 반면에 이 보다 낮은 염분 농도로서 전면 부식성이 심하지 않는 경우에는 반대로 균열의 양상은 오스테나이트 기지보다도 페라이트상에서 좁게 되는 경우가 있다.

(2) 고온에서 응력부식균열 저항성 저하

높은 응력에서는 페라이트 상에 의한 응력부식균열 방지 효과를 그다지 기대할 수 가 없다. 페라이트가 너무 많은 용접부 조직은 장시간의 고온 Creep강도를 떨어뜨리며, 530~820℃의 온도 범위에서 장시간 노출되는 용접부는 시그마상(σ Phase)를 형성하게 되어 연성, 충격 인성 및 내부식성의 저하를 가져온다. 따라서 용착 금속중의 페라이트 함량은 대개 3 ~ 8% (또는 3 ~ 10%) 가 되도록 용접 재료를 선정해야 한다.

다음 표는 오스테나이트 조직과 페라이트 조직이 용접과정에서 슬래그를 형성하게 되는 합금 원소와 불순물들의 고용도를 표시한다.

표 4-36 금속 조직에 따른 합금원소의 고용도

합금원소	합금 원소의 고용도(Solubility, %)	
	Ferrite조직의 고용도	Austenite 조직의 고용도
P	0.40	0.15
S	2.80	0.10
Ca	0.024	0.016
Si	10.9	1.9
Al	30	0.95
Ti	8.7	Max. 1
Zr	11.7	Max. 1

위 표에 제시된 바와 같이 각종 합금 원소의 고용도는 오스테나이트에 비해 페라이트 조직이 훨씬 크다.

5.6.4. 페라이트 조직의 형성

오스테나이트 조직과 페라이트 조직의 형성은 스테인레스강의 주요 원소인 크롬과 니켈의 함량에 따라 결정된다. 크롬 및 크롬 계열의 원소들은 페라이트 조직을 활성화 시키는 원소로서 페라이트 활성화 원소로 구분되며, 니켈 및 니켈 계열의 원소들은 오스테나이트 조직을 활성화 시키는 원소로서 오스테나이트 활성화 원소로 구분된다. 이러한 경향은 금속 조직의 합금 성분에 의한 조직 판별을 위해 많이 사용되며, 이를 공식화한 사람이 Hammer and Svensson으로 각각 다음과 같은 식에 크롬당량(Cr-Equivalent)과 니켈당량

(Ni-Equivalent)으로 계산한다.

- Cr eq = Cr + 1.37 Mo + 1.5 Si + 2 Nb + 3 Ti
- Ni eq = Ni + 0.31 Mn + 22 C + 14.2 N + Cu

위 계산식에서 각 원소의 함량은 중량비(Weight percent)로 계산한다.

위 계산식에 의해 구해진 Cr eq / Ni eq의 비율에 의해 응고 후에 나타나는 금속 조직을 대략적으로 구분할 수 있다.

- Cr eq / Ni eq < 1.5 ➔ Austenite-Ferrite 응고 조직
- Cr eq / Ni eq ≤2.0 ➔ Ferrite-Austenite 응고 조직
- Cr eq / Ni eq >2.0 ➔ Ferrite 응고 조직

Cr eq / Ni eq의 비가 클수록 페라이트의 형성이 촉진된다. 응고 초기에 형성된 미량의 델타페라이트(δ-Ferrite)는 오스테나이트계 스테인레스강의 용접시에 고온 균열을 예방하는 장점이 있다. 이러한 특성은 금속간에 저융점 개재물을 만드는 황(Sulfur), 인(Phosphorous) 등의 저융점 원소의 고용도가 높아서 고온에서 균열을 예방하는 것이다. 오스테나이트 스테인레스강의 용접부는 고온의 응고 균열을 방지하기 위해 3 ~ 11 Ferrite Number를 함유해야 한다.

그러나, 페라이트 조직은 금속의 내식성을 저하하는 단점이 있다. 특히 Pitting에 저항성을 저하하고 페라이트 조직이 우선적으로 공식(Pitting)의 피해를 입게 된다. 이러한 이유로 내식성 분위기에 사용되는 오스테나이트계 스테인레스강의 경우에는 델타 페라이트(δ-ferrite)의 최대 함량을 규정하여 최소한의 델타 페라이트만이 용접부에 포함되도록 하고 있다. 이렇게 델타 페라이트(δ-ferrite)가 포함된 용접조직은 페라이트의 특성으로 인해 미미한 정도의 자성을 띄게 되고, 슬래그 형성 원소가 페라이트 조직에 많이 고용되어 상대적으로 적은 량의 슬래그가 형성된다.

5.6.5. 용접부의 페라이트 함량

용접부의 FN규정은 용접재료의 선정에서부터 고려되어야 한다. 확산(Dilution)에 의한 성분 변화의 효과와는 별도로 주어진 용접재료의 페라이트 함량은 용접조건에 큰 영향을 받는다. 우선 용접재료와 용접부의 화학조성을 비교해야 할 것이다. 가장 큰 변수로는 다음의 것들이 있다.

- 용접 아크 발생시 질소의 침투
- 보호가스 내의 이산화탄소(CO_2)로부터 형성된 탄소의 침입
- 보호가스의 오염 및 잠호용접시 플럭스에 의한 크롬의 산화

- 크롬 성분을 가진 플럭스의 사용에 의한 화학조성의 변화
- 높은 입열로 기대치보다 낮은 페라이트 함량 초래

5.6.6. 페라이트량의 측정

Ferrite Number는 페라이트 함량을 지수화 한 것으로 용접부의 건전성을 화학성분으로 예측해 볼 수 있는 손쉬운 방법이다. 페라이트함량 측정은 여러 가지 방법이 있으나, 가장 널리 사용되는 세가지 방법에 대해 다음과 같이 설명한다.

5.6.6.1. Shaeffler Diagram에 의한 계산법

Shaeffler의 크롬과 니켈 당량 공식에 따라 용접부의 성분 분석치를 기준으로 계산하여 다음의 그림 4-29에 제시된 Shaeffler Diagram서 페라이트 함량를 구하는 방법이다. 페라이트의 함량을 %로 측정된다. Shaeffler Diagram의 불편함을 해소하여 기준 값을 제시하고, 단일화된 수치로 표시한 것이 Dillong Diagram이다. 성분 분석을 위한 시편의 확보는 용접 과정에서 합금 원소의 Dillution에 의한 문제점을 해결하기 위해 용접부 표면으로부터 통상 1.6mm이하의 금속을 드릴(Drill) 등을 이용하여 채취하여 분석한다.

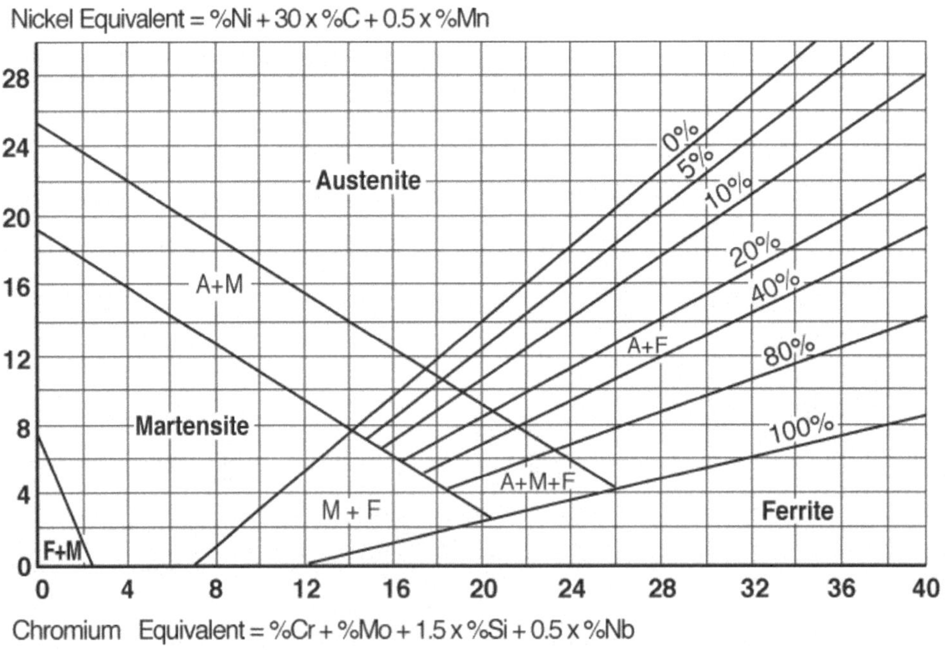

그림 4-29 Schaeffler Diagram과 크롬 및 니켈 당량 계산식

5.6.6.2. Ferrite Detector로 측정하는 방법

Ferrite Detector에는 Magnetic Type과 Eddy-Current Type의 두 종류가 있으며, 두가지 모두 자성을 가지는 페라이트의 특성을 이용하여 특정하는 방법이다. 측정이 손쉽고 장비가 간단해 가장 널리 쓰이지만, 측정 과정의 오차가 많아 절대적인 값으로 신뢰하기는 어렵다. 최근에는 디지털 화면으로 페라이트 함량이 표시되는 손쉬운 측정 장비가 많이 나와있다.

5.6.6.3. 현미경에 의한 조직 분석법

조직 시편을 만들어 광학 현미경을 통해 페라이트와 오스테나이트의 조직분률(Area %)을 직접 측정하는 방법이다. 측정상의 오차에 의한 문제점은 최소화 할 수 있으나, 반드시 시편을 만들어서 측정해야 하는 적용상의 어려움으로 인해 현장 적용은 어려운 단점이 있다.

5.6.7. 입계 부식, 크롬 탄화물의 생성

300계열의 오스테나이트계 스텐인레스강을 500~800℃ 정도의 범위에서 가공하거나, 이 온도 범위에서 장시간 유지할 경우에 발생한다.

이 온도 범위에서 스테인레스강의 내식 특성을 좌우하게 되는 크롬이 탄화물 형태로 입계에 석출하게 된다. 이러한 현상을 오스테나이트계 스테인레스강의 예민화(Sensitization)라고 한다. 탄화물의 성상은 $Cr_{23}C_6$로서 많은 양의 크롬이 탄화물 형성에 사용된다. 따라서, 이들 탄화물이 집중적으로 석출되는 입계를 따라서 내식성이 저하하게 되고, 이러한 조직이 부식성 분위기에 노출되게 되면 입계를 따라서 부식이 급진전하게 된다. 이러한 부식 형태를 입계 예민화 부식(Intergranular Corrosion)이라고 구분하며, 대개의 경우에 입계 부식을 일으키는 부식 인자들은 응력 부식을 동반하므로 구체적으로 표현할 때는 입계응력부식균열(Intergranular Stress Corrosion Cracking)이라고 구분한다.

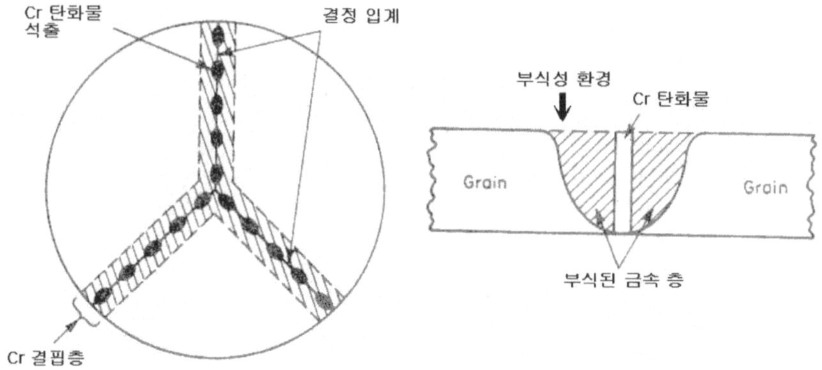

그림 4-30 크롬 탄화물의 형성과 입계 부식

크롬 탄화물 형성에 의한 입계 부식을 예방하기 위해서는 다음과 같은 방법들이 적용된다.

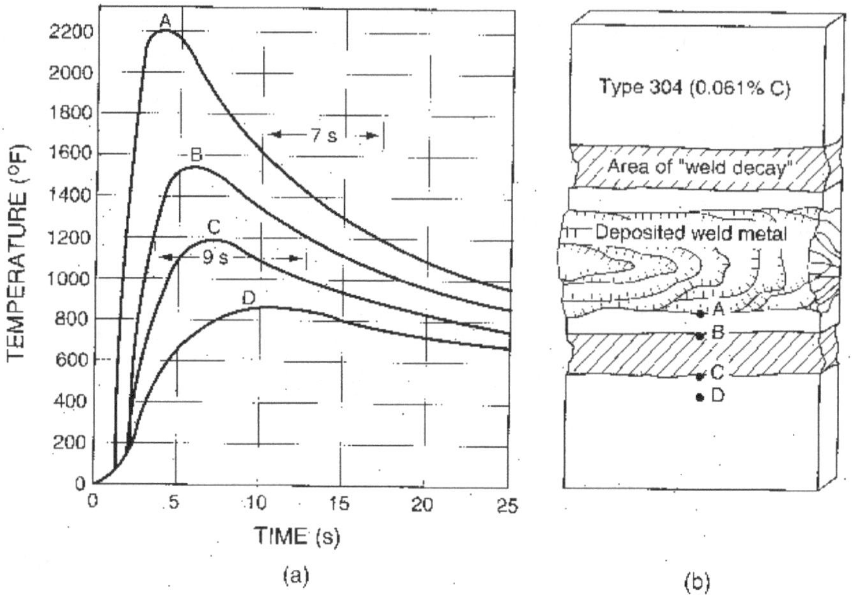

그림 4-31 온도에 따른 입계 예민화 발생

5.6.7.1. 저 탄소강의 사용 (Low Carbon Grade)

일반적인 오스테나이트계 스테인레스강의 탄소 함량은 최대 0.08% 정도로 규정되며, 실제 측정치는 대략 0.04% 정도를 유지하고 있다. 저 탄소강을 사용한 입계 부식 방지법은 크롬 탄화물 형성에 필요한 탄소의 함량을 0.03% 이하로 제한하여 탄화물 형성이 최소화 하도록 유도한다.

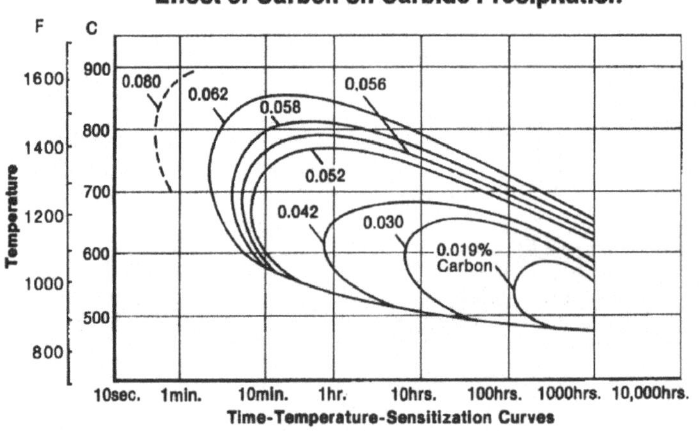

그림 4-32 탄소함량에 따른 입계 예민화

이러한 강종은 그 명칭뒤에 "L"을 붙여서 구분하다. (예, 304L, 316L) 이론적으로는 용접금속의 탄소 함량이 0.05% 이하만 되면, 입계예민화에 의한 문제점이 발생하지 않는 것으로 평가한다.

일반적인 경우에 있어서는 저 탄소강의 사용만으로도 입계 부식 저항성을 가질 수 있다. 그러나, 극심한 부식 분위기 이거나 용접등의 과정에서 부적절한 용접부 관리가 이루어 지게 되면, 저 탄소강의 사용만으로는 충분한 입계 부식 저항성을 갖기가 어렵다. 실례로 저 탄소강의 용접부를 따라서 가는 선형의 입계 부식이 진행되어 마치 칼로 용융 접합부를 자른 것과 같은 날카로운 균열을 보이는 경우가 있다. 이를 Knife Line Attack이라고 부른다.

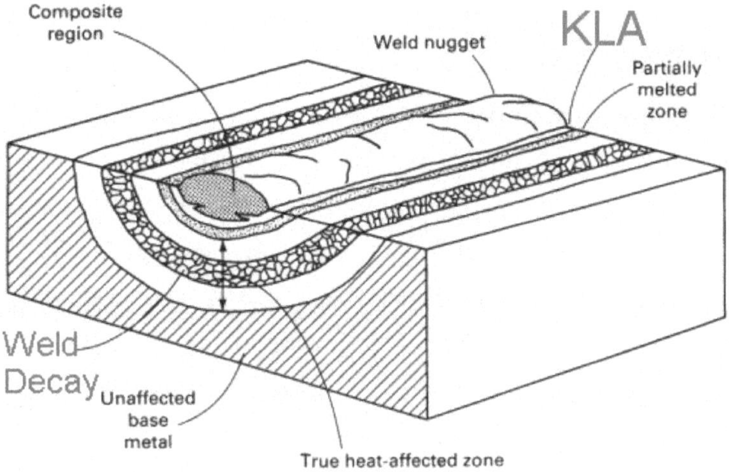

그림 4-33 Weld Decay와 Knife Line Attack

저 탄소 오스테나이트계 스테인레스강은 용접부나 고온 가공부의 크롬 탄화물 형성을 최소화 하여 입계 부식을 예방할 수 있는 장점은 있으나, 탄소 함량 부족으로 인해 고온 강도가 저하하는 단점이 있다.

이에 반대되는 개념의 스테인레스강은 탄소 함량이 0.08% 이상의 강종으로 명칭 뒤에 "H"를 붙여서 구분하다. 이들 "H-Grade"의 강종들은 내식성을 목적으로 하지 않고 고온 강도용으로 사용한다.

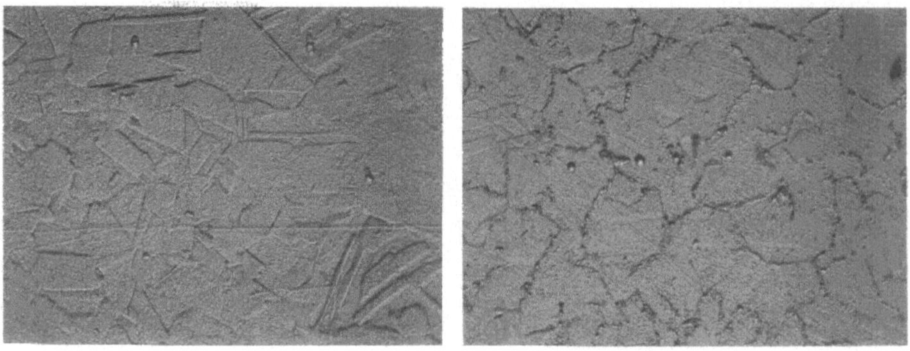

304 SS PWHT전 입계부식시험 결과
(ASMT A262 Practice A)

304 SS PWHT후 입계부식시험 결과
(ASTM A262 Practice A)

그림 4-34 304SS의 열처리 전후 입계 부식 시험 결과

5.6.7.2. 안정화 원소의 첨가 (Stabilized Grade)

앞선 설명한 바와 같이 저 탄소강을 사용한 입계 부식 예방만으로는 다양한 부식 환경에 안정적으로 대처하기에 다소 부족하다. 특히 고온에서 고온강도의 저하로 저 탄소강 사용이 제한된다.

그러나, 크롬 보다 탄소에 대한 친화력이 더 우수한 합금 원소들을 첨가하여 크롬 탄화물이 형성되기 보다는 이들 합금 원소의 탄화물이 형성되도록 하여 크롬 결핍층이 생기지 않도록 하면서, 고온강도를 유지할 수 있다.

이러한 합금 원소로는 Ti과 Nb(Cb)가 있다. Ti과 Nb(Cb)가 탄화물이 형성될 수 있는 고온 영역에서 크롬 탄화물 대신에 이들 원소의 탄화물인 TiC, NbC들을 형성하여 입계에 석출한다. Ti이 들어간 강종을 321 SS로 구분하고 Nb(Cb)가 들어간 강종을 347 SS로 구분한다.

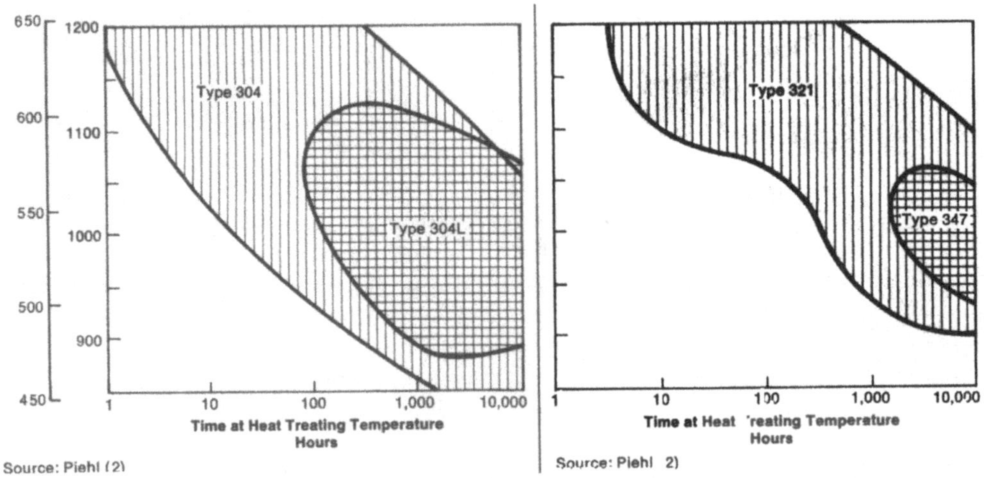

그림 4-35 강종에 따른 입계 예민화의 차이

이렇게 Ti과 Nb 같은 안정화 원소를 첨가한 강종을 안정화처리강(Stabilized Stainless Steel)이라고 하고, 첨가되는 안정화 원소의 양은 보통 탄소량의 약 4배 정도가 포함된다. 그러나, 이런 탄화물이 지나치게 많이 생성되면 탄화물의 석출에 의해 경도가 상승하고 강도가 너무 커져서 가공에 불리하게 된다.

Ti이 함유된 321 SS의 용접시에는 용접봉의 Ti성분이 용접시에 전기 아크에 의해서 용접부로 이동(Transfer)되지 않고, TiO_2의 산화물 상태로 슬래그로 소실되므로 Nb(Cb)가 함유된 347 SS용접봉을 사용한다. ASME Sec. II Part C의 용접봉 구분에도 SFA 5.9의 ER 321 SS가 321 SS의 용접봉으로 아크에 의한 금속의 분해이동이 발생하지 않는 GTAW용으로 유일하게 규정되어 있을 뿐이다. Ti에 의해 안정화된 강보다는Nb(Cb)에 의해 안정화된 강의 예민화에 대한 저항성이 크다. 347 SS는 321 SS보다 용접성이 좋으며, 예민화 현상에 대한 저항성이 더 크다.

321 SS와 비슷한 특성을 가진 것으로 316Ti SS가 있다. 일반적으로 이들 재료의 적용 기준은 온도에 의한 구분으로 이루어 진다.

약 480℃ 이하의 최고 사용 설계 온도에서는 321 SS 혹은 316Ti SS가 사용되고, 480℃ ~ 525℃ 정도의 온도 범위에서는 347 SS가 사용된다.

5.6.7.3. 고용화 열처리 (Solution Annealing)

용접이나 고온 가공 및 장시간에 걸친 고온 사용으로 인해 형성된 크롬 탄화물은 A1 변태점 이상의 온도로 가열하게 되면 조직내 탄화물이 다시 분해하여 탄소와 크롬으로 나누어 진다. 실제 현장 작업에서는 약 1010 ~ 1040℃ 정도로 가열한 후에 급냉하게 된다.

고용화 열처리는 이렇게 A1 변태점 이상의 고온으로 강을 가열하여 탄화물을 분해한 후에 상온 까지 급냉하여 조직내에 탄화물이 다시 생성될 수 없도록 하는 열처리 작업을 의미한다. 탄화물의 생성은 약 500 ~ 800℃ 정도의 범위에서 발생하므로 이 범위의 온도 구간을 급냉하여 탄화물이 생성될 수 있는 시간을 주지 않는 것이 중요하다. 그러나, 실제 완성된 제품에 고용화 열처리를 적용하기는 변형과 표면 산화등의 문제점으로 인해 매우 어렵다.

또한 물과 같은 냉매를 사용하여 냉각을 시키게 되면, 초기엔 냉각이 일어나지만, 이후에 수증기가 형성되기 시작하면서 냉각 속도가 급격하게 저하하여 결국 고용화 열처리에서 반드시 피하고 싶었던 800℃ ~ 400℃ 구간의 냉각 속도가 느려져서 크롬 탄화물의 석출이 발생하는 위험성이 있다.

5.6.7.4. 안정화 열처리(Stabilization Heat Treatment)

안정화강의 용접시에 용접금속은 급냉되는 조직이기에 탄화물의 형성이 생기지 않지만,

열영향부에서는 위에 언급한 Knife Line Attack이 좁은 영역에서 발생할 수 있다.

이를 예방하기 위해서 Ti이나 Nb등의 안정화 원소를 넣어 놨지만, 문제는 이들 원소의 활성화 온도 영역이 크롬이 탄화물을 형성하는 온도 영역 보다 훨씬 고온(850도 이상)이기에 여전히 그 보다 낮은 온도 영역에서는 탄화물이 형성되어 내식성이 저하되는 문제점이 생긴다.

이를 예방하기 위해 용접이 완료된 이후에 해당 부재를 고용화 열처리 온도까지 가열한 후 대략 850℃ ~ 950℃ 온도 영역에서 잠시 머물렀다가 냉각(서냉)을 하게 되면, Ti이나 Nb이 활성화 에너지를 갖게 되는 고온부에서 탄소를 모두 TiC나 NbC로 만들어서 이후에 크롬 탄화물이 생성되지 않도록 한다. 이를 안정화 열처리하고 하며, 예전에는 각종 설계 기준에서 강제 사항이 아니었으나, 최근에는 대부분의 설계기준에서 이를 강제 사항으로 준수하도록 요구하고 있다.

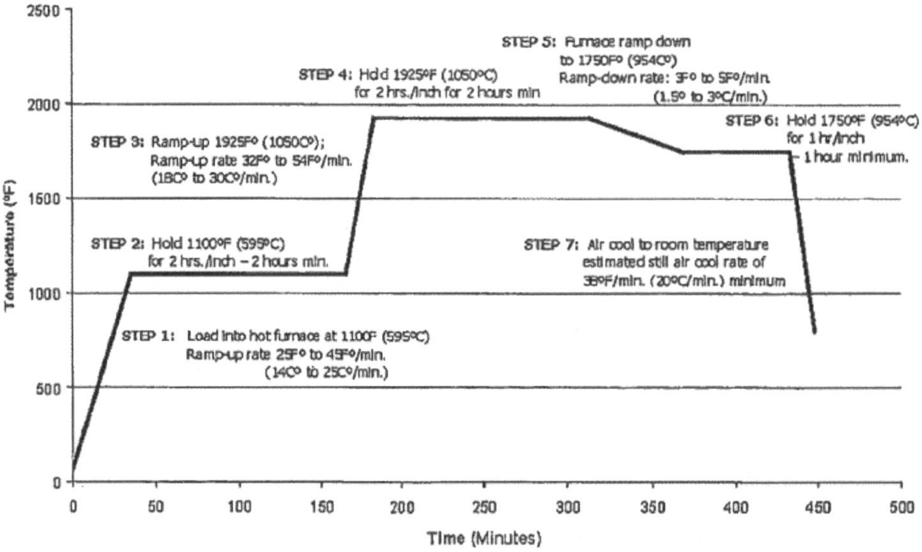

그림 4-36 안정화 열처리 개요

5.6.8. 저온 응력제거 열처리(Low Temperature Stress Relieving)

오스테나이트계 스테인레스강은 고용화 열처리 이외에는 적용하지 않는 것으로 흔히 알고 있으나, 심하게 냉간가공을 받은 강종인 경우에는 잔류응력을 제거하고 기계적 특성을 회복하기 위해 160°C ~ 415℃ 정도의 온도 구간에서 열처리를 실시한다. 425도 이상의 고온에서도 실시하는 경우가 있으나, 이때에는 크롬탄화물 형성에 의한 내식성 저하가 고려대상이 되지 않을 경우에 실시한다.

아래의 내용은 오스테나이트계 스테인레스강의 재료 특성과 용접성을 종합적으로 요약한 것이다.

표 4-37 오스테나이트 Stainless Steel의 재료 특성 및 용접성

Type	대표 강종	재료 특성 및 용접성
Austenitic	304 SS 316 SS 321 SS 347 SS	• 용접성이 매우 양호한 재료로서, 용접으로 인해 경화되지 않으므로 예열과 후열의 필요성이 없다.
		• 열팽창이 크고, 용접시에 변형이 크므로 주의를 요한다.
		• 425 ~ 870℃ 용역에서 장시간 유지시에는 입계에 크롬탄화물이 발생해서 내식성이 저하되고, 기계적 강도도 감소한다.
		• 크롬탄화물에 의한 예민화 현상을 방지하기 위해, Carbon함량을 0.03%이하로 줄인 Low Grade를 사용하거나, Carbon과 친화력이 좋은 Ti이나 Nb(Cb)를 첨가한 321 SS, 347 SS가 사용된다.
		• 321 SS, 347 SS, 348 SS 와 316Ti는 예민화 현상이 일어나지 않는 것으로 평가된다. "H" Grade는 내식성이 요구되지 않고 고온에서의 기계적 강도만 요구되는 경우에 사용된다.
		• 예민화가 일어날 수 있는 304 SS, 316 SS등은 용접하지 않고 사용할 경우의 최대 사용온도는 425℃이며, 냉간가공을 할 경우에는 370℃로 제한된다.
		• 용접 구조물에 사용되는 Low Carbon Grade인 304L, 316L의 경우에는 위의 경우와 같은 온도 제한을 받는다.
		• 316 Ti, 321 SS, 347 SS는 모두 용접이 가능하며, 최대 480℃까지 사용된다. 347 SS는 321 SS보다 용접성이 좋으며, 예민화 현상에 대한 저항성이 더 크다.
		• 용접중 발생할 수 있는 예민화 현상을 방지하기 위해 층간 온도(Interpass Temperature)는 Max. 180~200℃정도로 제한한다.
		• 용접부는 Hot Crack을 방지하기 위해 3~11 Ferrite Number정도의 페라이트를 함유해야 한다.
		• Ti이 함유된 321 SS의 용접시에는 용접봉의 Ti성분이 용접아크에 의해서 용접부로 이동되지 않으므로 Nb(Cb)이 함유된 347 SS 용접봉을 사용한다.

5.7. 이상 스테인레스강(Duplex Stainless Steel)

Duplex Stainless Steel은 가장 최근에 개발된 강종으로 점차 그 사용 영역이 확대되어 가고 있는 강종이다. 이 강종은 기존의 오스테나이트계 스테인레스강에 크롬의 함량을 더 높이고 약간의 Mo를 추가한 강종으로 보통 25%정도의 크롬에 2 ~ 3% Mo를 포함하는 강종이다. 대표적인 재질로는 SAF 2205 (UNS No. : S31083), SAF 2507 (UNS No. : S32750)이 있다.

초기에 개발된 Duplex Stainless Steel은 용접시에 열영향부의 인성이 저하하는 단점으

로 인해 사용에 제한이 있었다. 이는 용접과정에서 페라이트(Ferrite)상의 과다 석출과 이로 인한 부식 저항성의 저하 때문이었다.

1968년 이후에 제강 기술이 발달하고, AOD(Argon Oxygen Decarburization)방법이 적용되면서 스테인레스강에 질소(Nitrogen)를 첨가할 수 있게 되면서 용접부 인성 저하의 문제는 어느 정도 해결되고 있다. 강중에 첨가된 질소는 용접부 특히 용접 열영향부의 인성을 향상시키고, 응고 과정에서 상변화(Intermetallic Phases Formation)를 억제하여 부식 저항성을 높이는 효과를 가져오고 있다. 질소의 첨가가 이루어지면서 개량된 Duplex Stainless Steel을 제 2세대 Duplex Stainless Steel이라고 구분한다.

가장 최근에 적용되고 있는 Duplex Stainless Steel의 개발은 1970년을 기준으로 구분될 수 있다. 이시기를 지나면서 염소(Chloride)에 대한 우수한 저항성으로 인해 해양 구조물 등에 적용 실적이 늘어나고 우수한 강도로 인해 구조물의 두께를 얇게 가져갈 수 있는 이점이 부각되고 있다.

널리 사용되고 있는 2205와 같은 재료는 이시기를 통해 활용도가 증대된 대표적인 Duplex Stainless Steel이다.

표 4-38 Duplex Stainless Steel의 화학성분

Name	UNS No.	EN No.	Chemical Composition (wt.%)						
			C	Cr	Ni	Mo	N	Cu	W
Wrought Duplex Stainless Steels									
First-Generation Duplex Grades									
329	S32900	1.4460	0.08	23.0 ~ 28.0	2.5 ~ 5.0	1.0 ~ 2.0	-	-	-
3RE60	S31500	1.4417	0.030	18.0 ~ 19.0	4.3 ~ 5.2	2.50 ~ 3.00	0.05 ~ 0.1		
Uranus 50	S32404		0.04	20.5 ~ 22.5	5.5 ~ 8.5	2.0 ~ 3.0	-	1.0 ~ 2.0	
Second-Generation Duplex Grades									
2304	S32304	1.4362	0.03	21.5 ~ 24.5	3.0 ~ 5.5	0.05 ~ 0.60	0.05 ~ 0.20		
2205	S31803	1.4462	0.03	21.0 ~ 23.0	4.5 ~ 6.5	2.5 ~ 3.5	0.08 ~ 0.20		
2205	S32205	1.4462	0.03	22.0 ~ 23.0	4.5 ~ 6.5	3.0 ~ 3.5	0.14 ~ 0.20		
DP-3	S31260		0.03	24.0 ~ 26.0	5.5 ~ 7.5	5.5 ~ 7.5	0.10 ~ 0.30	0.20 ~ 0.80	0.10 ~ 0.50
UR 52N+	S32520	1.4507	0.03	24.0 ~ 26.0	5.5 ~ 8.0	3.0 ~ 5.0	0.20 ~ 0.35	0.50 ~ 3.00	-

Name	UNS No.	EN No.	Chemical Composition (wt.%)						
			C	Cr	Ni	Mo	N	Cu	W
255	S32550	1.4507	0.04	24.0 ~ 27.0	4.5 ~ 6.5	2.9 ~ 3.9	0.10 ~ 0.25	1.50 ~ 2.50	-
DP-3W	S30274		0.03	24.0 ~ 26.0	6.8 ~ 8.0	2.5 ~ 3.5	0.24 ~ 0.32	0.20 ~ 0.80	1.50 ~ 2.50
2507	S32750	1.4410	0.03	24.0 ~ 26.0	6.0 ~ 8.0	3.0 ~ 5.0	0.24 ~ 0.32	0.50	-
Zecon 100	S32760	1.4501	0.03	24.0 ~ 26.0	6.0 ~ 8.0	3.0 ~ 4.0	0.20 ~ 0.30	0.50 ~ 1.00	0.50 ~ 1.00
Casting Duplex Stainless Steels									
CD4McuN Grade 1B	J93372		0.04	24.5 ~ 26.5	4.4 ~ 6.0	1.7 ~ 2.3	0.10 ~ 0.25	2.7 ~ 3.3	
CD3MN Cast 2205 Grade 4A	J92205		0.03	21.0 ~ 23.5	4.5 ~ 6.5	2.5 ~ 3.5	0.10 ~ 0.30	-	-
CE3MN Atlas958 Cast 2507 Grade 5A	J93404	1.4463	0.03	24.0 ~ 26.0	6.0 ~ 8.0	4.0 ~ 5.0	0.10 ~ 0.30	-	-
CD3MWCuN Cast Zeron 100 Grade 6A	J93380		0.03	24.0 ~ 26.0	6.5 ~ 8.5	3.0 ~ 4.0	0.20 ~ 0.30	0.5 ~ 1.0	0.5 ~ 1.0

5.7.1. 합금 원소의 영향과 Duplex Stainless Steel의 조직

Duplex Stainless Steel은 합금 성분의 영향에 의해 조직의 상분률이 달라지고 다양한 기계적 및 화학적 특성을 나타내고 있다.

5.7.1.1. 크롬(Chromium, Cr)

크롬의 역할은 내식성의 기초가 되는 산화성 피막을 형성하는 것이다. 적절한 수준의 산화성 피막을 형성하기 위해서는 최소한 10.5% 이상의 크롬 함량이 필요하다. 일반적인 개념의 부식 저항성은 크롬 함량이 증가함에 따라 증대된다. 크롬은 대표적인 페라이트 조직 형성 원소로서 조직을 체심입방격자(Body Centered Cubic Structure, BCC)로 만들려고 한다.

그러나 크롬 함량이 증가함에 따라 금속간 화합물의 형성이 많아지는 단점이 있다. 또한 크롬은 열처리나 용접 과정에서 발생하는 산화층 및 변색의 주요 원인이 된다. Duplex Stainless Steel을 만들기 위해서는 최소한 22% 이상의 크롬이 필요하게 되고, 크롬의 영향으로 인해 Duplex Stainless Steel은 산세(Acid Cleaning, Pickling)이 어렵고, 용접 과정에서 발생된 변색 조직의 제거가 기존의 오스테나이트계 스테인레스강에 비해 어렵다.

5.7.1.2. 몰리브데늄(Molybdenum, Mo)

몰리브데늄의 역할은 염소(Chloride)에 의한 부식 저항성을 증대하기 위하여 첨가된다. 몰리브데늄은 동일한 크롬첨가량에 비해 3배 이상의 공식(Pitting) 및 틈부식(Crevice Corrosion)에 대한 저항성을 나타내는 효과가 있다.

크롬과 마찬가지로 몰리브데늄은 페라이트(Ferrite) 조직을 형성 원소이고 조직에 해가 될 수 있는 금속간 화합물을 만드는 성질이 강하다. 따라서 몰리브데늄의 첨가량은 Duplex Stainless Steel에서는 최대 4% 이하로 유지하며, 오스테나이트계 스테인레스강에서는 최대 7.5% 이하로 관리한다.

5.7.1.3. 질소(Nitrogen, N)

질소는 강력한 오스테나이트 조직 형성 원소이다. 공식(Pitting)과 틈부식(Crevice Corrosion)에 대한 저항성이 매우 강한 것이 특징이며, 고용강화 원소로서 기계적 강도를 향상시키며, 저온의 인성을 향상시킨다.

또한 금속간 화합물의 형성을 제한하여 조직의 안정성을 도모한다.

Duplex Stainless Steel 제조 과정에서 질소는 그 고용한도까지 첨가된다.

5.7.1.4. 니켈(Nickel, Ni)

니켈은 가장 대표적인 오스테니이트(Austenite) 조직 형성 원소이다. 니켈의 첨가로 인해 체심입방격자(BCC)인 페라이트(Ferrite) 조직이 면심입방격자(Face Centered Cubic Structure, FCC)인 오스테나이트(Austenite)로 변화한다. 또한 니켈은 질소의 영향에 비하면 약하지만, 조직내에 해로운 금속간 화합물의 형성을 방지하는 기능을 담당한다. 면심입방격자(FCC)인 오스테나이트 조직은 페라이트 조직에 비해 저온의 인성을 증가하는 효과가 있다.

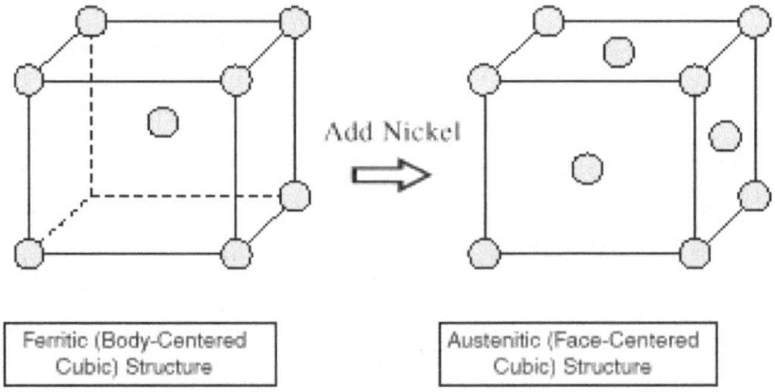

그림 4-37 니켈 첨가에 따른 페라이트 조직의 오스테나이트 조직으로의 변화

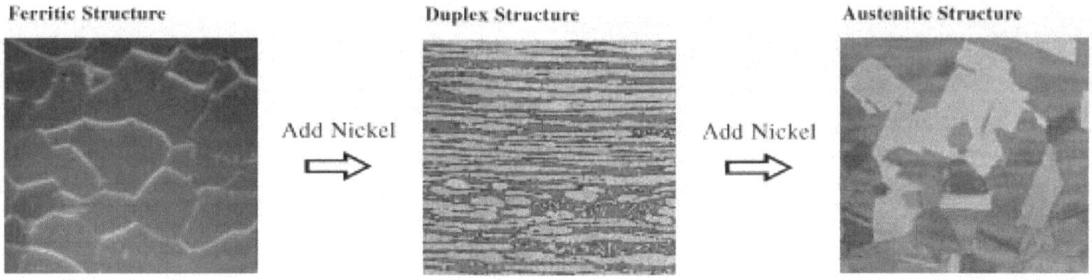

그림 43-8 니켈 첨가에 따른 조직의 변화 도식

5.7.2. Duplex Stainless Steel의 특성

이 강종의 특징은 기존 오스테나이트계 스테인레스강이 입계부식(Intergranular Corrosion) 및 응력 부식 균열(Stress Corrosion Cracking)에 민감한 단점을 보완하기 위해 개발된 강종으로 페라이트 기지위에 50%정도의 오스테나이트 조직이 공존하는 이상(Dual Phase)의 조직이다.

5.7.21. 기계적 성질

오스테나이트 조직이 존재 함으로 인해 페라이트계 스테인레스강 보다 양호한 인성을 가지고 있다. 또한, 페라이트 조직이 존재 함으로 인해 오스테나이트계 스테인레스강 보다 약 2배 이상의 강도를 가지고 있어서 기계 가공 및 성형이 어렵다. 오스테나이트계 스테인레스강보다 열팽창 계수가 낮고, 열전도도는 높아서 열 교환기 등의 튜브재질로 적합하다.

그러나, 고온에 노출되면 조직의 상분률이 깨져서 Duplex Stainless Steel의 특성을 잃게 되므로 최대 사용 온도가 제한된다.

ASME나 TUV와 같은 Design Code에서는 최대 온도를 다음의 표 4-39와 같이 제한하지만, 상용적인 개념으로 대략 250℃를 최대 사용 기준 온도로 적용한다.

표 4-39 설계 기준에 따른 Duplex Stainless Steel의 최대 사용 온도

Grade	Condition	ASME		TUV	
		℃	℉	℃	℉
2304	Unwelded	315	600	300	570
2304	Welded, matching filler	315	600	300	570
2304	Welded with 2205/2209	315	600	250	480
2205	Unwelded	315	600	280	535
2205	Seamless Tubes	315	600	250	480
2507	Seamless Tubes	315	600	250	480
Alloy 255	Welded or Unwelded	315	600	-	-

표 4-40 온도별 Duplex 조직의 변화

	2205		Superduplex	
	℃	℉	℃	℉
Solidification Range	1445 ~ 1385	2630 ~ 2525	1450 ~ 1390	2640 ~ 2535
Scaling Temperature in Air	1000	1800	1000	1800
Sigma Phase Formation	700 ~ 975	1300 ~ 1800	700 ~ 975	1300 ~ 1800
Carbide Precipitation	450 ~ 800	840 ~ 1470	450 ~ 800	840 ~ 1470
475℃/885℉ Embrittlement	350 ~ 525	650 ~ 980	350 ~ 525	650 ~ 90

5.7.2.2 내식성

유사한 양의 합금 원소를 첨가한 오스테나이트계열의 합금에 비해 공식(Pitting)과 틈새 부식성은 유사하지만, 응력부식 균열과 유기산에 대한 저항성은 매우 우수하다. Chloride등에 대한 저항성이 커서 VCM Project등의 열 교환기용 재료로 사용되고 있다. 통상 부식성의 우열은 내공식성 지수(Pitting Corrosion Resistance Index, PREN)으로 평가하는 방법이 가장 일반적이다. PRE 값이 높으면 공식(Pitting)이나 틈부식(Crevice Corrosion)에 대한 저항성이 큰 것을 의미한다. 또한 이러한 PRE 지수 이외에 중요한 것이 임계온도이다. Pitting이나 Crevice Corrosion은 온도에 대한 의존성이 있는 데, 이를 활용하여 각 부식발생의 임계 온도를 평가한다.

CPT : Critical Pitting Temperature

CCT : Critical Crevice Corrosion Temperature

다음 표에 Duplex Stainless Steel의 부식성에 관한 자료를 요약한다.

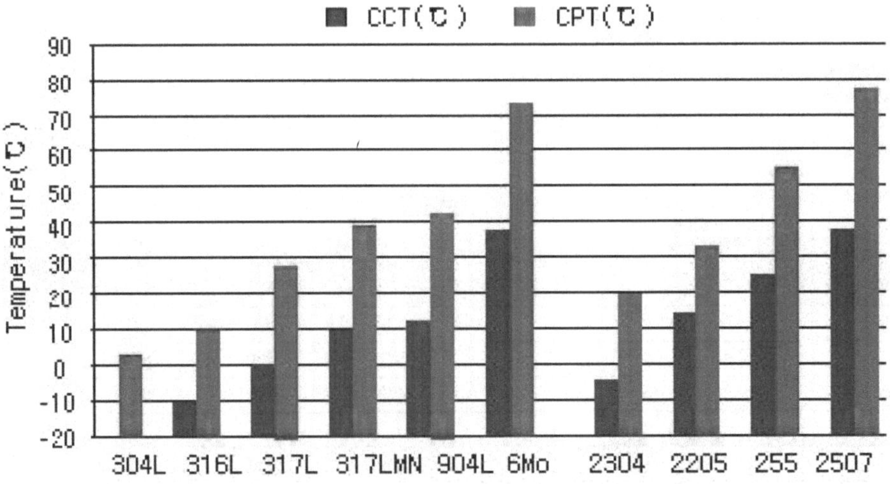

그림 4-39 강종별 CCT와 CPT 비교표

표 4-41 DSS와 ASS의 응력부식(Stress Corrosion Cracking) 실험 비교

	304L & 316L	3RE60	2205	25Cr Duplex	Super-duplex
42% $MgCl_2$ Boiling 154℃ U-Bend	●	●	●	●	●
35% $MgCl_2$, Boiling 125℃ U-Bend	●	●	●	●	●
Droop Evap. 0.1M Nacl 120℃ 0.9 x Y.S	●	●	●	●	●
Wick Test 1500ppm Cl as NaCl 100℃	●	X	◎	◎	◎
33% $LiCl_2$ Boiling 120℃ U-Bend	●	◎	◎	◎	◎
40% $CaCl_2$ 120℃ 0.9 x Y.S	●	◎	◎	◎	◎
25 ~ 28% NaCl Boiling 106℃ U-Bend	●	◎	◎	◎	◎
26% NaCl Autoclave 155℃ U-Bend	●	●	X	◎	◎
26% NaCl Autoclave 200℃ U-Bend	●	●	●	●	◎
600ppm Cl (NaCl) Autoclave 300℃ U-Bend	●	△	△	△	△
100ppm Cl (Sea salt + O_2) Autoclave 230℃ U-Bend	●	●	●	△	△

● Cracking Anticipated
X Cracking Possible
◎ Cracking Not Anticipated
△ Insufficient Data

5.7.2.3. 가공성

니켈 함량이 적어서 원소재 가격이 경제적이라고 많은 문헌에 소개하고 있으나, 실제로는 제조 과정의 원가 때문에 일반 오스테나이트계 스테인레스강에 비해 고가이고, 페라이트 상이 포함되어 있기에 열처리에 의해 경화될 수 있다.

일반 탄소강과 유사한 저온 특성을 보이며, -60℃ 이하에서는 충격치가 급속히 감소하여 사용이 제한된다. 300℃ 이상에서는 페라이트조직의 분해가 일어나서 취성이 발생하므로 통상적인 사용온도는 -50 ~ 250℃ 정도로 제한된다.

Duplex Stainless Steel은 오스테나이트조직과 페라이트조직의 상분률(狀分率)이 매우 중요하다. 상분률이 깨어지면 원하는 특성을 얻을 수 없고 취성이 발생하여 적절하게 사용할 수 없다.

5.7.2.4. 용접성

전반적으로 용접성은 매우 양호한 재질로 평가되지만, 입열조절이 무척 중요하다. 따라서 다층 용접시 각 패스(Pass)사이의 층간온도(Interpass Temperature)와 용접속도(Travel Speed) 조절이 매우 중요한 조절인자로 작용한다.

용접시 입열이 부적절하면 Dual Phase의 상분률(狀分率)이 깨어지므로 통상 0.5 ~ 1.5KJ/mm정도로 엄격히 제한한다. 층간온도는 최대 150℃정도로 규제한다.

용접봉은 모재보다 2 ~ 3%정도 니켈 함량이 많은 재료를 선정하고, 지나친 급냉이나 서냉이 되지 않도록 한다. 용접시 800 ~ 1000℃ 범위에서 장시간 유지되면 해로운 Secondary Phase가 생겨서 기계적 성질 및 내식성의 저하를 가져오므로 피해야 한다.

용접부에 대한 충격시험(Impact Test)을 요구하는 경우가 많으며, 별도의 비파괴 검사(NDT)를 실시 하지 않고 용접부의 건전성을 평가하는 가장 손쉬운 방법은 경도(Hardness) 측정과 페라이트 함량 측정이다. 페라이트 함량을 측정하고 경도(Hardness)를 측정하면 대략적인 용접부의 건전성을 평가 할 수 있다. 경도 측정은 Code상 반드시 적용해야 하는 규정은 아니다.

페라이트 함량 37 ~ 52%정도에서 통상적인 경도는 브리넬(Brinell)경도로 238 ~ 265정도가 나오면 적정선이다. 이 경도 값에 관해서는 사전에 기준치를 정하는 협의가 필요하다.

표 4-42 Duplex Stainless Steel의 재료 특성 및 용접성

Type	대표 강종	재료 특성 및 용접성
Duplex (18~30% Cr, 4~6% Ni, 2~3% Mo)	SAF 2204 (S32304) SAF 2205 (S31803) SAF 2507 (S32750)	• 오스테나이트계 스테인레스강의 입계 부식 및 응력 부식균열에 민감한 단점을 보완하기 위해 개발된 강종으로 페라이트 조직 기지위에 50%정도의 오스테나이트조직이 공존하는 Dual Phase의 조직이다.
		• Austenitic조직이 존재함으로 인해 페라이트 Stainless Steel보다 양호한 인성을 가지고 있다.
		• Ferritic조직이 존재함으로 인해 오스테나이트계 스테인레스강 보다 우수한 Mechanical Strength(약 2배)를 가지고 있으며, 기계 가공 및 성형이 어렵다.
		• 오스테나이트계 스테인레스강보다 열팽창 계수가 낮고 열전도도는 높아서 열교환기의 Tube재질등으로 적합하다.
		• Ni함량이 작아서 가격이 경제적이다.
		• 충격치가 -60℃ 이하에서는 급속히 감소하며, 300℃이상에서는 페라이트조직의 분해가 일어나서 취성이 발생하므로 통상적인 사용온도는 -50℃ ~ 250℃정도이다.
		• 300 ~ 550℃의 열처리에 의해 경화될 수 있다.
		• 용접시에 예열은 하지 않으며, 입열이 부적절하면 Dual Phase의 상분율(狀分率)이 깨어지므로, 0.5 ~ 1.5KJ/mm정도로 엄격하게 제한된다.
		• 용접봉은 모재보다 2 ~ 3%정도 Ni이 많은 재료를 선정하고, 지나친 급냉이나 서냉이 되지 않도록 한다.
		• 용접시 800 ~ 1000℃범위에서 장시간 유지되면, 해로운 Secondary Phase가 생겨서 기계적 성질 및 내식성의 저하를 가져온다.
		• 대개 용접후 열처리(PWHT)는 하지 않으나, 해로운 Secondary Phase를 피하기 위해 1100℃정도의 온도에서 5 ~ 30분간 후열처리를 한다.

5.8. 스테인레스강의 용접 관리

5.8.1. 용접부 청결

스테인레스강은 황(Sulfur), 인(Phosphorus), 아연(Zn), 구리(Cu), 납(Pb)등에 의해 오염될 수 있으며, 이들 성분이 용접과정에서 용접부에 침투하면 저융점의 액막을 만들어서 균열을 유발하게 된다. 따라서 용접 전에 탄소강이나 특히 아연도금된 강재 및 페인트 작업장과의 접촉을 피하도록 해야 하며, 표면에 묻은 이물질을 제거한 후에 용접 작업에 임해야 한다.

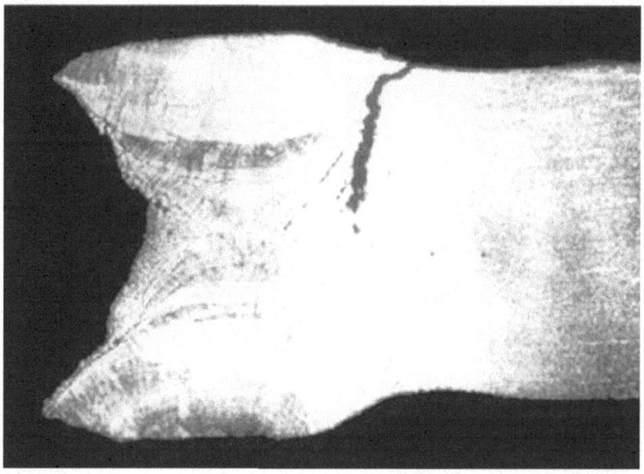

그림 4-40 아연 침투에 의해 발생한 용접부 균열

위 그림은 스테인레스 강재와 접촉한 아연도금된 강재로부터 침입한 아연에 의해 발생된 ZnNi의 저용점 화합물에 의한 균열 발생이다.

5.8.2. 아크 개시점과 보호 가스

초기 아크를 일으키는 과정에서 형성되는 아크 개시점(Arc Strike)는 높은 탄소 농도와 급냉에 의해 마르텐사이트 조직이 형성되기 쉽고, 운전과정에서 쉽게 부식에 노출될 위험이 있다.

따라서 아크 개시점은 반드시 그라인더 등으로 제거하여야 한다. 또한 탄소강과 접촉하거나 탄소강 재질의 그라인더나 와이어 브러쉬 등을 사용하게 되면, 표면에 Fe 성분이 묻어서 부식 균열을 유발할 수 있기에 반드시 스테인레스강 전용 그라인더나 브러쉬를 사용해야 한다.

용접을 하게 되면, 산화되어 검붉은 용접부 주변의 변색 부위가 나타나게 되는 데, 이 부분을 열변색(Heat Tint)이라고 부르며, 외관상 보기 좋지 않을 뿐만 아니라 높은 산소 농도로 인해 부식에 우선적으로 노출될 수 있기에 제거해 주거나 발생 영역과 정도를 낮출 수 있도록 보호가스를 주입하면서 용접해야 한다.

통상 보호가스로는 이산화탄소를 쓰기도 하지만, 정밀 용접에서는 대부분 아르곤 가스를 사용한다.

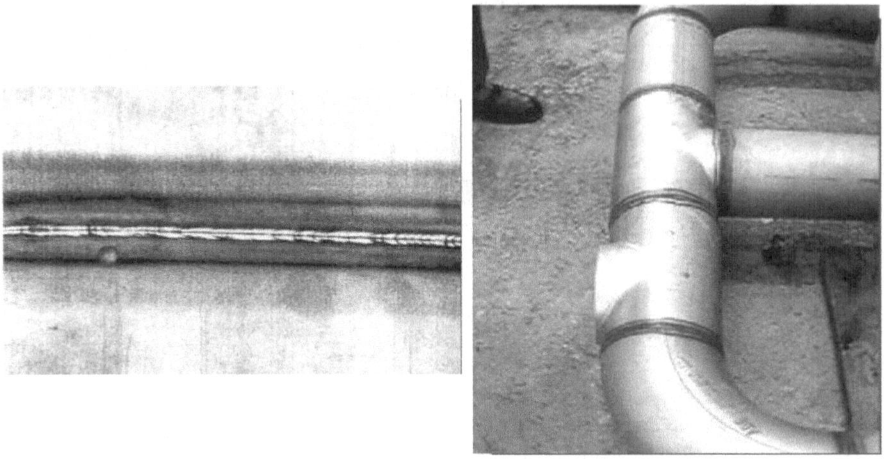

그림 4-41 스테인레스강 용접부에 발생된 열변색(Heat Tint)

배관의 용접시에 열변색을 최소화하기 위해서는 배관 외부에서 용접시에 보호가스를 공급하는 것 뿐만 아니라 내부에도 보호가스를 주입하여 안쪽 비드의 산화를 방지한다.

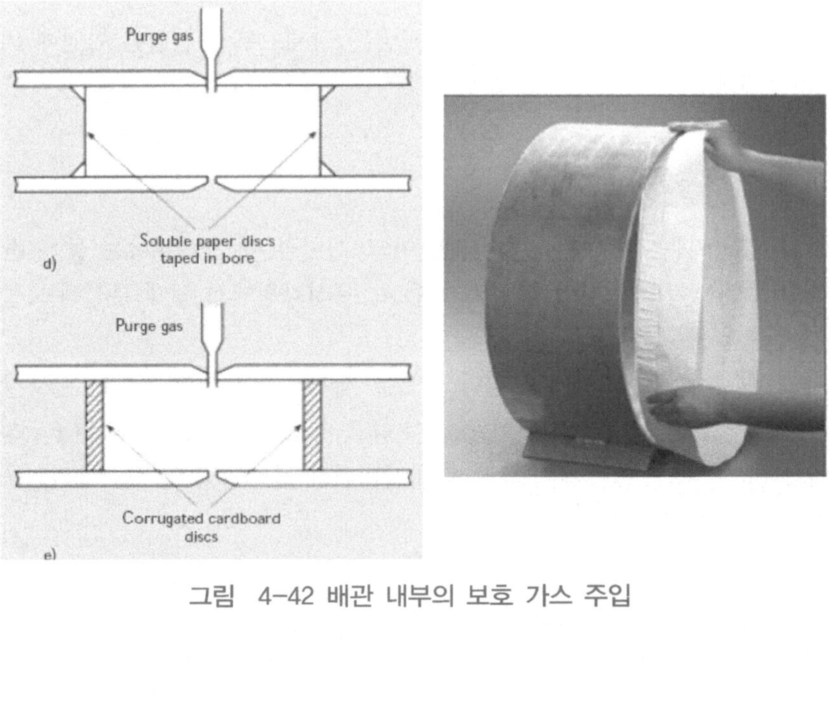

그림 4-42 배관 내부의 보호 가스 주입

흔히 현장에서는 배관 이나 용기 내부에 보호 가스를 주입하고 바로 용접을 개시하는 경우가 있으나, 이렇게 하면 제대로 된 용접부 보호를 기대할 수 없다.

미국용접학회(AWS)등에서는 용접개시 초기의 내부 산소 농도를 0.1% 이내로 추천하며, 완성된 용접금속이 가지는 산소 농도도 최대 0.015%로 제한하여 합부 기준을 제시하고 있다.

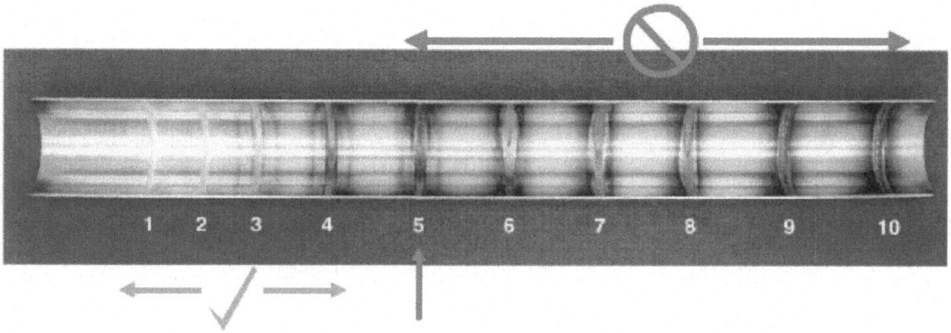

그림 4-43 오스테나이트계 스테인레스강 용접부의 열변색 합부 기준

위 그림은 AWS D18.1에 제시된 오스테나이트계 스테인레스강 용접부의 열변색을 기준으로 한 합부 판정용 사진이다. 위에서 5번 이내의 용접부라면 합격권이 되지만, 그 이상이 되면 해당 부위는 산세 등을 통해 반드시 제거해야 한다.

5.8.3. 산세 처리

페라이트와 마르텐사이트계열은 수소 취성의 위험성 때문에 일반 제작사에서 산세 작업을 제한한다. 오스테나이트계 스테인레스강의 경우에는 통상적으로 용접을 진행한 후에 버핑(Buffing) 혹은 산세(Acid Cleaning)을 실시하여 외관의 미적 효용도를 높이고 표면의 내식층을 새롭게 형성하여 내식성과 내구성을 기대한다. 스테인레스강은 크롬이 함유되어 있어서 용접을 하면 그 즉시 크롬산화물(Cr_2O_3)층에 의해 내식성을 가질 수 있으나, 용접부는 모재처럼 균질한 산화물 층을 확보하기 어렵고, 열변색층 등에 높은 산소와 탄소 농도로 인해 안정적인 내식성을 기대하기 어렵다. 따라서 산세를 실시하여 표면에 균질한 크롬산화물층을 형성하여 내식성과 외관의 미적 효과를 극대화 한다.

산세 작업과 관련한 기준은 ASTM A380에 자세히 제시되어 있으며, 현업에서는 산(Acid)을 도포하기 전에 표면의 이물질 특히 기름 성분을 충분하게 제거해야 하지 못하는 경우가 발생하여 산세 이후에 얼룩이 발생하는 경우가 종종 있다.

최근에는 용접부에 바로 전해연마의 개념을 적용한 전기산세장비들이 소개되고 있다.

6. 니켈 합금(Nickel & Nickel Based Alloy)

6.1. 니켈 합금의 종류와 성질

대표적인 니켈, 니켈 합금의 화학성분 및 물리적 성질을 표 4-43, 44에 표시하였다. 니켈은 알카리에 충분한 내식성을 나타내고, 실온에서 가공성이 우수하다.

니켈 합금은 여기에 철(Fe), 구리(Cu), 몰리브데늄(Mo) 등을 첨가하여 각종 환경에 대한 내식성, 내열성 등을 개선한 것으로서, 화학공업, 원자력, 화력발전 등의 분야의 저장탑조, 가열설비, 가스 터빈, 제트 엔진 등에 이용되고 있다.

실제로 현업에서는 UNS No.나 ASTM 등의 고유 재료 표기법 보다 각종 합금 제조사들의 Brand Name 이 더 널리 사용되고 있다. 대표적인 강종의 표기법은 Nickel, Monel, Inconel, Incoloy 등의 제조사 합금명과 세자리 숫자와 기호의 조합으로 분류되는 것이 많다. 예를 들면 Nickel 200, Monel 400, Inconel 600 등으로 분류된다. 이러한 명명 법에서 머리 숫자가 짝수이면 고용 강화형(Solution Hardening) 합금, 홀수이면 석출 강화형(Precipitation Hardening) 합금을 의미한다. 일반적으로 석출 경화형 합금은 용접 열에 의해 영향을 많이 받기 때문에 용접성은 고용 강화형 합금에 비해 나쁘다고 할 수 있다.

니켈 합금은 가성 소다 등 알칼리에 대한 내식성이 우수하며 일반 탄소강에 비해 각종 산성 용액에 대한 내식성도 양호하다. 크롬(Cr)을 첨가하면 산화성 분위기에 대한 내식성이 보다 향상되고, 몰리브데늄(Mo)을 추가 하면 염산에 대한 내식성이 향상되고, 구리(Cu)를 첨가하면 해수에 대한 내식성이 향상된다.

표 4-43 대표적인 니켈 합금과 그 화학조성

합금명	Ni	C	Mn	Si	S	Fe	Cu	Cr	Al	Ti	Mo	Co	기타
NICKEL200	99.5	0.08	0.18	0.18	0.005	0.20	0.13	-	-	-	-	-	-
NICKEL201	99.5	0.01	0.18	0.18	0.005	0.20	0.13	-	-	-	-	-	-
MONEL400	66.5	0.15	1.00	0.25	0.012	1.25	31.5	-	-	-	-	-	-
MONEL K500	66.5	0.13	0.75	0.25	0.005	1.00	29.5	-	2.73	0.60	-	-	-
INCONEL 600	76.0	0.08	0.50	0.25	0.008	8.00	0.25	15.5	-	-	-	-	-
INCOLOY 600	32.5	0.05	0.75	0.50	0.008	46.0	0.38	21.0	0.38	0.38	-	-	-
INCOLOY 825	42.0	0.03	0.50	0.25	0.015	30.0	2.25	21.5	0.10	0.90	3.0	-	-
HASTELLOY-B	61.0	0.05	1.00	1.00	0.03	5.0	-	1.0	-	-	28.0	2.5	-
HASTELLOY-C	54.0	0.08	1.00	1.00	0.03	5.0	-	15.5	-	-	16.0	2.5	W4.0
HASTELLOY-W	60.0	0.12	1.00	1.00	0.03	5.0	-	5.0	-	-	24.5	2.5	-

니켈은 상온 및 고온 가공성이 우수한 재료이고 알카리와 염산에 대해 우수한 내식성을 가지고 있다. 니켈에 구리(Cu)를 약 30% 첨가한 Monel계 합금은 황산과 가성소다 등에 대해 매우 우수한 내식성을 나타내고, 니켈에 Mo와 Fe를 첨가한 것을 기지로 하여 W, Cu, Cr, Co등을 첨가한 Hastelloy계는 일반적으로 염산에 대해 우수한 내식성을 나타내는 재료이다. 니켈에 크롬(Cr)을 가한 것을 기지로 하여 Al, Ti을 첨가하면 내열성이 향상된 재료가 된다.

표 4-44 대표적인 니켈 합금과 그 화학조성

합 금 명	밀도 (g/㎤, (292K)	융점(K)	열팽창 계수 (μ m/m · K) (293~373K)	열전도도 (cal/㎝ · s · K) (273~373K)	전기저항 (μ Ω · ㎝) (293K)
NICKEL 200	8.89	1708~1718	13.3	0.145	9.5
MONEL 400	8.83	1573~1623	13.8	0.052	51.0
INCONEL 600	8.43	1627~1686	13.3	0.037	103.0
HASTELLOY-B	9.24	1575~1641	10.0	-	135.0
HASTELLOY-C	8.94	1538~1616	11.3	-	130.0
INCOLOY 800	8.02	1630~1658	14.2	0.026	99.0
INCOLOY 800	7.87	1809	13.0	0.142	13.0

또 이들 니켈 합금은 강도의 강화 기구에 따라 아래와 같이 분류한다.

6.2. 니켈 합금의 종류

6.2.1. 고용체 강화형 합금

니켈의 오스테나이트 γ상을 크롬(Cr), 코발트(Co), 텅스텐(W)등으로 강화하는 것으로, 일반적으로 크롬을 많이 함유시켜 내산화성이 뛰어나고 용접성도 좋다. HASTELLOY- X, INCONEL 600, INCONEL 625 등이 여기에 해당된다. 강종의 표기는 Alloy XXX 와 각 강종의 대표적인 Brand Name 이 병기되므로 혼돈하지 않도록 주의한다. 예를 들어 Monel 400 과 Alloy 400 은 같은 재료이며, Inconel 600 과 Alloy 600 은 같은 재료를 의미하는 표기법이다.

6.2.1.1. 순수 니켈

순수 니켈에는 다음의 세가지 재료가 상용된다. 니켈 합금의 구성 구분으로는 순수 니켈도 고용체 강화형 합금으로 구분된다.

대표적인 강종으로는 Nickel 200 과 저탄소 니켈 합금인 Nickel 201 이 있다. Nickel 201

은 고온에서 흑연화 현상에 적게 발생되기 때문에 315℃ 이상의 고온용으로 사용된다.

Nickel 200은 높은 탄소 함량에 의해 315 ~ 760℃ 범위에서 입계에 흑연 석출로 인해 강도가 저하하는 문제점이 생긴다.

순수 니켈은 주로 식품 용기, 실험실 기자재, 가성소다를 다루는 공정 및 전기소재로 사용된다.

6.2.1.2. 니켈-구리(Ni-Cu) 합금

대표적인 강종으로는 Alloy 400 과 쾌삭강으로 구분할 수 있는 R-405 이다.

이들 강종은 뛰어난 내식성과 함께 강도와 인성을 가지고 있어서 널리 사용되고 있다. 해수, 황산 등에 강한 내식성을 가지고 있으며, 대부분의 산과 염기에 강하다. 용접재료 없이 용접하기에는 다소 부적합하며, 대개의 경우 용접 재료를 사용한 용접이 문제없이 진행된다.

6.2.1.3. 니켈-크롬(Ni-Cr) 합금

Alloy 600, 601, 690, 214, 230, G-30, RA-330 등이 대표 강종이다. 고온에서 우수한 내식성과 강도가 장점이다. 또한 Chloride에 강하고 응력부식 균열에 강하기 때문에 상온에서부터 액화 가스 저장에 사용되는 저온용까지 널리 사용된다. Alloy 690 은 특히 응력부식균열에 대한 저항성이 좋다. Alloy 230 은 Ni-Cr-W 합금으로서 고온에서 뛰어난 강도가 특징이다. Alloy 214 와 601은 산화성 분위기와 질화 분위기에 저항성이 뛰어나고, 1200℃ 정도까지의 영역에서 Scale 에 대한 저항성이 크다.

이보다 더 높은 온도 영역에서는 Alloy 600 에 1.4%정도를 추가하여 사용한다. Alloy G-30 은 약 30%의 Cr 을 함유하고 있으며, 높은 산화성 분위기 및 인산 등의 분위기에 저항성이 크다. Alloy G-30 은 주로 Mo 를 함유한 합금의 용접재료로 많이 사용된다.

Inconel 600 은 염화물 SCC 감수성이 매우 낮고 가공성・기계적 성질이 좋으므로 원자력용 배관이나 용기 및 기계장치류에서 많이 사용되고 있다.

또 이 합금은 Incoloy 800과 같이 내열성도 우수하므로 내열성과 내식성이 함께 요구되는 석유화학장치, 약품 및 식품공업에 쓰이고 있다.

그러나 이들 합금은 고온의 염수(鹽水) 중에서 공식을 일으키는 등 국부부식에 대한 정항성이 떨어진다.

Inconel 625 는 고 Cr 이어서 내산화성이 좋고 Mo 함량이 높아서 응력부식균열 저항성, 국부 부식성 저항성이 우수하고 기계적 강도도 크므로 최근에는 원자력플랜트의 폐액 농축장치용 재료 등으로 쓰이는 등 용도가 넓어져가고 있다.

6.2.1.4. Nickel-Iron-Chromium 합금

Alloy 800, 800HT, 20Cb3, N-155 와 556 이 여기에 속한다. 고온에서 내산화성, 내탄화성이 좋아서 고온용 재료로 사용된다. Incoloy 825 와 20Cb3는 고급 스테인리스강과 니켈합금의 접점이 되는 합금이며 연신성이 좋아서 이음매 없는 관으로 많이 제조되어 공해 방지 설비, 인산제조 등의 공정에 540℃ 이하의 조건에서 사용된다. 환원선 산과 염소에 의한 응력부식균열에 강하다.

6.2.1.5. Nickel-Molybdenum 합금

Alloy B, B-2, N 과 W 가 해당된다. 약 16 ~ 28%정도의 Mo 를 함유하고 있다. 용접이 쉽지만, 고온용도로는 사용하지 않는다. Hastelloy B-2 (Ni-28% Mo-2% Fe)는 각종 산중에서 가장 부식성이 강한 염산에 대하여 내식성이 있고, 가공성과 용접성을 겸비한 합금이다.

그러나 이 합금은 용접 열영향부의 입계 부근에 탄화물의 석출에 의한 Mo 결핍층을 생성하여 입계 부식 (Knife Line Attack)을 일으킨다. 이 합금은 Fe 량을 낮추고 (2.0% 이하) C 량 및 Si 량도 낮춤으로써 (C 0.025% 이하, Si0.10%이하) 용접한 그대로 사용할 수 있는 개량 합금이다.

니켈 의 순도가 높아진 결과 전면부식성 저항성, 성형성이 향상하고 용접시의 고온 응고균열 감수성이 낮은 특징이 있다.

황산, 인산, 초산, 개미산 등의 환원성 산에 견디며 특히 염산에 대하여 강하다. 또한 비산화성의 염(鹽)이나 할로겐화합물에 대해서도 내식성이 좋고 공식(Pitting) 저항성, 내응력부식 균열성 (耐SCC 성)도 우수하다.

따라서 고온・고압의 酸이나 할로겐화합물의 촉매를 쓰고 있는 부식성이 강한 화학공장에 사용되고 있다. 또 이 합금은 비자성, 고강도, 작은 열팽창률, 고온에서의 낮은 증기압 등의 특징이 있으므로 전자기기 부품으로서도 사용되고 있다.

다만 사용할 때의 주의점의 Cr 의 함유하지 않아서 산화성 환경에서는 내식성이 없는 것이며 산화제가 소량 혼입해도 내식성에 영향을 받는다.

(1) Hastelloy B-2

각종 산중에서 가장 부식성이 강한 염산에 대하여 내식성이 있고, 가공성과 용접성을 겸비한 합금이다. 그러나 이 합금은 용접 열영향부의 입계 부근에 탄화물의 석출에 의한 Mo 결핍층을 생성하여 입계 부식 (knife line attack)을 일으킨다. 이 합금은 Fe량을 낮추고 (2.0% 이하) C량 및 Si량도 낮춤으로써 (C 0.025% 이하, Si 0.10%이하) 용접한 그대로 사용할 수 있는 개량 합금이다. 또 불순물 및 합금 원소의 함량을 낮추고 니켈의 함량이 높아진 결과 전면부식에 대한 저항성이 높아지고, 성형성이 향상되며 용접시의 고온 응고균열 감수성이 낮은 특징이 있다.

황산, 인산, 초산, 개미산 등의 환원성 산에 견디며 특히 염산에 대하여 강하다. 또한 비산화성의 염(鹽)이나 할로겐화합물에 대해서도 내식성이 좋고 공식에 대한 저항성, 응력부식 균열에 대한 저항성도 우수하다. 따라서 고온·고압의 산(Acid)이나 할로겐화합물의 촉매를 쓰고 있는 부식성이 강한 화학공장에 사용되고 있다. 또 이 합금은 비자성, 고강도, 작은 열팽창률, 고온에서의 낮은 증기압 등의 특징이 있으므로 전자기기용 부품으로서도 사용되고 있다. 다만 사용할 때의 주의점은 크롬을 함유하지 않아서 산화성 환경에서는 내식성이 없는 것이며 산화제가 소량 혼입해도 내식성에 영향을 받는다.

6.2.1.6. Nickel-Chronium-Molybdenium 합금

Alloy C-22, C-276, G, S, X, 622, 625 와 686 이 여기에 해당한다.

Hastelloy C 는 Cr 을 첨가함으로써 환원성 뿐 아니라 산화성 환경에 대해서도 우수한 내식성을 갖고 있어 부식성이 강한 화학공장에 많이 쓰여져 왔다. 그러나 이 합금도 용접 열영향부에서의 입계 부식을 일으키는 결점이 있다. 이 결점이 개선한 것이 Hastelloy C-276 이며 현재 Hastelloy C는 주조재로만 쓰이고 있다.

(1) Hastelloy C-276

Hastelloy C는 크롬을 첨가함으로써 환원성 분위기 뿐만 아니라 산화성 환경에 대해서도 우수한 내식성을 갖고 있어 부식성이 강한 화학공장에 많이 쓰여져 왔다. 그러나 이 합금도 용접 열영향부에서의 입계 부식을 일으키는 결점이 있다. 이 결점이 개선한 것이 Hastelloy C-276이며 현재 Hastelloy C는 주조재로만 쓰이고 있다.

Hastelloy C-276은 염화물 중에서의 응력부식균열에 강하고 공식, 입계 부식의 염려가 없는 것이 특징이며 거의 모든 장치의 중요기기에 쓰이고 있다.

이 합금은 부식환경이 변할 때 또는 2종류의 다른 환경에 노출될 때에 유리하다. 예컨대 해수를 쓰는 고농도 황산 냉각기(Cooler)나 고농도 황산을 쓰는 염소 가스의 건조장치 등과 같이 복합 환경에서는 이 합금이 가장 좋은 재료이다.

이밖에 특수한 용도로서 냉간 가공과 저온 시효를 함으로써 HRC 40 ~ 50까지 경화 시켜서 내식성과 내마모성의 쌍방이 요구되는 부품, 예를 들어 부식성이 강한 엔지니어링 플라스틱의 사출성형기기용 실린더, 스크류나 해산물 가공용의 칼날 등에 사용되고 있다.

(2) Hestelloy C-4

앞의 Hastelloy C-276은 용접 열영향부의 예민화는 일어나지 않으나 650 ~ 1090℃의 온도범위에서 장시간 시효를 받으면 입계에 금속간 화합물이 석출하여 내식성 및 기계적성질이 악화한다. 이 장시간 시효성을 개선한 것이 Hastelloy C-4이며 장시간 시효 후도 높은 연성 및 우수한 내식성을 나타내어 고온안정성이 우수하다.

Hastelloy C-4장시간의 시효에 의해서도 열영향을 받지 않는 특징이 있어서 두꺼운 후판의 용접, 클래드강의 응력제거소둔 및 장치의 고온운전 등을 필요한 때에는 특히 유효하므로 Hastelloy C-276보다 응용범위가 더 넓은 내식합금이며 내식성도 거의 동등하다.

(3) Hastelloy C-22

이 합금은 Hastelloy합금 중 가장 새로운 합금이며 고온 고압의 유정(油井) 배관에 요구되는 고강도, 고내식성 (H_2S, CO_2를 품은 고온고압, 높은 염분 농도 환경)을 목적으로 개발되었다.

이 합금은 Cr함량을 높여 산화성환경, 환원성이나 중성염류, 알카리 등을 포함하는 모든 환경에 대하여 내식성을 좋게 한 합금이다. 또 Mo은 적으나 Cr이 많아서 부동태피막이 강화되어 국부 부식성에 대한 저항성도 좋다. 또 Mo함량이 적어서 고온의 조직 안정성이 좋아져 시효에 의한 내식성의 저하에 대해서도 큰 저항성을 보이는 등 우수한 특성을 가지므로 앞으로의 이용이 기대되고 있다.

(4) Hastelloy G-3

이 합금은 Hastelloy C-276보다 고Cr(약 22%)이어서 산화성이 부식환경에 강하나 Mo함량이 낮아서 환원성 환경에서의 내식성이나 국부 부식 저항성은 떨어진다. 그러나 2% Cu를 함유시켜 황산이나 인산에 대한 내식성을 향상시켜 화학공장, 공해방지장치, 배연탈황장치 등에 이용되고 있다. 이 합금의 내식성은 Hastelloy G와 동등하나 G에 비하여 Mo, W량을 증가하고 C, Nb량을 낮춤으로써 용접부의 건전성, 성형성 및 내국부 부식성이 향상하고 있다. 이 합금은 다른 Hastelloy합금에 비하여 값이 싸므로 앞으로의 사용량이 증가할 것으로 기대된다.

6.2.1.7. 기타의 니켈계 내식합금

Inconel 600은 염화물 부위기에서 응력부식균열(SCC) 감수성이 매우 낮고 가공성과 기계적 성질이 좋으므로 원자력용 배관이나 용기에서 많이 사용되고 있다. 또 이 합금은 Incoloy 800과 같이 내열성도 우수하므로 내열성과 내식성이 함께 요구되는 석유화학장치, 약품 및 식품공업에 쓰이고 있다. 그러나 이들 합금은 고온의 염수 중에서 공식을 일으키는 등 국부 부식 저항성이 떨어진다. 그러나 Inconel 625는 고 크롬강이어서 내산화성이 좋고 Mo함량이 높아서 응력부식 저항성, 국부 부식 저항성이 우수하고 기계적 강도도 크므로 최근에는 원자력플랜트의 폐액 농축장치용 재료 혹은 배관 재료로 쓰이는 등 용도가 넓어져가고 있다.

Incoloy 825는 고급 스테인리스강과 Ni계합금의 접점이 되는 합금이며 전연성이 좋아서 이음매 없는 관으로 많이 제조되어 다양한 용도로 사용되고 있다.

6.2.2. 니켈 합금의 주조재

니켈 합금은 거의 모든 강종이 주조 상태로 구매가 가능하다. 주조재의 경우도 고용 강화, 석출 강화 등에 의해 강도를 향상한다.

알루미늄을 넣어서 석출 강화 시킨 Alloy 713C 는 주형(Mold) 내에 서냉하면서 강화되며, 용융 용접에 의한 접합은 불가능하다. 그러나, 표면의 간단한 결함은 용접에 의해 수정이 가능하다.

주조재로 사용되는 니켈 합금은 주물의 유동성과 주조성 개선을 위해 모두 적당한 양의 Si 을 함유하고 있다. 주조재의 Si 함량이 증가함에 따라 용접이 어려워 지고, 용접부 균열 발생 가능성이 커진다. 이러한 균열 발생은 용접과정에서 모재의 확산을 적게 하면 경감되지만, 근본적인 해결은 곤란하다. 30% 이상의 구리(Cu)가 포함되거나 2% 이상의 Si 이 함유되면 균열 발생 가능성이 커져서 용접이 불가능하다.

6.2.3. 석출 강화형 합금

Al, Ti을 함유 γ상 (Ni_3Al)등을 석출하여 강화하는 것으로 Co, Mo을 첨가하여 Al, Ti의 고용한을 넓혀 고용체 강화를 시도한 것이다. INCONEL X-750 등이며 용접성이 떨어지며, 용접후 시효경화에 의해 균열이 발생할 수 있다. 특히 Al의 함량이 높으면 이런 균열 발생 가능성이 커진다.

6.2.3.1. Nickel-Copper 합금

K-500 이 대표적인 강종이며, 변형시효강화(Strain-Age)에 의한 균열을 예방하기 위해 철저한 열처리 관리가 필요하다. Monel 400 과 유사한 수준의 내식성을 보이고 있으며, GTAW 로 용접이 가능하다. 주로 ERNiFeCr-2 용접재료를 사용한다.

6.2.3.2. Nickel-Chromium 합금

고온의 산화 저항성을 높이기 위해 Cr 을 13 ~ 20% 정도 함유하고 있으며, Al-Ti 혹은 Al-Ti-Nb 의 형성에 의해 시효강화(Age-Hardening)되는 합금이다. Al-Ti 계 합금인 Alloy 713C, X-750, U-500, R-41, Waspalloy 는 용접성이 매우 취약하다. 이에 비해 Al-Ti-Nb 계 합금들은 비교적 합금계의 경화도가 느리기에 용접이 가능하다.

니켈-Chromium 합금의 주된 용도는 항공기재료, Gas Turbine 등 재료의 비강도가 (Strength-versus-Weight)가 요구되는 곳에 사용된다.

6.2.3.3. Nickel-Iron-Chromium 합금

Alloy 901 이 가장 대표적인 강종이다. 용접성은 X-750 과 비슷한 수준으로 취약하다. 대개의 경우 단조품 형태로 사용하고 용접은 시행하지 않는다. 용접을 할 경우에는 시효 강화에 의한 균열을 주의해야 한다.

6.2.4. 분산 강화형 합금

Nickel-Chromium 합금은 ThO_2 와 같은 활성금속의 산화물을 금속 조직내에 미세하고 고르게 분산함으로 인해 매우 높은 강도를 얻을 수 있다.

이러한 분산 작업은 합금 제작과정에서 분말야금의 기법을 통해 이루어진다. 이들 합금은 뛰어난 강도를 가지고 있지만, 용융 용접을 실시하게 되면 응고과정에서 산화물들이 조직내에서 함께 뭉쳐져서 금속의 강도를 급격하게 저하하게 된다. 따라서 용접구조용으로는 부적합한 강종이며, 용융이 일어나지 않는 기계적인 접합 방법을 고려하여야 한다.

6.3. 니켈 합금의 특성

아마도 뛰어난 내식성과 고온 강도의 장점이 없었다면, 니켈 은 높은 생산 단가로 인해 그 활용도가 극히 제한 되었을 것이다. 200 ~ 1090℃의 영역에서 뛰어난 내식성을 보이고 있으며 강도 또한 자유로이 조정이 가능하다.

대부분 쉽게 용접할 수 있지만, 적절한 용접재료 선택의 제약으로 인해 다양한 용접방법을 적용하기 어렵다. 석출 강화형 강종의 경우에는 용접후 열처리가 요구되기도 하며, 불산가스 및 가성소다(Caustic) 용액을 다루는 경우에는 응력부식 균열을 방지하기 위해 용접후 응력강하를 위한 열처리를 실시한다.

6.3.1. 니켈 합금의 장점

- 육상, 해상의 일반적인 환경에 매우 강하다.
- 중성, 알카리성, 비산화성의 염용액 (Nonoxidizing Acid Salt Solution)에는 쉽게 부식되지 않는다.
- Dry Gas에 대한 내식성이 높다.
- 특히 알카리성에 강하다, 고온의 Caustic Service에 많이 사용된다.

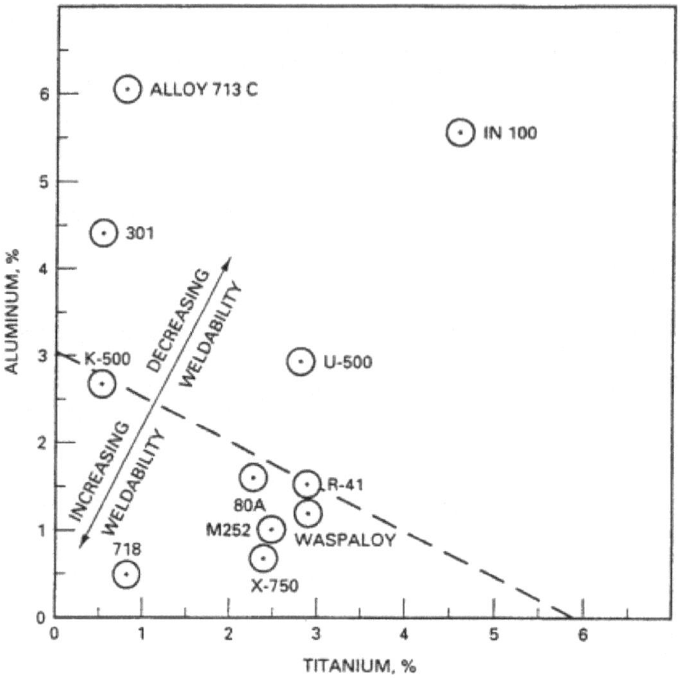

그림 4-44 석출 강화형 니켈 합금의 Al 과 Ti 함량에 따른 용접성 평가

6.3.2. 니켈 합금의 단점

- 대부분의 산(Acid)에 대하여 내식성이 약하다.
- 특히 산화성 산의 염이나, 용존산소가 있을 경우 심하게 부식이 발생한다.
- 230℃ 이상의 황화물 환경(Sulfidizing Environment)에 대한 내식성이 약하다.

니켈 합금의 종류와 화학 성분 및 개략적인 특성과 관련 규격에 대한 자료를 다음과 같이 정리한다.

표 4-45 각종 니켈 합금의 화학 성분 구성

Alloy	UNS No.	Nominal Chemical Composition wt%														
		NiA	C	Cr	Mo	Fe	Co	Cu	Al	Ti	NbB	Mn	Si	W	B	Other
순수 니켈																
200	N02200	99.5	0.08	-	-	0.2	-	0.1	-	-	-	0.2	0.2	-	-	-
201	N02201	99.5	0.01	-	-	0.2	-	0.1	-	-	-	0.2	0.2	-	-	-
205	N02205	99.5	0.08	-	-	0.1	-	0.08	-	0.03	-	0.2	0.08	-	-	0.05Mg
고용 강화형 니켈 합금																
400	N04400	66.5	0.2	-	-	1.2	-	31.5	-	-	-	1	0.2	-	-	-
404	N04404	54.5	0.08	-	-	0.2	-	44	0.03	-	-	0.05	0.05	-	-	-
R-405	N04405	66.5	0.2	-	-	1.2	-	31.5	-	-	-	0.1	0.02	-	-	-
X	N06002	47	0.10	22	9	18	1.5	-	-	-	-	1	1	0.6	-	-
NICR80	N06003	76	0.1	20	-	1	-	-	-	-	-	2	1	-	-	-
NICR60	N06004	57	0.1	16	-	Bal	-	-	-	-	-	1	1	-	-	-
G	N06007	44	0.4	22	6.5	20	2.5	2	-	-	2	1.5	1	1	-	-
IN102	N06102	68	0.06	15	3	7	-	-	0.4	0.6	3	-	-	3	0.005	0.03Zr, 0.02Mg
RA 333	N06333	45	0.05	25	3	18	3	-	-	-	1	1.5	1.2	3	-	-
600	N06600	76	0.08	15.5	-	8	-	0.2	-	-	-	0.5	0.2	-	-	-
601	N06601	60.5	0.05	23	-	14	-	-	1.4	-	-	0.5	0.2	-	-	-
617	N06617	52	0.07	22	9	1.5	12.5	-	1.2	0.3	-	0.5	0.5	-	-	-
622	N06622	59	0.005	20.5	14.2	2.3	-	-	-	-	-	-	-	3.2	-	-
625	N06625	61	0.05	21.5	9	2.5	-	-	0.2	0.2	3.6	0.2	0.2	-	-	-
686	N06686	58	0.005	20.5	16.3	1.5	-	-	-	-	-	-	-	3.8	-	-
690	N06690	60	0.02	30	-	9	-	-	-	-	-	0.5C	0.5C	-	-	-
725	N07725	73	0.02	15.5	-	2.5	-	-	0.7	2.5	1.0	-	-	-	-	-
825	N08825	42	0.03	21.5	3	30	-	2.25	0.1	0.9	-	0.5	0.25	-	-	-
B	N10001	61	0.05	1	28	5	2.5	-	-	-	-	1	1	-	-	-
N	N10003	70	0.06	7	16.5	5	-	-	-	-	-	0.8	0.5	-	-	-
W	N10004	60	0.12	5	24.5	5.5	2.5	-	-	-	-	1	1	-	-	-
C-276	N10276	57	0.01C	15.5	16	5	2.5C	-	-	0.7C	-	1C	0.08C	4	-	0.35V max.
C-22	N06022	56	0.01C	22	13	3	2.5C	-	-	-	-	0.5C	0.08C	3	-	0.35V max.
B-2	N10665	69	0.01C	1C	28	2C	1C	-	-	-	-	1C	0.1C	-	-	-
C-4	N06455	65	0.01C	16	15.5	3C	2C	-	-	-	-	1C	0.08C	-	-	-
G-3	N06985	44	0.015C	22	7	19.5	5C	2.5	-	-	0.5C	1C	1C	1.5C	-	-
G-30	N06030	43	0.03C	30	5.5	15	5C	2	-	-	1.5C	1.5C	1C	2.5	-	-
S	N06635	67	0.02C	16	15	3C	2C	-	0.25	-	-	0.5	0.4	1C	0.015C	0.02La
230	N06230	57	0.10	22	2	3C	5C	-	0.3	-	-	0.5	0.4	14	0.015C	0.02La
214	N07214	75	0.10	16	-	3	-	-	4.5	-	-	0.5C	0.2C	-	0.01C	0.01Y, 0.1ZrC
석출 강화형 니켈 합금																
301	N03301	96.5	0.15	-	-	0.3	-	0.13	4.4	0.6	-	0.25	0.5	-	-	-
K-500	N05500	66.5	0.10	-	-	1	-	29.5	2.7	0.6	-	0.08	0.2	-	-	-
Waspaloy	N07001	58	0.08	19.5	4	-	13.5	-	1.3	3	-	-	-	-	0.006	0.06Zr
R-41	N07041	55	0.10	19	10	1	10	-	1.5	3	-	0.05	0.1	-	0.005	-
80A	N07080	76	0.06	19.5	-	-	-	-	1.6	2.4	-	0.3	0.3	-	0.006	0.06Zr
90	N07090	59	0.07	19.5	-	-	16.5	-	1.5	2.5	-	0.3	0.3	-	0.003	0.06Zr
M252	N07252	55	0.15	20	10	-	10	-	1	2.6	-	0.5	0.5	-	0.005	-
U-500	N07500	54	0.08	18	4	-	18.5	-	2.9	2.9	-	0.5	0.5	-	0.006	0.05Zr
713C	N07713	74	0.12	12.5	4	-	-	-	6	0.8	2	-	-	-	0.012	0.10Zr

718	N07718	525	0.04	19	3	18.5	-	-	0.5	0.9	5.1	0.2	0.2	-	-	-
X750	N07750	73	0.04	15.5	-	7	-	-	0.7	2.5	1	0.5	0.2	-	-	-
706	N09706	41.5	0.03	16	-	40	-	-	0.2	1.8	2.9	0.2	0.2	-	-	-
901	N09901	42.5	0.05	12.5	-	36	6	-	0.2	2.8	-	0.1	0.1	-	0.015	-
C902	N09902	42.2	0.03	5.3	-	48.5	-	-	0.6	2.6	-	0.4	0.5	-	-	-
IN100	N13100	60	0.18	10	3	-	15	-	5.5	4.7	-	-	-	-	0.014	0.06Zr, 1.0V
분산 강화형 니켈 합금																
TD Nickel	N03260	98	-	-	-	-	-	-	-	-	-	-	-	-	-	2ThO2
TD NICR	N07754	78	-	20	-	-	-	-	-	-	-	-	-	-	-	2ThO2

Note : A : Co 성분이 규정되지 않은 경우에는 미량의 Co 를 포함한 전체 성분량

B : Ta 성분의 양을 포함하여 표기 (Nb + Ta)

C : 최대값을 표기함.

표 4-46 ASTM 에 따른 니켈 합금 주조재의 화학 성분

Alloy	UNS No.	Nominal Chemical Composition wt%											
		Ni	C	Cr	Mo	Fe	Th	Al	Ti	Cu	Mn*	Si*	W
ASTM A297-79													
HW	N08001	60	0.5	12	-	25	-	-	-	-	2.0	2.5	-
HX	N06006	66	0.5	17	-	15	-	-	-	-	2.0	2.5	-
ASTM A494-79													
CY-40	N06040	72	0.4*	16	-	11*	-	-	-	-	1.5	3.0	-
CW-12M-1	N30002	55	0.12*	16.5	17	6	-	-	-	-	1.0	1.0	4.5
CZ-100	N02100	95	1.0*	-	-	3*	-	-	-	1.25*	1.5	2.0	-
M-35-1	N24135	68	0.35*	-	-	3.5*	-	-	-	30	1.5	1.25	-
N-12M-1	N30012	65	0.12*	-	28	5	-	-	-	-	1.0	1.0	-

다음 표 4-47은 흔히 니켈 합금으로 알려져 있지만, 실제로는 니켈의 함량 50%를 넘지 않는 철계 니켈 합금의 성분 일례이다.

표 4-47 Iron Base 니켈 합금의(Highly Alloyed Iron-Based Alloys) 화학성분

Alloy	UNS No.	Nominal Chemical Composition, wt%										
		NiA	Cr	Co	Fe	Mo	Ti	W	NbC	Al	C	Other
고용 강화형 Iron-Based 니켈 합금												
20Cb3	N08020	35	20	-	36	2.5	-	-	0.5	-	0.04	3.5Cu, 1Mn, 0.5Si
800	N08800	32.5	21.0	-	45.7	-	0.40	-	-	0.40	0.05	-
800HT	N08811	33.0	21.0	-	45.8	-	0.50	-	-	0.50	0.08	-
801	N08801	32.0	20.5	-	46.3	-	1.13	-	-	-	0.05	-
802	N08802	32.5	21.0	-	44.8	-	0.75	-	-	0.58	0.35	-
19-9 DL	S63198	9.0	19.0	-	66.8	1.25	0.30	1.25	0.4	-	0.30	1.10Mn, 0.60Si
N-155	R30155	20.0	21.0	20.0	32.2	3.00	-	2.50	1.0	-	0.15	0.15N
RA330	N08330	36.0	19.0	-	45.1	-	-	-	-	-	0.05	-
556	R30556	21.0	22.0	20.0	29.0	3.00	-	2.50	0.1	0.30	0.10	0.5Ta, 0.02La
석출 강화형 Iron-Based 니켈 합금												
A-286	S66286	26.0	15.0	-	55.2	1.25	2.00	-	-	0.02	0.04	-
903	N19903	38.0	-	15.0	41.0	0.10	1.40	-	3.0	0.70	0.04	-

Note : A : Co 성분이 규정되지 않은 경우에는 미량의 Co를 포함한 전체 성분량
B : Ta 성분의 양을 포함하여 표기 (Nb+Ta)

표 4-48 주요 니켈 합금의 종류별 기계적 성질과 유사 재료 Code No.

합금명	주요 합금 성분	기계적 성질 (상온)					관련규격
		밀도 (9/㎤)	상태	인장강도 1000psi (MPa)	항복강도 1000psi (Mpa)	경도 Brinell (Rockwell)	
MONEL 400 (N04400)	Ni 66.5 Cu 31.5	8.83	Annealed	70-90 (480-620)	25-90 (170-340)	110-149	BS 3072-3076 (NA13). ASTM B (ASME SB-) 127, 163-165, 564 AMS 4544, 4574, 4575, 4730, 4731, 7233 DIN 17743, 17750-17754 / W. Nr, 2.4360, 2.4361 / QQ-N-218 / AFNOR NU30
MONEL R-405 (N04405)	Ni 66.5 Cu 31.5 S 0.04	8.83	Annealed	70-85 (480-590)	25-40 (170-280)	110-140	ASTM B(ASME SB-) 164 AMS 4674, 7234 / QQ-N-281
MONEL 450 (C71500)	Cu 68 Bu 30 Ne 0.7		Annealed	56 (385)	24 (165)	90	ASTM B(ASME SB-)111, 112, 151, 171, 359, 395, 402, 466, 467, 543
MONEL K-500 (N05500)	Ni 65.5 Cu 29.5 Al 2.7 Ti 0.6	8.46	Aged	140-190 (970-1310)	110-150 (760-1030)	265-346	BS 3072-3076(NA18) AMS 4676 / DIN 17743, 17752, 17754 W. Nr.2.4375 / QQ-N-281
INCONEL 600 (N06600)	Ni 76.0 Cr 15.5 Fe 8.0	8.42	Annealed	80-100 (550-690)	30-50 (210-340)	120-170	BS 3072-3076(NA14) ASTM B (ASME SB-) 163, 166-168, 564 AMS 5540, 5580, 5665, 5687, 7232 DIN 17742,17750-17754 / W. NR. 2.4851
INCONEL 601 (N06601)	Ni 60.5 Cr 23.0 Fe 14.0	8.06	Annealed	80-115 (550-790)	30-60 (210-340)	110-150	AMS 5715, 5870 / DIN 17742, 17750-17752 / W. NR. 2.4851

합금명	주요 합금 성분	기계적 성질 (상온) 밀도 (9/㎤)	상태	인장강도 1000psi (MPa)	항복강도 1000psi (Mpa)	경도 Brinell (Rockwell)	관련규격
	Al 1.4						
INCONEL 617 (N06617)	Ni 52 Mo 9 Cr 22 Al 1.2 Co 12.5	8.36	Annealed	110 (760)	51 (350)	173	
INCONEL 625 (N06625)	Ni 61 Cr 21.5 Mo 9 Nb + Ta 3.6	8.44	Annealed	135 (930)	75 (520)	180	BS 3072, 3074, 3076(NA21) ASTM B(ASME SB-) 443, 444, 446, 564 AMS 5581, 5599, 5666, 5837 DIN 17744,17750-17752, 17754 W. Nr 2.4856 / AFNOR 22 D Nb
INCONEL 690 (N06690)	Ni 60 Cr 30 Fe 9.5	8.19	Annealed	100 (690)	55 (379)	184	ASME CODE CASE N-20 (1484)
INCONEL 718 (N07718)	Ni 52.5 Mo 3 Cr 19 Fe 18.5 Nb + Ta 5.1	8.19	AGED	196 (1350)	171 (1180)	382	ASTM B 637, B 670 AMS 5589, 5590, 5596, 5597, 5662-5664, 5832 / W.Nr. 2.4668 AECMA Pr EN 2404, 2407, 2408
INCONEL X-750 (N07750)	Ni 73 Ti 2.5 Cr 15.5 Al 0.7 Fe 7 Nb + Ta 1.0	8.25	AGED	162-193 (1120-1330)	115-142 (790-980)	300-390	BA HR505 / ASTM B 637 AMS 5542, 5582, 5583, 5598, 5667-5671, 5698, 5699, 5747, 5749, 7246 AFNOR NC 15 Fe T
INCOLOY 800 (N08800)	Ni 32.5 Fe 46.0 Cr 21.0	7.95	Annealed	75-100 (520-690)	30-60 (210-410)	120-184	BS 3072-3076(NA15) ASTM B (ASME SB-) 163, 407-409, 564 AMS 5766, 5871 S. E. W. 470 / W. Nr. 1.4876
INCOLOY 800HT (NO8811)	Ni 32.5 C 0.08 Fe 46.0 Cr 21. Al + Ti 1.0	7.95	Annealed	65-95 (450-660)	20-50 (140-340)	100-184	ASTM B(ASME SB-) 163, 407-409, 564/ W. Nr. 1.4876 / BS 3072, 3074, 3076(NA15H) / S. E. W 470
INCOLOY 825 (N08825)	Ni 42 Cu 2.2 Fe 30 Cr 21.5 Mo 3	8.14	Annealed	85-105 (590-720)	35-65 (240-450)	120-180	BS 3072-3074, 3076(NA 14) ASTM B (ASME SB-) 163, 423-425 DIN 17744, 17750-17752, 17754 W. Nr. 2.4858
INVAR (K93600)	Ni 36 Fe 64	8.13	Annealed	72 (490)	36 (250)	139	ASTM B 388 / DIN 1715 / S. E. W. 385 W. NR.1.3912 / AFNOR A54-301
ALLOY42 (K94100)	Ni 42 Fe 58	8.13	Annealed	72 (490)	37 (255)	139	ASTM F 30 / DIN 17745 / S. E. W. 385 W. Nr. 1.3922. 1.3926. 1.3927 AFNOR A54-301
KOVAR (k94610)	Ni 29.5 Fe 53 Co 17	8.16	Annealed	76 (525)	49 (340)	158	ASTM F 15 / AMS 7726-7728 DIN 17745 / S. E. W 385 AFNOR A54-301
HASTELLOY B-2	Ni BAL Cr 1.0	9.22	Annealed	132.5 (914)	57.5 (396)	228 (B-95)	ASTM B (ASME SB-) 333, 335, 619, 622, 626

합금명	주요 합금 성분	기계적 성질 (상온)					관련규격
		밀도 (9/㎤)	상태	인장강도 1000psi (MPa)	항복강도 1000psi (Mpa)	경도 Brinell (Rockwell)	
(N10665)	Mo 28 Mn 1.0 Fe 2.0 Si 0.10 Co 1.0 C 0.01						AWS A 5.14, A 5.11
HASTELLOY C-276 (N10276)	Ni BAS W 4 Mo 16 Co 2.5 Cr 15.5 Mn 1.0 Fe 5.5 C 0.01	8.89	Annealed	114.9 (792)	51.6 (356)	184 (B-90)	ASTM B(ASME SB-) 574, 575, 619, 622, 626. DIN 17744, 17750, 17751, 17752. W Nr. 2.4819
HASTELLOY C-4 (N06455)	Ni BAL Co 2.0 Cr 16 Mn 1.0 Mo 15.5 Ti 0.7 Fe 3.0 C 0.01	8.64	Annealed	116.2 (801)	61.0 (421)	194 (B-92)	ASTM B(ASME SB-) 574, 575, 619, 622, 626 AWS A 5.14, A 5.11
HASTELLOY C-22 (N06022)	Ni Bal Cr 20-22.5 W 2.5-3.5 Co 2.5, C 0.01	8.69	Annealed	116.3 (802)	58.5 (403)	184 (B-90)	ASTM B(ASME SB-) 574, 575, 619, 622, 626 AWS A 5.14, A 5.11
HASTELLOY G (N06007)	Ni BAL Co 2.5 Cr 22 Cb + Ta 2 Fe 19.5 Cu 2 Mo 6.5 Mn 1.5 W 1 Si 1	8.30	Annealed	102.0 (703)	46.2 (319)	161 (B-84)	ASTM B(ASME SB-) 581, 582, 619, 622, 626 AWS A 5.14, A 5.11
HASTELLOY G-3 (N06985)	Ni BAL Co 5 Cr 21-23.5 Cu 1.5-2.5 Ne 18-21 W 1.5 Mo 6-8 Si 1 Mn 1 C 0.015	8.30	Annealed	99.0 (683)	44.0 (303)	158 (B-83)	ASTM B(ASME SB-) 581, 582, 619, 622, 626 AWS A 5.14, A 5.11
HASTELLOY G-30 (N06030)	Ni BAL Mo 5.0 Cr 29.5 W 2.5 Fe 15.0 Mn 2.0 Cu 1.7 Co 5.0 Si 1.0	8.22	Annealed	100 (690)	47 (324)	176 (B-88)	ASTM B(ASME SB-) CODE CASE 1979
HASTELLOY X (N06002)	Ni BAL Co 1.5 Cr 22 Si 1 Fe 18.5 Mn 1 Mo 9 W 0.6 C 0.1 Al 0.5 Ti 0.15	8.22	Annealed	109.5 (755)	55.9 (385)	194 (B-92)	ASTM B (ASME SB-) 435, 572, 619, 622, 626, AMS 5390, 5536, 5798, 7237 AWS A 5.14, A 5.11
ALLOY 20 (N08020)	Ni 35 Mo 2.5 Fe 37 Cr 20	8.0	Annealed	90 (620)	45 (310)	183 (B-90)	ASTM B (ASME SB-) 462, 463, 464, 468, 472-474

합금명	주요 합금 성분	기계적 성질 (상온)					관련규격
		밀도 (9/㎤)	상태	인장강도 1000psi (MPa)	항복강도 1000psi (Mpa)	경도 Brinell (Rockwell)	
	Cu 3.5						
NICKEL 200 (N02200)	Ni 99.6 C 0.15 MAX	8.89	Annealed	55-80 (380-550)	15-30 (100-210)	90-120	ASME SB 160, 161, 162, 163 ASSTM B 160, 161, 162, 163, 366
NICKEL 201 (N02201)	Ni 99.6 C 0.02 MAX	8.89	Annealed	55-80 (380-550)	15-30 (100-210)	90-120	ASME SB 160, 161, 162, 163 ASTM B 160, 161, 162, 163, 366 AMS 5553

* Hastelloy는 Cabot Corp상의 Trademark이고 Monel, Inconel, Incoloy는 INCO상의 Trademark이다.

6.4. 용접, 접합성

니켈 합금의 용접은 숙련된 기능 없이도 비교적 손쉽게 다양한 용접 방법에 의해 양질의 용접물을 얻을 수 있는 장점이 있다. 적절한 용접을 시행하기 위해서는 올바른 용접봉과 용접 방법이 선정되어야 하며 이를 위해서는 모재의 두께와 형상 및 용도 그리고 용접이 진행되는 작업장의 여건 등 다양한 내용들이 사전에 검토되어야 한다.

니켈 합금의 용접 Process는 일반적인 오스테나이트계 스테인레스강의 용접과 매우 유사하다. 열팽창계수는 탄소강의 그것과 유사하며 용접중에 국부적인 열팽창으로 인한 변형이 일어날 수 있다. 용접부 강도 관점에서 모든 용접 비드는 약간 볼록한(Convex) 상태가 되어야 하며 편평하거나 오목한(Concave) 용접 비드는 피해야 한다. 그러나, 실제로는 니켈 합금의 용탕은 퍼짐성이 약해서 접합부내로 용입(Penetration)이 작게 되고 용탕의 젖음(Wetting)이 작아서 지나치게 볼록하게 되며 자칫 용입 불량 등의 결함이 발생할 수 도 있으므로 일부 공사 시방서에서는 일부러 약간의 오목한 용접부를 만들도록 유도하는 경우도 있다.

일반적으로 예열은 하지 않는다. 그러나 용접 대상물이 너무 냉각되어 있을 경우에는 수분의 응축으로 인해 발생될 수 있는 용접 비드의 기공발생 등의 피해를 막기 위해 16 ~ 20℃정도로 예열해 주기도 한다.

내식성을 보존해 주기 위한 용접 후 열처리(PWHT)나 산세등의 화학적인 표면 처리는 일반적으로 실시하지 않는다. 거의 모든 환경에서 니켈 합금 의 용접부는 모재와 동일한 내식성을 가진다.

6.4.1. 표면 청결 (Surface Cleaning)

용접부의 청결은 니켈 합금 의 용접에 있어서 가장 기본이 되고 중요한 요소이다. 고온에서 니켈 합금은 황(S)이나 인(P)에 의해 고온에서 취성을 일으키기 쉽다. 이렇게 취성의 원인이 되는 황과 인은 제작 과정에서 표면에 묻게 되는 그리스, 가공 및 절삭유, 기름, 페인트 등이 원인이다. 그러나, 제작 과정에서 이러한 불순물의 침입을 근본적으로 막을 수는 없기에 용접 작업 전에 충분한 청결작업이 중요하다. 취성(Attack, or Embrittlement)의 정도는 불순물의 종류와 농도 및 작업 환경등에 따라 다양한 형태를 취한다. 청결작업은 용접부를 중심으로 한편에 50mm 정도씩을 실시한다.

청결 방법은 제거 대상물에 따라 다르며, 간단한 용제를 사용한 청결 작업부터 모래나 철가루를 이용한 블라스트 크리닝(Abrasive Blast Cleaning)까지 다양하다. 표면의 산화물은 반드시 제거되어야 한다, 이들 산화물은 모재보다 높은 용점을 가지고 있어서, 용접중에 용융되지 않고 있다가 융착불량등의 용접결함을 일으킨다. 이러한 오염 물질에 의한 결함을 방지하기 위한 표면 처리(Surface Cleaning)의 방법은 다음의 사항을 따르면 된다.

표 4-49 용접전 표면 청결 관리

Harmful Elements	Proper cleaning method
Machining Oil or Grease	Remove with acetone, trichloroethylene, methyl alcohol or other organic solvents.
Marking Crayon	
Temperature Indicating Sticks	
Paint and other less soluble materials	Remove methylene chloride, alkaline cleanness or proprietary mixtures
Oil mist from compressors blast or other machinery	Remove with grinder or shot Remove with 10% HCl

6.4.2. 용접 조인트 설계

니켈 합금의 용접 조인트 설계시에는 몇 가지 주의하여야 할 사항들이 있다.

첫째로, 니켈 합금의 용접금속(Weld Metal)은 다른 금속과는 달리 폭 넓게 퍼지지(Spread) 않기 때문에 용접사는 적극적인 용접봉 운봉(Weaving)과 용접 순서 및 방향 조절로 원하는 용접 금속이 놓여질 수 있도록 해야 하며, 조인트 설계도 이를 감안해서 이루어져야 한다.

둘째로, 니켈 합금은 용입이 잘 안되기 때문에 이음 조인트의 루트(Root)부가 작게 설계되어야 한다. 조인트의 루트부가 너무 크면(넓으면) 용탕이 중간에 응고되어 불완전 용입(Incomplete Penetration)이 일어 날 수 있다. 이를 방지하기 위해 전류를 높이는 것은 별 효과가 없으며 용접봉을 과열시켜서 자칫 피복제가 떨어져 나가게 된다.

또한 용접봉의 과열로 인해 많은 양의 용탕이 생성되며 피복제의 탈산 효과가 감소하여 결과적으로 부적절한 용접금속을 만들어 낸다.

6.4.2.1. 맞대기 용접 조인트

일반적으로 두께가 0.093 in (2.36mm) 이하인 재료는 용접개선(Groove)없이 용접을 시행한다. 이보다 두꺼운 재료는 V-, U-, J-등의 홈(Groov) 가공하여 용접한다. 2.36mm 이상의 두께를 가진 재료를 홈 가공 없이 용접하면 불완전 용입이 일어나기 쉬우며, 이는 결국 미세한 틈(Crevice)와 용접부의 간극(Void)으로 작용하여 다른 곳 보다 우선적으로 부식이 촉진될 수 있는 위험성을 안게 되는 것이다. 표면은 부식에 견디더라도 내부의 노치(Notch)는 응력을 집중하게 되는 장소가 되는 것이다. 양쪽에서 용접하지 못하고 한면에서만 용접이 시행되는 경우에는 초층의 안정적인 용접금속을 만들기 위해 초층은 가스텅스텐아크용접(TIG)으로 용접해야 한다.

⅜in 이상의 두께에서는 Double-V, Double-U 홈 용접을 시행한다. 조인트의 홈 가공(Groove) 작업과 양면으로 나누어 용접 시행하는 데 따르는 어려움이 있지만 전체적인 면을 감안 할 때 다음과 같은 이점이 있다.

- 전체적인 용접봉의 소용량이 감소한다,
- 충분한 용입을 위한 용접시간이 절약된다.
- 단면 홈 가공(Single Groove)에 비해 잔류 응력이 감소된다.
- 상대적으로 적은 잔류 응력으로 인해 용접 시 변형이 감소한다.

6.4.2.2. 필렛 조인트

이 용접 형태는 고강도를 요구하지 않고 많은 응력이 집중되지 않는 곳에 사용된다. 이러한 용접부 이음 형상은 고온에서 사용되거나 반복적인 높은 열응력이나 기계적인 응력이 가해지는 곳에서는 사용을 금한다. 모서리(Corner Joint) 용접이 시행될 경우에는 반드시 전체 두께(Full Thickness)에 해당하는 용접이 시행되어야 한다.

6.4.2.3. 용접 고정구

용접 작업중에는 작업의 편리함과 함께 강제 구속으로 용접 시 발생되는 변형을 방지하기 위해 다양한 종류의 지그(Jigs), 클램프(Clamps)와 고정구(Fixture)를 사용한다.

일반적으로 가스용접용 고정구에는 탄소강이나 주철 제품들이 사용되지만, 아크 용접에 적용되는 고정구는 모재에 직접 접촉되는 것들은 대부분 구리 재질을 사용한다 용접홈 가공부에 사용되는 고정구는 용접금속의 용입이 용이하도록 하고 용접중 발생하는 가스나 플럭스가 쉽게 빠져나갈 수 있도록 오목하게 홈 가공을 한다.

니켈 합금은 일반적인 탄소강에 적용되는 것과 거의 대등한 수량의 클램프나 고정구를 사용하고 용접시 충분한 변형 방지와 열 전달이 이루어 질 수 있도록 배치한다. 용접 금속(Weld Metal)은 응고 과정에서 발생하는 응고수축 응력에 의해 전체적으로 용접비드가 높이 솟아 오르는 경향이 생기고 별도의 용접봉이 없이도 약간의 여성고(Reinforcement)가 형성된다.

6.4.3. 고온 균열

고온 균열의 발생 원인으로는 응고시 S 나 Pb 등과 같은 미량의 불순물에 의한 저융점 개재물이 액상의 필름형태로 결정 입계에 잔류해서 응고시 발생하는 수축응력에 의해 발생하는 것으로 이러한 저 융점 개재물 중에는 니켈과 반응하여 융점이 더욱 낮은 공정화합물로 존재하여 균열을 야기 시키기도 한다.

용접시 대부분의 고온 균열은 크레이터(Crater)와 용접비드 표면에서 주로 발생하는데 이와 같은 균열의 방지 대책을 종합하면 다음과 같다.

- 용접 입열량을 줄일 것
- 예열 및 층간 온도를 낮게 할 것
- 크레이터 처리를 할 것
- 개선내 기름 및 그 외의 부착물(이물질)을 충분히 제거할 것

뿐만 아니라 상기 대책 외에 고온 균열 감수성이 낮은 용접 재료를 선정하는 것도 매우 중요하다. 그리고, 이상과 같은 응고 균열외에 석출 경화형 합금에 다량으로 함유된 Al, Ti 이 Ni 과 공정화합물을 형성하여 결정입계에 γ 상(Ni3Al 또는 Ni3(Al, Ti))을 석출시키고, 이 석출상이 어느 온도에서 급격히 연성저하를 일으켜 균열을 발생시키기도 한다.

6.4.4. 기공

기공은 용접 개선 부위에 기름, 산화물 등 이물질의 존재에 의하여 주로 발생된다. 개선부의 유지, 산화물, 도료 등의 이물질이 존재하므로 고온균열의 원인으로 될 뿐만 아니라, 기공의 원인으로도 된다. 뿐만 아니라 보호 가스의 유량이 부적당하고 순도가 불량할 경우에도 기공이 발생하는데 이를 방지하기 위해서는 개선내를 용접전에 충분히 깨끗이 하고 보호가스의 종류와 유량 등을 충분히 검토하여 완전한 보호 가스가 항상 얻어질 수 있도록 유의할 필요가 있다.

또 보호가스 유량이 부족할 경우, 또 과대한 경우도 발생하기 때문 주의를 요한다.

6.5. 니켈 합금의 용접 재료

니켈 및 니켈 합금용으로 적용되는 용접재료는 표 4-50에 표시한 바와 같다.

용접 재료의 화학성분은 적용되는 모재와 거의 차이가 없지만, 고온 균열에 대한 저항력을 높이고 용착 금속의 품질 향상을 위해 Nb, Mn, Ti, Mo 등의 원소를 첨가 시키기도 하면

이들 원소의 양은 용착 금속의 기계적 성질과 내식성을 저하하지 않는 범위 내에서 첨가량을 관리하고 있다.

표 4-50 니켈 합금의 용접재료

Welding Consumable	Ni	C	Mn	Fe	S	Si	Cu	Cr	Mo	Al	Ti	Nb
Nickel 200	99.5	0.08	0.18	0.2	0.005	0.18	0.13	-	-	-	-	-
Nickel Filler Metal 61	96.0	0.06	0.30	0.10	0.005	0.40	0.02	-	-	-	3.0	-
Nickel Welding Electrode 141	96.0	0.03	0.30	0.05	0.005	0.60	0.03	-	-	0.25	2.5	-
Monel Alloy 400	66.5	0.15	1.0	1.25	0.012	0.25	31.5	-	-	-	-	-
Monel Filler Metal 60	65.0	0.03	3.5	0.20	0.005	1.00	27.0	-	-	-	2.2	-
Monel Welding Electrode 190	65.0	0.01	3.10	0.30	0.007	0.75	30.5	-	-	0.15	0.55	-
Inconel Alloy 600	76.0	0.08	0.5	8.0	0.008	0.25	0.25	15.5	-	-	-	-
Inconel Filler Metal 82	72.0	0.02	3.0	1.0	0.007	0.20	0.04	20.0	-	-	0.55	2.5
Inconel Welding Electrode 132	73.0	0.04	0.75	8.50	0.006	0.20	0.04	15.0	-	-	-	2.1
Inconel Welding Electrode 182	67.0	0.05	7.75	7.50	0.008	0.50	0.10	14.0	-	-	0.40	1.75
Inco-Weld "A" Welding Electrode	70.0	0.03	2.0	9.0	0.008	0.30	0.06	15.0	1.5	-	-	2.0
Inconel Alloy 625	61.0	0.05	0.25	2.5	0.008	0.25	-	21.5	9.0	0.2	0.2	3.65
Inconel Filler Metal 625	61.0	0.05	0.25	2.5	0.008	0.25	-	21.5	9.0	0.2	0.2	3.65
Inconel Welding Electrode 112	60.0	0.034	0.26	3.9	0.009	0.41	-	21.25	9.0	-	-	3.5
Incoloy Alloy 825	42.0	0.03	0.50	30.0	0.015	0.25	2.25	21.5	3.0	0.10	0.90	-
Incoloy Filler Metal 65	42.0	0.03	0.70	30.0	0.015	0.25	2.25	21.5	3.0	0.10	0.90	-
Inconel Welding Electrode 135	36.0	0.05	2.0	26.0	0.008	0.40	1.80	29.0	3.75	-	-	-
70/30 Copper Nickel	30.0	-	0.5	0.55	-	-	Bal	-	-	-	-	-
Monel Filler Metal 67	31.0	0.2	0.75	0.50	0.005	0.10	67.5	-	-	-	0.30	-
Monel Welding Electrode 187	32.0	0.02	2.0	0.6	0.01	0.15	65.0	-	-	-	-	-

이중에서 Inconel 182 는 원자력 분야에서 개발되었기 때문에 고온에서 우수한 내식성을 갖고 있지만 Mn 양이 많기 때문에 다른 환경에서는 내식성을 저하하므로 사용상 주의를 요한다. 탄소강의 육성 용접을 할 경우에는 모재의 희석에 의한 내식성 저하 때문에 Nickel 200, Monel 400, Inconel 625, 70/30 Cu-Ni 의 경우 최대 5% Fe 까지 허용하고 있다.

6.5.1. 니켈 및 니켈 합금과의 용접

니켈 및 니켈 합금의 특징 중의 하나는 일반 재질과는 달리 용융금속의 유동성이 낮기 때문에 일반탄소강에 비해 용입이 얕고 용접 비드의 퍼짐성이 좋지 못하다는 것이다.

니켈 및 니켈 합금의 용접에 익숙하지 않는 용접사들은 이러한 문제점을 해결하기 위해 흔히 용접 전류를 높여서 용착 금속의 이행을 개선하려고 한다.

그러나, 이러한 과잉전류는 용착 금속의 유동성을 개선하지 못하고 용융 금속을 과열시켜서 용융 금속내 산화계를 증발시키게 되어 기공 발생의 원인이 된다. 특히 SMAW 의 용접시 고전류는 용접봉을 가열시킬 뿐만 아니라 플럭스의 결합력을 감소시키기도 한다.

따라서 니켈 합금을 용접할 때는 완전한 용입이 잘 일어날 수 있도록 다음과 같은 적당한 조작을 해야 한다.

- 가능한 아크의 길이를 짧게 하거나 운봉(Weaving)을 시킴으로써 개선할 수 있다.
- 용접부 개선 각도를 크게 하여 운봉(Weaving) 작업이 용이하게 한다.
- 루트 페이스(Root Face)를 일반 탄소강에 비해 작게 할 필요가 있다.

6.5.2. 이종 금속 재료의 용접

이종 금속의 용접시 용착 금속의 조성과 특성은 용접재료 및 두 모재의 확산(Dilution)정도에 좌우된다. 모재의 확산 정도는 용접 방법 및 용접사의 숙련 정도, 용접 개선에 영향을 받는다. 따라서 이와 같은 이종 금속 용접에는 기계적 성능, 내식성, 경제성 등을 충분히 검토할 필요가 있다. 즉, 이종 금속 용접은 다음과 같은 경우에 행해지고 있다.

- 이종 금속 간의 용접을 실시할 경우
- 육성 용접을 행할 경우
- 모재와 동일 계통의 용접 재료로는 균열, 기공 등의 용접 결함이 발생하기 쉬워서 용접이 곤란할 경우
- 모재와 동일 계통의 용접재료로서는 용착 금속의 기계적 성능이 충분치 못한 경우

니켈 및 니켈 합금중의 이종 용접이나 니켈 합금과 탄소강과의 용접에는 니켈 합금 용접 재료가 사용되고 있으며, 스테인레스강과 탄소강의 이종 용접에도 니켈 합금을 이용하는 경우가 많다. 니켈 합금이 이러한 이종 용접 재료로 많이 사용되는 가장 큰 장점은 다음과 같

은 특성으로 구분할 수 있다.

- Inconel 은 탄소의 고용도가 낮아 고온에서 장시간 사용 및 열처리하여도 침탄, 탈탄 반응이 생기기 힘들다.
- Inconel 의 열팽창계수가 오스테나이트계 스테인레스강과 탄소강의 중간 정도이고, 반복가열에 강하다.

이러한 이종 금속의 용접에 사용되는 니켈 합금 용접 재료는 상당량 개발되어 있는 상태인데, 용접부의 강도 및 열팽창과 융점과 같은 요인은 이종 금속 용접시 적용되는 용접 재료 선택에 충분히 고려되어야 한다.

표 4-51 이종금속 용접 조합에 따른 용접 재료

조합재료		적용 용접재료
MONEL 400	탄소강	Ni, NiCu
	SUS 304	Ni, NiCr, NiCrFe
	70/30 큐프로NICKEL	NiCu, CuNi
	HASTELLOY- B	Ni
NICKEL 200	탄소강	Ni, NiCu
	SUS 304	Ni, NiCr, NiCrFe
	MONEL 400	NiCu, Ni
	70/30 큐프로NICKEL	Ni, CuNi
	HASTELLOY- B	NiCr, NiCrFe
INCONEL 600 (INCOLOY 800)	탄소강	NiCr, NiCrFe
	SUS 304	NiCr, NiCrFe
	MONEL 400	NiCr, NiCrFe
	NICKEL 200	Ni, NiCr
	70/30 큐프로NICKEL	Ni
	HASTELLOY- B	NiCr, NiCrFe

6.6. 용접, 접합방법

다양한 용접방법들이 니켈 및 니켈 합금의 용접에서도 적용된다.

표 4-52에 각종 니켈 합금의 용접 방법에 대해서 정리하였다.

표 4-52 니켈 및 니켈 합금과 적용 용접법

합 금 명	SMAW	GTAW	GMAW	SAW	EBW	가스용접
NICKEL 200	○	○	○	○	○	○
NICKEL 201	○	○	○	○	○	○
MONEL 400	○	○	○	○	○	○
MONEL K500	○	○	○	○	○	○
INCONEL 600	○	○	○	○	○	○
INCONEL 601	○	○	○	○	○	○
INCONEL 800	○	○	○	○	○	○
INCONEL 825	○	○	○	○	○	○
INCONEL 901	○	○	○	○	○	○
HASTELLOY- B	○	○	○	○	○	○
HASTELLOY- C	○	○	○	○	○	○
HASTELLOY- F	○	○	○	○	○	○
HASTELLOY- G	○	○	○	○	○	○
HASTELLOY- N	○	○	○	○	○	○

6.6.1. 피복 아크 용접

일반적으로 피복아크용접(SMAW)은 1/16 in (1.6 mm)이상의 두께에 적용한다. 비교적 용이하게 할 수 있는 방법이지만 산소화 결합하기 쉬운 원소를 다량 함유한 경우에는 용접 과정에서 합금 원소의 격심하여 잘 사용되지 않는다. INCONEL, MONEL, HASTELLOY-합금 등의 용접, 육성용접 등에 사용된다.

(1) 용접봉 (Electrodes)

대개의 경우에 용접봉의 화학성분은 모재와 동등한 것을 사용한다. 습기에 노출된 용접봉은 316℃(600°F)에서 1 시간, 혹은 260℃(500°F)에서 2 시간 이상 건조하여 사용한다.

(2) 전류 (Current)

각각의 용접봉은 직경에 따라 적정 전류량이 규정되어 있다. 이보다 작거나 크게 되면 아크가 불안정해지거나 용접봉이 과열될 수 있다. 용접 전류의 선정은 용접 대상물의 두께, 용접 자세, 백킹(Backing) 형태, 클램프나 고정구의 체결 정도, 용접 조인트의 형태 등에 따라 좌우된다.

수직 용접이나 오버헤드(Over Head)의 경우에는 아래 보기 자세 보다 조금 작은 전류를 사용한다.

(3) 용접 기법 (Welding Technique)

전류와 마찬가지로 아크도 수직 용접이나 오버헤드(Over Head)의 경우에는 아래 보기 자세 보다 아크를 조금 짧게 사용한다. 니켈합금은 용탕의 퍼짐성이 작아서 둥글게 뭉치는 경향이 강하므로 용접봉을 적절하게 운봉(Weaving) 하여 용융금속이 고르게 퍼지도록 하는 것이 중요하다. 용접중 어떠한 이유에서든 아크를 중단하고자 할 경우에는 아크는 되도록 길이를 짧게 하여야 한다. 또한 운봉속도를 증가하여 용탕의 크기를 작게 하고 크레이터 균열과 과다한 산화가 발생하지 않도록 하여야 한다. 다시 용접을 재개할 경우에는 크레이터 끝 부분에서 아크를 일으켜 크레이터 안쪽으로(용접진행의 반대 방향으로) 약간 진행시킨 후 정상적인 용접을 진행 시킨다. 이러한 용접 진행 방법을 "Reverse" 혹은 "T" Restrike 라고 한다.

이렇게 아크를 다시 일으키는 방법은 다음과 같은 이점이 있다.

1) 아직 용접이 진행되지 않은 부분에서부터 안정된 아크를 만들어 나갈 수 있다.
2) 이미 차게 냉각된 크레이터에 약간의 예열효과를 줄 수 있다.
3) 처음에 용융되어 급속한 냉각과정을 겪게되는 용접 금속의 첫 방울이 다시 용융되면서 기공 발생 위험성을 감소시킨다.

이와 유사한 방법으로 기공 발생 위험성이 매우 큰 금속이거나, 아주 까다로운 방사선 투과 검사 조건이 요구될 경우에는 크레이터 안쪽의 기존에 용접이 완료된 용접 비드위에 아크를 일으켜서 용접을 진행하는 방법도 있다.

(4) 청결 (Cleaning)

용접이 완료된 비드위에 남아 있는 슬래그는 간단한 도구만으로 쉽게 제거되며 특히 고온에서 운전되는 기기의 경우에는 반드시 슬래그를 제거하여야 한다.

6.6.2. 불활성가스 아크 용접(GTAW)

Gas Tungsten Arc Welding 은 니켈 합금 에 주로 사용되며 용접 금속의 신뢰도가 높아서 널리 사용된다. 특히 박판이거나 용접후 용접부에 플럭스가 잔류가 문제시 되는 경우의 구조물 용접에 주로 사용된다.

(1) 보호 가스 (Shielding Gas)

흔히 GTAW 혹은 TIG 라고 불리는 이 용접 방법에 적용되는 보호가스는 헬륨, 아르곤 혹은 두 가스의 혼합을 사용한다.

니켈 용접에 사용되는 보호가스에 산소(O_2), 이산화 탄소(CO_2), 질소(N_2)가 포함되면 용접금속에 기공을 만들거나 전극(Electrode)의 마모를 촉진하므로 철저하게 금한다.

통상 5%정도인 소량의 수소(H_2)를 첨가하면 고열의 아크가 생성되고, 보다 균일한 용접 비드 표면을 만들 수 있다.

용접봉없이 박판의 용접을 실시할 때는 아르곤 가스 보다 헬륨 가스가 기공 발생을 억제하고, 용접속도를 향상시키는데 더 좋은 장점을 가지고 있다. 직류를 사용하고 정극성(Straight Polarity, 용접봉이 음극) 상태에서 용접했을 경우에, 헬륨을 사용하는 경우가 아르곤 가스 사용의 경우보다 약 40%의 용접 속도 향상을 가져올 수 있다.

또한 동일한 아크 길이에서 헬륨을 사용할 경우가 40%정도 전압을 많이 소모하며 결과적으로 많은 입열량이 생기게 된다. 용접 속도는 입열량과 직결되므로 이 같은 많은 입열을 보완하기 위해서는 빠른 용접속도가 가능해 지는 것이다.

60A 이하의 전류로 헬륨 가스를 사용한 용접은 아크를 생성시키고 유지하기가 매우 어렵다. 따라서 박판의 소형재료를 용접하기 위해 낮은 전류를 사용할 때는 아르곤 가스를 사용하거나 고주파의 전류를 사용해야 한다.

적절한 보호가스의 유량(Flow Rate)은 매우 중요하다. 유량이 너무 작으면, 용접금속을 충분하게 보호하지 못하며, 과다하면 와류가 발생하고 외부의 공기를 용접부로 끌어 들여 쉽게 기공 등의 결함을 만드는 효과를 발생한다. 아르곤 가스로 보호하면서 수동으로 용접할 경우에는 10 ~ 20Ft^3/h (0.28 ~ 0.57 m^3/h) 정도가 적당하고, 전용 장비를 이용하여 자동/반자동 용접 할 경우에는 이보다 높은 값을 필요로 한다. 헬륨 가스의 경우에는 아르곤보다 가벼우므로 아르곤 가스의 경우보다 $1\frac{1}{2}$ ~ 3 배정도의 유량이 적당하다.

보호가스는 항상 순도가 보장되어야 하며 외부 공기의 유입은 곧바로 기공 등의 결함으로 이어지게 된다. 따라서 바람이 강한 곳에서는 용접을 금한다. 또한 수시로 용접기를 검사하여 공기의 유입이 일어날 수 있는 원인을 차단하여야 한다.

(2) 전극 (Electrodes)

전극의 재료로는 순수한 텅스텐이나 통상 2%정도의 토륨(Thorium) 이 함유된 텅스텐 합금을 사용한다. 텅스텐 합금 전극은 초기 비용은 비싸지만 증기로 손실되는(Vaporization) 양이 적고, 전류저항이 적어서 훨씬 경제적이다. 그러나 어떠한 전극을 사용할 경우에도 과도한 전류에 의해 전극이 과열되는 현상은 피해야 한다.

100A 이상의 전류에서 전극의 형상은 용접 비드의 폭과 용입되는 깊이에 절대적인 영향을 미친다. 뭉툭한 전극은 좁은 용접 비드를 만들지만 깊은 용입에 좋다.

전극은 사용하면서 용접 금속과의 접촉으로 인해 오염되기 쉬우며, 수시로 청소하고 모양을 다듬어야 한다.

(3) 전류 (Current)

GTAW 용접에는 직류정극성(전극이 음극)이 주로 사용된다. 초기 아크를 생성 시키기 위해서는 고주파 회로가 필요하고 과전류 흐름을 방지하기 위한 회로가 설치되어야 한다.

고주파 회로는 초기 아크를 생성 시킬때 전극을 용접부재에 접촉시키지 않아도 되게 한다. 아크 생성시에 전극을 용접부재에 접촉시키면 전극 끝단이 손상되고 결과적으로 용접금속내의 텅스텐 혼입(Tungsten Inclusion)을 만들게 된다. 또한, 고주파회로를 사용함으로 인해 용접부에 정확한 아크를 생성시킬 수 있어서 용접부 주변의 모재에 실수로 아크가 생성되어 발생되는 위험성을 줄일 수 있다.

용접중 발생되는 갑작스런 아크의 중단은 거칠고, 다공성이거나, 작은 균열을 가진 크레이터를 만들게 된다. 아크의 중단전에 전류를 서서히 낮추어 용탕(Puddle)의 크기를 작게 하고 용접 비드의 끝을 부드럽게 한다.

(4) 용접봉 (Filler Metals)

통상 용접대상 모재와 같은 금속 혹은 유사한 금속이 사용된다. 용접은 높은 아크 전류가 흐르고 용탕의 온도가 매우 높기 때문에 용접봉은 기공과 용접금속의 고온 균열(Hot Fissuring)에 저항성을 갖도록 합금성분을 첨가 한다.

(5) 용접 기법 (Welding Technique)

용접중에 토치는 용접물에 거의 수직인 상태에서 약간 앞쪽으로 기울여서 시야를 확보하도록 유지한다. 지나친 기울임은 보호가스내부로 공기의 유입을 만들게 되므로 주의한다. 전극의 돌출 길이는 가능한 짧게 한다. 박판의 맞대기 용접일 경우에는 최대 4.8mm (3/16in) 정도가 적당하고, 그 외의 필렛 용접일 경우에는 9.5 ~ 13mm (3/8 ~ 1/2in) 정도가 적당하다. 건전한 용접부를 얻기 위해서는 아크 길이가 가능한 짧게 유지되어야 한다.

용접봉 없이 모재의 제살 녹이기로 용접이 진행될 때는 아크 길이는 최대 1.27mm(0.05 in)로 제한되고, 통상적으로 0.51 ~ 0.76mm (0.02 ~ 0.03 in)정도가 선호된다. 용접봉이 사용될 때는 이보다는 큰 아크길이도 가능하다. 그러나, 지나치게 큰 아크 길이는 기공을 만들게 되므로 피한다.

용접중에 용접봉이 전극과 접촉하지 않도록 주의하면서 항상 보호가스 분위기속에서 용접봉이 녹을 수 있도록 한다. 용접중에 용접봉이 용탕을 휘젓거나(Agitation), 탈산제의 급격한 연소(Burning Out)가 일어나는 등의 일이 발생하지 않도록 주의하여야 한다.

용접봉에는 용접금속(Weld Metal)의 균열과 기공발생을 억제하기 위한 합금원소가 첨가되어있다. 이들 합금원소의 역활이 제대로 이루어지기 위해서는 용접이 완료된 용접금속에는 50 ~ 75%정도의 용접봉 성분이 들어 있어야 한다.

용접봉 없이 용접을 진행 할 경우에 용접속도(Travel Speed)는 용접금속의 건전성을 유지하는 중요한 요소이다. 용접속도가 너무 느리거나 빠르면 기공 발생 가능성이 커진다.

초층 용접(Weld Root)의 보호가스는 GTAW 에서 흔히 요구된다. 완전하게 용입된 용접금속의 반대편은 급속하게 산화되고 기공 발생의 가능성이 커진다. 이러한 위험성을 배제하기 위해 반대편(Back Side)에도 불활성가스를 공급하여 용탕을 보호하거나 백킹 플럭스

(Backing Flux)를 이용해서 용접부를 보호해야 한다.

6.6.3. 가스메탈아크용접(GMAW)

니켈 합금의 Gas Metal Arc Welding 에 주로 적용되는 용접금속이행(Weld Metal Transfer)은 Spray, Short-Circuiting 과 Pulsing Arc 가 있다. Globular Transfer 형태도 사용되지만 불완전한 용입과 불균일한 용접 Bead 형태로 인해 결함을 발생하게 되어 사용되지 않는다. Short Circuiting Transfer 는 3.2mm (⅛in) 이하의 두께에 주로 적용되고, Spray or Pulshing Arc Transfer 는 이보다 두꺼운 후판에 적용된다.

Short Circuiting Transfer 는 입열이 작아 박판의 용접에 적합하다. 박판의 용접시 입열이 과하면 변형 발생의 위험성이 있으나, 이러한 이행 형태는 작은 입열로 박판의 용접에 적합하다.

Spray Transfer 는 입열이 크고, 아크 의 안정성이 좋으며, 깊은 용입을 얻을 수 있는 장점이 있다. Spray Transfer 의 용접자세는 통상 아래보기(Flat Position)로 제한된다.

Pulsing Arc 를 이용하면 전류의 최대(Peak)점에서는 Spray Transfer Range가 되고, 최소 전류에서는 Globular Transfer Range 가 된다. Pulsing Arc Transfer 는 낮은 평균 입열로서 Spray 효과가 일어나게 해주며, 모든 용접 자세에 적용할 수 있는 장점이 있다.

(1) 가스 (Gas)

GWAW 에 사용되는 Shield Gas 는 Ar 혹은 Ar + He 의 혼합 가스를 사용한다. 가스의 선정은 Metal Transfer 형태에 따라 달라지게 된다.

1) Spray and Globular Transfer

Spray and Globular Transfer 에는 순수 아르곤 가스를 사용하며, 헬륨을 첨가하면 더 좋은 효과를 볼 수도 있다. 헬륨의 양이 증가함에 따라 점차적으로 용접 비드폭이 넓고 편편해지고 용입은 얕아진다. 보호가스에 산소(O_2)나 이산화탄소(CO_2)가 포함되면 용접금속은 극심하게 산화되고, 불균일한 용접 비드가 되며 기공 등의 결함이 생기게 된다. 과거에는 헬륨가스 단독으로도 사용이 되었으나, 아크의 안정성이 떨어지고 스패터 발생이 많아 사용되지 않고 있다. 보호가스 유량은 용접조건에 따라 변화하지만 보통 0.71 ~ 2.83 m^3/h (25 ~ 100Ft^3/h)정도가 사용된다.

2) Short Circuiting Transfer

Short Circuiting Transfer에는 아르곤과 헬륨의 혼합가스를 사용하는 것이 가장 좋다. 아르곤 가스만을 사용하면 핀치(Pintch) 효과가 발생하게 되고, 과도한 볼록(Convex) 용접 비드를 형성하게 되어 융착불량(Lack of Fusion)이 발생하게 된다. 여기에 헬륨이 첨가되면 비드를 편평하게 하여 융착불량 발생 위험성을 감소시킨다.

보호가스의 유량은 0.71 ~ 2.83 m^3/h (25 ~ 100 Ft^3/h)정도이지만, 헬륨이 첨가되면 적절한 보호기능을 하기 위해 유량이 증가 되어야 한다.

보호가스 컵 사이즈는 용접 조건에 많은 영향을 미치게 된다. 일례로, 아르곤과 헬륨이 50:50 이고, 유량이 1.1 m^3/h (40 Ft^3/h)에서 9.5mm(⅜in)의 가스컵 사이즈는 6.4m/min (250in/min)의 용접봉 송급속도에 120A 의 전류조건을 만족 시킬 수 있다. 그러나, 가스 컵 사이즈가 16mm(⅝in)이면 용접봉 송급 속도 10.2m/min(400in/min)에 160 ~ 180A 의 전류조건으로 용접금속의 산화 없이 용접을 진행시킬 수 있다.

3) Pulsed-Arc Transfer

Pulsed Arc Transfer 에 적합한 보호가스는 아르곤과 헬륨의 혼합가스가 추천 되며 약 15 ~ 20% 정도의 헬륨이 있을 경우에 양호한 용접이 이루어 진다.

유량은 최소 0.71 m^3/h (25 Ft^3/h)에서 최대 1.3 m^3/h (45 Ft^3/h) 정도로 제한된다. 이 이상의 유량에서서는 아크 간섭을 일으킨다.

(2) 용접봉 (Filler Metals)

GMAW 용접에 사용되는 용접봉은 GTAW 용으로 사용되는 것과 동일하다. 적절한 용접봉의 직경은 모재의 두께와 용접시의 용융금속이행형태에 따라 결정된다.

일반적으로 Spray Transfer 일 경우에는 1.6mm(0.062in)정도, Short Circuiting Transfer 일 경우에는 0.9mm(0.035in), Pulsing Arc Transfer 일 때는 1.1mm(0.045in) 정도 직경의 용접봉이 사용된다.

(3) 전류(Current)

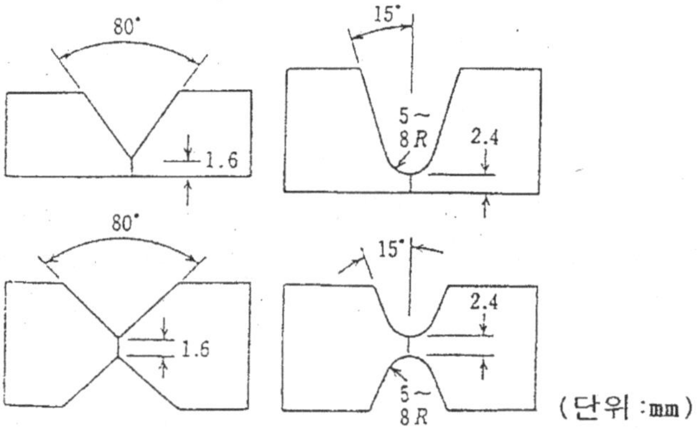

그림 4-45 니켈 합금에 적용되는 개선형상의 예

GMAW 용접시 적용되는 전류형태는 용융금속이행 형태와 무관하게 직류 역극성(DCRP)이다. Spray Transfer 일 경우에는 Globular 에서 Spray mode 로 변환되는 임계전류

(Transition Point) 값보다 높은 전류를 필요로 한다. 이 임계전류는 용접봉의 직경, 성분, 전원특성에 따라 달라진다. 모든 종류의 GMAW 용접에는 정전압 특성을 가진 전원이 추천된다.

(4) 용접 기법(Welding Technique)

용접 토치의 각도는 수직이 적당하며 용접사의 시야 확보를 위해 약간의 경사를 주어도 무방하다. 그러나, 과도한 기울임은 주변 공기의 흡입으로 인한 오염을 초래하고 이는 용접 금속의 과도한 산화나 기공의 발생을 일으킨다. 가장 적절한 용접 조건은 용융금속이행형태에 따라 결정된다. 용접 아크 의 길이는 스패터를 발생하지 않을 정도의 길이가 적당하다. 아크 의 길이가 너무 짧으면 스패터를 발생시키고, 너무 길면 아크 조절(Arc Control)이 안 된다. 용접봉의 송급속도는 아크의 길이에 따라서 조절한다.

Short Circuiting Method 에서 용입불량은 적절한 용접관리로 예방 할 수 있다. 용접토치는 용탕이 아닌 모재에 아크가 접촉되도록 앞서 가게 한다. 다층 용접에서 지나친 볼록(Convex)용접 비드는 융착불량을 일으킬 가능성을 증대 시킨다.

Pulsed Arc Transfer 의 용접관리는 SMAW 용접의 그것과 유사하다. 용접봉 운봉시에 용탕의 선단에서 잠깐 멈추는 것은 언더컷(Undercut)을 예방하는 데 필수적이다.

6.6.4. 잠호용접(SAW)

잠호용접은 후판의 용접에 적합하다. 자동 GMAW 용접법과 비교 할 때 35 ~ 50%이상의 빠른 용착 속도와 두꺼운 용접 비드, 안정된 아크 특성 그리고 용접부가 매끄러운 특징이 있다.

(1) 플럭스(Flux)

SAW 용접에 있어서 매우 중요한 것이 적절한 플럭스의 선정이다. 용탕을 대기의 오염으로부터 차단하는 기능외에 아크를 안정하게 하고, 합금원소를 첨가하는 기능을 담당한다. 플럭스의 양은 아크가 새어 나오지 않을 정도의 양이어야 한다. 플럭스가 너무 많으면 불균일한 비드가 생긴다.

사용된 플럭스는 쉽게 제거가 되며 자연 박리성이 있다. 녹지 않은 미 사용 플럭스는 다시 재 사용이 되며 적당한 입도(Particle Size)를 유지하기 위해 동일한 양의 새 플럭스와 혼합하여 사용한다. 잠호용접에 사용되는 플럭스는 습기를 빨아 들이는 성질이 있어서 항상 건조한 곳에 보관하여야 한다. 습기에 노출된 플럭스는 315 ~ 480℃(600 ~ 900°F)의 온도에서 2 시간 정도 가열하여 사용한다.

(2) 용접봉(Filler Metal)

잠호용접에 사용되는 용접봉은 GMAW 에 사용되는 것과 동일한 것을 사용한다.

용접봉의 크기는 1.1 ~ 2.4mm (0.045 ~ 3/22 in)정도 직경의 와이어가 사용되며 통상 1.6mm(1/16 in)직경의 와이어가 선호된다.

(3) 전류 (Current)

직류로 정극성 혹은 역극성 모두가 사용될 수 있다. 깊은 용입과 넓은 비드를 얻을 수 있는 역극성은 맞대기 용접에 사용되고, 높은 용착률에 얕은 용입이 특징인 정극성은 육성(Weld Overlay)용접에 사용된다. 정극성일때는 많은 량의 플럭스가 소모되고, 플럭스의 깊이도 깊어져야 한다. 정극성으로 맞대기 용접을 하면, 슬래그의 혼입 가능성이 높다.

(4) 용접 기법(Welding Technique)

다층 용접시에 용접 비드는 넓게 펴진(Open or reasonably wide) 초층면(Root Area)를 가져야 한다. 비드의 형상은 매우 중요하며 평평하거나 오목한 비드 보다는 약간 볼록한(Concave) 용접비드가 선호된다. 이 비드의 형상은 전압과 용접 속도에 영향을 받게 된다. 높은 전압에서 빠른 용접 속도로 용접을 진행하면, 평평한 비드가 생성된다.

잠호용접은 후판의 용접에 적합하다. 후판 다층용접시에 각 용접 패스별 화학성분이 거의 일정하게 유지되며, 플럭스 성분의 축적은 없다. 보다 좋은 용접을 시행하려고 하면, 초층을 GTAW 로 용접한 후에 잠호용접을 시행하는 것이 바람직하다.

용접시에는 용접 입열을 억제하기 위해 예열 및 패스간 온도도 낮게 유지하여 고온균열을 방지할 필요가 있다. INCONEL 및 MONEL 금속의 자동용접 및 육성용접 등이 행해진다.

6.6.5. 전자빔 용접 & 레이저 용접

열집중성이 좋고 변형 발생이 적고, 고능률 용접이 가능하기 때문 항공기 엔진 등 내열합금의 용접에 적용된다. 전자빔 용접과 레이저 용접에 관한 보다 자세한 사항은 용접 기법 분야의 해당 편을 참조한다.

7. 알루미늄 합금(Aluminum & Aluminum Based-Alloy)

7.1. 종류 및 성질

7.1.1. 종류

알루미늄 합금은 매우 다양한 종류가 있으며, 크게 구분하여 열처리가 가능한 열처리 합금과 열처리를 실시하지 않은 비열처리 합금으로 구분한다.

예전에 Aluminum Association이라고 알려진 AA의 명명법은 현재는 유럽표준으로 제정되어 EN-AW-XXXX로 표기되고 있다. EN-AW 뒤에 연결되는 네자리 숫자는 각 알루미늄합금의 기본 조성과 특성을 구분하여 표시한다.

AW이외에 AC로 표기되는 경우도 있으며, 이는 각각 Aluminum Wrought Alloy(알루미늄 단련재)와 Aluminum Casting Alloy(알루미늄 주조재)를 의미한다.

표 4-53 알루미늄 합금의 명명법

주요 합금 원소	명명법
Al 순도 99.0% 또는 그 이상의 순수 Al	1XXX
Al-Cu계 합금	2XXX
Al-Mn계 합금	3XXX
Al-Si계 합금	4XXX
Al-Mg계 합금	5XXX
Al-Mg-Si계 합금	6XXX
Al-Zn-(Mg, Cu)계 합금	7XXX
기타 합금 원소	8XXX
사용되지 않는 강종 (예비 번호)	9XXX

7.1.2. 비열처리 합금

비열처리 합금이라고 구분된 합금은 열처리에 의해서 기계적 강도나 특성의 향상을 꾀할 수 없는 합금을 의미한다. 이러한 합금으로 보다 높은 수준의 강도를 추구하기 위해서는 가공에 의한 경화(Strain-hardening)를 유도하거나 고용화(Solid solution) 열처리에 의한 강도 향상을 기대해야 한다.

비열처리 합금에는 1000계열의 순수 알루미늄, 알루미늄-망간 합금의 3000계열, 알루미늄-실리콘 합금인 4000계열, 그리고 알루미늄-마그네슘 합금인 5000계열이 포함된다.

비열처리 합금은 주로 판재(Plate, Sheet, Foil)형상으로 사용되며, 1000계열과 5000계열은 압출성형으로 가공해서 사용하기도 한다.

판재 형태의 합금은 냉간압연을 실시하여 고강도를 추구하기도 하지만, 성형의 용이성을 위해 응력을 제거한 상태로 공급된다. 매우 높은 성형성이 요구되는 경우에는 압출 성형된 제품을 선호하기도 한다.

(1) EN AW-1000 순수 알루미늄 (min. 99.00% Al)

최소 99.00% 이상의 알루미늄을 포함한 거의 순수한 알루미늄 합금을 1000계열로 구분한다. 합금명의 네자리 숫자 중에 마지막 두자리 숫자는 합금내에 포함된 알루미늄의 최소 함량을 의미한다.

순수 알루미늄은 전기용 재료로서 우수한 내식성과 뛰어난 성형성이 필요한 곳에 주로 사용된다.

(2) EN AW-3000 알루미늄-망간 합금 (AlMn)

3000계열은 알루미늄에 망간을 주요 합금 원소로 포함하는 합금이다. 합금내에 포함된 망간은 미세 분말 형태로 조직내에 분산되어 약간의 강도 향상 효과를 나타낸다. 내식성과 성형성이 우수하다. 주로 열교환기용으로 사용되는 압출 성형 튜브(Tube)나 핀(Fin)용 재료로 사용된다.

(3) EN AW-4000 알루미늄-실리콘 합금 (AlSi)

알루미늄에 실리콘을 합금원소로 포함한 합금을 4000계열로 구분한다. 주로 용접봉 재료로 사용되며, 이러한 용도에는 실리콘 함량이 2 ~ 7% 정도로 높게 적용된다.

(4) EN AW-5000 알루미늄-마그네슘 합금 (AlMg)

알루미늄에 마그네슘을 포함하는 합금을 의미한다. 마그네슘은 최대 4% 정도까지 포함되어 매우 우수한 강도와 변형 저항성을 보여준다.

성형 이후에 잔류 응력을 제거한 상태에서도 매우 높은 수준의 인장강도를 보여준다. 매우 우수한 내식성을 보여주고 있으며, 망간 함량이 3% 이상 포함된 합금은 해수용 재료로 사용된다. 주로 판재로 생산되며 소형 선박, LNG 탱크 및 해상 구조물용 재료로 사용된다. 망간 함량이 1% 정도인 경우에는 일반적인 조건에서 압출 성형이 가능하지만, 망간 함량이 증가하게 되면 강도가 커져서 압출 성형이 어려워 진다.

7.1.3. 열처리 합금

열처리 합금은 석출경화등에 의해 합금의 기계적 강도와 특성이 향상될 수 있는 알루미늄 합금을 의미한다. 여기에 속하는 합금은 알루미늄-구리 합금인 2000계열, 알루미늄-마그네슘-실리콘 합금인 6000계열, 그리고 알루미늄-아연, 마그네슘 합금인 7000계열이 있다.

(1) EN AW-2000 알루미늄-구리 합금 (AlCu)

경화 합금 원소로 구리를 포함하고 있는 합금을 2000계열로 구분한다. 보다 높은 수준의 강도를 얻기 위해 마그네슘을 추가하기도 한다. 조직내에 $CuAl_2$ 혹은 $CuMgAl_2$형태의 석출물이 형성되면 가장 우수한 수준의 기계적 강도를 얻을 수 있다. 이들 합금은 뛰어난 강도와 낮은 내식성, 그리고 매우 낮은 수준(1M/min 이하)의 압출 성형성 그리고 용접성이 어려운 점을 특징을 구분할 수 있다. 우수한 강도로 인해 주로 우주 항공 분야의 소재로 적용되고 있으며, 볼트/너트와 같은 구조재로도 사용된다.

(2) EN AW-6000 알루미늄-마그네슘-실리콘 합금 (AlMgSi)

전세계 압출 성형 가공으로 제작되는 알루미늄 합금의 80%는 알루미늄-마그네슘-실리콘 합금이다. 6000계열은 마그네슘과 실리콘이 각각 0.3 ~ 1.2% 정도 포함된 알루미늄 합금으로 간혹 구리, 크롬, 망간 등이 소량 추가되기도 한다. Mg_2Si가 석출되어 강도의 향상을 추구할 수 있으며, 구조용 재료로서는 강도가 약한 편에 속한다. 용접이 가능하며, 성형성은 비교적 좋은 편에 속한다. 우수한 내식성으로 인해 해수용 재료로도 적용되며, 다양한 표면처리가 가능하며 강도도 우수하다.

건축용 창틀에서부터 구조용 자재에 이르기 까지 활용도가 다양하다.

압출 성형용으로는 AW-6060과 AW-6063이 적용되고 있으며, 구조용 재료로는 AW-6082가 주로 사용된다.

(3) EN AW-7000 알루미늄-아연-마그네슘 합금 (AlZnMg)

2000계 합금에서 볼 수 있었던 AlCuMg와 유사한 형태의 석출물에 의해 강화가 일어나는 합금으로 구리 대신에 아연이 포함된 것이 차이점이라고 할 수 있다. 경우에 따라서는 동일한 수준의 구리를 포함하기도 한다. $MgZn_2$의 석출물로 인해 상용되는 알루미늄 합금중에 가장 우수한 수준의 기계적 강도를 나타낸다. 구리가 포함되지 않은 합금은 6000계열보다 우수한 수준의 인장 강도를 나타낸다. 가장 널리 사용되는 합금 조성은 4,5% Zn and 1,3% Mg. 이며, 이 합금은 AW-6082에 비해 성형성이 나쁘고, 급냉에 민감하지 않아 매우 두꺼운 부재도 공기 중에 서냉할 수 있다. 약 한달의 기간 동안 상온에서 방치(Aging)하면 충분한 기계적 강도를 얻을 수 있으며, 용접성도 좋다.

구리를 포함한 7000계 알루미늄 합금은 알루미늄 합금중에 가장 강도가 강하지만, 압출 성형성이 매우 나쁘고, 용접성도 떨어진다. 일반적인 7000계 합금은 매우 높은 수준의 기계적 강도를 필요로 하는 곳이나 자동차 산업등에 적용되며, 구리를 포함한 7000계 합금은 우주 항공 분야 등의 높은 응력이 필요로 하는 곳에 사용된다.

표 4-54 알루미늄 합금의 특성과 주요 용도

Alloy Group	합금의 특성
1000 시리즈	순 Al로서, 내식성이 좋고, 광의 반사성, 열의 도전성이 뛰어나다. 강도는 낮지만 용접 및 성형가공이 쉽다.
2000 시리즈	Cu를 주첨가 성분으로 한 것에 Mg등을 함유한 열처리 합금이다. 열처리에 따라 강도는 높지만 내식성 및 용접성이 떨어지는 것이 많다. (단 2219 합금의 용접성은 우월하다.) Rivet접합에 의한 구조물, 특히 항공기재로서 이용된다.
3000 시리즈	Mn을 주첨가 성분으로 한 냉각가공에 의해 각종 성질을 갖는 비열처리 합금이다. 순 Al에 비해 강도는 약간 높고, 용접성, 내식성, 성형 가공성 등도 좋다.
4000 시리즈	Si를 주첨가 성분으로 한 비열처리 합금이다. 용접 재료로서 이용된다.
5000 시리즈	Mg를 주첨가 성분으로 한 강도가 높은 비열처리 합금이다. 용접성이 양호하고 해수 분위기에서도 내식성이 좋다.
6000 시리즈	Mg와 Si를 주첨가 성분으로 한 열처리 합금이다. 용접성, 내식성이 양호하며 형재 및 관 등 구조물에 널리 이용되고 있다.
7000 시리즈	Zn을 주첨가 성분으로 하지만, 여기에 Mg을 첨가한 고강도 열처리 합금이다.

7.2. 열처리에 의한 구분

7.2.1. 단련재(Wrought) 합금의 기본 구분

(1) F : 가공 상태(As Fabricated)

열처리나 가공 경화 이후에 별도의 처리를 하지 않은 가공 상태(As Fabricated) 그대로를 의미한다. 단련재의 경우에는 기계적 특성에 제한이 없는 경우에 적용한다.

(2) O : 풀림(연화) 열처리 상태(Annealed)

매우 낮은 수준의 기계적 강도를 얻기 위해 응력을 제거(Annealed)한 상태를 의미한다. 합금명의 숫자 0(영) 이외의 다른 숫자에 첨부되어 사용한다.

(3) H : 가공 경화 상태(Strain-hardened)

열간 가공 혹은 응력 제거를 위한 열처리 후에 냉간 가공을 통해 가공 경화를 추구하는 경우, 혹은 냉간 가공과 열처리를 병행하여 특정한 기계적 특성을 찾고자 하는 경우를 의미한다.

(4) W : 고용화 열처리 상태(Solution heat-treated)

고용화 열처리 이후에 상온에서 방치(Aging)하여 얻어지는 불안정한 상태를 의미한다. 자연 경화(Aging)의 시간이 명기된 경우에만 적용된다.

(5) T : 안정화 열처리 상태(Thermally treated to stable tempers)

열처리 이후에 냉간 가공에 의한 가공 경화 처리를 실시하거나 혹은 가공 경화 없이 그대로 두어 F, O, 혹은 H 처리 상태와는 다른 안정된 상태를 의미한다.

7.2.2. 가공 경화처리(H)의 세부 구분

가공 경화처리를 거치는 H 등급의 합금은 최종 상태에 따라 다음과 같이 세분된다.

- H1y : 가공 경화 처리
- H2y : 가공 경화 후 부분적인 연화(Annealed)
- H3y : 가공 경화 후 안정화(Stabilizing) 처리
- H4y : 가공 경화 후 도장(Paint) 처리

문자 H뒤에 연결되는 숫자는 가공 경화 정도를 의미한다. 두번째 숫자인 Y 항목은 최종적으로 합금에 남아 있는 가공 경화의 정도를 의미하며, 이 숫자가 클수록 인장 강도가 크다는 것을 나타낸다.

일반적으로 표현되는 정도는 다음과 같다.

H12, H14, H18, H22, H24

위에 표기된 예에서 숫자 8은 일반적인 가공 상태에서 얻을 수 있는 가장 높은 수준의 인장 강도를 의미한다. 가장 연한 상태인 O(Annealed) 상태에서부터 가장 강도가 큰 8 까지를 1 ~ 7 단계로 구분한다.

개략적인 구분은 다음과 같다.

- 4 : 최고 인장 강도가 O(Annealed) 상태의 최저값과 Hx8 상태인 최고값의 중간 정도 수준이다.
- 2 : 최고 인장 강도가 O과 Hx4의 중간 정도이다.
- 6 : 최고 인장 강도가 Hx4와 Hx8의 중간 정도이다.

7.2.3. 열처리 상태(T)의 세부 구분

열처리 상태는 문자 T 뒤에 하나 혹은 두개의 숫자로 세부 열처리 상태를 구분하여 표시한다.

(1) T1 열처리

고온 성형 이후에 자연 냉각하고 자연 시효 경화(Aging)하여 안정화된 상태 (Cooled from an elevated temperature shaping process and naturally aged to a substantially stable condition)

고온 성형 가공 이후에 냉간 가공이 이루어 지지 않은 상태를 의미하며, 고온 성형이후의 변형을 바로 잡기 위한 평탄화 작업이나 직선화 가공이 기계적 특성에 영향을 미치지 않는 미약한 수준의 가공을 의미한다.

(2) T2 열처리

고온 성형 이후에 냉간 가공을 실시하고 자연 시효 경화(Aging)하여 안정화된 상태 (Cooled from an elevated temperature shaping process, cold worked and naturally aged to a substantially stable condition)

고온 성형 가공 이후에 보다 높은 수준의 기계적 강도를 얻기 위해 냉간 가공을 실시하고 상온에서 방치하여 안정화된 상태를 의미한다. 변형을 바로 잡기 위한 냉간 가공의 효과는 남지만 기계적 특성의 규정 내에서 허용되는 수준이다.

(3) T3 열처리

고용화 열처리 이후에 냉간 가공을 실시하고 자연 시효 경화(Aging)하여 안정화된 상태 (Solution heat-treated, cold worked and naturally aged to a substantially stable condition)

고용화 열처리 이후에 기계적 강도를 향상하기 위해 냉간 가공을 실시한 경우이며, 변형을 바로 잡기 위한 냉간 가공은 기계적 특성의 규정 내에서 허용되는 수준이다.

(4) T4 열처리

고용화 열처리 이후에 자연 시효 경화(Aging)하여 안정화된 상태 (Solution heat-treated and naturally aged to a substantially stable condition)

고용화 열처리 이후에 냉간 가공은 실시하지 않으며, 변형을 바로 잡기 위한 냉간 가공은 기계적 특성에 영향을 미치지 않는 미미한 수준이다.

(5) T5 열처리

고온 성형이후에 냉각하여 시효 경화하고 안정화된 상태 (Cooled from an elevated

temperature shaping process and then artificially aged)
고온 성형 이후에 냉각하여 냉간 가공을 실시하지 않은 상태로 인위적인 이다. 변형을 바로 잡기 위한 냉간 가공은 기계적 특성에 영향을 미치지 않는 미미한 수준이다.

(6) T6 열처리

고용화 열처리 이후에 냉각하여 시효 경화하고 안정화된 상태 (Solution heat-treated and then artificially aged)
고용화 열처리 이후에 냉각하여 냉간 가공을 실시하지 않은 상태이다. 변형을 바로 잡기 위한 냉간 가공은 기계적 특성에 영향을 미치지 않는 미미한 수준이다.

(7) T7 열처리

고용화 열처리 이후에 과다 시효하여 안정화된 상태 (Solution heat-treated and overaged stabilized)
고용화 열처리 이후에 과다 시효를 유도하여 최대 강도가 나올 수 있는 한계치를 넘어선 상태를 의미하며, 기계적 강도 이외에 다른 특성을 나타내기 위해 실시한다.

(8) T8 열처리

고용화 열처리 이후에 냉간 가공하고 시효 경화한 상태 (Solution heat-treated, cold worked and then artificially aged)
냉간 가공에 의해 강도를 향상시킨 상태이다. 변형을 바로 잡기 위한 냉간 가공의 효과는 기계적 특성의 규정 내에서 허용되는 수준이다.

(9) T9 열처리

고용화 열처리 이후에 시효 경화를 하고 냉간 가공한 상태 (Solution heat-treated, artificially aged and then cold worked)
냉간 가공에 의해 강도를 향상시킨 상태이다.

(10) T42 열처리

연화 열처리 혹은 F 상태에서 고용화 열처리 하고 자연 시효하여 안정화된 상태 (Solution heat-treated from annealed or F temper and naturally aged to a substantially stable condition)
연화 열처리 혹은 가공 상태에서 고용화 열처리를 실시하고 자연 상태에서 시효 경화하여 안정화된 상태를 의미한다.

(11) T6 열처리

인장에 의해 응력 제거된 상태 (Stress relieved by stretching)

고용화 열처리 혹은 고온 성형이후에 규정된 정도의 인장을 가해서 응력을 경감한 상태이다. 이 제품은 아래에 명기된 범위를 넘어선 인장으로 인한 영구 변형 이후에 추가적인 직선화 가공을 실시할 수 없다.

- 판재(Plate) : 1.5%의 영구 변형
- 박판(Sheet) : 0.5%의 영구 변형
- 압연 혹은 냉간 가공된 선재(Rod, Bar) : 1%의 영구 변형
- 단조품(Hand or ring forging, rolled ring) : 1%의 영구 변형

(12) TX52 열처리

압축에 의해 응력 제거된 상태 (Stress relieved by compressing)

고용화 열처리 혹은 고온 성형 이후에 압축 응력을 가하여 1%의 영구 변형이 생기도록 하여 응력을 제거한 상태를 의미한다.

(13) T62 열처리

연화 열처리 혹은 F 상태에서 고용화 열처리 하고 시효 경화하여 안정화된 상태 (Solution heat-treated from annealed or F temper and artificially aged)

연화 열처리 혹은 가공 상태에서 고용화 열처리를 실시하고 시효 경화하여 안정화된 상태를 의미한다.

7.2.4. 기타

압연제품에 가장 많이 적용되는 기호는 O, F, H12, H14, H18, H22 and H24. 이며 압출 가공된 제품에는 주로 O, F, T4, T5 and T6가 적용된다.

6000계열 합금에서 압출 가공 온도가 충분하게 높아서 고용화 열처리 온도 이상이 된다면 노내에서 열처리 한 것과 압출 성형한 것의 기계적 특성은 거의 비슷해 진다.

표 4-55 대표적인 Al 합금재의 종류와 화학 성분

명칭	화학성분(%)									
	Si	Fe	Cu	Mn	Mg	Zn	Cr	Ti	기타	Al
2219	0.20	0.30	5.8~6.8	0.20~0.4	0.02	0.10	-	0.02~0.10	V:0.05~0.15 Zr:0.10~0.25	잔부
3003	0.6	0.7	0.05~0.20	1.0~1.5	-	0.10	-	-		잔부
3004	0.30	0.7	0.25	1.0~1.5	0.8~1.3	0.25	-	-		잔부

명칭	화학성분(%)									
	Si	Fe	Cu	Mn	Mg	Zn	Cr	Ti	기타	Al
3005	0.6	0.7	0.30	1.0~1.5	0.20~0.6	0.25	0.10	0.10		잔부
4032	11.0~13.5	1.0	0.50~1.3	-	0.8~1.3	0.25	0.10	-	Ni:0.5~1.3	잔부
4043	4.5~6.0	0.8	0.03	0.05	0.05	0.10	-	0.20		잔부
5005	0.30	0.70	0.20	0.20	0.5~1.1	0.25	0.10	-		잔부
5052	0.25	0.40	0.10	0.10	2.2~2.8	0.10	0.15~0.35	-		잔부
5083	0.40	0.40	0.10	0.40~1.0	4.0~4.9	0.25	0.05~0.25	0.15		잔부
5082	0.20	0.35	0.15	0.15	4.0~5.0	0.25	0.15	0.10		잔부
6061	0.40~0.8	0.7	0.15~0.40	0.15	0.8~1.2	0.25	0.04~0.35	0.15		잔부
6063	0.20~0.6	0.35	0.10	0.10	0.45~0.9	0.10	0.10	0.10		잔부
6N01	0.40~0.9	0.35	0.35	0.50	0.40~0.8	0.25	0.30	0.10		잔부
6951	0.20~0.50	0.8	0.15~0.40	0.10	0.40~0.8	0.20	-	-		잔부
7003	0.30	0.35	0.20	0.30	0.50~1.0	5.0~6.5	0.20	0.20	Zr:0.05~0.25	잔부
7072	0.7		0.10	0.10	0.10	0.8~1.3	-	-		잔부
7075	0.40	0.5	1.2~2.0	0.30	2.1~2.9	5.1~6.1	0.18~0.35	-	Zr+Ti:0.25	잔부
7N01	0.30	0.35	0.20	0.20~0.7	1.0~2.0	4.0~5.0	0.30	0.20	Zr:0.25V:0.10	잔부

7.3. 알루미늄 합금의 강화 기구

다른 모든 금속재료와 마찬가지로 알루미늄 합금의 강화 기구는 크게 가공 강화와 합금원소 첨가에 의한 강화의 두 가지로 구분할 수 있다.

두 가지 경화 기구는 근본적으로 조직내에 전위(Dislocation)의 이동을 방해하여 경화 시킨다는 점에서는 공통점이 있다.

가공 강화는 냉간 가공에 의해 발생하며, 합금원소에 의한 강화는 전위와 합금 원소의 상호 작용에 의해 강화가 일어난다. 조직내에 있는 합금 원소의 분포에 따라 강화의 정도는 다르게 나타나며, 합금 원소가 고용 강화형인지 아니면 석출 강화형인지에 따라서도 다른 특성을 보인다. 따라서, 합금원소 첨가에 의한 강화는 고용강화와 석출강화의 두 종류로 구분한다.

7.3.1. 가공 강화

순수 금속은 가공의 정도가 심해짐에 따라 강화되면, 이를 가공 강화 혹은 변형 강화라고 부른다. 이러한 형태의 강화 기구는 비열처리 알루미늄 합금에 적용된다. 가공에 의해 강화가 이루어 지기 위해서는 가공이 그 합금의 재결정 온도 이하에서 실시되어야 한다.

가공에 의해 강화가 일어나는 원리는 매우 복잡하지만, 간단하게 설명하면 냉간 가공중에 전위가 쌓여서 (이것을 Dislocation Pile Up이라고 부름) 전위의 이동이 방해 받아 고착화되는 현상 때문이라고 할 수 있다.

이렇게 전위가 고착화되어 이동이 방해 받게 되면 합금의 강도는 크게 향상하지만, 연성은 저하되어 연신률이 떨어진다.

한번 가공에 의해 강화된 합금은 재결정화 열처리등에 의해 원래 상태 혹은 원하는 수준의 연성과 강도를 가지도록 조절될 수 있다.

그러나, 압출 성형된 제품의 강화는 냉간에서 압출되는 과정에 의해서 라기 보다는 압출 이후에 원하는 모양으로 성형하는 과정에서 주로 발생한다.

7.3.2. 고용 강화

합금원소의 고용화에 의한 강화는 합금 원소에 의한 격자 구조의 변형에 그 원인이 있다. 알루미늄 원자를 대신해 자리를 차지한 합금 원소는 격자 구조에 변형을 일으키고 변형된 격자 구조는 전위의 이동을 방해하여 합금을 강화시킨다. 따라서, 실제 합금 구조를 보면 합금 원소 주위에 많은 전위가 집중되어 있음을 알 수 있다. 전위의 집중과 변형된 격자 구조로 인해 합금이 강화되는 것이다. 가장 대표적인 고용 강화 알루미늄 합금은 5000계열이다.

7.3.3. 석출 강화(시효 강화)

7.3.3.1. 석출 강화(시효 강화) 개요

열처리 합금은 강화 합금 원소의 석출에 의해 강화된다. 이런 강화 기구를 석출 강화 혹은 시효 강화라고 한다. 이렇게 석출 강화가 일어나기 위해서는 다음과 같은 조건이 만족되어야 한다.

- 합금에 포함된 합금 원소는 특정 온도에서 알루미늄에 고용될 수 있어야 하며, 이 원소는 다른 온도 구간에서 다시 알루미늄과는 다른 상(Phase)으로 석출될 수 있어야 한다. 즉, 석출 강화를 위해 투입된 합금 원소의 고용도가 상온과 고온에서 차이가 보여야 한다.
- 석출되는 상은 강하고 알루미늄의 격자와 동일한 격자 구조로 일정한 연결되어 있어야 한다.

석출 강화용으로 가장 널리 사용되는 것은 Mg_2Si, $MgZn_2$ 혹은 여기에 구리(Cu)가 포함된 상이다. 압출 성형재로 주로 적용되는 6000계열의 알루미늄-마그네슘-실리콘 합금의 석출 강화재로 사용되는 것이 바로 Mg_2Si 이다. 온도에 따른 이 석출물의 특성을 알아보기 위해 Al-Mg_2Si 사이에 나타나는 용해도 차이를 개략적으로 다음에 표시한다.

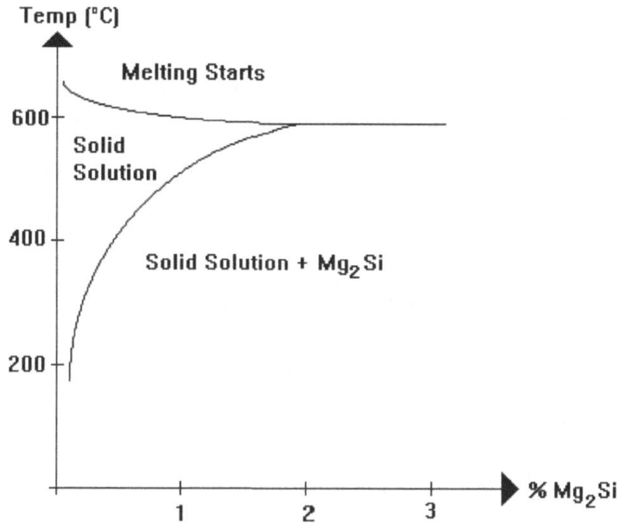

그림 4-46 온도에 따른 알루미늄기지내 Mg_2Si의 고용도

위 그림에서 보는 바와 같이 온도에 따른 고용도의 차이로 인해 알루미늄 기지내에 Mg_2Si가 석출하게 된다. Mg_2Si가 석출하여 알루미늄 합금을 강화 시키는 기구를 다음에 설명한다.

(1) 고용화 열처리

주어진 합금 조성의 상태도에서 Mg_2Si가 완전히 용해되어 알루미늄 조직내에 고용될 수 있는 온도까지 가열한다. 알루미늄 합금 6063의 경우에는 1%의 Mg_2Si를 포함하고 있는데, 이를 510 ~ 600℃로 가열하여 평형 상태에 이르도록 충분한 시간을 유지하면 Mg_2Si가 분해하여 마그네슘과 실리콘으로 나뉘어서 아래 그림에 보여지는 바와 같이 알루미늄 격자내에 완전하게 고용된다.

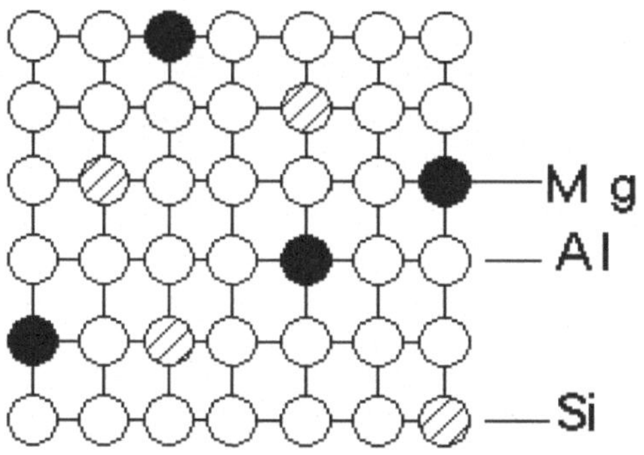

그림 4-47 알루미늄 격자내에 고용된 마그네슘과 실리콘

(2) 시효 석출

만약 510℃ 이하의 충분히 낮은 온도로 고용화 열처리가 완료된 이 합금을 유지하게 되면, 냉각 과정에서 다음의 변화가 일어난다.

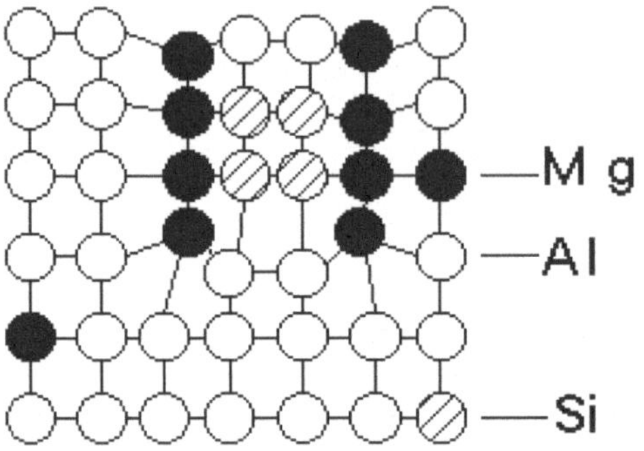

그림 4-48 알루미늄 기지내에 석출된 Mg_2Si상

서냉하게 되면 평형상태가 유지되어 매우 크고 알루미늄 격자와의 연계성이 없는 Mg_2Si 상이 석출된다. 이 상은 알루미늄을 강화시키는 효과가 거의 없다.

급냉하게 되면 분해된 Mg과 Si이 석출물 상으로 형성되지 못하고 알루미늄 조직내에 과포화된 상태로 존재하게 된다.

두번째의 경우와 같이 급냉된 조직내에 과포화된 마그네슘과 실리콘은 시효 강화의 효과를 기대할 수 있다.

시효 강화는 매우 작은 Mg_2Si의 석출물들을 위 그림에서 나타낸 바와 같이 알루미늄 조직내에 다량으로 생성하여 합금을 강화시키는 것이다. 미세 석출물을 다량으로 생성하기 위해서는 별도의 열처리 과정이 필요하기도 하다. 예를 들어 AW-6063의 합금을 185℃에서 약 5 시간 정도 유지하면, 기계적 강도가 크게 향상되는 것을 볼 수 있다.

이런 강화 기구를 시효 강화라고 하며, 고용화 열처리 이후에 급냉 그리고 열처리를 통해 얻을 수 있다. 시효 강화의 각 단계에 대해 다음에 좀더 자세히 언급한다.

(3) 석출 강화 (시효 강화) 과정

1) 고용화 열처리

고용화 열처리는 조직내에 형성된 석출물들이 완전히 분해하여 조직에 고용되기 위한 열처리이다. 석출물들이 충분히 분해할 수 있도록 고용화 온도 이상의 높은 온도와 시간을 유지한다.

압출 가공된 6000계열의 합금은 석출물 상인 Mg_2Si의 고용화 온도 이상에서 압출이 가능하기에 압출가공 온도와 속도만을 조정하면, 별도의 추가 고용화 열처리가 필요 없다.

2) 냉각의 효과

각 합금 종류별로 냉각 속도에 의한 영향이 달라진다. 일반적으로 냉각 효과에 대한 민감성은 합금 성분의 증가와 석출물의 생성이 이루어 지기 쉬운 자리의 밀도에 관련이 있다. 핵생성 자리의 영향이 가장 쉽게 알아 볼 수 있는 것은 AW-6082 합금의 AlMnSi의 분산 석출이다.

이 합금은 냉각 속도에 따라 매우 민감하게 반응하기 때문에 500 ~ 50℃ 영역의 냉각속도를 빠르게 하여 과다 석출을 방지하여야 한다. 이 의미는 AW-6060은 단지 공냉만으로도 충분한데 비해, AW-6082의 경우에는 수냉에 의한 급속냉각이 필요하다는 것을 의미한다.

시효처리 이후의 강도 변화는 초기 냉각속도에 따라 크게 변화하며, 낮은 냉각속도로 열처리 된 합금에 비해 빠른 냉각속도를 가진 합금이 초기에는 낮은 강도를 갖게 되지만 이후의 시효처리에 의해 보다 높은 수준의 강도를 가질 수 있다.

아래 그림은 알루미늄 합금 6000을 250℃까지 냉각할때에 냉각속도에 따른 인장강도의 변화를 제시한 것이다.

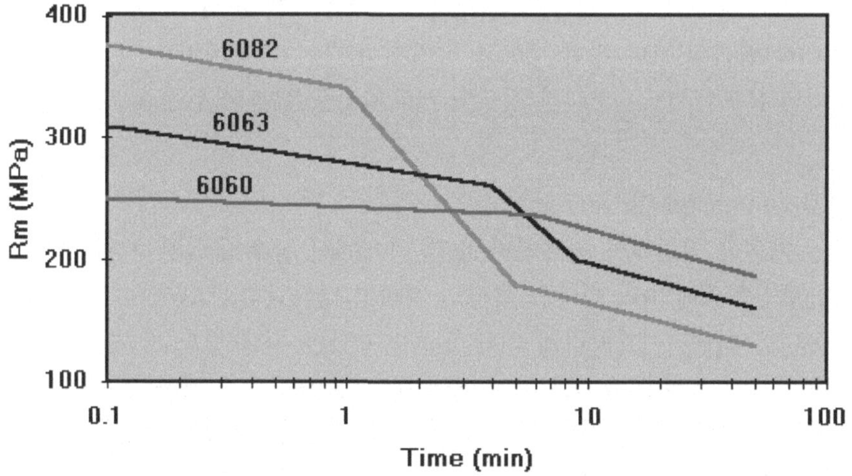

그림 4-49 알루미늄 6000 합금의 250℃까지 냉각 속도에 따른 인장강도의 변화

3) 시효처리(Aging)

시효처리는 열처리 합금의 석출강화 과정을 의미하며, 적용되는 온도 구간에 따라 자연시효(Natural Aging)과 인공시효(Artificial Aging)로 구분한다.

자연시효는 상온에서 일정 시간 유지함으로 얻어지는 석출강화를 의미하며, 인공시효는 석출물 상의 급속한 발현을 위해 고온에서 일정시간 유지하는 것을 의미한다.

A. 자연시효(Natural Aging)

열처리 합금을 고용화 열처리 이후에 급냉하여 상온에 유지하게 될때에 발생하는 기계적 특성의 변화를 자연시효라고 한다.

자연시효의 효과는 합금별로 다양하게 나타나게 되며, 시효를 위한 유지 시간은 몇 일에서 몇 년까지 다양하다. 7000계열의 합금은 최대 강도에 이르는 시간이 매우 짧아서 1개월 이내에 가장 높은 수준의 강도를 갖는 경우도 있다.

B. 인공시효(Artificial Aging)

일반적으로 시효 혹은 시효강화라고 하면 대부분 인공시효를 의미하며, 상온이 아닌 가열을 통해 석출 경화가 빨리 일어나도록 하는 과정을 의미하고, 자연시효에 비해 좀더 높은 강도를 얻을 수 있는 특징이 있다. 가열 온도는 보통200℃ 이하의 온도에서 실시하며, 6000계열의 합금인 경우에는 160 ~ 200℃ 사이의 온도에서 실시한다.

최대 강도에 도달하는 시효처리의 온도와 시간은 합금 별로 특성화 되어 있으며, 이 보다 높은 온도 혹은 시간으로 유지하게 되면, 강도의 저하가 발생한다.

C. 시효처리의 온도와 시간

시효처의 시간과 온도에 따라서 다양한 특성의 변화가 나타난다. 일반적으로 저온에서 장시간 시효처리한 합금이 보다 강한 강도를 가지게 된다. 6000계열의 합금의 경우에는 175 ~ 195℃ 사이의 온도에서 2 ~ 8시간 정도의 시효처리를 했을 경우에 최고의 강도를 나타내게 된다.

D. 중간처리(Intermediate Storing)

중간처리는 고용화 열처리와 시효처리 중간 단계에서 상온에서 유지하는 단계를 의미하며, 합금별로 중간처리에 따라 다양한 특성의 변화가 나타난다. AW-6082의 경우에 상온에서 24시간 유지를 하면, 시효처리에 의해 얻을 수 있는 최대 강도의 3%정도가 저하한다. 동일한 조건에서 4시간 정도 유지를 하면 최대 강도의 5%정도가 저하한다. 압출 성형 공정에서 고용화 열처리 이후에 급냉을 하기에 앞서 원하는 칫수로 절단과 성형의 가공 공정을 거치게 되기 때문에 이러한 중간처리의 단계는 필수적으로 거치게 되는 공정이다. 따라서 합금의 특성과 형상 등에 맞는 가공 공정을 설계하는 것이 중요하다.

7.4. 알루미늄 합금의 특성

알루미늄과 그 합금은 항공 우주 산업이나 가정용 기물 외에 일반 공업용 차량, 토목, 건축, 조선, 화학 및 식품 등 많은 공업 분야에 널리 사용된다. 알루미늄은 pH 4.5~8.5의 환경에서 산화 피막이 모재를 보호하기 때문에 내식성은 우수하나 이온화 경향이 커서 부식

환경하에서 Fe, Cu, Pb 등과 접촉하면 심하게 부식되고 수은은 ppm 단위만 있어도 심하게 부식된다.

순수 알루미늄은 강도가 낮으므로 각종 원소(Mn, Si, Mg, Cu, Zn, Cr 등)를 첨가하여 주로 석출 경화에 의한 강도 향상을 도모하여 사용한다. 자성이 없으며 일반 탄소강에 비해 열 및 전기 전도도는 약 4배정도로 크고, 선 팽창계수는 약 2배정도 커서 용접성은 많이 떨어지는 재료이다.

7.4.1. 가공 경화

Al 합금은 순 Al에 합금 원소가 첨가되어 여기에 가공 경화 및 열처리에 의해 강도가 향상된다. 비열처리 합금에는 각각 Mn, Si, Mg 등이 첨가되어 H시리즈의 특별 기호가 붙은 가공 경화의 정도에 따라 일정한 강도가 얻어진다.

7.4.2. 열 전도도, 전기 전도도

알루미늄 합금의 열 전도도는 Cu 보다 낮지만, 강의 4~5배가 되기 때문에 국부 가열이 곤란하다.

7.4.3. 열 팽창, 응고 수축률

Al 합금의 선팽창 계수는 강의 약2배이다. 따라서 용접 변형이 발생하기 쉽고 더욱이 응고 수축율이 강의 약 1.5배이기 때문에 합금에 따라서는 응고 균열이 발생하기 쉽다.

7.4.4. 산화성

Al 합금은 상당히 산화하기 쉽고, 실온에서도 공기중의 산소와 반응하여 50~100Å 두께의 산화 알루미늄을 그 표면에 생성한다. 이 산화 Al의 융점은 2270~3070K의 고온으로 알려져 있고 용접시에는 용융되지 않은 산화 피막에 의해 Al 합금 상호의 융합이 방해를 받는다. 또 이산화물의 비중이 3.75~4.0으로 Al 합금에 비해 크기 때문에 용융금속의 아래 부분에 깔리게 되고 더욱이 이 산화물의 결정수가 분해하여 수소를 방출하기 때문에 용접 금속에 기공이 형성되고 건전한 용접부가 얻어지지 않는다. 따라서 Al 합금의 용접에서는 이들 산화물을 미리 제거하여 용접에 임하여야 한다.

7.4.5. 저온 특성

탄소강과 달리 알루미늄은 저온에서 취성을 가지지 않는 다. 엄밀하게 얘기하면 알루미늄은 저온으로 갈수록 미세하게 강도가 증가하면서도 연성이 저하하지 않는 특성이 있다. 이러한 저온 특성으로 인해 -163℃에서 운전되는 액화천연가스(LNG)등의 설비의 재료로 적용되고 있다.

모든 알루미늄 합금이 실제로는 온도가 0℃ 이하로 내려감에 따라 인장 강도(Rm)과 항복강도(Rp0.2)가 약간 상승하는 특성을 가지고 있다. 비열처리 합금의 경우에는 연신률(A5혹은 A50)이 약간 증가하지만, 열처리 합금은 상온에서 거의 변화하지 않는 다. 다음의 그림은 인장 시험을 하기 전에 10,000시간 동안 각 온도 영역에서 유지한 시편의 인장 강도와 항복 강도의 비에 대한 온도와의 상관관계를 보여 주고 있다.

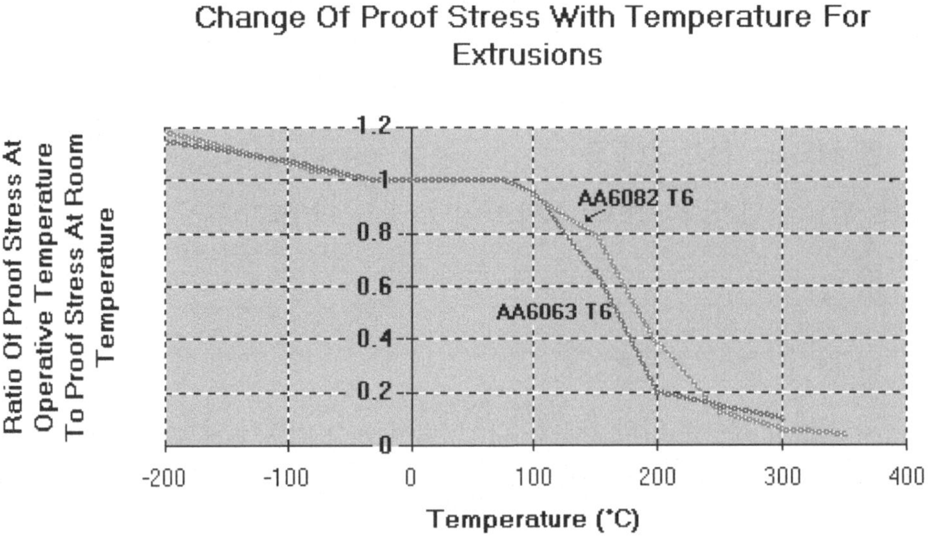

그림 4-50 알루미늄 합금의 유지 온도와 강도의 관계

7.5. 알루미늄 합금의 용접

용접은 가장 일반적인 접합시공 방법이며, 대부분의 압출 성형 강종(1000, 6000, 7000 계열의 합금)은 용접성이 우수한 것으로 평가된다. 그러나, 용접 과정에서 발생하는 열에 의해 열영향부의 강도 저하가 발생하게 되기 때문에 열처리 합금이나 가공 경화형 합금의 경우에는 고온에서 주의를 요한다. 이러한 강도 저하의 원인은 용접열에 의한 과다 시효와 그에 따른 강도 저하가 그 원인이 된다.

7.5.1. 알루미늄 합금 용접부 강도 저하

열처리 합금이거나 가공 경화에 의해 강도가 형성되는 합금인 경우에는 용접시에 가해지는 열로 인해 용접 열영향부의 강도가 저하하게 된다.

이러한 용접부 인근의 강도 저하는 다음의 요인들에 의해 영향을 받는 다

- 모재의 합금 성분
- 모재의 열처리 여부
- 용접재료의 기계적 강도
- 용접 기법과 용접변수의 영향
- 모재의 두께
- 용접부 길이

대부분의 설계 기준에서는 설계자로 하여금 용접 이후의 강도 저하에 대한 고려를 설계상에 반영하기 위해 일정 수준의 강도저하지수(Strength Reduction Factor)를 반영하도록 요구하고 있다.

강도저하 지수는 시효열처리나 가공경화에 의해 강도가 확보되는 강종에 더 높게 적용된다. 용접이후에 강도가 저하되는 경향이 큰 강종일수록 용접후에 발생하는 변형이 더 심하게 되고, 강도가 저하된 부분에 응력이 집중하여 외부에서 응력이 가해졌을 때에 파단이 일어나기 쉬운 위험성이 있다.

(1) 강도저하 지수(Strength reduction factor)

강도저하 지수 β는 다음의 공식에 의해 정의된다.

β= Rm (w) / Rm (pm)

여기에서 w 는 용접후의 강도이고 pm 은 모재의 강도를 의미한다.

다음의 표에 각 합금강종별로 강도저하지수를 정리한다.

표 4-56 합금별 강도저하지수 (Strength Reduction Factor)

Alloy		Temper Condition	Filler Metal		β
3004	AlMn1Mg	H14	4043	AlSi5	0.8
		H14	5356	AlMg5	0.8
5052	AlMg2.5	H111	5754	AlMg3	1.0
		H12	5754	AlMg3	1.0
		H14	5754	AlMg3	0.95
5083	AlMg4.5Mn	H111	5183	AlMg4.5Mn	1.0
		H111	5356	AlMg5	1.0
		H12	5356	AlMg5	0.95
		H14	5356	AlMg5	0.9
		H321	5183	AlMg4.5Mn	0.9
5056	AlMg5	T5	4043	AlSi5	0.75
		T5	5356	AlMg5	0.8
		T6	4043	AlSi5	0.6
		T6	5356	AlMg5	0.6
6082	AlMgSi1Mn	T6	4043	AlSi5	0.6
		T6	5356	AlMg5	0.65
		T6	5183	AlMg4.5Mn	0.7
7020	AlZn4.5Mg1	T6	4043	AlSi5	0.5
		T6	5356	AlMg5	0.7
		T6	5280	AlMg4Zn2	0.8

(2) 강도저하 범위

용접후에 강도가 저하하는 범위는 기본적으로 용접변수에 좌우된다.

알루미늄은 열전달 능력이 매우 좋기 때문에 일반적인 탄소강에 비해 열영향을 받는 영역이 훨씬 넓고 그만큼 용접후에 강도가 저하하는 범위도 넓게 형성된다. 통상 용접부 양쪽으로 약 25mm까지의 영역에 있어서 강도 저하가 발생하는 것으로 평가된다.

용접이후에 발생하는 강도 저하는 현장에서 경도를 측정하여 간접적으로 평가가 가능하다.

(3) 모재의 합금 성분 영향

열처리 합금은 비열처리 합금에 비해 용접후 강도저하가 더 크게 발생한다. 열처리 합금의 용접 열영향부 강도 저하는 마지막 용접이 완료된 이후에 새로운 열처리를 해 주면 원상회복이 가능하다.

7020(AlZn4,5Mg1) 과 같이 용접이 가능한 7000계열의 합금은 용접후에 상온에서 30일 정도의 자연시효만으로도 대부분의 강도가 회복된다.

(4) 열처리 효과

열처리에 의해 강도를 확보한 강종일수록 용접후에 열영향부의 강도저하가 심하게 발생한다. 이러한 특성은 동일한 강종에서 T5, T6의 열처리를 실시한 강종 보다 T4 열처리를 실시한 강종의 강도 저하가 작음에서 확인할 수 있다.

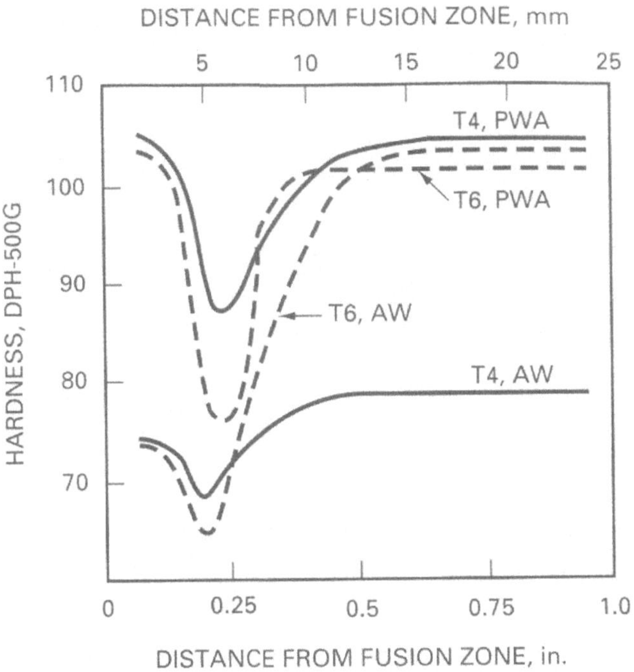

그림 4-51 용접후 열처리(PWHT)에 따른 경도의 변화

(5) 용접재료의 합금 성분 영향

비록 용접 열영향부의 경도값이 전체 용접부에서 최저값이 되긴 하지만, 전체적인 용접부 강도는 고강도의 합금 성분을 함유한 용접재료일수록 높게 나온다. 따라서 고강도의 용접재료를 선택하는 것이 전체적인 관점에서는 높은 수준의 강도를 확보할 수 있다.

(6) 용접 변수의 영향

고능률의 용접방법일수록 용접부 강도는 높게 나타난다. 따라서 TIG용접방법에 비해 MIG 용접방법이 좀더 양호한 용접부 기계적 특성을 보이게 된다. 만약 레이저 용접을 적용한다면 다른 용접방법에 비해 월등하게 우수한 용접부 강도를 얻을 수 있다.

(7) 모재 두께의 영향

모재의 두께가 두꺼울수록 용접열에 의해 강도가 저하되는 영역이 작게 형성된다. 이러한 특성은 고강도 모재와 용접재료를 사용할 경우에 좁은 영역에 응력집중이 발생할 가능성이 더 높음을 의미한다.

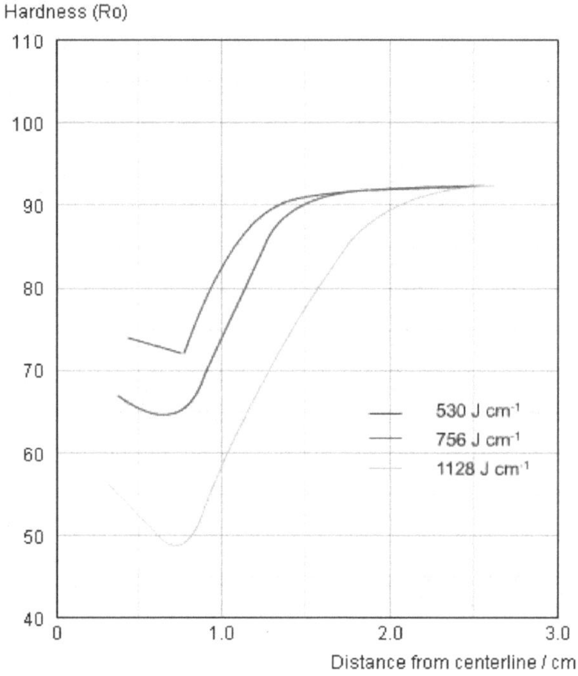

그림 4-52 입열 조건에 따른 용접부 경도의 변화

7.5.2. 용접 재료

7.5.21. 용접 재료의 종류

각 용접방법별로 적용되는 용접재료는 근본적으로 모재의 화학성분에 따라 결정된다. 기계적특성, 화학적 특성에 기인한 내식성 등에 대한 고려뿐만 아니라 완성된 용접부의 표면처리 이후의 용접부 변색에 대해서도 용접재료 선정시에 고려가 되어야 한다.

용접 재료는 JIS Z 3232에 용접봉(BY) 및 전극 Wire(WY)로 규정되어 있고 ASME Sec. II Part C에는 SFA 5.10에 제시되어 있다. 표 4-57에 ASME Sec. II Part C에 규정된 SFA 5.10 알루미늄 및 알루미늄 합금의 용접 재료와 그 화학성분을 소개한다.

표 4-57 알루미늄 합금의 용접 재료(SFA-5.10)

용접 재료	UNS No.	합금 성분(WT%)									Others		Aluminum
		Si	Fe	Cu	Mn	Mg	Cr	Ni	Zn	Ti	Each	Total	
ER1100 R1100	A91100			0.05~ 0.20					0.10		0.05[A]	0.15	99.0% Min.
ER1188B R1188B	A91188	0.06		0.005	0.01	0.01			0.03	0.01	0.01[A]		99.88% Min.
ER2319[C] R2319[C]	A92319	0.20		5.8~ 6.8	0.20~ 0.40	0.02			0.10	0.10~ 0.20	0.05[A]	0.15	Remainder
ER4009 R4009	A94009	4.5~5.5		1.0~ 1.5	0.10	0.45~ 0.6			0.10	0.20	0.05[A]	0.15	Remainder
ER4010 R4010	A94010	6.5~7.5		0.20	0.10	0.30~ 0.45			0.10	0.20	0.05[A]	0.15	Remainder
R4011	A94011	6.5~7.5		0.20	0.10	0.45~ 0.7			0.10	0.04~ 0.20	0.05[A]	0.15	Remainder
ER4043 R4043	A94011	4.5~6.0		0.30	0.05	0.05			0.10	0.20	0.05[A]	0.15	Remainder
ER4047 R4047	A94047	11.0~ 13.0		0.30	0.05	0.05			0.20		0.05[A]	0.15	Remainder
ER4145 R4145	A94515	9.3~ 10.7		3.3~ 4.7	0.15	0.15	0.15		0.20		0.05[A]	0.15	Remainder
ER4643 R4643	A94643	3.6~4.6		0.10	0.05	0.10~ 0.30			0.10	0.15	0.05[A]	0.15	Remainder
ER5183 R5183	A95183	0.40		0.10	0.50~ 1.0	4.3~ 5.2	0.05~ 0.25		0.25	0.15	0.05[A]	0.15	Remainder
ER5356 R5356	A95356	0.25	0.40	0.10	0.05~ 0.20	4.5~ 5.5	0.05~ 0.20		0.10	0.06~ 0.20	0.05[A]	0.15	Remainder
ER5554 R5554	A95554	0.25	0.40	0.10	0.50~ 1.0	2.4~ 3.0	0.05~ 0.20		0.25	0.05~ 0.20	0.05[A]	0.15	Remainder
ER5556 R5556	A95556	0.25	0.40	0.10	0.50~ 0.10	4.7~ 5.5	0.05~ 0.20		0.25	0.05~ 0.20	0.05[A]	0.15	Remainder
ER5654 R5654	A95654	Si+Fe<0.45		0.05	0.01	3.1~ 3.9	0.15~ 0.35		0.20	0.05~ 0.15	0.05[A]	0.15	Remainder
R-206.0[D]	A902060	0.10	0.15	4.2~ 5.0	0.20~ 0.50	0.15~ 0.35		0.05	0.10	0.15~ 0.330	0.05	0.15	Remainder
R-C355.0	A33550	4.5~5.5	0.20	1.0~ 1.5	0.10	0.40~ 0.6			0.10	0.20	0.05	0.15	Remainder
R-A356.0	A13560	6.5~7.5	0.20	0.20	0.10	0.25~ 0.45			0.10	0.20	0.05	0.15	Remainder
R-357.0	A03570	6.5~7.5	0.15	0.05	0.03	0.45~ 0.6			0.05	0.20	0.05	0.15	Remainder
R-A357.0[E]	A13570	6.5~7.5	0.20	0.20	0.10	0.40~ 0.7			0.10	0.04~ 0.20	0.05	0.15	Remainder

Note : A : Beryllium content shall be 0.0008% maximum.
B : Vanadium content shall be 0.05% maximum. Gallium content shall be 0.03% maximum.
C : Vanadium content shall be 0.5~0.15%. Zirconium content shall be 0.10~0.25%
D : Tin content shall not exceed 0.05%
E : Berylium content shall be 0.04~0.07%

이하의 자료는 각종 용접방법별로 제시된 알루미늄합금 용접재료의 선정표이다.

표 4-58 알루미늄 합금의 용접재료 선정

Properties and Material			1000	3000	5000	6000	7000
Optimum Strength	1000		5356, 5183, 4043			5356, 5183, 4043	
	3000		5356, 5183, 4 043	5356, 5183	5005, 5356, 5183, 5052, 5754A, 5654, 5454, 5086, 5083, 5356, 5183	5356, 5183, 4043	
	5000	For low Mg content alloys (5005)	5356, 5183	5005, 5356, 5183, 5052, 5754A, 5654 5454, 5086, 5083, 5356, 5183	5005, 5356, 5183, 5052, 5754A, 5654, 5356, 5183, 5454, 5086, 5083, 5654, 5356, 5183	5356, 5183, 4043	
		For medium Mg content alloys (5052, 5754A)			5005, 5356, 5183, 5052, 5754A, 5356, 5183, 5454, 5086, 5083, 5356, 5183	5356, 5183, 4043	
		For medium and high Mg content alloys with Mn (5454, 5086, 5083)			5005, 5356, 5183, 5052, 5754A, 5356, 5183, 5454, 5086, 5083, 5183	5356, 5183, 4043	
	6000		5356, 5183, 4043	5356, 5183, 4043	Note 2	5356, 5183, 4043	5356, 5183(Note 1)
	7000				5356, 5183	5356, 5183(Note 1)	5356, 5183

Properties and Material			1000	3000	5000	6000	7000
Good corrosion resistance	1000		1050A			4043	
	3000		1050A	1050A	5005, 1050A, 5052, 5754A, 5654, 5454, 5086, 5083, 5356, 5183	4043	
	5000	For low Mg content alloys (5005)	1050A	5005, 1050A, 5052, 5754A, 5654, 5454, 5086, 5083, 5356, 5183	5005, 1050A, 5052, 5754A, 5554, 5654, 5454, 5086, 5083, 5356, 5183	4043	
		For medium Mg content alloys (5052, 5754A)			5005, 5554, 5654 5052, 5754A, 5356, 5183, 5454, 5086, 5083, 5356, 5183	4043	
		For medium and high Mg content alloys with Mn (5454, 5086, 5083)			5005, 5356, 5183, 5052, 5754A, 5356, 5183, 5454, 5086, 5083, 5356, 5183	4043	
	6000		4043	4043		4043	5356 (Note 1)
	7000				5356, 5183	5356 (Note 1)	5356, 5183

Properties and Material			1000	3000	5000	6000	7000
Good weldability	1000		1050A, 4043			4043	
	3000		1050A, 4043	4043, 1050A	5005, 4043, 5052, 5754A, 4043, 5356 5454, 5086, 5083 5356, 5183, 4043	4043	
	5000	For low Mg content alloys (5005)	4043	5005, 4043, 5052, 5754A, 4043, 5356 5454, 5086, 5083 5356, 5183, 4043	5005, 4043, 5052, 5754A, 4043, 5356 5454, 5086, 5083 5356, 5183, 4043	4043	
		For medium Mg content alloys (5052, 5754A)			5005, 4043, 5356, 5052, 5754A 5356, 5183, 5454, 5086, 5083, 5356, 5183	4043	
		For medium and high Mg content alloys with Mn (5454, 5086, 5083) :			5005, 5356, 5183, 4043, 5052, 5754A 5356, 5183, 5454, 5086, 5083, 5356, 5183	5356, 5183, 4043	
	6000		4043	4043		4043	5356, 5183, 4043 (Note 1)
	7000				5356, 5183	5356, 5183, 4043 (Note 1)	5356, 5183, 4043

Properties and Material			1000	3000	5000	6000	7000
Color match after anodizing	1000		1050A			5356	
	3000		1050A				
	5000	For low Mg content alloys (5005) :	1050A		5005, 1050A, 5052, 5754A, 5554, 5654, 5356, 5454, 5086, 5083, 5356, 5183	5356	
		For medium Mg content alloys (5052, 5754A)			5005, 5554, 5654, 5356, 5052, 5754A 5554, 5654, 5356 5454, 5086, 5083 5356, 5183	5356	
		For medium and high Mg content alloys with Mn (5454, 5086, 5083)			5005, 5356, 5183 5052, 5754A, 5356, 5183, 5454, 5086, 5083, 5356, 5183	5356, 5183	
	6000		5356			5356	
	7000						

Note 1. Valid for welding of 7020 (AlZn4,5Mg1) or similar.

7.5.2.2. 용접 재료 선정 방법

알루미늄 합금의 용도와 모재 특성에 적합한 용접 재료를 선정하기 위해서는 다음과 같은 사항들에 대한 세심한 주의가 반드시 필요하다.

(1) 균열

균열 예방은 모든 금속의 용접과 열처리 및 기계 가공에 있어서 매우 중요한 항목이고 반드시 이루어져야 하는 필수 사항이다. 열처리가 가능하지 않는 알루미늄의 합금은 모재와 동일한 재료로 용접을 시행하면 된다. 그러나 열처리가 가능한 합금의 경우에는 매우 복잡한 조직 변화가 수반되고 그에 따라서 고온 균열(Hot Short)의 발생 가능성이 높다.

열처리가 가능한 것과 열처리가 불가능한 이종 금속의 용접일 경우에는 열처리가 가능한 금속 보다 더 낮은 융점을 가지고 있으면서 강도가 비슷하거나 더 낮은 용접 재료를 선택하여 용접에 임해야 한다. 아래 그림 4-53은 일반적으로 Al-Si(4XXX 계열), Al-Mg(5XXX 계열), Al-Cu(2XXX 계열) 그리고 Al-Mg_2Si(6XXX 계열) 합금은 균열에 매우 민감함을 비교 설명하고 있다. 그림에서 보는 바와 같이 실리콘(Silicon)과 망간(Manganese)의 양이 많은 합금은 용접 균열 발생 가능성이 적기 때문에 쉽게 용접할 수 있다.

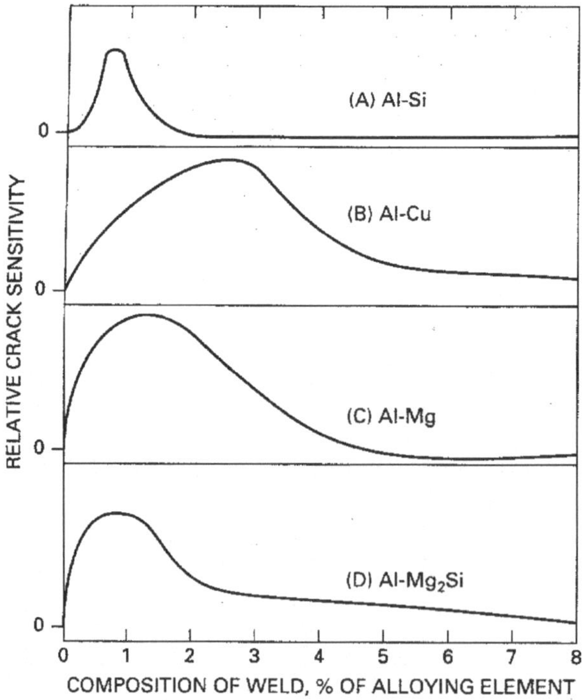

그림 4-53 알루미늄 합금의 합금 성분에 따른 균열 발생

(2) 내식성

부식 환경에서 사용되는 구조물에는 고순도 합금 또는 특정의 합금성분이 엄격히 제한되는 합금이 이용되기 때문에 이들 모재에 대한 용접재료의 화학 성분에도 충분히 주의하여야 한다. 또 모재와 용접 금속 사이의 이종 금속의 접촉에 따른 갈바닉(Galvanic) 작용에 의한 부식을 최소화 하는 것도 중요하다. 여기에는 모재와 가까운 성분의 용접 재료를 사용하는 것이 중요하다.

(3) 강도 및 연성

용접 이음부의 강도 및 연성은 용접 금속의 합금 성분에 따라 영향을 받고 또 용접 후열처리를 행하는 경우 그 성분에 따라 충분한 강도가 얻어지지 않는 경우가 있다. 특히 모재와 다른 합금계의 용접 재료를 이용하는 경우는 이러한 점을 고려하여 용접 재료를 선정하는 것이 중요하다.

(4) 내고온성

Al-Mg계 합금중 3% 이상의 Mg을 함유하는 합금은 약 340K 이상의 고온에서 사용하는 경우 응력 부식 균열의 위험이 있다. 이경우는 Mg량이 낮은 용접 재료를 사용한다.

(5) 전기 전도성

용접 이음부에 높은 전도성이 필요한 경우도 용접 재료의 합금 성분에 주의하지 않으면 안된다. 예를 들면 합금 성분으로서 Si 보다 Mg의 도전성이 현저히 떨어지기 때문에 Al-Si계의 4043의 용접 재료를 사용하는 편이 좋다.

7.5.3. 용접 방법

이하에서는 알루미늄 용접에 적용 가능한 용접 방법을 간단하게 소개하고 각각의 용접 방법에 대한 세부 사항은 제 5장의 내용을 참조한다.

7.5.3.1. 가스텅스텐 아크용접(Gas Tungsten Arc Welding)

알루미늄 합금의 교류 GTAW 용접에서는 직류역극성의 청정(Cleaning) 작용에 의해 모재의 산화 피막이 제거되기 때문에 아르곤(Ar) 가스에 의한 보호 기능과 높은 집중열에 의해 외관이 우수한 건전한 용접부가 얻어진다.

7.5.3.2. 가스메탈 아크 용접(Gas Metal Arc Welding, GMAW)

(1) 단락이행(Short Circuit Arc) 용접

주로 박판의 구조물을 용접할 때 적용되는 용접 방식이다. 용융 금속의 이행(Metal

Transfer)가 단락시에만 이행하는 것이다. 전극 와이어의 직경 0.6 ~ 1.2mm, 20~150A의 범위에서 3mm 이하의 박판에 적용된다.

(2) 맥동(Pulsed Arc) 용접

GMAW 용접에서는 사용하는 전극와이어 직경에 따라 임계 전류가 결정된다. 이 전류 이상에서는 안정한 스프레이상(Spray)의 용적 이행이 되지만 그 이하에서는 Drop 또는 Globular 이행이 되어 안정한 이행 및 아크가 얻어지지 않는다. 맥동(Pulsed) 아크 용접은 용접 전류가 임계 전류 이하에서도 주기적으로 그 전류보다는 높은 피크(Peak) 전류를 주는 것에 의해 인공적으로 안정한 아크를 얻기 때문에 박판 및 중후판에 적용된다. 전극 와이어 직경으로는 1.2ø, 1.6ø, 2.4ø의 것이 사용된다.

(3) Spray Arc 용접

보통 GMAW라면 이것을 지칭하며 사용 와이어의 직경은 1.0 ~ 2.4ø로서 임계 전류 이상의 전류를 사용한다. 용접 전류는 100 ~ 500A의 넓은 범위가 이용된다.

7.5.3.3. 가스 용접

가스 용접은 장치가 간단하고, 가격이 저렴하며, 박판의 용접이 용이한 장점이 있지만 알루미늄합금 표면의 강고한 산화 피막을 제거하기 위해서는 부식성이 강한 염화물 등의 플럭스를 사용하여야 한다. 또 열집중이 떨어지기 때문에 변형이 발생하기 쉽고, 균열, 강도면에서 적용 가능한 합금의 종류가 제한된다. 열원으로서는 산소-아세틸렌, 산소-수소가스등이 이용된다.

7.5.3.4. 기타

전자빔(Electron Beam) 용접, Plasma Arc 용접, 레이저 용접 등이 있다.

7.5.4. 용접 시공

7.5.4.1. 용접 준비

(1) 절단 및 개선 가공

알루미늄합금 합금에 이용되는 주된 절단법은 기계적인 방법과 GTAW, MIG의 Arc에 의한 절단, 고품질을 위한 Air-Plasma 절단 등이 있다. 단, Air Plasma절단의 품질은 그대로 용접부 개선 가공으로 사용할 수 없고, 다시 기계 가공할 필요가 있다.

(2) 전처리

건전한 용접부를 얻기 위해서는 모재 표면의 산화 피막, 수분, 유지, 기타 이물질을 사전에 제거해 둘 필요가 있다. 이와 같은 전처리는 가능한 한 용접 직전에 하는 것이 바람직하다. 전처리 방법으로서는 주로 화학적인 부식 방법이 많이 사용되며 Grind와 같은 기계적인 방법들이 병행되기도 한다.

표 4-59 알루미늄 합금의 화학적 전처리 방법

화학 약품	농도	온도	적용 방법	목적
Sodium Hydroxide (Caustic Soda)와 Nitric Acid를 함께 사용 한다.	NaOH 50 grams with 1L Water HNO_3(68%)와 동등의 물	140~160°F (60~71℃) 상온	10~60초간 담갔다가 차고 맑은 물로 헹군다. 30초간 담근 후에 찬물로 씻어내고 더운 물로 헹구어 건조 시킨다.	표면의 두꺼운 산화 피막을 제거한다.
Sulfuric-Chromic	H_2SO_4 1 gal(3.79L) CrO_3 45oz(1.28kg) Water 9 gal(34.1L)	160~180°F (60~82℃)	2~3분간 담근 후에 찬물로 씻어내고 더운 물로 헹구어 건조시킨다.	열처리 과정에서 발생한 산화 층 제거
Phosphoric -Chromic	H3PO4(75%) 3.5gal(13.3L) CrO3 1.75ib (79.4 grams) Water 100gal(379L)	200°F(93℃)	5~10분간 담근 후에 찬물로 씻어내고 더운 물로 헹구어 건조시킨다.	열처리 과정에서 발생한 산화 층 제거
Sulfuric Acid	H2SO4 5.81oz (165 grams) Water 0.26gal (1L)	165°F(73℃)	5~10분간 담근 후에 찬물로 씻어내고 더운 물로 헹구어 건조시킨다.	약간의 부식, 표면의 산화 피막 제거
Ferrous Sulfate	$Fe_2SO_4H_2$ 10% by Volume	80°F(26.8℃)	5~10분간 담근 후에 찬물로 씻어내고 더운 물로 헹구어 건조시킨다.	산화 피막의 제거

7.5.4.2. 용접시공

(1) 가접(Tack Weld)

알루미늄 합금은 용접 변형이 발생하기 쉽기 때문에 구속 치구나 고정구(JIG)에 의한 구속도 중요하다. 단, 직류를 이용하는 경우는 자기 흡입 방지를 위해 비자성재를 이용한다.

표 4-60 가접(Tack Weld)를 위한 용접 예

용접 방법	두께(mm)	비이드 길이	피치 간격
GTAW	5~8	20~30mm	50~150mm
MIG	5~8	30~50mm	100~200mm

(2) 조립

구조물의 용접 조립 과정에서 여러 개의 용접 이음부가 인접되어 조립되는 경우 열영향부의 중복을 피하기 위해 판 두께의 3배 이상, 경우에 따라서 100mm 이상 떨어져 용접하는 것이 바람직하다. 이음부 용접이 어렵기 때문에 가능한 용접 이음매의 수를 줄여야 한다.

7.5.5. 용접 결함 및 방지 대책

7.5.5.1. 용접 균열

알루미늄 합금에 발생하는 균열은 응고 균열과 용해 균열로 크게 구분된다. 용접 금속내의 균열은 거의 응고 균열이고, 다층 용접시 용접 금속의 재가열 구역 및 주로 결정입계에 있어서 합금 원소의 편석 또는 저융점 물질의 존재에 기인한다. 응고 균열은 용접 금속이 응고할 때 응고시의 수축 응력 또는 외력이 작용할 때 발생하고 용해 균열은 고온에서 가열된 입계가 국부적으로 용융하여 팽창할 때 발생한다.

(1) 모재, 용접 재료와 용접 균열

1000, 3000, 4000, 5000 시리즈는 모두 균열 발생에 대한 저항성이 있고, 용접성도 양호하다. 5000 시리즈의 Al-Mg계 합금에서는 Mg량이 증가함에 따라 용접 균열이 발생하기 어렵기 때문에 가능한 한 Mg 함유량이 많은 재료를 선정하는 것이 좋다. 단 Mg량이 너무 많으면 가공성 또는 고온에서의 내식성 등이 떨어지기 때문에 이러한 점을 고려할 필요가 있다.

6000 시리즈의 Al-Mg-Si계 합금에서는 같은 조성의 용접 재료로 용접하면 용접 균열이 발생하기 쉽기 때문에 Al-Mg 또는 Al-Si계의 용접 재료를 이용하여 균열 발생을 억제 시킨다. 6000 시리즈의 모재는 Mg과 Si이 주요 원소로서 과대한 입열을 주는 경우에는 모재에 미세한 균열이 발생할 수도 있기 때문에 용접 조건의 관리에 주의할 필요가 있다.

(2) 용접 시공과 용접 균열

용접 조건중에서 용접 속도의 영향이 가장 현저하고, 용접 속도가 증가하는데 따라 균열 감수성이 크게 된다. 개선내 Butt 용접 초층, Fillet 용접 시에는 용착량을 어느정도 많이 하는 편이 좋다. 용접 전류를 너무 세게하면 변형이 커지고 너무 낮게 하면 급속한 응고를 초래하기 때문에 적정한 전류를 선정하는 것이 중요하다. 아크 전압은 거의 균열에 영향을 미치지 않는다. 용접비드의 처음과 끝나는 부위 및 이음부에는 균열 발생이 쉽다. 이러한 것을 방지하기 위해 End Tab을 설치하는 방법이 안전하고 이것이 여의치 않을 경우 Crater 처리를 하는 것이 좋다. 다층 용접시에는 다음 층의 용접열에 의해 전층의 입계가 국부적으로 용융하여 미소 균열이 발생하는 경우가 있다. 이와 같은 균열은 용접 입열이 클수록 또 층간 온도가 높을수록 발생하기 쉽다.

7.5.5.2. 기공

알루미늄 합금의 용접에는 기공이 발생하기 쉽다. 용접 금속에 균일하게 분산된 기공은 이음부의 강도에는 큰 영향을 주지 않지만, 국부적으로 집중하거나 크기가 큰 기공 등은 영향을 미친다.

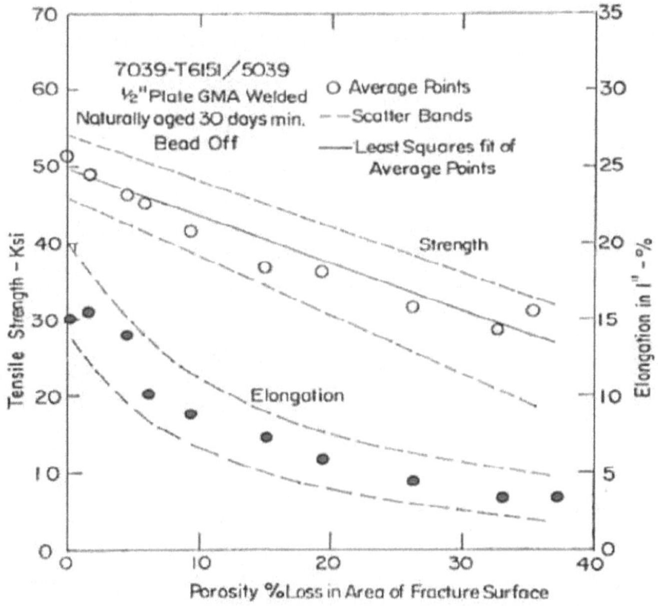

그림 4-54 알루미늄 용접금속의 기공양에 따른 기계적 성질의 변화

기공의 발생은 주로 수소에 의한 것으로, 이것은 알루미늄 합금의 용융 응고시 수소의 용해도 변화가 현저하기 때문이다. 수소 발생원으로는 모재, 용접 재료중의 용해 수소, 표면에 부착한 수분, 유기물, 산화막에 부착한 수분, 보호가스중의 수소, 분위기중에 침입하는 공기중의 수분 등이다. 이중에서 가장 문제가 되는 것은 공기중의 수분 침입이고 다음이 용접 재료 표면의 수소 발생원이다. 알루미늄은 표면에 산화피막을 가지고 있는 데, 이 산화피막은 항상 수분을 일정 양 함유하고 있으며, 이 수분이 용접과정에서 분해하면서 기공을 유발하는 수소를 발생하게 된다.

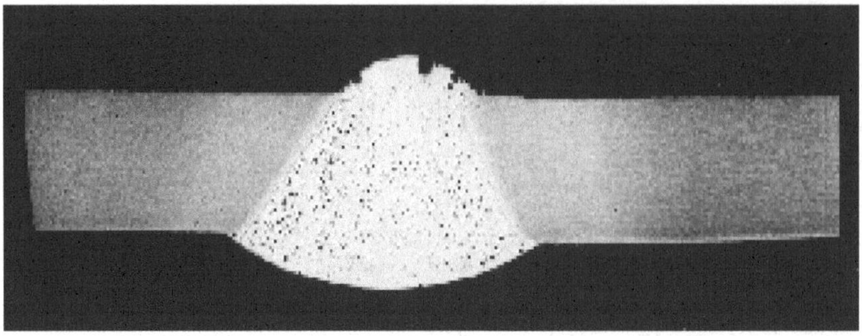

그림 4-55 알루미늄 합금 용접부의 기공 발생

표면의 산화물에 의해 유도되는 기공을 방지하기 위해서는 앞서 설명한 전처리 단계의 표면처리를 하며, 보호가스에 프레온(CCl_2F_2)를 섞어서 사용하면 효과가 있다. 자기력을 이용하여 용탕을 휘젓는 것도 효과가 있지만, 현업에서 적용하기에는 어려움이 있다.

Key Hole로 용접을 하게 되면, 내부의 가스 성분이 빠져나올 수 있기 때문에 기공을 예방할 수 있다.

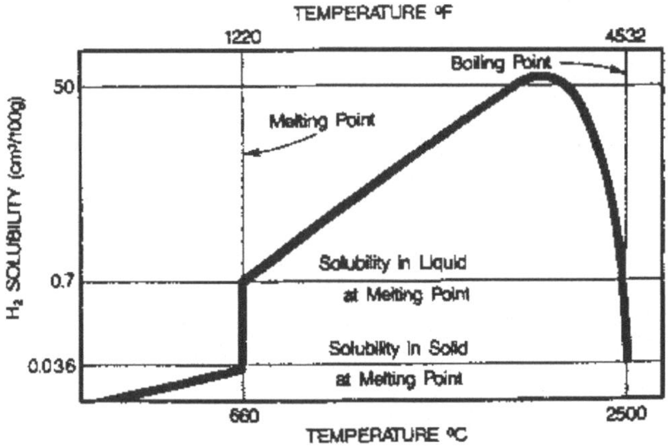

그림 4-56 알루미늄의 수소 고용도

표 4-61 종합적인 관점에서 본 기공방지 대책

요 인	방지대책
설 계	1. 기공이 발생하기 쉬운 용접부를 설계 단계에서 제외 ① 횡향, 상향 용접부의 감소 ② 어려운 자세 또는 복잡한 형상의 용접 개소를 적게 한다. 2. 용접선을 감소시킨다. ① 폭이 넓은 판재의 사용 ② 형재(形材)의 사용

요 인	방지대책
시공 및 시공관리	1. 적정한 용접 조건을 선정한다. ① 판두께, 용접자세, 용접법, 적정전류, 전압, 용접속도의 선정 ② 보호가스 유량의 선정 2. 적정한 전처리법을 채용한다. ① 판표면의 이물질 제거, 개선면의 아세톤 탈지 ② 산화피막의 제거 3. 모재, 용접 재료 관리 ① 모재, 개선면의 보호 ② 용접 재료를 건조로 또는 청정한 장소에 보관 4. 용접기기를 점검한다. ① Torch의 수냉 유무 확인 ② Torch 선단에서의 보호 가스 이슬점의 계측(233K 이하) ③ 작업 개시 전 Arc 상태의 확인 5. 적정한 Start 처리를 한다. ① 가스흐름 확인 ② End-Tab 사용 ③ Bead 이음부 처리(전층의 Start부 제거) 6. 환경관리를 행한다. ① 고습도하에서 방습조치(습도 85~90% 이상에서는 특히 주의) ② 용접시의 방풍조치(풍속 1m/sec 이상에서는 특히 주의)
검 사	1. 실제 시공전에 시험판으로 검사를 실시 시공법이 적정한가 확인한다. 2. 구조물 건조의 초기단계에서 검사를 도입한다. 3. 검사 결과를 용접 감독관에게 신속히 Feedback 시킨다.

7.5.5.3. 기타 결함

알루미늄 합금에서는 개선부 부근의 산화 피막 제거 및 층간의 청소가 불충분한 경우에 산화 피막에 기인하는 융합 불량이 발생하기 쉽기 때문에 주의가 필요하다. GTAW 용접에서는 과대전류에 의한 텅스텐 전극의 선단이 용융하여 용융지에 혼입하여 개재물로 된다.

Wire brush 사용시 미세한 강선이 혼입되어 개재물로 된다.

8. 구리 합금(Copper & Copper Based-Alloy)

8.1. 종류 및 성질

구리 및 구리 합금은 옛날부터 인류가 사용하여 온 금속으로서 현재에도 그 물리적 화학적 특성을 이용하여 여러 공업 분야에 이용되고 있다. 특히, 구리는 전기 및 열전도성이 양호하고, 중성 및 알카리성 약품, 식품 등에 내식성이 우월하기 대문에 전기 재료로서 잘 이용되고 또 화학 공업 재료로서 널리 이용되고 있다. 구리 합금은 여러가지 합금 원소를 첨가하여 내식성, 강도, 내마모성, 연성을 개선하여 사용되고 있으며 동 합금의 용접 설계와 시공에 앞서 이들의 성질을 알아둘 필요가 있다.

8.1.1. 구리의 종류

8.1.1.1. 순동

순동은 산소의 함유량에 따라 성질이 다르게 된다. 소량의 산소(0.01 ~ 0.07%)를 함유하는 동은 동중의 유해한 불순물이 산화물로 되기 때문에 전기 전도성은 극히 우수하나 수소 취성이 발생하기 쉽다. 산소를 거의 함유하지 않은(0.08% 이하) 동에는 탈산동과 무(無)산

표 4-62 주요 구리 합금의 종류와 특성

재료(구성) \ 특성	특 성	단 점	주 사용처	비 고
Admiralty Brass (71Cu-28Zn-1Sn)	일반 용수나 해수에 대하여 내식성이 뛰어남	SCC 발생	열교환기 튜브	비소(As), 안티몬(Sb)등을 첨가 Dezincification 현상 방지
Aluminum Brass (76Cu-22Zn-2Al)	Al을 첨가하여 질긴 산화피막형성으로 빠른 유속에 의한 Erosion 방지	SCC 발생	열교환기 튜브	비소(As), 안티몬(Sb)등을 첨가 Dezincification 현상 방지
Naval Brass (69Cu-30Zn-1Sn)	Admiralty Brass와 비슷하나 Plate로만 공급됨	SCC 발생	열교환기 Tubesheet, Baffle	비소(As), 안티몬(Sb)등을 첨가 Dezincification 현상 방지
Cupro-Nickel (70Cu-30Ni)	ACC, Erosion에 강하여 내식성이 뛰어남 (Erosion은 Al-Brass보다 좋음)		열교환기 튜브	80% Cu-20% Ni 또는 90% Cu-10% Ni의 조성도 있음

소동이 있다. 탈산동은 Si, P등으로 탈산한 것이고 이들 원소가 잔류하는 정도에 따라 전기 전도성이 약간 저하한다. 무산소동은 수소 환원 또는 진공 용해에 의해 제조되는 것으로 동의 전기 전도성을 저하시키지 않은 상태에서 산소를 억제한 것이다.

8.1.1.2. 황동

구리와 아연의 합금으로서 순동에 비해 강도가 높고 연신이 우수하다.

아연을 약 30% 함유한 7/3 황동은 실온 가공성이 뛰어난 α 고용체 합금이다. 아연을 40% 함유한 6/4 황동은 α+β2 합금으로 열간 가공성이 좋지만, 균열이 발생하기 쉽다.

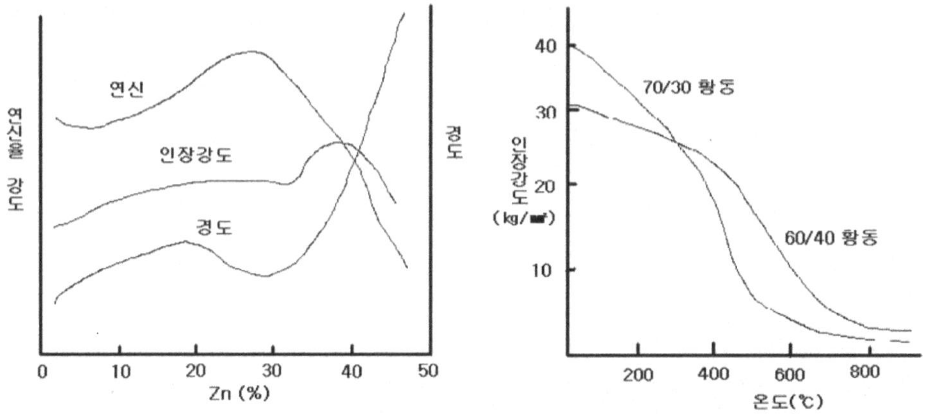

그림 4-57 아연 함량에 따른 황동의 특성

8.1.1.3. 청동

여러가지 구리 합금이 청동으로 분류되지만 일반적으로 구리와 주석 합금의 통칭으로서 주로 미술, 공예용으로 이용되고 있다.

- 인 청동 : 구리과 주석 합금에 P를 첨가하여 강도와 연성이 뛰어나고 내마모성이 양호하다.
- 알루미늄 청동 : Al과 구리의 합금이고 기계적 성질, 내식성, 내마모성 등이 극히 우수하기 때문에 선박용품 및 각종 화학용 부재에 이용되고 있다.
- 백동(Curpo-Nickel) : Ni과 Cu의 합금이고 Ni을 10~30% 함유한 것으로 연성이 뛰어나고 내식성, 특히 고온 해수에 양호하기 때문에 해수 기기로 널리 사용되고 있다.

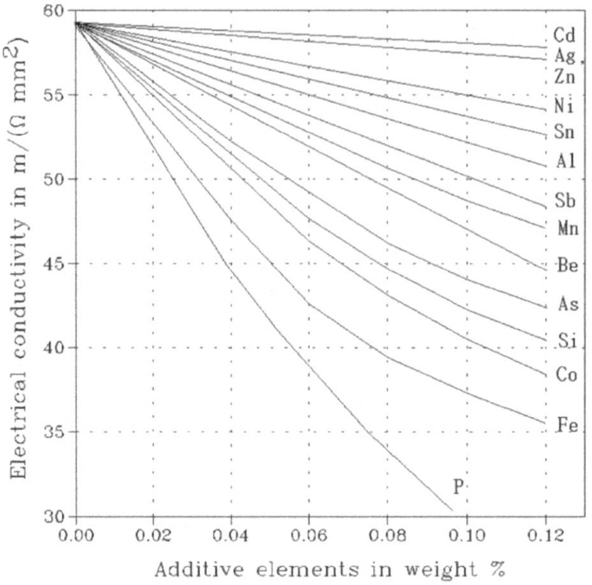

그림 4-58 동에 대한 각종 원소 함유량과 전도율의 관계

8.2. 구리 합금의 성질

구리 및 구리 합금의 용접시에는 물리적, 야금적 특성을 잘 이해해 둘 필요가 있다.

8.2.1. 전기 전도도

순동은 전기 전도도가 높지만 각종 원소를 첨가함에 따라 그 특성이 저하한다. 구리 합금 중에는 구리와 같은 정도의 값을 나타내는 것도 있다.

8.2.2. 열전도도

순동은 열전도성이 좋아 용접열은 급속히 모재로 비산하여 용접 금속의 퍼짐성이 나쁘게 되고, 용접 결함이 발생되기 쉽다. 구리 합금은 순동에 비해 열전도성이 아주 낮아 상대적으로 용접 결함 발생이 적어 진다.

8.2.3. 열팽창 계수

구리, 구리 합금은 강의 1.4 ~ 1.8배의 선팽창 계수를 가진다. 선팽창 계수가 클수록 용접 변형이 크게 되고, 구속이 강하면 균열 발생이 쉽게 된다. 피닝(Peening)을 행해주면 잔류 응력이 해소되어 균열을 방지하는 것이 가능하다.

표 4-63 UNS No.를 기준으로 구분한 동 및 동 합금의 종류

구분	성분 구성	UNS No.
Wrought Alloys		
Copper	Copper 99.3% Min.	C10100~C15760
High-Copper Alloys	Copper 96~99.2%	C16200~C19750
Brasses	Copper-Zinc Alloys	C20500~C28580
Leaded Brass	Copper-Zinc-Lead Alloys	C31200~C38590
Tin Brass	Copper-Zinc-Tin Alloys	C40400~C49080
Phosphor Bronzes	Copper-Tin Alloys	C50100~C52400
Leaded Phosphor Bronzes	Copper-Tin-Lead Alloys	C53200~C54800
Aluminum Bronzes	Copper-Aluminum Alloys	C60600~C64400
Silicon Bronzes	Copper-Silicon Alloys	C64700~C66100
Miscellaneous Brass	Copper-Zinc Alloys	C66400~C69950
Copper-Nickels	Nickel 3~30%	C70100~C72950
Nickel-Silvers	Copper-Nickel-Zinc Alloys	C73150~C79900
Cast Alloys		
Coppers	Copper 99.3% Min.	C80100~C81200
High-Copper Alloys	Copper 94~99.2%	C81300~C82800
Red Brass Semi-red Brass Yellow Brass	Copper-Tin-Zinc and Copper-Tin-Zinc-Lead Alloys	C83300~C81200
		C84200~C84800
		C85200~C85800
Manganese Bronze	Copper-Zinc-Iron Alloys	C86100~C86800
Silicon Bronze Silicon Brass	Copper-Zinc-Silicon Alloys	C87300~C87900
Tin Bronze	Copper-Tin Alloys	C90200~C91700
Leaded Tin Bronzes	Copper-Tin-Leaded Alloys	C92200~C94500
Nickel-Tin Bronzes	Copper-Tin-Nickel Alloys	C94700~C94900
Aluminum Bronzes	Copper-Aluminum-Iron and Copper-Aluminum-Iron-Nickel Alloys	C95200~C95900
Copper-Nickels	Copper-Nickel-Iron Alloys	C96200~C96900
Nickel-Silvers	Copper-Nickel-Zinc Alloys	C97300~C97800
Leaded Coppers	Copper-Leaded Alloys	C98200~C98840
Special Alloys		C99300~C99750

Note : UNS : Unified Numbering Sustem의 약자로 ASTM과 SAW에서 제정한 재료 규정이다.

8.3. 구리 합금의 용접성

구리 및 합금의 물리적 특성을 고려하여 용접시에는 일반적으로 다음과 같은 사항을 준수한다.

- 개선각을 크게 한다.
- 가접(Tack) 용접을 비교적 많이 한다.
- 열전달이 좋으므로 균일한 온도가 되도록 예열을 충분하게 한다.
- 피이닝(Peening)을 행한다.

용접시 주로 문제가 되는 점을 아래에 설명한다.

8.3.1. 용접 균열

용접시에 발생하는 균열의 원인으로는 응고 균열 및 연성 저하 균열이 있으며, 응고 균열은 Pb, As 등의 저용점 개재물이 존재하는 경우 및 응고 온도 범위가 넓은 경우 특히 잘 발생된다.

연성 저하 균열은 고온에서 취화 구역이 존재하는 합금에서 볼 수 있다.

이 연성 저하 균열을 방지하기 위해서는 과대 입열 방지, 피이닝(Peening)을 행하는 것이 유효하다.

8.3.2. 기공

구리 및 구리 합금 중의 수소 고용도는 그림 4-59에 표시한 것처럼 고상/액상 사이에 큰 차이가 있기 때문에 용접 과정에서 용융 Pool에 고용된 수소가 응고 과정에서 수소 단독 또는 수증기(H_2O)를 발생하여 기공의 원인이 된다. 이를 해결하기 위해서 탈산동(Deoxidized Copper)을 사용하면 효과가 있다.

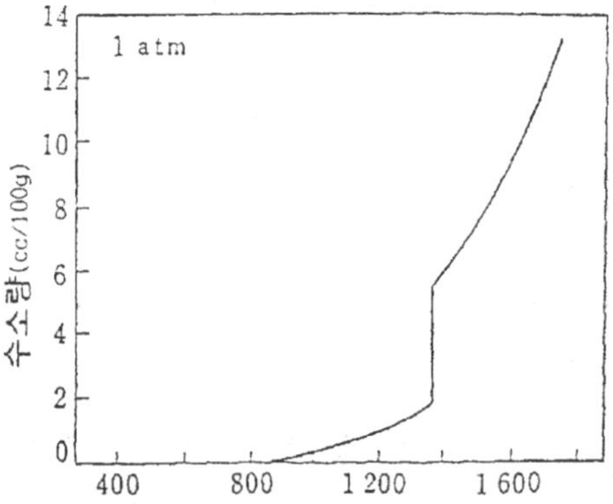

그림 4-59 구리의 수소 고용도와 온도의 관계

8.3.3. 아연의 기화

아연이 포함되어 있는 황동의 경우에 많이 발생하는 결함이다. 아연의 용융점은 약 400℃ 정도이고, 기화점이 약 900℃ 정도이다. 용접 과정에서 용접부에 전해지는 열은 쉽게 이 온도를 상회하게 되고 결국 용접부에 포함된 아연의 용융과 기화를 피할 수 없게 된다.

이를 피하기 위해서는 가능한 전류를 낮추어 용접부 입열을 작게하면서 용접하는 방법을 추천하고 있지만 현실적으로 적용하기는 곤란한 대안이다. 아연으로 인한 문제점은 해수를 사용하는 열교환기의 Tube to Tubesheet 용접 등에서 많이 발생하는 문제점이다.

아연으로 인해 안정적인 용접 진행이 어려울 경우에는 차라리 확관 작업만으로 Tube to Tubesheet의 결합을 확보하거나 용접을 피하고 Brazing 등으로 처리하는 것이 좋다.

8.3.4. 열 변형

표 4-64 구리 및 구리 합금의 용접 방법 비교표

합금 종류	UNS No.	산소 용접	SMAW	GMAW	GTAW	저항용접	냉간 접합[3]	BRAZING	SOLDERING	EBW
ETP Copper[1]	C11000~C11900	NR	NR	F	F	NR	G	E	G	NR
Oxygen-Free Copper	C10200	F	NR	G	G	NR	E	E	E	G
Deoxidized Copper	C1200~C12300	G	NR	E	E	NR	E	E	E	G
Beryllium -Copper	C17000~C17500	NR	F	G	G	F	F	G	G	F
Cadmium/ Chromium Copper	C16200~C18200	NR	NR	G	G	NR	F	G	G	F
Red Brass 85%	C23000	F	NR	G	G	F	G	E	E	-
Low Brass 80%	C24000	F	NR	G	G	G	G	E	E	-
Cartridge Brass 70%	C26000	F	NR	G	G	G	G	E	E	-
Leaded Brass	C31400~C38590	NR	NR	NR	NR	NR	NR	E	G	-
Phosphor Bronzes	C50100~C52400	F	F	G	G	G	G	E	E	-
Copper-Nickel 30%	C71500	F	F	G	G	G	G	E	E	F
Copper-Nickel 10%	C70600	F	G	E	E	G	G	E	E	G
Nickel-Silvers	C75200	G	NR	G	G	F	G	E	E	-
Aluminum Bronze	C61300~C61400	NR	G	E	E	G	G	E	NR	G
Silicon Bronzes	C65100~C65500	G	F	E	E	G	G	E	G	G

Note 1. E=Excellent, G=Good, F=Fair, NR=Not recommended

2. ETP : Electrolytic tough pitch anneal resistant

3. 냉간 접합은 마찰 용접, 초음파 용접, 폭발 용접 등을 포함한다.

현장에서 많이 사용되는 열교환기용 구리 합금의 용접시 가장 문제가 되는 부분은 용접열에 의한 변형이다. 구리 합금은 열 전도도가 좋고 열 팽창도 커서 쉽게 열변형이 발생할 수 있다.

8.4. 구리 합금의 용접

8.4.1. 용접 방법

구리 및 구리 합금의 접합에는 각종 Arc 용접, 가스용접 등이 이용되고 있다.
열 집중성이 좋은 전자빔 용접 및 확산 용접, 전기 저항 용접 등이 적용하기 용이하다.

8.4.1.1. GTAW and GMAW

불활성가스를 사용하는 GTAW와 GMAW는 열 집중성이 우월하고, 비교적 용이하게 용접이 행해지기 때문에 가장 일반적으로 적용되는 용접 방법이다. GTAW 용접은 보호 가스로서 불활성 가스(Ar, He)를 이용하기 때문에 대기중의 산소 등과의 반응을 고려할 필요가 없고, Leaded Brass을 제외하곤 거의 용접이 가능하다. 특히 판 두께 6mm 이하의 동 및 동합금 용접에 적용된다. 아래 그림 4-60은 예열 온도와 보호 가스의 조합에 따른 용입의 차이를 보여 주고 있다.

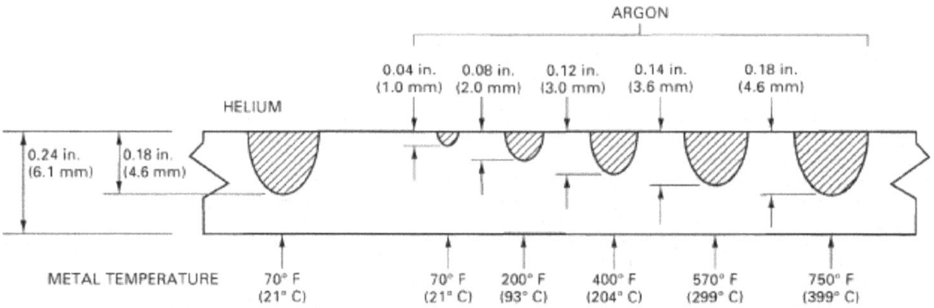

그림 4-60 보호 가스와 예열 온도에 따른 따른 용입의 변화

GMAW용접에서는 일반적으로 아르곤(Ar) 또는 헬륨(He)을 보호가스로 이용한다. GTAW 용접에 비해 용착 속도가 크고 판 두께 6mm 이상의 구리, 구리 합금 용접 외에 육성 용접에도 사용된다.

8.4.1.2. SMAW

불활성 가스 아크 용접에 비해 열 집중성이 나쁘고 슬래그 혼입 및 기공이 발생하기 쉽기 때문에 용접의 신뢰성이 약간 떨어진다. 그러나 용접이 간편하기 때문에 종종 이용되고 있다.

8.4.1.3. 가스 용접

순동 및 황동의 용접시에 주로 적용한다. 순수 구리의 경우 산소-아세틸렌을 이용하고 용접시에는 붕사/염화물계 플럭스(Flux)를 산포하고 충분한 예열을 필요로 한다. 일반 가정의 에어컨 배관 연결시 등에서 자주 접하게 되는 접합법이다. 황동의 용접에서는 아연이 증발하기 쉬워 기공 발생이 쉽기 때문에 플럭스를 이용하고 두꺼운 슬랙그층이 형성되어 아연의 손실을 방지하도록 산화염으로 용접한다.

표 4-65 동 및 동합금의 용접 재료 선정(SFA A5.6)

UNS No.	SMAW	GTAW or GMAW
C61300 C61400 C61899 C62300	EcuAl-A2	ERCuAl-A2
C61900 C62400	EcuAl-B	ERCuAl-A2
C62200 C62500	EcuAl-B	ERCuAl-A3
C63000 C63200	EcuNiAl	ERCuNiAl
C63300	EcuMnNiAl	ERCuMnNiAl

8.4.2. 각종 구리 및 구리 합금의 용접성

구리 및 구리 합금은 각각 물리적 특성에 차이가 있고 시공상의 주의점, 용재의 선정, 용접 방법등도 다르다. 이하에서는 대표적인 구리 및 구리 합금의 용접에 대해서 간단하게 설명한다.

8.4.2.1. 순 구리(Pure Copper)

구리는 열 전도성이 양호하기 때문에 고온 예열을 행하고 비교적 고전류로 용접한다. 용접 재료는 같은 조성의 구리 또는 구리 합금이 이용되지만 순수 구리는 열 및 전기 전도성이 필요한 경우, 구리 합금은 용접시의 예열, 패스(Weld Pass)간 온도를 내리고 싶은 경우 사용되고 있다. 불활성 가스 용접시에는 Ar, He, N_2 또는 이들의 혼합가스를 보호 가스로서 사용하고 있다.

표 4-66 구리합금의 GTAW 조건

모재	용접 재료	전류	용접개선	자세	예열	Backing	Flux	기타
Deoxidized Copper Electrolytic tough Pitch Copper(ETP)	RCu	DCSP	얇은 부재 : Square groove 두꺼운 부재 : Single or double-vee groove	1G(F)	후판의 경우 필요	대부분 필요	거의 불필요	
Deoxidized Copper Cu-Zn Alloys Cu-Si Alloys Copper to Steel(이종 용접)	RCuSi	DCSP	상동	All 1G(F) 가 선호		얇은 쪽에 실시	불필요	용탕을 작게하여 Hot Short 방지
Copper, Cu-Zn Alloys	RCuSn	DCSP	Single-vee Groove	1G(F)	추천	필요	불필요	용탕을 작게하여 Hot Short 방지 기공 발생
Cu-Ni Alloys	RCuNi	DCSP AC	얇은 부재 : Square groove 두꺼운 부재 : Single-vee groove	All	불필요	추천	불필요	빠른 용접 속도, 짧은 Arc 길이
Cu-Al Alloys Cu-Al to Steel, Cast Iron	RCuAl	AC DCSP	상동	1G(F)	필요	추천	불필요	

8.4.2.2. 황동(Brass)

용접을 행하면 아연이 증발하여 용접성, 작업성 둘 다 문제가 되고 특히 아연 함유량이 많을수록 그 경향은 현저하다. 또 아연의 증발시 현저한 모재 열영향부의 강도 저하가 발생한다. 용접 방법으로는 불활성 가스 및 가스 용접이 이용된다.

- 불활성 가스 용접 : Al 청동, 규소 청동
- 가스 용접 : 산화염을 이용, 아연의 산화를 억제하여 용접하는 것이 가능

8.4.2.3. 알루미늄 청동(Al-Bronze)

용접을 행하면 공기중의 산소와 반응하여 고융점의 산화 알루미늄을 생성아여 용접성을 저해하기 때문에 용접부 보호 성능이 좋은 불활성 가스 Arc 용접이 적용되고 있다. 특히 MIG 용접은 일반적으로 역극성으로 행하기 때문에 산화 알루미늄이 분해하는 Cleaning 작용이 수반되어 융점이 높은 산화 알루미늄의 영향을 거의 받지 않기 때문에 다층 용접에 적당하다. GTAW 용접은 일반적으로 정극성을 이용하기 때문에 Cleaning 작용이 되지 않아 용접 결함이 발생하기 쉽다.

8.4.2.4. 백동(Cupro-Nickel)

백동의 열전도도는 강과 같지만 용접시에 예열을 할 필요는 없다. 반대로 고온 취성을 나타내기 때문에 예열, 패스간 온도를 낮게 억제할 필요가 있다.

표 4-67 구리 합금의 산소-아세틸렌 용접

모재	용접 재료	화염 종류	용접 개선	용접 자세	예열	Backing	Flux	기타
Deoxidized Copper	RCu	중성 혹은 약 산화성	얇은 부재 : Square groove 두꺼운 부재 : Single or double-vee groove	All	후판의 경우 필요	대부분 필요	추천	
Cu-Si Alloys	RCuSi	약 산화성	상동	All	불필요	불필요	필요	용탕을 작게하여 Hot Short 방지
Cu-Ni Alloys	RCuNi	약 환원성	상동	All	불필요	불필요	필요	용접 재료를 불꽃에 의해 보호
Copper, Cu-Zn Alloys Steel to cast Iron	RCuZn	중성 혹은 약 산화성	상동	All	필요	필요	필요	Leaded Brass의 경우는 제외

Specifications

- RCu : Deoxidized copper welding rod with max phosphor of 0.15%
- RCuSi : (Silicon bronze) Copper base alloy with approximately 3.0% silicon.
- RCuNi : Copper-nickel alloy (29.0 to 33.0% nickel.)
- RCuZn : Various 60-40 copper-zinc alloys.
- RCuZn-A : (Naval brass) above with about 1.0% tin.
- RCuZn-B : (Low-fuming bronze, nickel) contains 0.15% silicon, 0.2 to 0.8% nickel.
- RCuZn-C : (Low-fuming bronze) above without nickel.
- RCuZn-D : (Nickel bronze) 9.0 to 11% nickel; 57 to 61% copper, remainder zinc.

8.4.2.5. 이종 금속의 용접

구리 및 구리 합금은 여러가지 공업 분야에서 내식성 및 물리적 특성이 이용되고 있고, 각종 부재, 클래드(Clad) 강으로 내식 육성 용접이 행해진다.

(1) 이종 금속의 조합

구리, 구리 합금, 탄소강의 이종 금속 경우의 용접 재료 선정의 예를 다음의 표 4-68에 표시하였다.

표 4-68 구리, 구리 합금, 이종 금속 용접시 용접 재료 선정의 예

조합	탄소강	백동	Al-청동	인청동	황동	순동
순동	CuSn, CuSi	CuNi, CuSn	CuAl, CuSi	CuSn, Cusi	CuSn, CuSi	Cu, CuSn, CuSi
황동	CuAl, CuSn Cusi	CuNi	CuAl, CuSn	CuSn, CuSi	CuAl, CuSn, CuSi	
인청동	CuSn	CuSn, CuNi	CuSn, CuAl	CuSn		
Al-청동	CuAl	CuNi, CuAl	CuAl			
백동	CuNi, NiCu	CuNi				

이종 금속의 용접, 특히 강과 결합하는데 있어서는 균열이 발생하기 쉽다. 이종 금속의 용접에는 특히 용입을 억제하는 동시에 융합 부족이 되지 않도록 노력해야 한다.

(2) 육성 용접

Al 청동 등의 육성 용접이 잘 행해지며, 탄소강에 육성한 경우 용접 금속으로 철이 혼입하는 한편 용접 금속이 모재 열영향부 입계에 침입한다. 용접 금속 중에 혼입한 철은 응고와 더불어 석출하여 기계적성질, 내식성을 떨어뜨린다. 이 때문에 육성 용접에서는 모재 희석을 가능한 억제하고, 내식성 확보를 위해 다층 육성하는 것이 필요하다.

(3) 클래드(Clad) 강

클래드(Clad) 강은 구리 및 구리 합금을 내식용 혹은 기타 특수 용도의 클래드재로 사용하고 주로 탄소강을 보강 부재(Base Metal)로 한 복합 재료이다. 보통 두께 2 ~ 4mm 정도로 클래드층을 도포하기 때문에 육성 용접 조정이 용이한 GTAW 용접 및 희석을 비교적 낮게 억제할 수 있는 Pulse-Arc MIG 용접법이 적당하다.

9. 티타늄 합금(Titanium & Titanium Based-Alloy)

9.1. 티타늄의 특성

티타늄은 지각 무게의 0.63%를 차지하는 9번째 풍부한 원소로, 금홍석(rutile, TiO_2)과 티타늄철석(ilmenite, $FeTiO_3$)이 주요 광석인데, 이들은 지구 암석권과 지각에 널리 분포되어 있다. 티타늄은 대부분의 화성암에 들어있고, 흙에도 0.5 ~ 1.5%로 들어있다. 1791년에 영국의 광물학자이자 목사였던 그레고르는 냇가의 모래에서 자석을 사용하여 검은 물질(티타늄철석)을 모으고 이를 조사하였다. 그는 이 검은 모래를 염산(HCl)으로 처리해서 흰색 산화물을 얻고 이를 분석한 결과, 이 모래에는 철 산화물과 함께 새로운 원소의 흰색 산화물이 45.25% 들어있음을 알아내었다. 그러나 이 산화물이 어떤 것인지는 밝혀내지 못한 채 학회에 보고하였다.

우라늄(92U)과 지르코늄(40Zr)을 발견했던 독일 화학자 클라포르트는 1795년에 금홍석에 새로운 원소가 들어있음을 발견하고 이 원소를 그리스 신화에 나오는 신의 종족의 이름인 Titan을 따서 티타늄(titanium)이라 명명하였다. 그는 4년 전에 그레고르가 발견한 원소에 대해 듣고는 티타늄철석 시료를 얻어 분석하여 그레고르가 발견한 새 원소가 티타늄임을 확인하였다

순수한 금속 티타늄은 1910년에야 처음 얻어졌으며 상업적 생산은 1940년에야 이루어졌다. 티타늄은 다음과 같은 특성으로 인해 그 활용도가 점차 증대되어 가고 있는 소재이다.

- 비중이 작아 가볍다.
- 우수한 내식성을 나타낸다.
- 고온에서 기계적 특성이 좋다.

티타늄은 우수한 내식성과 함께, 철의 절반 정도의 무게만으로도 철과 유사한 수준의 강도를 나타내는 특성이 있다. 티타늄은 매우 활성이 커서 고온 산화가 문제시 되고 있지만, 상온 부근의 물 또는 공기 중에서는 부동태 피막이 형성되어 금이나 백금 다음가는 우수한 내식성을 가진다. 이러한 이유로 과거에는 우주 항공 분야와 화학 공장 등 특정한 용도로만 사용되었으나 최근에는 산업 전반에 걸쳐서 그 활용도가 증대되고 있다. 티타늄의 융점이 약 1670℃ 정도로 높고 제련 설비가 복잡하여 생산이 쉽지 않고, 특히 고온에서는 급격히 산화되어 본래 요구되는 성질이 없어지기 때문에 열간 가공과 용접이 곤란하며 높은 항복응력 때문에 냉간 가공 또한 어렵다는 단점이 있다. 이와 같은 특성 때문에 티타늄을 생산하

는 업체측에서는 어려움을 겪지만 실제로 구조물을 제작하는 제작사 측의 어려움도 그에 못지 않다.

그중에서도 용접이 가장 큰 문제점으로 지적 되는데 이는 티타늄이 상온에서 안정한 산화피막이 생겨서 부식을 방지하지만 300℃ 이상의 고온에서는 반응성이 아주 좋아서 O_2, N_2, H_2 등의 원소로 오염되어 내식성을 저하시키거나 용착 금속 내부에 기공 등의 결함을 발생시키게 되어 내식성 뿐만 아니라 기계적 성질까지 모두 저하시키기 때문이다.

표 4-69 티타늄의 물리적 성질

밀도(20℃)	4.54g/cm^3
α → β 변태에 의한 용적 변화	5.5%
용점	약 1668℃
α → β 변태점	약 882℃
열팽창 계수(20℃)	8.5 X 10-6/℃
열전도도	0.035 cal/cm/cm^2/℃/sec
비열 (25℃)	0.126 cal/g
도전율(Cu에 대하여)	2.2%
고유 저항(0℃)	80μΩ-cm
결정구조 α형 (상온)	조밀6방형
결정구조 β형(882℃ 이상)	체심입방형

티타늄은 다른 금속과 비교하여 보면 용점이 높고 탄소강, 스테인레스강에 비해 밀도, 열팽창 계수 및 탄성 계수 등이 작은 특징이 있다.

순수 티타늄의 인장 강도는 주로 산소의 함량에 따라 결정되는데 여러 불순물에 따른 순수 티타늄의 종류와 화학 성분 및 인장 강도를 표 4-70과 표 4-71에 나타내었다.

특히 순수 티타늄은 산소, 질소, 수소 등 불순물의 함량이 증가함에 따라 강도는 증가하나 연신률이 감소하는 특징을 가지고 있으며 온도에 따른 강도 및 Creep 특성이 300℃까지는 안정되어 있으나 온도 증가에 따라 급격한 강도의 저하가 나타난다.

표 4-70 티타늄 합금별 화학 성분

Grade	Ti	N	C	H	Fe	O	Pd
1	Rem	0.03	0.10	0.015	0.20	0.18	
2	Rem	0.03	0.10	0.015	0.30	0.25	
3	Rem	0.05	0.10	0.015	0.30	0.35	
7	Rem	0.03	0.10	0.015	0.30	0.25	0.12~0.25

표 4-71 티타늄 합금의 기계적 특성

Grade	인장 강도(Kg/mm^2)	항복 강도(Kg/mm^2)	연신율 Min.(%)
1	25	18~32	24
2	35	28~46	20
3	46	39~56	18
7	35	28~46	20

9.2. 티타늄의 종류

순수 티타늄은 불순물 원소량에 따라 조직이 달라지게 되며, 이를 기준으로 아래와 같이 4종류로 구분하고 있다.

산소, 질소, 수소, Fe 등의 불순물 원소량이 증가함에 따라 강도는 증가하고 연신율은 저하하는데 실제 공업적인 제조 관리는 주로 산소와 Fe량의 조절에 의해서만 행해지고 있다.

그리고 티타늄 합금은 실온에서의 조직에 따라 α, α + β, β의 세가지 그룹으로 구분된다.

티타늄 합금은 순수 티타늄에 비해 내식성은 일반적으로 악화되며 이것을 개선하는 합금 원소로는 Mo, Ta, Zr, V이 있다. 특히 Mo는 15 ~ 20% 첨가로 내산성이 현저하게 개선되지만 가공은 곤란해진다. Pt, Pd 등을 첨가하면 내산성이 향상된다.

9.2.1. (순수) 티타늄

99 ~ 99.5%의 순도를 가진 거의 순수한 티타늄을 말한다. 강도 향상을 위해 약간의 산소, 질소, 탄소, 철(Fe)을 포함하기도 한다. 이 합금은 우수한 내식성과 함께 쉽게 용접할 수 있는 특징이 있다.

9.2.2. α 합금

이 합금은 다른 합금보다 상온 강도가 낮으나 저온 안정상이므로 수백도의 고온이 되어도 취약한 상을 석출할 염려가 없어서 내열 티탄 합금의 기본이 되며 용접성도 좋다.

7% 이내의 알루미늄과 0.3% 이내의 산소 및 질소와 약간의 탄소를 첨가하며, 열처리가 가능하고 성형성이 좋다. Al, Sn, Zr 등을 첨가하여 α상을 고용 강화한 단일상이며, β합금에 비해 가공성은 떨어진다. 대표적인 합금으로는 Ti-5Al-2.5Sn이 있으며 고온 강도가 요구되는 항공기용 부품 등에 이용되고 있다. 저온 재료로서도 α형 합금이 적합하다.

알루미늄과 산소가 주요 고용강화형(Solid Solution Hardening) 합금원소로 사용되고 있으며, 산소와 질소는 침입형 고용강화기구로 적용된다. 알루미늄 당량으로 환산한 α상을 안정화 시키는 알루미늄, 산소, 질소의 총 합이 9%를 넘지 않도록 해야 취성이 발생하지 않는다.

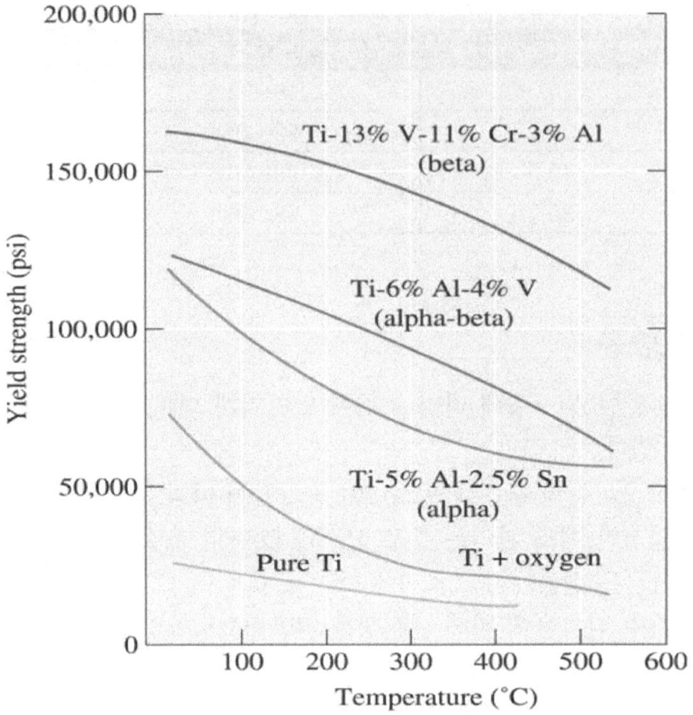

그림 4-61 티타늄 합금 종류에 다른 인장 강도

9.2.3. α -β 합금

α형과 β형의 특징을 겸비하도록 열처리 조건에 의해서 재료 특성을 조절할 수 있다.

Ti-6Al-4V 합금이 대표적인 합금이다. 강도는 122 ~ 97kgf/mm^2 정도이고 높은 인성을 가지며, 소성 가공성, 용접성, 주조성도 좋아서 사용하기 쉽고 신뢰성이 큰 합금이다.

가장 널리 사용되는 합금이다.

9.2.4. β 합금

B형 합금은 V, Mo 등의 β안정화 원소가 다량으로 첨가되는 합금으로 용체화 처리와 시효에 의해 130kgf/mm^2을 넘는 고강도를 얻을 수 있는 특징이 있다. 용접은 가능하지만 용접 시에는 모재와 동등한 강도를 얻을 수는 없다.

표 4-72 티타늄의 종류와 기계적 특성

종류	조직구분	인장 강도(Kg/mm²)	항복 강도(Kg/mm²)	연신율(%)	Remark
순수 Ti 1종	α	28~42	≥ 17	≥ 27	
순수 Ti 2종	α	35~52	≥ 22	≥ 23	
순수 Ti 3종	α	49~61.3	≥ 35	≥ 18	
순수 Ti 4종	α	≥ 56	49~66	≥ 15	
Ti - 0.15 Pd	α	≥ 35	28~46	≥ 20	
Ti - 5Ta	α	35~52	≥ 22	≥ 23	
Ti - 0.8 Ni - 0.3 Mo	α	≥ 49	≥ 35	≥ 18	
Ti - 5Al - 2.5Sn	α	≥ 84	≥ 81	≥ 10	
Ti - 6Al - 4	α	≥ 91	≥ 84	≥ 10	소둔재
"	α - β	102~127	95~123	5~10	시효재
Ti - 8 Al - 1 Mo - 1 V	α - β	102~113	99~102	10~20	소둔재
"	α - β	116~130	102~206	8~12	시효재
Ti - 6 Al - 4 V - 2 Sn	α - β	106~120	91~106	10~15	소둔재
"	α - β	134~155	123~144	1~6	시효재
Ti - 13 V - 11 Cr - 3 Al	β	91~102	88~99	10~20	소둔재
"	β	134~169	120~155	5~10	시효재
Ti - 11.5 Mo - 6 Zr - 4.5 Sn	β	≥ 70	≥ 63	≥ 10	

9.3. 티타늄 용접

티타늄의 용접시에는 용탕의 대기 가스에 대한 고용도가 매우 크기 때문에 산화나 용접 금속 내부에 발생하는 기공(Porosity)이 큰 문제점으로 지적 된다. 이러한 용접부의 기공은 용접 중심부에 발생하는 기공(Centerline Porosity)와 용접금속 선단(Weld Bead Edge)에서 생기는 기공이 있고 이러한 기공의 발생 원인은 전자의 경우 용입이 불충분해서 생기는 것으로서 입열량을 증가 시키면 해결할 수 있으나 후자의 경우는 정확히 밝혀져 있지는 않으나 응고 수축에 의한 기공(Shrinkage Cavities), 확산성 수소, 알곤, 질소에 의한 용접 금속의 오염 및 산화 등으로 인해 발생된다. 따라서 티타늄 용접은 토치로 부터의 가스 유량, 용접 속도, 아크의 길이, 보호 가스, 절단 및 개선 가공 방법 등을 잘 고려해야 한다.

9.3.1. 용접 방법

티타늄을 용접하는 방법에는 GTAW, GMAW, PAW, EBW등 여러 종류가 사용된다.

9.3.1.1. GTAW

낮은 전류 영역에서 아크가 안정되고 와이어 송급 장치, 보호 가스 제어 장치등이 일체화된 전 자동 용접 장치 등이 개발되어 화학 플랜트의 열교환기와 발전 설비등에 널리 사용되고 있다.

9.3.1.2. GMAW

GTAW에 비해 용착 속도가 빠르고 용입이 깊은 장점이 있지만 스패터 발생이 많아서 일반 구조물의 제작에 적용되는 예는 그리 많지 않다.

9.3.1.3. PAW

GTAW보다 용입이 깊고 특히, 두께 10mm 정도까지는 1Pass 용접이 가능하고 고능률이어서 화학 플랜트용 기자재 등의 제작에 적용되기도 한다.

9.3.1.4. EBW

열 집중이 매우 높기 때문에 GTAW, PBW에 비해 용입이 깊고 용입 폭이 대단히 좁아서 제품의 크기에 제한은 있지만 변형을 줄일 수 있기 때문에 항공기 및 잠수정 등의 두께 70mm를 넘는 Ti-6Al-4V 합금이 적용되는 곳에 주로 이용된다.

9.3.1.5. 기타

그외 특수 용접법으로 고상 확산 접합, 마찰 접합, 브레이징 등이 있다.

이상과 같이 티타늄에 적용되는 용접 방법은 그 종류가 다양하지만, 경제성 그리고 작업성 등을 고려하여 가장 많이 사용되는 것은 GTAW이다. 이하의 내용에서는 주로 GTAW에 근간을 둔 티타늄의 용접에 대해 논하고자 한다.

9.3.2. 용접 비드(Bead) 표면

티타늄은 대기중에서 고온으로 가열되게 되면 표면이 대기로부터 오염되어 여러가지 색으로 변하게 된다. 300℃ 정도까지는 대기의 영향을 거의 받지 않으며 상온에서와 같이 은 백색으로 나타나고 그 이상의 온도로 가열하게 되면 가열 온도의 상승과 동시에 금색, 주홍색, 청색 등의 순서로 변함을 알 수 있다. 그리고, 그 이상의 고온으로 가열되면 회색 또는 황백색 등으로 되는데 이 경우 금속 광택이 없어지게 된다.

순수한 티타늄의 경우 850℃ 이하 까지는 대기에 의한 산화가 그다지 크지 않으나 850 ~ 900℃의 범위에서는 산화속도가 급격히 증가되고 그 이상의 온도가 되면 국부적으로 산화되어 입상의 산화피막을 형성하게 되어 티타늄의 내식성이나 기계적 성질에 크게 손상을 주게 된다.

그 이유는 티타늄이 대기중의 산소, 질소, 수소 등의 대기가스와 반응하기가 매우 쉽고 고온에서는 여러 종류의 산화물과 기름 및 수분, 금속(Fe등) 등의 물질과 반응해서 취약한 화합물을 만들어서 용접부가 취화하는 동시에 내식성을 저하시키기 때문이다. 그러나, 갈색이나 청색이 나타나는 범위까지는 티타늄의 내식성이나 기계적 성질에 크게 영향을 주지 않기 때문에 용접시 스테인레스강 재질의 와이어 브러쉬를 사용하거나 산세 처리를 통해 산화피막을 완전히 벗긴 다음에 다시 용접을 해야 한다.

위에 설명한 바와 같은 특성을 이용하면 용접 비드의 색깔을 통해 용접 금속의 품질을 추정할 수 있다.

표 4-73 용접 금속의 색깔별 품질 평가

용접 금속의 색깔	용접부 품질 평가	수정 방법
은색	매우 양호	
밝은 청색	양호	표면의 변색 부분을 Stainless Steel Brush 등으로 완전히 제거한 후에 다음 용접을 시행한다.
청색 혹은 보라색	불량	변색된 용접 금속과 인접한 모재를 모두 완전히 제거하고, Gas Shielding을 보다 철저하게 하면서 재 용접을 실시한다.
회색 혹은 노란색 (황백색)	매우 불량	변색된 용접 금속과 열 영향부를 모두 완전히 제거하고 재 용접을 실시한다.

9.3.3. 용접부 특성

티타늄은 산소, 질소, 탄소와 Fe등의 불순물의 양에 따라 현저하게 경도가 증가한다.

수소의 경우에는 강도 및 경도의 변화는 별로 없으나, 충격치에서 아주 큰 영향을 미친다.

그 이유는 티타늄내 대기 가스의 용해도는 14.5 내지 9% 정도이지만 고용 강화 때문에 0.5%만 있어도 연성이 95%정도 감소되기 때문이다. 또한 수소는 260℃ 이상에서 티타늄 내에 8% 정도의 용해도를 갖지만 상온에서는 용해도가 아주 낮기 때문에 Hydride Phase가 금속 조직의 입자와 입자 경계에 석출되어 인성을 저하시키기 때문이다.

9.3.4. 용접부 보호

티타늄을 대기로부터 보호하기 위한 방법으로는 진공이나 불활성 분위기하의 용기속에서 용접하는 등 여러가지 방법이 있으나 가장 보편적으로 사용하는 것은 보호가스 분위기 하에서 용접하는 것이다. 보호 가스는 대기에 의한 용접 금속의 오염을 방지할 뿐만 아니라 용착부와 열영향부가 상온까지 냉각되는 동안에 대기로부터 차단시키는 역할을 한다.

사용되는 보호 가스는 보통 99.95% 이상의 순도를 가진 것으로 사용하며, 용접 개시 직전의 산소 농도는 20ppm 이하가 되어야 하며, 용접금속이 427℃ 이하로 냉각될 때까지 계속해서 보호 가스를 주입해야 용접금속과 모재의 오염을 방지 할 수 있다. 일반적으로 보호가스는 아르곤(Ar)이 주로 사용되며 역할에 따라 다음의 3가지로 구별한다.

9.3.4.1. Primary Shielding

용융 금속의 용탕과 그 근처 모재 주위를 보호하는 것으로 용접토치나 용접기에 연결된 별도의 노즐을 사용한다.

사용 노즐의 크기는 0.5 ~ 0.75 inch 사이로 해당 용접 조인트에 사용하기 쉬운 최대의 것을 사용한다. 이때 가스의 압력은 5kg/cm^2 이상으로 하는 것이 좋다.

9.3.4.2. Secondary Shielding

용융후 냉각되는 용접부와 열영향부에 수소, 산소, 질소의 혼입으로 인한 문제가 생기지 않을 정도의 온도(약 200℃)로 냉각될 때까지 대기로부터 보호하는 것이다. 티타늄의 경우 열전도도가 낮기 때문에 열영향부가 넓게 되고 용접하고 있는 바로 앞은 보호 할 필요가 없는 반면 용접부 바로 뒤에 냉각되는 용착 금속은 일정 온도로 냉각될 때까지 대기로부터 용접금속과 모재를 해야 하는 단점이 있다.

9.3.4.3. Back up Shielding

토치 반대쪽의 뜨거운 용탕의 초층부를 보호하기 위해 실시한다. 특히 파이프나 튜브의 용접시에는 배관 내부에 불활성 가스를 불어 넣어서 수소, 산소, 질소로부터 차단될 수 있도록 퍼징(Purging) 해야 한다. 이때 배관 내부의 압력이 너무 크면 초층에서 비드의 외관이 좋지 않게 된다. 용접중에 계속 가스를 공급하고 퍼지댐(Purge Dam) 출구에서 나오는 유량을 감지해 조절하도록 해야 한다.

표 4-74 상용 티타늄 합금과 용접봉

ASTM Grade	Composition	UTS(min) Mpa	Filler	Comments
1	Ti-0.15O2	240	ERTi-1	Commercially pure
2	Ti-0.20O2	340	ERTi-2	"
4	Ti-0.35O2	550	ERTi-4	"
7	Ti-0.20O2-0.2Pd	340	ERTi-7	"
9	Ti-3Al-2.5V	615	ERTi-9	Tube components
5	Ti-6Al-4V	900	ERTi-5ELI	Aircraft alloy
23	Ti-6Al-4V ELI	900	ERTi-5ELI	Low interstitials
25	Ti-6Al-4V-0.06Pd	900	Matching	Corrosion grade Filler alloys

9.3.4.4. 가스 호스

일반적으로 사용하는 고무 재질의 호스를 사용하게 되면, 대기가 호스 안으로 빨려 들어 갈 수 있기 때문에 보호 가스의 순도를 확보하기 어렵다. 따라서 PVC, 테플론, 폴리프로필렌 등의 소재를 사용해야 한다.

9.3.5. 기타

지르코늄과 탄탈륨의 경우에도 티타늄과 같은 주의 사항들이 적용되지만, 보호 가스의 순도는 티타늄의 경우보다 더 높은 순도를 요구하여 99.998% 이상의 순도를 적용한다.

제5장

용접기법
(Welding Process)

1. 전기아크의 이해

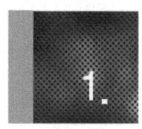

1.1. 플라즈마(Plasma)와 전기아크 (Electric Arc)

1.1.1. 플라즈마(Plasma)

물질 중에서 가장 낮은 에너지 상태를 가지고 있는 고체에 열을 가하여 온도가 올라가면 액체가 되고 다시 열에너지가 가해지면 기체로 전이를 일으킨다.

계속해서 기체가 더 큰 에너지를 받으면 상태전이와는 다른 이온화된 입자들이 만들어 지게 되며 이때 양이온과 음이온의 총 전하수는 거의 같아진다. 이러한 상태가 전기적으로 중성을 띄는 플라즈마(Plasma) 상태이다.

용접시 전극의 양극과 음극사이의 전압기울기인 전기장(Electric Field)이 일정한 값 이상일 때 방전이 시작된 후 전류를 증가시키면 저항열에 의해 플라즈마의 온도가 증가하여 기체의 이온화가 발생하면서 플라즈마가 유지된다. GTAW와 PAW가 이를 이용한 대표적인 용접방법이다.

1.1.2. 전기아크(Electric Arc)

전극을 접촉시켜서 강한 전류를 흐르게 하면, 전극의 선단은 접촉저항에 의해 과열되고, 전극이 증발하여 금속의 증기를 발생하여 방전한다. 이 상태를 아크방전이라 한다. 아크방전이 일어나면 전극이 전자의 충돌에너지에 의해서 세차게 가열되어 전극이 용융(鎔融)상태가 되기 때문에, 이러한 전극의 용융현상을 이용해서 전기용접이나 전기로에서 금속의 용해 등이 행해진다. 아크의 빛은 강렬하며, 자외선이나 적외선을 많이 방출하고 또 아크용접에서는 용융금속이 비산하기 때문에 작업자는 눈이나 피부를 보호하기 위해 차광용 안경을 부착한 헤드 실드, 헬멧 등을 사용하는 것이 필요하다. 아크용접작업에는 강렬한 빛을 발생하기 때문에 작업자 이외의 사람에 대해서도 차광이 요망된다. 현장에서는 칸막이를 이용해서 용접장소를 격리하는 방법을 취하고 있다.

용접봉과 모재와의 사이에 직류전압을 걸어둔 체 양자를 일단 접촉시킨 뒤 떼면 청백색의 강렬한 빛의 아크가 발생한다. 이 아크를 통해서 큰 전류(약 50~400A)가 흐르지만, 이 전류는 금속증기나 그 주위에 각종 기체분자가 해리(解離)해서 정(正)전기를 띤 양(陽)이온과 부(負)전기를 띤 전자로 나누어져 이것들이 부와 정의 전극으로 향해서 고속도로 달린 경로가 아크 전류가 발생하는 것이다.

1.1.3. 전자와 이온의 움직임과 에너지의 전달

전자기장에 의해 전자는 음극에서 방출되어 양극으로 흐르며, 양 이온은 양극에서 음극으로 흐른다.

즉 용접시 전자는 양극에 에너지를 전달하고, 양이온은 음극에 에너지를 전달한다. 모재는 전자와 이온의 이동에 의한 에너지 전달 외에 소모성 전극이 용융된 용적의 이동에 의해서도 에너지가 전달된다.

1.2. 전극에서 전자의 방출 유형

1.2.1. 열전자 방출(Thermionic Emission)

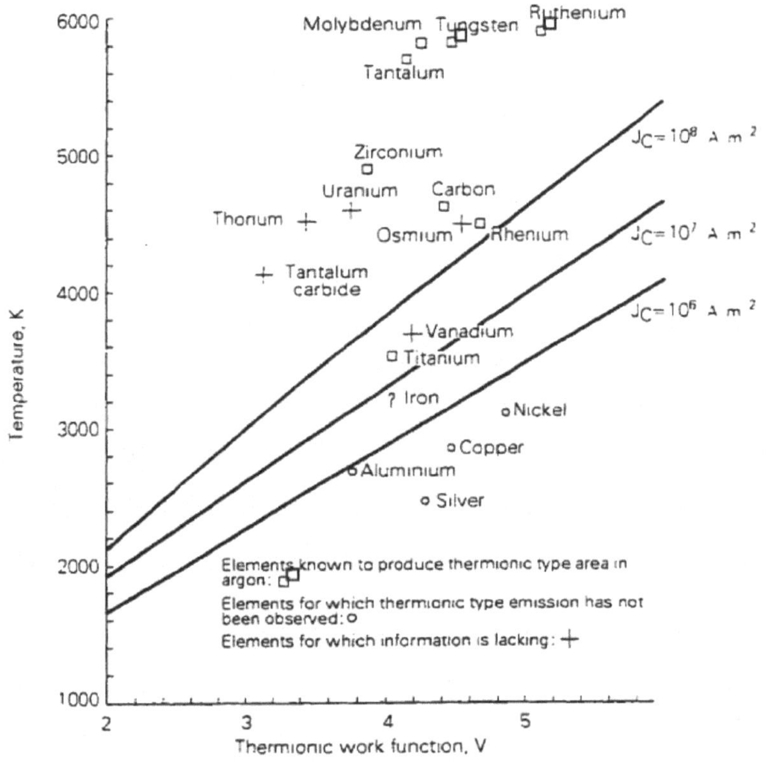

그림 5-1 각 금속의 열전자를 방출하기 위한 온도 조건

열전자의 방출은 금속을 고온으로 가열시 전자가 전위 장벽(일함수)을 넘어 금속 밖으로 방출되는 현상이다. 텅스텐과 같이 고융점의 일함수가 높은 금속만이 열전자(Thermionic)의 방출이 가능하다. 현장에서 사용하는 용접방법중에는 텅스텐전극을 사용하는 GTAW와 PAW 만이 전극에서 열전자를 방출하는 용접이다.

1.2.2. 전기장에 의한 방출(Field Emission, Cold Emission)

가해진 강한 전기장에 의해 자유전자가 방출되는 현상이다. 대부분의 금속은 열전자(Thermionic) 방출은 불가능하고 전기장에 의해 자유전자가 방출된다.

SMAW, GMAW, FCAW등의 대부분의 용접방법들에서는 전기장에 의해 전자가 방출된다.

1.3. 방출 자유전자 유형에 따른 용접 특성

방출되는 자유전자는 그 형식에 있어서 열전자와 일반 전자로 구분될 수 있으며, 이는 용접과정에서 열전자(Thermionic)를 만들 수 있는 텅스텐을 전극으로 사용하는 용접방법과 그렇지 않은 용접방법으로 구분된다. 전자를 비소모성전극(Non-Consumable Electrode)이라고 하고, 후자를 소모성 전극(Consumable Electrode)이라고 한다. GTAW와 PAW를 제외한 대부분의 용접방법들이 소모성 전극을 사용하고 있다.

아래 그림은 소모성 전극과 비소모성 전극에 따른 용접부 입열량을 비교한 것이다.

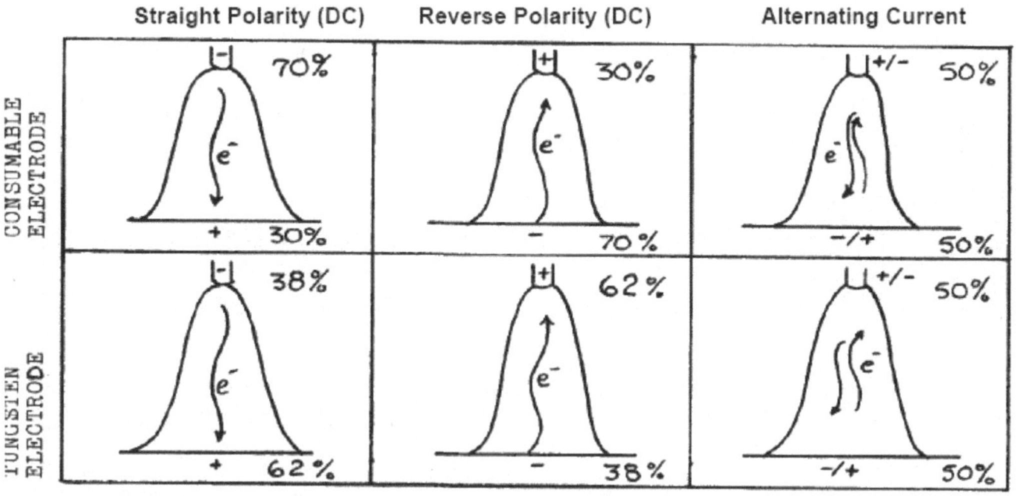

그림 5-2 텅스텐 전극과 소모성 전극 사용시 입열량 비교

소모성 전극과 비소모성 전극인 경우에 대한 세부적인 설명은 아래에 개별 용접방법 별로 자세히 설명한다.

1.3.1. GTAW, PAW

텅스텐 전극을 사용하는 용접 기법으로 전극에서 열전자(Thermionic)가 방출되며, 열전자에 의해 에너지가 모재로 전달되는 용접방법이다.

그러므로 전극이 열전자를 방출하는 음극(-) 극성을 갖는 직류 정극성(DCEN, DCSP)을 채택하여 용접을 진행한다. 이 경우 위의 그림 5-2와 같이 모재에 62%의 에너지가 발생하고, 텅스텐 전극에서 38%의 에너지가 발생한다.

직류 역극성은 많은 교재에서 청정 효과를 설명하고 있으나, 실제 용접에서 직류 역극성을 채택하여 용접하는 경우는 없다. 직류 역극성(DCEP, DCRP)을 사용하면 용접 효율 및 용입이 나쁘고, 전극이 쉽게 용융되며, 용접부에 텅스텐혼입의 우려가 높아 현장에서는 사용하지 않는다.

교류는 용접봉과 모재의 입열량이 같으며, 용접효율 및 용입등의 특성이 직류 역극성과 직류 정극성의 중간 정도의 특성을 가지나, 매 Cycle마다 아크가 소멸과 생성을 반복하므로 아크가 불안정한 특성이 있다. 교류를 사용시에는 아크의 안정을 위해 고주파(High Frequency)를 사용하며, 아크의 안정화와 용입이 깊어지는 효과가 있다.

1.3.2. SMAW, GMAW, FCAW

용접봉이 직접 전극이 되는 소모성 전극를 사용하는 용접방법으로로 전극에서 자기장에 의해 전자가 방출된다. 자기장에 의해 방출된 전자는 낮은 에너지를 갖고 있다.

앞서 그림 5-2에서 설명한 텅스텐전극의 경우와는 반대로 전극이 양극(+)을 갖는 경우 이온에 의해 에너지가 모재에 에너지를 전달하므로 용접 효율이 높으며 그림 5-3과 같이 깊은 용입을 얻을 수 있다.

그러므로 소모성 전극을 사용하는 SMAW, GTAW, FCAW등의 용접방법에서는 직류역극성(DCEP, DCRP)을 사용한다.

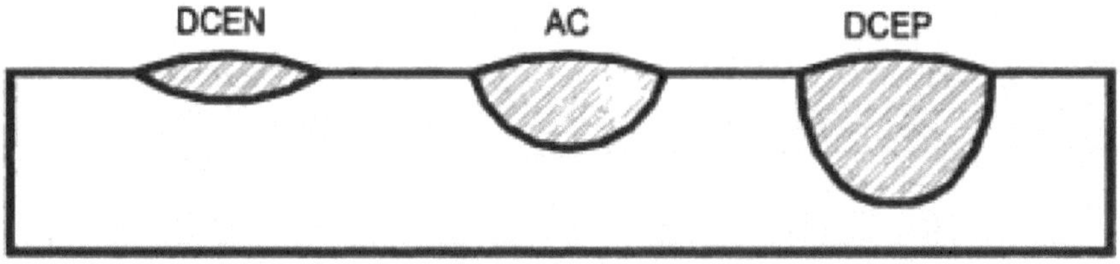

그림 5-3 소모성 전극 사용시 전극 특성에 따른 용접부 특성

1.4. 직류역극성의 청정효과

가스텅스텐아크용접에서 직류역극성을 사용하게 되면, 모재가 음극으로 연결되어서 용접 과정에서 해리된 양전자가 금속 표면에 충돌하게 되면서 표면의 산화피막을 제거하는 효과가 발생한다. 이 현상을 청정효과(Cleaning Action)이라고 표현하며, 일부에서는 Cathodic Etching이라고 부르기도 한다.

교류 전원은 직류 역극성과 정극성이 교대로 작용하므로 역극성시에 청정 효과가 발생한다.

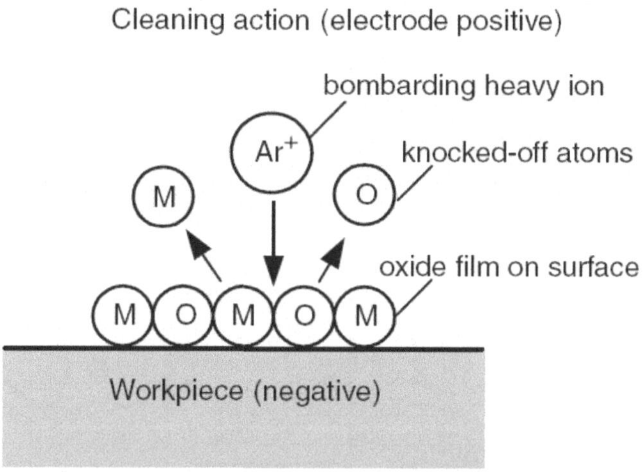

그림 5-4 직류역극성에서의 청정 효과

직류 역극성의 청정효과는 양이온의 충격에너지에 의해 금속표면의 산화피막이 제거되는 방법이므로, 헬륨과 같이 가벼운 기체 보다는 아르곤과 같이 무게가 있는 가스를 사용하는 것이 좋다.

표 5-1 용접시 사용하는 보호가스의 특성

Gas	Molecular Weight (g/mol)	Specific Gravity with respect to Air at 1atm and 0℃	Density (g/L)	Ionization Potential (eV)
Ar	39.95	1.38	1.784	15.7
CO_2	44.01	1.53	1.978	14.4
He	4.00	0.1368	0.178	24.5
H_2	2.016	0.0695	0.090	13.5
N_2	28.01	0.967	1.25	14.5
O_2	32.00	1.105	1.43	13.2

1.5. 아크에 의한 용탕의 대류

용접과정에서 가해지는 전류와 전압의 역할에 의해 용탕은 대류(Weld Pool Convection)을 하게 된다. 그리고 그 대류의 결과로 인해 미세한 조직의 변화가(Micro-Segregation) 발생하기도 한다.

1.5.1. 부력(Buoyancy Force)

용접전류는 용탕에 가해지는 입열량을 의미하게 되고, 용융된 용탕은 열량에 따라 중심부의 뜨거운 유동층이 위로 올라오려는 경향을 갖게 되고, 바깥쪽에서 모재와 직접 접촉하면서 상대적으로 급냉되는 쪽은 아래쪽으로 가라앉게 된다. 이는 냄비에 뭔가를 넣고 끓일 때와 동일한 현상이다. 용탕의 중심부가 위로 올라오려는 경향을 갖게 된다.

부력은 전자기력에 비해 상대적으로 작은 힘을 가지고 있으며, 용접부를 넓고 얕게 만든다.

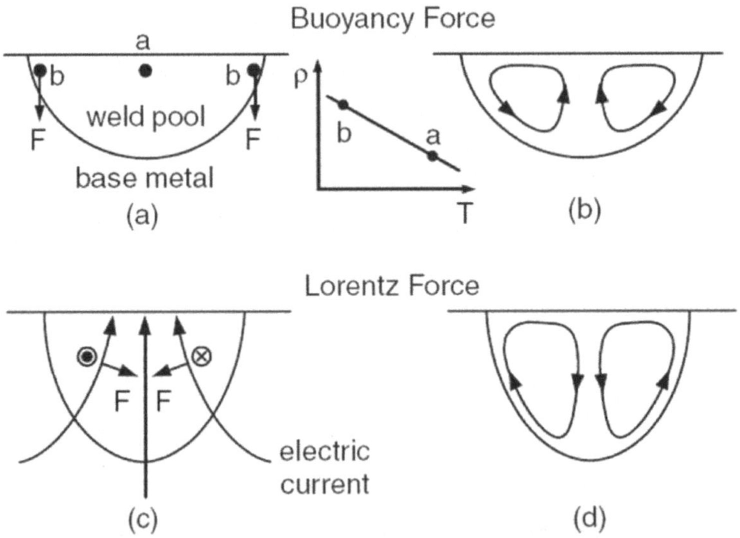

그림 5-5 부력(위)과 전자기력(아래)에 의한 용탕의 대류

1.5.2. 전자기력(Lorenz Force)

전압은 용탕을 내리누르는 압력으로 작용하여 용탕을 아래쪽뿐만 아니라 옆으로 퍼지도록 한다. 용탕의 중앙부는 아래쪽으로 향하게 되고, 바깥쪽은 부력과는 반대로 위로 올라가려는 힘이 작용한다. 용접 전압이 높을수록 용탕을 누르는 힘이 커지게 된다. 부력에 비해 전자기력은 매우 큰 힘을 작용하게 되어 용접금속의 형상을 지배한다.

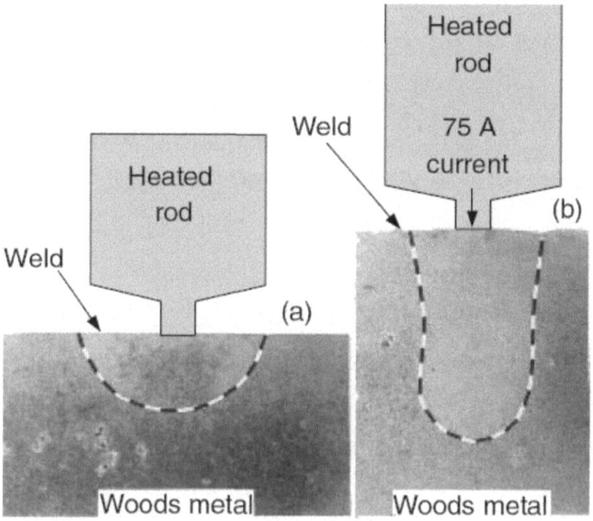

그림 5-6 부력과 전자기력에 따른 용입의 차이

깊은 용입을 만드는 데는 부력 보다는 전자기력이 더 강하게 작용한다. 그림 5-6에서 왼쪽은 전극이 가열된 상태로 열에 의한 부력(Buoyancy Force)만 존재하게 되지만, 오른쪽은 부력에 추가하여 전자기력(Lorentz Force)이 함께 작용하면서 더 깊은 용입을 만드는 것을 확인할 수 있다.

전자기력이 커질수록 뜨거운 용탕을 아래쪽으로 밀어 넣는 효과가 발생하여 좁고 깊은 용입을 만들게 된다.

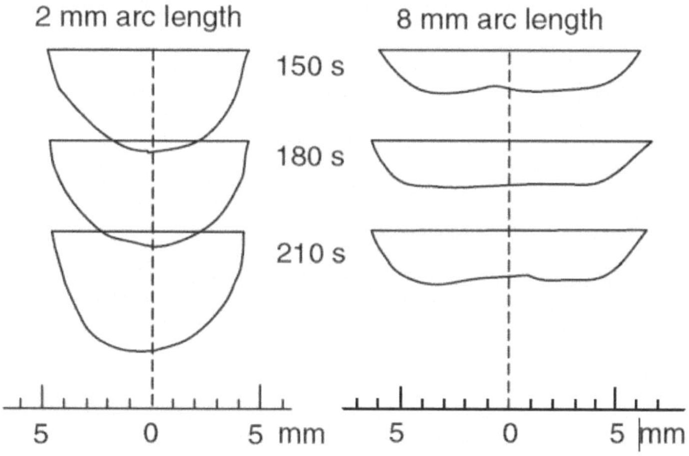

그림 5-7 GTAW에서 아크 길이에 따른 용입 깊이의 차이

1.5.3. 표면 장력(Surface Tension)

금속은 표면 장력에 의해 동그란 모양을 갖추려고 한다. 이는 젖음(Wetting)의 반대 되는 개념이며, 표면장력이 작을 수록 깊은 용입을 만들지 못한다.

표면장력은 유체가 가진 에너지이며, 용탕의 경우에는 온도에 따라 달라지게 된다. 온도가 높을수록 표면 장력은 작아지게 되고, 온도가 낮아질수록 표면 장력은 커지게 된다. 이는 응고하는 금속의 표면에 균열이 발생하는 현상을 연상하면 된다. 표면 장력이 커지면서 응고 수축에너지가 커지기 때문에 표면에 균열이 발생하게 된다.

그러나 용탕속에 소량의 계면활성화 원소인 황(S), 산소(O_2)등이 존재하게 되면, 그림 5-8의 (d), (e), (f)에서 보여지는 바와 같이 표면장력이 역전되어 대류의 방향이 바뀌면서 깊은 용입을 유도하게 된다. 그림에서 a ~ c까지는 황 함량이 적은 용탕(Weld Pool)을 의미하고, d ~ f까지는 황 함량이 큰 용탕을 의미한다.

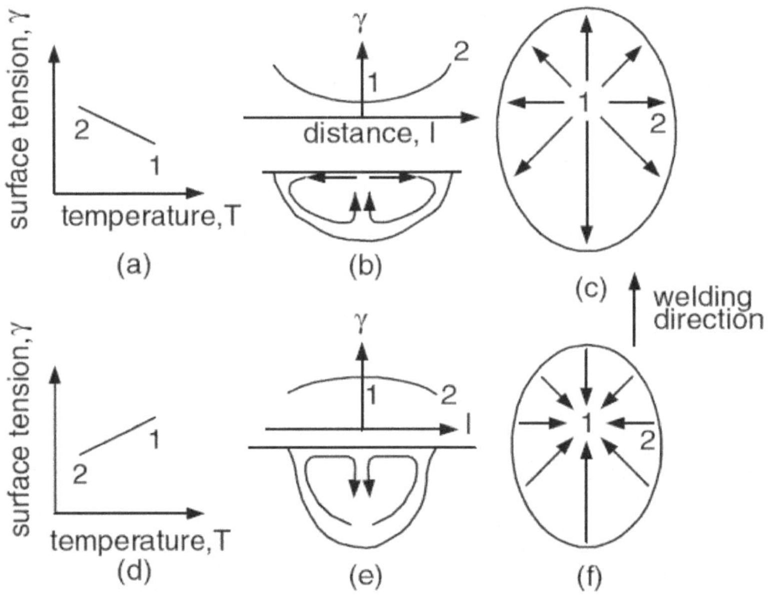

그림 5-8 표면장력과 온도와의 관계(a ~ c)와 계면활성제(황)에 의한 역전 효과(d ~ f)

그림 5-9는 용탕의 황 함량에 따른 용입 깊이의 차이를 보여주고 있다.

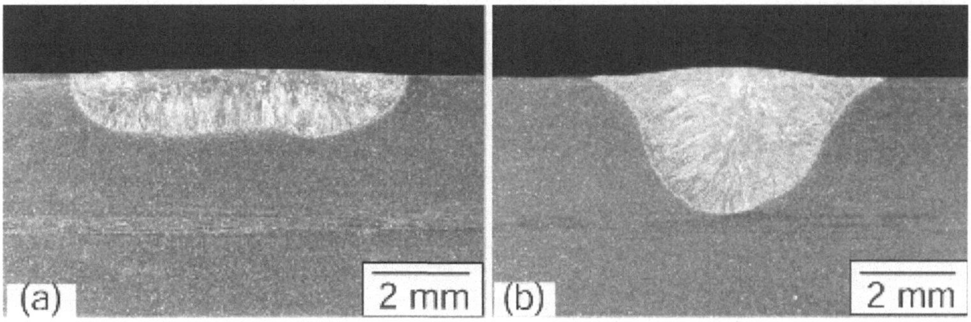

그림 5-9 304ASS 재질의 YAG 레이저 용접부 (a) 40ppm의 황 함량, (b) 140ppm의 황 함량

황(Sulfur) 함량이 감소함에 따라 표면 장력이 작아져서 용탕이 넓게 퍼지며, 깊은 용입을 만들지 못하고 있지만, 그림 5-9과 5-10에서 보는 바와 같이 황 함량이 증가하게 되면 표면 장력이 커지면서 좁고 깊은 비드를 만들게 된다.

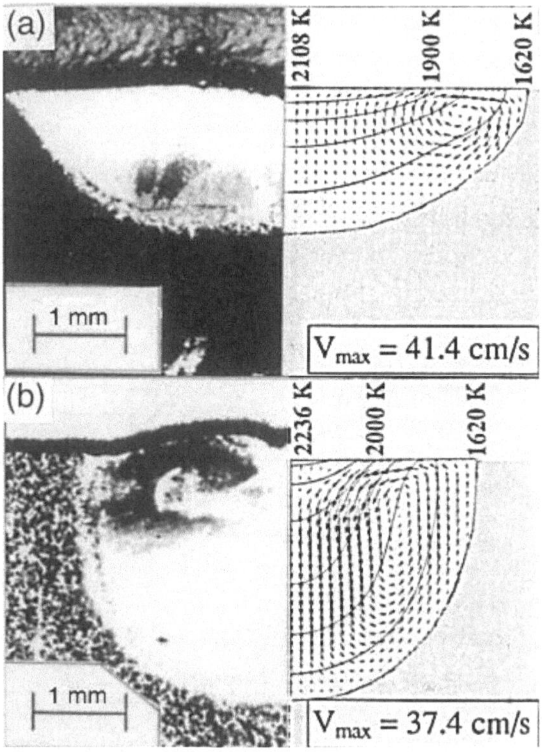

그림 5-10 황 함량에 따른 용탕의 온도 및 용입의 변화 (a) 20ppm (b) 150ppm

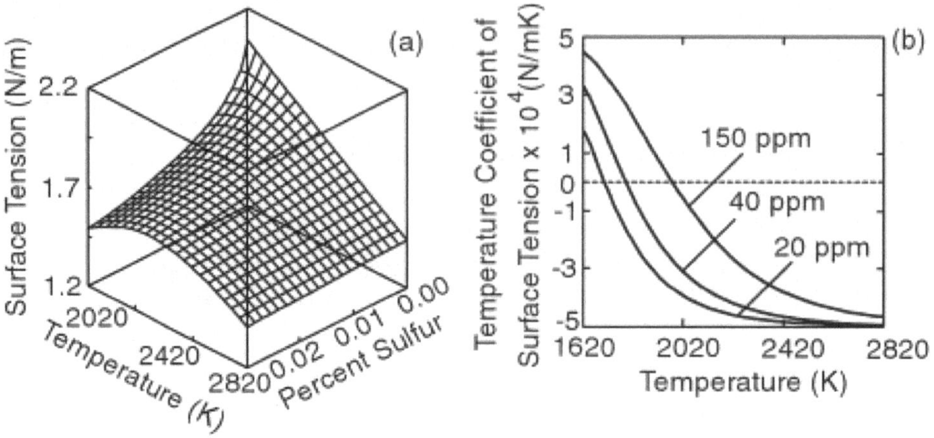

그림 5-11 황 함량과 온도에 따른 표면 장력의 변화

1.5.4. 아크의 전단력(Arc Shear Stress)

빠른 속도로 전개해 나가는 플라즈마 아크는 용탕에 전단 응력을 가하게 되어 용탕을 중앙부에서 바깥쪽으로 쓸려가도록 한다. 전단력이라고 표현했으나, 실제로는 플라즈마의 충돌력이라고 표현하는 것이 좀더 이해하기 쉬운 개념이 될 것이다. 아크(Arc)가 전진해 가는 방향에 따라 마치 빗자루로 쓸어 내리는 듯한 효과가 용탕에 가해진다.

아크 전단력이 커지면 Keyhole Mode의 용접이 진행되고 과도한 용입이 발생할 수 있다.

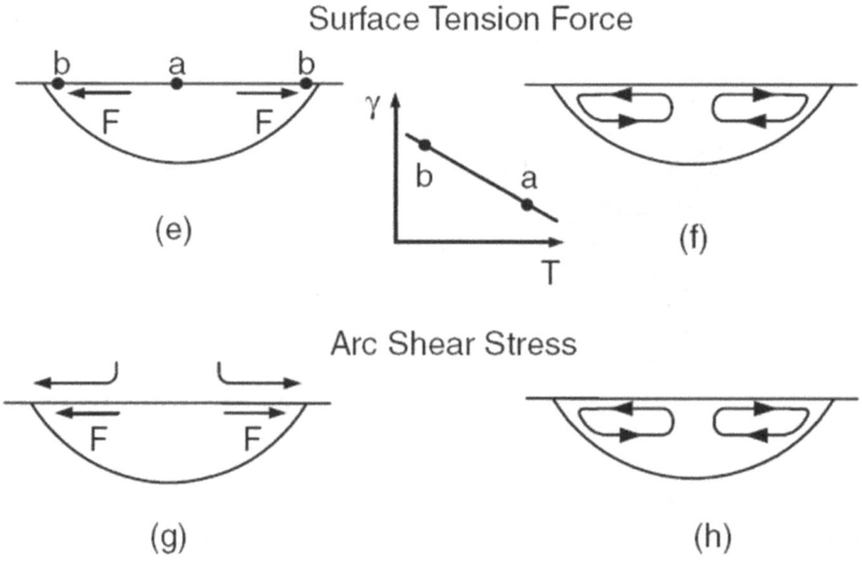

그림 5-12 표면장력(위)와 아크의 전단력

1.5.5. 용탕의 대류에 의한 효과

1.5.5.1. 용입(Penetration)

전자기력에 의한 대류에 의해서는 열원으로부터 열을 용접부 루트(Weld Root)로 공급받게 되므로 용입이 깊어진다. 그러나 부력과 표면장력에 의한 대류의 방향이 반대이므로 깊은 용입이 방해된다. 이를 해결하기 위해 황과 같은 계면활성제를 투입하여 대류의 방향을 반대로 하여 깊은 용입을 유도한다. 용접봉이나 모재의 황함량을 높이기 어려우면, 보호가스로 사용하는 아르곤가스에 이산화황(SO_2)를 첨가하여 용접을 진행하면 용입을 깊게 가져갈 수 있다.

1.5.5.2. 거시편석(Macrosegrgation)

전자기력과 표면장력은 용접부의 혼합(Mixing)을 조장한다. 그러나 용접 경계면(Weld Boundary)에서 특히 박판인 경우에는 용융금속의 대류 속도가 "0"이 되므로 혼합되지 않는 비혼합역(Unmixed Zone)이 형성된다. 즉, 부분적인 편석이 발생한다.

특히 레이저 용접의 경우에는 표면에서 용융이 발생하고 용탕에서의 대류는 표면장력에 의해서는 발생하기 때문에 용탕의 혼합(Mixing)이 나쁘고 편석이 발생하기 쉽다.

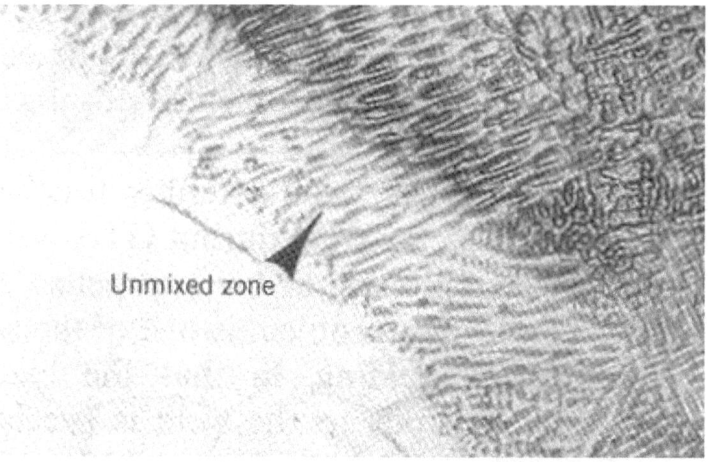

그림 5-13 비혼합역(Unmixed Zone)의 발생

1.5.5.3 기공(Porosity)

알루미늄합금에서 수소 혹은 일반 탄소강에서 일산화탄소(CO)는 응고시 용해도 감소로 인해 고상영역에서 아직 응고가 진행되지 않은 액상 영역으로 방출된다. 부력과 표면장력은 대류의 방향성으로 인해 용접부의 기공의 양을 증가시킨다.

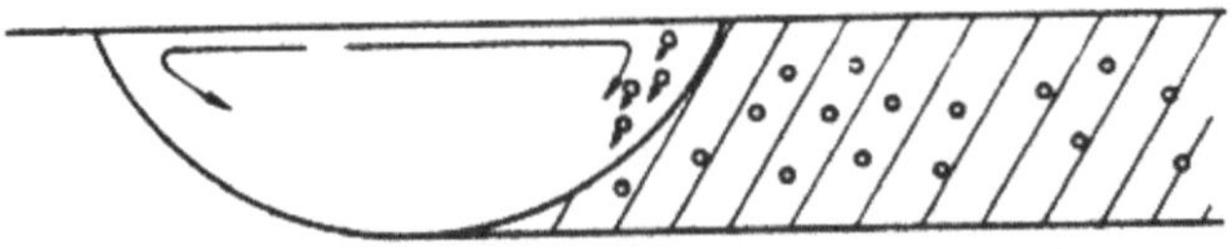

그림 5-14 표면장력과 부력에 의한 기공의 형성

전자기력이 증가하고 계면활성제를 첨가하게 되면 표면장력에 의한 대류의 방향이 바뀌면서 기공이 금속 밖으로 유도되어 상대적으로 기공이 줄어드는 효과를 기대할 수 있다.

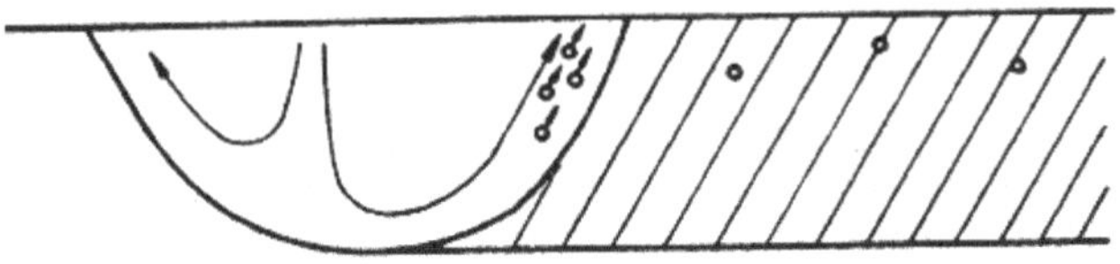

그림 5-15 전자기력 및 계면활성화제에 의한 기공의 감소

1.6. 금속의 기화(Metal Evaporation)

전기아크의 높은 열에 의해 용탕에서 금속 성분의 기화가 발생한다. 이렇게 기화된 금속성분으로 인해 금속성분의 손실과 스패터 발생이 발생할 수 있다.

1.6.1.금속 성분의 손실

높은 열로 인해 금속 성분이 기화되어 손실이 발생할 수 있다. 예를 들어 알루미늄 합금의 용접시에 합금원소 들어가 있는 마그네슘(Mg)이 기화되어 손실되면서 알루미늄 합금의 인장강도를 감소시키는 원인이 된다.

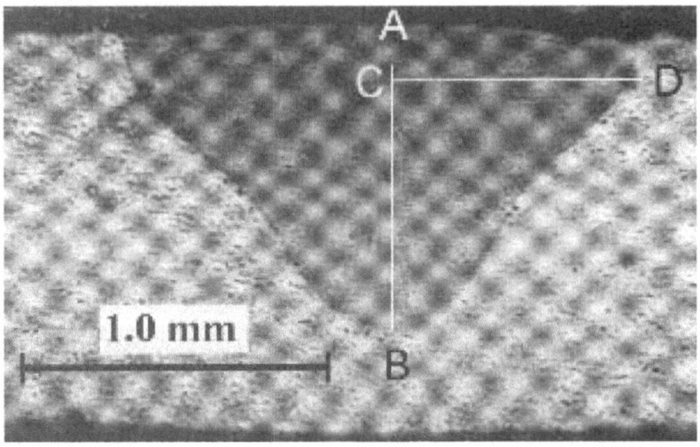

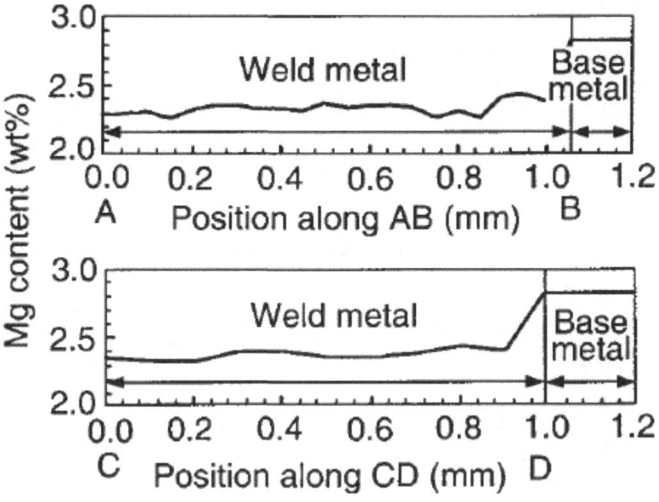

그림 5-16 Al-Mg 합금의 용접부 단면의 Mg 함량 분포

또한 강의 용접시에 용접금속중에 망간(Mn)의 함량을 감소시켜서 강도를 떨어뜨리게 된다. 그림 5-17은 강 용접부 단면을 기준으로 망간 함량의 변화를 보여 주고 있다.

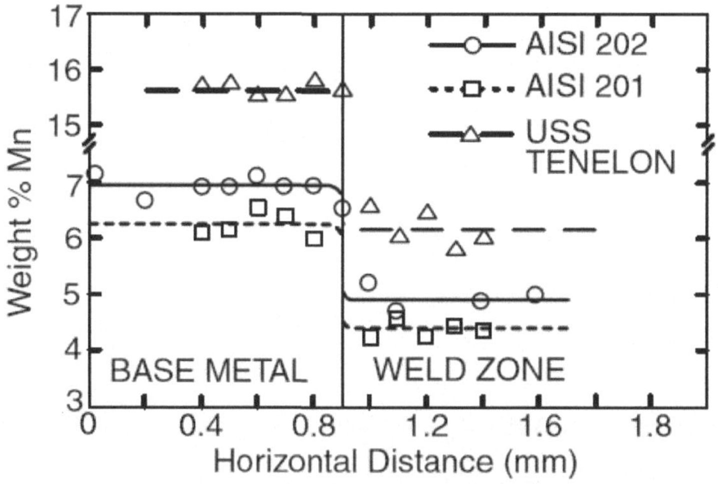

그림 5-17 강 용접부의 망간 함량 변화

1.6.2. 스패터 발생

온도가 높아질수록 해당 금속의 분압이 상승하면서 기화되어 증발하는 속도가 증가하게 된다. 즉, 손실은 온도에 비례하여 많아진다.

용접과정에서 기화되어 손실되는 금속은 용융되는 금속의 이행을 방해하여 원하는 위치로 용융금속이 떨어지지 못하도록 하고 결국 스패터를 만들게 된다. 용융된 금속은 아크의 기둥을 따라 이동하게 되는 데, 이때에 높은 온도로 가열된 아크의 기둥 주변에서 금속성분이 기화하면서 용융되어 이행하는 용융금속의 이동을 방해하게 된다.

그림 5-18은 금속 원소의 기화 온도와 분압의 관계를 보여주고 있다.

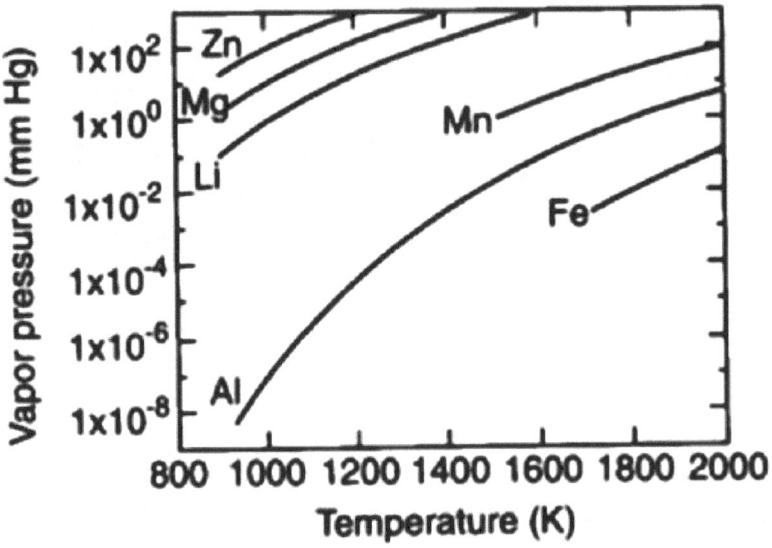

그림 5-18 금속 원소의 기화 온도와 분압

1.7. 용접기 전원 특성

용접기 전원은 전류와 전압의 역할과 의미에 대해 이해가 선행되어야 한다.

전류(電流)는 용탕의 흐름(Flow)을 의미하며, 용탕이 가지고 있는 열량과 모재에 가해지는 입열 및 그에 따른 용입을 의미하게 된다.

이에 비래 전압(電壓)은 용탕에 가해지는 압력(Pressure)를 의미하며, 아크의 길이와 비례하고 용접비드의 폭을 결정하게 된다.

1.7.1. 정전류 특성

정전류(Constant Current) 특성은 용접기 전압의 변화 즉, 아크의 길이에 변화가 발생해도 전류의 변화가 작아서 용접봉의 공급속도나 용융속도의 변화가 매우 작게 설계된 용접기 전원을 의미한다.

대부분의 수동 용접이 이에 속하며, SMAW, GTAW, PAW들이 이에 속한다. 아래 그림 5-19 에서 전압의 변화가 크게 발생해도 실선으로 표시된 A 혹은 B 의 전원 특성을 가진 용접기의 용접 전류는 변화가 매우 작게 일어남을 알 수 있다.

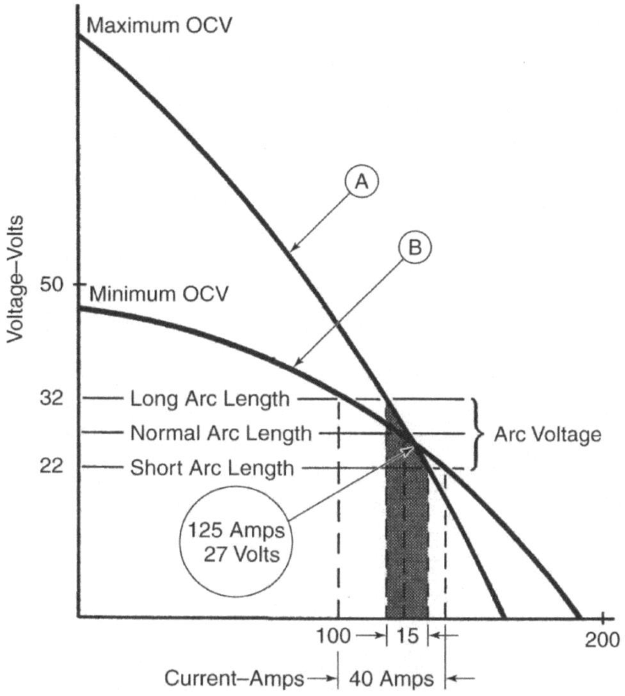

그림 5-19 정전류(Constant Current) 특성

1.7.2. 정전압 특성

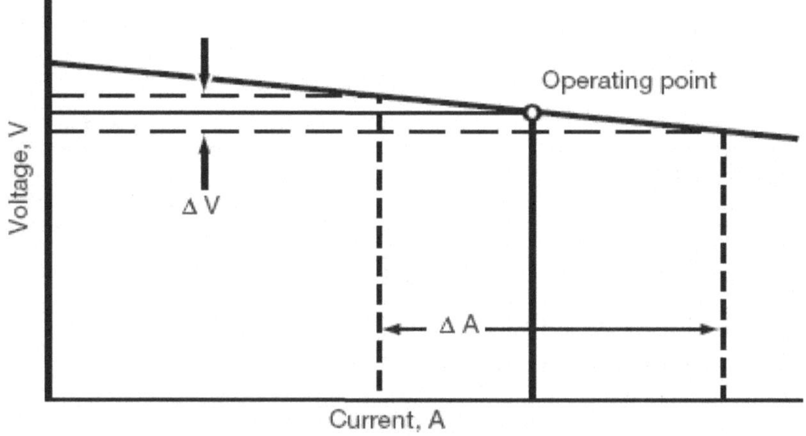

그림 5-20 정전압(Constant Voltage) 특성

정전압(Constant Voltage) 용접기 전원특성은 자동으로 용접봉이 공급되는 용접방법에서 적용되는 전원특성이다. 용접봉의 공급 속도는 전류와 관계 있는데, 용접전류가 다소 변화하여도 전압의 변화가 극히 작은 것이 정전압특성의 특징이다. GMAW, FCAW, SAW등에서 채택하고 있다.

정전압 특성의 용접기를 사용하면, 용접전류의 변화에 따라 용접봉의 공급 속도가 달라지게 되는 자동용접에서 아래와 같이 용접봉 공급속도에 변화가 발생하여도 늘 일정한 길이의 아크(Arc)가 만들어 질 수 있다.

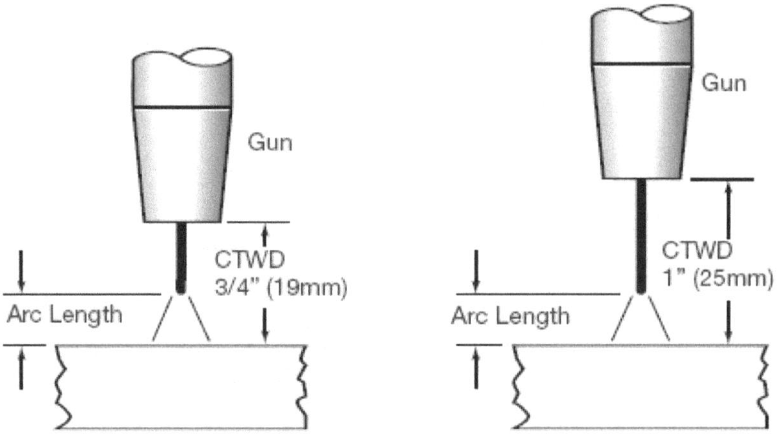

그림 5-21 정전압 특성에서 아크의 길이

1.7.3. 직류와 교류 용접기

1.7.3.1. 교류 용접기

현장에서 가장 널리 사용되는 용접기로 구조가 간단하고 가격이 싸다. 높은 전압을 사용하기 때문에 안전에 주의해야 하며, 비철 금속 혹은 박판의 용접에는 적합하지 않다. 아크가 다소 불안정하지만, 취급이 쉽고, 고장이 적어 유지 보수가 쉽다.

1.7.3.2. 직류 용접기

직류 용접기는 효율이 떨어지고, 가격이 비싸며, 구조가 복잡한 것이 단점이지만, 상대적으로 낮은 전압을 사용하기에 작업자의 안전에 유리하다. 비철 및 박판용접에 적합하며, 아크의 조정이 용이한 장점이 있다. 아크가 교류에 비해 안정되지만, 아크 쏠림이 발생하며, 보수나 점검에 많은 노력과 시간이 필요하다.

표 5-2 직류용접기와 교류 용접기 비교

비교항목	직류용접기	교류용접기
아크안정성	우수	약간 불안
극성 이용	가능	불가능
무부하전압	약간 낮음(최대 60V)	높은 (80 ~ 100V)
전격의 위험	적다	많다. (무부하 전압이 높다)
구조 및 고장률	복잡 / 많다	간단 / 적다
역률	매우 양호	불량
가격	비싸다	싸다
아크 쏠림방지	불가능	가능

1.8. 용접기 관련 용어

용접기와 관련한 많은 용어들이 사용되고 있으며, 각각의 정확한 의미를 새겨볼 필요가 있다.

(1) 정격출력전류

정격출력전류란 정격주파수, 정격1차전압 및 정격부하전압에 있어서 흘릴 수 있는 출력전류를 말한다.

(2) 정격부하전압

정격부하전압이란 정격주파수 및 정격 1차전압에 있어서 정격출력전류를 흘렸을 때의 부하전압으로서 용접기 출력단자의 값을 말한다.

(3) 용접기 효율

용접기를 지나가는 전류와 전압의 손실을 의미하게 된다. 정격주파수, 정격1차 전압 및 정격부하전압으로 정격2차 전류를 흘렸을 경우의 1차 입력W1[KW] 및 1차 입력과 2차 출력의 차 W1-2[KW]를 직접 측정하여 산출한다.

발전기를 사용한 용접기의 경우에 효율은 50% 정도가 되고, 정류기를 사용하는 경우에는 70% 그리고 인버터를 사용한 경우에는 85% 정도의 효율을 확보할 수 있다.

(4) 역률

효율과 반비례관계에 있으며 역률=1/효율×부하전압/무부하전압으로 계산된다.

예) 무부하전압이80V, 부하전압이30V일 때 효율이75%인 용접기에서 역률은 아래와 같다.

역률=1/0.75×30/80=50%

(5) 사용률

10분의 시간 동안에 해당 용접기가 주어진 전류에서 과열되거나 회로가 소실되지 않으면서 운전할 수 있는 시간을 의미하며, 통전시간전체 시간에 대한 비율% 나타낸다.

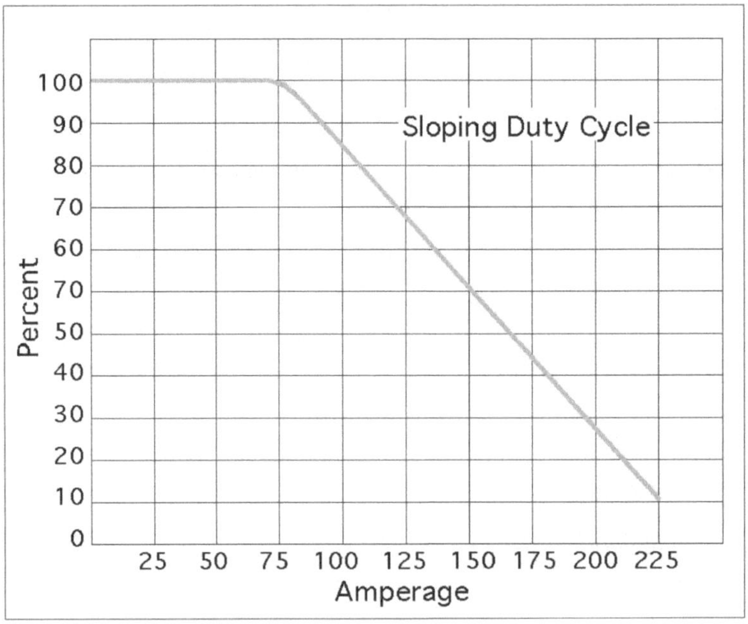

그림 5-22 사용률 곡선

사용률이 60%라고 하면, 그 용접기는 주어진 (최대)전류 범위내에서 10분간 전원을 공급했을 경우에 최대 6분까지 연속 사용이 가능함을 의미한다.

(6) 허용 사용률

허용사용률=(정격2차 전류)^2×정격사용률/(실제의 용접전류)^2

예) 300A의 용접기를 실제로 200A 로 사용할 때의 허용사용률은?

허용사용률=(300)^2/(200)^2×50=112%

(7) 정격 1차 전류

정격주파수, 정격1차 전압 및 정격부하전압에서 정격2차 전류를 흘렸을 때의 1차측의 전류를 뜻한다.

(8) 정격 1차 입력

정격주파수, 정격1차 전압 및 정격부하전압에서 정격2차 전류를 흘렸을 때의 1차측의 입력으로 명판에 기재된 것을 말하며, KVA및KW 로 나타낸다.

(9) 최대 단락 1차 입력

최대단락1차입력[KVA]이란 용접기1차측에 정격주파수의 정격전압을 걸고 2차측을 직접 단락하여 전류조정 핸들을 최대전류 위치로 조정한 경우의 1차입력을 측정한 것을 말함

(10) 기준 용량

기준용량=최대단락1차입력/1.1[KVA]

2. 용접 기법의 구분

용접기법은 매우 다양한 방법들이 적용되고 있으며, 금속을 접합하는 과정이 열간에서 이루어지는 것과 냉간에서 이루어 지는 것 그리고 각 용접기법에 적용되는 에너지 발생원이 무엇이냐에 따라 아래 표 5-3과 같이 구분한다. 참고로 이러한 구분은 미국 AWS에 따른 구분이며, 이하의 내용에서는 개별 용접기법의 구분을 아래 표의 약자를 기준으로 표기한다.

표 5-3 용접 기법의 구분 및 약자 표기

대 구분	용접기법	약자 표기
Arc Welding	Carbon Arc	CAW
	Flux Cored Arc	FCAW
	Gas Metal Arc	GMAW
	Gas Tungsten Arc	GTAW
	Plasma Arc	PAW
	Shielded Metal Arc	SMAW
	Stud Arc	SW
	Submerged Arc	SAW
Brazing	Diffusion Brazing	DFB
	Dip Brazing	DB

대 구분	용접기법	약자 표기
	Furnace Brazing	FB
	Induction Brazing	IB
	Infrared Brazing	IRB
	Resistance Brazing	RB
	Torch Brazing	TB
Soldering	Dip Soldering	DS
	Furnace Soldering	FS
	Induction Soldering	IS
	Infrared Soldering	IRS
	Iron Soldering	INS
	Resistance Soldering	RS
	Torch Soldering	TS
	Wave Soldering	WS
Resistance Welding	Flash Welding	FW
	High Frequency Resistance	HFRW
	Percussion Welding	PEW
	Projection Welding	RPW
	Resistance-Seam Welding	RSEW
	Spot Welding	RSW
	Upset Welding	
Solid State Welding	Cold Welding	CW
	Diffusion Welding	DFW
	Explosion Welding	EXW
	Forge Welding	FOW
	Friction Welding	FRW
	Hot Pressure Welding	HPW
	Roll Welding	ROW
	Ultrasonic Welding	USW
Other Welding Processes	Electron Beam	EBW
	Electroslag	ESW
	Induction	IW
	Laser Beam	LBW
	Thermit	TW

3. 피복아크용접(SMAW, Shield Metal Arc Welding)

3.1. SMAW의 개요

피복아크용접 (Shielded Metal Arc Welding)은 피복제(Flux)를 도포한 용접봉과 피용접물 사이에 전기아크(Electric Arc)를 발생시켜 그 아크열에 의해 용접을 행하는 방법으로서 각종 용접법 중 가장 널리 사용되고 있다. 그 이용 범위는 연강, 고장력강, 저합금강, 스테인레스강, 비철금속, 주철 및 표면경화육성 등 광범위한 금속 재료에 적용되고 있다. 간혹 수동아크용접이라고 하여 Manual Metal Arc Welding(MMAW)로 불리도 하는 데, 공식적인 용어는 아니다.

이하에서는 편의상 SMAW로 구분하여 설명한다. 전기아크용접은 1881년 Meritens가 최초로 탄소아크용접을 행한 이래, 1907년 Oscar Kjellberg가 현재의 피복아크용접봉으로 발전시킨 긴 역사를 가지고 있다.

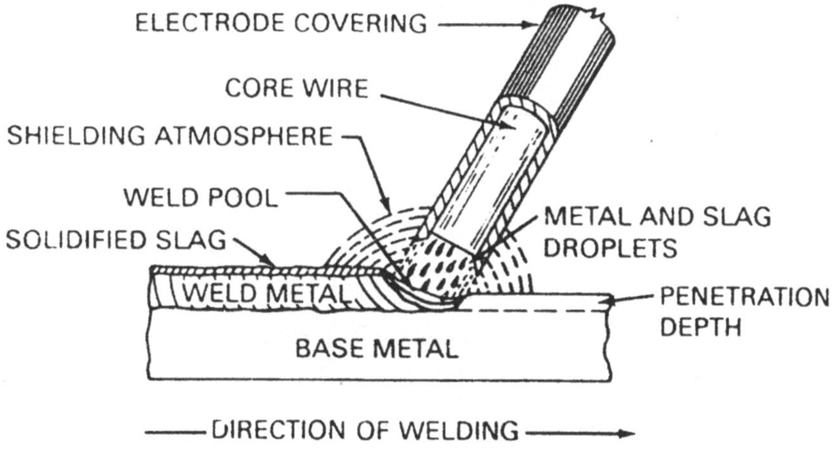

그림 5-23 피복아크용접(SMAW) 개요

3.2. SMAW 용접봉의 일반사항

SMAW용접봉은 그림 5-24와 같이 심선의 주위에 피복제(Flux)를 균일하게 도장하여 건조시킨 것이며, 그 한쪽 끝을 호올더(Holder)에 물려서 전류를 통할 수 있도록 심선의 길이를 20~30mm 노출 시키고 다른 쪽은 아크(Arc) 발생이 쉽도록 약간(3mm 이하) 노출되어 있다.

또한 저수소계 용접봉, 철분산화철계 용접봉 등에는 아크 발생을 용이하게, 초기 아크시의 결함 (Blow hole)을 방지하기 위하여 특수약제(Flux)로 도포되어 있다.

일반적으로 심선의 직경은 2.0 ~ 8.0mm, 길이는 300 ~ 900mm 이다.

피복 Arc 용접봉에는 피용접재의 재질에 따라 연강, 고장력강, 저합금강, 스테인레스강, 비철금속, 주철, 표면경화용 등이 있고, 모재의 재질, 구조물의 사용목적, 이음형상, 용접자세, 전류의 종류 등에 따라 구분 되고 있다.

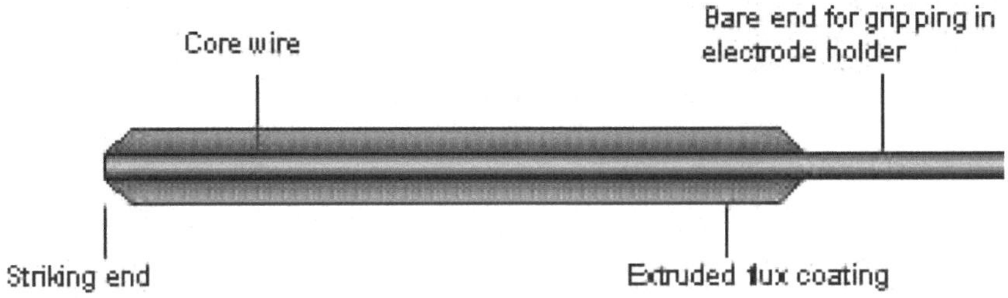

그림 5-24 피복아크 용접봉 개요

3.2.1. 피복제(Flux)

3.2.1.1. 피복제의 작용

피복은 아크(Arc) 열에 의하여 용융되어 아크의 흐름 및 용착금속을 대기로부터 보호 한다. 그 작용을 열거하면 다음과 같다.

- 중성 또는 환원성 분위기를 만들어 대기중의 산소, 질소의 침입을 막아 용착 금속의 기계적 성질에 중대한 역할을 주는 합금 원소를 보호 유지한다.
- 아크를 안전하게 한다.
- 용융점이 낮은 적당한 점성의 슬래그를 만든다.
- 산화물, 유황 및 인과 같은 불순물을 용융 금속으로부터 녹여 이러한 불순물의 함량을 감소시킨다.
- 용접 금속에 적당한 합금의 원소를 첨가한다.
- 용융 방울을 미세화 하여 용착효율을 높게 한다.
- 용접 금속의 응고와 냉각 속도를 느리게 한다.
- 위 보기 및 기타 자세의 용접을 용이하게 한다.
- 슬래그 제거를 쉽게 하고 파형이 아름다운 비드(Bead)를 만든다.
- 봉 끝에 원통형의 보호 통을 형성 한다.
- 용접봉 심선의 원주측면을 절연 시키므로, 아크는 선단의 국한된 범위 내로 집중 시키는 역할을 한다. (깊은 U 또는 V 홈 속에서의 용접을 쉽게 한다.)

3.2.1.2. 피복제의 작용 중 특기 사항

(1) 피복통 형성

피복제는 용접 중에 심선보다는 약간 늦게 녹는 소위 피복통을 형성한다.
그 결과 아크(Arc)의 집중 및 지향성과 열효율이 향상되고 용착율과 용입이 향상되며, 용접비드(Weld Bead) 표면이 아름답게 된다.

(2) 아크 분위기 생성

피복제는 아크열에 의해 연소하면서 분해하여 다량의 가스를 발생하고, 모재의 용접봉 사이에서 보호가스의 분위기를 만들어 용착금속의 산화, 질화를 방지한다.
피복제중의 가스원은 유기물, 탄산염, 습기 등이 있다.
각 단계별 반응식은 표 5-4와 같다.

표 5-4 용접 과정별 반응식

용접 과정의 변화	반응식
용융금속중의 탄소가 산화하여 일산화탄소 방출	$FeO + C \rightarrow Fe + CO$
탄산염의 분해에 의한 탄산가스 방출	$MeCO_3 \rightarrow MeO + CO_2$
유기물의 연소에 의한 수증기 및 일산화탄소 발생	$(C_6H10O_5)n + 3nO_2 \rightarrow 5nH_2O + 6nCO$
수증기의 일부가 분해하여 수소 등을 발생한다.	$H_2O + CO \rightarrow H_2 + CO_2$

용접봉에 의한 아크 분위기 조성의 일례는 표 5-5와 같이 저수소계 E4316에서는 일산화탄소와 수소 가스가 대부분을 차지하고, 여기 탄산가스와 수증기가 소량 포함되어 있는데 반하여 저수소계에서는 수소 가스가 극히 적고 탄산가스가 상당히 포함되어 있다.
이를 가스가 대기로부터 용융금속을 보호해 주는 것이다.

표 5-5 아크 분위기의 조성 례(%)

피복 아크 용접봉	CO	CO_2	H_2	H_2O
E4301 E4301 (건조)	49.2 57.0	4.6 5.1	34.4 27.1	11.8 10.0
E4311 E4311 (건조)	44.6 45.8	3.4 3.1	38.8 42.2	13.2 8.9
E4313 E4313 (건조)	39.2 41.2	3.7 4.1	43.5 37.8	16.6 16.9
E4316 E4316 (건조)	50.8 50.7	27.6 31.0	6.9 3.9	14.7 14.4

※ Notes : 건조 조건 : 110℃, 2시간

(3) 슬래그(Slag) 형성

피복제 중의 가스 발생원은 아크 분위기를 생성하나 기타 부분은 슬래그(Slag)가 되어 용융금속과 반응하여 탈산의 기능 혹은 합금 성분의 공급역할을 하거나 대기로부터 용융금속을 보호한다. 슬래그는 주로 용융금속의 주위를 둘러싸서 이것을 보호하면서 용융풀(Pool)로 이행하고 풀 내에 부상하면서 탈산반응이나 불순물을 제거하는 플럭스(Flux) 작용 (용매작용)에 의하여 용융금속의 정련을 한다. 또한 정당한 합금성분의 보충, 용융금속의 유동성 증가 등에 의하여 양호한 용융금속의 생성을 돕는다. 그리고 슬래그는 응고한 고온금속을 덮어 이것을 보호함과 동시에 급냉을 완화하는 작용을 한다.

3.2.1.3. 피복 배합제의 종류와 특성

피복제의 원료에는 표 5-6에 표시하는 바와 같이 여러가지 무기물과 유기물이 사용된다. 같은 규격의 분류품 이라도 각 제조자에 따라서 배합은 틀리며 서로의 고유의 경험과 기술의 특징 있는 용접봉을 생산하고 있다. 다음에 피복 배합제의 성질 중 중요한 것에 대하여 좀 더 자세히 설명하고자 한다.

(1) 아크 안정제

아크에 부드러운 느낌을 주고 용접과정에서 아크가 잘 유지되도록 하려면, 피복제에 포함되어 있는 성분이 아크열에 의하여 이온화하기 쉬워야 한다. 이때는 아크 전압도 낮아지고 아크는 안정된다.

특히 교류 용접에서는 앞서 말한 바와 같이 재점화 전압(再點呼 電壓)이 낮을수록 좋으므로 아크 안정제의 역할은 중요하다.

(2) 가스 발생제

이 물질은 가스를 발생하여 아크 분위기를 대기로부터 차단하여 용융금속의 산화나 질화를 방지하는 작용을 한다. 전분, 목재, 톱밥, 셀룰로우즈, 석회석 등이 이 가스 발생제에 속한다.

이들 물질은 아크 열에 의하여 분해되고, 일산화탄소(CO), 탄산가스(CO_2), 수증기(H_2O) 등의 가스를 발생하고, 용융금속을 대기로부터 보호한다.

(3) 슬래그 생성제

슬래그(Slag)는 용융금속의 표면을 덮어서 산화나 질화를 방지함과 아울러 그 냉각을 서서히 한다. 또 더욱 중요한 것은 탈산작용을 돕고, 용융금속의 야금반응에 중요한 작용을 하며 그 성질과 용접 작업성에도 큰 영향을 미친다. 중요한 배합제로서는 산화철, 산화티타늄(금홍석), 일메나이트, 이산화망간, 석회석, 규사, 장석, 형석 등이 사용된다.

표 5-6 피복 배합제의 성질

	아아크 안정	슬래그화	탈산제	환원 가스 발생제	산화정	합금제	유동성 증가	고착제	슬래그박리성증가
탄산소오다(NA_2CO_3), 중탄산소오다($NaHCO_3$), 산성백토	○	○							
탄산칼륨(K_2CO_3), 석회(CaO), 석회석($CaCO_3$)	○	○							
황혈염($K_4Fe(CN)_6$)	○	○					○		
형석(CaF_2)	○	○					○		○
붕사(Na_2B_4O7), 붕산(H_3BO_3), 고토(MgO), 제강 슬래그		○							
탄산마그네슘($MgCO_3$), 알루미나(Al_2O_3)		○							
빙정석(Na_3AlF_6)		○					○		
규사(SiO_2), 이산화망간(MnO_2)	○	○			○		○		○
산화티탄(TiO_2), 석면	○	○					○		○
적철광(Fe_2O_3), 자철광(Fe_3O_4), 사철	○	○			○		○		
페로시리콘, 페로티탄, 페로바나듐			○			○			
산화모리브덴, 산화니켈					○	○			
망간, 페로망간, 크롬, 페로크롬			○			○			
알루미늄(Al), 마그네슘(Mg)			○						
니켈, 니크롬선, 동(Cu)						○			
규산소오다(물유리), 규산칼리	○	○						○	
소맥분	○		○	○				○	
면사, 면포, 종이, 목재톱밥	○		○	○					
탄분			○	○		○			
해초풀, 아교, 가제인, 고무, 당밀				○				○	

(4) 탈산제

탈산제는 용융 금속중의 산소와 결합하여, 이 산소를 제거하는 작용을 하는 것으로 망간철, 규소철, 티탄철등의 철합금 또는 금속 망간, 알루미늄 분말등이 사용된다.

(5) 고착제

고착제(Binder)는 심선에 피복제를 고착시키는 역할을 하는 물질로서, 물유리(규산소오다), 규산칼리 등이 주된 고착제이다.

(6) 합금제

합금제는 용착금속의 화학성분을 원하는 대로하며, 원하는 성질을 얻기 위하여 가해지는 것으로서 여러가지 금속원소가 이용된다.

표 5-7 피복제 종류에 따른 주요 성분과 특성

	셀룰로스계		산성계		루타일계		염기성계	
주요성분	Cellulose	40	Magnetite Fe_3O_4	50	Rutile TiO_2	45	Flour spar CaF_2	40
					Magnetite Fe_3O_4	10		
	Rutile TiO_2	20	Quartz SiO_2	20	Quartz SiO_2	20	Lime stone $CaCO_3$	20
	Quartz SiO_2	25	Lime stone $CaCO_3$	10	Lime Stone $CaCO_3$	10	Quartz SiO_2	25
	FeMn Waterglass	15	FeMn Waterglass	20	FeMn Waterglass	15	FeMn Waterglass	15
슬래그의 응고간격 (solidification interval of the slag)	슬래그 없음		큼		중간		큼	
용적이행 형태	중간용적 - 입상이행		미세용적이 - 스프레이이행		중간용적 - 미세용적 이행		중간용적 - 큰용적이 이행	
인성값(용접성)	중간(Good)		나쁨(Normal)		중간(Good)		우수(Very good)	

표 5-8 피복제를 종류에 따른 효과

피복제를 구성하는 재료	용접시 미치는 영향
Quartz - SiO_2	전류용량증가, 슬래그 희석제 (Increase the current capacity-slag diluent)
Rutile - TiO_2	슬래그 박리성 및 비드외관 개선 - 우수한 재점화
Magnetit - Fe_3O_4	용적이행 개선
Limestone - $CaCO_3$	아크전류감소, 슬래그 및 보호가스 형성제
Fluorspar - CaF_2	염기성 피복제내에서 슬래그 희석재, 아크불안정
Potassium felspar(장석) - K_2O, Al_2O_3, $6SiO_2$	이온화 증가 및 아크 안정제
FeMn / FeSi (합금철)	탈산제
Cellulose	보호가스 형성제
Po- or So-waterglass - K_2SiO_3 / Na_2SiO_3	Binder

3.2.1.4. 플럭스(Flux)의 구분

플럭스는 용탕을 대기로부터 보호하고 안정적인 용접이 진행될 수 있도록 도와주는 역할뿐만 아니라 용탕의 합금 성분에도 영향을 미친다.

플럭스를 구분하는 방법은 매우 다양한데, 그중에 하나가 플럭스의 주요 성분을 기준으로 구분하는 것이다.

(1) 불소 계열(Halide-type Flux)

CaF_2-NaF, CaF_2-$BaCl_2$-NF, KCl-NaCl-Na_3AlF_6 등이 이에 속하며, 산소가 없는 것이 특징이다. CaF2의 역할에 의해 용탕에 산소의 함량이 극히 작게 되어 티타늄이나 알루미늄의 용접에 사용된다.

(2) 불소-산소 계열(Halide-Oxide Type Flux)

CaF_2-CaO-AL_2O_3, CaF_2-CaO-SiO_2, CaF_2-CaO-$Al_2)_3$-SiO_2, CaF_2-CaO-Mg)-Al_2O_3 등이 이에 속하며, 산소가 조금 들어 있는 플럭스 들이다. 주로 고합금강의 용접에 적용된다.

(3) 산화물 계열(Oxide Type)

MnO-SiO_2, FeO-MnO-SiO_2, CaO-Ti$)_2$-Si$)_2$ 등이 이에 속하며, 대부분 산화물로 구성되어 있다. 일반 탄소강과 저합금강의 용접에 적용된다.

표 5-9 SMAW 용접봉 피복재에 따른 용접 특성

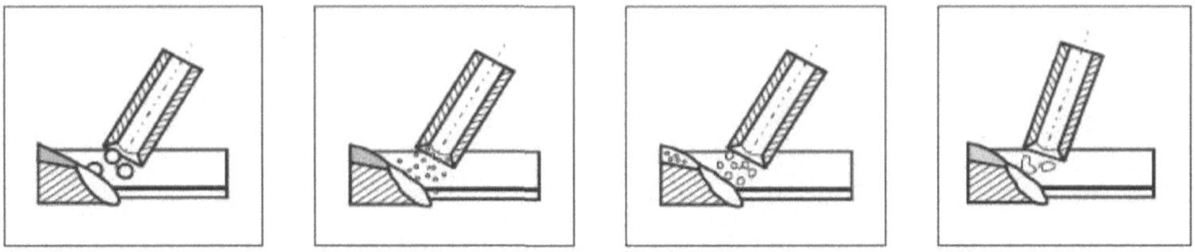

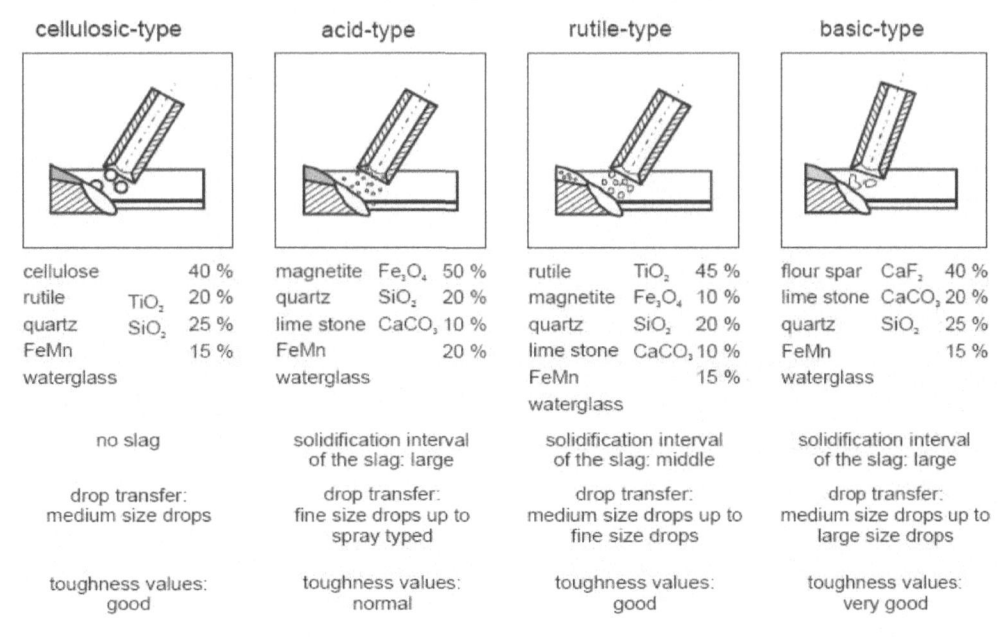

cellulosic-type	acid-type	rutile-type	basic-type
cellulose 40 % rutile TiO_2 20 % quartz SiO_2 25 % FeMn 15 % waterglass	magnetite Fe_3O_4 50 % quartz SiO_2 20 % lime stone $CaCO_3$ 10 % FeMn 20 % waterglass	rutile TiO_2 45 % magnetite Fe_3O_4 10 % quartz SiO_2 20 % lime stone $CaCO_3$ 10 % FeMn 15 % waterglass	flour spar CaF_2 40 % lime stone $CaCO_3$ 20 % quartz SiO_2 25 % FeMn 15 % waterglass
no slag	solidification interval of the slag: large	solidification interval of the slag: middle	solidification interval of the slag: large
drop transfer: medium size drops	drop transfer: fine size drops up to spray typed	drop transfer: medium size drops up to fine size drops	drop transfer: medium size drops up to large size drops
toughness values: good	toughness values: normal	toughness values: good	toughness values: very good

3.2.2. 피복재의 염기도(Basicity Index)

SMAW용접봉의 표면을 싸고 있는 피복재는 플럭스의 성분에 따라 염기성, 중성, 그리고 산성으로 구분된다. 산성 성분으로는 SiO_2, TiO_2 등이 있으며, 염기성으로는 K_2O, Na_2O등이 있고, 중성 성분으로는 Al_2O_3, Fe_2O_3등이 있다.

염기도(Basicity Index, BI)는 이들 성분의 비를 통해 플럭스가 어떠한 특성을 가지는 지를 평가하는 방법이다.

$$BI = \frac{CaF_2 + CaO + MgO + BaO + SrO + Na_2O + K_2O + Li_2O + 0.5(MnO + FeO)}{SiO_2 + 0.5(Al_2O_3 + TiO_2 + ZrO_2)}$$

염기도(BI)에 따라 용접 금속의 기계적 특성 및 용접비드의 외관이 달라지게 된다.

염기도(BI)가 1 이하가 되면 산성으로 구분하고, 1 ~ 1.2 사이는 중성, 그리고 1.2 이상이 되면 염기성 플럭스로 구분한다. 이러한 플럭스의 구분은 SAW등에서도 같은 기준으로 적용된다.

염기도가 커질수록 용접금속의 산소 함유량이 줄어들게 되고, 인성이 향상하지만, 용탕의 끈적임이 커져서 비드 형상이 거칠어 지고 슬래그의 박리성이 떨어지는 단점이 있다.

염기도가 작을수록 용탕의 유동성이 좋아지고, 비드 형상이 부드러워지며, 슬래그의 박리성이 좋아서 용접금속에 슬래그 혼입이 줄어들고, 용착률이 높아서 생산성이 향상되지만, 기계적 특성에서는 단점이 나타나게 된다.

아래 그림은 염기도에 따른 용접금속의 산소 함유량을 나타낸다.

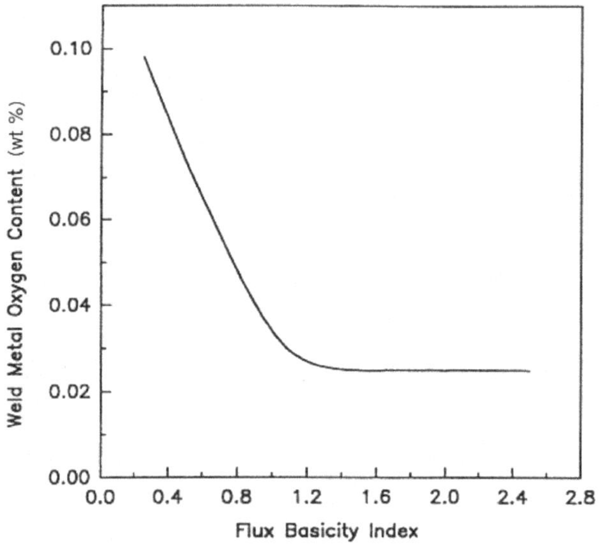

그림 5-25 플럭스의 염기도와 용착금속의 산소 농도(SAW의 사례)

염기도가 작아서 용착금속에 포함된 산소의 함량이 높게 되면, 결국 용접금속의 탈산이 충분하게 이루어지지 않게 되며, 황 성분등의 불순물 함량이 높아져서 유동성은 좋아지지만, 응고 균열을 유발하기 쉽다.

아래 그림은 염기도와 용착금속의 황 함량의 상관 관계를 보여주고 있다.

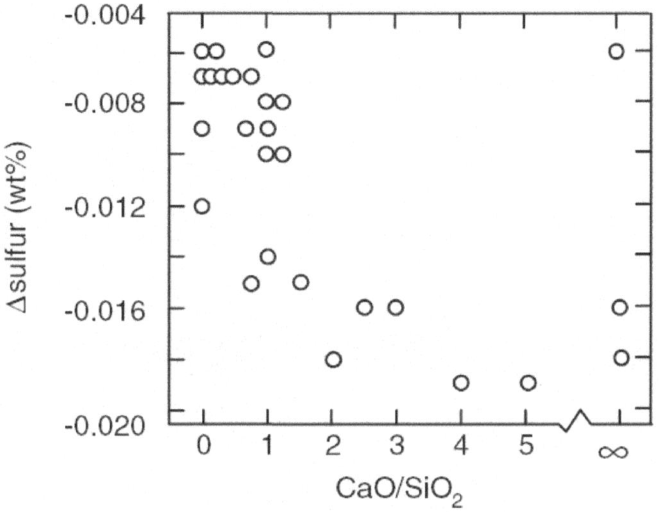

그림 5-26 염기도에 따른 용착금속의 황 함량

3.3. 전원 특성

3.3.1. 전원의 선택

3.3.1.1. 직류

직류는 교류에 비해 극성변화가 없기 때문에 아크가 안정적이고, 부드러운 용접금속 이행을 만든다. 대부분의 용접봉은 역극성 상태로 설정이 되어 있다. 역극성으로 용접을 시행하면 좁고 깊은 용입을 얻을 수 있으며, 정극성으로 용접을 하면 평활하고 넓은 용접 비드를 높은 용착속도로 얻을 수 있는 장점이 있다.

각 극성별 용접부의 특성은 가스텅스텐아크용접(GTAW와는 반대의 양상을 보이고 있으며, 이는 열전자의 역할이 아닌 용융된 금속에 의해 열이 전달되는 특징을 가지고 있기 때문이다.

직류 용접은 용탕의 젖음성(Wetting)이 좋아서 쉽게 모재와 융착이 되고 낮은 전류로 균일한 용접비드를 얻을 수 있어서 얇은 구조물의 용접에 적합하다. 직류는 짧은 아크로 수직(Vertical) 혹은 위보기(Overhead) 자세에 적합하며, 용접금속의 입상이행(Globular) 이행 과정에서 단락의 위험성이 작다.

하지만 직류로 용접을 하게 되면, 아크쏠림(Arc Blow) 현상이 발생하여 부적절한 용접이 이루어질 위험성이 있다.

직류용접에서는 용접봉을 음극(-)에 연결하면 정극성(direct current electrode negative, DCEN, direct current straight polarity, DCSP)라하고 이와 달리 용접봉을 양극(+)에 연결하면 역극성 (direct current electrode positive, DCEP, direct current reverse polarity, DCRP)라 한다.

전체 용접 발열량의 60~75%는 양극에, 나머지 25~40%는 음극에 발생하므로 그 온도가 양극은 약 4200℃, 음극은 약 3600℃ 정도이다.

직류용접의 극성은 용접봉, 심선의 재질, 피복제의 종류, 용접이음의 모양, 용접자세 등에 따라 선정되지만 교류용접에서는 극성이 없고 모재와 용접봉의 발열량이 서로 같다.

표 5-10 피복아크(SMAW) 직류 용접의 극성과 특징

분 류	극 성	특 징
역극성 (DCEP, DCRP)	용접봉 : + 모재 : -	모재의 용입이 깊다 용접봉의 용융속도가 늦다. 비드폭이 좁다. 가장 보편적이다.
정극성 (DCEN, DCSP)	용접봉 : - 모재 : +	모재의 용입이 얕다. 용접봉의 용융속도가 빠르다. 비드폭이 넓다. 박판, 주철, 합금강, 비철금속 등에 주로 이용된다

3.3.1.2. 교류

SMAW용접에서 교류의 장점은 아크쏠림(Arc Blow)의 위험성이 없다는 점과 전력소모 비용이 작다는 것이다. 또한 용접기가 복잡하지 않고 가격도 경제적인 이점이 있다. 또한 상대적으로 용접봉의 크기를 굵게 가져갈 수 있으며, 높은 전류의 사용이 가능하다. 철계(Iron Powder)를 플럭스로 사용하는 경우에는 높은 전류의 교류 용접에 가장 적합하게 설정되어 일반 용접봉 보다 1.5배 빠른 용접속도를 얻을 수 있다.

3.3.2. 전류

용접봉이 녹는 용착속도는 전류의 크기에 비례하며, 각 용접봉은 크기와 종류에 따라 적절한 전류영역이 제시된다. 적정 전류 수준에서 벗어난 상태에서 용접을 하게 되면, 안정적인 용접이 진행되지 않는 다. 또한 전류는 용착 금속의 양을 결정하게 되며, 이는 모재에 가해지는 입열량과도 비례한다. 즉, 높은 전류를 사용하게 되면, 많은 양의 용탕이 만들어지고 이는 곧 큰 입열량으로 깊은 용입을 만들게 된다.

3.3.3. 전압

전압은 아크(Arc)의 길이와 관계가 있으며, 전자기력으로 용탕을 누르는 힘으로 작용한다. 아크의 길이가 길어지면 전압이 상승하게 되고 용접 비드가 넓게 퍼지게 된다. 전압은 용접봉의 종류, 크기, 피복재의 종류, 전류 및 용접 자세에 따라 변화한다. 용접 전압은 전류와 용접봉의 크기가 커짐에 따라 증가한다.

너무 짧은 아크의 길이는 낮은 전압을 의미하며, 용접금속의 이행중에 단락(Short)을 초래한다. 너무 긴 아크의 길이는 높은 전압을 의미하며, 이는 아크의 방향성과 집중성을 유지하기 어려워 용착 효율을 저하하고 피복재로부터 발생하는 보호가스의 효율을 저하하여 과다한 기공 발생과 산소, 질소등에 의한 용접금속의 오염을 초래한다. 특히 아크쏠림이 발생할 경우에는 아크의 길이를 짧게 가져가야 한다.

전류와 전압의 상관 관계와 용접속도의 개념을 이해하면, 현장에서 발생하는 용접부의 모양을 보고 용접 조건을 조정할 수 있는 능력이 생긴다.

아래 그림은 SMAW 용접으로 만들어진 용접금속의 모습이며, 각각의 문제점에 대해 다음과 같이 정리한다.

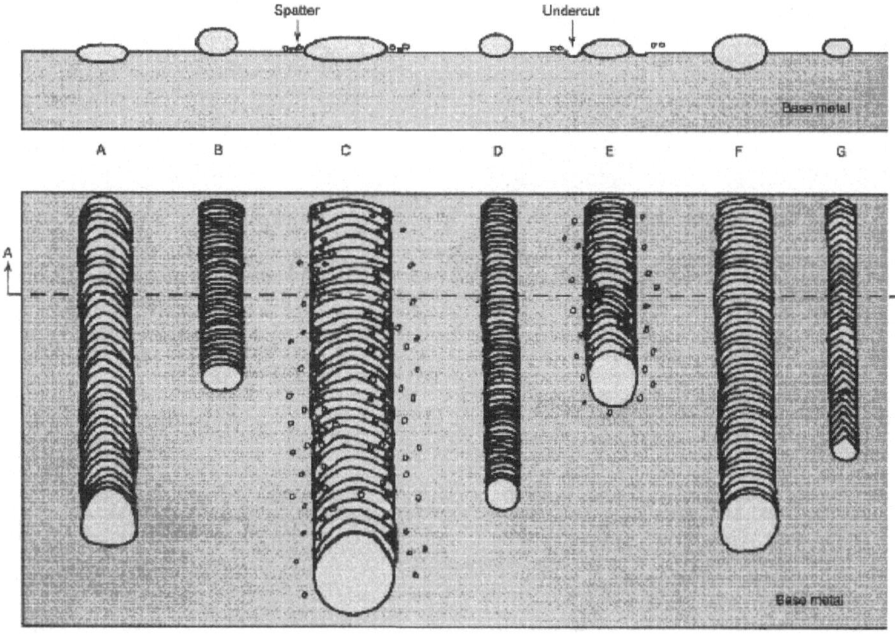

그림 5-27 피복아크 용접부의 전류와 전압에 따른 용접비드 형상

(A) 전류, 전압, 용접속도가 가장 정상적으로 이루어진 용접금속이다.
(B) 전류가 너무 낮아서 충분한 용탕을 만들지 못하고, 입열이 작아서 모재에 용입이 되지 않았다.
(C) 전류가 너무 많아서 많은 용탕이 형성되었고, 과다하게 형성된 용탕이 튀어 나

와 스패터(스패터)가 되었다.

(D) 전압이 너무 작아서 용탕을 누를 수 있는 힘이 부족하고 입열이 작아서 모재를 충분하게 녹이지 못했다.

(E) 전압이 너무 크다 보니 입열이 커지고 모재를 녹여서 언더컷(Undercut)을 만들었다.

(F) 너무 느린 용접 속도로 인해 지나치게 깊은 용입을 만들었다.

(G) 너무 빠른 용접속도로 인해 모재에 충분한 열이 가해지지 않아서 깊은 용입을 만들지 못했다.

3.4. SMAW 용접재료의 종류

SMAW 용접봉은 종류가 다양하나 피용접물의 재질에 따라서 연강(탄소강), 고장력강, 저합금강, 스테인레스강, 표면경화용, 동합금, 니켈합금, 알루미늄 등으로 분류하고 있으며, 또 이들은 모재의 재질, 용접물의 사용목적, 용접자세, 사용전류의 극성, 이음형상 등에 따라 분류하여 사용된다.

3.4.1. 연강용 SMAW 용접재료

연강용 SMAW용접봉(Coated electrode for mild steel)은 현재 가장 많이 사용되고 있으므로, 여기에 대해서는 폭넓은 지식을 가지고 있어야 한다. 우리나라에서는 KS D7004에 자세히 규정되어 있다. 용접봉의 종류는 피복제의 종류에 따라 표 5-11과 같이 분류하며 전용착 금속(All Weld Metal)의 기계적 성질은 표 5-12의 값을 갖는다.

한편 용접봉의 기호는 다음과 같은 뜻을 가진다.

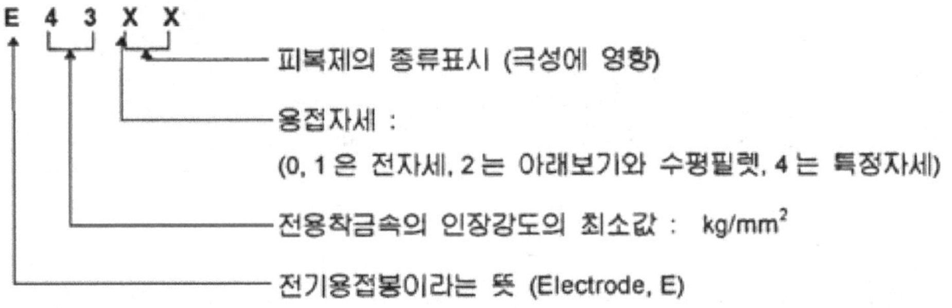

표 5-11 연강용 피복 아크 용접봉의 종류 (KS D7004)

종류	피복제 계통	용접자세	사용전류의 종류
E4301	일메나이트 계	F, V, OH, H	AC 또는 DC (±)
E4303	라임티타나아 계	F, V, OH, H	AC 또는 DC (±)
E4311	고셀룰로우즈 계	F, V, OH, H	AC 또는 DC (±)
E4313	고산화티탄 계	F, V, OH, H	AC 또는 DC (-)
E4316	저수소 계	F, V, OH, H	AC 또는 DC (+)
E4324	철분 산화티탄 계	F, H-Fil	AC 또는 DC (±)
E4326	철분 저수소 계	F, H-Fil	AC 또는 DC (+)
E4327	철분 산화철 계	F, H-Fil	F 용접시는 AC 또는 (+) H-Fil 용접시는 AC 또는 DC(-)
E4340	특수 계	F, V, OH, H H-Fil 중 어느자세	AC 또는 DC (±)

※ Notes

1. 용접 자세에 자용된 기호의 뜻은 다음과 같다. (이하 공통임)
   F : 아래보기 자세 (Flat Position)
   V : 수직자세 (Vertical Position)
   OH : 위 보기 자세 (Overhead Position)
   H : 수평자세 (Horizontal Position)
   H-Fil : 수평필렛 (Horizontal Fillet)
2. 사용전의 종류에 이용한 기호의 뜻은 다음과 같다. (이하 공통임)
   AC : 교류
   DC(±) : 직류 정극성과 역극성
   DC(-) : 직류봉 음극, 직류 정극성
   DC(+) : 직류봉 양극, 직류 역극성

표 5-12 용착금속의 기계적 성질 (KS D7004, Min.)

종류	인장강도 (Kg/mm^2)	항복점 (Kg/mm^2)	연신율(%)	충격치(0℃ V 노치샤르피) (kg·m)
E4301	43	35	22	4.8
E4303	43	35	22	2.8
E4311	43	35	22	2.8
E4313	43	35	17	-
E4316	43	35	25	4.8
E4324	43	35	17	-
E4326	43	35	25	4.8
E4327	43	35	25	2.8
E4340	43	35	25	2.8

※ Notes :

1. E4327에 대해서는 연신율이 2% 증가할 때는 항복점과 인장강도는 $1kg/mm^2$ 낮아도 지장은 없다. 단 항복점은 $33kg/mm^2$, 인장강도는 $41kg/mm^2$ 이상이어야 한다.

용접봉은 KS와 AWS 규격의 종류에 따라 각각 특성을 가지고 있으므로 그 사용목적에 따라서 잘 선택하여 사용하여야 한다. 그 특성의 개요를 설명하기로 한다.

표 5-13 SMAW 용접봉의 종류(AWS A5.1)

AWS Classification		Type of Coating	Welding Position	Type of Current
A5.1	A51.M			
E6110	E4310	High Cellulose Sodium	F, V, OH, H	DCEP
E6011	E4311	High Cellulose Potassium	F, V, OH, H	AC or DCEP
E6012	E4312	High Titania Sodium	F, V, OH, H	AC or DCEN
E6013	E4313	High Titania Potassium	F, V, OH, H	AC, DCEN, or DCEP
E6018	E4318	Low-Hydrogen Potassium, Iron Powder	F, V, OH, H	AC or DCEP
E6019	E4319	Iron Oxide Titania Potassium	F, V, OH, H	AC, DCEN, or DCEP
E6020	E4320	High Iron Oxide	H-Fillet,	AC or DCEN
			F	AC, DCEN, or DCEP
E6022	E4322	High Iron Oxide	F, H-Fillet	AC or DCEN
E6027	E4327	High Iron Oxide, Iron Powder	H-Fillet	AC or DCEN
			F	AC, DCEP, or DCEN
E7014	E4914	Iron Powder, Titania	F, V, OH, H	AC, DCEP, or DCEN
E7015	E4915	Low-Hydrogen Sodium	F, V, OH, H	DCEP
E7016	E4916	Low-Hydrogen Potassium	F, V, OH, H	AC or DCEP
E7018	E4918	Low-Hydrogen Potassium, Iron Powder	F, V, OH, H	AC or DCEP
E7018M	E4918M	Low-Hydrogen Iron Powder	F, V, OH, H	DCEP
E7024	E4924	Iron Powder, Titania	H-Fillet, F	Ac, DCEP, or DCEN
E7027	E4927	High Iron Oxide, Iron Powder	H-Fillet	AC or DCEP
			F	AC, DCEP, or DCEN
E7028	E4928	Low-Hydrogen Potassium, Iron Powder	H—Fillet, F	AC or DCEP
E7048	E4948	Low-Hydrogen Potassium, Iron Powder	F, OH, H, V-Down	AC or DCEP

3.4.1.1. 연강용 SMAW 용접봉의 종류

(1) E4301 (Ilmenite Type)

일메나이트(Ilmenite) 광석, 사철등을 주성분으로 한 피복봉으로서 전자세의 용접에 사용된다. 원료인 양질의 일메나이트가 우리나라와 일본 및 동남 아시아에서 많이 생산되므로 우리나라에서는 가장 많이 사용되고 있다. 슬래그는 비교적 유동성이 좋고, 용입 및 기계적 성질도 양호하다. 특히 내부 결함이 적도 X-선 시험성적도 양호하다. 용도는 일반 공사용에는 물론 각종 압력용기, 조선, 건축 등에도 널리 사용되고 있다.

(2) E4303 (Lime Titania Type)

산화티탄(TiO_2)과 석회석($CaCO_3$)이 주성분이고 일반적으로 피복의 두께가 두껍다. 용접비드(Weld Bead) 표면은 평면적이고, 비드 외관은 고우면 언더컷이 잘 생기지 않는다. 슬래그는 유동성이 크고 가벼우며 다공성이므로 박리성이 좋다. 작업성이 양호하며 전 용접자세에서 사용할 수 있다. 용접 작업때는 용착금속위에 뜬 슬래그가 뒤로 잘 밀려나므로 굵은 용접봉으로서 아래보기 자세나 수평필렛 용접에도 유용하며 기계적 성질도 양호하다.

(3) E4311(High Cellulose Type)

피복제 중에 유기물(주로 셀루로즈)을 약 30%정도 포함하고 있으며, 용접 중에 이 유기물이 연소하여 많은 환원가스(CO, H_2)를 발생한다. 이 가스는 대기중의 산소나 질소의 악영향으로부터 용착 금속을 보호한다. 전반적으로 양호한 수준의 기계적 특성을 나타내지만 높은 수소 농도로 인해 수소취성이 발생할 가능성이 높다.

이 용접봉은 피복의 두께가 얇으며 슬래그의 양이 극히 적어서, 수직 또는 위 보기 자세 또는 좁은 틈의 용접에 작업성이 좋다. 아크는 스프레이(Spray) 상태이고, 모든 자세에서 깊은 용입을 만들 수 있다. 스패터가 많고 용접비드(Weld Bead) 표면의 파형이 거칠다.

(4) E4313(High Titania Type)

고산화티탄(금홍석,TiO_2)을 주성분으로 한 피복제를 사용한 것으로서 다른 여러나라에서 많이 사용되는 용접봉이다. 아크는 안정되고 스패터가 적으며, 슬래그의 박리성은 대단히 좋고 용접비드(Weld Bead)의 외관이 고울 뿐 아니라 언더컷도 잘 발생하지 않는다. 작업성도 극히 좋으며, 전 용접자세에 사용되고 수직하진 용접도 가능하다. 용접작업 중에는 슬래그가 뒤로 잘 밀려나가므로 굵은 용접봉으로도 유효하다. 또 용입이 얕으므로 박판용접에는 좋으나, 기계적 성질이 약간 떨어지므로 중요부분의 용접에는 잘 사용되지 않는다.

(5) E4316(Low Hydrogen Type)

석회석($CaCO_3$)등의 염기성 탄산염을 주성분으로 하고, 여기에 형석(CaF_2), 페로시리콘 등을 배합한 용접봉이다. 때로는 여기에 철분을 첨가할 때도 있다.

피복제 중에는 수소를 발생시킬 성분이 적다. 용접 중에 탄산염이 분해하여 탄산가스를 발생시키고 아크를 둘러싸서 용착금속 중에 녹아 들어가는 수소량을 적게 한다. 따라서 용착금속 중의 수소함량은 다른 종류의 피복 아크 용접봉에 비해서 현저하게 적다(약 1/10 정도).

또 강력한 탈산작용 때문에 산소량도 적다. 그러므로 용착금속은 인성(Toughness)이 좋고 기계적 성질도 양호하다.

(6) E4327(Iron Powder Iron Oxide Type)

이 용접봉은 산화철을 주성분으로 하고 여기에 철분을 첨가한 것이다.

일반적으로 규산염을 많이 포함하고 있으며 산성 슬래그를 만든다. 아래보기 및 수평필렛 용접에 많이 사용되나 특히 수평필렛 용접에 더 많이 사용된다. 아크는 스프레이 상태이고 스패터가 적으며 용입은 양호하다. 슬래그는 무겁고 용접비드(Weld Bead) 표면을 완전히 닫는다. 또 슬래그의 박리성은 좋으며 용접비드(Weld Bead) 표면은 곱다. 용착금속의 기계적 성질도 좋다.

3.4.1.2. 연강용 SMAW 용접봉의 내균열성의 비교

용착금속의 내균열성은 용접봉을 선택하는 데 있어 대단히 중요한 요소가 된다. 피복제의 염기도(Basicity)에 대한 내균열성을 비교하면 그림 5-14와 같다.

내균열성은 저수소계가 가장 우수하고, 다음이 일메나이트계, 고산화철계, 고셀룰로우즈, 고산화티탄계의 순서로 떨어지고 있음을 알 수 있다. 즉 피복제가 산성계로 갈수록 작업성은 향상되지만 반대로 용착금속의 내균열성은 저하됨을 알 수 있다. 또 일메나이트계는 내균열 특성 폭이 커서 내균열성이 우수한 것과 그렇지 못한 것이 있음을 알 수 있다.

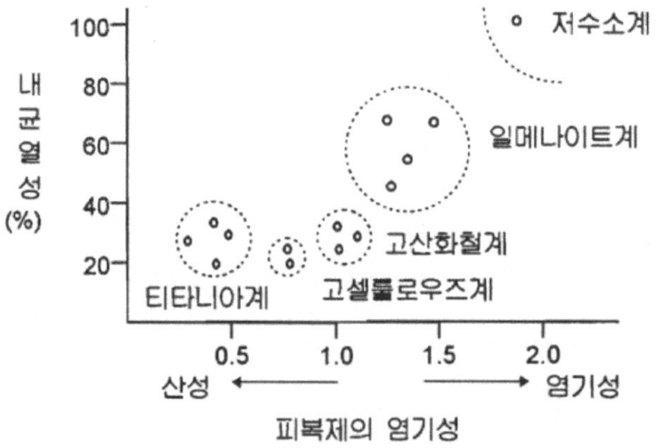

그림 5-28 용접봉의 내균열성 비교

3.4.2. 고장력강용 SMAW용접재료

고장력강의 연강의 강도를 높일 목적으로 연강에 적당한 합금원소를 약간 첨가한 저합금강(Low Alloy Steel)을 말한다.

고장력강은 강도, 경량, 내식성, 내충격성, 내마모성 등을 요구하는 구조물에는 특히 적합하다.

우리나라에서는 공업규격 KS D7006에 규정되어 있고, 또한 용접봉의 종류에는 용착금속의 인장강도, 피복제 계통, 용접자세 및 전류의 종류에 의하여 표 5-14와 같이 분류하며 용착금속의 기계적 성질은 표 5-15와 같다.

표 5-14 고장력강용 피복 아크 용접봉의 종류(KS D7006)

용접봉의 종류	피복제의 계통	용접자세	사용전류의 종류
E5001 E5003	일메나이트 계 라임티타니아 계	F, V, OH, H F, V, OH, H	AC 또는 DC(±) AC 또는 DC(±)
E5016 E5316 E5816	저 수소 계	F, V, OH, H	AC 또는 DC(±)
E5026 E5326 E5826	철분 저 수소 계	F, H-Fil	AC 또는 DC(±)
E5000 E5300	특수 계	F, V, OH, H H-Fil 중 어느자세	AC 또는 DC(±)

※ Notes : 1. 용접 자세 및 사용전류의 기호 뜻은 연강용 피복 아크 용접재료 참조요.
2. 사용전류의 기호 : AC : 교류, DC(±) : 직류정극성 및 역극성

표 5-15 용착금속의 기계적 성질(KS D7006) (※ 모든 값은 최소치임)

종류	인장강도	항복점	연신율	충격시험	
				시험온도(℃)	충격치(V-Notch) (kg-m/cm²)
E5000 E5001 E5003	50	40	20	0	4.8
E5016 E5026	50	40	23	0	4.8
E5300	53	42	18	0	4.8
E5316 E5326	53	42	20	0	4.8
E5816 E5826	58	50	18	-5	4.8

3.4.3. 스텐레스강용 SMAW 용접봉

스텐레스강용 SMAW용접봉은 크롬 - 니켈 스텐레스강 SMAW용접봉과 크롬 스텐레스강 SMAW용접봉을 조합한 것이다. 전자는 오스테나이트계 스텐레스강 용접봉이고, 후자는 크롬계 스텐레스강의 용접봉이다. 또 양자를 다같이 화학성분에 의하여 다시 여러 종류로 분

류되며, AWS A5.4 및 JIS Z3321에 수록되어 있는 것을 참고하기 바란다.

3.4.4. 주철용 SMAW 용접봉

주철 (Casting)은 보통 C = 1.7-3.5%, Si = 0.6-2.5%, Min = 0.2 = 1.2%, P ≤ 0.5%, S ≤ 0.1%의 화학성분을 가지고, 이외에도 Ni, Cr, Mo 등을 포함하고 있으며, KS D7008에는 주철용 SMAW용접봉이 규정되어 있으며 표 5-16과 같다.

표 5-16 주철용 피복 아크 용접봉의 종류 및 용착금속의 화학성분

종류	화학성분(%)							
	C	Mn	Si	P	S	Mi	Fe	Cu
EGC Ni	≤ 1.8	≤ 1.0	≤ 2.5	≤ 0.04	≤ 0.04	≤ 92	-	-
EGC NiFe	≤ 2.0	≤ 2.5	≤ 2.5	≤ 0.04	≤ 0.04	40-60	나머지	-
EGC NiCu	≤ 1.7	≤ 2.0	≤ 1.0	≤ 0.04	≤ 0.04	≥ 60	≤ 25	25-35
EGC Cl	1~5.0	≤ 1.0	2.5~9.5	≤ 0.20	≤ 0.04	-	나머지	-
EGC Fe	≤ 0.15	≤ 0.8	≤ 1.0	≤ 0.03	≤ 0.04	-	나머지	-

3.4.5. 기타 SMAW 용접봉

앞에서 언급한 바와 같이 SMAW 용접봉은 가장 많이, 또 일반적으로 사용할 수 있는 용접봉이다. 또한 앞서 소개한 용접봉 외에도 우리나라 및 선진 각국에서 여러가지 SMAW용접봉이 개발되고 있다. 이들을 열거하면, 고장력강 외의 각종 저합금강용, 청동(Bronze)용, 알루미늄용 및 표면 경화용 등이 있다.

3.5. 용접봉 관리

3.5.1. 용접봉 건조

용접봉은 인수 즉시 저장창고에 밀봉된 상태로 저장되어야 하며, 개봉 및 밀봉이 훼손된 용접봉은 즉시 건조로에 넣어야 한다.

용접봉 관리자는 용접봉을 저장창고에 입고 시 입고현황을 용접봉 입고 관리대장에 기록

하고, 건조로에서 출고 시 출고현황을 용접봉 건조로 출고 관리대장에 기록하여야 한다.

SMAW용접봉은 대기에 노출될 경우에 습기에 취약하여 반드시 건조와 유지 관리관리가 필요하다. 다음 그림은 다양한 상대 습도 조건하에서 대기중에 노출된 시간에 따른 저수소계 E7018 용접봉의 흡습 정도를 보여준다.

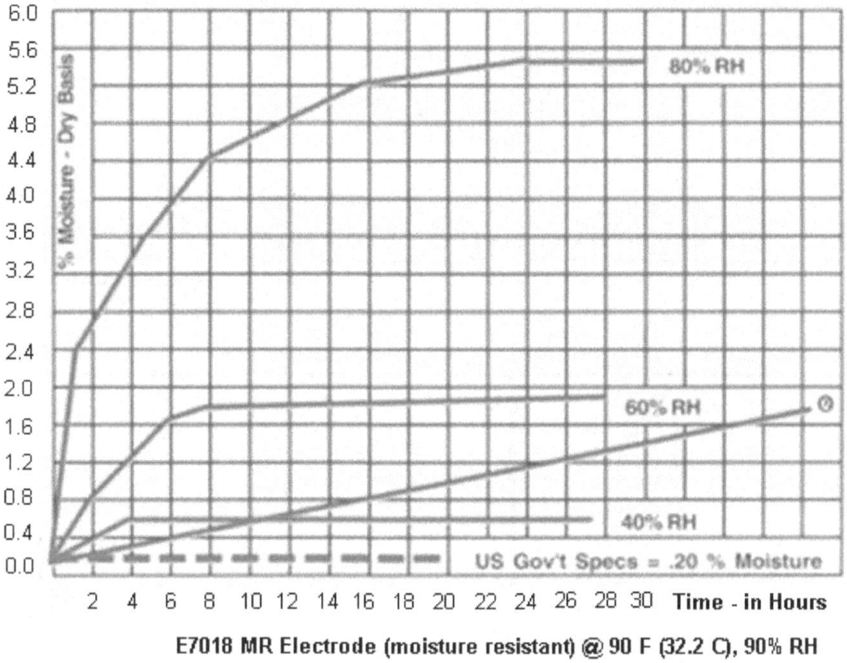

그림 5-29 E7018 저수소계 SMAW 용접봉의 흡습

밀봉 포장 용기를 개봉한 피복 용접봉은 용접봉 건조로에 입고시켜야 하고 건조 온도는 SMAW용접봉 저장 및 건조조건에 따른다. 이 경우에는 용접봉 생산자와 코드상의 건조조건 및 유지시간이 상이 할 경우 용접봉 생산자의 지침에 따른다.

표 5-17 SMAW용접봉 재건조 기준

항목	비저수소계 (AWS SFA 5.1)	저수소계 (AWS SFA 5.1)
제건조 온도 X 유지 시간	230 ~ 260℃ X 2시간	370 ~ 430℃ X 1시간
허용노출 시간	최대 4시간	E70XX 최대 4시간 E80XX 최대 2시간 E90XX 최대 1시간 E100XX 최대 30분 E110XX 최대 30분
허용재건조 횟수	1회	1회
재건조후 유지 온도	120℃	120℃

탄소강 SMAW용접봉과 스테인레스강 SMAW용접봉은 건조로 및 이동식 건조통 (Canister)에 분리, 보관하여 사용한다.

SMAW용접봉은 이동식 건조통(Canister) 또는 건조로로 부터 꺼내어 대기 중에 노출된 상태에서 E60XX, E70XX, E70XX-X는 4시간, E80XX-X는 2시간, E90XX-X는 1시간을 초과하지 않아야 한다.

AWS에서는 각 용접봉 별로 흡습량을 규정하고 있다. 다음의 자료는 SFA 5.1에 명기된 SMAW용접봉의 흡습 허용 기준이다.

표 5-18 AWS SFA 5.1에 따른 SMAW 용접봉 흡습 기준

MOISTURE CONTENT LIMITS IN ELECTRODE COVERINGS

AWS Classification	Electrode Designation	Limit of Moisture Content, % by Wt., Max. As-Received or Conditioned[a]	Limit of Moisture Content, % by Wt., Max. As-Exposed[b]
E7015	E7015	0.6	Not specified
E7016	E7016 E7016-1		
E7018	E7018 E7018-1		
E7028	E7028		
E7048	E7048		
E7015	E7015R	0.3	0.4
E7016	E7016R E7016-1R		
E7018	E7018R E7018-1R		
E7028	E7028R		
E7048	E7048R		
E7018M	E7018M	0.1	0.4

Notes:
a. As-received or conditioned electrode coverings shall be tested as specified in Section 15, Moisture Test.
b. As-exposed electrode coverings shall have been exposed to a moist environment as specified in 16.2 through 16.6 before being tested as specified in 16.1.

3.5.2. 확산성 수소(Diffusible Hydrogen)

3.5.2.1. 확산성 수소의 정의

용접금속에 함유되어 있는 수소 중에서 용접 후 냉각이나 상온에서 확산되는 단 원자 상태의 수소를 말한다. 원자상의 수소는 원자반경이 대단히 작기 때문에 금속 결정격자 내에서 비교적 자유로이 확산할 수 있지만, 전위 등에 고착된 수소 혹은 비금속개재물 등에서 분자상으로 변한 수소 등은 확산하기 어렵기 때문에 이러한 수소를 비확산성 수소라 한다.

이 확산성 수소와 비확산성 수소를 합쳐 전체 수소량이 된다. 확산성수소는 용접 후 실온에서도 장시간 방치하면 거의 전부가 외부로 방출 된다.

3.5.2.2. 확산성 수소 측정

현장 용접에서 확산성 수소를 직접 측정할 수 있는 방법은 없다. 하지만 용접금속 중에 함유되어 있는 확산성 수소는 그 위험성과 함께 시험편 용접을 통해 정량적으로 측정할 수 있는 다양한 방법들이 개발되어 왔고, 수은 치환법과 가스 크로마토 그래피가 가장 자주 사용 된다.

(1) 전기화학적 측정법(Electrochemical Measurement)

ASTM F1113에서 제시하는 측정법으로 측정하고자 하는 금속 시험편의 한쪽을 전해질에 접촉 시키고, 시험편에 Anode를 걸어 주면 원자 형태의 확산성 수소가 시험편과 전해질의 경계에서 H^+로 되고, 이 H^+는 전해질 내의 OH^-와 결합해서 H_2O가 생성된다. 이때 생성되는 전류를 측정해서 수소의 양을 확인하게 된다.

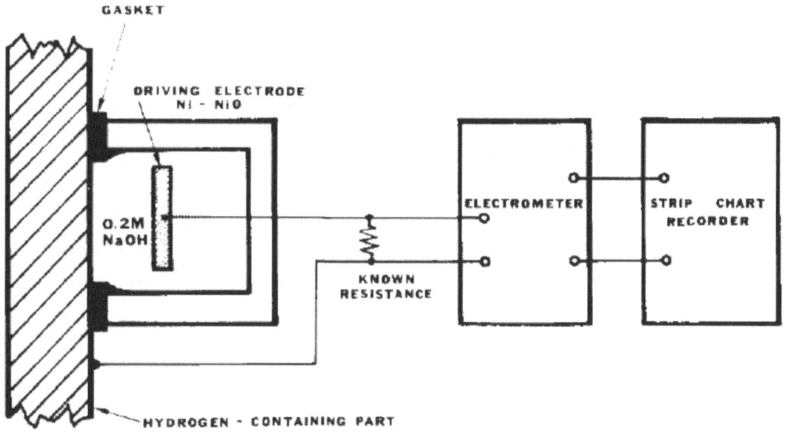

그림 5-30 ASTM F1113에 의한 전기화학적인 분석

(2) 수은 치환법(Mercury Displacement)

AWS A4.3, ISO 3690에 명기되어 있는 방법으로 열처리를 통해 잔류 수소를 제거한 시편을 용접 후 급냉 시킨다. 이 시편을 수은이 채워진 Eudiometer(유디오미터)에 넣고, 45℃에서 최소 72 시간을 침적 유지 후 확산성 수소가 방출되면서 낮아진 수은 기둥 높이를 측정한다. 수은 치환법은 수소를 고용하지 않는 수은을 사용 함으로서 0.02ml/ 100g까지 정밀한 측정이 가능하나 수은의 인체 위험성으로 온도를 높이 올리지 못해 수소 포집에 많은 시간이 걸리는 단점이 있다.

(3) 글리세린 치환법(Glycerine Replacing Process)

KS D 0064 확산성 측정에 수은 대신 글리세린을 사용시 수은 보다 저렴하고 안전하며, 설비가 간단한 장점이 있지만 대기에서 수분이 흡수되어 정밀한 측정이 어려운 단점이 있다.

측정 방법은 수은 대신 글리세린 사용 이외에는 동일 한다. 2ml/100g까지 측정 가능하고, 그 이하는 수은 치환법이나 가스크로마토 그래피를 사용해야 한다.

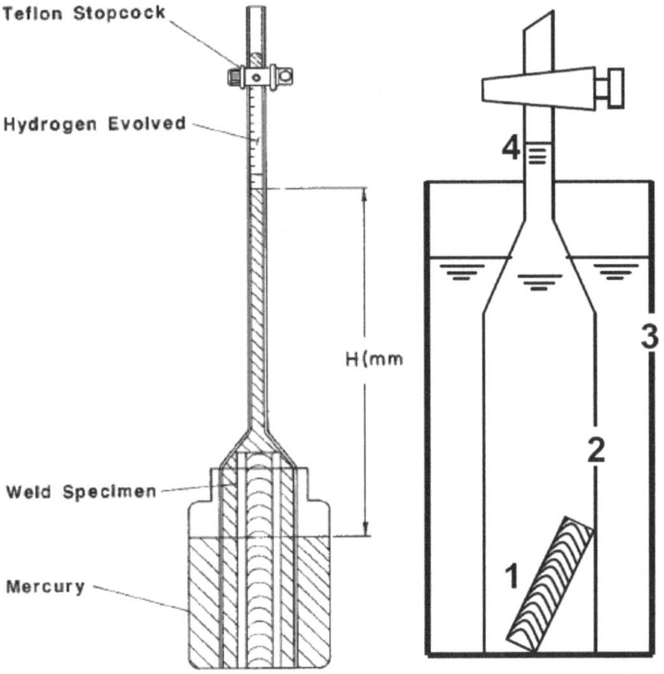

그림 5-31 수은치환법 (1: 시편, 2, 4 : 수소 포집 용기 3: 글리세린 용기)

(4) 가스 크로마토그래피(Gas Chromatography)

AWS 4.3, ISO 3690, IS JIS Z3118에 명기 되어 있는 방법으로 시험편 준비는 수은 치환법과 동일 하다. 준비된 시험편은 수소 포집용기에 30초 동안 아르곤가스를 흘려 보내 용기내의 공기를 치환한다. 시험편을 삽입한 포집 용기를 아래 표와 같이 일정 온도에서 유지하여 수소를 포집한다. 이 포집 용기를 가스 크로마토그래프 장치에 접속하여 방출된 수소량을 측정한다.

가스크로마토 그래피는 수은 치환법 대비 가열이 가능하기 때문에 빠른 측정을 할 수 있고, 수은치환법 처럼 인체 유해성이나 환경 문제 없이 사용할 수 있고, 또 정밀도가 높아 많이 사용한다. 하지만 장비 제조사가 많지 않고 가격이 비싸다는 단점이 있다.

3.5.3. 용접봉의 불출 및 반납

용접봉 관리자는 먼저 입고된 용접봉부터 건조하여야 하며, 먼저 건조된 용접봉부터 불출하여야 한다. 이동식 건조통의 전원을 사전 연결하여 10분 경과 후에 이동식 건조통(Canister)이 따뜻해진 상태에서 피복용접봉을 불출 받아야 한다.

용접사는 용접작업 완료 후에 용접봉 사용량 및 잔량을 확인하여 용접봉 불출 신청서에 숫자를 기록한 후에 잔량 및 잔여재량을 용접봉 관리자에게 반납한다.

용접봉 관리자는 용접봉 불출 및 잔여분 회수 시 용접봉 불출신청서에 불출 및 반납시간을 기록 서명하여야 한다.

사용되지 않은 용접봉은 용접봉 관리자에게 반납하며 반납된 피복 용접봉에 대해서는 비피복된 부위와 피복 부위의 경계부에 붉은색으로 칠을 하거나 표시나게 별도 관리하여야 하며 다음 불출 시에 우선적으로 불출하여야 한다.

피복이 손상된 용접봉 및 피복 용접봉이 젖어 있거나 과도한 습기를 포함하고 있을 경우와 2회에 걸쳐 반납된 경우에는 즉시 폐기해야 한다.

3.6. 용접부 결함

용접결함은 내부에서 발생하는 것과 외부에서 발생하는 것으로 구분할 수 있으며, 합부기준에 따른 판정이 나기 전까지는 결함(Defect)라고 부르지 않고 지시(Indication) 이라고 부른다.

앞서 설명한 바와 같이 용접부 결함을 평가하기 전에 우선적으로 전류와 전압의 역할에 대해서 먼저 공부하고 나면 용접부에서 발생하는 문제점에 대해 쉽게 대처가 가능하다.

표 5-19 SMAW 용접 결함 종류와 대책

결 함	원 인	대 책
용입 부족	1. 개선각도가 좁을 때 2. 용접속도가 너무 빠를 때 3. 용접전류가 낮을 때	1. 개선각도를 크게 하거나 Root 간격을 넓힌다. 또 각도에 맞는 봉경을 선택한다. 2. 용접 속도를 늦춘다. 3. 슬래그의 포피성을 해치지 않을 정도까지 전류를 올린다. 용접봉의 유지 각도를 수직에 가깝게 하고 아크 길이를 짧게 유지한다.
언더컷 (Undercut)	1. 용접전류가 너무 높을 때 2. 용접봉의 유지각도가 부적당할 때 3. 용접속도가 빠를 때 4. 아크 길이가 너무 길 때 5. 용접봉의 선택이 부적당할 때	1. 용접전류를 낮춘다. 2. 유지각도가 적절한 운봉을 한다. 3. 용접속도를 늦춘다. 4. 아크 길이를 짧게 유지한다. 5. 용접조건에 적합한 용접봉 및 봉경을 사용한다.

결 함	원 인	대 책
오버랩 (Overlap)	1. 용접전류가 과대하거나 낮을 때 2. 용접전류가 과대하거나 느릴 때 3. 부적당한 용접봉을 사용할 때	1. 용접전류를 낮춘다. 2. 용접속도를 빠르게 한다. 3. 용접조건에 적합한 용접봉 및 봉경을 사용한다.
Bead 외관 불량	1. 용접전류가 과대하거나 낮을 때 2. 용접속도가 부적당하여 슬래그의 포피가 나쁠 때 3. 용접부가 과열될 때 4. 용접봉의 선택이 부적당할 때	1. 적정전류로 조정한다. 2. 적당한 용접속도로 일정한 운봉을 행하여 슬래그의 포피성을 좋게 한다. 3. 용접부의 과열을 피한다. 4. 용접조건, 모재와 판 두께에 적당한 용접봉 및 봉경을 사용한다.
슬래그 (Slag) 혼입	1. 전층의 슬래그 제거의 불완전 2. 용접속도가 너무 느려 슬래그가 선행할 때 3. 개선형상이 불량할 때	1. 전층의 슬래그는 완전히 제거한다. 2. 용접전류를 약간 높게 하고 용접 속도를 적절히 하여 슬래그의 선행을 피한다. 3. 루트간격을 넓혀서 용접조작이 쉽도록 개선한다.
저온 균열	1. 모재의 합금원소가 높을 때 2. 이음부의 구속이 클 때 3. 용접부가 급냉 될 때 4. 용접봉이 흡습 될 때	1. 예열을 한다. 저수소계 용접봉을 사용한다. 2. 예열, 저수소계 용접봉의 사용, 용접순서를 검토한다. 3. 예열 또는 후열을 시행하고 저수소계 용접봉을 사용한다. 4. 적정한 온도에서 충분히 건조
용 착	1. 개선형상이 부적당할 때 2. 용접전류가 너무 높을 때 3. 용접속도가 너무 느릴 때 4. 모재가 과열될 때 5. 아크길이를 길게 할 때	1. 루트간격을 좁게 하거나 루트면을 크게 한다. 2. 용접전류를 낮게 한다. 3. 용접속도를 빠르게 한다. 4. 용접부의 과열을 피한다. 5. 아크길이를 짧게 한다.
변 형	1. 용접부의 설계가 부적당할 때 2. 이음부가 과열될 때 3. 용접속도가 너무 늦을 때 4. 용접순서가 부적당할 때 5. 구속이 불완전할 때	1. 미리 팽창, 수축력을 고려하여 설계한다. 2. 낮은 전류를 사용하고 용입이 적은 용접봉을 사용한다. 3. 용접속도를 빠르게 한다. 4. 용접순서를 검토 한다. 5. 치구 등을 이용하여 충분히 구속한다. 단, 균열에 주의한다.
피 트 (Pit)	1. 용접봉이 흡습되어 있을 때 2. 이음부에 불순물이 부착되어 있을 때 3. 봉이 가열되었을 때 4. 모재의 유황함량이 높을 때 5. 모재의 탄소, 망간함량이 높을 때	1. 적정한 온도에서 충분히 건조한다. 2. 이음부에 녹, 기름, 페인트 등의 이물질을 제거한다. 3. 용접전류를 낮추어 봉 가열을 피한다. 4. 저수소계 용접봉을 사용한다. 5. 염기도가 높은 용접봉을 사용한다.
블로우홀 (Blowhole)	1. 과대전류를 사용했을 때	1. 적정전류를 사용한다.

결 함	원 인	대 책
	2. 아크길이가 너무 길 때 3. 이음부에 불순물이 부착되어 있을 때 4. 용접봉이 흡습되어 있을 때 5. 용접부의 냉각속도가 빠를 때 6. 모재의 유황함량이 높을 때 7. 용접봉의 선택이 부적당할 때 8. Arc Start가 부적당할 때	2. 아크길이를 짧게 유지한다. 3. 이음부의 녹, 기름, 페인트 등을 제거한다. 4. 적정한 온도에서 충분히 건조한다. 5. 위빙, 예열 등에 따라 냉각온도를 늦게 한다. 6. 저수소계 용접봉을 사용한다. 7. 블로우홀의 발생이 적은 용접봉을 사용한다. 8. 사금법, Back Step 운봉을 한다.
고온 균열	1. 이음부의 구속이 클 때 2. 모재의 유황함량이 높을 때 3. Root 간격이 넓을 때	1. 저수소계 용접봉을 사용한다. 2. 저수소계 용접봉이나 망간을 많이 함유하고 탄소, 규소, 유황, 인이 적는 용접봉을 사용한다. 3. Root 간격을 좁게 하고 두께가 큰 Bead를 만들어 Crater 처리를 행한다.

4. 가스텅스텐아크용접(GTAW)

4.1. 가스텅스텐아크용접의 개요

가스텅스텐아크용접(Gas Tungsten Arc Welding)은 텅스텐전극(Tungsten Electrode)와 모재 혹은 용탕(Weld Pool)사이에 발생하는 아크열을 이용해서 아르곤(Ar, Argon)이나 헬륨(He, Helium)등과 같은 비활성 기체의 보호가스 분위기에서 용접봉(Bare Solid Wire)를 녹이거나 직접 모재만을 녹여서 용접을 진행하는 방법이다.

1940년대를 넘어가면서 알루미늄과 마그네슘 등의 용접에 적용되면서 그 활용도가 매우 넓어지고 있는 용접기법이다. 슬래그 형성이 없고, 외부에서 공급되는 보호 가스 분위기에서 고품질의 용접을 진행한다.

유럽에서는 비활성기체를 사용하고 텅스텐 전극으로 용접을 진행한다고 해서 Metal Inert Gas Welding(MIG) 혹은 Tungsten Inert Gas Welding(TIG)라고 부른다. 이하에서는 편의상 GTAW로 명칭을 정하여 구분한다. 고 품질의 용접 금속을 얻고자 하는 곳에 광범위하게 적용되는 용접방법으로서 주로 초층(Root Pass) 용접이나 박판의 용접 및 소구경의 배관 용접 등에 적용된다.

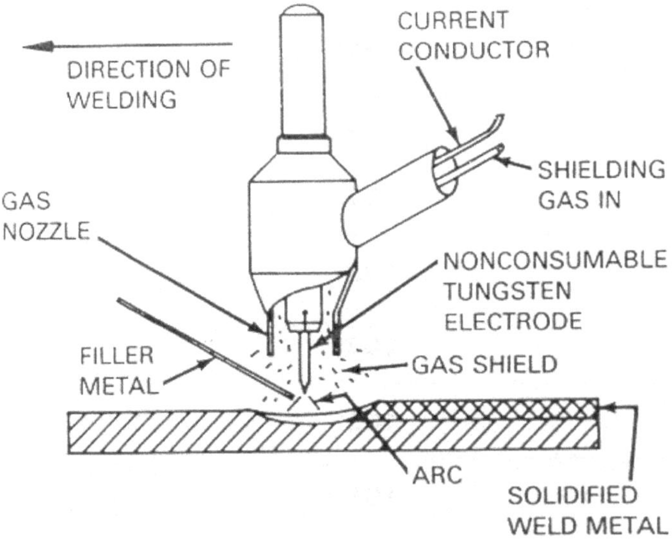

그림 5-32 가스텅스텐아크 용접기의 용접 과정 개요

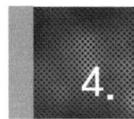

용접기의 구성은 보호가스를 공급하며, 열원을 제공하는 텅스텐 전극을 지지하고 있는 용접토치(Weld Torch)와 가스공급장치로 이루어져있다. 이 용접방법은 다른 어떠한 용접 방법 보다 용접사의 기량에 따라 용접부 품질이 좌우된다. 최근에는 Auto-TIG라는 이름으로 자동 용접법이 많이 개량되어 특히 내식 및 내마모용 육성 (Weld Overlay) 용접부에 고 품질의 용접을 실시하고 있다.

4.2. 가스텅스텐아크용접의 장, 단점

4.2.1.1. GTAW의 장점

- 양질의 용접물을 얻을 수 있다, 용접 결함이 거의 없다
- 다른 아크 용접시에 발생되는 스패터의 위험성이 없다
- 용접봉(Filler Metal)이 없이도 용접이 가능하다.
- 초층(Root Pass)의 용입을 확실하게 할 수 있다.
- 적은 비용으로 고속의 자동화 용접을 시행할 수 있다.
- 전력 소모가 적어 전력 비용이 작다
- 용접 변수의 세밀한 조정이 가능하다.
- 이종 재료를 포함한 거의 모든 금속 재료의 용접에 적용 가능하다.
- 열원(Heat Source)과 용접봉을 독립적으로 조절할 수 있다.

4.2.1.2. GTAW의 단점

- 다른 아크용접 방법에 비해 용착 속도(률)가 낮다.
- 다른 아크용접 방법에 비해 용접사의 숙련되고 세심한 기량이 요구된다.
- 10mm (3/8 in) 이상의 후판에서는 다른 아크용접법에 비해 비 경제적이다.
- 바람이 있는 곳에서는 적절한 용접부 Shielding이 어렵다.
- 전극이 용탕에 접촉하게 되면, 텅스텐의 Inclusion이 발생하기 쉽다.
- 적절한 용접부 Shielding이 이루어 지지 않으면 용접부의 Contamination이 일어날 수 있다.
- 용접부 Contamination에 대한 허용치가 작다.
- 물을 이용한 수냉각 방식이 적용되는 토치의 경우에는 냉각수의 누수로 인해 오염이나 기공 발생 위험성이 있다.
- 다른 용접방법과 마찬가지로 아크쏠림(Arc Blow)나 아크편향(Arc Deflection)이 일어날 수 있다.

4.2.2. GTAW 용접봉

GTAW 용접봉은 수동으로 공급되기도 하며, 릴(Reel) 형태로 제작되어 자동 혹은 반자동으로 공급되기도 한다. 용접봉 표기는 아래의 기준에 따라 구분한다.

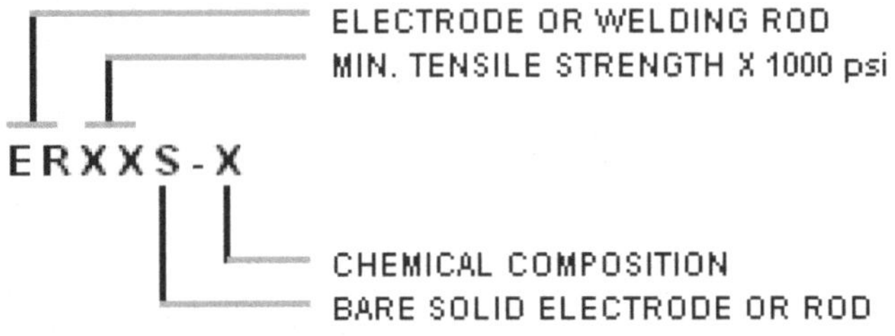

LETTER - NUMBER DESIGNATIONS
CARBON AND LOW ALLOY STEEL WIRES

가장 대표적인 탄소강용 용접봉의 성분과 기계적 특성은 아래 표를 참조한다.

표 5-20 탄소강용 GTAW 용접봉의 화학성분

MAJOR ALLOYING ELEMENTS - % BY WEIGHT

AWS CLASS	CARBON	MANGANESE	SILICON	TITANIUM	ZIRCONIUM	ALUMINUM
ER70S-2	0.07	0.90 - 1.40	0.40 - 0.70	0.05 - 0.15	0.02 - 0.12	0.05 - 0.15
ER70S-3	0.06 - 0.15	0.90 - 1.40	0.45 - 0.70	—	—	—
ER70S-4	0.07 - 0.15	1.00 - 1.50	0.65 - 0.85	—	—	—
ER70S-5	0.07 - 0.19	0.90 - 1.40	0.30 - 0.60	—	—	0.50 - 0.90
ER70S-6	0.07 - 0.15	1.40 - 1.85	0.80 - 1.15	—	—	—
ER70S-7	0.07 - 0.15	1.50 - 2.00	0.50 - 0.80	—	—	—
ER70S-G		NO CHEMICAL REQUIREMENTS				

많은 프로젝트 스펙에서 ER70S-G의 사용을 제한하는 경우가 있는데, 이는 70S-G의 경우에는 화학성분의 규제가 없고 단지 기계적 강도만 확보만 하면 되는 조건으로 생산되기 때문이다.

표 5-21 탄소강용 GTAW 용착금속의 기계적 성질

AWS Class	Shielding Gas	Tensile Strength PSI	Yield Strength PSI	Elongation in 2" - % Min.
ER70S-2 ER70S-3 ER70S-4 ER70S-5 ER70S-6 ER70S-7	CO_2	72,000	60,000	22
ER70S-G	*	72,000	60,000	22

* As agreed upon between supplier and purchaser

용접봉 표기 내용중에 맨 마지막 숫자는 해당 용접봉으로 완성된 용착금속이 가지는 저온 인성에 대한 기준을 제시하고 있다. 앞서 설명한 바와 같이 ER70S-G의 경우에는 저온 인성에 대한 기준이 구체적으로 제시되어 있지 않다.

표 5-22 탄소강용 GTAW 용착금속의 저온 인성 기준

AWS Class	Minimum Impact Properties
ER70S-2	20 ft-lb @ -20° F
ER70S-3	20 ft-lb @ 0° F
ER70S-4	Not Required
ER70S-5	Not Required
ER70S-6	20 ft-lb @ -20° F
ER70S-7	20 ft-lb @ -20° F
ER70S-G	As agreed between supplier & purchaser

4.2.3. 용접 변수

GTAW 용접에 있어서 가장 기본적인 용접 변수는 전압(Arc 길이), 용접 전류, 용접 속도와 보호가스(Shielding Gas)이다. 보호가스로 헬륨(Helium)을 사용할 때는 아르곤(Argon)

을 사용하는 경우보다 더 깊은 용입을 얻을 수 있다. 그러나, 이러한 모든 용접 변수는 상호 복합적으로 작용하므로 독립적인 변수로 제어하는 것이 거의 불가능하다.

4.2.3.1. 용접 장치와 용접 방법

아크의 전압, 전류 특성이 부저항 특성 또는 정전압 특성을 나타내기 때문에 용접 전류는 교류, 직류 다 함께 수하특성을 필요로 한다.

전극봉은 교류에서는 순 텅스텐(Tungsten)을 사용하고 직류에서는 주로 토륨(Thorium)이 들어 있는 텅스텐합금을이용한다. 전극이 음극이 되는 직류 정극성에서는 전자 방출에 의한 전극의 냉각작용 때문에 전류 용량은 전극이 양극이 되는 직류 역극성 보다 매우 크다.

아크의 발생 방법으로는 전극의 오염에 의한 아크의 불안정을 피하기 위해 비 접촉 상태에서 아크를 발생시키는 고주파 방전식을 많이 이용한다.

용접 작업시 주의사항은 아크와 Shield효과이다. 아크의 시동시에는 전극은 냉음극 특성을 나타내어 아크가 불안정하게 되기 때문에 전극이 고온으로 되어 (열음극) 아크가 안정하기 까지 용접 조작에 주의하여야 한다.

(1) Hot Wire법

GTAW용접은 입열의 집중성과 열효율이 낮아 고능률의 용접법 이라고는 볼 수 없으나, 불활성 가스 분위기에서 안정된 용접이 가능하므로 여러 가지 금속 재료에 대하여 고품질이 요구되는 이음부에 적용된다. 용착 속도를 향상시키는 방법으로 Hot Wire법이 사용된다. 이는 별개의 전원으로 용접봉을 통전 시켜서 가열하여 용접봉의 용착 속도를 증대 시키는 방법이다. 이 방법에 의해 보통의 3배 정도의 용착 속도를 얻을 수 있다.

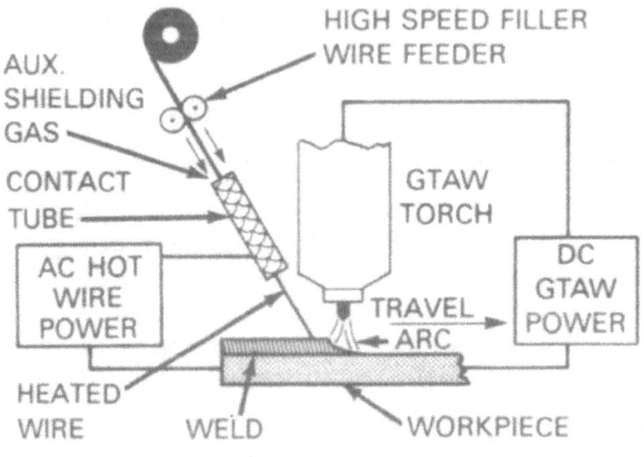

그림 5-33 Hot Wired GTAW 용접법

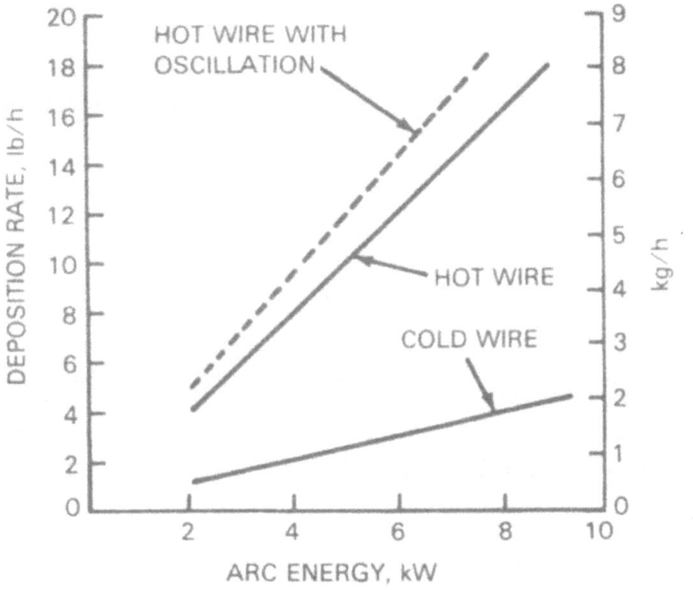

그림 5-34 Hot Wired GTAW시의 생산성 비교

(2) 용접 전류

용접 전류의 변화는 용입과 비례하는 경향을 나타낸다. 또한 용접 전류는 전압 즉, 아크의 길이에 비례하게 된다. 이러한 이유로 아크의 길이를 일정하게 유지하려면 전류의 변화에 따라 전압을 조정해 주어야 한다. 전류는 직류와 교류를 모두 사용하고 재료의 종류에 따라 선택하게 된다.

1) 직류 정극성

가장 널리 사용되는 방법이다. 텅스텐 전극은 음극으로, 모재는 양극으로 전원이 연결된 상태로 진행되는 용접이다. 텅스텐전극에서 나오는 열전자(Thermionic Emission)가 모재를 가열시키고 용융되는 와이어(Wire)의 이송을 원활하게 하여 좁고 용입이 깊은 Bead를 얻을 수 있으며, 용접 속도가 빠른 것이 특징이다. 용접 과정에서 발생하는 열의 30%정도가 텅스텐 전극쪽에서 발생하고 70%의 열만이 모재 쪽에서 발생한다. 용접 속도는 헬륨가스를 사용하면 더 빨라질 수 있다. 역극성에 비해 보다 높은 전류에 상대적으로 적은 직경의 전극을 사용해도 되는 장점이 있으며, 전극이 과열되지 않아 전극의 선단 변형이 적어서 아크의 지향성이 좋다.

2) 직류 역극성

텅스텐 전극은 양극으로, 모재는 음극으로 하여 용접을 진행한다. 전자가 튀어나오는 모재의 범위가 넓어 열의 집중이 정극성에 비해서 불량하므로 폭이 넓은 Bead에 얕은 용입이 얻어 진다. 텅스텐전극이 과열되기 쉽고 과열된 텅스텐전극이 용탕의 텅스텐 혼입(Tungsten Inclusion)을 일으킬 수 있다. 따라서 텅스텐전극의 크기가 커지게 되며 전극 효율이 떨어진다.

역극성 용접이 갖는 특징적인 효과는 청정작용이다. 이는 가속된 가스이온이 모재에 충돌하여 모재의 산화물 피막이 파괴, 제거되는 과정으로 알려져 있다. 이 현상은 마치 샌드블라스트 크리닝(Sand Blasting)으로 금속표면의 산화막을 제거하는 것과 같은 효과를 가져오며, 아르곤가스를 사용할 경우에 비해 헬륨을 사용할 때는 보호가스의 무게가 가벼워서 효과가 적게 된다. 알루미늄은 표면 산화물이 내화성물질로 모재의 융점(660℃)보다 매우 높은 용융점(2,050℃)을 가지고 있어 가스용접이나 아크 용접시에 주의를 요한다.

GTAW의 역극성을 사용하면 용제 없이도 용접이 쉽고 아르곤(Ar)이온이 산화막을 제거하므로 용접후 용접비드 주변이 흰색을 띄게 된다. 이 흰색 부분을 와이어브러시(Wire Brush)로 가볍게 제거하면 알루미늄의 금속 광택이 나타난다.

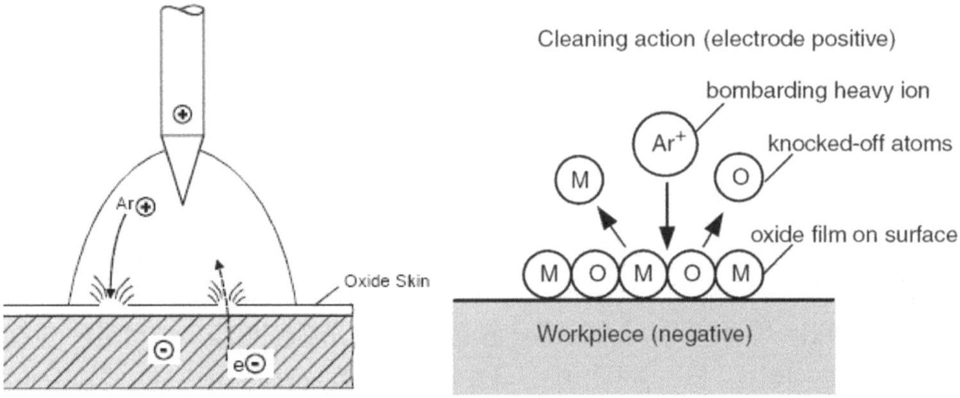

그림 5-35 직류역극성의 청정 효과

그러나, 역극성은 전극이 가열되어 녹아서 용착 금속에 혼입되는 경우도 있고, 아크가 불안정해서 용접조작이 어렵기 때문에 알루미늄이나 마그네슘 및 그 합금의 용접에는 교류용접을 많이 사용한다.

3) 교류

교류는 직류 역극성의 특징과 정극성의 특징을 함께 얻을 수 있는 장점이 있다. 즉, 깊은 용입과 청정작용을 동시에 얻을 수 있으며, 전극의 지름이 작아도 되고 아르곤가스를 사용하면 표면 산화막의 청정작용이 있다.

그러나, 교류 용접에서는 한가지 불편한 점이 있는데, 이는 텅스텐 전극에 의한 정류 작용이다. 교류 용접의 반파에서는 정극(SP)이고 나머지 반파에서는 역극(RP)으로 된다. 그러나, 실제로는 모재 표면의 수분, 산화물, 녹 등이 있기 때문에 아크발생 과정에서 모재가 음극으로 된 때는 전자의 방출이 어렵고 또, 전류가 흐르기 어렵게 된다. 이에 반해서 전극이 음극이 된 때는 전자가 다량으로 방출된다. 따라서 전류가 흐르기 쉽고 이 결과 전류는 부분적으로 정류되어서 전류가 불평형하게 된다. 이 현상을 전극의 정류작용이라고 한다.

교류 용접기에는 아크를 안정시켜서 불평형 부분을 적게 하기 위해서 용접 전류에 고전압, 고주파수, 저출력의 추력(追加) 전류를 도입한다.

Current Type	DCEN	DCEP	AC (Balanced)
Electrode Polarity	Negative	Positive	
Electron and Ion Flow / Penetration Characteristics	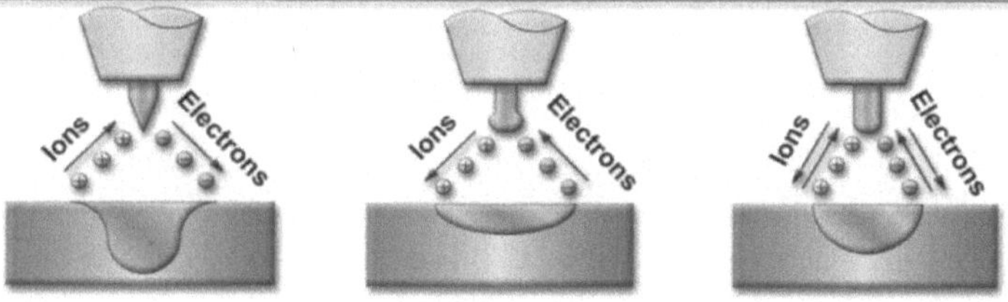		
Oxide Cleaning Action	No	Yes	Yes-Once Every Half Cycle
Heat Balance In The Arc (Approx.)	70% At Work End 30% At Electrode End	30% At Work End 70% At Electrode End	50% At Work End 50% At Electrode End
Penetration	Deep; Narrow	Shallow; Wide	Medium
Electrode Capacity	Excellent 1/8" (3.2mm) 400 A	Poor 1/4" (6.4mm) 120 A	Good 1/8" (3.2mm) 225 A

그림 5-36 GTAW의 전류에 따른 용접부 특성

이 고주파 전류가 모재와 전극 사이에 흘러 모재 표면의 산화물을 부수고 용접전류의 회로를 구성한다. 용접전류에 이 고주파 전류를 더하면 다음과 같은 이점이 있다.

- 아크는 전극을 모재에 접촉시키지 않아도 발생된다.
- 아크가 대단히 안정되며, 아크가 길어져도 끊어 지지 않는다.
- 전극을 모재에 접촉 시키지 않고도 아크가 발생되므로 전극의 수명이 길다.
- 일정 지름의 전극에 대해서 광범위한 전류의 사용이 가능하다.

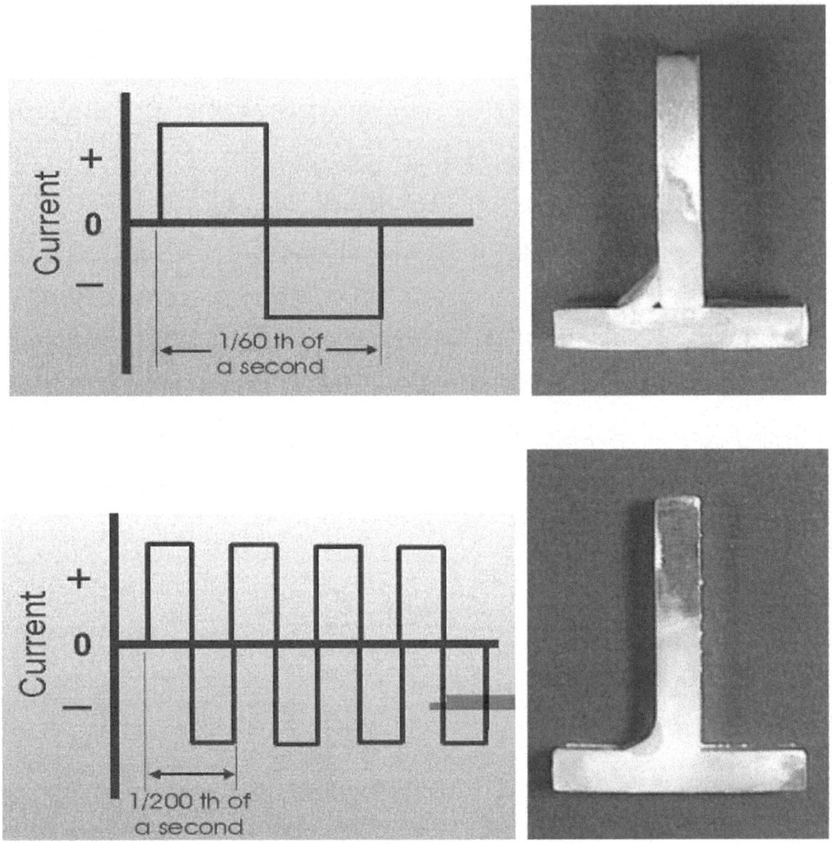

그림 5-37 60Hz (위)와 200Hz (아래) 시의 용접부 형상

(3) 용접 전원 주파수 제어

최근에는 보다 우수한 용입 및 용착 효율을 얻기 위해 직류 정극성으로 용접하면서 직류 전류에 파형을 주는 Pulsed DC 용접 방법을 사용하기도 한다. 이때 사용되는 Pulse는 초당 0.5에서 20회 정도까지의 Pulse Type이 사용된다.

그림 5-38에서 보는 바와 같이 고주파를 사용할수록 아크의 집중이 좋아서 깊은 용입을 만들 수 있는 장점이 있다. 또한 용탕을 누르는 힘이 커져서 좁고 깊은 비드를 만들 수 있는 장점이 있으며, 동일 전류 조건에서 상대적으로 빠른 용접부 냉각속도를 만들 수 있다.

주파수를 낮추게 되면, 용탕을 휘젓는 효과가 커져서 내부의 가스성분이 빠져 나오기 쉽게 되어 기공이 줄어드는 장점이 있으며, 초보자인 경우에는 아크를 제어하기가 더 쉬운 장점이 있다.

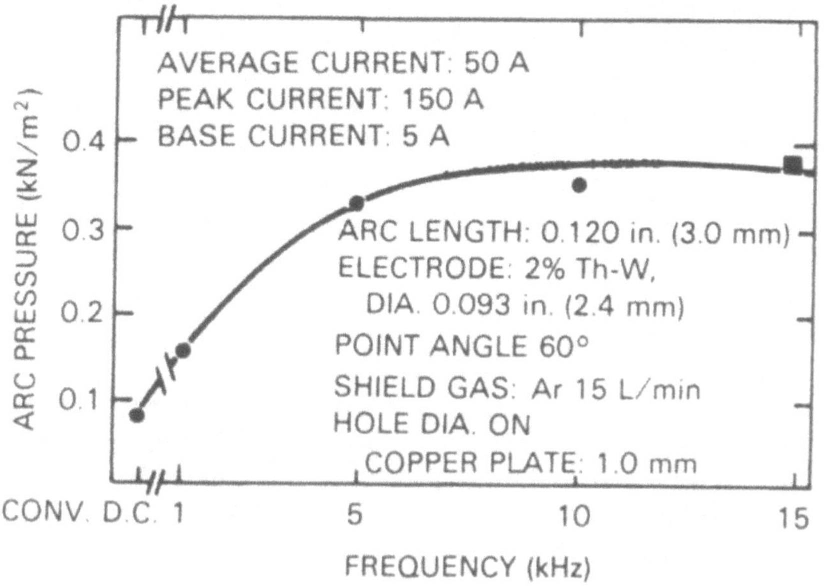

그림 5-38 주파수에 따른 용탕을 누르는 아크의 힘의 변화

(4) 용접 전원 파형 제어

비소모성 전극을 사용하는 GTAW의 특성중에 가장 큰 것이 용접 전원의 극성에 따른 용입과 정청효과인데, 최근에는 이러한 특성을 활용하여 비드의 형상과 청정 효과를 조정하는 노력이 적용되고 있다.

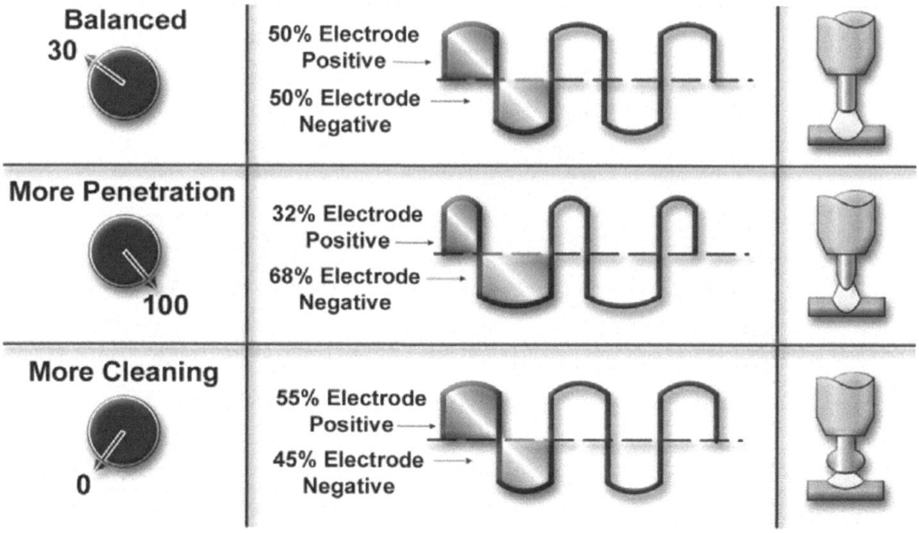

그림 5-39 용접 전원 파형 제어의 구분

즉, 교류 용접에서 역극성에 해당하는 시간과 정극성에 해당하는 시간을 조정하여 원하는 용접금속을 얻는 방법이다.

위와 같이 파형 제어를 실시하여 극성에 따른 효과를 추구하면 다음의 결과를 얻을 수 있다.

그림 5-40에서 왼쪽은 정극성의 시간이 길어짐에 따라 좁고 깊지만 청정 효과는 거의 없는 비드가 만들어지고, 오른쪽은 그와는 반대로 넓고 얕은 용입이 얻어지지만 청정 효과가 극대화 되는 모습을 볼 수 있다.

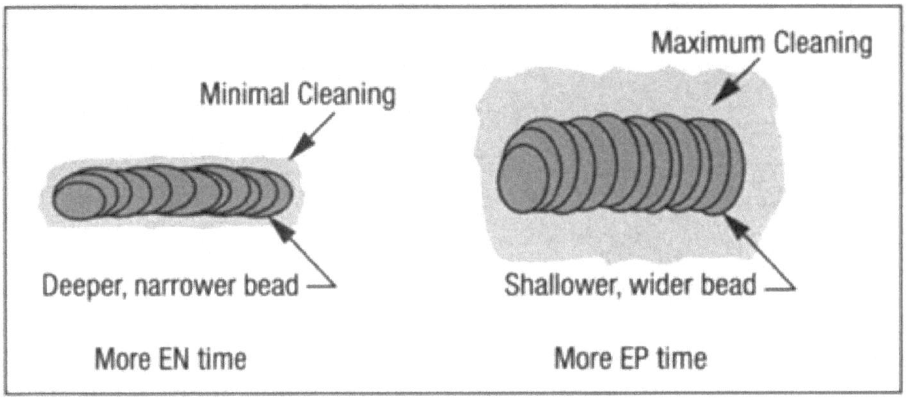

그림 5-40 전원 특성 제어에 따른 용접금속의 특성 변화

아래 그림 5-41은 전원 특성에 따른 용입 깊이의 변화를 보여 주고 있다.

오른쪽이 정극성의 시간이 길어진 것이고, 왼쪽이 역극성의 시간이 길어진 결과이다.

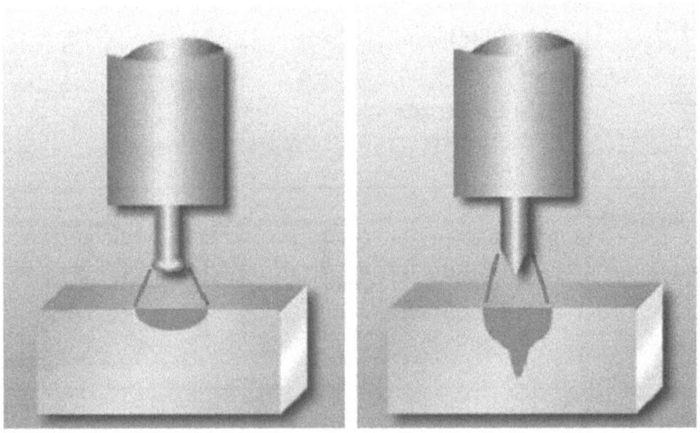

그림 5-41 전원 특성에 따른 용입 깊이의 변화

이러한 결과에 추가하여 앞서 설명한 주파수 변조를 병행하면 매우 다양한 결과물의 용접금속을 얻을 수 있다.

(5) 용접 전압

용접 전압은 아크의 길이와 비례하게 되고 이는 곧 보호가스의 유량/유속과 관련이 된다. 용접 와이어(Wire)에 직접 전원이 연결되지 않으므로 다른 용접방법과는 달리 전압이 용접에 미치는 영향에 대해서는 크게 언급되지 않는다. 다만, 교류를 사용할 경우에는 전극의 끝을 뭉툭하게 가공하고 아크의 길이는 전극의 직경을 넘지 않도록 한다. 직류를 사용할 경우에는 전극의 끝이 상대적으로 날카롭게 가공되는데, 이때 아크의 길이는 전극의 직경 보다 충분히 작게 유지해야 한다.

(6) 보호가스

GTAW에서 가장 많이 사용되는 보호가스는 아르곤(Ar), 아르곤과 헬륨의 복합가스(Ar + He)이 가장 일반적이다. 아르곤에 수소를 첨가하여 용접부의 산화를 방지하는 목적으로 사용하는 경우도 있다. 흔히 용접을 공부하는 사람들이 보호 가스의 종류와 특성을 무조건 적으로 외워 버리는 경향이 있는 데, 보호 가스에서 가장 중요한 것은 열전달 계수와 이온화 에너지 그리고 중량이다.

열전달계수가 큰 가스는 보다 많은 열량을 모재에 전달하기도 하지만, 반대로 쉽게 용접 금속을 급냉시키는 역할을 하기도 한다. 이에 대표적인 것이 헬륨가스이다.

이온화에너지가 큰 가스는 높은 에너지 영역에서도 분해하지 않고 살아남아서 용접금속을 보호할 수 있다. 이에 대표적인 것이 아르곤 가스와 헬륨인데, 헬륨은 생존 능력은 좋지만 열을 쉽게 발산하여 고온을 유지하지 못하는 단점이 있다.

마지막으로 중량이다. 알르곤에 비해 헬륨은 더 높은 에너지 영역에서도 분해하지 않고 살아 남을 수 있으나, 청정 효과를 가지기 위해서는 어느 정도의 중량(무게)가 있어야 하는데, 헬륨은 가벼워서 청정 효과를 내기가 상대적으로 어렵다.

1) 아르곤(Ar, Argon)

아르곤가스는 분자량 40으로 공기를 액화시켜서 얻을 수 있으며, 용접에 사용되는 아르곤은 통상 순도 99.95% 이상의 것이 사용된다. 그러나, 활성이 강한 금속을 용접할 경우에는 99.997% 이상의 고순도를 요구한다. 아르곤이 헬륨에 비해 더 널리 사용되는 이유는 다음과 같다.

- 부드럽고 조용한 아크의 이행
- 상대적으로 용입이 작다. (박판의 용접에 이점)
- 마그네슘과 알루미늄 등의 용접시에 직류 역극성을 사용하면 표면 청정효과(Cleaning Effect)를 기대 할 수 있다.
- 손쉽게 사용할 수 있고, 가격이 싸다.
- 적은 양의 보호가스만으로도 적절한 용접부 보호 효과를 볼 수 있다.

- 상대적으로 외부 대기(바람)의 영향이 적다.
- 아크를 일으키기가 쉽다.
- 특히 상대적인 용입이 작아서 박판의 용접시에 모재의 과도한 용융을 방지할 수 있다.

2) 헬륨(He, Helium)

헬륨은 가장 가벼운 비활성 기체로 분자량은 4이며 천연가스로부터 분리한다. 용접에 사용되는 헬륨은 순도 99.99% 이상의 것이 사용된다. 정해진 용접 조건에서 헬륨은 아르곤보다 많은 열을 용접부에 전달 한다. 이러한 특성으로 인해 높은 열전도율을 가진 금속이나, 고속도의 자동화 용접에 적합하며, 아르곤에 비해 후판의 용접에 많이 적용된다.

또한 헬륨은 아르곤보다 가볍고 열전도율이 크기 때문에 동일한 용접 조건을 유지하기 위해서는 아르곤의 2 ~ 3배 정도의 유량(유속)이 필요하다.

이상의 비교를 통해 다음과 같이 아르곤과 헬륨의 특징을 간단하게 비교할 수 있다.

표 5-23 아르곤과 헬륨 gas의 성질 비교

알 곤 (Ar)	헬 륨 (He)
1) 낮은 아크 전압 : 입열이 적으므로 1.6mm이하의 금속의 수동 용접에 적합하다.	1) 높은 아크 전압 : 아크가 뜨겁게 되어 5mm 이상의 후판 용접에 적합하다.
2) 청정 작용 양호 : 직류 역극성을 사용할 경우 청정 작용이 우수하여 알루미늄과 같은 금속의 재료 용접에 적합	2) 적은 열 영향부 : 높은 입열과 용접속도로, 열 영향부는 좁게 될 수 있다. 그러므로 변형이 적고 기계적 성질이 증대 된다.
3) 아크 발생이 용이 : 박판 금속의 용접에 특히 중요하다.	3) 발생 가스가 많음 : 헬륨은 공기보다 가벼우므로, 아르곤보다도 1.5 ~ 3배 큰 Gas의 유속이 필요하다.
4) 아크의 안정성 : 두가지 Gas모두 안정성이 크지만 아르곤은 헬륨을 사용할 때보다 안정성이 크다.	4) 자동 용접 용이 : 25in/Min이상의 용접 속도로 후판을 용접 할 때, 기공과 Under-Cut이 적은 안정적인 용접금속을 얻을 수 있다.
5) 발생 가스가 적다 : 공기 보다 무거우므로 가스 유입 속도를 낮추면서도 Shielding효과를 크게 할 수 있다.	
6) 수직 및 윗보기 자세 용접 : 용탕의 조절이 양호하므로 이 자세를 택하나, 헬륨보다도 Shielding 효과가 크다.	
7) 후판 용접 : 두께 5mm이상의 금속 용접에는 아르곤과 헬륨을 섞는 것이 좋다.	
8) 이종 금속 용접 : 이종 금속의 용접시 헬륨보다 우수한 성질을 나타낸다.	
9) 자동 용접 : 용접 속도가 25in/Min일 경우에 기공과 Under-Cut을 일으킬 수 있다.	

아래 그림 5-42는 아르곤과 헬륨을 사용할 경우에 나타나는 아크의 성상을 비교한 것이다. 사진에서 오른쪽의 헬륨을 사용한 경우가 내부가 더 밝게 빛나는 흰색인 것으로 보아 더 높은 온도인 것으로 판단되지만, 아크 외부의 색은 붉은 색으로 왼쪽의 아르곤을 사용한 경우에 비해 상대적으로 낮은 온도임을 추정할 수 있다. 이는 헬륨의 높은 열전달율로 인해 아크 에너지가 쉽게 냉각되었음을 의미한다.

왼쪽의 사진은 아르곤 가스를 보호 가스로 사용한 것으로 아크가 오른쪽 사진에 비해 아래 방향으로 가라앉아서 아크의 안정성이 더 높으면서 에너지의 집중이 더 좋음을 알 수 있다.

그림 5-42 GTAW 용접에서 Ar (왼쪽)과 He (오른쪽) 사용의 비교

3) 아르곤과 헬륨의 복합가스

아르곤은 공기보다 약 1.4배 무거우며, 헬륨보다는 10배 무거운 기체이다. 아르곤은 용접부 주위를 둘러 싸게 되고 이보다 가벼운 헬륨은 Nozzle주위로 올라오게 된다. 실험치에 따르면 적절한 용접 조건을 유지하기 위한 보호가스로 사용되는 헬륨의 양은 아르곤의 2 ~ 3배 정도 라고 한다.

이 혼합 기체의 가장 큰 특징은 다음의 그림과 같은 전류와 전압의 특성으로 구분될 수 있다. 헬륨을 사용하면 아르곤 가스보다 높은 전류에서 높은 전압으로 용접을 시행할 수 있기 때문에 더 많은 열을 얻을 수 있고, 이러한 특성으로 인해 후판의 용접이나 열전도도가 큰 재료의 용접에 안정적으로 적용할 수 있다. 아르곤을 사용하면 보다 낮은 낮은 전류에서 높은 전압으로 용접할 수 있다. 이러한 두 Gas의 특징으로 인해 다양한 전류와 전압의 범위에서 용접을 실시할 수 있는 것이다.

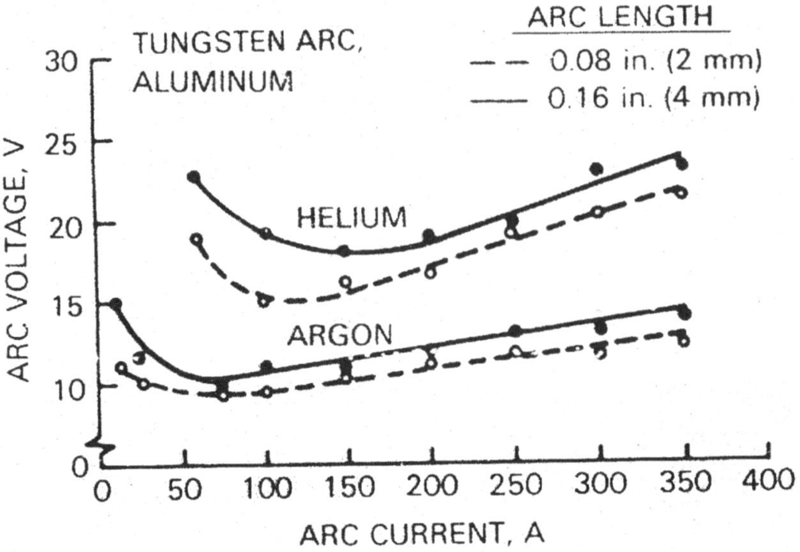

그림 5-43 아르곤과 헬륨을 사용할 때의 전류-전압 특성

동일한 용접조건을 얻기 위해서는 헬륨을 사용할 경우보다 아르곤 가스를 사용하는 경우에 더 높은 전류를 유지해야 한다. 동일한 전류에서 헬륨은 보다 안정적이고 빠른 용접을 시행 할 수 있다. 다른 하나의 특징으로는 아크의 안정성이다. 두가지 기체 모두가 안정적으로 아크를 유지시켜 준다.

교류를 사용하여 알루미늄이나 마그네슘등의 용접을 시행할 경우, 아르곤은 뛰어난 아크 안정성과 청정 작용을 나타낸다.

4) 아르곤과 수소의 복합가스

아르곤과 수소의 혼합 가스는 스테인레스강, 니켈과 구리 합금 그리고 니켈합금들에만 적용된다. 이때 수소는 기공(Porosity)이나 수소취성(Hydrogen Induced Cracking)등을 일으키지 않으며, 수소량이 증가하는 만큼 아크 전압이 증가하여 용접 속도를 증가 시킨다.

수소는 최대 35%정도 까지 사용되며, 가장 일반적인 경우는 15%이다. 수동으로 용접을 할 경우에 5%정도의 수소를 추가하면 깨끗한 용접 금속을 얻을 수 있다.

다음은 이상에서 언급된 주요 가스의 특성을 정리한 것이다.

표 5-24 주요 보호 가스의 특성

Gas	Molecular Weight (g/mol)	Specific Gravity with respect to Air at 1atm and 0℃	Density (g/L)	Ionization Potential (eV)
Ar	39.95	1.38	1.784	15.7
CO_2	44.01	1.53	1.978	14.4
He	4.00	0.1368	0.178	24.5
H_2	2.016	0.0695	0.090	13.5
N_2	28.01	0.967	1.25	14.5
O_2	32.00	1.105	1.43	13.2

(7) 텅스텐 전극

GTAW에 사용되는 전극은 피복아크용접과는 달리 텅스텐으로 제작된 비소모성 전극(Non-Consumable Electrode)을 사용한다. 교류를 사용하면 정극성과 역극성의 과정을 모두 거치게 되기 때문에 상대적으로 뭉툭하고 큰 직경의 전극을 사용한다.

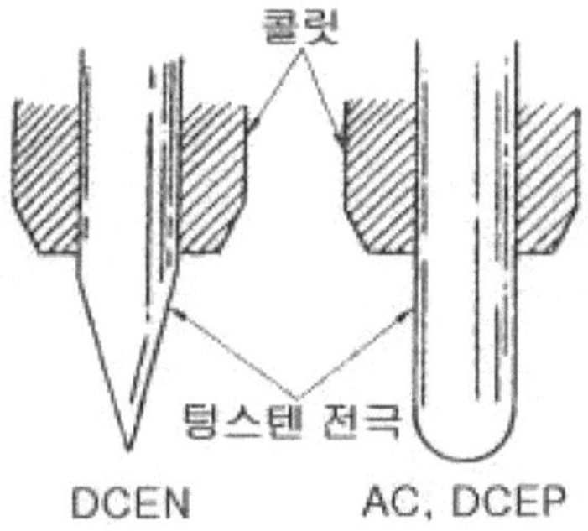

그림 5-44 극성에 따른 전극의 가공과 선택

텅스텐은 소결(Sintering)로 제작되기 때문에 과열 되면 쉽게 부서지는 경향이 있다. 따라서 전극에 열이 많이 가해지는 직류역극성에 노출되는 교류를 사용하는 경우에는 면적을 크게 하여 과열되지 않도록 해야 한다.

전극의 단면에서 수직한 방향으로 열전자가 방출되기 때문에 전극의 가공은 매우 중요하다.

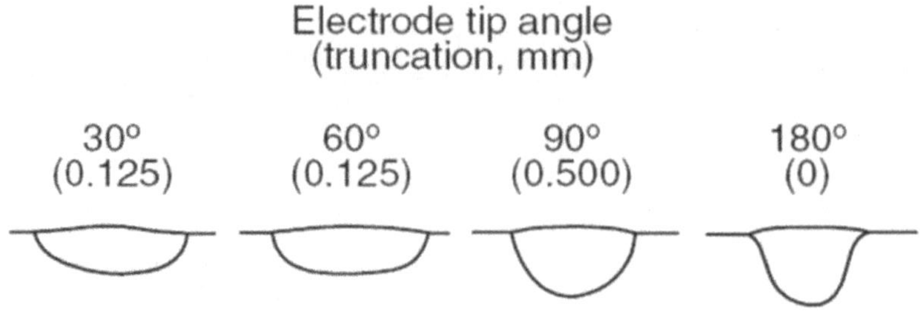

그림 5-45 동일 전류에서 텅스텐 전극 각도에 따른 비드 형상

전극이 날카롭게 예각으로 가공될수록 벨(Bell)모양의 아크(Arc)가 형성되며, 아래 방향으로 향하는 전자기력(Lorentz Force)가 커진다. 이에 비해 둔각으로 가공될수록 용탕을 아래 방향으로 밀어주는 힘이 작아지게 된다.

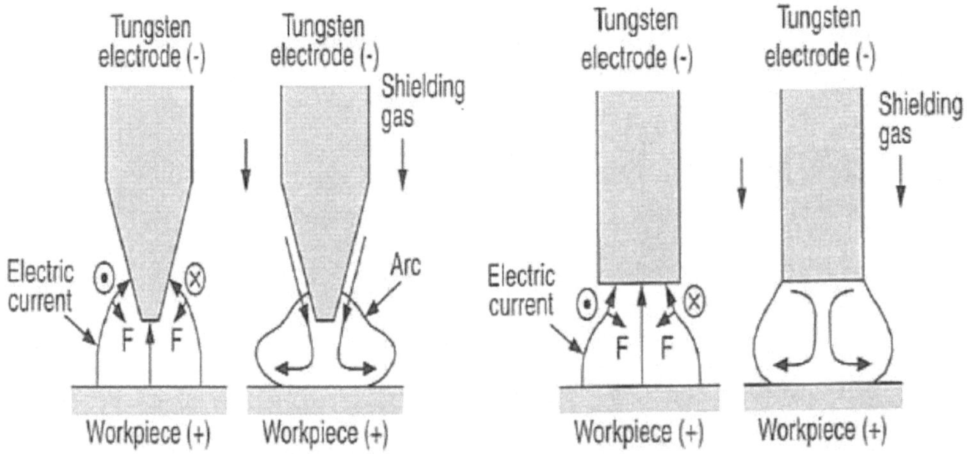

그림 5-46 전극의 끝단 각도에 따른 아크의 변화

텅스텐 전극은 비소모성으로 사용되면, 아크의 발생이 쉽고 안정성을 갖게 하기 위해 토륨(Th, Thorium)등이 들어간 합금을 사용한다.

그런데 토륨은 방사선 물질로 구분되기 때문에 작업자가 전극을 그라인드로 가공하는 과정등에서 안전에 주의해야 한다. 또한 원자력 기기와 같이 방사선에 노출되는 기기의 경우에는 용접금속에 혼입되는 토륨성분으로 인해 문제가 발생할 수 있으므로 토륨 대신에 란타늄(Lanthanum), 세륨(Cerium), 이트륨(Yttrium), 지르코늄(Zirconium)등이 들어가 있는 대체 재질을 선택해야 한다.

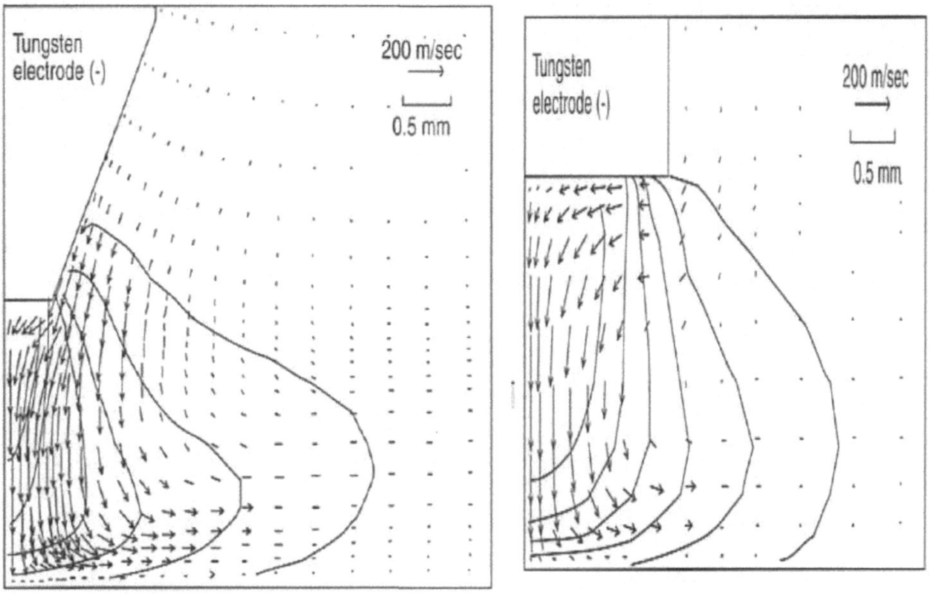

(a) Sharp Electrode Tip (b) Flat Electrode Tip

그림 5-47 전극 가공 각도에 따른 용입과 비드 형상의 차이

표 5-25 텅스텐 전극의 종류

Classification	Color	Alloy	Percent of Alloy
EWP	Green	None	None
EWCe-2	Orange	Cerium	2%
EWLa-1	Black	Lanthanum	1%
EWTh-1	Yellow	Thorium	1%
EWTh-2	Red	Thorium	2%
EWZr-1	Brown	Zirconium	1%
EWG	Grey	Not specified	Not specified

전극의 직경도 용접 과정에 많은 영향을 미치게 된다. 직경이 작을수록 아크를 일으키기 쉽지만, 반대로 아크가 불안정하기 쉽고 깊은 용입을 만들기 어려운 단점이 있으며, 전반적으로 전극의 수명이 짧아진다. 이에 비해 직경이 굵어질수록 아크를 시작하기는 어렵지만 일단 아크가 발생하기 시작하면 안정적으로 용접과정에서 유지되고 상대적으로 깊은 용입과 긴 수명을 확보할 수 있다.

전극의 수명은 보호가스의 품질과도 관련이 있다. 보호 가스의 순도가 떨어지거나 용접 과정에서 부적절한 유량으로 공급되면, 용접, 산소와 질소의 함량이 늘어나게 되고 이로 인해 전극의 소모량이 늘어난다. 그리고 높은 전류를 사용하게 될수록 고열이 발생하여 전극의 수명이 짧아지게 된다.

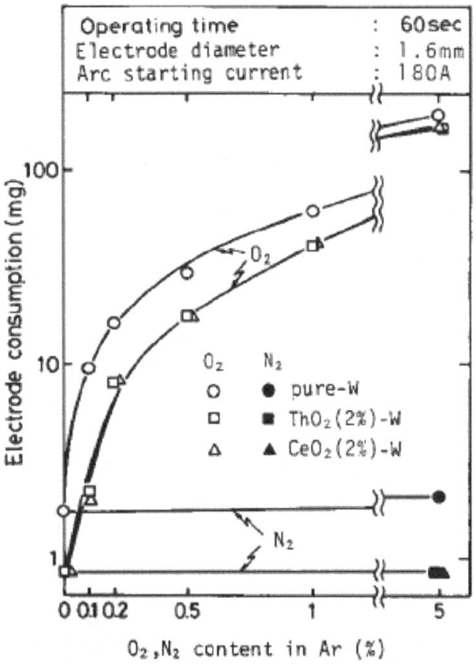

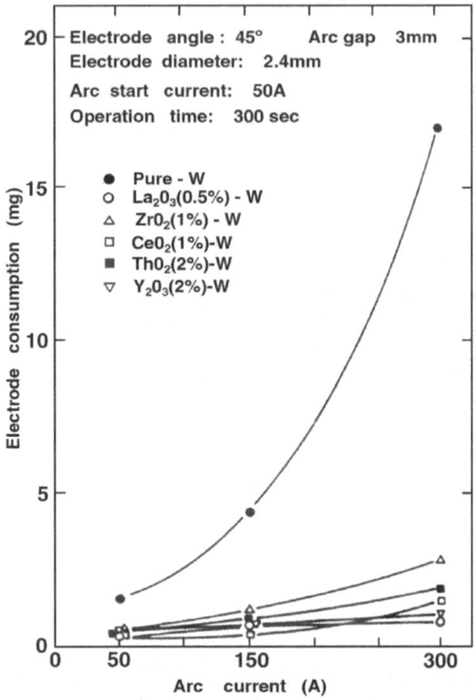

그림 5-48 산소와 질소 농도에 따른 전극의 소모율(좌)와 전류에 따른 전극의 소모율(우)

(8) 플럭스의 적용

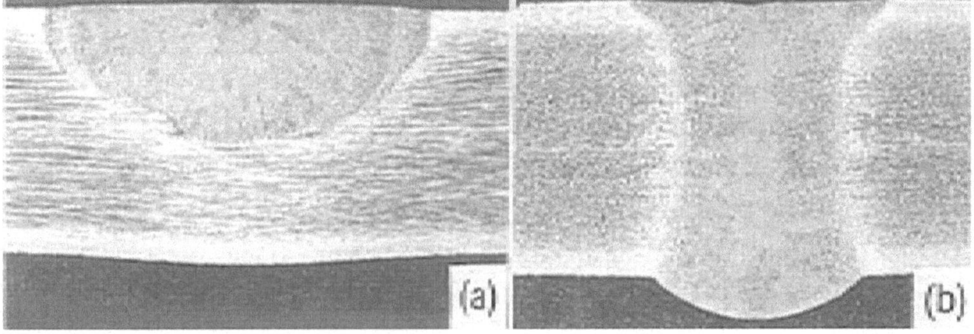

그림 5-49 스테인레스강 316L 용접부에 플럭스를 적용하지 않은 것과 (a) 적용한 것(b)

GTAW 용접은 상대적으로 낮은 전류와 전압을 사용하기 때문에 다른 용접방법에 비해 깊은 용입을 얻기에 불리하다. 이때에 활성플럭스(Active Flux)를 사용하게 되면, 깊은 용입을 얻을 수 있게 된다. 플럭스의 작용에 의해 아크가 집중성을 갖게 되어 아크 에너지와 열전자를 모재에 집중함으로써 깊은 용입을 얻을 수 있다.

4.3. GTAW 용접 결함의 종류와 대책

GTAW용접에 있어서 결함이 발생하는 원인은 크게 텅스텐 혼입(Inclusion)과 보호가스(Gas Shielding)의 부적절이라고 할 수 있다. 이에 관한 설명은 다음을 참조한다.

4.3.1. 텅스텐 혼입(Tungsten Inclusion)

텅스텐이 혼입되는 경우는 다음과 같은 요소에 기인한다.

- 전극과 용탕의 접촉
- 용접봉이 텅스텐 전극의 가열된 선단과 접촉할 때.
- 전극이 용탕의 스패터로 인해 오염이 되는 경우.
- 전극의 크기와 종류에 적합하지 않은 과다한 전류의 사용
- 전극의 길이가 과다하게 노출이 되어 과열
- 전극의 불완전한 고정
- 부적절한 보호 가스 적용이나 외부 바람의 영향으로 전극이 산화되었을 때.
- 전극의 결함 존재 - 균열이나 분리가 일어남.
- GMAW에 사용되는 아르곤 + 산소 혹은 아르곤 + 이산화탄소(CO_2)등의 부적절한 보호가스의 사용.

4.3.2. 용접 결함과 대책

문제점	원인	대책
전극의 과다 소모	1. 보호가스의 부족으로 전극 산화 2. 역극성으로 작업 3. 부적절한 전극 크기 4. 전극 Holder의 과열 5. 전극의 오염 6. 냉각 도중에 전극의 산화 7. 산소나 CO_2가 포함된 Gas의 사용	1. Gas의 양을 줄인다. 2. 전극의 크기를 늘이거나 정극성으로 용접 3. 전극의 크기를 키운다. 4. 전극 Collector의 접촉상태 확인 5. 오염을 제거한다. 6. 아크가 중단된 이후에도 10~15초 정도 Gas를 유지시킨다. 7. 적절한 Gas로 교체
아크의 불안정	1. 모재의 청결 불량 2. Joint Gap이 너무 좁다. 3. 전극의 오염 4. 아크가 너무 길다.	1. Wire Brush, Chemical Cleaner등을 이용하여 청소 2. Joint Gap을 크게 하고 전극 Holder를 좀 더 가까이 하고 전압을 높인다. 3. 오염의 제거, 교체 4. Holder를 가까이 하여 아크 길이를 줄인다.
Porosity	1. 가스의 침입 2. Gas Hose의 결함 3. 모재 표면의 기름기	1. 수분을 제거하고 외부 공기의 영향을 차단하며 가스의 순도를 높인다. 2. 점검 후 교체 3. 사전에 청소, 모재 표면에 수분이나 기름이 있을 때는 용접 금지
용접부 텅스텐 혼입	1. 초기에 아크를 일으키기 위해 모재와 접촉 2. 텅스텐 전극의 용락 3. 용탕과 전극의 접촉	1. 고주파 시동 회로를 사용한다. 2. 전류를 줄이고 전극의 크기를 크게 한다. 3. 용탕과의 거리를 충분히 유지

5. 가스메탈아크용접(GMAW, Gas Metal Arc Welding)

가스메탈아크용접(GMAW)은 1920년대 초기에 개발이 되었으나, 상용화 된 것은 1940년대 말경이다. 초기에 이 용접 방법은 높은 전류와 작은 구경의 와이어(Wire)를 사용 하여 불활성 가스 분위기에서 알루미늄을 용접하기 위한 용접방법으로 개발되었다.

이러한 이유로 아직 까지도 MIG (Metal Inert Gas)라는 용어가 사용되는 것이다. 이후에 용접 방법이 개선되면서 낮은 전류에 직류(Pulsed direct Current)를 사용하고, CO_2와 같은 활성 가스 및 혼합 가스를 사용하면서 보다 다양한 재료의 용접에 적용되기 시작하였다.

용접봉은 릴(Reel) 형태로 자동으로 공급되는 피복이 없는 와이어 형태를 사용한다. 흔히 작업 현장에서 CO_2용접이라고 불리는 것은 바로 이 가스메탈아크용접(GMAW)을 의미한다.

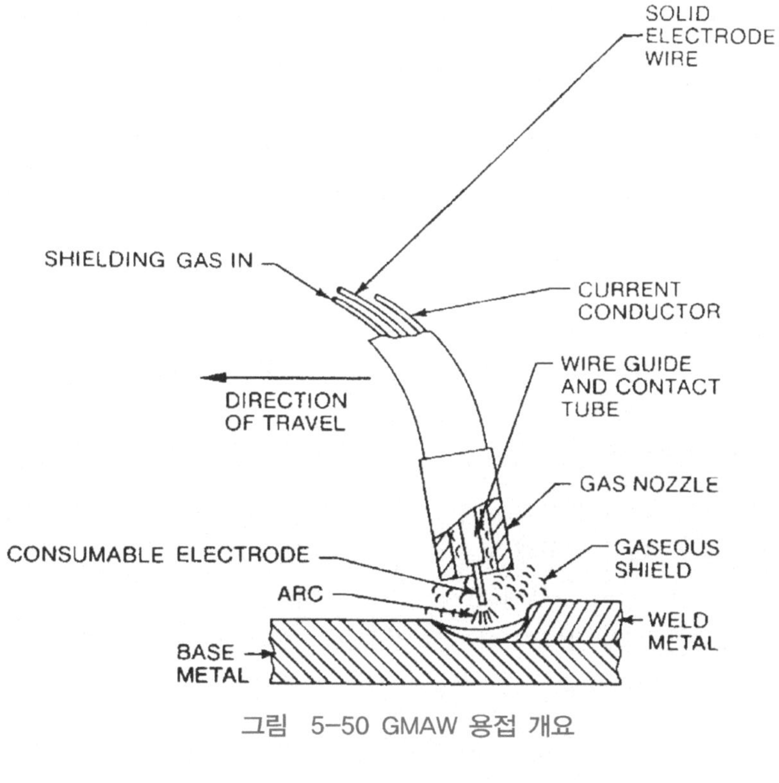

그림 5-50 GMAW 용접 개요

최근에는 단순히 Solid Wire만을 사용하지 않고, 용접봉을 튜브(Tube)형태로 만들고 그 안에 플러스(Flux)를 삽입하여 사용하는 방법들이 많은 발전을 이루고 있다. 미국 용접 학회에서는 이러한 플러스코어드아크(FCAW)용접을 가스메탈아크용접(GMAW)의 한 종류로 구분하고 있지만, 그 외에는 다들 전혀 별개의 용접방법으로 구분하여 FCAW라고 구분한다. 이하에서는 편의상 가스메탈아크 용접을 GMAW로 구분하여 설명한다. GMAW는 자동, 반 자동으로 용접 가능하며, 거의 모든 재료의 용접에 적절하게 적용될 수 있다.

5.1. GMAW 적용과 장, 단점

5.1.1. GMAW의 장점

- 거의 모든 재료의 용접에 적용되는 용접 방법이다.
- SMAW의 경우에 발생하는 용접봉 길이의 제한이 없다.
- 전자세 용접이 가능하며, SAW에서와 같은 자세 제한이 없다.
- SMAW보다 높은 용착율을 가진다.
- 용착율이 높고 용접봉의 길이 제한이 없으므로, SMAW보다 용접 속도가 빠르다.
- 긴 용접부를 쉼없이 용접 할 수 있다.
- Spray Transfer를 사용할 경우 SMAW보다 깊은 용입을 얻을 수 있고, 결과적으로 동일한 강도에서 작은 크기의 Fillet용접이 가능하다.
- 두꺼운 슬래그층이 형성되므로 최소한의 용접 후 Cleaning작업은 필요하다.

5.1.2. GMAW의 단점

- SMAW에 비해 용접기가 복잡하고, 가격이 비싸며, 이동이 불편하다.
- Welding Gun의 크기가 크고 적절한 Shielding을 위해서는 Welding gun이 용접부에 근접해야 (10 ~ 19mm) 하므로 접근이 용이하지 않은 부분은 용접이 어렵다.
- 용접중 외부 대기에 의해 보호가스 분위기가 흩어 지지 않도록 하여야 한다. 이러한 이유로 인해 외부에서 작업을 제한한다.
- 용접과정의 높은 발열과 아크의 집중으로 인해 용접사의 집중이 어렵다.

5.2. 용접 금속 이행 형태

용접재료의 선단이 용융되어 모재의 용융지(Molten Pool)로 이동하는 것을 이행 또는 금속이행(Metal Transfer)이라고 하며, GMAW의 경우 통상 용사(Spray), 구적(Globular), 단락(Short Circuit) 및 맥동(Pulsed)이행의 4 종류로 구분한다. 그러나 IIW등에서 규정하는 용융금속이행 형태는 맥동을 제외한 3가지만 언급하고 있으므로 주의를 요한다.

이행형태는 차폐가스의 종류, 전류밀도, 극성, 용접봉의 저항열, 화학성분 등이 변수가 된다. 용사이행 현상이 나타나는 전류는 용접봉의 화학성분의 영향을 받으며, 천이(Transition)전류라고 한다. 천이전류 이하에서는 구적이행이 되며 전류를 상승시키면 갑자기 용사현상이 발생한다. 용접 금속의 이행 형태는 용접봉의 크기와 전류, 용접봉의 조성, 용접봉의 돌출길이(Extension), 보호가스등에 의해서 다음과 같이 세가지로 결정된다.

5.2.1. 단락이행 (Short Circuiting Transfer)

이러한 이행 형태는 낮은 용접 전류와 작은 용접봉 직경의 조합에서 일어난다. 이 이행은 작고 응고 속도가 빠른 용접 금속을 형성하기 때문에 박판의 용접이나, 어려운 자세의 용접, 넓은 용접 부를 채울 때에 적용하기 좋다. 그러나, 낮은 입열로 인해 용입 불량이 발생하기 쉬운 결점이 있다. 용접 금속의 이동은 용접봉이 용탕에 접해 있을 때에만 일어나고, 아크를 통해서는 금속의 이동이 없다. 용접 과정에서 용접봉은 용탕에 초당 20 ~ 200회 정도 접촉하게 된다. 이러한 용접금속의 이행과 전류 및 전압과의 관계는 다음 그림 5-51과 같다.

용접시 보호가스는 CO_2, 아르곤이나 헬륨 단독으로 혹은 CO_2와 아르곤이나 헬륨의 혼합기체를 사용한다. CO_2를 사용하면 불활성 기체에 비해 용입은 깊어지지만, 스패터가 많아지는 단점이 있다. 스패터를 줄이면서 용입을 깊게 하려면 CO_2와 아르곤을 섞어서 사용하면 된다. 헬륨을 추가 하면 비철 금속의 용접시에 보다 깊은 용입을 얻을 수 있다.

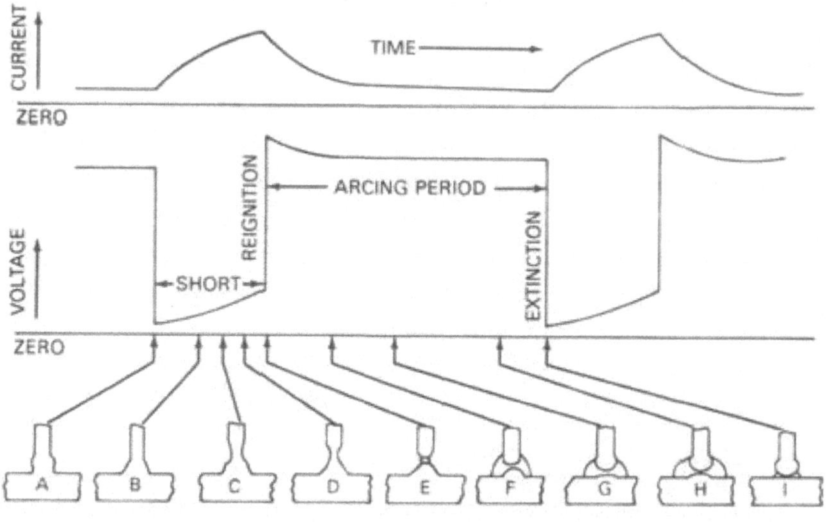

그림 5-51 단락이행(Short Circuiting Transfer) 형태

전자세 용접이 가능하고, 낮은 입열로 인해 용접부 변형이 작고, 용접사의 용탕 제어가 쉬운 장점이 있다. 반대로 두꺼운 부재를 용접하기에는 부적절하고 낮은 입열로 인해 융착 불량이나 용입불량등이 발생하기 쉽다.

5.2.2. 구적이행 (Globular Transfer)

직류 역극성 (DCEP)을 사용하면 보호가스의 조성에 무관하게 낮은 전류 영역에서 Globular Transfer를 얻을 수 있다. 특별히 CO_2와 헬륨을 사용하면 가용한 모든 전류 영역에서 이러한 이행을 얻을 수 있다. Globular Transfer의 특징은 용접봉의 직경 보다 더 큰 용접 금속의 Drop이라고 할 수 있다. Short Circuiting Transfer를 일으키는 전류 보다 조금 더 높은 전류에서 특히 비활성 기체로 Shielding을 하면 Globular Transfer를 쉽게 얻을 수 있다.

너무 낮은 전류에서 용접을 시행하면 아크의 길이가 너무 짧아 지고 이는 곧 용접물의 단락을(Short) 초래하게 되고 결국 용접부를 과열시켜서 과도한 스패터를 형성하게 된다. 따라서 아크의 길이는 늘 충분하게 유지하는 것이 좋다.

그림 5-52 낮은 전류를 사용하는 단락이행의 용접 낙하

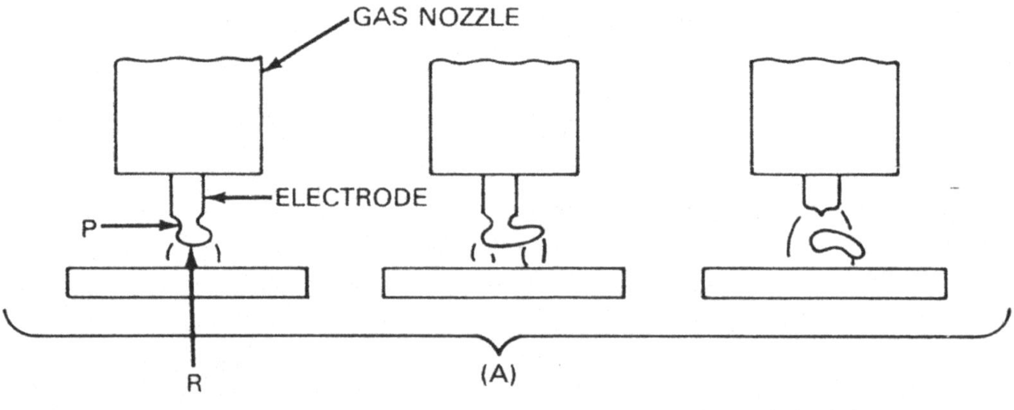

그림 5-53 중력과 핀치력 및 양극반응의 힘에 의한 용탕의 낙하

전압이 너무 높으면 융합 불량 (Lack of Fusion)이 생기게 되고 충분한 용입이 일어나기 어려우며 (Incomplete Penetration), 용접 Bead가 과도하게 커지는 현상이 발생한다.

전류와 전압이 Short Circuiting Transfer 영역 보다 훨씬 높은 경우에 CO_2를 사용하면 Random Directed Globular Transfer가 일어나게 된다. 용융된 용접 금속은 용접Tip의 전류에 의한 자장의 영향으로 인해 수직으로 떨어 지지 못하고 아래의 그림과 같이 방향이 휘게 된다.

그림 5-53에서 가장 중요한 요소는 자기장에 의한 Pinch Force (P)와 양극 반응의 힘(R)이다. 이 두 힘의 조합에 의해 용접 금속 Drop의 낙하 방향이 결정되게 된다. Pinch Force (P) 는 용접 전류와 용접봉 직경에 비례하게 되고 용접 금속의 Drop을 분리 시키는 일을 담당한다.

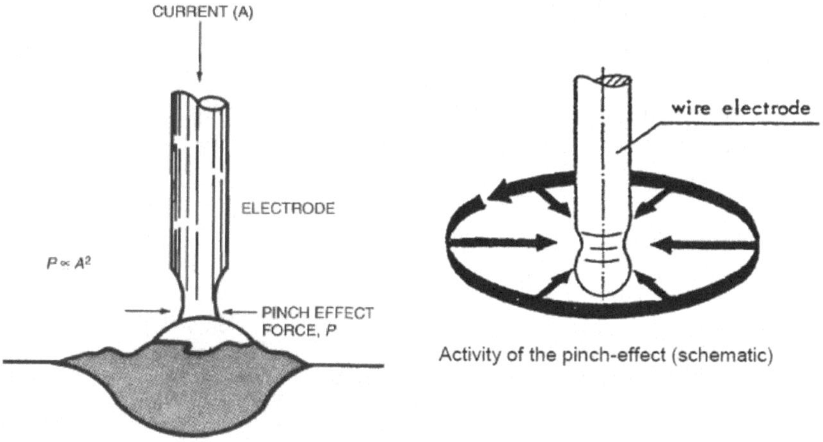

그림 5-54 핀치(Pinch)의 작용

이에 반해 양극 반응의 힘 (R)는 용접 금속 Drop을 지지(Support)하는 역할을 한다. 이러한 이유로 인해 용접 금속의 Drop은 제 위치를 이탈해서 떨어지게 되고 이로 인해 과다한 스패터의 원인이 된다. 이 현상은 CO_2를 사용하는 대부분의 용접방법에서 문제가 되고 있다.

그러나 실제로는 가장 널리 사용되는 보호가스는 CO_2이며 그 이유는 CO_2 Gas에 의한 아크의 묻힘 현상 때문이다. 아크는 CO_2와 이온화된 Iron Vapor의 혼합 분위기에 존재 하게 되어 거의 Spray Transfer와 같은 이행이 일어나게 되기 때문이다. 이러한 용접방법은 높은 전류를 요구하게 되고 깊은 용입을 얻을 수 있다. 그러나, 용접 속도를 적절하게 조절하지 못하면 과도한 Overlap이 일어나게 된다.

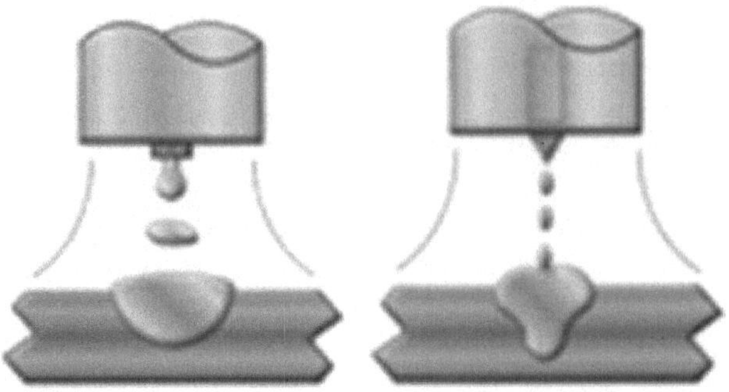

그림 5-55 GMAW 구적이행(Globular Transfer, 좌) 과 용사이행(Spray Transfer, 우)

5.2.3. 용사이행 (Spray Transfer)

아르곤가스의 함량이 높은 보호가스를 사용하면 스패터를 최소화 할 수 있는 Axial Spray를 만들 수 있다. 이때에 전류는 직류역극성(DCEP)을 사용하며 임계 전류 값 이상의 전류를 필요로 한다. 이 임계 전류 값은 용접 금속의 Drop이 Globular와 Spray로 구분되는 전류 값이다.

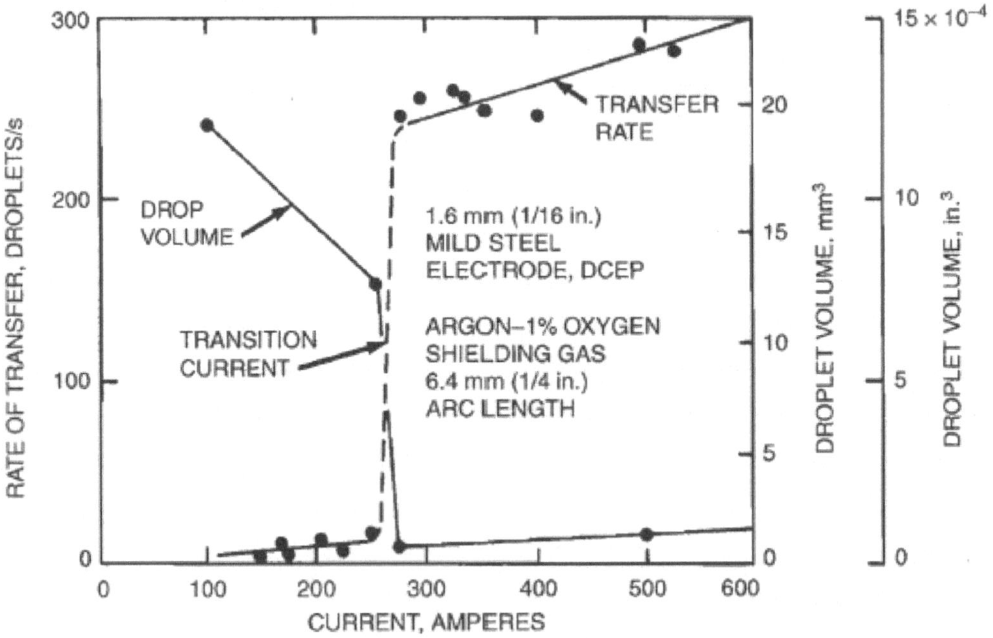

그림 5-56 임계 전류와 용융 입자 크기

이 임계 전류 이상에서는 초당 수백 방울의 용접 금속 용융이 생성되어 Spray Transfer가 발생하게 된다. 이 용접 금속의 Droplet은 그 크기가 아크의 길이에 비해 매우 작아서 Short Circuiting이 일어나지 않으며, 아크의 힘에 의해 방향성을 가진 강한 흐름을 가진다. 이러한 특성으로 인해 용접 자세의 제한이 없으며, 스패터의 발생이 거의 없다.

Spray Transfer의 또 다른 특징은 높은 전류를 사용함으로 인해 얻어지는 "Finger Penetration"이다. 이 Finger가 깊은 용입을 나타내지만 자기장에 의해 영향을 받으므로 정확한 위치에서 용입이 이루어 지도록 주의하여야 한다.

Spray Arc Transfer는 아르곤가스에 의한 비활성 보호 분위기에서 용접이 이루어 지므로 거의 모든 금속에 적용할 수 있다. 그러나, 높은 전류가 필요하기 때문에 박판의 용접에는 적용하기에 어려움이 있다. 이는 강한 아크의 힘이 모재를 용접하기 보다는 뚫고 나가기 때문이다. 또한 높은 용착률은 표면 장력에 의해 지지 되기 힘들 정도의 매우 큰 용탕을 형성하며 이로 인해 용접물의 두께와 자세가 제한된다.

이러한 문제점을 해결하기 위한 방법이 맥동이행(Pulsed Current)의 사용이다.

5.2.4. 맥동이행 (Pulsed Spray Arc Welding)

맥동이행시의 전류는 Back Ground Current와 Pulsed Peak Current의 두 가지로 구분되며, Back Ground Current는 용접 금속 Droplet이 형성되지 않을 정도의 작은 에너지만을 제공하는 아크를 유지시키고, Pulsed Peak Current에서 다수의 Droplet이 형성되어 용융된 용접금속이 용접부로 전달되는 것이다. 전류의 크기와 주파수(Frequency)를 조절하여 용접 아크에너지를 조절하고 용접부에 투입되는 평균 아크에너지값을 줄이고 용접봉의 용융 속도를 줄여서 용접자세와 모재의 두께에 제한을 받지 않는 Spray Transfer를 만들 수 있다.

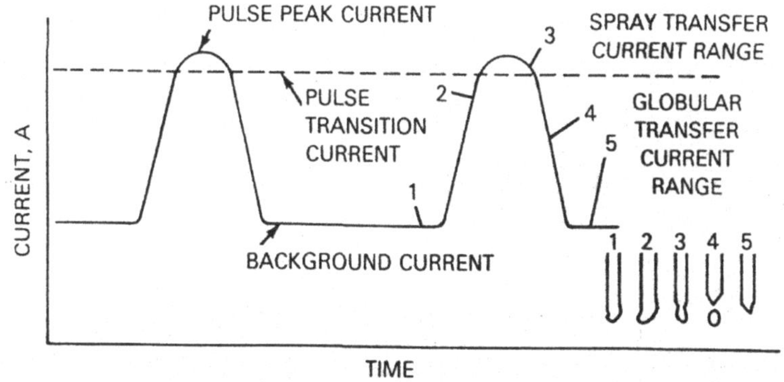

그림 5-57 맥동이행(Pulsed Transfer)의 개요

그림 5-58은 용접 조건에 따른 이행 형태의 변화를 보여 주고 있다.

X-축은 용접봉 공급 속도로 표시되어 있으며, 이는 전류와 같은 개념으로 이해하면 된다. Y-축은 전압으로 표기되어 있으며, 이는 아크의 길이로 이해하면 된다.

그림에서 표시되는 바와 같이 낮은 전류와 낮은 전압의 조합에서 작은 직경의 용접 와이어를 사용하면 단락이행이 형성된다. 이 보다 조금 더 높은 전압을 사용하면 Transferring Arc 라고 표기된 부분이 있는 데, 이것이 구적이행(Globular Transfer)에 해당하는 영역이다.

즉, 단락이행에서 아크의 길이를 길게 가져가면 전압이 상승하고 그에 따라서 Pinch Force가 강해지면서 구적이행이 형성된다. 더 높은 전류와 전압 즉 아크 길이를 유지하면 용사 이행으로 변화하게 된다.

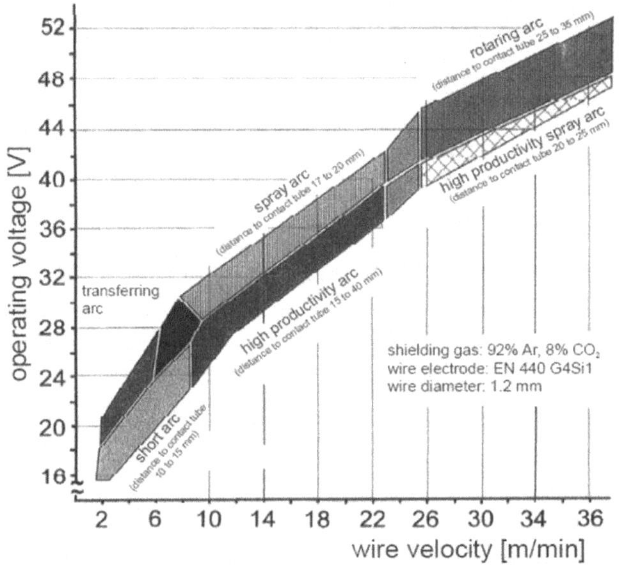

그림 5-58 용접 조건에 따른 이행형태의 변화

5.3. 극성 (polarity)

극성은 용접봉의 전원에 따라 명명 된다. 가스메탈아크용접(GMAW)에서 가장 널리 사용되는 극성은 DCEP 즉, 용접봉의 전원이 양극인 상태이다.

극성에 따른 용입 형태에 대해서는 많은 부정확한 자료들이 시중에 돌고 있으나, 쉽게 이해하면 GTAW와는 반대의 특성을 가지는 것으로 생각하면 된다.

이는 비소모성 전극을 가지는 GTAW에 비해 소모성전극(Consumable Electrode)를 가진 GMAW나 여타 용접봉에 직접 전원이 공급되는 다른 용접방법이 모두 같은 현상을 보이고 있다.

전류가 높아짐에 따라 깊은 용입을 얻을 수 있고, 용착속도가 향상되며 용접비드 형상이 좋아진다.

5.3.1. 직류 사용

5.3.1.1. 직류 역극성

GMAW의 용입은 GTAW의 용접시에 전류 극성에 따라 나타나는 용입 상태와는 반대의 현상이 나타난다. 역극성일 경우에 금속 이행은 Spray 형태를 이루고 양전하를 가진 용융금속의 입자가 음전하를 가진 모재에 격렬하게 충돌하여 깊고 좁은 용입을 이루게 된다. DCEP로 용접을 진행할 때의 장점은 다음과 같이 요약 할 수 있다.

- 안정된 아크
- 부드러운 용융금속이행(Metal Transfer)
- 상대적으로 적은 스패터
- 용접 비드의 양호성
- 폭 넓은 전류 범위에서 얻을 수 있는 깊은 용입이다.

이 용접의 아크는 대단히 안정되고 그 중심의 원추부는 금속 증기가 발광되고 있는 부분으로 그 속을 와이어(Wire)의 용적이 고속도로 용융지(Weld Pool)에 투사되고 있다. 중심의 원추부를 둘러 싸고 있는 미광부는 주로 아르곤가스의 발광에 의한 것으로 가스 이온은 양극이 전극에서 모재 표면에 충돌하여 표면산화막의 청정작용을 한다.

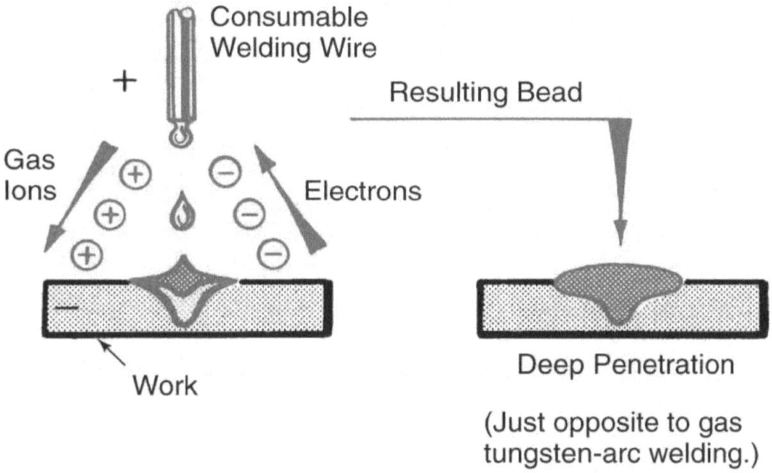

그림 5-59 GMAW에서 직류 역극성에 따른 용접금속

5.3.1.2. 직류 정극성

이와는 반대로 직류 정극성(DCEN)은 용융된 양전하의 금속 입자가 모재의 양전하와 충돌하여 용적을 들어 올려 낙하를 방해하므로 전극의 선단에 평평한 머리부를 만들게 되며, 이 부분의 온도가 점차로 높아짐에 따라 중력에 의해 큰 용적이 간헐적으로 낙하하게 되는 Globular Type의 Transfer가 일어나게 된다. 직류 정극성으로 용접을 시행하면 얇고 평평한 용입이 얻어 지게 된다.

직류 정극성은 잘 사용되지 않는 극성으로 다음과 같은 단점이 있다.

- Axial Spray를 얻을 수 없다. (별도의 Modification장치가 필요.)
- Globular의 특성을 나타내는 높은 용융속도를 보인다.
- 5%정도의 산소를 추가하거나 용접봉에 별도의 처리를 하여 열 이온화(Thermionic) 하여 Transfer형태를 개선 할 수 있으나, 두 가지 모두 용착 속도가 저하된다.
- 높은 용착률과 낮은 용입으로 인해 박판의 용접에 적합하다.

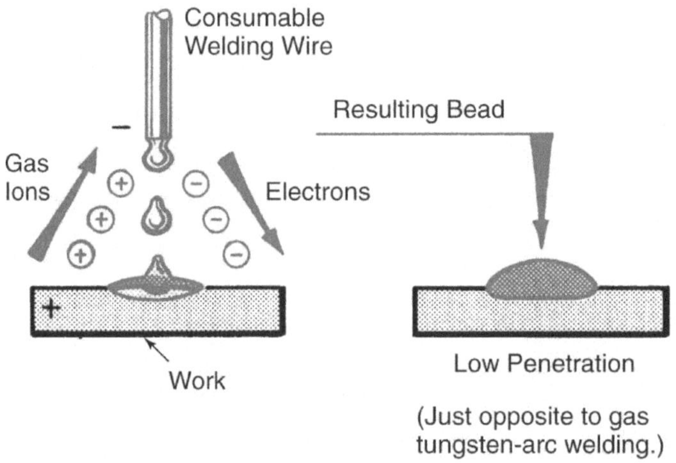

그림 5-60 GMAW에서 직류 정극성에 따른 용접금속

5.3.1.3. GMAW 용접 아크의 자기 제어

피복 아크용접의 용접봉 용융속도는 아크의 전류 만으로 결정되고 아크전압에는 거의 무관하나 GMAW에서는 다음과 같이 아크 전압의 영향을 받는다.

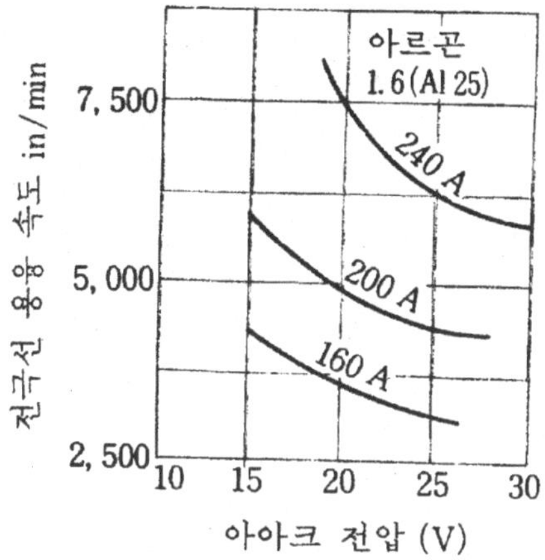

그림 5-61 용융 속도와 아크전압 (직류 역극성) 관계

동일 전류 아래에서 아크전압이 크게 되면 용융속도가 감소하기 때문에 심선이 일정한 이송 속도로 공급될 때까지 아크의 길이가 짧아지고 원래의 길이로 되돌아 간다. 역으로 아크의 길이가 짧아지면 전압이 작게 되고 심선의 용융속도가 빨라져 아크의 길이가 길어져서 원래의 길이로 되돌아 간다. 이와 같은 것을 MIG용접 아크의 자기제어라고 하며, 이와 같은 특성을 만족하려면 피복 아크용접과 다른 아크전압의 특성인 상승특성을 가져야 한다.

5.3.1. 교류 사용

GMAW에서 교류는 거의 사용되지 않고 있으며, 아크가 불안정하기 때문에 알루미늄과 같이 표면에 산화피막으로 인해 용접과정에서 청정효과가 필요한 경우 등의 용접시에만 선별적으로 적용된다. 알루미늄의 용접시에는 앞서 설명한 GTAW에서와 마찬가지로 GMAW에서도 극성에 따른 용접금속의 특성을 활용하여 정극성의 시간과 역극성의 시간을 변화하는 제어 방법이 교류에서 적용되고 있다.

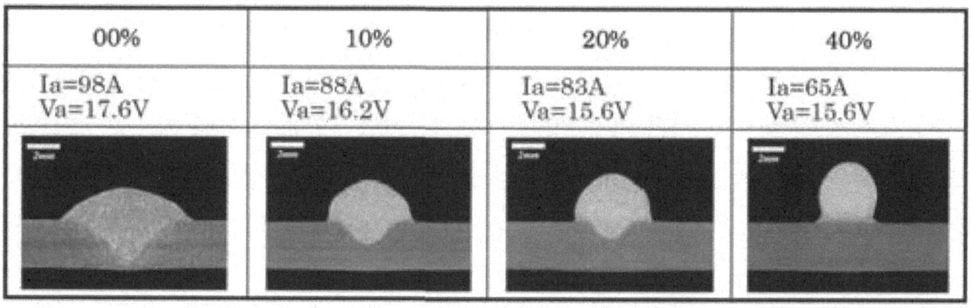
00%
10%
20%
40%
Ia=98A
Va=17.6V
Ia=88A
Va=16.2V
Ia=83A
Va=15.6V
Ia=65A
Va=15.6V

그림 5-62 GMAW에서 정극성의 시간이 증가함에 따른 용접금속의 변화

5.4. 보호가스

보호가스의 가장 큰 역할은 용접부와 용탕을 외부 대기로부터 보호하는 것이다. GMAW 에서는 가장 일반적으로 널리 사용되는 CO_2와 함께 아르곤 가스와 헬륨 가스등이 사용되며, 이외에도 산소와 수소등을 목적에 따라 혼용하기도 한다.

5.4.1.1. 아르곤(Ar)과 헬륨(He)

아르곤과 헬륨은 불활성 기체로 다양한 금속의 용접에 적용된다. 이 두 기체는 독립적으로 혹은 혼합된 상태로 사용되며 비중, 밀도, 열전도율과 아크의 특성이 다른 특징으로 인해 상호 보완적으로 사용된다.

아르곤(Ar)은 공기보다 1.4배 무거우며, 아래 보기 자세에서 가장 효과적으로 아크를 보호한다. 아르곤 아크는 높은 에너지 밀도를 특징으로 규정할 수 있다. 내부는 에너지 밀도가 높고, 외부는 엷은 에너지를 보이며 Finger Type 의 Penetration을 보인다.

아르곤 혹은 아르곤혼합(80%이상) 기체로 용접부를 보호할 경우에는 임계 전류값 이상에서 Axial Spray Transfer를 만든다.

헬륨은 밀도가 공기의 0.14배로 아르곤의 2 ~ 3배 정도의 Flow Rate를 가져야 동등한 보호 효과를 가질 수 있다. 그러나, 높은 열전도도와 균일한 아크에너지를 만들어 준다.

헬륨아크는 아르곤의 경우와는 다르게 매우 균질한 아크에너지를 만든다. 이러한 아크에너지는 깊고 넓은 용입을 만들고 용접 비드의 형상을 볼록하게 (Parabolic) 만든다.

헬륨은 동일한 용접 조건에서 보다 높은 아크 전압을 가진다. 헬륨만의 용접부 보호는 완전한 Axial Spray transfer를 만들지 못하고 아크가 불안정하며 스패터량이 많아지고 용접 비드가 거칠다.

5..4.1.2. 아르곤과 헬륨의 혼합 기체

단락이행(Short Circuiting Transfer)에서 용접부 입열을 높여서 양호한 용입 특성을 얻기 위해서는 60 ~ 90% 정도의 헬륨이 포함된 아르곤과 헬륨의 혼합 기체를 사용한다. CO_2 혼합 기체도 많이 사용되지만 용접부의 기계적 특성 저하로 인해 헬륨을 CO_2 대신 주로 사용한다.

50 ~ 75% 정도의 헬륨을 섞은 아르곤혼합 가스는 아크전압을 높여서 아르곤 가스만을 사용하는 경우 보다 아크의 길이를 증대 시키고 높은 입열을 제공하여 모재의 열전도도가 좋은 알루미늄, 마그네슘, 구리합금 등의 용접에 적용된다.

5.5.1.3. 아르곤과 헬륨의 혼합 기체에 산소와 CO_2의 혼입

순수 아르곤 가스만을 보호 가스로 사용해서 비철을 용접할 경우에는 매우 만족스러운 효과를 얻을 수 있지만 철계(Ferrous)금속을 용접할 때는 잘못된(Erratic) 아크나 과도한 언더컷 (Undercut)이 발생할 수 있다. 이러한 경우에 1 ~ 5 % 정도의 산소나 3 ~ 25 % 정도의 CO_2를 추가하면 만족스러운 개선 효과를 얻을 수 있다. 첨가되는 산소나 CO_2의 양은 모재의 표면 상태(Mill Scale이나 산화물 등), 개선 형상, 용접 자세, 모재의 종류와 용접사의 기량에 따라 결정되지만 통상 2 %의 산소, 8 ~ 10%의 CO_2가 적당하다.

보호가스에 따른 용접부 단면 특성은 다음과 같은 특성을 나타낸다.

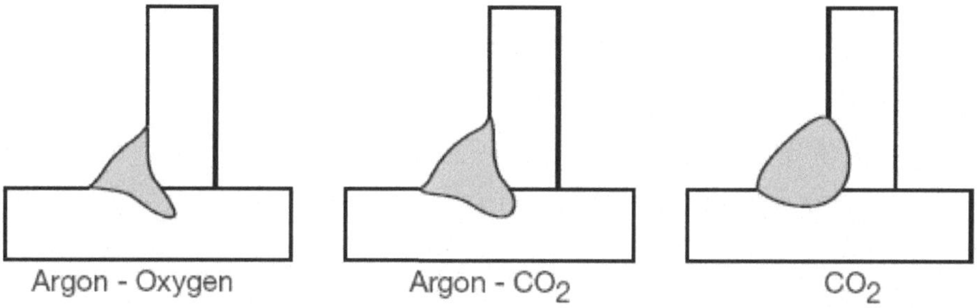

그림 5-63 혼합 가스 사용에 따른 필렛 용입 특성

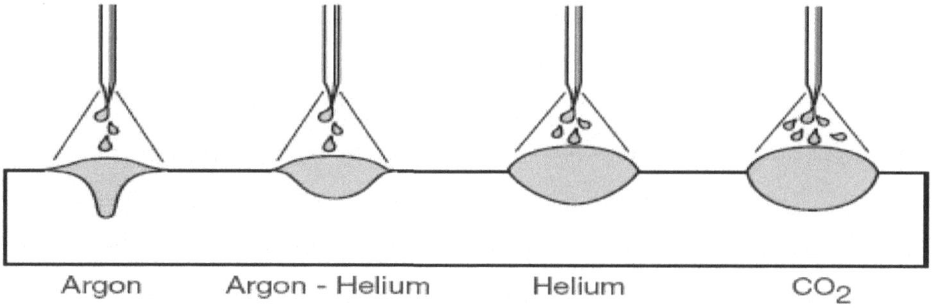

그림 5-64 혼합가스 사용에 따른 용입 특성

일반 탄소강과 저합금강(Low Alloy Steel)을 용접할 경우에 아르곤가스에 CO_2를 최고 25 %까지 섞어서 사용하면 임계 전류의 최소값을 높이며, 깊은 용입을 얻을 수 있지만, 아크의 안정성이 떨어지고 스패터(Spatter)로의 손실이 많아 진다.

이외에도 용도에 따라서 각 기체의 특성을 살리면서 안정적인 용접작업을 수행하기 위해 세가지 이상의 기체를 혼합하여 사용하는 경우도 있다.

5.4.1.4. 이산화탄소(CO_2)

이산화 탄소는 활성 기체로서 GMAW용접으로 탄소강 및 저합금강 용접시에 순수한 상태로 사용된다. 활성 기체로는 유일하게 다른 기체와 혼합하지 않고 GMAW의 보호가스로 사용될 수 있다. CO_2 가스 사용에 따른 특징은 다음과 같이 요약 된다.

- 빠른 용접 속도
- 뛰어난 용입률
- 저렴한 가격
- 매우 건전한 용접 금속 외관이 얻어진다.
- 외관은 좋지만 아크의 산화로 인해 용접부의 기계적 성질은 나빠질 수 있다.
- Buried 아크를 사용함으로 인해 용접 Bead의 양쪽의 Wash효과 감소

CO_2 Gas Shielding을 사용하면 단락이행(Short Circuiting) 이나 구적이행(Globular Transfer)가 나타나게 된다. 용사이행(Spray Transfer)는 아르곤가스(Ar)가 필요하며 CO_2 만으로는 얻어 지지 않는다.

구적이행(Globular Transfer)을 사용할 경우에는 아크가 거칠고, 스패터의 양이 많아 지게 된다. 이러한 과다 스패터를 해결하기 위해 구적이행일 경우에는 매우 짧은 아크를 사용하여 베리드아크(Buried Arc)방식을 택한다. 이 방법은 용접팁(Tip)이 거의 모재 보다 낮은 위치에 놓여 져서 스패터를 최소화 하는 것이다.

5.4.2. GMAW의 특수 적용

5.4.2.1. 스팟 용접(Spot Welding)

이 방법은 얇은 박판의 용접시에 사용되는 방법으로 두 얇은 철판을 맞대어 놓고 용입을 깊게 하여 한 쪽 금속을 뚫고 반대쪽까지 용탕이 이루어 지도록 하여 용접하는 방법이다.

후판일 경우에는 한쪽에 구멍을 뚫고 밑에 노여 있는 철판과 용접을 실시 하는 Plug 용접도 시행한다. 가스메탈아크용접(GMAW) Spot용접은 저항용접의 용접부와는 다르다. 저항용접은 두 모재의 접합부만 부분적으로 용융되는 것으로, 용접부에 너겟(Nugget)이라고 하는 특수한 조직이 형성되지만 가스메탈아크용접(GMAW)의 스팟용접부는 두 모재중 하나는 완전히 관통된 용융금속이 형성되고, 다른 하나는 부분적으로 용융이 되어 접합된다는 것이다.

5.4.2.2. 협개선 용접(Narrow Groove (Gap) Welding)

협개선 용접은 후판의 용접을 손쉽게 하기 위해 적용되는 다층 용접 방법이다. 보호가스로는 Ar에 20 ~ 25%정도의 CO_2를 섞어서 주로 사용한다.

이 용접 방법에는 두개 이상의 용접 와이어(Wire)가 동시에 사용되며 (Tandem), 용접 효율을 높이기 위해 와이어(Wire)를 인위적으로 위빙(Weaving)시키기도 한다. 그림 5-66은 대표적인 협개선 용접의 용접조인트 가공의 일례이다.

여기에서 개선 각도는 통상 5 ~ 7° 를 유지하고 있으며 루트 간격(Root Gap) 은 용접 방법에 따라 12 ~ 28mm정도를 유지한다.

와이어(Wire)의 공급 방법은 와이어송급장치(Feeder)에 전동식 Oscillator를 달아 사용하는 방법과 Feeding Roller를 교차하여 와이어(Wire)에 굴곡을 주는 방법, 미리 두개의 와이어(Wire)를 꼬아서 사용하는 방법 등이 있다.

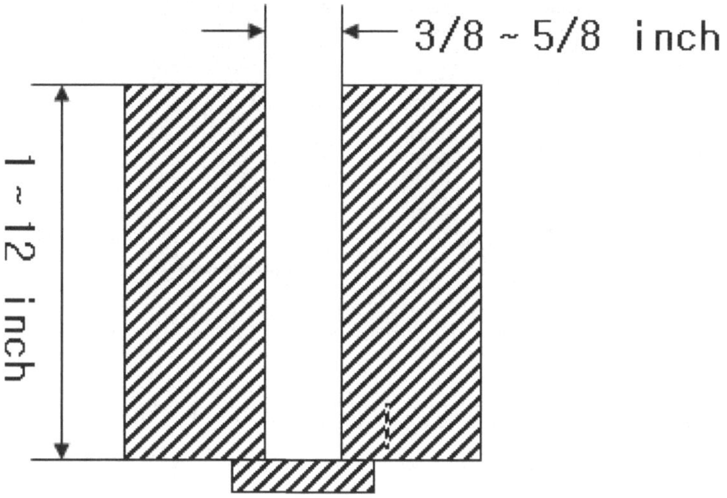

그림 5-65 협개선 용접부 조인트 가공 일례

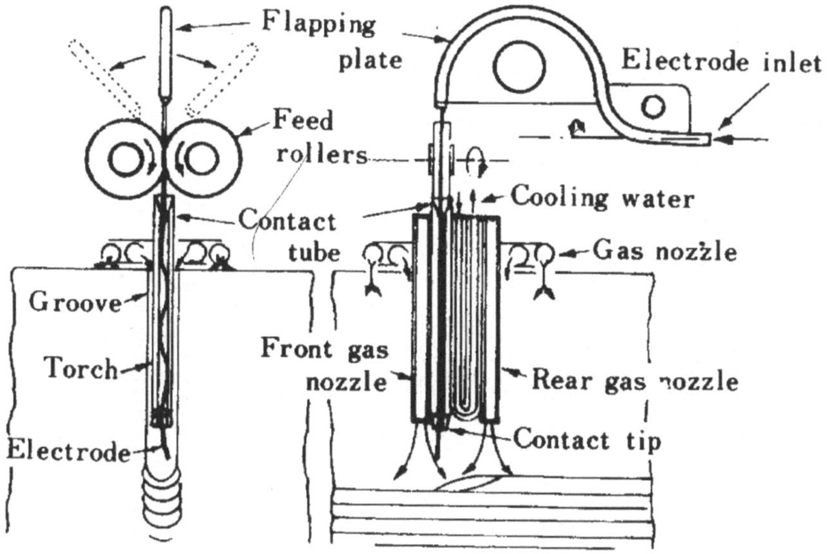

그림 5-66 협개선 용접의 와이어(Wire) 운봉(Weaving) 방법

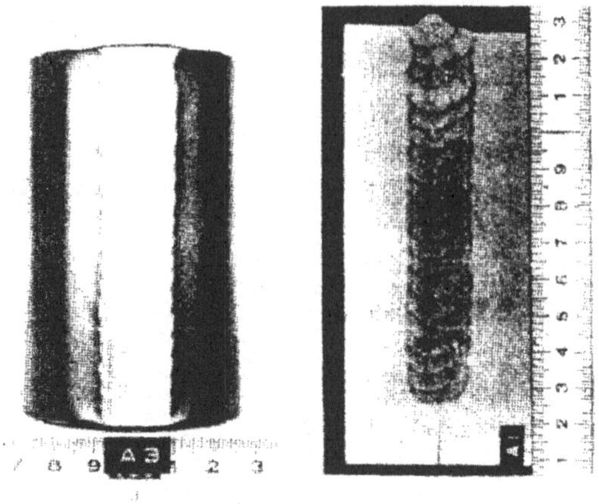

그림 5-67 협개선 용접부의 단면

흔히 알려진 협개선 용접은 주로 잠호용접(SAW)에 의한 것과 GTAW, FCAW및 EGW에 의한 것이 대부분이며, 이에 관한 자세한 내용은 "협개선 용접"편에 다시 정리한다.

6. 플럭스코어드아크용접(FCAW)

6.1. 플럭스코어드아크용접의 개요

플럭스코어드아크용접(FCAW, Flux Cored Arc Welding)은 최근 몇 년 사이에 사용 가능 범위가 확대되고, 용접사 인건비에 대한 부담과 용접부 품질 보증을 확보하기 위해 고 능률의 용접방법을 선호하게 되는 제작사들의 필요성 증대 및 자동화의 필요성에 따라 국내에서 큰 호평을 받고 새로운 용접 방법이다. 이하에서는 편의상 FCAW로 약자로 표기한다.

FCAW는 기존의 GMAW의 장점을 살리면서 보다 효율적으로 용접을 실시 할 수 있도록 개선된 용접 방법이다. 미국 용접 학회에서는 GMAW의 한 종류로 구분하지만 그 외에는 대부분 별개의 용접 방법으로 규정한다.

GMAW는 모재의 두께가 약 24mm 이하의 경우에 장점을 갖고 그 이상의 두께에 대해서는 FCAW가 주로 적용한다.

그림 5-68 GMAW(좌)와 FCAW(우)의 모재적용 두께 비교

FCAW는 튜브형태의 용접와이어(Wire)에 플럭스(Flux)를 채워 넣고 용접 아크열로 플럭스를 태우면서 이때 발생되는 CO_2 가 주 성분인 보호가스를 이용해서 용접부를 보호하고 안정된 용접을 실시하는 방법이다.

FCAW는 Gas Shielding방법에 따라 다음과 같이 두 가지로 구분한다.

- Self Shielded Type : Flux의 연소에 의해 발생되는 Gas로만 Shielding하는 방법.
- Dual Shielded Type : 외부에서 추가로 보호가스(CO_2)를 공급해 주는 방법.

각각의 장단점과 특징은 다음에 설명하기로 한다.

FCAW의 초기 형태는 외부에서 보호 가스를 공급해주는 Gas Shielded Type으로 1954년도 미국 용접학회의 세미나에서 처음 공개 되었고, 지금과 같은 형태의 용접 방법으로 개선된 것은 그로부터 2 ~ 3년 후의 일이다. 이후에 1961년도 경부터는 외부에서 별도의 보호가스 공급없이 튜브형태의 용접봉 안쪽에 들어 있는 Flux의 연소 과정에서 발생하는 CO_2만으로 용접부를 보호하는 Self Shielded Type이 상용화되었다.

일반적으로 가장 많이 사용되는 SMAW는 외부 피복재에 의해 스패터 발생량이 적고 아크가 부드럽고 안정적이며 용접 작업성은 우수하나 대용량으로 릴(Reel)에 감을 수가 없어서 자동화가 불가능하고, GMAW용접에 사용되는 Solid Wire는 자동화는 가능하나 플럭스(Flux)가 없어서 전자세 용접이 힘들고 스패터 발생량이 많은 등 용접 작업성이 상대적으로 불량하다.

FCAW 는 이러한 단점들을 개선하여 보다 효율적으로 산업 현장에 적용 되고 있으며, 향후 강종의 제한 등 몇 가지 문제점만 보완한다면 가장 안정적이고 효율적인 용접 방법이 될 것으로 기대 한다. 초기에는 주로 조선(Ship Building)을 중심으로 발전해 왔으나 최근에는 산업 기계, 건설기계, 철골, 교량 및 석유화학 압력 용기 등에도 폭 넓게 적용되고 있다.

6.2. FCAW 용접 기구

FCAW용접은 자동 혹은 반자동으로 운전되며, 연속적인 작업의 특징으로 생산성이 높다. 이 용접 방법은 SMAW, SAW, GMAW의 장점을 모두 살린 매우 효과적인 용접 방법이다.

6.2.1. Gas Shielded FCAW

Gas Shielded FCAW는 흔히 Dual Shielded FCAW라고 더 많이 알려 져 있다. 아래의 그림 5-49에 개략적인 용접 과정의 모형이 간단하게 표시되어 있다. 이 방법은 보호가스로 사용되는 CO_2 혹은 여기에 아르곤 가스를 섞어 사용하는 혼합기체를 용접기 Tip에 부착된 Nozzle을 통해 공급해 주어 외기의 산소나 질소로부터 용접부를 보호하는 것이다. 용접과정에서 해리된 CO_2로 인해 약간의 산소와 CO Gas가 생성되며, 고온에서는 CO가 분리하여 발생되는 산소와 Carbon으로 인해 탈탄(De-Carburization)이나 침탄(Carburization)의 문제 발생의 소지가 있지만 용접 와이어(Wire)의 성분에 적당한 양의 탈산제를 첨가하여 이로 인한 문제를 해결한다.

Gas Shielded FCAW는 Self Shielded FCAW에 비해 좁고 깊은 용입을 얻을 수 있다.

와이어(Wire)의 직경에 상관없이 Gas Shielded FCAW는 와이어(Wire)의 노출길이(Extension)를 작게 하고 높은 전류를 사용한다.

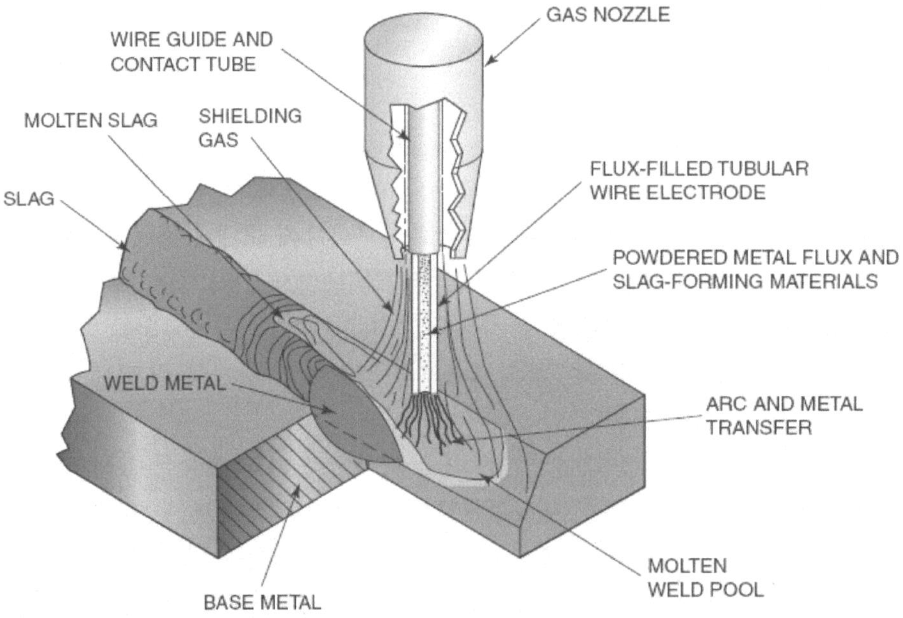

그림 5-69 Gas Shielded Flux Cored Arc Welding 개요

6.2.2. Self Shielded FCAW

앞서 설명한 바와 같이 용접부 보호를 위한 별도의 보호가스 공급은 없고 플럭스의 용융 연소 과정에서 발생되는 가스와 용접 금속을 감싸고 있는 슬래그에 의해 용접부가 보호되는 것이다. 용접부 보호를 위한 CO_2의 생성과 산소와 질소를 제거하기 위한 성분들은 용탕(Weld Pool)의 표면에서 제공되기 때문에 Dual Shield Type보다 더 강력하게 외부 대기로부터 용접부를 보호한다. 이렇게 뛰어난 용접부 보호 특성으로 인해 아직 국내에서는 대부분 Dual Shield를 선호하지만 해외에서 특히 중동지역과 같이 바람의 영향을 많이 받게 되는 공사에는 Self Shielded Type의 적용도 많이 채택되고 있다.

Self Shielded FCAW 는 Gas Shield의 경우보다 용접 와이어(Wire)의 노출길이(extension)를 길게 한다. 보통 재질과 용도에 따라 통상적으로 19 ~ 95mm까지의 범위에서 사용하며 와이어(Wire)를 길게 함으로서 저항 열(Resistance Heat)을 늘인다. 이 열을 이용해 와이어(Wire)의 예열(Preheating) 효과를 기대하며 아크를 통한 전압 강하를 작게 하여 아크의 안정성을 확보할 수 있다. 이때에 전류는 낮아 져서 모재를 녹이는 데 필요한 열을 줄일 수 있으며, 결과적으로 좁고 얕은 용접 비드를 얻을 수 있다.

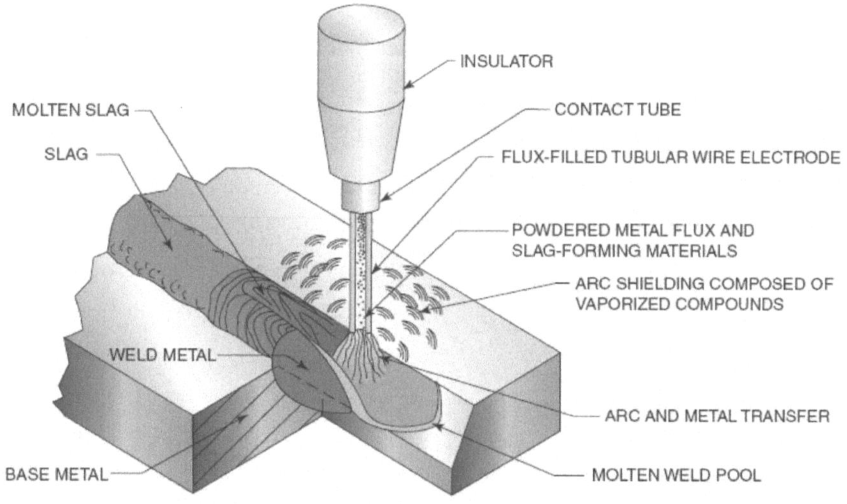

그림 5-70 Self-Shielded Flux Cored Arc Welding

6.2.3. FCAW의 적용

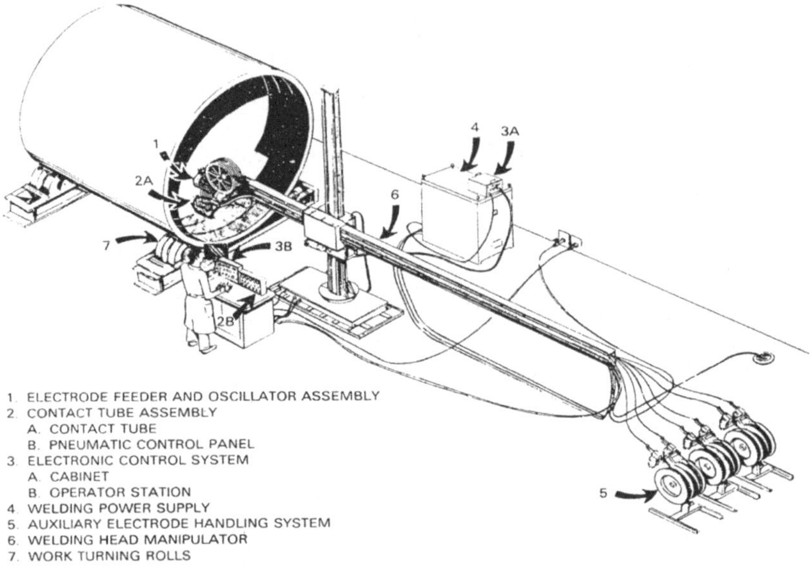

그림 5-71 Typical Multiple Weave Surfacing Installation

아직 까지 FCAW용접은 철계금속(Ferrous Steel)과 니켈합금(Nickel Base Alloy)에만 적용 가능하며 초기 기기 설치 비용의 과다와 관련 업계의 인식 부족에 기인한 거부감으로 인해 주로 조선 업계에서 주요 용접 방법의 하나로 적용하고 있으나 석유 화학 쪽에서는 일반적인 탄소강에 국한하여 비 압력 부재의 필렛(Fillet)용접부 등에만 선별적으로 적용하고 있다. FCAW 적용상의 여러 가지 장점 중에 하나는 다른 용접방법에 비해 정밀한 용접부 개선(Joint Preparation) 작업이나 용접부 청결작업이 필요하지 않다는 것이다.

6.3. FCAW의 장, 단점

6.3.1. FCAW 장점

FCAW는 다른 아크 용접방법에 비해 다음과 같은 많은 장점을 가지고 있다.

- 용착 속도가 빠르다. (GMAW 보다 10% 이상 향상) : 전류가 외피 금속만을 통해 흐르므로 전류 밀도가 높아지기 때문이다.
- 전자세 용접이 가능하다.
- 슬래그의 박리가 쉽다. : 얇은 슬래그가 용접 비드 전면을 고루 덮고 있으며, 가벼운 치핑햄머(Chipping Hammer) 작업 만으로도 쉽게 슬래그 제거가 가능하다.

- 부드럽고 균일한 용접 금속을 얻을 수 있다.
- 용접 비드 외관 및 형상이 양호하다. : Solid Wire에 비해 비드 표면이 고르고 Undercut, Overlap 등의 결함 발생이 적다.
- 용접 대상물 두께의 제한이 거의 없다.
- 초보자라도 쉽게 용접이 가능 하다. : 아크가 부드러워 피로감이 적고 용접 작업성이 좋아 초보자라도 쉽게 용접을 실시 할 수 있다.
- 자동화 하기 쉽다.
- 높은 용착 효율로 용접 속도가 빠르다. (SMAW의 4배, GMAW 보다는 낮다.)
- 적용 가능한 전류와 전압의 범위가 넓다. (FCAW는 구경과 자세에 따른 전류의 변화가 심하지 않아 250~300A, 28~30V의 범위에서 다양한 구경의 용접봉 선택이 가능하다.
- 다른 용접방법에 비해 상대적으로 작은 용접부 개선 각도를 유지할 수 있어서 경제적인 용접부 설계를 할 수 있다.
- 아크의 움직임이 눈에 보이므로 제어하기 쉽다.
- 가스메탈아크용접(GMAW)에 비해 Pre-Cleaning의 필요성이 적다.
- SMAW에 비해 변형이 작다.
- Self Shielded Type을 사용할 경우, Shielded Gas나 Flux 관리 부담이 없다.
- 균열을 방지하기 위한 오염의 허용도(Tolerance)가 크다.
- 수소 취성(Under Bead Crack)에 대한 저항성이 SMAW에 비해 크다.

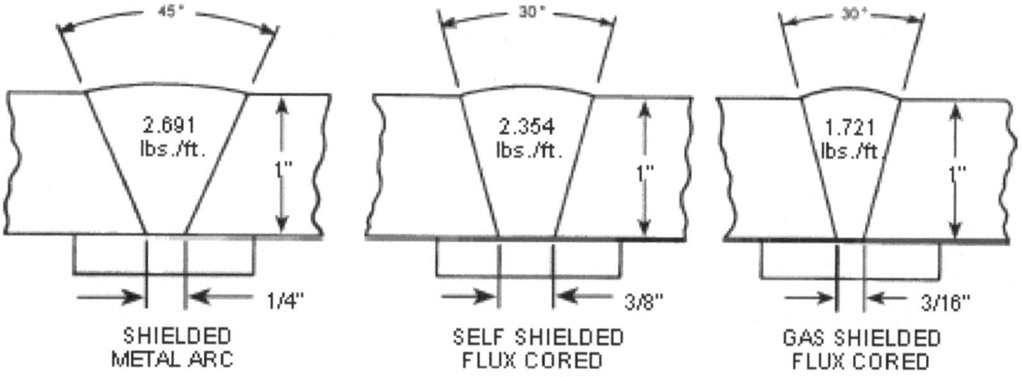

그림 5-72 용접방법에 따른 용접부 개선 각도

6.3.2. FCAW 단점

- 현재까지는 철계(Ferrous) 금속과 일부 니켈계 합금에만 적용 가능하다.
- 용접부의 (특히, 열처리 후의) 충격 강도가 낮다.

- 슬래그 층을 생성하기 때문에 이를 항상 제거해야 한다.
- 일반적으로 다른 용접봉에 비해 용접봉 값이 비싸다.
- 용접 장비가 고가 이므로 초기 투자 비용이 크다. (생산성은 월등히 우수)
- 용접봉 공급 장치와 전원설비가 용접 대상물에 인접해 있어야 한다. (장소의 제한)
- Gas Shielded의 경우에는 바람을 비롯한 외부 대기의 제한을 받는다. (Self Shielded는 훨씬 덜함)
- SMAW등에 비해 용접 장비가 훨씬 복잡하고 정비의 어려움이 있다.
- SMAW나 가스메탈아크용접(GMAW)에 비해 용접과정에서 연기(Smoke and Fume) 발생이 심하다.

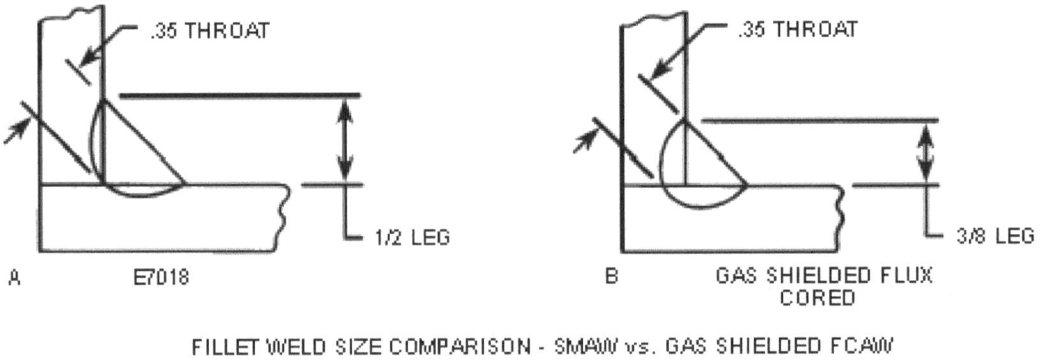

그림 5-73 SMAW와 비교한 FCAW의 용입 차이

6.3.3. FCAW 와이어(Wire)

6.3.3.1. FCAW 와이어(Wire)의 생산

FCAW 와이어(Wire)는 아래 그림 5-74에서 보는 바와 같이 스트립(Strip)형태로 절단한 철판을 연속으로 튜브 형태로 성형하면서 그 안에 플럭스를 넣어서 제조한다. 스테인레스 강의 경우에는 튜브를 구성하는 원 철판의 재질은 한가지 이며, 여기에 각 강종별로 필요한 합금 원소를 플럭스와 함께 추가하여 원하는 재질을 만들어 낸다.

튜브 형태의 용접봉안에 들어가는 성분은 다른 용접방법에서 적용되었던 일반적인 플럭스와 같은 개념으로 이해하면 된다.

튜브 형태의 와이어를 생산하는 과정에서 대개 아래 그림과 같이 기계적으로 접합이 이루어지게 되어 원하는 사이즈로 인발하여 사용하게 되면, 접합부가 터져서 수분의 침투가 용이하게 된다. 최근에는 이런 단점을 해결하기 위해 튜브 형태로 만들고 그 접합부를 전기저항용접으로 마감한 와이어도 생산되고 있다.

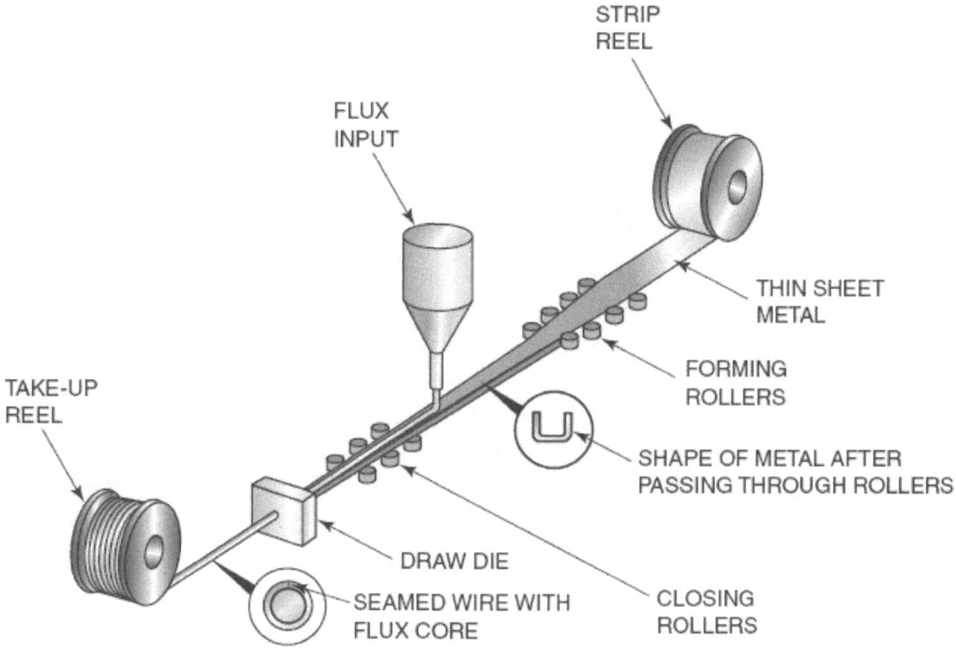

그림 5-74 FCAW 와이어의 제조

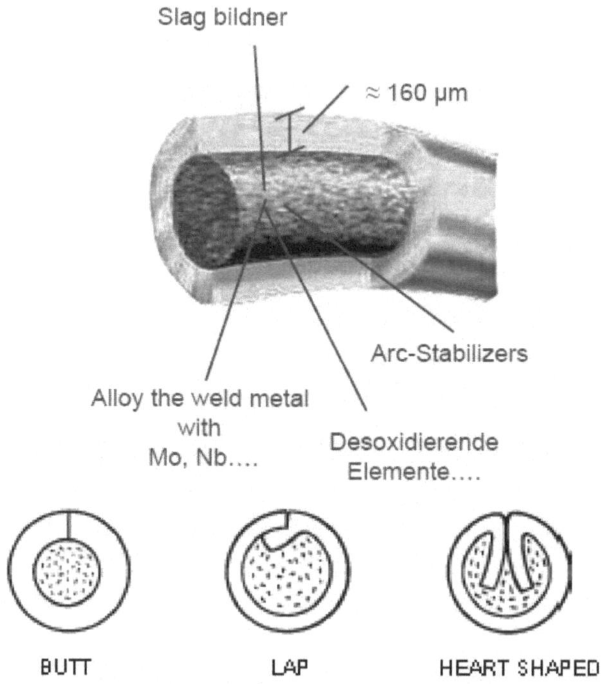

그림 5-75 FCAW 와이어의 단면과 내부 플럭스의 구성물

6.3.3.2. FCAW 와이어의 관리

앞서 설명한 바와 같이 FCAW 와이어는 흡습이 되기 쉬우며, PQ test 단계에서 이런 위험성을 확인하기 위해 확산성 수소 시험을 요구한다.

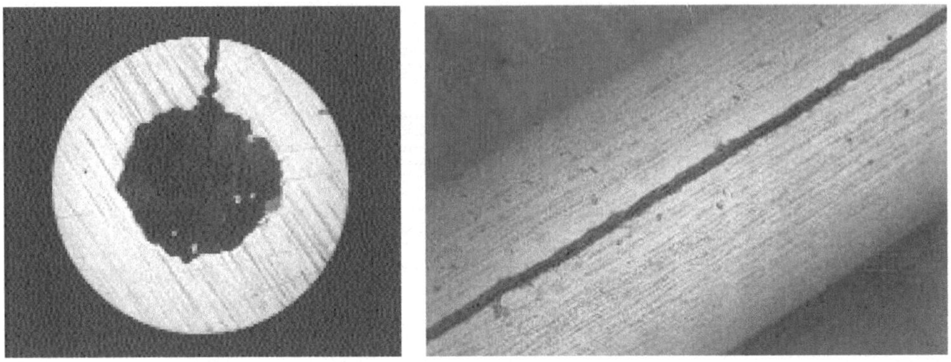

그림 5-76 FCAW 와이어의 단면과 접합부의 벌어짐

따라서 용접 과정 전반에 걸쳐서 와이어를 적절하게 관리하는 것이 중요하다. 이를 위해 다음과 같은 기준을 제시한다.

(1) 재고 관리

제조 된지 너무 오래된 와이어는 수분을 흡습할 가능성이 커지고 그 만큼 용접부에 기공 발생등의 위험성이 커진다. 따라서 용접 소요양만큼 적절하게 관리하여 불필요하게 많은 양의 와이어가 작업 현장에 방치되지 않도록 해야 한다.

(2) 건조

SMAW 와이어와 마찬가지로 FCAW 와이어도 건조를 해야 한다. 용접봉 제조사에서는 초기 튜브 형태로 와이어를 제조한 후에 원하는 직경으로 인발하기 전에 와이어를 열처리하여 수분을 제거하는 과정을 거치게 된다. 국내에서는 대부분 플라스틱 릴에 감겨서 제품이 출하되기에 현장에서 건조를 위한 가열을 적용할 수 없으나, 해외 수출품 및 일부 제품은 건조로에 넣고 가열할수 있도록 철제릴에 감겨서 생산된다. 철제릴에 감겨서 생산된 제품은 최소 150도 이상의 온도에서 가열하여 수분을 제거한다. 플라스틱릴에 감긴 제품도 60도 이상의 온도로 유지하여 수분이 건조될 수 있도록 관리하는 것이 좋다.

(3) 상대 습도

플럭스가 수분을 흡습하는 것은 상대 습도와 관계가 있다. 따라서 장마철처럼 습도가 높은 상황에서는 가능한 용접대상 부재의 예열뿐만 아니라 용접봉의 건조와 함께 너무 높은 습도 분위기에서는 용접 작업을 중단하는 관리가 필요하다.

(4) 진공 포장

현재 FCAW 와이어는 모두 진공 포장이 되어 습기로부터 배제된 상태에서 출하되고 있다. 이 진공 포장이 찢어졌거나 개봉이 된 이후부터는 습기에 노출될 수 있다고 판단하고 용접 와이어 관리와 용접작업 관리를 해야 한다. 현장의 용접사가 아침에 출근하여 지난 밤에 용접기에 걸어 두었던 FCAW 와이어를 두바퀴 정도 잘라내고 새 용접 작업을 시작하는 것은 누가 시키지 않아도 용접사 스스로 몸으로 느끼고 이해한 대응책이라고 할 수 있다.

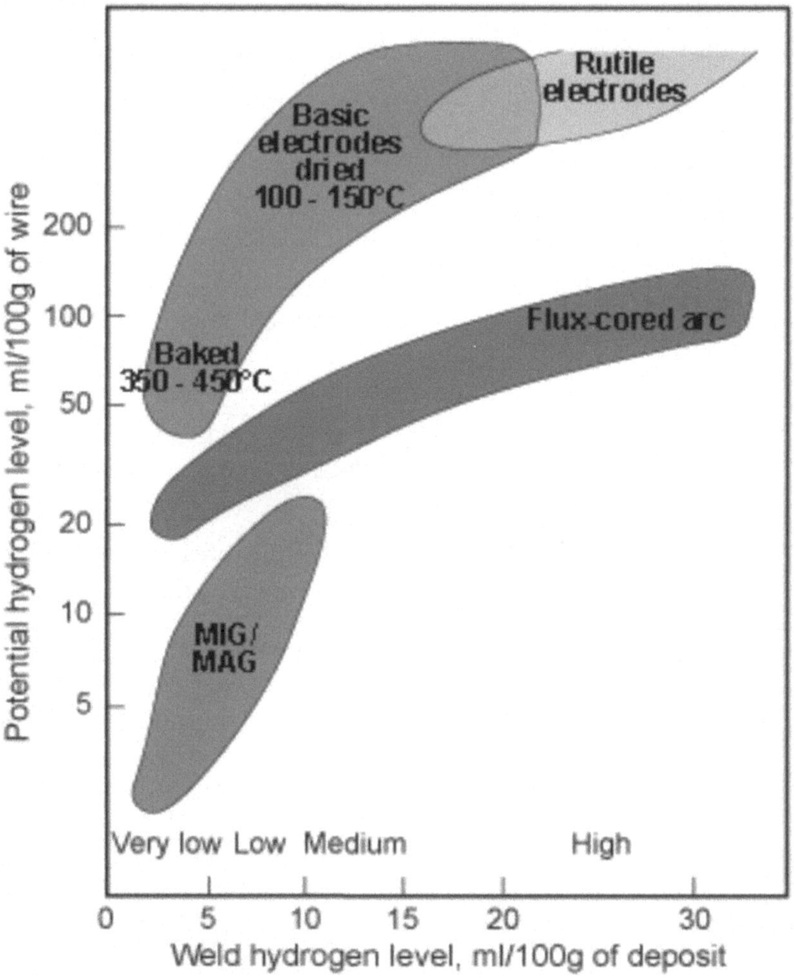

그림 5-77 용접방법에 따른 용접금속의 확산성 수소함량

6.3.4. 보호가스의 종류와 특성

6.3.4.1. 이산화탄소(Carbon Dioxide, CO_2)

FCAW에 사용되는 보호가스는 주로 이산화탄소(CO_2)가 사용된다. 이 가스의 장점은 저렴한 가격과 깊은 용입을 얻을 수 있다는 점이다.

일반적으로 CO_2를 사용하면 구적이행(Globular Transfer)가 만들어 지지만, FCAW에서는 플럭스의 조합에 의해 용사이행(Spray Transfer)의 용융 금속 이행도 얻을 수 있다. 앞에서 언급한 바와 같이 CO_2가스로 용탕을 보호하면서 용접을 진행할 경우에는 일부 CO_2가 분해하여 CO와 산소로 분해한다. 이때 발생된 산소는 용접부를 산화 시키기 때문에 적당한 양의 탈산제를 플럭스를 통해 공급하여야 한다.

$$2CO_2 \rightarrow 2CO + O_2$$

$$Fe + CO_2 \leftrightarrow FeO + CO$$

또한 적열 구간 (Red Heat Temperature)인 약 800℃ ~ 1000℃의 온도 구간에서는 다음과 같이 일산화탄소(CO)가 분해하여 탄소와 산소로 분해한다.

$$2CO \leftrightarrow 2C + O_2$$

이때 발생된 탄소(Carbon)는 용접봉의 탄소 농도에 따라 용접 금속을 탈탄 혹은 침탄 시킨다.

용접 와이어(Wire)의 탄소양이 0.05% 이하이면 침탄 (Carburization, Carbon Pick Up) 현상이 일어나고, 탄소량이 0.10% 이상일 경우에는 탈탄 (Decaburization, Carbon Loss) 현상이 일어난다. 이때 용접 금속으로부터 빠져 나간 탄소는 적열 구간에서 일산화탄소(CO)를 형성하는데 사용된다. 이러한 현상은 고온에서 CO_2의 산화성 분위기 때문이다. 이때 발생된 CO는 용접 금속내에 기공(Porosity)을 만들게 되며 이를 방지 하기 위해 와이어에 다량의 탈산제를 넣어야 한다.

6.3.4.2. 혼합 가스

가스메탈아크용접(GMAW)와 마찬가지로 다양한 혼합가스가 사용될 수 있다. 그러나, 가장 대표적으로 많이 사용되는 것은 Ar을 CO_2에 섞어서 사용하는 것으로서 보통 75% Ar에 25% CO_2를 혼합해서 많이 사용한다. Ar은 고온에서도 용접 금속을 적절하게 보호하므로 Ar의 함량이 많을수록 Core에 포함된 탈산제의 효과가 커진다. Ar-CO_2혼합기체를 사용하면 CO_2단독으로 사용할 경우에 비해 다음과 같은 특징을 나타낸다.

(1) 혼합가스의 장점

- 기공의 발생이 적어진다.
- 산화로 인한 금속손실(Metal Loss)가 작다.
- 인장강도 등 용접부의 기계적 특성이 좋아진다.
- 용사이행(Spray Transfer)가 얻어진다.
- 용접 자세의 제한이 자유롭다.
- 아크의 안정성이 좋다.

(2) 혼합가스의 단점

- Ar의 함량이 높을수록 Mn, Si등의 탈산제가 용접금속에 쌓인다.
- 이로 인해 용접금속의 기계적 특성이 변한다.

6.3.5. 충전 Flux의 종류와 특성

튜브형태의 와이어(Wire)의 내부에 충진되어 있는 플럭스는 용접 작업성, 균열 방지성, 기계적 성질 등의 제반 용접 특성을 향상시키기 위한 주 역할을 맡고 있으며 슬래그 형성제, 아크 안정제, 탈산제, 합금 성분제 및 철분 등으로 구성되어 있다.

이러한 플럭스는 슬래그의 형성 유무(정확한 표현은 슬래그의 형성 양)에 따라 슬래그계와 Metal계로 분류한다. 슬래그 계는 다시 슬래그의 염기도 등에 따라 Titania계(산성 슬래그), Lime-Titania계(중성 또는 염기성 슬래그), Lime계(염기성 슬래그)로 분류되고 있다.

표 5-26은 각 Flux별 슬래그의 개략적인 성분 분석표 이다.

일반적으로 Titania계는 용접비드 외관이 아름답고 전자세의 용접 작업성이 우수하지만 Lime계와 비교하여 저온의 인성이나 내균열성이 열등하다. 반대로 Lime계는 인성이나 내균열성은 우수하지만 용접비드 외관이 나쁘고 작업성이 좋지 않기 때문에 국내에서는 별로 사용하지 않고 있으나, 외국에서는 주로 Ar-CO_2의 혼합 가스를 사용하여 아래보기 자세를 중심으로 활용도가 커지고 있다.

Metal계는 슬래그 형성제가 거의 포함되어 있지 않아 비드 외관, 형상 등은 솔리드 와이어(Solid Wire)를 사용하는 GMAW와 거의 유사하지만 아크가 안정되고 스패터발생량이 적은 특징이 있다. 용접 작업성은 Titania계와 같이 우수하면서 솔리드 와이어(Solid Wire)의 경우 보다 높은 용착 효율과 깊은 용입 특성을 보여주고 있다. 또한 눈으로 확인되는 흄(Fume)의 발생이 적기 때문에 용접사가 작업하기 쉬운 장점이 있다.

표 5-26 FCAW 충진 Flux와 슬래그의 성분 분석표

Flux종류 성분	Titania계 (비 염기성)		Lime-Titania계 (염기성 또는 중성)		Lime계 (염기성)	
	Flux	Slag	Flux	Slag	Flux	Slag
SiO_2	21.0	16.8	17.8	16.1	7.5	14.8
Al_2O_3	2.1	4.2	4.3	4.8	0.5	-
TiO_2	40.5	50.0	9.8	10.8	-	-
ZrO_2	-	-	6.2	6.7	-	-
CaO	0.7	-	9.7	10.0	3.2	11.3
Na_2O	1.6	2.8	1.9	-	-	-
K_2O	1.4	-	1.5	2.7	0.5	-
CO_2	0.5	-	-	-	2.5	-
C	0.6	-	0.3	-	1.1	-
Fe	20.1	-	24.7	-	55.0	-
Mn	15.8	-	13.0	-	7.2	-
CaF_2	-	-	18.0	24.0	20.5	43.5
MnO	-	21.3	-	22.8	-	20.4
Fe_2O_3	-	5.7	-	2.5	-	10.3
Flux %	14	-	14	-	13	-
AWS A5.20에 의한 분류	E70T-1 또는 E70T-2, E71T-1		E70T-1		E70T-5	

그림 5-78 흄 발생이 적은 Metal Cored Arc Wire

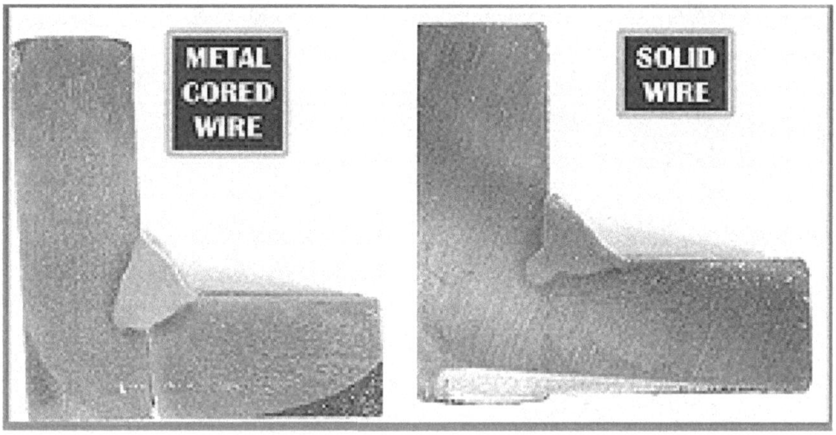

그림 5-79 손톱 모양의 깊은 용입을 만들어 내는 Metal Cored Wire

표 5-27 충진 Flux의 종류와 그 일반적 특성

	비교 항목	슬래그 계			Metal 계	Solid Wire
		Titania계	Lime-Titania계	Lime 계		
작업성	Bead 외관	미려하다	보통	거칠고 열등함	보통	거칠고 열등함
작업성	Bead 형상	양호 (평활함)	보통	볼록하고 열등함	보통	다소 볼록하고 열등함
작업성	아크안정성	양호	다소 열등함	열등함	양호	열등함
작업성	용적 이행	Spray 이행	Globular이행	Globular이행	Spray 이행	Globular 이행
작업성	스패터발생	소립자이고 매우 적다	소립자이지만 다소 많다	대립자 이고 많음	소립자이고 적음	대립자 이고 많음
작업성	슬래그 피복성	양호	다소 불량	불량	극소량 피복	극소량 피복
작업성	슬래그 박리성	양호	다소 불량	불량	양호	불량
작업성	Fume 발생량	보통	약간 많음	많음	적음	적음
용접성	인성 (Toughness)	양호	양호	매우 우수함	양호	양호
용접성	산소량(ppm)	450~900	400~700	350~650	500~700	500~700
용접성	확산성 수소량(ml/100gr)	2 ~ 10	2 ~ 6	1 ~ 4	1 ~ 3	0.5 ~ 1
용접성	내 균열성	다소 열등함	양호	매우 양호	양호	양호
용접성	내 기공성	다소 열등함	양호	양호	양호	보통
능률경제성	용착 효율 (%)	80 ~ 90	70 ~ 85	70 ~ 84	91 ~ 96	93 ~ 96
능률경제성	용착 속도 (동일 전류)	빠름	빠름	보통	가장 빠름	보통
능률경제성	슬래그 및 스패터의 제거	가장 용이	다소 곤란	곤란	용이	곤란

Self Shielded FCAW에 사용되는 플럭스는 아크열에 의해 용융 분해 되어 금속 증기, 가스 및 슬래그를 형성하고 용착 금속을 외부 공기로부터 보호하는 역할을 담당하며, 용착 금속에 침입하는 산소, 질소를 제거하기 위한 강력한 탈산제 및 질화물 생성제 (Al, Ti, Zr 등)를 포함한다.

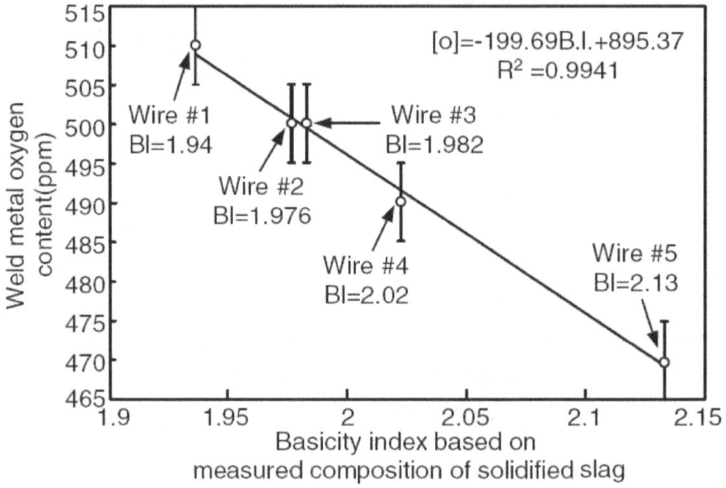

그림 5-80 플럭스의 염기도에 따른 용착금속의 산소 농도

6.4. 용접봉 및 가스와 플럭스 표기법

6.4.1. 연강용 와이어

연강 및 50kg/mm^2 급 고장력강의 이름 표시기호의 의미는 다음과 같다.

즉, 현장에서 가장 많이 사용하는 E71T-10이라는 용접재료의 이름에는 다음과 같은 의미가 부여된다.

- E : 전극을 의미한다.
- 7 : 이 숫자는 용접금속의 인장강도를 만단위로 구분한 숫자이다. 즉 6은 60,000 psi의 인장용접강도를 의미하고, 7은 용접 금속의 인장강도가 70,000 psi 이상이 됨을 의미한다. 예외적으로 12라는 숫자가 쓰이는 경우가 있는 데, 이 경우에는 용접금속의 인장강도가 70,000 ~ 90,000 psi의 범위내에 있을 경우에 쓰인다.
- 1 : 세번째 숫자인 1은 용접자세를 의미한다. 0은 아래 보기 자세와 수평 용접자세를 나타내며, 1은 전자세 용접이 가능함을 표현한다.
- T : 튜브 형태의 용접와이어를 의미한다. 즉, FCAW용 와이어를 표시한다.

- 10 : 사용되는 용접부 보호 가스의 종류에 따라 1 ~ 14까지 숫자로 표기하며, 극성 및 완성된 용접금속의 인성(Impact Test 결과)과 관계가 있다. G라고 표기할 경우에는 사용되는 가스와 극성 및 인성에 대한 제한이 없는 경우에 사용한다.

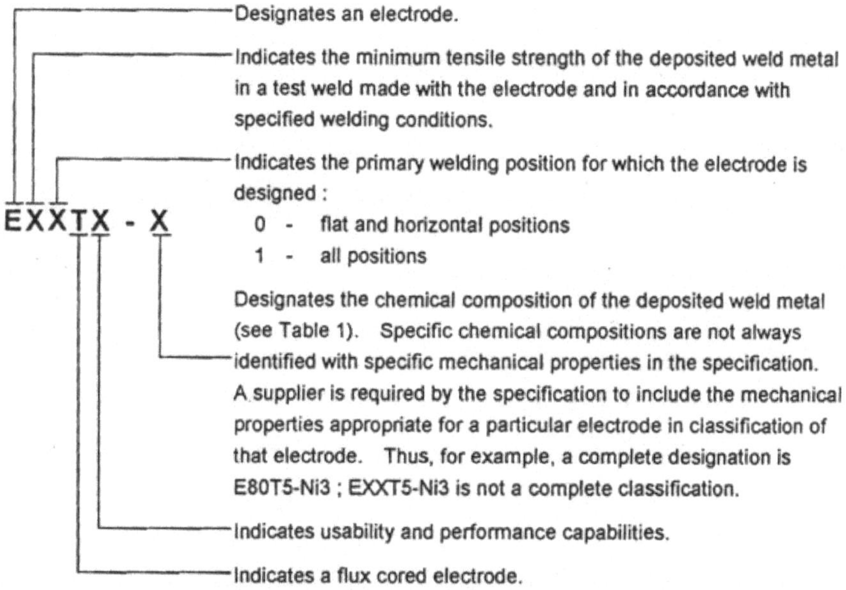
Designates an electrode.
Indicates the minimum tensile strength of the deposited weld metal in a test weld made with the electrode and in accordance with specified welding conditions.
Indicates the primary welding position for which the electrode is designed :
0 - flat and horizontal positions
1 - all positions
EXXTX - X
Designates the chemical composition of the deposited weld metal (see Table 1). Specific chemical compositions are not always identified with specific mechanical properties in the specification. A supplier is required by the specification to include the mechanical properties appropriate for a particular electrode in classification of that electrode. Thus, for example, a complete designation is E80T5-Ni3 ; EXXT5-Ni3 is not a complete classification.
Indicates usability and performance capabilities.
Indicates a flux cored electrode.

Note : The letter "X" as used in this figure and in electrode classification designations in this specification substitutes for specific designations indicated by this figure.

이렇게 전통적인 용접봉 표기법인 E71T-10에 추가하여, E71T-10MJH8과 같이 좀더 복잡하게 표현하는 경우도 있다. 이때의 각각의 의미는 다음과 같다.

- M : 혼합 가스를 의미하며, 75 ~ 80%의 Ar과 나머지 CO2 가스가 적용됨을 의미한다. 만약 M이 없다고 하면, 100% CO2를 사용하거나 외부 보호가스 없이 Self-Shielded FCAW를 의미한다.
- J : 샤르피 충격시험값을 의미하며, 40°F에서 20 ft-Ib의 값이 나와야 함을 의미한다.
- H8 : 확산성 수소의 양을 의미한다. H4는 4ml/100g, H8은 8ml/100g, 그리고 H16은 16ml/100g 이하의 수소양을 의미한다.

6.4.2. 스테인레스강용 와이어

스테인레스강용 와이어는 E로 시작하는 표기법은 동일하며, 그 뒤에 AISI 규정에 따라 해당 강종을 표기하게 된다. 그리고 AISI 강종 구분 뒤에 용접 자세를 나타내는 숫자를 "_" 뒤에 연결한다.

표 5-28 AWS에 따른 강종별 와이어 구분

강종 구분	AWS Classification
연강	A5.20
스테인레스강	A5.22
크롬-몰리강	A5.29

6.4.3. 메탈코어드(Metal Cored) 와이어

깊은 용입과 생산성 향상을 목표로 개발된 메탈코어드(Metal Cored) 와이어는 튜브 형태의 FCAW와의 차별성을 위해 T자 대신에 C를 붙여서 구분한다.

즉, E70C-3C와 같이 이름을 붙이고 있으며, 각각의 문자가 의미하는 바는 다음과 같다.

- E : 전극(Electrode)을 의미한다.
- 7 : 연강과 마찬가지로 용접금속의 인장강도를 의미한다.
- 0 : 용접 자세를 의미하며, 1은 전자세 용접을 0은 수평과 아래 보기 자세를 의미한다.
- C : 메탈코어드 와이어를 의미한다.
- 3 : 이 숫자는 샤르피 임팩트 테스를 결과를 의미하며, 3은 0°F에서 20 ft-Ib을 의미하고, 6은 20°F에서 20 ft-Ib를 의미한다.
- C : 맨 뒤에 나오는 C는 CO2를 사용한 것을 의미하고 M은 혼합 가스를 의미한다. 연강의 경우와 같은 의미로 사용한다.

6.5. 용접 시행 요소

6.5.1. 용접 전류

용접 전류는 용접 와이어의 송급속도(Feeding Rate)와 비례하며 용접 전류의 변화는 다양한 효과를 나타낸다.

- 전류가 증가하면 용착률이 증가 한다.
- 전류가 증가하면 용입이 깊어진다.

- 과도한 전류는 볼록하고 외관이 나쁜 Bead를 만든다.
- 전류가 부족하면 용융 금속의 Droplet이 커지고 스패터가 과다하게 생성된다.
- Self Shielded FCAW로 용접시 전류가 부족하면 용접 금속내의 질소의 양이 많아지고 과다한 Porosity가 발생한다. (적절한 Shielding 부족)

이러한 특징과 함께 용접 와이어(Wire)의 노출길이(Extension, Stick Out)이 커지면 용접 전류는 줄어 든다.

6.5.2. 아크 전압

용접 전압은 아크의 길이와 밀접한 관계가 있다.

아크 전압이 너무 높으면 - 즉, 아크의 길이가 너무 길면 - 스패터가 과다해 지고, 넓고 거칠며 불 균일한 용접부가 얻어진다. Self Shielded FCAW에서 너무 높은 전압은 Nitorgen에 의한 용접부의 오염을 초래하고, 연강 용접 와이어(Wire)의 경우에는 과도한 기공 형성 및 오스테나이트계 스테인레스강에서 페라이트(Ferrite) 함량의 저하를 초래하여 결국 응고 균열에까지 이르게 된다.

아크 전압이 너무 낮으면 – 즉, 아크의 길이가 너무 짧으면 – 좁고 오목한 용접 Bead가 얻어지며, 과도한 스패터가 발생하고 용입이 얕아 진다.

6.5.3. 와이어 노출길이(Stick Out)

전극(용접 Wire) 노출길이(Extension)는 "Stick Out"이라고도 표현하며, 용접기 팁(Tip)에서 부터 용접 wire의 끝단 까지의 거리를 의미하며, 용접기 팁으로 부터 아크까지 전류를 공급하는 역할을 담당한다.

정전압 특성으로 용접을 할 경우에 아크의 길이는 일정하게 유지되지만, 전류는 용접사의 기량에 따라 많이 변동하게 된다. 긴 Stick-out은 전류 밀도를 낮게 하고, 짧은 Stick-out은 높은 전류 밀도를 가지게 된다. 그러므로 안정된 용접을 위해서는 일정한 Stick-out을 유지하는 게 좋다.

Stick-out은 저전류 영역(200A이내)에는 10~15mm정도, 고전류 영역(200A이내)에는 10~25mm정도가 적당하다. 0.045 inch(1.2mm)의 용접 와이어에 최소한 1/2in 의 Stick-out을 추천하며, 와이어의 직경에 커지면 Stick-out도 크게 요구한다.

Stick-out이 짧게 되면 짧은 시간안에 와이어가 예열이 되어 표면과 내부(core)의 습기를 제거하며 용융속도가 증가할 수 있도록 해 준다. 노즐에 스패터 부착 가능성이 커지고 작업성이 떨어진다.

Stick-out이 너무 길게 되면, 보호가스가 충분하게 용탕을 보호하지 못하는 문제점이 생길 수 있다.

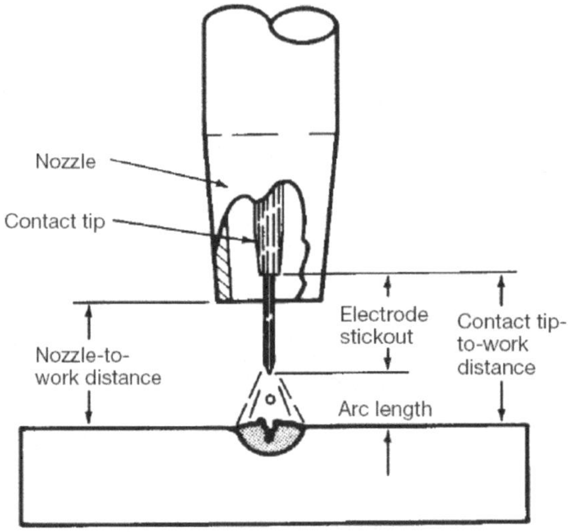

그림 5-81 와이어 Stick Out

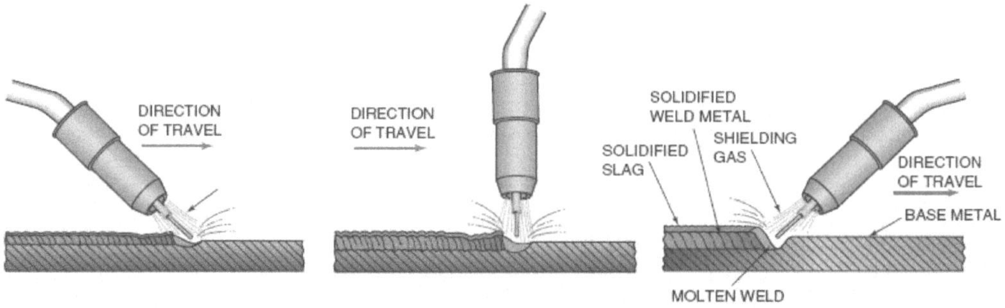

그림 5-82 토치 각도에 따른 용입과 용접금속의 변화

6.5.4. 토치 각도 및 진행방향

용접과정에서 토치의 각도 변화는 용접금속 비드의 형상과 용입의 변화를 가져온다. 강재의 두께가 얇은 경우에는 예각으로 용접하여 모재가 녹아서 손상을 입지 않도록 한다.

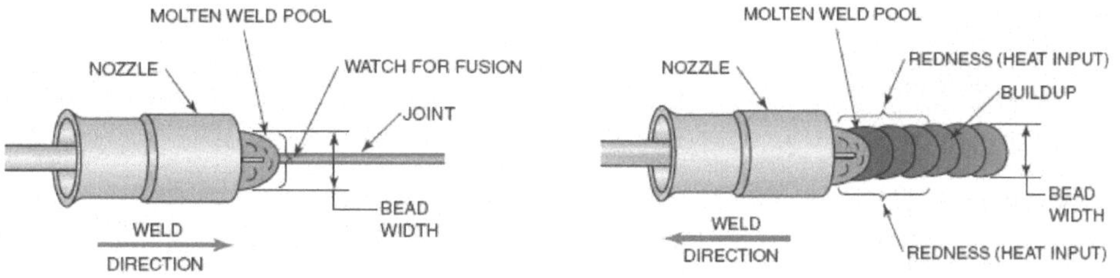

그림 5-83 용접기 토치 각도[전진법(좌), 후진법(우)]

6.5.4.1. 전진법

그림 5-82에서 왼쪽에 해당하는 것이 전진법으로 용접기 토치가 용탕보다 앞에 나와 있는 방법이다.

(1) 전진법의 장점

전진법으로 용접을 하게 되면, 다음의 장점이 있다.

- 용접사가 용접부를 직접 육안으로 보면서 작업을 진행할 수 있다.
- 와이어 노출길이를 일정하게 유지하기가 쉽다.
- 용입이 깊지 않아서 박판에 용락(Melt Through)이 발생하지 않도록 용접하기 쉽다.
- 수직상향 혹은 오버헤드 용접시에 용탕을 제어하기 쉬운 장점이 있다.

(2) 전진법의 단점

전진법이 가진 장점에 비해 몇가지 단점이 지적될 수 있다.

- 용입이 깊지 않아서 두꺼운 후판의 용접에 부적절하다.
- 상대적으로 작은 양의 용탕이 만들어지기에 용접속도를 빠르게 가져갈 수 있으나, 용접비드가 균질하게 만들어지기 어렵다
- 용탕의 전단에서 만들어지는 스패터나 슬래그가 응고 과정에서 용접금속에 포함되기 쉽다.

6.5.4.2. 후진법

(1) 후진법의 장점

- 용접비드를 보면서 작업을 할 수 있기에 균질한 용접비드를 만들 수 있다.
- 많은 양의 용탕이 만들어지기 때문에 용접속도가 느려지지만, 균질한 비드 형상을 만들 수 있다.
- 아크의 힘과 느린 용접속도 인한 큰 입열의 효과로 인해 깊은 용입을 얻을 수 있다.

(2) 후진법의 단점

- 많은 양의 용탕으로 인해 비드가 볼록해지거나 둥글게 형성되는 경향이 있다.
- 과다한 용접비드가 형성되면 이를 그라인더 등으로 추가 가공 작업을 해야 한다.
- 용접개선부를 볼 수 없기에 정밀하게 용접부를 따라가면서 용접하기가 어렵다.
- 기량이 부족한 용접사는 아크를 용탕과 너무 먼 거리에서 일으키기 때문에 때로는 와이어가 용접금속에 혼입되거나 깊은 용입을 만들지 못하게 된다.

6.5.4.3. 수직 토치의 적용

토치를 수직으로 가져가면, 용접대상물에 따라 토치 각도의 변화가 없는 자동용접이 가능해지며, 매우 균질한 용접비드 형상을 얻을 수 있다.

이에 비해 용접사가 아크를 직접 보기 위해서는 자세를 눕혀야만 가능하다.

아크가 용탕 바로 위해서 발생하기 때문에 스패터가 많아지고 노즐의 오염이 심해진다.

표 5-29 Flux Cored Wire 및 Solid Wire의 특징 비교표

항 목		Flux Cored Wire		Solid Wire	
용 접 작업성	비드 형상, 외관	평괄하고 미려하다.	0	볼록하고 약간 거칠다.	
	용적의 이행	미세 입상 이행	0	입상 이행	
	아크의 안정성	특히 양호	0	양호	
	아크 소음	부드럽다.	0	시끄럽다.	
	스패터의 발생량	소립으로 적다.	0	대립으로 약간 많다.	
	슬래그의 포피성	균일하게 덮힌다.	0	불균일, 극소	
	슬래그의 박리성	양호	0	불량	
	용입의 길이	약간 깊다.		깊다	0
	와이어의 송급성	약간 불량		양호	0
	흄(Fume) 발생량	약간 많다		보통	0
	전자세 용접성	양호		약간곤란	
용접성	인장강도(kg/cm^2)	55 58	-	55 58	
	충격치 vE(kg/cm^2)	보통(8 ~ 10)	-	양호(10 - 13)	0
	화산성 수소량(cc/100g)	극저수소계(0.5 ~ 1)		극저수소계(0.5 ~ 1)	0
	내균열성	보통		양호	0
	X선 성능	우수	0	양호	
능 률 • 경제성	용착속도(동일전류에서)	상당히 빠르다.	0	빠르다	
	용착효율(%)	보통(83 ~ 87)		양호(94 ~ 96)	0
	슬래그, 스패터 제거성	용이	0	곤란	
	적용전류 범위	넓다	-	보통	-

※ Notes : 0표는 장점을 말함

6.6. FCAW 용접 결함과 대책

표 5-30 FCAW 용접 결함과 대책

결함	원인	대책
피트 블로우홀 (Pit, Blow Hole)	1. 탄산가스가 공급되지 않을 때 2. 강풍 때문에 용접부 보호 (Shield) 효과가 충분하지 않을 때 3. 노즐에 Spatter가 다량 부착되어 가스의 흐름이 막힐 때 4. 순도가 나쁜 가스를 사용 5. 용접부에 다량의 녹, 기름, 페인트 등이 부착되어 있다. 6. 아크 길이가 길 때 7. 와이어가 발청(Rusting)되어 있을 때	1. Cylinder에 가스가 충진되어 있는지, 밸브가 열려 있는지 점검한다. 2. 풍속 2m/sec 이상의 장소에서는 바람을 막아준다. 3. 노즐에 부착된 Spatter를 제거한다. 4. 용접용 가스를 사용한다. 5. 용접부를 깨끗이 손질해 준다. 6. 아크 전압을 낮춘다. 7. 정상적인 와이어를 사용한다.
언더컷 (Under-Cut)	1. 아크 길이가 길 때 2. 용접속도가 빠를 때 3. Torch 겨냥위치가 나쁠 때(수평필렛)	1. 아크 길이를 짧게 한다. 2. 용접속도를 늦춘다. 3. 겨냥위치를 변경한다.
오버랩 (Over-Lap)	1. 용접전류에 대하여 전압이 낮을 때 2. 용접속도가 늦을 때 3. Torch 겨냥위치가 나쁠 때	1. 아크 길이를 짧게 한다. 2. 용접속도를 빨리한다. 3. 겨냥위치를 변경한다.
균열 (Crack)	1. 용접조건이 부적당할 때 (1) 전류가 높고 전압이 낮다. (2) 용접속도가 빠르다. 2. 개선각도가 적을 때 3. 모재의 탄소, 기타 합금원소의 함량이 높을 때(열영향부의 균열) 4. 순도가 나쁜가스(수분이 많은 가스)를 사용할 때 5. Crater에서 아크를 빨리 끊을 때	1. 적정조건으로 한다. (1) 전압을 높게한다. (2) 용접속도를 늦춘다. 2. 개선(홈) 각도를 크게 해준다. 3. 예열을 시행한다. 4. 용접용 고순도 가스를 사용한다. 5. Crater 부분의 용착량을 증가시킨다.
Spatter가 많다.	1. 용접조건이 부적당(특히 전압이 높을 때)	1. 적정한 용접조건으로 한다.
Bead의 지그재그 (Zig Zag)	1. 와이어 교정이 불충분 2. 와이어 돌출길이가 길다. 3. Conduct 튜브가 마모되어 있다. 4. 토치조작이 미숙	1. 교정 로울러를 조정한다. 2. 25mm이하로 한다. 3. Conduct 튜브를 교환한다. 4. 훈련하여 숙달시킨다.
아크 불안정	1. Torch 경이 와이어 경에 비하여 크다. 2. 와이어가 연속으로 송급되지 않는다. 3. 송급 로울러의 회전이 원활치 못하다. 4. 송급 로울러와 가이드 튜브가 멀리 떨어져 있다. 5. 용접 전원의 1차 전압이 과도하게 변경 한다. 6. 와이어의 발청(Rusting)	1. 적정한 Torch 경으로 교환한다. 2. 송급 로울러를 청소한다. 교정기를 조정하여 와이어의 굴곡을 교정한다. 3. 원활하게 작동토록 조정한다. 4. 송급 로울러와 가이드 튜브를 짧게 한다. 5. 전원 용량을 크게 한다. 6. 녹이 없는 와이어를 사용한다.
와이어와 Torch 끝단의 융착	1. 팁과 모재의 거리가 짧다. 2. 와이어의 송급이 갑자기 멈출 때	1. 적정한 길이로 한다. 2. 송급이 원활하도록 한다.

FCAW는 우수한 용접 효율과 손쉬운 용접으로 산업계 전반에 널리 사용되고 있지만 아직까지는 많은 결함의 위험성에 노출되어 있는 용접 방법이라고 할 수 있다. 그 대부분의 용접 결함은 기공 등과 같이 용접 중에 발생하는 가스와 관련된 것이 주종이다.

이하에서는 FCAW 용접과정에서 발생하는 용접결함의 원인과 대책에 관하여 간단하게 정리하고 보다 자세한 용접 결함과 대책에 관한 내용은 제 9장의 용접부 변형과 결함편에 정리한다.

7. 잠호용접(SAW, Submerged Arc Welding)

잠호용접은 과립상의 플럭스(Flux)로 용접부를 둘러싸면서 와이어(Wire) 형태로 공급되는 용접봉(Bare Electrode)과 모재 사이에 아크를 일으켜서 아크열로 용접을 실시하는 방법이다. 발생된 아크열은 와이어, 모재 및 플럭스를 용융시키며, 용융된 플럭스는 슬래그를 형성하고 용융금속은 용접 비드를 형성한다. SAW에서는 용접 아크가 플럭스 내부에서 발생하여 외부로 노출되지 않기 때문에 잠호용접이라고도 부른다.

통상적으로 자동 용접이라고 하면 대개 잠호용접을 의미하며, 높은 용접 효율과 결함이 적은 안정된 용접 품질을 얻을 수 있는 것이 특징이다.

주요 장비의 구성은 다음과 같다.

- 용접 와이어를 자동으로 공급해 주는 와이어 송급장치(Wire Feeder)
- 플럭스를 연속적으로 자동 공급해주는 플럭스 호퍼(Flux Hopper)
- 용접 과정에서 사용되지 않은 잔류 플럭스를 회수하는 플럭스 회수 장치
- 전원을 공급해 주는 전원 장치
- 연속적인 용접을 가능하게 해주는 가이드 레일(Guide Rail) 등의 이동장치

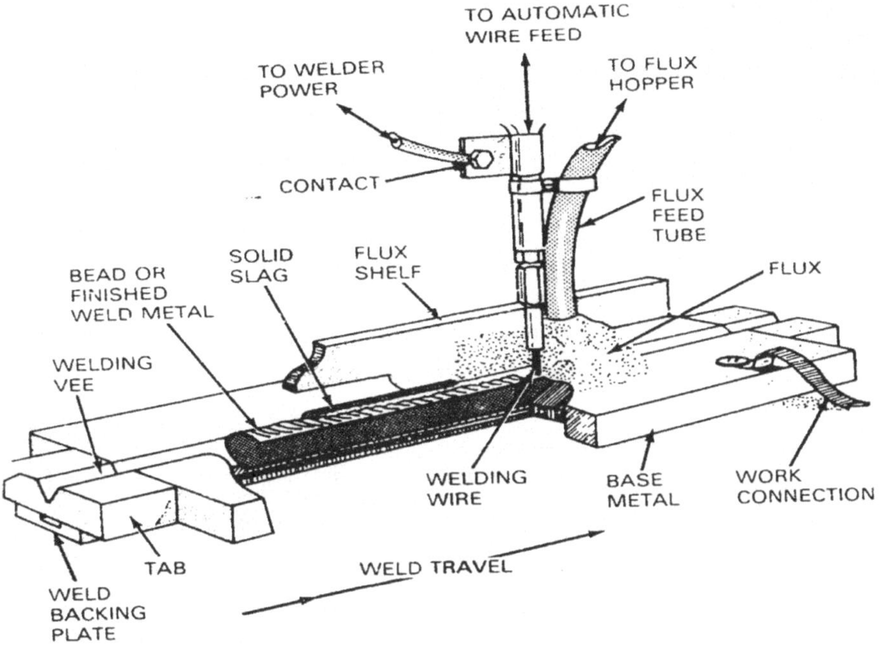

그림 5-84 잠호용접의 개요

7.1. SAW의 특징

7.1.1. SAW의 장점

높은 용착률과 용접 속도가 빠른 고 능률의 용접 방법으로 미려한 용접 비드 외관을 얻을 수 있으며, 결함이 적은 양질의 용접 금속이 만들어 진다. 용접금속의 품질은 과립형태의 플럭스(Flux)에 의해 용접부위가 완전하게 차단되므로 대기중의 산소나 질소에 의한 피해가 없다.

입열이 크므로 서냉되어 슬래그와 기포의 부상이 용이하여 결함이 거의 없는 균질한 용접 금속이 얻어진다.

일반 SMAW용접봉의 전류 밀도가 9~16A/mm^2 인데 비해 SAW 용접 와이어는 90A/mm^{2}로 단위 면적 당 전류 밀도를 높게 유지할 수 있다.

플럭스에 의해 열 발산이 차단 되므로 아크의 열 효율이 높고, 용입이 크므로 모재의 용접부 개선각도를 넓게 하지 않아도 된다. 높은 전류를 사용하고 다수의 전극을 사용한 용접이 가능하다. 아크 열과 빛이 용접사에게 직접 영향을 주지 않으므로 용접사의 피로가 적으며, 용접 흄(Fume) 발생이 적어서 깨끗한 작업 환경을 유지할 수 있다.

7.1.2. SAW의 단점

설비비가 고가이므로 초기 시설 투자비용이 크며, 용접선이 짧거나 복잡할 경우에는 기계 장착이 곤란하다. SMAW용접에 비해 용접부 개선의 정밀한 가공이 요구된다.

아크가 보이지 않으므로 용접 진행 중에 용접의 적부 확인 불가하며, 용접 자세가 아래 보기와 수평필렛만 가능하다.

높은 입열로 인해 용접부가 조대화 되어 용접부 저온 인성(Toughness)이 저하된다.

7.2. SAW의 적용

SAW는 주로 그 효율성과 용접부 품질의 우수성으로 인해 후판의 자동 용접에 적용되고 있으며 이외에도 클래드강(Clad Steel)의 오버레이(Overlay)용접에 의한 제조와 용접에도 적용되고 있다. 용접 기법상으로는 여러개의 용접봉을 사용하는 Tandem 용접법 및 용접 진행방향에 미리 Metal Power를 추가하는 방법 등이 적용된다.

종래에는 주로 아래 보기 자세에서 진행하는 철판의 자동용접용으로 적용되었으나, 최근에는 파이프의 육성 용접이나 저장탱크의 수평용접부에도 적용되고 있다.

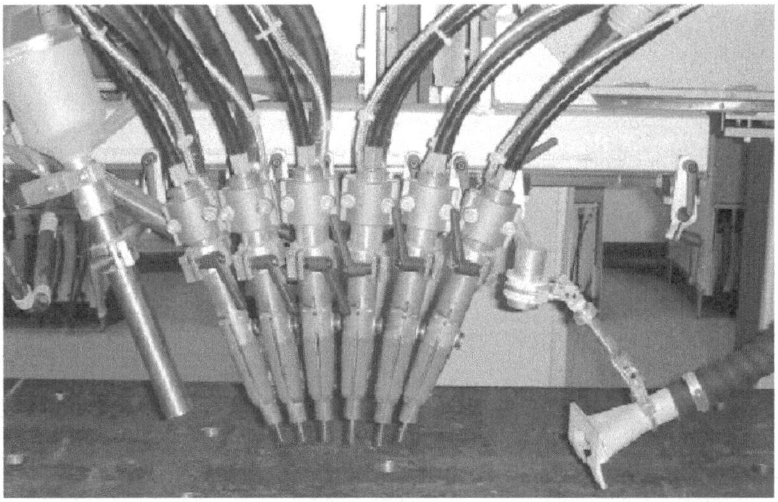

그림 5-85 여러개의 와이어를 적용한 Tandem 용접기법

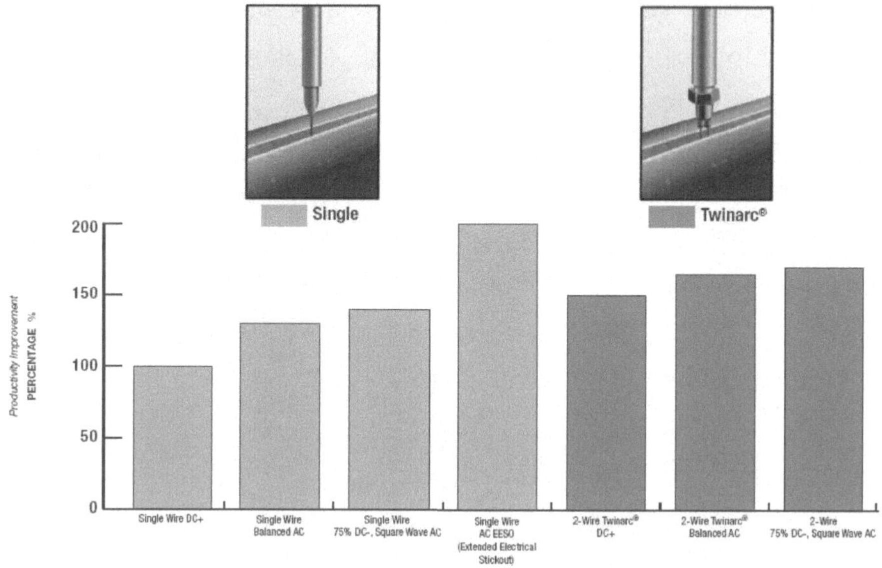

그림 5-86 한개 용접 와이어 사용시와 Tandem 와이어 사용시의 생산성 비교

그림 5-87 저장탱크의 수평 용접에 적용되는 SAW

두개 이상의 용접 와이어를 공급하는 Tandem 용접의 경우에는 선행하는 와이어에 공급되는 전원과 후행하는 와이어에 공급되는 전원의 종류 및 극성을 달리하여 각각의 전원 특성에서 얻어지는 용접금속의 특성을 살리도록 한다.

Metal Power를 추가하면 용착률을 최고 70%까지 증대시킬 수 있으며, 부드러운 용입과 향상된 Bead 외관을 얻을 수 있으며, 용입과 용접금속의 희석(Dilution)을 줄일 수 있다. 또한 용착 금속의 화학 성분을 조절하는 기능도 담당 할 수 있다. 이 방법을 사용하면 추가의 에너지 소비 없이 용착률을 증대시킬 수 있으며 입열을 작게 하여 금속입자 조대화로 인한 인성(Toughness)의 저하를 막고, 희석률을 줄이고 용착 금속의 화학성분을 조절하여 용접부 균열발생의 위험성을 줄일 수 있는 이점이 있다.

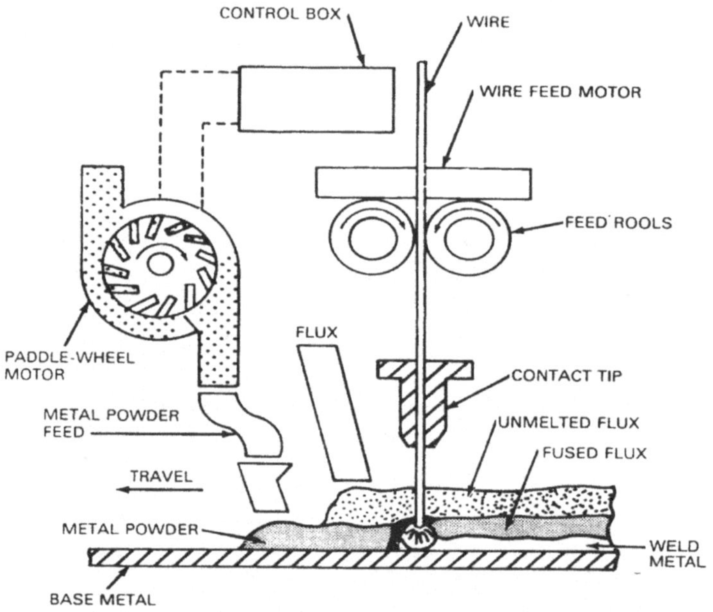

그림 5-88 Metal Powder를 추가한 잠호용접

7.3. 용접용 와이어의 특성

SAW 용접에 있어서는 SMAW와 같은 수동용접의 경우와는 달리 와이어와 플럭스를 조합하여 사용되고 있다. 이때 와이어는 단독으로 결정될 수는 없고, 플럭스의 종류에 따라 달라진다.

와이어와 플럭스의 조합은 용착금속의 제반 성질, 용접비드(Weld Bead) 외관, 작업성에 큰 영향을 미치므로 모재의 표면상태, 개선형상, 용접조건 등을 충분히 고려하여 결정할 필요가 있다. 일반적으로 저망간 와이어에는 소결형 플럭스, 고망간와이어에는 용융형 플럭스를 사용하고 있다. 와이어 표면에는 전기전도도(전기적 접촉)를 향상하고 사용, 보관시에 산화(녹)를 방지하기 위해서 동 도금(Copper Coating)이 되어있다.

7.4. 플럭스(Flux) 제조

잠호용접에 사용되는 플럭스는 용접 아크의 차폐, 아크의 안정성 부여, 용융금속의 보호 및 합금 성분 제공의 기능을 담당하고 있다. 플럭스가 가져야 될 기본적인 특성은 다음과 같다

- 알맞은 입도를 가져야 한다.
- 아크의 차폐성이 좋아야 한다.
- 아크의 발생과 지속성을 유지해야 한다.
- 용융 금속의 탈산, 탈황 등의 정련작용이 있어야 한다.
- 용접 금속의 합금 성분을 첨가할 수 있어야 한다.
- 적당한 용융 온도와 점성이 있어야 한다.
- 용접후 응고된 슬래그의 제거가 용이해야 한다.

플럭스(Flux)는 제조하는 방법의 차이에 따라 크게 용융형과 소결형으로 나누어 진다. 소결형 플럭스는 제조 온도의 차이에 따라 고온 소결형(Sintered Type Flux)과 저온 소결형(Agglomerated 혹은 Bonded Type Flux)로 구분된다. 소결형은 소성형으로 불리기도 한다.

7.4.1. 용융형(Fused) 플럭스

용융형 플럭스는 원료를 전기로 등에서 1300℃ 이상의 고온으로 용융시키고 응고하여 균일한 입도로 분쇄시킨 것이다. 대개 유리상으로 기본적으로 산화물 및 불화물로 구성되어 있다. 합금 성분등의 금속은 함유되어 있지 않다. 특징으로는

- 화학적으로 매우 균일하다.
- 흡습성이 없어 보관과 취급이 용이하다.
- 손쉽게 재활용이 가능한 특징이 있다.
- 100A 이하의 저, 중 전류 용접에 적합하다.

7.4.2. 소결형(Sintered) 플럭스

탈산제, 합금성분, 철분 등의 원료를 적당한 입도로 분쇄하여 혼합하고 여기에 점결제인 규산소다(Sodium Silicate) 등을 첨가하여 구상으로 만든 후 용융되지 않을 정도의 온도에

서 건조 소성한 것이다. 고온 소결은 700~100℃ 정도에서 이루어지고, 저온 소결은 350~650℃ 정도에서 이루어 진다. 완전 용융되지 않으므로 탈산제, 합금제의 첨가가 가능하고 높은 염기도를 가지며 대전류에 의한 초층 용접에 사용된다.

표 5-31 소결형과 용융형 Flux의 비교

항목	소결형 플럭스	용융형 플럭스
색상 및 외관	착색이 가능하므로 식별이 가능함.	유리(Glass)상의 고온 반응물이므로 착색이 불가하여 식별 불가능
입도	사용 전류에 관계없이 1종류의 입도로 작업이 가능하여 작업관리가 용이	전류의 대소에 따라 Flux 입도 선택을 달리 해야 한다.
염기도	산성, 중성, 염기성, 고염기성	산성, 중성
합금제 첨가	첨가하기 쉽다.	첨가가 거의 불가능하다.
흡습성	흡습성이 강하다. 고온 소결형은 점결제의 유리(Glass)화로 낮은 흡습성을 보인다.	흡습성이 거의 없다. 사용 중 재 건조가 거의 불필요하다.
대상 강재	비교적 넓은 범위의 강재 적용 가능하다.	고장력 강이나 저 합금강 등에서 기계적 성질이 요구되는 곳에는 사용 곤란함. 특히 충격치가 요구되는 곳에서는 사용 곤란함.
조합 와이어	연강, 고장력강, 저합금강의 용접에는 거의 저 Mn계 연강 와이어로 용접 가능함	각 강재에 적합한 와이어를 선택 조합하여 사용해야 한다.
Dust 발생	있음	거의 없음
전극 극성에 대한 민감성	비교적 둔감함	비교적 민감함
슬래그 박리성	좁은 개선에서도 비교적 좋음	비교적 좋지 않음
Gas 발생	많음	적음
Bead 외관	약간 미려함	미려함
대입열 용접 (저속, 고전류 용접)	고전류 용접이 가능	고전류 용접이 곤란함
용입성	약간 얕음	약간 깊음
다층 용접성	용접 금속의 성분 변동이 비교적 크다. (부적합함)	용접 금속의 성분 변동이 적음
고속 용접성	비드에 광택이 없고 기공이나 슬래그 혼입이 생기기 쉬움. (부적합함)	비드가 균일하여 기공이나 슬래그 혼입이 적음.
Tandem 용접성	적합함	그다지 적합하지 않음
용접조건 변화에 따른 용접 금속 성분 변동성	용접 조건의 변화에 따라 성분의 변동이 심하고 불균일함.	용접조건의 변화에 의한 성분 변동이 적고 균일함.
인성	높은 인성을 얻을 수 있으나 수치의 기복이 심하다.	와이어의 성분 영향이 크고 염기도가 높은 것이 필요하다. 수치상의 기복은 없는 편이다.
경사 용접성	적합함	약간 부적합
경제성	와이어와 Flux의 조합에 있어서 용융형에 비해 가격이 저렴하고 플럭스 소비량도 적다.	고 Mn 와이어를 사용해야 하므로 약간 고가이고 소비량도 많다.

특징으로는

- 규산소다를 사용함으로 인해 흡습하기 쉬운 단점이 있다.
- 고온 소결이 저온 소결보다 흡습성은 낮으나 첨가되는 재료는 제한된다.
- 플럭스의 입도가 일정해서 용접 전류가 일정하다.
- 600A 이상의 중, 고전류에서 작업성이 양호하다.
- 합금성분의 첨가가 가능하여 용접 금속의 화학성분이나 기계적 성질 조절이 가능하다.
- 플럭스중에 Si, Mn이 첨가되어 있어서 강력한 탈산이 가능하다.
- 용접조건 변화에 따라 용접 금속의 성분이 변동하기 쉬워 다층 용접에는 부적합하다.
- 용융된 슬래그에서 가스의 방출이 있을 수 있다.
- 편석에 의해 성분이 균질하지 않을 수 있다.
- 플럭스의 소비량이 적다.

표 5-31은 소결형과 용융형 플럭스의 특성을 비교한 것이다.

7.5. 플럭스의 역할

SAW에 있어서 플럭스(Flux)의 역할은 크게 다음의 4가지로 분류할 수 있다.

7.5.1. 용접 아크의 안정

용접 아크 발생이 용이하게 이루어지고 일단 발생된 아크는 지속적으로 안정된 상태의 용접이 행해질 수 있도록 플럭스 내에 적당한 화합물이나 원소를 포함하고 있어야 한다.

또한 용접용 플럭스는 용접 작업시 모든 사용전류 범위에서 화학적으로 안정될 수 있도록 배합, 제조 되어야 한다.

7.5.2. 용접 중 보호 슬래그 층의 형성

플럭스의 용융범위와 생성 슬래그의 점도가 고려되어야 한다. 플럭스는 용접부재가 용접되기 전에 완전히 용융되어 용융지를 보호하여야 하며, 용접아크가 통과 후 용융금속으로부터 반응생성물의 분리 및 대기오염 방지를 확실히 하도록 용융지보다 더 낮은 온도까지 용융상태로 남아 있어야 한다.

응고과정 또는 응고 후 슬래그의 수축력은 용접비드(Weld Bead)의 수축력과 달라야 좋은 슬래그 박리성을 가지게 된다. 용융 슬래그의 점도는 충분히 높아 용융지에 흘러 내리지 않아야 하는 반면에 용융지로부터 가스방출 및 반응 생성물을 분리시킬 수 있어야 한다. 용접 비드(Weld Bead)의 형태는 슬래그의 점도에 크게 좌우된다.

7.5.3. 용착금속의 탈산 및 불순물 조정

용융된 플럭스로부터 생성되는 슬래그는 용접시 짧은 반응시간 중에 용융지의 탈산을 완전하게 하기 위하여 적정의 열역학적 성질을 갖추어야 한다. 또한 플럭스의 성분은 유황(S)과 같은 불순원소가 용착금속으로부터 제거되어 계속되는 용접작업에 해로운 영향을 끼치지 않도록 해야 한다.

7.5.4. 합금원소의 첨가

합금원소의 첨가는 환원성 분위기에 의해 슬래그로부터 용착금속 속에 필요한 성분이 열역학적으로 환원되어 이루어지거나 단순히 철합금류와 같이 플럭스에 직접 첨가하여 얻을 수 있다.

7.6. 플럭스(Flux)의 선택

표 5-32 성분 및 화학적 특성에 의한 플럭스의 분류

구분	화학적 특성	사용특성	비고
산성 (Acid)	CaO-SiO_2 계 (고 SiO_2)	1. 고전류에 적당 2. 모재표면의 녹(Rust)에 둔감	인성(Toughness)이 낮다
중성 (Neutral)	CaO-SiO_2 계	1. 다층 용접에 적합 2. 기계적 강도 및 인성은 보통	
염기성 (Basic)	CaO-SiO_2 계 (저 SiO_2)	1. 기계적 강도 보통 2. 인성 양호	표면녹에 민감하고, 다 전극 용접시 주의요망
고 염기성 (High Basic)	중 Al_2O_3 고 염기성계 (저 SiO_2)	1. 다층 용접에 적합 2. 기계적 강도 및 인성 양호	표면녹에 민감 DC+에 부적당 슬래그 박리성 불량
산성 (Acid)	Mn-SiO_2 계	1. 고속 용접에 적합 2. 기계적 강도 및 인성 보통 3. 표면 녹에 둔감	다층용접시 주의요망
중성 (Neutral)	고 Al_2O_3	1. 고속용접에 적합 2. 비교적 고 전류용이다. 3. 단층(Two-Run) 용접시 인성 양호 4. 표면 녹에 둔감	다층용접시 주의요망. 응력 제거시 강도저하

잠호용접시 플럭스의 역할은 용접 아크의 안정, 용접 중 보호 슬래그(Slag)층의 형성, 용착금속의 탈산 및 불순물조정, 합금원소의 첨가 등이며 표 5-32와 같이 성분 및 화학적 특성, 제조방법, 용도 등에 따라 분류될 수 있다.

플럭스를 구분함에 있어서 염기도에 따른 구분도 하지만, 용탕과의 반응여부를 기준으로 아래 그림과 같이 활성(Active) 및 비활성(inactive) 혹은 중성(Neutral)로 구분하기도 한다.

활성 플럭스는 용탕과 적극적으로 반응하여, 탈산의 기능을 발휘하지만, 중성 플럭스는 이에 비해 상대적으로 적은 양의 반응만이 발생하기에 탈산의 기능이 상대적으로 작다.

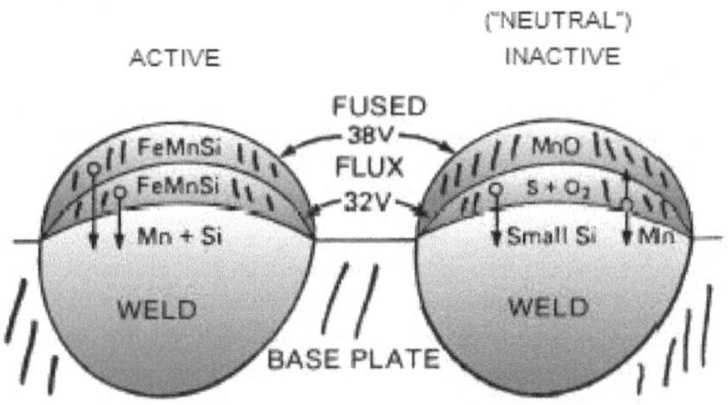

그림 5-89 활성 플럭스와 중성(비활성) 플럭스의 개요

7.7. 잠호용접 재료 표기법

7.7.1. 탄소강용 용접봉과 플럭스

탄소강용 SAW 용접재료는 AWS A5.17에 따르면 다음과 같이 표기법이 구분된다.

예를 들어 F7A6-EM12K 라는 용접재료가 있으면, 이는 다음과 같은 의미를 가지게 된다.

앞 부분의 4개 문자는 모두 플럭스의 특성을 설명하고 있으며, 뒤에 언급된 4개 문자는 용접 와이어의 특성을 설명한다.

- F : 플럭스를 의미한다.
- 7 : 뒤에 따라 붙은 EM12K의 용접 와이어를 사용하여 얻어지는 용접금속의 최소 인장 강도를 10,000 psi 단위로 구분한 것이며, 7은 용접금속의 인장강도가 70,000psi 이상이 된다는 의미이다.
- A : 세번째 항목은 용접금속의 열처리 조건을 의미한다. A는 용접한 그대로를 의미하고, P는 용접후열처리를 적용한 상태를 의미한다.
- 6 : 네번째 숫자는 뒤에 따라 붙은EM12K의 용접 와이어를 사용하여 얻어지는 샤르피 임팩트 시험의 결과가 -60°F에서 최소20 ft•lb 나오는 것을 의미한다. 이 숫자의 의미는 다음 표 5-33에 따른다.

표 5-33 충격 시험 기준에 따른 표기법

숫자	20 ft•lb 충격치 온도(°F)
Z	충격 요구치 없음
0	-20
2	-40
5	-50
6	-60
8	-80

MANDATORY CLASSIFICATION DESIGNATORS[a]

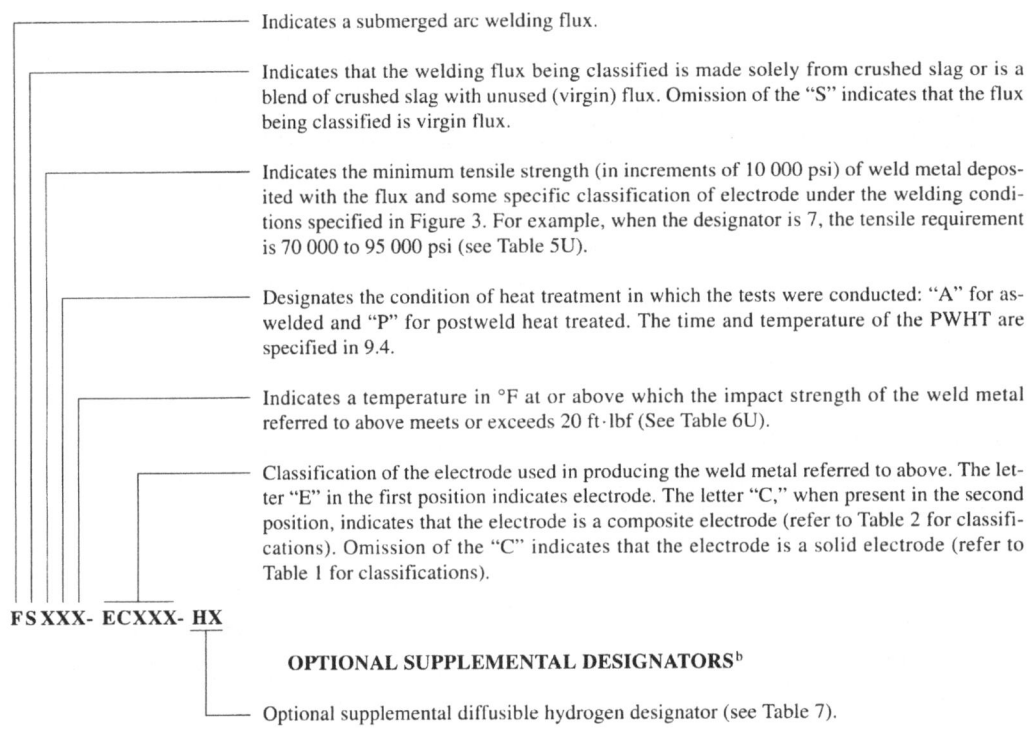

Indicates a submerged arc welding flux.

Indicates that the welding flux being classified is made solely from crushed slag or is a blend of crushed slag with unused (virgin) flux. Omission of the "S" indicates that the flux being classified is virgin flux.

Indicates the minimum tensile strength (in increments of 10 000 psi) of weld metal deposited with the flux and some specific classification of electrode under the welding conditions specified in Figure 3. For example, when the designator is 7, the tensile requirement is 70 000 to 95 000 psi (see Table 5U).

Designates the condition of heat treatment in which the tests were conducted: "A" for as-welded and "P" for postweld heat treated. The time and temperature of the PWHT are specified in 9.4.

Indicates a temperature in °F at or above which the impact strength of the weld metal referred to above meets or exceeds 20 ft·lbf (See Table 6U).

Classification of the electrode used in producing the weld metal referred to above. The letter "E" in the first position indicates electrode. The letter "C," when present in the second position, indicates that the electrode is a composite electrode (refer to Table 2 for classifications). Omission of the "C" indicates that the electrode is a solid electrode (refer to Table 1 for classifications).

FSXXX- ECXXX- HX

OPTIONAL SUPPLEMENTAL DESIGNATORS[b]

Optional supplemental diffusible hydrogen designator (see Table 7).

Notes:
(a) The combination of these designators constitutes the flux-electrode classification.
(b) These designators are optional and do not constitute a part of the flux-electrode classification.

Examples

F7A6-EM12K is a complete designation for a flux-electrode combination. It refers to a flux that will produce weld metal which, in the as-welded condition, will have a tensile strength of 70 000 to 95 000 psi and Charpy V-notch impact strength of at least 20 ft·lbf at –60°F when produced with an EM12K electrode under the conditions called for in this specification. The absence of an "S" in the second position indicates that the flux being classified is a virgin flux.

F7P4-EC1 is a complete designation for a flux-composite electrode combination when the trade name of the electrode used in the classification is indicated as well [see 17.4.1(3)]. It refers to a virgin flux that will produce weld metal with that electrode which, in the postweld heat treated condition, will have a tensile strength of 70 000 to 95 000 psi and Charpy V-notch energy of at least 20 ft·lbf at –40° F under the conditions called for in this specification.

플럭스의 표기 방법에 이어 연결되는 용접 와이어는 다음과 같이 세분된다.

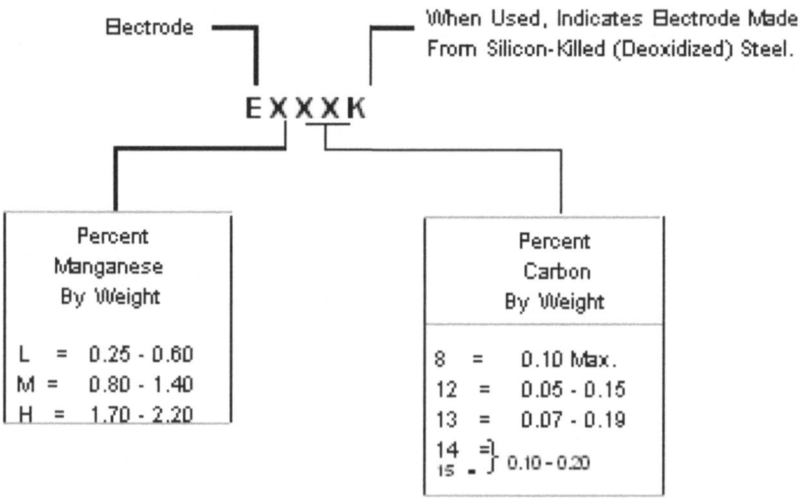

즉, EM12K라고 하면 다음과 같은 의미를 갖게 된다.

- E : 전극(Electrode) 와이어를 의미한다.
- M : 망간의 함량을 의미한다. EH는 망간의 함량이 너무 많아서 용접부 경화가 심하기에 사용을 제한하는 경우가 많이 있다.
- 12 : 이 숫자는 와이어에 들어 있는 탄소의 함량을 의미한다. 함량에 따른 숫자 표기는 위 도표를 참고한다.
- K : 실리콘으로 탈산된 강을 와이어로 만들었다는 의미이다.

7.7.2. 저합금강용 용접봉과 플럭스

저합금강의 용접재료 표기는 AWS A5,23에 따르면 다음과 같은 의미를 가지게 된다.

FXXX - EXXX - XXXHX

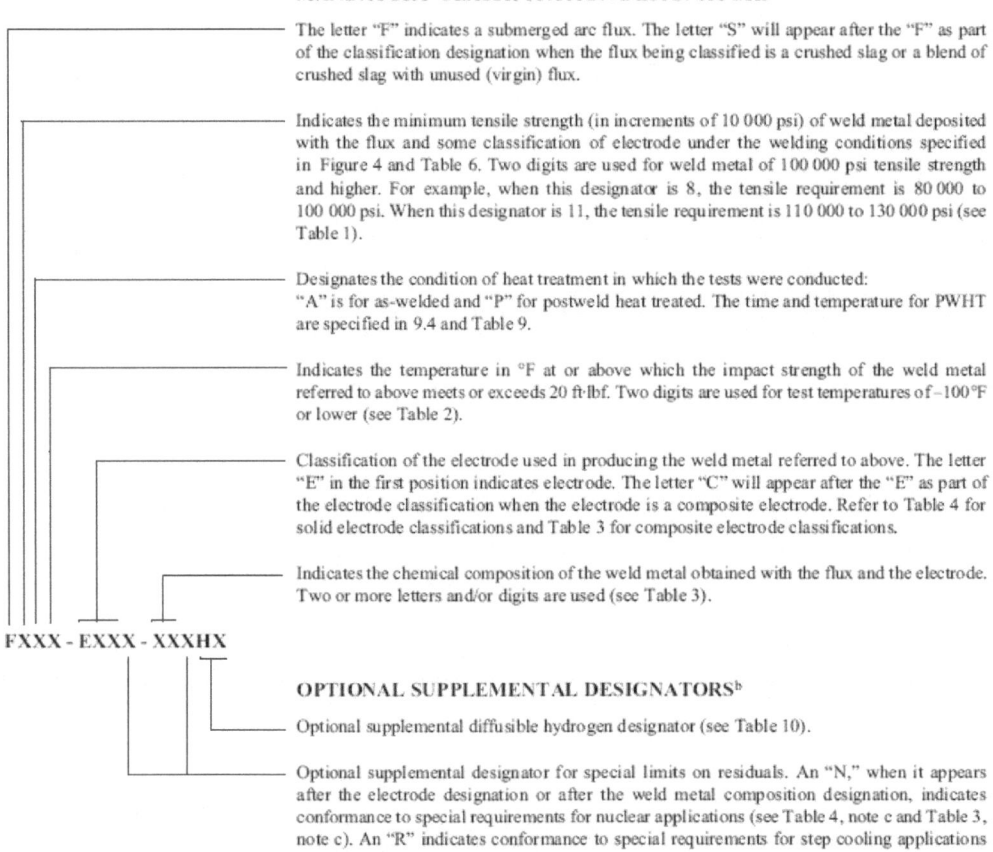

MANDATORY CLASSIFICATION DESIGNATORS[a]

The letter "F" indicates a submerged arc flux. The letter "S" will appear after the "F" as part of the classification designation when the flux being classified is a crushed slag or a blend of crushed slag with unused (virgin) flux.

Indicates the minimum tensile strength (in increments of 10 000 psi) of weld metal deposited with the flux and some classification of electrode under the welding conditions specified in Figure 4 and Table 6. Two digits are used for weld metal of 100 000 psi tensile strength and higher. For example, when this designator is 8, the tensile requirement is 80 000 to 100 000 psi. When this designator is 11, the tensile requirement is 110 000 to 130 000 psi (see Table 1).

Designates the condition of heat treatment in which the tests were conducted: "A" is for as-welded and "P" for postweld heat treated. The time and temperature for PWHT are specified in 9.4 and Table 9.

Indicates the temperature in °F at or above which the impact strength of the weld metal referred to above meets or exceeds 20 ft·lbf. Two digits are used for test temperatures of −100°F or lower (see Table 2).

Classification of the electrode used in producing the weld metal referred to above. The letter "E" in the first position indicates electrode. The letter "C" will appear after the "E" as part of the electrode classification when the electrode is a composite electrode. Refer to Table 4 for solid electrode classifications and Table 3 for composite electrode classifications.

Indicates the chemical composition of the weld metal obtained with the flux and the electrode. Two or more letters and/or digits are used (see Table 3).

OPTIONAL SUPPLEMENTAL DESIGNATORS[b]

Optional supplemental diffusible hydrogen designator (see Table 10).

Optional supplemental designator for special limits on residuals. An "N," when it appears after the electrode designation or after the weld metal composition designation, indicates conformance to special requirements for nuclear applications (see Table 4, note c and Table 3, note c). An "R" indicates conformance to special requirements for step cooling applications (see Table 4, note g, and Table 3, note h).

[a] The combination of these designators constitutes the flux-electrode classification.
[b] These designators are optional and do not constitute a part of the flux-electrode classification.

EXAMPLE

F9P0-EB3-B3 is a complete designation for a flux-electrode combination. It refers to a flux that will produce weld metal which, in the postweld heat treated condition, will have a tensile strength of 90 000 to 110 000 psi and Charpy V-notch impact strength of at least 20 ft·lbf at 0°F when produced with an EB3 electrode under the conditions called for in this specification. The composition of the weld metal will meet the requirements for a B3 designation as specified in Table 3.

예를 들어 F9PO-EB3-B3 라는 용접재료가 있으면, 전반부의 4개 문자는 위에 설명한 탄소강용 용접재료 표기와 같은 의미를 가지게 되고 자세한 내용은 아래 추가 설명과 해당 Code의 내용을 참고한다.

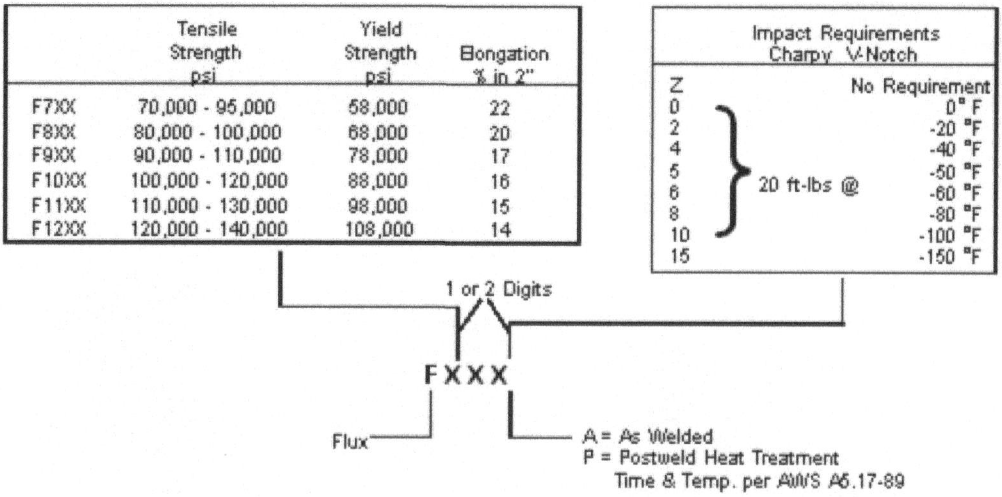
Tensile Strength psi
Yield Strength psi
Elongation % in 2"
F7XX 70,000 - 95,000 58,000 22
F8XX 80,000 - 100,000 68,000 20
F9XX 90,000 - 110,000 78,000 17
F10XX 100,000 - 120,000 88,000 16
F11XX 110,000 - 130,000 98,000 15
F12XX 120,000 - 140,000 108,000 14
Impact Requirements Charpy V-Notch
Z No Requirement
0 0 °F
2 -20 °F
4 -40 °F
5 -50 °F
6 -60 °F
8 -80 °F
10 -100 °F
15 -150 °F
20 ft-lbs @
1 or 2 Digits
FXXX
Flux
A = As Welded
P = Postweld Heat Treatment
Time & Temp. per AWS A5.17-89
FLUX DESIGNATIONS

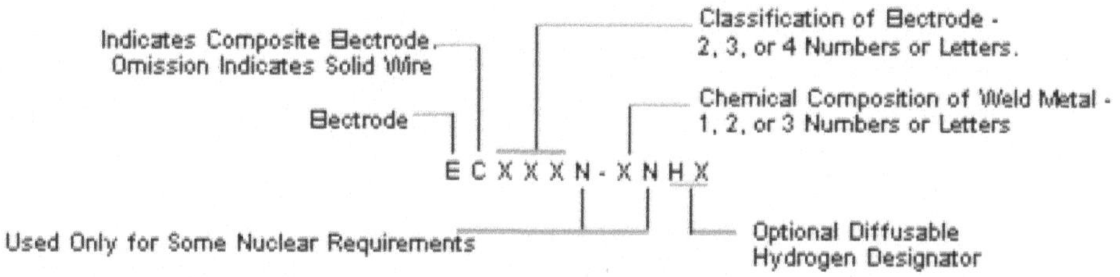
Indicates Composite Electrode,
Omission Indicates Solid Wire
Electrode
Classification of Electrode -
2, 3, or 4 Numbers or Letters.
Chemical Composition of Weld Metal -
1, 2, or 3 Numbers or Letters
E C X X X N - X N H X
Used Only for Some Nuclear Requirements
Optional Diffusable
Hydrogen Designator
ELECTRODE DESIGNATIONS

7.8. 용접 변수

7.8.1. 용접 전류

전류의 변화에 따라 용접 와이어의 용융 속도, 용착률, 용입의 깊이 그리고 모재의 용융량이 결정되기 때문에 전류는 매우 중요한 용접 변수이다.

전류가 크면 동일한 용접 속도에서 용입이 깊어지고 용착 속도가 증가하지만 지나치게 과도한 전류는 아크의 파묻힘 현상이 일어나고 Under-Cut이 발생하기 쉬우며 좁고 높은 용접 비드가 얻어진다.

반대로 전류가 너무 낮으면 아크의 안정성이 떨어진다.

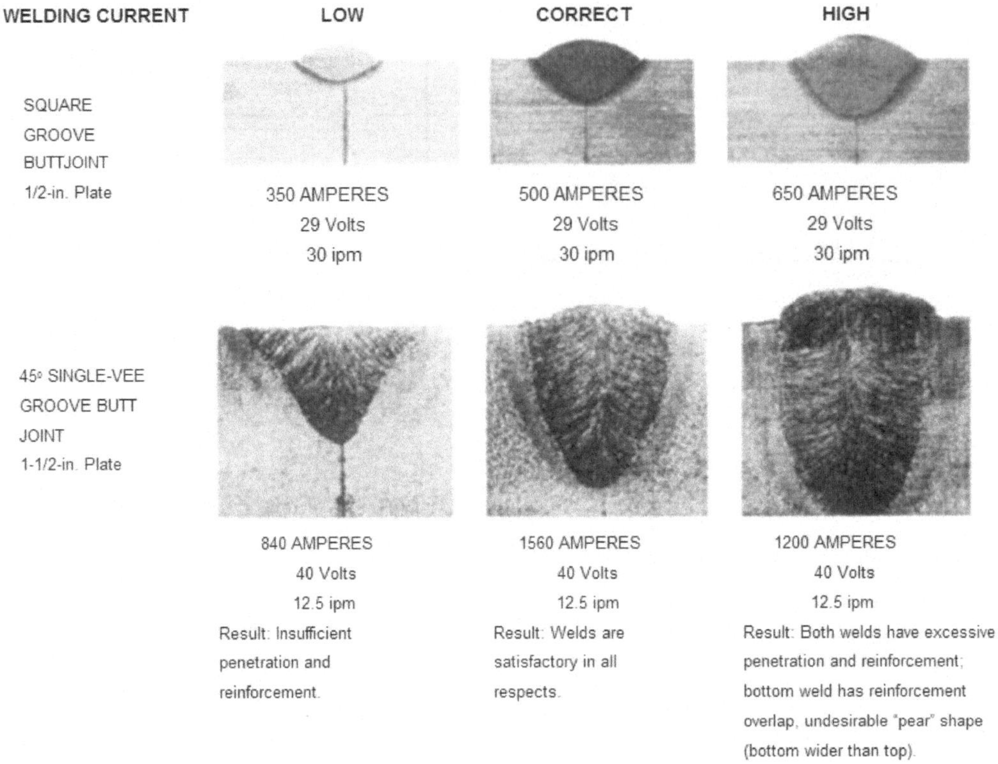
WELDING CURRENT
LOW
CORRECT
HIGH
SQUARE GROOVE BUTTJOINT 1/2-in. Plate
350 AMPERES 29 Volts 30 ipm
500 AMPERES 29 Volts 30 ipm
650 AMPERES 29 Volts 30 ipm
45° SINGLE-VEE GROOVE BUTT JOINT 1-1/2-in. Plate
840 AMPERES 40 Volts 12.5 ipm
1560 AMPERES 40 Volts 12.5 ipm
1200 AMPERES 40 Volts 12.5 ipm
Result: Insufficient penetration and reinforcement.
Result: Welds are satisfactory in all respects.
Result: Both welds have excessive penetration and reinforcement; bottom weld has reinforcement overlap, undesirable "pear" shape (bottom wider than top).

그림 5-90 SAW 용접 전류와 용입의 관계

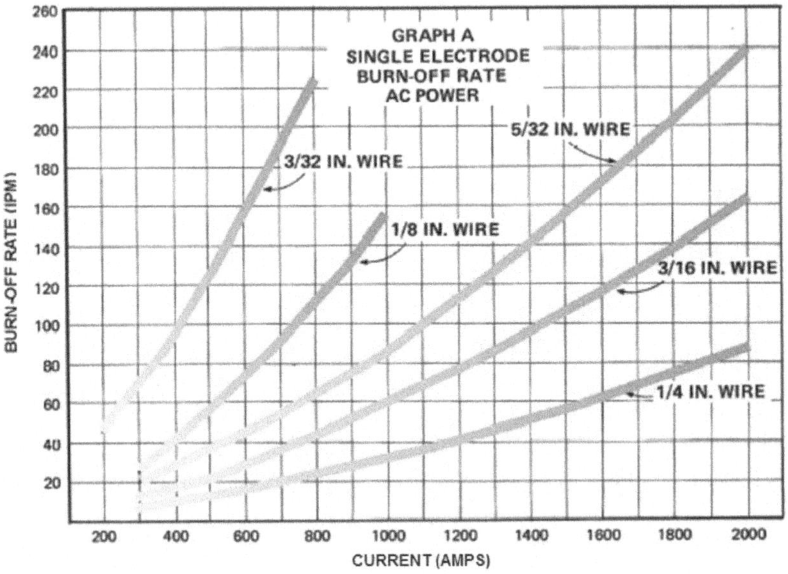
GRAPH A
SINGLE ELECTRODE
BURN-OFF RATE
AC POWER
3/32 IN. WIRE
1/8 IN. WIRE
5/32 IN. WIRE
3/16 IN. WIRE
1/4 IN. WIRE
BURN-OFF RATE (IPM)
CURRENT (AMPS)
260
240
220
200
180
160
140
120
100
80
60
40
20
200
400
600
800
1000
1200
1400
1600
1800
2000

그림 5-91 SAW 전류와 용융속도

7.8.2. 용접 전압

전압은 아크의 길이를 결정한다. 전압이 크면 아크의 길이가 길어진다. 전압은 용접비드의 단면 형상과 외관에 영향을 미친다.

전압이 높을수록 편평하고 폭 넓은 용접비드가 생성되며, 플럭스의 소비가 증가된다. 강재의 녹이나 부식생성물로부터 발생되는 기공의 발생을 줄인다. 부적절한 용접조인트(Weld Joint) 형상으로 인해 루트갭(Root Gap)이 넓은 용접 조인트의 용접에 적합하다. 플럭스로부터 합금 원소를 빨아들이는(Pick-Up) 능력이 커진다.

그러나 지나치게 과도한 전압 상승은 용접부 균열을 일으키기 쉬울 정도로 과도하게 폭이 넓은 용접비드를 만든다. 홈(Groove) 용접의 슬래그를 제거하기 어렵게 하며, 좁고 오목한(Concave) 용접 용접비드를 만들어 균열 발생이 쉽게 된다. 또한 필렛(Fillet) 용접부의 선단(Edge)에 언더컷(Under-Cut)이 생기기 쉽다.

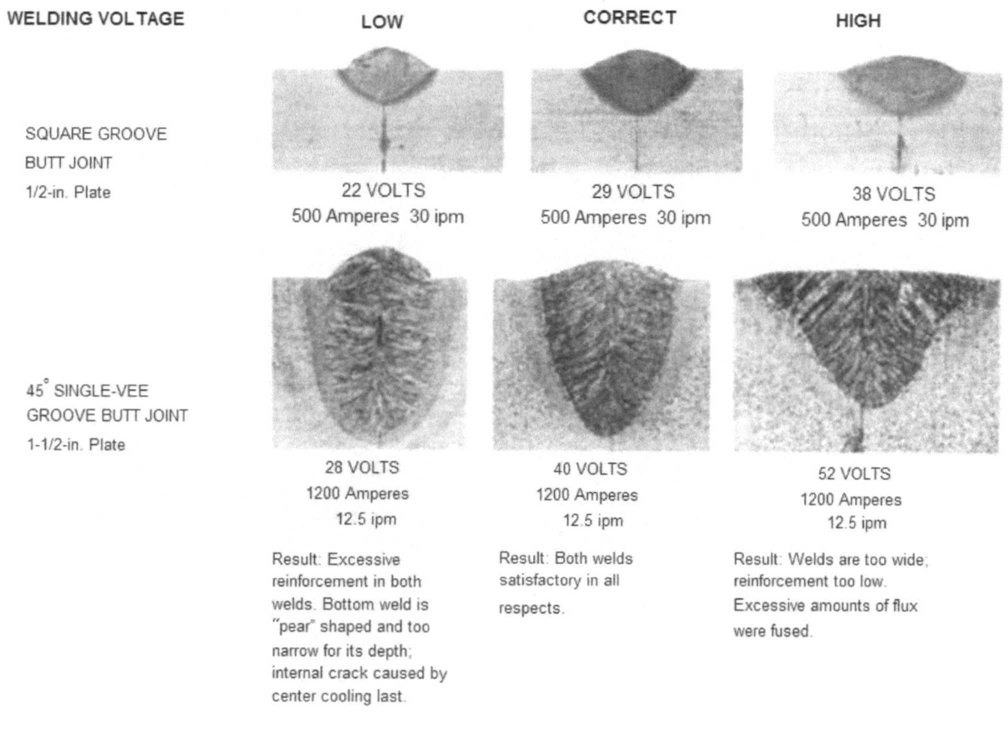

그림 5-92 SAW 용접 전압과 용입의 관계

전압을 낮추면 아크쏠림에 대한 저항성이 있는 강한 아크를 만들고 용입이 깊어진다.

그러나 과도한 전압 강하는 높고 좁은 용접 용접비드를 만들어 용접금속 선단의 슬래그 제거가 어려워진다.

7.8.3. 용접 속도(Travel Speed)

용접 속도가 빨라지면 단위 용접 길이당의 입열량이 줄어들고 용착되는 용접 와이어의 량이 줄어들고 결과적으로 작은 용접 용접비드가 생성된다.

용접속도는 전류와 함께 용입을 결정하는 가장 큰 인자의 하나이다.

아크의 용입력(Penetration Force)은 용탕을 누르게 되는데 용접 속도가 빠르면 이 힘이 강하게 전달되지 못하고 얕은 용입이 이루어진다.

용접속도가 지나치게 빠르면 언더컷(Under-Cut), 아크쏠림, 기공과 불균일한 용접비드 형상을 만든다.

낮은 용접 속도는 용탕내의 가스성분이 빠져나갈 수 있는 충분한 시간을 제공하여 기공의 발생을 줄이게 된다.

그러나 지나치게 낮은 용접 속도는 볼록한 용접 용접비드를 만들어 균열이 쉽게 발생되며 작업중에 아크가 눈에 보일 수 있어서 용접사의 피로를 증가시키며 아크 주위에 과도한 용탕을 생성하게 되어 거칠고 슬래그가 혼입되어 있는 용접비드를 만들게 된다.

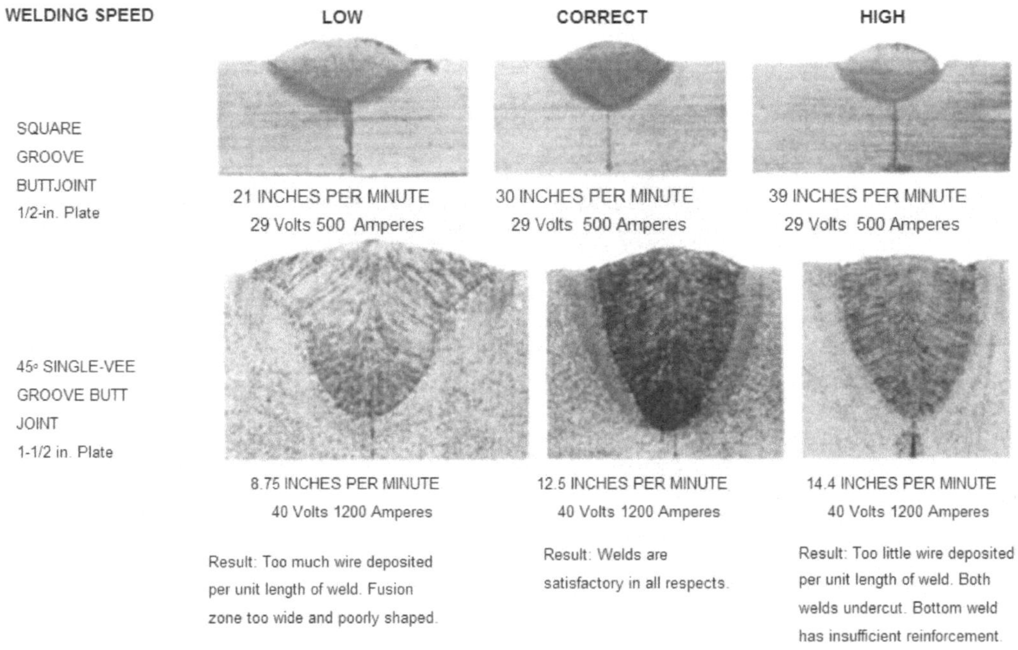

그림 5-93 SAW 용접속도와 용입의 관계

7.8.4. 용접 와이어의 직경

용접 와이어(Wire)의 크기는 정해진 전류에서 용접 용접비드의 형상과 용입에 영향을 미친다. 와이어의 직경이 클수록 용입이 얕아지고 폭넓은 용접 용접비드가 얻어진다. 동일전류에서 와이어의 직경이 작을수록 전류밀도가 높아지고 용융과 용착 속도가 증가하며 용입도 깊어진다. 큰 직경의 와이어는 폭이 넓은 조인트의 초층을 용접하기에 적합하지만, 더 높은 전류를 필요로 한다.

7.8.5. 와이어 송급

SAW의 높은 용착속도는 모타에 의해 운전되는 와이어 송급 조절에 의해 관리된다. 이러한 송급 속도 관리는 와이어 노출 길이와 정전압 및 정전류 특성에 의해 얻어질 수 있다.

7.8.5.1. 용접봉의 노출길이 (Wire Extension)

전류 밀도가 125A/mm^2 이상에서는 전극의 돌출된 양은 매우 중요한 용접 변수의 하나이다. 용접전압과 아크길이는 비례하여 변화한다. 노출길이가 증가하게 되면 전압이 증가하게 되고, 노출길이가 줄어들게 되면 전압이 줄어든다. 따라서 노출길이가 일정하게 유지되면, 전압도 일정하게 유지된다.

높은 전류밀도에서는 용탕과 컨택트 튜브(Contact Tube) 사이의 저항열에 의해 용융속도가 증가한다. 노출길이가 증가할수록 동일 전류를 사용하면서도 와이어에 전해지는 저항열이 커지고 와이어의 용융 속도가 증가하게 된다. 그러나 전류가 동일한 용접 조건에서 용융속도의 증가는 용입의 깊이를 얕게 하며 와이어의 선단을 정확한 용접부에 위치하도록 조절하기가 어려운 단점이 있다.

일반적으로 2.0, 2.4, 3.2mm의 와이어 직경에는 75mm의 노출길이가 적용되고 4.0, 4.8, 5.6mm 직경의 와이어에는 125mm의 노출길이가 타당한 수준으로 적용된다.

7.8.5.2. 용융속도와 와이어 송급속도

(1) 정전류 특성

정전류 특성의 전원에서는 와이어의 용융속도가 와이어 송급 속도 보다 빨라지게 되면 와이어와 용접대상물 사이의 거리 즉 전압이 증가하게 되면서 일정한 수준의 전압이 유지된다.

즉, 자동용접에서는 와이어 송급속도를 조정하여 늘 일정한 수준의 아크 길이를 유지하면서 용접진행이 가능하도록 한다.

(2) 정전압 특성

정전압 특성에서는 일정한 수준의 전압 유지가 정전압 시스템에 의해 이루어진다. 용접전류는 와이어 송급 속도에 의해 늘 일정하게 조정되기 때문에 아크 전압은 정전압특성 회로에 의해 조정된다.

7.8.6. 플럭스의 폭과 두께

플럭스(Flux)의 폭과 두께는 용접비드의 형상과 건전성에 영향을 미친다.

입상의 플럭스층이 너무 두꺼우면 용접 중에 발생되는 가스의 방출이 어려워지고 용접비드 표면은 거칠며 불균일하게 된다.

반대로 너무 얇으면 플럭스가 아크를 충분하게 감싸지 못하게 되어 스패터(Spatter)가 많아지고 거칠며, 다공성인 용접비드가 생성되게 된다. 용접이 진행 되면서 용융되지 않은 플럭스는 용접부 후단에서 회수하는데 이때 너무 강제적으로 회수하거나 아직 응고가 진행중인 1000℃ 이상의 용접비드에서 플럭스를 제거하게 되면 건전한 용접부를 얻기 어려워진다.

DEPTH OF GRANULAR MATERIAL

CORRECT

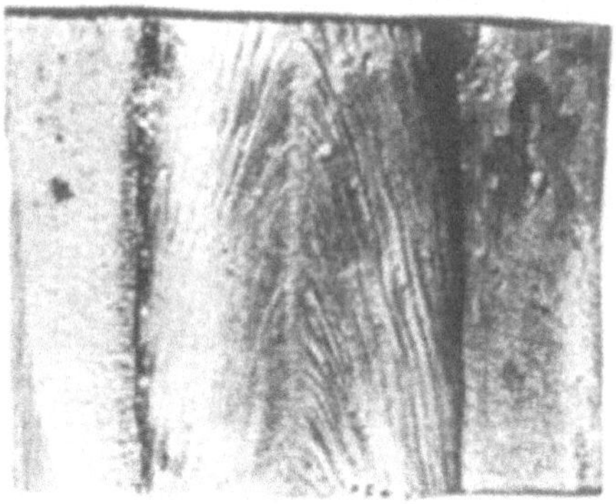

3/4-in. Depth
5/8-in. Plate

Result: Smooth top, sound weld structure.

SHALLOW

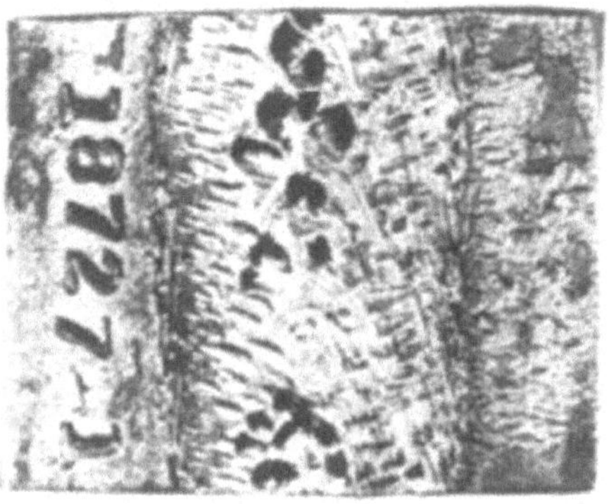

1/4-in. Depth
5/8-in. Plate

Result: Gas pockets in weld: open arcing occurred.

그림 5-94 플럭스의 두께에 의한 용접 금속의 보호

7.9. 용접부의 결함과 대책

SAW는 용융된 슬래그의 용탕 보호로 인해 거의 결함이 없는 안정된 용접 금속을 만들어낸다. 현장 용접 과정에서 실제로 문제시 될 수 있는 결함의 종류는 기공과 균열 정도이다. 대부분의 현장에서 발생하는 용접결함은 용접 기량이나 용접 조건과 관련되기 보다는 잘못된 용접 설계에 그 원인이 있다.

이하에서는 잠호용접 과정에서 제기될 수 있는 용접 결함의 종류와 대책에 관하여 간단하게 정리한다.

표 5-34 잠호용접 결함과 대책

결함	원인	대책
포크마크 (Pork Mark)	1. 플럭스(Flux)의 흡습 2. 용접부에 불순물의 존재 3. 플럭스의 살포높이 과대 4. 플럭스의 살포 Nozzle 높이 과소 5. 용접 전압의 과소 6. 용접속도의 과대	1. 플럭스를 300℃에서 1시간 재건조 2. 용접부의 청결 3. 적정 플럭스의 살포높이 적정유지 4. 플럭스의 살포 Nozzle 높이 적정유지 5. 용접 전압을 높인다. 6. 용접 속도를 낮춘다.
기공	1. 플럭스의 흡습 2. 용접부에 불순물 및 수분 3. 플럭스에 불순물의 혼입 4. 플럭스의 살포높이 과소 5. 가접의 불량 6. 용접속도의 과대	1. 플럭스를 300℃에서 1시간 재건조 2. 용접부의 청결 및 예열 3. 플럭스의 불순물 제거 4. 플럭스의 살포높이 적정유지 5. 가접부의 기공 및 슬래그 제거 6. 용접속도를 낮춘다.
균열	1. 플럭스와 와이어의 선정 부적합 2. 강재의 C 및 S 함량이 높을 때 3. 용접재에 구속이 심할 때 4. 용접장소의 분위기 온도가 낮을 때 5. 비드의 폭에 비해 용입이 과대 6. 플럭스의 흡습	1. 강재에 적합한 플럭스와 와이어의 선정 2. 용접 전류 및 용접속도를 낮춘다. 3. 수축응력에 견디는 적정 용접조건 적용 4. 용접모재의 예열 및 후열 5. 저전류의 저속 용접을 적용 6. 플럭스를 300℃ 에서 1시간 재건조
슬래그 혼입	1. 용접방향 선택 불량 2. 용접속도의 과소 3. 와이어의 조준위치 부적당 4. 전층의 비드 형상 불량 5. 다층용접시 슬래그 제거 불충분 6. Tab 취부시 Gap 발생 7. 용접부의 용입불량	1. 경사진 용접재에서는 낮은 곳에서 높은곳으로 용접 2. 용접속도를 높인다. 3. 와이어의 조준위치를 개선단면의 중앙에 위치 4. Grinder로 비드형상 수정후 용접 5. 전층의 슬래그 완전 제거 6. Tab의 취부를 완전하게 한다. 7. 용접전류를 높인다.
오버랩	1. 용접전류의 과대 2. 용접전압의 과소 3. 용접속도의 과소 4. 와이어경의 부적당 5. 와이어의 조준위치 부적당	1. 용접전류를 낮춘다. 2. 용접전압을 높인다. 3. 용접속도를 높인다. 4. 적당한 와이어경의 선정 5. 와이어의 조준위치 조절
언더컷	1. 용접전류의 과소 2. 용압전압의 과소 3. 용접속도의 과소 4. 와이어경의 부적당 5. 와이어의 조준위치 부적당 6. 플럭스의 살포높이 과대	1. 용접전류를 낮춘다. 2. 용접전압을 높인다. 3. 용접속도를 높인다. 4. 적당한 와이어경의 선정 5. 와이어의 조준위치 조절 6. 플럭스의 살포높이 적정유지
용입 부족	1. 용접전류의 과소 2. 용접극성의 부적당 3. 용접전압의 과대 4. 용접속도의 과대 5. 와이어의 조준위치 부적당 6. 개선형상의 정도 불량	1. 용접전류를 높인다. 2. 용접극성을 DC+로 적용 3. 용접전압을 낮춘다. 4. 용접속도를 낮춘다. 5. 와이어의 조준위치 조절 6. 개선형상의 정도 확인

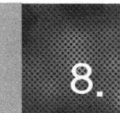

8. 협개선 용접(Narrow-Gap Process)

8.1. 협개선 용접의 소개

협개선(Narrow Gap) 용접을 하나의 용접방법으로 구분하여 소개하는 데는 많은 이견의 소지가 있으나 어느 하나의 특정한 용접방법으로 포함하여 설명하기에는 역시 문제점이 있다고 생각되어 부득이 별도의 용접방법으로 구분하여 설명하고자 한다.

화학 공장과 화력 발전 설비 및 원자력 발전에 사용되는 대형 후판의 맞대기용접에는 전통적으로 잠호용접(SAW)이나 일렉트로슬래그용접(ESW)이 주로 사용되었다. 그러나, 이들 용접방법의 단점은 넓은 개선 가공으로 인한 재료의 손실이 크고, 용접 양이 많아 짐으로 인해 용접 시간과 에너지의 소비가 커지는 단점이 있으며 넓은 용접부가 생김으로 인해 열영향부(Heat Affected Zone)가 넓어지는 단점이 지적되었다.

이러한 문제점을 해결하기 위해 보다 고 능률 이면서 안정적인 용접 금속을 얻을 수 있는 용접 방법이 필요하게 되었다.

이게 가장 적합한 새로운 용접 방법은 전자빔용접(Electron Beam Welding)을 거론할 수 있으나, 대형 용접물의 용접부를 완전하게 진공 상태로 유지해야 하는 현실적인 어려움으로 인해 대형 구조물의 현장 적용은 불가능 하였다. 결국 기존의 용접방법을 변형하여 보다 효율적인 용접 조건을 찾는 방향으로 위의 문제점을 해결하고자 하는 시도가 이루어지게 되었다.

그 대표적인 대안이 협개선 용접인 것이다.

8.2. 협개선 용접의 개요

협개선(Narrow Gap) 용접은 약 50년 전인 1963년 미국의 Battele 연구소에서 처음 소개되기 시작하였으며 국내에서 상용 용접방법을로 널리 사용되기 시작한 것은 90년대 중반 이후부터 이다. 국내에서는 주로 원자력과 발전 설비 및 석유화학플랜트에 사용되는 두께가 두꺼운 고압용 압력용기나 반응기의 용접에 적용되고 있다.

주로 적용되는 용접방법은 SAW, GMAW 및 FCAW이며 주로 GMAW가 적용된다.

SMAW는 상대적으로 용접 효율이 떨어지기 때문에 적용하는 경우가 드물고 FCAW는 GMAW를 적용할 경우 예상되는 스패터 발생의 위험성을 줄이기 위해 대안으로 사용되곤 한다.

그러나 FCAW는 용접 금속이 열처리 후에 급격하게 기계적 특성이 저하되는 단점으로 인해 사용시 주의를 요한다.

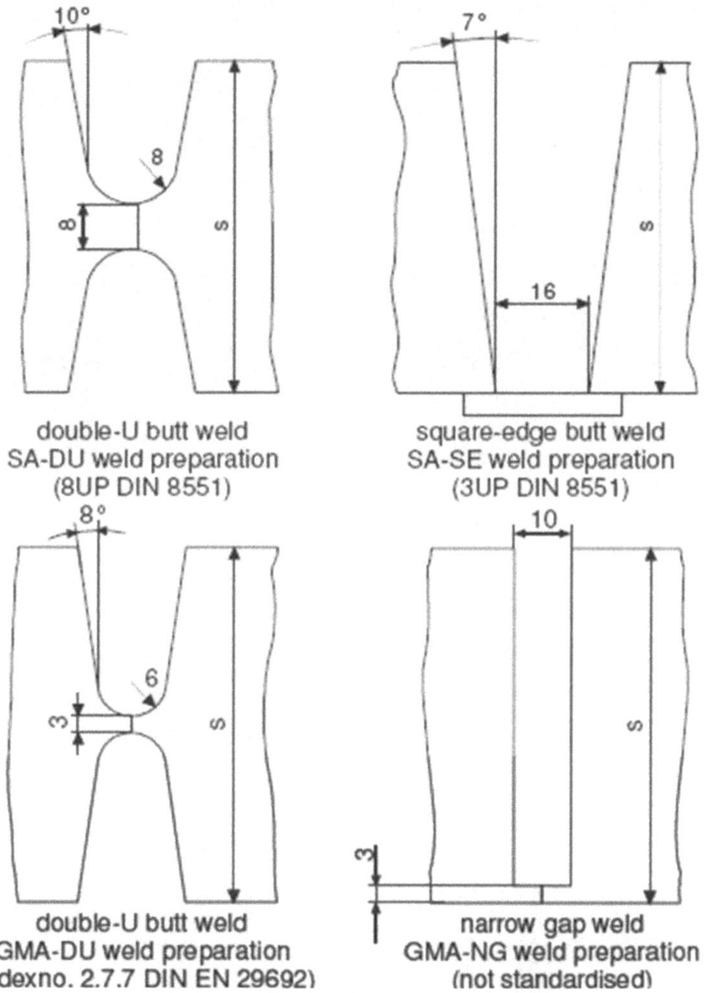

그림 5-95 협개선 용접부의 개선 유형

여기에서 개선 각도는 통상 10°이하를 유지하고 있으며 Root Gap은 적용되는 용접 방법에 따라 12~28mm정도를 유지한다.

적용되는 용접부 두께는 약 150~300mm정도이고 Root Gap은 가스메탈아크용접(GMAW)일 경우에는 13mm, SMAW일 경우에는 24mm 정도이다.

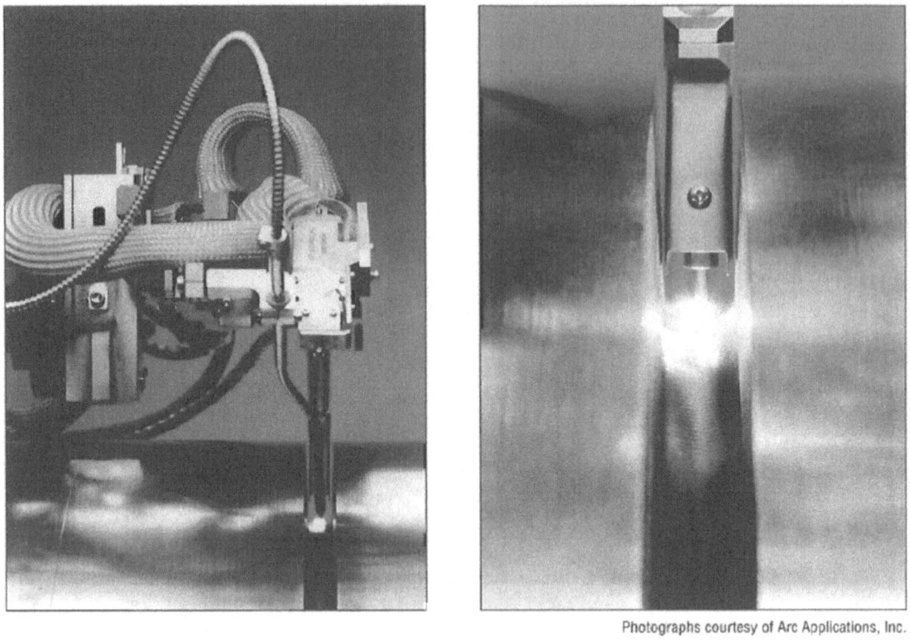

그림 5-96 GTAW 협개선 용접

이 용접법은 Groove 단면적의 대폭적인 축소가 가능하게 되어 과대한 용접 입열이 필요없는 능률적인 용접이 가능하게 된다.

따라서, 경제적인 관점에서 우수하며, 기계적 특성이 좋고, 변형이 작은 고품질의 용접금속을 얻을 수 있는 용접법이다.

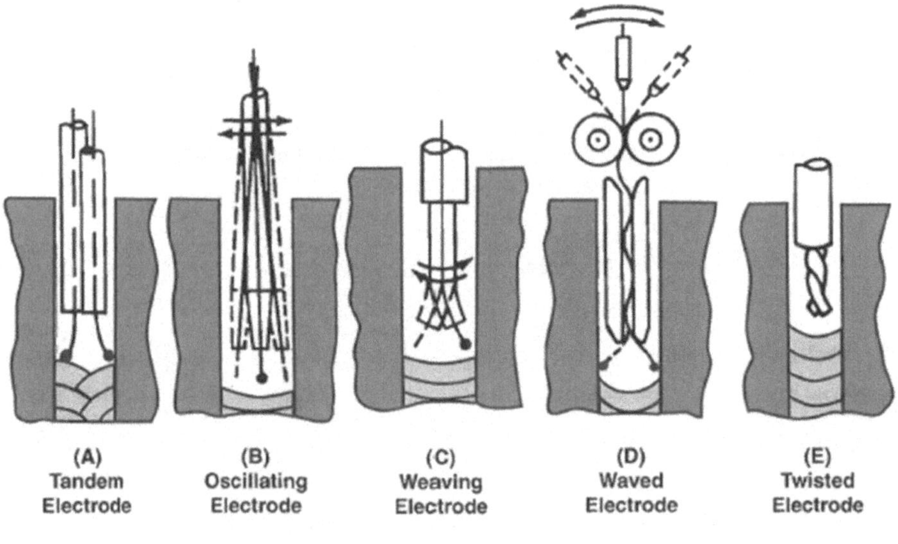

그림 5-97 Narrow Gap 용접의 와이어 Feeding 방법

용접봉은 자체 위빙(Weaving)이 어려우므로 Oscillator를 사용하기보다는 두개 혹은 그 이상의 와이어를 꼬아서 사용하거나 와이어에 그림 5-97과 같이 변형을 주어 위빙(Weaving) 효과를 가지게 한다. 좁고 깊은 용접부의 와이어 송급시에는 용접 개선부에서 미리 아크가 발생하지 않고 원하는 곳에서 아크가 발생할 수 있도록 Contact Tip을 사용하기도 한다.

사용되는 용접 조건은 용접기와 용접 방법에 따라 다양한 차이를 나타내지만 대략 다음과 같은 조건에서 용접이 이루어진다.

- 전류 : 250~800A
- 전압 : 28~32 V
- 용접 속도 : 230~300 mm/min
- 보호가스 : Ar + 20% CO_2 SAW의 경우에는 무관
- Gas Flow Rate : 45~140 L/min SAW의 경우에는 무관
- Edge Preparation : Machining U-Groove or thickness $\geq$ 120mm
- Gas Cutting X, V-Groove or thickness $\leq$ 120mm
- 와이어 공급 : Single or Tandem

용접흄, 스패터의 발생이 거의 없고 용접부 결함이 극히 적어 양질의 용접 금속을 얻을 수 있다. 단점으로는 용접 자세가 아래보기에만 적용되고, 용접부 개선 가공이 비교적 정교하게 이루어 져야 하는 어려움이 있다.

9. 일렉트로슬래그 용접(ESW, Electroslag Welding)

9.1. ESW의 개요

다층(Multi Pass)용접으로 후판을 용접 할 경우에 생길 수 있는 변형이나, 과다한 입열의 문제를 해결하기 위해 단층(Single Pass) 용접 방법에 관한 연구가 1900년대부터 본격적으로 시작되면서 실제 현장 용접에 응용되기 시작하였다. 초기에는 두꺼운 후판을 용접할 경우에 양쪽의 공간을 흑연재질 몰드(Graphite Mold)로 막고 용접을 실시하였으며, 이후 구리(Copper)나 세라믹(Ceramic)으로 된 몰드(Mold)가 개발되면서 용접 방법의 발전이 가속화 되었다. 사용되는 용접기와 용접 방법은 외견상 Electrogas Welding과 거의 유사하지만 보호가스를 사용하지 않고 일단 용접이 시작되면 더 이상의 아크발생이 없다는 것이 가장 큰 차이점이다. 이하의 설명에서는 ESW로 명칭을 구분하여 설명한다.

아래 그림과 같이 수직으로 형성된 용접부에 플럭스를 채워 넣고 여기에 공급되는 용접 와이어를 통해서 전류를 가하게 되면, 플럭스가 용융하면서 용융슬래그가 된다. 이후에 용융된 슬래그를 통과하는 전류의 저항열을 이용하여 용접을 진행하는 것이 ESW의 개요이다.

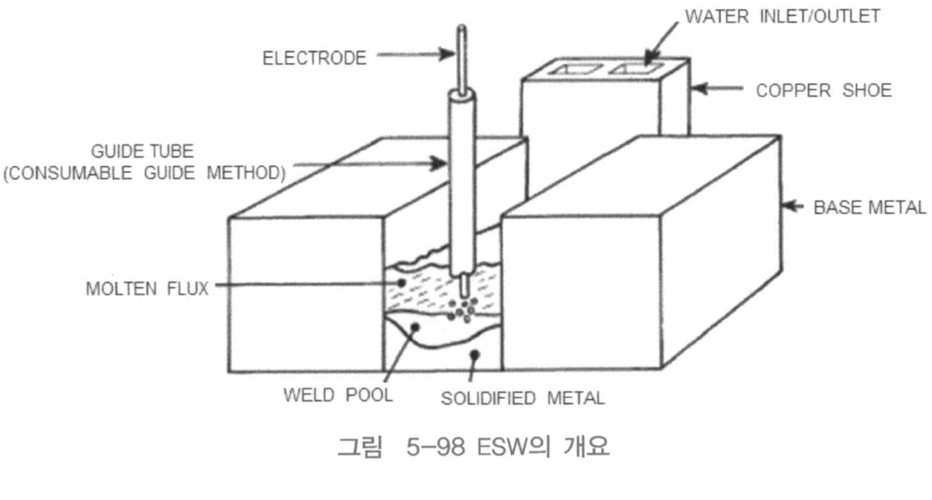

그림 5-98 ESW의 개요

용접 초기에 용접물과 전극사이에서 아크가 발생되고 이 아크열로 인해 플럭스가 녹으면서 용탕을 형성하게 된다. 충분한 양의 용탕이 형성되면 본 용접이 시작되는데 이때부터는 더 이상의 아크 발생은 없고(중단되고) 슬래그 용탕(용융 플럭스)을 통과하는 전류의 저항열에 의해 용접이 진행되는 것이다. 용융된 슬래그층을 통과하는 전류의 저항열은 용접 와이어와 모재를 녹이기에 충분해서 용탕의 온도는 약 1925℃ (3500°F) 정도가 되고 표면의 온도도 1650℃ (3000°F) 정도가 된다. 용접 초기의 안정적인 조건을 맞추기 위한 Starting Tab과 용접 완료부의 슬래그와 과도한 용접 금속의 제거를 위한 Run-off Tab이 필요하다. 이러한 Starting Tab과 Run-off Tab은 용접 완료 후 깨끗하게 제거해야 한다.

9.2. ESW의 특성

ESW는 수직 혹은 거의 수직에 가까운 용접부에 적용되며, 단층(Single Pass)로 용접을 실시하여 경제성이 있다. 이 용접방법은 특히 후판의 용접을 효율적으로 실시할 수 있으며, 기존의 다른 용접방법에 비해 경제적이다. 사용되는 용접 와이어는 SAW나 GMAW에 사용되는 솔리드 와이어(Solid Electrode)나 FCAW와 같은 튜브 형태의 와이어를 적용한다.

통상 EGW 보다 다소 두꺼운 20 ~ 900mm의 두께에 적용할 수 있으나, 실제 현장에서는 경제적인 관점에서 통상 50mm 이상의 두께에 대해 적용한다.

9.2.1. ESW의 장점

- 하나의 용접 와이어가 시간당 최대 20kg/h의 용착 속도를 나타내는 고능률의 용접 방법이다.
- 두꺼운 후판을 한 패스(Single Pass)로 용접하기 때문에 층간 Cleaning작업 등이 필요하지 않다.
- 자체의 입열이 크기 때문에 열경화성이 큰 재료라고 해도 별도의 예열이 필요없다.
- 우수한 용접 품질을 얻을 수 있다. : 용탕 유지 시간이 길어서 용접금속내 가스의 방출이나 슬래그의 부상이 용이하게 되어 불순물의 제거가 쉽게 이루어 진다.
- 자동 용접이 이루어 지고 초기 아크발생이외에는 아크의 발생이 없으므로 소음이 적고 용접사의 피로가 적다.
- 용접자세가 수직이어서 용접물의 위치 제어와 고정을 위한 장비가 간단하다.
- 용접 스패터가 전혀 없어서 용착 효율이 높다.
- 흄의 소모가 극히 적고, 플럭스의 소모가5% 이내로 작다.
- 변형이 거의 없다. 적용 가능한 두께의 제한이 없다.
- 용접 시간이 매우 짧다.

9.2.2. ESW의 단점

- 탄소강과 저합금강 및 일부 스테인레스강에만 적용 가능 하다.
- 용접 조인트(Joint)의 정밀한 가공이 필요하다.
- 용접 자세가 수직 혹은 거의 수직에 가까운 자세로만 국한된다.
- 일단 용접이 시작되면 끝까지 용접을 완료하여야 한다. 그렇지 않으면 결함 발생의 원인이 된다.
- 두께 19 mm이하의 박판에서는 적용이 불가능하다.
- 용접부 입자의 조대화로 인한 저온 취성이 저하하여 저온 사용에 주의를 요한다.
- 복잡한 용접 구조물 형상에는 적용이 어렵거나 불가능하다.

9.3. 용접 장비

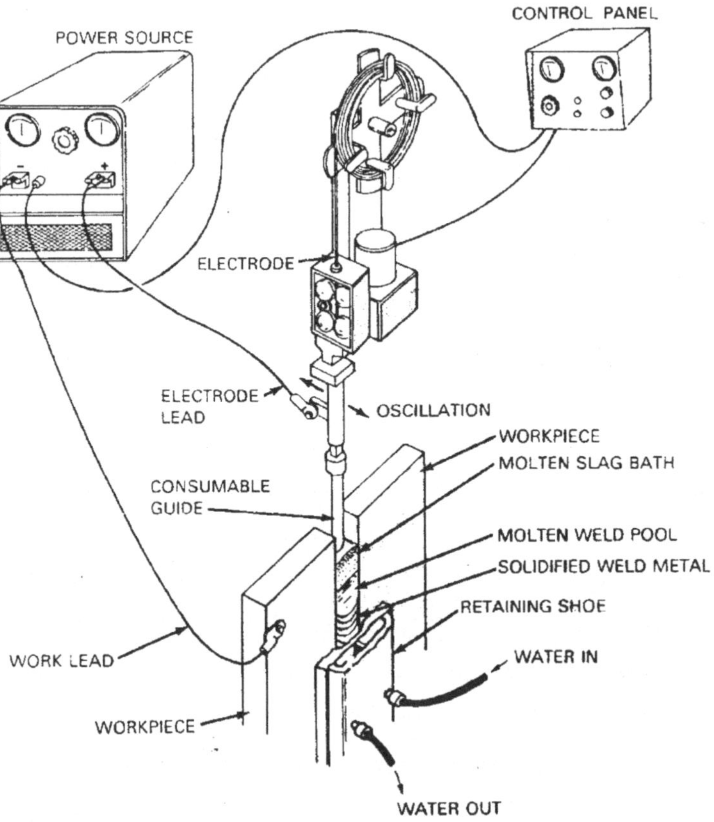

그림 5-99 소모성 가이드 방식의 ESW 개요

용접 장비는 Electrogas Welding에 적용되는 용접기와 외견상 유사하다. 다만 보호가스 대신에 용접에 필요한 열을 공급하고 용접부를 보호하는 플럭스가 존재하며 용접시 아크 발생이 없는 것이 차이점이다. 와이어가 공급되는 과정에서 가이드 튜브(Guide Tube)가 사용되는 데, 이 튜브가 용접과정에서 녹아서 용탕에 포함되는 것을 소모성 가이드 방식(Consumable Guide)방식이라고 하고 그렇지 않은 유형을 전통적인 방식(Conventional Method) 혹은 비소모성 가이드(Nonconsumable Guide) 방식이라고 한다.

9.3.1. 비소모성 가이드 방식

가이드 튜브의 소모가 발생하지 않는 방식을 전통방식(Conventional Method) 혹은 비소모성 가이드 방식(Nonconsumable Guide) 이라고 구분한다. 이 방식으로 용접할 때는 Curved Guide (Contact) Tube를 사용하며 다수의 용접 와이어를 동시에 사용하기도 한다.

비소모성 가이드 방식으로 용접을 시행하면 13 ~ 500 mm의 두께를 용접할 수 있으며, 가장 널리 적용되는 두께는 19 ~ 460 mm의 영역이다. 하나의 Oscillation 용접 와이어로 120 mm두께를 용접할 수 있다. 두개의 용접 와이어로는 230 mm, 세 개의 용접 와이어로는 500 mm의 두께를 용접할 수 있으며, 각각의 와이어당 용착량은 시간당 11 ~ 20kg정도이다.

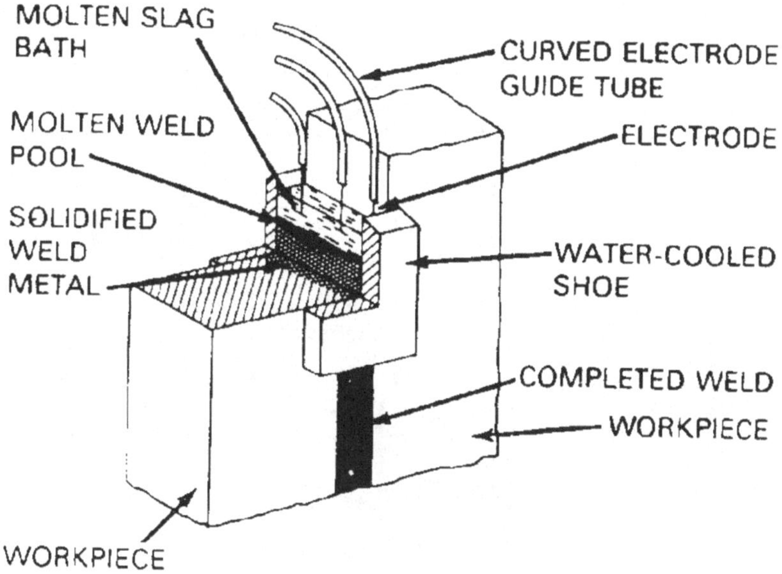

그림 5-100 비소모성 가이드 방식의 ESW

용접기와 연결된 냉각판(Water-Cooled Shoes)은 용접이 진행되면서 함께 이동하게 된다. 용접이 진행된면서 용접기는 수직방향으로 이동하게 되는데, 이때 이동은 자동으로 제어하거나 용접사가 진행과정을 확인하면서 수동으로 조절하기도 한다. 용접이 진행되면서 냉각판을 통한 슬래그의 손실이 발생하게 되어 용접과정에서 약간의 플럭스를 계속 보충해 주어야 한다. 이러한 플럭스의 보충은 용접사의 판단에 따라 수동으로 이루어 진다. 수동으로 플럭스를 공급하는 것이 어려우면 편의상 FCAW 와이어를 사용하기도 한다. 플럭스의 소모량은 통상 용착 금속 20 Ib당 1Ib정도로 약 5% 수준이다.

9.3.2. 소모성 가이드 방식

소모성 가이드 방식(Consumable Guide Tube Method)을 사용하면 용접 가능한 두께의 제한이 없고, 깊고 좁은 용접 부의 초층부를 용접할 때 와이어가 용접부에 근접하기 전에 용접대상 모재의 벽면과 용접 와이어의 근접에 의해 아크가 발생하는 문제를 해결할 수 있다. 용접 와이어가 용접부에 도달하기 전에 미리 아크가 발생하면 용탕의 제어가 힘들어지고, 정확한 위치에서 용접 와이어의 용융을 일으키기가 어려워진다.

용접과정에서 소모성 가이드도 녹아서 전체 용탕의 5 ~ 15%를 담당하게 된다. 소모성 가이드는 플럭스로 코팅(CoatinG)이 되어 절연의 효과를 주고 슬래그 용탕에 플럭스를 보충하는 역할을 담당한다.

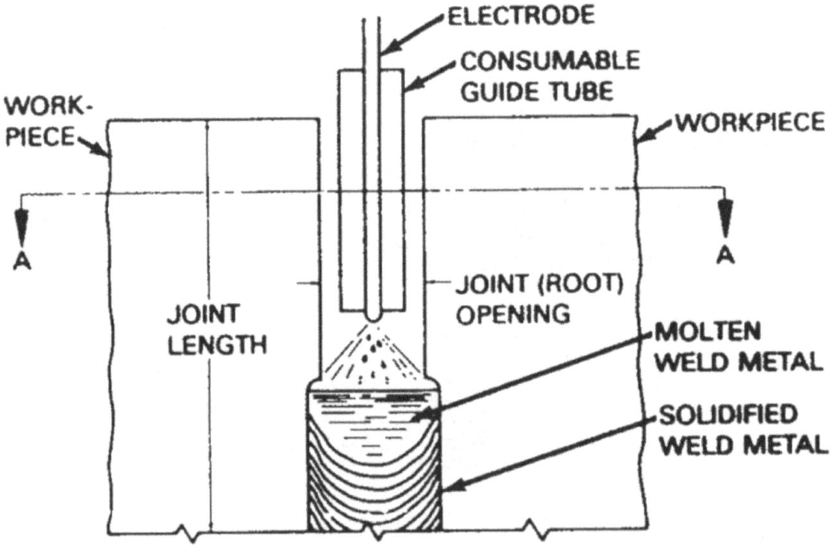

그림 5-101 소모성 가이드 방식의 ESW

이 방법을 사용할 때는 용접기 전체가 움직이는 것이 아니라 용접기헤드(Head)만 움직이며, 냉각 및 보강판(Retaining Shoe)은 고정식으로 적용하기 때문에 계속적인 용접을 진행하기 위해서는 여러 쌍의 냉각 및 보강판이 필요하다.

비소모성 가이드 방식과 마찬가지로 여러 개의 와이어를 사용하여 용접을 진행시킬 수 있다. 용접 와이어를 고정해서 사용하는 고정식(Stationary)방식과 운봉의 효과를 주기 위한 Oscillating방식이 있다. 고정식으로 용접할 경우 하나의 와이어로 두께 63mm정도의 판재를 용접할 수 있으며, Oscillating방식을 사용하면 하나의 와이어로 130mm 두께를 용접할 수 있다. 하나의 와이어일 경우에는 비소모성 가이드 방식에 비해 적용 가능한 두께가 크지만 여러 개의 와이어를 사용할 경우에는 비소모성 가이드 방식에 비해 다소 얇은 두께에 적용된다.

9.4. 용접 변수

9.4.1. 용접와이어(Wire, Welding Electrode)

ESW에 사용되는 와이어는 SAW나 GAW에 사용되는 솔리드 와이어와 FCAW용 와이어가 있다. 용접봉의 선정에 있어서는 모재와 희석(Dilution)에 의한 용접금속의 성분 및 조직 변화가 우선적으로 검토되어야 한다. 일반적으로 ESW의 희석률(Dilution Rate)는 30 ~ 50%정도이다.

가장 일반적으로 사용되는 와이어의 직경은 2.4혹은 3.2 mm가 있으며, 통상 1.6 ~ 4.0 mm정도의 직경이 사용되고 있다. 용접 와이어와 플럭스는 AWS 규정에 의해 저온 충격치가 확보되어야 한다.

9.4.2. 플럭스

플럭스는 ESW 용접이 원활하게 되기 위한 가장 중요한 요소중의 하나이다. 용접 과정에서 플럭스는 슬래그로 용융되고 이를 통해서 전기적 에너지가 열 에너지로 바뀌어 용접 와이어의 용융에 필요한 열을 공급한다. 충분한 열을 공급하기 위해서는 용융 슬래그의 전기저항이 충분히 커야 하고 만약 용융 슬래그의 저항이 작으면 아크가 발생하게 된다. 또한 적당한 점도를 가지고 있어서 열의 균일한 전달이 이루어 지도록 대류가 발생해야 한다. 용융 슬래그의 점도가 너무 높으면 용접 금속내에 슬래그가 혼입될 수 있다.

표 5-35 일반 탄소강용 ESW용 플럭스의 조성

성분	비율	성분	비율
CaO	4 ~ 7	SIO_2	33 ~ 36
CaF_2	13 ~ 19	Al_2O_3	11 ~ 15
MgO	MnO_2	21 ~ 25	

9.4.3. 용접 재료 표기법

AWS A5.25에 따르면 일반 탄소강 및 저합금강용 용접재료의 표기는 다음과 같다. 보다 자세한 내용은 AWS나 ASME 규격을 참고한다.

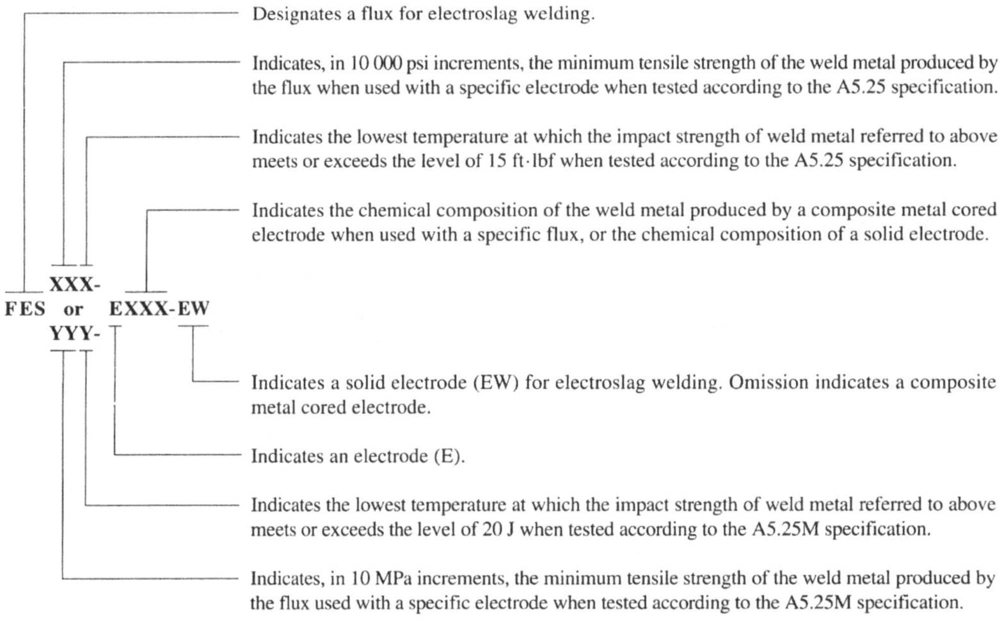
Designates a flux for electroslag welding.
Indicates, in 10 000 psi increments, the minimum tensile strength of the weld metal produced by the flux when used with a specific electrode when tested according to the A5.25 specification.
Indicates the lowest temperature at which the impact strength of weld metal referred to above meets or exceeds the level of 15 ft·lbf when tested according to the A5.25 specification.
Indicates the chemical composition of the weld metal produced by a composite metal cored electrode when used with a specific flux, or the chemical composition of a solid electrode.
XXX-
FES or EXXX-EW
YYY-
Indicates a solid electrode (EW) for electroslag welding. Omission indicates a composite metal cored electrode.
Indicates an electrode (E).
Indicates the lowest temperature at which the impact strength of weld metal referred to above meets or exceeds the level of 20 J when tested according to the A5.25M specification.
Indicates, in 10 MPa increments, the minimum tensile strength of the weld metal produced by the flux used with a specific electrode when tested according to the A5.25M specification.

9.4.4. 소모성 가이드 튜브

소모성 가이드 튜브는 용접 와이어를 지지하는 기능과 용융 슬래그 용탕에 전류를 흐르게 하는 기능을 담당한다. 가이드 튜브는 용접 금속의 일부를 담당하게 되지만 용접 과정에서 용융되어 소모되는 양은 적은 양이다. 짧은 용접물을 용접할 때는 플럭스 코팅이 안된 가이드 튜브를 사용하지만, 긴 용접물을 용접할 때는 플럭스 코팅된 가이드 튜브를 사용한다. 이 플럭스 코팅은 가이드 튜브의 절연(Insulation)을 위한 목적과 용융 슬래그에 플럭스를 보충해주는 역할을 담당한다.

9.4.5. 형상 계수(Form Factor)

용접부의 깊이에 대한 폭의 비를 의미하며, 용접 금속의 형상을 표현한다. 형상 계수(Form Factor)가 클수록 - 용접부 폭이 넓고, 깊이가 얕을 수록 - 응고 과정에서 저융점 개재물이나 편석, 불순물들을 슬래그상태로 부상시켜서 제거하므로 바람직하다. 이와는 반대로 낮은 형상 계수(Form Factor)의 용접 금속은 용접부 중심선을 따라 저융점의 개재물이나 불순물들을 포함하게 되므로 응고 과정에서나 응고후 고온에서 균열을 발생시키기 쉽다. 일반적으로 Root Opening을 크게 하거나 전압을 높이면 형상 계수는 증가하고, 전류를 높이거나 Root Opening을 작게 하면 형상 계수는 작게 된다. 그러나 실제 용접에서는 Procedure에 따라 모든 용접 조건이 고정되므로 이 형상 계수를 측정하거나 기록하지는 않는다.

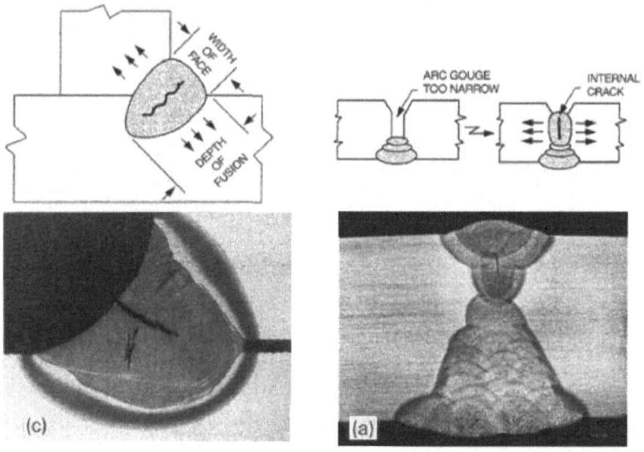

그림 5-102 Form Factor에 의한 균열 발생

9.4.6. 용접 전류와 용접 와이어 공급 속도

용접 전류와 용접 와이어 공급 속도는 직접적으로 비례하며 하나의 용접 변수로 간주될 수 있다. 용접 전류가 증가하면 와이어의 공급 속도도 증가하게 되고 이에 따라서 용착률로 증가하게 된다. 가장 일반적인 용접 전류는 3.2mm 용접 와이어를 사용하였을 때, 500 ~ 700A 정도이다. 전류가 증가하게 되면 용접금속의 깊이가 증가하게 되는데 전류에 따라 용접금속의 깊이와 미세하게 폭이 변하므로 균열에 민감한 재료일 경우에는 가급적 높은 형상 계수(Form Factor)를 유지하는 것이 필요하다.

9.4.7. 용접 전압

용접 전압은 용접 금속의 모재로의 용입 깊이에 절대적인 영향을 미친다. 또한 안정적인 용접이 유지되도록 하는 중요한 요인이다. 용접 전압이 증가하면 모재로의 용입이 커지고 용접금속의 폭도 증가하게 된다. 그러나 용접 전압이 증가함에 따라 나타나는 용접 금속

폭의 확대는 결과적으로 용접부 형상 계수를 크게 하여 균열에 대한 저항성을 증대시킨다. 용접 전압은 늘 일정한 수준을 유지해야 한다. 전압이 너무 낮으면 불안정한 용접조건이 형성되며 단락이행이나 아크의 발생 등의 문제가 생길 수 있다. 반대로 전압이 너무 높으면 용탕내의 슬래그가 스패터로 나타나고 표면에서 아크가 발생할 수도 있다. 일반적으로 32 ~ 55V정도의 전압이 많이 사용된다.

9.4.8. 용접 와이어 노출길이

용접 와이어 노출길이는 50 ~ 75mm 정도가 일반적으로 사용된다. 용접 와이어 노출길이는 비소모성 가이드 방식일 경우를 Dry Electrode Extension이라고 부른다. 가이트 튜브가 있는 방식은 용융 슬래그의 열에 의해 가이드 튜브가 미리 녹기 때문에 Dry Extension이 적용되지 않는다. 50mm이하의 와이어 노출길이는 가이드 튜브의 과열을 일으키고, 75mm 이상의 와이어 노출길이는 용접 와이어의 저항 증대에 의한 과열을 일으키게 된다. 용접 와이어의 과열은 와이어의 용융이 슬래그 용탕 내에서 이루어 지지 않고 용탕 표면에서 용융을 발생시켜 용탕의 불안정성을 갖게 한다.

9.4.9. 용융 슬래그 용탕의 깊이

용융 슬래그 용탕은 용접 와이어가 용탕에 잠겨서 용탕내에서 용융이 될 수 있도록 적당한 깊이를 가져야 한다. 용탕이 너무 얕으면 스패터가 튀어 나오거나 표면의 아크발생의 원인이 되고, 너무 깊으면 전체적인 용탕의 전열 면적이 크게 되어 용탕의 온도를 낮추게 되고 결과적으로 용접부의 폭을 줄여 형상 계수를 낮춘다. 또한 용탕의 깊이가 너무 크면 슬래그 용탕의 유동(Circulation)이 어렵게 되어 표면에서부터 응고가 시작되고 결국 슬래그의 혼입이 일어나게 된다. 일반적으로 38mm가 기준으로 적용되고 있으며, 25 ~ 51mm까지의 깊이는 용접 조건에 영향이 없이 적용 가능하다.

9.5. 용접 결함과 대책

Location	Discontinuity	Causes	Remedies
Weld	1. 기공 (Porosity)	1. 불충분한 슬래그 두께 2. 용접부의 습기, 기름, 먼지 3. 용접 플럭스의 오염이나 수분 함유	1. 플럭스의 양을 증가한다. 2. 용접부를 건조하고 청결하게 한다. 3. 플럭스를 충분히 건조하거나 새것으로 교체한다.
	2. 균열 (Cracking)	1. 과도한 용접 속도 2. 부적절한(작은) Form Factor 3. 용접 와이어 혹은 Guide Tube사이의 거리가 너무 멀다.	1. 용접 속도 조절 2. 전류를 낮춘다. 전압을 높인다. Oscillation 속도를 낮춘다. 3. 용접 와이어사이의 거리 혹은 Guide Tube사이의 거리 축소
	3. 비금속 개재물 혼입	1. 용접물의 표면이 너무 거칠다. 2. 용접물의 Lamination부에서 나오는 용융되지 않은 비금속	1. 용접부를 부드럽게 Grind 2. 양질의 용접 금속으로 교체
Fusion Line	1. 융착불량 (Lack of Fusion)	1. 낮은 전압 2. 너무 빠른 용접 속도 3. 슬래그용탕의 깊이가 너무 크다. 4. Misaligned electrodes or guide tubes 5. Inadequate dwell time 6. 과도한 Oscillation 속도 7. 전극(와이어)의 돌출 과다 8. 전극(와이어)사이의 거리가 너무 멀다	1. 용접 전압의 상승 2. 용접 와이어송급 속도 저하 3. 플럭스의 첨가를 줄이고, 슬래그가 흘러 가도록 한다. 4. Realign electrodes or guide tubes 5. Increase dwell time 6. Oscillation속도를 낮춘다. 7. Oscillation속도를 빠르게 하거나 전극(와이어)를 추가한다. 8. 전극간 간격을 줄인다.
	2. 언더컷 (Undercut)	1. 너무 느린 용접 속도 2. 과도한 전압 3. Excessive Dwell Time 4. 부적절한 냉각 Shoes 적용(용량 부족) 5. 냉각 Shoes설계 오류 6. 냉각 Shoes의 부적절한 설치	1. 용접봉 (와이어) 송급 속도를 늘인다. 2. 전압을 낮춘다. 3. Decrease Dwell Time 4. 냉각수의 공급(순환)을 늘이거나 더 큰 냉각 Shoes사용. 5. 냉각 Shoes의 Redesign 6. 용접재와의 Gap을 내화물로 막는등의 조치를 통해 적절하게 설치되도록 한다.
Heat Affected Zone	1. 균열 (Cracking)	1. 용접부의 과다한 구속 2. 모재의 Crack민감성 3. 모재에 개재물이 과다	1. 용접부 고정장치를 개선 2. Crack의 원인을 파악 3. 보다 양질의 모재를 사용

10. 일렉트로가스용접(EGW, Electro Gas Welding)

10.1. EGW 개요

Electroslag용접 방법이 개발된 이후 후판의 수직 용접을 한번에 One-Pass로 실시할 수 있는 유일한 용접 방법은 Electroslag 용접이었다. 이후에 보다 얇은 철판의 수직 용접을 One-Pass로 할 수 있는 방법에 대한 필요가 증가하면서 발전되기 시작하였다.

이 용접은 GMAW를 근간으로 하면서 FCAW에 사용되는 와이어를 주로 사용한다. 때문에 흔히 FCAW나 GMAW의 한 종류로 인식되어 분류되기도 한다. 이 용접법은 보호 가스를 사용하는 아크 용접법의 변형된 용접법으로서 원리는 모재와 수냉 동판에 주위 또는 빈 곳에 FCAW와이어를 공급하여, 여기서 Gas Shield Arc 용접을 행하는 것이다.

또 용융금속이 용접부에서 응고하는 과정에서 수냉 동판이 자동적으로 상승하므로 금속 조직이 조대화되는 위험을 최소화 하면서 고능률적으로 용접이 가능하다. 와이어에서 발생하는 적정량의 슬래그는 동판과 용접 금속과의 용착을 방해하여 미려하고, 접착성이 좋은 용접 비드를 형성하는데 큰 효과를 발휘한다. 종래의 방법에는 3.2mm경의 FCAW 와이어를 적용 했지만 최근 1.6mm직경에 의한 고능률, 고품질의 비교적 좁은 개선 입향 용접을 실현하는 것이 개발되어 석유 저장 탱크, LPG선 등 넓은 용도에 활용되고 있다. 모재 두께가 12mm ~ 75mm 정도 되는 탄소강 수직 용접부에 적용하며, EGW와는 달리 용접부 개선(Groove) 가공이 된 상태에서도 적용 가능하다.

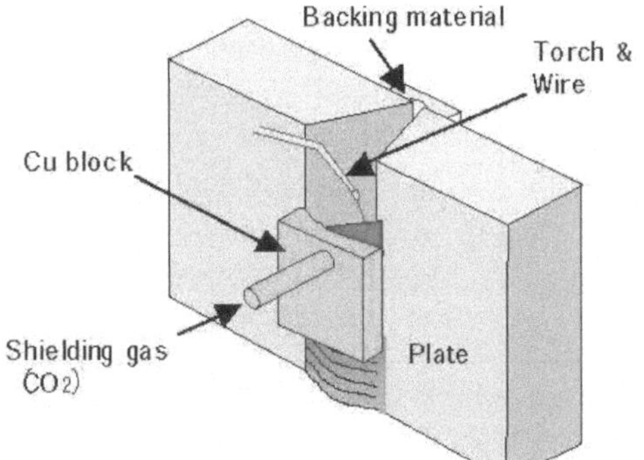

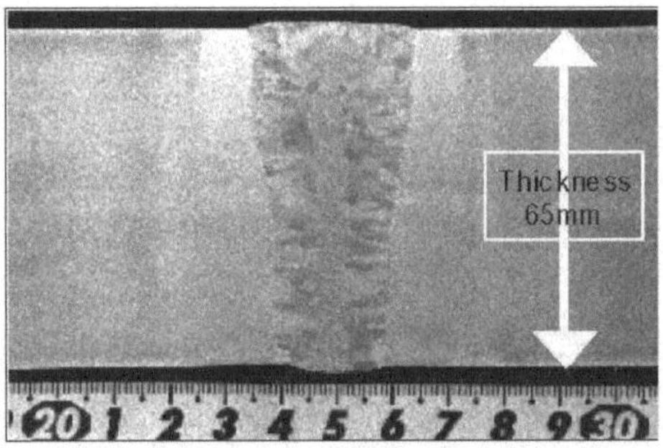

그림 5-103 V개선 가공된 용접부에 적용된 EGW

다음 그림은 EGW의 기본 용접 과정과 장치의 구성을 도식화한 것이다.

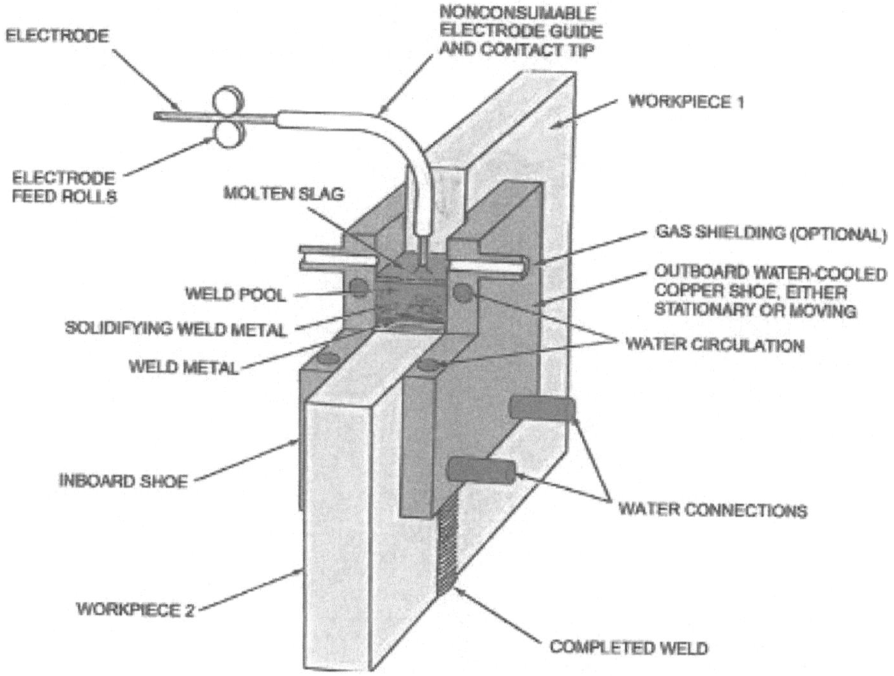

그림 5-104 솔리드 와이어를 적용한 EGW

그림 5-105에서 보는 바와 같이 용접부를 수냉 동판(Water Cooled Copper Shoes)으로 감싸고, 여기에 보호가스를 불어 넣어 용접 금속을 보호하면서 자동 용접을 실시하는 것이다. 이 용접 방법의 장점은 경제성이며 특히 후판의 용접에 적합하다. 후판의 수직 용접을 기존의 SAW나 FCAW 보다도 저렴한 비용으로 고품질의 용접 금속을 얻으면서 용접할 수 있는 것이 이 용접방법의 가장 큰 장점이다.

용접 와이어는 Solid 와이어 혹은 FCAW 와이어를 모두 사용하며, FCAW 와이어를 사용할 경우에도 Self Shielded나 Gas Shielded Type모두를 사용할 수 있다. 보호가스는 CO_2 혹은 Ar + CO_2가 사용된다. FCAW 와이어를 사용하면 용접 금속과 수냉 동판(Copper Shoes)사이에 얇은 슬래그 층을 형성하고 부드러운 용접 금속 표면을 얻을 수 있다. Self Shielded Type FCAW 와이어를 사용하면 Gas Shielded Type FCAW 와이어보다 높은 용접 전류를 사용할 수 있고 용착 속도가 빠르다.

EGW의 장점은 자동화에 의한 고효율의 용접이라고 할 수 있다, 그러나, 단점으로는 높은 입열에 의해 용접 조직의 조대화 및 거대한 주상(Columnar) 조직의 생성되기 쉽고 이로 인해 저온 충격성이 저하된다는 점이다. EGW용접부는 일반적으로 별도의 열처리를 요구하지 않지만 저온 충격성이 필요한 경우에는 용접 후열처리를(PWHT) 요구하기도 한다.

그림 5-105 EGW를 이용한 저장 탱크의 수직 용접

위의 그림과 같이 용접 와이어가 용접 토치를 통하여 그대로 용접부에 공급되는 방식을 비소모성 가이드(NonConsumable Guide) 방식이라고 하며, 와이어 가이드가 있는 경우를 소모성 가이드방식이라고 한다. 소모성 가이드 튜브 방식을 사용하면 깊고 좁은 용접부의 초층부를 용접할 때 용접부에 근접하기 전에 용접대상 모재의 벽면과 용접 와이어 의 근접에 의해 아크가 발생하는 문제를 해결할 수 있다.

이렇게 미리 아크가 발생하면 용탕의 제어가 힘들어 지고, 정확한 위치에서 용접 와이어의 용융을 일으키기가 어려워진다. 소모성 가이드는 용접과정에서 용융되어 전체 용탕의 5 ~ 10%를 충당하게 된다.

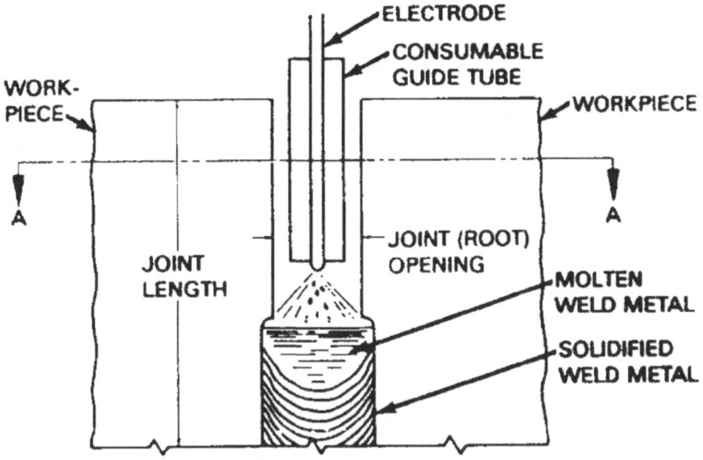

그림 5-106 소모성 가이드 방식의 EGW

10.2. 장비 구성

용접 장비의 주요 구성은 전원 장치, 용접 와이어 송급 장치, 보호 가스 공급 장치와 용접부를 냉각하기 위한 수냉 동판으로 구성되어 있다.

10.2.1. 용접재료 표기법

연강 및 $50kg/mm^2$ 급 고장력강에 적용되는 EGW 용접재료의 이름 표시기호의 의미는 다음과 같으며, ASW A5.26에 자세히 언급되어 있다.

EG XX or YY, X or Y, T or S, -X

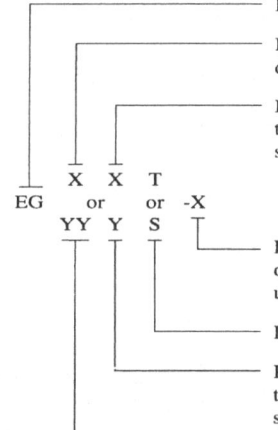

- EG: Designates an electrode for electroslag welding.
- X (first X): Indicates, in 10 000 psi increments, the minimum tensile strength of the weld metal produced by the electrode when tested according to A5.26 of this specification.
- X (second X): Indicates the lowest temperature at which the impact strength of the weld metal referred to above meets or exceeds the level of 20 ft·lbf when tested according A5.26 of this specification.
- -X: Indicates the chemical composition of the weld metal produced by a composite electrode or the chemical composition of a solid electrode, and references whether shielding gas is used when welding with a composite electrode.
- T or S: Indicates whether the electrode is cored (T) or solid (S).
- Y: Indicates the lowest temperature at which the impact strength of the weld metal referred to above meets or exceeds the level of 27 J when tested according to A5.26M of this specification.
- YY: Indicates, in 10 MPa increments, the minimum tensile strength of the weld metal produced by the electrode when tested according to A5.26M of this specification.

10.2.2. 와이어송급 장치

와이어 송급 장치는 가스메탈아크용접(GMAW)나 FCAW에 사용되는 것과 거의 동일하며 송급 속도는 최고 230㎜/s 정도 이다. 와이어송급 장치에는 릴(Reel)에서 공급되는 와이어를 반듯하게 해주는 펴주는 Straightener가 포함되어 있다. 또한 보호가스를 공급해 주고 용접 와이어를 용탕에 근접하도록 안내해 주는 전극 가이드(Electrode Guide)도 포함되어 있다.

10.2.3. 오실레이터(Oscillator)

후판의 용접시에 균일하고 결함이 없는 용접 금속을 얻기 위해서는 용접봉의 적절한 운봉(Weaving 등)이 필요하다.

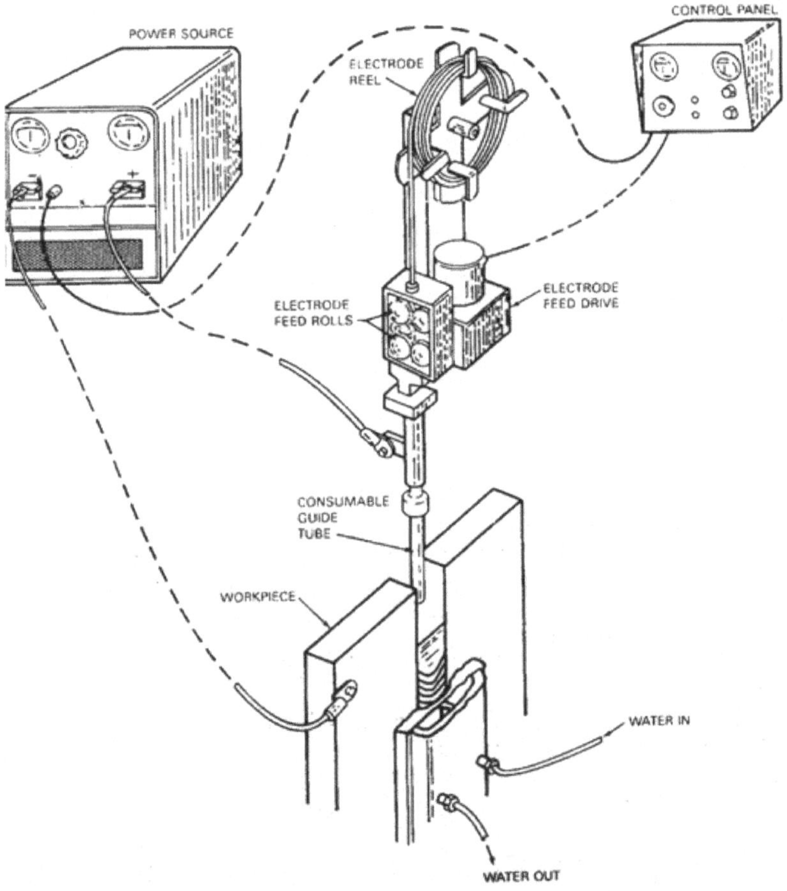

그림 5-107 소모성 가이드 방식의 EGW

10.2.4. 보강 및 수냉판(Retaining Shoes)

보강 및 수냉 판(Retaining Shoes)는 보강 댐(Dam)이라고도 불리며 두 용접금속 사이의 공간을 막아 보호가스분위기를 유지시켜 주며, 수냉(Water Cool) 장치를 갖추어 용접 금속의 응고를 도와주기도 한다. 이동식 보강판은 반드시 냉각 시스템을 갖추어야 한다. 재질은 탄소강으로 만들어 지기도 하지만 희석(Dillution)의 위험성을 줄이기 위해세라믹으로 만들거나 냉각 속도를 빠르게 하기 위해 구리 등의 재료로 만들어 진다.

10.2.5. 기타

(1) 스트롱 백(Strongbacks)

용접 과정에서 용접물의 용접 수축에 의한 변형을 최소화 하기 위해 설치하는 U자 형의 브라켓(Bracket) 종류를 통칭한다. 이 브라켓은 두 용접금속의 위치를 잡아주기도 하지만 용접부의 수축에 의한 변형을 과도하게 억제할 정도로 지나치게 강해서는 안된다..

(2) 스타팅 섬프(Starting Sump)

용접초기에 생성된 불안정한 용접금속을 제거하고 아크의 안정성을 도모하기 위해 설치하는 일종의 용탕 가이드로 수직 용접부 맨 하단에 설치된다. 이 Sump는 용접이 완료된 후에 제거한다. 현장에서 저장 탱크를 용접할 경우에는 이 부분을 미리 수동 용접으로 작업하여 이후에 EGW가 용이하게 이루어지도록 하기도 한다.

(3) 런 오프 탭(Runoff Tabs)

스타팅 섬프(Starting Sump)와 비슷하지만 용도와 형상의 구분이 명확하다. Runoff Tab은 용접 종료 시점에 갑작스런 급냉으로 인해 발생하기 쉬운 응고 균열이나 슬래그나 가스의 혼입을 제거하기 위해 용접부 끝에 달아서 추가로 더 용접을 진행시키는 보조물이다. Starting Sump와 마찬가지로 용접 완료 후에 반드시 제거해야 한다.

10.3. 용접 변수

10.3.1. 용접 전압

용접 전압은 용접부 폭(Width)과 모재의 용융속도에 큰 영향을 미친다. 일반적으로 30 ~ 45V 정도가 사용된다. 용접 전압이 클수록 용접부 폭이 커지고 모재의 용입량이 (모재의 용융속도) 커진다. 따라서 두꺼운 후판을 용접하거나 높은 용융속도가 필요할 때는 용접 전압을 높여야 한다. 그러나, 과도한 전압은 용탕에 이르기 전에 모재쪽에서 미리 아크를 발생시키므로 불안정한 용접이 이루어 진다.

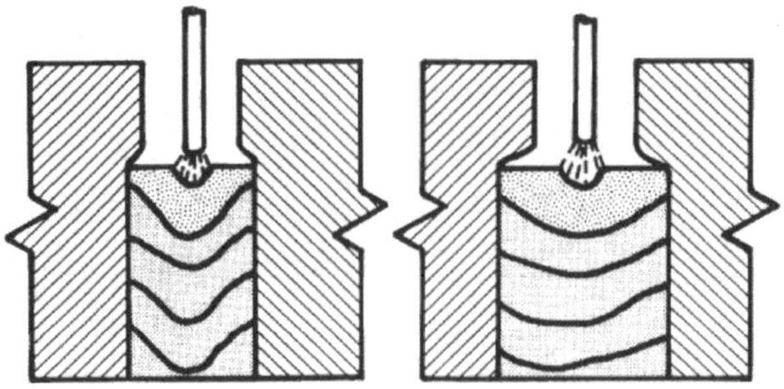

그림 5-108 EGW에서 용접전압에 따른 용접금속의 변화

10.3.2. 용접 전류와 용접 와이어 Feed속도

용접 와이어의 직경과 종류 및 노출길이가 정해지면, 와이어 송급 속도는 용접전류와 비례하게 된다. 따라서 용접전류가 증가하면 와이어의 용융속도와 송급속도 그리고 수직 용접부의 용접속도가 증가하게 된다. 하지만, 용접 전류가 너무 크게 되면 모재의 용입이 작아지는 단점이 생긴다.

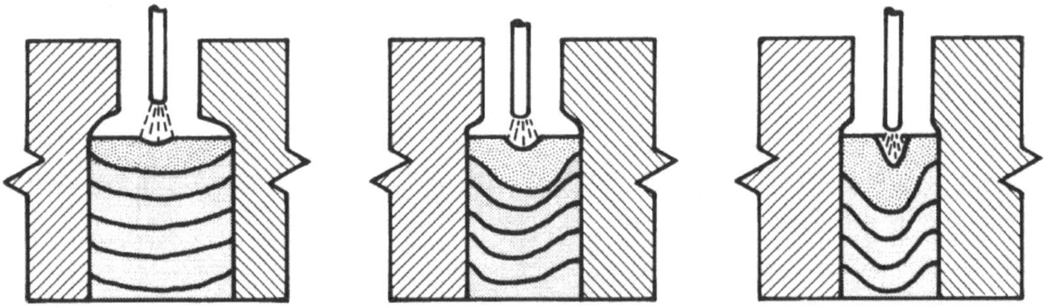

그림 5-109 EGW에서 용접 전류에 따른 용접금속의 변화

10.3.3. 형상 계수(Form Factor)

용접부의 깊이에 대한 폭의 비를 의미하며, 용접 금속의 형상을 표현한다. 형상 계수가 클수록 - 용접부 폭이 넓고, 깊이가 얕을 수록 - 응고 과정에서 저융점 개재물이나 편석, 불순물들을 슬래그상태로 부상시켜서 제거하므로 바람직하다. 이와는 반대로 낮은 형상 계수의 용접 금속은 용접부 중심선을 따라 저융점의 개재물이나 불순물들을 포함하게 되므로 응

고 과정에서나 응고후 고온에서 균열을 발생시키기 쉽다. 일반적으로 Root Opening을 크게 하거나 전압을 높이면 형상 계수는 증가하고, 전류를 높이거나 Root Opening을 작게 하면 형상 계수는 작게 된다. 그러나 실제 용접에서는 용접방법에 따라 모든 용접 조건이 고정되므로 이 형상 계수를 측정하거나 기록하지는 않는다.

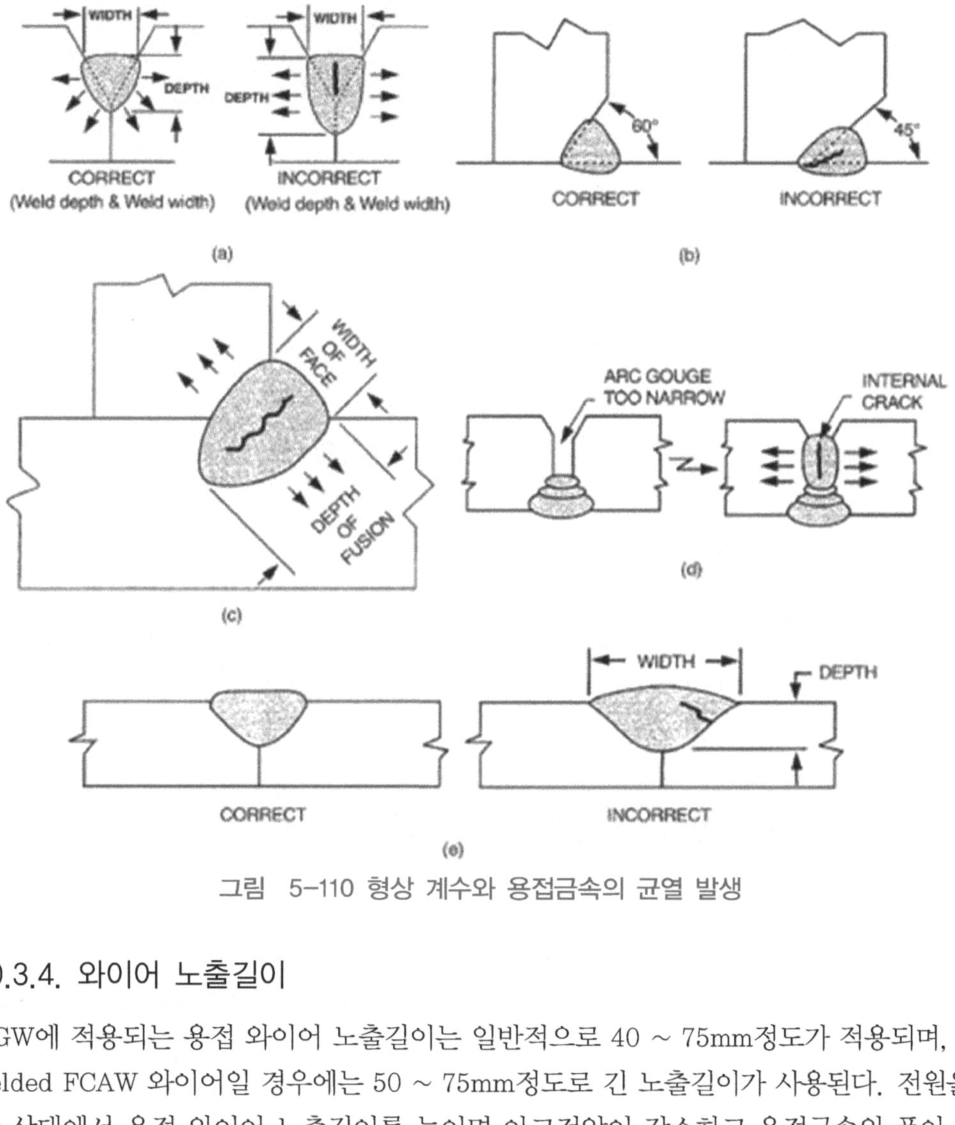

그림 5-110 형상 계수와 용접금속의 균열 발생

10.3.4. 와이어 노출길이

EGW에 적용되는 용접 와이어 노출길이는 일반적으로 40 ~ 75mm정도가 적용되며, Self Shielded FCAW 와이어일 경우에는 50 ~ 75mm정도로 긴 노출길이가 사용된다. 전원을 고정한 상태에서 용접 와이어 노출길이를 늘이면 아크전압이 감소하고 용접금속의 폭이 감소한다. 용접 와이어의 송급속도를 높여서 노출길이를 길게 하면 용접 와이어의 용융량이 증가하게 되고 모재로의 용입(Penetration)이 작아지며 결과적으로 용접부의 폭이 작게 된다.

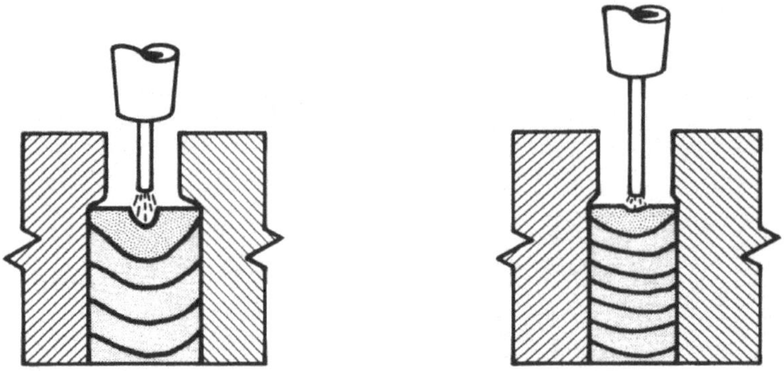

그림 5-111 와이어 노출 길이에 따른 용접금속의 변화

10.4. 용접 결함과 대책

10.4.1 기공 (Porosity)

기공의 발생원인은 무척 다양하며, 그 발생 양상에 따라 다음과 같이 구분하여 원인을 정리할 수 있다.

(1) 용접 개시 초기의 기공

- 용접 와이어 Feeding속도의 저하, 높은 용접 전압, 짧은 용접봉 Extension
- Sump 혹은 Sump와 모재 사이의 오염
- Shoes 혹은 Shoes와 모재 사이의 수분 응축
- 커다란 Sump를 사용하거나 저온 상태의 용접으로 인한 급냉
- 부적절한 Shoes와 Sump의 사용
- 불충분하거나 오염된 보호 Gas의 사용

(2) 용접금속내의 기공

- 초기 Sump의 Porosity가 Production 용접부 까지 연결되는 경우
- 과도한 전압
- 낮은 용접 와이어 Feed속도
- 용접 와이어의 Extension 이 너무 작다
- 용접부의 오염
- 부적절한 shoes의 설치 및 보호가스의 작용으로 인한 공기의 유입
- Shoes로 부터의 수분의 Leak

(3) 용접부 끝단의 기공

- Runoff Tab이나 고정식 Shoe가 너무 작다(짧다).
- 부적절한 Runoff Tab의 설치로 인해 슬래그의 Leak
- 용접물의 위치 선정 잘못으로 인한 아크쏠림의 발생

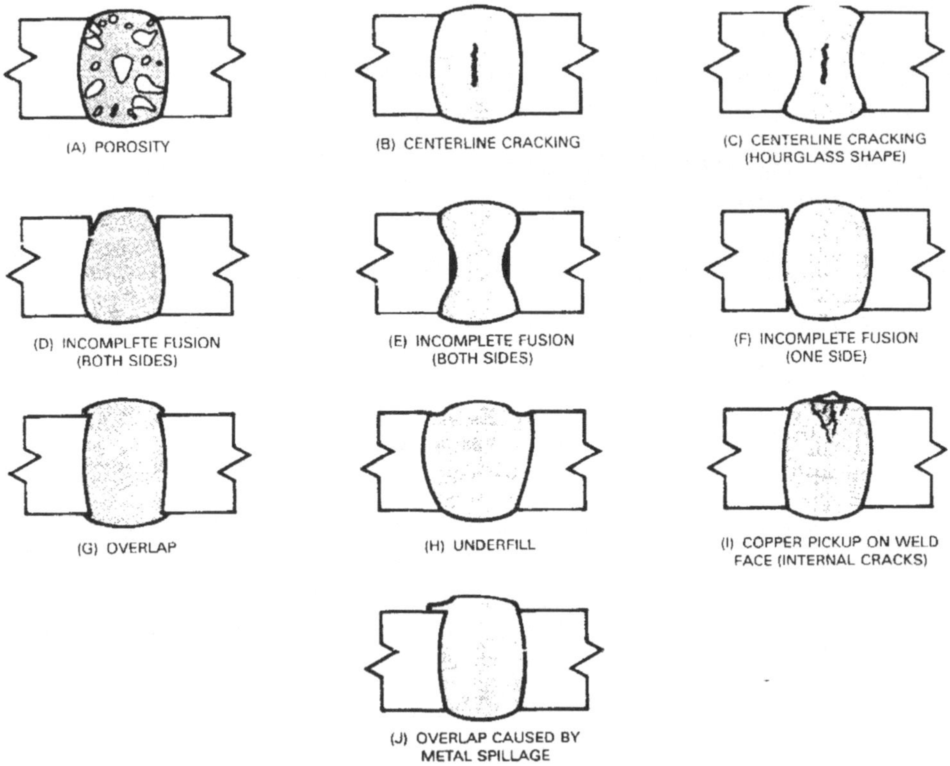

그림 5-112 EGW 용접 결함 종류

10.4.2. 용접금속 중심부 균열

용접부 중심선에 나타나는 균열은 용접 응고 과정에서 수축에 의한 응력때문이다. 이는 과다한 용탕이 형성되고 급냉이 이루어 질 때 잘 발생되며 그 원인은 대략 다음과 같이 정리해 볼 수 있다.

- 용접 와이어 송급속도가 너무 빠르거나, 전류가 과다하여 너무 많은 용탕의 생성
- 용접 전압이 낮아 용접 비드가 좁고 깊게 형성
- Root Gap이 너무 좁아 형상 계수가 작다
- 용접 중 휴지 시간이 너무 길어 용접부 과다 냉각을 초래

10.4.3. 융착 불량(Incomplete Fusion)

융착 불량(Incomplete Fusion)은 궁극적으로 부적절한 입열 관리에 그 원인이 있다. 모재가 충분히 용융되어 용접 금속과 융착 되어야 하는데 입열이 부족하여 융착이 이루어 지지 않기 때문이다.

(1) 모재 양쪽 모두의 융착 불량(Incomplete Fusion to Both Sidewalls)

- 낮은 용접 전류, 낮은 용접 와이어 송급 속도에 의한 입열 부족(Cold Weld)
- 지나치게 빠른 용접 와이어 송급속도 (Fast Fill Rate)
- 용접부 간격(Gap)이 너무 작다 (Fast Fill Rate)
- 용접 와이어 Oscillation 속도가 너무 빠르다.
- 용탕의 위부분에 지나치게 많은 슬래그층.

(2) 모재 한쪽면의 융착 불량(Incomplete Fusion to One Sidewall)

- 용접 아크의 위치가 용접 중심선에서 편향되어 있다.
- 용접 와이어의 방향이 한족으로 치우쳐 있다.
- 아크쏠림의 형성으로 아크의 치우침

10.4.4. 오버랩(Overlap)

오버랩(Overlap)은 와이어가 녹은 용융 금속이 모재가 녹지 않은 상태에서 과다하게 형성되어 용접부에서 넘쳐나는 현상이다. 나타나는 현상에 따라 분류하기도 하며, 그 원인은 다음과 같다.

(1) Overlap of front face

- 아크의 위치가 뒤쪽에서 너무 멀다 : 와이어 Straightener, Drag각도, Guide의 위치 부적절 혹은 와이어 가이드 팁의 마모에 그 원인이 있다.
- 용접부 개선(Belvel) 각도의 과다
- Cold Weld : 낮은 전압, 용접 와이어 송급 속도의 지나친 저하

(2) Overlap of back face

- 아크의 위치가 앞쪽에서 너무 멀다 : 와이어 Straightener, Drag각도, Guide의 위치 부적절 혹은 와이어 가이드 팁의 마모에 그 원인이 있다.
- Cold Weld : 낮은 전압, 용접 와이어 송급 속도의 지나친 저하

(3) Overlap of both faces

- Cold Weld : 낮은 전압, 용접 와이어 송급 속도의 지나친 저하
- Copper Shoes의 Groove가 너무 넓다.
- Sheos인접부의 과도한 냉각
- 너무 빠른 냉각 속도
- Joint opening이 너무 작다.
- 아크쏠림에 의한 아크의 편향
- Oscillation Cycle의 부적절

10.4.5. 언더필(Underfill)

용접부가 용융금속으로 충분히 채워지지 않은 언더필(Underfill)은 항상 문제가 되는 부분은 아니다. 설계 조건에 따라서는 강도계산에 의해 부분적으로 채워진 용접부 만으로도 문제가 되지는 않는다. 그러나, 과도한 모재의 용융이나 보강 냉각판의 간격이 너무 작을 경우에 발생하는 인위적인 Underfill은 재 시공을 통해 개선되어야 한다.

10.4.6. 스타팅 섬프의 용융(Melt-Through in Starting Sump)

본 용접부 밖에서 발생되는 섬프(Sump)의 용융은 용접 완료 후 섬프를 제거할 것이므로 그 자체로는 문제가 되지 않는다. 그러나, Sump의 Melt-Through는 다음에 이어지는 정상적인 용접을 방해 하므로 문제가 될 수 있다. 이러한 현상은 Sump의 두께를 적절하게 조절하거나 Sump를 지지하는 Back-up Plate를 설치하여서 개선할 수 있다.

10.4.7. 고온 균열(Hot Cracking)

EGW에서 발생하는 고온 균열은 용접 금속 자체의 특성에 의한 경우를 제외하고는 보강 및 수냉판 재질로 사용되는 구리(Copper)의 용융에 의해 발생한다. 이러한 균열은 표면쪽에서 발생하는 특징을 가지고 있다.

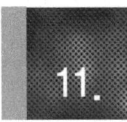

11. 전자빔 용접(Electron Beam Welding, EBW)

11.1. 전자빔 용접의 개요

Single Electron Beam Welding은 1950년대 후반에 처음 실용화 되기 시작했다. 초기에는 원자력 분야 등 극히 제한적인 용도로만 적용되었으나, 이후 안정적이고 우수한 용접 품질에 대한 인식이 확대 되면서 우주 항공 분야로 적용의 범위를 넓혀 가고 있다. 이 용접 방법은 높은 에너지를 가진 Electron들을 용접하고자 하는 모재에 충돌 시켜서 그때 발생되는 열로 용접을 진행시키는 용접방법이다.

초창기에는 용접기를 진공 상태로 유지하기 위해 용량이 커지는 단점이 있었으나 이후 전자빔 발생기(Electron Beam Generator)만 진공으로 하는 방법이 개발되어 용접기의 크기가 줄어들고 진공 유지를 위한 시간과 에너지 손실이 줄어 들면서 활용도가 더욱 증대되어 가고 있다.

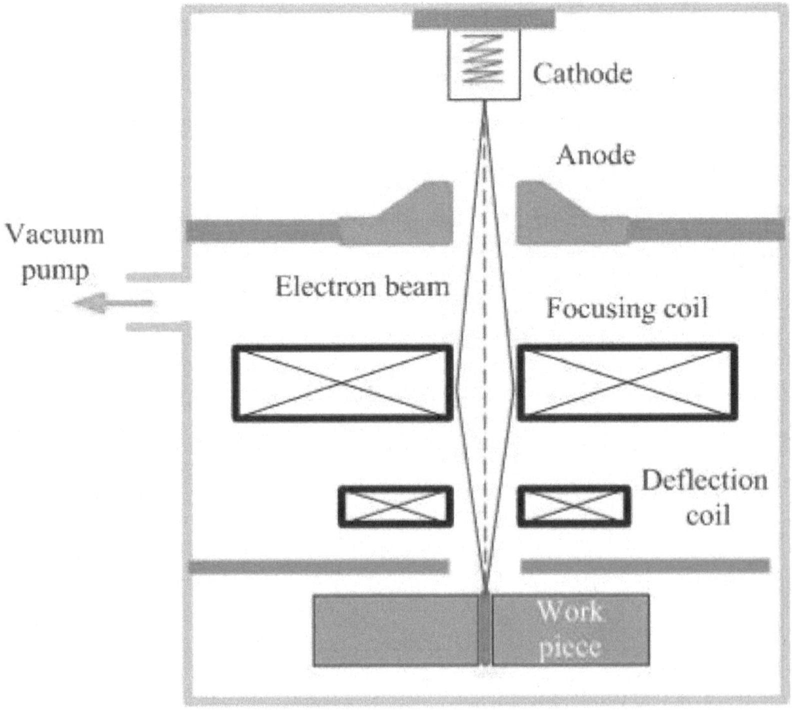

그림 5-113 전자빔 용접기의 개요

1960년대부터는 좁고 깊은 용접부를 Single Pass로 열변형을 최소화 하면서 용접하는 용접방법으로 널리 적용되고 있다. 이하에서는 전자빔 용접으로 용어를 정의하여 설명한다.

11.2. 전자빔 용접의 분류

현재 상용화되고 있는 전자빔 용접장비는 적용되는 진공도에 따라 다음과 같이 크게 세가지 기본 유형으로 나뉘어 진다.

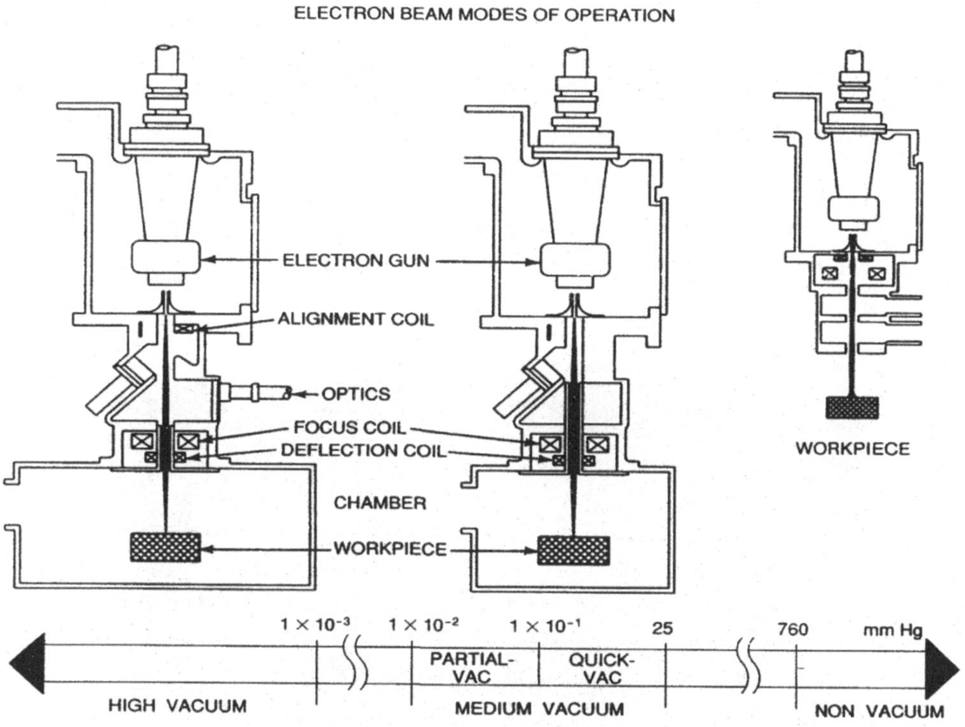

그림 5-114 진공도에 따른 EBW의 분류

11.2.1. 고진공(High Vacuum, EBW-HV)

진공도 10^{-6} ~ 10^{-3} torr 정도의 진공 분위기 속에서 용접이 이루어지는 방식이다.

이 방식은 높은 진공도로 인해 Hard Vacuum이라고도 불린다. 진공 챔버(Chamber) 속에서 용접이 이루어지며 진공분위기를 만들기 위한 시간을 필요로 하는 단점이 있다. 또한 진공 분위기를 만들어야 하는 챔버의 크기로 인해 용접 가능물의 크기 제한이 있다.

이 방식은 용접 대상물도 반드시 진공 분위기에 있어야 하는 단점이 있다. 10-4 torr 이상의 압력에서는 효과적인 용접을 실시할 수 없다.

고진공(High Vacuum)의 장점은 다음과 같다.

- 좁은 용접부로 최대 깊이의 용접을 실시할 수 있다.
- 수축 등에 의한 용접 변형이 최소화 된다.
- 깨끗한 용접 환경으로 인해 용접부의 오염을 최소화 할 수 있다.(순수한 용접 금속을 얻을 수 있다.)

용접물과 용접기 전자총 사이의 거리를 최대한 둘 수 있어서 용접부를 확인하면서 용접을 실시할 수 있고 직접 용접기의 접근이 불가능한 용접부의 용접이 가능하다.

고 진공에서 용접이 진행되므로 전자빔의 산란을 최소화 하여 에너지 집중이 좋다.

전공에서 용접이 이루어 지므로 용접부의 산화나 질소 등의 오염 위험성이 최소화되어 활성이 좋은 금속의 용접에 적합하다.

용접 과정에서 에너지 원으로 작용하는 전자(Electron)은 용접기 내에 잔류하는 가스 등에 의해 산란하게 되는데 높은 진공도로 용접을 하면 이런 산란을 최소화 할 수 있다.

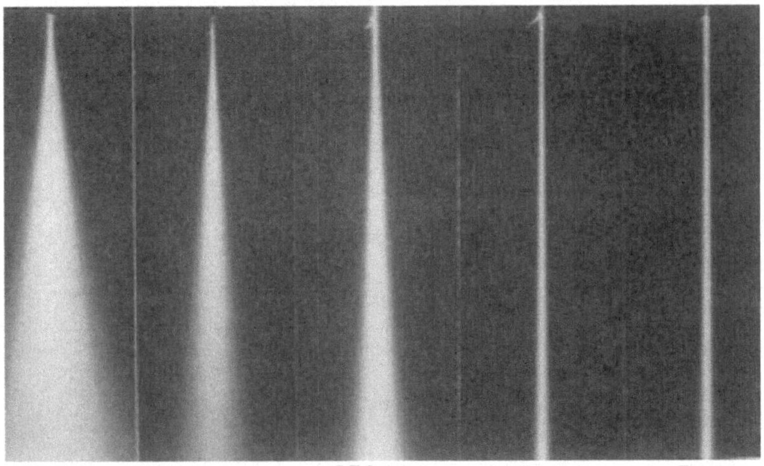

그림 5-115 진공도에 따른 전자빔의 산란

11.2.2. 중진공(Medium Vacuum, EBW-MV)

진공도 10^{-3}~25 torr 정도의 진공 분위기 속에서 용접이 이루어 진다. 이 방식은 다시 진공도에 따라 Soft Vacuum(10^{-3}~1 torr)과 Quick Vacuum(1~25 torr)으로 구분한다.

고 진공 전자빔(EBW-HV) 용접과 마찬가지로 진공분위기를 만들기 위한 시간을 필요로 하는 단점이 있다. 100ppm 정도의 공기가 존재하기 때문에 전자가 산란하게 되고 고 진공에 비해 넓고 얕은 용접부를 얻게 된다.

11.2.3. 비진공(non-Vacuum, EBW-NV)

대기 중에서 용접이 진행되며, 진공 중에서 실시된 용접부 보다 넓고 얕은 용접부가 형성된다. 진공분위기를 만들기 위한 시간 손실이 없기 때문에 용접 비용이 저렴하고 높은 생산성을 가질 수 있다. 또한 진공 챔버가 사용되지 않으므로 용접물의 크기 제한이 없다. 그러나 실제로는 전자빔의 산란으로 인해 용접대상물이 용접기 즉, 전자총과 너무 먼 거리에 위치한 용접은 적용이 어렵다. 용접금속의 보호를 위해 보호가스를 사용하기도 한다.

용입의 깊이는 전자빔의 출력, 용접 속도, 전자총과 용접물의 거리, 전자빔이 지나가게 되는 가스 분위기에 따라 결정된다. 용접 속도가 느릴수록, 용접기의 출력이 클수록, 전자총과의 거리가 가까울수록 용입은 깊어진다.

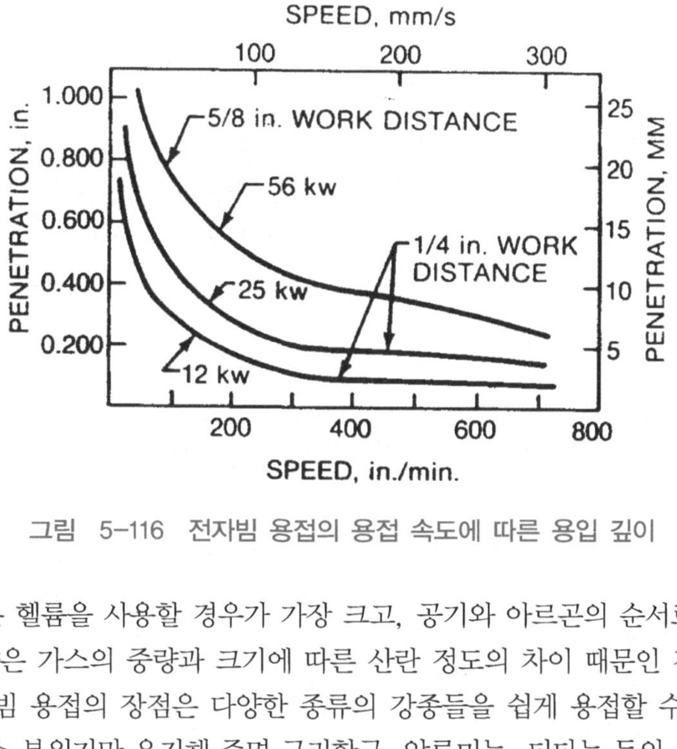

그림 5-116 전자빔 용접의 용접 속도에 따른 용입 깊이

가스의 영향은 헬륨을 사용할 경우가 가장 크고, 공기와 아르곤의 순서로 용입이 작아진다. 이러한 영향은 가스의 중량과 크기에 따른 산란 정도의 차이 때문인 것으로 판단된다.

비 진공 전자빔 용접의 장점은 다양한 종류의 강종들을 쉽게 용접할 수 있다는 점이다. 적당한 보호 가스 분위기만 유지해 주면 구리합금, 알루미늄, 티타늄 등의 금속 용접을 쉽게 실시할 수 있다.

11.3. 전자빔 용접의 장점, 단점

11.3.1. 전자빔 용접의 장점

- 전기 에너지를 직접 전자빔 형태의 에너지로 바꾸므로 에너지 효율이 높다.
- 용접부 깊이 대 폭의 비율이 커서 두꺼운 후판을 Single Pass로 용접할 수 있다.
- 다른 아크 용접에 비해 단위 용접당(깊이 X 깊이) 입열이 적어 열 영향부가 작고 용접열에 의한 수축 변형 등의 위험이 적다.
- 높은 진공도 속에서 용접된 금속은 산소, 질소의 오염 위험성이 최소화 된다.
- 전자총과 용접물 사이의 거리를 충분히 가질 수 있으므로 용접기 접근이 어려운 부분도 용접이 가능하다.
- 높은 열 집중과 용융 속도로 인해 빠른 용접이 가능하다. 용접시간을 줄이고 생산성을 높이며 에너지 효율이 높다.
- 용접봉 없이 얇은 박판뿐만 아니라 두꺼운 후판 까지도 한번에 용접이 가능하다.
- 진공 밀폐된 용기의 제작이 가능하다.
- 전자빔은 자장에 의해 변형되어 다양한 형태의 용접 용접비드를 만들 수 있으며 용입을 깊게 하고 용접부 품질을 높이기 위해 자장을 통한 Oscillation을 실시할 수 있다.
- 다양한 모재 형상과 두께의 용접이 가능하다.
- 대칭적인 수축을 보여주는 깊고 완전한 용입을 얻을 수 있다.
- 높은 열전도도를 가지고 있는 구리 등의 재료와 이종 재료의 용접이 가능하다.

11.3.2. 전자빔 용접의 단점

- 초기 시설 투자비가 많이 든다.
- 좁은 용접부로 깊은 용입을 얻기 위해서는 정밀한 용접부가공과 취부가 필요하다.
- 작은 크기의 전자빔으로 용접을 실시하려면 용접 금속 사이의 간격을 최소화 하여야 한다.
- 빠른 응고 속도는 구속력이 강하거나 페라이트 성분이 작은 오스테나이트계 스테인레스강에 균열을 일으키기 쉽다.
- 고진공과 중진공의 진공도를 유지하는데 걸리는 시간의 차이가 있고 챔버 크기의 제한으로 인해 용접 대상물의 크기 한계가 규정된다.
- 전자빔이 자장에 의해 경로가 휘어지므로 전자빔이 이동하는 주위에서 사용되는 공구는 비자성체 이거나 자성을 충분히 제거한 것이어야 한다.

- 용접부 깊이 대 폭의 비가 큰 용접부를 부분 용입으로 용접하면 Root부에 Void나 Porosity가 생길 수 있다.
- 비진공 전자빔 용접의 경우에는 전자총과 용접물 사이의 거리 제한으로 인해 용접물의 크기와 형상에 제한을 받는다.
- 전자빔 용접중에 전자빔에서 방사되는 X-Ray로 인한 인명의 피해를 막기 위한 차폐 설비가 필요하다.
- 전자빔 용접중에 발생하는 오존(Ozon)과 기타 비 산화성 가스들을 제거하기 위한 환기 시설이 필요하다.

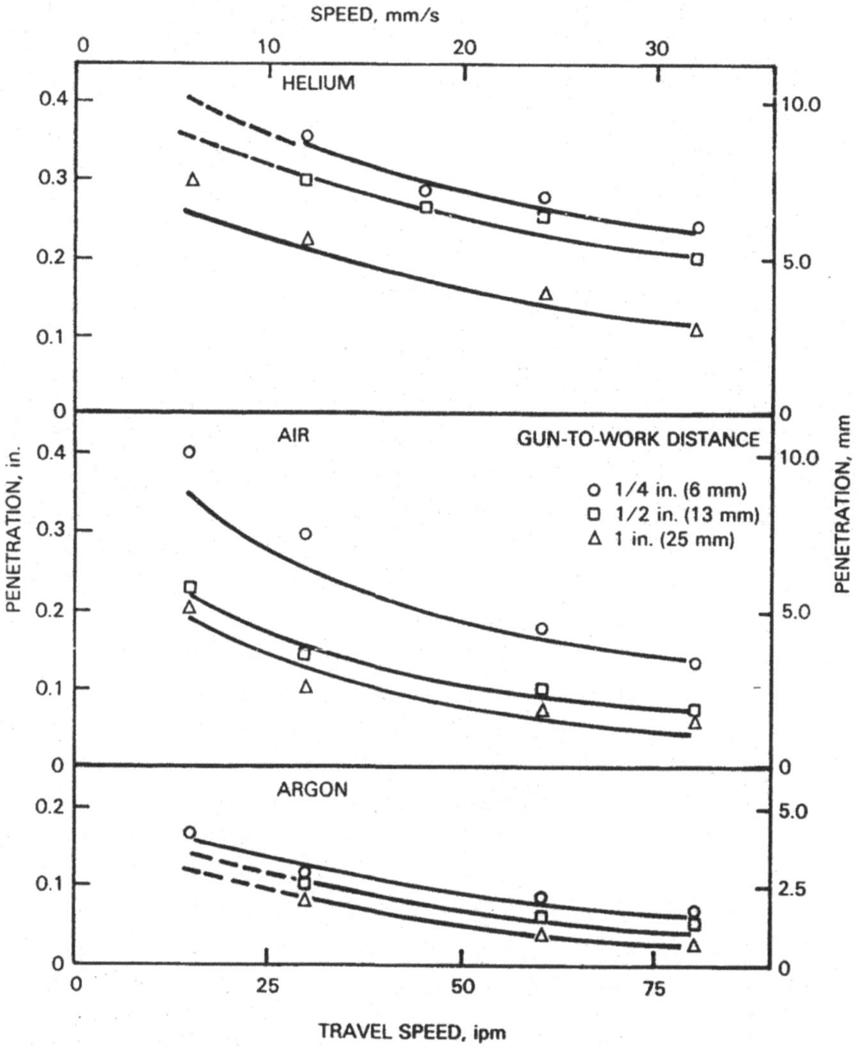

그림 5-117 용접 속도에 따른 보호 가스와 용접물과의 거리가 AISI 4340 강 용접부 용입에 미치는 영향(175kV, 6.4kW)

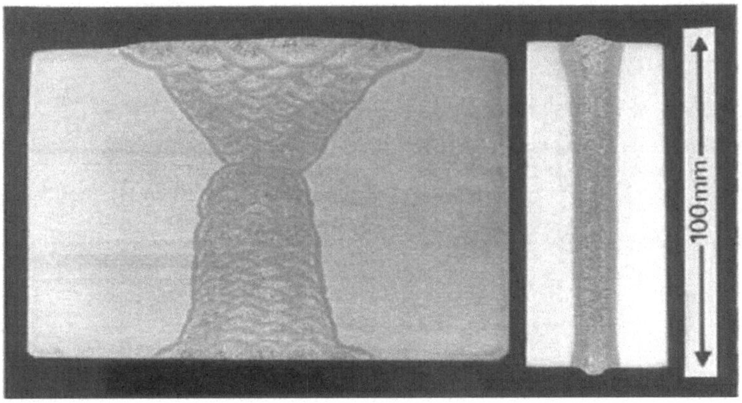

그림 5-118 SMAW 용접부와 전자빔용접부 비교

11.4. 용접기 구성 장비

11.4.1. 전자 총(Electron Beam Guns)

전자빔을 발생시키는 장치로 전자빔 용접기의 핵심부분이라고 할 수 있다.

주어진 용접 금속이 좁은 용접부를 가지려면, 충분한 전자 속도를 가질 수 있도록 출력에너지가 있어야 하고, 용입이 이루어 지도록 용탕내에 키홀(Vapor Hole)을 형성하고 유지할 수 있는 전자빔 에너지가 있어야 한다.

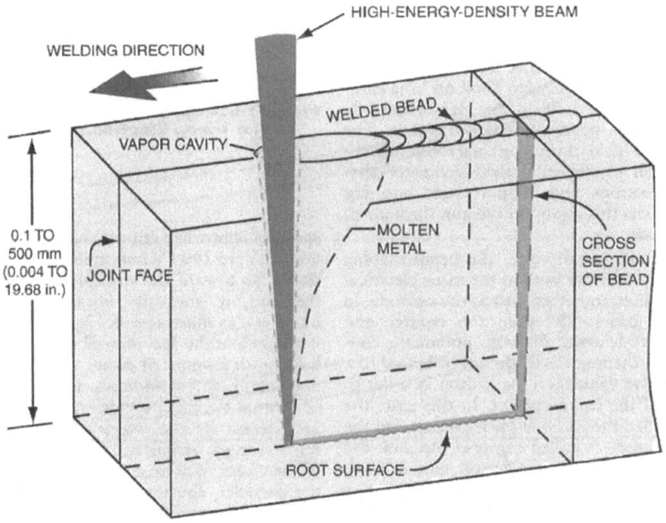

그림 5-119 전자빔에 의한 키홀의 형성

11.4.2. 진공 시스템

전자빔 챔버와 용접대상물이 놓이는 챔버를 진공 상태로 유지하기 위한 펌프이다.

11.4.3. 저 전압 및 고 전압 전원

전자빔 용접기는 사용되는 전원에 따라 60kV 전압을 기준으로 저 전압 시스템(Low Voltage System)과 고 전압 시스템(High Voltage System) 으로 나뉜다.

저 전압 시스템 : 저 전압 시스템에 사용되는 챔버는 주로 탄소강으로 제작된다. 철판의 두께는 X-Ray의 방사를 막을 정도로 충분히 두꺼워야 하며 납판을 이용한 차폐막이 있어야 한다.

고 전압 시스템 : 통상 100kV에서 200kV정도의 범위에서 사용된다. 200kV정도의 전압을 사용하면 100KW 정도의 전자빔 출력을 얻을 수 있다. 챔버는 탄소강으로 제작되며 외부는 납(Pb)판으로 차폐되어 X-Ray의 방사를 막는다.

11.5. 전자빔 용접의 적용

11.5.1. 조인트 형상

전자빔 용접은 필렛 용접을 제외한 거의 모든 용접부에 안정적으로 적용될 수 있다. 용접 조인트는 개선 가공 없이 사각형 절단면이 맞대기로 준비한다. 용접봉을 사용하지 않을 경우에는 다른 아크 용접에 비해 훨씬 정밀한 용접부 이음이 필요하다. 부적절한 이음 준비는 용접 조인트에 융착 불량이나 융합 불량을 발생시킨다.

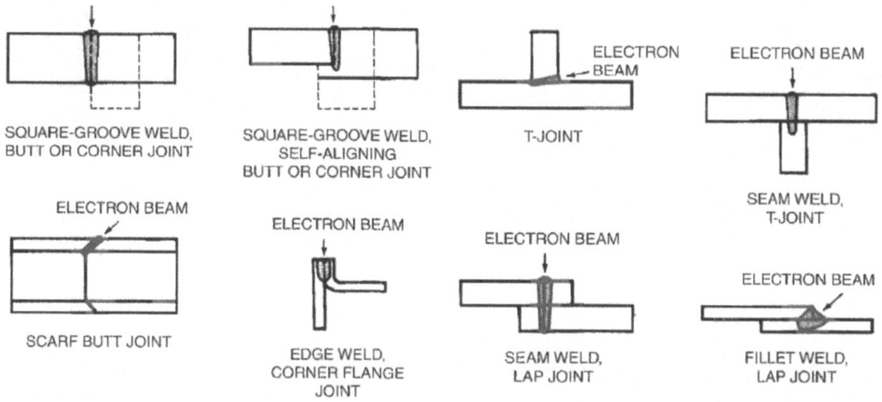

그림 5-120 전자빔 용접 조인트

용접 대상물 사이의 간격은 용접 조건에 따라 조금씩 달라지지만 알루미늄의 경우에는 다소 넓게 간격을 주어도 좋다. 오염 물질을 완전히 제거하여 표면이 깨끗하다면 표면의 거칠기 정도는 중요한 사항이 되지 않는다.

11.5.2. 용접 전 청결

고 진공 전자빔 용접으로 용접을 시행할 때 표면의 청결도는 매우 중요한 인자이다.

용접 금속의 오염은 기공이나 균열의 원인이 된다. 청결하지 못한 용접 재료를 용접하려고 하면 진공을 만드는 시간이 오래 걸리게 된다. 아세톤(Acetone)이나 기타 용제를 사용하여 표면을 닦아낸다.

11.5.3. 용접 재료 추가

일반적으로 전자빔 용접에는 별도로 용접봉이나 기타 용접재료를 추가하여 사용하지 않는다.

그러나 좁은 용접조인트에 한쪽 금속은 개선면이 기울어져 있는 상태에서 낮은 출력의 용접기로 깊은 용입을 원할 경우 별도로 용접재료를 추가하여 사용하기도 한다. 용접봉을 사용함으로 인해 연성, 인장강도, 경도, 균열 발생 저항성 등의 용접 금속 성질을 개선할 수 있다. 일례로 용접부에 알루미늄 분말을 추가하여 용접을 할 경우 알루미늄의 탈산 작용에 의해 용접부의 기공을 줄이는 역할을 기대할 수 있다.

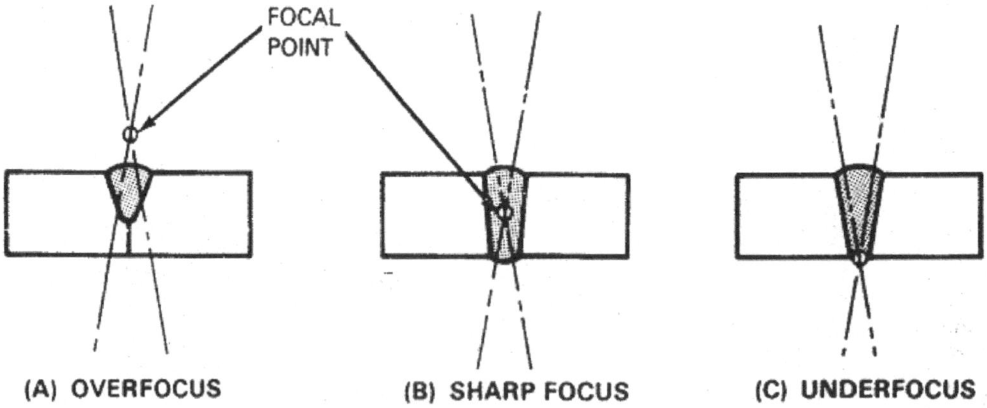

그림 5-121 전자빔의 초점과 용접 금속의 형상

위의 그림은 전자빔의 초점에 따른 용접부 용입의 차이를 설명한 것이다.

후판일 경우에는 Under Focusing을 사용하여 가용 전자빔의 폭을 넓히고 출력을 줄여서 국부적으로 용접부내에 용접금속이 손톱 모양이나 병 모양으로 나타나지 않도록 용접하는 것이 좋다.

11.5.4. 전자빔의 굴절

작은 직경의 전자빔을 사용하여 긴 용접부를 가진 두꺼운 후판을 용접할 때는 전자빔의 각도를 항상 용접되는 면에 일치시켜야 한다. 아무리 잘 조정된 전자빔이라고 해도 용접 중에 자장에 의해 굴절되어 전자빔의 목표 위치를 벗어나기 쉽다.

이러한 굴절 현상은 이종 금속의 용접시에 특히 비 자성체와 자성체 사이의 용접시에 자주 발생될 수 있다. 이러한 문제를 예방하기 위해 미리 용접부를 따라 미리 전자빔의 이동 경로를 평행하게 그려놓고 확인하는 것이 좋다.

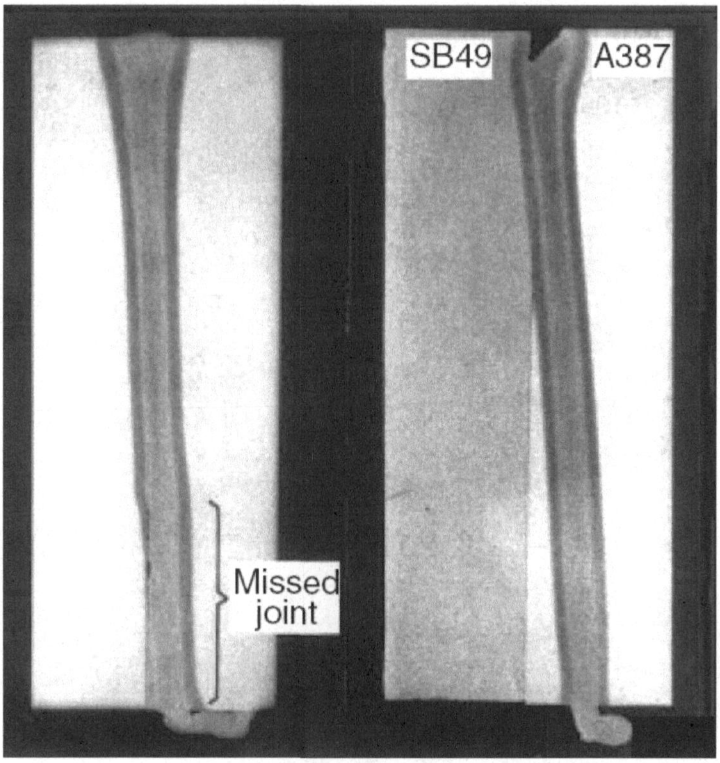

그림 5-122 이종금속 용접시에 나타나는 전자빔의 굴절

12. 플라즈마 아크 용접(Plasma Arc Welding, PAW)

12.1. PAW 개요

플라즈마 아크 용접(Plasma Arc Welding)은 매우 높은 에너지 밀도의 이온화된 가스를 가지고 용접을 진행하는 방법으로 GTAW와 마찬가지로 비소모성 텅스텐 전극을 사용하는 공통점이 있다. 용접 토치에는 전극 주위에 가스 챔버(Gas Chamber)를 형성하기 위한 노즐이 장착되어 있고 아크 열에 의해 챔버안으로 유입되는 가스를 가열하게 된다. 고온으로 가열된 가스는 이온화 되고 전기적 극성을 가지게 된다.

이렇게 이온화 된 가스를 플라즈마라고 부르며 플라즈마가 노즐로부터 방출되는 온도는 약 16,700℃ 정도가 된다. 플라즈마 아크 용접은 높은 에너지 밀도로 거의 모든 금속을 전 자세에서 용접할 수 있는 장점이 있으나 용접 장비의 가격이 고가이므로 초기 설비비 투자가 많다. 이하에서는 플라즈마 아크 용접의 용어 통일과 편리성을 위해 PAW로 구분하여 설명한다.

그림 5-123은 PAW용 용접 토치의 개략적인 단면이다.

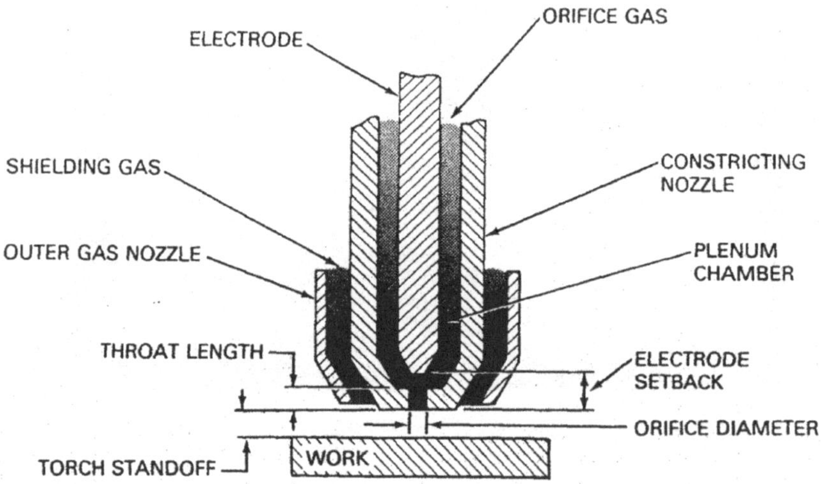

그림 5-123 플라즈마 아크 용접 토치의 구성

그림에서 보는 바와 같이 보호가스를 바깥쪽 가스 노즐(Outer Gas Nozzle)을 통해 공급하고 안쪽의 구속노즐(Constricting Nozzle)을 통해 공급된 오리피스 가스(Orifice Gas)가 플레늄 챔버(Plenum Chamber) 안에서 이온화 되어 전기적 극성을 가지면서 용접 대상물에 고속으로 부딪히게 되는 것이다. 이때 발생된 에너지를 이용하여 용접을 진행시키게 된다. 구속노즐(Constricting Nozzle)은 고온을 수반하므로 이를 냉각시키기 위한 수냉 시스템(Water Cooling System)이 적용되기도 한다. GTAW와 비교한 PAW의 개략적인 비교는 다음 그림을 참조한다.

12.2. PAW 용접의 특징

PAW 용접은 우주 항공과 원자력 분야에서 적용되어 왔다. 0.1 ~ 50A의 낮은 전류로도 박판의 용접을 안정적으로 시행할 수 있는 장점이 있다. 50 ~ 400A의 높은 전류를 사용할 경우 GTAW 용접에서 얻을 수 있는 용융 접합부를 얻을 수 있으며 용접 시간을 절약할 수 있는 장점이 있다. 이와 같이 폭 넓은 전류 영역에서 사용하기 때문에 다른 용접 방법에 비해 용접 대상 재의 강종과 두께의 제한이 적다.

12.2.1. PAW의 장점

- 높은 에너지 밀도를 얻을 수 있다.
- 빠른 용접 속도를 얻을 수 있다.
- 낮은 전류를 사용하면 용접 변형을 줄여서 50% 이상의 변형을 줄일 수 있다.
- 용접 변수의 조절에 따라 다양한 형태의 용입을 얻을 수 있다.
- 아크의 안정성이 좋다.
- 아크의 방향성과 집중성이 좋다.
- 주어진 용입에 비해 용접 용접 비드의 폭이 좁고, 결과적으로 작은 용접 변형을 얻을 수 있다.
- 용접 Fixture의 필요성이 적다.
- 별도의 용접봉을 공급하기 쉽고 전극이 용접봉과 접촉하지 않으므로 용접부의 텅스텐 오염발생 위험성이 적다.
- 토치와 용접 대상물 사이의 거리에 따른 용접 변수가 작으므로 다양한 자세에서의 용접이 가능하다.

12.2.2. PAW의 단점

구속노즐(Constriction Nozzle)의 구속에 의한 아크의 집중도가 높아서 용접 조인트의 정밀한 가공과 이음 준비가 필요하다.

수동 PAW는 GTAW보다 다루기 어렵다.

만족스러운 용접부 품질을 얻기 위해서는 구속노즐(Constriction Nozzle)의 세심한 관리가 필요하다.

12.3. PAW 용접의 적용

PAW용접은 GTAW와 비교하여 구속 아크라고 구분한다. 이러한 구분은 그림 5-124에서 보는 바와 같이 GTAW의 경우에는 아크가 넓게 퍼져서 나오지만, PAW는 구속노즐(Constriction Nozzle)을 통해 아크가 방향성을 가지고 집중되기 때문이다.

PAW 용접은 아크의 형태 및 모재에 전원이 공급되는 여부에 따라 Transferred Arc와 Non-transferred Arc의 두 종류로 구분된다.

12.3.1. Transferred Arc

가장 일반적인 형태의 아크 이행이다. 이 아크 이행은 용접 대상물에 직접 전원이 연결되어 전극에서 용접재로 직접 아크가 이동하는 형태이다. 용접재는 용접을 이루기 위한 전원 회로의 한 구성 요소로 작용하고 용접에 필요한 열은 용접재의 양극점과 플라즈마 제트(Plasma Jet)에 의해 생성된다. 용접재와 전극 사이에서 직접 아크가 생성되므로 에너지 집중이 좋다.

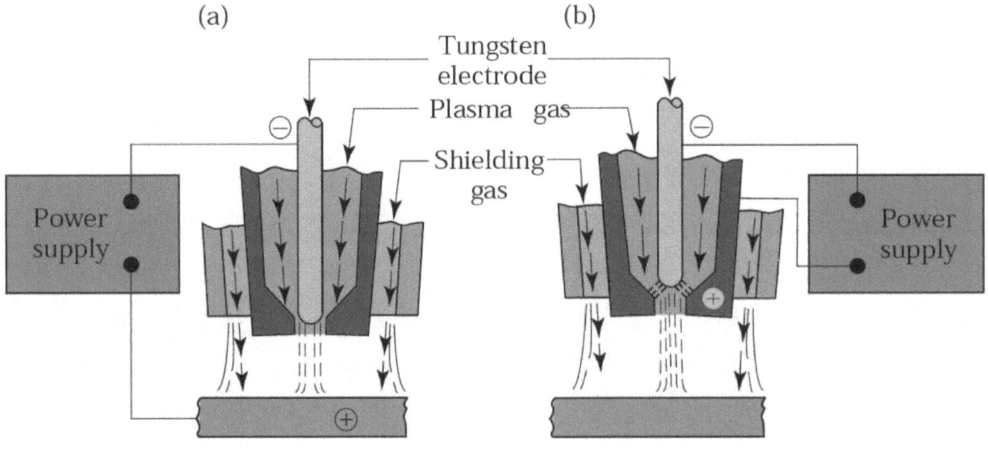

그림 5-124 Transferred (a) and Non-transferred (b) Plasma Arc Modes

12.3.2. Non-transferred Arc

주로 절단 작업이나 전기 전도도가 약한 재료의 용접에 적용되는 방법이다.

Non-transferred Plasma Arc 방식에서는 아크가 전극과 구속노즐 사이에서 발생된다. 용접재에는 전원이 공급되지 않고 용접에 필요한 열은 플라즈마 제트에 의해서만 얻어진다. 용접부의 에너지 집중을 피하고 싶을 때 사용되기도 한다.

12.3.3. Double Arcing

오리피스 가스가 충분하지 않거나 아크전류가 너무 과다하거나 용접 작업 중에 노즐이 용접재와 접촉하게 될 때 노즐이 손상을 입고 불완전한 용접이 이루어지게 되는데 이 현상을 Double Arcing이라고 한다. Double Arcing이 발생하면 첫번째 아크는 전극과 노즐사이에서 발생하고 두번째 아크는 노즐과 용접재 사이에서 발생한다. 이때 음극점과 양극점이 교차하게 되는 곳에서 열이 발생하여 노즐에 손상을 가져오게 된다.

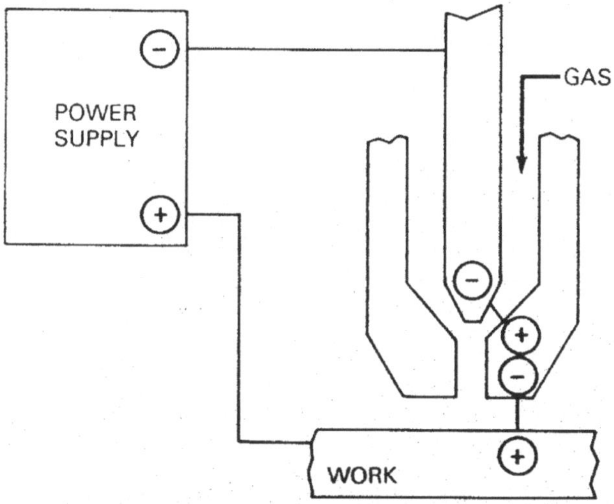

그림 5-125 Double Arcing의 발생

12.4. 키홀 용접 기법(Keyhole Welding Technique)

두께 1.6~9.5mm정도의 비교적 박판을 PAW로 용접하면 Plasma 아크의 높은 에너지 밀도로 인해 용접 용접비드 선단에 용접재를 완전히 관통하게 되는 깊은 용입으로 인해 용융홀(Hole)이 생기게 되는데 이를 키홀(Keyhole)이라고 한다. 일반적으로 키홀 용접 기법은 아래 보기 자세에서 적용된다. 용접이 진행되면서 키홀 앞 부분은 용융이 일어나고 뒷 부분은 응고가 일어나게 된다.

이러한 키홀 용접 기법의 장점은 용접부를 단 1 패스로 용접할 수 있다는 것이다.

또한 라이닝(Lining) 재를 용접할 경우에는 키홀을 통해 불순물과 계면의 가스가 빠져나갈 수 있는 여건을 조성해준다. 그러나 오리피스 가스의 유속이 과다하면 용접이 되기보다는 절단이 이루어지기 때문에 오리피스 가스의 유속에 세심한 주의를 요한다.

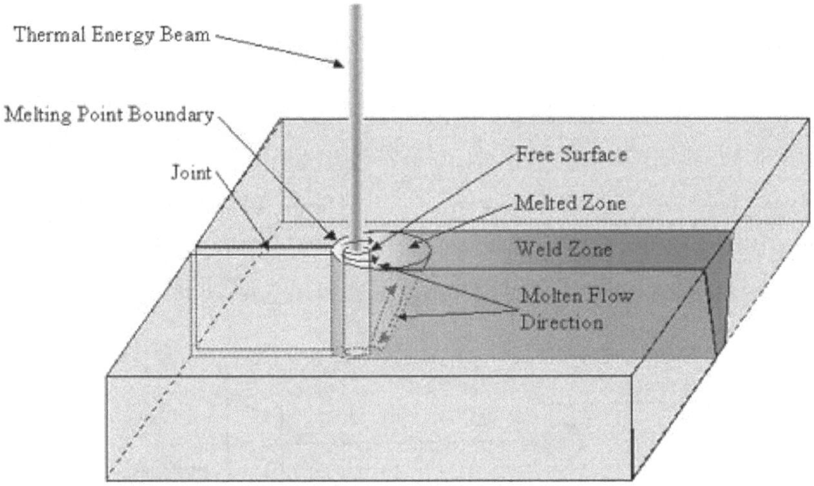

그림 5-123 Keyhole 방법에 의한 PAW의 적용

GTAW와 비교한 키홀 용접 기법의 장점과 단점은 다음과 같다.

12.4.1. 장점

- 키홀과 플라즈마 가스의 역할에 의해 용융 금속 내에 기공으로 잔류할 수 있는 가스의 방출을 쉽게 해준다.
- 키홀을 중심으로 한 용융 금속의 대칭적인 형상으로 인해 가로방향(Transverse)의 변형을 줄일 수 있다.
- 높은 용입 효과로 인해 대부분의 두께를 1 패스로 용접할 수 있다.
- 용접 조인트의 그루브(Groove) 가공 없이 맞대기 이음을 할 수 있어서 기계 가공비가 절감된다.

12.4.2. 단점

- 용접 변수가 GTAW보다 다양해서 제어에 어려움이 있다.

- 특히 두꺼운 후판의 경우에는 용접사의 숙련된 기술이 필요하다.
- 알루미늄을 제외하고는 대부분의 키홀 용접 방법은 아래보기 자세로 제한된다.
- 안정된 용접을 실시하기 위해서는 플라즈마 토치의 세심한 관리가 필요하다.

12.5. PAW 용접 장비

12.5.1. 전원

가장 일반적으로 사용되는 전원은 직류 정극성(DCEN)이다. GTAW의 경우에는 알루미늄 등의 용접 시에 직류 역극성이나 교류 사용으로 얻어지는 표면 산화물 층의 제거 효과를 청정효과 (Cleaning Effect)라고 부르지만 PAW 용접에서는 음극에칭(Cathodic Etching) 이라고 부른다. 직류 전원은 Pulsed or Non-Pulsed 전류를 사용하기도 한다.

PAW는 텅스텐 전극이 GTAW와는 달리 구속노즐 안에 들어가 있으므로 용접 초기에 안정적인 아크 발생이 어렵다. 이러한 문제를 해결하기 위해 Pilot Arc Power가 적용된다.

Pilot Arc Power는 고주파 교류 전원이나 고압의 직류 Pulse 전원을 통해 공급된다. 이러한 Pilot Arc 전원은 초기 아크 발생을 안정적으로 유지하고 오리피스 가스를 이온화 시키는 역할을 하여 이후 본 용접이 안정적으로 이루어지도록 한다.

PAW는 전압의 변화에 따른 용접 조건의 변화가 적다.

12.5.2. 용접봉

PAW는 용접봉을 사용하여 GTAW처럼 용접을 실시할 수 있다.

이때 사용되는 용접봉은 GTAW에 사용되는 것과 동일하며 별도의 와이어 송급장치를 사용하기도 한다. 전극도 GTAW와 동일한 것을 사용한다.

12.5.3. 가스

PAW에 사용되는 가스는 보호가스와 오리피스 가스의 두 종류가 있다.

가스의 선정은 용접대상물의 재질에 따라 결정되며 보호가스와 오리피스 가스를 동일하게 사용하는 것이 대부분이다.

오리피스 가스는 반드시 불활성 기체를 사용해야 텅스텐 전극을 보호할 수 있다.

보호가스는 불활성 기체를 대부분 사용하지만 모재에 해가 없다면 활성기체를 사용할 수도 있다. 가장 일반적인 오리피스 가스는 아르곤이다. 아르곤은 이온화되기 위한 에너지가 낮아 쉽게 이온화되어 아크의 안정성을 확보할 수 있기 때문이다.

13. 스터드 용접(Stud Welding)

13.1. 스터드 용접의 개요

스터드 용접(Stud Welding)은 볼트 등과 같은 스터드(Stud) 형상의 물체를 용접 대상물에 아크를 발생시켜서 용융된 상태에서 압력을 가해 눌러서 용접하는 방법을 말한다.

스터드에 전류를 흐르게 되면, 높은 저항이 생기면서 스터드의 끝단이 녹아버리고 순간적으로 아크가 발생하여 모재와 스터드의 접촉면을 녹여 용착이 되도록 한다. 이와 같이 아크가 일어나는 동안 두 면은 스프링 작용 또는 공기 압력으로 맞대고 눌려지며 이 눌려진 순간 융합이 이루어져 용접이 되는 것이다

스터드 용접은 사용되는 전원의 종류에 따라 직류 전원을 이용하는 아크 스터드 용접 방식과 콘덴서(Condenser)를 이용한 콘덴서 방전 방식으로 구분한다.

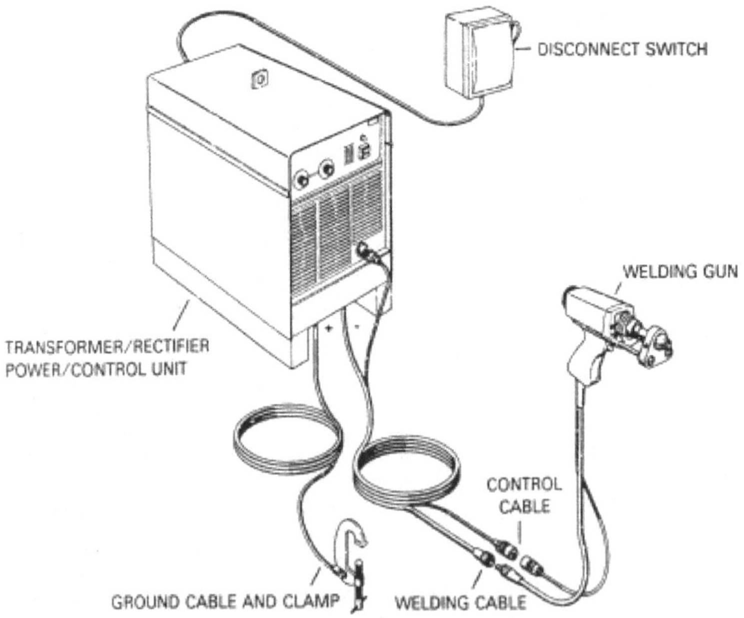

그림 5-127 스터드 용접기의 구성

13.2. 스터드 용접의 구분

13.2.1. 아크 스터드 용접(Arc Stud Welding)

직류 전원을 사용하고 아크 열에 의해 용접 대상물을 용융시켜서 용접을 시행하는 점에서 기존의 SMAW와 유사하다. 다만 전류가 지속적으로 통전되지 않고 일단 용융되어 용접이 이루어 지면 더 이상의 전류가 흐르지 않으며 용접 대상물의 위치를 고정하기 위해 사용되는 용접 건(Gun)이 있다.

전원은 직류 발전기나 직류 정류기를 통해 공급되고 용접은 1초 이내의 짧은 시간 안에 이루어지며 용접시 발생되는 아크를 보호하기 위한 세라믹 재질로 된 페룰(Ferrule) 이라는 기구가 사용된다.

13.2.2. 충전기 스터드 용접(Capacitor Discharge Stud Welding)

이 용접 방법은 아크 스터드 용접과 유사하나 전원의 공급 방법에 차이가 있다. 전기 에너지를 충전기(Capacitor)에 담아 두었다가 순간적으로 방전을 시키면서 용융된 용접재에 압력을 가해서 용접하는 방법이다. 아크 스터드 용접과 마찬가지로 순간적인 제어에 의해 용접이 이루어진다. 아크가 발생하는 과정은 용접부의 과열에 따른 저항의 증가에 의해 발생하는 경우와 용접부로부터 용접물을 멀리하면서 아크가 발생되는 두가지의 경우가 있다 아크가 발생하는 시간은 0.03초에서 0.06초 정도로 매우 짧고 용융되어 밀려나오는 금속의 양이 매우 작기 때문에 용접부와 아크를 보호하기 위한 페룰(Ferrule)을 사용하지 않는다.

13.2.3. 페룰(Ferrule)

페룰은 내열성의 도기로 만들며 아크를 보호하기 위한 것이며 모재와 접촉하는 부분은 홈이 패여 있어 내부에서 발생하는 열과 가스를 방출할 수 있도록 되어 있다. 그 역할을 살펴보면 다음과 같다.

그림 5-128 스터드 용접에 사용되는 페룰(Ferrule)

- 용접이 진행되는 동안 아크열을 집중시켜 준다.
- 용융금속의 산화를 방지한다.
- 용융금속의 유출을 막아준다.
- 용착부의 오염을 방지한다.
- 용접사의 눈을 아크 광선으로부터 보호해 주는 등 중요한 역할을 한다.

13.3. 스터드 용접의 특징

용접 과정에서 발생되는 아크의 유지시간이 매우 짧고 입열량이 매우 작아 변형을 최소화 할 수 있으며 용접 금속과 열영향부가 최소화 된다.

그러나 짧은 시간 동안에 국부적으로만 가열하므로 일반적인 탄소강의 경우에 주변의 모재에 의해 용접부가 급속도로 냉각되고 경화되는 단점이 있다. 이러한 현상은 탄소강에서는 단점이 될 수 있으나 알루미늄합금의 경우와 같은 석출 경화나 시효 경화성(Aging Hardening)성이 있는 합금의 경우에는 과도한 시효나 연화의 부작용을 방지할 수 있는 장점이 있다.

또한 용접부를 사전에 기계 가공을 하거나 조인트 형상을 만드는 별도의 작업이 불필요하다. 아크 스터드 용접에 비해 충전기 아크 용접은 탄소강뿐만 아니라 구리, 알루미늄합금 등 보다 다양한 재료에 적용이 가능하다.

용접에 소요되는 시간은 스터드의 단면적에 따라 변화한다.

단점으로는 용접하고자 하는 스터드를 물어줄 수 있는 용접 건(Gun)의 크기만큼의 간격이 필요하므로 매우 조밀한 용접을 시행하기는 어렵다.

13.4. 스터드 용접의 적용

일반적인 스터드 용접기의 기본 구성은 그림 5-127과 같이 전기를 공급하는 장치와 용접하고자 하는 스터드를 고정시켜주는 용접 건(Gun, Chuck)으로 이루어져 있다. 전원은 탄소강일 경우에는 직류 정극성, 알루미늄이나 마그네슘의 경우에는 직류 역극성을 적용한다.

13.4.1. 아크 스터드 Welding

아크 스터드 용접이 진행되는 과정은 다음의 그림 5-129와 같이 진행된다.

용접 대상물이 제 위치에 고정되면 전류가 공급되기 시작하고 이때 용접 건(Gun, Chuck)에 장치된 전자석(Solenoid Coil)이 에너지를 받게 되면서 스터드를 용접 모재로 부터 멀어지게 한다.

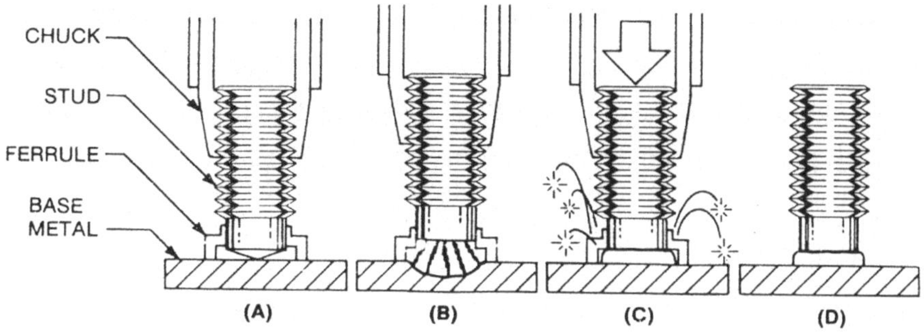

(A) Gun is Properly Positioned, (B) Trigger is Depressed and Stud is Lifted, Creating an Arc, (C) Arcing Period is Completed and Stud is Plunged Into Molten Pool of Metal on Base Metal, (D) Gun is Withdrawn From the Welded Stud and Ferrule is Removed

그림 5-129 아크 스터드 용접이 진행되는 과정

이때 용접 대상물 사이에서 아크가 발생하게 되고 두 용접 대상물은 아크 열에 의해 용융되고 아크 발생이 종료되면 전원이 차단되면서 전자석(Solenoid Coil)의 에너지가 소멸되어 스터드를 모재 쪽으로 밀어 가압력 하에서 모재와 접촉하면서 용융부가 응고하여 용접이 완료되는 것이다.

스터드 용접에 적용되는 탄소강과 저합금강은 용접 금속의 산화 방지와 용접중 아크의 안정성을 확보하기 위해 플럭스를 필요로 한다. 알루미늄의 경우에는 플럭스 대신에 아르곤이나 헬륨과 같은 불활성 가스를 사용한다.

그림 5-130은 스터드에 적용되는 플럭스의 형상에 따른 구분이다.

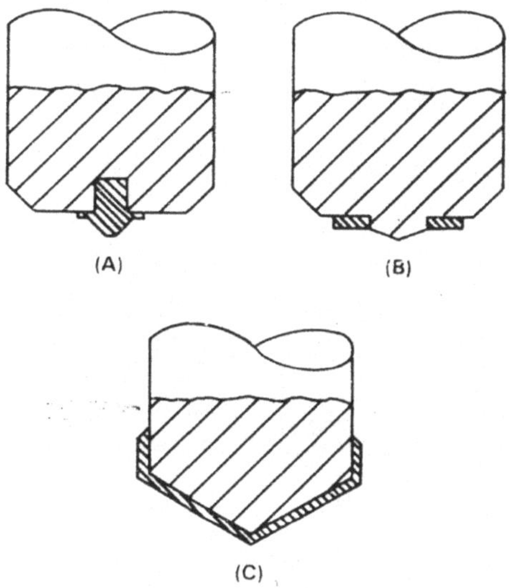

(A) and (B) Solid Flux (C) Flux Coating

그림 5-130 용접 스터드 끝에 플럭스를 도포하는 방법

페룰(Ferrule)은 아크 스터드 용접에만 적용되는 것으로 아크 열을 집중시켜주고 주위의 공기를 차단시켜 용접부를 보호하고 용융금속의 영역을 제한하는 역할을 담당한다.

페룰 재질은 세라믹으로 제작되며 용접 완료 후에 손쉽게 깨서 제거할 수 있다.

페룰 없이 용접을 진행하는 방법으로 가스-아크와 Short Cycle 방법 두가지가 있다.

가스-아크 방법은 페룰대신에 불활성 가스를 사용하여 용접부를 보호하는 방법으로 주로 알루미늄의 용접에 적용되지만 아크쏠림 등의 위험성이 있다.

Short Cycle 방법은 높은 전류를 짧은 시간안에 흘려주어 용융 금속의 산화와 질화를 막으면서 용접을 실시하는 방법이다. 그러나 이 방법은 용접부 뒷면에 아크 자국이 발생하는 부작용이 있다.

13.4.2. 충전기 스터드 용접

이 방법은 앞에서 간단히 설명한 바와 같이 충전지(Condenser)를 이용하여 아크를 발생시키고 여기에 압력을 가하면서 용접을 시행하는 용접이다. 페룰이나 플럭스를 사용하지 않는 것이 특징이다. 압력을 가하는 방법은 아크 스터드 용접과 마찬가지고 Solenoid Coil을 사용하거나 공압 실린더를 사용한다. 충전기 스터드 용접은 초기 아크를 생성시키는 과정에 따라 Initial Contact Method, Initial Gap Method, Drawn Arc Method로 구분한다.

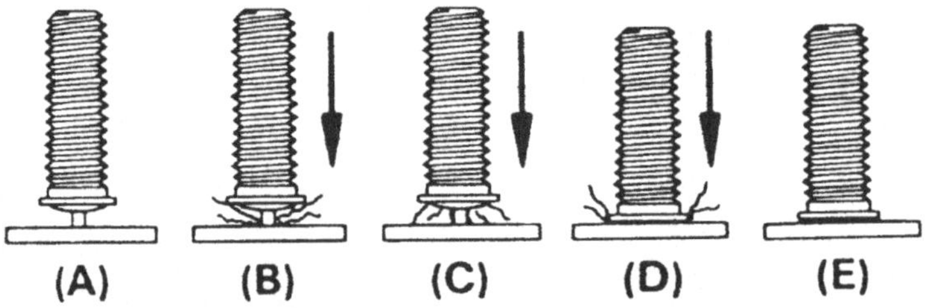

그림 5-131 Initial Contact Capacitor Discharge 스터드 용접 과정

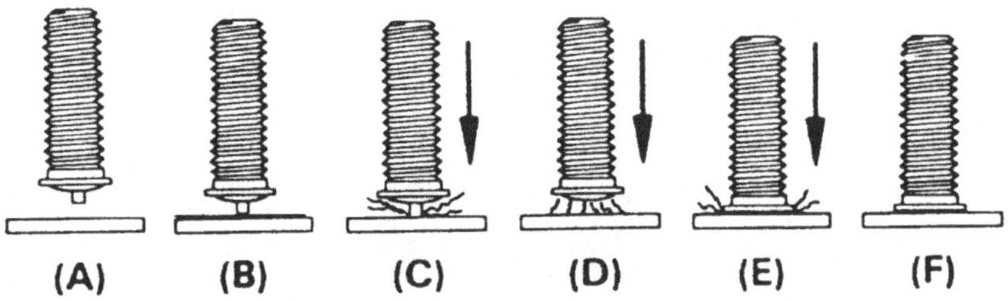

그림 5-132 Initial Gap Capacitor Discharge 스터드 용접 과정

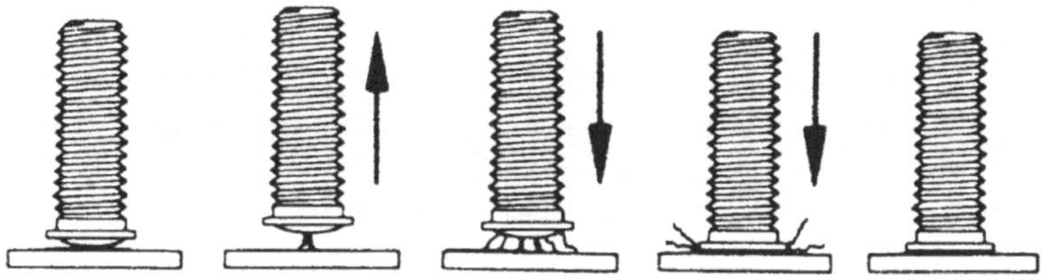

그림 5-133 Drawn Arc Capacitor Discharge 스터드 용접 과정

Initial Contact Method와 Initial Gap Method는 초기에 용접 대상물을 모재와 접촉시키고 여기에 아크를 발생시키면서 동시에 압력을 가해서 용접을 진행시키는 방법으로 아크의 발생시점이 접촉 초기부터 인지 아니면 일정한 간격을 가지고 아크 발생이 시작되는가에 따라 구분한다.

Drawn Arc Method는 아크 스터드 용접과 거의 유사한 아크 생성과정을 가진다. 즉, 초기에 접촉되있던 두 용접재가 일정 거리를 두고 다시 멀어지면서 여기에 아크가 발생하게 되고 아크의 열로 용접부가 용융되면 압력을 가해 용접을 완료하는 것이다. 실제로 용접기의 구성이나 용접 과정도 거의 동일하며 다만 전원의 차이가 있을 뿐이다.

13.4.3. 강종별 스터드 용접 재료

13.4.3.1. 스테인레스강

오스테나이트계 스테인레스강의 스터드는 같은 재질의 모재 또는 연강 모재에 용접이 가능하다. 용접조건은 연강 스터드 용접과 거의 같다.

13.4.3.2. 황동

황동 스터드의 재료는 아연(Zn)의 함유량이 적어야 하며, 판의 두께가 두꺼울 때에는 모재를 예열하여 용접하는 경우도 있다.

용접이 가능한 스터드의 지름은 3~10㎜ 정도이며 페룰은 사용하지 않아도 된다. 용접조건은 직류 역극성을 사용하고 용접전류는 같은 지름의 철 스터드에 대한 값의 1/2 정도로 통전시간을 어느 정도 길게 해주는 것이 좋다.

13.4.3.3. 알루미늄

알루미늄 스터드 용접은 특수 형상의 페룰과 스터드의 용접단에 용제를 부착시킨 것과 불활성 가스(Inert Gas) 분위기 내에서 용접하는 방법 등이 있다. 이중 불활성 가스 용접법이 일반화 되어 있으며 불활성 가스로는 알곤(Ar) 또는 헬륨(He)을 사용한다.

13.5. 스터드 용접부의 결함 및 품질 검사

13.5.1. 용접부 결함

스터드 용접부의 결함은 특별한 비파괴 검사의 방법을 적용하기 힘들고 육안에 의한 검사에 의존해야 한다. 스터드 용접부의 결함은 대략 다음과 같은 유형을 보인다.

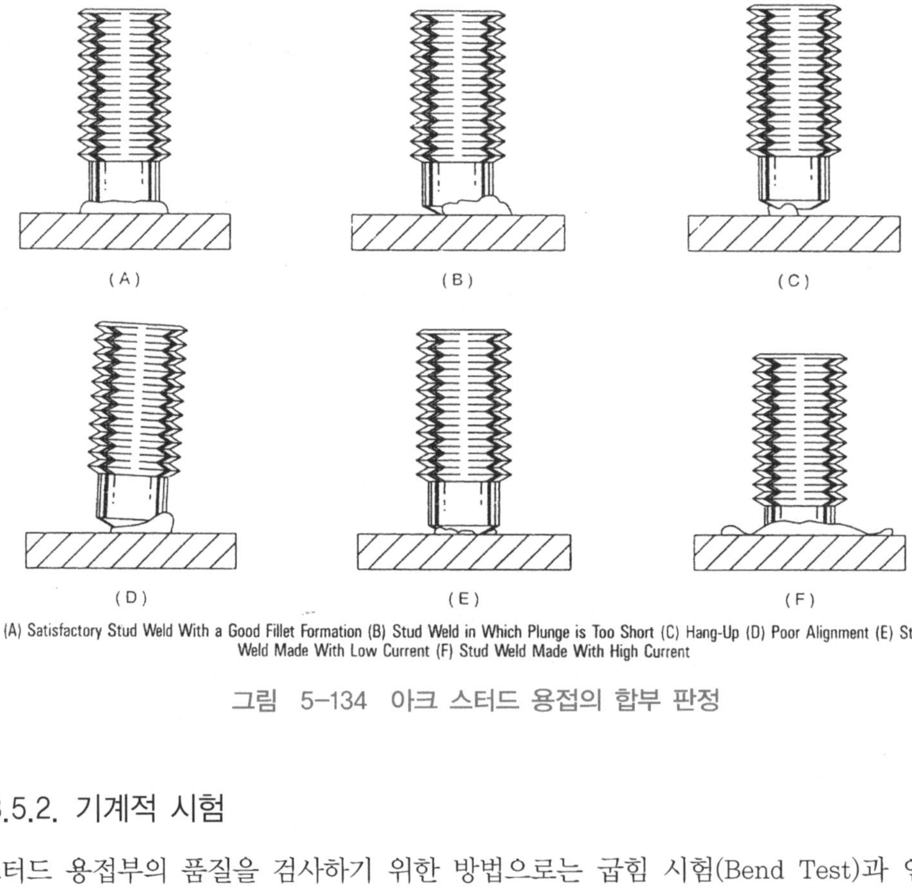

(A) Satisfactory Stud Weld With a Good Fillet Formation (B) Stud Weld in Which Plunge is Too Short (C) Hang-Up (D) Poor Alignment (E) Stud Weld Made With Low Current (F) Stud Weld Made With High Current

그림 5-134 아크 스터드 용접의 합부 판정

13.5.2. 기계적 시험

스터드 용접부의 품질을 검사하기 위한 방법으로는 굽힘 시험(Bend Test)과 인장시험(Tensile Load Test)이 적용된다. 두가지 시험방법 모두 적정한 용접부 강도를 유지하는 가를 평가하는 방법으로 사용된다.

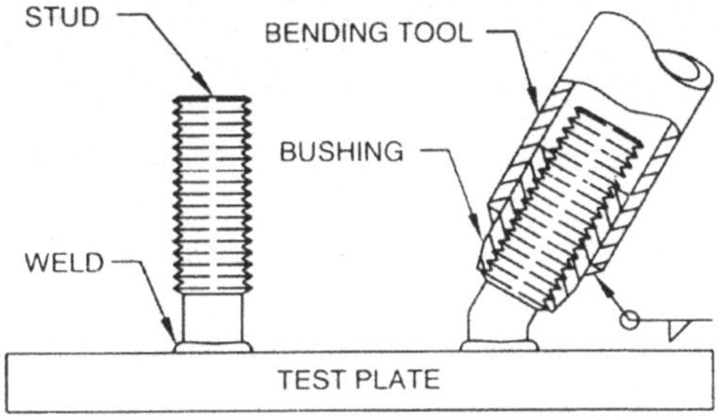

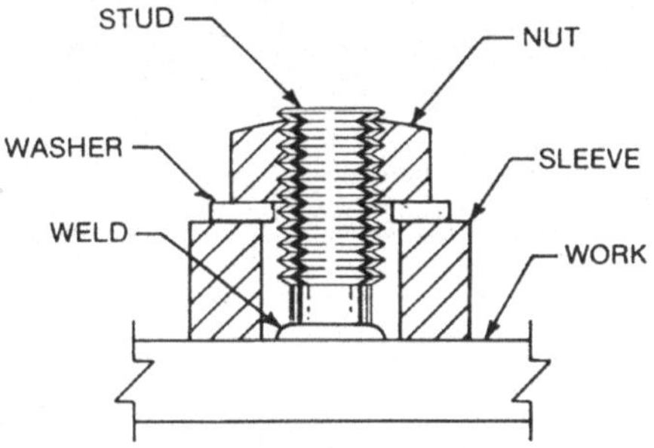

그림 5-135 스터드 용접부의 굽힘 시험(좌)와 인장 시험(우)

13.6. 스터드의 선택과 적용

스터드 용접은 스터드의 형상과 재질, 모재의 종류 및 크기에 따라 다양한 선택이 있을 수 있다. 다음의 표는 이러한 구분에 따라 용접 방법의 선택 예시를 정리한 것이다.

표 5-36 스터드 용접 방법 적용 기준 표

Factors to be Considered	Arc stud Welding	Initial Gap and Initial Contact	Drawn Arc
Stud Shape			
Round	A	A	A
Square	A	A	A
Retangular	A	A	A
Irregular	A	A	A
Stud Diameter or Area			
1/16 to 1/8 in.(1.6 to 3.2mm) diam	D	A	A
1/8 to 1/4 in.(3.2 to 6.4mm) diam	C	A	A
1/4 to 1/2 in.(6.4 to 12.7mm) diam	A	B	B
1/2 to 1 in.(12.7 to 25.4mm) diam	A	D	D
Up to 0.05 in^2(32.3mm^2)	C	A	A
Over to 0.05 in^2(32.3mm^2)	A	D	D
Stud Metal			
Carbon Steel	A	A	A
Stainless Steel	A	A	A
Alloy Steel	B	C	C
Aluminum	B	A	B
Brass	C	A	A

Factors to be Considered	Arc stud Welding	Initial Gap and Initial Contact	Drawn Arc
Base Metal			
Carbon Steel	A	A	A
Stainless Steel	A	A	A
Alloy Steel	B	A	C
Aluminum	B	A	B
Brass	C	A	A
Base Metal Thickness			
Under 0.015 in.(0.4mm)	D	A	B
0.015 to 0.062 in.(0.4 to 1.6mm)	C	A	A
0.062 to 0.125 in.(1.6 to 3.2mm)	B	A	A
Strength Criteria			
Heat Effect in Exposed Surfaces	B	A	A
Weld Fillet of Stud Governs	B	A	A
Strength of Stud Governs	A	A	A
Strength of Base Metal Governs	A	A	A

Legend A – Applicable without special procedures, equipment, etc.
B – Applicable with special techniques or on specific applications which justify preliminary or trials or testing to develop welding procedure and technique.
C – Limited application
D – Not recommended.

14. 확산 용접(DIFFUSION WELDING and BRAZING)

14.1. 확산 용접의 개요

확산 용접은 용접과정에서 금속 용융이 없이 용접을 시행하는 고상 용접의 한 종류로서 확산 용접이라고 불리기도 한다. 고온에 장시간 노출된 체결된 볼트가 풀어지지 않는 현상이나 열간 압연에 의한 생산된 클래드(Clad) 강재는 모두 이 확산 용접에 의해 얻어지는 결과이다.

이 용접 방법의 기본은 고온에서 두 금속을 맞대어 놓고 높은 압력을 가했을 때, 계면의 용융이나 거시적인(Macro) 변형, 두 금속의 외형적인 움직임이 없이 계면의 접합이 일어나는 접합 방법이다.

이 접합 방법은 Diffusion Bonding, Solid State Bonding, Pressure Bonding, Hot Press Bonding등의 여러가지 이름으로 불리고 있다.

확산 용접을 시행하는 과정에서 접합되는 두 계면 사이에 용접재료(Filler Metal)를 삽입하기도 한다. 확산 용접에 의해 접합되는 용접 방법은 다음의 두가지로 구분된다.

- 동종 혹은 이종 금속을 용접재료 층의 삽입 없이 시간과 압력, 온도를 조절하여 접합 하는 방법. 시간과 온도, 압력은 모재의 종류와 표면 상태에 따라 조절된다.
- 동종 혹은 이종 금속 사이에 얇은 용접재료 층을 삽입하여 접합하는 방법. 이때 용접재료는 두 금속의 확산 속도를 빠르게 하고 계면의 미세한 변형(Micro-deformation)을 도와서 보다 완전한 접합이 이루어 지도록 돕는 역할을 수행하며 이 용접재료 층은 적절한 열처리에 의해 모재로 확산된다.

두 모재 사이에 공급되는 용접재료는 확산을 돕는 역할 외에도 두 금속 표면에 있는 기공(Void)을 메꾸어 주는 역할을 담당한다.

확산 용접이 잘 이루어 지기 위해서는 다음의 두 조건이 반드시 성립되어야 한다.

- 접촉되는 면이 기계적으로 친화도가 있어야 한다.
- 접촉되는 면의 불순물의 분해가 금속간 결합(Metallic Bonding)을 방해하지 않을 정도여야 한다.

확산 용접 대상물은 접합 전에 준비 단계에서 약간의 표면 처리를 거쳐야 한다.

이는 단순한 세척 과정 이상으로 다음의 처리들을 포함한다.

- 표면의 매끄러운 가공 : 이 과정은 선반가공이나 단순한 그라인더 등의 작업을 통해 이루어진다.
- 화학적으로 달라 붙어 있는 표면의 산화 피막 등의 제거 : 화학적 세척 및 기름기 제거 등의 작업을 통해 표면의 이 물질을 제거한다.
- 가스, 수화물 혹은 유기물 상태의 표면 피막 등의 제거
- 진공 상태에서 열을 가하면 깨끗한 표면을 얻을 수 있다. : 표면에 있는 가스, 수화물, 유기물 상태의 이물질 층을 고온에서 제거하는 것이다.

이렇게 처리한 부품은 세척 후에 역시 진공 혹은 불활성 가스 분위기에서 보관하여야 한다.

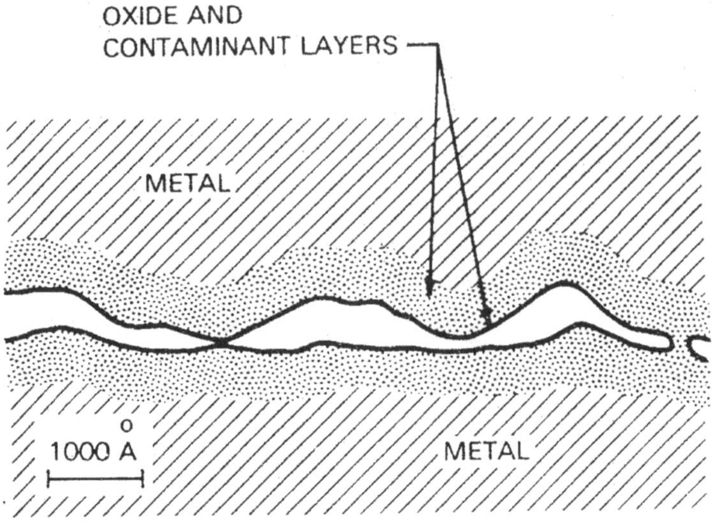

그림 5-136 확산 용접 계면의 요철과 산화물(불순물) 층

추가적인 용접재료의 투입 없이 효과적으로 확산 접합이 이루어지는 과정은 다음의 네 단계로 구분될 수 있다.

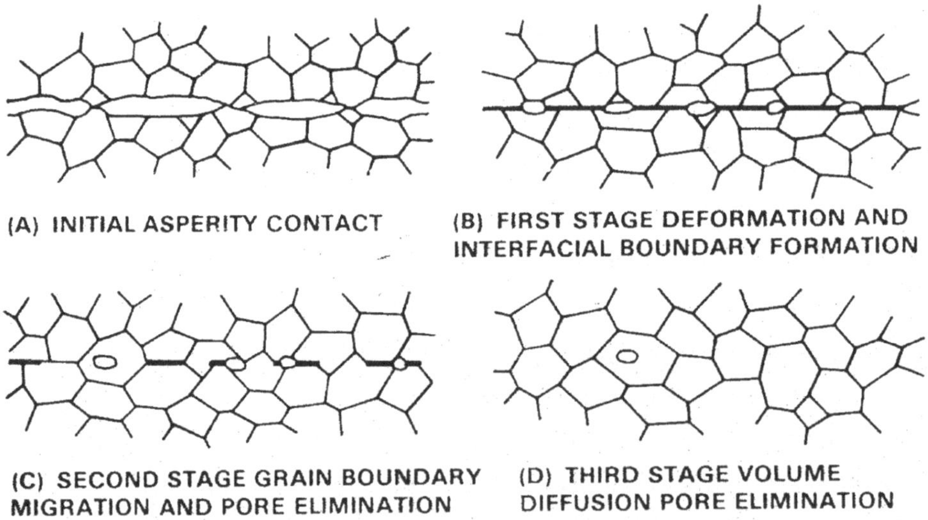

그림 5-137 확산 용접 과정의 개요

초기에 (A)단계에서 서로 마주한 두 금속은 (B)단계에서 주어진 온도와 압력을 받으면서 항복(Yield)과 Creep 변형에 의해 계면의 변형을 일으키게 된다.

(B)단계가 종료되는 시점이 되면 두 금속은 약간의 Void를 가지면서 Grain Boundary 간

에 접촉이 일어나게 되는 (C)단계를 거치게 된다.

(C)와 (D)단계에서는 접촉에 의한 변형보다는 계면 확산이 매우 중요한 역할을 담당하게 되고 확산이 지속되면서 많은 Void등이 사라지게 되어 두 금속은 완전한 접합을 이루게 된다.

14.1.1. 확산 브레이징(Diffusion Brazing)

확산 브레이징(Diffusion Brazing)은 이종 금속사이에 혹은 접합되는 모재와 미리 삽입한 용접재료 층 사이에 확산에 의해 용융상태의 브레이징 층을 형성하면서 압력을 가해 두 금속을 접합시키는 방법이다. 접합이 완료되면 용접재료 층은 모재로 완전히 확산하고 접합된 계면은 모재와 동등한 성질을 가진다. 이 접합 방법은 Liquid Phase Diffusion Bonding, Eutectic Bonding 혹은 Activated Diffusion Bonding으로 불린다.

확산 브레이징은 사용되는 용접재료의 특성에 따라 다음과 같이 두 종류로 구분한다.

- 모재와 거의 같은 화학 성분 조성을 가지지만 융점이 낮은 용접재료를 사용하는 방법 : 고온용으로 사용되는 Ni-Alloy의 융점은 매우 높지만 여기에 약간의 실리콘이나 보론(Boron)을 첨가하면 낮은 융점의 Ni합금 용접재료를 만들 수 있다.
- 모재와 합금을 형성하여 하나 혹은 다수의 저융점 공정(Eutectic) 혹은 포정(Peritectic) 화합물을 형성하는 방법 : 브레이징 온도가 모재의 공정(Eutectic) 혹은 포정(Peritectic) 온도보다 조금 더 높은 온도에서 이루어 질 때 모재의 일부가 용접재료와 합하여 저 융점의 합금을 형성하게 된다. 이때 용접재료는 용융하지 않지만 저 융점의 화합물이 형성된다. 이러한 접합 방법을 공정접합(Eutectic Bonding)이라고도 부른다. 대표적인 접합의 예는 티타늄과 구리의 확산 접합이다.

어떤 종류의 과정을 거치던 간에 브레이징 온도에서 충분한 시간을 유지하면 접합 계면을 따라 거의 균일한 화합물 조성을 가지게 된다. 온도는 충분히 확산이 일어날 수 있을 정도의 온도이어야 하지만 브레이징 온도가 너무 높거나 두 금속 사이에 공급된 용접재료의 양이 너무 많으면 용융 금속이 접합 계면 밖으로 밀려나와 접합이 제대로 되지 않는다.

따라서 두꺼운 후판을 확산 브레이징으로 접합하고자 할 때는 충분한 시간을 주어 서서히 확산에 의한 접합이 일어나도록 해야 한다.

확산 용접과 확산 브레이징은 추가적인 용접재료를 사용할 수 있다는 유사점이 있지만 만약 용접재료가 용융되지 않거나 모재 성분과 결합하여 용융 상태의 합금을 이루면 확산 용접으로 구분되어야 한다.

14.2. 삽입재의 적용과 TLP법

확산 브레이징(Diffusion Brazing)의 한 종류로 볼 수 있다. 모재의 직접적인 확산 용접이 곤란할 경우에는 삽입재(Insert)재가 이용된다. 일반적으로 삽입(Insert) 금속의 효용은 다음과 같다.

- 확산의 촉진에 의해 저온에서 단시간의 용접이 이루어 진다.
- 이종재의 용접시 발생될 수 있는 취약한 금속간 화합물의 방지 또는 억제
- 모재와의 합금화에 의한 이음부의 성능 향상
- 모재와의 공정 반응에 의해 용접 온도를 낮춘다.
- 팽창계수가 다른 이종재의 용접에 있어서 냉각중에 생기는 응력을 완화하여 균열을 방지한다.
- 접합면끼리의 밀착성을 촉진한다.

삽입재는 접합부에 잔존하지 않을 정도로 얇게(두께 20~200μ)할 필요가 있으며 보통 도금, 융착, 용사, 스패터링, 분말 등의 형태로 이용된다.

천이액상 확산 접합(TLP, Transient Liquid Phase Bonding)법은 최근 개발된 삽입 금속의 이용법이다. 천이액상 확산 접합은 처음부터 공정 조성을 가진 용접봉(Insert Metal)을 쓰지 않고 두께 0.1mm 이하의 저융점의 인서트 메탈을 두 모재 사이에 넣고 가열하면 그 인서트 메탈만 녹아서 양쪽의 모재쪽으로 확산하면서 공정조성이 되도록 하면, 주변의 모재쪽도 용융점이 낮아져서 액체가 형성(공정 반응으로 낮은 온도에서 용융됨) 된다. 이 상태에서 같은 고온을 그대로 유지하면, 인서트 메탈성분이 모재 내부로 계속 확산되면서 그 부분의 조성이 변하여 공정조성이 아니게 되면 등온 상태에서도 응고해서 접합이 이루어지게 된다.

14.3. 확산 용접, 브레이징의 장, 단점

14.3.1. 확산 용접의 장점

- 모재와 기계적, 조직학적인 특성이 거의 유사한 접합 조직을 만든다.
- 접합 이후의 별도 가공이나 처리 없이도 변형이 거의 없이 접합할 수 있다. (열변형, 열 응력이 작다)
- 용융 용접으로 접합하지 못하는 이종 재질의 접합을 실시할 수 있다. 형상의 대칭적인 구조가 필요 없다.
- 치수 정밀도가 높다.
- 한 구조물의 여러 개의 접합 Joint를 동시에 접합할 수 있다.

- 접근이 어려운 Joint도 쉽게 용접할 수 있다.
- 충분한 예열이 필요한 두꺼운 구리와 같은 후판도 쉽게 접합할 수 있다. (면 접촉이기 때문에 용접성은 모재의 판 두께에 의존하지 않는다.)
- 응고 조직이 없으며 일반적인 용융 용접에서 나타나는 균열, 기공, 취화부 등의 용접 결함이 나타나지 않는다.
- 재 결정 온도 이하에서의 용접 가능성이 있다.
- 접합과 열처리를 동시에 실시할 수 있다.
- 이종 금속은 물론이고 금속과 세라믹과의 용접도 가능하다.

14.3.2. 확산 용접의 단점

- 기존의 용융 용접이나 브레이징 보다 작업 시간(Thermal Cycle)이 길다.
- 기자재 비용이 비싸고 경제적으로 접합할 수 있는 크기의 제한이 있다.
- 여러 개의 접합 조인트를 한꺼번에 용접할 수는 있지만 생산성이 높지는 않다.
- 접합 조인트의 특성을 확인할 수 있는 적당한 비파괴 검사방법이 없다.
- 용접재료와 용접 및 브레이징 방법의 한계로 인해 모든 강종에 적용 못하고 있다.
- 접합하는 두 계면의 가공에 많은 주의가 필요하며 특히 표면 거칠기가 매우 중요하다.
- 기존의 용접법으로 용접할 때 진공이나 적절한 용접부 보호 분위기가 필요한 용접 재료일 경우에는 열과 압력을 동시에 가하는 것이 매우 중요하다.

14.4. 용접 변수

14.4.1. 확산 용접의 변수

확산 용접의 주요 변수는 온도, 시간, 압력, 모재의 금속 조직학적인 특성이다.

(1) 온도

온도는 다음과 같은 이유로 가장 중요한 제어 변수 중의 하나이다. 확산 속도는 온도에 의해 가장 큰 영향을 받게 된다. 약간의 온도 차이에도 거의 모든 용접 변수가 온도에 영향을 받게 되어 용접 조건(Thermal Kinetics)이 크게 변화하므로 쉽게 측정되고 정확하게 제어되어야 한다. 용접이 가능한 온도 범위는 접합 시간 및 가압력에 따라 변화하지만 이들의 실용적인 조건 범위에서의 적정 접합 온도는 약 0.5 ~ 0.8Tm 정도이다. 여기에서 Tm은 모재의 용점은 Kelvin 온도로 계산한 것이다.

(2) 시간

접합 시간은 온도와 밀접한 관계를 가지고 있다. 확산량은 온도 다음으로 시간에 비례한다.

(3) 압력

압력이 접합 과정에 미치는 영향은 다른 변수들에 비해 정량적으로 표현하기 매우 어렵다. 초기 금속간 결합(Metallic Bond)이 형성되는 단계에서는 가해지는 압력에 의한 변형이 주된 역할을 담당하게 된다. 용접시에는 다른 변수들이 고정되어 있을 때 높은 압력을 가할수록 더 양호한 접합부가 얻어진다. 이러한 이유는 압력에 의한 표면의 변형이 주된 요인으로 인식된다. 또한 과도한 변형은 재결정 온도를 낮추고 용접 온도에서 재결정을 촉진하는 역할을 담당한다. 용접시 모재에 가해지는 압력은 모재의 항복 강도를 넘지 않아야 한다.

(4) 금속학적 요소

위의 변수들뿐만 아니라 확산 속도에 영향을 주는 상변태와 조직학적인 요소들에 대해서도 주의해야 한다. 상변태 중에 금속은 매우 경화되고 작은 힘에도 쉽게 변형이 일어나서 접합이 쉽게 일어난다. 상변태와 재결정 과정에서 확산 속도는 매우 높다. 확산을 돕기 위해 용접재료를 추가적으로 사용하기도 하며 그 역할은

- 용접 온도를 낮춘다.
- 용접 압력을 낮춘다.
- 용접 시간을 줄인다.
- 확산 속도를 증대시킨다.
- 불순물을 제거한다. 등으로 구분할 수 있다.

용접재료의 적용은 전기 도금의 형태, 응결(Condensed)형태, 접합면에 뿌려진 상태, 얇은 포일(Foil)이나 박판(Sheet) 상태 등 다양한 형태로 적용되지만 두께는 0.25mm를 넘지 않아야 한다. 대개의 경우 용접재료는 합금 성분을 제외시킨 모재의 순수재로 적용한다.

티타늄 합금에는 순수한 틴타늄이 용접재료로 적용된다. 알루미늄의 경우에는 표면에 쉽게 형성되는 산화층으로 인해 확산 용접이 매우 어려운 대표적인 강종이다.

이를 방지하기 위해 미리 표면에 은(Ag)을 코팅하여 접합한다.

14.4.2. 확산 브레이징의 변수

(1) 온도와 가열속도

용접의 경우와 마찬가지로 온도는 매우 중요한 역할을 한다. 단위 시간당 온도 증가율인 가열속도도 무척 중요한 역할을 하는데 가열속도는 용융층 형성을 방해하여 접합면에 있는

기공(Void)을 브레이징 용접재료가 채우지 못한다. 브레이징이 완료된 후에는 높은 온도에서 일정시간 이상 유지하여 고상 확산이 일어나도록 해야 한다.

(2) 시간

브레이징 시간은 다음의 요소에 의해 영향을 받는다.

- 브레이징 온도
- 브레이징 온도에서 용접재료와 모재의 확산율
- 접합 조인트에 침투해 들어갈 수 있는 용접재료의 최대량

(3) 압력

브레이징의 경우에 압력은 거의 없거나 약간의 압력만이 주어진다. 과도한 압력은 모세관 현상에 의해서 용접재료가 두 금속 사이의 좁은 계면에 들어가는 것을 방해하고 용융된 용접재료를 접합부 밖으로 밀어내기 때문이다.

(4) 금속학적 요소

금속학적 요소는 확산 용접의 경우와 거의 마찬가지이다. 다만 추가되는 것은 접합부를 중심으로 양쪽 성분상의 안정성이다. 확산에 의한 화학 성분차이에 의해 변태 온도가 영향을 받고 변태 속도에 차이가 나게 된다. 즉, 변태가 촉진되기도 하지만 방해 되기도 하기 때문이다. 티타늄에서 구리는 β상을 안정시키고 β에서 α로의 상변태를 억제시킨다.

(5) 용접재료

용접재료는 모재 성분과 결합하여 저 융점의 합금을 만든다. 용접재료의 형상은 분말, 포일(Foil), 와이어 혹은 모재위에 도금되는 형태로 적용된다. 니켈 합금이나 코발트 합금의 경우에 용접재료는 브레이징의 온도를 낮추고 경도를 증가시키며 취성을 증가시키는 역할을 한다.

14.5. 확산 용접 장비

확산 용접은 보통 진공 또는 불활성 가스 중에서 행하여 진다. 주로 진공 방식으로 행해지지만 재료에 따라서는 환원성 가스 분위기가 적용된다. 탄소강은 대기 중에서도 용접이 가능하다고 발표되고 있다. 용접 장비로는 유도 코일로 가열하는 장치 또는 저항 가열에 의한 장치가 있으며 가압에는 유압 또는 공기압이 채용되고 있다.

15. 전기저항용접(Electric Resistance Welding, ERW)

15.1. 저항 용접의 개요

전기 저항 용접은 두 금속 사이에 전류를 흘려주어 이때 발생되는 전기 저항열을 이용해서 용접을 실시하는 방법이다. 용접하려고 하는 두 재료를 접촉시켜 놓고 양측에서 전류를 통하면 접촉부분의 저항열에 의하여 용융된 상태에서 가압하여 접합하는 방법이다.

여기서 저항열은 Q= I^2RT (주울의 법칙)에 의해 발생되며 여기서, Q=발열량(cal), I=전류(A), R=저항(Ω), t=통전시간(sec) 이다. 저항용접의 용접부 온도는 열의 발생과 냉각의 차이에 의해 증가하게 된다. 발열량은 전류, 통전시간, 고유저항(ρ), 열의 냉각은 모재 형상과 두께, 열전도계수와 가압력 및 전극의 소재와 접촉면적 등에 영향을 민감하게 받는다.

15.1.1. 저항 용접의 원리

저항 용접에서는 압력을 가한 상태에서 금속의 고유 저항 열과 금속끼리의 접촉면에서 발생하는 접촉 저항 열에 의하여 열을 얻고, 이로 인하여 금속이 가열 또는 용융하게 되면 가해진 압력에 의하여 접합이 되도록 하는 과정을 거친다. 따라서 이 저항 발열의 원리는 모든 저항 용접의 가장 기본이 되는 이론으로서 공정 개발이나 현장에서의 전극 관리 또는 품질 관리를 위해서는 반드시 필요한 개념이라고 할 수 있다.

용접을 위하여 기여하는 저항 발열은 다음과 같을 때 증가함을 의미한다.

- 고유 저항이 클수록
- 전류 밀도가 높을수록

특히, 두번째의 전류 밀도에 대해서는 점 용접(Spot Welding)과 프로젝션(Projection) 용접시의 여러 현상과 깊은 관계가 있다.

도체의 길이가 일정할 때 같은 크기의 전류가 흐르는 경우라도 그 통전면적을 작게 하면 전류밀도가 증가하여 발열량이 증가하게 된다.

발열량은 단면적에 반 비례하여 증가한다. 즉, 같은 전류가 흐를 때라고 점 용접이나 프로젝션 용접에서와 같이 전류의 통전면적이 작아지도록 전극을 뾰족하게 하거나 피용접재에 돌기(Projection)을 만들어 주면 그 부분에서는 큰 저항 열이 발생하여 용접이 쉬워짐을 알 수 있다.

15.1.2. 저항 용접의 특징

저항 용접을 아크 용접과 비교하면 다음과 같은 장점이 있다.

- 용접 변형이 작고
- 용접 속도가 빠르고 작업자의 숙련이 필요 없으며
- 한번 용접 조건을 선정하면 안정된 품질 유지가 비교적 쉽고
- Filler Metal이 필요 없어 용접 절차가 간단하며
- 자동화가 비교적 간단하다.
- 강종에 따른 구분이 거의 없다.

15.1.3. 저항 용접부의 각부 명칭

그림 5-138은 저항 용접부의 대표적인 형상으로서 점 용접부 단면의 각부 명칭을 나타낸 것이다.

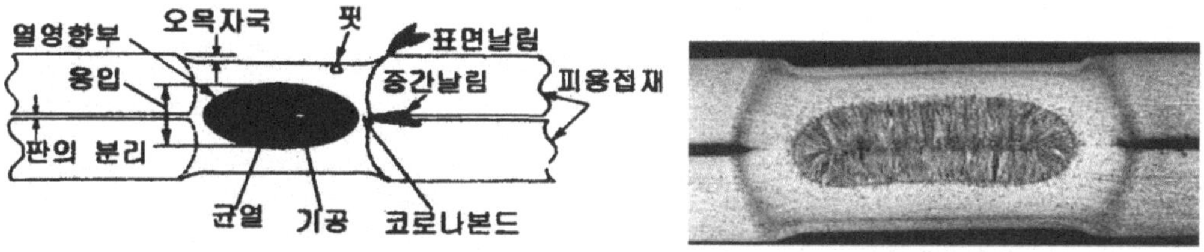

그림 5-138 점 용접부의 단면을 통하여 본 각부의 명칭

15.1.3.1. 너겟(Nugget)

용접 결과로 접합부에 생기는 용융 응고한 부분으로서 일반적으로 접합면을 중심으로 바둑돌 모양으로 형성되어 있다.

15.1.3.2. 코로나 본드(Corona Bond)

너겟 주위에 존재하는 링(Ring)의 형상의 부분으로서 실제 용융하지는 않고 열을 받은 상태에서 압력을 받아서 고상으로 압접된 부분을 말한다. 이 부분은 접합 강도에는 기여하지 않고 비 파괴 검사 시에 너겟 치수를 크게 평가하기 쉽게 한 부분이다.

15.1.3.3. 오목 자국(Indentation)

전극팁이 가압력으로 모재에 파고 들어가서 오목하게 된 부분을 말한다. 이와 같은 깊이를 오목 깊이라고 한다.

15.1.3.4. 용입(Penetration)

피 용접재가 녹아 들어간 깊이로서 너겟의 한쪽 두께와 같다.

15.1.3.5. 기공(Blow Hole)

너겟 내부에서 용융 중에 발생한 기포가 응고시에 이탈하지 못하고 남아있는 공동을 말한다. 일반적으로 너겟의 중앙부에 발생하며 과대한 전류나 부족한 가압력으로 인하여 용융 금속이 날아간 자리에 형성된다.

15.1.3.6. 중간 날림(Expulsion)

용융 금속이 코로나 본드를 파괴하고 외부로 튀어나가면서 날리는 것을 말한다. 이 문제는 점 용접이나 프로젝션 용접에서 가장 해결하기 어려운 문제 중의 하나이다.

15.1.3.7. 표면 날림(Surface Flash)

전극과 피 용접재의 접촉면에서 피 용접재나 전극이 용융해서 튀어나가는 것을 말한다. 중간 날림보다는 자주 생기지 않지만 주로 점 용접에서 전도율이 나쁜 전극을 사용하거나 냉각 부족 또는 전극팁 직경이 과소한 경우에 자주 생기고 전극팁의 손상에 가장 큰 영향을 미친다.

15.1.3.8. 오염(Pick Up)

전극과 모재의 접촉부가 과열되어 전극의 일부분이 모재에 부착하거나 전극과 모재 부분이 오염되는 현상을 말한다. 아연도금 강판 등의 도금 강판을 용접할 경우 도금 층이 전극에 부착되어 이러한 현상이 자주 일어나므로 주의를 요한다.

15.2. 저항 용접 변수

15.2.1. 용접부 저항의 변화와 온도의 관계

그림 5-139는 점용접시 각 부위의 저항과 용접시의 온도 변화를 모식적으로 나타낸 것이다. 금속의 용융점 이상으로 온도가 상승한 접촉부 일부에만 용접이 된다.

그림에서 제시된 바와 같이 전극이 접촉된 부분과 두 모재 사이의 계면에서 저항 값이 증가하며 이 저항 값은 온도 값으로 인식해도 무방하다.

즉, 너겟이 형성되는 두 계면 사이의 접촉부가 가장 높은 온도로 가열되고 이곳에서부터 두 금속의 부분 용융이 이루어져서 용접이 진행되는 것이다.

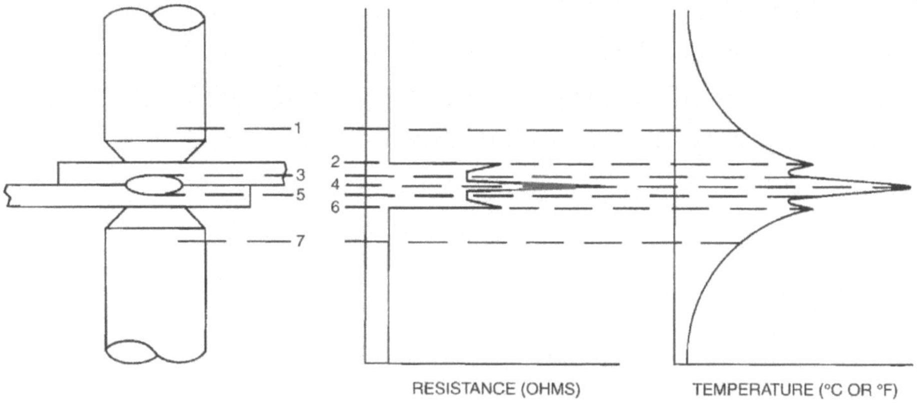

그림 5-139 점 용접부의 저항 값과 용접시의 온도분포

15.2.2. 가압력과 접촉 저항의 관계

접촉 저항은 두 피용접재 사이의 접촉면에 존재하는 전기저항으로서 용접되면 소멸한다.

접촉저항은 전기 저항 발열에 비하면 그다지 크다고는 할 수 없지만 용접 과정에 미치는 영향은 매우 복잡하다. 접촉 저항은 접촉면의 미소한 요철과 산화물 등으로 인하여 전류 통로가 제한되기 때문에 생기는 집중 저항이다. 따라서, 가압력이 크게 되면 접촉 면적이 증가하여 접촉 저항은 감소하게 된다. 접촉 저항이 크다고 하는 것은 전류통로 면적이 작다고 하는 것으로서 전류 밀도가 증가하여 그 만큼 발열량이 커짐을 의미한다.

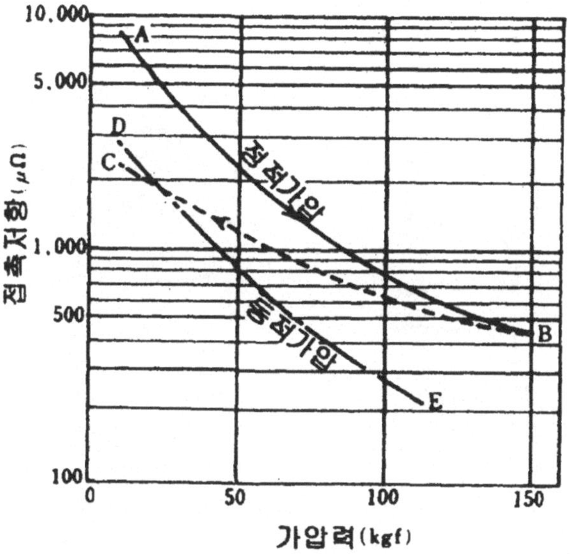

그림 5-140 가압력에 따른 접촉저항의 변화 (아연도금 강판)

전기 저항 용접에서 전극 팁의 형상을 중요시 하는 것은 전극 팁의 형상은 전기가 통하는 통로가 되고 동시에 적절한 가압력을 가하는 수단이 되기 때문이다.

아연 도금 강판의 저항 용접시에는 전류를 높이고 가압력을 상대적으로 작게 하여 접촉부에서 발생하는 아연 가스를 배출할 수 있도록 해야 한다. 또한 전류를 높여서 접촉부 발열량을 크게 하여 아연의 기화(Vaporization)를 돕는 것이 좋다.

15.2.3. 너겟의 생성 과정

통전의 초기부터 너겟이 생성될 때까지의 과정을 다음의 그림 5-137과 같이 도식될 수 있다.

- 전극 팁 주변에 전류밀도가 높은 부분이 생겨서 그 부분에서부터 온도가 상승하기 시작한다.
- 먼저 온도가 상승한 부분은 저항이 높게 되므로 그 부분에서 한층 온도가 더 높게 된다. 그러나 전극과 접촉한 피용접재의 표면은 전극에 의해 냉각이 되기 때문에 온도상승이 크지 않다.
- 중심부는 마침내 용융하여 너겟이 생성한다. 너겟 주위에는 코로나 본드라고 하는 압접부가 생성된다.
- 용융부의 저항률은 약 2.5배로 급등하므로 전류는 주변부로 퍼져서 너겟이 성장하지만 마침내 평형 상태에 달하여 너겟은 전극 방향으로의 열전도와 판 폭 방향으로의 열전도의 영향을 받아서 바둑돌 모양을 띄게 된다.

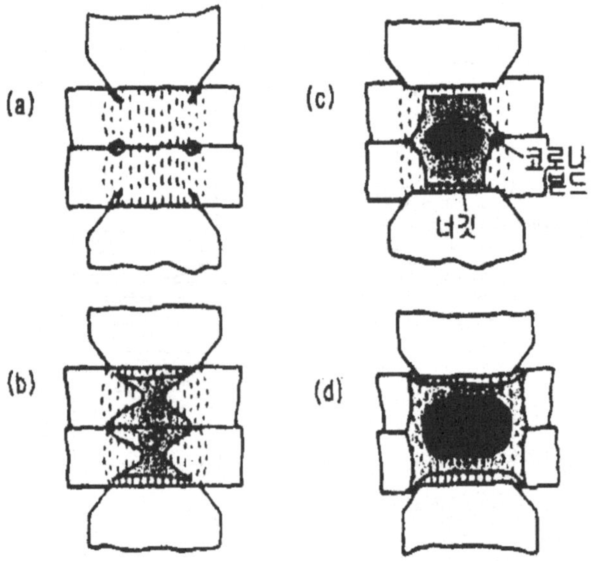

그림 5-141 전기 저항 점 용접부 너겟의 생성 과정

15.2.4. 용접부의 저항 변화

용접중에 전류의 변화를 거의 없도록 하면 팁간 전압의 변화는 바로 용접부 저항의 변화로 볼 수 있다. 이는 아래의 그림 5-142와 같다.

- 구간 Ⅰ : 용접 초기의 현상으로 수ms의 시간 내에 발생하는 동 저항의 변화를 보여주고 있다.
- 구간 Ⅱ : 용접전류가 흐르기 시작하여 온도가 상승하면 소재의 강도 하락으로 전극과 소재 사이의 접촉 면적이 증가하는 구간이다. 이 때, 표면의 접촉저항은 감소하지만 온도상승에 의한 피용접재의 고유 저항이 증가하여 이들이 서로 복합적인 효과를 나타내며 평형을 이루는 점(a)이 나타난다. a점의 동 저항은 용접 과정에서 최소값을 보이지만, 이 점을 지나면서 온도 상승에 의한 저항 증가와 효과가 접촉 면적 증가에 의한 저항의 감소 효과를 상쇄시키면서 동 저항은 증가하기 시작한다.
- 구간 Ⅲ : 동 저항은 온도 상승과 더불어 계속 상승하다가 이 구간이 끝나는 부근에서 피용접재의 접촉면은 부분적인 용융을 일으킨다.
- 구간 Ⅳ : 다음과 같이 몇가지 상반되는 현상이 발생한다. 피용접재의 온도는 계속 상승하여 총 저항을 증가시켜 동 저항도 증가한다. 용접이 진행됨에 따라 계속적으로 발생되는 열은 접촉 표면에서의 용융된 부분을 증가시켜 통전 단면적을 넓히기 때문에 저항의 감소를 초래한다. 온도 상승은 피용접재의 강도 하락을 유발하여 용접 가압력에 의한 전극간의 통전길이를 짧게 하기 때문에 총 저항도 낮아진다.

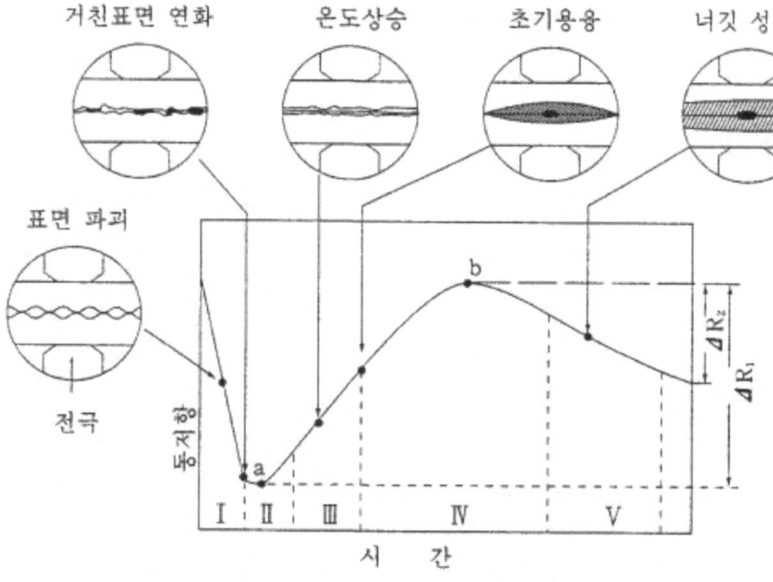

그림 5-142 점 용접에서의 동저항 변화 거동

- 구간 V : 피용접재의 접촉부에서 용융부가 계속 성장하면서 접촉면적이 넓어지기 때문에 동 저항도 감소한다. 만일, 용접 전류가 너무 큰 조건에서 용접을 실시하면 용융부도 짧은 시간에 급격히 많아지면서 주위의 고체 상태인 소재 금속이 전극 가압력을 더 이상 지탱하지 못하게 되고 용융 금속이 분출하는 날림 현상을 일으키며 동 저항 또한 급격히 감소한다.

15.2.5. 로브 곡선(Lobe Curve)

저항 용접기를 사용함에 있어서 전류와 시간과의 상관 관계를 통해서 해당 용접기가 어떤 범위에서 최적의 용접부를 만들어 낼 수 있는 지를 평가하는 도표이다.

점용접에서의 양호한 용접조건 범위를 알 수 있는 곡선으로, 일반적으로 가압력을 고정하고 용접전류와 통전시간을 변수로 하여 도출하게 된다. 이때 하한은 최소 너깃크기로 결정하고 상한은 날림의 발생구간으로 지정하게 된다.

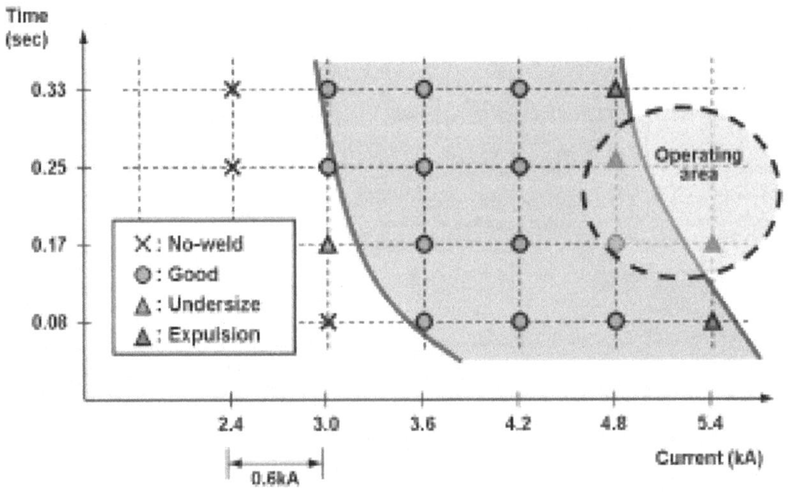

그림 5-143 전기저항용접의 로브(Lobe) 곡선

15.2.6. 무효분류

직접적으로 발열에 참여하지 못하고 용접부 옆으로 새어가는 전류를 의미하며, Stray Current, Shunting Current라고도 불리운다.

- 무효분류가 발생하기 쉬운 조건은 다음과 같다.
- 전류와 가압력이 높을 때 보다, 전류가 낮고 가압력이 낮을 때
- 전극간 간격(pitch)이 좁을 때

- 재료의 전기 전도도가 좋을 때
- 판재의 두께가 두꺼울 수록

15.2.7. 전극의 특성

전기저항 용접의 3대 요소는 아니지만 그에 못지않게 중요한 인자가 전극이다. 올바른 전극의 선정은 저항 용접부 품질에 매우 중요한 영향을 미친다.

15.2.7.1. 전극의 역할

저항용접에서 전극의 역할은 다음의 4가지로 요약될 수 있다.

- 전류의 흐름을 유지해주며, 전류의 밀도가 발생될 수 있도록 한다.
- 용접재에 압력을 가한다.
- 용접부의 열을 부분적으로 제거하는 역할을 한다.
- 용접재의 위치를 고정하는 역할을 한다.

전기저항 용접용 전극으로서 갖추어야 할 기본적인 요구조건은 다음과 같다.

- 고유저항이 작아서 통전시 발열이 작아야 한다.
- 용접시의 피용접재와 전극 접촉면에서 열량을 잘 흡수해야 한다.
- 고온에서 경도와 강도가 높고, 연속 사용에 의한 마모와 변형이 작아야 한다.

한편, 전극의 적절한 형상으로 교환이 용이해야 하며, 직경 및 선단 형상이 적절해야 한다. 또한 냉각 방식이 적절하여 선단의 과열로 인한 지나친 마모와 변형을 억제할 수 있어야 한다.

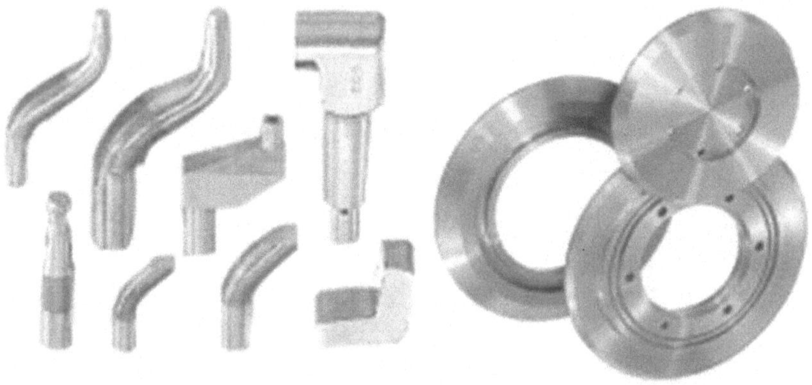

그림 5-144 전기저항용 용접 전극, 점 용접용(좌), 시임 용접용 (우)

15.2.7.2. 전극의 손상

전기저항 용접용 전극의 손상은 크게 다음과 같은 원인에 의하여 생기게 된다.

(1) 고온 마모와 변형

전극 고유저항에 의한 발열, 전극과 피용접재 표면 사이의 발열, 너겟으로부터의 열전도 등에 의하여 전극 선단의 온도가 상승하여 마모나 변형이 쉽게 일어난다. 전극선단의 고온 문제는 냉각방식, 전극선단의 형상, 피용접재의 재질과 표면상태, 용접조건(전류, 통전시간, 가압력) 및 단위시간당의 용접횟수 등에 크게 좌우된다.

(2) 전기적 손실

용접부의 표면상태가 나빠서 국부적으로 통전하여 국부 가열 되거나, 가압력이 부족하여 국부 통전 및 국부 과열하여 전극이 부분적으로 손상되거나 표면날림이 생기면서 손상된다.

(3) 화학적 손실

산화물이나 표면처리 물질이 전극 선단에 부착하거나, 가압력과 고온으로 인하여 재료의 일부가 전극으로 확산하게 된다. 이에 따라 전극 표면이 오염되어 전기 전도도와 열전도도가 저하하면서 전극 선단의 온도가 과도하게 상승하여 손상을 입을 수 있다.

15.2.7.3. 전극 재료와 형상에 관한 규격

점용접시의 전극 선단은 400 ~ 500℃로 가열되고, 압축응력도 4~20kg/mm^{2}로 상당히 높으며, 높은 전류를 흘려주어야 하는 가혹한 상태에 놓이게 된다.

가장 일반적으로 사용되는 전극은 구리합금들이다. 이들 전극재료는 높은 전기 전도도와 열전달 능력 및 적당한 강도를 가지고 있어서 널리 사용된다. 일반적으로 기계적 강도가 강한 재료일수록 전기 전도도와 열전달 능력은 떨어진다.

알루미늄 전극은 뛰어난 전기 전도도와 압축 강도로 전극과 모재의 융착을 최소화 하면서 용접을 진행 시킬 수 있는 장점이 있다. 스테인레스강 재료의 전극도 사용되는데 높은 압축 강도는 얻을 수 있으나, 전기와 열 전도도가 떨어지는 단점이 있다.

표 5-37 전기 저항용접용 전극재료의 특성(JIS Z3234, 1992)

종류	형상등	두께, 직경 mm	인장강도, Min. N/mm²	기계적 성질(상온) 연신율, Min. %	경도 로크웰 HRB	경도 비커스 Hv 3.0N	도전율 Min. % 20℃	연화특성 온도 ℃	참고 고온경도 온도 ℃	고온경도 브리넬 경도 HB	고온경도 비커스 경도 Hv 3.0N	적용례 합금예	적용례 용도예
1종	환봉	25 이하	410	20	65	125	85	250 이상	250	50 이상	-	경동 카드뮴동 지르코늄동	알루미늄합금판
	환봉	25~50	380	25	60	115							
	판	25 이하	410	20	55	110							
	판	25 초과	340	25	50	105							
2종	환봉	25 이하	450	15	75	145	75	475 이상	500	55 이상	60 이상	크롬동 크롬-지르코늄동	연강판 고장력강판 도금강판
	환봉	25~50	410		70	135							
	판	25 이하	450		70	135							
	판	25 초과	380		65	125							
	주물	-	310	12	55	110							
3종	판,봉 & 단조품	-	690	9	90	200	45	475 이상	500	-	100 이상	저베릴륨동	스테인레스강판 내열강판
	주물	-	590	5									
4종	판,봉 & 단조품	-	970	-	HRC 33	310	20	-	-	-	-	고베릴륨동	특수용도
	주물	-	620	-			18						
5종	환봉	25 이하	450	5	75	145	75	850	-	-	-	알루미나분산 강화동	연강판 고장력강판 도금강판

전기저항용접협회(Resistance Welding Manufacturing Association, RWMA)에서는 점용접용 전극 재료는 크게 다음과 같이 3종류로 구분된다.

- Group A : 동계 합금으로서 Class 1 - Class 5 로 세분
- Group B : 텅스텐과 동의 소결합금으로서 Class 10 - Class 13으로 세분
- Group C : 특수합금

(1) Cu-Cr계 합금

적당한 열처리를 행한 Cr 0.5 ~ 1.0%를 포함하는 동합금은 전기전도도와 기계적 성질이 우수하다. 전기전도도 80% (I.A.C.S) 이상, "HRB 80"정도로서 연화온도는 500℃이다. Cr 이외에 Si, Ag, Be, Li 등을 첨가하고 Zr 2.6%를 첨가한다. 1.5% Cr 동합금은 주물상태에서 "HRB 80", 전기전도도 65% (I.A.S.C) 정도이다.

탈산제로서는 0.002 ~ 0.01%의 Li를 첨가한 Cu-Cr-Li 합금의 전기전도도는 85-90%에 달하며, 냉간가공에 의해 "HRB 85" 정도가 된다.

(2) Cu-Ag계 합금

합금은 냉간가공에 의해 "HRB 60" 정도의 경도를 갖게 된다.

(3) Cu-Zr계 합금(Cu0Zirconium)

5% 이하의 Zr을 포함한 동합금은 시효처리에 의해 기계적 성질과 전기전도도를 현저하게 개선하는 것이 가능하다. 일반적으로 1 ~ 2% Zr합금이 전극재료로서 사용되고 기계적 성질을 개선하기 위해서 Ag, Cd, Mg 등을 첨가한다. Zr 0.005 ~ 5%를 포함한 Cr-Si 동합금은 냉간가공과 열처리에 의해 경도 "HRB 75" 이상 전기전도도는 60 ~ 70% (I.A.S.C)에 달하고 연화온도는 450 ~ 500℃가 된다.

(4) Cu-Be계 합금

Cu-Be 합금은 시효경화성 합금으로 높은 전도성을 갖는 것은 적당한 열처리에 의해 전기전도도 25 ~ 60%(I.A.S.C), 인장강도 80kg/mm^{2}에 달한다. 미국의 Berrylium Co의 자료는 Cu-Be 합금 강도가 높은 합금(Be 1%이상)과 고전도도 합금(Be 1%이하)의 2종류로 분류되고 표준성분은 다음 표와 같다.

표 5-38 Cu-Be 합금의 성분

구분	가 공 재 료				주 물		
	고강도		고전도도		고강도		고전도도
성분	25	165	10	50	20C	275C	20C
Be	1.90-2.15	1.60-1.80	0.45-0.60	0.25-0.50	2.00-2.25	2.60-2.35	0.55-0.70
Co	0.25-0.35	0.25-0.35	2.35-2.60	1.40-1.70	0.035-0.6	0.35-0.60	2.35-2.60
Ag	-	-	-	0.90-1.10	-	-	-
Cu	나머지	나머지	나머지	나머지	나머지	나머지	나머지

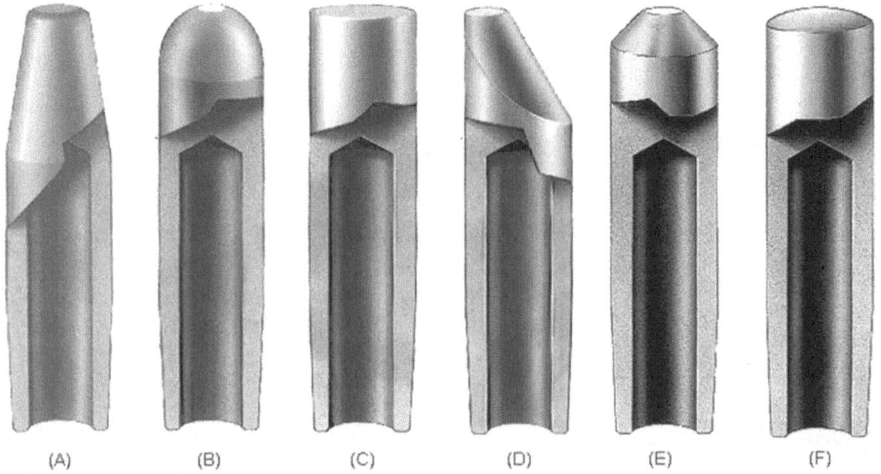

그림 5-145 전극의 형상 구분 [(A)Pointed Nose, (B) Dome Nose, (C) Flat Nose, (D) Offset Nose, (E) Truncated Cone, (F) Radius Faced]

15.2.8. 저항 용접기

저항 용접기는 구조적인 특성에 따라 고정형과 이동이 가능한 이동형으로 나누어 지며, 이동형은 용접기와 변압기가 일체형으로 된 것과 분리된 방식으로 나누어진다. 또한 전원 방식에 따라 다음과 같이 나누어 진다.

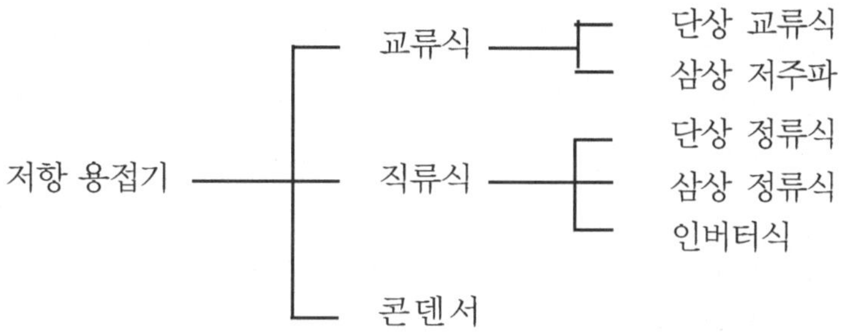

15.2.8.1. 교류식 저항 용접기

(1) 단상 교류식 저항 용접기

단상 교류식은 가장 많이 쓰이고 있는 용접기로 현재 저항 용접기의 90% 이상이 이 방식을 쓰고 있으며, 자동차 생산 현장이나 가전 등 박판 조립 공장에서 주역을 차지하는 전원 방식이다. 일반 공장에서 동력으로 쓰고 있는 상용 주파수(60Hz)의 전원을 여용접 변압기에 의해 저전압, 대전류로 변환하기만 하면 되므로 구조가 간단하여 값이 저렴한 것이 특징이다. 다만 60Hz의 상용 전원을 그대로 사용하면 유도저항(Reactance)가 크게 되어, 입력(kVA)이 크게 걸리고, 삼상 전원 중에서 단상 만에 부하가 걸리므로 불평형 부하로 되는 것과 대출력화가 어려운 결점이 있다.

(2) 삼상 저주파식 저항 용접기

단상 교류 용접기로는 유도저항(Reactance)가 크게 되어 알루미늄 합금의 저항 용접과 같이 대전류를 필요로 하는 것에서는 입력(kVA)이 크게 되어 전원 설비상 여러 가지 폐해가 나타난다. 이러한 결점을 해소하기 위해 삼상 저주파 저항 용접기가 개발되었다. 용접 변압기의 1차 측에서 정류하는 방식으로 실제로는 정방향과 역방향 전류의 절환점에서 일시 전압을 가하지 않는 시간(Cool Time)을 둠으로, 용접 전류는 통전과 휴전을 반복하는 Pulse 통전으로 된다.

대전류를 쉽게 얻을 수 있고, 역률이 좋으며(85% 이상), 삼상 평형 부하로 된다. 용접 변압기가 소형이고, 통전시간을 길게 할 수 있다.

항공기와 전차 등 대형 차량 제조에는 현재에도 이용되고 있지만 자동차 제조업에서는 거의 이용하지 않고 있다.

15.2.8.2. 직류식 저항 용접기

(1) 정류식 저항 용접기

삼상 저주파식은 용접 변압기의 1차 측에서 정류하는 방식으로 하는 것이라면, 삼상 정류식 저항 용접기는 용접 변압기의 2차 회로에서 용접 전류를 직접 정류하는 방식이다. 용접 변압기의 2차 코일에 정류기를 넣어 2차 전류를 직접 정류하여 직류의 높은 용접 전류를 얻는다. 삼상 저주파 방식과 삼상 정류 방식은 다음과 같은 공통적인 장점을 가지고 있다.

- 수만 ~ 수십만 A와 같은 대전류가 비교적 용이하게 얻어진다.
- 용접기의 Arm 부분에 강판 등의 자성재료를 넣어도 용접전류는 거의 영향을 받지 않는다.
- 전기 입력을 높이지 않고 용접기의 Arm을 크게 할 수 있다.
- 삼상 평형 부하로 된다.
- 역률이 좋다. (85% 이상)

한편 결점으로는 장치가 복잡하고 고가이다. 중용량 이하의 것으로는 단상 정류식이 이용되고 있는 것도 있다.

(2) 인버터(Inverter)식 저항 용접기

안정된 저항 용접을 하기 위해서는 용접 전원 전압(AC 220V/440V)의 변동과 용접할 금속재료의 성형 산포 등이 있더라고 항상 일정한 용접 전류를 흘리는 것을 필요로 한다. 이 때문에 용접 전류를 Feed Back하여 항상 일정 용접 전류를 흘리는 제어가 필요하다.

인버터식 직류 저항 용접기는 삼상 평형 부하로 되고, 전원 설비적으로도 유리하다. 뿐만 아니라 1차 회로에 대용량의 콘덴서가 존재하고, 2차 회로도 정류 방식으로 되어있기 때문에 1차 측에서 본 역률(소비전력/전류*전압)은 현저하게 높은 값으로 된다.

(3) 콘덴서(Condenser)식 저항 용접기

콘덴서(Condenser)식 저항 용접기는 대용량의 전해 콘덴서에 축적된 전기 에너지를 수 ms ~ 수천ms 정도로 단시간에 방출하여 용접하는 방법이다. 단상 혹은 삼상의 교류 전압을, 정류 회로에 의해 직류 전압으로 바꿔 콘덴서(Condenser)를 소요의 전압까지 충전한다. 이 용접 전류는 보통 충전 전압을 변화하여 조정한다.

이 방식의 특징은 무엇보다도 주 전원의 전기 용량을 대폭 줄일 수 있는 장점을 가진다. 그외에 전원 전압의 변동에 의해 용접 전류가 변화하지 않고, 단시간 통전이 가능한 등의 장점이 있지만, 통전 시간의 조정이 간단하지 않고 후판 강판과 같이 긴 통전 시간이 필요한 것에 사용할 수 없다. 또한 가격이 고가이고 충전시간을 필요로 하는 관계상 타점 속도(용접속도)에 제한을 받는 결점이 있다. 주로 프로젝션 용접으로 적용되고 있지만 저항 용접에도 이용되고 있다.

15.3. 저항 용접의 3대 요소

저항 용접의 3대 요소는 용접 전류, 통전 시간, 전극 가압력이라고 할 수 있다.

점 용접에서는 전극의 소재와 형상도 중요하지만 3대 요소에는 포함시키지 않는다. 여기서 용접에 필요한 발열량은 전류의 제곱에 비례하고, 통전 시간에 비례하며, 전극의 가압력에 대략 반 비례 하는 관계를 가진다.

15.3.1. 용접 전류

용접시의 전류가 부족하면 너겟의 충분한 형성이 곤란해져서 용접부에 대한 인장 전단시험을 실시하면 전단파단(Surface Fracture)이 생기면서 강도가 떨어진다. 전류가 과대해지면 판 표면에 오목자국이 크게 되거나 끝 티가 남고 전극팁 표면의 오염도 현저하게 된다. 또한 중간날림 (Extrusion)이 생겨서 너겟에 기공이 남기도 한다.

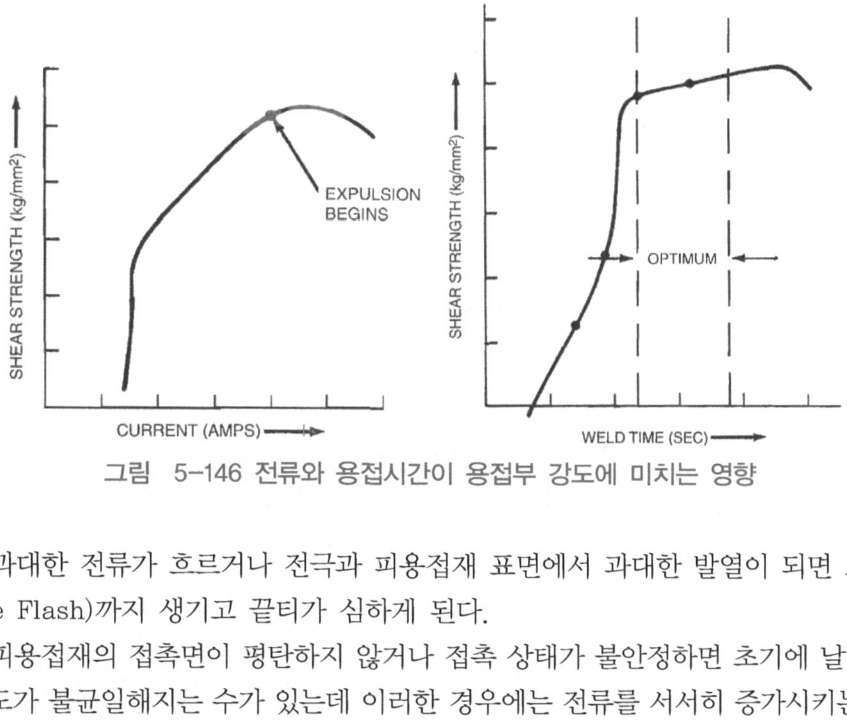

그림 5-146 전류와 용접시간이 용접부 강도에 미치는 영향

더욱 과대한 전류가 흐르거나 전극과 피용접재 표면에서 과대한 발열이 되면 표면 날림(Surface Flash)까지 생기고 끝티가 심하게 된다.

한편 피용접재의 접촉면이 평탄하지 않거나 접촉 상태가 불안정하면 초기에 날림이 심해져서 강도가 불균일해지는 수가 있는데 이러한 경우에는 전류를 서서히 증가시키는 통전 파형 즉, Up Slope 파형을 선택하면 좋다. 저항 용접시에 적용되는 전류는 주로 단상 직류이지만 최근에는 Inventer의 적용으로 교류 용접을 하는 경우도 많아지고 있다.

15.3.2. 통전시간

저항 용접에 필요한 저항 발열은 통전 시간에 비례하기 때문에 대전류 단시간에서도, 소전류 장시간에서도 비슷한 열량은 얻어진다.

그러나 열전도에 의하여 잃는 열량도 시간에 따라 증가하기 때문에 전류를 작게 하고 시간만 증가한다고 용접이 되는 것이 아니고 적당한 전류와 통전 시간을 선택하여야 한다.

전류를 높여서 통전 시간을 지나치게 짧게 하면 열전도의 여유가 없기 때문에 용접부는 원통형의 너겟으로 되어 용융 금속의 날림과 기포 등이 생기기 쉬우며, 건전한 용접부가 얻어지기 곤란한 경우가 있다.

일반적으로 판 두께가 얇을수록 통전 시간의 증가에 따라 너겟 직경 증가가 빨리 포화된다.

그러나 판 두께가 커지면 상당히 긴 통전 시간 동안에도 너겟 직경이 증가하는 경향을 보인 후 포화하게 된다.

즉 같은 전류를 흘리면서 통전 시간만 증가 시킬 때는 너겟 직경의 성장 한계치가 거의 판 두께에 비례해서 증가함을 의미한다.

판 표면에 생기는 오목 자국은 용접 전류에도 크게 의존하지만 통전 시간이 커지면 거의 비례하여 증가하므로 오목 자국을 작게 하기 위해서는 대전류 단시간 통전의 원리를 적용하는 것이 기본적으로 유리하다.

또한 통전 시간이 지나치게 커지면 통전 중에도 불구하고 냉각, 응고를 개시하여 너겟 주변부에는 링 모양이 생기며 이때는 오히려 인장 전단 강도가 저하하게 된다.

15.3.3. 전극 가압력

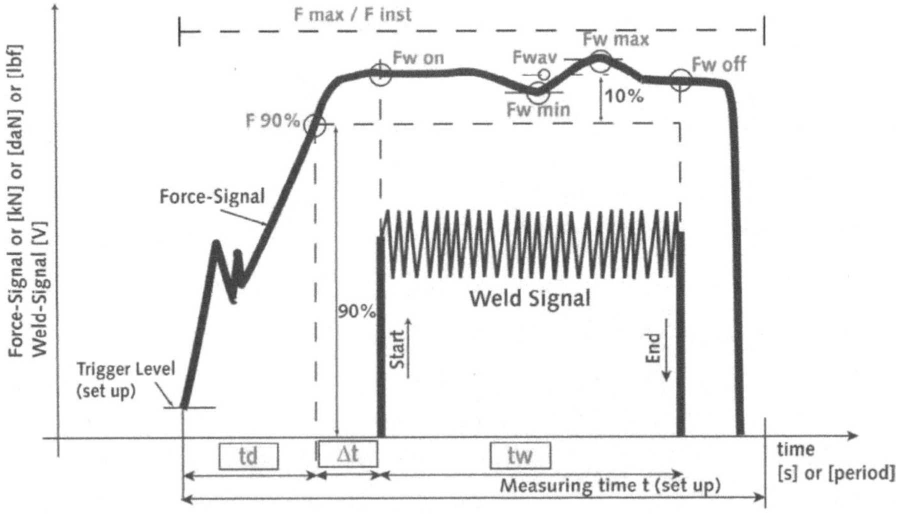

그림 5-147 전기 점 용접시의 가압력의 변화

저항 용접에서는 전술한 바와 같이 강력한 가압력을 가하여 전류의 통전 면적을 작게 하여 전류 밀도를 크게 함으로서 저항 발열을 집중시켜서 너겟을 얻는다.

따라서 저항 용접에 있어서 전극 가압력은 전류 밀도를 결정하는 중요한 인자이다. 전극 가압력은 저항용접에 있어서 자율 작용의 가장 큰 지배인자로서 용접 전류를 크게하면 그에 따라 가압력도 크게 하여야 한다. 그런데 초기부터 낮은 가압력을 가하거나 통전도중에 가압력이 낮아지는 경우는 가열되어 팽창하는 용융 금속이 외부로 튀어나가는 것을 억제하면서 너겟의 성장을 촉진하는 작용을 하지 못한다. 이와 같이 가압력이 낮거나 통전 중에 갑자기 가압력이 낮아지는 때에는 용융 금속의 날림이 생기기 쉽고 이로 인하여 과대한 오목 자국 및 기공과 같은 결함이 생긴다.

15.4. 저항 용접의 종류

전기 저항 용접은 그 적용 방법에 따라 점(Spot) 시임(Seam), 프로젝션(Project) 용접의 세가지 기본 방법으로 구분되며, 기타의 용접 방법으로는 Flash, Upset, Percussion등이 있다. Spot, Seam, Project 용접의 형태는 다음의 그림을 참조한다.

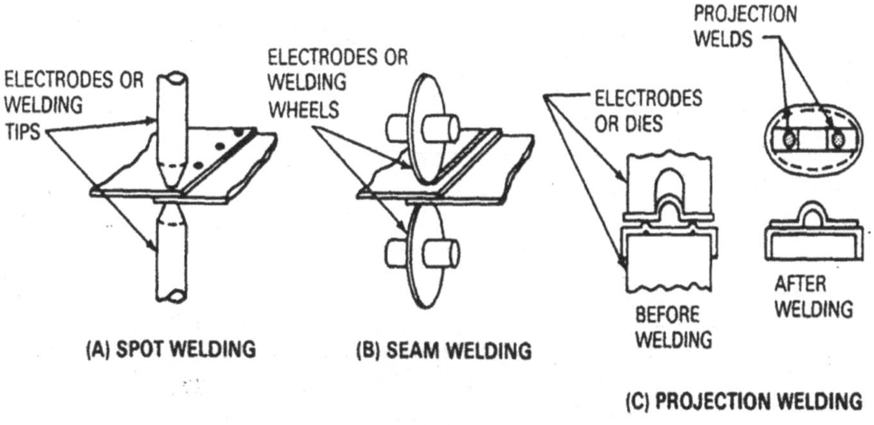

그림 5-148 전기 저항 용접의 구분

15.4.1. 전기저항 점 용접(Spot Welding)

전기저항 점 용접은 통상 3.2mm 이하의 얇은 박판에 적용하고 있다. 주로 간단한 Lap Joint에 적용이 되고 있으며 누설(Leak)가 허용되는 단순 구조물에 적용된다. 간혹 6mm 정도의 두께에 적용되기도 하지만 경제성과 취급의 어려움을 고려해 볼 때 추천하기 어렵다. 이 용접은 보수 정비를 위한 분해의 필요성이 없는 곳에 적용된다. 점(Spot) 용접은 전류의 회로 구성에 따라 Direct와 Indirect Welding으로 구분한다. Indirect Welding은 용접 전류와 힘을 가하는 전극이 용접 대상물을 사이에 두고 대칭되는 반대의 위치에 놓여지는 것을 말한다. 이와는 반대로 Indirect Welding은 전류 회로를 구성하는 전극과 압력을 가하는 전극이 어느 정도의 거리를 두고 떨어져 있는 것을 말한다. 전기저항 점 용접은 접합되는 두 금속이 어느 정도의 겹치게 (Overlap) 되는 여유 공간이 있어야 한다. 그렇지 않으면 다음의 그림에서 보는 바와 같이 표면에 결함이 생기게 된다.

또한 전기저항 점 용접부의 단점으로는 표면에 그림 5-149와 그림 5-150과 같은 함몰된 용접 자국이 남는다는 것이다.

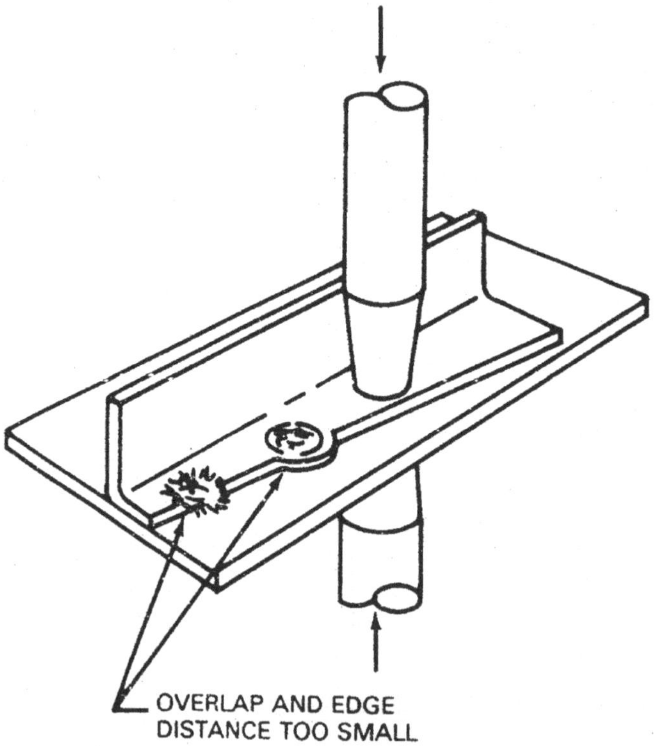

그림 5-149 부적절한 Overlap과 Edge Distance로 인한 결함

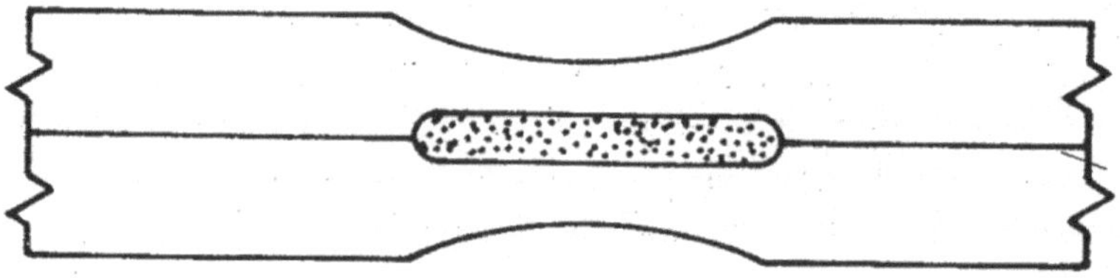

그림 5-150 전기저항 점 용접부의 표면 함몰

15.4.2. 전기저항 시임 용접(Seam Welding)

전기저항 시임(Seam) 용접은 점(Spot) 용접과는 달리 연속적인 용접선을 만들어 접합하는 방법이다. 겹쳐진 판재를 회전하는 전극으로 가압하여 순차적으로 이동시켜 가면서 연속적으로 너겟을 만들거나 너겟이 서로 중첩되도록 하거나, 전기 저항열을 가하면서 힘을 가해 강제로 구속시키는 방법 등이 있다.

점 용접과 마찬가지로 겹치기 이음에 적용되며, 유체의 누설을 방지가 필요한 곳에 적용된다. 시임 용접은 일직선이거나 일정한 유형의 곡선 용접이 가능하지만 불규칙한 구조물의 용접은 불가능하다. 다른 용융 용접법에 비해 용접부 강도는 떨어지지만 손쉽게 용접을 완료할 수 있는 장점이 있다. 용접 과정에서 힘을 가하는 방법과 조인트의 형상에 따라 Lap Seam Weld, Mash Seam Weld, Metal Finish Seam Weld의 세 종류로 구분한다.

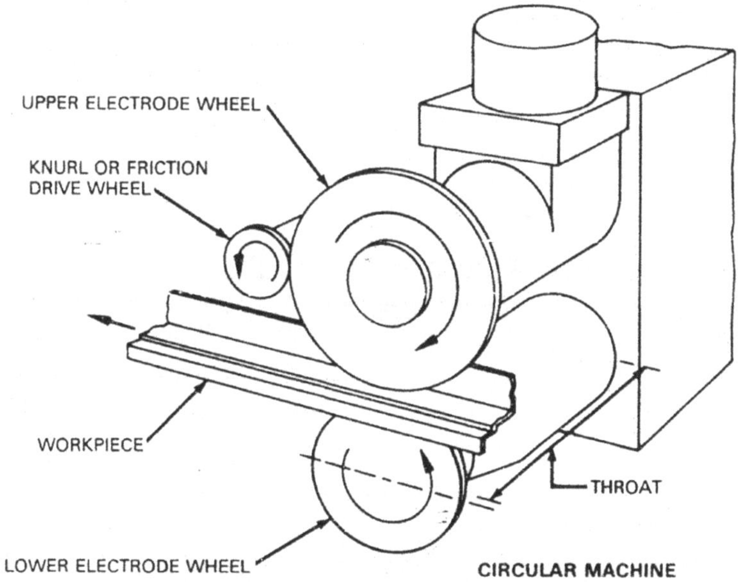

그림 5-151 전기 저항 시임(Seam) 용접기

시임 용접에 사용되는 전류는 다음과 같은 이점을 얻기 위해 Pulsed Current를 사용한다.

- 저항 열 제어가 쉽다.
- 각각의 너겟이 압력을 받으면서 냉각될 수 있는 시간을 준다.
- 용접물의 변형을 최소화할 수 있다.
- 중간날림(Expulsion)이나 검게 산화되는 것을 조절할 수 있다.
- 보다 양호한 외관과 품질을 얻을 수 있다.

이 방법은 인접된 너겟의 간격이 좁고, 특히 기밀을 요구하는 이음부에 대해서는 인접한 너겟이 어느정도 겹치도록 용접을 진행해야 하기 때문에 전류가 많이 필요하고 전극의 모재에 대한 접촉 면적도 Spot 용접에 비해 상대적으로 넓게 되어, 결국 같은 판 두께에 대하여 점 용접의 1.5 ~ 2배의 전류, 1.2 ~ 1.6배의 가압력을 필요로 한다.

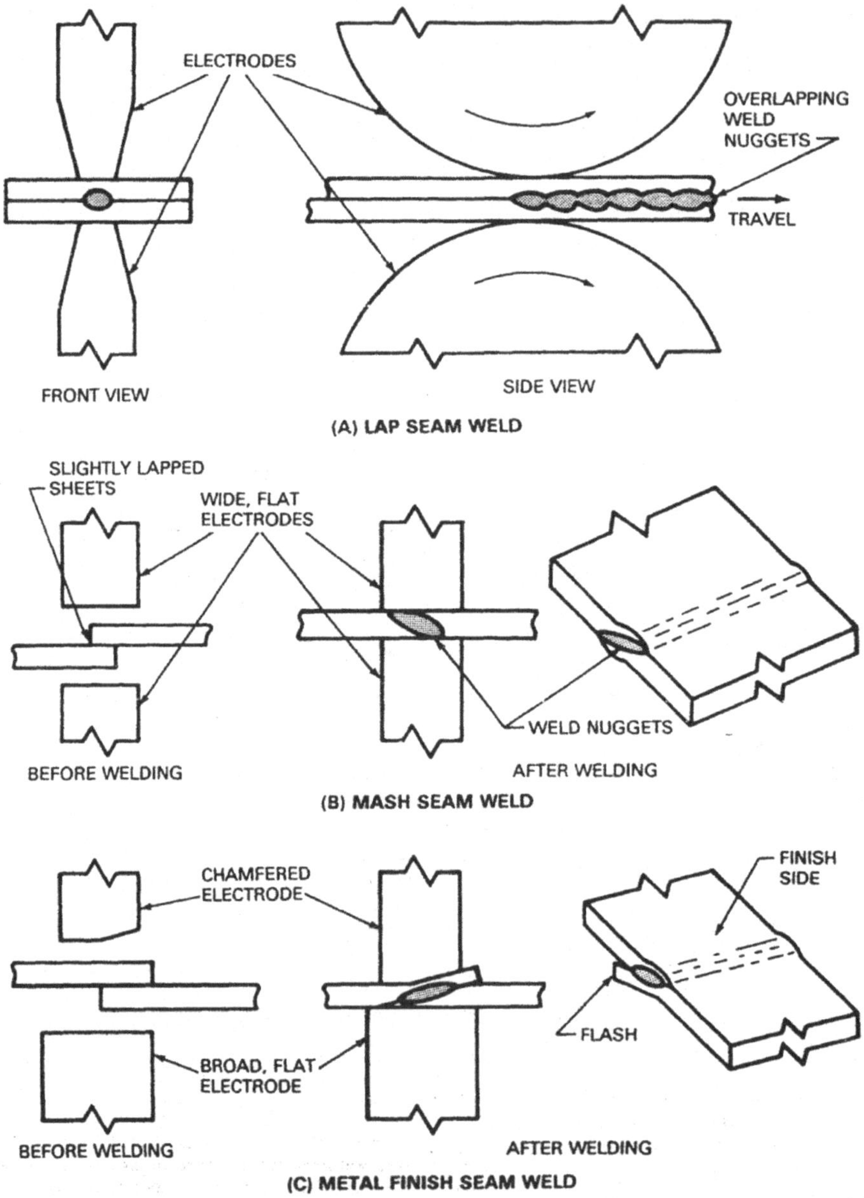

그림 5-152 전기 저항 시임(Seam) 용접의 종류

15.4.3. 전기저항 프로젝션 용접(Projection Welding)

프로젝션(Projection) 용접은 용접물 표면에 돌기를 만들어 놓고 전류와 압력을 가하면서 용접을 실시하는 방법이다. 즉 점 용접에서 전극의 역할을 표면에 형성된 돌기들이 담당하게 되는 것이다.

프로젝션 용접은 표면에 여러 개의 돌기를 만들어 동시에 다수의 너겟이 형성되게 하기도 한다. 용접 대상물은 통상 3.2mm 이하의 얇은 박판에 적용된다. 프로젝션 용접은 점 용접과 마찬가지로 작은 부품을 커다란 구조물에 용접할 때 사용하기 좋다.

15.4.3.1. 프로젝션 용접의 장점

- 전극의 압력이 균일하게 가해지고 전류의 공급에 문제가 없다면 여러 개의 용접부(너겟)을 한꺼번에 만들 수 있다.
- 용접 전류가 돌기에 집중되기 때문에 적은 겹치기(Overlap)만으로 용접물을 더 가까이 근접시켜서 용접할 수 있다. (열 집중성이 좋다.)
- 돌기가 후판 쪽에 형성되고 돌기의 개수와 위치가 변동 가능하므로 6배 이상의 두께차이가 나도 용접이 가능하다.
- 점 용접에 비해 용접부 크기가 작고 균일한 너겟을 형성할 수 있으므로 더 조밀하고 정밀한 용접부를 얻을 수 있다.
- 모든 용접과 열 발생 및 변형이 돌기에만 집중이 되므로 돌기가 없는 쪽의 외관이 좋다.
- 점 용접보다 크고 평평한 전극을 사용하므로 전극의 소모가 작고 경제적이다.
- 기름, 녹 등에 의한 전극의 오염이 용접부 품질에 별 영향을 미치지 못한다.

15.4.3.2. 프로젝션 용접의 단점

- 미리 돌기를 만들어야 하는 어려움이 있다.
- 다층 용접을 할 경우에 각 층별로 돌기의 위치를 정확하게 제어해야 하는 어려움이 있다.
- 돌기를 만들기 어려운 후판일 경우에는 프로젝션 용접을 적용하기 어렵다.
- 다층 용접은 반드시 동시에 실시해야 하고 이를 위한 장비의 용량에 제한이 따른다.

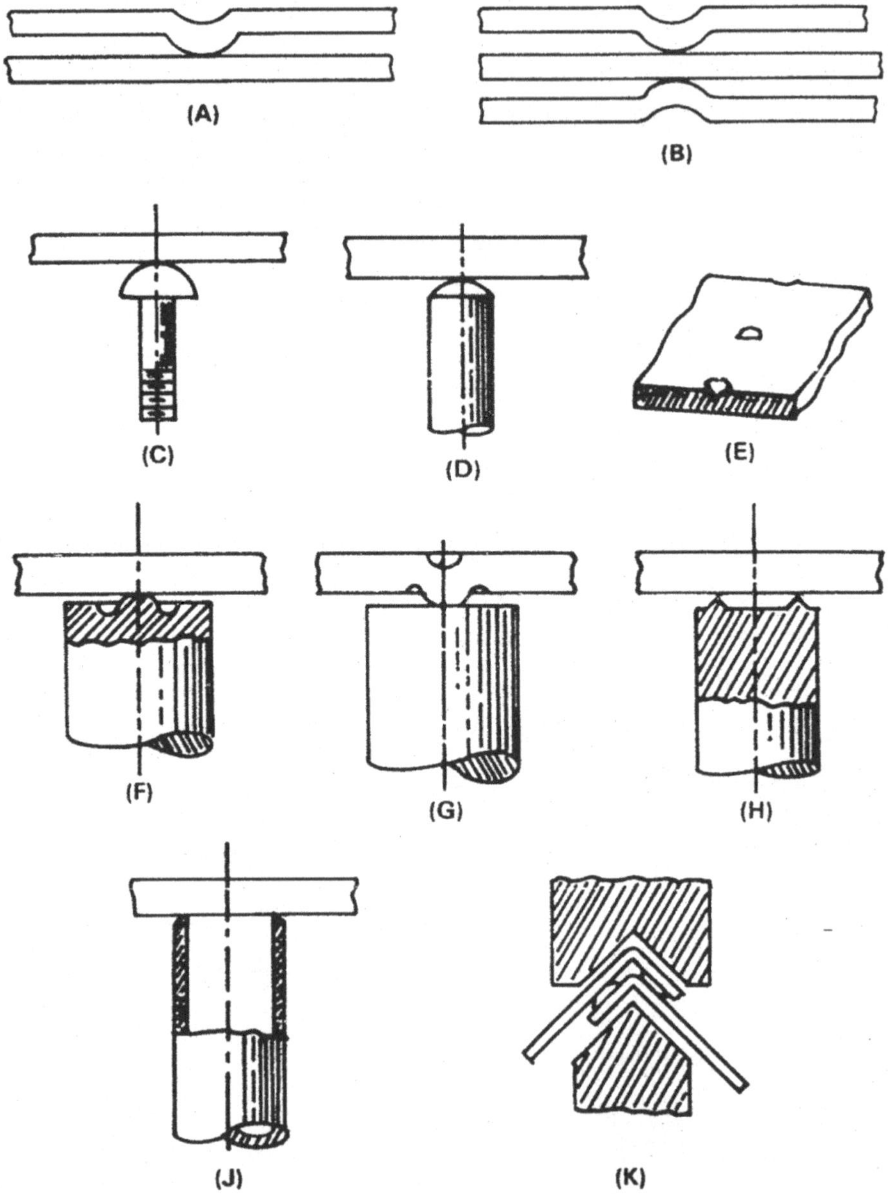

그림 5-153 전기 저항 용접용 프로젝션의 종류

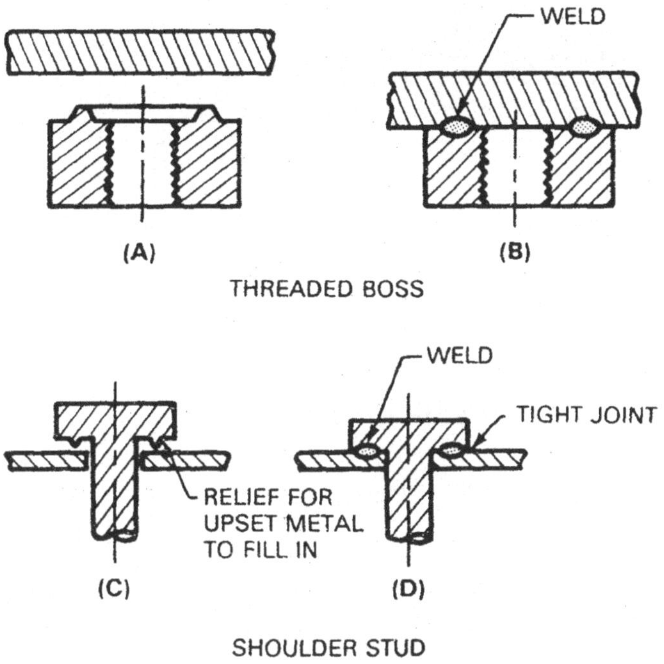

그림 5-154 프로젝션 용접의 적용

위 그림은 산업 현장에서 프로젝션 용접이 적용될 수 있는 사례를 보여주고 있다. 크기의 형상의 제한으로 인해 직접적인 용접이 어려운 곳에 손쉽게 돌기(Projection)을 형성하고 전기 저항과 적당한 압력을 가해 용접을 실시할 수 있다.

다음 그림은 프로젝션 용접 과정에서 돌기의 역할을 나타낸다.

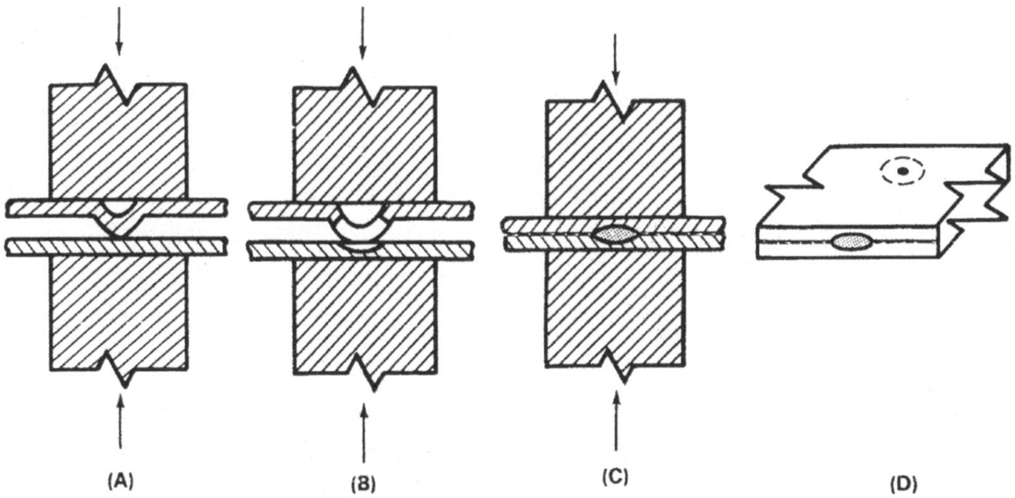

그림 5-155 프로젝션 용접 과정에서 돌기(Projection)의 역할

16. 플래쉬, 업셋, 퍼커션 용접

Flash, Upset, and Percussion Welding은 전기저항 용접의 종류로서 점(Spot), 시임(Seam), 프로젝션(Projection) 용접과는 구별되는 용접방법이다.

16.1. 플래쉬 용접(Flash Welding)

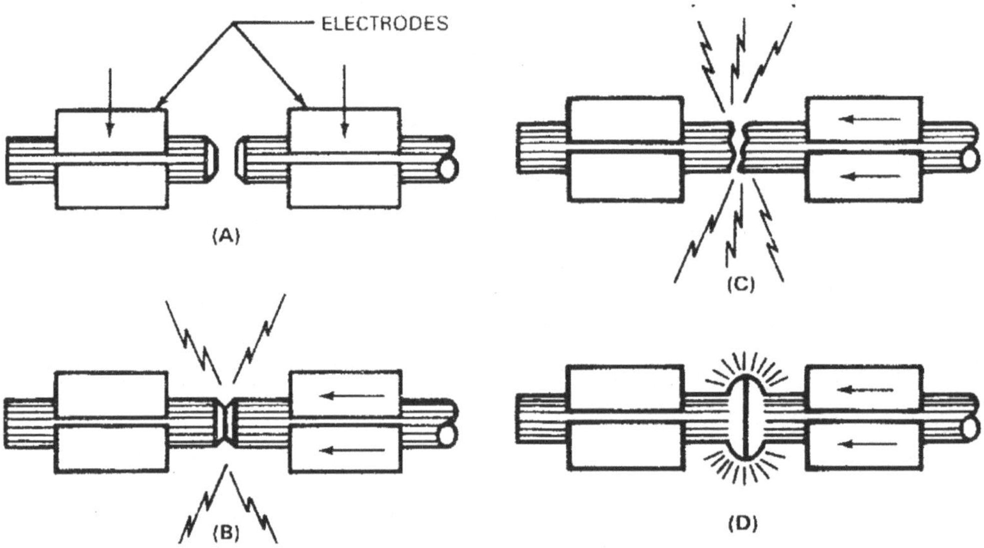

Position and Clamp the Parts, (B) Apply Flashing Voltage and Start Platen Motion
Flash, (D) Upset and Terminate Current

그림 5-156 플래쉬 용접이 진행되는 과정

플래쉬(Flash) 용접은 용접하고자 하는 모재의 선단을 가공하여 모재에 비해 조금 작은 단면을 만들도록 준비한다. 마주한 접합부에 전압을 가하여 서로 가까이 하면 전기 저항열이 발생하고, 두 금속이 접촉했을 때 높은 전류를 흘려 주면 순간적으로 맞다은 용접부의 선단이 용융하면서 약간의 아크가 발생하게 되고 용융금속의 일부가 빠른 속도로 용융부로부터 이탈하게 된다. 이러한 용융금속의 이탈현상을 플래쉬(Flash)라고 한다. 플래쉬(Flash)용접법은 저항가열 외에 아크열도 적극적으로 이용하여 비교적 넓은 단면적을 갖는 부재를 상대적으로 낮은 전류 밀도를 적용하여 용접하는 방법이다. 용접이 진행되는 과정은 다음의 단계를 따른다.

- 용접기에 용접 대상물을 설치한다. (전극에 용접물을 고정 시킨다.)
- 플래쉬(Flash) 전압을 가한다.
- 계속해서 플래쉬(Flash)가 일어나도록 모재를 강하게 반복하여 접촉 시킨다.
- 정상 전압에서 플래쉬(Flash)를 일으킨다.
- 플래쉬(Flash)를 종료하고 두 금속을 접촉(Upset) 시킨다.

강하고 균일한 용접부를 얻기 위해서는 용접 조인트 주위의 온도분포가 균일해야 하며, 접합부의 평균 온도가 금속의 용융점 이상이어야 하고, 플래쉬 중에 접합되는 단면에 균일하게 압력이 가해지도록 단면 접촉이 이루어져야 한다.

일단 이러한 조건이 성립되면 더 이상의 플래쉬(아크 발생)는 필요 없다. 플래쉬 용접에 의해 생성된 용접부는 마찰 용접이나 업셋(Upset)용접에 의해 생성된 용접부와 유사한 외형을 가진다. 그러나 마찰 용접과의 가장 큰 차이점은 용접에 사용되는 열이 마찰열이 아니라 전기 저항에서 생성되는 열이라는 점이다. 업셋(Upset)용접은 플래쉬 용접과 비슷하지만 플래쉬가 없이 용접이 이루어 진다는 점이 차이점이다.

16.1.1. 플래쉬 용접 장, 단점

16.1.1.1. 플래쉬 용접의 장점

- 단면 형상이 원형이 아닌 어떠한 형상이어도 용접이 가능하다.
- 비슷한 단면을 가진 부재는 어느 정도의 각도를 가진 상태로도 용접이 가능하다.
- 접합면의 용융층과 Upset동안에 밀려 나온 층으로 인해 계면의 불순물이 제거된다.
- 초기 플래쉬를 일으키고 위해 단면을 조금 작게 가공해야 하는 대형 부재를 제외하고는 별도의 계면 가공이나 청결 작업이 불 필요하다.
- 다양한 단면의 링(Ring)이 용접 가능하다.
- 업셋(Upset) 용접에 비해 플래쉬 용접의 열영향부가 더 좁다.

16.1.1.2. 플래쉬 용접의 단점

- 급격한 단상 전원의 사용으로 초기 삼상 전원의 발란스가 깨진다.
- 플래쉬 중에 흩어지는 용융 금속 조각으로 인해 화재와 작업자 부상의 위험성이 있다. 또한 플래쉬로 소실되는 금속 만큼의 여유가 필요하다.
- 플래쉬와 업셋된 금속의 제거를 위한 별도의 장비가 필요하다.
- 단면이 너무 작은 두 금속을 용접하기가 어렵다.
- 접합되는 두 금속의 단면이 거의 같아야 한다.

용접부의 품질을 높이기 위해 불활성 가스나 환원성 가스분위기에서 플래쉬용접을 하기도 한다. 또한 예열을 실시하기도 하는데 예열의 이점은 다음과 같다.

- 용접 부재의 온도를 높여서 플래쉬 발생과 유지를 돕는다.
- 용접부 주위의 온도분포를 고르게 하여 Upset이 보다 넓은 영역에서 잘 일어나도록 한다.
- 예열을 통해 용접기 성능을 초과하는 큰 치수의 용접물도 용접이 가능하다.

플래쉬가 완료되면 냉각이 이루어 지면서 용접이 완료되게 된다. 이때에 갑자기 전류를 끊어 버리면 용접부가 지나치게 급격히 냉각 되므로 이를 방지하기 위해서 업셋(Upset)동안에도 계속적으로 전류를 흘려 준다. 경우에 따라서는 용접 후열처리를 실시 하는 경우도 있다.

16.1.1.3. 플래쉬 용접의 적용

앞서 소개한 링 형태의 제작 혹은 파이프와 강봉의 연결작업과 함께 가장 많이 플래쉬 용접이 적용되는 분야는 철도 레일의 용접이다.

테르밋 용접에 비해 작은 용접부를 만들고 있으며, 열영부에 미치는 열이 극히 작기에 모재의 변형이나 기계적 특성의 변화가 거의 없는 것이 특징이다.

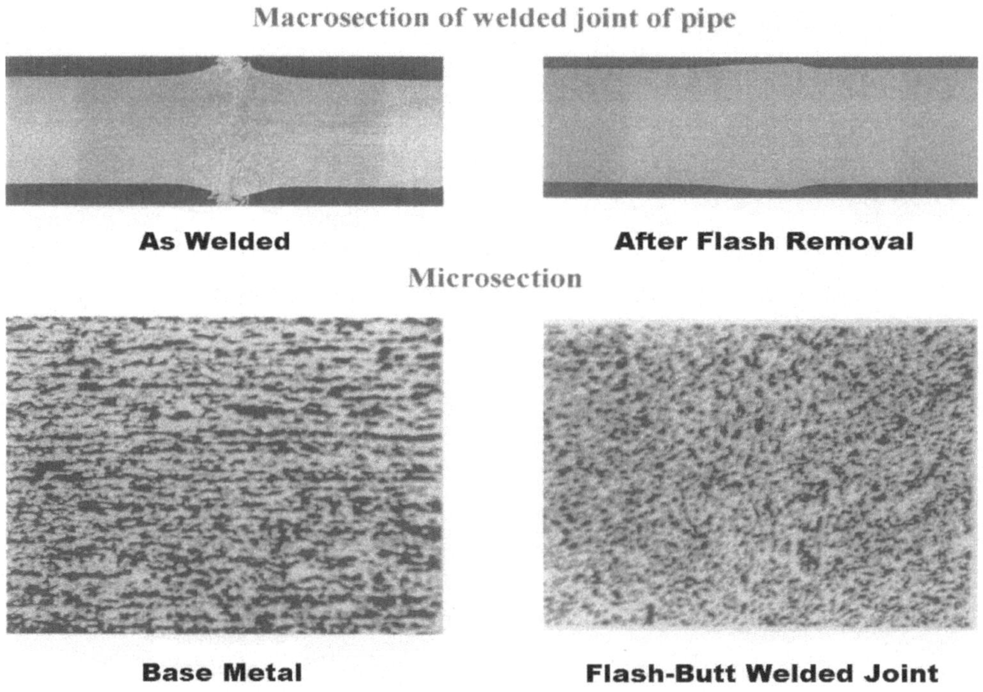

그림 5-157 고장력강관의 플래쉬 접합부의 조직 변화

위 그림에서 보는 바와 같이 용접후에 용접부와 모재 및 열영향부의 조직 변화가 거의 없는 것이 이 용접방법의 특징이며, 기계적 강도에서도 변화가 거의 없다.

용접부에 발생하는 결함들은 산화물, 기공, 균열 발생 등이 있으며, 용접 변수들이 용접부에 미치는 영향은 다음과 같다.

표 5-39 고장력 강관의 플래쉬 용접부 기계적 특성

	Base metal	Flash butt welded
Yield, Mpa	558	554
Tensile, Mpa	613	610

아래 그림은 일반적으로 철도 레일의 접합에 많이 적용되는 것으로 알려진 테르밋 용접과의 특성 비교이다. 그림에서 보는 바와 같이 매우 좁은 열영향부를 갖게 된다.

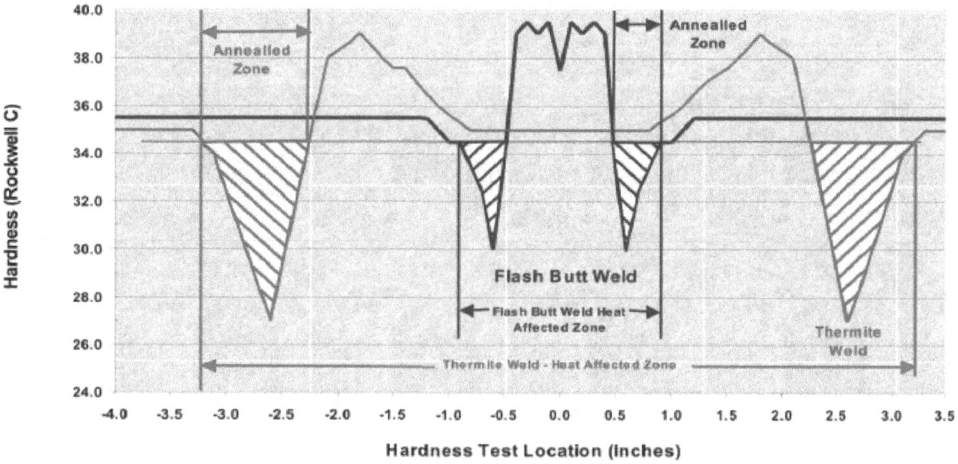

그림 5-158 테르밋 용접과 비교한 플래쉬 용접부의 특성

다음의 그림은 플래쉬 용접의 대표적인 유형들이다.

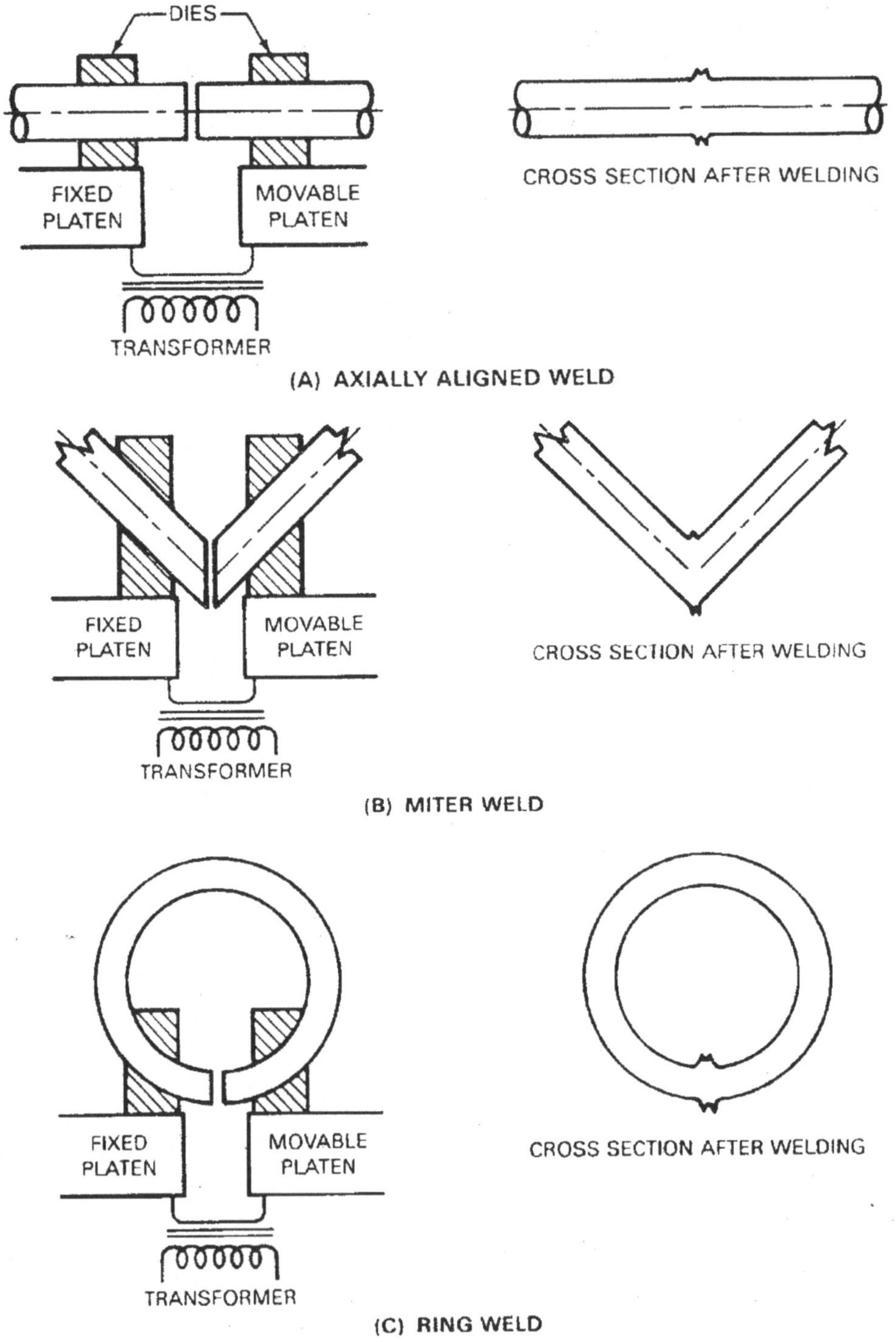

그림 5-159 플래쉬 용접의 유형

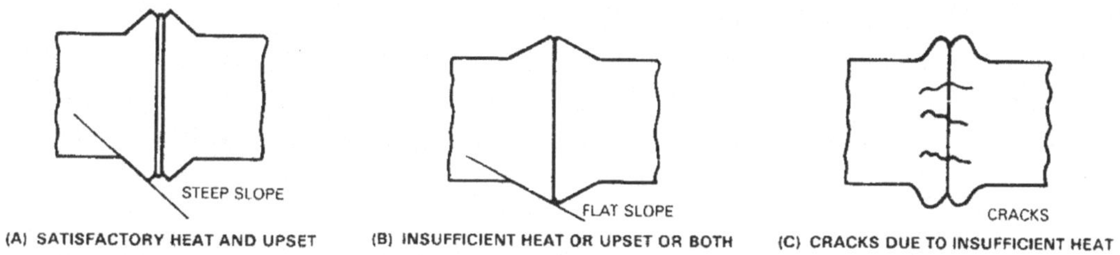

그림 5-160 플래쉬 용접부 품질

16.2. 업셋 용접(Upset Welding)

업셋(Upset) 용접은 전류에 의한 저항열을 이용하여 가열하면서 압력을 가해 용접하는 방법으로 Solid 상태에서 용접이 이루어 진다. 플래쉬용접과 구별되는 가장 큰 차이점은 플래쉬가 없다는 점과 용융된 금속 조직이 없다는 점이다. 두 모재는 용융되지 않고 단지 재결정 온도 까지 가열된 후 인접된 계면을 따라 압력이 가해지면 업셋(Upset)이 발생되고 일부 금속이 접합 계면 밖으로 밀려 나오는 현상이 발생하면서 용접이 이루어 진다.

업셋(Upset) 용접은 주로 와이어형상 제품의 생산에 적용된다. 와이어생산 공장에서는 연속 생산 공정에 적용하기 위한 와이어의 연결 작업에 이 용접을 이용한다. 통상 1.27 ~ 31.75 mm정도의 직경을 가진 단면이 원형인 제품의 용접에 적용된다.

용접부에서 발생하기 쉬운 결함의 종류와 용접부의 건전성을 확인하기 위한 품질 검사 방법은 플래쉬용접과 거의 동일하다.

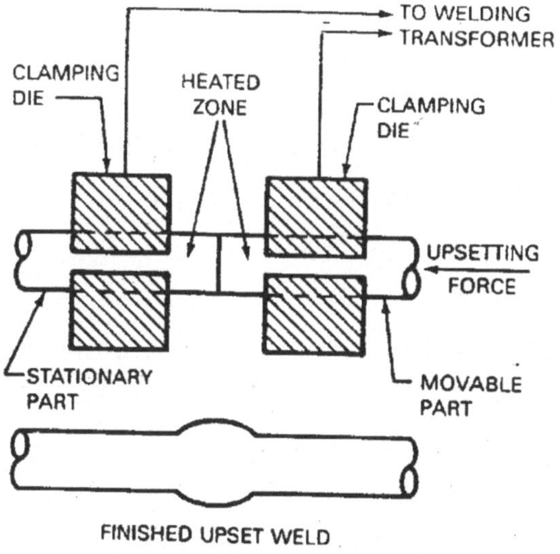

그림 5-161 업셋 용접에 의한 강봉이나 파이프의 제조

16.3. 퍼커션 용접(Percussion Welding)

퍼커션(Percussion) 용접은 순간적으로 전기에너지를 발산하여 이때 발생되는 아크열과 외부에서 가하는 압력을 이용하여 국소적으로 용융 용접을 시행하는 방법이다. 스터드용접과 전기 저항용접법의 중간 형태를 취하며, 주로 반도체나 전자 산업에서 사용되는 방법이며, 와이어나 접점, 전기단자 등과 같은 것을 평면에 용접하는데 적용한다. 다른 이름으로 충전기 방식 스터드 용접이라고도 불리지만 적용되는 용도와 사용되는 전원의 종류에서 차이점이 있다. 퍼커션(Percussion) 용접은 스터드용접과는 달리 대전류를 사용하여 주로 유사한 단면의 두 금속을 용접하는데 적용된다.

용접이 진행되는 과정은 다음의 순서에 따른다.

- 인접한 접합대상물 사이에 전원을 가해 아크를 발생시킨다.
- 강한 전압을 가해 접촉 계면의 사이의 가스를 이온화 시키고, 강한 전류로 금속을 용융시킨다.
- 압력을 가해 두 금속을 강하게 접합시킨다.
- 전원을 차단하고 응고가 진행되면 압력을 해지한다.

16.3.1. 퍼커션 용접의 장, 단점

16.3.1.1. 퍼커션 용접의 장점

- 용접시 용융되는 부분이 적으면서도 불순물을 충분히 제거할 수 있다. 따라서 약간의 표면 오염이 있어도 용접이 가능하다.
- 용융되는 부분이 작으므로 업셋(Upset)이나 플래쉬 발생이 매우 작다.
- 열처리되었거나 냉각 가공된 금속을 별도의 열처리 없이 용접할 수 있다.
- 브레이징 접합부 보다 더 강한 용접 금속을 얻을 수 있으며 용접봉이나 플럭스의 사용이 없다.
- 동종 금속 보다는 이종 금속의 용접에 더 경제적으로 적용된다.
- 아크 스터드용접에 비해 재료의 손실이 적다.

16.3.1.2. 퍼커션 용접의 단점

- 단면의 형상이 유사한 소형 부품들끼리의 용접이나 평면 접합은 가능하지만 넓은 표면적의 금속을 접합하기는 아크 제어의 문제 때문에 어렵다.
- 유사한 단면의 동종 금속은 다른 용접방법으로 더 경제적인 용접을 실시할 수 있다. 따라서 이종 금속 용접에 주로 적용된다.
- 용접하고자 하는 접합면이 반드시 분리 되어 있어야 한다. 즉, 하나의 와이어를 가지고 링(Ring)을 만들 수 없다.

17. 고주파 용접(High Frequency Welding)

17.1. 개요

고주파 용접은 높은 주파수의 전류를 용접 대상물에 흘려서 이때 발생되는 열로 용접을 실시하는 방법이다. 용접 조건에 따라 별도의 Upsetting Force를 가하기도 한다. 국내에서는 주로 Bending 등의 성형과정에 고주파가 많이 이용되고 있다. 산업계에 폭 넓게 상용 용접방법으로 개발되기 시작한 것은 1940 ~ 1950년대부터 이다.

고주파 용접은 직접 용접 대상물에 전류를 흐르게 하여 용접열을 얻는 고주파저항용접(High Frequency Resistance Welding, HFRW)과 용접물에 직접 전류를 흐르지 않고 유도코일(Induction Coil)에 의해 모재에 유도된 전류의 열을 이용하여 용접을 실시하는 고주파유도용접(High Frequency Induction Welding, HFIW)으로 구분된다.

HFIW는 종종 유도저항용접(Induction Resistance Welding)이라고도 불린다.

두 가지 방법 모두 전류가 공급되는 방식의 차이만 있지 고주파 전류에서 발생되는 저항열로 용접을 실시하는 점에서는 기본원리는 같다.

일반적인 용접기에 사용되는 저주파의 경우 용접을 실시하기 위해서는 높은 전류가 필요하지만 고주파 용접에서는 전류가 표면에 집중되고 전류가 집중되기 때문에 상대적으로 낮은 전류만으로도 용접을 실시 할 수 있다. 즉, 그만큼 용접열이 집중되는 위치를 조절하기 쉽고 에너지의 집중이 좋아서 용접속도가 빠르다.

17.2. 고주파 용접의 적용과 장, 단점

17.2.1. 고주파 용접의 장점

- 매우 좁은 열 영향부(HAZ)를 만든다.
- 용접부의 성능 개선을 위한 열처리가 거의 필요 없다.
- 에너지 효율이 좋아서 낮은 전력 소모로 빠른 용접을 실시한다.
- 0.13mm 이하의 매우 얇은 두께와 25mm 정도의 두께도 용접이 가능하다.
- 강종 제한이 거의 없다. (Carbon Steel, Stainless Steel, Alloy Steel, Aluminum, Copper, Titanium, Nickel 등)
- 용접 시간이 짧고 국부적인 가열로 인해 용접부의 산화나 변형의 위험성이 작다.

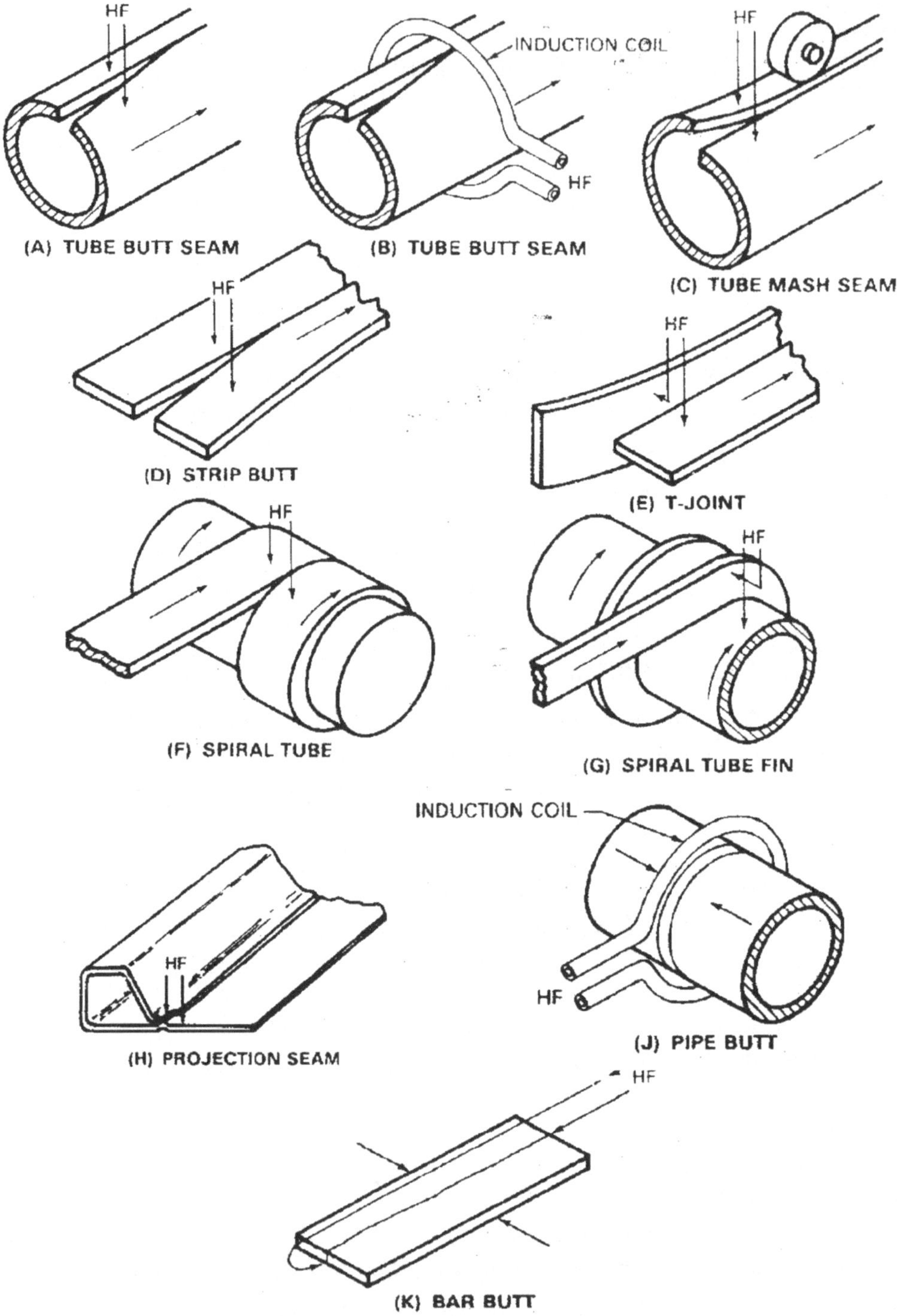

그림 5-162 고주파 용접의 적용

17.2.2. 고주파 용접의 단점

- 열 집중이 심하고 자동으로 선형(Line Operation)의 용접을 실시하므로 용접 조인트의 정확한 가공과 맞춤 작업이 필요하다.
- 높은 고주파를 사용하므로 주변 공장 기기에 영향을 줄 수 있다. 설치와 운전중에 이에 대해 신경을 써야 한다. 또한 작업자의 안전 관리에도 주의하여야 한다.
- HFIW의 경우에는 반드시 유도 전류 코일을 장착할 수 있는 Tube, Pipe 등의 형상이어야만 하는 용접물 형상의 제한이 있다.

17.3. 고주파 용접 원리

17.3.1. Skin Effect

일반적으로 강에 전류가 흐르면 전도되는 부분에 균일하게 열이 발생하지만 고주파 용접은 전류가 용접재의 표면에 집중되므로 열의 집중이 발생하고 이에 따른 전류의 침투 깊이도 표면에 국한되게 된다. 이러한 현상을 Skin Effect라고 부른다. 다음에 소개되는 Proximity Effect와 함께 고주파 용접을 가능하게 만드는 기본 원리이다. 강종별로 전류 침투 깊이는 온도와도 밀접한 관계를 가지고 있다.

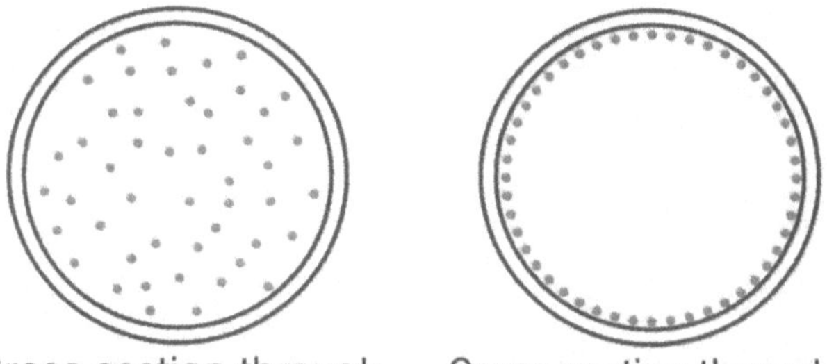

Cross section through a conductor carrying direct current.
Cross section through a conductor carrying high frequency alternating current.

그림 5-163 직류(왼쪽)과 고주파교류(오른쪽)의 Skin Effect에 의한 가열 효과

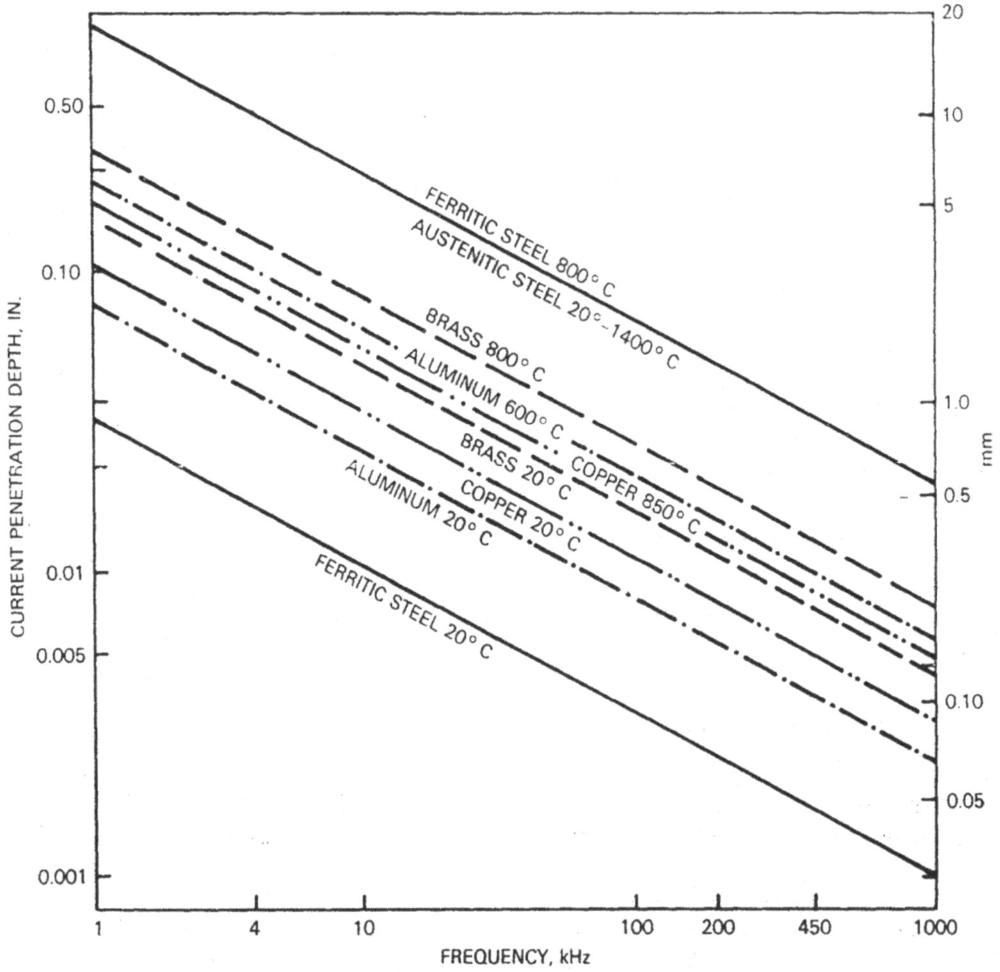

그림 5-164 강종별 용접 주파수와 전류의 침투 깊이의 관계

17.3.2. Proximity Effect

고주파 용접 전류는 용접부 따라 표면의 가장 가까운 회귀 회로를 구성하면서 흐르게 된다. 즉, 인접한 두 금속의 표면을 따라 고주파가 흐르게 되고 이 부분에 열이 발생하여 용접을 가능하게 하는 것이다. 이러한 현상을 Proximity Effect라고 부른다. Skin Effect와 proximity Effect는 주파수가 커질수록 강하게 나타난다.

고주파 용접에서 에너지 집중이 좋고 좁은 열 영향부를 만들 수 있는 것은 이 두가지 효과 때문이다.

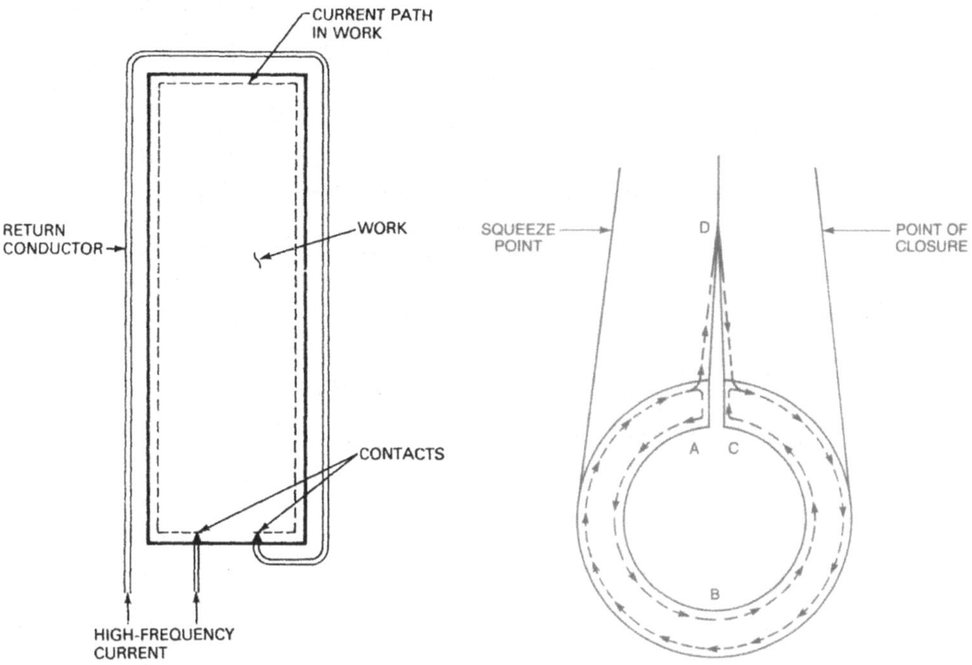

그림 5-165 Proximity Effect에 의한 고주파 전류의 흐름 제한

17.4. 고주파 유도 용접(High-Frequency Induction Welding)

17.4.1. 튜브 심 용접(Tube Seam Welding)

고주파 유도 용접은 주로 Tube와 Pipe의 제작에 적용된다. 파이프 직경에 따라 미리 절단한 스트립(Strip)을 성형 롤러를 거치면서 모양을 만들고 아래와 같이 용접기에 장착한다. 유도코일에 의해 유도된 전류 저항열로 모재가 가열되면 성형 롤러 사이로 통과시키면서 압력을 가하면 Vee 부분이 용접부가 되어 용접을 완료시키는 것이다. 용접과정에서 불순물을 포함하게 되는 용융 금속은 용접부 양쪽 방향으로 밀려나게 된다. 이 Upset 금속은 용접이 완료된 후 모재를 기준으로 깨끗이 제거되어야 한다.

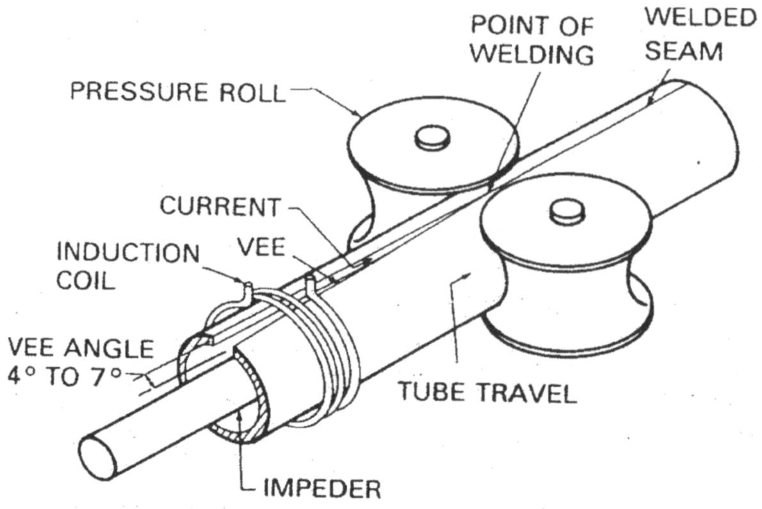

그림 5-166 고주파 유도 전류에 의한 파이프의 생산

용접 과정에서 모재 전체를 가열하게 되므로 경제적이지 못하여 박판의 용접에 주로 적용한다.

후판의 경우에는 High-Frequency Resistance Welding이 경제적으로 더 유리하다. 임피더(Impeder)는 철계(Ferrous)금속으로 만들어 지며 박판의 용접을 시행할 때 내부에 전류를 공급하는 역할을 담당한다. 임피더(Impeder)에 흐르는 전류는 용접 Vee를 가열하는데 필요한 전류로부터 생성되므로 결과적으로 용접 효율이 저하한다. 용접 과정에서 Impeder는 자성을 유지하기 위해 늘 냉각되어 있어야 한다.

17.4.2. 작은 직경 파이프의 연결(Butt Welding of Hollow Pieces)

보일러용 튜브 등을 연결할 때 주로 적용된다. 작은 유도 코일을 용접 조인트에 설치하고 고주파를 흘려 용접을 실시하는 방법이다. 그림 5-162의 (J)형태가 대표적인 용접 조인트의 형상이다 파이프 두께 10mm 정도 까지의 용접에 적용되고 있으며 용접은 조인트당 10~60초 정도의 매우 짧은 시간 동안에 이루어 진다.

17.5. 고주파 저항 용접(High-Frequency Resistance Welding)

17.5.1. 연속 심 용접(Continuous Seam Welding)

기본적인 용접 과정은 HFIW와 거의 유사하지만 전류가 공급되는 방식에서 차이가 있다.

유도 전류에 의해 가열되는 HFIW와는 달리 직접 Sliding Contact에 의해 전류가 공급되는 것이 차이점이다. Tube Diameter나 Wall Thickness에 따른 용접 효율의 차이가 거의없고 Pipe나 Tube 뿐만 아니라 어떠한 형상의 용접물도 용접이 가능하다.

또한 원하는 Vee 부분만 전류가 흘러 부분적으로 가열이 가능하므로 용접(에너지) 효율이 좋다.

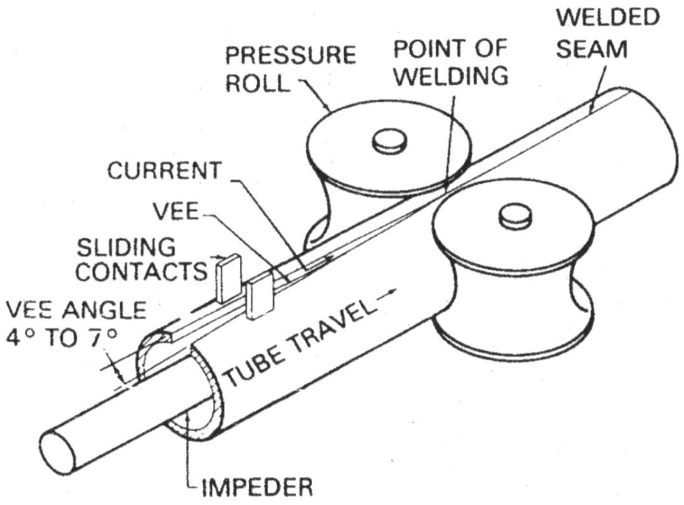

그림 5-167 고주파 저항용접에 의한 파이프의 생산

17.5.2. 제한된 길이의 용접(Finite Length Welding)

고주파 저항 용접은 파이프나 환봉의 용접뿐만 아니라 마주한 두 철판을 용접하는데 적용될 수 있다. 다음 그림 5-168은 철판 용접에 가용되는 고주파 용접 원리를 설명하고 있다.

제한된 길이의 용접은 마주한 두 철판 위에 고주파 전류를 흘려서 이때 발생되는 열과 외부 압력을 통해 용접을 이루는 방법이다. 충분히 가열된 상태에서 압력을 가하면 Upset이 일어나게 된다. 적절한 주파수의 전류를 선택하여 표면에 흐르는 전류의 깊이를 제어할 수 있다. 시간당 1000 조인트까지 용접을 실시할 수 있다.

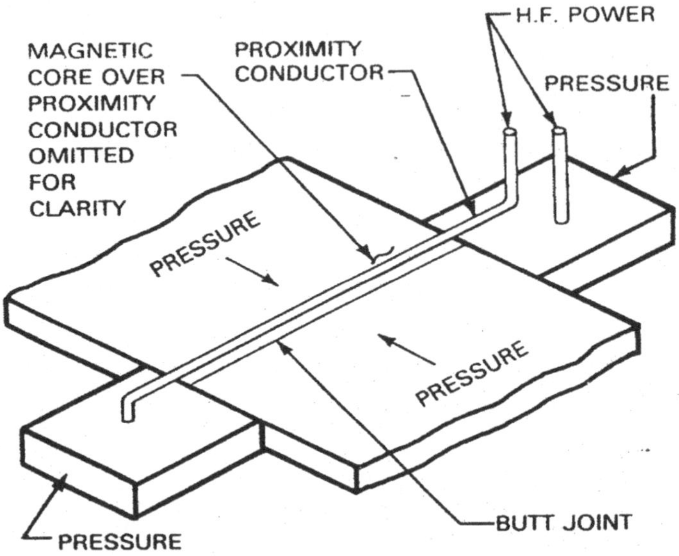

그림 5-168 고주파 용접에 의한 용접에 의한 철판의 용접

17.6. 용접 소모재

상용화되는 고주파 용접에는 기본적으로 용접봉의 추가 사용이 없다. 플럭스나 용접부 보호용 불활성 가스는 알루미늄, 티타늄 등의 용접시에 적용되기도 하지만 특별한 경우에 국한한다.

17.7. 용접부 검사

용접부 품질을 확인하기 위한 검사는 다른 여타 용접방법의 경우와 유사하다. 다만, 형상이 주로 파이프와 튜브 형상이므로 와전류탐상검사(Eddy Current)를 이용한 비파괴 검사 방법이 폭넓게 적용되고 있다.

17.8. 기타

용접이 이루어지기 위해서는 용접부는 반드시 용접 진행 방향에 수직하고 두 접촉면이 평행하게 놓여져야 한다. 이렇게 해야 균일한 가열이 이루어 질 수 있다. 접합면에 수직하게 압력이 가해져야 하고 용접 중에 전단력이 가해지면 기공발생, 오염 및 고온 응고 균열 발생

등의 결함이 발생할 수 있다.

비금속 개재물이 많거나 입자(Grain) 사이즈가 너무 큰 재료의 용접은 매우 힘들거나 불가능한 것 들이 많다. 이종 금속의 용접도 가능하지만 용융점의 차이가 큰 금속일 경우 용접온도의 제한이 있어 적용상의 주의를 요한다. 열 경화성이 있는 재료는 열 영향부 열처리가 필요하다. 가공 경화된 재료는 용접에 의해 좁은 열 영향부가 연화된다. 알루미늄 등의 석출 경화형 재료는 부분적으로 소둔(Annealing) 효과가 발생하여 용접부가 약해지거나 과시효(Over-aged)되어 지나치게 경화될 수 있다.

18. 브레이징과 솔더링(Brazing & Soldering)

18.1. 브레이징과 솔더링의 개요

흔히 납땜이라고 불리는 브레이징과 솔더링은 두 금속을 용융시키지 않고 이들 금속 사이에 융점이 낮은 별개의 금속인 용가재(Filler Metal)을 용융 첨가하여 접합하는 방법이다.

용가재(Filler Metal)의 용입은 가까이 인접한 두 모재 사이에서 발생하게 되는 모세관 현상을 통해 이루어 진다. 브레이징과 솔더링은 용가재(Filler Metal)의 융점에 의해 450℃를 기준으로 구분하여 450℃보다 높은 것은 Brazing(경납), 450℃ 이하는 Soldering(연납)으로 구분한다.

이와 구분되는 것으로 브레이징 용접(Brazing Welding)이 있다. Brazing Welding은 브레이징에는 포함되지 않는 것으로 직접 개선 홈용접이나 필렛용접에 브레이징용 용가재를 녹여서 용접하는 방법이다. 따라서 모세관 현상에 의한 용융 금속의 이행은 일어나지 않는다.

브레이징과 솔더링은 다음과 같이 구분될 수 있다.

- 접합되는 두 모재의 용융이 없다.
- 용접에 사용되는 용가재(Filler Metal)의 용융점 온도 450℃를 기준으로 구분된다.
- 용융된 용가재(Filler Metal)의 용접 조인트로의 이동이 모세관 현상에 의해 발생한다.

18.2. 브레이징과 솔더링의 적용과 장, 단점

브레이징과 솔더링은 적절한 조인트 형상 가공을 통해 이종 금속을 접합하는데 폭 넓게 사용된다. 그러나 만족할 만한 용접부를 얻기 위해서는 알맞은 조인트 가공이 선행되어야 하는 어려움이 있다.

18.2.1. 브레이징과 솔더링의 장점

- 복잡한 구조물의 용접이 용이
- 넓은 용접 조인트를 간단하게 접합
- 응력과 열의 분산이 탁월하다.
- 코팅층이나 클래드면을 보호할 수 있다.
- 이종 금속의 용접이 가능하다.
- 비금속의 용접이 가능하다.
- 두께 차이가 현저한 재료의 용접이 가능하다.
- 정밀한 용접이 가능하다.
- 용접부의 최종 가공이 거의 필요 없다.
- 여러 개의 용접 조인트를 한꺼번에 용접할 수 있다. 경제적이다.
- 접합된 부재를 다시 분리할 수 있다.

18.2.2. 브레이징과 솔더링의 단점

- 다른 용접 방법들과 마찬가지로 수동으로 진행하는 브레이징과 솔더링에는 작업자의 숙련도가 필요하다. 특히 가스 토치로 실시하는 브레이징과 솔더링의 경우에는 작업자의 숙련도가 매우 중요하다.
- 사용된 용제(Flux)를 제거하지 않으면 추가적인 부식 손상이 발생할 수 있다.
- 매우 큰 부재는 접합이 어렵다
- 용제(Flux)와 용가재(Filler Metal)의 독성으로 인해 작업자의 안전에 주의해야 한다.
- 용가재와 용제가 비교적 비싸다.

18.3. 솔더링(Soldering)

솔더링의 대표적인 것은 땜납으로 납(Pb)과 주석(Sn)의 합금이며 합금 성분에 따라 표 5-40과 같이 구분한다. 솔더링은 보통 기계적 강도가 크지 못하기 때문에 강도를 필요로 하는 부분에는 부적당 하다. 그러나 융점이 낮고 거의 모든 금속을 접합 시킬 수 있어 작업이 용이하다.

납땜의 열원은 땜인두를 주로 사용하며 대규모일 경우에는 토치램프(Torch Lamp)나 가스토치(Gas Torch) 등을 사용하기도 한다.

표 5-40 솔더링재의 성질과 용도

성분(%)		온도(℃)		용도
Sn	Pb	고상선	액상선	
62	38	183	183	공정 땜납
60	40	183	188	정밀 작업용
50	50	183	215	황동판용
40	60	183	238	전기용, 일반용, 황동판용
30	70	183	260	일반 저주석 땜납, 건축
20	80	183	275	가스 납땜에 적합
15	85	183	288	두꺼운 물건용
5	95	300	313	고온 땜납
3	92 / Sb 5	240	285	고온용
1	97.5 / Ag 1.5	310	310	고온용
Ag 3.5	96.5	310	317	고온용

18.4. 브레이징(Brazing)

브레이징재료는 은 납, 황동 납, 인동 납, 알루미늄 납, 니켈 납 등이 있으며 형상에는 선 모양, 판 모양, 분말 형태, 페이스트(paste) 형태 등이 있다.

다음은 원재료에 따른 브레이징 재료의 구분이다.

18.4.1. 원재료에 따른 브레이징 재료의 구분

18.4.1.1. 은 납 (Silver Brazing)

은 납은 은(Ag), 구리, 아연을 주성분으로 한 합금이며 경우에 따라 Cd, Ni, Zn을 첨가하여 만든다. 특징은 융점이 비교적 낮고 유동성이 좋으며 인장강도, 전연성등의 성질이 우수하고 은백색을 띠기 때문에 아름다우며 철강, 스테인레스강, 구리 및 그 합금 등의 납땜에 널리 사용되고 있다. 결점으로는 은(Ag)을 주성분으로 하기 때문에 가격이 비싸다.

18.4.1.2. 동 납과 황동 납

보통 동 납이라고 부르는 것은 구리 86.5% 이상의 납을 말한다. 동 납은 철강, Ni 및 Cu-Ni 합금의 납땜에 쓰인다. Cu와 Zn을 주성분으로 한 합금이어서 아연 60% 부근까지의 여러가지가 있으며 아연의 증가에 따라 인장 강도가 증가 된다.

활용도가 다양하지만 융점이 820 ~ 930℃ 정도여서 과열되면 아연이 증발하여 다공성의 이음이 되기 쉬우므로 가열에 주의하여야 한다.

전도성이나 내 진동성이 나쁘며 용도에 따라 전해 작용을 받아 약해지기 쉽고 250℃ 이상에서는 인장강도가 대단히 약한 결점이 있으나 가격이 싸기 때문에 널리 사용되고 있다.

18.4.1.3. 인동 납

구리를 주성분으로 소량의 은(Ag), 인(P)을 포함한 땜납제이다.

유동성이 좋고 전기나 열의 전도성, 내식성 등이 우수하나 황을 함유한 고온 가스 중에서의 사용은 좋지 못하다. 구리와 그 합금의 납땜에는 적합하지만 철이나 니켈을 함유한 금속의 납땜에는 적당하지 않다.

18.4.1.4. 알루미늄 납

알루미늄을 주성분으로 규소(Si), 구리(Cu) 등을 첨가한 것으로 용융점이 600℃ 전후가 되어 모재의 융점에 가깝기 때문에 작업성은 대단히 나쁘다.

18.4.1.5. 기타 납땜 재

금납은 융점이 높고 가격이 비싸기 때문에 금, 은, 구리를 주성분으로 하여 아연, 카드뮴을 첨가한 것을 사용한다. 치과용, 장식용 등으로 사용하며 융점은 983 ~ 1,020℃로 금 함유량이 많을수록 융점이 높다.

내열 합금용 납은 Ag-Mn계, Ag-Cu계, Ni-Cr계의 땜납제가 있다.

브레이징은 가해지는 열원에 따라 다음과 같이 다양한 형태로 구분된다.

가해지는 열원의 종류는 다양하지만 브레이징에 적용되는 열원은 450℃ 이상이고 모재의 용융점 이하이다.

다음은 열원에 따른 브레이징의 구분이며, 솔더링에서도 같은 구분을 적용할 수 있다.

18.4.2. 열원에 따른 브레이징의 구분

18.4.2.1. 토치 브레이징(Torch Brazing)

가장 일반적으로 사용되는 브레이징 방법이다. 필요로 하는 온도에 따라 아세틸렌(Acetylene), 프로판(Propane), 도시가스(City Gas) 등의 가스를 공기(산소)와 혼합하여 사용한다.

공기와 천연가스를 섞어서 사용할 경우 화염의 온도가 가장 낮고 결과적으로 낮은 열을 공급하게 된다. 공기와 아세틸렌, 공기와 천연가스의 혼합은 낮은 열로 인해 작고 얇은 모재의 용접에 적합하다. 산소와 천연가스 혹은 기타 프로판, 부탄 등의 가스를 섞어서 사용하면 높은 화염 온도를 얻을 수 있으며 중성이나 약간의 환원성 화염을 얻게 되면 브레이징에 적합하다.

산소-수소 토치(Oxy-hydrogen Torch)는 알루미늄이나 기타 비금속 재료의 브레이징에 적합하다. 낮은 화염 온도로 인해 용접부의 과열을 막을 수 있고 수소의 작용에 의해 표면을 깨끗이 하고 보호하는 기능이 있다. 토치는 한 개 혹은 여러 개의 토치를 복합해서 사용하거나 Self-Fluxing 되는 용가재(Filler)를 사용해야 한다. 토치로 브레이징 할 경우에는 화염의 중심부가 브레이징 부에 접촉하지 않도록 해야 한다.

예열할 경우를 제외하고 모재가 화염의 중심부와 접촉하게 되면 과열의 원인이 되어 과열된 용융 용가재는 모세관 현상을 일으키기 어려워지고 저융점의 용가재일 경우에는 기화(Vaporization)되는 부작용이 있다.

18.4.2.2. 노내 브레이징(Furnace Brazing)

노내 브레이징(Furnace Brazing)은 다음의 그림과 같이 노(Furnace)에 브레이징재를 용가재(Filler)와 함께 넣고 전기, 가스 혹은 기름을 태워 열을 가하여 브레이징을 실시하는 방법이다. 노 내의 온도는 일정하게 유지되어야 하며 땜납과 용제는 미리 접합 면에 삽입하여 노 내에 넣는다.

노내 브레이징(Furnace Brazing) 과정과 장점은 다음과 같이 구분될 수 있다.

- 브레이징재를 미리 고정 시켜 놓을 수 있어야 한다.
- 용가재를 미리 브레이징 부에 놓아야 한다.
- 여러 개의 브레이징 조인트와 모재를 한꺼번에 브레이징 할 수 있는 장점이 있다.
- 복잡한 형상의 브레이징 재는 미리 균일한 온도로 예열을 시킨 후에 노에 장입을 해야 한다. 그렇지 않으면 국부적인 과열로 인해 변형의 원인이 된다.
- 노 내에 수소, 질소, 일산화탄소, 아르곤 가스 등을 불어 넣어 보호 가스 분위기를 만들거나 진공 상태를 유지하면 용제가 없이도 작업할 수 있다.

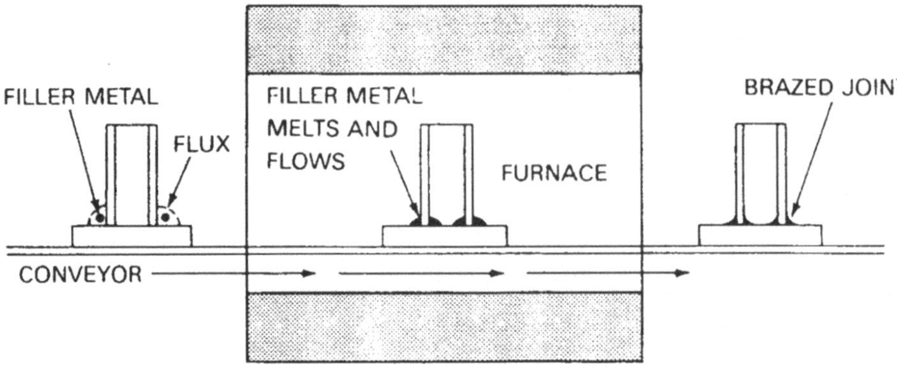

그림 5-169 노내 브레이징(Furnace Brazing) 개요

노내 브레이징(Furnace Brazing)에 사용되는 노는 대기중에서 혹은 특정한 환경 내에서 실시하는 Bath Type, Continuous Type과 환경을 조절하여 실시하는 Retort Type 및 Vacuum Type으로 구분된다.

18.4.2.3. 인덕션 브레이징(Induction Brazing)

인덕션 브레이징(Induction Brazing)은 브레이징에 필요한 열을 고주파 유도전류에 의해 발생시키는 방법이다. 브레이징 대상물에 유도 코일을 감고 여기에 전류를 흘려 유도하는 전류에 의해 열을 발생시키는 방법이다.

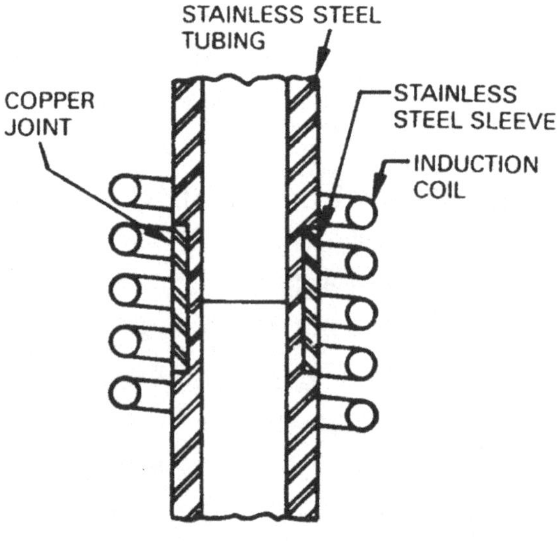

그림 5-170 대기 중에서 시행하는 스테인레스강 튜브의 인덕션 브레이징

접합되는 모재는 집적적으로 전류가 흐르는 회로의 역할을 담당하지는 않고 단지 외부의 유도 코일에 의해 유도 전류만을 받게 된다. 인덕션 브레이징(Induction Brazing)은 신속한 가열을 필요로 하는 곳에 적용된다. 이 인덕션 브레이징(Induction Brazing)은 목적에 따라 대기중 혹은 진공 중에서 실시한다.

18.4.2.4. 저항 브레이징(Resistance Brazing)

이 방법은 앞에 설명한 유도 전류 방법과 유사하지만 직접적으로 접합되는 모재에 전류가 흐른다는 점이 다르다. 모재와 전극 사이에 흐르는 전류의 직접적인 저항열에 의해 용가재(Filler Metal)의 용융이 일어나게 된다. 이때 사용되는 플럭스는 적당한 전기 전도도를 필요로 하기 때문에 건조한 플럭스를 사용하지 않고 습기가 있는 것을 사용한다. 전극은 접합하고자 하는 두 모재의 반대쪽에 대칭이 되도록 설치되어 접합 과정에 충분한 압력을 가할 수 있어야 한다.

이때 가해지는 압력으로 모재에 변형이 일어나지 않도록 주의하여야 하며 외형이 복잡한 물체는 균일한 전류 흐름이 어려우므로 국부적인 가열이 일어나지 않도록 모재의 형상을 제어하여야 한다. 전류는 균일하고 신속하게 모재를 가열할 수 있도록 정확하게 조절되어야 한다. 과도한 전류로 과열되면 브레이징부의 산화나 모재의 용융 발생 및 전극의 오염이 발생 될 수도 있다. 반면에 너무 낮은 전류는 브레이징 시간을 길게 한다.

전극의 재료는 전기 전도도가 좋은 탄소(Carbon), 흑연(Graphite Block), 텅스텐, 몰리브데늄 (Molybdenum Rod)등이 사용된다.

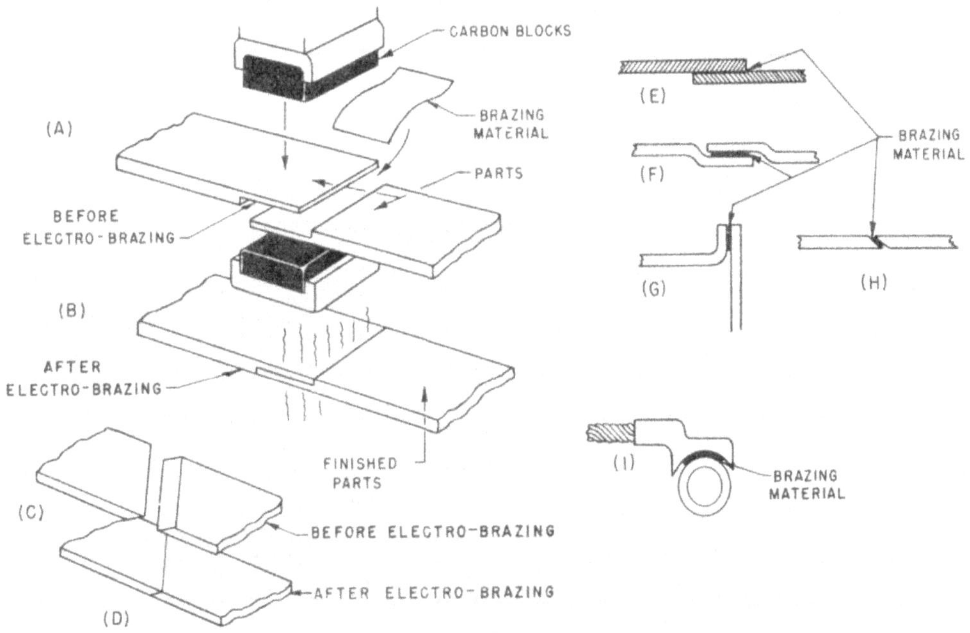

그림 5-171 저항 브레이징(Resistance Brazing)의 개요

18.4.2.5. Dip Brazing

담금 브레이징(Dip Brazing)은 접합하고자 하는 모재를 용탕에 넣고 용탕내에서 브레이징을 실시하는 방법이다. 담금 브레이징(Dip Brazing)에는 Molten Metal Brazing과 Molten Chemical(Flux) Bath Dip Brazing의 두 종류가 있다.

(1) Molten Metal Brazing

이 방법은 비교적 소형의 와이어나 Strip 형태의 모재를 접합할 때 사용된다. 외부에서 열을 가할 수 있는 흑연(Graphite)으로 제작된 용기에 용가재(Filler Metal)를 넣고 가열하여 용융 상태로 만든다. 여기에 플럭스가 용탕의 표면을 덮고 있어야 한다. 용기의 크기나 가열 방법은 모재를 담갔을 때 온도의 변화가 심하지 않도록 안정적이어야 한다. 접합하고자 하는 두 모재는 용탕에서 꺼낼 때 용가재의 용융이 완전히 이루어져서 브레이징이 잘 이루어 지도록 단단하게 고정되어야 한다.

(2) Molten Chemical(Flux) Bath Method

기본적인 방법은 Molten Metal Brazing과 별 차이가 없으며 다만 열을 가하는 방법의 차이와 용기의 재질 차이가 있다. 용탕을 담아두는 용기의 재질은 금속 혹은 세라믹으로 제작되고 열원은 외부의 가열 방식이나 용기 내에 설치된 전극의 전기저항열에 의한 가열, 플럭스의 전기 저항에 의한 방열에 의한다. 용탕에 장입시에 용가재(Filler)의 응고와 모재 표면의 청결을 위해 예열을 하는 것이 좋다.

예열은 플럭스의 용융 온도 정도로 한다. 브레이징이 완료된 후 접합부에 남아 있는 용제 플럭스는 물이나 화학 약품으로 제거해야 한다.

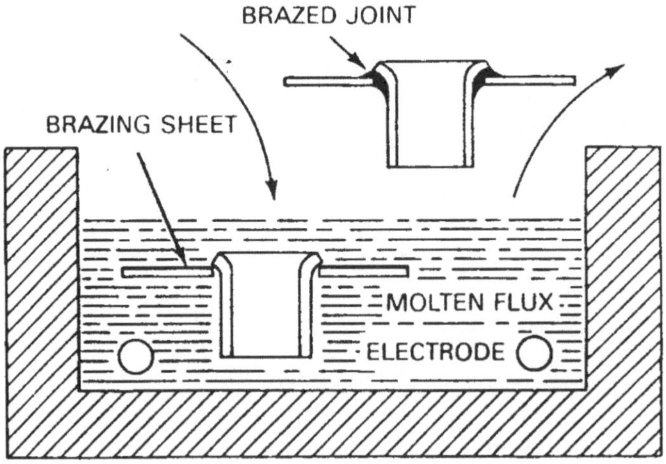

그림 5-172 Chemical Bath Dip Brazing 개요

18.4.2.6. 적외선 브레이징(Infrared Brazing)

적외선 브레이징(Infrared Brazing)은 노내 브레이징(Furnace Brazing)의 한종류로 인식되기도 하지만 열원으로 긴 파장의 적외선을 사용하는 점이 차이점이다.

보통 5,000 Watt정도의 적외선 램프(Lamp)를 사용하며 온도 조절은 램프와 모재 사이의 거리에 의해 조절한다. 열원의 집중을 위해 반사된 빛을 모으는 반사경을 사용하기도 한다.

18.4.2.7. 기타

기타의 방법으로 전기 저항 발열 패드(Blanket)을 이용하는 Blanket Brazing, 화학적인 발열 반응에 의한 Exothermic Brazing 등이 있다.

18.5. 용제(플럭스, Flux)

납땜에는 용융납과 모재와의 결합을 좋게 하기 위해 이음부분에 용제(플럭스)를 뿌리기도 하고 납땜용 가열로 내의 분위기를 조절하기도 한다.

용제의 작용은 대단히 복잡하여 땜납재와 모재 표면의 산화물을 제거함과 동시에 이음부분을 둘러싸 다시 산화하는 것을 방지하는 등의 역할을 하고 있다. 보통 용제는 액상일 때에 산화물을 녹이는 능력이 크기 때문에 용제는 땜납재 보다도 저온도에서 녹으며 가볍게 유동하기 쉬운 것이 좋다. 납땜용 용제가 가져야 될 조건은 다음과 같다.

- 모재의 산화피막을 제거할 수 있어야 한다.
- 유동성이 있고 모재와의 친화력이 있어야 한다.
- 인체에 해가 없어야 한다.
- 슬래그 제거가 쉬워야 한다. 등이다.

브레이징 용접에 적용되는 플럭스는 다음의 네가지 방법에 의해 공급될 수 있다.

- 가열된 용접봉을 플럭스 용탕 속에 담가서 용접 조인트에 플럭스가 공급되도록 한다.
- 용접전에 용접 조인트에 미리 플럭스를 뿌려 놓는다.
- 플럭스를 미리 용접봉에 발라 놓는다.
- Oxyfuel Gas 화염 속에 플럭스를 투입하여 용접부에 공급한다.

18.5.1. 솔더링용 용제

여기에는 붕사, 붕산, 불화물, 염화물 등이 쓰이고 있으며 단독 혹은 혼합 형태로 사용 되고 있다.

- 붕사 : 가장 일반적인 경납용 용제로서 산화를 방지하고 융점은 760℃ 전후이며 식염, 붕산, 탄산소오다, 가성칼리 등을 혼합해서 사용하기도 한다.
- 붕산 : 산화물의 제거 작용이 우수하며 고온에서의 유동성, 슬래그의 박리성도 양호하다. 단독으로는 거의 사용하지 않고 붕사와 혼합하여 우수한 용제로서 널리 사용한다.
- 빙정석(氷晶石, 3NaF·AlF_3) : 알루미늄, 나트륨의 불소 화합물로서 불순물의 용해력이 강해서 구리 납땜용제로 우수하다.
- 산화 제일구리(Cu_2O) : 탈산제로서의 작용이 있어 보통 붕사와 혼합시켜 주철의 Soldering 용으로 사용된다.
- 소금(NaCl) : 용융이 우수하고 부식성이 강하며 단독으로는 사용되지 못하고 혼합제로 소량 사용된다.

18.5.2. 브레이징용 용제

알루미늄, 마그네슘이나 이들 합금을 납땜할 때에는 모재 표면의 산화막이 대단히 견고하므로 이것에 사용되는 용제는 산화물을 녹여서 슬래그로 제거해야 하기 때문에 강력한 산화물 제거 작용이 필요하다.

대표적인 성분으로는 염화리튬(LiCl), 염화나트륨(NaCl), 염화칼륨(KCl), 불화리튬(LiF), 염화아연($ZnCl_2$)등을 배합하여 사용한다.

표 5-41 브레이징용 용제와 모재와의 조합

AWS No.	모재	납땜 재료	플럭스 온도	플럭스 성분	플럭스 Type	플럭스 적용
1.	Al and Al Alloy	BAlSi	371~642℃	불화물 염화물	Power	1,2,3,4
2.	Mg and Mg Alloy	BMg	482~648℃	불화물 염화물	Power	3,4
3.	Cu and Cu Alloy Ni and Ni Alloy Stainless Steel Carbon & Low Alloy Steel Cast Iron and Other Ferrous Alloy 귀금속(Au, Ag)	BCu, BCuP, BAg, BagMn, BAu, BcuZn, BNi	371~1093℃	붕산 붕사 불화물 불화붕산염	Power Paste Liquid	1,2,4
4.	Aluminum Bronze Aluminum Brass	Bag, BCuZn, BcuP	565~981℃	붕산염 불화물 염화물	Power Paste	1,2,3

AWS No.	모재	납땜 재료	플럭스 온도	플럭스 성분	플럭스 Type	플럭스 적용
5.	AWS No3. 과 같은 것 (Ag, Au 제외)	Bcu BcuP Bag BagMn Bau BCuZn Bni	538~1204℃	붕산 붕사 붕산염	Power Paste Liquid	1,2,3
6.	Ti and Ti Alloy Zr and Zr Alloy	Bag BagMn	371~871℃	불화물 염화물	Power Paste	1,2,3

Note : 1. 이음부에 플럭스 분말을 뿌린다.
2. 플럭스 속에 가열한 용접 재료를 넣는다.
3. 플럭스를 물, 알코올 등과 혼합하여 사용한다.
4. 침투 납땜법으로 플럭스를 공급한다.

18.6. 브레이징, 솔더링의 조인트 설계

18.6.1. 겹치기 이음 길이

브레이징, 솔더링 조인트는 두 금속 사이의 모세관 현상에 의해 접합이 이루어 지므로 어느 정도의 겹치기 이음이 존재해야 한다. 이 겹치기 이음의 길이는 통상 모재의 인장 강도를 기준으로 다음과 같이 정리된다.

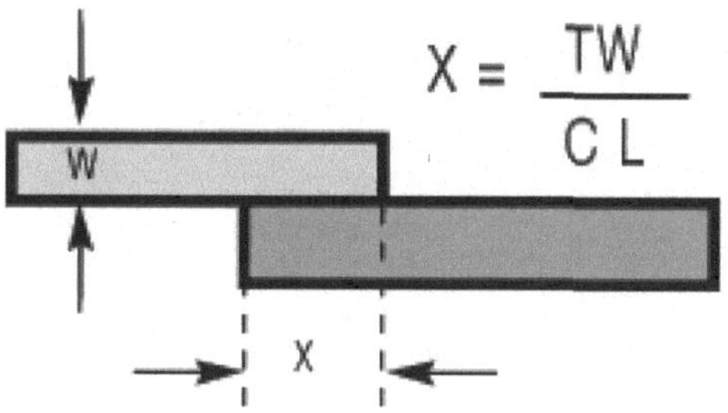

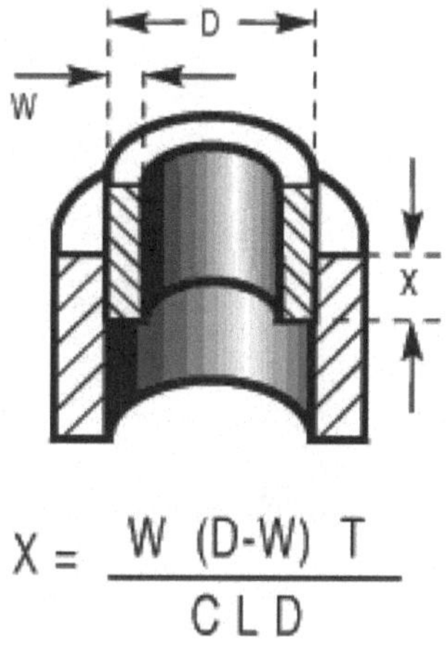

X = Length of lap
T = Tensile strength of weakest member
W = Thickness of weakest member
D = Diameter of lap area
C = Joint integrity factor of 0.8
L = Shear strength of brazed filler metal

표 5-42 브레이징, 솔더리 조인트의 겹치기 이음 길이

Tensile strength of weakest member	Lap length = factor x W (W = thickness of weakest member)
35,000 psi - 241.3 MPa	2 x W
60,000 psi - 413.7 MPa	3 x W
100,000 psi - 689.5 MPa	5 x W
130,000 psi - 896.3 MPa	6 x W
175,000 psi - 1,206.6 MPa	8 x W
Note: ksi x 6.8948 = 1 MPa	

18.6.2. 조인트 이음의 간격

조인트 이음에서 두 금속 사이의 간격이 너무 벌어지면 모세관 현상에 의한 용가재의 용융금속이 빨려 들어가서 정상적인 이음을 만들기 어렵고, 이 간격이 너무 좁으면 역시 같은 현상이 발생한다. 통상적으로 가장 이상적인 두 금속 사이의 간격은 0.038mm 정도 이다.

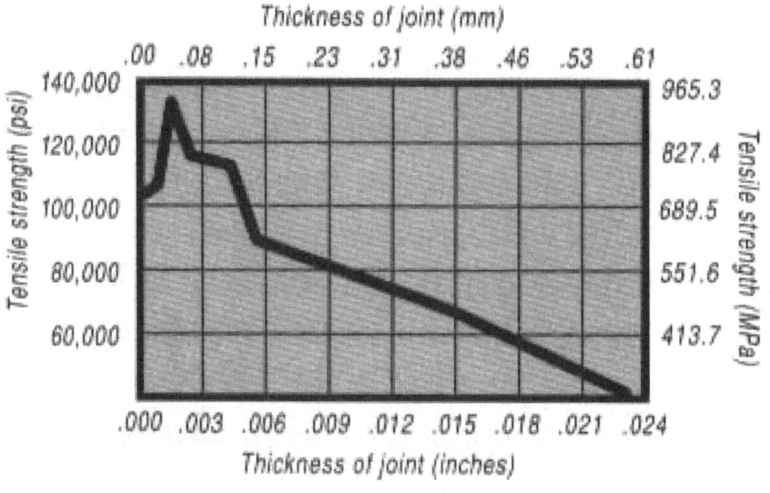

그림 5-173 두 금속 사이의 거리에 따른 접합 강도의 변화

18.7. 브레이징, 솔더링 접합부 품질 검사

브레이징, 솔더링 접합부의 품질 검사는 기존의 인장 시험 전단시험 등의 선별적인 파괴 검사와 방사선검사(R.T), 자분탐상검사(M.T) 등의 비파괴 검사방법이 대부분 그대로 적용된다. 그리고 기존방법에 추가하여 Peel Test와 Torsion Test를 실시한다.

Peel Test는 나란하게 접합된 Plate의 한쪽 면에 힘을 가하여 벗겨내면서 그때의 접합 강도와 계면의 결함 존재 여부를 평가하는 것이다.

Torsion Test는 스터드, Bolt등의 접합부에 Torsion 응력을 가해서 접합부의 건전성을 Test 하는 것이다. Brazing의 성공 여부는 기본적으로 모재와 용융된 Filler Metal의 젖음(Wetting)각에 의한 모세관 현상이 우선적으로 전제되어야 한다.

젖음(Wetting)각은 다음의 그림과 같이 용융 금속의 표면 장력에 의해 발생되는 모재와의 접촉 각도를 의미한다. Wetting 각도가 90℃ 이하여야 용접이 이루어 질 수 있다. 용가재의 용융이 과도하게 되면 과도한 Wetting이 일어나게 된다.

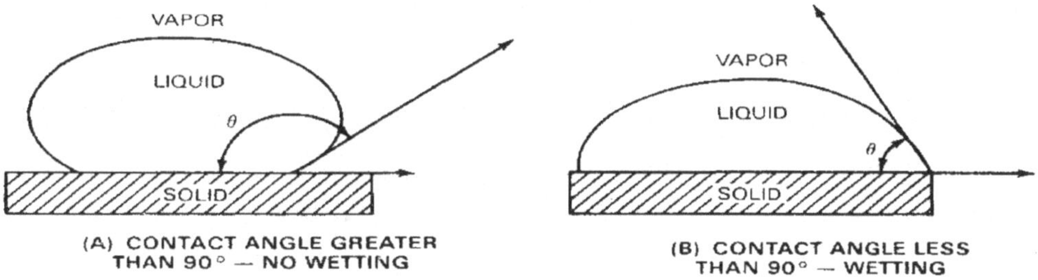

그림 5-174 브레이징 용가재의 젖음 각도

기타 브레이징부에 나타나는 결함의 원인과 대책은 다음과 같다.

표 5-43 브레이징 부의 결함과 대책

결함의 양상	결함의 원인과 대책
No Flow, No Wetting	Braze Filler 선정이 잘못되었다. 온도가 조정이 안되어 용탕의 온도가 너무 낮다. 너무 짧은 시간에 브레이징을 완료하려고 했다. 접합부의 청결이 확보되지 않았다. 플럭스의 선정 잘못 혹은 양의 부족이거나 Gas가 오염되었거나 진공 유지가 실패 했다. Joint Gap이 너무 넓다.
Excessive Flow or Wetting	용탕의 온도가 너무 높다. 브레이징 시간이 너무 길다. Filler Metal의 양이 너무 많다. Filler Metal의 선정이 잘못되었다. Stopoff를 사용하여 용탕의 범위를 조절한다.
Erosion (용융된 Filler Metal에 의해 모재가 일부 녹아드는 현상)	온도가 너무 높다. 브레이징 시간이 너무 길다. Filler의 양이 너무 많다. 냉간 가공된 부품의 응력제거 미비하다. Filler Metal의 용융 온도가 너무 높다.

18.8. 각종 금속의 땜납

18.8.1. 탄소강, 합금강의 납땜

강의 합금의 납땜에는 구리-아연계의 황동 납 B CuZn-3이 보통 사용된다. 동 납이나 황동 납은 전단 강도와 인장 강도가 크므로 맞대기, 겹치기, T이음에 쓰인다. 납땜의 온도를 낮게 할 경우에는 은 납이 좋으며 특히 융점이 낮은 B Ag-1에서 B Ag-7이 좋다.

고탄소강이나 합금강으로 된 공구를 납땜할 경우에 열처리가 요구되면 열처리 온도에 견디는 납땜이 필요하다.

18.8.2. 주철의 납땜

주철의 경우에 백주철을 납땜하는 일은 거의 없다. 회주철은 흑연이 흡착을 방해하는 관계로 납땜이 어려우나, 가단 주철이나 구상화 흑연 주철은 납땜에 문제가 없다. 땜납은 Ni을 포함한 은납B Ag-3,4가 좋다. 동 납, 황동 납도 사용되지만 융점이 높다. 강이나 주철의 납땜에 인(P)이 들어있는 인동 납을 사용하면 철의 취약한 화합물을 만들어 이음이 부스러지게 된다.

18.8.3. 스테인레스강의 납땜

보통 은(Ag) 납이나 황동 납이 사용된다. 내식성이 요구되는 곳에서는 Ni을 포함한 은 납을 사용하고 고온 강도가 요구되는 곳에서는 Ni-Cr계나 Ag-Mn계 납땜 재와 동 납이 적당하다. 오스테나이트계 스테인레스강은 가급적 빨리 가열, 냉각시켜서 500~800℃에서 생성되는 내식성이나 기계적 성질의 저하를 막는다. 페라이트 혹은 마르텐사이트계 스테인레스강은 변태점 이상의 온도에서 냉각하면 모재가 경화 하므로 저 융점의 땜납재를 사용하며, 급냉과 급열을 피한다. 스테인레스강은 보통 강재에 비해 열 팽창계수가 크고 변형되기 쉬우므로 납땜시 팽창과 변형에 따른 내부응력이나 부식의 문제점을 고려하여야 한다.

18.8.4. 구리 및 그 합금의 납땜

구리에는 산화물을 함유한 것과 함유하지 않은 것이 있다. 산화물을 함유하지 않은 것은 전기 전도율은 떨어지지만 납땜은 만족할 수 있다. 땜납재는 은납, 황동납, 인동납이 쓰인다. 인동납을 사용한 납땜은 열이나 전기 전도율이 좋고 납땜시에 용제를 사용하지 않아서 좋으나 황을 함유한 분위기에서 사용하는 제품에는 적합하지 않다.

18.8.5. 알루미늄과 그 합금의 납땜

Al-Si계의 땜납을 사용한다. 납땜은 먼저 접합부를 충분히 깨끗이 청정한 뒤 강하게 작용하는 용제를 써서 납땜을 한다. 이때 용제의 주성분으로서 각종 염화물(LiCl)등이 사용된다.

18.8.6. 그 외 금속의 납땜

니켈 및 그 합금, W이나 Mn이나 Mo의 납땜에는 주로 은 납이 사용된다.
동 납도 사용되지만 인을 함유한 땜납은 이음을 취약하게 하므로 부적당하다.

18.9. 브레이징 용접(Brazing Welding)

브레이징 용접(Brazing Welding)은 용가재(Filler Metal)의 용입이 모세관 현상에 의해 일어나지 않는다는 점이 일반적인 브레이징과는 다른 차이점이다. 브레이징 용접은 용가재(Filler Metal)를 용접봉이나 아크 용접 와이어처럼 용융시켜서 접합 조인트에 채워 넣는 것이다. 이 용접은 주로 주물 제품의 균열, 파손된 부분을 보수하는 용접법으로 개발되었다. 일반적인 방법으로 주물을 용접하고자 할 때는 충분한 예열과 서냉을 통해 딱딱한 시멘타이트(Hard Cementite) 조직과 균열의 형성을 막아야 하는 어려움이 있다.

그러나 브레이징 용접을 사용하면 이들 균열과 경화 시멘타이트 조직의 생성을 막고 용접시의 열팽창과 수축의 문제를 줄일 수 있다.

대개 산소 토치를 사용하여 구리합금의 브레이징 용가재와 적당한 플럭스를 조합하여 용접을 실시한다. 브레이징 용접은 기존의 용융 용접법에 비해 다음과 같은 특징을 가진다.

18.9.1. 브레이징 용접의 장점

용접에 소요되는 열이 작으므로 적은 에너지만으로 빠르고 쉽게 용접을 시행할 수 있고 용접에 수반되는 열이 작으므로 열 팽창과 수축의 문제점이 작다.

용접 금속이 비교적 연성이 있고 연한 재질로 기계가공이 용이하며 잔류 응력이 적다.

적당한 용접부 강도를 가지고 있어서 다양한 용도별 적용이 가능하다. 용접기가 간단하고 취급이 용이하다. 잘 깨지고 취성이 있는 주철제품의 용접을 충분한 예열 없이 시행할 수 있다.

이종 금속의 용접이 용이하다.

18.9.2. 브레이징 용접의 단점

용접부의 강도가 단지 용가재에 의해 결정되므로 강도의 한계가 있다.

용가재의 낮은 융점으로 인해 고온 사용이 불가능하다. 구리 합금의 용가재일 경우에 통상 260℃ 정도로 제한된다. 이종 금속의 접합으로 인해 갈바닉 부식(Galvanic Corrosion)의 피해를 입을 수 있다. 용가재(Filler Metal)의 색깔로 인해 용접부 색이 모재와 확연하게 차이가 날 수 있다.

19. 테르밋 용접(THERMIT WELDING, TW)

19.1. 테르밋 용접의 개요

테르밋(Thermit) 용접은 알루미늄 분말과 산화 금속 사이에서 발생하는 발열 반응(Exothermic Reaction)으로 과열되어 용융된 금속으로 용접을 진행하는 방법이다. 19세기 말에 독일에서부터 상용화 되기 시작한 이 용접방법은 용가재(Filler Metal)로 발열 반응에서 생성된 용융 금속을 사용한다. 용접을 시행하기 위해서는 초기에 외부에서 열을 가해야 하지만 일단 알루미늄과 산화 금속 사이에 반응이 개시되면 스스로 반응을 유지하는 자발적인 반응이다.

용접에 적용되는 발열 반응을 간단히 요약하면 다음과 같다.

산화 금속 + Aluminum(분말) ⇒ Aluminum Oxide + 금속 + 열

이 반응은 금속과 산소와의 친화력 보다 알루미늄과 산소의 친화력이 더 커질 때까지 계속된다. 용기 안에서 이 반응을 진행시키면 반응의 생성물로는 금속과 통상 2000℃ 이상의 열이 발생되며 알루미늄 산화물(Aluminum Oxide)는 가벼워서 위로 부상하게 된다.

즉 산화 알루미늄은 슬래그로 떠오르고 금속은 용융 상태로 용접에 사용되는 용가재(Filler Metal)이 되는 것이다. 용접 과정에서 발생되는 열 손실은 한꺼번에 만들어지는 발열반응에 의한 용탕이 많을수록 적어진다.

다음은 대표적인 몇 가지 테르밋 용접에 적용되는 금속과 그들의 발열 반응식이다.

- $3Fe_3O_4 + 8Al \rightarrow 9Fe + 4Al_2O_3$ + Heat (3350KJ)
- $3FeO + 2Al \rightarrow 3Fe + Al_2O_3$ + Heat (880KJ)
- $Fe_2O_3 + 2Al \rightarrow 2Fe + Al_2O_3$ + Heat (850KJ)
- $3CuO + 2Al \rightarrow 3Cu + Al_2O_3$ + Heat (1210KJ)
- $3Cu_2O + 2Al \rightarrow 6Cu + Al_2O_3$ + Heat (1060KJ)

테르밋 용접은 합금 원소를 첨가하기 쉽다. 첨가 원소는 슬래그 용융성을 증가 시키지만 응고 온도를 낮추는 단점이 있다. 테르밋은 용접으로 구분되기는 하지만 거의 주조품(Casting)에 가까운 특성을 가지고 있어서 라이저(Riser)와 탕구(Gate)가 반드시 설치되어야 한다.

라이저(Riser)와 탕구(Gate)의 용도는 다음과 같다.

- 응고 수축에 의한 용접 금속의 부족분을 보충해 준다.
- 주조에서 발생될 수 있는 결함의 발생을 제거한다.
- 용탕의 흐름을 원활하게 한다.
- 용탕이 용접 Joint내로 들어갈 때 와류의 생성을 방지한다.

19.2. 테르밋 용접의 장, 단점

19.2.1. 테르밋 용접의 장점

용접 시간이 빠르며, 합금 원소의 조정이 쉽고, 별도의 용접기나 커다란 장비가 필요 없다. 크고 무거운 구조물도 쉽게 용접이 가능하며, 용접 개시를 위한 점화 방법이 간단하여 단지 성냥불만으로도 점화가 가능하다.

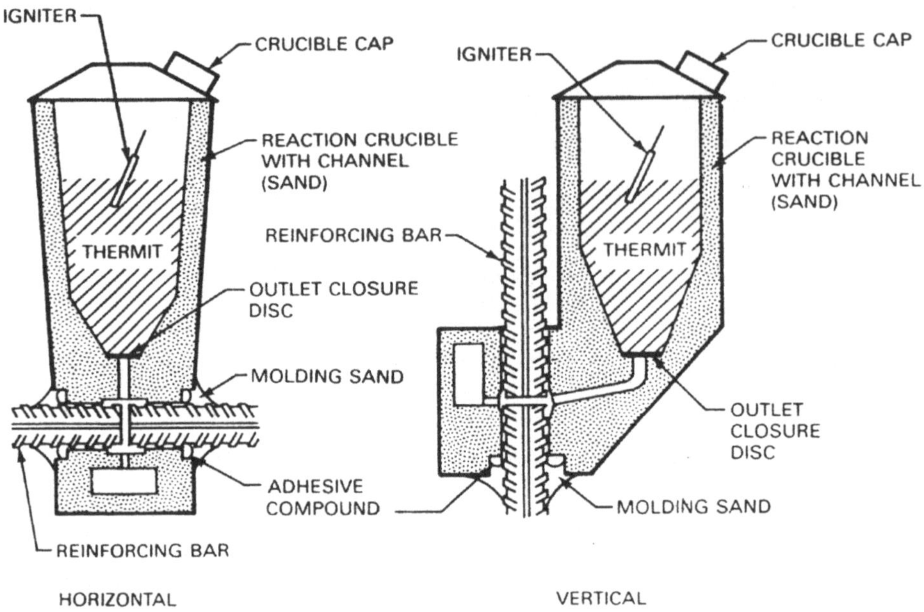

그림 5-175 철근의 접합에 적용되는 테르밋 용접

19.2.2. 테르밋 용접의 단점

아직까지는 철계 금속만이 용접이 가능하며, 매우 느린 용접속도를 가진다.

높은 용접열로 인해 금속조직이 조대화 되어 기계적 강도가 저하하고 변형이 심하게 발생될 위험이 있다. 용접 대상 두 금속 사이에 적절한 용접부 간격(Gap)이 확보되어야 하고 일직선 정렬(Alignment)이 필요하다. 용접부가 넓을수록 간격(Gap)도 넓어져야 한다.

맞대기 용접을 실시할 때는 완전한 용착을 위해 예열을 반드시 실시해야 한다.

초기 점화를 위한 도구나 장비가 필요하며, 주물의 형태로 용접이 이루어 지므로 라이저(Riser)와 탕구(Gate)가 필요하다.

적용되는 용도별로 별도의 몰드(Mold)를 설계하고 시공해야 하는 어려움이 있다. 용접과정에서 가스의 발생이 심하고 슬래그가 형성되기에 때문에 이를 반드시 제거해야 한다.

19.3. 테르밋 용접의 적용

19.3.1. 테르밋 용접의 용도

가장 흔하게 적용되는 테르밋 용접은 각종 철로(Rail)의 연결 작업과 콘크리트용 철근의 연결작업이다. 특히 크레인이나 철도 등의 레일(Rail)은 정비를 쉽게 하고 진동의 문제를 해결하기 위해 레일을 용접하여 중간의 간격을 없앤다. 현재 국내 고속 철도용 레일의 용접은 전기 저항 용접과 이 테르밋 용접이 병행되어 사용되고 있다. 전기 저항 용접은 초기 공장에서 레일을 연결하기 위해 사용하고, 테르밋 용접은 보수 용접용으로 제한적인 경우에 사용한다.

테르밋 용접과 비슷한 것으로 CAD 용접이라는 것이 있다. 이는 주로 전기 배선 기구내의 용접에 적용되는 것으로 알루미늄과 구리의 합금을 사용하여 전기 기구 배선의 연결 부위를 주위로부터 차단시키고 확고한 용접부를 구성한다.

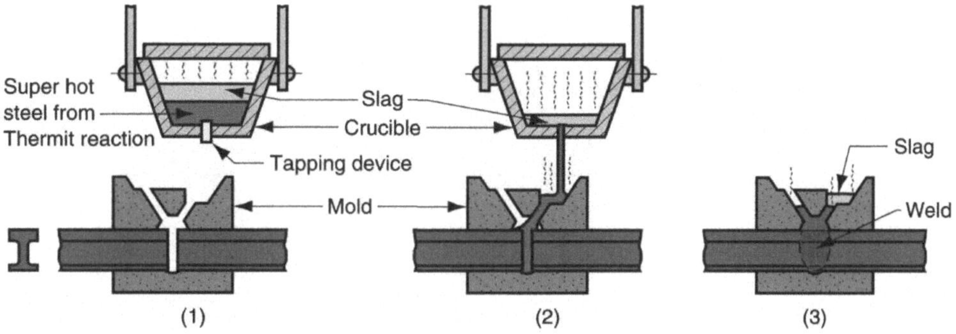

그림 5-176 테르밋 용접을 이용한 철도 레일의 접합

19.3.2. 테르밋 용접의 예열

통상적으로 현장에서 가스 토치를 사용하여 예열을 실시한다. 테르밋 용접은 주조에 가까운 용접방법이다 보니 적절한 예열이 없으면 용융 금속의 급격한 냉각으로 인해 응고 수축에 의한 기공이나 균열 발생의 위험성도 있다. 토치로 예열하는 어려움을 덜기 위해 테르밋 용접과정에서 발생하는 용융 금속의 열을 이용해서 예열하는 Self-Preheating 설비도 적용된다. 이 경우에는 Crucible과 Mold가 일체형으로 되어 있으며 반응 초기에 용융된 금속이 Mold 하부로 내려가서 예열을 담당하게 된다.

19.3.3. 점화 및 용접 개시

초기 발열 반응을 개시시키기 위한 점화는 Ignition Powder나 Rod를 이용해서 한다. 이 때 점화제의 온도는 1200℃ 정도이다. 일단 점화에 의해 열이 발생하고 알루미늄과 금속 산화물의 발열반응이 시작되면 이후에는 안정적인 상태에서 용융 금속이 얻어진다.

표 5-44 테르밋 용접 변수와 소요 시간

Time for each activity			
Nominal Gap	25mm gap	50mm gap	75mm gap
Gap Width	25±1mm	50±1mm	75±1mm
Portion weight — 52kg section (kg)	10.8	13.5	22.0
Vertical alignment, either side of 1m straightedge	1.0 ~ 1.25mm high	1.25 ~ 1.50mm high	2.5 ~ 3.0mm high
Lateral alignment (gauge side), at end of 1m straightedge	0 ~ 0	0 ~ 0	0 ~ 0
Heating time with petrol and compressed air at 100 ~ 110 psi, 7 ~ 7.7kg/cm^2 (minutes)	10 ~ 12	18 ~ 20	20 ~ 25
Heating time with LPG at 2.0 ~ 2.5kg/cm^2 and O_2 at 7 ~ 8kg/cm^2 (minutes)	2.0 ~ 2.5	2.5 ~ 3.0	3.0 ~ 4.0
Reaction time (seconds)	20±3	20±3	25±5
Mold waiting time (minutes)	4 ~ 5	6 ~ 7	10 ~ 12
Chipping time - manual (minutes)	4	5 ~ 6	8 ~ 9
Chipping time - weld trimmer (minutes)	0.5 ~ 1	0.5 ~ 1	0.5 ~ 2
Train passing time after pouring (minutes)	30	30	30
Vertical tolerance for finished weld	±0.4mm at center of 10cm straightedge	±0.4mm at center of 10cm straightedge	±0.4mm at center of 10cm straightedge
Lateral tolerance for finished weld	0 ~ 0.3mm at center of 10cm straightedge	0 ~ 0.3mm at center of 10cm straightedge	0 ~ 0.3mm at center of 10cm straightedge

19.3.4. 보수 용접

테르밋 용접에서 보수 용접은 반복해서 실시하지 않는 것이 일반적이다. 따라서 미리 만들어진 몰드를 사용하기 어렵고 그때 형상에 맞는 몰드를 새로이 만들어야 한다. 정확한 몰드를 만들기 위해서는 형상 위에 왁스(Wax)를 바르고 사형몰드(Sand Mold)를 이용하여 용접용 몰드를 만든다. 테르밋 용접은 강도상의 목적보다는 매끄럽게 형성된 연속적인 표면과 전기회로의 연결 목적을 달성하기 위해 주로 사용된다. 테르밋 용접이 없다면 연결 부위를 일일이 볼트로 연결해야 할 것이고 전기적 흐름의 연속성을 위해서는 별도의 전기연결선

(Electric Jump Cable)을 설치해야 할 것이다.

19.3.5. 용접부의 열처리

특수한 용도로 단순히 열처리를 위한 열만을 공급하는 테르밋 용접도 있다. 이 용접방법에서는 어떠한 용융 금속도 나오지 않고 단지 발열반응에 의해 원하는 용접부를 열처리하는 기능만을 담당하게 된다.

19.4. 용접시 주의점

테르밋 용접은 발열 반응의 높은 열을 이용하여 용융 상태의 금속을 얻는 방법이다. 준비과정에서 테르밋 혼합물, Crucible 혹은 용접 부재에 습기가 있으면 발열 반응 중에 고온의 수증기가 생성되며 이는 용융 금속을 Crucible로부터 분출시키는 역할을 하게 된다.

따라서 테르밋 용접에 적용되는 부재들은 모두 충분히 건조된 상태에서 유지 관리되어야 하며, 점화 Powder나 Rod들은 순간의 실수에 의한 발화되는 일이 없도록 주의 하여야 한다.

알루미늄은 반응속도가 매우 빠르기에 다량의 알루미늄 분말을 잘못 취급하면 폭발의 위험성이 있으므로 주의해야 한다.

20. 수소 원자 용접(Atomic Hydrogen Welding)

20.1. 수소 원자 용접의 개요

수소 원자 용접은 1926년 미국의 Langmuir에 의해 발명된 것으로 분자 상태의 수소를 원자상태의 수소로 열해리 시켜 이것이 다시 결합해서 분자 상태의 수소로 될 때에 발생하는 열을 이용하여 순 원자 상태 및 분자 상태의 수소 가스 분위기 속에서 시공하는 용접 방법이다.

H_2(분자 상태) → (흡열) → 2H(원자 상태) → (발열) → H_2(분자 상태)

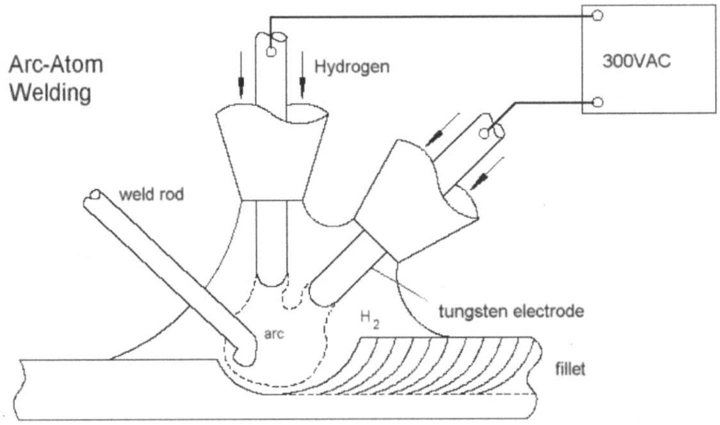

그림 5-177 수소원자 용접의 개요

수소 가스 분위기 속에 있는 2개의 텅스텐(Tungsten) 전극봉 사이에서 아크를 발생시키면 아크의 고열을 흡수하여 수소는 열해리 되어 분자 상태의 수소가 원자 상태로 되며 모재 표면에서 냉각되어 원자 상태의 수소가 다시 결합해서 분자 상태로 될 때 방출되는 열(3,000 ~ 4,000℃)을 이용하여 용접을 하는 방법이다. 따라서 텅스텐봉은 다만 아크 불꽃만 발생시키는 역할만 담당하며, 텅스텐 전극은 그 용융점이 대단히 높아(약 3,000℃정도) 용융되지 않으므로 봉의 소모는 대단히 작다. 이 용접에서 피 용접물은 수소 가스로서 싸여 공기를 완전히 차단한 속에서 용접이 진행되므로 산화, 질화의 작용이 없기 때문에 종래에 용접이 곤란하다고 알려져 있던 특수 합금이나 얇은 금속판의 용접이 용이하게 되고 또 연성이 풍부하고 우수한 금속 조직을 가진 용접이 되므로 표면이 매끈하며 다듬질이 필요 없는 등의 여러가지 특징이 있다.

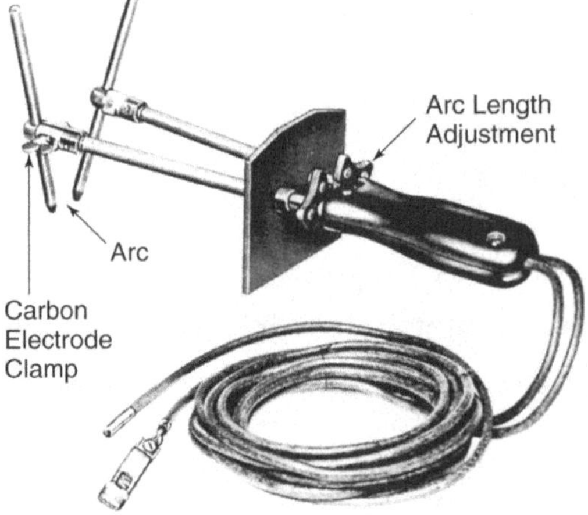

그림 5-178 두개의 전극을 이용하는 수소원자 용접기

그러나 이 수소원자 용접은 수소에 의한 다른 가스 성분이 용탕에 흡수되는 것을 막는 긍정적인 면이 있지만, 반대로 탄소강에 수소 취성을 유발할 수 있는 위험성이 있기에 주의해야 한다.

21. 폭발 접합(Explosive Welding)

21.1. 폭발 접합의 개요

폭발 접합은 화약의 폭발에 의한 충격 에너지를 이용하여 금속을 접합시키는 방법이다. 판재의 클래드(Clad) 강재 생산을 포함하여 종래의 용접 법으로는 용접이 곤란하거나 불가능한 것으로 생각되던 이종 금속에 대해서도 적용이 가능하고 용접에 의한 열 영향을 받지 않으며 접합 속도가 대단히 빠르다는 이점이 있다. 일부에서는 폭발용접이라고도 부르는데, 용접이라고 부르지 않고 접합이라고 부른 이유는 두 금속 사이에 용융이 전혀 발생하지 않기 때문이다.

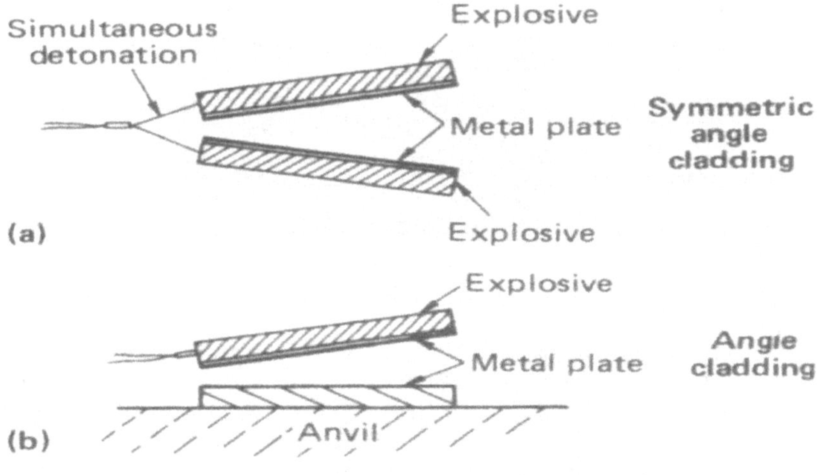

그림 5-179 폭발접합을 위한 두 금속과 폭약의 적용

또한 융점의 차이가 너무 커서 접합이 곤란한 금속을 폭발 용접하면 이음부는 충분한 강도를 가지면서 용이하게 접합할 수 있다. 대부분의 금속은 폭발 용접이 가능하지만 폭발의 충격에 의하여 균열이 발생되기 쉽고 주철과 같이 취약한 금속 및 Mg을 함유한 알루미늄 합금(순 알루미늄과는 접합가능)등은 이 용접법을 사용하기 곤란하다는 단점도 있다. 시공상의 특징은 특별한 기계 장치가 필요 없고 형상과 두께에 제한을 받지 않으며 다품종 소량 생산이 가능하다.

21.2. 폭발 접합의 장, 단점

21.2.1. 폭발 접합의 장점

매우 큰 금속 표면을 한꺼번에 접합할 수 있으며, 접합부의 강도가 충분하게 확보되면서도 변형이나 결함 및 기공 발생등의 문제점이 없다.

비교적 경제적으로 생산이 가능하며, 공정이 간단하다. 표면에 어느 정도의 이물질이 있어도 폭발과정에서 제거가 되기 때문에 사전에 표면 청결에 큰 노력을 기울이지 않아도 된다.

기존에 용융 용접 방법으로는 접합이 불가능한 다양한 금속의 접합이 가능하다.

표 5-45 폭발 접합 적용 가능 강종

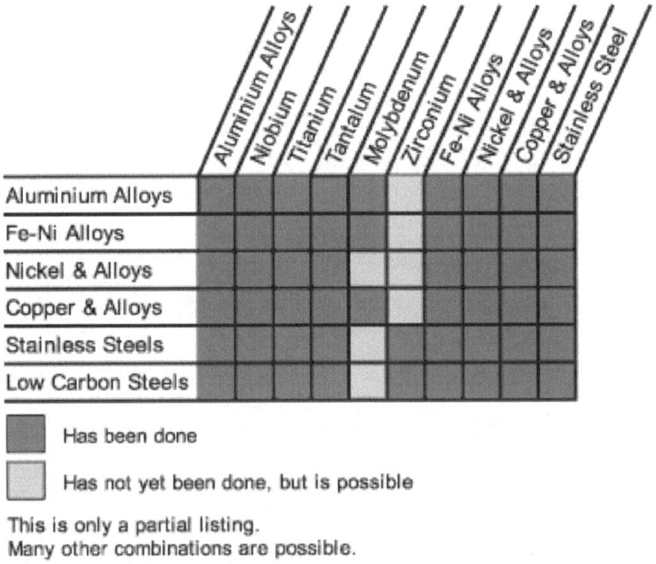

21.2.2. 폭발 접합의 단점

연성이 작고 취성이 큰 금속은 접합이 어렵다. 단순한 모양의 접합만 가능하며, 복잡한 구조는 생산이 불가능하다. 폭발로 접합할 수 있는 금속의 두께에 제한이 있다. 너무 두꺼운 것은 생산이 어려워 통상 최대 63mm 정도의 두께를 상판의 재질 두께 한계로 정의한다.

접합 과정이 폭발에 의해 진행되므로 안전사고의 위험성이 있다.

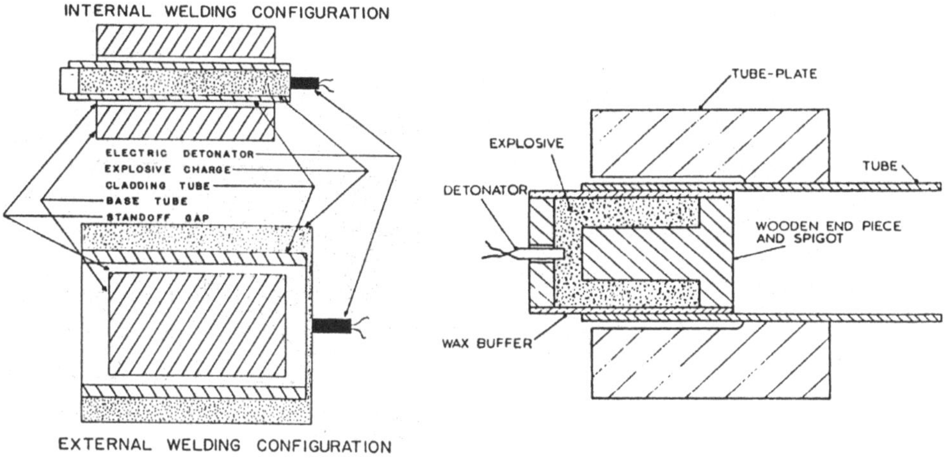

그림 5-180 튜브 형태 제품의 폭발 접합(좌) 및 열교환기 튜브와 튜브 시트의 접합(우)

21.3. 폭발 접합의 원리와 기구

21.3.1. 예비 처리

폭발 접합부의 표면 처리는 매우 중요하다. 실제로는 폭발 접합 과정에서 발생하는 화약의 제트류(Jet Flow)로 인해 두 금속 사이의 이물질이 대부분 사라지게 되지만, 안전을 위해 사전에 두 금속 사이의 이물질을 제거한다. 산화 피막과 같은 오염 물질이 이음부에 존재하면 접합을 방해할 뿐만 아니라 이음부의 물성이 저하되기 때문이다. 일반적으로 폭발 용접을 하기 전에 이음부는 연마지로 연마한 후 탈지하여야 하며 연속적이고 건전한 접합부를 얻기 위해서는 150㎛ 정도의 표면 거칠기로 가공하여야 한다.

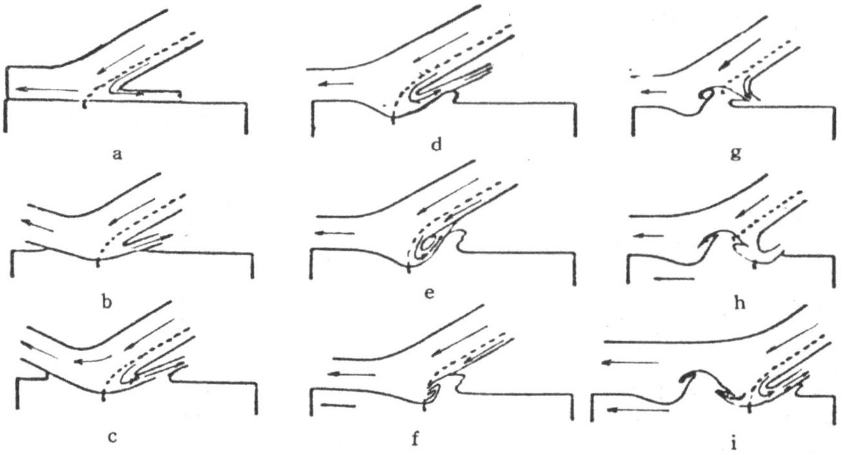

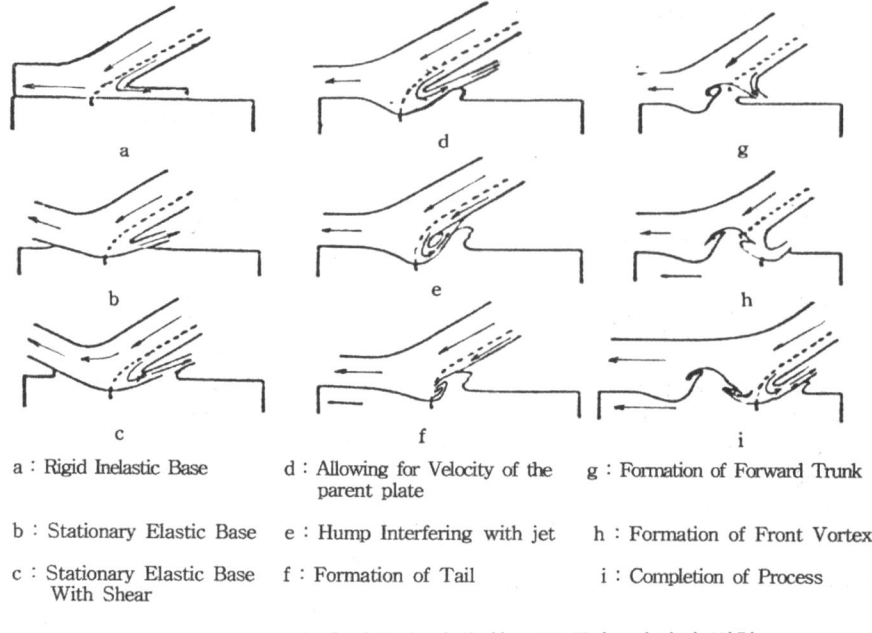

a : Rigid Inelastic Base
b : Stationary Elastic Base
c : Stationary Elastic Base With Shear
d : Allowing for Velocity of the parent plate
e : Hump Interfering with jet
f : Formation of Tail
g : Formation of Forward Trunk
h : Formation of Front Vortex
i : Completion of Process

그림 5-181 폭발 용접중에 발생하는 두 금속 사이의 변화

21.3.2. 폭발 접합의 원리

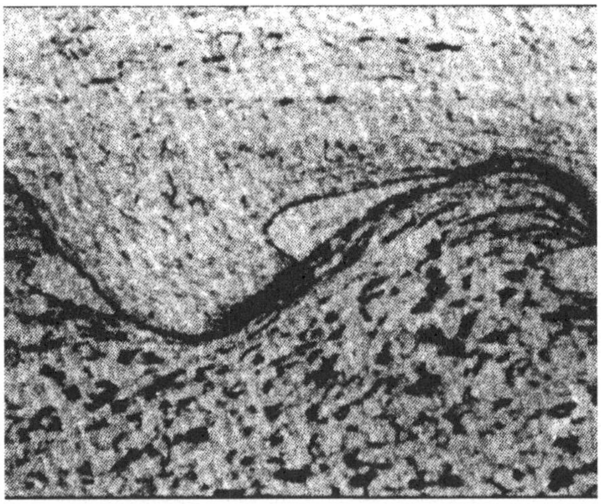

그림 5-182 폭발 용접으로 인한 두 금속 계면의 변형(Stainless Steel to Mild Steel)

모재와 용접하고자 하는 상대재를 적당한 간격으로 평행하게 배치한다. 이 상대재 위에 완충재(Explosive Buffer)를 넣고 적당한 양의 폭약을 배열한 후 그 일단을 뇌관에 의해서 기폭 시키면 폭발이 생기고 폭약의 폭발 방향성은 두 금속간 간격에서 제트류(Jet)를 발생시켜 준다. 이 Jet(폭발력)에 의해서 상대재는 특정한 각도(5 ~ 30°정도)로 모재와 충돌한다.

충돌 점에서는 양방의 금속이 매우 큰 변형 속도와 고압에 의해서 금속 표면의 산화 피막과 흡착된 가스가 제거된다. 이와 같이 생성된 청정한 표면은 고압에 의해서 밀착하고 모재와 상대재는 완전하게 야금학적으로 결합한다.

폭발 용접의 접합 계면에는 특유의 물결 모양이 관찰되며 파의 크기는 붕괴 조건에 따라서 다르고 파의 파장은 충돌 각도 이상으로 되면 길어지게 되지만 어떤 각도 이상으로 되면 물결 모양은 소실하고 직선상의 계면으로 변한다.

21.3.3. 접합 인자

폭발 접합시의 적정 접합 조건을 설정하기 위해서 많은 연구가 행해지고 학자 마다 폭발 접합을 설명하는 기구를 이해하는 방법의 차이가 있다. 특히 계면에서의 금속간 역학 관계를 규명하는 요인들은 폭약의 양에서 비롯되는 폭속(Explosion Velocity)이나 폭압 외에도 각 금속의 경도나 연신률, 심지어 용접 되는 환경의 온도 등도 용접 결과에 영향을 미치기도 한다. 여러가지 인자들이 거론 될 수 있겠으나 가장 중요한 것은 제트류(Jet Flow)의 발생이다. 다음의 인자 들은 이 제트류(Jet Flow)가 알맞게 발생되기 위한 것으로서 비록 폭발 용접 인자가 완전하게 정의되지는 않았지만 기본적인 인자는 다음과 같다.

표 5-46 폭약의 종류에 따른 폭발 속도

Explosive	Detonation velocity , m/s
RDX (Cyclotrimethylene trinitramine, $C_3H_6N_6O_6$	8100
PETN (Pentaerythritol tetranitrate, $C_5H_8N_{12}O_4$)	8190
TNT (Trinitrotoluene, $C_7H_5N_3O_6$)	6600
Tetryl (Trinitrophenylmethylinitramine, $C_7H_5O_8N_5$)	7800
Lead azide (N_6Pb)	5010
Detasheet	7020
Ammonium nitrate (NH_4NO_3)	2655

21.3.3.1. 접합 속도

접합 속도가 클수록 두 금속 사이의 변형이 커지게 되지만, 너무 큰 변형양과 속도는 도리어 접합에 해로운 영향을 미친다.

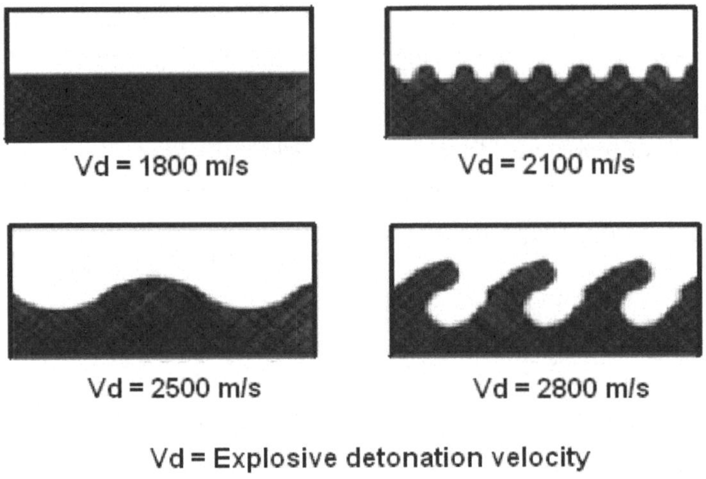

그림 5-183 폭발 접합의 접합 속도에 따른 계면의 변화

21.3.3.2. 동적 경사각

접합 대상 금속과 모재와의 각도는 표면의 상태와 재료의 물성에 따라 다르지만 상부 혹은 하부 경계 사이의 값을 가져야 하며 일반적으로 α의 값은 5 ~ 25° 정도 이다.

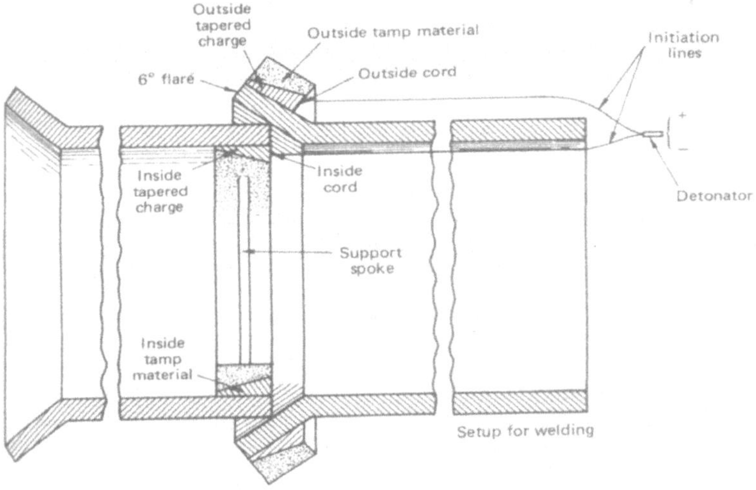

그림 5-184 대구경 파이프 이음의 폭발 접합

21.3.3.3. 폭발 속도 및 에너지

폭발 접합시에 폭발점이 이동하는 속도는 가장 최소로 하면서 만족스런 접합을 할 수 있는 경우가 최적의 상태이며 이것은 유체와 유사한 거동을 일으키는데 필요한 어떤 한계 접촉 압력과 관련이 있다.

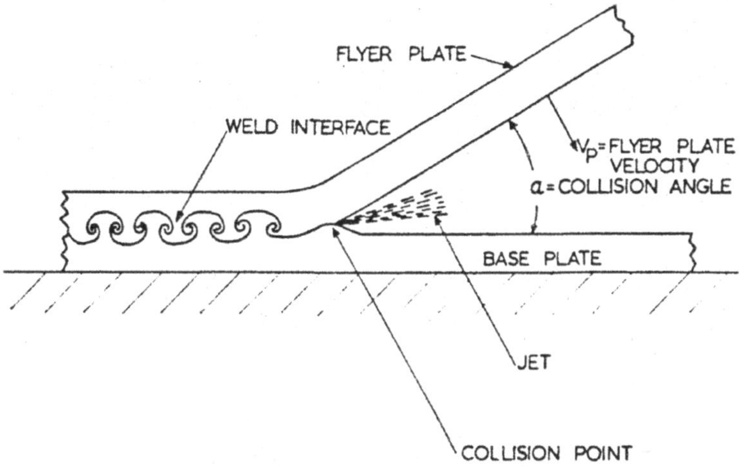

그림 5-185 폭발 접합의 동적 경사각

용접이 가능한 최소의 폭발점 이동 속도외에 운동 에너지의 최소값이 존재한다. 이것은 표면의 청정화에 기여하는 Jet의 최소 두께와 간접적으로 관련되어 있다. 최대 운동에너지 이상에서는 용접이 되지 않는 경우가 있다. 왜냐하면 과도한 변형과 부분적인 용융 및 그 결과로서 계면에 취약한 금속간 화합물이 형성되기 때문이다. 이상적인 조건하에서 폭발 접합하면 경계면에서 어떤 용융도 없으며 고상 상태에서 용접이 된다.

21.3.3.4. 폭약의 종류

표 5-47 폭발 접합에 사용되는 폭약의 종류

High Velocity 14750 ~ 25000 ft/s	Low to Medium Velocity 4900 ~ 14750 ft/s
Trinitrotoluene (TNT)	Ammonium nitrate
Cyclotrimethylenetrinitramine (RDX)	Ammonium nitrate sensitized with fuel oil
Pentaerythritol tetranitrate (PETN)	Ammonium perchlorate
Composition B	Amatol
Composition C4	Amatol and sodatol diluted with rock salt to 30 to 35%
Primacord	Dynamites
	Nitroguanidine
	Dilute PETN

상대재와 모재(Base Plate)는 평탄한 상태로 배치된 경우 그 사이의 간격이 상대재 두께의 반 이상일 경우 상대적으로 폭발 속도가 빠른 폭약(Trimonite 등)을 사용한다. 통상 사용되는 폭약의 폭발 속도는 2 ~ 3 Km/sec(TNT의 경우) 정도이다.

21.3.3.5. 화학량의 선정

폭발 용접과정에서 두 금속의 충돌점 속도가 충돌되는 금속을 통과하는 음속의 1/2에서 3/4 정도 일 때 가장 적절한 용접 결과를 얻는다고 한다. 또한 금속 계면 사이에서는 금속이 유체적 거동을 하는 것처럼 되어야 하므로 폭압은 금속의 항복 강도를 충분히 상회하는 정도로 주어져야 한다. 특정 합금의 탄성 한계수치를 모를 경우에는 유동 스트레스나 압력은 경험적으로 정지 상태의 항복 강도의 다섯배 정도로 계산한다. 현장의 경험치에 따르면 폭발 용접이 잘 진행되기 위한 정도의 원만한 JET 발생을 일으키기 위해서는 항복 강도의 10 ~ 12배 정도의 압력이 필요하다는 결과를 보인다. 참고로 이때의 압력은 충돌점 부근에서의 압력을 나타낸 것이며 금속 유체 현상이 진행되는 지역에서의 최대 압력은 이를 상회한다. 이와 같이 폭약의 압력과 속도는 폭발 용접에서 매우 중요한 요인이 되고 이를 충분하게 확보하기 위해서는 적절한 화약량이 결정되어야 한다. 폭발 용접 공정상 고려 되어야 할 화약량, 화약의 종류, 판재간 간격 등 변수들을 감안한 경험적인 화약량 선정 공식은 다음과 같이 정리된다.

$L = K2\ \rho t\ Va^2 \gamma^2$

L = explosive load in weight/unit area

K2 = combination of two constants and the heat of detonation for particular explosive(특정 화약의 폭발열과 두 상수의 조합된 값)

Va = sonic velocity of flyer plate(상부 판재의 음속)

ρ = flyer plate density

γ = collision angle

t = flyer plate thickness

위의 식은 경험에 근간을 둔 계산식으로 K2에 관한 보다 객관적이고 구체적인 내용 언급이 없어 다소 부족한 식이긴 하지만 상부 판재에 관한 물성을 화약량 설정의 기준 요소로 잡고 있다.

여러 학자나 기술자들에 의해 새로운 변수를 대입시키는 노력을 많이 해오고 있는 중이긴 하나 경험적인 사실로 미루어 볼 때 화약 선정의 기본적인 바탕을 용접 계면의 운동에너지에 두는 것이 바람직한 것이라고 정리되고 있다. 화약 선정의 가장 중요한 요인은 폭속과 그 폭속을 받으면서 하부로 떨어지는 상부 금속의 질량 사이의 함수 관계를 통한 경험적 데이터로서 이들 자료가 축적되면 그것이 곧 유사한 금속간의 용접 변수를 결정짓는 기본 자료로서 이용되는 것이다. 따라서 폭발 용접의 화약량 조절 등의 변수는 실무적인 경험치가 있어야 한다.

21.4. 폭발 용접부의 특징

21.4.1. 용접부의 품질

폭발 용접 계면의 가장 일반적인 형상은 파형(Wave Pattern)이다. 이 파형의 형성을 위해서는 접합 계면에 밀접한 전단 변형량을 초과해야 하며 계면에서부터 거리가 증가함에 따라 변형량은 현저하게 감소한다. 불행하게도 용접 구역의 본질에 대한 직접적으로 반영된 기계적인 성질에 대한 자료는 별로 조사된 것이 없다. 폭발 용접부의 품질은 계면의 상태에 따라서 다르고 물성은 주로 강도, 인성, 연성으로 평가된다. 폭발 용접부의 물성은 용접부와 모재의 인장, 충격, 굽힘, 피로특성 등을 비교함으로써 알 수 있다.

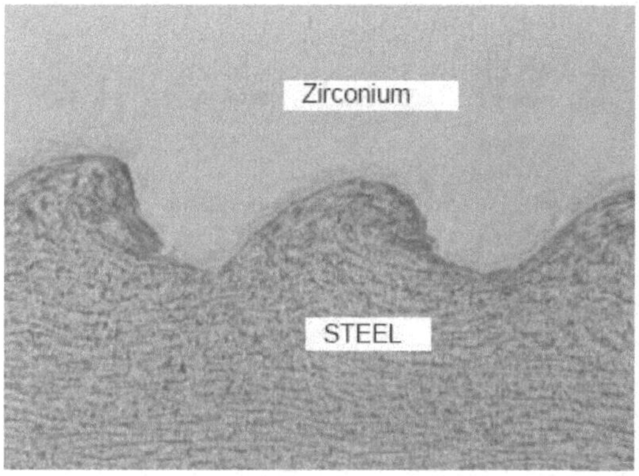

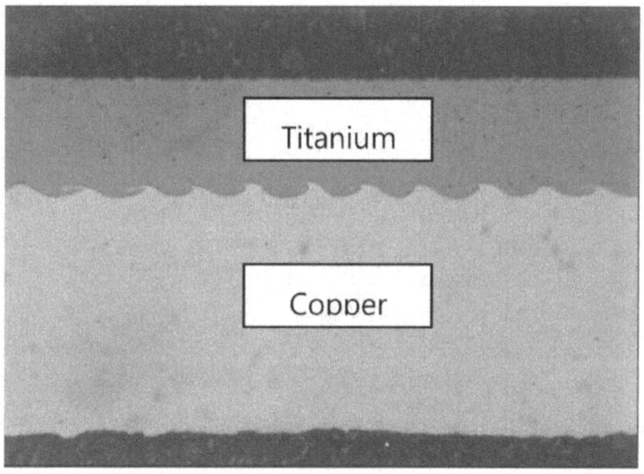

그림 5-186 강종별 조합에 따른 폭발 접합면의 변화

21.4.2. 비파괴 검사

폭발 용접의 비파괴 검사에는 주로 초음파 검사가 채용되고 있다. 방사선 검사는 두 재료의 밀도차가 아주 다른 경우에 사용되지만, 실제로 현업에서 클래드 강재 등에서 방사선 검사는 큰 의미를 가지지 못한다. 이와 같은 검사로는 용접부의 강도를 측정할 수는 없지만 용접부의 건전성을 판단하는 것은 가능하다.

21.4.2.1. 초음파 검사

초음파 검사는 클래드 강재의 계면에 박리 여부와 균열 발생을 확인하기 위해 적용한다. ASTM A578등에 따라서 실시하며, 다음과 같이 합부 기준을 제시한다.

21.4.2.2. 경도 시험

계면에서의 변형 정도는 접합 계면을 가로질러 미세 경도 측정을 함으로써 가장 잘 설명될 수 있다. 계면에서 경도가 증가하는 경우 연성은 감소한다. 이 경우에 만약 계면에서 소성적으로 응력을 받아 Ductility Layer(연한 층)이 감소하여 연성의 한계를 넘어서면 접합면을 따라 파단이 일어난다.

표 5-48 폭발 접합부의 초음파 검사 기준

	Types of Products	Maximum individual non bonded area	Percentage of bonded surface
LEVEL 1	Plates	44 cm^2	96 %
LEVEL 2	Tube sheets	5 cm^2	98 %
LEVEL 3	Condenser tube sheets	1 cm^2 in drilled area 25 cm^2 outside drilled area	99 %

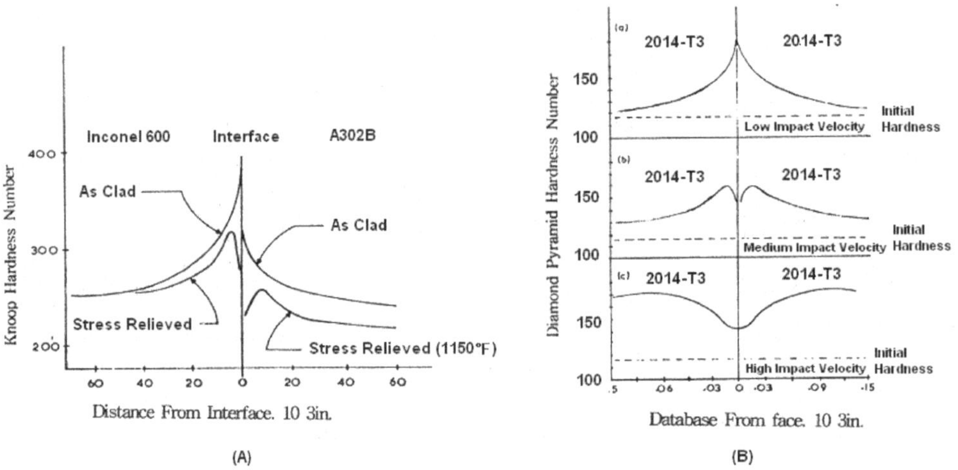

그림 5-187 Inconel 600과 A302B 철강의 미세경도 종단면도(좌)와 각기 다른 충돌 속도를 가진 2014T3 알루미늄 합금의 미세경도 종단면도(우)

접합 계면의 경도값이 높게 나오는 것은 그만큼 가공 경화에 의해 강재의 취성이 높은 상태임을 의미한다. 그래서 이렇게 폭발 접합된 강재를 그대로 사용하기 전에 접합 계면의 응력을 제거하는 열처리를 실시하여 구조물의 안정성을 도모한다.

이렇게 폭발 접합 후 응력제거 열처리를 실시할 때의 기준은 모재인 탄소강을 기준으로 적용하며, 지나치게 급냉이나 급 가열은 열팽창 계수의 차이로 인한 박리나 균열 발생 가능성 등의 위험성이 있으므로 피해야 한다.

표 5-49 폭발 접합 클래드 강재의 응력제거 열처리

Clad Plates	Treatment T(℃)	Holding Time	Heating Rate	Cooling Rate
AISI 300 Series SS + CS	605 ± 15	1h / 25mm Min. 1h / Max. 2h	90℃/Hr Max. between 300℃ and Treatment Temperature	90℃/Hr Max. between Treatment Temperature and 300℃
AISI 400 Series SS + CS	675 ± 15	1h / 25mm Min. 1h / Max. 2h		
Zr + CS *	540 ± 15	2h / 25mm Min. 2h / Max. 4h		
Ti + CS *	540 ± 15 **	2h / 25mm Min. 2h / Max. 4h		
	605 ± 15 **	1h / 25mm Min. 1h / Max. 2h		
Ti + AISI 300 Series SS *	540 ± 15	1h / 25mm Min. 1h / Max. 2h		
Muntz Metal + CS	605 ± 15	1h / 25mm Min. 1h / Max. 2h		
UNS2205 + CS	580 ± 15	2h / 25mm Min. 2h / Max. 4h		

* Slight Oxidizing Atmosphere   ** At Manufacturer's Choice

21.4.2.3. 전단 시험(Shear Test)

전단 시험은 접합 강도 값을 구하는데 사용된다. 전단 하중의 적용 방법은 일반적으로 두 가지 방법이 있는데 그림 5-188에 소개된 바와 같이 Tension-Shear와 Lug-Shear(ASTM A264-44T)방법이 적용되고 있다. 전단 시험 중 파괴는 일반적으로 접합 계면보다 두 재료중 더 약한 곳에서 일어난다. 금속 조합의 종류에 따라 얻을 수 있는 특유의 전단 강도 값을 표 5-49에 나열하였다.

폭발 용접의 특성인 계면에서 파형 변형은 충돌점의 전달 방향으로 반복되면서 형성된다. 이는 만약 파형 구조에 수직, 수평으로 시험하면 전단 강도 값이 다르지 않을까 하는 의문이 제기되기도 하지만 여러 번의 실험을 통해 전단 강도 값은 계면의 파형 변형 방향에 수직, 그리고 수평의 값이 궁극적으로 같다는 결론이 수립되었다.

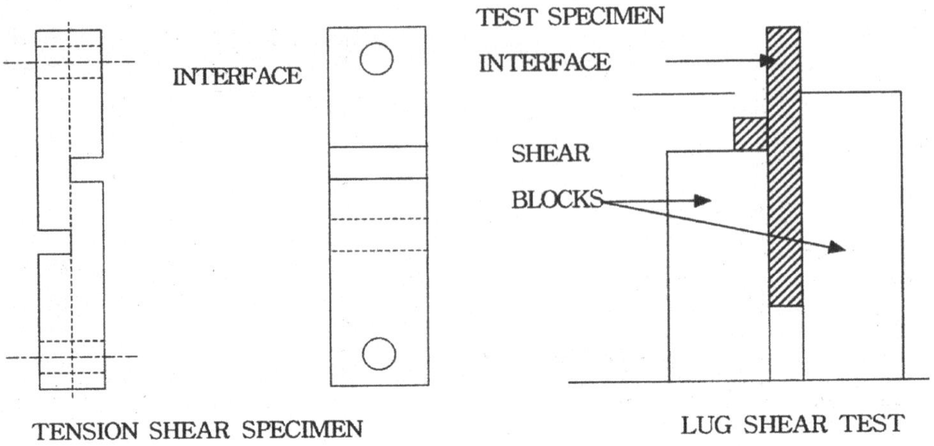

그림 5-188 폭발 접합 클래드 강재의 전단 시험

21.4.2.4. 인장 시험(Tensile Test)

평판의 인장 시험은 접합 구역의 효과와 두 재료의 결합된 반응을 평가하기 위해 사용된다. 이 시험결과에서 알 수 있듯이 폭발 접합의 영향은 원재료들의 강도는 증가시키고 연성은 감소하게 한다. 이러한 작용은 용접되는 동안의 충격 흡수하고 변형에 의한 가공 경화의 효과에 기인한다.

폭발 접합된 제품이 비록 기계 강도적 요건을 만족할 경우 그것으로 품질을 인정하고 유용한 소재로 사용 되기는 하지만 충격이나 열발생 같은 물리력이 금속 재질에 미치는 영향은 차후에도 계속 연구되어야 한다.

표 5-50 폭발 접합 클래드 강재의 전단 강도(Shear Strength) 값

Composite Materials	Tensile Strength 1b/in^2	Yield Strength 1b/in^2	Elongation in 8 inches %
inch 304 Stainless steel to 1 inch ASTM A-212-B Steel (1)	88,600	62,600	22.8
0.078 inch TMCA 35A titanium to 1 inch ASTM A-212-B Steel (1)(2)	74,400	50,300	27
inch Hastelloy "C" to 1 inch ASTM A-212-B Steel (3)	79,100	57,000	22
inch 1100-H14 Aluminum to 1 inch ASTM A-212-B steel (4)	73,200	54,800	21
inch DHP copper to 1 inch ASTM A-212-B Steel (4)	74,100	57,500	20

표 5-51 폭발 접합된 클래드 강재의 기계적 특성 기준

Composite Materials	Tensile Strength 1b/in²	Yield Strength 1b/in²	Elongation in 8 inches %
inch 304 Stainless steel to 1 inch ASTM A-212-B Steel (1)	88,600	62,600	22.8
0.078 inch TMCA 35A titanium to 1 inch ASTM A-212-B Steel (1)(2)	74,400	50,300	27
inch Hastelloy "C" to 1 inch ASTM A-212-B Steel (3)	79,100	57,000	22
inch 1100-H14 Aluminum to 1 inch ASTM A-212-B steel (4)	73,200	54,800	21
inch DHP copper to 1 inch ASTM A-212-B Steel (4)	74,100	57,500	20

(1) Properties of the backing steel before welding were αt = 87 000 1b/in², σy = 56 000 1b/in² and elongation in 8 inches = 28%

(2) The composite was tested after stress relieving.

(3) Properties of the backing steel before welding were σt = 68 000 1b/in², σy = 40 000 1b/in² and elongation in 8 inches = 28.8%

(4) Properties of the backing steel before welding were σt = 77 000 1b/in², σy = 40 000 1b/in² and elongation in 8 inches = 26.3%

In each example the cladding metal was initially in the annealed condition.

표 5-52 폭발 용접 클래드 강재와 육성 용접의 전단 항복 비교 결과

	폭발 용접 Clad(2) Inconel 606 to A302B Steel		폭발 용접 Clad(2) Inconel 82 to A302B Steel		폭발 용접 Clad(2) Inconel 600 to A302B Steel	
Peak Tensile Stress	20,000 Ib/in²	24,000 Ib/in²	20,000 Ib/in²	24,000 Ib/in²	20,000 Ib/in²	24,000 Ib/in²
Cycles at Failure	2500(1)	2447	2688	924	2500(1)	2085
Cycle first crack noted	-	2090	2501	916	-	303

(1) Did not fail test suspended

(2) Stress relieved at 1150°F

기타의 시험 방법으로 위에 열거된 검사 방법 이외의 여러가지 파괴 시험이 행해지고 있으며 그 중에는 Chisel Test, Ram Tensile Test 등이 있다.

22. 마찰 용접(Friction Welding)

22.1. 마찰 용접의 개요

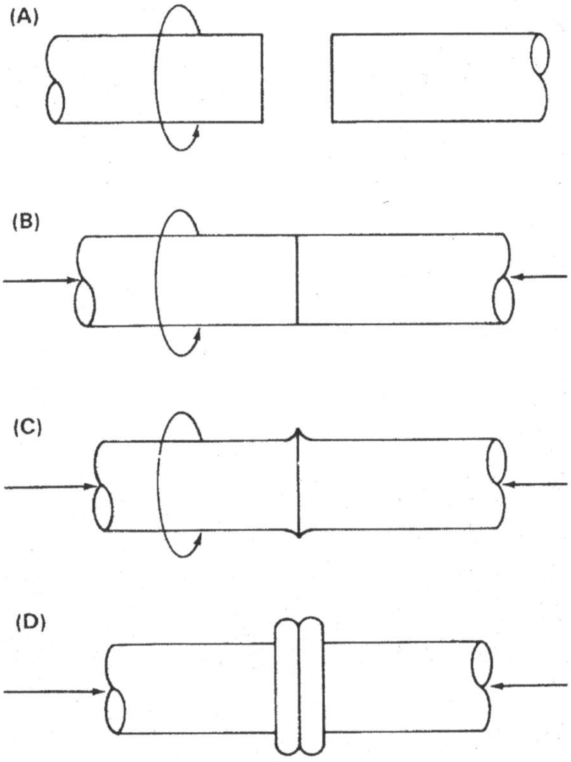

그림 5-189 마찰 용접의 개요

마찰 용접은 재료를 맞대어 가압한 상태에서 상대(회전) 운동시켜 접촉부에 발생하는 마찰열을 이용하여 압력을 가하면서 접합하는 방법이다. 광범위한 동종 재료 및 이종 재료(금속, 금속기 복합 재료, 세라믹, 플라스틱 등)의 접합에 적용될 수 있다. 이 방법은 접합부 표면만을 국부적으로 가열하기 때문에 아크를 이용한 용접법에 비해 에너지 효율이 좋아 10 ~ 20%의 적은 에너지로도 접합이 가능하다. 또한 마찰 용접은 주조 조직을 만들지 않기 때문에 기계적 성질이 우수하고, 공정 변수가 축 하중, 회전속도, 업셋(Upset) 량 등으로 비교적 관리가 용이하고 자동화가 가능하다. 장비 가격이 저렴하고 아크 용접에 비해 금속 소모량이 상대적으로 작다.

정상적인 조건하에서는 모재의 접합면은 용융되지 않으며, 접합시에 용가재나 플럭스, 차폐 가스등이 필요로 하지 않는다.

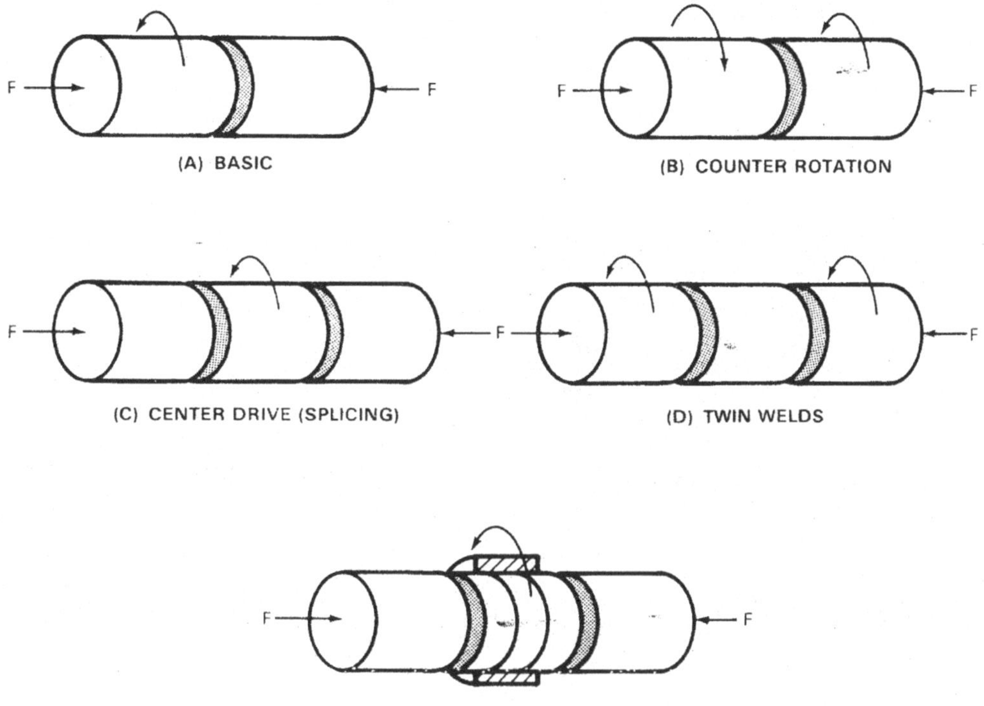

그림 5-190 마찰 용접의 적용 방법

22.2. 마찰 용접법의 장, 단점

22.2.1. 마찰 용접법의 장점

- 높은 에너지 효율 : 접합하고자 하는 부분만 가열하며, 전기 저항 용접의 1/5 ~ 1/10 정도의 에너지만이 소모된다.
- 용접 변수 제어 용이 : 용접 조건으로 설정되는 인자가 작아 기계화, 자동화가 용이하다.
- 용접법에 따른 제어 인자는 다음과 같다.
  - 브레이크 식 : 회전수, 마찰 압력, 마찰 시간, Upset 압력, Upset 시간
  - 플라이휠 식 : 회전수, 플라이휠의 회전 에너지, 마찰 압력

- 높은 작업 능률 : 에너지 효율이 좋고, 자동화가 가능하다.
- 높은 용접 정밀도 : 용접 조건의 인자 제어가 용이하여 정밀도 높게 제어 가능하다.
- 용접 조건의 제어에 따라 용접재의 치수 정밀도가 0.1mm까지 가능하다.
- 이종 재료의 용접이 가능 : 동종 뿐만 아니라 다양한 이종 재료의 용접이 가능하고 용융을 동반하지 않으므로 용융 과정에서 발생되는 취약한 화합물의 생성이 방지된다.
- 기타 : 용접 중에 아크, 화염, 불꽃, 흄(Fume) 등이 발생하지 않기 때문에 작업 환경이 양호하다.

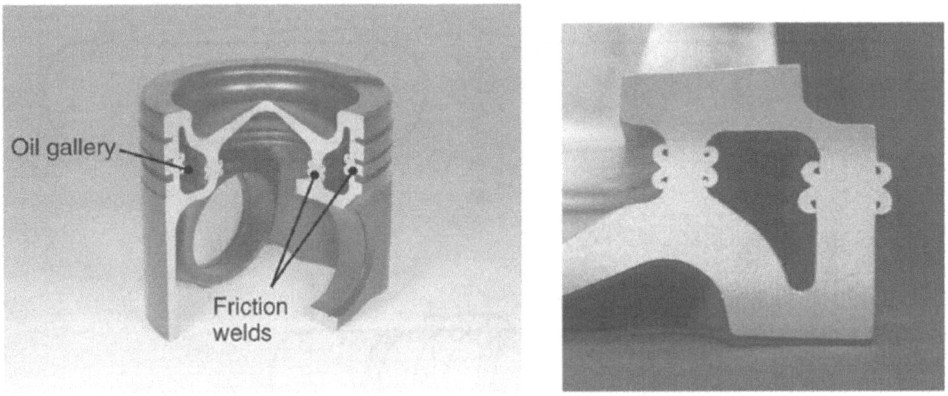

그림 5-191 마찰 용접으로 제작된 자동차 부품

22.2.2. 마찰 용접의 단점

모재 형상의 제한 : 일반적으로 한쪽 모재를 회전시키기 때문에 형상의 제한이 있다.

정위상 용접이 곤란 : 양쪽 모재 사이의 상대적 위치(위상)를 일정하게 하는 것이 곤란하다. 최근에 컴퓨터에 의한 제어의 발달로 많은 개선이 이루어 지고 있다.

용접부의 인성 : 마찰 용접부의 인장 강도와 피로 강도는 일반적으로 모재와 동등하거나 그 이상이지만 충격 인성은 낮은 경우가 많다. 특히 용접 입열향부의 비틀림, 압축 변형에 의한 플래쉬(Flash)가 생기기 때문에 그 배출방향, 즉 축에 수직 방향으로 모재의 섬유 조직이 유동되어 인성이 낮다. 일반적으로 304SS의 경우 모재의 1/3~1/4 수준이다. 그러나 실제로 이 Notch 인성의 저하가 실용적인 측면에서 문제를 일으키는 경우는 거의 없고 실제 시험에서도 충분한 내구성이 있음이 입증되고 있다.

22.3. 용접 변수

22.3.1. 회전 속도

용접 품질 측면에서 회전 속도는 일반적으로 중용한 인자는 아니다. 속도가 너무 낮으면 torque가 매우 커지기 때문에 재료의 고정, 불 균일 Upsetting 및 소재의 파손등과 같은 문제가 생긴다. 실제 사용되는 용접기는 통상 300 ~ 650rpm 정도이다.

경화능이 높은 재료에는 높은 회전 속도와 낮은 입열량이 요구된다.

가열 시간이 길어지면 예열 효과 때문에 냉각 속도가 늦어지며 담금질 균열을 방지할 수 있다. 이와 반대로 이종 재료의 용접 시에는 저속 (즉, 짧은 가열시간) 회전함으로써 취약한 금속간 화합물의 형성을 방지할 수 있다. 그러나 실제로는 마찰 용접기의 가압력을 변화 시킴으로써 가열 시간을 조절할 수 있다. 아래에 설명한 바와 같이 가열 시간이 길어지면 부작용이 발생하게 되므로 가열 시간의 조절 보다는 가압력의 변화를 통한 용접 조건의 조절이 좋다.

22.3.2. 압력

압력은 용접부의 온도 기울기, 소요의 구동력 및 축 방향의 길이 감소량을 지배하게 된다. 이때의 압력은 용접대상 재료와 이음부의 형상에 따라 달라진다. 가열시의 압력은 산화를 방지하기 위해 마주한 면을 충분히 밀착시킬 수 있을 정도로 높아야 한다. 일정한 회전 속도에서 압력이 낮으면 충분한 발열이 생기지 않게 된다. 압력이 높으면 국부적으로 고온으로 가열되어 급속히 재료의 축 방향 길이가 짧아지게 된다.

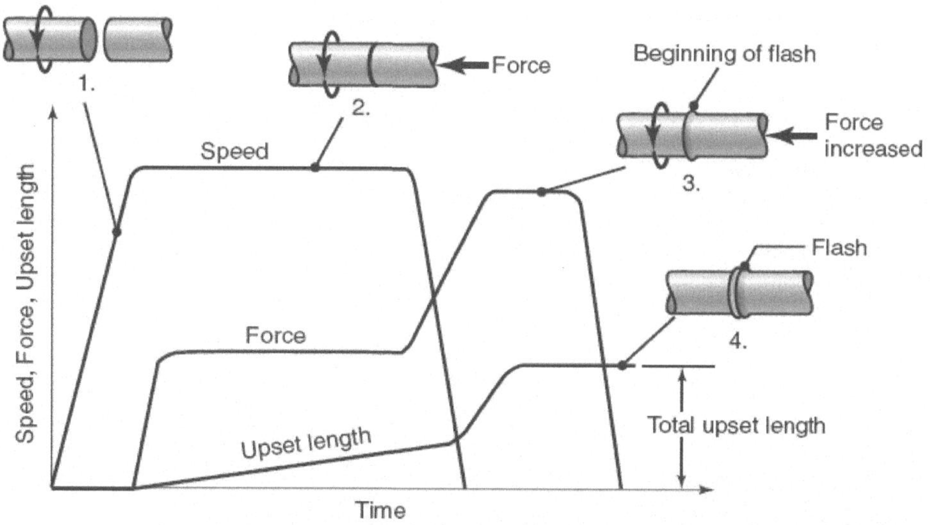

그림 5-192 마찰 용접 과정과 용접 변수의 역할

22.3.3. 가열시간

가열 시간이 너무 길면 생산성이 떨어지고 재료의 손실이 많아진다.

또 가열시간이 너무 짧으면 불 균일하게 가열됨과 동시에 산화물이 잔류하며, 계면상 접합되지 않는 부분이 생기게 된다.

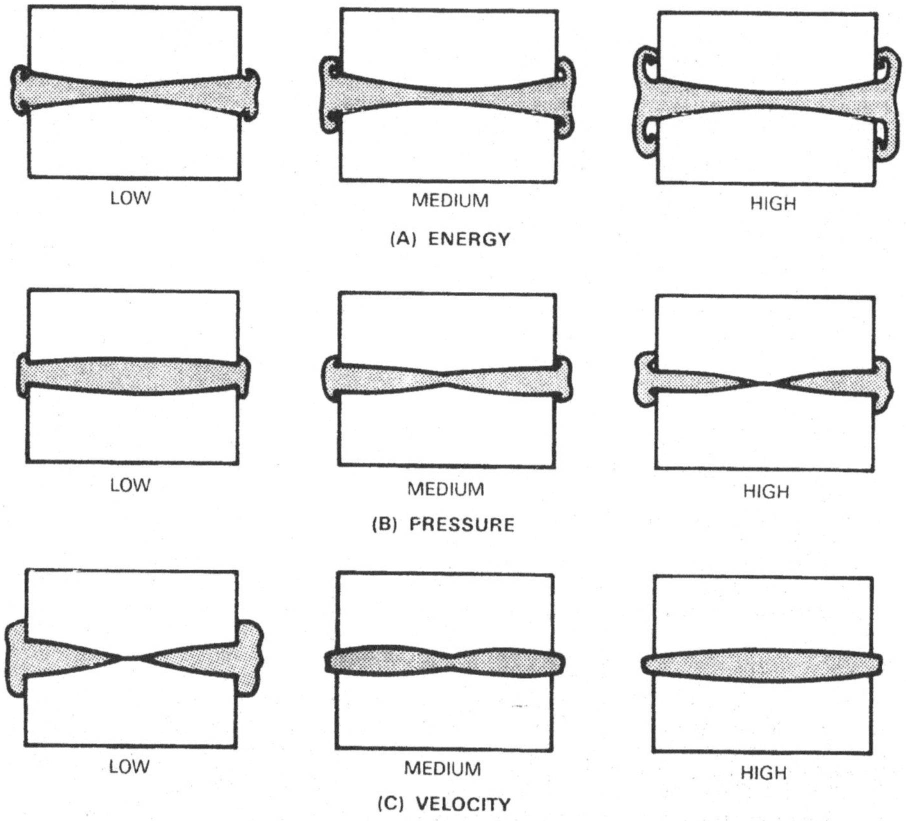

그림 5-193 마찰 용접 조건 변화와 용접 품질의 관계

22.4. 마찰 교반 용접(Friction Stir Welding)

22.4.1. 마찰 교반 용접의 개요

전통적인 마찰 용접의 가장 큰 단점은 접합하고자 하는 금속이 회전할 수 있는 모양과 크기 여야 하는 한계가 있었다. 이런 단점을 해결한 것이 마찰 교반 용접이다. 마찰 교반 용접은 쐐기 모양의 교반기(Stir)가 접합하고자 하는 두 금속 사이의 계면을 뚫고 들어가서 마찰열을 발생하고 그 열을 통해 두 금속이 접합하게 되는 방법이다.

22.4.2. 마찰 교반 용접의 특징

이 방법을 적용하게 되면, 기존에 마찰용접에서 접합할 수 없었던 철판끼리의 용접이 가능해 진다. 또한 용접부 변형이 거의 없고, 기계적 특성에 변화가 거의 없으며, 용접흄(Fume)이나 기공 혹은 슬래그의 형성이나 스패터 발생이 없으며, 응고수축에 의한 응력 발생도 극히 작고 전자세 용접이 가능한 것이 특징이다.

또한 용접봉 대신에 쐐기형의 교반기(Stir)만이 사용되기 때문에 소모품 비용이 작고 용접사 자격 인증 등의 복잡한 과정을 거치지 않아도 되며, 용접 후에 그라인더나 산세 등의 작업이 불필요하다.

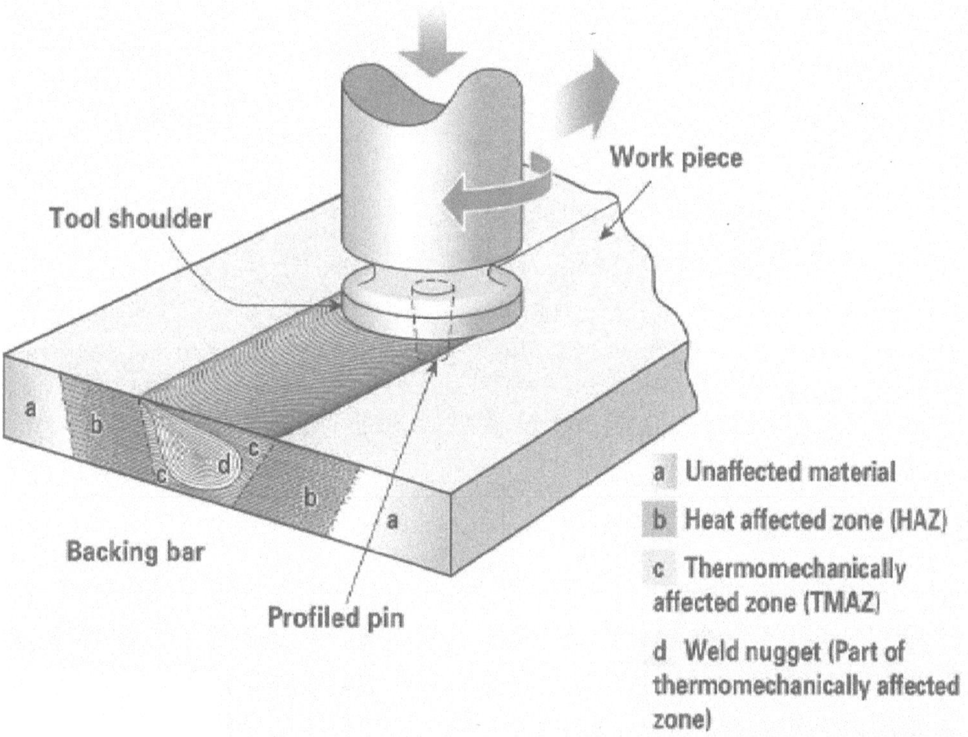

그림 5-194 마찰 교반(Friction Stir) 용접기의 개요

하지만 이 용접방법은 쐐기형 교반기(Stir)가 뚫고 들어갈 수 있는 두께의 제한이 있기 때문에 너무 두껍거나 너무 강한 금속의 접합은 어렵다. 또한 용접과정에서 두 모재를 단단하게 고정시켜야 하고 용접부 맨 끝단에서는 쐐기가 빠져난 키홀(Key Hole)이 남게 된다.

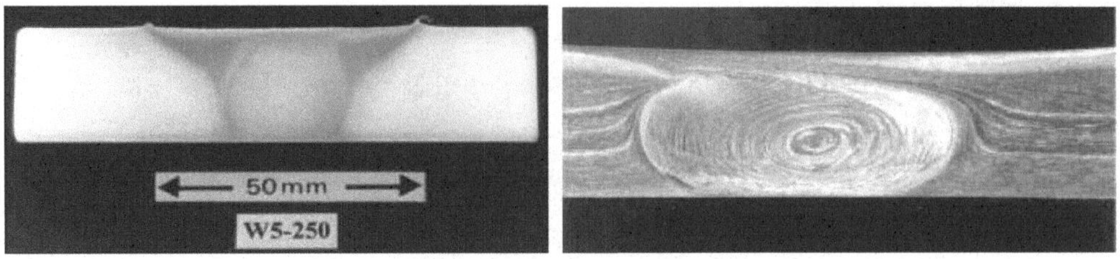

그림 5-195 마찰 교반 용접부의 단면(좌)과 용접선(우)

모재가 단단하게 고정되어 있기만 하면 약간의 경사가 진 용접부도 접합이 가능하다.

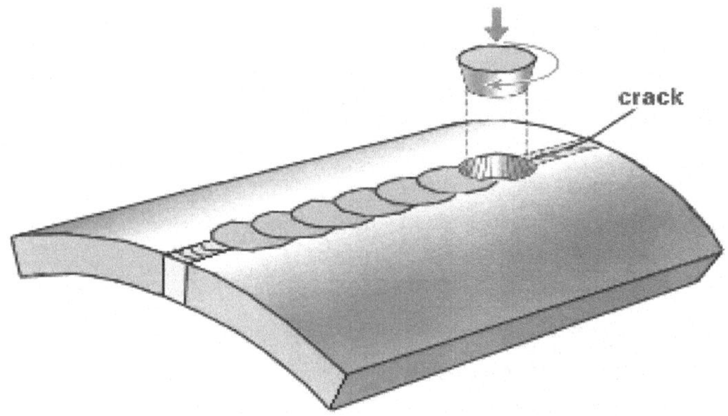

그림 5-196 경사진 용접부의 마찰 교반 용접

22.4.3. 교반기(Stir)

두 금속 사이에서 회전하면서 마찰열을 발생하여 용접이 이루어질 수 있도록 해 주는 교반기는 내 마모성이 우수해야 하며, 고온에서 견딜 수 있도록 충분한 강도를 가져야 한다.

또한 원하는 모양으로 만들 수 있도록 성형성과 과열되어 문제가 생기지 않도록 열전달 계수도 좋은 재질이야 한다.

가장 널리 사용되는 교반기의 재질은 다음과 같다.

- 공구강 (AISI H13)
- 니켈-코발트 합금
- 텅스턴, 몰리브데늄, 니오븀, 탄탈륨
- 탄화물(WC, TiC)
- 복합소재 (TiC-Ni-W의 소결 제품 등)
- 고분자 보론 질화물(Polycrystalline Cubic Boron Nitride)

이들 교반기 재질은 접합하고자 하는 금속에 따라 다음과 같이 추천된다.

표 5-53 모재 재질에 따른 교반기 소재 재질 선정

Alloy	Thickness		Tool Material
	mm	in.	
Aluminum Alloys	〈 12	〈 0.5	Tool Steel, WC-Co
	〈 26	〈 1.02	MP159
Magnesium Alloys	〈 6	〈 0.24	Tool Steel, WC
Copper and Copper Alloys	〈 50	〈 2.0	Nickel Alloys, PCBN, Tungsten Alloys
	〈 11	〈 0.4	Tool Steel
Titanium Alloys	〈 6	〈 0.24	Tungsten Alloys
Stainless Steels	〈 6	〈 0.24	PCBN, Tungsten Alloys
Low Alloy Steels	〈 10	〈 0.4	WC, PCBN
Nickel Alloys	〈 6	〈 0.24	PCBN

그림 5-197 다양한 형상의 교반기 끝 가공

22.4.4. 마찰 교반 용접부의 기계적 특성

마찰 교반 용접부는 모재에 비해 더 우수하거나 동등한 수준의 기계적 특성으로 인해 일반적인 용융접합법이 적용되기 어려운 상황에 많이 적용한다. 항공기, 선박 및 우주선등의 동체를 제작하거나 핵발전소의 폐 연료 및 오염물질을 담아두는 용기의 제작에도 사용된다.

마찰 교반 접합 자체가 모재를 녹이지 않고 냉간 상태에서 접합이 진행되기 때문에 열영향부의 취성이 발생하거나 응고 수축에 따른 응력이 발생하지 않으며, 원소재의 제작 과정에서 발생한 입자의 성장(Grain Growth) 효과가 사라지고 입자 미세화 현상이 발생하여 피로강도나 기계적 강도를 향상시키는 효과를 가져온다.

그림 5-198은 마찰 교반 용접을 통해 접합된 스테인레스강 304의 용접부와 모재의 조직 사진이다. 그림에서 확인되는 바와 같이 입자의 성장이 거의 없음을 확인할 수 있다.

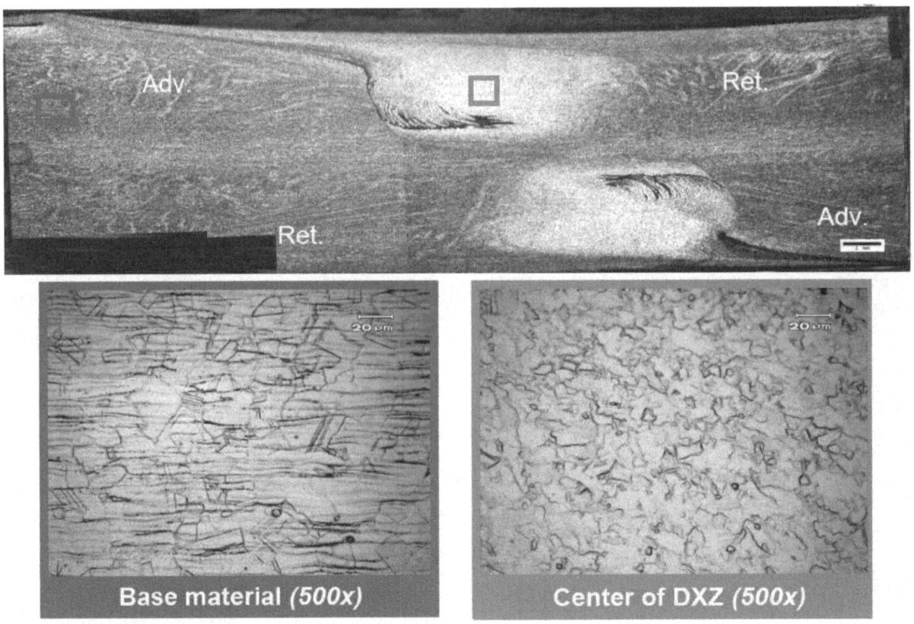

그림 5-198 스테인레스강 304의 마찰 교반 용접부 조직 변화

이러한 조직의 변화가 없는 용접부는 결국 모재에 비해 기계적 특성의 변화가 없음을 확인할 수 있다. 표 5-54는 위 접합부의 기계적 특성을 평가한 것이다.

표 5-54 스테인레스강 304의 마찰 교반 용접부 기계적 특성

FSW of 304 Stainless Steel Transverse Tensile Properties			
Sample	Yield Strength 0.2% offset KSI (Mpa)	Ultimate Tensile Strength KSI (Mpa)	Elongation %
450RPM, 3 IPM	51 (352)	95 (655)	54
Base Metal	55 (379)	98 (675)	56

만약 모재가 성형단계에서 입자의 성장이 발생하였다면, 마찰 교반 용접과정에서 입자가 미세화되는 효과가 나타나게 된다. 아래 그림은 니켈계 합금인 Inconel 600의 마찰 교반 용접부 조직 사진이다. 그림 5-199에서 분명하게 확인되는 바와 같이 마찰 교반 용접부에서 입자 미세화 효과가 발생하였다.

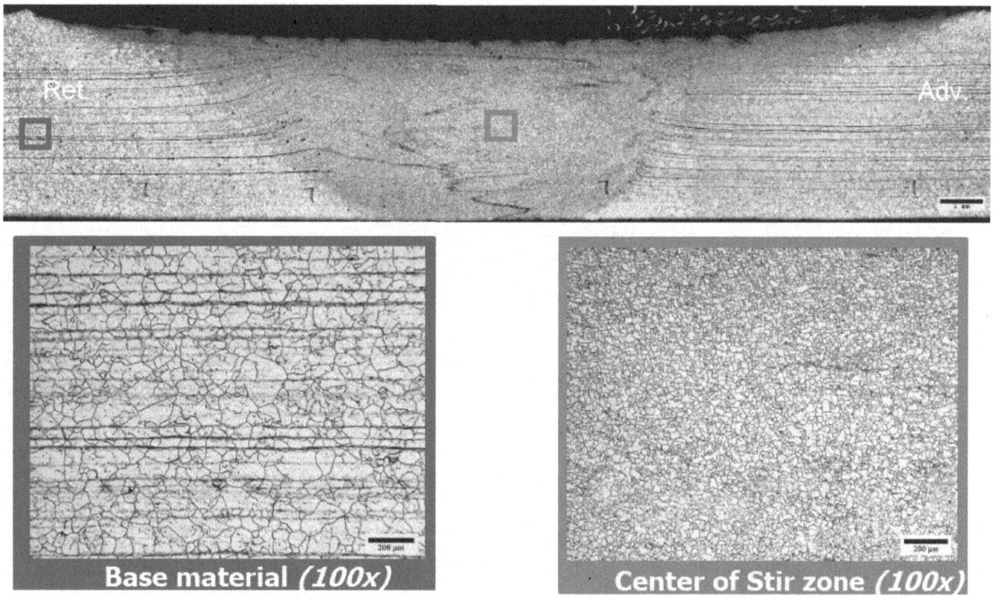

그림 5-199 Inconel 600의 마찰 교반 용접부 조직 변화

그리고 이런 입자 미세화는 기계적 특성의 향상으로 나타나게 된다. 우리가 알고 있는 거의 모든 여타 용접방법이 용접부가 모재에 비해 취성을 갖게 되고 특히 열영향부의 취성으로 인해 많은 문제점들이 발생하고 있었으나, 마찰 교반 용접부는 모재에 비해 우수한 기계적 특성 특히 피로 강도의 향상을 보여주고 있다.

FSW of Alloy 600, Transverse Tensile Properties			
Sample	Yield Strength 0.2% offset KSI (Mpa)	Ultimate Tensile Strength KSI (Mpa)	Elongation %
450RPM, 2-1/4 IPM	54 (374)	104 (719)	27
Base Metal (Annealed Condition)	38 (263)	92 (631)	50

유럽의 횡단 열차인 유로스타나 일본의 신간센 열차등은 이 마찰 교반 용접 기법을 이용하여 객차를 제작하고 있다.

23. 초음파 용접(Ultrasonic Welding)

23.1. 초음파 용접의 개요

2매의 금속을 맞대어 그 한쪽에 접촉면과 평행하게 고주파 진동을 가하면 단시간에 접합된다. 이 공정을 초음파 용접이라고 하며 그 물리적인 본질은 아직 불분명하지만 첫째로는 강한 마찰에 의해 금속 자유면의 산화물 층이 제거되기 때문이라는 점과 둘째로는 마찰에 의해 금속 표면이 강하게 가열되어 이에 따른 열화에 의해 접합된다고 하는 점이다. 그러나 이와 같이 가열은 표면부에만 국한되고 다른 부분은 가열되지 않는다. 따라서 초음파 용접은 냉간 접합(Cold Weld)이라고도 한다.

또한 가압력과 진동에 의한 힘이 동시에 작용하기 때문에 용접할 면을 미리 청정하게 할 필요는 없고 용접전의 단계에서 자연적으로 청정화가 이루어 진다고 하는 사실이 간접적으로 증명되고 있다.

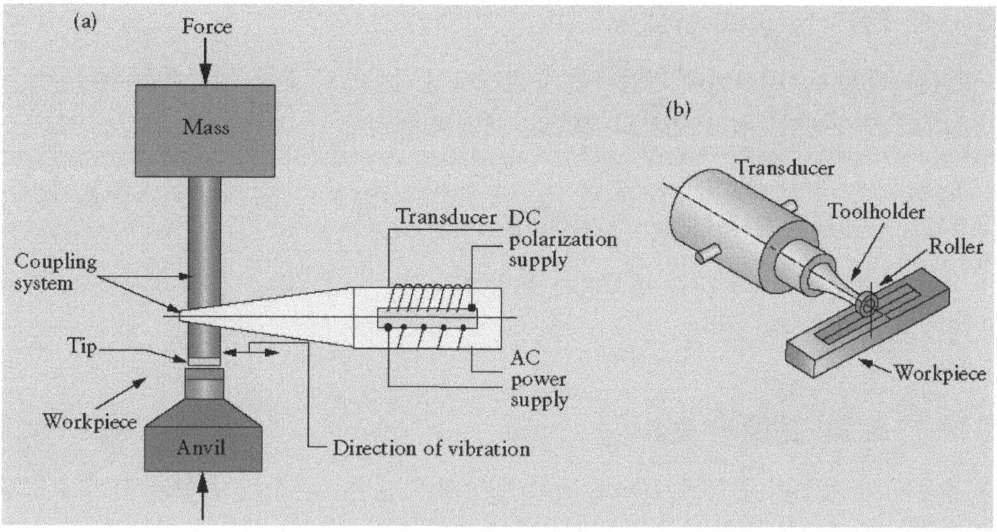

그림 5-200 초음파 용접 장치의 기본 구성도

23.2. 초음파 용접의 특징

초음파 용접은 고상 용접의 일종으로서 용접 중에 국부적으로 고주파 진동 에너지와 압력을 가하여 용융시키지 않고 건전한 야금학적 결합부를 얻는다는 것이다. 초음파 용접은 다른 용접법에 비해 매우 경제적이다. 초음파 용접은 아크 용접에 필요한 전원의 5 ~ 10% 정도의 적은 전기 출력만 가지고도 충분한 용접이 이루어 진다. 초음파 용접의 기본적인 모식도는 위의 그림 5-200과 같다. 냉간 압접방식이기에 열영향부가 생기지 않고 변형을 최소화할 수 있다.

금속제품의 초음파 용접에는 20 ~ 70KHz의 주파수 영역이 사용되며, 위 그림 B와 같이 초음파를 발생시킨다. 최근에는 초음파 용접을 자동차 용접에도 많이 적용하고 있으며, 특히 알루미늄 차체의 용접에 활용도가 증대되고 있다.

초음파 용접은 플라스틱 제품을 최소의 변형을 유도하면서 용접하기에 매우 좋은 방법이다. 이 경우에는 20 ~ 40KHz의 주파수를 주로 사용하며, 위 그림 5-200 (a)에 해당하는 것처럼 초음파를 접합하고자 하는 제품의 수직 방향으로 적용한다.

23.3. 초음파 용접법과 용접 야금의 기초

23.3.1. 초음파 용접법의 구분

용접법은 얻어지는 용접부의 형태에 따라 크게 4종류로 분류할 수 있다.

23.3.1.1. 초음파 점(Spot) 용접

음향극과 앤빌(Anvil)사이에 가압하여 용접재에 순간적으로 진동 에너지를 부여함으로써 점 용접부가 얻어진다. 점 용접부의 형상은 대략 타원이다.

23.3.1.2. 초음파 환형 용접(Ring Welding)

이 방법은 폐쇄 고리(Loop)를 형성하는 용접법으로서 통상 원형이지만 정사각형, 타원형 등의 용접부도 얻을 수 있다.

23.3.1.3. 초음파 선(Line) 용접

선 용접은 점 용접이 변형된 것으로 용접 대상재를 앤빌(Anvil)과 음향극 사이에 고정하여 용접한다. 음향극은 용접부가 존대하는 면에 평행되게 진동하며, 그 결과 폭이 좁고 직선적인 용접부가 얻어지는데 한 용접 싸이클당 길이 6 inch의 용접부가 얻어진다.

23.3.1.4. 초음파 연속 심(Seam) 용접

연속 심(Seam) 용접에서는 회전하는 디스크형의 음향극과 롤러(Roller) 혹은 평면 앤빌(Anvil) 사이에서 용접부가 얻어진다. 음향극이 연속적으로 이동하는 형식과 용접 대상재가 연속적으로 이동하는 형식이 있다.

23.3.2. 초음파 용접 야금의 기초

용접의 기구는 금속판 표면을 미시적으로 평활하지 않고 서로 겹치면 돌출부가 있는 부분이 접촉하지만 정지 가압과 진동에 의해 슬립을 이동시켜서 접촉부의 흡착물이나 산화피막이 파괴되어 제거된다. 초음파 용접의 접합과정은 크게 다음의 3가지 단계로 구분할 수 있다.

- 제 1 단계 : 초음파 진동에 의해 두 면이 마찰되어 산화물이나 흡착물이 파괴되어 기계적으로 Cleaning 됨과 동시에 평활화되어 융착핵이 발생되는 과정이다.
- 제 2 단계 : Tip과 용접물 사이에서 상대 운동이 일어나 급격한 소송 유동에 의해 접합 면적이 확대된다.
- 제 3 단계 : 청정한 면이 서로 접촉함과 동시에 탄성변형이나 소성 변형 또는 마찰력에 의하여 온도가 높아지므로 접합면 사이에 원자간의 인력이 작용하여 용접된다.

X선 회절에 의해 접합면을 조사해 보면 완전한 연속 결정의 조직이 형성되어 있음을 확인할 수도 있다. 그러나 이종 재료 사이에서도 이음 효율 저하를 초래하는 취화층의 형성은

없으며 결국 접합 기구는 마찰에 의한 표면 청정과 가열, 경계 확산에 의한 합금화, 또 금속의 마찰 계수, 열 전도율 등 물리적 성질 또는 접합면에 인접한 상의 소성 변형에 의한 발열 등과 관련되며 온도가 용접을 지배하는 가장 큰 인자라고 할 수 있다.

또 용접시의 온도 상승은 적어도 재료의 재결정 온도 이상임이 확인되고 있다.

23.4. 초음파 용접의 장점과 단점

23.4.1. 초음파 용접의 장점

냉간 압접에 비해 정지 가압력이 작기 때문에 용접물의 변형이 작다. 용접물의 표면 처리가 간단하며 일반 압연강재의 용접이 용이하다. 경도 차이가 크지 않는 한 이종 금속의 용접이 가능하며, 두께가 얇은 박판끼리의 용접이 가능하다. 판의 크기에 따라 용접 강도가 매우 달라진다.

용접부의 금속 조직의 변화가 최소화 되어 기계적 특성의 변화가 없으며, 특히 우수한 피로 저항성을 보이고 있다. 용접을 하기 위한 보호가스나 기타 용접봉등의 소모품이 필요하지 않기 때문에 경제적이다.

23.4.2. 초음파 용접의 단점

대형 구조물에 적용하기 어려우며, 형상과 크기에 제한이 있다. 용접금속이 앤빌(Anvil)에 달라 붙을 수 있다. 표면이 매끄러운 납, 아연, 주석등의 재질은 초음파로 용접할 수 없다.

접합부 표면의 요철에 가까운 표면 변형이 발생한다.

23.5. 초음파 용접의 주요 인자

23.5.1. 팁(Tip)의 형상과 마찰 계수

초음파 팁(Tip)의 선단은 구면으로 하고 그 반경은 상부 시료 판 두께의 50 ~ 100배가 적당하다. 판의 두께가 두꺼워지면 팁(Tip)의 표면을 줄(File)로 그어 주어 마찰 계수를 크게 함으로써 접합 강도를 높일 수 있다.

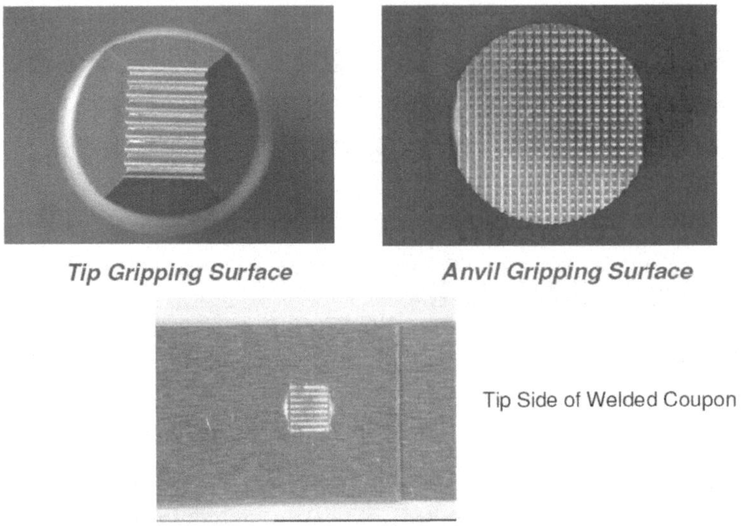

그림 5-201 팁과 앤빌의 형상

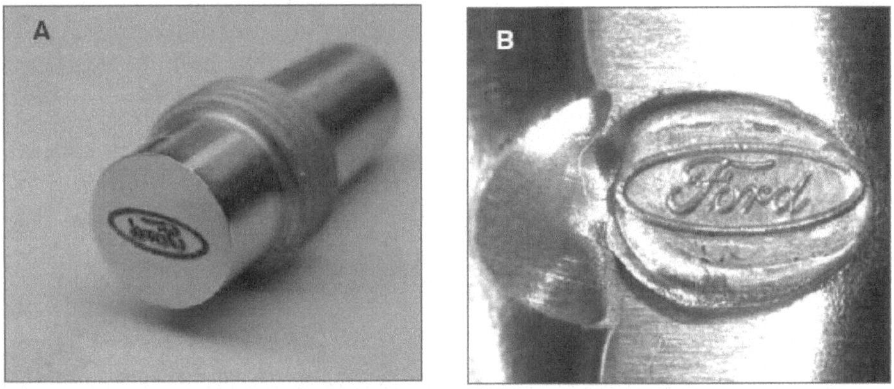

그림 5-202 알루미늄 자동차 초음파 용접 팁과 용접부 형상

23.5.2. 주파수의 영향

가는 선이나 매우 얇은 판의 접합에서는 주파수를 크게 하면 진동 진폭이 작아지므로 변형을 작게 하여 접합 강도를 높일 수 있다. 주파수가 클수록 변형의 양은 많아지고 접합 강도는 커지게 되지만, 반대로 변형은 심하게 발생한다.

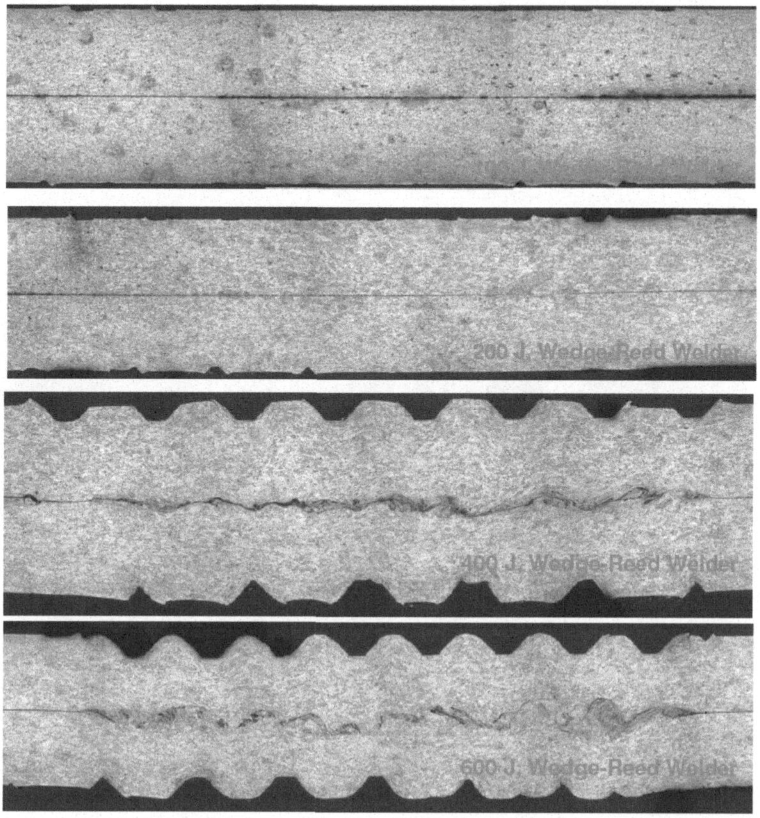

그림 5-203 초음파 용접 에너지에 따른 용접부 단면 변화

최근에는 라디오 주파수 정도의 에너지를 가지고 용접하는 금속 제품의 용접을 진행하기도 한다. 이때에는 13 ~ 100MHz의 주파수가 사용된다.

23.5.3. 시료 크기의 영향

길이가 긴 시료나 폭이 넓은 시료를 초음파 접합할 경우 특정한 부위에서 접합이 곤란한 경우가 있다. 이에 대한 대책으로 접합점 근방을 클램프(Clamp)로 고정하거나 시료의 방향을 바꾸어 주는 것이 효과적이다.

23.5.4. 시료의 거칠기와 오염도

시료의 표면 거칠기나 오염도는 변형과 접합 강도에 큰 영향을 미친다. 일반적으로 평활하고 청정한 면일수록 용접에 필요한 변형량이 적고 접합 강도가 커진다.

23.5.5. 앤빌(Anvil)

초음파 접합에서는 시료 사이의 상대 운동이 필요하기 때문에 하부 시료(Anvil측)는 충분히 고정되어 움직이지 않아야 한다. 하부 시료를 고정하기 위해서는 앤빌(Anvil)의 질량을 크게 하며 표면에 줄질을 하여 앤빌(Anvil)위에 고정되도록 한다.

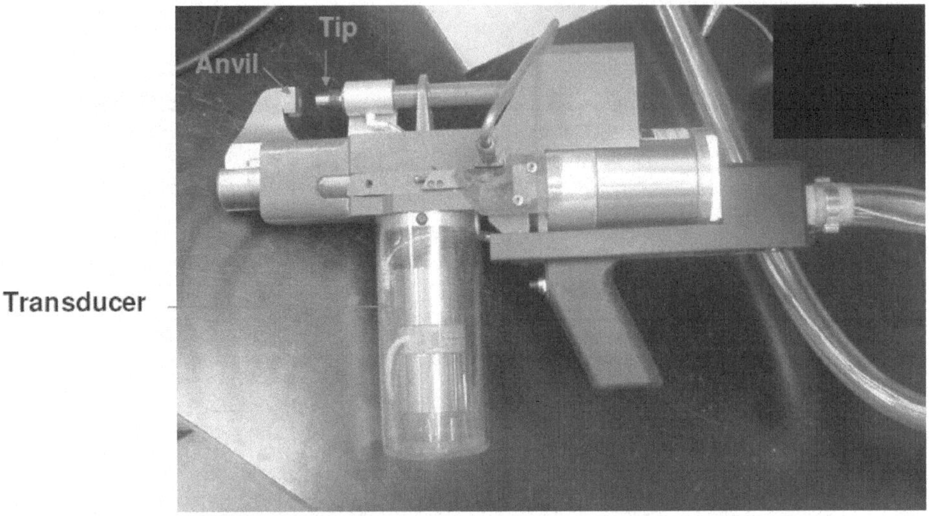

그림 5-204 자동차 용접에 사용되는 초음파 용접기 구조

23.5.6. 시료의 겹침량

시료의 단부를 겹쳐서 접합할 경우 겹침량 또는 겹치는 방식이 중요하며 이것이 변하면 소성 변형 저항이 달라지기 때문에 부하 변동이 생기게 된다.

23.6. 용접부 품질 검사

전기저항 용접의 스팟용접과 마찬가지로 초음파 용접부도 전단인장 시험을 실시하여 평가한다.

그림 5-205와 같이 용접금속의 이탈이 없이 모재쪽에서 파단이 일어나면 제대로 완성된 용접부로 판정한다.

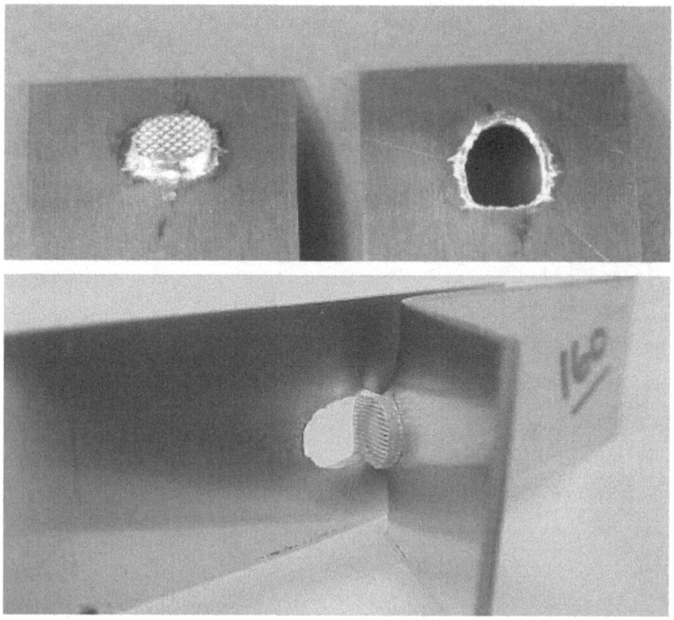

그림 5-205 초음파 용접부의 품질 검사

24. 산소 용접

24.1. 산소 용접의 개요

산소 용접은 주로 아세틸렌 가스를 연료로 하여 고온의 불꽃을 만들어 용접에 사용한다. 산소 용접은 산소의 연소 과정에서 발생하는 화학 반응의 열을 활용하는 용접으로서 화학 용접 방법(Chemical Welding)으로 구분된다. 산소 용접에서 용접열은 화학 반응으로, 용융 금속의 보호는 산소 용접 불꽃(Flame)으로 해결하며 플럭스 또는 외부의 차폐 가스 등은 요구되지 않는다.

24.2. 산소 용접 장비

산소 용접 장비는 비교적 간단하다. 다음 그림 5-206은 산소 용접의 제반 장치를 소개하고 있다. 산소 탱크(고압용, 2200psi), 아세틸렌(Acetylene) 탱크(저압, 15psi 이하), 감압 밸브(Pressure Regulator), Torch 및 연결 호스(Horse)로 구성된다.

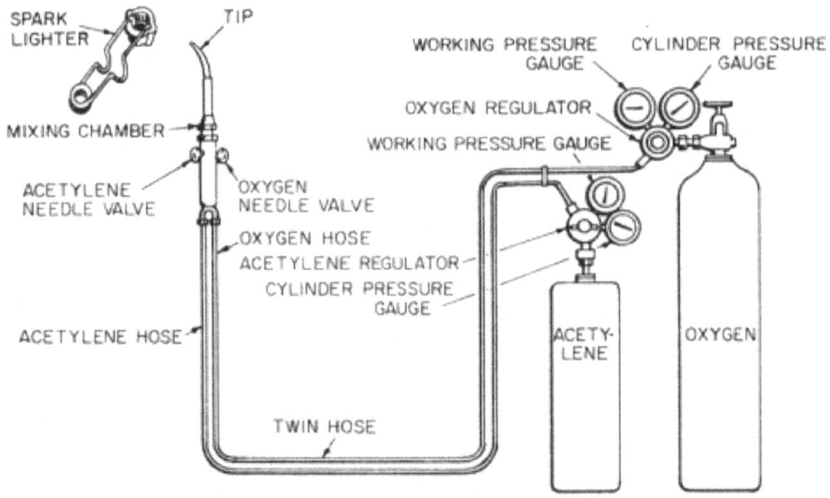

그림 5-206 산소 용접기 구성

아세틸렌 탱크는 시멘트처럼 내부에 구멍이 많은 물질로 채워져 있다. 아세틸렌은 탱크 안에서 액상 아세톤 (Liquid Acetone)으로 녹아 있다가 사용할 때는 기체로 분출되어 사용되며, 아세틸렌 가스는 15psi 이상의 압력에서 충격을 받으면 산소가 없어도 폭발되기 때문에 취급에 매우 조심해야 한다. 또한 아세틸렌 가스는 액체 속에 저장되어 있기 때문에 아세틸렌 탱크는 항상 세워진(Upright) 상태로 사용되어야 한다. 산소 및 아세틸렌 탱크의 입구에는 감압 밸브(Pressure Regulator)가 설치되어 가스를 사용 압력으로 감압한 후 연결 호스를 통하여 Torch에 공급한다. 산소와 아세틸렌 가스는 토치(Torch) 내부의 혼합 부위에서 섞인 후 연소되며, 각 가스의 혼합 비율은 토치(Torch)의 조정 밸브를 사용하여 조정된다.

일반 탄소강의 용접에는 중성 불꽃(Neutral Flame)을 사용하며, 산소가 많은 경우에는 산화 불꽃 (Oxidizing Flame)이 되고 아세틸렌 가스가 많을 경우에는 환원 불꽃(Carburizing Flame)이 된다. 각 불꽃의 종류에 따른 화염의 특징은 다음 그림 5-207을 참조한다.

현재에도 산소 용접은 얇은 강관, 소구경 강관의 용접과 보수 용접에 많이 사용되고 있다. 산소 용접에 사용되는 용접봉은 간단한 표기 방법을 쓰고 있다. 예로서 RG-45 및 RG-60 등으로 표기 되는데 여기에서 "R"은 Rod, "G"는 Gas, 45는 45Ksi, 60은 60Ksi 급 용착 금속의 인장 강도를 나타낸다.

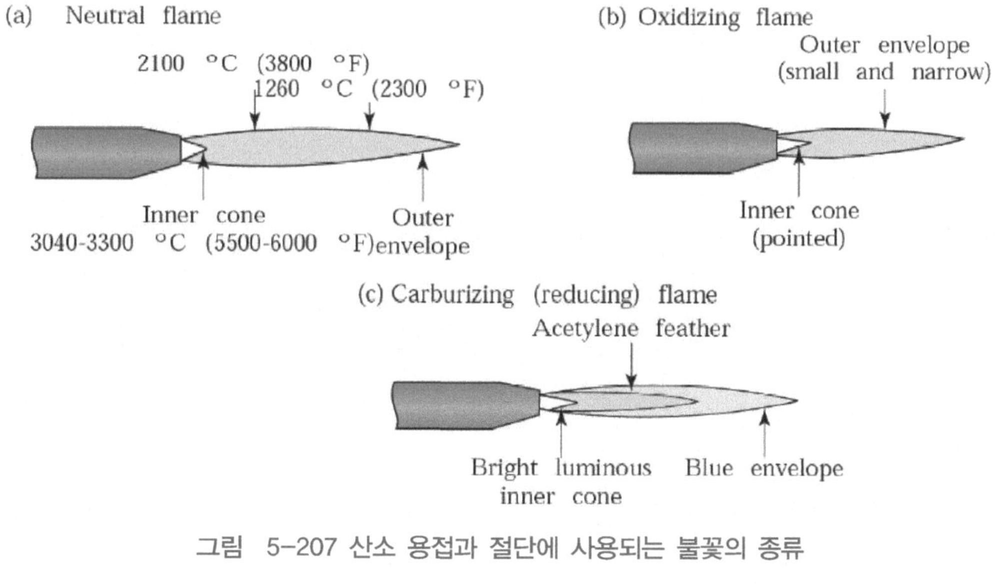

그림 5-207 산소 용접과 절단에 사용되는 불꽃의 종류

표 5-55 산소 혼합비에 따른 불꽃 종류

Ratio of (cylinder) Oxygen/Acetylene	Flame Temperature °F (°C)	Flame Characteristics
0.8 to 1.0	5,550 (3066)	Carbonizing
0.9 to 1.0	5,700 (3149)	Carbonizing
1.0 to 1.0	5,850 (3232)	Neutral
1.5 to 1.0	6,200 (3427)	Oxidizing
2.0 to 1.0	6,100 (3371)	Oxidizing
2.5 to 1.0	6,000 (3315)	Oxidizing

산소 용접에는 주로 산소와 아세틸렌 가스를 혼합하여 사용하며, 다른 가스를 사용하게 되면, 열량 부족으로 인해 상대적으로 용접에 어려움을 겪을 수 있다.

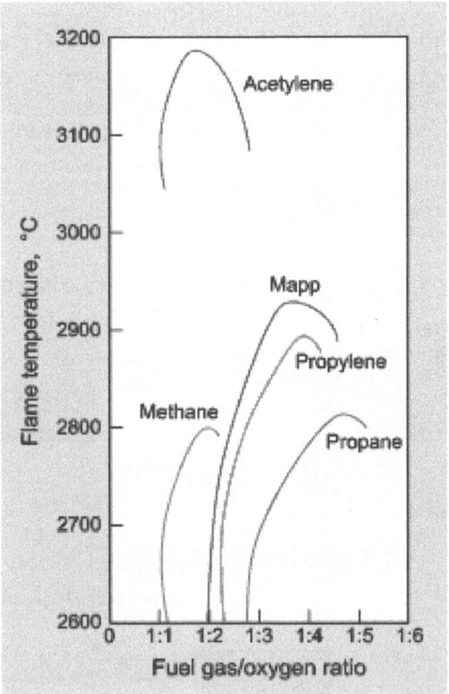

그림 5-208 가스 종류에 따른 발열 비교

24.3. 산소 용접의 특징

24.3.1. 산소 용접의 장점

산소 용접의 가장 큰 장점은 장비 가격이 저렴하고 이동사용에 적합하다는 점이다. 그러나 고압 산소통의 운반 시 감압 밸브의 보호에 유의하여야 한다. 고압 산소통 등을 취급 할 때는 항상 밸브 보호캡을 사용하여 안전하게 취급하여야 한다.

24.3.2. 산소 용접의 단점

산소 용접의 단점은 산소 불꽃이 전기 아크 용접처럼 집중되지 않기 때문에 홈 용접의 개선 초층(Root) 부위는 매우 얇게 가공하여야 초층 부위의 용접이 완전 용융된 용접을 얻을 수 있다. 또한 산소 용접의 열이 집중되지 않기 때문에 용접 속도가 매우 느리며 얇은 강판 용접에 유리하며 용접사의 적절한 숙련이 요구된다.

산소 용접에서 산화 불꽃 또는 환원 불꽃을 사용하면 용착 금속의 질이 저하될 우려가 있다. 따라서 산소 용접에 있어서 중성 불꽃을 사용하여 일정한 가스의 흐름을 확보하는 것이 매우 중요하며 적절한 산소 토치(Torch)의 운용(Manipulation)을 통하여 용융 부족을 방지하여야 한다.

25. 금속 재료의 절단

용접이나 각종 가공의 준비 과정에서 가장 중요한 요소중의 하나는 모재의 기계적 화학적 성질의 손상이 없이 원하는 형상으로 절단하는 것이다.

기계 절단 방법으로는 전단가공(Shearing), 쇠톱(Sawing), 그라인딩(Grinding), 밀링(Milling), 드릴링(Drilling), 치핑(Chipping) 등의 방법이 적용된다. 기계 절단은 주로 용접 개선면의 가공, 용접 표면 가공, 부품 가공, 용접 표면 청소, 용접 결함의 제거 등에 이용된다. 이러한 기계 가공 방법이 용접에 잘못 적용될 경우, 용접의 품질을 저하시킬 수도 있다. 예를 들어 기계 가공에는 냉각수 또는 냉각유가 사용되며 이러한 냉각 매체를 제대로 제거하지 않고 용접을 하면 기공, 균열 등을 초래한다.

이하에서는 쇠톱을 사용한 기계적인 절반 방법 이외에 현업에서 사용되는 각종 절단 방법을 소개한다.

25.1. 산소 절단

25.1.1. 산소 개요

쇠톱을 이용한 물리적인 절단 이외의 모든 절단 방법은 철재를 일정 온도 이상으로 가열하여야 한다. 가장 전통적인 절단 방법의 하나인 산소 절단으로 강철을 절단하고자 할 때는 1700°F(925℃)이상으로 가열하여야 절단이 가능하다. 이러한 온도를 발화 온도(Kindling Temperature)라고 한다. 산소 절단에서는 강철의 온도를 925℃ 이상으로 가열하고 높은 압력의 산소를 급속히 공급하면 산소가 강철을 산화시키는 화학 반응을 일으키면서 높은 열이 발생된다. 이 열은 이용하여 강철을 절단할 수 있다. 따라서 산소 절단은 화학적 절단 방법이라고 할 수 있다.

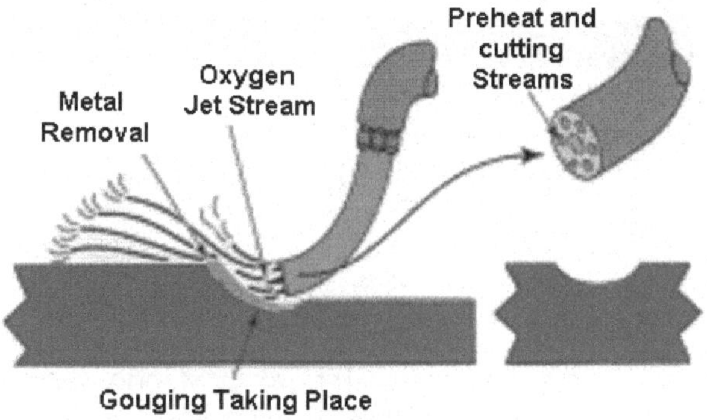

그림 5-209 산소 절단의 개요

산소 절단시 절단 폭은 Kerf라고 부르고 절단 단면적은 Drag라고 부른다.

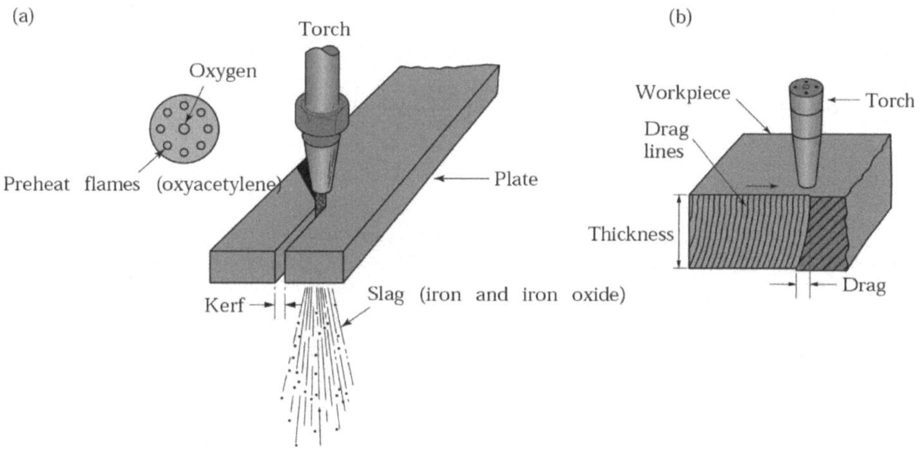

그림 5-210 가스 절단면에 발생하는 Kerf와 Drag

25.1.2. 합금 원소의 영향

산소 절단은 탄소강 및 저합금강의 절단만을 수행할 수 있고, 합금 성분이 증가함에 따라 산소 절단이 어려워 지거나 절단면의 경도가 증가하는 악영향이 발생한다. 다음 표 5-56에 각종 합금 원소의 영향을 나타낸다.

표 5-56 강의 산소 절단에 미치는 합금 원소의 영향

합금 성분	산소 절단에 미치는 영향
탄소 (C)	0.25%까지는 비교적 절단이 용이하다. 그 이상의 탄소강은 경도 변화 및 균열을 예방하기 위해 예열을 요구한다.
망간 (Mn)	14% 망간 및 1.5% 탄소강의 경우 산소 절단이 어렵고, 예열을 요한다.
실리콘 (Si)	합금강에 포함된 실리콘은 산소 절단에 큰 영향을 주지 않는다.
크롬 (Cr)	5%까지는 표면이 깨끗한 경우 산소 절단에 어려움이 없다. 10% 이상은 산소 절단이 불가하다.
니켈 (Ni)	7%까지는 산소 절단이 가능하다, 18-8 스텐레스 강은 플럭스 Injection 혹은 Iron Powder Cutting 방법을 적용하면 좋다.
몰리브덴 (Mo)	항공용 Cr-Mo 강은 산소 절단이 용이하다.
텅스텐 (W)	14%까지는 산소 절단이 용이하다.
구리 (Cu)	2%까지는 산소 절단이 용이하다.
알루미늄 (Al)	10%이하에서는 산소 절단이 용이하다.
인(P), 유황(S)	강철에 포함된 범위 내에서는 산소 절단이 용이하다.
바나듐 (V)	강철에 포함된 범위 내에서는 산소 절단이 용이하다.

25.1.3. 산소 절단의 조건

산소 절단이 이루어 지기 위해서는 다음과 같은 조건들이 성립되어야 한다.

- 강재가 산소 가스의 흐름에서 산화되어야 한다.
- 강재의 발화 온도가 용융 온도보다 낮아야 한다.
- 열전도가 어려울수록 좋다.
- 산화물의 용융 온도가 강재의 용융온도보다 낮아야 한다.
- 생성된 슬래그는 유동성이 좋아야 한다.

따라서 주철(Cast Iron) 또는 스테인레스 강을 산소 절단하기 위해서는 특별한 장비를 포함한 특수 기법이 적용되어야 한다. 특수 기법으로는 Oscillation, Water Plate의 사용, 와이어 Feeding, Powder Cutting, 플럭스 Cutting등이 요구된다.

산소 절단시에 절단 속도와 절단면의 관계는 다음 그림과 같다. 절단 속도가 느릴수록 Drag이 길게 형성되는 단점이 있다.

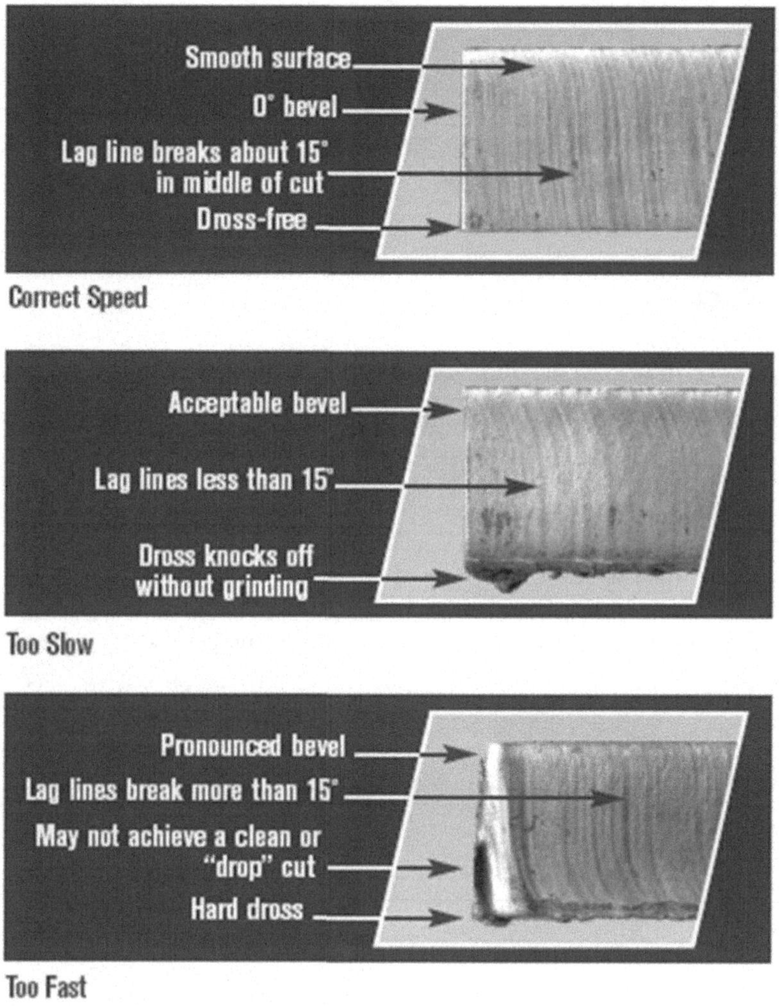

그림 5-211 산소 절단 속도와 절단면의 형상 관계

25.1.4. 산소 절단의 장점과 단점

25.1.4.1. 산소 절단의 장점

- 장비 값이 저렴하다.
- 가볍고 간단해서 쉽게 다룰 수 있다.
- 얇은 강재도, 두꺼운 강재도 절단할 수 있다.
- 적절한 장비를 채용하면, 정밀 절단도 가능하다.
- 절단 단가가 저렴하다.

25.1.4.2. 산소 절단의 단점

- 절단 후 연삭 등의 후처리 작업이 필요하다.
- 절단 부위의 경도가 증가 한다.
- 산소 불꽃 및 슬래그는 고온이어서 안전 사고의 위험이 있다.

25.2. 아크 절단

아크 절단은 아크 열을 이용하는 절단법으로 금속을 녹여서 자르는 물리적 방법이다. 이 방법은 가스 절단에 비해 절단면이 곱지 못하지만, 가스 절단이 곤란한 금속에도 사용할 수 있는 장점이 있다. 현재 실용화 되고 있는 아크 절단 방법은 다음과 같다.

25.2.1. Carbon Arc 절단

Carbon Arc 절단은 탄소 혹은 흑연 전극봉과 금속 사이에서 아크를 일으켜서 금속의 일부를 용융 제거하는 절단법이다. 전원으로는 직류 정극성이 주로 쓰이며, 교류는 널리 사용되지 않는다. 절단은 용접과 달리 대전류를 사용하고 있으므로 산화를 방지하기 위해 전극봉 표면에 구리 도금을 한 것도 있으며 흑연 전극봉은 탄소 전극봉 보다 전기 저항이 적기 때문에 많이 사용된다.

25.2.2. Metal Arc 절단

Metal Arc 절단은 탄소 전극봉 대신에 절단 전용의 특수 피복제를 씌운 전극봉을 써서 절단하는 방법이다. 피복봉은 절단 중에 3 ~ 5mm 정도 보호통을 만들어 모재와의 단락을 방지함과 동시에 아크의 집중을 좋게 한다. 또, 피복제에서 다량의 가스를 발생시켜 절단을 촉진한다. 전원에는 직류 정극성이 적당하며 교류도 쓸 수 있다.

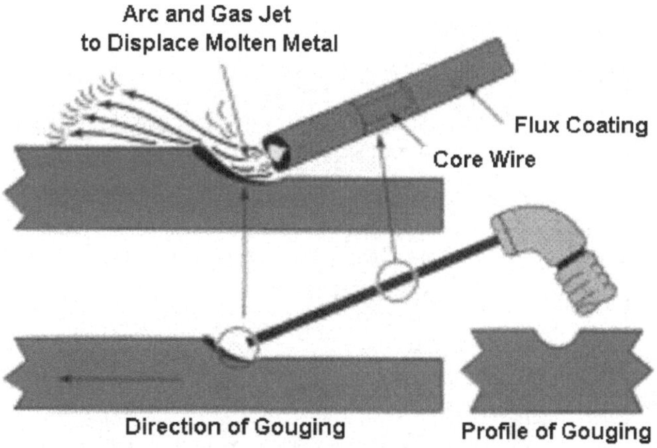

그림 5-212 Metal Arc 절단의 개요

25.2.3. Oxygen Arc 절단

이 방법은 가운데가 빈 전극봉과 모재 사이에서 아크를 발생시켜 모재를 가열하고, 가운데 구멍에서 절단 산소를 불어내어 가스 절단을 하는 방법이다. 절단시 직류를 사용하지만 교류를 사용할 때도 있다.

25.2.4. 플라즈마 아크 절단(Plasma Arc Cutting)

기체를 가열하여 온도가 상승하면 기체 원자의 운동은 대단히 활발하게 되어 마침내 기체의 원자가 원자핵과 전자로 분리되어 이온 상태로 되며 이것을 플라즈마라고 부른다. 아크 방전에 있어서 양극 사이에서 강한 빛을 발하는 부분을 아크 플라즈마(Arc Plasma)라고 하는데 이는 10,000 ~ 30,000℃ 정도의 높은 열 에너지를 가진다.

텅스텐 전극과 모재 사이에서 아크를 발생시켜 절단하는 것을 텅스텐 아크(Tungsten Arc) 절단법이라고 하고, 텅스텐 전극과 수냉 노즐(Nozzle)과의 사이에서 아크를 발생시켜 절단하는 플라즈마 제트(Plasma Jet) 절단법이 있다.

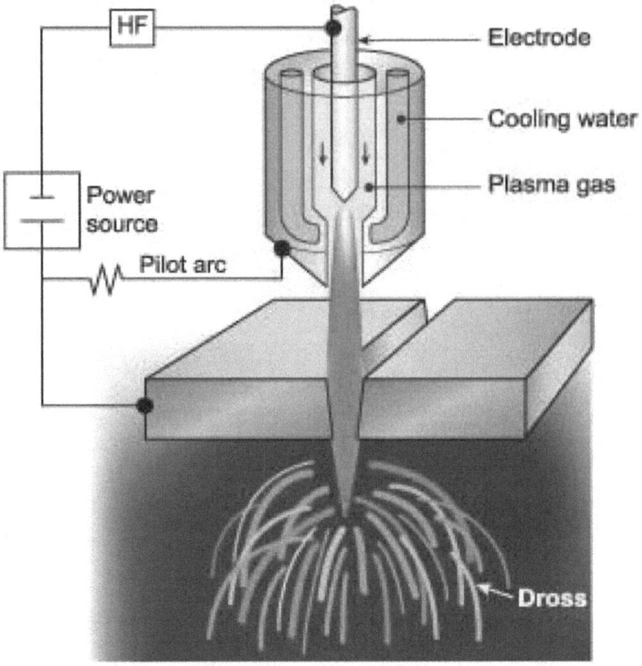

그림 5-213 플라즈마 절단 개요

자동화된 플라즈마 아크 절단(Plasma Arc Cutting) 장비는 소음과 먼지를 제거하기 위해 물속에서 절단 작업을 수행한다.

25.2.4.1. Plasma Arc 절단의 장점

- 산소 절단으로 절단할 수 없는 금속도 절단이 가능하다.
- 절단면이 깨끗하다.
- 절단 속도가 빠르다.

25.2.4.2. Plasma Arc 절단의 단점

- 일반적으로 절단 폭인 Kerf가 크다.
- 절단면이 직각을 이루지 못하고 약간 경사진다. 이러한 현상은 아래 그림 5-214와 같은 모양을 갖게 되며, 그 원인은 플라즈마가 모재를 절단하는 과정에서 발생하는 와류(Swirling) 때문이다.
- 산소 절단기에 비해 장비가 비싸다.

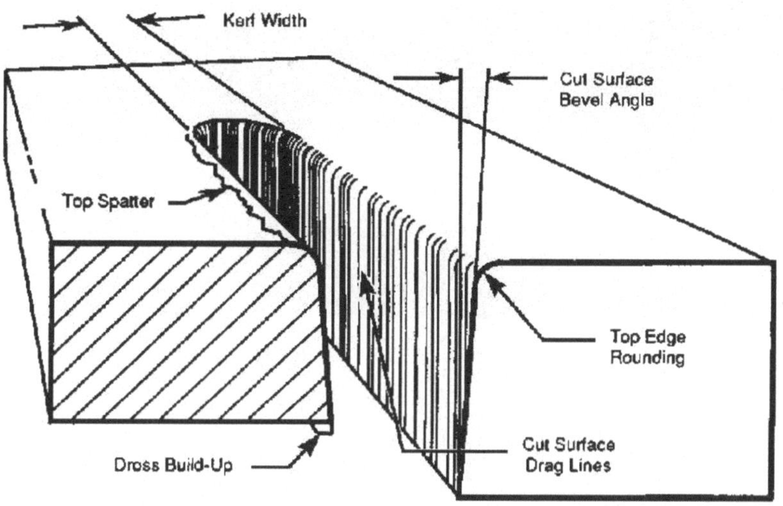

그림 5-214 플라즈마 절단면의 비 대칭

25.2.5. Air Carbon Arc 절단

Air Carbon Arc 절단은 탄소 아크 절단에 압축 공기를 같이 사용하는 방법이다.

사용되는 장비는 정전류형 전원 장치와 압축 공기 및 탄소봉을 잡을 수 있는 특수 Holder로 구성된다. 특수 Holder는 정전류형 전원 장치와 압축 공기를 연결한다. 탄소 전극에 구리 도금을 한 것을 전극으로 사용하고 주철의 경우에는 직류 역극성으로 아크를 발생시켜 용융 금속을 만들고 Holder의 압축 공기를 불어 절단하는 방법이다.

다음의 표는 각종 금속에 사용되는 탄소봉의 전기적 특성을 정리한 것이다.

표 5-57 Air Carbon Arc 절단 탄소봉의 전기 특성

절단 금속	전원	탄소봉 전원
알루미늄	직류 (DC)	Positive (+)
구리 합금	교류 (AC)	
주철	직류 (DC)	Negative (-)
마그네슘	직류 (DC)	Positive (+)
니켈 합금	교류 (AC)	
탄소강	직류 (DC)	Positive (+)
스텐레스강	직류 (DC)	Positive (+)

구리 도금을 한 탄소봉은 절단뿐만 아니라 용접부의 결함을 제거하거나 강재에 용접 개선면을 가공하는데도 유효하게 사용된다.

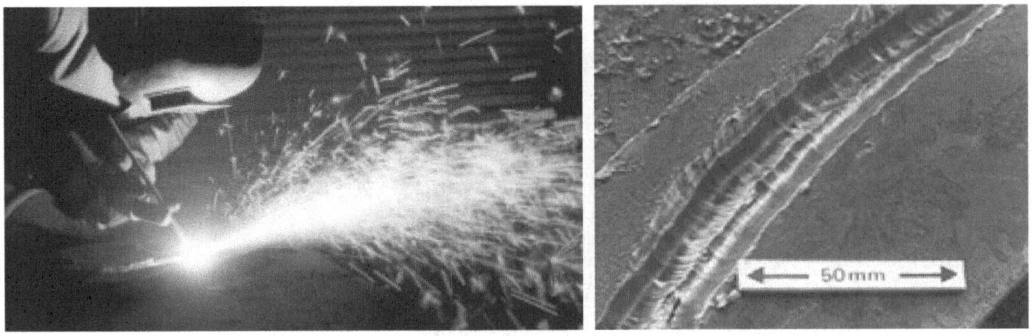

그림 5-215 Carbon Arc 절단의 개요

25.2.5.1. Air Carbon Arc 절단의 장점

- 작업 효율이 매우 높다.
- 모든 금속을 가공할 수 있다.
- 정전류형 용접기를 공용으로 사용할 수 있다.

25.2.5.2. Air Carbon Arc 절단의 단점

- 절단 작업시 소음이 크다.
- 탄소봉의 연소와 절단된 강의 비산으로 먼지가 많이 생긴다.
- 화재의 위험성이 있다.
- 절단면에 추가 후속작업이 필요하다.

25.3. 주철의 절단 (Cast Iron Cutting)

주철은 가스 절단이 잘 되지 않는다. 그 이유는 주철의 용융점이 연소 온도 및 슬래그의 용융점보다도 낮고 주철중의 흑연 성분이 철의 연속적인 연소를 방해하므로 철이나 탄소강처럼 절단이 될 수 없다. 또한 주철의 절단은 균열을 동반하는 것이 보통이므로 충분한 예열과 후열이 필요하다. 따라서 내화성 산화물을 용해시켜 제거하기 위하여 적당한 분말의 용제를 산소 기류 중에 혼합하거나 미리 철분을 살포하여 불꽃의 온도를 높여 절단하는 분말절단의 방법이 사용된다. 분말 절단을 사용하지 않고 절단하는 방법으로는 보조 예열용 팁을 사용하는 주철 절단기를 사용하고 있으며 일반 절단기도 사용하고 있다.

일반 연강용 절단기를 사용하여 절단을 행할 때는 예열 불꽃의 길이를 모재와 거의 같게 조절하여 충분히 예열 시킨 후에 산소 압력을 연강의 절단 때 보다는 25 ~ 100% 증가시켜 Torch의 Tip을 작은 반달형으로 서서히 절단하는 방법이 사용된다.

25.4. 분말 절단(Powder Cutting)

주철, Stainless Steel, Cu, Al 및 비금속 등은 보통의 가스 절단이 곤란하나 철분이나 용제의 미세한 분말을 압축 공기 Torch를 통해 분출 시키고 예열 불꽃 중에서 연소 반응시켜 산화물을 용해 제거하여 연속적으로 절단을 행한다. 단점으로는 절단면이 깨끗하지 못하다.

25.4.1. 철분 절단(Iron Powder Cutting)

200 Mesh 정도의 철분 혹은 철분과 Al 분말의 혼합 미세 분말을 공급하고 철분의 연소열로 절단부의 온도를 높여 산화물을 용융 제거 하는 방법이다. 주철, Cu 등에 적합하지만 Austenite Stainless Steel은 철분의 혼입 염려로 사용하지 않는다.

25.4.2. 용제 절단 (Flux Cutting)

탄산염(탄산소오다) 혹은 중탄산염을 주성분으로 한 용제 분말을 이용한 절단법으로 Stainless Steel 절단에 주로 사용된다. 절단면이 철분 절단보다는 다소 깨끗하다.

26. 용접법의 비교

26.1. 용접법 및 시공성 비교

용접은 단순히 공법의 특성과 시공성만으로 적용방법을 선정할 수가 없으며 각종 기술기준, 규격 및 표준과 시방서 요건과 품질 특성, 자동화 가능성 등은 물론 모재 및 용접재료와 용접 장비, 가공장비, 검사방법 그리고 기능 인력의 수급 상황까지 종합적으로 고려해야 한다.

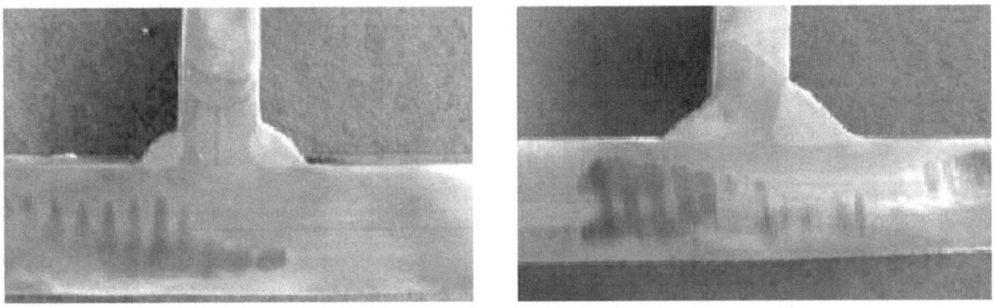

그림 5-216 SMAW(좌)와 FCAW(우)의 Penetration 차이

표 5-58. 용접법의 비교

구분	GTAW	GMAW	FCAW	SMAW
전 원	DC 또는 ACHF	DCRP	DCRP	DC 또는 AC
가 스	아르곤 또는 헬륨	아르곤 또는 헬륨	이산화탄소 또는 불필요	불필요
아크온도 (℃)	약 6000	약 6000	약 6000	약 6000
용접열 집중도	높음	극히 높음	높음	중간
열효율	높은	극히 높음	높음	중간
용접 속도	중간	높음	높음	중간
변 형	적음	극히 적음	적음	중간
설비비용	약간 높음	높음	극히 적음	중간
후판 (3㎜이상)	적당	최적	최적	적당

ACHF : Alternative Current High Frequency

또한, 동종 재질 뿐만 아니라 이종재 용접은 재질이 다른 모재간의 용접이기 때문에 모재 각각의 성질, 용접금속, 모재에 대한 영향, 용접 후 열처리의 영향 등을 고려하여 용접 재료를 선택하여야 하므로 쉬운 일이 아니다. 그러나 기본적으로 용접 금속의 성능이 적어도 한쪽 모재의 성능을 만족 하던가 또는 양 모재의 중간적인 성능이 되도록 용접 재료를 선택하는 것이 좋다.

표 5-59 용접시공성 비교

용접방법	설비/전원	용접자세	내풍성	용접재료	능률(g/min)	비고
SMAW	소형/간편	전자세	보통	피복봉	저 (20~30)	범용성 우수
GMAW2)	보통	전자세	약	와이어/Gas	중(50~100)	스패터
SAW	대형/복잡	하향, 횡향	강	와이어/플럭스	고(100~200)	자동 , 반자동
GTAW	보통	전자세	약	와이어/Gas	저(10~20)	이파용접
FCAW	소형/간편	전자세	약강	와이어/GasGas	중(30~60)	가스차폐식 자체차폐식

26.2. 내풍성의 비교

내풍성은 자료 및 연구기관에 따라 다소 다르나 고품질 시공을 위해 최대 2~5㎧ 이내로 관리하는 것이 바람직하며 다음과 같이 비교된다.

- GTAW : 1~2㎧ (AWS D1.1은 2.2㎧)로 가스 유량에 따라 다소 달라짐
- GMAW : 1~2㎧ (AWS D1.1은 2.2㎧)로 가스 유량에 따라 다소 달라짐
- EGW, FCAW-gas shielded : 2㎧ (AWS D1.1은 2.2㎧)로 가스 유량에 따라 다소 달라짐
- SMAW : 5㎧, 5~8㎧, 10㎧로 용접재료의 종류에 따라 다소 달라짐.
- FCAW-self shielded : 10㎧, 10~15㎧로 내풍성이 가장 우수.

26.3. 아크쏠림(Arc Blow)

26.3.1. 자장과 아크

아크가 전류의 자기작용에 의해 한쪽으로 쏠리는 아크쏠림(Arc Blow) 현상은 용접결함을 야기하거나 심할 경우 용접 자체를 불가능하게 하기도 하지만 이를 잘 이용하여 긍정적인 효과를 거둘 수도 있다.

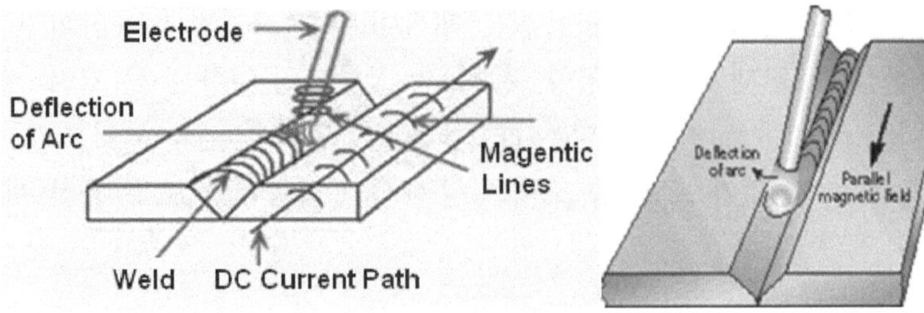

그림 5-217 SMAW 용접에서 발생하는 아크쏠림(Arc Blow)

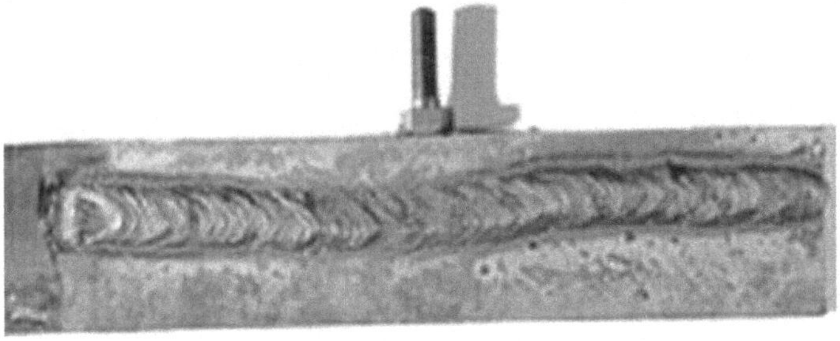

그림 5-218 아크 쏠림 현상에 의해 용접 비드가 삐뚤어진 모습

자장(Magnetic Field)은 아크쏠림(Arc Blow) 또는 아크편향(Arc Deflection), 플라즈마 기류(Plasma Streaming) 및 금속이행(Metal Transfer) 등 용접 아크의 일부 특성에 상당한 영향을 미치며, 자장을 구성하는 자속(Magnetic Flux)은 아크 전류에 의해 스스로 발생하거나 외부로부터 유도된 자기에 의해 발생하며, 모재에 잔류하기도 한다.

외부 자장이 용접아크에 미치는 영향은 자속밀도와 전류밀도의 벡터곱(Vector Cross)인 로렌츠(Lorentz)의 힘으로 인해 아크가 기울어지는 현상이 발생으로 나타나고 그 정도는 자장에 비례하며, 일반적으로 심하게 기울어져 용접에 부정적인 영향을 미칠 경우는 아크쏠림(Arc Blow), 그러지 아니할 경우는 아크편향으로 표현하며 자기쏠림(Magnetic Arc Blow)이라고 하기도 한다.

아크쏠림(Arc Blow)은 그 발생 원인과 관계없이 아크가 기울어지는 방향인 전방으로 용접을 진행할 경우 용입 깊이는 얕아지나, 덧살의 높이가 낮아지므로 보다 양호한 외관의 균일한 용접부를 형성하여 박판용접을 가능하게 하고, 비드 외관 개선 및 고속 용접시 언더컷 감소 등의 긍정적인 효과가 있다. 특히, 알루미늄 GTAW시 이 아크편향을 이용하면 그러지 않을 경우에 비해 비드 외관이 상당히 양호해지며, 다극 SAW의 경우는 전극봉 간격이 가까울수록 아크편향의 정도가 강해지므로 이를 적절히 이용하여 언더컷이 없는 고속 용접을 실현하기도 한다.

역으로, 아크가 기울어지는 방향이 용접진행과 반대인 후방일 경우 심한 언더컷 발생이나 과도한 높이의 덧살 형성 등의 문제가 야기되므로 용접전류 및 속도 등 용접변수의 조절로 이러한 문제들이 잘 해결되지 않을 경우는 아크쏠림(Arc Blow)을 의심해 볼 필요가 있다.

또한, 교류자장(Alternating Magnetic Field)을 이용해 아크가 주파수에 따라 용접축에 대해 전방 및 후방으로 진동하는 현상을 Hot Wire GTAW에 이용하기도 한다.

26.3.2. 아크쏠림(Arc Blow)의 발생과 조치

아크쏠림(Arc Blow)은 그 발생 원인에 따라 다음의 3가지로 구분되며, 통상적으로 완전히 제거하는 것이 불가능하므로 용접이 가능한 수준으로 이를 제어하거나 약화시켜야 한다.

- 통전 경로에 의한 아크쏠림
- 전극 위치에 의한 아크쏠림
- 모재 자체의 자화에 의한 아크쏠림

통전 경로에 의한 아크쏠림은 아래 그림과 같이 용접봉에서 모재를 통해 접지로 이어지는 통전 경로에 변화가 있을 경우 자력선의 분포는 통전 방향(좌측)이 그 반대방향(우측)보다 덜 하므로 아크는 통전 반대방향으로 쏠리게 된다.

따라서, 용접방향을 아크가 쏠리는 방향(그림 기준 좌에서 우, 통전경로 반대방향)으로 하거나 접지위치를 가까이 변경하여 아크쏠림을 경감시킬 수 있다.

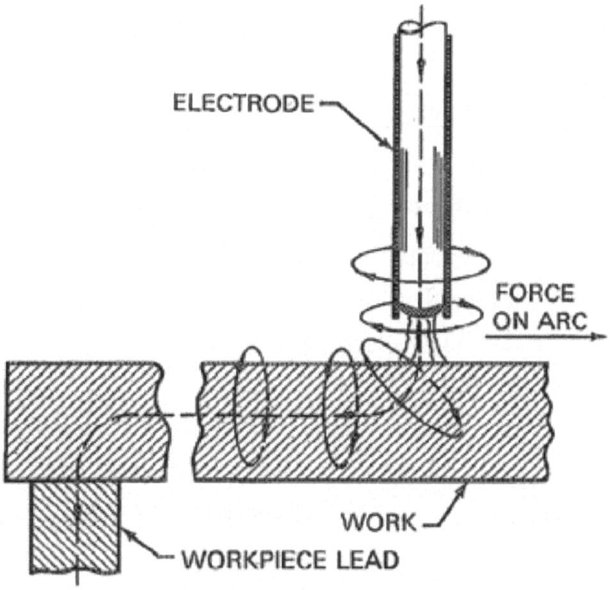

그림 5-219 통전 경로에 의한 아크쏠림

전극위치에 의한 아크쏠림은 아래 그림 5-220과 같이 아크 주위의 자성체(Magnetic Material)가 비대칭적인 형상일 경우 즉, 자속은 공기보다 자성체를 더 잘 통과하므로 공기와 거리가 보다 가까운 즉, 아크 중심으로부터 짧은 쪽 방향이 긴 쪽 방향보다 덜 하므로 결론적으로 아크는 모재의 중심 쪽으로 쏠리게 된다.

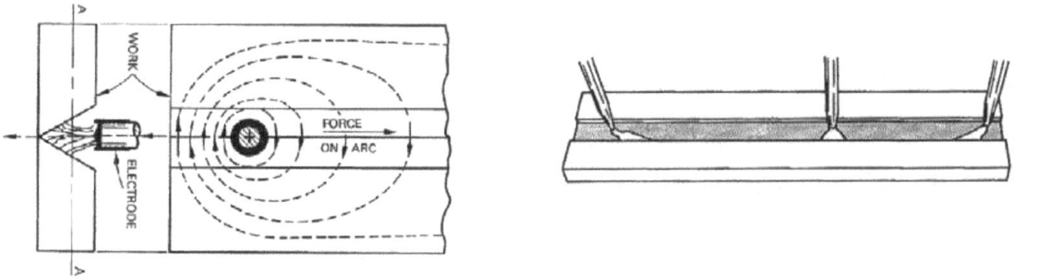

그림 5-220 용접전극 위치에 따른 아크쏠림(Arc Blow)

이때 형성되는 원형자장의 회전 방향은 전류(Ampere)의 오른 나사의 법칙에 따라 극성이 역극성(DCEP, DCRP)일 경우 시계 방향 즉, 엄지가 지면을 향한 오른 주먹의 손가락 방향이 된다. 물론, 교류의 경우는 주파수에 따라 극성이 변하므로 회전방향 역시 변하게 된다.

이 경우에도 용접방향을 아크가 쏠리는 방향 즉, 모재의 양 끝단에서 중심으로 변경하면 아크쏠림을 경감시킬 수 있다.

강관의 경우는 다소 복잡할 것으로 보이기는 하나 아크가 길이방향 즉, 좌, 우 개선면으로 쏠릴 경우 용접방향을 임의로 바꿀 수 없다는 점을 제외하고는 자속밀도가 덜한 쪽에서 소한 쪽으로 아크가 쏠린다는 원리에 의해 아크쏠림의 경감이 가능하다.

예를 들면 강관의 GTAW는 주로 정극성(DCSP, DCEN)을 사용하고, 대부분의 경우 아크의 쏠림 방향이 용접선의 전, 후방이 아닌 좌, 우 개선면 방향이다. 따라서, 클램프 (clamp) 등을 이용하여 용접부 인근으로 접지를 이동하는 등 접지위치를 변경하거나, 강관의 특수성을 이용하여 용접용 전선(Holder선) 등을 강관에 감고 통전 전류의 극성이나, 전선의 권선 방향 및 권선량 등을 변경시켜 자기효과(Magnetic Effect)를 감쇄시키는 방법으로 아크쏠림을 경감하기도 한다.

외부 자장의 방향과 용접전류에 의한 자장이 서로 가(加)해질 경우에 적용이 가능한 방법인 교류의 사용은 용접전류에 의한 자장의 방향이 주파수에 따라 변하므로 직류에 비해 아크쏠림이 완화되며, 아래 그림과 같이 용접부에 유도되는 와류(Eddy Current)에 의해 자기효과의 감쇄가 발생하여 아크쏠림이 완화된다.

또한, 로렌츠의 힘을 고려할 때 고 전류는 저 전류보다 강한 자장을 형성하여 로렌츠의 힘을 강하게 하므로 저 전류를 사용하여 로렌츠의 힘을 약하게 하는 방법도 모든 경우에 적용할 수 있는 유효한 방법이다. 같은 맥락에서 짧은 아크길이의 유지는 용접 전류를 낮게

함과 동시에 아크를 견고하게 즉, 아크길이가 짧으므로 적게 쏠리므로 용접전류를 낮게 설정하는 것과 병행할 경우 더욱 효과적이다.

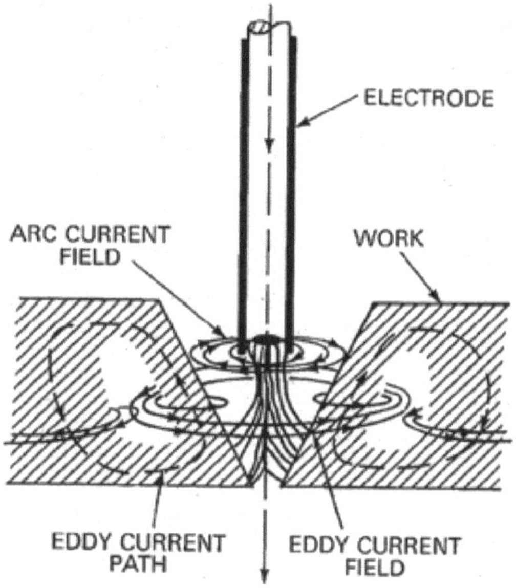

그림 5-221 와류에 의한 교류의 중립자장

경우에 따라서 다소 효과가 있는 방법들은 이미 완료된 용접부 쪽으로 용접을 진행하는 것을 포함한 진행방향의 변경, 후퇴법(Back Step Welding)사용, 단속용접 적용, 시(始), 종(終)단의 받침쇠(End Tab) 적용 등이 있으며, 용접봉의 이동각(Travel Angle)을 아크가 쏠리는 반대 방향으로 향하게 하는 것 등이 있다.

모재 자체의 자화에 의한 아크쏠림은 사상 등 심한 기계가공이나 마찰, 자분탐상검사 등에 의해 모재가 자화되기 때문이며, 재질에 따라 쉽게 자화되거나 그 정도가 심해지기도 한다.

특히 저합금강의 경우는 쉽게 자화되므로 용접 전 자분 탐상검사(MT)나, 전자석 인양설비(Magnetic Lifting Device)의 사용과 같은 자기 물질과의 접촉을 금하고, 포크리프트(Forklift) 사용시 마찰이 발생하지 않도록 하며, 사상 등 기계 가공 최소화하는 등 취급에 각별한 주의가 필요하다. 필요시, 탈자 (Demagnetizing)를 하기도 하나 비용과 시설 등의 문제가 수반된다.

제6장

용접 재료의 구분과 주요 용접 변수

1. P-No, F-No, A-No & SFA No.
2. 용접변수
3. 주요 변수의 인증 범위
4. 용접 이음 설계

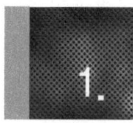

1. P No, F No, A No & SFA No.

1.1. P No (ASME SEC IXQW 420.1참조)

모재(Parent Material)의 종류는 아주 다양하여 이들의 가장 적합한 용접조건의 선정 또한 다양해 질 수 밖에 없다. 그러나 용접중 모재의 화학·조성, 용접성, 기계적 성질에 별로 영향을 주지 않는 재료끼리 모아서 표준화된 모재 번호를 부여한 것이 P No이다. 한편 각종 재료관련 물성치표에서 P No가 제시되지 않은 것이 있는데 이는 볼트, 너트와 같이 용접구조용 재료가 아닌 경우가 해당된다. 즉, ASME SA193, SA194등의 볼트와 너트 재질은 P No.가 없다.

비철(Nonferrous)의 경우 브레이징으로 용접할 경우가 많은데 이때 사용되는 용접봉은 브레이징용 P No.로 새로이 구분된다. 동일한 모재라도 용접을 할 경우와 브레이징을 할 경우의 P No.가 다르게 부여 된다.

ASME Sec. IX QW/QB-422에 보면 각 재료별로 P No.와 Group No.에 대한 구분이 제시되어 있으며, 다음과 같이 개략적으로 구분될 수 있다.

표 6-1 ASME Code에 따른 P No.의 개략 Group

Base Metal	Welding	Brazing
Steel and Steel Alloy	P No.1 ~ P No. 15F	P No. 101 ~ P No. 103
Aluminum and Aluminum Based Alloy	P No. 21 ~ P No.26	P No. 104, P No. 105
Copper and Copper Based Alloy	P No. 31 ~ P No.35	P No. 107, P No. 108
Nickel and Nickel Based Alloy	P No.41 ~ P No.49	P No. 110 ~ P No. 112
Titanium and Titanium Based Alloy	P No. 51 ~ P No. 53	P No. 115
Zirconium and Zirconium Based Alloy	P No. 61, P No. 62	P No. 117

개별 강종별에 따른 P No.의 구분은 아래 표 6-3에 예시로 제시한 QW/QB-422의 내용을 참고한다.

1.2. Group No.

동일한 P No.의 재료에서 인장 강도값이 70,000 Psi를 기준으로 하여 70Ksi이하면 Group No. 1 혹은 3이고 이상이면 Group No. 2 혹은 4를 부여한다.

표 6-2 Group no.의 구분

Heat Treatment	Group No.	Tensile Strength
As Rolled Condition	1	Below 70 Ksi
	2	And Over 70 Ksi
Quenching and Tempered Condition	3	Below 70 Ksi
	4	And Over 70 Ksi

위에 언급한 바와 같이 QW/QB-422에 개별강종에 따라 구분이 제시되어 있다.

표 6-3 강종별 P No와 Group No.의 구분

P No.	Base Metal
1	Carbon Manganese Steels, 4 Sub Groups • Group 1 up to approx 65 ksi • Group 2 Approx 70ksi • Group 3 Approx 80ksi • Group 4
2	Not Used
3	3 Sub Groups:- Typically half moly and half chrome half moly
4	2 Sub Groups:- Typically one and a quarter chrome half moly
5A	Typically two and a quarter chrome one moly
5B	2 Sub Groups:- Typically five chrome half moly and nine chrome one moly
5C	5 Sub Groups:- Chrome moly vanadium
6	6 Sub Groups:- Martensitic Stainless Steels Typically Grade 410
7	Ferritic Stainless Steels Typically Grade 409
8	Austenitic Stainless Steels, 4 Sub groups • Group 1 Typically Grades 304, 316, 347 • Group 2 Typically Grades 309, 310 • Group 3 High manganese grades • Group 4 Typically 254 SMO type steels
9A, B, C	Typically two to four percent Nickel Steels
10A,B,C,F,G	Mixed bag of low alloy steels, 10G 36 Nickel Steel
10 H	Duplex and Super Duplex Grades 31803, 32750

P No.	Base Metal
10J	Typically 26 Chrome one moly
11A Group 1	9 Nickel Steels
11 A Groups 2 to 5	Mixed bag of high strength low alloy steels.
11B	10 Sub Groups:- Mixed bag of high strength low alloy steels.
12 to 20	Not Used
21	Pure Aluminium
22	Aluminium Magnesium Grade 5000
23	Aluminium Magnesium Silicone Grade 6000
24	Not Used
25	Aluminium Magnesium Manganese Typically 5083, 5086
26 to 30	Not used
31	Pure Copper
32	Brass
33	Copper Silicone
34	Copper Nickel
35	Copper Aluminium
36 to 40	Not Used
41	Pure Nickel
42	Nickel Copper:- Monel 500
43	Nickel Chrome Ferrite:- Inconel
44	Nickel Moly:- Hastelloy C22, C276
45	Nickel Chrome :- Incoloy 800, 825
46	Nickel Chrome Silicone
47	Nickel Chrome Tungstone
47 to 50	Not Used
51, 52, 53	Titanium Alloys
61, 62	Zirconium Alloys

표 6-4 ASME Sec. IX QW/QB-422에 따른 P No,와 Group No.의 구분

QW/QB-422 FERROUS/NONFERROUS P-NUMBERS (CONT'D)
Grouping of Base Metals for Qualification

Ferrous (CONT'D)

Spec. No.	Type or Grade	UNS No.	Minimum Specified Tensile, ksi (MPa)	Welding P-No.	Welding Group No.	Brazing P-No.	ISO 15608 Group	Nominal Composition	Product Form
SA-213	S34565	S34565	115 (795)	8	4	102	8.3	24Cr–17Ni–6Mn–4.5Mo–N	Smls. tube
SA-213	TP347	S34700	75 (515)	8	1	102	8.1	18Cr–10Ni–Cb	Smls. tube
SA-213	TP347H	S34709	75 (515)	8	1	102	8.1	18Cr–10Ni–Cb	Smls. tube
SA-213	TP347HFG	S34710	80 (550)	8	1	102	8.1	18Cr–10Ni–Cb	Smls. tube
SA-213	TP348	S34800	75 (515)	8	1	102	8.1	18Cr–10Ni–Cb	Smls. tube
SA-213	TP348H	S34809	75 (515)	8	1	102	8.1	18Cr–10Ni–Cb	Smls. tube
SA-213	XM-15	S38100	75 (515)	8	1	102	8.1	18Cr–18Ni–2Si	Smls. tube
SA-213	S32615	S32615	80 (550)	8	1	102	8.1	18Cr–20Ni–5.5Si	Smls. tube
SA-214	...	K01807	47 (325)	1	1	101	1.1	C	E.R.W. tube
SA-216	WCA	J02502	60 (415)	1	1	101	1.1	C–Si	Castings
SA-216	WCC	J02503	70 (485)	1	2	101	1.1	C–Mn–Si	Castings
SA-216	WCB	J03002	70 (485)	1	2	101	1.1	C–Si	Castings
SA-217	WC6	J12072	70 (485)	4	1	102	5.1	1.25Cr–0.5Mo	Castings
SA-217	WC4	J12082	70 (485)	4	1	101	9.1	1Ni–0.5Cr–0.5Mo	Castings
SA-217	WC1	J12524	65 (450)	3	1	101	1.1	C–0.5 Mo	Castings
SA-217	WC9	J21890	70 (485)	5A	1	102	5.2	2.25Cr–1 Mo	Castings
SA-217	WC5	J22000	70 (485)	4	1	101	4.2	0.75Ni–1 Mo–0.75Cr	Castings
SA-217	C5	J42045	90 (620)	5B	1	102	5.3	5Cr–0.5Mo	Castings
SA-217	C12	J82090	90 (620)	5B	1	102	5.4	9Cr–1 Mo	Castings
SA-217	CA15	J91150	90 (620)	6	3	102	7.2	13Cr	Castings
A 217	C12A	J84090	85 (585)	15E	1	102	6.4	9Cr–1 Mo–V	Castings
SA-225	D	K12004	75 (515)	10A	1	101	2.1	Mn–0.5Ni–V	Plate > 3 in. (76 mm)
SA-225	D	K12004	80 (550)	10A	1	101	2.1	Mn–0.5Ni–V	Plate, 3 in. (76 mm) & under
SA-225	C	K12524	105 (725)	10A	1	101	4.1	Mn–0.5Ni–V	Plate
SA-234	WPB	K03006	60 (415)	1	1	101	11.1	C–Mn–Si	Piping fittings
SA-234	WPC	K03501	70 (485)	1	2	101	11.1	C–Mn–Si	Piping fittings
SA-234	WP11, Cl. 1	...	60 (415)	4	1	102	5.1	1.25Cr–0.5Mo–Si	Piping fittings
SA-234	WP12, Cl. 1	K12062	60 (415)	4	1	101	5.1	1Cr–0.5Mo	Piping fittings
SA-234	WP1	K12821	55 (380)	3	1	101	11.2	C–0.5 Mo	Piping fittings
SA-234	WP22, Cl. 1	K21590	60 (415)	5A	1	102	5.2	2.25Cr–1 Mo	Piping fittings
SA-234	WPR	K22035	63 (435)	9A	1	101	9.1	2Ni–1 Cu	Piping fittings
SA-234	WP5, Cl. 1	K41545	60 (415)	5B	1	102	5.3	5Cr–0.5Mo	Piping fittings
SA-234	WP9, Cl. 1	K90941	60 (415)	5B	1	102	5.4	9Cr–1 Mo	Piping fittings
SA-234	WP91	K90901	85 (585)	15E	1	102	6.4	9Cr–1 Mo–V	Piping fittings
A 234	WP11, Cl. 3	...	75 (515)	4	1	102	5.1	1.25Cr–0.5Mo–Si	Piping Fittings

1.3. S No (ASME SEC Ⅸ 420.2)

ASME에 등재 되지 않은 재료의 용접시에 적용되는 모재의 구분이다. P No.와 동일한 개념으로 사용된다. ASME에서는 모든 재료가 ASME Sec. II 에 등재된 재료를 사용하는 것이 원칙이지만 그렇게 되지 않을 경우의 용접시에는 그 모재를 P No.로 구분하지 않고 S No.로 구분하여 사용한다.

1.4. F No (ASME SEC Ⅸ QW-432참조)

P No,가 모재의 특성을 기준으로 구분하여 구분한 것이라면 F No.는 각종 용접 재료 자체의 화학성분과 용접성을 고려하여 용접봉 (Filler Metal)에 부여한 번호를 F No라 한다. F No.는 용접 방법에 따라 다수의 SFA No.로 구분된다. 단, P No와는 달리 모재와 용접봉 간의 야금학적인 문제까지를 고려한 것은 아니므로 특히 주의가 요망된다.

1.5. A No (ASME SEC Ⅸ QW-442참조)

용접 금속의 화학 조성을 분석 (Analysis)한 뒤 유사한 조성의 강종별로 구분하여 모은 번호를 A No라고 한다. 특히 내식 또는 내열강 등의 PQ시는 이 A No가 중요한 역할을 한다. 내식성을 목적으로 하는 육성 용접시에는 A No가 변하면 다시금 PQT를 실시해야 한다.

1.6. SFA No.

SFA No.는 ASME에서 용접재료의 재질별, 용접 방법 별로 구분하여 No.를 부여한 것이다. 동일한 용접 방법에 사용되는 유사한 재료들을 구분하여 부여한 번호이다.
ASME Sec. II Part C의 내용은 이 SFA No.를 기준으로 구분되어 있다.

표 6-5. ASME Code에 의한 F No.의 구분

F-NUMBERS
Grouping of Electrodes and Welding Rods for Qualification

F-No.	ASME Specification	AWS Classification	UNS No.
	Steel and Steel Alloys		
1	SFA-5.1	EXX20	...
1	SFA-5.1	EXX22	...
1	SFA-5.1	EXX24	...
1	SFA-5.1	EXX27	...
1	SFA-5.1	EXX28	...
1	SFA-5.4	EXXX(X)-26	...
1	SFA-5.5	EXX20-X	...
1	SFA-5.5	EXX27-X	...
2	SFA-5.1	EXX12	...
2	SFA-5.1	EXX13	...
2	SFA-5.1	EXX14	...
2	SFA-5.1	EXX19	...
2	SFA-5.5	E(X)XX13-X	...
3	SFA-5.1	EXX10	...
3	SFA-5.1	EXX11	...
3	SFA-5.5	E(X)XX10-X	...
3	SFA-5.5	E(X)XX11-X	...
4	SFA-5.1	EXX15	...
4	SFA-5.1	EXX16	...
4	SFA-5.1	EXX18	...
4	SFA-5.1	EXX18M	...
4	SFA-5.1	EXX48	...
4	SFA-5.4 other than austenitic and duplex	EXXX(X)-15	...
4	SFA-5.4 other than austenitic and duplex	EXXX(X)-16	...
4	SFA-5.4 other than austenitic and duplex	EXXX(X)-17	...
4	SFA-5.5	E(X)XX15-X	...
4	SFA-5.5	E(X)XX16-X	...
4	SFA-5.5	E(X)XX18-X	...
4	SFA-5.5	E(X)XX18M	...
4	SFA-5.5	E(X)XX18M1	...
4	SFA-5.5	E(X)XX45	...

표 6–6 QW-422에 따른 A Number의 구분

QW-442
A-NUMBERS
Classification of Ferrous Weld Metal Analysis for Procedure Qualification

A-No.	Types of Weld Deposit	Analysis, % [Note (1)]					
		C	Cr	Mo	Ni	Mn	Si
1	Mild Steel	0.20	. . .	. . .	. . .	1.60	1.00
2	Carbon-Molybdenum	0.15	0.50	0.40–0.65	. . .	1.60	1.00
3	Chrome (0.4% to 2%)–Molybdenum	0.15	0.40–2.00	0.40–0.65	. . .	1.60	1.00
4	Chrome (2% to 4%)–Molybdenum	0.15	2.00–4.00	0.40–1.50	. . .	1.60	2.00
5	Chrome (4% to 10.5%)–Molybdenum	0.15	4.00–10.50	0.40–1.50	. . .	1.20	2.00
6	Chrome-Martensitic	0.15	11.00–15.00	0.70	. . .	2.00	1.00
7	Chrome-Ferritic	0.15	11.00–30.00	1.00	. . .	1.00	3.00
8	Chromium–Nickel	0.15	14.50–30.00	4.00	7.50–15.00	2.50	1.00
9	Chromium–Nickel	0.30	19.00–30.00	6.00	15.00–37.00	2.50	1.00
10	Nickel to 4%	0.15	. . .	0.55	0.80–4.00	1.70	1.00
11	Manganese–Molybdenum	0.17	. . .	0.25–0.75	0.85	1.25–2.25	1.00
12	Nickel–Chrome— Molybdenum	0.15	1.50	0.25–0.80	1.25–2.80	0.75–2.25	1.00

NOTE:
(1) Single values shown above are maximum.

표 6-7 용접법별, 강종별 AWS 규격

	OFW	SMAW	GTAW GMAW PAW	FCAW	SAW	ESW	EGW	Brazing
Carbon Steel	A5.2	A5.1	A5.18	A5.20	A5.17	A5.25	A5.26	A5.8, A5.31
Low-Alloy Steel	A5.2	A5.5	A5.28	A5.29	A5.23	A5.25	A5.26	A5.8, A5.31
Stainless Steel		A5.4	A5.9, A5.22	A5.22	A5.9	A5.9	A5.9	A5.8, A5.31
Cast Iron	A5.15	A5.15	A5.15	A5.15				A5.8, A5.31
Nickel Alloys		A5.11	A5.14		A5.14			A5.8, A5.31
Aluminum Alloys		A5.3	A5.10					A5.8, A5.31
Copper Alloys		A5.6	A5.7					A5.8, A5.31
Titanium Alloys			A5.16					A5.8, A5.31
Zirconium Alloys			A5.24					A5.8, A5.31
Magnesium Alloys			A5.19					A5.8, A5.31
Tungsten Electrodes			A5.12					
Brazing Alloys and Fluxes								A5.8, A5.31
Surfacing Alloys	A5.21	A5.13	A5.21	A5.21	A5.21			
Consumable Inserts			A5.30					
Shielding Gases			A5.32	A5.32			A5.32	

2. 용접변수

ASME Sec. IX 에는 필수변수, 비필수변수 와 추가필수변수 등 크게 3가지로 나뉘며 각 변수 안에 각각 여러가지 세부 항목들이 있다. 이 항목들은 각각의 용접법마다 조금씩 차이가 있으며, 이것들은 Code내에 각 용접방법별로 표 6-8과 같이 나타나 있다.

2.1. 필수 변수(Essential Variables)

필수 변수(Essential Variable)은 규정된 범위를 벗어났을 경우 용접부의 기계적인 성질 또는 용접사의 기량에 크게 영향을 줄 수 있는 변수들을 구분 지어 놓은 것으로서 해당 될 경우에는 절차서 재인증을 필요로 한다.

용접 절차서에서 주요한 필수 변수로는 다음과 같은 사항들이 있다.

- P-number의 변경
- 용접방법의 변경
- 용가재의 변경
- 예열/후열 조건 변경
- 두께 인증 범위 초과

용접사 인증 절차서에서 주요한 필수변수로는 다음과 같은 사항들이 있음.

- 용접방법의 변경
- 용가재의 변경
- 백킹의 제거

2.2. 보조 필수 변수(Supplementary Essential Variables)

보조 필수 변수(Supplementary Essential Variables)은 규정된 범위를 벗어났을 경우 용접부의 노치 인성에 영향을 줄 수 있는 변수들을 구분 지어 놓은 것이며, 충격 시험이 요구될 경우에는 필수 변수로서 고려가 되어서 변경 사항이 발생할 경우 절차서 재인증을 필요로 함.

용접 절차서에서 주요한 보조 필수 변수로는 다음과 같은 사항들이 있음.

- 용접방법의 변경
- 상향/하향 용접 진행 방법의 변경
- 입열량의 변경
- 예열/후열 조건 변경

2.3. 비필수 변수(Nonessential Variables)

용접부의 기계적 성질에는 큰 영향을 끼치지 않지만, 현장의 용접사들에게 주어야 할 용접 정보 등을 말한다. 이 변수가 변경되었을 시에는 재 시험 없이 WPS를 개정할 수 있다. (예 : 개선형상, 용접재 사이즈, 전류 및 전압 등)

예를 들어 현재 산업계에서 많이 사용되는 FCAW, GMAW 용접법에 대한 변수 및 변수 활용방법에 대하여 설명하기로 하고, 나머지 용접방법에 대해서는 동일한 방법대로 활용하면 된다. 용접 절차서에서 주요한 비 필수 변수로는 다음과 같은 사항들이 있다.

- 이음매 형상 변경
- 용접부 청결 방법 변경
- 리테이너 추가 또는 삭제
- 백가우징 방법 변경
- 백킹 제거
- 루트 간격 변경

표 6-8 GMAW와 FCAW의 용접 변수

Paragraph		Brief of variable	Essential	Supplementaty Essential	Nonessential
QW-402 Joints	.1	Φ Groove design			X
	.4	- Backing			X
	.10	Φ Root spacing			X
	.11	± Retainer			X
QW-403 Base Metals	.5	Φ Group Number		X	
	.6	T Limit		X	
	.7	T/t Limit 〉 8 in.	X		
	.8	Φ T Qualified	X		
	.9	t Pass 〉 1/2 in.	X		
	.10	T Limits (S. Cir. Arc)	X		
	.11	Φ P-No. qualified	X		
	.12	Φ P-No. 5/9/10	X		
QW-404 Filler Metal	.4	Φ F-Number	X		
	.5	Φ A-Number	X		
	.6	Φ Diameter			X
	.12	Φ AWS Class.		X	
	.23	Φ Filler metal product form	X		
	.24	± Φ Supplemental	X		
	.27	Φ Alloy element	X		
	.30	Φ t	X		
	.32	t Limit (S. Cir. Arc)	X		
	.33	Φ AWS Class			X

Paragraph		Brief of variable	Essential	Supplementaty Essential	Nonessential
QW-405 Positions	.1	+ Position			X
	.2	Φ Position		X	
	.3	Φ ↑↓Vertical welding			X
QW-406 Preheat	.1	Decrease 〉 100F°	X		
	.2	Φ Preheat Maint.			X
	.3	Increase 〉 100F°(IP)		X	
QW-407 PWHT	.1	Φ PWHT	X		
	.2	Φ PWHT (T & T range)		X	
	.4	T Limit	X		
QW-408 Gas	.1	± Trail or Φcomp.			X
	.2	Φ Single, mixture, or %	X		
	.3	Φ Flow rate			X
	.5	± or Φ Backing flow			X
	.9	- Backing or Φcomp.	X		
	.10	Φ Shielding or trailing	X		
QW-409 Electrical Characteristic	.1	〉 Heat input		X	
	.2	Φ Transfer mode	X		
	.4	Φ Current or polarity		X	X
	.8	Φ I & E range			X
QW-410 Technique	.1	Φ String/weave			X
	.3	Φ Orifice, cup, or nozzle size			X
	.5	Φ Method cleaning			X
	.6	Φ Method back gouging			X
	.7	Φ Oscillation			X
	.8	Φ Tube-work distance			X
	.9	Φ Multi to single pass/side		X	X
	.10	Φ Single to multi electrode		X	X
	.15	Φ Electrode spacing			X
	.25	Φ Manual or automatic			X
	.26	- Peening			X

각 변수들이 나와 있는 상기 표에서
Φ : 변수의 변경 - : 변수의 삭제 + : 변수의 추가 를 의미한다.

또한 각 항목의 Paragraph에 표시되어 있는 숫자는 ASME Code Sec. IX의 QW-406.1에 해당 내용이 자세히 설명되어 있다는 의미이다.

3. 주요 변수의 인증 범위

3.1. 모재 재질

모재의 인증범위는 개별 강종의 이름을 기준으로 하는 것이 아니라 해당 모재가 속해 있는 P No.와 Group No. 만을 기준으로 고려해야 한다. 즉 동일한 P No. 8을 가진 오스테나이트계 스테인레스강의 용접은 내식용 육성 용접을 제외하고는 모두 P No. 8번 시편을 가지고 작성된 용접절차서에 의해 용접이 가능하다.

표 6-9 시편 재질에 따른 기본 인증 범위

시험 시편 재질	인증 재질	예
P - X + P - X	P - X + P - X	P-1 + P-1
P - X + P - Y	P - X + P - Y	P-4 + P-1
Note] 충격시험이 있는 경우에는 상기 사항에 Gr No까지 고려되어야 한다		

3.2. 모재 두께 및 용착금속 두께

ASME Code 에서는 모재 두께 범위와 함께 용착금속 두께범위도 중요하다.

표 6-10 모재와용착금속 두께에 따른 인증 범위

Tested Specimen Thickness(in.)	Qualified Range	
	Base Metal Thickness (in.)	Weld Metal Thickness(in.)
T < 1/16	T ~ 2T	Max. 2t
1/16 ≤ T ≤ 3/8	1/16 ~ 2T	
3/8 < T < 3/4	3/16 ~ 2T	
3/4 ≤ T < 1·1/2	3/16 ~ 2T	Max. 2t when t < 3/4
		Max. 2T when t ≥ 3/4
1·1/2 ≤ T	3/16 ~ 8	Max. 2t when t < 3/4
		Max. 8 when t ≥ 3/4
T : Base Metal Thickness / t : Weld Metal Thickness		

- Impact 가 요구될 경우에는 아래의 내용을 따라간다. (QW-403.6 참조)
  T 〈1/4 (6mm) : 모재 인증 범위중 최소값은 1/2 · T
  T≥1/4 (6mm) : 모재 인증 범위중 최소값은 T 또는 5/8 중 작은값
  나머지 변수들은 상기 표와 동일함.
- 모재 외경 : 용접 시방서 인증에는 모재의 외경은 고려 사항이 아님.

QW-461.1 POSITIONS OF WELDS — GROOVE WELDS

Tabulation of Positions of Welds

Position	Diagram Reference	Inclination of Axis, deg.	Rotation of Face, deg.
Flat	A	0 to 15	150 to 210
Horizontal	B	0 to 15	80 to 150 210 to 280
Overhead	C	0 to 80	0 to 80 280 to 360
Vertical	D	15 to 80	80 to 280
	E	80 to 90	0 to 360

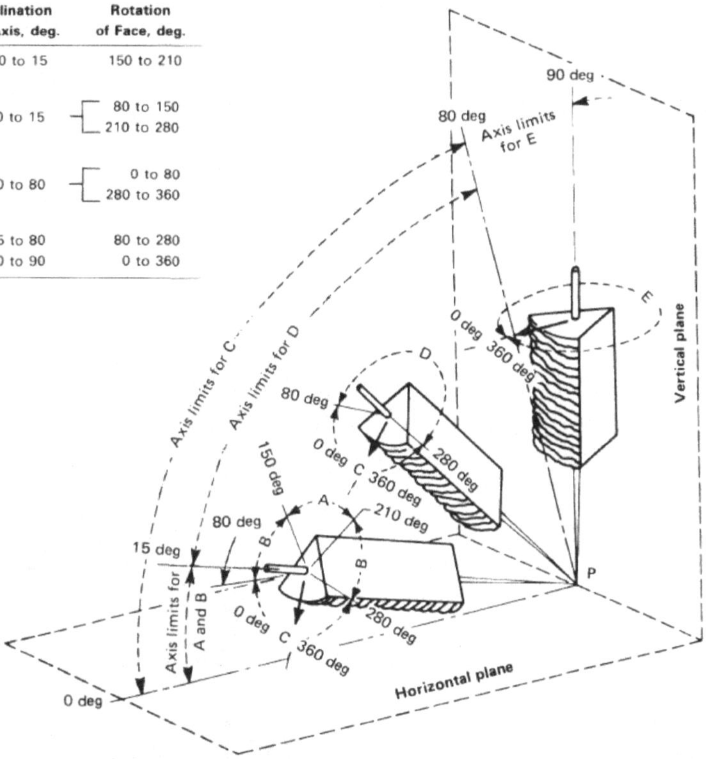

그림 6-1 맞대기 용접의 용접 자세

3.3. 용접 자세

용접시방서 인증시 용접자세는 충격요구사항이 있을 경우에만 고려 사항이다. 충격요구사항이 있을 시 시험한 용접자세만 인증되지만, 만약 수직 상향용접(3G, 5G, 6G)으로 시험 시에는 모든 자세 인증이 가능하다.

Tabulation of Positions of Fillet Welds			
Position	**Diagram Reference**	**Inclination of Axis, deg.**	**Rotation of Face, deg.**
Flat	A	0 to 15	150 to 210
Horizontal	B	0 to 15	125 to 150 210 to 235
Overhead	C	0 to 80	0 to 125 235 to 360
Vertical	D E	15 to 80 80 to 90	125 to 235 0 to 360

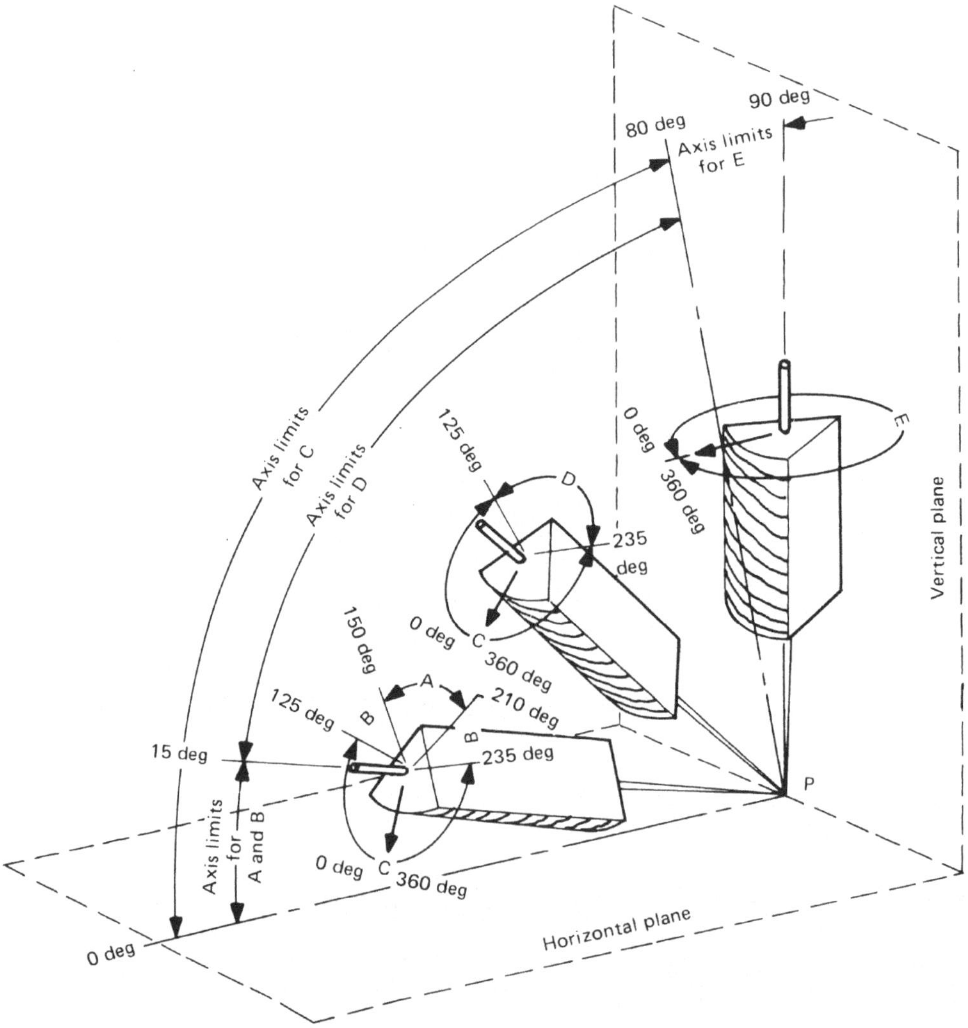

그림 6–2 필렛 용접부 자세 구분

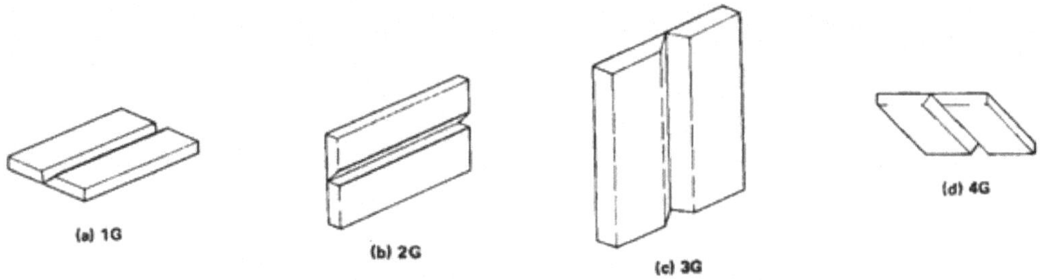

QW-461.3 GROOVE WELDS IN PLATE — TEST POSITIONS

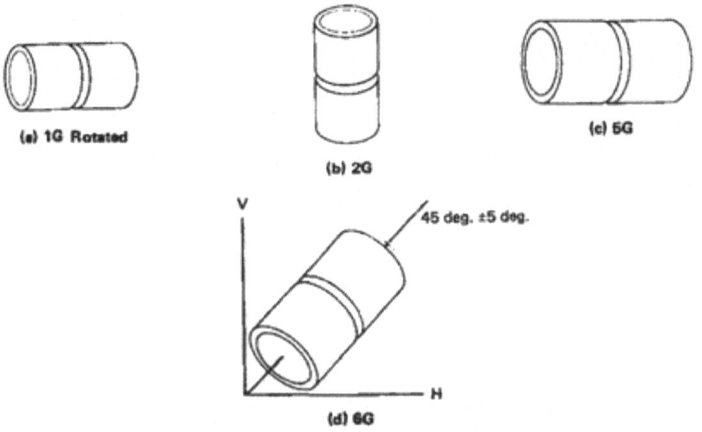

QW-461.4 GROOVE WELDS IN PIPE — TEST POSITIONS

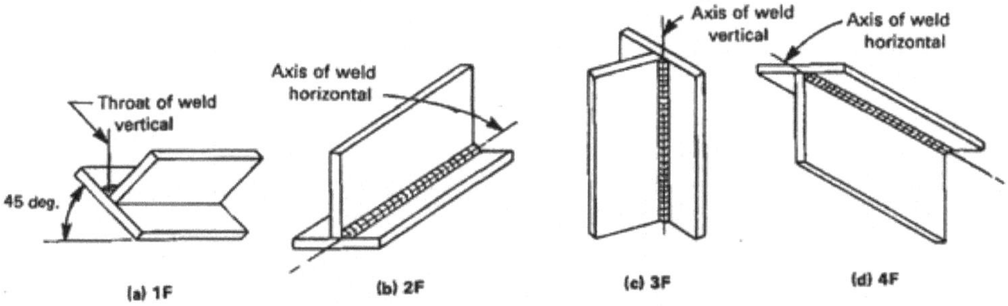

QW-461.5 FILLET WELDS IN PLATE — TEST POSITIONS

그림 6-3 QW-461의 용접 자세

표 6-11 시편 용접자세에 따른 WPS 인증 범위

QW-461.9
PERFORMANCE QUALIFICATION — POSITION AND DIAMETER LIMITATIONS
(Within the Other Limitations of QW-303)

Qualification Test		Position and Type Weld Qualified [Note (1)]		
		Groove		Fillet
Weld	Position	Plate and Pipe Over 24 in. (610 mm) O.D.	Pipe ≤ 24 in. (610 mm) O.D.	Plate and Pipe
Plate — Groove	1G	F	F [Note (2)]	F
	2G	F,H	F,H [Note (2)]	F,H
	3G	F,V	F [Note (2)]	F,H,V
	4G	F,O	F [Note (2)]	F,H,O
	3G and 4G	F,V,O	F [Note (2)]	All
	2G, 3G, and 4G	All	F,H [Note (2)]	All
	Special Positions (SP)	SP,F	SP,F	SP,F
Plate — Fillet	1F	. . .	. . .	F [Note (2)]
	2F	. . .	. . .	F,H [Note (2)]
	3F	. . .	. . .	F,H,V [Note (2)]
	4F	. . .	. . .	F,H,O [Note (2)]
	3F and 4F	. . .	. . .	All [Note (2)]
	Special Positions (SP)	. . .	. . .	SP,F [Note (2)]
Pipe — Groove [Note (3)]	1G	F	F	F
	2G	F,H	F,H	F,H
	5G	F,V,O	F,V,O	All
	6G	All	All	All
	2G and 5G	All	All	All
	Special Positions (SP)	SP,F	SP,F	SP,F
Pipe — Fillet [Note (3)]	1F	. . .	. . .	F
	2F	. . .	. . .	F,H
	2FR	. . .	. . .	F,H
	4F	. . .	. . .	F,H,O
	5F	. . .	. . .	All
	Special Positions (SP)	. . .	. . .	SP,F

NOTES:
(1) Positions of welding as shown in QW-461.1 and QW-461.2.
F = Flat
H = Horizontal
V = Vertical
O = Overhead
(2) Pipe $2\frac{7}{8}$ in. (73 mm) O.D. and over.
(3) See diameter restrictions in QW-452.3, QW-452.4, and QW-452.6.

3.4. 용접후열처리 유무

후열처리의 실시 여부는 필수 변수이므로 시공시 후열처리가 필요하면 관련 시험도 후열처리를 실시 하여야 하며, 시공시 후열처리가 필요 없다면 후열처리를 실시하지 않은 조건으로 시험하여야 한다.

표 6-12 ASME Code에 따른 후열처리 기준

P-NO	ASME (NB-4622.7(6)-1)	P-NO	ASME B31.1(TABLE 132)
기준 두께	모재 A, B, 용접금속중에 얇은 것 기준	기준 두께	모재 A, B중에 두꺼운 것과 용접금속중에 얇은 것 기준
1	Thk. 〉 1 1/2"	1	Thk. 〉 3/4"
3	Thk. 〉 1/2" or C(%) 〉 0.25	3	Thk. 〉 5/8" or C(%) 〉 0.25
4	원주 Butt : O.D. 〉 4" or Thk. 〉 1/2" or C(%) 〉 0.15	4	NPS 〉 4" or Thk. 〉 1/2" or C(%) 〉 0.15
	소켓 : O.D. 〉 2 3/8" or Thk. 〉 1/2" or C(%) 〉 0.15		Seal Weld Thk. 〉 3/8"
5	P-No.4 실시조건 or Cr(%) 〉 3.0	5	P-No.4 실시조건 or Cr(%) 〉 3
6, 7	Thk. 〉 3/8" or C(%) 〉 0.08	6, 7	Thk. 〉 3/8" or C(%) 〉 0.08
9	Thk. 〉 1/2" or C(%) 〉 0.15	9A	NPS 〉 4" or Thk. 〉 1/2 or C(%) 〉 0.15
		9B	Thk. 〉 5/8"
10, 11	Thk. 〉 1/2"	10 I	Thk. 〉 1/2"

표 6-13 ASME Code에 따른 후열처리 온도

P-No.	ASME Sec. III	ASME B31.1
1	1100-1250	1100-1200
3	1100-1250	1100-1250
4	1100-1250	1300-1375
5	1250-1400	1300-1400

3.5. 예열온도

ASME Pressure Vessel Code에서 예열온도의 강제 규정은 없고, 단지 시험시 시행한 예열온도보다 100°F(56℃)보다 작으면 안된다. 배관을 규정을 하는 ASME B 31.3에서는 다음과 같이 예열 온도를 규정하고 있다.

용접전 모재 온도를 용접부위로부터 3 inch 혹은 모재 두께의 1.5배 중에 값만큼 떨어진 위치에서 측정된 온도를 의미한다. 가접인 경우에는 용접부위로부터 1 inch 떨어진 위치에서 예열온도 이상으로 유지해야 한다. P No.가 다른 이종 재질의 용접시에 최소 예열온도는 용접될 두 재질중에 더 높은 온도 기준에 따라서 실시한다.

표 6-14 ASME B31.1의 예열 요건

P-No	G-No	화학성분	두께 (in)	인장강도 (Ksi)	예열온도 °F(℃)	비 고
1		C〉0.3	〉1		175(80)	and 요건
					50(10)	동일 P No.의 모든 다른 자재
3			〉1/2	〉60	175(80)	or 요건
					50(10)	동일 P No.의 모든 다른 자재
4			〉1/2	〉60	250(120)	or 요건
					50(10)	동일 P No.의 모든 다른 자재
5		①Cr〉6.0	②〉1/2	③60	400(200)	③or(①and②) 요건
					300(150)	동일 P No.의 모든 다른 자재
6					400(200)	
7					50(10)	
8					50(10)	
9A					250(120)	
9B					300(150)	
10I					300(150)	Interpass Temperature 최대 450(230)

(1) 예열 온도의 감소

QW-406.1 A decrease of more than 100°F (56°C) in the preheat temperature qualified. The minimum temperature for welding shall be specified in the WPS.

즉 이 항목은 필수 변수로서, 시험할 때 예열온도보다100°F (56°C) 이상 낮게 WPS에 적용하기 위해서는 재 시험이 필요하다는 뜻이다. 만일 시험시 100°C 로 예열을 실시하였지만 WPS에 44°C 이상으로만 표기를 한다면 재 시험없이 WPS가 인증된다.

(2) 예열의 유지

QW-406.2 A change in the maintenance or reduction of preheat upon completion of welding prior to any required postweld heat treatment.

용접이 종료되고 난 후 요구되는 열처리를 하기 전까지 예열온도 이상으로 유지를 할 것인지 아닌지의 결정은 제작자에게 맡긴다는 말이다.

(3) 예열 온도의 증가 (층간 온도)

QW-406.3 An increase of more than 100°F (56°C) in the maximum interpass temperature recorded on the PQR. This limitation does not apply when a WPS is qualified with a PWHT above the upper transformation temperature or when an austenitic material is solution annealed after welding.

층간온도가 시험시 최고 층간온도보다 100°F (56°C) 이상 높일 경우가 발생될 때, 만일 충격치가 요구되는 제품에서는 제한을 받아 재시험을 하여야 하지만, 충격치가 요구되지 않을 경우에는 제작자의 판단에 의해 시험없이 WPS를 변경할수 있다.

3.6. 입열량

충격치가 없을 경우에는 비필수 변수이므로 제한을 두지 않지만, 충격치가 요구되는 WPS를 작성할 때 관련 PQT 시 시험한 입열량 이상이 되면 안된다.

3.7. 용접방법별 변수

각 용접방법에 필요한 변수. 이 변수들은 다른 용접방법에는 적용되지 않는다. 이와 같은 변수 및 기타 변수들은 실제 WPS를 예제로 들어 제8장에서 자세하게 설명하기로 한다.

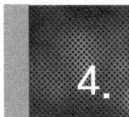

4. 용접 이음 설계

용접 조인트는 다음과 같이 구분된다. 각 부분의 명칭과 역할에 대해서 간단하게 설명한다. 맞대기 이음은 연결되는 두 부재가 동일 평면상에 위치하고 그 가장자리들이 서로 연결되는 이음이며, 모서리 이음은 연결되는 두 부재가 서로 직교하는 평면상에 위치하고 그 선단들이 서로 연결되는 이음이다. T 이음은 모서리 이음과 같이 두 부재가 서로 직교하는 평면상에 위치하되 한 부재의 선단이 다른 부재의 평면에 연결되는 점이 모서리 이음과 서로 다르다. 겹침 이음은 두 부재가 서로 다른 평행하는 평면상에 위치하는 것이며, 두 부재가 서로 겹침으로서 두께가 2배가 되는 구역이 발생한다. 마지막 가장자리 이음은 연결되는 두 부재의 평면이 서로 접촉하고 실제 용접은 이들 평면의 가장자리 또는 이음의 외부에서 이루어진다.

이들 이음 중 한쪽 방향에서 용접하는 편면용접(Single Side Welding)은 각 변형량이 많이 발생하기 쉬우며, 양면용접(Both Side Welding)은 각 변형을 예방할 수가 있게 된다.

이러한 사항들이 이음형태와 함께 용접 설계의 기초가 되며 현장의 시공여건에 맞게 적용해야 한다.

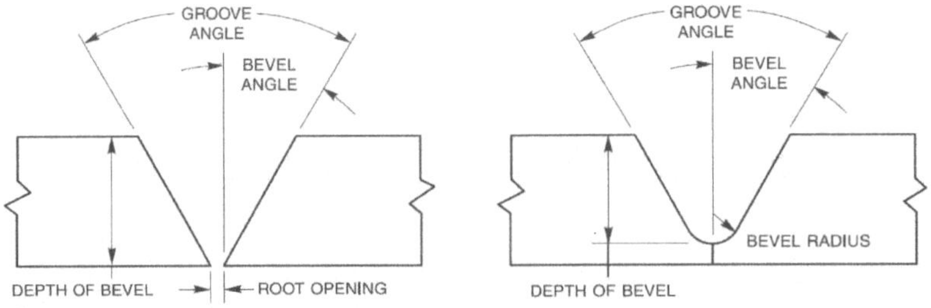

그림 6-4 홈용접부의 명칭

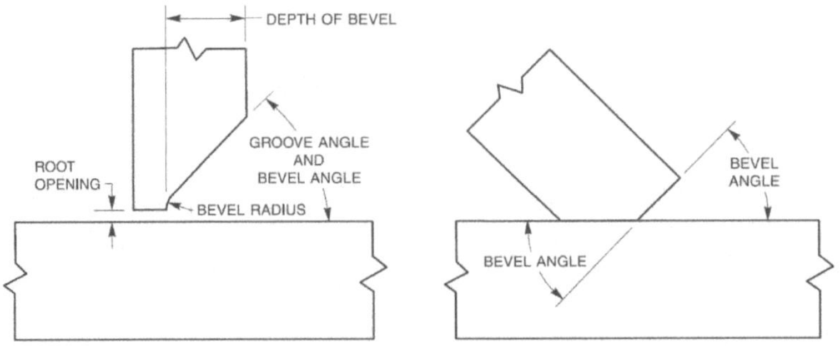

그림 6-5 필렛용접부의 명칭

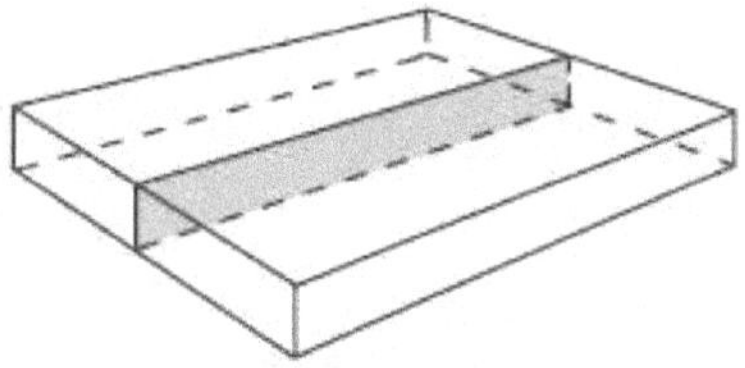

APPLICABLE WELDS

BEVEL-GROOVE	SQUARE GROOVE
FLARE-BEVEL-GROOVE	U-GROOVE
FLARE-V-GROOVE	V-GROOVE
J-GROOVE	BRAZE

(A) BUTT JOINT

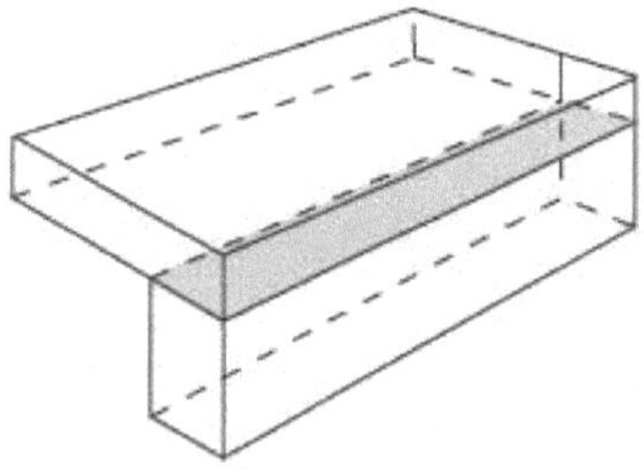

APPLICABLE WELDS

FILLET	V-GROOVE
BEVEL-GROOVE	PLUG
FLARE-BEVEL-GROOVE	SLOT
FLARE-V-GROOVE	SPOT
J-GROOVE	SEAM
SQUARE-GROOVE	PROJECTION
U-GROOVE	BRAZE

(B) CORNER JOINT

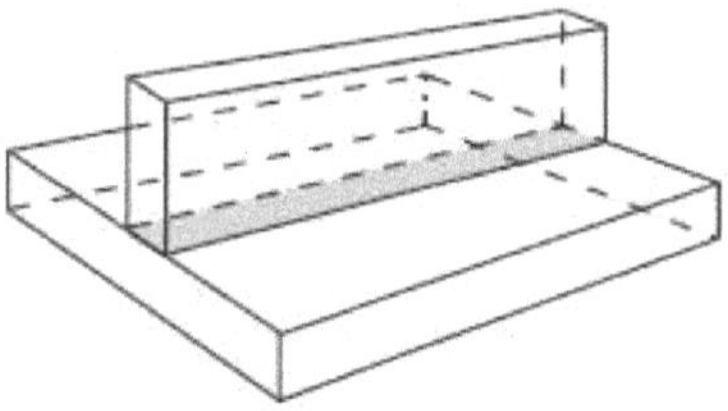

APPLICABLE WELDS

FILLET	SLOT
BEVEL-GROOVE	SPOT
FLARE-BEVEL-GROOVE	SEAM
J-GROOVE	PROJECTION
SQUARE-GROOVE	BRAZE
PLUG	

(C) T-JOINT

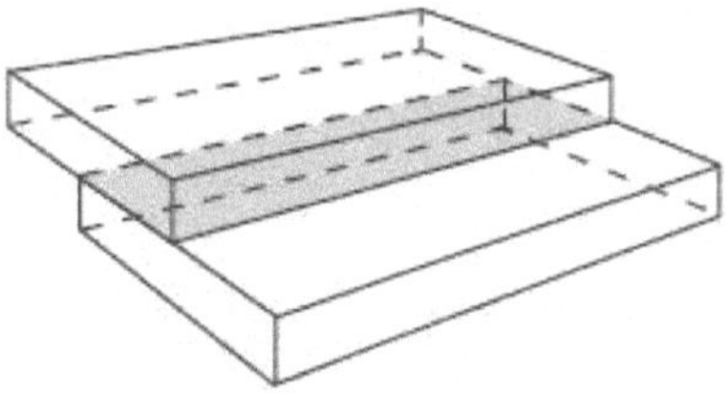

APPLICABLE WELDS

FILLET	SLOT
BEVEL-GROOVE	SPOT
FLARE-BEVEL-GROOVE	SEAM
J-GROOVE	PROJECTION
PLUG	BRAZE

(D) LAP JOINT

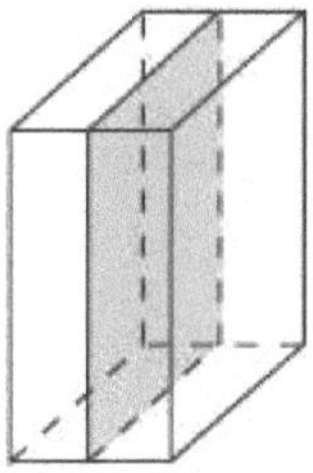

APPLICABLE WELDS

BEVEL-GROOVE	V-GROOVE
FLARE-BEVEL-GROOVE	EDGE
FLARE-V-GROOVE	SEAM
J-GROOVE	SPOT
SQUARE-GROOVE	PROJECTION
U-GROOVE	BRAZE

(E) EDGE JOINT

그림 6-6 필렛용접부의 명칭

4.1. 이음 설계시 주의 사항

이음 설계는 해당 구조물의 용도와 설계조건 및 제작 현장의 여건을 기준으로 최적의 조건을 선정해야 하며, 일반적으로 다음과 같은 기준을 제시한다.

- 가능한 아래보기 자세의 용접이 가능하도록 하되, 필렛 용접 보다는 홈용접이 바람직하다. 홈의 형상은 잔류응력 및 변형이 최소가 되도록 하고 가능한 용접량이 작도록 한다.
- 적절한 용접 시공 순서와 작업성의 확보가 가능하도록 하여 변형이 최소가 되도록 한다. 맞대기 이음의 홈용접은 용입부족 등의 방지를 위해 이면용접이 가능하도록 하며, 가능한 용접부에 모멘트가 작용하지 않도록 하고 모멘트가 작용할 경우 적절하게 보강을 한다.
- 용접 시공 등에 필요한 최소한의 공간을 확보해야 한다. 즉, 접근이 가능하고, 시야가 확보되어야 하며, 용접 시공 및 용접부에 대한 후처리와 검사가 가능하도록 한다.
- 두께가 서로 다른 부재의 맞대기 이음은 두꺼운 모재의 단면을 약 2.5 ~ 4 : 1 정도의 테이퍼를 가공하여 응력집중이 발생하지 않도록 한다.
- 용접선이 서로 교차하지 않도록 하되 교차할 경우에는 스캘럽(Scallop)을 추가한다.
- 용접선이 부분적으로 집중되거나 너무 근접하지 않도록 한다. 이와 관련하여 ASME Code에서는 다음과 같이 기준을 제시한다.
  - ASME section VIII div.1 UW-9(d) : Except when the longitudinal joints are radiographed 4 in. each side of each circumferential welded intersection, vessels made up of two or more courses shall have the centers of the welded longitudinal joints of adjacent courses staggered or separated by a distance of at least five times the thickness of thicker plate.
  - ASME Section VIII, Div.1, Fig. UW-13.1 (b) : Minimum distance between the ends of girth seams ; 4 times the thickness of thin plate.
  - ASME Section VIII, Div.1, UW-14(d) : Minimum distance between the ends of girth/long seams (Category A,B , or C joint with 1 1/2" thick or less) and the edge of opening ; at least 1/2"

충격하중 또는 반복하중이 인가되는 구조물의 경우 가능한 응력집중이 발생하지 않는 이음이 되도록 한다.

내식성을 요구될 경우 가능한 이종 금속간의 용접이음을 피한다.

4.2. 용접 조인트 명칭

4.2.1. 개선 각도(Bevel Angle)

용접부 개선 각도는 용접부가 벌어진 각도를 의미하며, 이 각도가 크면 그 만큼 용접부의 크기와 열영향부의 크기도 상대적으로 커지게 된다. 협개선 용접을 적용하면 이 개선 각도가 최대 12도 이하로 줄어들게 되어 전체적인 용접량이 줄고 열영향부도 작아진다.

개선각도의 오차는 통상 ±10도 이내로 요구한다. 개선 각도 자체가 필수 변수는 아니지만, 실제 용접에서는 현장의 용접 품질을 좌우하는 중요한 요소중에 하나 이다.

4.2.2. 루트 페이스(Root Face)

초층이 녹아서 형성되는 곳이다. 이 루트 페이스가 너무 작으면 처음 녹아내린 용접봉이 그대로 모재를 관통하여 흘러내려가서 용락(Melt Through)가 발생할 수 있다.

4.2.3. 루트 오프닝(Root Opening)

두 모재 사이의 거리이다. 이 거리가 너무 짧으면 용융된 용접금속이 두 금속사이로 쉽게 들어가기 어려워지고, 너무 멀게 되면 응고과정에서 응고 수축에 의해 균열이 발생하거나 아니면 불충분 용입(Incomplete Penetration)이 발생할 수 있다. 루트 오프닝(Root Opening)은 Root Gap이라고도 불리우며, 통상 ±1mm이하로 관리한다.

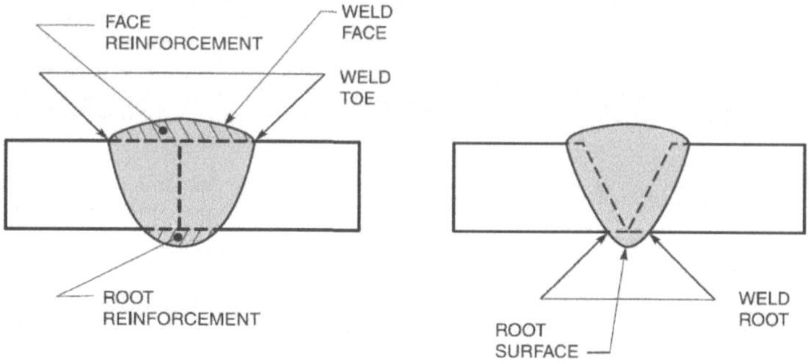

그림 6-7 홈용접부의 명칭

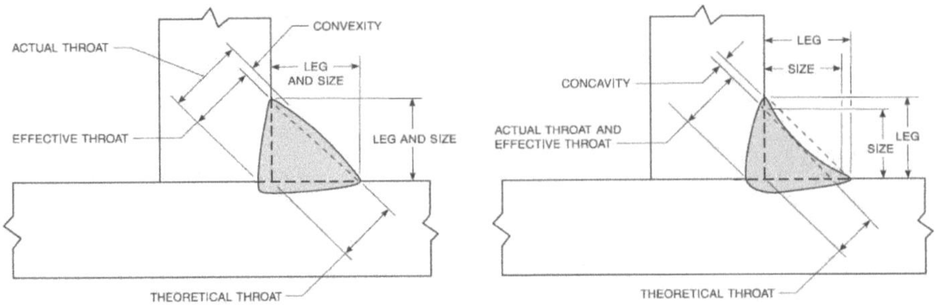

그림 6-8 필렛용접부의 명칭

4.3. 용접기호

용접 구조물의 제작도면에 설계자가 생각하고 있는 용접기호(Welding Symbol)와 루트 간격(Root Opening), 개선각(Groove Angle), 비드면의 형상(Contour), 마감(Finish), 용접개소(Number), 개선 깊이(Depth of Bevel) 또는 강도(Strength), 용접 치수(Groove Weld Size) 또는 필렛용접의 다리길이, 용접의 길이(Length of Weld)와 용접의 피치(Pitch of Weld)를 기선 (Reference Line) 부분에 표기한다. 화살표 부분에는 현장 용접(Field Weld) 여부, 온둘레 용접(Weld-All-Around)을 표기하며, 시방서(Specification), 용접방법(Process) 또는 특기사항(Other Reference) 등을 표시하기 위하여 AWS A3.0, ISO, KS B0052 등에 용접 기호가 규정되어 있으며 이들 용접 기호는 설명선, 기본용접기호 및 꼬리로 이루어져 있다.

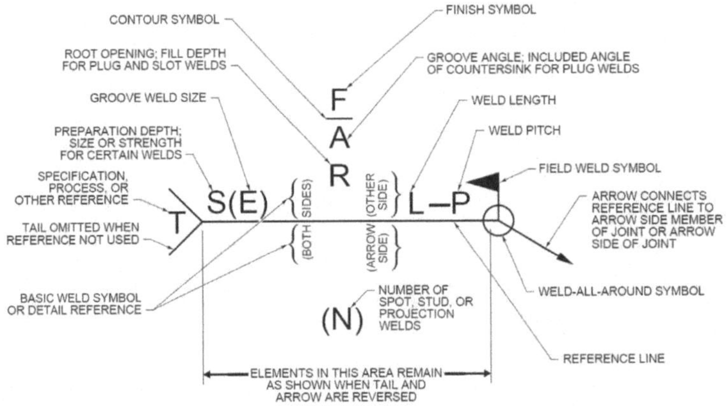

그림 6-9 용접기호

그 기입 장소는 그림 6-9의 설명선 중 기선을 경계로 하여 위, 아래 부분으로 구분되어 있으며 용접하는 쪽이 화살표 쪽(Arrow Side) 또는 자기 앞쪽인 경우에는 용접 기호와 치수를 기선의 아래쪽에, 화살표의 반대쪽(Other Side) 또는 맞은편에 있을 때는 기선의 위쪽, 그리고 양면 용접을 할 경우에는 기선의 양쪽에 모두 기입한다.

4.3.1. 용접기호(Welding Symbol)와 기본 기호(Weld Symbol)

정확하게 구분하여 사용해야 할 용어이며, 용접 기호(Welding Symbol)와 기본 기호(Weld Symbol)로 번역된다. 전자는 용접이라는 행위(Welding) 또는 전체 용접부를 표현하는 집합적 의미를 가지며, 후자는 용접(Weld)의 종류라는 제한적 의미를 가지는 서로 다른 부호이다.

기본 기호(Weld Symbol)는 KS에 기술된 표현으로 용접 기본 기호, 용접 부호 등으로 표현할 수는 있으나 용접 기호(Welding Symbol)와 혼동하지 않아야 하며, 용접 기호를 구성하는 일부 구성 요소 즉, 용접의 종류(Type Of Weld)를 나타낸다고 AWS는 명시하고 있다. 그림 6-9를 참조하기 바라며, AWS A3.0의 정의는 다음과 같다.

- 용접 기호(Welding Symbol) : A Graphical Representation of a Weld.
- 기본 기호(Weld Symbol) : A Graphical Character Connected to the Welding Symbol Indicating the Type of Weld.

용접기호 표시의 기본이 되는 용접의 종류 및 형상에 대한 기본 기호(Weld Symbol)는 표 6-15와 같다. 이들 기본 기호는 조합하여 사용이 가능하며, 양면 용접은 기본 기호를 기선에 대해 대칭으로 배열하는 방법으로 구성한다.

보조 기호(Supply Symbol)는 독립적으로 사용되거나 기본기호와 조합하여 사용하며, 표 6-16과 같이 용접부의 표면 형상, 용접부 마무리 방법 및 용접 길이 등을 표시하되 특별한 요구사항이 없을 경우 생략이 가능하다.

KS에는 용락(Melt Through), 소모성 삽입재 및 이당재 기호가 누락되어 있으며, 다듬질 방법은 Hammering, Rolling 대신 특정 방법을 지정하지 않은 F를 규정하고 있다.

표 6-15 용접 기본 기호(Weld Symbol)

WELD ALL AROUND	SITE WELD	COMPLETE PENETRATION FROM ONE SIDE	BACKING OR SPACER MATERIAL	CONTOUR		
				FLUSH	CONVEX	CONCAVE
			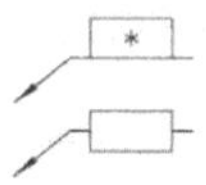			

표 6-16 용접 보조 기호(Supply Symbol)

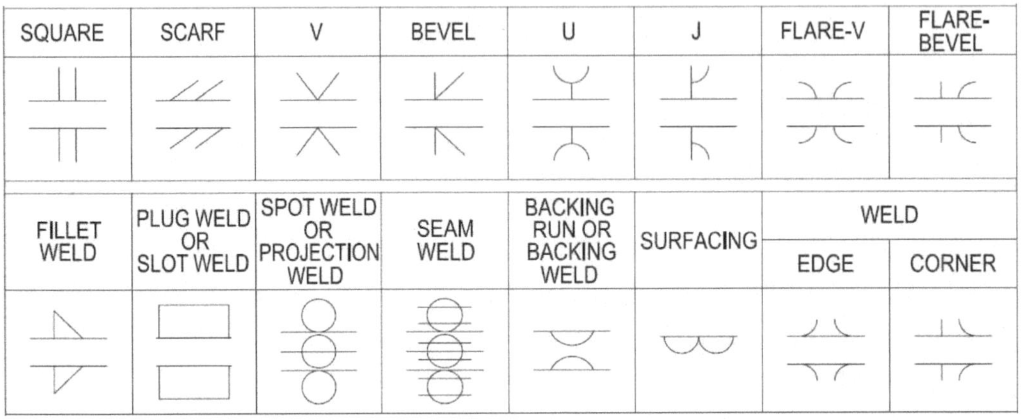
SQUARE
SCARF
V
BEVEL
U
J
FLARE-V
FLARE-BEVEL
FILLET WELD
PLUG WELD OR SLOT WELD
SPOT WELD OR PROJECTION WELD
SEAM WELD
BACKING RUN OR BACKING WELD
SURFACING
WELD
EDGE
CORNER

제7장

ASME SEC. IX에 의한 용접사 관리

1. 용접사 관리 절차
2. 용접 시험 범위 설정
3. 용접작업자 인정 절차
4. 용접작업자 자격인정
5. 용접작업자 자격인정기록서(WPQ) 작성
6. 시험 결과 판정
7. 재시험, 자격관리 및 자격인정기록서 관리
8. 용접사 인증서 작성

현장에서의 용접 품질 향상을 위하여 용접품질 관리자(감독자)는 승인된 용접절차서(WPS)와 용접봉 관리 규정등에 따른 용접기술 관리 외에도 적절한 현장 용접사 인증을 통해 용접구조물의 품짐을 향상하고 현장 작업의 안정성을 추구해야 한다. 아무리 좋은 용접절차서에 따라 용접을 실시하여도 현장에서 용접 재료 관리와 용접사 관리가 제대로 이루어지지 않는 다면, 관련 규정과 설계자의 의도를 충분하게 반영한 용접구조물을 얻을 수 없다.

용접품질 관리에서 엔지니어에 의한 용접성 시험도 중요한 일이지만, 용접성 시험이 끝났다고 해서 모든 용접준비가 끝난 것은 아니다. 용접 품질을 좌우하는 또 다른 인자, 즉, 용접사를 인증하고, 관리하여야만 한다.

용접작업자 자격인증의 목적은 용접사는 건전한 용접부를 용착시키는 능력을, 자동용접사는 용접장비의 기계적 조작능력을 확인하는 것으로 ASME BPVC Section IX과 AWS D1.1, API 1104 등이 널리 적용되고 있으며, ISO 9606은 모재의 종류별로 구분하여 규정하고 있다. ASME BPVC Section IX에 규정된 용접작업자 자격인정의 방법은 다음과 같다.

시험재의 용접에 의한 인정

용접 절차인정시험(PQT)재의 용접에 의한 인정

제품 용접부(production weld)에 의한 인정

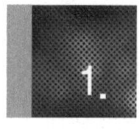

1. 용접사 관리 절차

모든 용접사는 용접사 기량 검증 절차서(Welder Qualification Test Procedure, WPQT)에 따라서 업무 배치 전에 필히 용접 품질 관리자(감독관)의 입회하에 용접 기량 시험을 받아야 하며, 시험에 합격한 용접사만이 자격이 부여되고 현장에서 투입되어야 한다. 용접 품질 관리자는 자격이 부여된 용접사에게 인증서를 발급하고, 그 용접사로 하여금 작업중에 항상 배지를 휴대하도록 하여 무자격 용접사가 현장 작업에 투입되는 일이 없도록 관리해야 한다.

- 용접 시험 범위 설정
- 시험편 제작
- 용접 시험
- 비파괴 검사 및 기계 시험편 제작
- 용접사 인증서 작성
- 용접사 인증후 사후 관리

2. 용접 시험 범위 설정

제작하여야 할 제품의 재질 및 두께, 용접 방법, 사용 용접재 등을 고려하여 시험 범위를 설정하여야 한다. 이때 ASME CODE 에서 인증하고 있는 범위를 참조로 하면 된다. ASME CODE QW-350에 각 용접 방법별로 고려하여야 할 변수들이 표로 나타나 있다. WPS와 마찬가지로 각 용접사가 다음의 각 용접방법별로 규정된 용접변수들이 변하게 되면 인증 범위나 내용도 따라서 변하게 된다.

수동 용접사와 달리 자동(Automatic Welding) 혹은 기계화(Machine Welding) 용접사는 Welding Operator라고 부르며, 자동 용접사의 경우에는 다음의 내용에 변화가 없으면 계속 인증을 받을 수 있다. 현장에서 이와 같은 사례가 발생하는 경우는 그리 많지 않으므로 세부적인 내용은 QW-360을 참고한다.

- 자동용접에서 기계화 용접으로의 변화
- 용접방법의 변화
- 전자빔 용접이나 레이저 용접에서 용접봉의 추가
- 레이저 타입의 변화 (예, CO_2에서 YAG로)

3. 용접작업자 인정 절차

3.1. 자격인정 계획 수립

3.1.1. 자격인정 계획

용접법별 소요인원 및 투입시기를 파악하고, 필요시 시험재 용접을 실시할 용접학교 및 교육장, 응시자 교육 및 시험을 진행할 용접교사의 투입여부 등을 결정한다.

시험방법은 굽힘시험과 대체방안인 방사선투과시험을 택일 또는 병용여부를 검토하고 굽힘시험 적용시 시험편 및 시험의 외주 여부를 검토해야 한다.

굽힘시험편의 자체가공 및 자체시험을 시행할 경우 가공에 필요한 설비와 지그(JIG), 유압장비 등 굽힘시험에 필요한 장비의 확보가 추가되어야 한다.

그밖에 필렛용접-파괴시험 및 부식검사에 필요한 기구와 부식액의 확보 등이 있다.

3.1.2. 자격인정 방법

WPS와 연계하여 시험재의 두께와 치수, 용접법의 조합에 의한 인정 등에 대한 계획을 수립한다.

3.1.2.1. 자격인정 시험 준비

자격인정 시험에 대비한 주요 준비 내용은 다음과 같으며 적절히 가감 또는 조정하여 적용한다.

- 적용 WPS 결정, WPQR 양식, 시험재 및 시험편 가공 도면, 응시표, 이력서, 교육 교재 등 필요한 자료 준비
- 용접 전원 및 작업장, 용접장비 및 공구, 안전장비, 측정 및 검사장비, 모재 및 용접재료, 가스, 기타 소모품 등 시험재 용접을 준비
- 시험재 용접과 WPQR 작성
- 육안검사 실시
- 시험편 가공 또는 비파괴검사 의뢰 (필요시)
- 시험 수행 및/또는 시험보고서 입수
- WPQR, 용접작업자 자격증(welder identification card) 작성 및 인증

3.1.2.2. WPQR 초안 작성 및 시험재 준비

응시자들에게 시험재 용접을 위한 지침 제공과 최종 WPQR 작성을 용이하게 하기 위해 WPQR 초안을 준비하고 필요시 점검표를 준비한다. 점검표에 포함되어야 할 주요 내용은 다음과 같으며, 적절히 가감하거나 WPQR 초안에 직접 기재한다. 필수변수와 참고사항은 정확하게 기재해야 한다.

- 일반사항 : 용접작업자 이름 또는 식별번호, 시험재 번호, 관련 WPS 번호, 용접방법
- 시험재 또는 제품 용접부(production weld)
- 모재 : 강판 또는 강관, 외경 및 규격번호
- 이음 : 이음의 종류 및 받침
- 용가재 및 전극봉 : 형태, 종류 및 직경, F-No., 소모성 삽입물
- 용착 두께 : 각 용접법별 용착 두께
- 자세 : 시험자세, 진행방향
- 퍼지가스
- 이행형태
- 전기 : 전류의 종류와 극성

3.1.2.3. 시험용접 절차 및 주의사항

엄격한 수준의 시험용접 절차 및 주의사항은 다음과 같다. 따라서, 특별히 규정된 경우를 제외하고 중요도 등 여건에 따라 적절히 가감 또는 조정하여 적용하고, 합격기준과 함께 응시자에게 사전에 공지되어야 한다.

(1) 식별관리

시험재 번호, 굽힘시험 적용시 시험편 채취위치 확인을 위한 상단(예:12시) 등을 표기한다. 필요시, 대리응시 예방을 위해 응시자 신원 확인 및/또는 배번을 부여한다. 필요시, 시험용접 또는 비파괴검사 의뢰 중 시험재의 교체방지를 위해 각 단계별로 시험재에 감독자가 확인 서명 또는 각인을 한다.

(2) 취부확인

시험자세별 허용차, 역변형, 시험재 치수, 용접재료 상태 등을 포함한 취부검사를 실시하고, 용접작업자의 이의제기 내용을 확인한다. 예열과 PWHT는 생략이 가능하다.

(3) 전류조정

연습 용접 또는 사전 확인을 제외하고, 응시자의 전류 설정 및 조정 능력의 확인을 위해

타인에 의한 전류 조정을 불허한다.

(4) 조언, 접근

퍼지 유량 및 이면비드 형성여부 등에 대한 타인의 조언을 허용하지 않는다. 단, 보일러 수냉벽 모의 시험재 등과 같이 2인 1조에 의한 용접재료 공급 또는 이면비드 확인 등 협력 용접시 조원간의 조언 및 조정은 허용한다. 시험관계자외 접근을 불허한다.

(5) 중간검사

초층 또는 이층 용접완료 후 중간검사를 수행하고 퍼지 상태 및 이면 비드의 형상 등을 확인한다.

(6) 용착두께

각 용접법별, 용접작업자별 용착두께를 측정 및 기재한다.

(7) 사상 허용범위

이면비드 형성여부와 최종층 육안검사를 위해 초층과 최종층의 사상(grinding)은 허용하지 않으며, 나머지 층은 허용한다. 단, 스패터 제거를 위한 사상과 줄질(filing), 솔질 또는 전동 솔질(power brushing), 슬래그 햄머링(slag hammering) 등 정상적인 검사를 방해하지 않는 가공은 허용한다.

(8) 자세별 기량

시험용접 중 시험재의 각도 조정은 불허하며, 불가피한 경우를 제외하고 취외 및 재 취부를 불허한다.

(9) 시험중단, 재시험

감독자가 명백한 기량부족으로 판단할 경우 언제라도 불합격 처리한다. 순간적인 정전, 전류불안정 등 응시자 귀책이 아닌 사유로 인해 용접부에 결함이 예상될 경우 불이익 없이 재시험을 허용한다. 기계시험이나 RT 불합격시 해당 시험의 2배 시험재로 즉시 재시험을 허용한다.

(10) 시간

필요시, 적절한 제한시간을 부과한다.

3.1.3. 필수변수

용접작업자의 자격인정은 ASME BPVC Section IX, AWS D1.1 공히 필수변수(essential variables)만 규정되어 있으며, ASME BPVC Section IX의 경우 참고용으로 용접작업자 자격인정기록서(WPQ)에 기재되는 항목도 있다.

변수는 QW-350~QW-360에 용접작업자에 대해 각 용접법별로 규정되어 있으며, 표면경화 살붙임과 내식 살붙임, 크래딩, 저항용접 및 플래시 용접에 대한 요건은 QW-380에 기술되어 있다.

표 7-1 SMAW 용접사 인증시의 필수 변수

QW-353
SHIELDED METAL-ARC WELDING (SMAW)
Essential Variables

Paragraph		Brief of Variables
QW-402 Joints	.4	− Backing
QW-403 Base Metals	.16	ϕ Pipe diameter
	.18	ϕ P-Number
QW-404 Filler Metals	.15	ϕ F-Number
	.30	ϕ t Weld deposit
QW-405 Positions	.1	+ Position
	.3	ϕ ↑↓ Vertical welding

표 7-2 SAW 용접사 인증시의 필수 변수

QW-354
SEMIAUTOMATIC SUBMERGED-ARC WELDING (SAW)
Essential Variables

Paragraph		Brief of Variables
QW-403 Base Metals	.16	ϕ Pipe diameter
	.18	ϕ P-Number
QW-404 Filler Metals	.15	ϕ F-Number
	.30	t Weld deposit
QW-405 Positions	.1	+ Position

4. 용접작업자 자격인정

4.1. 용접작업자 자격인정 책임

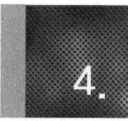

용접작업자 자격인정의 목적은 제작자 또는 시공자가 용접작업자가 그들의 절차에 의해 합격 가능한 용접물에 규정된 최소 요건을 만족시키는 능력을 확인하는 것이다.

따라서, 용접작업자는 각 제작자 또는 시공자가 인정된 WPS에 의해 인정시험을 수행해야 한다.

시험재의 용접은 제작자 또는 시공자의 전반적인 감독과 관리하에 수행되어야 하나 시험재료의 준비, 시험편의 가공, 비파괴검사 및 기계시험 등은 하도급이 가능하나 이들 작업에 대한 책임은 제작자 또는 시공자에게 있다.

ASME BPVC Sect. IX은 제작자 또는 시공자에 의한 시공용접의 운영관리(Operational Control)를 허용한다. 이는 한 조직이 이름이 다른 둘 이상의 회사를 위해 용접작업자 자격인정을 효율적으로 운영관리를 할 경우에는 관련된 회사의 용접작업자 인정 관리에 대한 품질관리시스템(Quality Control System)/품질보증프로그램(Quality Assurance Program)을 기술해야 한다. 이 경우 용접작업자에 대한 재인정은 요구되지 않는다.

ASME BPVC Sect. IX은 소유권 변경시 제작자 또는 시공자의 용접작업자에 대한 운영관리(Operational Control) 유지도 허용한다. 세부적인 사항은 QW-300.2(d)에 기술되어 있다.

ASME BPVC Sect. IX은 둘 이상의 제작자 또는 시공자가 1명 이상의 용접작업자를 동시에 인정하는 것을 허용한다. 동시인정을 수행할 경우 각 참여조직의 용접작업자 인정 책임자가 시험재 용접 중 입회해야 한다. 동시인정에 적용되는 WPS는 각 참여조직들에 의해 비교되어야 한다. 이 WPS는 예열 및 후PWHT 요건을 제외한 모든 필수변수들이 각 참여조직들의 WPS와 동일해야 한다. 모재와 용착두께의 인정범위는 동일할 필요는 없으나, 시험재 용접에 적합해야 한다. 세부적인 사항들은 QW-300.3에 기술되어 있다.

4.2. 인정시험의 종류

용접작업자는 편의상 용접부의 종류에 따라 홈(Groove) 용접작업자, 필렛(Fillet) 용접작업자 및 스터드(Stud) 자동용접사 등으로 구분한다. ASME BPVC Sect. IX의 경우 주요 용접작업자에게 요구되는 시험은 다음의 표와 같다.

홈용접작업자는 QW-452에 의해 기본적으로 육안검사와 굽힘시험이 요구되나 다음의 경우 굽힘시험은 방사선투과검사로 대체할 수 있으며, FCAW는 가스메탈아크용접(GMAW)에 포함되는 것으로 해석된다.

- SMAW, SAW, GTAW, PAW, EGW, GMAW(단, GMAW-SC 제외) : P-No. 21 ~ 25, P-No. 51 ~ 53 및 P-No. 61 ~ 62를 제외한 모재
- P-No. 21 ~ 25, P-No. 51 ~ 53 GTAW 홈용접

표 7-3 용접자격 인증 시험의 종류

구분	규격	요구되는 시험		비고
홈용접작업자	QW-452.1(a)	유도굽힘시험	QW-160	필렛용접 포함(QW-452.6)
	QW-304.1, QW-305.1	방사선투과검사	QW-191	유도굽힘시험 대체(QW-302.2)
필렛용접작업자	QW-452.5	파괴시험	QW-182	
		마크로검사	QW-184	
스터드자동용접사	QW-202.5	스터드용접시험	QW-192	굽힘, 토크, 마크로
공통	QW-302.4	육안검사	QW-194	

4.3. 용접작업자의 인정

4.3.1. 홈(Groove) 용접작업자

홈(Groove) 용접작업자는 받침의 유무와 무관하게 QW-452에 의해 기본적으로 육안검사와 유도굽힘(Guide Bending)시험이 요구되나 다음의 경우 방사선투과검사로 대체할 수 있으며, FCAW는 GMAW에 포함되는 것으로 해석한다.

- SMAW, SAW, GTAW, PAW, EGW, GMAW(단, GMAW-SC 제외) : P-No. 21~25, P-No. 51~53 및 P-No. 61~62를 제외한 모재
- P-No. 21~25, P-No. 51~53 GTAW 홈(Groove) 용접

홈(Groove)용접 시험재와 시험편의 채취위치는 QW-463에 기술되어 있으며, 유도굽힘(Guide Bending)시험은 횡표면굽힘 및 횡루트굽힘 시험편으로 구성되나 두께가 두꺼운 시험재의 경우에는 횡측면굽힘 시험편으로, 길이가 짧은 경우에는 종표면굽힘 및 종루트굽힘 또는 QW-462.3(a)(b)의 축소(subsize)시험편으로 대체하기도 한다.

유도굽힘시험은 모재의 종류별로 연신율이 다르므로 QW-466.1에 의해 모재 P-No.별로 시험용 지그(JIG)의 치수가 달라짐에 유의해야 한다.

제품 용접부(production weld)에 의한 인정은 방사선투과검사로 하되 용접사는 150㎜ 이

상, 자동용접사는 1m이상의 최초 용접 길이를 검사한다. 단

- 복합자세인 5G, 6G 강관과 특수자세는 제품 용접부의 원주 전체를 검사한다.
- 원주 150㎜ 미만의 소구경 강관은 연속된 복수의 강관을 검사하되 4이음을 초과할 필요는 없다.

제품 용접부에 의한 인정이 불합격될 경우 응시자가 용접한 용접부 전체에 대해 방사선투과검사를 수행하고 자격이 인정된 용접작업자가 보수한다.

4.3.2. 필렛용접 작업자 등

필렛용접 작업자는 홈용접 시험재에 의해 자동으로 인정되나, 필렛용접 시험에 의해 별도로 인정하기도 한다.

스터드 용접은 자동용접으로 스터드 용접 시험재에 의해 자동 용접사로 인정되나, 스터드를 수동 필렛용접으로 용접할 경우에는 필렛용접사로 인정되어야 한다.

ASME BPVC Sect. IX은 용접작업자 자격부여와 관련 다음을 특수한 용접법(special process)으로 분류하고 QW-380에 별도로 기술하고 있다.

- 내식 용접금속 육성 용접(CRO, Corrosion-Resistance Weld Metal Overlay)
- 표면경화 용접금속 육성 용접(HRO, Hard-Facing Weld Metal Overlay)
- 클래드 재료 및 라이닝(Joining of Clad Materials and Applied Linings)
- 저항용접
- 플래시용접

4.3.3. 용접법의 조합

용접작업자는 각 용접법별로 분리된 시험재 또는 1개의 시험재에 2종류 이상의 용접법을 조합하여 인정할 수 있다. 2명 이상의 용접작업자가 1개의 시험재에 1종류 또는 2종류 이상의 용접법을 조합하여 인정할 수도 있다. 1개의 시험재를 사용할 경우 인정범위는 각 용접법별 또는 각 용접작업자별로 해당 변수와 요건을 각각 적용하며, 변경의 경우도 이와 같다. 그 적용 예는 다음과 같다.

- 분리 시험재, 분리 용접법 : GT시험재 + SM시험재
- 단일 시험재, 조합 용접법 : GT+SM
- 단일 시험재, 단일 용접법, 복수 용접사 : GT용접사A+GT용접사B
- 단일 시험재, 조합 용접법, 복수 용접사 : GT용접사+SM용접사
- 단일 시험재 또는 조합된 용접법으로 인정된 용접작업자는 각 용접법별로 인정을 분리 할 수 있다.

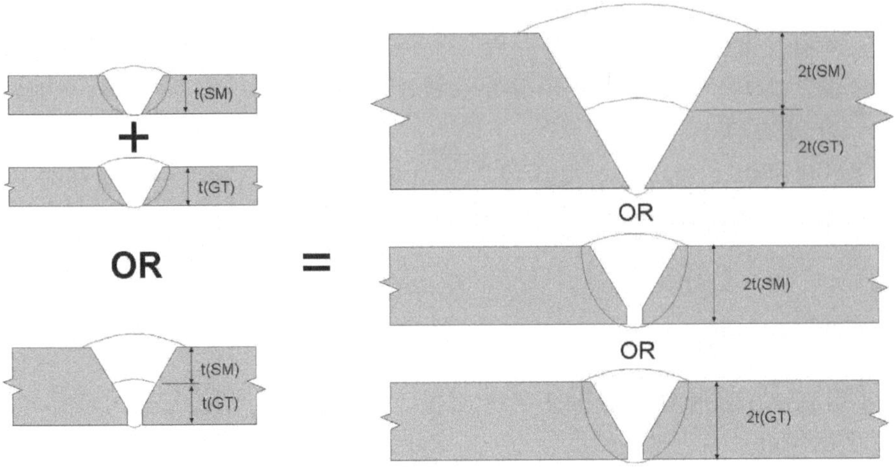

그림 7-1 시험재와 용접법의 분리와 조합

4.4. 현장 품질 관리

4.4.1. 현장 용접 훈련소 운영

소속 용접사가 수행한 용접에 대하여 책임을 져야 하는 각 시공 협력업체가 일정 이상의 불량을 내는 용접사에 대해서는 교체를 검토하거나 수시로 기량 향상 용접 훈련을 시킬 수 있는 현장 통합 용접 훈련소를 운영토록 용접 품질관리자(감독관)는 시공 협력업체를 관리, 감독하여야 한다. 용접 훈련소의 규모, 위치, 장비 등에 대해서는 현장 여건 및 작업 성격 등을 고려하여 적절하게 결정한다.

4.4.2. 용접 실명제 실시 및 포상

모든 용접사에게 자신이 작업한 용접부 바로 옆에 식별 가능한 마킹을 하도록 하여 품질 책임 의식을 고취시키고, 필요시에는 언제라도 개인별 용접 현황 확인과 품질 관리가 가능하도록 한다.

또한 용접관리자는 매월 전 현장의 용접사 및 개별 시공 협력업체별로 용접 불합격률을 공개하고, 현장 소장과 협의하여 매달 당월의 우수 용접사에게 포상을 내리는 포상 제도를 운영하는 것도 좋은 관리 방안이 될 수 있다. 포상을 통해 용접사의 동기 부여, 사기 앙양, 품질 의욕 고취등을 추구할 수 있다.

5. 용접작업자 자격인정기록서(WPQ) 작성

5.1. 일반사항

용접작업자의 성명 및 용접작업자 식별번호를 기재한다.

5.2. 시험 종류

5.2.1. WPS 번호, 시험재 또는 제품 용접부

관련 WPS 번호를 기재하고, 시험재 또는 제품 용접부(Production Weld)의 여부를 명시한다. 제품 용접부에 의한 인정은 QW-191.2.3 및 QW-304.1에 의해 시험재가 아닌 실용접부의 최초용접에 대한 방사선투과검사로 수행한다. 방법 및 합격기준은 다음과 같다.

표 7-4 제품 용접부에 의한 인정

구분	해당 규격	길이	합격기준
용접사	ASME V Article 2	최소 150mm (QW-304.1)	QW-191.2.2
자동용접사	ASME V Article 2	최소 1m (QW-305.1)	건조기술기술(QW-101.2.3)

5.2.2. 모재의 규격번호, 두께

모재의 규격번호를 규격의 종류를 포함하여 정확하게 기재하되 이종금속의 경우에는 양쪽 재료 모두 기재해야 한다. ASME Code Case 해당 모재는 그 번호를 기재한다.
규격번호와 ASME Code Case 번호가 모두 없을 경우 제조자와 그 상품명을 기재한다.
모재의 두께는 호칭 치수로 기재하되 필요시 실측치를 기재하기도 한다.
예 : ASME SA213, ASTM A167, KS D3503 SS400, Avesta 254 등

5.3. 시험편 제작

ASME CODE에는 용접 시험편 SIZE 및 개선형상에서는 특별한 제한이 없다. 단지 QW-

302.2에 의하면 비파괴 검사(RT) 길이가 최소 6 in. 이상이어야 하는 규정에 의해 시편길이가 최소 6 in. 이상이 되어야 한다. (만일 O.D. 가 2 in 이하인 Tube나 Pipe로 시험시에는 2개의 시험편을 준비하여야만 용접부의 길이가 6in. 이상이 된다)

현장에서 통상적으로 적용하는 용접시편의 크기는 다음과 같다.

표 7-5 일반적인 시험편 Size

	두께 (mm)	폭 (mm)	길이(mm)	외경(mm)
Plate	Note 1	Min. 300	Min. 350	-
Pipe or Tube	Note 1	-	Min. 300	Note 1

[Note]
1. 제작할 제품과 인증범위를 참고로 하여 제작자가 결정한다.
상기 시험편의 폭 및 길이는 용접하고자 하는 2개의 Piece를 합한 Size임.

5.3.1. 시편에 따른 용접사 인증 범위와 요구 검사 항목

두께 19mm 미만의 철판 시험편의 경우에는 루트 벤드(Root Bend)와 페이스 벤드(Face Bend) 각 1개씩 실시하고 그 이상의 두께에 대해서는 측면 벤딩(Side Bend) 2개를 실시한다.

표 7-6 용접사 인증 시험의 시편 개요와 인증 검사 방법

QW-452.1(a)
TEST SPECIMENS

	Type and Number of Examinations and Test Specimens Required			
Thickness of Weld Metal, in. (mm)	Visual Examination per QW-302.4	Side Bend QW-462.2 [Note (1)]	Face Bend QW-462.3(a) or QW-462.3(b) [Notes (1), (2)]	Root Bend QW-462.3(a) or QW-462.3(b) [Notes (1), (2)]
Less than $^3/_8$ (10)	X	. . .	1	1
$^3/_8$ (10) to less than $^3/_4$ (19)	X	2 [Note (3)]	Note (3)	Note (3)
$^3/_4$ (19) and over	X	2	. . .	. . .

GENERAL NOTE: The "Thickness of Weld Metal" is the total weld metal thickness deposited by all welders and all processes in the test coupon exclusive of the weld reinforcement.

NOTES:

(1) To qualify using positions 5G or 6G, a total of four bend specimens are required. To qualify using a combination of 2G and 5G in a single test coupon, a total of six bend specimens are required. See QW-302.3. The type of bend test shall be based on weld metal thickness.

(2) Coupons tested by face and root bends shall be limited to weld deposit made by one welder with one or two processes or two welders with one process each. Weld deposit by each welder and each process shall be present on the convex surface of the appropriate bent specimen.

(3) One face and root bend may be substituted for the two side bends.

표 7-7 용접사 인증 시편에 따른 인증 두께 범위

QW-452.1(b)
THICKNESS OF WELD METAL QUALIFIED

Thickness, *t*, of Weld Metal in the Coupon, in. (mm) [Notes (1) and (2)]	Thickness of Weld Metal Qualified [Note (3)]
All	2*t*
½ (13) and over with a minimum of three layers	Maximum to be welded

NOTES:

(1) When more than one welder and/or more than one process and more than one filler metal F-Number is used to deposit weld metal in a coupon, the thickness, *t*, of the weld metal in the coupon deposited by each welder with each process and each filler metal F-Number in accordance with the applicable variables under QW-404 shall be determined and used individually in the "Thickness, *t*, of Weld Metal in the Coupon" column to determine the "Thickness of Weld Metal Qualified."

(2) Two or more pipe test coupons with different weld metal thickness may be used to determine the weld metal thickness qualified and that thickness may be applied to production welds to the smallest diameter for which the welder is qualified in accordance with QW-452.3.

(3) Thickness of test coupon of ¾ in. (19 mm) or over shall be used for qualifying a combination of three or more welders each of whom may use the same or a different welding process.

표 7-8 파이프 홈 용접 시편의 용접사 인증 범위

QW-452.3
GROOVE-WELD DIAMETER LIMITS

Outside Diameter of Test Coupon, in. (mm)	Outside Diameter Qualified, in. (mm)	
	Min.	Max.
Less than 1 (25)	Size welded	Unlimited
1 (25) to 2⅞ (73)	1 (25)	Unlimited
Over 2⅞ (73)	2⅞ (73)	Unlimited

GENERAL NOTES:

(a) Type and number of tests required shall be in accordance with QW-452.1.

(b) 2⅞ in. (73 mm) O.D. is the equivalent of NPS 2½ (DN 65).

표 7-9 소구경 파이프의 필렛 용접 시편의 직경에 따른 용접사 인증 범위

QW-452.4
SMALL DIAMETER FILLET-WELD TEST

Outside Diameter of Test Coupon, in. (mm)	Minimum Outside Diameter, Qualified, in. (mm)	Qualified Thickness
Less than 1 (25)	Size welded	All
1 (25) to $2\frac{7}{8}$ (73)	1 (25)	All
Over $2\frac{7}{8}$ (73)	$2\frac{7}{8}$ (73)	All

GENERAL NOTES:
(a) Type and number of tests required shall be in accordance with QW-452.5.
(b) $2\frac{7}{8}$ in. (73 mm) O.D. is considered the equivalent of NPS $2\frac{1}{2}$ (DN 65).

표 7-10 필렛 용접시편에 의한 용접사 인증 시험

QW-452.5
FILLET-WELD TEST

Type of Joint	Thickness of Test Coupon as Welded, in. (mm)	Qualified Range	Type and Number of Tests Required [QW-462.4(b) or QW-462.4(c)]	
			Macro	Fracture
Tee fillet [Note (1)]	$\frac{3}{16}$ (5) or greater	All base material thicknesses, fillet sizes, and diameters $2\frac{7}{8}$(73) O.D. and over [Note (2)]	1	1
	Less than $\frac{3}{16}$ (5)	T to 2T base material thickness, T maximum fillet size, and all diameters $2\frac{7}{8}$ (73) O.D. and over [Note (2)]	1	1

GENERAL NOTE: Production assembly mockups may be substituted in accordance with QW-181.2.1. When production assembly mockups are used, range qualified shall be limited to the fillet sizes, base metal thicknesses, and configuration of the mockup.

NOTE:
(1) Test coupon prepared as shown in QW-462.4(b) for plate or QW-462.4(c) for pipe.
(2) $2\frac{7}{8}$ in. (73 mm) O.D. is considered the equivalent of NPS $2\frac{1}{2}$ (DN 65). For smaller diameter qualifications, refer to QW-452.4 or QW-452.6.

표 7-11 필렛 용접시편에 따른 용접사 인증 범위

QW-452.6
FILLET QUALIFICATION BY GROOVE-WELD TESTS

Type of Joint	Thickness of Test Coupon as Welded, in. (mm)	Qualified Range	Type and Number of Tests Required
Any groove	All thicknesses	All base material thicknesses, fillet sizes, and diameters	Fillet welds are qualified when a welder/welding operator qualifies on a groove weld test

표 7-12 내마모 및 내식용 표면 육성 용접시 용접사 인증 범위

QW-453
PROCEDURE/PERFORMANCE QUALIFICATION THICKNESS LIMITS AND TEST SPECIMENS FOR HARD-FACING (WEAR-RESISTANT) AND CORROSION-RESISTANT OVERLAYS

Thickness of Test Coupon (T)	Corrosion-Resistant Overlay [Note (1)] Nominal Base Metal Thickness Qualified (T)	Corrosion-Resistant Overlay [Note (1)] Type and Number of Tests Required	Hard-facing Overlay (Wear-Resistant) [Note (2)] Nominal Base Metal Thickness Qualified (T)	Hard-facing Overlay (Wear-Resistant) [Note (2)] Type and Number of Tests Required
Procedure Qualification Testing				
Less than 1 in. (25 mm) T	T qualified to unlimited	Notes (4), (5), and (9)	T qualified up to 1 in. (25 mm)	Notes (3), (7), (8), and (9)
1 in. (25 mm) and over T	1 in. (25 mm) to unlimited		1 in. (25 mm) to unlimited	
Performance Qualification Testing				
Less than 1 in. (25 mm) T	T qualified to unlimited	Note (6)	T qualified to unlimited	Notes (8) and (10)
1 in. (25 mm) and over T	1 in. (25 mm) to unlimited		1 in. (25 mm) to unlimited	

5.3.2. 용접사 인증 검사용 시편의 절취

용접이 완료된 시험편에서는 인장, 굽힘 및 기타 시험을 위해 아래와 같이 시편을 절취한다.

QW-463.2(a) PLATES — LESS THAN ¾ in. (19 mm) THICKNESS PERFORMANCE QUALIFICATION

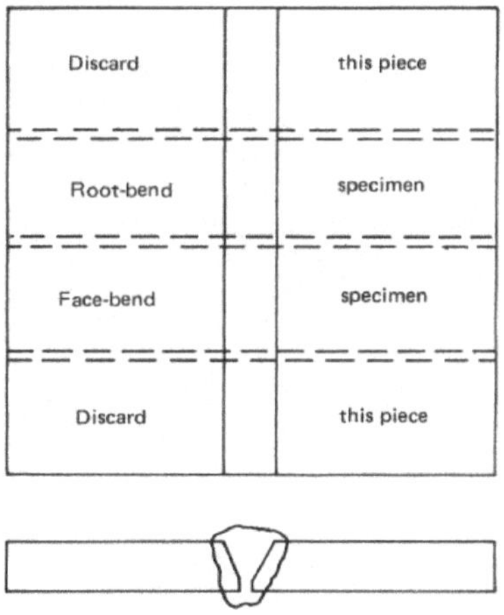

QW-463.2(b) PLATES — ¾ in. (19 mm) AND OVER THICKNESS AND ALTERNATE FROM ⅜ in. (10 mm) BUT LESS THAN ¾ in. (19 mm) THICKNESS PERFORMANCE QUALIFICATION

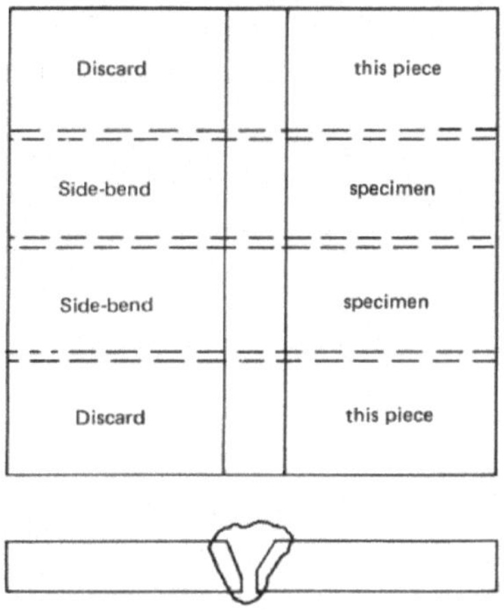

그림 7-2 철판 맞대기 용접시편의 개요

QW-463.2(c) PLATES — LONGITUDINAL PERFORMANCE QUALIFICATION

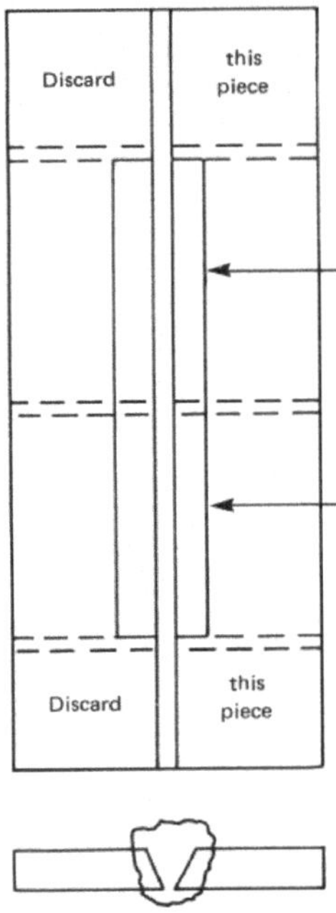

그림 7-3 철판 길이 방향 맞대기 용접시편의 개요

QW-463.2(d) PERFORMANCE QUALIFICATION

QW-463.2(e) PERFORMANCE QUALIFICATION

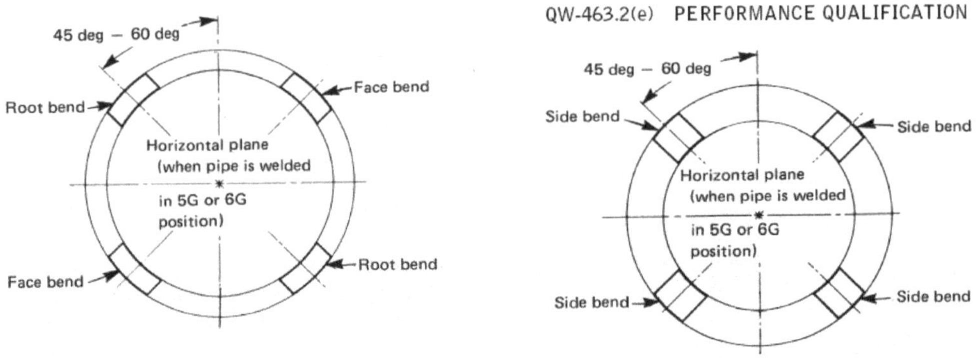

그림 7-4 파이프 용접시편의 개요

QW-463.2(f) PIPE — NPS 10 (DN 250) ASSEMBLY PERFORMANCE QUALIFICATION

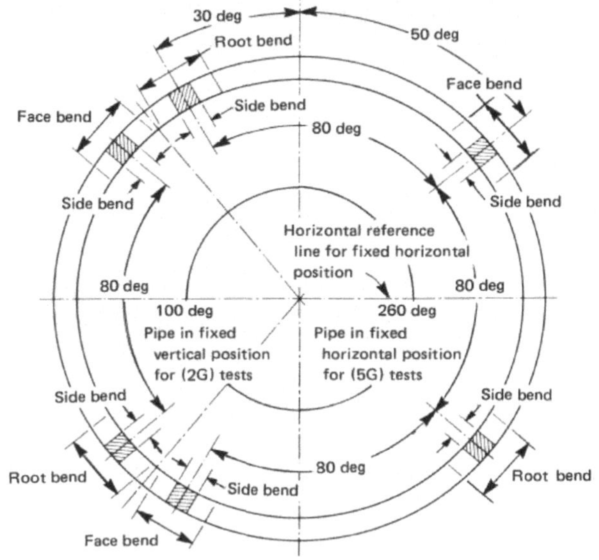

그림 7-5 직경 10inch 파이프 용접시편의 개요

QW-463.2(g) NPS 6 (DN 150) OR NPS 8 (DN 200) ASSEMBLY PERFORMANCE QUALIFICATION

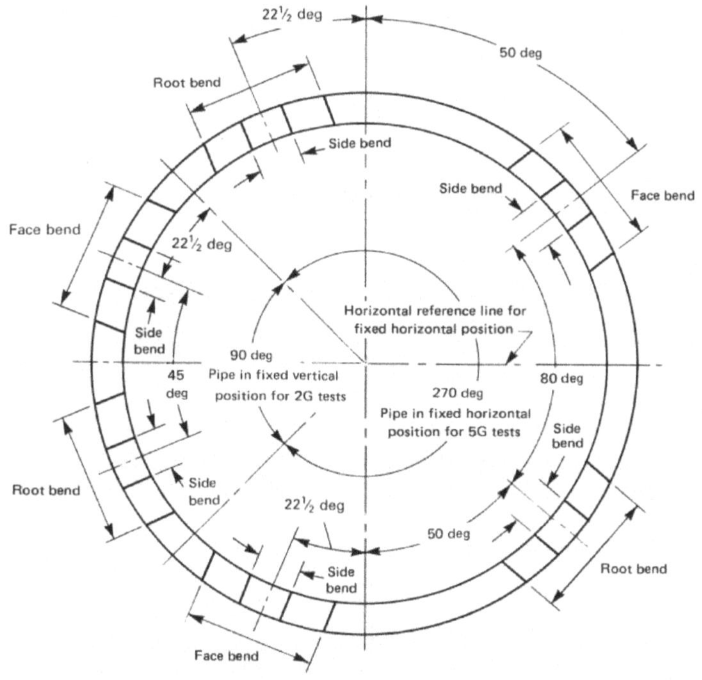

그림 7-6 직경 6inch 파이프 용접시편의 개요

5.4. 시험조건 및 인정범위 (QW-350)

각 용접변수별로 시험용접에 사용된 실제변수 또는 실측치에 의한 시험조건과 그 시험조건에 대한 인정범위를 기재한다.

5.4.1. 용접방법 (Welding Process)

용접사 인증은 인증 시험을 본 용접방법에 한하여 인증된다.

예) GTAW로 시험을 하였다면 GTAW만 인증된다. 즉 GTAW로 인증된 용접사가 FCAW로 용접을 할 수 없다. 만일 FCAW로 용접할 필요가 있다면 다시 시험을 봐서 인증 받아야 한다.

5.4.2. 시험모재 재질

용접사 인증을 위한 시편은 실제 현장에서 사용되는 동종의 모재를 적용하는 것이 가장 좋다. 하지만, 그럴 여건이 되지 않을 경우에 ASME Code에서는 아래와 같이 예외적으로 다른 재료를 사용해서 평가할 수 있도록 허용하고 있다. 이러한 예외 적용은 용접사 인증 시험이 강재의 용접성을 평가하는 것이 아니라 해당 용접사의 기량을 평가하는 것이기에 가능한 것이다.

QW/QB-422에 규정된 P-No. 또는 S-No.를 QW-423 등에 의해 기재 한다. P-No. 또는 S-No.가 없을 경우에는 규격의 종류와 번호(예: KS D3503), 등급(SS400) 등을 기재한다. ASME Code Case 해당 재료의 경우는 그 번호를 기재한다.

규격 번호와 ASME Code Case 번호가 모두 없을 경우 화학 성분 및 기계적 성질을 기재하되, 제조자와 그 상품명을 포함하는 것이 바람직하다. 이종금속의 경우에는 양쪽재료 모두 기재해야 한다.

QW/QB-422에 규정된 P-No. 또는 S-No.와 동일한 화학성분과 기계적 성질을 가진 소재는 해당 P-No. 또는 S-No.로 간주된다. 인정범위의 초과는 필수변수이다.

표 7-13 용접사 인증을 위한 시편의 범위 (QW-423)

시편 재질	용접사 인증 범위
P No. 1 ~ P No. 15F, P No. 34, and P No. 41 ~ P No. 49	P No. 1 ~ P No. 15F, P No. 34, and P No. 41 ~ P No. 49
P No. 21 ~ P No. 26	P No. 21 ~ P No. 26
P No. 51 ~ P No. 53 or P No. 61 and P No. 62	P No. 51 ~ P No. 53 or P No. 61 and P No. 62

예를 들면 P1~P15F, P34, P41~P47 중 어떤 재질로 시험을 봐서 인증 되었다면 이 용접사는 P1~P15F, P34, P41~P47 중 어떤 재질에 대하여서도 용접을 할 수 있다(즉 일반적인 제조업에서는 재질에 대하여서는 큰 비중을 두지 않는다).

5.4.3. 용착금속 두께

각 용접법의 종류와 시험재의 최소 3층(layer) 여부와 함께 용착두께를 방법1, 방법2 등으로 구분하여 기재한다. 인정범위의 초과는 필수변수이다.

통상 용착 두께의 2배이나 시험재를 최소 3층(layer) 이상으로 13㎜ 이상을 용착하였을 경우 인정범위는 무제한이 된다. 단, 용착두께 13㎜ 미만의 GMAW-SC의 인정범위는 1.1배이다. QW-352~QW-357, QW-404, QW-452.1(b), QW-452.5, QW-452.6 참조

표 7-14 용접사 인증 용착 두께 기준(QW-452.1(b))

시험 두께	인 증 두 께	
	최 소	최 대
t ≤ 19.1	-	2t
t > 19.1	-	Unlimit

예) 시험 시 용착금속 두께가 19.1 mm 만 초과하면 어떠한 두께도 용접을 할 수 있다. 따라서 보통 용접시험을 진행할 때 시편두께를 거의 20mm 정도로 하면 된다. (단 ASW 는 1 in.를 초과하여야 만 전 두께를 용접할 수 있다)

5.4.4. 백킹 (Backing)

백킹이라 하면 백 플레이트 사용, 백 가우징, 백 그라인딩, 백 치핑 등을 총칭하는 말로 용접법자체에서 백 비드를 형성하지 않고 다른 방법에 의하여 이면 용접이 이루어 질 때 백킹을 사용하였다고 한다. 만일 GTAW로 백 비드를 형성하고 나서 FCAW로 용접 시험을 봤다면, GTAW는 백킹을 사용하지 않은 것이고 FCAW는 백킹을 사용하였다고 한다.

표 7-15 백킹(Backing)에 따른 용접사 인증 기준

시 험 방 법	인 증 범 위
With Backing	With Backing
Without Backing	With or Without Backing

5.4.5. 용가재 또는 전극봉 규격(SFA)

ASME BPVC Sect. II, Part C의 SFA 규격 번호와 AWS 종류를 참고로 기재한다.

SFA 번호는 AWS A5 시리즈의 규격번호와 동일하다. AWS 규격에서 용접재료는 AWS 종류(AWS classification)와 용접봉 호칭(또는 종류, electrode designation)으로 세분된다. 즉, E7016은 AWS 종류이며, E7016-1은 용접봉 호칭이다.

AWS 종류 중 ER70S-G, E8016-G 등과 같이 끝에 'G'가 붙는 용접재료는 해당 AWS 규격에 화학성분이 규정되지 않으며, 특정 모재 또는 용도용인 경우가 많으므로 해당 용접재료의 화학 성분을 예시(Typical) 또는 범위로 기재하거나 제조자와 그 상품 명을 기재하는 것이 바람직하다.

참고로 인정범위와 무관하나 용가재를 추가 또는 생략하는 것은 필수변수이다.

5.4.6. 용접재 F No.

용접재 F No 는 각 용접재의 화학적 특성을 기준으로 구분한 것이다.

즉, 용접봉의 화학적인 특성이라고 이해하면 되겠다. 용접재의 AWS Class와 SFA No를 알면 ASME Sec. IX QW-432 의 표에 의해서 찾을 수 있다.

표 7-16 용접사 인증을 위한 F No.의 범위

인증→ 시험↓	F1 W/B	F1 WT/B	F2 W/B	F2 WT/B	F3 W/B	F3 WT/B	F4 W/B	F4 WT/B	F5 W/B	F5 WT/B
F1 W/B	●	●	●	●	●	●	●	●	●	●
F1 WT/B		●								
F2 W/B			●	●	●	●	●	●		
F2 WT/B				●						
F3 W/B					●	●	●	●		
F3 WT/B						●				
F4 W/B							●	●		
F4 WT/B								●		
F5 W/B									●	●
F5 WT/B										●

W/B : With Backing, WT/B : Without Backing

표 7-17 용접시편의 F No.에 따른 인증 범위

용접 시편의 F No.	인증 범위
Any F No. 6	All F No. 6
Any F No. 21 ~ F No. 25	All F No. 21 ~ F No. 25
Any F No. 31, F No. 32, F No. 33, F No.35, F No. 36 or F No. 37	Welding Test 시편의 F No.만 인증
F No. 34 or any F No. 41 ~ F No. 46	F No. 34 and All F No. 41 ~ F No. 46
Any F No. 51 ~ F No. 55	All F No. 51 ~ F No. 55
Any F No. 61	All F No. 61
Any F No. 71 ~ F No. 72	Welder Test 시편의 F No.만 인증

5.4.7. 용접 자세

시험자세(test position, 1G, 1G-Rotated, 2G, 2G–Rotated, 3G & 4G, 2G & 5G, 3G, 3G & 4G, 4G, 5G, 6G, 6G-Restricted, Special Position, 1F, 1F-Rotated, 2F, 2F-Rotated, 3F, 3F & 4F, 4F, 5F, 1S, 2S & 4S, 2S, 4S)와 인정자세(qualified position, F, H, V, O, SP)는 정의가 서로 상이하므로 이를 구분해야 한다.

스터드용접은 1S, 2S & 4S, 2S, 4S로 혼용하기도 한다. 필요시 AWS D1.1의 6GR 등과 같은 경우 특수자세(Special Position)를 규정하기도 한다. 인정범위의 초과는 필수변수이다.

용접사는 시편 용접 자세에 따라 아래와 같이 현장 용접을 위한 인증을 받게 된다.

표 7-18 용접사 인증 시험의 자세 규정

시험시 변수			인 증 범 위		
Type		Position	Groove(Plate & Pipe O.D. over 610mm)	Groove (Pipe ≤610mm OD)	Fillet (Plate & Pipe)
PLATE	Groove	1G	F	F *1	F
		2G	F,H	F,H *1	F,H
		3G	F,V	F *1	F,H,V
		4G	F,OH	F *1	F,H,OH
PIPE	Groove	1G	F	F	F,H
		2G	F,H	F,H	F,H
		5G	F,V,OH	F,V,OH	ALL
		6G	ALL	ALL	ALL

*1 Pipe 73mm O.D. over

*2 F : 아래보기 , H : 수평보기 , V : 수직보기 , OH : 위보기

수직자세(시험자세 기준시 3G, 5G 또는 6G)의 진행방향을 상진 또는 하진으로 기재한다. SMAW, GMAW, FCAW, GTAW, PAW 용접법의 경우 최종층을 제외한 층에서 진행방향의 변경은 필수변수이다.

5.4.8. Pipe or Tube 의 외경

강관 또는 튜브의 경우 시험재의 외경을 기재한다. 인정범위의 초과는 필수변수이다.(QW-452.3)

표 7-19 시편 직경에 따른 용접사 자격 인정 범위

Outside Diameter of Test Coupon(mm)	Outside Diameter Qualified(mm)	
	Min.	Max.
Θ< 25.4	Test Size	Unlimit
25.4 ≤ Θ< 73.1	25.4	Unlimit
73.1 ≤ Θ or Plate	73.1	Unlimit

5.4.9. 뒷면 불활성가스 (GTAW, PAW, GMAW)

퍼지가스의 적용여부를 기재한다. P-No. 10I, 티타늄 및 지르코늄을 제외한 모재에 받침을 사용하거나 양면용접 또는 필렛용접의 경우를 제외하고 이면가스의 생략은 필수변수이다. (QW-408.8)

5.4.10. 전이형태 (분사/입상용적 또는 펄스와 GMAW-SC)

가스메탈아크용접(GMAW) 용접법에서 이행형태(Transfer Mode, 전이형태)를 기재한다.
용사(Spray, 분사)이행, 구적(Globular, 입상용적)이행 또는 맥동(Pulse, 펄스)이행에서 단락(Short Circuit)이행으로 변경하는 것은 필수변수이다. (QW-409.2)

5.4.11. GTAW 전류 형태/극성 (AC, DCEP, DCEN)

GTAW 용접법에서 용접전류의 종류와 직류의 경우 그 극성을 포함하여 기재한다.
용접전류의 종류를 교류에서 직류로 변경하거나, 직류의 극성을 정극성에서 역극성으로 변경하는 것은 필수변수이다. (QW-409.4)

6. 시험 결과 판정

6.1. 완성된 용접부의 육안검사(QW-302.4)

완성된 용접부에 대한 육안검사를 시험편 가공전에 수행하되 강관의 경우 내, 외면 포함 전체 원주를 검사해야 한다. 합격기준은 완전용입과 완전융합이다. QW-194 참조.

예 : Acceptable, Passed, Satisfactory

표 7-20 굽힘 시험의 종류

규격	굽힘 시험의 종류	그림 번호
QW-161.2, QW-161.3	가로 표면 및 루트 굽힘	QW-462.3(a)
QW-161.6, QW-161.7	세로 표면 및 루트 굽힘	QW-462.3(b)
QW-161.1	측면 굽힘	QW-462.2
QW-161.3	가로 표면 및 루트 굽힘, 축소시험편	QW-462.3(a)

6.2. 굽힘시험의 종류, 결과(QW-160)

굽힘시험의 종류와 관련된 ASME Code규격의 그림 설명은 아래 표와 같으며, 종류는 이면(Root), 표면(Face), 측면(Side)으로 그 종류와 그 결과를 기재한다. 합격기준은 다음과 같다.(QW-163).

개구 불연속(discontinuities) 3㎜ 이하

모서리의 개구 불연속은 명백한 용융부족, 슬래그 혼입 및 기타 내부 불연속을 제외하고 불합격으로 간주하지 않음.

6.3. 대체방안인 방사선투과시험의 결과(QW-191)

QW-142, QW-191, QW-302.2, QW-304등에 의해 굽힘시험을 방사선투과시험으로 대체하는 것으로 발전설비의 경우 통상 KS 1급 또는 전기사업법상의 합격기준을 일률적으로 적용하기도 한다. 판독 결과와 방사선투과시험보고서 번호를 기재하고 관련 시험보고서를 첨부한다. (QW-191.2)

표 7-21 방사선 투과 시험 합격 기준

구분	지시의 종류	합격 기준	비고
선형지시	균열, 융합불량, 용입부족 불허		
	긴 슬래그 개재물	3mm 이하	$t \le 10mm$
		1/3t 이하	$10mm < t < 57mm$
		19mm 이하	$57mm < t$
	선상 슬래그 개재물	T 초과	12t 내 불연속의 합계 (결함 간격 $\le$ 6L)
원형지시	0.2t 또는 3mm 중 작은 값 이하		
	용접길이 150mm내 허용된 지시 최대 12개		$t < 3mm$
	ASME IX Appendix I 원형 지시 표 참조 단, 직경 0.8mm 미만 지시는 고려하지 않음		$3mm \le t$
시공 용접	건조기술기준 상의 합격기준 적용		자동용접사

t = 모재 두께, L = 결함 길이

6.4. 필렛용접-파괴시험(QW-180)

QW-181.2와 QW-452.5, QW-462.4(b)에 의한 필렛용접-파괴시험의 여부와 불연속의 길이 및 비율(%)의 실측치를 기재하되 불연속의 종류를 포함하기도 하며, 시험보고서를 작성하여 첨부하기도 한다. 결함(Defects)이 아닌 불연속(Discontinuity)이 적합한 표현이다. 시공 모형용접(Production Assembly Mockups Fracture)은 QW-181.2.1을 따른다. 합격기준은 다음과 같다.

- 균열 또는 루트부의 용입부족 불허
- 파단면의 게재물과 기공 길이의 합이 10㎜, 4등분 시험편의 경우 10% 이내

예 : Acceptable, Passed, Satisfactory, 8㎜, IP 8㎜, IP+Po 8㎜ 등

6.5. 마크로검사(QW-184)

QW-181.2와 QW-452.5, QW-462.4(b)에 의한 필렛용접-마크로검사 결과와 양측 필렛치수, 볼록부/오목부의 실측치를 기재하며, 시험보고서를 작성하여 첨부하기도 한다. 합격기준은 아래 표와 같다.

표 7-22 마크로 검사 합격 기준

구분	합격 기준
선형지시	균열, 융합불량, 길이 0.8mm 초과 선형지시 불허
볼록도/오목도	1.5mm 이하
다리 길이 차이	3mm 이하

6.6. 기타 시험

시방서 등에 의해 추가된 시험의 종류를 기재하고 그 결과 또는 요약된 결과를 기재하고 관련 시험보고서를 첨부한다. 경도시험을 경도시험의 종류는 압자의 종류(단위)를 포함하여 기재한다. 합격기준은 추가 시험을 규정한 문서를 따른다.

경도시험의 종류 : Brinell hardness (HB), Brinell indentation (mm), diamond pyramid, equotip, Knoop (HK), Rockwell (HR15N), Rockwell (HR15T), Rockwell(HR30N), Rockwell (HR30T), Rockwell (HR45N), Rockwell (HR45T), Rockwell A(HRA), Rockwell B (HRB), Rockwell C (HRC), Vickers (HV)

6.7. 필름 또는 시험편 평가자, 회사

방사선투과시험 필름의 평가자 또는 육안검사자와 소속 기관을 기재한다.

6.8. 기계시험 실시자 및 시험실 시험 번호

인장시험, 굽힘시험 및 필렛용접시험, 노치인성시험, 스터드용접시험 등 모든 기계시험에 대해 시험을 수행한 기관과 시험보고서 번호 또는 자체 시험시 시험자 및 시험번호 또는 시험보고서 번호를 기재하고 관련 보고서를 모두 첨부한다.

6.9. 용접 감독자, 회사명, 날짜, 인증자

용접 감독자의 성명, 시공자, 일자 및 품질프로그램상의 인증권자의 성명을 기재하고 서명한다.

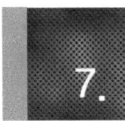

7. 재시험, 자격관리 및 자격인정기록서 관리

7.1. 재시험

7.1.1. 육안검사에 의한 재시험

시험재가 육안검사에 불합격한 후 즉시 재시험을 실시할 경우, 기계시험을 수행하기 전에 불합격한 각 자세에 대해 2배의 연속한 시험재가 모두 시험요건을 만족시켜야 한다. 검사자는 육안검사에 합격된 재시험재 중 1개를 기계시험용으로 선정할 수 있다.

7.1.2. 기계시험에 의한 재시험

시험재가 기계시험에 불합격한 후 즉시 재시험을 실시할 경우, 불합격한 각 자세에 대해 2배의 연속한 시험재가 모두 시험요건을 만족시켜야 한다.

7.1.3. 방사선투과검사에 의한 재시험

7.1.3.1. 방사선투과검사에 의한 재시험

시험재가 방사선투과검사에 불합격한 후 즉시 재시험을 실시할 경우, 재시험은 용접 길이 150mm인 강판 시험재 2개, 또는 원주 전체가 포함된 용접길이 총 300mm인 강관 시험재 2개에 대해 방사선투과검사를 한다.(소구경 강관은 연속한 시험재의 총수가 8개를 초과할 필요는 없다)

7.1.3.2. 제품 용접부 대체시험에 의한 재시험 - 수동용접사

제작자 또는 시공자의 선택에 의해 제품 용접부(Production Weld)에 의한 인정에 불합격한 용접사는 요구되는 길이(150mm)의 2배 또는 동일하거나 연속한 제품 용접부 강관 원주 2개를 재시험할 수 있다.

재시험에 합격할 경우, 이전 시험에서 불합격된 용접부는 재시험에 합격한 용접사 또는 다른 인정된 용접사가 보수해야 한다. 재시험에 불합격할 경우, 불합격한 용접사가 용접한 제품 용접부 전체에 대해 방사선투과검사를 수행하고 자격이 인정된 용접사 또는 자동용접사가 보수해야 한다.

7.1.3.3. 제품 용접부 대체시험에 의한 재시험 - 자동용접사

제작자 또는 시공자의 선택에 의해 제품 용접부(Production Weld)에 의한 인정에 불합격한 자동용접사는 요구되는 길이(1m)의 2배 또는 동일하거나 연속한 제품 용접부 강관 원주 2개를 재시험할 수 있다.

재시험에 합격할 경우, 이전 시험에서 불합격된 용접부는 재시험에 합격한 자동용접사 또는 다른 인정된 자동용접사가 보수해야 한다. 재시험에 불합격할 경우, 불합격한 자동용접사가 용접한 제품 용접부 전체에 대해 방사선투과검사를 수행하고 자격이 인정된 용접사 또는 자동용접사가 보수해야 한다.

7.1.4. 추가 훈련

추가 훈련 또는 연습을 마친 용접작업자는 불합격된 자세에 대해 신규 시험을 실시한다.

7.2. 자격 만료 및 갱신

7.2.1. 자격 만료

6개월 이상 어떤 용접법(A Process)으로 용접하지 않은 경우 그 용접법에 대한 자격인증은 만료된다. 단. 자격인정 만료 이전 6개월 동안

- 수동 또는 반자동 용접법으로 용접한 용접사는 그 용접법에 대한 수동용접 또는 반자동 용접의 자격을 유지한다.

예1 : GT, SM 보유자가 GT만 용접 : GT 유지, SM 만료

예2 : GT(수동/반자동) 보유자가 GT(수동)만 용접 : 모두 유지

- 기계 또는 자동 용접법으로 용접한 자동용접사는 그 용접법에 대한 기계 또는 자동 용접사의 자격을 유지한다.

예1 : SA(기계/자동) 보유자가 SA(기계)만 용접 : 모두 유지

예2 : SA(반자동/자동) 보유자가 SA(반자동)만 용접 : SA(자동) 만료

7.2.2. 자격 무효

시방을 만족하는 용접부를 만드는 능력을 의심할만한 특정한 이유가 있을 경우 경우 그 용접에 대한 자격은 무효로 한다. 의심되지 않은 나머지 모든 자격은 유효하다.

7.2.3. 용접사자격 갱신 및 복원

7.2.3.1. 자격 만료의 갱신

만료된 자격은 임의의 용접법에 의한 임의의 재질, 두께 또는 직경의 강판 또는 강관 시험재 1개를 임의의 자세에서 용접하여 QW-301, QW-302에 규정된 시험을 실시하고, 합격시 이전에 인증된 용접법에 대한 재질, 두께, 직경, 자세 및 기타 변수들에 대해 용접작업자의 이전 인증을 갱신한다.

QW-304, QW-305의 조건을 만족할 경우 제품 용접부 대체시험으로 인정을 갱신할 수 있다.

7.2.3.2. 자격 무효의 복원

무효된 자격은 재인정해야 한다. 인정은 계획된 시공 작업에 적합한 시험재를 사용하여 QW-301, QW-302에 규정된 용접 및 시험을 실시하고 합격시 이전에 인증된 용접법에 대한 인증을 복원한다.

7.3. 자격인정기록서 관리

WPQ는 유지, 관리되어야 하며, 인정결과와 일자를 포함하여 발주자와 그의 대리인, 공인검사자 및 용접작업자의 이용이 가능해야 한다. 용접학교 등에 유자격 용접작업자 목록을 작성하여 비치하는 것이 바람직하다.

8. 용접사 인증서 작성

용접사 인증서의 특별한 양식은 없으나 ASME QW-484에서 참고 양식으로 예시를 해놨다. 용접사 인증서에는 실제 용접변수 및 인증범위를 함께 나타내어야 한다.

QW-484A SUGGESTED FORMAT A FOR WELDER PERFORMANCE QUALIFICATIONS (WPQ)
(See QW-301, Section IX, ASME Boiler and Pressure Vessel Code)

Welder's name ____________ Identification no. ____________

Test Description

Identification of WPS followed ____________ ☐ Test coupon ☐ Production weld
Specification and type/grade or UNS Number of base metal(s) ____________ Thickness ____________

Testing Variables and Qualification Limits

Welding Variables (QW-350)	Actual Values	Range Qualified
Welding process(es)		
Type (i.e.; manual, semi-automatic) used		
Backing (with/without)		
☐ Plate ☐ Pipe (enter diameter if pipe or tube)		
Base metal P-Number to P-Number		
Filler metal or electrode specification(s) (SFA) (info. only)		
Filler metal or electrode classification(s) (info. only)		
Filler metal F-Number(s)		
Consumable insert (GTAW or PAW)		
Filler Metal Product Form (solid/metal or flux cored/powder) (GTAW or PAW)		
Deposit thickness for each process		
Process 1 ______ 3 layers minimum ☐ Yes ☐ No		
Process 2 ______ 3 layers minimum ☐ Yes ☐ No		
Position qualified (2G, 6G, 3F, etc.)		
Vertical progression (uphill or downhill)		
Type of fuel gas (OFW)		
Inert gas backing (GTAW, PAW, GMAW)		
Transfer mode (spray/globular or pulse to short circuit-GMAW)		
GTAW current type/polarity (AC, DCEP, DCEN)		

RESULTS

Visual examination of completed weld (QW-302.4) ____________
☐ Transverse face and root bends [QW-462.3(a)] ☐ Longitudinal bends [QW-462.3(b)] ☐ Side bends (QW-462.2)
☐ Pipe bend specimen, corrosion-resistant weld metal overlay [QW-462.5(c)]
☐ Plate bend specimen, corrosion-resistant weld metal overlay [QW-462.5(d)]
☐ Pipe specimen, macro test for fusion [QW-462.5(b)] ☐ Plate specimen, macro test for fusion [QW-462.5(e)]

Type	Result	Type	Result	Type	Result

Alternative Volumetric Examination Results (QW-191): ____________ RT ☐ or UT ☐ (check one)
Fillet weld — fracture test (QW-181.2) ____________ Length and percent of defects ____________
☐ Fillet welds in plate [QW-462.4(b)] ☐ Fillet welds in pipe [QW-462.4(c)]
Macro examination (QW-184) ____________ Fillet size (in.) ____ × ____ Concavity/convexity (in.) ____________
Other tests ____________
Film or specimens evaluated by ____________ Company ____________
Mechanical tests conducted by ____________ Laboratory test no. ____________
Welding supervised by ____________
We certify that the statements in this record are correct and that the test coupons were prepared, welded, and tested in accordance with the requirements of Section IX of the ASME BOILER AND PRESSURE VESSEL CODE.

Manufacturer or Contractor ____________

Date ____________ Certified by ____________

그림 7-7 ASME Code에서 제시하는 용접사 인증 기록서

제8장

WPS/PQR의 작성과 관리

1. 용접 절차서와 인증서의 개요
2. WPS 및 PQR체계
3. WPS 작성법 및 검토 방법
4. PQR 작성과 검토 방법

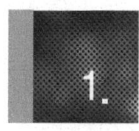

1. 용접 절차서와 인증서의 개요

각종 시설물 및 기기의 제작, 설치와 관련된 용접작업을 수행하기 전에는 용접작업 후의 품질과 사용상의 성능을 충분히 확보하기 위해서 반드시 관련 용접절차서를 작성하고 용접사의 기량을 검정할 필요가 있다.

본 강좌는 ASME CODE 에 의해 작성되는 WPS 와 PQR 의 작성법에 대하여 설명하고자 한다.

1.1. 용접 절차서와 인증서의 정의

1.1.1. 용접절차서(WPS)

WPS 란 CODE 의 기본요건에 따라 생산용접을 달성하기 위한 지침의 제공을 위해 준비되어, 자격 부여된 문서화된 용접 절차서이다.

- Welding Procedure : 용접절차서
- Preliminary Welding Procedure Specification (PWPS) : 예비 용접절차 시방서
- Welding Procedure Specification (WPS) : 용접절차 시방서
- Welding Procedure Test : 용접절차 시험 (인정/확인 시험)
- Welding Procedure Qualification Test (PQ Test : 美) : 용접절차 인정시험
- Welding Procedure Approval Record (WPAR) : 용접절차 인정서
- Welding Procedure Qualification Test Record (PQR) : 용접절차 인정시험 기록서

1.1.1.1 Prequalified WPS

AWS D1.1에서는 특정한 조건들을 만족할 경우에 별도의 PQR없이 해당 WPS를 인증해 주는 제도를 운영하고 있다. 이를 "Prequalified WPS"하고 부른다. 만약 이런 조건에 해당하지 않는 다면, 반드시 해당 WPS를 인증할 수 있는 PQR이 준비되어야 한다.

1.1.1.2. Standard Welding Procedure Specifications

AWS에서는 여러 현장 및 관련 전문가들의 도움을 받아서 PQR없이 직접 현장에 적용할 수 있는 "Standard Welding Procedure Specifications (SWPSs)"을 제시하고 있다. 개별 회사에서는 AWS에서 이 SWPS를 구매하여 바로 현업에 적용할 수 있다.

1.1.2. 용접절차 인증서(PQR)

PQR(Procedure Qualification Record) 이란 시험편을 용접하는데 사용된 용접자료의 기록서이다. PQR 은 시험편 용접시 기록된 변수의 기록서로서 시편의 시험결과를 포함한다. 기록된 변수는 일반적으로 생산품 용접에 사용될 실제 변수내의 좁은 범위에 든다.

1.1.3. 예비 용접절차 시방서(PWPS)

제작자에 의해 적절하다고 판단되나, 인정되지 않은 상태에 있는 WPS를 말한다. Preliminary Welding Procedure Specification의 약자로 PWPS라고 부른다. ASME Code 하에 용접절차서를 검정하기 위해서 각 제조사는 Sect.Ⅸ로 부터 요구되는 제반 시험을 수행해야 하며, 제조자의 조직 내에서 용접작업 수행과 절차 검정에서 얻은 결과를 기록, 유지해야 할 책임이 있다.

1.2. 목적

WPS 와 PQR 의 목적은 구조물의 제작에 사용하고자 하는 용접부가 적용하고자 하는 용도에 필요한 기계적 성질을 갖추고 있는가를 결정하는 것으로 WPS 는 용접사를 위한 지침의 제공을 목적으로 하며, PQR은 WPS를 자격부여 하는데 사용된 변수와 시험결과를 나열한다. 그리고, PQ TEST를 수행하는 용접사는 숙련된 작업자 이어야 한다는 것이 전제 조건이다.

즉, PQ TEST는 용접사의 기능이 아니라 용접부의 기계적 성질을 알아 보는데 있다.

2. WPS 및 PQR체계

2.1. WPS 검정 절차

WPS는 초기에 제작도, 기술 사양서 검토를 통해 얻어진 Draft WPS 즉, Pre-WPS를 작성하는 것으로부터 시작된다. 이 Pre-WPS를 기준으로 완성된 용접 시험편의 기계적, 화학적 평가를 통해 검증을 실시하여 완성되는 것이 현장에서 활용되는 WPS이다.

다음은 WPS를 완성하기 위한 작업단계를 Work Flow로 정리한 것이다.

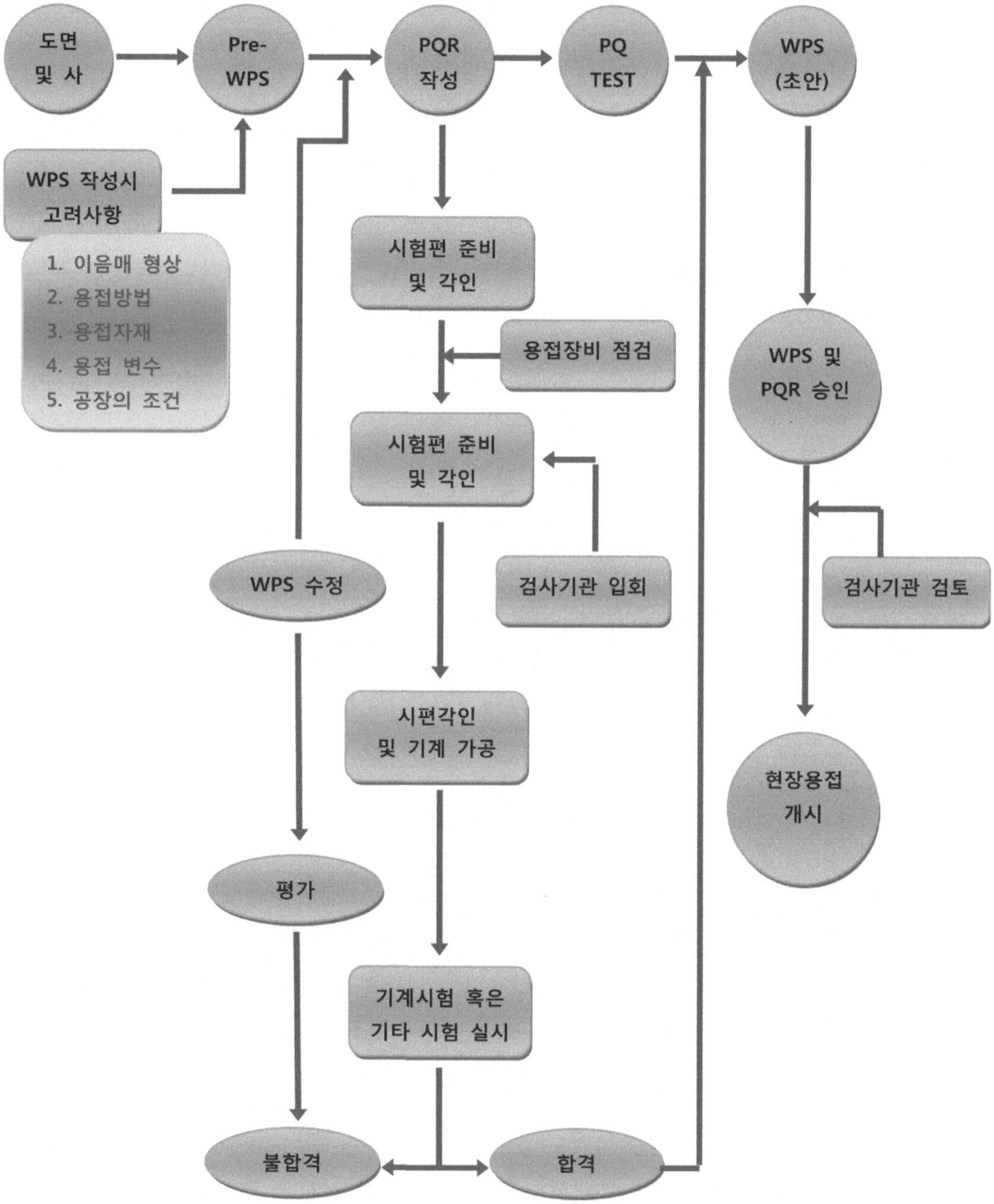

그림 8-1 WPS/PQR 작성 및 관리 개요

3. WPS 작성법 및 검토 방법

3.1. WPS 양식

CODE 에서 요구하는 모든 필수변수, 비필수변수, 그리고 추가 필수변수(필요시)가 포함되거나 언급이 되는 한, 제조업자 또는 계약자의 필요성에만 부합한다면 WPS 는 문서화되거나 표로 만들어지거나 어떤 양식이라도 가능하다.

3.2. WPS의 세부내용

3.2.1. WPS No.

WPS No.는 제조업자의 편의에 의해 부여하면 되지만, 많은 양의 WPS를 편리하게 관리하기 위해서는 일정한 기준을 두는 것이 좋다.

예를 들면 PROCESS - P No.- SER. No.로 하는 것이 편리하다.

3.2.2. SER No.

보통 3자리로 하며, PWHT나 IMPACT유무등을 고려하여 구분할 수도 있다.

3.2.3. Date

WPS 의 유효날짜, 즉 최종승인자의 결재일을 기록하는 것이 원칙이고 Supporting PQR 의 날짜와 같거나 늦어야 한다.

3.2.4. Rev. No.

최초 WPS는 0으로 한다. 현재 사용하고 있는 WPS가 최선의 용접을 보장하는 것이 아니므로 언제든지 개정이 가능하고 필요하다면 개정을 해야 한다.

3.2.5. Supporting PQR No.

관련 PQR번호 (Supporting PQR No.)는 해당 WPS를 만들 수 있는 근거가 된다. 모든 WPQT 용접이 생산용접과 동일한 방식으로 만들어질 수는 없다. 따라서 생산용접에 가깝거나 유사한 형태의 시험용접을 수행하여 그 결과를 유추해서 동일한 조건은 아니지만 유사한 허용범위 내의 WPS를 만들 수 있다.

예를 들어 T-, Y-, K-connection의 경우에는 실제와 동일한 시편을 만든다면 인장시험이나 기계시험을 할 수 있는 시편을 채취가 불가능해진다. 따라서 유사한 형태의 시험편을 코드가 허용하는 방법대로 제작을 해서 시험하여 사용할 수 있고, 이 때 필요에 따라서 동일한 형태의 용접을 이용해서 Mock-up Test를 실시하게 된다.

이런 경우가 아니더라도 조건이 유사한 여러 가지 WPQT의 결과인 PQR을 이용해서 가상의 WPS를 만들 수 있다. 이렇게 되었을 때 해당 WPS를 지지해줄 수 있는 근거가 되는 PQR를 제출해야 하고, WPS를 검토하는 사람은 관련 PQR를 검토해서 만들고자 하는 WPS에 사용할 수 있는 PQR인지 확인하게 된다.

3.2.6. 용접방법 (Welding Process)

어떠한 용접방법(Welding Process)을 쓸 것인지를 보여준다. 이하의 설명에서는 실제 용접절차서의 양식에 따라 용접방법이라고 표기하지 않고 모두 PROCESS라고 표기하고 설명한다. 각 PROCESS의 앞의 2자(예: SMAW SM)를 사용하고 복합 PROCESS인 경우는 용접되는 순서에 따라 연결하여 사용하며 PROCESS사이에 점(.)을 찍는다.

용접방법은 아래와 같이 약어로 기록하고, 복합 PROCESS인 경우는 "+"로 연결한다.
(예: GTAW + SMAW)

약어	GENERAL WELDING PROCESS
SMAW	SHIELD METAL ARC WELDING
SAW	SUBMERGED ARC WELDING
GTAW	GAS TUNGSTEN ARC WELDING
GMAW	GAS METAL ARC WELDING
FCAW	FLUX CORED ARC WELDING
PAW	PLASMA ARC WELDING

단, 동일 PROCESS가 중복되는 경우는 뒤의 것은 생략한다.
(예: GTAW + FCAW + FCAW : GT, FC)

ANNEX F AWS D1.2/D1.2M:2008

WELDING PROCEDURE SPECIFICATION (WPS)

Welding Procedure Specification No. ______________ Date ______________ Approved ______________

Revisions ______________ Date ______________ Approved ______________

Supporting PQR Numbers ______________

Joints

Groove Design Sketch

Backing

Type ______________

Permanent ______________

Removed ______________

Other ______________

Base Metals

M No. ________ Thickness ________ to ________

Alloy and Temper ______________

Filler Metal

F-No. ______________ AWS No. ______________ Class

Size of electrode ______________

Type of electrode ______________

Other ______________

Shielding Gas

Shielding gas(es) ______________

Percent composition ______________

Flow rate ______________

Other ______________

Position

Position of groove ______________

Welding progression ______________

Other ______________

Preheat

Preheat temperature ______________

Interpass temperature ______________

Form F(a)

그림 8-2 WPS 양식 (1)

AWS D1.2/D1.2M:2008

ANNEX F

WELDING PROCEDURE SPECIFICATION (WPS)

Cleaning

Initial cleaning oxide ______________________

Initial cleaning oil and dirt ______________________

Interpass cleaning ______________________

____

Postweld Heat Treatment

Original temper ______________________

Final temper ______________________

Temperature ______________________

Time ______________________

Quench ______________________

____

Process(es)

Process ____________ Type* ____________

Process ____________ Type* ____________

Electrode (GTAW) ______________________

____

Technique

Stringer or weave bead ______________________

Orifice or gas cup size ______________________

Oscillation ______________________

Contact tube to work distance ______________________

Single pass or multipass ______________________

Tungsten extension ______________________ per side

Method of backgouging ______________________

Other ______________________

____

____

____

____

*Manual, automatic, polarity, pulse, etc.

Pass No.	Welding Process	Amps	Volts	Travel Speed

Sketch of Welding Sequence

Form F(a) (Continued)

그림 8-3 WPS 양식(2)

บริษัท เอสเค เอ็นดีที แอนด์ อินสเป็คชั่น จำกัด
SK NDT & INSPECTION CO., LTD.
99/99 Moo.6 Fl.3 Phomtarawong Bldg. Srinakarin Rd., Nong-bon, Pravet Bangkok 10250
Tel : (662) 720-2100 (AUTO) Fax : (662) 720-2155

Welding Procedure Specification (WPS)
ASME IX

CLIENT : **Charoenchai Stainless Co.,Ltd.** *PROJECT :* **Fabrication Shop**

Welding Procedure Spec. No.: CS-WPS-01	Date: 20 Jan 07	Supporting PQR No. (s) :	CS-PQR-01
Revision No. : 0	Date: -		
Welding Process (es) : GAS TUNGSTEN-ARC WELDING (GTAW)		Type :	Manual

JOINTS

Joint Design	Single Vee-Groove
Backing	Yes ☐ No. ☐
Backing Materiel (Type)	N/A
Root Opening :	1.2-3.0 mm.
Root Face :	0- 1.0 mm.
Groove Angle :	50°-70° Radius (J-U) N/A
Back Gouging :	Yes ☐ No. ☐
Method :	N/A

DETAILS

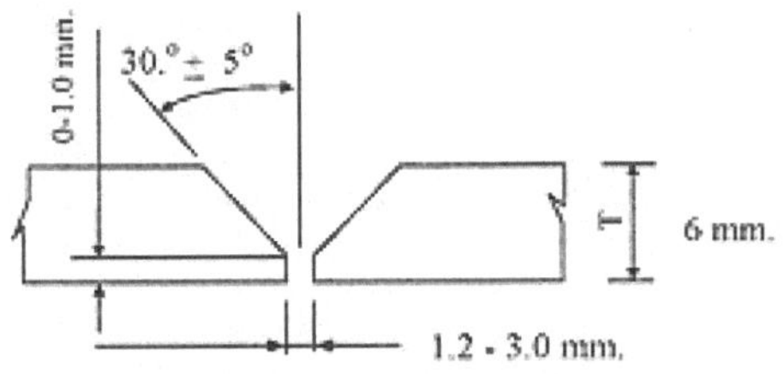

T = Wall Thickness

BASE METALS (QW-403)

P. No. 8	Group No. 1	to P. No. 8	Group No. 1

Specification type and grade: SA-240 , TYPE 316L
to Specification type and grade: SA-240 , TYPE 316L

Thickness Range :

Base Metal : Groove	1.5 mm. To 12.0 mm.	Fillet	All
Deposits Weld Metal	1.5 mm. To 12.0 mm.	Fillet	All
Pipe Dia. Range : Groove	Equal to or greater 24" (OD)	Fillet	All
Other	N/A		

FILLER METALS (QW-404)

F. No.	6	Other	N/A
A. No.	8	Other	N/A
Spec. No. (SFA)	A 5.9	AWS No. (Class)	ER 316L
Size of filler metals	∅ 1.6 mm. to ∅ 2.4 mm.	Brand name and type	Kobe or Equpvalent

POSITION (QW-405)		**POSTWELD HEAT TREATMENT (QW-407)**	
Position (s) of Groove	All Position	Temperature Range	N/A
Welding Progression :	Uphill	Time Rang	N/A
Position (s) of Fillet	All		

PREHEAT (QW-406)		**GAS (QW-408)**	
Preheat Temp. Min.	10° C	Shielding Gas (es)	99% Argon
Interpass Temp. Max.	250° C	Percent Composition (mixture)	Commercial Purity
Preheat Maintenance	N/A	Flow Rate	7-12 L/Min
(continuous or special heating where		Gas Backing	N/A
applicable should be recorded)		Other	N/A

Page 1 of 2

그림 8-4 실제 용접에 적용되는 용접절차서(WPS) 샘플(1)

บริษัท เอสเค เอ็นดีที แอนด์ อินสเป็คชั่น จำกัด
SK NDT & INSPECTION CO., LTD.
99/99 Moo.6 Fl.3 Phomtarawong Bldg. Srinakarin Rd., Nong-bon, Pravet Bangkok 10250
Tel : (662) 720-2166 (AUTO) Fax : (662) 720-2155

Welding Procedure Specification (WPS)
ASME IX

CLIENT : **Charoenchai Stainless Co.,Ltd.** *PROJECT :* **Fabrication Shop**

ELECTRICAL CHARACTERISTICS (QW-409)

Current AC or DC DC Polarity EN

Amps (Range) See Below Table Volts (Range) See Below Table

(Amps and Volts Range should be recorded for each electrode size position, and thickness, etc. This information may be listed in a tabular from similar to that show below.)

Tungsten Electrode Size and Type 1.6 mm. To 2.4 mm.
(Pure Tungsten, 2% Throated etc.)

Mode of Metal Transfer for GMAW N/A
(Spray ARC Short Circuiting ARC etc.)

Electrode Wire Feed Speed Range N/A

TECHNIQUE (QW-410)

String or Weave Bead Both
Orifice or Gas Cup Size 6-16 mm.
Initial and Interpass Cleaning (Brushing, Grinding, etc.) Grinding and Brushing
Method of Back Gouging N/A
Contact Tube to Work distance 1-3 mm.
Multiple or single Pass (per side) Multiple pass
Multiple or single Electrodes Single electrode
Travel Speed Range See Below Table
Other N/A

Weld Layer (s)	Process	Filler Metal		Current		Volt Range	Travel Speed Range	Other
		Class	Dia (mm)	Type Polar	Amp Polar			
							Cm/Min.	
Root	GTAW	ER316L	1.6-2.4	DCEN	50-70	10 - 14	2 - 6	
Other	GTAW	ER316L	1.6-2.4	DCEN	50-80	10 - 14	2 - 6	
Cover	GTAW	ER316L	1.6-2.4	DCEN	50-80	10 - 14	2 - 6	

We, the undersigned, certify that the statements in this record are correct ad that test welds were prepared, welded and tested in accordance with the requirements of *ASME Section IX Standard*

Written By : Approved By :

(Mr. Wichan Katavut) (Mr. Suchin Katavut)
Welding Inspector AWI/DE-Cert.No.DE-1999/11

Date : 15 January 2007 Date : 15 January 2007

그림 8-5 실제 용접에 적용되는 용접절차서(WPS) 샘플(2)

3.2.7. Welding Type

용접형태가 수동인지 자동인지 혹은 반자동인지를 의미한다. MANUAL, SEMI-AUTO, MACHINE, AUTO중에서 복합 PROCESS인 경우는 "+"로 연결하고, 동일 PROCESS 에서 2 개 이상 사용 가능한 경우는 "(OR XX)"로 기록하며, 복합PROCESS라도 TYPE이 같을 때는 하나만 기록한다.

(예: SEMI-AUTO(OR MACHINE)

3.2.8. 이음설계(Joint Design)

(1) 이음 형태(Type of Joint)

어떠한 형태의 용접이름을 만들었는지를 보여 준다. GROOVE, FILLET, OVERLAY 등으로 기록하며, 2 개 이상을 동시에 기록할 경우는 "COMMA(,)"로 구분한다.

참고로 AWS D1.1에 따르면 이음의 형태는 Prequalification Requirement를 만족하면 PQ시험을 할 필요가 없지만, 용접재료 등 다른 요소들을 만족할 수 없으므로 PQ를 실시한다. 만약 그루브의 형태가 단면V그루브에서 양면V-그루브가 되면 새로운 PQ를 실시해야한다 (참고 Table 4.5, 31) A change in groove type).

각도의 허용값은 AWS D1.1, Figure 3.4의 "As Fit-up" 조건을 따르면 된다. 일반적으로 +10°, -5° 정도가 된다.

(2) Backing

이음 형태는 초층 PROCESS에 따라 아래와 같이 표시한다.

1) 이음형태가 GROOVE인 경우

- FCAW & 가스메탈아크용접(GMAW)의 경우
  - CERAMIC BACKING을 사용할 때에는 백킹 유무란 YES에 X표, 백킹 재질에 CERAMIC으로 기록한다.
  - CERAMIC BACKING을 사용하지 않는 경우에는 백킹 유무란 NO에 X표, 백킹 재질란에 NONE으로 기록한다.
  - a)와 b)의 혼용인 경우에는 백킹 유무란 백킹 재질란에 (*)표로 하고, 특기사항란에 (NO BACKING OR CERAMIC BACKING FOR GROOVE, BASE METAL BACKING FOR FILLET.)으로 기록한다.

- 기타 PROCESS
  - 백킹 유무란과 백킹 재질란에 (*)표를 하고 특기사항란에 〈NO BACKING FOR GROOVE, BASE METAL BACKING FOR FILLET〉으로 기록한다.

(3) Retainers

사용하는 경우는 YES란에 재질을 기록하며, 사용하지 않는 경우는 NO란에 X표한다.

3.2.9. 모재(Base Metal)

(1) P No.

사용되는 모재가 무엇인지를 구분해 준다.

사용될 재료에 따라서 모든 재료의 조합에 대해서 PQ를 실시해야 한다. 단, AWS D1.1의 Section III에서 언급하는 "Prequalification of WPSs"에 규정하는 재료의 그룹 (AWS D1.1, Table 3.1)에 대해서는 Section III가 요구하는 몇 가지 조건을 만족하면 PQ를 실시하지 않아도 된다.

1) P No.가 있는 경우

ASME CODE 의 SEC. Ⅸ QW-422 에 규정한 P No. Gr. No.를 기록하고 SPEC. AND GRADE란에 N/A로 기록한다.

- Solid인 경우는 용접되는 두개의 P No.를 연결하여 기록하며, 각 P No. 사이에 점(.) 을 찍는다. (예: 1.1)
- Dissimilar joint인 경우는 P No.가 낮은 것을 앞에 적는다. (예: 4.8)

2) P No. 가 없는 경우

ASME 재질이 아닌 경우를 의미하며, ASTM자재 중에서 ASME자재와 동일한 GRADE는 ASME자재로 간주한다. P No., Gr. No.란에 N/A를 기록하고, SPEC. AND GRADE란에 관련 SPEC. 및 GRADE를 기록한다.

3) Clad 인 경우

Clad 재 P No.를 앞에 적고 SLASH(/)하고, 모재 P No.를 뒤에 적고, 다음에 〈(Clad)〉로 적는다. (예: 8/1(Clad))

- Overlay 인 경우는 overlay 되는 모재 P No.를 앞에 적고 뒤에는 0(zero)를 적는다. (예: 1,0)
- Clad인 경우는 Clad재 P No.를 먼저 적고 Slash(/)하고 모재의 P No.를 뒤에 적는다. (예 : 8/1.8/1)

4) Gr. No.

Clad 재의 Gr.No.를 앞에 적고 SLASH(/)하고, 모재 Gr.No.를 뒤에 적는다. (예: 1&2/1&2)

(2) 모재 두께

SEC. Ⅸ QW 451.1에 따라서 기록하되, 〈 - mm〉로 기록하고 정수인 경우는 정수로 기록하고, 소수인 경우는 소수점 이하 두 자리에서 반올림하여 1 자리 까지 기록한다. (예: 4.8 ~ 200mm)

이종 재질 용접부(Dissimilar Joint) 인 경우는 재질별로 구분하여 기록하되, 두 재질의 두께가 같은 경우는 재질 구분 없이 기록한다.

Clad인 경우는 모재 두께만 기록한다.

맞대기 용접시편의 경우에는 다음과 같이 시편의 두께에 따라 용접절차서의 인증 두께 범위가 결정된다.

표 8-1 PQT 시편의 두께에 따른 WPS 인증 두께 범위 (QW-451.1)

QW-451.1
GROOVE-WELD TENSION TESTS AND TRANSVERSE-BEND TESTS

Thickness *T* of Test Coupon, Welded, in. (mm)	Range of Thickness *T* of Base Metal, Qualified, in. (mm) [Notes (1) and (2)]		Maximum Thickness *t* of Deposited Weld Metal, Qualified, in. (mm) [Notes (1) and (2)]	Type and Number of Tests Required (Tension and Guided-Bend Tests) [Note (2)]			
	Min.	Max.		Tension, QW-150	Side Bend, QW-160	Face Bend, QW-160	Root Bend, QW-160
Less than 1/16 (1.5)	*T*	2*T*	2*t*	2	...	2	2
1/16 to 3/8 (1.5 to 10), incl.	1/16 (1.5)	2*T*	2*t*	2	Note (5)	2	2
Over 3/8 (10), but less than 3/4 (19)	3/16 (5)	2*T*	2*t*	2	Note (5)	2	2
3/4 (19) to less than 1½ (38)	3/16 (5)	2*T*	2*t* when *t* < 3/4 (19)	2 [Note (4)]	4	...	...
3/4 (19) to less than 1½ (38)	3/16 (5)	2*T*	2*T* when *t* ≥ 3/4 (19)	2 [Note (4)]	4	...	...
1½ (38) to 6 (150), incl.	3/16 (5)	8 (200) [Note (3)]	2*t* when *t* < 3/4 (19)	2 [Note (4)]	4	...	...
1½ (38) to 6 (150), incl.	3/16 (5)	8 (200) [Note (3)]	8 (200) [Note (3)] when *t* ≥ 3/4 (19)	2 [Note (4)]	4	...	...
Over 6 (150)	3/16 (5)	1.33*T*	2*t* when *t* < 3/4 (19)	2 [Note (4)]	4	...	...
Over 6 (150)	3/16 (5)	1.33*T*	1.33*T* when *t* ≥ 3/4 (19)	2 [Note (4)]	4	...	...

NOTES:
(1) The following variables further restrict the limits shown in this table when they are referenced in QW-250 for the process under consideration: QW-403.9, QW-403.10, QW-404.32, and QW-407.4. Also, QW-202.2, QW-202.3, and QW-202.4 provide exemptions that supersede the limits of this table.
(2) For combination of welding procedures, see QW-200.4.
(3) For the SMAW, SAW, GMAW, PAW, and GTAW welding processes only; otherwise per Note (1) or 2*T*, or 2*t*, whichever is applicable.
(4) See QW-151.1, QW-151.2, and QW-151.3 for details on multiple specimens when coupon thicknesses are over 1 in. (25 mm).
(5) Four side-bend tests may be substituted for the required face- and root-bend tests, when thickness *T* is 3/8 in. (10 mm) and over.

표 8-2 PQT 시편의 두께에 따른 WPS 인증 두께 범위 (QW-451.2)

QW-451.2
GROOVE-WELD TENSION TESTS AND LONGITUDINAL-BEND TESTS

Thickness *T* of Test Coupon Welded, in. (mm)	Range of Thickness *T* of Base Metal Qualified, in. (mm) [Notes (1) and (2)]		Thickness *t* of Deposited Weld Metal Qualified, in. (mm) [Notes (1) and (2)]	Type and Number of Tests Required (Tension and Guided-Bend Tests) [Note (2)]		
	Min.	Max.	Max.	Tension, QW-150	Face Bend, QW-160	Root Bend, QW-160
Less than 1/16 (1.5)	*T*	2*T*	2*t*	2	2	2
1/16 to 3/8 (1.5 to 10), incl.	1/16 (1.5)	2*T*	2*t*	2	2	2
Over 3/8 (10)	3/16 (5)	2*T*	2*t*	2	2	2

NOTES:
(1) The following variables further restrict the limits shown in this table when they are referenced in QW-250 for the process under consideration: QW-403.9, QW-403.10, QW-404.32, and QW-407.4. Also, QW-202.2, QW-202.3, and QW-202.4 provide exemptions that supersede the limits of this table.
(2) For combination of welding procedures, see QW-200.4.

이에 비해 Fillet으로 용접 시편을 만든 경우에는 두께의 제한 없이 Fillet Joint에 한해 인증이 가능하다.

표 8-3 Fillet 용접시편의 경우에 인증 범위

QW-451.3
FILLET-WELD TESTS

Type of Joint	Thickness of Test Coupons as Welded, in.	Range Qualified	Type and Number of Tests Required [QW-462.4(a) or QW-462.4(d)] Macro
Fillet	Per QW-462.4(a)	All fillet sizes on all base metal thicknesses and all diameters	5
Fillet	Per QW-462.4(d)		4

GENERAL NOTE: A production assembly mockup may be substituted in accordance with QW-181.1.1. When a production assembly mockup is used, the range qualified shall be limited to the fillet weld size, base metal thickness, and configuration of the mockup. Alternatively, multiple production assembly mockups may be qualified. The range of thickness of the base metal qualified shall be no less than the thickness of the thinner member tested and no greater than the thickness of the thicker member tested. The range for fillet weld sizes qualified shall be limited to no less than the smallest fillet weld tested and no greater than the largest fillet weld tested. The configuration of production assemblies shall be the same as that used in the production assembly mockup.

하지만 현장에서 용접절차서(WPS)를 만들 때에는 굳이 이렇게 필렛(Fillet) 조인트로 만들지 않고 맞대기 용접으로 진행하는 것이 여러모로 유리하다.

앞서 소개한 것처럼 필렛 조인트로 시편을 만들지 않고 맞대기로 시편을 만들어서 인증을 하게 되면, 필렛(Fillet) 용접은 두께에 제한 없이 모두 인증이 가능하기 때문이다.

표 8-4 맞대기 용접 시편으로 인증되는 Fillet Joint의 WPS

QW-451.4
FILLET WELDS QUALIFIED BY GROOVE-WELD TESTS

Thickness *T* of Test Coupon (Plate or Pipe) as Welded	Range Qualified	Type and Number of Tests Required
All groove tests	All fillet sizes on all base metal thicknesses and all diameters	Fillet welds are qualified when the groove weld is qualified in accordance with either QW-451.1 or QW-451.2 (see QW-202.2)

표 8-5 내마모 및 내식용 표면 육성 용접시 용접사 인증 범위

QW-453
PROCEDURE/PERFORMANCE QUALIFICATION THICKNESS LIMITS AND TEST SPECIMENS FOR HARD-FACING (WEAR-RESISTANT) AND CORROSION-RESISTANT OVERLAYS

Thickness of Test Coupon (*T*)	Corrosion-Resistant Overlay [Note (1)]		Hard-facing Overlay (Wear-Resistant) [Note (2)]	
	Nominal Base Metal Thickness Qualified (*T*)	Type and Number of Tests Required	Nominal Base Metal Thickness Qualified (*T*)	Type and Number of Tests Required
Procedure Qualification Testing				
Less than 1 in. (25 mm) *T*	*T* qualified to unlimited	Notes (4), (5), and (9)	*T* qualified up to 1 in. (25 mm)	Notes (3), (7), (8), and (9)
1 in. (25 mm) and over *T*	1 in. (25 mm) to unlimited		1 in. (25 mm) to unlimited	
Performance Qualification Testing				
Less than 1 in. (25 mm) *T*	*T* qualified to unlimited	Note (6)	*T* qualified to unlimited	Notes (8) and (10)
1 in. (25 mm) and over *T*	1 in. (25 mm) to unlimited		1 in. (25 mm) to unlimited	

3.2.10. 용착금속 두께

SEC. Ⅸ QW451.1에 따라서 기록하되, 정수인 경우는 정수로 기록하고, 소수인 경우는 소수점 이하 두 자리에서 반올림하여 1자리 까지 기록한다. (예: MAX 25.4mm)

혼합 PROCESS 인 경우는 PROCESS별로 구분하여 기록한다. (예:GT:MAX 8.6mm, SM: MAX 30mm)

(1) 파이프 직경범위

GROOVE 인 경우 SAW 는 〈MIN.10"〉로 기록하고, 나머지는 〈ALL〉로 기록하는 것을 원칙으로 하고, 특별한 경우는 예외로 한다.

FILLET 인 경우 모두 〈ALL〉로 기록하는 것을 원칙으로 하고, 특별한 경우는 예외로 한다.

(2) 패스당 최대 두께 제한

10mm 기록하는 것을 원칙으로 하고, 특별한 경우는 예외로 한다.

3.2.11. 용가재(Filler Metal)

용가재는 실제 용접작업에 적용된 용접재료를 의미한다. AWS에서는 각 용접재료별로 성분과 물성치에 따라 구분하고 있다. 예를 들면 AWS SFA 5.5는 저합금강의 피복아크용접재료에 대한 구분이다. 이하에서는 용가재를 구분하는 세부 내용에 대해 자세히 설명한다.

(1) F. No.

ASME SEC Ⅸ, QW432(유첨참조)의 해당 F No.를 기록하며, 해당이 안되는 경우는 N/A로 기록하고, 2개 이상인 경우는 COMMA(,)로 구분한다. (예:6.4)

(2) A No

SEC. Ⅸ, QW442(유첨참조)에 따라서 기록하며, 해당이 안되는 경우는 N/A 로 기록하고 2개이상인 경우는 COMMA(,)로 구분한다. (예: 1.1)

(3) SFA No.

ASME SEC. Ⅱ PART C에 따라서 기록하며, 해당이 안되는 경우는 N/A로 기록하고, 2개 이상인 경우는 COMMA(,)로 구분한다.

(4) AWS CLASS

SEC. ⅡPART C에 따라 용가재의 AWS CLASS가 있는 경우는 AWS CLASS를 기록하고, 없는 경우는 N/A로 기록하며, 2개 이상인 경우는 COMMA(,)로 구분한다. (예: ER70S-G, E7016)

(5) OTHERS

AWS CLASS가 없는 용가재와 E(R) XX-G CLASS인 경우는 BRAND와 MAKER를 기입한다. (예: BRAND : GT:ST-50G(HYUNDAI), 단독 PROCESS인 경우는 PROCESS를 생략)
최근에 많은 정유 및 석유화학 플랜트에서는 AWS Class와는 무관하게 실제 사용되는 용가재의 제조회사 및 상표가 바뀌면 새로운 PQ를 요구하는 경향이 있기에 주의해야 한다.

(6) 용가재 크기

크기를 φ로 기록하며, 복합 PROCESS 인 경우는 PROCESS 별로 구분하여 기록한다.(예: GT; 2.4 φ, SM; 3.2, 4.0, 5.0 φ)
AWS D1.1.에서는 Table 4.5의 10)항에서 SMAW의 용접봉의 직경이 0.8 mm 이상 증가되면 새로이 PQ를 실시해야 한다. 즉, 3.2 mm 용접봉을 사용하도록 한 WPS를 가지고 4.0 mm 의 용접봉을 사용할 수 없다. FCAW의 경우는 용접와이어의 굵기가 증가하게 되면 새로이 변하면 새롭게 PQ를 실시해야 한다.

(7) 와이어 플럭스 사양

SAW인 경우, SEC Ⅱ PART C의 SFA 5.17에 따라서 기록한다.
예) F7A6-EM12K
SAW가 아닌 경우는 N/A로 기록

(8) 플럭스 상표명

GTAW 와 PAW 인 경우 인서트를 사용하는 경우는 종류와 재질을 기록하고, 인서트를 사용하지 않는 경우는 NONE으로 기록한다.

그 외의 PROCESS는 N/A로 기록한다.

(9) 소모성 인서트

GTAW 와 PAW 인 경우 인서트를 사용하는 경우는 종류별 재질을 기록하고, 인서트를 사용하지 않는 경우는 NONE으로 기록한다.

그 외의 PROCESS는 N/A로 기록한다.

3.2.12. 용접자세(Welding Position)

ASME에서는 특별한 제한이 없으나, AWS D1.1에서는 용접자세와 진행방향에 대한 세부규제 사항들이 있어서 주의를 요한다. AWS D1.1에서는 WPS PQ에서는 Table 4.5, 27)항에 따라 용접자세 별로 PQ를 실시해야 한다.

(1) 그루브 자세

이음 형태에 GROOVE 가 있는 경우, SAW 는 1G 로 기록하고, 나머지 PROCESS 는ALL로 기록하는 것을 원칙으로 하고, 특별히 자세를 규정하여야 할 경우는 예외로 한다.

이음형태에 GROOVE가 없는 경우는 N/A로 기록한다.

(2) 필렛자세

이음형태에 대한 FILLET 이 있는 경우 SAW 는 1F, 2F 로 기록하고, 나머지 PROCESS는 ALL로 기록하는 것을 원칙으로 하고, 특별히 자세를 규정하여야 할 경우는 예외로 한다.

이음형태에 FILLET이 없는 경우는 N/A로 기록한다.

(3) OVERLAY자세

OVERLAY 자세란이 별도로 없으므로 FILLET 자세란에 FILLET 을 지우고 OVERLAY로 양식을 수정하여 사용한다.

SEC. Ⅸ, QW 281.2(d)와 QW282.2(d)에 따라서 허용되는 자세를 FLAT, HORIZONTAL, VERTICAL, OVERHEAD,ALL 등으로 기록하며, 두개 이상일 때는COMMA(,)로 연결한다.

(4) 진행방향

작성중인 WPS에 적용하고자 하는 용접자세를 기재하는 난으로서 Groove Position과

Fillet Position으로 구분하고 다시 용접재료에 따라서 Plate와 Pipe로 구분한다.

GROOVE 나 FILLET 또는 OVERLAY 자세에 3G, 3F, VERTICAL 또는 ALL 이 기록되어있을 경우에 해당되며 UP란에 X 표를 한다. 단, 특별히 VERTICAL DOWN 으로 사용하여야 할 때는 DOWN란에 X표를 한다.

상기 내용에 해당 되지 않는 경우는 UP 란과 DOWN란 모두 N/A로 기록한다.

단, AWS D1.1의 경우에는 수직자세(vertical)의 용접은 Table 4.5, 30)항에 따라 방향(상진, 하진)이 바뀌면 PQ를 다시 실시해야 한다.

1) Position(s) of Groove (QW-120)

- Plate 소재 (QW-120)
  - 1G : 모재를 수평으로 놓고 위에서 아래보기 용접
  - 2G : 모재를 수직으로 놓고 수평방향으로 용접
  - 3G : 모재를 수직으로 놓고 수직방향으로 용접
  - 4G : 모재를 수평으로 놓고 아래로부터 위보기 용접

- Pipe 소재 (QW-122)
  - 1G : 모재를 수평하게 놓고 회전시키면서 위에서 아래보기 용접
  - 2G : 모재를 수직으로 고정하고 수평방향으로 용접
  - 5G : 모재를 수평으로 고정하고 모재 주위를 돌면서 용접
  - 6G : 모재를 수평선상에서 45°기울게 고정하고 모재 주위를 돌면서 용접

2) Position(s) of Fillet (QW-130)

- Plate 소재 (QW-130)
  - 1F : (Flat Position) : 용접될 두 개의 모재를 수평선상으로부터 45°기울게 하고 위에서 아래보기 용접
  - 2F : (Horizontal Position) : 용접될 모재를 수직방향 및 수평선상에 놓고 용접봉을 45°기울게 하여 수평방향 용접
  - 3F : (Vertical Position) : 두 개의 모재를 수직방향으로 놓고 수직방향으로 용접
  - 4F : (Overhead Position : 두 개의 모재를 각기 수직선상 및 수평선상에 놓고 용접봉을 45°기울게하여 수평으로 위보기 용접

- Pipe 소재 (QW-132)
  - 1F : (Flat Position) : Pipe의 축이 수평선과 45°를 이루게 하고 회전시키며 수직방향에서 아래보기 용접

- 2F & 2FR: (Horizontal Position)
  - ■ 2F : Pipe 축이 수직되게 고정시키고 용접봉을 45°기울게 하여 모재 주위를 돌면서 아래보기 용접
  - ■ 2FR : Pipe축이 수평되게 하고 회전시키며, 용접봉을 45°기울게 하여 아래보기 용접
- 4F : (Overhead Position) : Pipe 축이 수직되게 고정하고 용접봉을 45°기울게 하여 위보기 용접
- 5F : (Multiple Position) :Pipe축을 수평으로 고정시키고 모재 주위를 돌면서 여러가지 자세로 용접

3.2.13. 이음상세

이음상세는 별지 (SHEET No.3 OF 3)에 그리는 것을 원칙으로 하고, 특별히 1 개 joint 만 국한 시킬 경우는 본란에 나타낸다.

별지에 나타낼 경우는 아래와 같이 기록한다.

〈* SEE APPLICABLE DRAWING AND/OR ATTACHED JOINT DETAIL〉

3.2.14. 예열

(1) 최저 예열 온도

고온의 용접열에 의한 모재 및 용접금속의 저온균열 방지, 기계적 성질 향상, 경화조직 생성방지, 변형 및 잔류응력 감소, Blow Hole 생성방지 등의 유해영향을 경감하기 위하여 용접작업 전에 모재의 종류에 따라 용접 이음부를 가열하는 것으로 최소 온도값을 기재한다.

SEC. Ⅷ DIV. Ⅰ APPENDIX R 과 SEC. Ⅰ APPENDIX A-100 을 기준으로 모재의 P No.와 두께 범위에 따라 결정되며, PQ TEST 의 예열온도 보다 56℃(100°F)이상 감소할 수 없다.

1) P-No.1, Gr No.1,2,3

- 최대 탄소함량이 0.30%를 초과하고 두께 1″(25mm)를 초과하는 모재 : 175°F (79℃)
- 상기 P-No.의 기타 모든 모재 : 50°F (10℃)

2) P-No.3, Gr No.1,2,3

- 최소 인장강도가 70000psi(483-Mpa, 49.22Kg/cm2)를 초과하거나 두께가 5/8 inch(16mm)를 초과하는 모재 : 175°F(79℃)
- 상기 P-No.의 기타 모든 모재 : 50°F(10℃)

3) P-No.4, Gr No.1

- 최소 인장강도 60000psi(414Mpa, 42.18Kg/cm^2)를 초과하거나, 두께가 1/2 inch(13mm)를 초과하는 모재 250°F(121℃)
- 상기 P-No.의 기타 모든 재질 : 50°F(10℃)

4) P-No.5A AND 5B, Gr No.1
   - 최소 인장강도가 60000psi(414Mpa, 42.18Kg/cm^2)를 초과하거나 최소 크롬함량이 6.0%이상이고 두께가 1/2 inch(13mm)를 초과하는 모재 : 400°F(204℃)
   - 상기 P-No.의 기타 모든 재질 : 300°F(149℃)

5) P-No.6, Gr No.1,2,3 : 400°F(204℃)

6) P-No.7, Gr No.1,2 : 불필요

7) P-No.8, Gr No.1,2 : 불필요

8) P-No.9
   - P-No.9A, Gr No.1 : 250°F(121℃)
   - P-No.9B, Gr No.1 : 300°F(149℃)

9) P-No.10
   - P-No10A Gr No.1 : 175°F(79℃)
   - P-No.10B Gr No.2 : 250°F(121℃)
   - P-No.10C Gr No.3 :175°F(79℃)
   - P-No.10F Gr No.6 : 250°F(121℃)
   - P-10D, Gr 4 및 P-10E Gr.5의 모재는 300°F(149℃)로 예열하고 300°F(149℃)로 예열하고300°F(232℃)사이의 Interpass 온도를 유지해야 한다.

10) P-No.11

11) P-11A
   - Gr. 1 : 불필요 (Note 참조)
   - Gr. 2 : P-No.5와 동일
   - Gr. 3 : P-No.5와 동일
   - Gr. 4 : 250°F(121℃)

12) P-11B
   - Gr. 1 : P-No.3과 동일 (Note 참조)
   - Gr. 2 : P-No.3과 동일 (Note 참조)
   - Gr. 3 : P-No.3과 동일 (Note 참조)
   - Gr. 4 : P-No.3과 동일 (Note 참조)

- Gr. 5 : P-No.3과 동일 (Note 참조)
- Gr. 6 : P-No.3과 동일 (Note 참조)
- Gr. 7 : P-No.3과 동일 (Note 참조)
- Note : 열처리된 재질의 기계적 성질에 유해한 영향을 주는 것을 방지하기 위해 두께에 따라 Interpass Temperature의 한계가 주어져야 한다.

(2) 층간 온도(Interpass Temperature)

P-No와 용접봉 재질에 따라 결정되며, 예열온도 보다는 높아야 한다.

Austenite 계 S/S과 비철의 경우에는 177℃를 원칙으로 하고, 예열온도에 따라 높아질 수 있으나 260℃를 넘지 않아야 한다.

상기 재질 이외에는 427℃를 원칙으로 하고, IMPACT 가 있는 경우와 OVERLAY 인 경우는 PQ TEST 의 최대 패스간 온도보다 26℃(100℃)이상 증가 할 수 있다.

표 8-6 그림 58 층간 온도 기준

재 질	최대 패스간 온도(℃)	비 고
탄소강 및 저합금강	350	ASME IX에서는 PQR 온도에서 +56℃ 까지를 Supplementary Essential Variable로 허용함(QW-406.3)
오스테나이트계 스테인레스강	177	
고 Ni, Cu - 강	150	

(3) 예열유지

후열처리 전까지 용접부에 대한 예열유지 또는 감소의 변화가 필요한 경우 기록을 하고, 필요 없는 경우에는 NONE으로 기록한다.

3.2.15. 후열처리

용접작업 후 용접부의 잔류응력제거 및 연화, 균열방지 등을 위해 용접 후 열처리를 하는 것으로서, 탄소강 및 저합금강, 고합금강 등에 대한 후열처리 조건은 ASME Sec. VII. DIV.1의 UCS-56 & Table UCS-56, UHA-32 & Table에 의하면 다음과 같다.

표 8-7 ASME Sec. VIII에 따른 PWHT기준

재 질	일반열처리 유지 온도 ℉ (℃), Min	공칭 두께에 한 일반열처리 온도에서의 최소 유지시간		
		1 ≤2 "	2 " < t ≤ 5 "	T > 5 "
P-No. 1 Gr. No. 1,2,3	1,100(593)	1hr/in, (최소 15분)	2hr + 15분 (2 " 이상의 매 1 " 증가마다)	2hr + 15분 (2 " 이상의 매 1 " 증가마다)
P-No. 3 Gr. No. 1,2,3	1,100(593)	1hr/in, (최소 15분)	2hr + 15분 (2 " 이상의 매 1 " 증가마다)	2hr + 15분 (2 " 이상의 매 1 " 증가마다)
P-No. 4 Gr. No. 1,2,3	1,100(593)	1hr/in, (최소 15분)	1hr/in	5hr + 15분 (5 " 이상의 매 1 " 증가마다)
P-No. 5	1,250(676) * 1,300(P-No. 5B. Gr. 2)	1hr/in, (최소 15분)	1hr/in	5hr + 15분 (5 " 이상의 매 1 " 증가마다)
P-No. 6 Gr. No. 1,2,3	1,250(676)	1hr/in, (최소 15분)	2hr + 15분 (2 " 이상의 매 1 " 증가마다)	2hr + 15분 (2 " 이상의 매 1 " 증가마다)
P-No. 7 Gr. No. 1,2	1,350(732)	1hr/in, (최소 15분)	상동	상동
P-No. 8 Gr. No. 1,2,3	–	–	–	–
P-No. 9A	1,100(593)	1hr/in, (최소 15분)	1hr/in	5hr + 15분 (5 " 이상의 매 1 " 증가마다)
P-No. 9B Gr. No. 1	1,100(593)	상동	상동	상동
P-No. 9B Gr. No. 1	1,100(593)	상동	상동	상동
P-No. 9B Gr. No. 1	1,100(593)	상동	상동	상동
P-No. 9B Gr. No. 1	1,100(593)	상동	상동	상동
P-No. 9B Gr. No. 1	1,250(676)	상동	상동	1hr/in
P-No. 9B Gr. No. 1	1,100(593)	상동	상동	5hr + 15분 (5 " 이상의 매 1 " 증가마다)
P-No. 9B Gr. No. 1	–	–	–	–
P-No. 9B Gr. No. 1	–	–	–	–
P-No. 9B Gr. No. 1	1,350(732)	1hr/in, (최소 15분)	1hr/in	1hr/in

IMPACT 가 있는 경우는 SEC.Ⅸ QW281.2(f)와 QW282.2(f)에 따라서 MIN.과 MAX. HOLDING TIME을 기록하여야 한다. (예: 1HR/IN (MIN. 15MIN) MAX. 3HR AND 30MIN)

후열처리가 필요 없는 경우는 NONE으로 기록한다.

ASME Code에서는 예열 조건에 따라 후열처리(PWHT)를 면제해 주는 조항들이 있다. 이를 잘 활용하면, 현장에서 진행되는 불필요한 열처리를 줄일 수 있는 이점이 있다.

표 8-8 ASME Code에 따른 예열을 통한 PWHT의 면제 조건

P-No	ASME (NB-4622.7(b)-1)			P-No	ASME B31.1 (Table 132)		
	Weld	C(%)	Temp. (℉)		Weld	C(%)	Temp. (℉)
1	1 1/4"〈Thk.≤1 1/2"	C(%)≤0.3	200	1	Thk.≤3/4" & 모재중 1개〉1"	-	200
	3/4"〈Thk.≤1 1/2"	C(%)≤0.3	200				
	모재〉1 1/2" and Thk.≤3/4"	-	200				
3	Thk.≤1/2"	C(%)≤0.25	200	3	Thk.≤5/8" & 모재중 1개〉5/8"	C(%)≤0.25	200
4	원주 Butt : O.D.≤4" and Thk.≤1/2"	C(%)≤0.15	250	4	NPS≤4" & 모재≤1/2"	C(%)≤0.15	250
	소켓 : O.D.≤2 3/8" and Thk.≤1/2"	C(%)≤0.15	250		Seal Weld Thk.≤3/8"	-	250
5	P-No.4 조건	C(%)≤0.15 & Cr(%)≤3.0	300	5	NPS≤4" & 모재≤1/2"	Cr(%)≤3 C(%)≤0.15	300
9	Thk.≤1/2"	C(%)≤0.15	250	9A	NPS≤4 & 모재≤1/2"	C(%)≤0.15	250
11	Thk.≤1/2"		250				

3.2.16. 보호 가스

GTAW, GMAW, FCAW만 해당되며, 나머지 PROCESS는 모두 N/A로 기록한다.

(1) 가스종류

사용하는 가스를 기록하며, 혼합가스인 경우는 (+)로 연결한다. (예: Ar. + CO_2)

가스를 사용하는 PROCESS가 2 개 이상인 경우는 PROCESS의 약어를 적고 가스를 기록한다. (예: GT:Ar, FC:CO_2)

(2) 혼합가스 조성비율

단독 가스인 경우는 99.99%를 원칙으로 하며, 혼합 가스인 경우는 성분별로 조성비율을 (+)로 연결하여 기록한다. (예: 80% Ar + 20% CO_2)

(3) 유량

Ar.의 경우 8~15L/MIN를 원칙으로 하며, CO_2의 경우는 18~25L/MIN.을 원칙으로 한다. 특별한 경우는 예외로 한다.

표 8-9 강종별 보호 가스 유량 기준

용접방법	강 종	GAS 성분	차폐가스 유량	백킹가스 유량	GAS CUP SIZE
GTAW	탄소강,	Ar, Ar+He	8 ~ 15 L/M	4 ~ 8 L/M	9 ~ 13mm
FCAW	저합금강,	CO_2, Ar+CO_2	20 ~ 25 L/M	-	12 ~ 20mm
GMAW	스테인레스강	CO_2, Ar+CO_2	20 ~ 25 L/M	-	12 ~ 20mm

(4) 가스백킹

가스백킹이 요구되는 경우 기록하며, 백킹 가스 종류와 유량을 기록하여야 한다. (예: Ar.(8~15L/min)) 필요 없는 경우는 NONE으로 기록한다.

(5) 트레일링 가스

필요한 경우 기록하며, 가스종류와 유량을 기록한다.
필요 없는 경우는 NONE으로 기록한다.

3.2.17. 전기특성

(1) 전류

IMPACT가 있는 경우와 OVERLAY인 경우는 PQR에서 사용한 전류의 종류를 기록하여야 한다. (예: DC)

Impact Test가 요구되지 않는 경우는 사용 가능한 전류 종류를 모두 적어도 되며 " or"로 연결한다. (예 : AC or DC)

다음의 내용은 통상적으로 추천되는 용접방법과 용접재료 및 용접봉 직경에 따른 전류 범위의 예시이다.

표 8-10 통상적으로 추천되는 용접재료 및 용접봉 직경과 전류 범위

<table>
<tr><th>용접 방법</th><th>모재 종류</th><th>직경</th><th>전류 범위</th><th>전압 범위</th><th>속도 범위</th><th>비고</th></tr>
<tr><td rowspan="8">SMAW</td><td rowspan="4">탄소강 및 저합금강</td><td>∅ 2.6</td><td>50 - 85</td><td rowspan="4">22 - 28</td><td rowspan="4">6 - 25</td><td rowspan="14">특별한 경우 Mill Maker 권고나 Test 결과를 따름</td></tr>
<tr><td>∅ 3.2</td><td>80 - 130</td></tr>
<tr><td>∅ 4.0</td><td>110 - 180</td></tr>
<tr><td>∅ 5.0</td><td>150 - 240</td></tr>
<tr><td rowspan="4">스테인레스강</td><td>∅ 2.6</td><td>45 - 85</td><td rowspan="4">22 - 28</td><td rowspan="4">6 - 15</td></tr>
<tr><td>∅ 3.2</td><td>65 - 115</td></tr>
<tr><td>∅ 4.0</td><td>85 - 145</td></tr>
<tr><td>∅ 5.0</td><td>135 - 180</td></tr>
<tr><td rowspan="2">GTAW</td><td>탄소강 및 저합금강</td><td>∅ 2.4/2.5</td><td>100 - 190</td><td rowspan="2">10 - 15</td><td rowspan="2">8 - 15</td></tr>
<tr><td>스테인레스강</td><td>∅ 2.4/2.5</td><td>90 - 190</td></tr>
<tr><td>FCAW</td><td>탄소강 및 저합금강</td><td>∅ 1.6</td><td>210 - 350</td><td>22 - 30</td><td>30 - 60</td></tr>
<tr><td rowspan="2">SAW</td><td rowspan="2">탄소강 및 저합금강</td><td>∅ 2.4</td><td>300 - 350</td><td>27 - 34</td><td>40 - 60</td></tr>
<tr><td>∅ 4.0</td><td>500 - 550</td><td>28 - 35</td><td>40 - 80</td></tr>
</table>

(2) 극성

IMPACT 가 있는 경우와 OVERLAY 인 경우는 PQR 에서 사용한 극성의 종류를 기록하여야 하며, 전류가 AC인 경우는 N/A로 기록한다.

Impact Test가 요구되지 않는 경우는 사용 가능한 극성 종류를 모두 적어야 하며 "or"로 연결하고, 전류 종류와 맞추어야 한다. (예: N/A or RP)

- 정극성 (Straight Polarity : SP)
- 역극성 (Reverse Polarity : RP)

(3) 텅스텐 전극봉 형태

GTAW와 PAW에 해당되며 SEC. Ⅱ PART C에 따라서 해당 AWS CLASS를 기록한다. (예: EWTH-2) 통상적으로 가장 널리 사용되는 "EWTh-2, ∅ 2.4mm"로 명시하고, 특별한 경우 다른 Type의 전극봉 명시한다.

- EWTh-2 : Th 2% 함유된 Tungsten Electrode
- EWP : 순수 Tungsten Electrode
- EWZr : Zirconium 함유된 Tungsten Electrode

(4) 텅스텐 전극봉 크기

적정 전극봉의 크기를 Φ로 기록한다. (예: 2.4 Φ)

(5) 용융금속 전이 형태

가스메탈아크용접(GMAW)와 FCAW에 해당되며, 전이 형태를 기록한다. (예: SPRAY) 단, FCAW인 경우는 양식의 가스메탈아크용접(GMAW)를 FCAW로 고치고 기록하여야 한다.

3.2.18. 용접기법

(1) 비드형태

용접봉의 운봉에 따라 결정되는 용접비드의 형상을 표기한다. PROCESS에 따라 STRING 이나 WEAVE 를 기록하며, 둘 다 사용 가능한 경우는 BOTH로 기록한다.

SMAW 의 경우 BOTH(*) 로 하고 특기 사항칸에 〈 MAX WEAVE PASS SHALL NOT EXCEED 3 TIMES THE ELECTRODE CORE DIA.〉를 기록한다.

- String : Weaving이 없이 용접비드의 형상이 한 방향으로 곧고 매끈하다.
- Weave : 용접봉을 용접 방향에 대하여 옆으로 교대로 움직이며 용접하는 방법으로 파형상의 용접 용접비드가 만들어진다.

(2) 가스컵 크기

GM, FC, GT, PA에 해당이 되며 해당되지 않는 PROCESS는 N/A로 기록한다.

GM, FC, PA는 〈1/2-3/4"〉를 기준으로 하며, 특별한 경우는 예외로 한다.

GTAW는 〈3/8-5/8"〉를 기준으로 하며, 특별한 경우는 예외로 한다.

복합 PROCESS인 경우는 해당 PROCESS의 약어를 적고 크기를 기록한다. (예: GT : 3/8 -5/8", FC:1/2-3/4")

3.2.19. 초층 및 층간 청결방법

용접 이음면의 가공방법 및 청소방법, 용접 Pass간의 청소 방법의 수단을 기재한다.

모든 PROCESS 에 GRINDING AND/OR BRUSHING 으로 기록하는 것을 원칙으로 하고, 특별한 경우 예외로 한다.

3.2.20. 콘택트 튜브와 용접물간 거리

SAW, FCAW, 가스메탈아크용접(GMAW)등에서 전극봉에 전극을 주는 Contact Tube와 용접하려는 모재의 거리를 기재하는 난으로 용접성능과 ARC의 성질이 이 거리에 의해 좌우된다.

해당되지 않는 PROCESS는 N/A로 기록한다.

SAW는 1 ~ 1.5"를 기준으로 하며, 특별한 경우는 예외로 한다.

GMAW, FCAW는 1/2 ~ 1"를 기준으로 하며, 특별한 경우는 예외로 한다.

복합 PROCESS인 경우는 PROCESS의 약어를 적고, 거리를 기록한다. (예: FC : 1/2 ~ 1", SA:1 ~ 1.5")

표 8-11 콘택트 튜브와 용접물 간의 거리

용접 방법	콘택트 튜브와 용접물 간의 거리 (mm)
GMAW	Short Circuit : 6 ~ 12, Spray/Globular : 13 ~ 25
FCAW	13 ~ 25
SAW	25 ~ 38

3.2.21. 가우징 방법

양면 용접을 할 경우 일면 용접을 끝내고 앞면 용접을 하기 전에 용접부 건전성 확보를 위해 초층 용접 용접비드를 파내는 방법을 기록한다.

GOUGING이 필요 없는 경우는 NONE으로 기록한다.

GOUGING이 필요한 경우는 〈 ARC AIR GOUGING AND/OR GRINDING〉으로 기록한다.

상기 두가지가 모두 있는 경우는 〈ARC AIR GOUGING AND/OR GRINDING(*)〉로 기록하고 특기 사항란에 다음 표에 따라서 기록한다.

표 8-12 가우징 방법의 특기 사항

PROCESS	이음형태		CERAMIC BACKING 유무	특기사항 기록내용
	GROOVE	FILLET		
GMAW FCAW	○	○	○, X	Back gouging is not necessary in case of using the ceramic backing and fillet
	○	X	○, X	Back gouging is not necessary in case of using the ceramic backing
	○	○	○	Back gouging is not necessary in fillet
SMAW	○	○	○	Back gouging is not necessary in fillet

3.2.22. 단층 혹은 다층

단층만 있는 경우 SINGLE PASS로 기록한다.

다층만 있는 경우는 MULTI PASS로 기록한다.

단층과 다층 모두 해당되는 경우는 BOTH로 기록한다.

3.2.23. 진동

용접폭이 넓은 경우 용접 시공상 한번의 Pass로 넓은 범위에 용입을 하고자 할 때 용접기를 지그재그식으로 진동을 주어 이동하는 방법으로 이때 진동의 폭(Width), 진동수(Frequency) 및 진동의 끝 부분에서 멈추어 지체되는 시간(D.TIME) 등을 기재한다.

MACHINE 과 AUTO 인 경우만 해당되며, 해당되지 않는 경우는 N/A 로 기록한다. MACHINE과 AUTO이면서 진동장치를 사용하지 않는 경우는 NONE으로 기록한다.

3.2.24. 단극 혹은 다극

단극인 경우는 SINGLE로 기록하고, 2 POLE 이상인 경우는 X POLE로 기록한다.

3.2.25. 피이닝 (Peening)

Peening은 용접부를 구면상의 선단을 갖는 특수 Hammer로 연속적으로 타격하여 표면층에 소성변형을 주는 조작으로 용착부의 인장응력을 완화하고 용접변형의 경감 및 용착금속의 균열방지에 유용한 작업으로 용접 Pass간의 실시 여부를 기재한다.

피이닝을 하여야 할 경우는 방법을 기록하고, 할 필요가 없는 경우는 NONE 으로 기록한다.

3.2.26. 용접조건

IMPACT가 있는 경우와 OVERLAY 인 경우는 PQR 의 전류, 전압은 MAX, SPEED 는 MIN.이 되게 기록하는 것을 원칙으로 하고, MAX HEAT INPUT을 비고란에 기록한다.

상기 상황이 아닌 경우는 사용 가능한 범위를 기록하고, 특별한 경우는 예외로 한다.

3.2.27. 특기사항

앞의 내용들 중에서 (*)표로 했던 것들을 차례대로 SERIAL No.를 부여하고 기록하고, 특별히 기록하여야 될 사항들을 기록한다.

4. PQR 작성과 검토 방법

4.1. PQR 양식

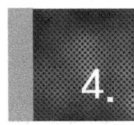

CODE 에서 요구하는 모든 필수변수, 추가 필수 변수(필요시)가 포함되는 한, 제조업자 또는 계약자의 필요성에만 부합한다면 어떤 양식이라고 사용 가능하다.

또한 시험의 형태, 시험숫자, 시험절차가 PQR에 나열 되어야 한다.

4.2. PQR의 세부내용

4.2.1. PQR No.

WPS No.와 마찬가지로, 제조업자의 편의에 의해 부여하면 되지만, 많은 양의 PQR을 편리하게 관리하기 위해서는 일정한 기준을 두는 것이 편리하다.

4.2.2. Date

PQR 의 유효날짜, 즉 최종 승인자의 결재일을 기록하는 것이 원칙이고, 첨부자료(test report등)의 발행일과 같거나 늦어야 한다.

4.2.3. WPS No.

PQ TEST를 실시할 때 사용된 WPS No.를 기록한다.

4.2.4. 용접방법

WPS와 동일

4.2.5. Type

WPS와 동일

4.2.6. 이음설계

PQ TEST시의 JOINT형상과 용접비드를 순서대로 그린다.

4.2.7. 용접조건

(1) Bead No.

이음형상에 나와 있는 BEAD NO.를 순서대로 기록하고, 조건이 같거나 비슷하면 묶어서 기록할 수도 있다.

(2) Process

BEAD NO.에 맞추어 WPS와 같은 방법으로 기록한다.

(3) 전극

AWS CLASS 가 있는 것은 AWS CLASS 를 기록하고, AWS CLASS 가 없는 것은BRAND를 기록한다.

(4) Size

사용된 용접봉의 SIZE를 기록한다.

(5) 전류, 전압, 속도

BEAD NO. 에 맞추어 실제 사용한 조건을 기록한다.

4.2.8. 모재

(1) MAT'L Spec.

ASME나 ASTM MAT'L은 자재 SPEC.을 SA(OR A) XX TO SA YY로 기록하고, ASME나 ASTM 이 아닌 MAT'L(JIS 자재, AISI 자재 등)은 자재 SPEC.을 기록하고, 뒤에 괄호안에 CODE를 기록한다. 그리고, OVERLAY인 경우는 XX TO N/A로 기록한다.

(2) Type or Grade

TYPE이나 GRADE가 있는 경우는 기록을 하고, 없는 경우는 N/A로 기록한다.

(3) P No. Gr. No.

TEST한 자재의 P NO.와 Gr. NO.가 있는 경우 기록하고, 없는 경우는 N/A로 기록한다.

(4) Thickness

두 모재의 두께가 같은 경우는 하나만 mm 단위로 기록하고 두께가 다른 경우는(Xmm To Ymm)로 기록하며, 정수인 경우는 정수로 기록하고, 소수인 경우는 소수점 두자리에서 반올림하여 소수점 한자리까지 기록한다.

(5) Deposit Weld Metal THK.

mm단위로 기록하며, 복합 PROCESS인 경우는 PROCESS의 약어를 기록하고, W/MTHK.를 기록한다.

(6) Other

모재 두께가 1/2"를 초과하는 경우 MAX. PASS THK를 기록한다.

4.2.9. FILLER METALS

(1) SFA Spec.

SEC. Ⅱ PART C에 따라서 기록하며 해당이 안되는 경우는 N/A로 기록한다.

(2) AWS Class

AWS CLASS가 있는 경우는 기록하고, 없는 경우는 N/A로 기록한다.

(3) F No.

해당되는 경우 기록하며(유첨참조), 해당 안되는 경우 N/A로 기록한다.

(4) Size Of F/M

크기를 Φ로 기록하며, 복합 PROCESS인 경우는 PROCESS별로 구분하여 기록한다.

(5) Other

사용된 용접봉의 BRAND 와 MAKER 를 기록하며, 복합 PROCESS 인 경우는 PROCESS 별로 구분하여 기록한다.

4.2.10. Position

(1) Position

GROOVE인 경우에는 1G, 2G— 등으로 기록한다.

FILLET인 경우에는 1F, 2F ─등으로 기록한다.
OVERLAY인 경우에는 FLAT, HORIZONTAL ─ 등으로 기록한다.

(2) Weld Progration

FOREHAND, BACKHAND, UPWARD, DOWNWARD 등으로 기록하며, SAW 와 같이 해당이 안되는 경우는 N/A로 기록한다.
특별히 기록할 사항이 있을 경우 기록한다.

4.2.11. Preheat

(1) Preheat Temp.

예열온도를 (℃)로 기록한다.

(2) Interapass Temp.

패스간 온도를 최소온도와 최대온도를 기록하며, SIGLE PASS 인 경우는 N/A 로 기록한다.

(3) Other

특별히 기록할 사항이 있을 경우 기록한다.

4.2.12. Postweld Heat Treatment

열처리를 실시한 경우만 해당되며, 실시하지 않은 경우는 NONE으로 기록한다.

(1) Temperature

열처리 CHART에 나타난 온도를(℃)로 기록한다.

(2) Holding Time

열처리 CHART에 나타난 시간을 기록한다.

(3) Other

특별히 기록할 사항이 있을 경우 기록한다.

4.2.13. Gas

GTAW, GMAW, FCAW만 해당되며, 나머지 PROCESS는 모든 란에 N/A로 기록한다.

(1) 보호가스

가스 종류를 기록하며, 혼합가스인 경우는 (+)로 연결하고, 가스를 사용하는 PROCESS가 2개 이상인 경우는 PROCESS의 약어를 적고 가스를 기록한다.

(2) Composition

가스 조성 비율을 기록하며, 혼합가스인 경우는 성분별로 조성비율을 (+)로 연결하여 기록한다.

(3) S/G Flow Rate

사용한 유량을 (L/MIN)단위로 기록한다.

(4) Backing Gas

B/K GAS를 사용한 경우 가스종류를 기록하며, 사용하지 않은 경우는 NONE으로 기록하고, FILLET이나 OVERLAY인 경우는 N/A로 기록한다.

(5) B/G Flow Rate

B/K GAS 를 사용한 경우 사용한 유량을 기록하고, 사용하지 않은 경우는 B/K GAS 란과 동일하게 기록한다.

(6) Other

특별히 기록할 사항이 있을 경우 기록한다.

4.2.14. Electrical Characteristics

(1) Current

DC 나 AC 로 기록하며, 복합 PROCESS 에서 동일한 CURRENT를 사용한 경우는 하나만 기록하고, 다른 CURRENT를 사용한 경우는 각각 기록한다.

(2) Polarity

CURRENT 가 DC 인 경우는 SP 나 RP 로 기록하며, AC 인 경우는 N/A 로 기록하고, 상기1항에 맞추어 기록한다.

(3) Tungsten 전극 Type

GTAW 와 PAW 에 해당되며, 해당 AWS CLASS 를 기록하고, 다른 PROCESS 는 N/A 로 기록한다. 통산 가장 널리 사용되는 “EWTh-2, ∅2.4mm”로 명시, 특별한 경우 다른

Type의 전극봉 명시한다.

- EWTh-2 : Th 2% 함유된 Tungsten Electrode
- EWP : 순수 Tungsten Electrode
- EWZr : Zirconium 함유된 Tungsten Electrode

(4) Tungsten 전극 Size

제 (3) 항과 마찬가지로 GTAW 와 PAW 에 해당되며 사용한 전극봉의 크기를 기록하고, 다른 PROCESS는 N/A로 기록한다.

(5) Other

GTAW와 FCAW인 경우 용융금속 전이형태를 기록한다.
(예: MODE OF METAL TRANSFER: SPRAY)

4.2.15. Technique

(1) String or Weave Bead

PROCESS 에 실제 사용한 비드형태를 기록하며, 둘다 사용한 경우는 BOTH 로 기록한다.

(2) Oscillation

기계 또는 자동용접인 경우에 해당되며, 사용한 경우는 WIDTH, FREQUENCY,DWELL TIME 을 기록하고, 사용하지 않는 경우는 NONE 으로 기록하며, 수동이나 반자동인 경우는 N/A로 기록한다.

(3) Single or Multi Pass(Per Side)

용접한 PASS에 맞추어 기록한다.

(4) Single or Multiple Electrode

단극인 경우는 SINGLE로 기록하고, 2POLE 이상인 경우는 X POLE로 기록한다.

(5) Other

특별히 기록할 사항이 있을 경우 기록한다.

4.2.16. 기계적 시험편 준비

GROOVE 인 경우 2 개의 시험을 실시하여야 하며, 기계 시험 성적서를 보고, 폭과 두께 및 인장응력을 기록하고, 단면적과 TOTAL LOAD는 계산하여 기록하며, 파단형태 및 위치는 시험편을 보고 기록한다. GROOVE가 아닌 경우는 N/A로 기록한다.

(1) 시험편의 종류와 수량

시험편의 종류와 수량은 ASME Code Sec. IX QW-451.2에 제시된 바와 같이 시행한다.

표 8-13 시험편 종류 및 수량

Thickness of Test Plate or Pipe Wall	Type and number of Tests Required				
	Tensile	Transverse Bend Test			Impact
		Side Bend	Face Bend	Root Bend	
1/16 ≤ T ≤ 3/8	2 ea		2 ea	2 ea	3 set
3/8 〈 T 〈 3/4	2 ea		2 ea	2 ea	3 set
3/4 ≤ T	2 ea	4 ea			3 set

- 3/8 〈 T 일 경우 Face 2ea, Root 2ea 대신에 Side 4ea로 대체 할 수 있다.
- 충격시험은 1 set 에 3개의 시험편으로 구성되어 있고 채취 위치는 weld metal, HAZ, base metal 임. (충격 시험편은 충격시험이 요구 될 때만 채취하여 시험한다.)

(2) 시험편 채취 위치

PQT 시편에서 기계적 시험을 위한 시편 채취는 아래와 같이 진행된다.

QW-463.1(a) PLATES — LESS THAN 3/4 In. (19 mm) THICKNESS PROCEDURE QUALIFICATION

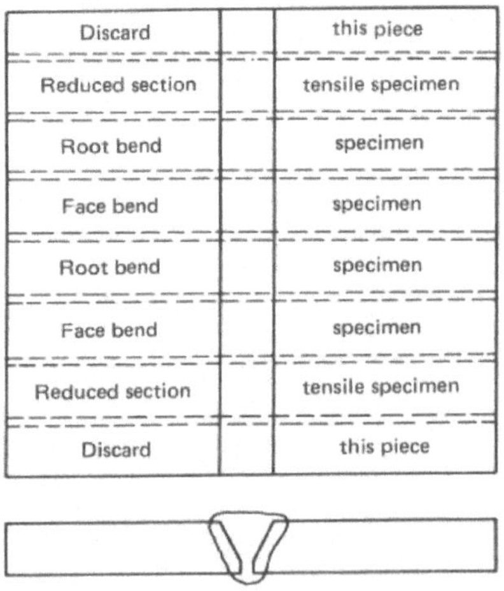

QW-463.1(b) PLATES — 3/4 In. (19 mm) AND OVER THICKNESS AND ALTERNATE FROM 3/8 In. (10 mm) BUT LESS THAN 3/4 In. (19 mm) THICKNESS PROCEDURE QUALIFICATION

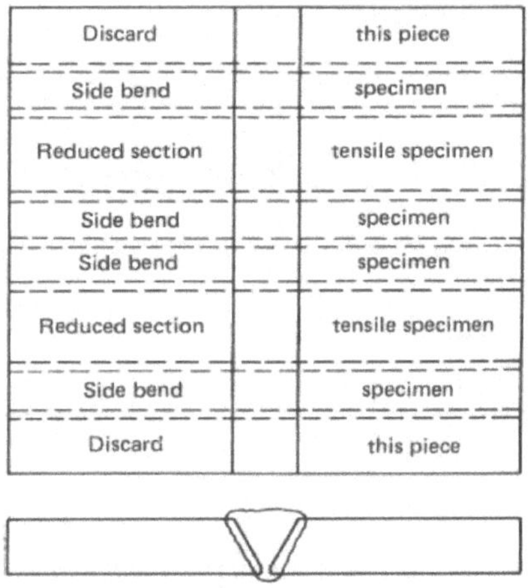

그림 8-6 용접절차서 인증을 위한 기계적 시험편 채취 (QW-463.1(a, b))

QW-463.1(c) PLATES — LONGITUDINAL PROCEDURE QUALIFICATION

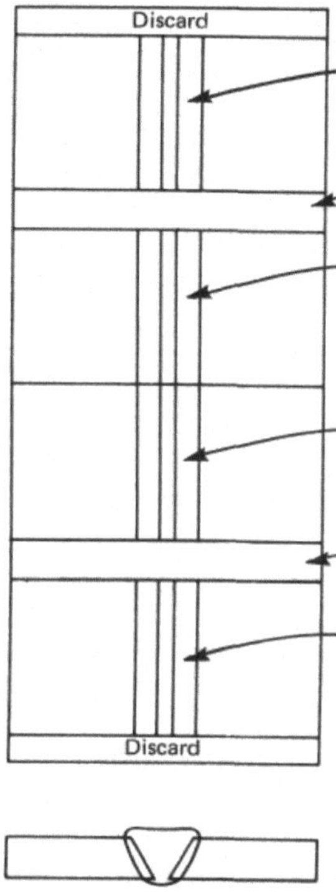

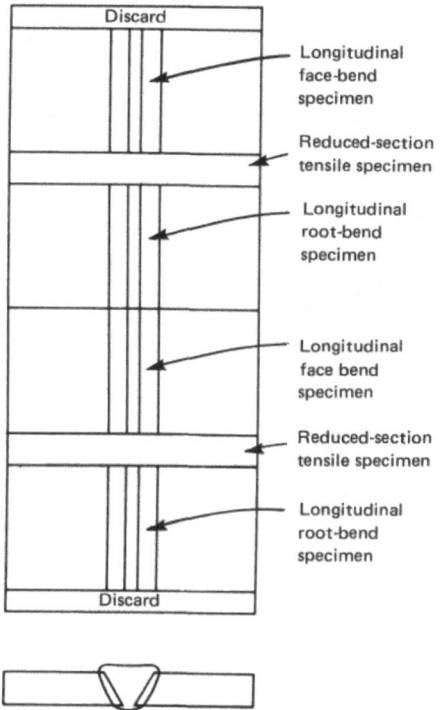

그림 8-7 절차서 인증을 위한 길이 방향 용접시편에서 기계적 시험편 채취 (QW-463.1(c))

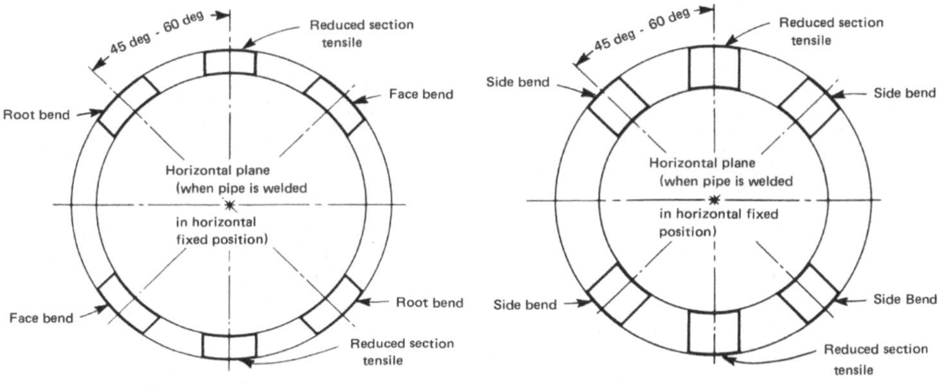

그림 8-8 절차서 인증을 위한 파이프 용접시편에서 기계적 시험편 채취 (QW-463.1(d, e))

1) 인장 시편의 가공

QW-462.1(d) TENSION — REDUCED SECTION — TURNED SPECIMENS

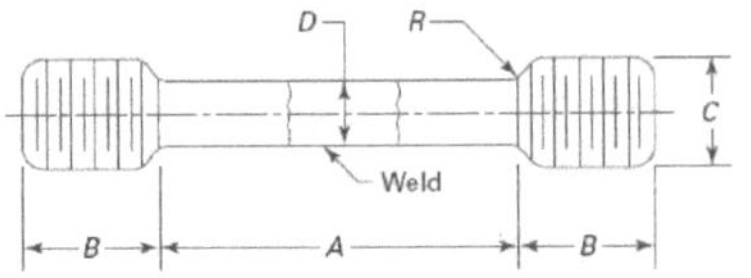

	Standard Dimensions, In. (mm)			
	(a) 0.505 Specimen	(b) 0.353 Specimen	(c) 0.252 Specimen	(d) 0.188 Specimen
A—Length of reduced section	Note (1)	Note (1)	Note (1)	Note (1)
D—Diameter	0.500 ± 0.010 (12.7 ± 0.25)	0.350 ± 0.007 (8.89 ± 0.18)	0.250 ± 0.005 (6.35 ± 0.13)	0.188 ± 0.003 (4.78 ± 0.08)
R—Radius of fillet	$^3/_8$ (10) min.	$^1/_4$ (6) min.	$^3/_{16}$ (5) min.	$^1/_8$ (3) min.
B—Length of end section	$1^3/_8$ (35) approx.	$1^1/_8$ (29) approx.	$^7/_8$ (22) approx.	$^1/_2$ (13) approx.
C—Diameter of end section	$^3/_4$ (19)	$^1/_2$ (13)	$^3/_8$ (10)	$^1/_4$ (6)

GENERAL NOTES:
(a) Use maximum diameter specimen (a), (b), (c), or (d) that can be cut from the section.
(b) Weld should be in center of reduced section.
(c) Where only a single coupon is required, the center of the specimen should be midway between the surfaces.
(d) The ends may be of any shape to fit the holders of the testing machine in such a way that the load is applied axially.

NOTE:
(1) Reduced section *A* should not be less than width of weld plus 2*D*.

만약 시편이 작은 구경의 파이프인 경우에는 다음과 같이 시편을 준비하여 인장 시험을 실시한다. 이때에 인장시험기에 물리는 부분의 변형을 방지 하기 위해 아래 그림의 왼쪽에 보이는 것과 같은 플러그를 삽입하여 실시한다.

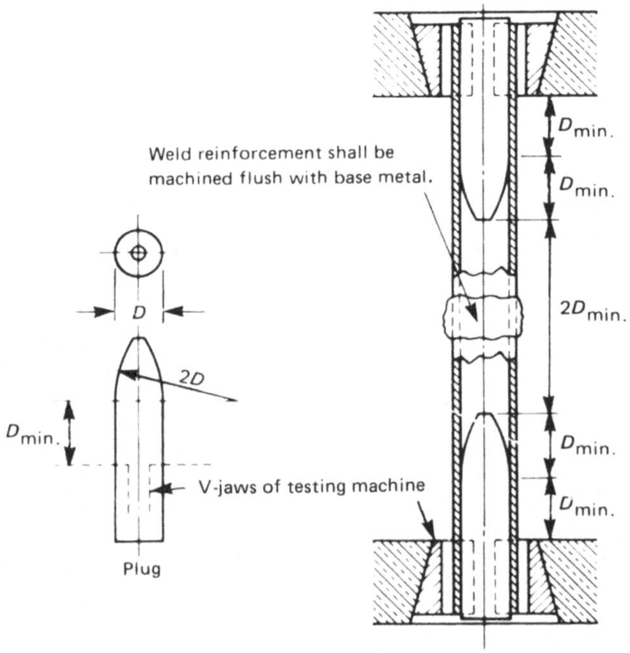

그림 8-9 소구경 파이프 용접시편의 인장 시험

2) Side Bend 시험편

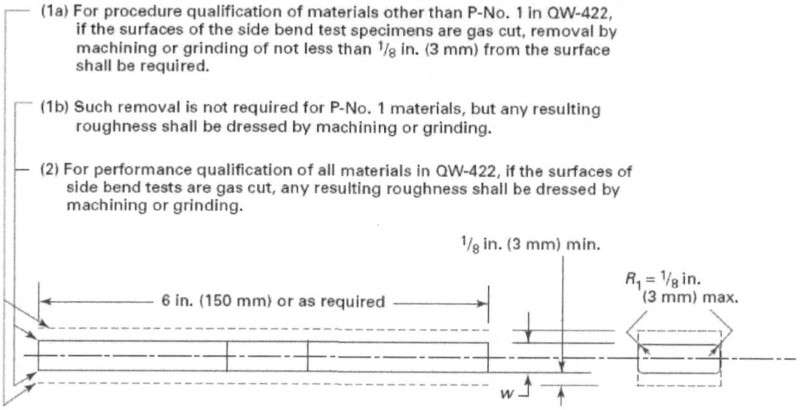
(1a) For procedure qualification of materials other than P-No. 1 in QW-422, if the surfaces of the side bend test specimens are gas cut, removal by machining or grinding of not less than 1/8 in. (3 mm) from the surface shall be required.
(1b) Such removal is not required for P-No. 1 materials, but any resulting roughness shall be dressed by machining or grinding.
(2) For performance qualification of all materials in QW-422, if the surfaces of side bend tests are gas cut, any resulting roughness shall be dressed by machining or grinding.
1/8 in. (3 mm) min.
R_1 = 1/8 in. (3 mm) max.
6 in. (150 mm) or as required
w

T, in. (mm)	*y*, in. (mm)	*w*, in. (mm) P-No. 23, F-No. 23, or P-No. 35	*w*, in. (mm) All other metals
$^3/_8$ to < $1^1/_2$ (10 to < 38)	*T* [Note (1)]	$^1/_8$ (3)	$^3/_8$ (10)
≥ $1^1/_2$ (≥ 38)	Notes (1) and (2)	$^1/_8$ (3)	$^3/_8$ (10)

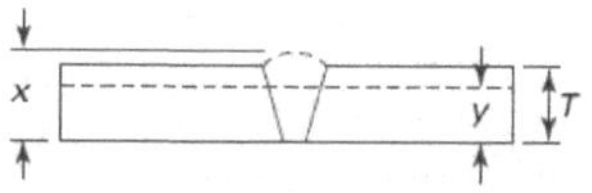

GENERAL NOTE: Weld reinforcement and backing strip or backing ring, if any, may be removed flush with the surface of the specimen. Thermal cutting, machining, or grinding may be employed. Cold straightening is permitted prior to removal of the reinforcement.

NOTES:

(1) When weld deposit *t* is less than coupon thickness *T*, side-bend specimen thickness may be *t*.

(2) When coupon thickness *T* equals or exceeds $1^1/_2$ in. (38 mm), use one of the following:

(a) Cut specimen into multiple test specimens of thickness *y* of approximately equal dimensions [$^3/_4$ in. (19 mm) to $1^1/_2$ in. (38 mm)].
y = tested specimen thickness when multiple specimens are taken from one coupon.

(b) The specimen may be bent at full width. See requirements on jig width in QW-466.1.

3) Root Bend and Face Bend 시험편

QW-462.3(a) FACE AND ROOT BENDS — TRANSVERSE

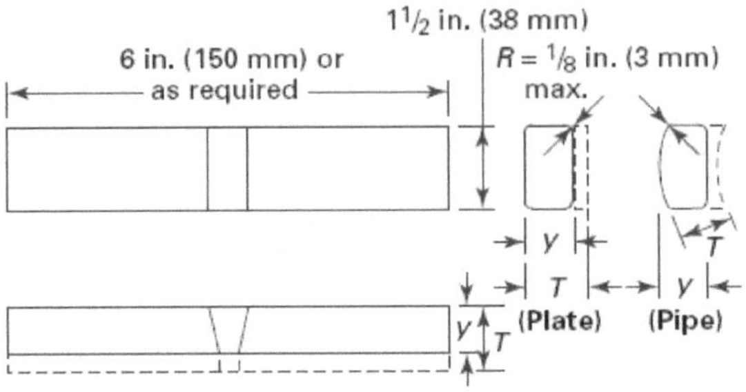

Face-Bend Specimen — Plate and Pipe

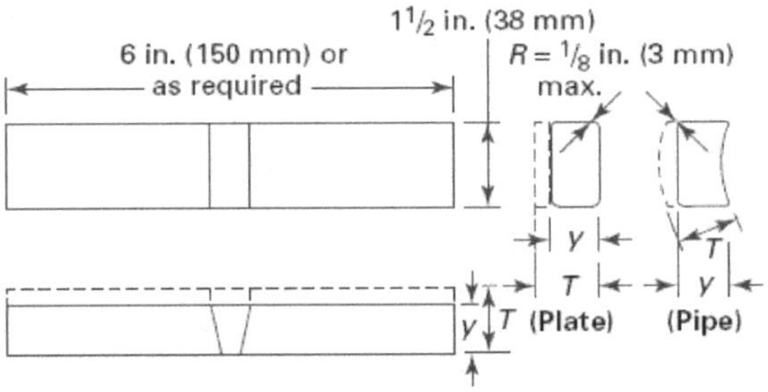

Root-Bend Specimen — Plate and Pipe

T, in. (mm)	Y, in. (mm)	
	P-No. 23, F-No. 23, or P-No. 35	All Other Metals
$^1/_{16}$ < $^1/_8$ (1.5 < 3)	T	T
$^1/_8$–$^3/_8$ (3–10)	$^1/_8$ (3)	T
> $^3/_8$ (10)	$^1/_8$ (3)	$^3/_8$ (10)

GENERAL NOTES:

(a) Weld reinforcement and backing strip or backing ring, if any, shall be removed flush with the surface of the specimen. If a recessed ring is used, this surface of the specimen may be machined to a depth not exceeding the depth of the recess to remove the ring, except that in such cases the thickness of the finished specimen shall be that specified above. Do not flame-cut nonferrous material.

(b) If the pipe being tested has a diameter of NPS 4 (DN 100) or less, the width of the bend specimen may be $^3/_4$ in. (19 mm) for pipe diameters NPS 2 (DN 50) to and including NPS 4 (DN 100). The bend specimen width may be $^3/_8$ in. (10 mm) for pipe diameters less than NPS 2 (DN 50) down to and including NPS $^3/_8$ (DN 10) and as an alternative, if the pipe being tested is equal to or less than NPS 1 (DN 25) pipe size, the width of the bend specimens may be that obtained by cutting the pipe into quarter sections, less an allowance for saw cuts or machine cutting. These specimens cut into quarter sections are not required to have one surface machined flat as shown in QW-462.3(a). Bend specimens taken from tubing of comparable sizes may be handled in a similar manner.

QW-462.3(b) FACE AND ROOT BENDS — LONGITUDINAL

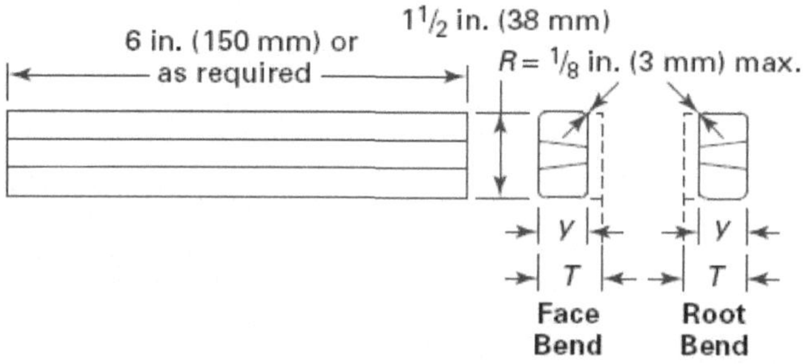

T, in. (mm)	Y, in. (mm)	
	P-No. 23, F-No. 23, or P-No. 35	All Other Metals
1/16 < 1/8 (1.5 < 3)	T	T
1/8–3/8 (3–10)	1/8 (3)	T
>3/8 (10)	1/8 (3)	3/8 (10)

GENERAL NOTE: Weld reinforcements and backing strip or backing ring, if any, shall be removed essentially flush with the undisturbed surface of the base material. If a recessed strip is used, this surface of the specimen may be machined to a depth not exceeding the depth of the recess to remove the strip, except that in such cases the thickness of the finished specimen shall be that specified above.

4) 충격시험 시험편

충격 시험편은 아래와 같이 가공하며 이때에 가장 중요한 것은 V-Notch의 정확한 가공이다.

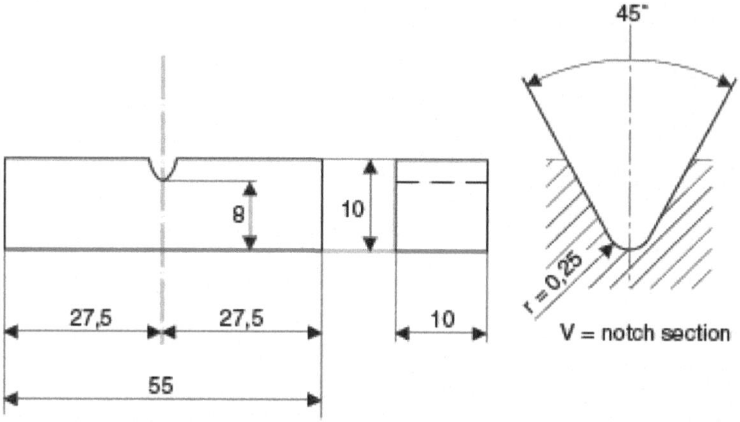

그림 8-10 Charpy Impact Test 시편 개요

표 8-14 Charpy V-Notch 시편의 치수 공차

Dimensions	Nominal	Tolerance
Length	55 mm	± 0,60 mm
Width		
• standard specimen	10 mm	± 0,11 mm
• subsize specimen	7,5 mm	± 0,11 mm
• subsize specimen	5,0 mm	± 0,06 mm
Thickness	10 mm	± 0,06 mm
Depth below notch	8 mm	± 0,06 mm
Angle of notch	45°	± 2°
Root radius	0,25 mm	± 0,025 mm
Distance of notch from end of test specimen	27,5 mm	± 0,42 mm
Angle between plane of symmetry of notch and longitudinal axis of test specimen	90°	± 2°

4.2.17. 인장시험 (TENSION TEST)

인장 시험의 합부 기준으로 다음에 따른다.

- 최소 모재의 인장강도 이상
- 인장강도가 다른 두 모재일 경우 작은 것 보다 클 것
- 모재나 Fusion Line 이 떨어졌을 때에는 모재 인장강도의 95% 이상의 강도를 가질 것

4.2.18. GUIDE BEND TEST

GROOVE와 OVERLAY인 경우에 해당되며, 4개의 시험을 실시하여야 하고, 9.5t 미만은 FACE/ROOT BENDING 을 하며, 9.5t 이상은 SIDE BENDING을 원칙으로 하고 시험형태 및 결과를 기록한다.

굽힘 시험의 합부 기준은 다음에 따른다.

- Transverse 용접 굽힘시험의 용접부와 HAZ는 시험 후 완전할 것.
- 용접부나 HAZ 부위에 3.175mm 를 초과하는 Open Defects가 없을 것.

- 슬래그 혼입이나 기타 내부 결함의 원인이 아닌 Crack이 시험 도중 Corner에서 나타나지 않을 것.
- 내부식 오버래이 용접시 1.59mm 를 초과하는 Open Defects가 없어야 하며, Bond Line에서는 3.175mm를 초과하는 Open Defects가 없을 것.

4.2.19. TOUGHNESS TEST

충격시험을 실시한 경우는 아래와 같이 기록하고, 실시하지 않은 경우는 NONE 으로 기록한다.

파이프의 경우에 시편의 채취는 아래와 같이 실시한다.

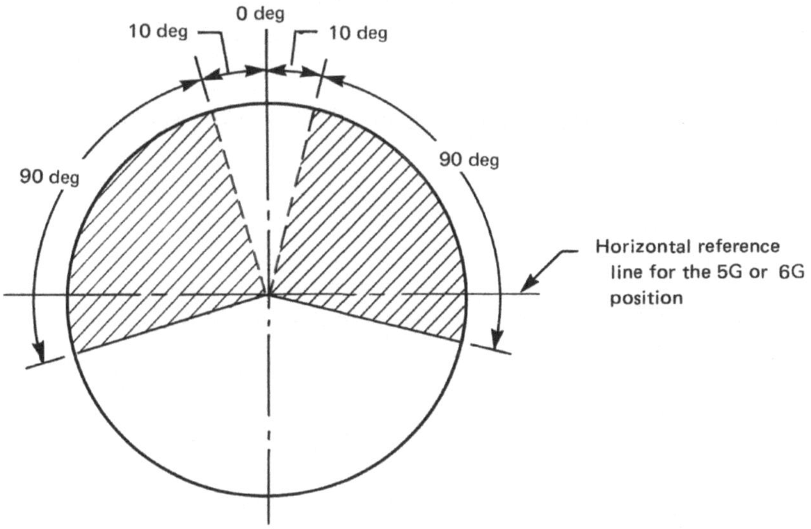

그림 8-11 파이프 용접부에서 Impact Test 시편 채취 위치

(1) NOTCH LOCATION

B/M, W/M, HAZ로 구분하며, 모재가 동일하지 않은 경우는 B/M과 HAZ에 모재를 구분하여야 한다.

(2) NOTCH TYPE

노치부 홈의 형태를 기록한다.

(3) TEST TEMP.

시험한 온도를 (℃)로 기록한다.

(4) IMPACT VALUE

충격치를 순서대로 3개 기록하고 3개의 평균을 기록한다.

(5) 시험편의 SIZE

시험편의 Size를 적당한 장소에 기록한다.

4.2.20. FILLET WELD TEST

시험결과에 따라 기록하며, MACRO-Etching Test 결과는 개수와 결과를 기록하고, FILLET 이 아닌 경우는 N/A로 기록한다.

QW-462.4(a) FILLET WELDS IN PLATE — PROCEDURE

T_1	T_2
1/8 in. (3 mm) and less	T_1
Over 1/8 in. (3 mm)	Equal to or less than T_1, but not less than 1/8 in. (3 mm)

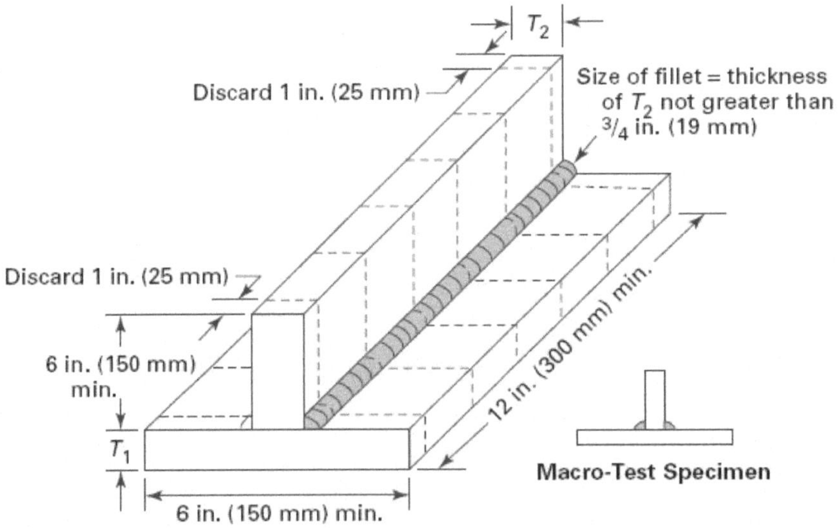

GENERAL NOTE: Macro-test — the fillet shall show fusion at the root of the weld but not necessarily beyond the root. The weld metal and heat-affected zone shall be free of cracks.

그림 8-12 마크로 Test 시편의 개요

4.2.21. OTHER TESTS

(1) RADIOGRAPHIC TEST

GROOVE 인 경우만 해당되며, 시험을 실시한 경우는 시험결과와 TEST REPORT NO를 기록하며, 실시하지 않은 경우는 NONE으로 기록한다.

OVERLAY와 FILLET인 경우는 N/A로 기록한다.

(2) DEPOSIT ANALASIS

실시한 경우는 성분과 함량을 기록하며, 실시하지 않은 경우는 NONE 으로 기록한다.

QW-462.5(a) CHEMICAL ANALYSIS AND HARDNESS SPECIMEN CORROSION-RESISTANT AND HARD-FACING WELD METAL OVERLAY

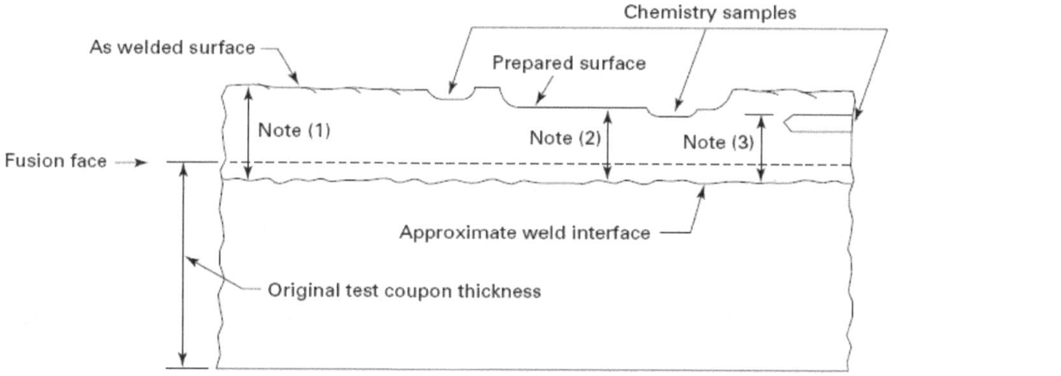

NOTES:

(1) When a chemical analysis or hardness test is conducted on the as welded surface, the distance from the approximate weld interface to the final as welded surface shall become the minimum qualified overlay thickness. The chemical analysis may be performed directly on the as welded surface or on chips of material taken from the as welded surface.

(2) When a chemical analysis or hardness test is conducted after material has been removed from the as welded surface, the distance from the approximate weld interface to the prepared surface shall become the minimum qualified overlay thickness. The chemical analysis may be made directly on the prepared surface or from chips removed from the prepared surface.

(3) When a chemical analysis test is conducted on material removed by a horizontal drilled sample, the distance from the approximate weld interface to the uppermost side of the drilled cavity shall become the minimum qualified overlay thickness. The chemical analysis shall be performed on chips of material removed from the drilled cavity.

그림 8-13 Weld Overlay인 경우의 화학성분 분석

(3) HARDNESS TEST

시험종류와 시험 위치를 B/M, W/M, HAZ로 구분하여 기록하며, 모재가 동일하지 않은 경우는 B/M과 HAZ에 모재를 구분하여야 한다.

TEST를 실시하지 않은 경우는 NONE으로 기록한다.

(4) LIQUID PENETRATION EXAM.

시험을 한 경우는 시험 결과와 REPORT NO.를 기록하여야 하며, 시험을 하지 않은 경우는 NONE으로 기록한다.

(5) OTHER

상기 이외의 TEST를 실시한 경우에 기록한다.

4.2.22. WELDER'S NAME

시험편 용접을 실시한 용접사의 이름을 기록한다.

4.2.23. STAMP NO.

용접사의 고유번호를 기록하며, 고유번호가 없는 경우는 NONE으로 기록한다.

4.2.24. TEST CONDUCTED BY

기계시험실 관리자의 이름을 기록한다.

4.2.25. LAB. TEST REPORT NO.

TEST REPORT NO.를 기록한다.

제9장

용접 결함

1. 불연속 지시와 용접결함
2. 형상별 용접결함의 원인과 대책
3. 용접 방법별 결함원인 및 방지대책

용접부는 짧은 시간에 가열 및 냉각을 겪으면서 형성되므로 야금학적인 화학반응과 팽창, 수축 등의 물리적 변화가 일어나게 된다. 그 결과로 용접부의 변형, 응력집중, 열영향부(HAZ)의 경화, 인성의 저하 등으로 구조물의 파손이나 파괴의 원인이 된다.

용접결함의 원인은 용접재료 및 시공법의 부적당 혹은 용접사의 기량 부족 등이 복합적인 영향에 의해 발생한다. 방지를 위해서는 원인을 분석하여 사전에 예방하도록 관리해야 한다.

1. 불연속 지시와 용접결함

현장에서는 흔히 비파괴 검사 혹은 육안 검사를 통해서 뭔가 지적 사항이 나오면 이를 바로 결함이라고 부르는 경향이 있다. 하지만, 정확하게 표현하면 관련 설계 기준이나 Code에 따라서 분명하게 허용되지 않는 수준의 지시 사항을 제외하고는 모두 단지 현장에서 발견된 불연속 지시라고 구분 되어야 한다. 즉, 불연속 지시는 균일한 형상의 용접부에서 발견된 불균일한 부분을 의미하게 되고, 용접 결함은 설계된 용접 구조물에 대하여 안정성 및 사용목적을 손상시킬 수 있는 특정한 형태의 불연속 지시를 지칭하는 것이다.

즉, 용접 결함은 특정한 형상의 불연속지시 또는 관련 기술 기준(Code) 에 규정된 판정기준에 의거, 해당부품 또는 용접구조물이 설계된 현장 사용목적에 부합할 정도로 판정기준을 초과하는 불연속지시를 용접결함이라 한다.

- 선형 불연속지시: 폭에 비해 길이라 훨씬 긴 것(3배 이상)
- 비선형: 폭과 길이가 대체로 비슷한 것(3배 미만)

가해지는 응력에 수직되게 위치하는 선형 불연속 지시는 비선형보다 훨씬 더 위험하다.

선형 지시들은 비선형 지시보다 가해진 응력에 의해 매우 쉽게 파손되며, 일단 파손되면 계속하여 성장하여 구조물의 파괴로 연결되기 쉽다.

1.1. 용접 결함의 분류

용접부에서 발생하는 각종 결함은 그 외관과 기능에 따라 다음과 같이 구분될 수 있다. 각각의 합부 기준은 설계 기준에 따라 결정되어야 하며,

1.1.1. 치수상 결함

- 변형(Distortion)
- 치수불량 : 비드폭, 덧붙이 목(Throat) 두께 등의 과부족
- 형상불량 : 용접사의 기량이나 도면 이해 부족으로 나타남.

1.1.2. 구조상 결함

- 기공 및 피트 (Porosity & Pit)
- 은점(Fish Eye)
- Slag & Tungsten Inclusion
- 융합 불량 (LF: Lack of Fusion, Incomplete Fusion)
- 용입부족 (IP: Incomplete Penetration)
- Undercut, Underfill, Overlap
- Spatter
- Arc Strike
- Seams & Laps
- Cracks
- Lamination 등

1.1.3. 성질상 결함

- 기계적 성질 불량: 연성, 인장, 강도, 피로 강도 등
- 화학적 성질 불량: 화학성분, 부식 등

2. 형상별 용접결함의 원인과 대책

2.1. 개재물(Inclusion)

2.1.1. 슬래그(Slag) 혼입

플럭스가 용융하여 슬래그(Slag)를 생성하는 용접법(SMAW, FCAW, SAW)에서 발생하는 결함이다. 때로는 플럭스를 사용하지 않는 솔리드 와이어를 사용하는 용접방법에 탈산 생성물 슬래그가 다층육성 용접금속 내에 남아 발생한다. 둥근 모양의 작은 것은 기계적 성질에 영향이 작다. 형상불량이 큰 슬래그 혼입은 강도, 연성 등을 약하게 하여 취성파괴의 원인이 되기도 한다.

슬래그 혼입은 슬래그가 충분하게 부상하여 용접금속 상부의 슬래그로 제거되지 못하고 중간에 남아 있는 것으로 대개 전류가 부족하거나 용접 조인트 형상이 부적절하여 발생한다.

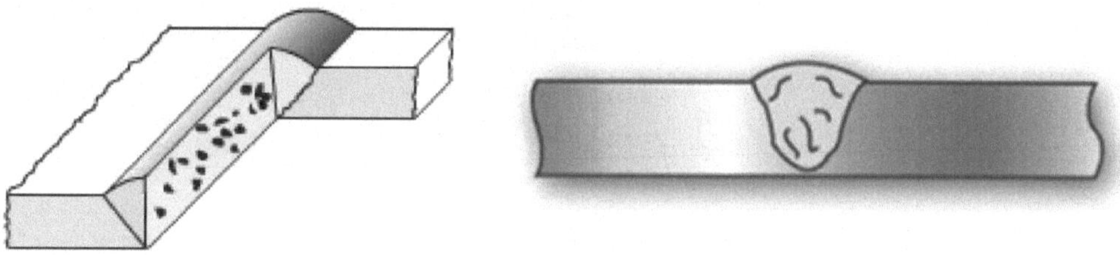

그림 9-1 용접부에 형성된 슬래그 혼입

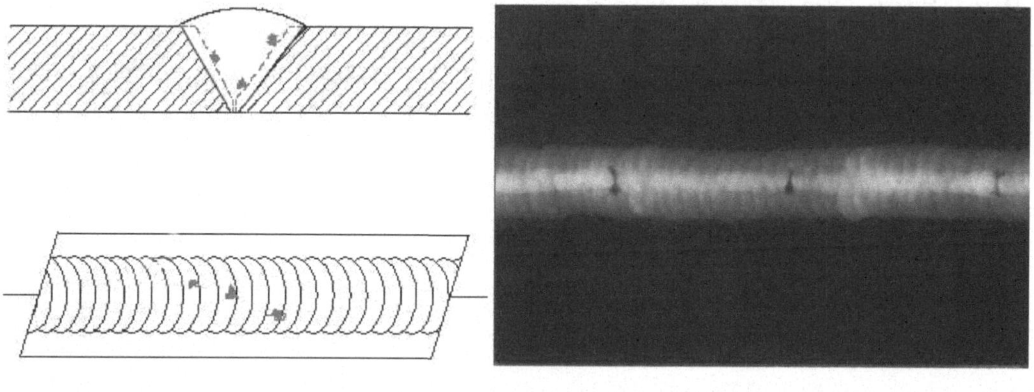

그림 9-2 슬래그 혼입과 방사선 투과 검사 사진

2.1.2. 텅스텐 개재물 (Tungsten Inclusion)

텅스텐 전극을 사용하는 가스텅스텐아크용접과정에서 과열된 텅스텐이 용탕에 떨어지면서 발생한다. 주로 과열된 전극이 용탕과 직접 접촉하거나 소결(Sitering)으로 제작된 전극이 고온에서 부서지면서 용접금속에 남아 개재물이 되는 것이다. 전극을 너무 길게 가져가져 가지 않고 과열되지 않도록 전류와 전압을 조정하는 것이 필요하다.

직류역극성을 사용하면 전극의 과열이 발생하기 쉽기 때문에 주의가 필요하다.

슬래그 혼입의 방사선 투과 검사 사진이 슬래그의 낮은 밀도로 인해 방사선의 투과량이 많아서 검게 나타나는 데 비해 텅스텐은 높은 밀도로 인해 방사선 투과 검사 사진상에서는 밝게 빛나는 점으로 표시된다.

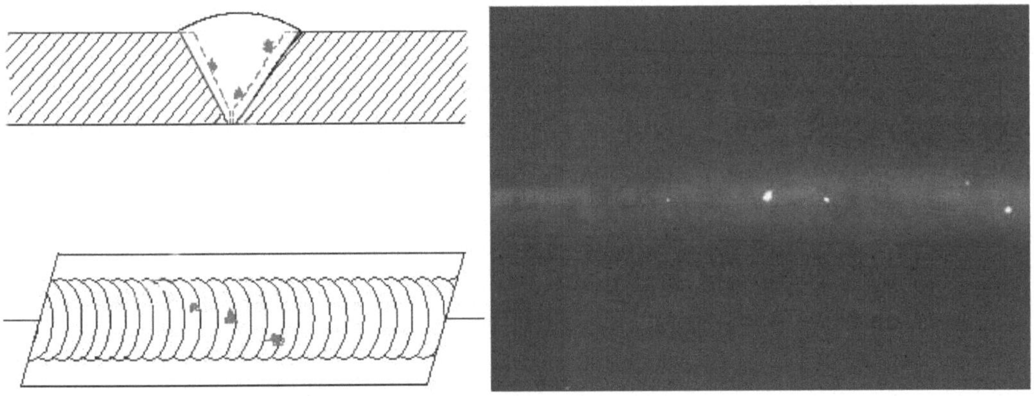

그림 9-3 텅스텐 혼입과 방사선 투과 검사 사진

2.2. 융합(융착) 불량과 용입부족

불연속 지시 중 균열(Crack) 다음으로 날카로운 선형결함이며, 용접구조물에 매우 치명적일 수 있기에 주의해야 한다.

2.2.1. 융합(융착) 불량(Incomplete Fusion)

용착 금속과 주위의 용접 Bead 또는 융합면 사이에 융합이 되지 않은 불연속 지시이다.

즉 융합량이 특정한 용접에 대해 지정된 양보다 적은 것으로 저온 겹침(Cold Lap), 또는 Lack of Fusion(LF) 라고 한다. 이는 선형으로 끝단이 날카로운 모양을 하고 있어 균열과 거의 동일하게 다뤄진다.

융합 불량은 미처 모재 혹은 앞선 용접금속이 충분히 녹아서 합체되기 전에 용탕이 굳어 버리는 현상이며, 용접열이 부족하거나 용접사의 운봉이 부적절하거나 너무 낮은 전류를 사용하여 용접을 진행할 경우에 발생한다. 즉 현재 용접 전류에 의해 형성된 용탕이 모재 혹은 선행 용접비드와 완전하게 녹아서 한 몸이 되기 전에 미리 굳어 버리는 현상이다.

용접 조인트를 너무 좁게 가공하거나 조인트에 비해 너무 큰 용접봉을 사용할 경우에도 발생한다.

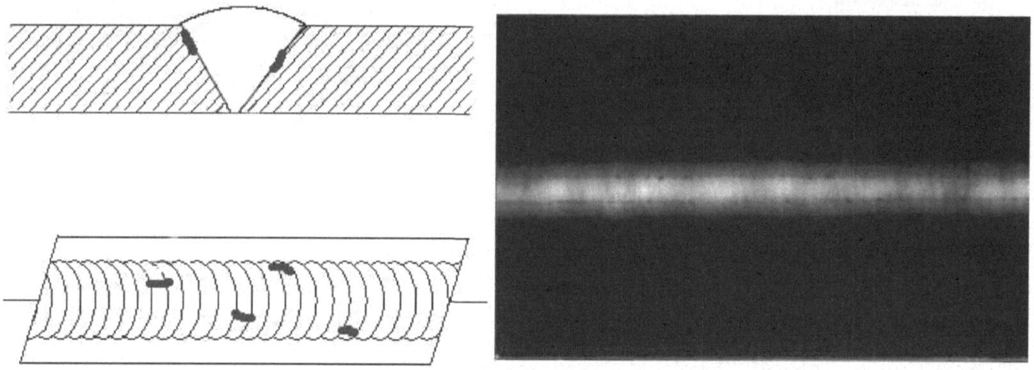

그림 9-4 융합(융착) 불량과 방사선 투과 검사 사진

2.2.2. 용입 부족(Incomplete Penetration)

융합 불량과 달리 용입 부족은 홈(Groove) 용접에서만 볼 수 있는 불연속 지시이다. 관련 Code와 설계 기준에 따라 충분한 양(두께)의 용접금속이 형성되어야 하는데, 그렇지 못하여 용접 조인트의 두께를 관통하지 못하는 경우를 용입부족이라고 한다. 초층에서도 발생하지만 용접금속의 맨 외곽 비드(Cap Pass)에서도 발생한다.

용접부 초층에서 발생하는 용입부족은 융합(용착) 불량과 함께 나타나는 경우가 많으며, 부적절한 용접기술, 용접개선면의 형상 혹은 오염물질 등이 원인이다.

전류가 너무 낮고 용접속도가 빠른 경우에도 급냉을 유도하여 용탕이 충분하게 용접조인트로 들어가지 못해서 생기는 경우도 있다. 방사선투과 검사에서 용입불량은 융합(융착) 불량 보다 더 직선으로 나타난다.

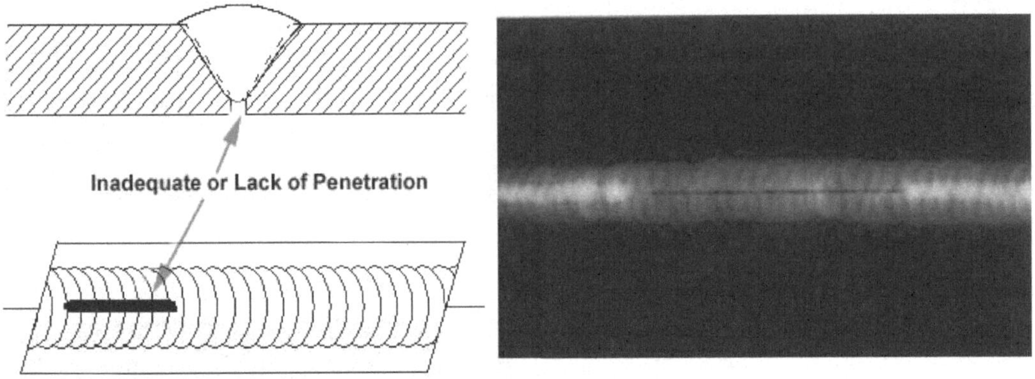

그림 9-5 용입 부족과 방사선 투과 검사 사진

2.3. 기공(Porosity & Blow Hole)

기공(Porosity & Blow Hole)은 용접결함 중 자주 발견되는 것으로 용접금속 속에 생기는 기포를 의미한다. 간혹 이 기공이 용접금속 내부에 형성되지 않고 외부로 노출되어 마치 입을 벌린 상태로 존재하는 경우가 있는데, 이를 피트(Pit)라고 부른다. 작은 기공은 Porosity 라고 부르며 이 보다 좀 큰 것을 Blow Hole 그리고 아주 큰 것은 Worm Hole 혹은 Piping 이라고 부른다. 기공을 형성하는 가장 대표적인 것은 수소이며, 질소도 큰 형상의 기공을 만들게 된다.

고온에서 응고하는 과정에서 이들 기체의 고용도가 떨어지면서 용접금속으로부터 방출된 기체가 모여서 형성된 것이 기공이다.

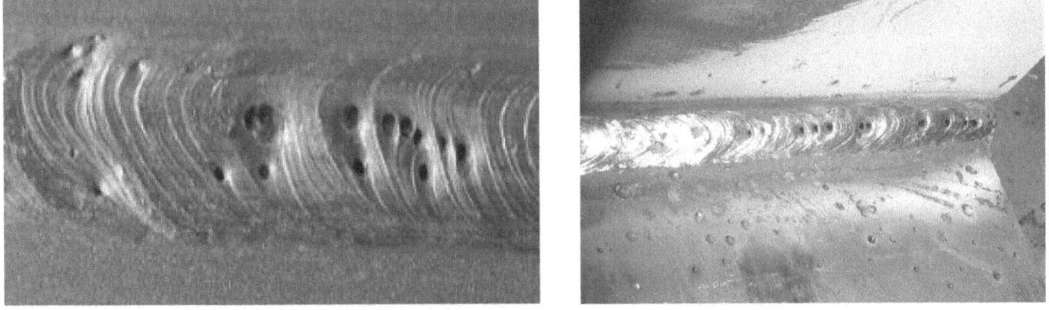

그림 9-6 용접부에서 발생하는 기공의 형상

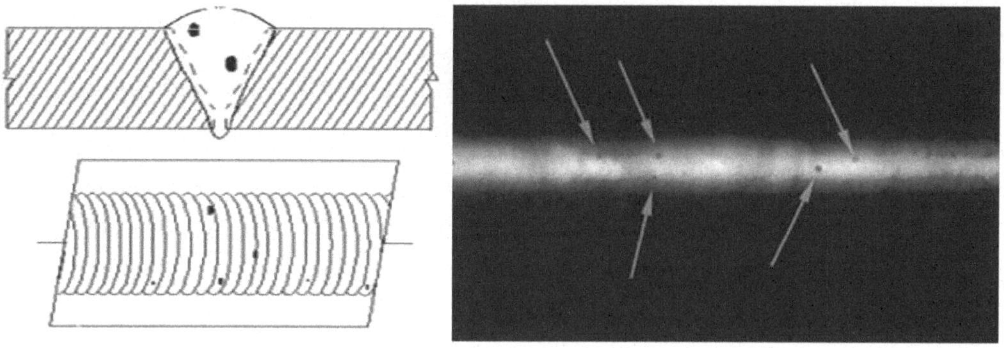

그림 9-7 기공의 존재 양상과 방사선 투과 검사 사진

기공 발생을 예방하기 위해서는 습도가 높은 날 혹은 바람이 심하게 부는 환경하에서의 용접을 금해야 한다. 또한 용접부에 녹이나 페인트등의 이물질이 남아 있지 않도록 해야 하며, 용접봉의 충분한 건조와 가급적 저수소계 용접봉을 사용하는 노력이 필요하다

오스테나이트계 스테인레스강의 용접시에 보호 가스로 질소를 포함하면 오스테나이트 조직의 안정화가 발생하여 긍정적이긴 효과를 기대할 수 있지만, 반대로 질소의 함량이 많아지면 용접부의 질화가 발생하여 취성이 발생하기 쉽고, 기공이 발생할 우려가 있기에 질소를 사용하는 것은 주의가 필요하다.

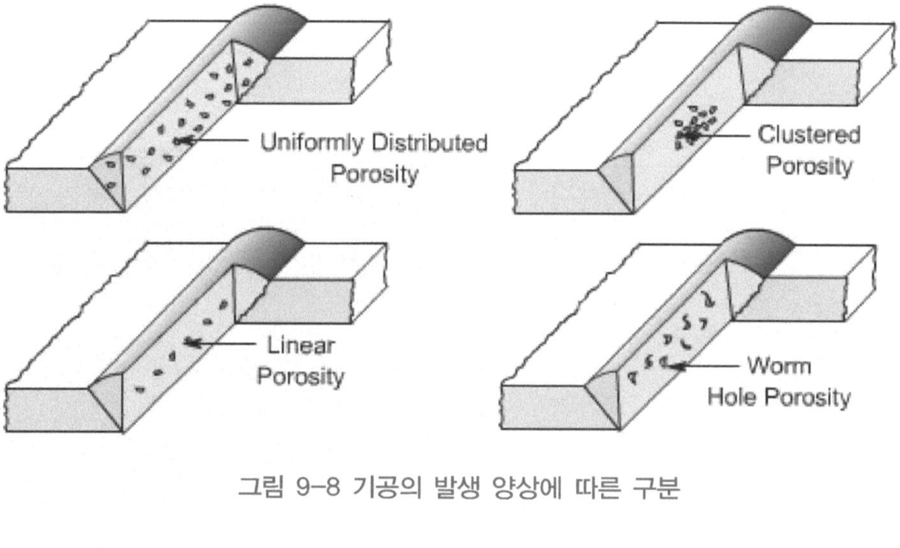

그림 9-8 기공의 발생 양상에 따른 구분

2.4. 언더 컷(Under Cut)

언더컷은 모재쪽의 금속이 용접으로 덜 채워져 있는 것처럼 보이지만, 실제로는 용탕이 너무 뜨거워서 그 열로 모재를 녹여서 용융된 모재가 용접금속의 용탕으로 빨려 들어가서 용접비트 옆의 모재에 움푹 파인 현상으로 나타난다.

즉, 용접이 덜 된 것이 아니라 용접열에 의해 모재가 녹아서 빨려 들어간 현상을 의미한다. 용접부 초층에서도 발생하고 마지막 패스에서도 발생한다. 현장에서는 대개 한번 더 보충 용접을 해서 이를 제거하곤 한다.

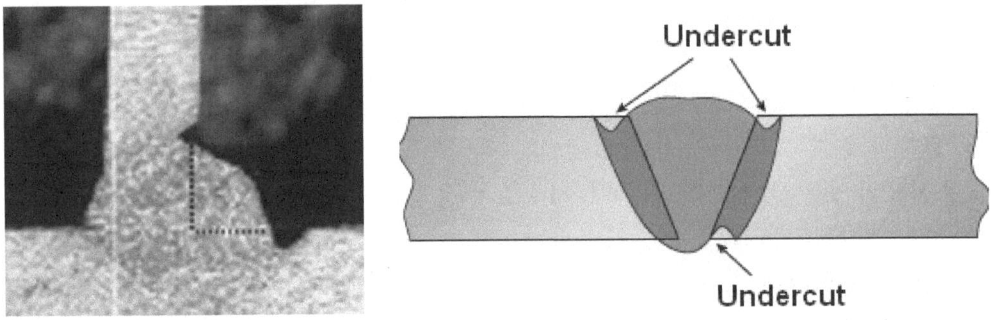

그림 9-9 언더컷의 개요와 실제 필렛 용접부에서 발생한 언더컷

용접시에 전류와 전압이 너무 크거나 용접봉의 송급 속도와 용접속도가 부적절하여 용탕이 지나치게 과열될 경우에 발생한다.

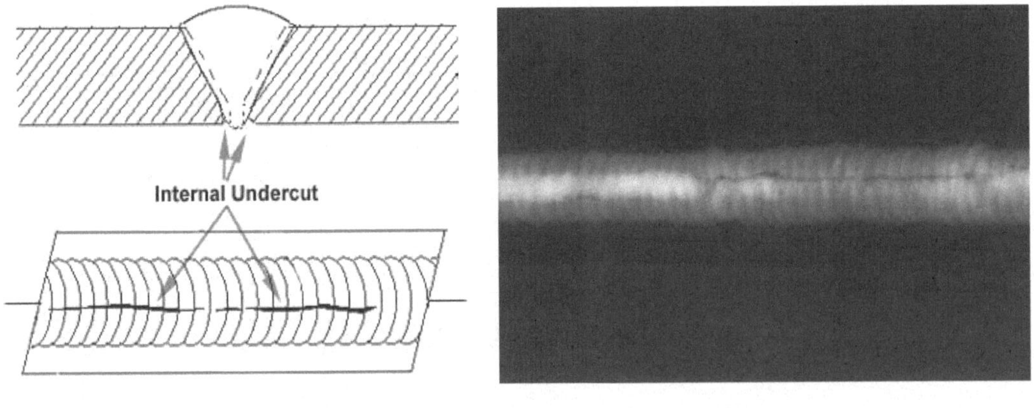

그림 9-10 초층에 형성된 언더 컷(Under Cut)

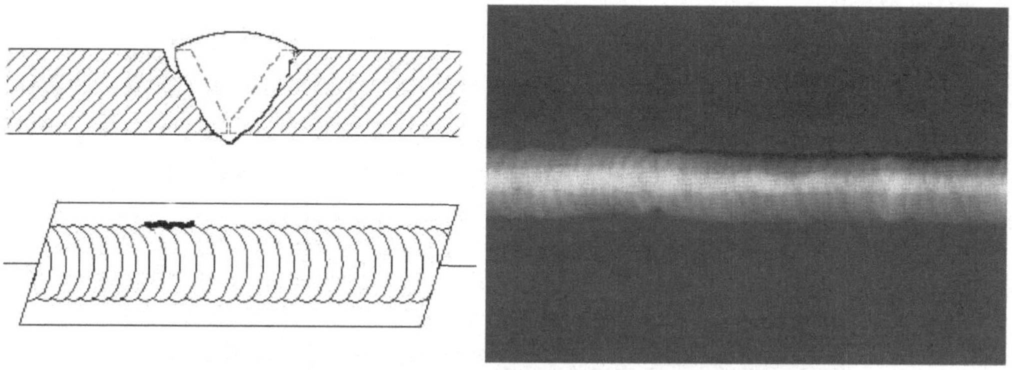

그림 9-11 용접부 Cap Pass에서 발생하는 언더 컷(Under Cut)

2.5. 오버랩(Overlap)

용착금속이 비드 선단에서 모재와 충분하게 융합되지 않고 기계적으로 겹쳐져 있는 부분을 의미한다. 겹쳐진 부분은 틈부식을 유발할 수 있으며, 응력 집중점이 될 수 있기에 피해야 한다.

발생 원인은 용융된 용탕이 너무 낮은 열량을 가지고 있지만, 용접속도가 늦어서 해당 부위에 많은 양의 용탕이 형성될 경우에 발생한다. 용접 토치 각도를 조절하고 용접 전류와 용접 속도를 조절하여 해결해야 한다.

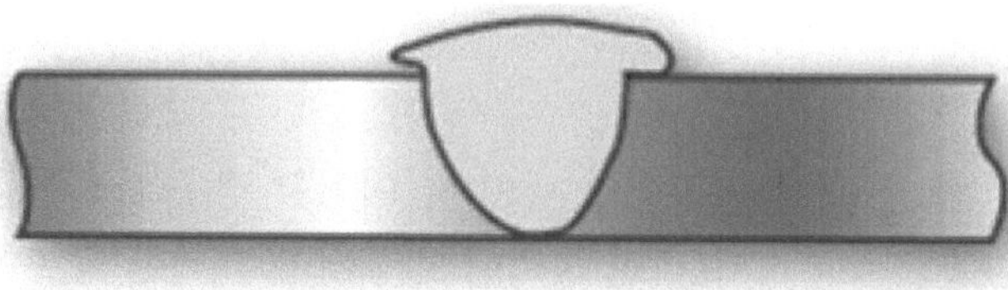

그림 9-12 오버 랩(Over Lap)의 개요

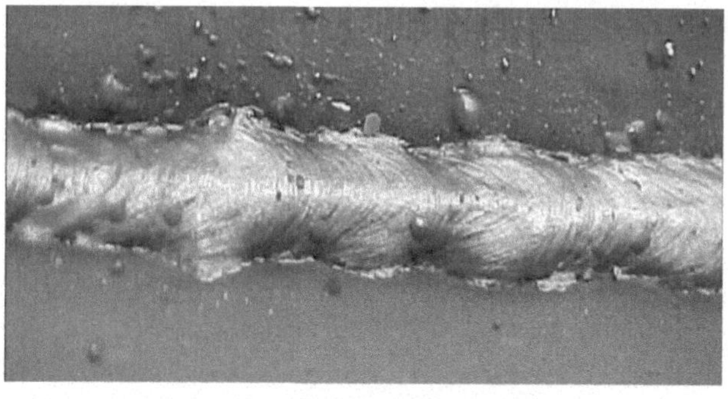

그림 9-13 오버랩이 형성된 용접비드

2.6. 스패터(Spatter)

용융금속중의 일부 입자가 모재로 이행하면서 용접부를 이탈해 용착된 용융방울로서 사용되는 보호가스의 종류에 따라 발생 정도가 달라진다. 전류 및 전압이 너무 큰 경우에 발생하며, 용접부에 이물질이 있을 경우에도 발생한다. 토치각도를 조절하고 용접 전류를 낮게 가져가면 방지할 수 있다.

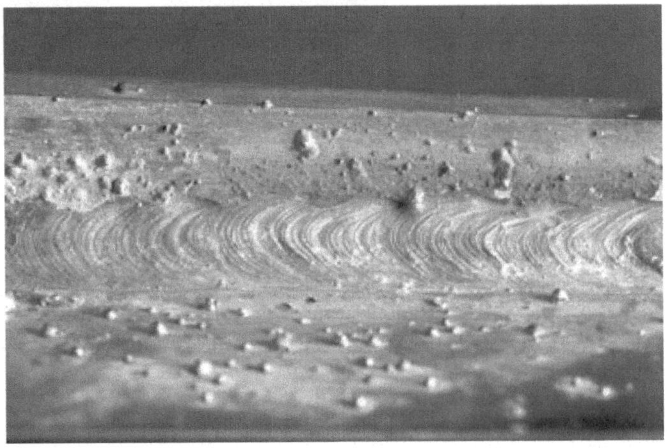

그림 9-14 스패터가 과도하게 발생한 용접부

2.7. 크랙(Crack)

용접부에 생기는 결함 중 가장 치명적인 것이며, 어떠한 경우에도 허용될 수 없는 결함이다. 아무리 작은 균열에도 부하가 걸리면 응력이 집중되어 미세한 균열이 점차 성장하여 궁극적으로 부재의 파괴를 가져온다. 따라서 균열이 생기면 반드시 그 부분을 파내고 보수해야 한다.

응고 직후에 발생하는 응고 균열 혹은 고온 균열(Hot Crack)과 300℃ 이하의 온도 혹은 용접 금속이 응고한 후에 발생하는 저온 균열(Cold Crack)이 있다.

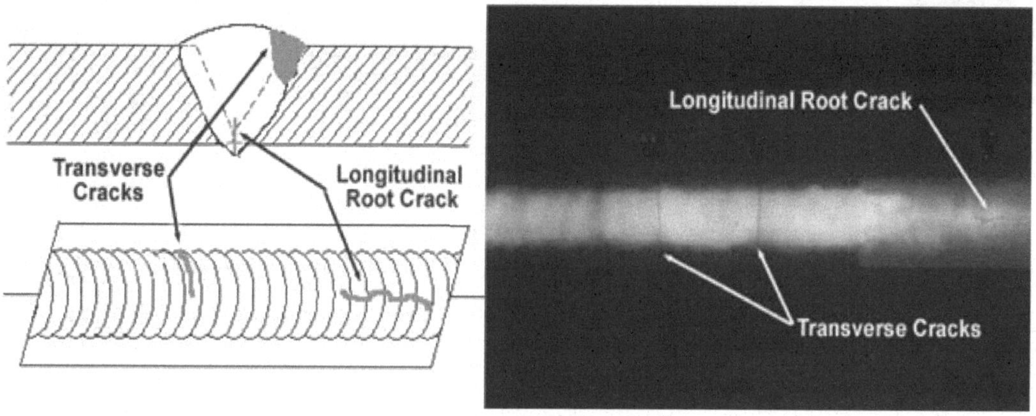

그림 9-15 용접비드에 발생하는 횡균열과 종균열 및 비파괴 검사 사진

응고 균열은 주로 저융점 개재물인 인(P)과 황(S)으로 인해 발생하며, 저온 균열은 강재의 경화도를 높이는 탄소 함량 및 수소에 기인한 것이 대부분이다.

원소재의 불순물 함량을 줄이는 것이 중요하며, 탈산이 잘된 강종을 써야 용접성이 좋다.

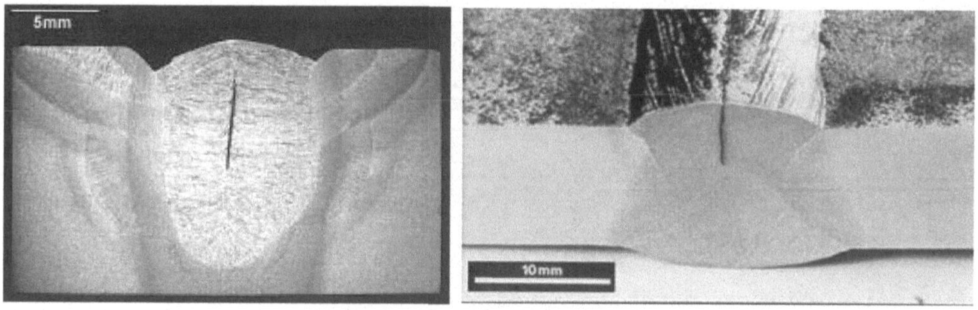

그림 9-16 전형적인 응고 균열의 양상

저온 균열은 주로 수소에 의해 발생하는 문제점이기에 용접 과정에서 수소가 발생할 수 있는 수분이나 오염물질을 제거하는 것이 중요하며, 용접시에 적절한 예열과 후열 처리를 통해 용탕에 남아 있을 수 있는 수소를 제거할 수 있도록 해야 한다.

용접부 균열에 대해서는 강재의 용접성 평가를 진행한 제 3장의 내용을 참조한다.

3. 용접 방법별 결함원인 및 방지대책

이하에서는 각 용접 방법별로 대표적인 결함과 그원인 및 방지 대책에 대해 간단하게 서술한다. 보다 세부적인 사항은 개별 용접방법을 소개한 제 5장의 내용을 참고한다.

3.1. 보호 가스를 사용 용접(GTAW, FCAW, GMAW)

표 9-1 보호 가스를 사용하는 용접에서 발생하는 결함의 원인과 대책

결함종류	원인	방지대책
표면비드 불량	와이어 구부러짐 Contact Tip과 용접물 간의 거리 과다 차폐 가스 흐름 불량	Wire Straightner 사용 Stick Out 감소
	공기 유입, 습기 유입	장비 점검
	용접봉 최초 유입 시기가 지나치게 빠름.(TIG)	모재부 용융 후 용접봉을 유입 시킴.
	취부 용접부 크랙	취부 용접시 전류 높임. 취부 용착량 및 길이 증가
용입/용융 불량	지나친 용접 속도 지나친 토치 기울임 루트 갭이 너무 좁다. 아크 시작점의 용융풀이 너무 작다. Root Face가 두껍다.	용접 속도를 늦춤 토치 각도 증가 루트 갭 증가 시작점에서의 충분한 가열 Root Face 두께 감소
용락	과도한 전류 느린 용접 속도 루트갭 과다 및 Root Face 과소 와이어 Feeding 속도 과다	전류값을 낮춤 용접 속도를 높임 루트갭 줄임, 위빙 Feeding Speed 조절
언더컷	전류, 전압 과대 용접 속도 과다 불균일한 와이어 공급 속도 위빙 속도 과다 토치 각도 불량 모재의 산화	용접 전류 줄임 전압 줄임 용접 속도 줄임 노즐 청소 및 교체 위빙 끝 부위에서의 정지

결함종류	원인	방지대책
스패터	Globular 용적 이행 용접봉 또는 모재의 오염	차폐 가스 교체 용접봉 교체 및 용접부 청정
슬래그 혼입	천층의 청정 불량 용접속도 불균일 토치각도 불량(슬래그가 아크에 선행) 위빙폭 과다 용접속도 과소(용융풀이 아크에 선행) 전류 과소	층간 청정 철저 용접 속도 균일 토치각을 크게 함 위빙폭 줄임 용접 속도 늘임 전류를 높임
텅스텐 혼입	Electrode로 부터 유입	Electrode의 품질이 낮음 작업물과의 접촉 방지 전류밀도를 줄임
기공	차폐 가스 유량 부족 차폐 가스에 공기 유입 전류, 전압 과대 Stick-Out 과다 금속 표면 오염(수분, 그리스, 먼지) 모재의 탄소, 황 및 인의 함량 과다	차폐 가스 유량 늘임 Nozzle에 Screen 설치 전류, 전압 줄임 Stick-Out 줄임 금속 표면 청정 모재 교체
고온크랙	모재의 황 및 인의 함량 과대 내부 응력 과다 최초 용접부의 크레이터 크랙 팽창량 과다	망간함량이 높은 용가재 사용 예열 용접 비드 크기 증가 용접 순서 및 JIG 변경
저온크랙	용착량 과소 취부 상태 불량 내부 응력 Crater Crack 과도한 수축 용입 불량 외기 온도가 지나치게 낮음 수분 냉각 속도 과다 수소 잔존	용착량 늘임 Root Gap 줄임 예열 Crater를 채움 용접 순서 변경 용접 변수 변경 용접부 예열 모재부 건조 입열 증가(전류를 높이고 속도를 늦춤) 냉각속도를 늦춤으로써 수소방출

3.2. 피복 아크 용접(SMAW)

표 9-2 피복아크 용접에서 발생하는 결함의 원인과 대책

결함 종류	원인	방지 대책
용입 부족	운봉 속도가 부적당할 경우 용접 전류 과소 홈의 각도가 좁은 경우	용착량 늘임 슬래그의 포피성을 해치지 않을 정도로 전류를 많게 함 홈의 각도를 크게 하거나 각도에 따른 봉지름 선정
언더컷	용접봉의 각도, 운봉 속도가 적당치 않을 경우 용접 전류 과다 부적당한 용접봉 사용	봉지름에 따른 위이빙을 주의 깊게 함. 운봉 속도를 늦게 하고 전류를 높임 목적에 따른 용접봉 사용
슬래그 섞임	전층의 슬래그 제거 불완전 이음 설계 부적당	슬래그 완전 제거 아아크 길이 또는 조작을 적당히 할 것
기공	아아크 분위기 중의 수소 또는 일산화탄소가 너무 많을 때 용착부의 급냉 모재 중의 유황량 과다 이음부에 유지,녹,페인트 부착 아아크 길이 전류치 부적당 용접봉 또는 이음에 습기 과다 두꺼운 아연 피복	적정한 봉 선정 위빙 또는 후열에 의한 냉각 속도 늦춤 저수소계 용접봉 사용 이음의 청정 소정의 범위 내에서 양간 길게 아크 길이 유지 용접봉 및 모재 건조 D4310봉 사용 (고셀룰로오즈계로 아크가 강함)
용착강 터짐	이음의 강성이 너무 클 때 용착강에 기포 등의 용접 결함이 있을 때 봉 건조 부족 이음의 친화성이 나쁠 때 이음의 각도가 너무 좁아 작고 좁은 비이드로 될 때 모재로 부터 과잉의 탄소나 합금 성분이 가해졌을 때 모재중에 유황량이 많을 때	예열, 피이닝, 후퇴법 사용 기포가 생기지 않는 용착 금속을 만들 것. 충분히 건조시켜 습기제거 루트갭 증가 또는 봉을 바꿈 비이드 단면적을 증가 시키고 봉종류를 바꿈 전류치를 낮추어 용입을 감소 저수소계 용접봉 적용
모재 터짐	아아크 분위기 중에 수소가 너무 많을 때 모재의 소입성이 클 때 모재에 이방성 (방향에 따라 강도가 다른 것) 이 있을 때	저수소계 용접봉 적용 또는 예열, 후열 실시 예열, 후열을 하여 냉각속도 늦춤
용착강의 연성과 노치 취성 악화	냉각속도가 너무 빠를 때 용접봉 부적당 모재로부터 탄소합금 원소가 과도하게 가해졌을 때	예열, 후열 연성이나 노치 취성이 가장 우수한 용접봉 사용 전류를 낮추어 용입을 적게함
모재 열 영향부의 연성과 노치 취성의 악화	냉각 속도가 너무 빠를 때 모재의 소입성이 클 때 모재가 변형 시효를 일으킬 때 아아크 분위기 중에 수소가 너무 많을 때	예열 및 후열 응력 제거 어니일링 저수소계 용접봉 사용

결함 종류	원인	방지 대책
선상조직	용접부의 냉각속도가 너무 빠를 때 모재의 탄소 유황분이 너무 많을 때 슬래그를 많이 혼입할 때 수소 용해량이 너무 많을 때	예열, 후열 실시 모재 검토 탈산이 잘되고 슬래그가 가벼운 용접봉 사용 고산화철계, 저수소계 용접봉 사용

3.3. 잠호 용접(SAW)

표 9-3 잠호용접에서 발생하는 결함의 원인과 대책

결함 종류	원인	방지 대책
블로우 홀	이음의 녹, 스케일, 유기물 플럭스의 흡습 더럽혀진 플럭스 과대한 용접 속도 플럭스의 높이 부족 플럭스의 높이 과다에 의한 가스 탈출 불충분 녹이나 유지로 더럽혀진 심선 극성 부적당	이음의 연삭, 청정, 불꽃 굽기 플럭스 건조 철선 브러시 사용 용접속도 낮춤(적정 플럭스사용) 플럭스 공급 호스 높이 높임 플럭스 공급 호스 높이 낮춤 심선의 청정 또는 교환 DCRP(전극 양극) 사용
Crack	모재의 탄소량 과대, 용착 금속의 망간량 과소 용착부의 급냉에 의한 열 영향부의 경화 심선의 탄소와 유황의 함유량 과대 다층용접의 제 1층에 생기는 터짐은 비이드가 수축변형에 견디지 못할 때 림드강의 필렛 용접에서 깊은 용입으로 편석이 교차할 때 모재의 구속 과다 비이드 높이 과다, 비이드 폭 과소	망간량이 많은 심선 사용, 모재의 탄소량이 많을 때는 예열 용접 전류, 전압의 증가, 용접 속도 감소, 모재의 예열 심선 교환 제 1층 비드를 강대하게 함. 용접 전류와 속도 감소 비이드 폭과 비이드 고를 대략 1 : 1로 함. 전류를 낮추고 전압을 높임
슬래그 섞임	용접 방향으로 모재가 경사해 있어 슬래그가 선행 심선이 측면에 너무 가까울 때 용접 개시점의 슬래그 섞임 전류 과소 용접 속도가 과소하고 슬래그가 선행 최종층의 아크 전압이 너무 높아 유리된 플럭스가 비이드 끝에 혼입	모재를 되도록 수평으로함. 홈측면과 심선과의 거리를 적어도 심선 직경 이상으로 함 엔드탭의 홈 형상을 모재와 동일하게 함. 전류를 높여서 잔류 플럭스를 녹이도록 함. 전류와 용접속도를 증가 전압 감소. 2층으로 최종층을 덧붙임.

제10장

용접부 비파괴 검사

1. 용접 검사원의 임무
2. 육안검사(Visual Inspection - VT)
3. 비파괴 검사(Nondestructive Testing - NDT)

현재 현장에서 사용중인 용접 품질 관리 체제에 있어 용접 구조물 및 부품의 제작 검사에 육안 검사가 가장 많이 사용되고 있으며 용접 검사의 근간을 이루고 있다.

모든 용접관련 기술 규정(Code and Standard)도 용접의 품질을 보증하기 위한 최소한의 방법으로서 제작시 용접부에 대한 육안 검사를 수행하도록 규정하고 있다.

비록 용접 관련 기술 규정에서 육안 검사에 추가하여 비파괴 검사와 파괴시험을 요구하는 경향이 있지만 이는 육안 검사를 보완 또는 보강하는 의미가 있다.

이 책에서는 모든 산업 분야에서 사용되는 육안 검사 방법과 비파괴 검사 방법들을 모두 다룰수는 없지만 용접 품질 관리 체제의 기본요소로서 적용되는 육안 검사와 육안검사를 보완하는 비파괴 검사 방법들에 대하여 다루고자 한다. 또한 일반적으로 용접 검사원들이 수행하여야 하는 용접 검사의 업무 내역에 대해서도 검토하고자 한다.

1. 용접 검사원의 임무

현장 용접 검사원의 임무중 많은 부분은 용접 검사를 담당하는 검사조직이 담당하여야 하는 것으로서 이들 임무들은 주로 용접 관련 규정에 익숙해지는 것과 용접 검사의 수행 시점을 결정하는 일, 용접 검사 보고서의 작성 및 보관 체제의 개발 업무, 용접 검사화 관련된 모든 정보의 수집, 관리 및 유지 업무 등을 들 수 있다.

용접 검사원의 임무는 광범위하고, 용접 구조물의 전 제작과정에 걸쳐 검사업무를 수행하여야 하기 때문에 검사 점검표(Inspection Checklist)를 활용하면 매우 유용하다. 이러한 검사 점검표를 사용하면 검사 업무를 조직적으로 수행할 수 있으며 주어진 검사업무를 빠짐없이 수행할 수가 있다.

표 10-1은 육안 검사뿐만 아니라 전반적인 용접 검사에 사용되는 대표적인 점검 사항을 보여주는 사례이다. 비록 육안 검사는 검사 장비를 필요로 하지는 않지만, 용접 검사를 수행할 때 많은 도움을 주는 몇 가지 검사용 도구들을 사용하기도 한다.

표 10-1 용접 검사 점검 사항

검사 시점	검사 항목
용접전 검사 항목	- 관련 제작 사양, Code, Specification 및 도면 검토 - 용접 사양서(WPS), 용접 사양 인증서(PQR) 검토 - 용접사 자격 인증기록 검토 - 제작 공정표 및 검사 계획서 검토 - 검사 Witness Point 및 Hold Point 선정 - 용접 검사원의 검사 계획서 작성 - 용접 검사 기록에 대한 체제 확립 - 용접 불량의 표시 방법을 확립 - 용접 장비 및 관련 치공구의 상태 점검 - 사용될 강재 및 용접봉의 품질 등급 점검 - 용접 개선 형상 검사 - 용접 취부 검사 - 용접 취부 치공구의 상태 점검 - 용접 개선면의 청결 검사 - 예열 온도 점검(WPS 요구시)
용접중 검사 항목	- 용접 변수를 용접 사양(WPS)과 비교 점검 - 매 용접Bead의 용접 순서 및 위치 확인 - 매 용접Bead에 대한 용접 검사 수행 - 매 용접Bead에 대한 Slag 청소 확인 - 중간 용접에 대한 층간 온도 확인 - Back Gouging 된 부위의 표면 검사 - 필요시 용접 중 비파괴 검사의 확인 검사
최종 용접 검사 항목	- 최종 용접 표면 및 형상 확인 - 용접 두께 또는 용접 각장 확인 - 용접 길이 확인 - 용접 구조물에 대한 치수 확인 - 필요시 최종 비파괴 검사의 확인 검사 - 필요시 용접후 열처리의 확인 검사 - 용접 검사 보고서 작성

2. 육안검사(Visual Inspection - VT)

2.1. 육안 검사원의 자격

비록 육안 용접 검사 방법이 비교적 손쉬운 검사 방법이라 해도 누구나 육안 용접 검사를 수행할 수 있다고 생각해서는 안된다. 미국 용접학회(AWS)는 육안 용접 검사를 수행하는 용접 검사원의 중요성을 인지하여 용접 검사원에 대한 최소한의 용접 지식과 관련 용접 검사 경험 등에 대한 자격기준을 작성 하였다. 미국 용접 학회에서 제정한 용접 검사원의 자격기준은 AWS Qc-1-88, Standard for AWS Certification of Welding Inspectors로 운영되고 있다.

이 자격 기준에 의거하여 용접 검사 관련 경험을 충분히 쌓은 사람이 요구된 일련의 자격시험을 통과할 때 비로소 용접 부를 육안 검사 할 수 있는 용접 검사원의 자격을 부여 받게 된다.

2.2. 육안 검사의 한계

육안 용접 검사의 한계는 표면에 명확히 나타나는 결함만을 검출할 수 있다는 점이다. 따라서 용접 검사원은 용접 공정 중 용접 전에 용접 개선 및 취부(Fit-Up) 검사, 초층(Root), 용접부와 용접 도중에 수시로 중간층 용접부의 표면에 대한 육안 검사를 수행하여야만 효과적인 용접 검사를 수행하게 된다.

육안 용접 검사는 별다른 특수 검사 장비가 필요 없기 때문에 비용 측면에서 매우 효율적인 용접 품질 관리 방법이다. 또한 용접이 진행되는 동안에도 곧바로 용접 표면을 검사할 수 있기 때문에 즉각적으로 용접 결함을 찾아내어 용접 결함에 대한 수정 용접을 실시할 수 있어 매우 경제적이다. 용접 현장에서 용접 결함이 발생한 즉시 이를 발견하게 되면 용접 결함을 수정하는데 소요되는 시간이 가장 짧게 되고 전체 공사의 공기에 미치는 영향을 가장 최소로 만들 수 있게 된다.

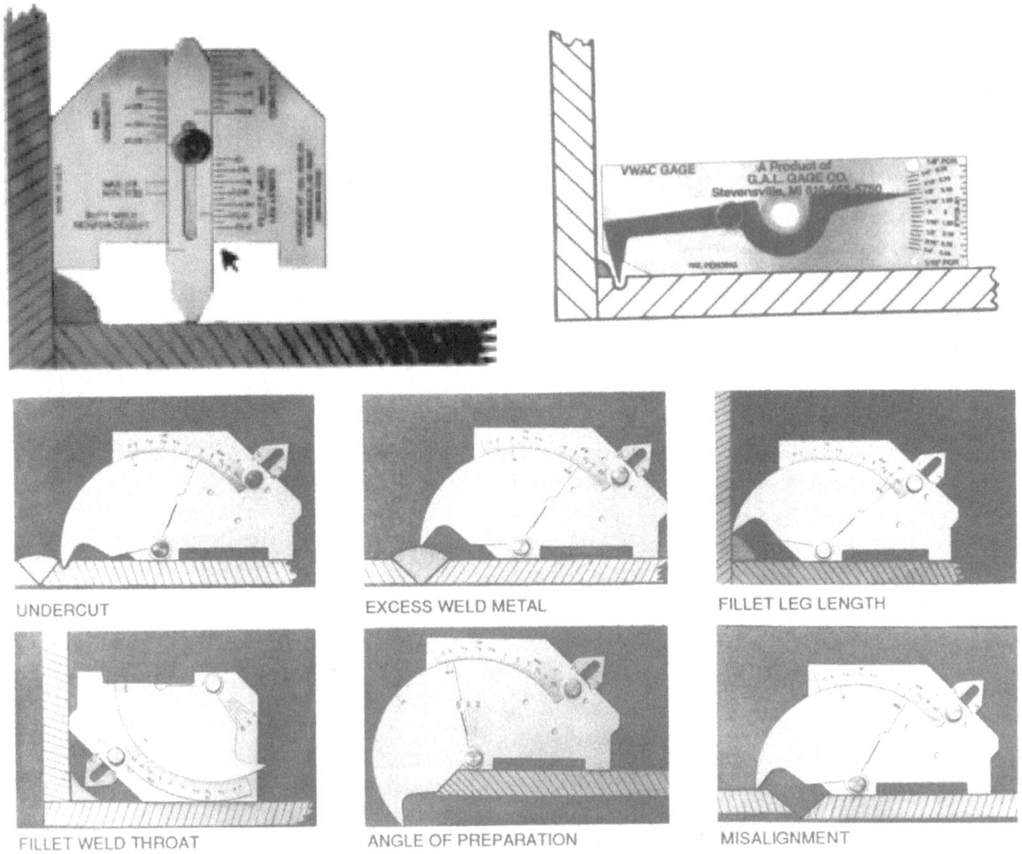

그림 10-1 육안 검사용 용접 Gauge들

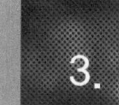

3. 비파괴 검사(Nondestructive Testing - NDT)

용접부 및 강재의 현장 사용에 대한 적절성을 판단하는 방법으로서 용접부 및 강재에 대한 파괴 시험을 통한 용접부 및 강재의 각종 기계적 특성을 평가하는 방법이 있다. 그러나, 이러한 파괴 시험은 시편을 상대로한 특정 조건에서만 가능하고 실제 용접 구조물에 이를 적용할 수는 없다. 이러한 단점을 극복하기 위하여 시험 대상물의 손상 없이 시험 대상물의 적정성을 판단 할 수 있는 몇가지 시험방법이 개발되었다. 이러한 시험 방법들을 비파괴 검사(Nondestructive Testing)라고 부르며, 이러한 비파괴 검사들은 시험 대상물인 강재 또는 용접부의 손상 없이 대상물의 건전성을 평가해 준다. 공장에서 제작된 부품의 일부 샘플에 대한 파괴 시험을 통하여 나머지 부품에 대한 건전성을 평가할 수는 있다.

그러나 이러한 파괴 시험에 의한 비용은 결코 작지 않으며, 시험되지 않은 부품에 대해서도 완벽한 건전성을 보장할 수는 없는 일이다. 반면에, 비파괴검사 방법은 비록 간접적인 평가 방법이지만 확실하게 부품 또는 제품에 대한 건전성을 입증해 줄 수 있다. 이장에서는 현장에서 많이 사용되는 비파괴 검사 방법들의 장점과 단점 이들의 적용 방법들에 대하여 알아보겠다. 이러한 비파괴 검사 방법들은 몇 가지 공통점을 갖고 있는데 이들은 아래와 같다.

- 검사에 사용되는 에너지 또는 매체의 공급원을 사용한다.
- 결함은 검사에 사용되는 에너지 또는 매체에 변화를 준다.
- 이러한 에너지 또는 매체의 변화를 감지하는 방법이 있다.
- 변화된 에너지를 지시하는 방법이 있다.
- 이러한 지시를 관측, 기록하는 방법이 있고, 판독할 수가 있다.

특정 비파괴 검사 방법의 사용 여부에 대한 판정은 위에 열거된 사항들을 검토하여 결정된다.

비파괴 검사에 사용되는 에너지 또는 매체는 검사 대상물에 적합하여야 하며 결함을 검출할 수 있어야 한다. 검사 대상물에 결함이 있는 경우 그 결함은 비파괴 검사에 사용되는 에너지 또는 매체에 영향을 주어 에너지 또는 검사 매체에 변화를 일으키게 된다.

이러한 결함에 의한 에너지 또는 매체의 변화는 사람이 식별 또는 기록되어 나중에 판정 작업을 할 수 있어야 한다. 과거 수 십년 간에 걸쳐 여러 종류의 비파괴 검사 방법이 개발되었으며, 각각의 비파괴 검사 방법은 검사 대상물에 대하여 결함의 탐지 능력에 관해서 장점과 한계점을 갖고 있다. 따라서 현장에서 검사 대상물과 찾고자 하는 결함에 따라 사용할 비파괴 검사 방법의 선택은 매우 중요하다. 경우에 따라서는 부품 또는 강재의 건전성을 확인하기 위하여 2,3가지의 비파괴 검사 방법을 사용하여 검사 대상물의 건전성을 평가할 때도 있다.

비파괴 검사 방법에는 많은 종류의 검사 방법이 있으나 여기에서는 강재 및 용접부의 검사에 많이 사용되는 다음의 6가지 대표적인 비파괴 검사 방법만을 설명한다.

- 염색 침투 탐상 검사 방법(PT)
- 자분탐상 방법(MT)
- 방사선투과시험 방법(RT)
- 초음파탐상시험 방법(UT)
- 와류탐상시험 방법(ET)
- 음향 탐사 시험 방법(AET)

3.1. 염색 침투 탐상(Dye Penetration Test, PT)

3.1.1. 염색 침투 탐상 검사의 개요

염색 침투 탐상 검사는 금속 표면의 노출되어 있는 결함에 침투되었던 염료가 표면으로 새어나오면서 표면의 주변 색깔과 선명히 대비되어 표면에 노출되어 있는 결함을 쉽게 찾아내는 검사 방법이다. 염색침투탐상 검사는 깨끗하게 청소된 검사 대상물의 표면에 붉은 색의 침투 액체를 도포(Spray)함으로서 이루어 진다.

침투액(Liquid Penetration)이 도포된 침투액이 검사 대상물 표면에 정해진 시간동안(약 15~30분) 마르지 않은 상태에서 표면에 열려있는 결함(미세한 틈)속으로 모세관 현상에 의해 빨려 들어가게 한다. 그런 다음 표면에 남아있는 침투액을 마른 걸레 또는 Paper Towel로 깨끗하게 닦아낸 후 흰색의 현상액을 얇게 도포하면 현상액은 검사 대상물의 표면에 노출되어 있는 결함으로부터 침투액을 다시 흡착해 낸다.

이러한 방법으로 검사 대상물의 표면에 노출되어 있는 결함을 침투액과 색깔이 대비되는 현상액(Dry Developer)을 사용하여 육안으로 쉽게 보고 검사를 수행할 수 있게 하는 검사 방법을 염색 침투 탐상 검사 방법이라 한다.

3.1.2. 염색 침투 탐상 검사 시약

염색 침투 탐상 검사에 사용되는 침투액을 분류하는 방법은 크게 2가지로 분류되며, 결함의 지시를 보는 방법과 침투액을 닦아내는 방법으로 분류된다.

결함의 지시를 보는 방법에 따른 분류는 육안 검사용 침투액과 자외선(Black Light)용 침투액으로 분류된다.

- 수세식 침투액에는 에멀션 용액이 함유되어, 침투액에 함유된 기름 성분도 쉽게 약한 압력의 물 세척으로 씻을 수 있다.
- 솔벤트 세척용 침투액은 검사 대상물 표면에 있는 침투액을 제거하기 위해서는 솔벤트를 사용해야만 한다.
- 에멀션(Emulsion) 세척용 침투액의 경우는 침투액을 검사 대상물에 도포한 후, 침투액이 침투하도록 정해진 시간 동안 기다렸다가 에멀션 용액을 검사 대상물 표면에 추가로 도포한 후, 약한 압력의 물을 검사 대상물 표면에 뿌리면 쉽게 세척된다.

이와 같은 염색 침투 탐상 검사용 침투액을 종합해 보면, 아래의 6가지 염색 침투 탐상 검사용 침투액 조합이 나온다.

- 육안/수세식 침투액
- 육안/솔벤트 세척용 침투액
- 육안/에멀션 세척용 침투액
- 형광/수세식 침투액
- 형광/ 솔벤트 세척용 침투액
- 형광/에멀션 세척용 침투액

위에 열거된 6가지의 염색 침투 탐상 검사용 침투액의 사용 방법은 기본적으로 모두 동일하다. 단, 에멀션 세척용 침투액은 침투액의 세척을 위해 에멀션 용액을 도포하는 과정이 추가된다.

염색 침투 탐상 검사는 다음에 설명한 바와 같이 4가지 검사 과정을 수행하면 되는 매우 간단한 검사방법이다. 비록 검사 방법이 간단하지만 4가지 검사 단계를 순서대로 정확하게 수행하여야만 신뢰할 수 있는 검사 결과를 얻을 수 있다.

3.1.3. 염색 침투 탐상 검사 순서

3.1.3.1. 검사 대상물의 세척

염색 침투 탐상 검사의 첫번째 검사 단계는 검사 대상물의 표면을 깨끗하게 세척하는 과정이다. 염색 침투 탐상 검사는 검사 대상물의 표면에 노출되어있는 결함을 찾아내기 때문에 이 표면 세척 단계는 매우 중요한 과정이다. 따라서 검사 대상물의 표면에는 기름, 먼지, 녹, 페인트 등의 이물질이 없어야 한다. 구리 합금 및 알루미늄과 같은 재질이 연한 검사 대상물을 세척할 때에는 Wire Brush 또는 Shot Blast등의 방법으로 표면을 세척할 경우에는 표면의 금속이 변형되어 결함의 표면 노출 결함부가 막히는 일이 없도록 조심하여야 한다.

3.1.3.2. 침투액의 도포

두번째 단계는 검사 대상물의 표면을 깨끗하게 세척한 후 표면의 물기 또는 세척액이 마르게 적정한 시간을 기다렸다가 검사 대상물 표면에 골고루 염색 침투 탐상 검사용 침투액을 도포한다.

침투액의 도포 방법은 검사 대상물이 작은 부품인 경우에는 침투액 속에 담그는 방법과 붓 또는 스프레이 등으로 검사 대상물 표면에 침투액을 도포하는 방법이 있다. 침투액이 결함 내부로 충분히 침투할 수 있도록 5분내지 20분 동안 침투 시간을 준다.

특히 침투 시간 동안은 침투액이 검사 대상물 표면에서 마르지 않고 유동성을 유지한 액체 상태를 유지하도록 필요한 경우에는 추가로 침투액을 검사 대상물 표면에 2~3회 도포해 준다. 이렇게 침투액을 검사 대상물 표면에 도포해주면 침투액은 모세관 현상에 의해 표면의 열린 결함 속으로 빨려 들어가게 된다.

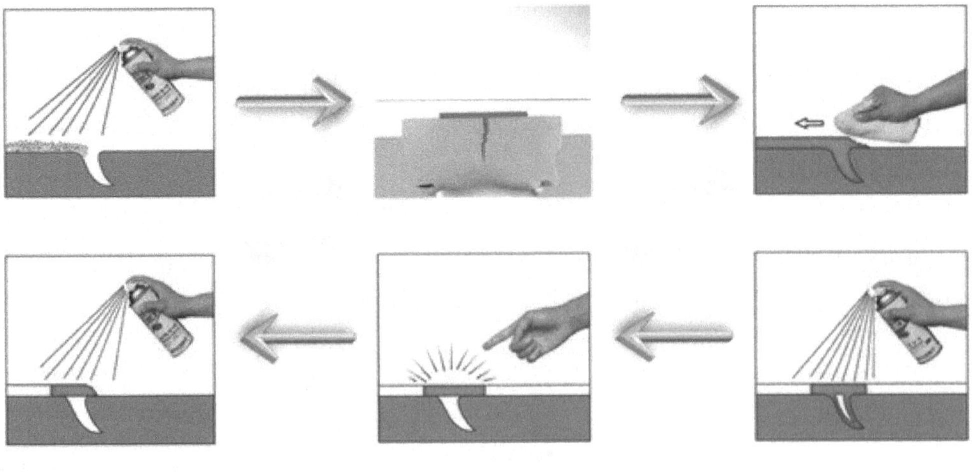

그림 10-2 염색 침투 탐상 검사

3.1.3.3. 침투액의 세척

세번째 단계는 일정한 침투시간이 경과되면 충분한 양의 침투액이 결함 속으로 침투된다. 이때에 검사 대상물의 표면에 남아있는 침투액을 완전히 세척한다. 이때, 검사 대상물 표면에 침투액이 조금이라도 남아있게 되면, 나중에 현상액을 도포할 경우, 표면에 남아 있던 침투액과 미세한 결함에서 나온 침투액과 구분할 수 없기 때문에 가능한 한 표면에 남아 있는 침투액을 철저히 닦아내야 한다.

3.1.3.4. 현상액의 도포

네번째 단계는 검사 대상물의 표면에 골고루 현상제를 얇게 도포한다. 현상액은 Dry Powder 또는 Dry Powder가 휘발성이 강한 용제에 혼합된 것으로서 대기 중에서 용제는 즉각 증발되고 검사 대상물 표면에는 Dry Powder가 도포(Spray Coat)된다. 이 Dry Powder는 결함의 내부에 침투한 침투액을 빨아 내어 표면으로 부상시켜주는 성능을 갖고 있다. 따라서 미세한 결함 속에 들어있던 침투액이 Dry Powder에 의해 표면으로 흘러나오면서 선명한 색깔과 폭이 넓어진 상태로 검사 대상물의 표면에 열려있던 결함의 위치, 형상과 크기를 표시하여 준다.

현상액이 너무 두껍게 도포되면 미세한 작은 결함은 찾아낼 수 없게 된다. 염색 침투 탐상 검사의 예민성(Sensitivity)은 사용하는 현상액 Dry Powder의 입도와 도포된 현상액의 두께에 따라 결정된다. 육안용 침투액을 사용할 때에는 햇빛 또는 일반 전등의 조명 아래에서 검사를 수행하며, 형광 침투액을 사용할 때에는 어두운 장소에서 자외선 특수 전등(Black Light)의 조명을 사용하여 검사를 수행한다.

3.1.4. 염색 침투 탐상 검사의 장점, 단점

염색 침투 탐상 검사의 장점과 단점은 아래와 같다.

3.1.4.1. 장점

- 검사 대상물은 금속뿐만 아니라, 모든 물체(세라믹도 가능)에 대해 적용된다.
- 이종 금속간의 용접 또는 납땜도 검사를 할 수 있다.
- 비자성 금속에 대하여도 검사를 수행할 수 있다.
- 검사 장비가 매우 간편하고, 이동성이 편리하다.
- 장비의 가격이 매우 저렴하다.

3.1.4.2. 단점

- 표면에 노출되어 있지 않은 결함(Subsurface Discontinues)은 검출할 수 없다.
- 자분 탐상 검사에 비하여 검사 기간이 장시간 소요된다. (매 검사마다 30분내지 1시간 소요)
- 검사 대상물 표면의 검사준비가 까다롭다.
- 검사후 검사 대상물의 표면을 청소하여야 한다.
- 용접 등 검사 대상물 표면이 거칠은 경우, 검사 판독이 어렵다.

염색 침투 탐상 검사를 끝낸 후 다시 용접을 할 때에는 표면에 남아있는 모든 침투액, 세척액, 현상액을 검사 대상물로부터 완전히 제거하여야 한다. 이러한 물질을 완전히 제거하지 않고 용접을 하게 되면 용접열과 용접 아크에 의해 유독성의 가스가 발생되어 작업자 및 주변 사람의 건강을 해칠 수 있다.

3.2. 자분 탐상 검사(Magnetic Partivle Test, MT)

3.2.1. 자분 탐상의 개요

자분 탐상은 강자성체(Ferromagnetic Materials)의 표면 결함을 검사하는데 주로 사용된다. 비록 표면 밑에 있는 결함(Subsurface Discontinuities)도 탐지할 수 있다고는 하지만 실제에 있어서는 판정하기가 매우 어렵고 많은 경우에 이러한 지시는 무시되고 있다.

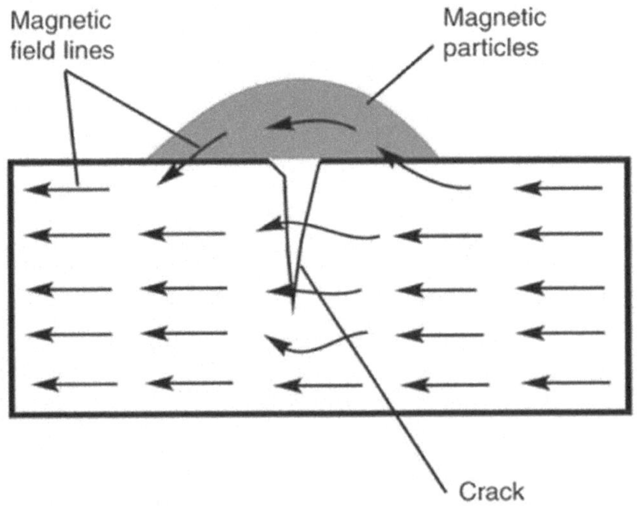

그림 10-3 자분 탐상검사의 개요

자화된 강자성체의 표면에 결함이 있는 경우 강자성체 내부에 있는 자장은 표면 결함의 양쪽 면에 자장의 양극을 구성하여 이곳에서 표면으로 강한 자속을 분출시키면서 자분(Iron Particles)을 잡아 당기게 된다. 따라서 이러한 부위에 자분을 뿌려주면, 결함의 표면에서 분출되는 강한 자장의 영향으로 표면 결함 부위로 자분이 결집되어 쉽게 표면 결함을 육안으로 인식할 수 있게 된다.

3.2.2. 자분 탐상 검사의 종류

자분 탐상의 기법에는 몇 가지 종류가 있으나 검사의 원리는 위에 설명한 것과 동일하며 단지 강자성체 내부에 자장을 만드는 방법에서 차이가 난다. 자분 탐상을 수행하기 위해서는 피 검사 대상물 내에 자장을 만들어 주는 방법이 필요하다. 일단 피 검사 대상물이 자화되면 그 표면에 자분을 뿌려주면 된다. 자분은 표면의 결함 주변으로 달라붙고 따라서 모여든 자분으로 인하여 육안 검사가 쉬워진다.

이러한 현상을 사용하여, 자분 탐상을 수행할 때 자장의 방향을 검사 대상물의 축 방향으로 또는 축 방향에 직각인 원주 방향으로 형성시켜 검사를 수행하는 2가지의 자분 탐상 방법이 있다.

즉 자장의 방향을 기준으로 검사 방법을 분류하며, 자장의 방향이 검사 대상물의 축과 일치하는 검사 방법을 축 방향 자분 검사(Longitudinal Magnetism)라 하고, 자장의 방향이 검사 대상물의 축과 직각을 이루는 원주 방향인 경우를 원주 방향 자분 검사(Circular Magnetism)라 한다.

3.2.2.1. 축 방향 자분(Longitudinal Magnetism) 탐상 검사

그림 10-4는 피 검사 대상물을 전기선으로 감아서 피 검사 대상물에 축 방향의 자장을 만들어 자분 탐상 검사를 수행하는 방법을 보여주고 있다. 현장의 용접 제작 공장에서 고정된 검사 장비를 사용할 때는 이러한 자분 검사 방법을 코일(Coil Shot) 자분 검사라 부른다.

축 방향의 자장을 사용하여 자분 검사를 수행할 때는 자분이 축 방향에 수직으로 늘어서게 되므로 축 방향에 구직인 표면 결함은 아주 쉽게 검출되며, 축 방향에 45°인 표면 결함도 검출된다. 그러나, 축 방향과 평행한 표면 결함은 축 방향의 자장으로는 검출할 수가 없다.

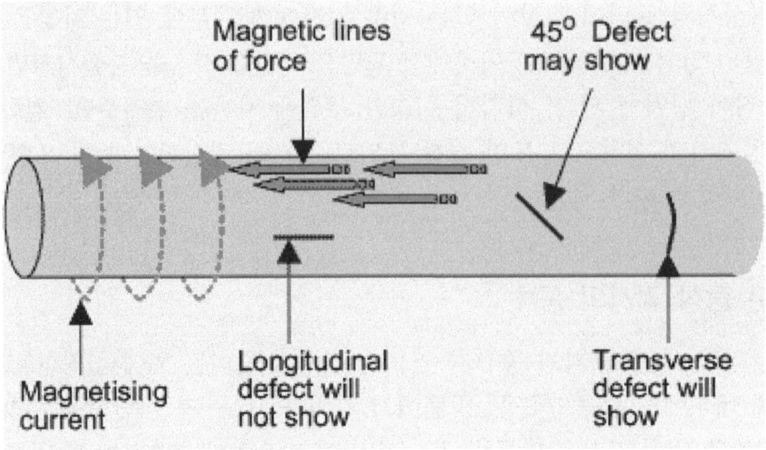

그림 10-4 축 방향 자분 탐상 검사

3.2.2.2. 원주 방향 자분(Circular Magnetism)

또 다른 검사 방법은 원주 방향의 자장을 이용하여 피검사 대상물을 자분 검사하는 방법으로서 그림 10-5에 명시되어 있다. 원주 방향의 자장을 만들기 위해서는 전류를 피검사 대상물의 축방향으로 통전시키면 된다. 원주 방향의 자장에서는 축과 평행한 표면 결함이 쉽게 검출되며, 축과 45°인 표면 결함도 검출될 수 있다. 그러나 축과 직각을 이루는 결함은 검출되지 않는다. 제조 공장에서 소정식 장비를 사용하여 자분 검사를 할 때 이러한 검사 방법을 헤드샷(Head Shot) 자분 검사라 부른다.

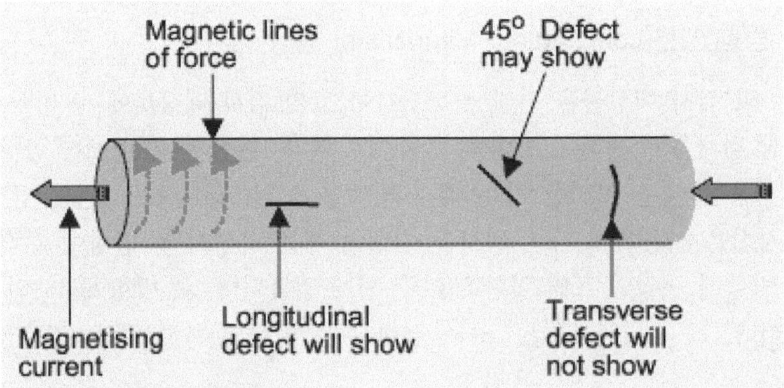

그림 10-5 원주 방향 자분 탐상 검사

3.2.3. 자분 탐상 검사 장비

위에 설명된 자분 검사 방법은 모두 고정식 대형 자분 검사 장비를 사용하지만 현장에서 용접부를 검사할 때는 이동용 가벼운 장비가 사용된다.

3.2.3.1. Yoke Method

다음에 설명되는 그림 10-6은 Yoke Method 장비로 용접부를 자분검사 하는 것을 보여 주고 있다. 이 장비는 손잡이 부위가 전자석으로 구성되어 있으며, 엄지손가락 밑에 스위치가 붙어 있는 매우 간편한 자분 검사 장비이다.

장점으로는 휴대가 편리하고, 검사시 아크가 발생되지 않는다.

단점으로는 사용 전, 후에 자장의 세기(Lifting Power)를 확인하여야 한다. 검사 대상물에 Yoke의 방향을 직각으로 교차시키면서 중첩되게 검사하면 어느 방향으로 존재하는 결함이라도 검출이 가능하다. 현재 산업 현장에서 사용하는 자분 탐상 장비는 거의 대부분 Yoke Type이 적용되고 있다.

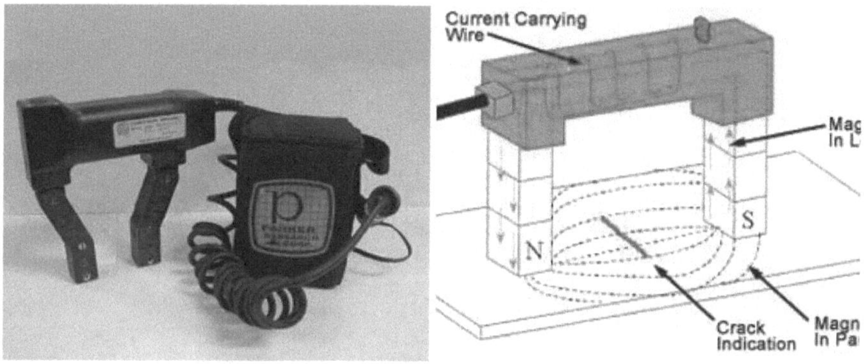

그림 10-6 Yoke Method의 자분 탐상 검사

3.2.3.2. Prod Method

그림 10-7은 Prod Method 장비로서 검사 대상물에 직접 많은 량의 전류를 관통 시킴으로써 헤드샷(Head Shot)과 같이 Prod 전극간의 방향에 수직인 자장을 검사 대상물 표면에 형성하며 표면 결함을 검사하는 자분 검사 방법이다. Prod 자분 검사에는 교류 또는 직류 전원을 사용할 수 있으며 교류 전원에서 검사 대상물의 표면에 강한 자장을 형성할 수 있다.

또한 교류 전원을 사용할 때 자분이 쉽게 움직여서 결함의 주변에 모이기 때문에 검사 대상물의 표면이 약간 거칠어도 표면 결함을 보다 쉽게 검출할 수 있다. 그러나, Prod Type의 자분 탐상 검사는 다음의 그림에서 보는 바와 같이 자력선 방향으로 늘어선 결함은 판독이 어려운 단점이 있다. 또한 검사 대상물의 표면에 Prod로부터 발생될 수 있는 Arc Strike 등의 표면 결함이 생길 수 있으므로 사용 전후에 많은 주의를 요한다.

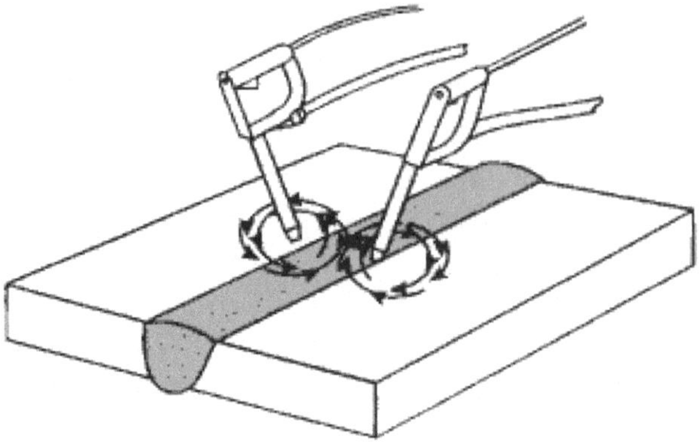

그림 10-7 Prod Method의 자분 탐상 검사

3.2.4. 자분 탐상 검사 전원

직류 전원을 사용하면 자장이 피검사 대상물 내부까지 침투함으로서 표면 바로 밑의 결함도 탐지할 수 있다. 그러나 실제에 있어서 내부 결함의 자분 지시를 판독하기는 쉽지 않다. 또한 교류 정원은 정류기를 사용하여 맥류(반파장)로 변환한 전원을 사용한다. 이러한 전원은 교류 및 직류의 장점을 고루 갖춰서 현장검사에 많이 사용된다.

3.2.5. 결함의 검출

이미 앞에서 표면 결함의 축과 자장의 방향에 대하여 언급하였듯이 결함이 잘 검출될 수 있는 자장의 방향은 결함의 축과 직각인 경우가 가장 좋고, 45° 방향까지는 그런대로 검출이 용이하다.

그러나 45°이하의 예각을 형성할 때는 자분의 지시가 잘 나타나지 않는다. 따라서 표면 결함을 제대로 검사하기 위해서는 자분 검사를 90° 방향으로 엇갈리면서 두번씩 자분 검사를 수행하여야 한다. 또한 자분 검사는 검사를 수행할 때의 피 검사 대상물이 강자성을 나타내야 검사가 가능하다. 따라서 자분 검사는 주로 강철, 주철, 니켈 합금 및 Ferrite Stainless Steel 등에 적용된다.

강자성체가 아닌 재질 즉, 알루미늄, 구리, 합금, Austenite Stainless Steel 등에는 자분 검사를 적용할 수 없다. 자분 검사를 제대로 수행하면 매우 미세한 표면 결함도 찾아낼 수 있으며 표면 내부의 큰 결함은 흐릿한 형태로 나타난다.

3.2.6. 자분의 종류

자분 검사에 사용되는 자분은 매우 고운 가루의 형태로 사용된다. 건식 자분의 경우 빨간색, 노란색, 청색, 흰색, 회색 또는 검정색의 자분이 사용된다. 공장 등에서는 형광 자분을 사용하며, 자외선 전등불 밑에서 검사 장소를 어둡게 만든 후 검사를 수행한다. 형광 자분은 주로 습식 자분의 형태로 사용되며, 형광 자분의 감도는 매우 높아 기계 가공된 제품의 미세한 표면 균열 등을 검사할 때 사용된다. 이러한 자분은 검사 때 약한 공기압으로 검사 대상물 위에 뿌려주던가, 물 또는 경유에 섞은 자분을 사용할 때 습식 자분 검사법이라 한다.

3.2.7. 자분 탐상 검사의 장점, 단점

자분 탐상 검사의 장점은 검사의 속도가 매우 빠르며, 검사 비용이 저렴하다는 점이다. 또한 검사 장비가 간편하며 이동성이 좋다.

그에 비해 자분 검사의 단점은 검사 대상물이 강자성체로 한정된다는 것이다. 또한 대부분의 경우 자분 검사 후 검사 대상물을 탈자(Demagnetization)해서 자성을 제거해야 한다는 점이며 두꺼운 페인트 등이 코팅된 경우에는 자분 검사의 지시 판독이 쉽지 않다는 점이다. 즉, 결함을 인식할 수 없을 정도의 두꺼운 페인트 등은 자분 검사를 위해 제거해야 한다. 검사 대상물의 탈자(Demagnetization) 방법은 교류 코일 내로 제품을 천천히 통과시키면서 자장의 세기를 낮추는 방법이 있다. 자분 검사를 수행할 때 용접부의 표면과 같이 거칠은 표면은 자분 지시를 판정하는데 어려움이 있어 검사자의 많은 경험을 필요로 한다.

3.2.8. 자분 검사의 기록

자분 검사의 검사 기록은 Sketch, 사진 또는 스카치 테이프로 자분 지시를 그대로 본떠서 기록할 수 있다.

3.3. 방사선 투과 시험(Radiographic Test, RT)

3.3.1. 방사선 투과시험의 개요

방사선 투과 시험은 방사선이 검사 대상물을 통과할 때 방사선의 흡구 또는 투과량의 변화 현상을 이용하는 비파괴 검사방법이다.

얇은 재질 또는 밀도가 낮은 재질은 방사선의 투과량이 많고 두꺼운 재질 또는 밀도가 큰 재질은방사성의 투과량이 적어진다.

따라서 검사 대상물을 따라서 검사 대상물을 방사선원(Radiographic Source)으로 쪼여

주면 검사 대상물을 통과한 방사선량은 검사 대상물의 두께변화 두께 변화 및 재질의 밀도 변화 등에 의하여 차이가 나게 된다. 이러한 검사 대상물을 통과한 방사선량의 차이를 사진 필름으로 기록하여 조직 내부의 상태를 추정할 수 있게 된다.

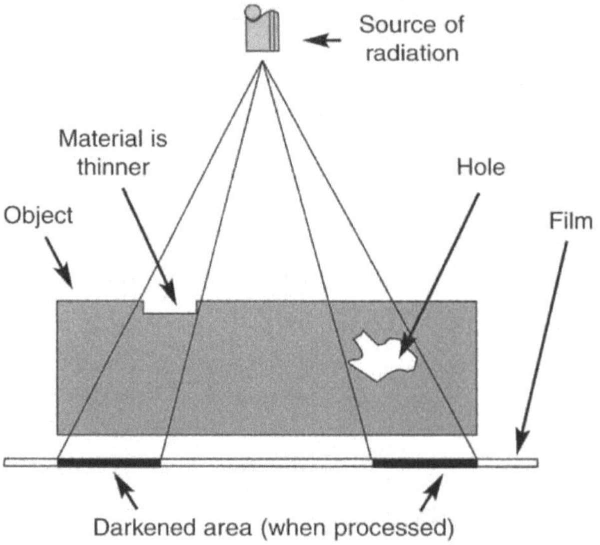

그림 10-8 방사선 투과 시험 방법

3.3.2. 방사선원(Radiographic Source)

방사선 투과 시험에 사용되는 방사선원은 X-선 장비와 방사선 동위 원소가 사용된다. 주로 이리듐(Iridium 192), 세슘(Cesium 137), 코발트(Cobalt 60) 등이 사용된다. 방사선 동위 원소는 계속적으로 방사선을 방출하며, 따라서 이들 동위 원소를 안전하게 사용하기 위해서는 방사선 차폐 장치속에 저장하며, 검사시에는 케이블 등을 사용하여 방사선원을 검사 위치로 이동하여 검사에 활용한다. X-선 장비는 사용할 때만 전원을 넣어 사용하기 때문에 방사성원보다는 비교적 안전하게 사용할 수 있다. X-선은 진공에서 가열된 필라멘트에서 방출된 전자가 높은 전위차(150-450kv)로 가속되어 텅스텐 전극에 부딪히면서 발생하는 방사선의 일종이다.

이때 사용되는 전류량은 3 ~ 10mA 단위이다.

또한 X-선에서 발생되는 방사선은 연속 스펙트럼의 형태를 갖기 때문에 RT Film에 나타나는 성질의 감도가 매우 훌륭하다. 반면에 방사선 동위 원소에서 방출되는 방사선은 특정 주파수 및 몇 개만 방출되는 단색 광선의 설질을 갖는다.

표 10-2 방사선 동위 원소의 특성

동 위 원 소	방사선 에너지(Mev)	반감기
코발트(Cobalt) 60	1.33, 1.17	5.3년
이리듐(Iridium) 192	0.31, 0.47, 0.60	70일
세슘(Cesium) 137	0.66	33년
툴리움(Thulium) 170	0.084, 0.052	127일

표 10-3 X-Ray에 의한 방사선 투과 시험 두께 기준

Max. Voltage, Kv	적용 가능한 두께기준	
	in.	mm
100	0.33	8
150	0.75	19
200	1	25
250	2	50
400	3	75
1000	5	125
2000	8	200

표 10-4 방사선 동위원소에 의한 투과 시험 두께 기준

동위원소	동등한 X-Ray Kv	적용 가능한 두께 기준(mm)
Iridium-192	800	12~65
Cesium-137	1000	12~90
Cobalt-60	2000	50~230

3.3.3. 결함 판독

우리가 방사선 투과시험으로 검사하는 내부 결함들은 검사 대상물의 밀도와는 다른 밀도를 갖기 때문에 이들을 통과한 방사선의 양은 주변의 건전한 검사 대상물을 통과한 방사선의 양과 차이가 나게 된다. 이러한 내부 결함들은 기공, 텅스텐 또는 슬래그 혼입, 융용 부족, 용입 부족 및 균열 등이다. 기공, 융용 부족, 용입 부족, 균열 등은 RT Film 상에 검게 나타나며, 텅스텐 홉입은 텅스텐의 밀도가 19.3g/cc로 철보다 매우 높기 때문에 RT Film상에 희게 나타난다.

슬래그 혼입은 비중이 철의 비중과 비슷하여 약간 검게 나타나나, RT Film에서 식별이 쉽지 않다. 용접부의 표면 상태와 표면 결함도 RT Film에 나타나지만, RT Film의 영상 판독 보다 육안 검사를 통한 판정이 보다 정확하기 때문에 표면 결함에 대한 판정은 육안 검사를 기준하는 것이 바람직하다. 이러한 표면 결함으로는 언더 컷, 과도한 덧살 높이, 융용 부족, 용락(melt though)등이 있다.

3.3.4. 방사선 투과 시험 장비

방사선 투과 시험에 필요한 장비로는 방사선원 즉, X선 장비 또는 방사선 동위 원소를 들 수 있다. 방사선 동위 원소가 보다 쉽게 이동할 수 있어 현장 검사에 많이 사용된다. 필름은 광선이 차단되는 플라스틱 주머니 안에 넣어 촬영한다. 이때 촬영된 필름의 선명도를 확인하기 위해 투과도계와 용접 관련 번호와 검사구간을 표시하는 납 숫자가 필요하다. 그림 10-9은 미국에서 많이 사용하는 ASME 유공형(Hole Type) 투과도(Penetrameter)계 이다.

유공형 투과도 계에 있는 1T, 2T, 4T 구멍은 위치가 정해져 있으며, 유공형(Hole Type) 구멍의 지름을 투과도계의 두께 T와의 관계를 표시한 것이다. 일반적으로 투과도계의 두께 T는 검사 대상물 두께의 2%와 같다.

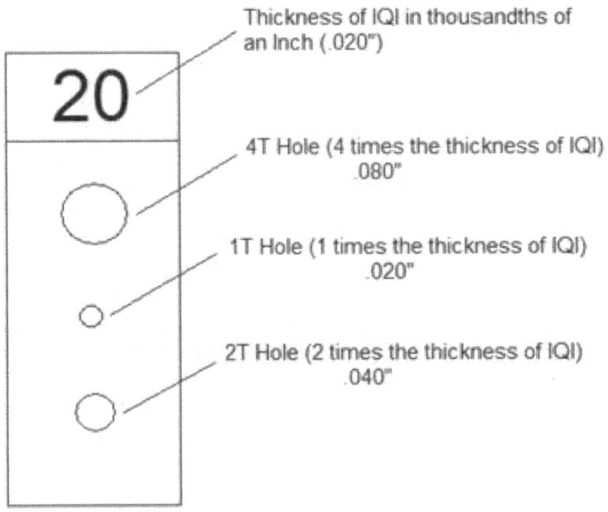

그림 10-9 유공형 투과도계

RT Film이 촬영되면 이를 현상할 필름 현장 장비가 필요하며 수동식 현상 장비와 자동식 현상 장비가 있다. 현상된 필름은 필름 판독기 위에 놓고 밝은 백열 전등의 조명을 사용하여 필름을 판독한다. 이때 현상된 필름이 판독이 용이한 필름 농도(Exposure Density)인가를 확인하기 위해 필름 농도 측정기가 필요하다. ASME Code는 X선 필름의 경우 1.8 ~ 4.0의 농도를, 방사선 동위 원소를 이용한 감마선 필름은 2.0 ~ 4.0의 필름 농도를 요구한다.

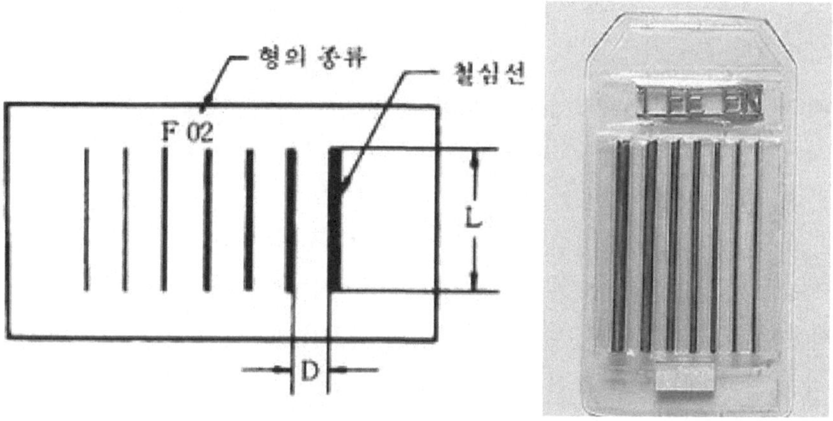

그림 10-10 와이어형 투과도계

표 10-5 ASME Code에 따른 투과도계의 선정

TABLE T-276
IQI SELECTION

Nominal Single-Wall Material Thickness Range		IQI			
		Source Side		Film Side	
in.	mm	Hole-Type Designation	Wire-Type Essential Wire	Hole-Type Designation	Wire-Type Essential Wire
Up to 0.25, incl.	Up to 6.4, incl.	12	5	10	4
Over 0.25 through 0.375	Over 6.4 through 9.5	15	6	12	5
Over 0.375 through 0.50	Over 9.5 through 12.7	17	7	15	6
Over 0.50 through 0.75	Over 12.7 through 19.0	20	8	17	7
Over 0.75 through 1.00	Over 19.0 through 25.4	25	9	20	8
Over 1.00 through 1.50	Over 25.4 through 38.1	30	10	25	9
Over 1.50 through 2.00	Over 38.1 through 50.8	35	11	30	10
Over 2.00 through 2.50	Over 50.8 through 63.5	40	12	35	11
Over 2.50 through 4.00	Over 63.5 through 101.6	50	13	40	12
Over 4.00 through 6.00	Over 101.6 through 152.4	60	14	50	13
Over 6.00 through 8.00	Over 152.4 through 203.2	80	16	60	14
Over 8.00 through 10.00	Over 203.2 through 254.0	100	17	80	16
Over 10.00 through 12.00	Over 254.0 through 304.8	120	18	100	17
Over 12.00 through 16.00	Over 304.8 through 406.4	160	20	120	18
Over 16.00 through 20.00	Over 406.4 through 508.0	200	21	160	20

또한 방사선 투과 시험은 항상 방사선 피폭 위험이 상존하기 때문에 방사선 투과시험 장소에는 항상 방사선 측정기구와 방사선 구역내 작업 시간을 알려주는 장치를 비치하여 방사선의 과다한 피폭을 방지하여야 한다.

3.3.5. 방사선 투과 검사의 장점, 단점

3.3.5.1. 방사선 투과 검사의 장점

방사선 투과 시험의 장점은 육안 검사로 검사할 수 없는, 내부에 들어있는 결함들을 검사할 수 있다는 점이다. 또한 현상된 필름을 건조하고 신선한 곳에 적절히 보관하면 영구적으로 검사 기록을 보존할 수 있다.

3.3.5.2. 방사선 투과 검사의 단점

- 방사선을 사용하므로 인체에 유해한 환경을 조성 한다.
- 방사선 피폭량에 대한 관리와 교육이 필요하다.
- 방사선 투과 시험 장비가 고가이다.
- 별도의 판독자가 필요하다. (ASNT TCIA의 Level II이상)
- 검사 대상물 양쪽 면 모두 접근과 작업 수행이 가능해야 한다.
- 방사선의 조사방향과 피 검사체가 잘 일치하지 않을 경우에는 일부 균열과 융융 부족의 중요 결함은 잘 검출되지 않는다.

3.4. 초음파 검사(Ultrasonic Test, UT)

초음파 검사는 사람이 들을 수 없는 매우 높은 주파수(MHz)의 초음파를 사용하여 검사 대상물이 기하학적 특성과 재질의 물리적 특성을 검사하는 방법이다. 음파는 특정 재질에서 일정한 속도로 전파되는 특성을 갖고 있으며, 음파가 재질을 통과하여 전파되는 방법에는 몇 가지의 종류가 있으나, 이 책에서는 다루지 않겠다. 음파의 한 종류인 종파와 횡파는 아래에 표시된 것과 같은 속도로 각각의 재질에서 전파된다.

표 10-6 종파와 횡파의 재질별 특성

재질	밀도(g/cm3)	종파		횡파	
		속도 m/s	파장 mm2	속도 m/s	파장 mm2
강 철	7.85,900	1.2	3,200	0.64	
알미늄	2.69	6,300	1.3	3,130	0.63
아크릴	1.18	2,700	0.54	1,120	0.22
글리세린	1.28	1,900	0.38	-	-
공 기	0.0012	340	0.07	-	-

파장은 음파의 주파수를 5MHz로 기준하여 작성함.

3.4.1. 초음파 검사 개요

초음파 검사 장비는 정밀한 전기 충격파(Pulses)를 발생시켜 이를 동축케이블을 통하여 탐촉자에 전달한다. 이때 탐촉자의 내장된 결정체는 전기 충격파를 진동 충격파(에너지)로 전환하고, 발생된 진동 충격파(초음파)는 검사 대상물 내부로 전파되어 나아가면서 결함이 있을 경우 결함으로부터 반사되어 다시 탐촉자로 되돌아 오게 된다.

탐촉자는 되돌아온 초음파의 진동 충격파를 전기 충격파로 전환하고 이렇게 전환된 전기 충격파는 동축 케이블을 통하여 초음파 검사 장비의 전자회로에 신호를 전달하는 방법으로 초음파 검사가 수행된다. 초음파 검사 장비는 처음 발생된 전기 충격과 시간이 경과되어 되돌아온 전기 신호를 내장된 CRT에 시간은 수평축에 전기 신호의 강도(전압)는 수직축으로 표시한다. 이렇게 표시되는 CRT 화면의 신호에 따라 금속 내부 결함의 위치와 크기를 확인할 수 있다.

3.4.2. 초음파 검사 방법

초음파 검사는 접촉 검사 방법과 물속에서 비접촉으로 실시하는 수침 검사방법 2가지 방법으로 수해된다. 접촉 검사방법은 탐촉자를 직접 피 검사 대상물의 표면에 접촉시켜 검사를 수행하는 방법을 말하며 이때 탐촉자와 피 검사 대상물 간의 공기 간극이 있으면 초음파가 잘 전달되지 않기 때문에 글리세린, 풀 또는 그리스를 접촉 매질(Couplant)로 사용한다. 접촉 검사 방법은 용접 검사에서 많이 사용된다.

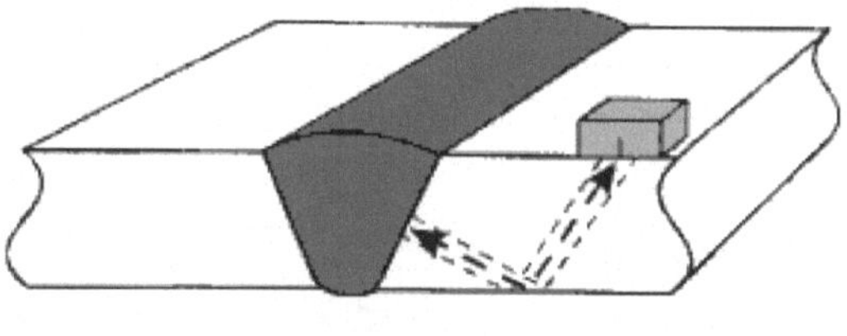

그림 10-11 금속 내부에서 초음파의 이동

수침 검사 방법은 피 검사 대상물을 물속에 담가놓고 물을 접촉 매질로 사용하며, 탐촉자도 물속에 넣어 검사를 수행하는 방법으로서 특수 자동화된 초음파 검사 장비를 사용할 때 사용된다. 최근에는 이 수침 검사 기법을 발전시켜서 금속의 특정 부위 단면을 마치 사람의 몸을 컴퓨터 단층 촬영하듯이 검사하기도 한다.

탐촉자를 떠난 초음파는 금속 내부를 통과하며 일정한 간격으로 반사파를 표면에 내보내게 된다. 금속 내부에 결함 등의 불 연속점(면)이 존재하게 되면 이 부분에서 반사파가 생기게 된다. 이 반사파를 탐촉자에서 검출하여 CRT 화면에 표시하고 이 표시에 따라 결함의 입체적인 크기와 위치를 확인 할 수 있다.

3.4.3. 초음파 검사의 용도

초음파 검사는 표면 결함과 내부 결함 모두를 검사할 수 있다. 특히 평면형(Planar Type)의 결함이 초음파가 진행하는 방향과 수직으로 위치한 경우에는 매우 예민하다. 초음파 검사 방법을 사용하면 Lamination, 균열, 융용 부족, 용입 부족 등은 매우 쉽게 검출되며 슬래그 혼입(Slag Inclusion) 및 기공 등도 검출된다. 또한, 초음파 검사 장비는 재료의 두께 측정에도 많이 사용된다. 결함의 검출에는 사각 탐상법이 적용되고, 두께 측정에는 수직 탐상법이 적용된다.

3.4.4. 초음파 검사 장비

초음파 검사에 사용되는 탐촉자는 여러 종류가 있으며 탐촉자의 모양, 크기도 각양 각색으로 많아 현장 검사시 관련 검사 절차서 및 규정을 참조하여 선택하여야 한다.

경사각 횡파용 탐촉자는 일반적으로 여러 종류의 각도로 경사진 플랙시글라스(Plexglass)의 경사면에 종파용 탐촉자를 조립하여 사용하며 플랙시글라스의 경사 각도는 검사 대상물 내부로 횡파가 굴절한 각도가 45, 60, 70 또는 특정 시험 각도가 되도록 선택하여 사용한다.

초음파 검사에 필요한 마지막 장비는 표준 시험편 또는 대비 시험편으로서 검사 대상물의 재질과 동일한 강재를 사용하여 만들어진다.

이러한 표준 시험편 및 대비 시험편을 활용하여 초음파 검사 장비에 대한 검사 보정을 하여야만 초음파 검사시 결함에 대한 판정 및 정확한 검사를 수행할 수 있다.

용접 검사에 사용되는 경사각 탐촉자에 대한 점검 및 검사장비에 대한 보정 등은 표준 시험편(IIW Block)을 사용하면 된다.

3.4.5. 초음파 검사의 장점, 단점

3.4.5.1. 초음파 검사의 장점

검사 대상물에 대한 3차원적인 검사(Volumetric Test)를 수행할 수 있다. 초음파 검사를 통하여 검사 대상물 내부에 있는 결함의 위치와 길이를 알 수 있고, 표면으로부터의 깊이도 측정할 수 있다. 초음파 검사는 방사선 투과시험과는 달리 한쪽 접촉면을 통하여 검사 대상물의 내부를 검사할 수 있다는 점이다. 이러한 장점은 압력 용기, 탱크 또는 압력 배관을 검사할 때 매우 유리하다. 재료 또는 용접부의 가장 치명적인 결함 즉, 균열, 융용 부족 등의 평면형 결함을 찾는데 매우 예민하다. 경량 검사 장비는 12파운드로 매우 가볍게 만들어지고 있어 현장 휴대 검사에 아주 적합하다.

3.4.5.2. 초음파 검사의 단점

검사 표면을 평평하게 기계 가공 또는 연삭 가공해야 한다. 많은 훈련과 높은 기량의 풍부한 검사 경험을 보유한 검사원이 필요하다. 최소한 검사 대상물 혹은 용접 두께는 6.4mm(1/4") 이상이어야 한다.

3.5. 와전류 탐상(Eddy Current Test, ECT)

3.5.1. 와전류 검사의 개요

교류가 흐르는 코일을 금속면 가까이에 가져가면, 유도 전자장에 의해 금속 내부에는 와전류(Eddy Current)가 흐르게 된다. 이렇게 생긴 와전류의 크기는 여러 가지 요인에 의거 변화되는데 와전류의 크기와 전류의 흐름 방향에 따라서 코일도 영향을 받게 된다.

위와 같이 와전류를 발생시키는 코일을 일정한 기준을 사용하여 보정한 후, 검사 대상물에 생긴 와전류에 의한 코일의 영향을 측정하면 검사 대상물에 대한 여러 가지의 특성을 관측할 수 있다. 그림 10-12는 코일을 검사 대상물의 표면 가까이 가져갔을 때 발생되는 와전류를 그림으로 표시했다.

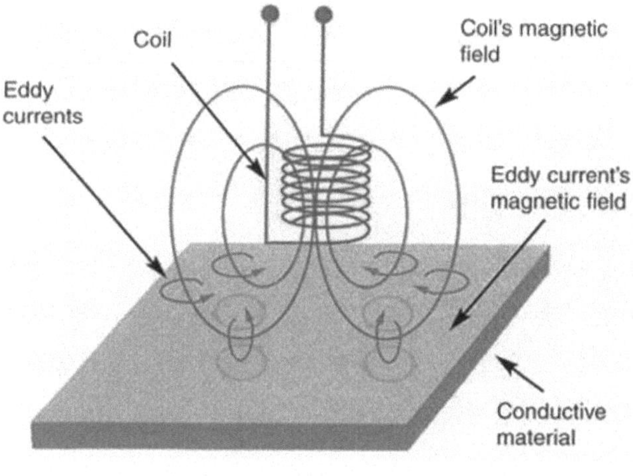

그림 10-12 검사 대상물 내의 유도 와전류

3.5.2. 와전류 검사의 용도

와전류 탐상은 적용 용도가 매우 많은 검사 방법이다. 얇은 금속의 두께 측정, 전기 전도도, 자장의 도자율, 경도 및 금속의 열처리 여부 등을 측정하는데 사용될 수 있다. 또한 와

전류의 검측을 통하여 이종 금속을 분류할 수 있으며 전도체 표면에 도장된 비전도체의 두께도 측정할 수 있다.

와전류 검사 장비는 검사 대상물 표면에 있는 균열, 용접심, 기공 및 혼입물 등을 검사하는데 사용된다. 와전류 탐상이 가장 많이 적용되는 분야는 Tube 혹은 Pipe의 검사 분야이다. Tube 혹은 Pipe 외부로 코일 Probe를 통과시키며 검사를 수행하여 Tube 혹은 Pipe의 균열, 부식 상태, 피팅(Pitting)등에 대한 검사를 수행할 수 있다.

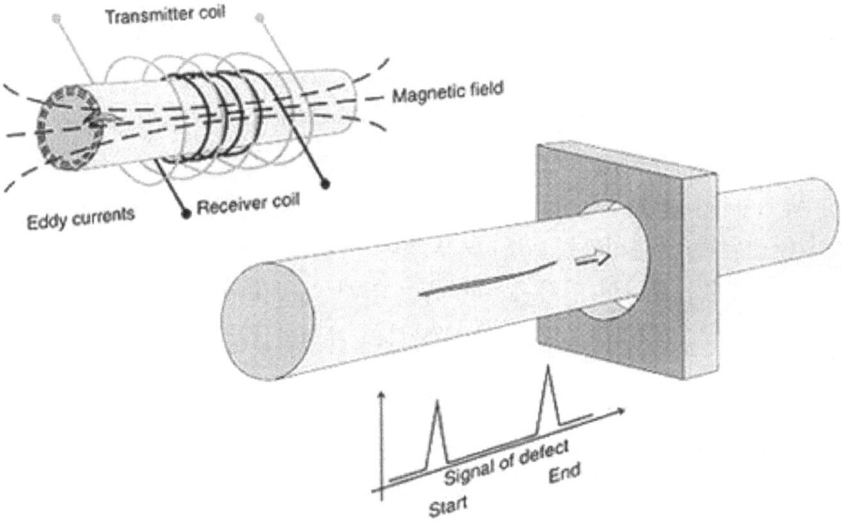

그림 10-13 Pipe 내의 용접부 균열을 검사하는 와전류

3.5.3. 와전류 검사 장비

와전류 탐상에 사용되는 장비에는 CRT를 내장한 전자 계측 장치, 전기 코일을 갖춘 코일 프로브(Coil Probe)로 구성된다. 와전류 탐상용 코일은 금속 표면을 검사하는 Probe형, 검사 대상물을 감싸는 코일형, 또는 튜브 내에 들어가는 코일형의 Probe등 여러가지 형태가 있다. 와전류 탐사에 사용되는 표준 시험편(Calibration Standards)은 검측 하고자 하는 목적에 따라 설계된다.

예로서, 금속의 두께를 측정하는데 사용할 표준 시험편은 검사할 재질과 동일한 재질로서 정확한 두께를 갖는 재료로 만들어 사용한다.

열처리작업의 이행 여부를 확인할 때는 표준 시험편도 동일 재질로 만든 시험편을 동일한 열처리 조건하에서 열처리 한 후 와전류 탐상 장비의 검사 보정에 사용한다.

3.5.4. 와전류 탐상의 장점, 단점

3.5.4.1 와전류 탐상의 장점

와전류 탐상의 장점은 검사 장비를 쉽게 자동화 할 수 있다는 점이다. 특히, 검사 Probe는 검사 대상물과 접촉하지도 않고 검사를 수행할 수 있으며, 접촉 매질도 필요하지 않다. 검사 방법도 쉬워서 제품의 생산 라인에 고정 상태로 설치하여 검사를 가능하게 한다.

와전류 탐상 Probe는 검사 대상물과 접촉을 하지 않기 때문에 두꺼운 제품도 검사를 할 수가 있다.

검사 대상물이 전기적 도체이면 검사를 할 수 있기 때문에 자성체, 비자성체 모두를 검사 할 수 있다.

3.5.4.2. 와전류 탐상의 단점

와전류 탐상의 한계점으로는 검사 대상물이 전기 전도체이어야 하며, 검사 가능 깊이는 4.76mm(3/16")이하의 범위라는 점이다.

와전류 탐상에 사용되는 대비 시험편은 매우 정밀하게 만들어야 하며 검사에 필요한 대비 시험편(Standard Specimen)도 여러 가지의 종류로 만들어야 한다.

검사 대상물 표면에 자성체 또는 전기 전도체의 먼지가 오염되면 와전류 탐상에 큰 영향을 미치게 된다. 이러한 경우에는 검사 대상물 표면의 오염 물질을 모두 제거한 후 재 검사를 수행하여야 한다.

3.6. 음향 탐상 검사(Acoustic Emission, AE)

3.6.1. 음향 탐상 검사 의 이론

음향 탐상 검사(Acoustic Emission)는 고체가 파괴 또는 소성 변형할 때에 변형 상태로 축적되어 있던 에너지를 탄성파의 형태로 방출하는 현상이다.

이러한 탄성파의 가장 대표적인 것은 어느 재료가 파괴되면서 발생하는 소리들이다. 물체가 파괴된다고 하는 것은 초기에 그 내부에 미세한 균열이 발생하고 외적인 요건에 의해 균열이 성장하여 결국에는 재료가 파괴되는 것이다. 또한, 미시적인 현상으로는 균열이 발생하기 전에 응력에 의해 재료가 소성 구역에 들어가면 결정의 전위가 이동하는데 이때에도 탄성파가 발생한다.

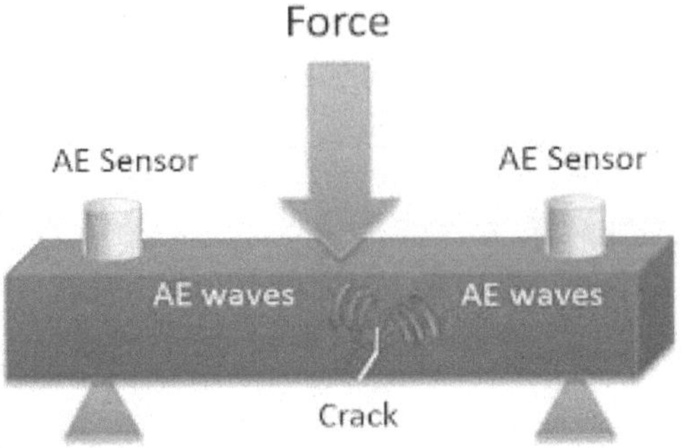

그림 10-14 소성 변형에 의한 탄성파의 방출

충격시험에서 금속이 절단되면서 발생하는 소리도 이런 탄성파의 대표적인 예가 될 수 있다. 구조물에 하중이 증가하면 미세한 균열의 끝부분은 어느 응력 한계를 넘을 때 마다 균열이 커지게 되고, 이때의 탄성파는 갑작스럽고 큰 파형을 일으킨다. 음향 탐상 검사는 이와 같은 현상을 이용하여 재료 및 구조물의 건전성을 진단하는 방법이다.

3.6.2. 음향 탐상 검사의 특징

거의 모든 검사 방법이 이미 발생되어 버린 결함을 검출하는 것이지만, AE는 재료가 불안정한 상태에서 결함의 발생 초기에 생기는 소리를 검출하는 방법이다. 즉, 과거에 발생된 결함이 아니고 현재 발생 중에 있는 결함의 양상을 평가 할 수 있는 기술이다. 전통적인 검사 방법들이 대개 검사 해야 하는 부분에 사람이 접근해야만 하고 한 번에 검사할 수 있는 시험 범위가 좁으나, AE는 대형 구조물의 검사를 원거리에서 한꺼번에 실시할 수 있는 장점이 있다. 국내에서는 사용중인 압력 용기의 내구성과 안전성을 평가하는 수단으로 일부 사용되고 있다. 여러 개의 음향 센서를 사용하여 컴퓨터로 분석하면 결함의 위치와 균열의 발생 양상을 평가할 수 있다.

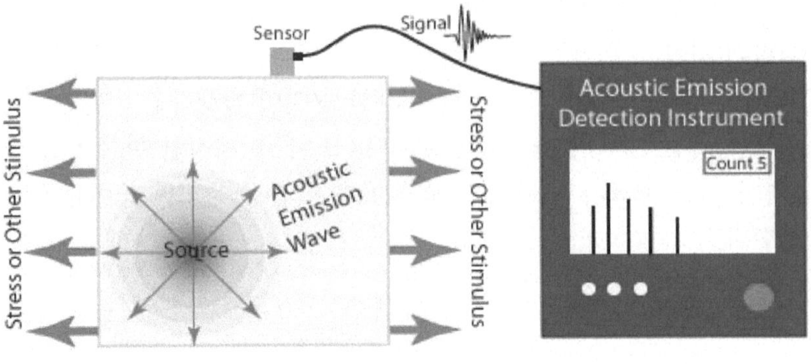

그림 10-15 음향탐상 검사의 개요

3.6.3. 카이저(Kaiser)효과

재료의 특성을 평가하기 위해 시편에 응력을 가하여 AE를 발생시킨 다음에 응력을 제거하고 다시 응력을 가하면 먼저 가해진 응력 범위까지는 AE를 발생하지 않으나, 그 응력치를 넘으면 다시 AE가 발생한다.

제11장

현장 안전 관리

1. 재해종류에 따른 안전관리
2. 작업조건에 따른 안전관리
3. 용접 작업자의 보호구
4. 작업장 유해가스 및 분진 배기(환기)장치(Ventilation)

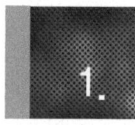

1. 재해종류에 따른 안전관리

1.1. 감전

감전예방보호구착용 용접중에는 아크열, 스패터등에 의한 화상방지를 위해 용접용 가죽장갑을 쓰지만, 손이 땀에 젖으면 장갑이 수분을 흡수함에 따라 절연성이 떨어져 감전의 위험이 높다. 따라서 방수성도 좋고 절연저항이 높은 실리콘 수지로 처리된 가죽장갑을 사용하여야 한다.

또한 무부하전압이 높은 용접기 사용을 금지하고, 안전홀더 및 안전 보호구 사용해야 하며, 전격방지장치를 설치하고, 캡타이어 케이블의 피복과 용접기 절연 어스 완전접촉 등을 점검해야 한다.

표 11-1 전류에 따른 인체 영향

10mA : 견디기 힘든 고통	20mA : 근육수축
50mA : 사망의 우려	100mA : 치명적

전압이 낮을 때는 교류가 직류보다 위험(전압이 높아지면 직류가 위험), 100V 이하의 직류, 40V 이하의 교류에서는 사망자가 발생하지 않으나, 60mA 정도의 전류가 심장을 통해서 인체에 흐르면 심장박동을 멈추게 때문에 즉시 인공호흡 시켜야 한다. 인체의 뇌에 4분 정도 산소가 공급되지 않으면 뇌사상태가 된다.

표 11-2 호흡 정지 시간에 따른 소생률

호흡정지 후 인공호흡을 시작할 때까지의 시간 (분)	소생률 (%)
1	98
2	92
3	72
4	50
5	25

용접기에 의한 사망사고의 95%는 용접기 홀더의 통전부 접촉에 의한 감전사고 이다.

1.1.1. 절연형 홀더의 사용

용접봉 홀더의 접촉으로 인한 감전재해를 방지하기 위해 홀더는 용접봉을 물어 고정하여 주는 부분을 제외하고는 충전부가 전부 내열성 또는 내충격성의 절연물로 처리된 절연형 홀더(안전홀더)를 사용하지 않으면 안된다. 용접봉을 물어주는 부분의 선단절연물은 아크열에 의해서 소손 및 열화로 인하여 쉽게 파손되며, 또 작업자가 슬래그제거를 위해 모재를 두드리거나 하여 충전부가 노출되기 쉽다. 이들의 부품은 예비품을 준비하여 위험한 상태가 되었을 때에는 즉시 교체하는 등의 조치를 취하는 것이 중요하다.

1.1.2. 자동 전격방지기의 사용

교류 아아크 용접기는 용접 작업중에는 약 30V 정도의 낮은 전압이므로 감전의 위험이 없으나, 무부하시에는 약 65-90[V] 높은 전압이 2차 측 홀더와 어스에 걸려 작업자에 대한 감전 위험도가 높으므로 이 전압을 0.06초 이내의 단시간내에 용접기의 2차 무부하 전압을 안전전압 25[V]이하로 내려주는 전기적 방호장치가 자동전격 방지장치이다. 자동전격 방지장치가 부착되어 있으면 용접봉 또는 홀더에 신체부위가 접촉되어도 감전사고가 발생하지 않는다.

전격방지기는 용접기의 주회로를 제어하는 장치를 가지고 있어 용접봉의 조작에 따라 용접할 때만 용접기의 주회로를 형성하고 그 외에는 용접기의 출력측의 무부하 전압을 저하시키도록 동작하는 장치로 구조와 원리는 다음과 같다.

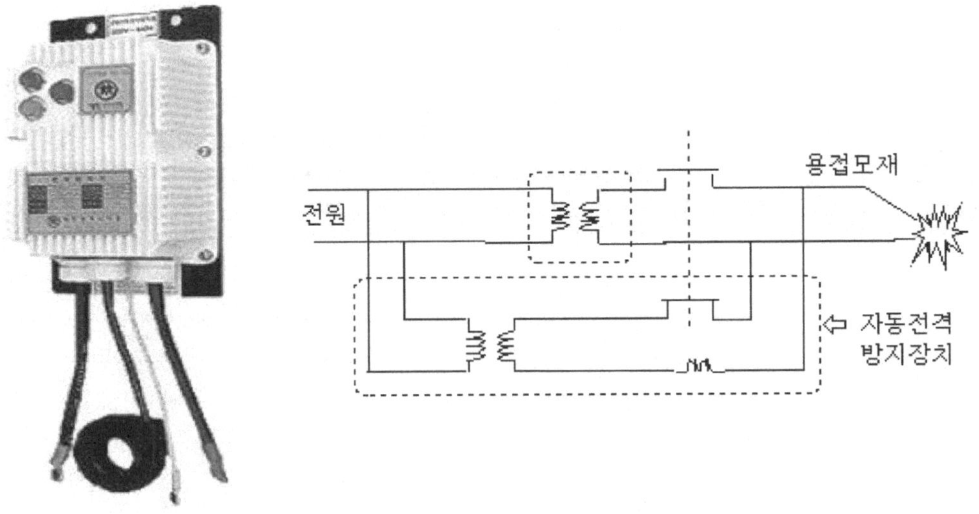

그림 11-1 전격 방지기 외형(좌)과 작동원리(우)

아크의 발생을 중지시키고 있을 때 용접기의 출력측 무부하 전압을 위험이 없는 전압까지 저하시키는 자동전격방지기는 용접봉에 접촉되어 일어나는 감전 재해의 방지는 물론 용접기의 2차측 배선(홀더측 배선)이나 홀더의 절연불량 시 이들에 접촉되어 일어나는 감전재해의 방지에도 효과가 좋다. 자동전격방지장치가 고장난 경우나 자동전격방지장치를 장착하지 않은 경우에는 용접봉 또는 홀더가 작업자의 신체에 접촉되면 감전사고가 일어날 수 있으므로 주기적인 점검과 관리가 필요하다.

1.1.3. 적절한 케이블 사용

용접기 2차측 회로의 배선은 일반적으로 캡 타이어 케이블이나 용접용 케이블이 사용되고 있으나, 그 외부가 파손되어 심선이 노출되면 여기에 접촉되어 감전되는 사례가 있다. 외부 표면 손상의 원인은 기계적인 것과 과전류로 인한 열손상에 의한 것 등이 있다. 통로 등을 가로질러 케이블이 지나갈 때에는 방호덮개를 설치하며, 외부가 파손된 경우에는 완전히 절연보수를 하거나 신품으로 교체하여 사용하여야 한다.

1.1.4. 작업정지시 전원차단

자동전격방지기가 부착된 용접기로 용접작업중 작업을 중지하고 작업장소를 떠날 경우에는 원칙적으로 용접기의 전원개폐기를 차단한다. 용접기가 있는 장소가 용접장소로부터 멀리 떨어져 있고, 작업 정지시간이 짧은 경우에는 용접봉을 홀더로 부터 뽑아내고 홀더를 모재나 접지 저항치가 작은 물체에 접촉하지 않도록 하는 조치를 강구한다.

1.2. 아크 빛에 의한 재해

전기 아크(Arc)는 다량의 자외선, 소량의 적외선 포함하여 전광성 안염, 전안염 등을 유발한다. 급성인 경우에는 대개 24 ~ 48시간내에 회복이 가능하지만, 장시간 노출되면 만성 결막염에 걸릴 수 있다. 또한 노출된 피부는 가벼운 화상을 입기도 한다.

가능한 용접사의 피부가 노출되지 않도록 긴 장갑을 사용하고 차광면을 사용해야 한다.

최근에는 아크 발생과 동시에 자동으로 차광이 가능한 자동 차광면이 시판되어 편리하게 작업을 진행할 수 있다.

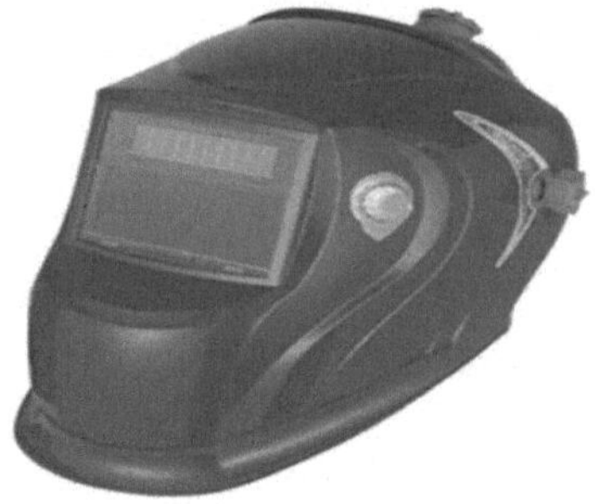

그림 11-2 아크 용접시의 아크 빛 발생과 이를 차단하는 차광면

1.3. 용융금속의 비산에 의한 화상

대부분의 용접이나 절단 작업 시 높은 온도의 열원이 존재. 용접시 불꽃, 전기아크, 고온의 급속, 스파크 및 스패터 등이 점화원으로 작용하여 화재를 유발하거나 작업자에게 화상을 일으킬 수 있다. 화재의 위험성은 용접 작업장 주위에 방호되지 않고 노출되어 있는 가연성 물질에 의해 증가하며, 용접작업시 스패터가 수 m 의 거리까지 비산하여 스패터에 의해 인화되어 발생할 수 있다. 우레탄폼 따위의 석유화학제품은 스패터의 낙하와 동시에 불꽃 연소가 된다. 그리고 인화성 물질인 석유, 벤젠 또는 락카, 신나 등의 용기에 스패터가 날아들면 순간적인 착화와 연소 발생가 발생한다.

용접작업장의 경우 화재를 방지하는 방법으로 위에서 설명한 인화성 물질 등은 작업장소에서 가능한 멀리 보관하고, 정기적으로 정리 정돈을 실시해야 한다. 스패터의 비산 방지대책으로 아연도금강판이나 방염시트 등으로 방화벽을 설치하여 사용하면 유용하다.

가연성의 분진, 화약류, 다량의 연소성 물질, 기타, 위험물이 있는 곳에서는 용접금지 해야 하며, 용접작업 전 사전 확인 및 사고 예방에 만전, 특히 현장작업 시에는 더욱 주의가 필요하다.

인화성 유류나 가연성 분진 등 위험물이 있을 가능성이 있는 용기류 탱크 등을 용접할 때는 용접에 의해 화재나 폭발 가능성 증가한다.

작업자는 셀룰로이드류의 칼라, 고무제품 또는 기름이 묻은 장갑 등 가연성 복장 착용 금지하고, 가죽장갑, 발커버, 앞치마 등 안전보호구 착용해야 한다.

1.4. 폭발재해

산소-아세틸렌가스 취급에 특히 유의하여야 하며, 아크용접시 폭발위험에 대비한다. 가연성가스에 의한 폭발은 연소의 3요소와 같은 조건이 일치했을 때만 발생하기 때문에 가연성

가스, 공기-산소 등의 지연성가스, 점화원 등의 하나가 부족해도 폭발은 발생하지 않는다.

1.5. 가스중독재해

탄산가스용접, 아연도금 강판의 용접, 동합금 용접시 일산화탄소, 산화아연 등 중독성가스가 발생하는데 특히 환기가 안되고 협소한 장소에서의 작업시 주의하여야 하며 보호마스크 착용을 확실히 하여야 한다. 중독성 가스는 일반적으로 분산매가 기체이고 분산상이 고체 소립자인 매연 상태이며, 아크의 높은 열(3,000 ~ 6,000℃)에 의해 용융한 금속표면에서 발생하는 금속증기 또는 플럭스 구성물질의 증기가 대기중에 방출되고 이것이 급격히 냉각, 고화하는 동시에 금속은 산화하여 미세한 고체의 입자가 되어 연기상으로 상승, 확산하는 것으로 정의한다.

용접시 흄(Fume)과 함께 발생하며, 용접매연 1개의 입자는 0.05 ~ 0.3 μm로 다수가 응집하여 2차입자를 형성하게 된다. 그 조성은 용접재료, 용접방법에 따라 다르나 Fe_2O_3, MnO_2, Al_2O_3, TiO_2, SiO_2, K_2O, Na_2O, MgO, CaO 등의 금속산화물로 구성되어 있다. 강의 용접에서는 산화철(Fe_2O_3)이 주성분이다.

혈액 등에 용해되기 쉬운 성분은 용해된 후 인체의 각부 세포조직에 운반되어 특유의 중독을 일으키고 잘 용해되지 않는 물질은 기도의 폐포에 침착하여 금속열과 진폐 등을 유발시킨다.

금속열은 금속증기 또는 금속산화물의 입자를 흡입함으로써 일어나는 발열성 질환으로 38 ~ 40℃ 고열이 발생한다. 재료 자체나 금속표면에 바른 도료에 납(Pb), 아연(Zn), 카드뮴(Cd)등이 함유되어 있으면 용단(熔斷)시 산화물의 Fume이 발생, 흡입시 나타나는 발열성 질환이다. 특히 산화아연의 Fume은 위험하다. 대개 12시간 이내에 회복되고 나면 후유증은 없는 것이 특징이다.

진폐는 난용성 분진의 흡입에 의해 그 입자가 폐포에 침착해 일어나는 폐기능이 점차로 저하하는 증상이다. 이외에 용접과정에서 발생하는 CO, 이산화질소, 오존, 불화물계 Gas가 발생하지만 양적으로 대부분 문제가 없다. 그러나 공기유통이 불량한 곳에서는 산소결핍에 의한 두통, 호흡곤란 등의 증세를 보일 수 있다.

1.6. 화재

폭발에 의해서도 발생하지만 용접시 발생하는 불꽃이 가연물에 착화되어 발생하는 경우가 대부분이다. 따라서 용접전에 반드시 주위에 가연물의 유무를 확인해야 하며 이동 불가능한 이연물이 있을 경우에는 불꽃이 발산되지 않도록 방지포를 설치한다.

용접작업시에는 주위의 가연물 (기름, 나무조각, 도료, 걸레, 내장재, 전선 등), 폭발성 물질 또는 가연성 가스와 과열된 피용접물, 불꽃, 아크 등에 의해 인화, 폭발, 화재를 일으킬 염려가 있으므로 작업전에 이들 가연물을 멀리 격리하여야 한다. 만약 이러한 조치가 안될 경우에는 불꽃비산방지 조치, 기타 폭발화재 등이 일어나지 않도록 조치하고 근처에 소화기를 준비하도록 한다.

2. 작업조건에 따른 안전관리

2.1. 지상작업

작업장의 배수를 철저히 하여 습기 또는 물기를 없도록 한다. 아크의 유해광선은 주위사람까지 피해를 입히므로 반드시 차광막을 사용한다.

2.2. 고소작업

작업자는 반드시 안전벨트를 착용하고, 작업발판을 점검하며 지장여부 및 불꽃낙하로 인한 화재폭발 등의 주위 상황을 확인 한다. 도선은 적당 길이로 감아서 부근에 고정한다.

작업공구는 떨어지지 않도록 적당한 장소에 둔다.

2.3. 좁은 장소 또는 구조물내의 작업

용접봉 조작 중 신체가 닿는 부분이 없는 가를 확인한다. 특히 여름철(특히 장마철)과 같이 습도가 높을 경우 땀 또는 습기로 인하여 특히 감전되기가 쉬움으로 전격방지장치를 실시한다.

안전보호구착용이 바람직하나 그렇지 못한 경우에는 고무 등 전기절연물을 깔고 작업한다.

2.4. 압축 가스 취급

압축 가스의 용기에는 절대로 용접을 하면 안되며, 용접 아크로 손상된 가스용기는 폭발되어 인명의 손상을 초래할 수 있다. 아세틸렌 가스와 액화가스 용기는 항상 바른 자세로 세워서 보관 및 사용해야 한다. 압축 가스를 사용하기 전에 항상 내용물을 확인해야 하며, 내용물의 확인을 식별표시를 해서 가스를 구분하고 용기의 색깔 표기 방법만을 신뢰해서는 안된다.

3. 용접 작업자의 보호구

3.1. 보안경

눈과 얼굴을 보호하는 장비로는 용접 헬멧과 색안경이 있으며, ANSI Z87.1 Practice for Occupational And Educational Eye and Face Protection에 자세한 기준이 제시되어 있으며, KS 기준에도 관련 내용이 명기되어 있다. 용접작업장 내에서는 눈의 손상을 방지하기 위해 필터유리와 측면 차광 장치가 된 보안경을 착용하고 작업을 수행해야 한다. 필터유리 혹은 차광유리는 흔히 "흑유리"라고 불리우며, 유리의 차광도(밝기)에 따라 번호가 나뉜다. 번호가 클수록 차광도는 커진다.

표 11-3 차광유리의 전류와의 관계기준

차광도 번호	사용방법
6 ~ 7	중정도의 Gas용접 및 절단, 30A 미만의 Arc용접 및 절단에 사용
8 ~ 9	고도의 Gas용접 및 절단, 100A 미만의 Arc용접 및 절단에 사용
10 ~ 11	100A 이상 300A 마만의 Arc용접 및 절단에 사용
13 ~ 14	300A 이상의 Arc용접 및 절단에 사용

용접시 착용하는 보호안경, 헬멧, 핸드실드 등에는 '필터렌즈(Filter Lense)'가 부착되는데, 필터렌즈의 차광도는 아크 전류세기 및 용접방법에 따라 AWS에서 다음 표와 같이 분류하고 있다.

표 11-4 AWS에서 기준하는 필터렌즈의 분류

용접법	번호	용접법	번호
연납땜	2	비철계 TIG/MIG	11
경납땜	3 ~ 4	철계 TIG/MIG	12
산소절단	3 ~ 6	피복아크용접(4Φ이하)	12 ~ 14
가스용접	4 ~ 8	원자수소용접	10 ~ 14
피복아크용접(4Φ이하)	10	탄소아크용접	14

3.2. 작업복

용접작업장에서 날아 다니는 불똥, 스패터, 먼저 등과 용접 아크에서 발생하는 강렬한 자외선 등으로부터 작업자의 몸을 보호하기 위해서는 튼튼한 작업화 또는 부츠를 착용하고 두툼한 작업복을 착용해야 한다. 제일 좋은 작업복 재질은 모직으로 만든 옷이며, 이는 모직천이 쉽게 타지 않으며, 불똥에 접촉되어도 그 부위만 약간 손상될 뿐 불이 번지지 않기 때문이다. 다음으로 많이 사용되는 재질은 면직물이 있으나, 면직물은 불똥이 접촉되었을 때에 계속적으로 불이 번지기 때문에 면 작업복은 반드시 방염처리를 한 제품을 사용해야 한다.

작업복은 기름, 그리스 등에 오염되지 않도록 하며, 특히 산소 농도가 높은 작업장에서는 매우 위험하기에 주의를 요한다.

용접작업에 사용되는 장갑은 화상으로부터 손을 보호하며, 전기 감전의 위험성으로부터 작업자를 보호해야 한다.

3.3. 귀마개

용접작업에서 발생하는 스파크 또는 용접 불똥이 귀에 들어가는 경우도 있으며, 이러한 사고를 방지하기 위해서는 방염 처리된 재질로 귀마개를 착용하면 좋다. 또한 카본아크절단(Carbon Arc Cutting) 또는 각종 아크를 사용한 절단과 가우징 작업에는 굉장히 큰 소음이 발생한다.

따라서 작업자는 물론이고 인접해서 관리하는 감독자도 귀마개를 착용하여 귀를 보호해야 한다.

3.4. 마스크

용접시에는 흄이 많이 발생하게 되며, 특히나 납이 함유된 페인트나 카드뮴등이 도금된 강재의 경우에는 용접과 절단 작업에서 많은 양의 인체에 유해한 흄이 발생한다. 이들 흄을 체내에 흡입하게 되면, 작업자의 집중도를 저해하고 궁극적으로 건강을 해 칠 수 있기에 적절한 마스크를 반드시 착용해야 한다. 흄과 관련한 사항은 다음 4항의 유해가스와 분지 배기 항목에서 추가로 자세히 설명한다.

4. 작업장 유해가스 및 분진 배기(환기)장치(Ventilation)

4.1. 밀폐된 공간의 용접작업

밀폐된 공간에서 용접 등의 작업을 수행하게 되면, 보호 가스뿐만 아니라 용접 과정에서 발생하는 흄으로부터 작업자를 보호해야 한다. 가스를 사용하는 경우에는 만약에 누출되는 가스가 있을 상황을 대비하여 가스 용기를 작업장 외부에 설치하거나 적절한 환기 장치를 배치해야 한다.

밀폐된 공간에서 작업할 경우에는 산소의 함유량이 최소 19% 이상이 유지되도록 해야 하지만, 만약 산소 농도가 23.5% 이상이 되면, 화재 발생의 위험성이 높아지기에 주의해야 한다. 인화성 가스가 축적되지 않도록 충분한 환기를 유지해야 한다.

4.2. 흄(Fume)의 발생

용접 흄(Fume)이란 용접시 열에 의해 증발된 물질이 냉각되어 생기는 미세한 소립자를 말한다. 용접 흄은 고온의 아크발생열에 의해 용융금속 증기가 주위에 확산됨으로써 발생된다. 즉, 용접봉의 심선 및 용제 등을 구성하는 물질의 고온증기가 아크발생에 따라 대기중으로 방출되어, 증기전체가 급속냉각 고화됨과 동시에 금속은 산화되어 극히 미세한 고체입자를 형성하게 되는데 이 미세입자가 흄(Fume)이다.

4.3. 흄의 특성

용접 흄은 전자현미경으로 관찰하면 직경 0.1㎛전후의 극히 미세한 구상(球狀)입자인 것을 알 수 있다. 흄의 대부분은 구형의 미세한 입자상태이며 금속특유의 결정 형태를 가진 것도 있다.

크기도 다양하여 0.02~10㎛까지 분포되어 있으나 평균 0.3~0.4㎛ 이다. 일반적으로 공기중의 무기 입상물질이 인체내에 흡입되면 7㎛이상의 입경이 큰 것은 대부분 코털이나 기관지의 섬모에 걸려 제거되며, 0.5㎛이하의 미세입자는 폐에 들어가도 침착되지 않고 다시 배출된다. 그러나 0.5~7㎛ 크기의 입자가 폐에 들어가 말단의 폐포에 침착하여 여러가지 영향을 미치게 되며, 특히 용접흄의 대부분이 이 범위의 크기를 지닌 입자임을 주목하여야 한다.

4.4. 용접 흄 관리방안

4.4.1. 허용농도

(1) 흄 흡입에 의한 인체장해

용접작업은 대부분 수동작업이기 때문에 직・간접적으로 흄에 노출되는 경우가 많다. 흄 흡입에 의한 인체장해는 진폐증・유해가스등으로서 호흡기계 등에 영향을 미칠 수 있다.

(2) 흄의 흡수와 배설

흡입된 흄의 53%가 흡입되고, 호흡기를 통해서 47%가 배출된다. 흡입된 흄은 시간의 경과에 따라 비인두(10%), 기관지(8%), 폐(35%)등을 거쳐 가래 또는 변으로 44.2%가 배출되고 혈류, 임파등에 각각 7.05%, 1.75%씩 흡수된다.

(3) 용접 흄의 성분별 노출기준(산업안전보건법)

- 총용접흄 : 5.0mg/m^3
- 산화철흄 : 5.0mg/m^3
- 망간흄 : 1.0mg/m^3
- 산화아연흄 : 5.0mg/m^3

4.4.2. 작업관리

흄 발생량은 용접의 종류에 따라 차이가 많으며 용접조건에 따라서 양과 성분이 변화되기 때문에 주의해야 한다. 흄 발생량과 화학성분을 고려한다면 어떠한 국소배기장치, 전체환기

대책을 세우더라도 충분하다고 할 수 없다. 이유는 작업자의 노출정도가 양과 질에서 모두 일정치 않아서 정확한 양을 측정하여 계산하는 것이 곤란하기 때문이다.

그러므로 용접작업자는 고농도의 흄을 흡입하지 않도록 배려할 필요가 있다. 흄은 아크에서 발생직후 눈에 보이는 유동중에는 수백mg/㎥의 농도이나, 이로부터 수cm 떨어지면 10mg/㎥이하로 급격히 떨어져 버린다. 따라서 고농도의 흄을 직접 흡입하지 않도록 풍향을 고려하여 신체의 방향을 잡고, 차광면으로 흄류를 피하는 등 조그마한 배려로부터 작업자 개인이 흡입하는 흄량을 조금 이라도 줄여야 한다.

용접 흄과 같이 그 발생원이 국부적인 경우는 흄이 작업장 공간에 확산한 다음 대처하는 것 보다는 발생원 근방에서 국소배기장치로 흡인・포집하여 제거하는 것이 보다 효과적이다.

(1) 자연환기 방법

흄의 발생농도가 낮고, 용접작업자 2인당 공간이 284㎥ 이상이며 실내공간의 천장높이가 5m이상인 경우에 적용한다. 흄이 작업자의 호흡영역을 지나가지 않도록 조치한 경우, 밀폐된 공간이 아닌 경우는 자연환기를 사용하여 희석한다.

(2) 국소 배기방식

유해가스, 증기, 먼지 등의 발생원이 있을 경우에 덕트와 강력한 흡입 팬(Fan)에 의해 빨아들이고, 이것을 옥외로 배출시키는 것으로, 용접작업 중에는 배기시설이 반드시 필요하다.

입자가 큰 것(0.1mm이상)의 경우에는 덕트의 중간을 갑자기 크게 하거나 방해판을 설치해서 관성 및 중력을 이용하여 가라앉힘으로써 집진을 하고 미세한 것의 경우에는 싸이클론이나 벤츄리 스크러버 등을 이용하여 제거한다.

국소배기장치는 가급적 작업자에 가깝게 설치하는 것이 바람직하며 용접지점에서 가장 먼 장소의 용접범위에 충분하고, 노출기준을 넘지 않는 환기능력을 가져야 한다.

국소배기장치는 흄을 제거하는 방식으로는 가장 유효하나 제어풍속이 너무 커지면 보호가스의 교란에 의해 용접결함을 발생시킬 우려가 있으므로 적정 제어속도를 설정하도록 한다.

각 사업장에 기존에 설치되어 있는 국소배기장치중 덕트 파손 등으로 인한 누기(漏氣), 공기정화장치의 관리불량으로 인한 압력손실의 증가 등을 확인 하는 등 철저한 사후 관리를 실시하고 작업중에는 반드시 가동토록 한다.

선체조립이나 탱크내 작업과 같은 밀폐된 공간에서 작업시에는 이동식 국소배기방식을 사용하며, 송기와 배기가 동시에 이루어지도록 한다. 가급적이면 많이 배치하여 필요시 항상 가동할 수 있도록 한다. 다른 작업장으로 용접흄이 배출되는 경우는 이동식 집진설비를 설치한다.

색 인 (INDEX)

D

E

F

G

H

I

J

Q

R

S

T

U

V

W

저자 이진희(李鎭熙)

약력 한양대학교 공과대학 금속공학과 학사
한양대학교 공과대학원 재료공학 석사
중앙대학교 공과대학원 토목공학 박사

용접 기술사, 금속재료 기술사
미국 용접학회(AWS) 공인 용접검사원(CWI)
기술지도사(중소기업청, 경영기술컨설턴트협회)
미국 용접학회(AWS) 정회원
미국 부식학회(NACE) 정회원 (Member in Good Standing)
미국 용접학회 한국지부 (AWS Korean Section) 사업이사
한국부식방식학회 기술이사
(전) 대한용접접학학회 기술이사
한국산업인력공단 국가고시 기술위원
건설교통부, 한국건설교통기술평가원 신기술 기술심의위원
한국수자원공사 건설부문 기술 자문위원

현, SK건설 화공플랜트부문 금속재료기술 담당 전문위원
www.technonet.co.kr 운영자

저서 용접기술실무 외 다수

용접기술사 준비를 위한 **재료와 용접**

1판 1쇄 발행 2013년 08월 25일
1판 9쇄 발행 2024년 04월 25일
저 자 이진희
발 행 인 이범만
발 행 처 **21세기사** (제406-2004-00015호)
경기도 파주시 산남로 72-16 (10882)
Tel. 031-942-7861 Fax. 031-942-7864
E-mail : 21cbook@naver.com
Home-page : www.21cbook.co.kr
ISBN 978-89-8468-493-5

정가 80,000원